生命是我们这颗蓝色星球上最有趣的现象。

鹰击长空，鱼翔大海，

万物生生不息，被自然造就，同时也改变自然。

Discover Evolution from Micro World

从分子

到智人

在微观尺度

生命通史

朱钦士 著

揭开

演化之谜

北京大学出版社
PEKING UNIVERSITY PRESS

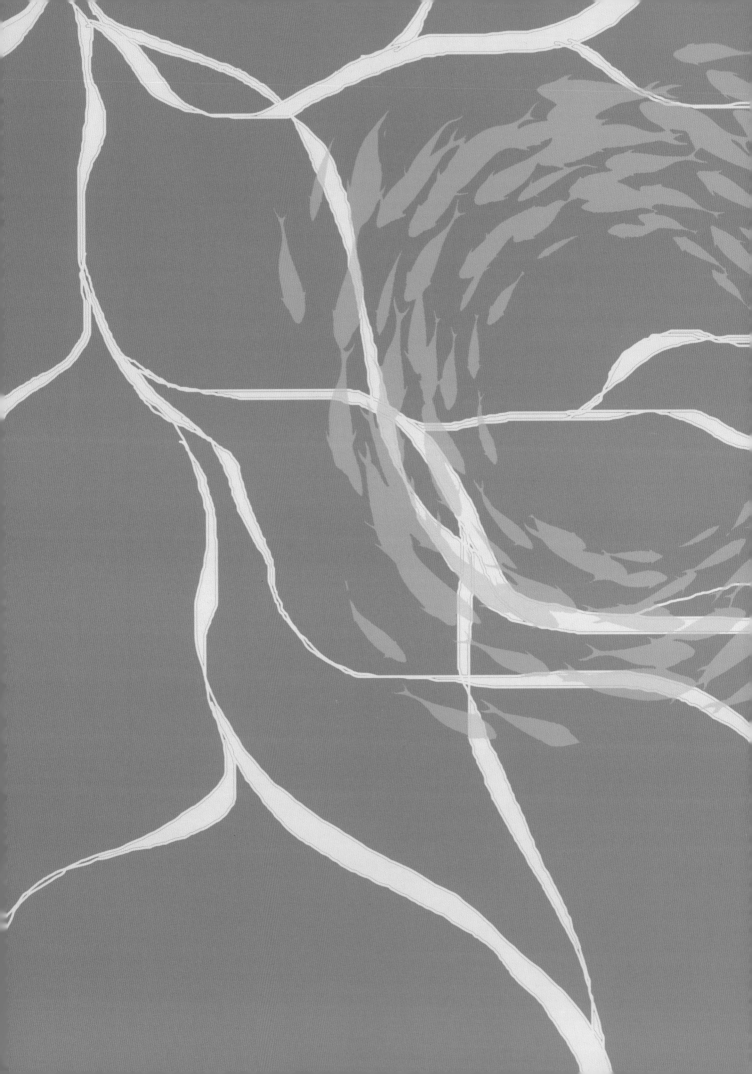

地球上的生物，种类之多，令人目不暇给，

但在分子水平上，却是如此一致，它们都以 DNA 作为生命的"设计手册"，

都以同样的氨基酸种类构成蛋白质，

从细菌到人类，从离离细草到奔腾的鹿群，都源自同一个祖先。

生命是我们这个世界上最神奇、最美妙的事物。使用与无生命世界同样的原子，生命合成出千千万万种结构不同、功能各异的复杂分子。这些分子组成细胞，再由这些细胞组成各种精巧的身体结构，形成数以百万计的形态各异的生物。这些生物能够从环境中获取物质与能量，生长和复制自己，还能够对环境的变化做出反应，维护自己的生存。动物更进一步发展出了意识、情感和智力。生物的存在和活动使我们的世界充满生机。我们人类更是地球上生物发展的最高代表。我们不仅被这个世界所创造，我们还能够反过来研究和改造这个世界。

生命现象的奇妙，自然会激发人们去探究生命的起源。对于这个问题的看法基本上可以分为两大类：一类认为生命是神创造的，不同的民族有不同的神创造生命的神话。另一类是科学研究的方法，根据客观事实和物质运行的规律来研究生命现象的起源和发展，这也正是本书要详细介绍的内容。

这本书的名称叫做《生命通史》，这容易给人造成一种印象，以为这本书类似于以往出版的生物史，即基本上都是生物发展过程的编年史：什么生物在什么时间出现了，在什么时间消失了，等等。

在分子生物学出现之前，人们主要是根据各种生物的身体构造对生物进行分类，再根据不同种类的生化石在地层中出现的状况，就可以编撰出生物演化的历史。由于地层的年代可以被准确地测定，这样的编年史可以给出各种生物在地球上出现和消失的可靠的时间。但是仅从身体结构有时难以确定不同类型生物之间的关系，例如真菌和植物的关系近，还是和动物的关系近？动物的祖先是什么生物？这些问题就难以回答。

分子生物学的出现使人们可以从分子和基因的角度来理解各种生物结构和功能形成的原理；从基因变化的脉络，也可以得出生物演化的过程和各种生物之间的内在关系，DNA和它所含的基因就是生物发展的"分子活化石"。随着大量的生物全部DNA序列的测定，现在已经可以从基因结构和功能的变化来追溯生物发展演化的历史。如果说根据生物结构特点和化石证据写出的生物史是以"外部"观察为基础的，那么根据基因演化写出的生物史则是从"内部"来观察的，在分子水平上了解各种生物功能形成机制和演化过程，这正是本书与传统的生物史不同之处。

基因演化的历史清楚地表明，从最低等的生物到最高等的生物，基本的生命活动在分子机制上是高度一致、一脉相承的。例如肌肉在过去被认为只为动物所拥有，但是基因却表明，肌肉最基本的成分，肌球蛋白和肌动蛋白在单细胞的酵母细胞中就出现了；植物也有这些肌肉蛋白，而且兔子的肌球蛋白甚至能够和植物的肌动蛋白完美合作！从形态结构上看，昆虫的复眼和脊椎动物的"单镜头"眼睛完全不同，好像应该有不同的起源。但是从基因角度看，这两种眼睛的发育的都是由 *Pax6* 基因主控的，说明它们有共同的起源。真菌和动物有相同的基因融合状况，说明真菌与动物有共同的祖先，而和植物的关系较远。而这些发现很难通过形态比较和观察获得。

从 2011 年起,笔者在科学网和中国科普博览上发表了一系列科普文章,在基因水平上对各种生物现象进行讨论,受到了广大读者的欢迎。2014 年,清华大学出版社的胡洪涛先生提议将这些文章中的一部分汇聚出书。几乎在同时,北京大学出版社的王立刚先生建议在这些文章的基础上加以扩展,全面系统地从基因角度介绍各种生物功能的形成原理和发展历程。这两个建议都已经付诸实施。2015 年 4 月清华大学出版社出版了《上帝造人有多难——生命的秘钥》。北京大学出版社的这本《生命通史》,规模要大得多,历时近 5 年,才得以完成。在此书面世之际,笔者对王立刚先生及其编辑部的同仁表示衷心的感谢。

本书第六章和第八章的部分内容还曾在《生物学通报》上发表。本书插图的部分材料来自互联网,在此对图片的原作者表示感谢。

在本书的写作过程中,得到郝杆林女士的全力支持和大力协助。她以自己的专业知识为本书的写作提出许多重要的建议,也是书稿的第一个读者。她还承担了几乎全部家务,使我能够集中精力写作,所以这本书也是我们两人共同努力的结果,在此表达对她的感激之情。

朱钦士

于 2017 年 12 月

目录 CONTENTS

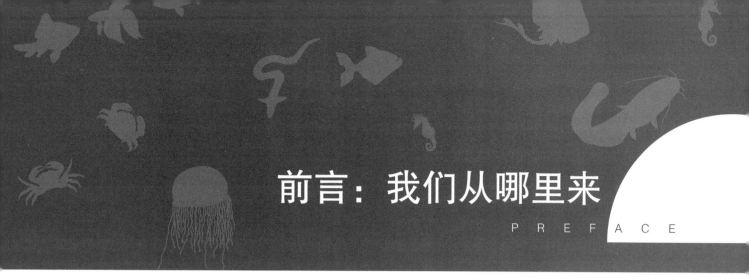

前言：我们从哪里来

PREFACE

"我们从哪里来"这是人类在对自身的思考中一定会提出的问题。不管是哪个人类种群，也不管是在什么时代，提出这个问题时人类的知识水平如何，都一定会想到这个问题，并且会在当时人类的认识水平上来回答。我们不能准确地知道人类是从什么时候开始问这个问题的，但是毫无疑问都是开始于人类在科学知识上还相当有限，而且相信和崇拜神的力量的年代。在这些时代背景下给出的答案自然会充满神话色彩，譬如中国的女娲造人，古希腊的普罗米修斯造人，古希伯莱的《圣经》中的"创世纪"等等。

这些故事都是先有神，后有人，而且是神按照自己的形象创造了人。用泥捏人也很容易理解。用水调和的泥细腻可塑，干后形状固定，早已经被人用来烧制砖瓦和陶器，而且被用来塑造神像和人像。看看庙里那些栩栩如生的用泥塑的人物和神灵，就知道人类不仅能够用泥土塑造出人，而且还根据人的形象塑造出神。这些体型巨大，色彩鲜艳的神的塑像一经造成，也就被赋予了精神的力量，使得无数人相信它们具有超自然的神力，而对它们顶礼膜拜。而且东方人造的神像东方人，西方人造的神像西方人。即使在今天，你如果到寺庙去，仍然可以看到香火鼎盛和大量拜神的人。所以神造人的想法，实则是人造神想法的逆向思维。

不过神创论并不是对生命起源这个问题真正的回答。既然神能够创造人和各种生命，神就比人"神通广大"，不仅有人的智慧和能力，而且有超过人的智慧和能力。"神"其实就是在想象中被扩大了的"人"。要想知道"人"的来源，也就必须知道"神"的来源。

这只不过是把"我们从哪里来"的问题推到"神从哪里来"的问题而已。

人的生命是短暂的。即使人能够活到100岁，也不容易察觉到生物物种的变化。"种瓜得瓜，种豆得豆"，人老年时吃的蔬菜和年轻时并无不同，老年时从河里捞出来的鱼也和小时候一样，老年时看见的鸡也和小时看见的鸡相同。人一代一代地繁衍，生出来的还是人，就连人们供奉的神也多少年不变。这自然会使人觉得物种是不变的。就是相信人和各种生物是神创造的人，也认为他们被神创造出来后，就一直是这样，只有繁衍，没有变化，就像《圣经》里说到的那样，人被创造出来就是"管理海里的鱼，空中的鸟，地上的牲畜，和全地，并地上所爬的一切昆虫"。至于人本身，和人管理的鱼、鸟、牲畜、昆虫，都是不会变的。

既然物种不会改变，对于"我们从哪里来?"的问题，也可以有另一种思考，就是各种生物，包括人，不是谁创造出来的，而是"自来就有，一直这样"，也就是没有起始的。佛教就是这样认为的。按照佛教的说法，这个世界是没有起始，也没有结束的，只有因果循环。生命也是这样，"一切世间如众生、诸法等皆无有始"(《佛光大辞典》)，所以根本没有"我们从哪里来"的问题。

所以无论是神造人，还是佛教认为的人"自来如此"，根本不去想各种生物是怎样来的，都觉得物种是不变的。但我们只要多思考一下，就会发现事实和这个看法相反。只要看看我们周围的许多动物和植物，就会发现它们不可能是"自来就有"的。例如人们喜爱的金鱼，就有150多个品种。颜色有红、橙、紫、蓝、黑、银白、杂色等；头形有虎头、狮头、鹅头、帽子头和蛤蟆头；眼睛有正常眼、龙眼、朝天眼和水泡眼。多数金鱼的尾巴还是双尾，双尾中每片尾巴的形状、结构和鲫鱼的单尾基本一致，说明它是由单尾加倍而来的。有这些特点的金鱼显然不是"自来就有"，存在于自然界中的，它们在野外也根本不能生存。科学研究表明，金鱼起源于我国食用的野生鲫鱼。金鱼最初产于中国浙江，然后传至世界各地。它首先由黑灰色变为红黄色，成为"金鲫鱼"，然后再经过不同时期的家养，由金鲫鱼逐渐变成为各个不同品种的金鱼。金鱼的例子表明，物种是可以变化的。

与金鱼类似的是锦鲤。锦鲤有 9 大品系，100 多个品种。野生的鲤鱼和野生鲫鱼一样，是黑灰色的，而且背部的颜色比腹部颜色深，这样无论是从水上看还是从水下看，都不容易被发现，所以是一种保护色。而锦鲤却因为色彩鲜艳而成为观赏鱼。但是锦鲤鲜艳的颜色并不适于在野外生存，因为极易被天敌发现。所以锦鲤和金鱼类似，是由野生鱼类在人工饲养的条件下变化而来的。与金鱼不同的是，锦鲤和野生鲤鱼一样，都是单尾，说明金鱼从单尾到双尾的突变在锦鲤形成过程中未曾发生过。

狗的种类也很多。世界犬业联盟（FCI: Federation Cynologique Internationale）公认的狗就有 337 种。它们在大小、形状、毛色、习性上相差极大，按功能分可以分为牧羊犬、狩猎犬、工作犬（带路、追踪、畜牧、运输、警卫等）和玩赏犬。这么多种狗也不可能是"自来就有"的，而是人类从狼培育而来的。除了金鱼和狗以外，其他家畜家禽如牛、羊、马、猪、兔、鸡、鸭、鹅、鸽，人类栽种的庄稼、果木、花卉，也都有许多自然界中没有的品种。

比起人工养殖的动物和植物变异的例子，自然界中生物物种的变化要大得多。这可以从不同时期生物留下的化石看出来。这有点像城市的考古发掘。现在中国就是一个大工地，人们在开挖地基的时候，常常会挖掘到过去城市的遗址。越是接近地表的地层，年代和现代越接近，越在下面的地层，时代越久远。比如最上层的是清代的街道遗址，下面是明代的，再往下依次是元代、宋代、唐代、隋代、汉代、甚至秦代的。生物的化石也一样，越是往下的地层，埋藏的生物化石越古老。如果检查不同地质时期的生物化石，就会发现它们随着地层的变化而变化。越古老的地层中，生物的形式越简单。最古老的生命形式埋藏在约 38 亿年前的地层中；单细胞的真核生物（具有细胞核的生物）出现在 16 亿至 21 亿年前的地层中；简单的多细胞生物出现在约 10 亿年前；复杂的生命形式在约 5 亿年前出现；而人类的最古老的化石只有约 200 万年的历史。这说明物种不是不变的，而是从简单变成复杂，从低级变成高级，最后产生了哺乳类动物，其中又产生了灵长类动物，最后才产生了人。既然鲫鱼可以变成金鱼，狼可以变成各种不同的狗，野生稻可以变成高产水稻，为什么复杂的生物就不可以从比较简单的生物变来呢？1859 年，英国生物学家查尔斯·达尔文（Charles Robert Darwin, 1809—1882）根据他在航海考察中对大量生物及其变种的观察，提出了生物演化的观点。在他的《物种起源》（*The Origin of Species*）一书中，达尔文认为地球上的生物是由少数的共同祖先，经过变异和自然选择而来的。这个理论阐明了地球上所有生物之间的发展关系，是理解生物多样性的基础。达尔文当时主要是根据各种生物的外形和构造来推断出他的结论的，随后发现的生物的细胞结构和在分子水平上高度的一致性有力地支持了他关于生物演化的思想。

在神造生物的故事中，人与其他生物之间，以及其他生物的不同种类之间，是不需要什么共同性的，神造它们什么样就是什么样。孔雀和菊花，蝴蝶和菠菜之间，好像就完全没有共同性。而如果复杂生物是由简单的生物演变而来，那么复杂生物就一定会带有简单生物的一些特点，也就是生物之间有共同性。所以生物之间有没有共同性，也是检验神创论和生物演化论的一个指标。科学研究表明，地球上的生物是有共同性的，首先被发现的共同性就是细胞构造。

在显微镜发明之前，人们是不知道细胞的。细胞的大小从 1 微米到几十微米，而在 30 厘米的距离（人们观察物体细节的距离，也是阅读时离书或屏幕的距离）上，人眼的分辨率是 100 微米左右，自然看不见细胞。在这种情况下，人们也会认识到高等动物（如牛、羊、狗、猫、兔等）和人的构造有相似之处，比如都有四肢，都有头部，头部都有两只眼睛、两只耳朵、两个鼻孔、一个嘴巴，而且位置安排和人相当。它们也有心、肺、肠、肝、肾等器官。但是人和蝴蝶好像就没有什么共同之处，和花草树木好像更是完全不同的生物。但是到了16世纪中期，显微镜出现了，人们才发现原来地球上所有的生物，无论大小形状，简单还是复杂，都是由大小类似的细胞组成的。细胞的形状和功能虽然不同，但是基本的结构却是相同的。对于真核生物来讲，就是都有细胞膜，细胞核，细胞器，比如所有的真核细胞都含有"线粒体"作为细胞的"动力工厂"。

就凭这一点，神造人就有点麻烦了，决不是像神话里面说的，神往人泥胚的鼻孔里"吹一口气，有了灵，人就活了"那么简单。比如人就是由大约60万亿个细胞组成的，而且这些细胞还分为200多种类型，包括神经细胞，皮肤细胞，肌肉细胞，肝脏细胞等等。要让泥胚变成活人，必须在吹气的那一霎间，泥土变出亿万个结构精细，功能各异的细胞来才成。

不仅如此，泥土的成分主要是硅酸盐，组成泥土的元素主要是氧、硅、钙、铝。而组成人体的元素却主要是氧、碳、氢和氮。这四种元素就占人体重量的96%。神要从泥土造人，不仅要从泥土变出细胞来，还必须有在吹气的那一瞬间，把硅、钙、铝变成碳、氢、氮的本事。这是现今最先进的科技也办不到的事情。

生物化学和分子生物学的发展，更是从分子水平上揭示了地球上生物的高度统一性。例如地球上所有的生物都用磷脂组成细胞膜；都用脱氧核糖核酸（DNA）作为遗传物质；用同样的四种核苷酸（脱氧腺苷酸、脱氧鸟苷酸、脱氧胸苷酸和脱氧胞苷酸）组成DNA；用同样的密码子为蛋白质中的氨基酸序列编码；遗传单位都是"基因"（为蛋白质编码的DNA片段和它的"开关"）；使用同样的20种氨基酸来组成蛋白质，从DNA的序列到蛋白质中氨基酸的序列都使用信使核糖核酸（mRNA）作为中介；都使用三磷酸腺苷（ATP）作为"能量通货"，都用葡萄糖作为主要的"燃料分子"，都使用"三羧酸循环"作为化学反应的中心枢纽等。所有这些共同性都证明了达尔文当年的想法，即地球上所有的生物都出自同一个"祖宗"，因此所有的生物都是或近或远的亲戚。

说到这里，神造人的故事就越来越难以成立了。

要真的变泥胚为人，不仅要用泥变出亿万个细胞来，把泥土中的硅、钙、铝变成碳、氢、氮，还必须让泥土变出DNA、蛋白质和人体的2万多个基因。即使神也是伟大的科学家，通晓所有这些知识，但是要让泥土做这样的转变，在科学上还是不可能的事情。当然相信神创论的人可以说，神是万能的，这些困难都不在话下，宇宙中的自然规律也可以随意被神打破，神想做什么就可以做什么。我们尊重他们的意见，因为这已经不是科学上的争论，而是信仰的问题。我们写这本书的目的，也不是去思考神怎样造人和其他生物，而是从最新的科学知识的基础上，探讨生物和它们复杂的结构和功能是怎么产生的。在过去的几十年中，人类对于宇宙形成和生命现象的研究取得了极大的进展，已经使得我们可以在分子水平上详细地论述生命的产生和演化的过程，回答"我们从哪里来"这样的问题。

在过去的几十年中人类对生命研究的一个重要进展，就是可以去研究各种生物的"设计手册"，即DNA中包含的全部遗传信息。这是生物最核心的"机密"，因为它规定了一个生物体该如何建造。在过去，对于DNA和蛋白质的研究虽然也取得了很大的进展，但是这些信息毕竟是片段和局部的。要更进一步研究不同生物之间的关系，就要全面系统地比较它们的全部遗传信息。这个"设计手册"在英文中叫做genome，在中文中叫做"基因组"。比较不同生物的基因组，看哪些基因保留了，哪些基因新出现了，哪些基因变化了，哪些基因消失了，就可以判断出生物之间的内在关系。

不过要测定一种生物，特别是复杂生物的基因组（即全部DNA序列）决非易事。比如人的基因组含有30亿对核苷酸，相当于人的"设计手册"是由30亿个字母写成的。这30亿对核苷酸分存在23对染色体中，相当于这本"设计手册"分为23本分册。1990年，美国的国立卫生研究所（NIH）出资30亿美元来进行这项计划，相当于每测1个"字母"预期要花1美元。按照当时的技术水平，一次DNA测序只能读出几百个"字母"，要把30亿个字母读完，还要把这些片段序列按照正确的顺序连接在一起，工作量可想而知。经过科学家们持续不懈的努力，这项工作终于在2000年完成，并且作为对人类研究史上的里程碑，在 2000 年 6 月 26 日由当时的美国总统比尔·克林顿（Bill Clinton）和当时的英国首相托尼·布莱尔（Tony Blair）一起宣布。

随着 DNA 测序技术的不断改进，对人类和其他生物基因组的测定速度也越来越快。据美国生物和医学数据库（NCBI）的记载，目前已经完成测序的真核生物的基因组有 2491 个，包括人、已经灭绝的尼安德特人、黑猩猩、大猩猩、长臂猿、短臂猿、狒狒、牛、马、猫、大鼠、小鼠、蜜蜂、果蝇、蚊子、线虫等动物的基因组，拟南芥、大米、田芥菜、葡萄、胶杨、红藻、绿藻等植物的基因组，以及酵母等真菌的基因组。初步完成的真核生物基因组有 607 个，正在进行的有 4427 个。已经被测定的细菌基因组有 11506 个、初步完成的有 5216 个、正在进行的有 12702 个。这就为系统地比较生物之间的遗传物质准备了条件。

对这些"设计手册"的比较分析表明，从低等生物到高等生物，所使用的蛋白质和为这些蛋白质编码的"基因"是一脉相承的，生物的发展在基因水平上有清楚的脉络。比如肌肉被认为是动物特有的，但是组成肌肉的基本成分，肌球蛋白（myosin）和肌纤蛋白（actin），在单细胞的酵母和变形虫中就有了。在这些单细胞的生物中，这些蛋白质就具有产生机械拉力的功能，用于细胞运动，细胞内的物质运输，以及在细胞分裂时形成环，环的收缩把细胞"勒"断为两个。

动物的肌肉系统，不过是在这些基本的机制上发展出来的。我们现在的任务，就是要探讨生物最初的基因和功能是如何产生和发展的。

对陨石和星际尘埃的研究表明，它们上面常常含有许多有机物，包括组成 DNA 所需要的碱基和组成蛋白质所需要的氨基酸，说明生命所需要的分子可以在地球以外形成。作为地球上生命的介质，水，在宇宙中也普遍存在。比如彗星的核常常含有大量的水。木星的卫星欧罗巴（Europa），在表面的冰层下面有深达 100 公里的海洋。地球的"兄弟"火星上曾经有大量的水，还曾经在火星表面冲出数公里深，几十公里宽的河谷。就是在干燥的星球如月球上，水也在极地被发现。这些研究结果说明，生命的种子和形成生命的条件在宇宙中广泛存在。

许多生物演化史是根据年代先后，详细列出不同生物出现的时间点，例如什么时候鱼类出现，什么时候鸟类出现等。本书的目的不是要详尽地叙述这个过程，而是从分子及其相互作用的基础上，论述生命分子的出现和生物功能的形成，所以是从生命的"内部"来看生物的形成和发展。作者希望，从这个角度出发的论述能够带给读者对生命现象新的理解。在本书的附录中，我们还给出各章的主要参考文献，方便读者进一步阅读。附录中还有索引，帮助读者迅速找到感兴趣的内容。

第一章

我们的宇宙是生命的摇篮

CHAPTER 1

第一节　碳元素是生命的核心元素

生命是由多种化学元素组成的，主要是氢、氧、碳、氮、硫、磷、钾、钠、钙、镁、铁。而宇宙大爆炸和随后的发展不仅产生了我们的宇宙，包括星系以及星系里面的恒星、行星和卫星，而且还产生了生命赖以形成的各种化学元素。而生命是高度复杂的有机体，需要结构和功能复杂的分子来执行各种功能。这样的复杂大分子是如何形成的呢？

从理论上说，如果 1 个原子可以和多个原子形成共价键，在和第一个原子相连的原子中，又至少有 1 个原子可以和多个原子形成共价键，在和第二个原子相连的原子中，也有原子可以和一个以上的原子相连，这样下去就可以形成越来越大、越来越复杂的分子。是否有元素的原子可以满足这个要求呢？幸运的是，在我们的宇宙中，有一种元素叫做碳（carbon），它就能够通过电子共享形成长链（分支的或不分支的）或者环，成为各种生物大分子的骨架。正是因为我们的宇宙中有碳，生命才成为可能。

碳元素在周期表第 2 周期的中间，外层有 4 个电

子，说多不多，说少不少。无论是失去 4 个电子使下一层的电子成为外层电子，还是得到 4 个电子使外层电子变为 8 个，难度都很大，唯一满足外层电子为 8 个的途径就是通过电子共享。可是碳原子的 4 个外层电子中，已经有两个填入了 2s 亚层的轨道，另外两个分别填入 3 个 3p 轨道中的两个。所以碳原子和氧原子一样，只有两个未配对电子可以和其他的原子共享。但是和氧原子不同，碳原子这两个未配对电子的共享只能使碳原子的外层电子增加到 6 个，离 8 个的满员状态还差两个。怎么办呢？碳原子有一个"办法"，就是把所有 4 个外层电子都变成未配对电子。2s 轨道上的一个电子先被"激发"（从外界得到一些能量），跳到余下的一个空的 2p 轨道上，这样 1 个 2s 轨道和 3 个 2p 轨道都只有一个电子，也就是 4 个电子都变成了未配对电子。不仅如此，这样各有 1 个电子的 2s 轨道和 2p 轨道还彼此混合，形成 4 个完全相同的 sp^3 "杂化"轨道，在空间均匀分布，就像一个由 4 个等边三角形围成的 4 面体，碳原子位于 4 面体的中心，4 个轨道的方向就是中心碳原子和 4 个顶角的连线。每个轨道里的未配对电子都可以通过轨道重叠和其他原子的未配对电子配对，形成 4 个共价键。例如甲烷分子（CH_4）就是 1 个碳原子中的 4 个 sp^3 杂化轨

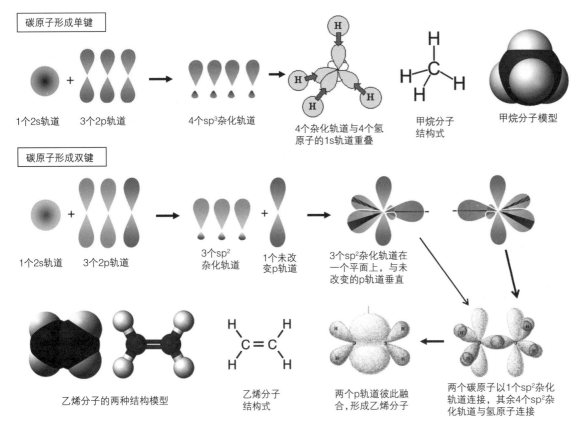

碳原子形成单键

1个2s轨道　　3个2p轨道　　4个sp³杂化轨道　　4个杂化轨道与4个氢　甲烷分子　　甲烷分子模型
原子的1s轨道重叠　　结构式

碳原子形成双键

1个2s轨道　　3个2p轨道　　3个sp²　　1个未改　　3个sp²杂化轨道在
杂化轨道　变p轨道　　一个平面上，与未
改变的p轨道垂直

乙烯分子的两种结构模型　　乙烯分子　　两个p轨道彼此融　　两个碳原子以1个sp²杂
结构式　　合，形成乙烯分子　　化轨道连接，其余4个sp²杂
化轨道与氢原子连接

图 1-1　碳原子的共价键。上图：甲烷分子。下图：乙烯分子

道分别和氢原子的 1s 轨道重叠而形成的。碳原子位于 4 面体的中央，氢原子位于 4 个顶角上。（图 1-1 上）

由于碳原子可以形成 4 个共价键，如果碳原子上再连上碳原子，第二个碳原子用一个电子与第一个碳原子形成共价键，还有 3 个电子可以和其他原子形成共价键。如果与第二个碳原子相连的原子中，又有一个碳原子，这个碳原子也通过共价键与第二个碳原子相连，就可以再连上一个碳原子。这样发展下去，就可以形成由碳原子组成的长链，链上的碳原子用“余下”的共价键与氢原子相连，就可以形成碳氢化合物（hydrocarbons）的分子。汽油就是多种碳氢化合物的混合物。如果链中的碳原子除了连上氢原子外，还连上羟基（hydroxyl group，由一个氧原子和一个氢原子组成基团 —OH），还可以形成像葡萄糖这样的分子。除了形成由碳原子组成的直链，如果链中的一个碳原子连上三个碳原子，还可以形成分支的链。如果末端的碳原子又连回第一个碳原子，就会形成环状分子。这样，碳原子就可以生成各种生物分子中的“骨架”，上面再连上不同的功能基团，形成功能各异的各种生物分子（图 1-2）。

我们身体里面的许多分子，例如葡萄糖、氨基酸、脂肪酸，都是这样组成的，它们的骨架都是由碳原子相连而成。我们现在看到的煤和石油，主要成分就是过去的生物大分子经过地下高温高压下分解，残留下来的碳骨架。从这个意义上讲，地球上的生物是以碳为基础的。

上面说的碳原子的“直链”只是简化的说法，由于碳原子的 4 个共价键不在一个平面上，由碳原子以单键相连组成的长链实际上是弯弯曲曲的，只在总体上像一条直链（图 1-2 右上）。两个碳原子通过一个共价键相连时，这两个碳原子是可以带着与它们相连的原子或者原子团相互转动的，就像两个塑料球被一根牙签穿在一起。由于碳原子的 4 个共价键是伸向四面体的 4 个方向的，每个单键又可以转动，所以由单键连起来的碳－碳长链具有高度的“柔韧性”，可以弯曲成各种形状。这样的碳氢链的形状在图 2-16 中可以看到

碳原子之间除了用单键相连，还可以通过共价双键，甚至共价三

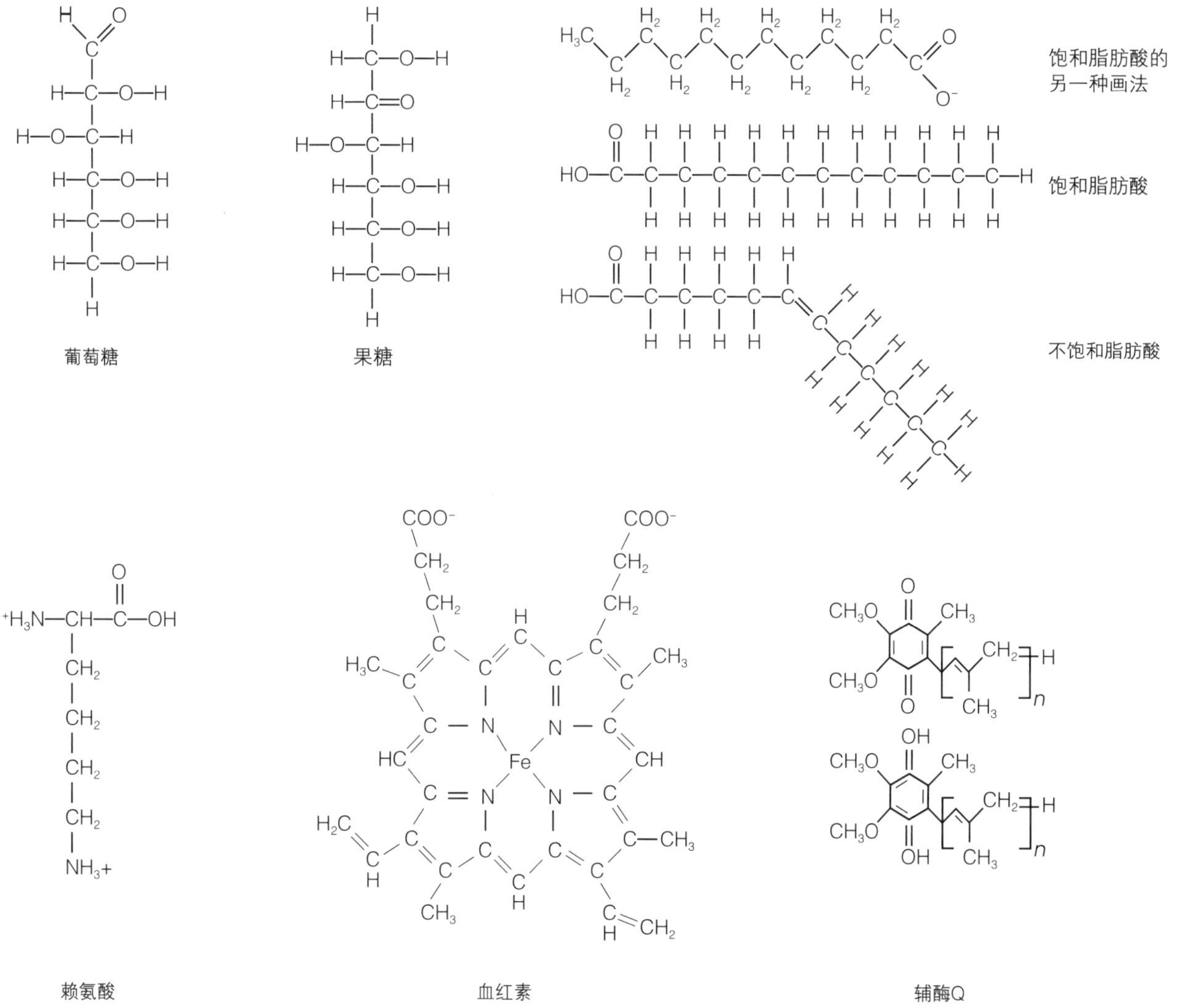

图 1-2　生物分子中的碳骨架。在辅酶 Q 的分子中，上为氧化型，下为还原型，线条交汇处即为碳原子。右下方有字母 *n* 的括弧表示括弧里面的部分有 *n* 个单位彼此相连，所以辅酶 Q 有一根很长的侧链。这种画法使得图形更加紧凑

键相连。在两个碳原子通过双键相连时，它的 2s 轨道只和 3 个 2p 轨道中的两个实行杂化，形成 3 个相同的 sp^2 杂化轨道，第三个 2p 轨道不变。这 3 个 sp^2 杂化轨道分布在一个平面上，彼此之间有 120 度的夹角，没有改变的 2p 轨道则和这个平面垂直（见图 1-1 中）。两个碳原子用各用一个 sp^2 轨道彼此相连，形成 1 个共价键。两个碳原子没有改变的 2p 轨道由于呈哑铃形，可以彼此融合，形成碳原子之间的另一个共价键，这样两个碳原子就以两个共价键相连。两个碳原子其余的 sp^2 轨道还可以和其他的原子相连。如果都连上氢原子，就会形成乙烯（见图 1-1 下）；如果还连有碳原子，还可以形成长链，例如图 1-2 中的不饱和脂肪酸。

与碳原子之间通过单键相连时可以彼此转动不同，两个碳原子通过双键相连时，就像用两个牙签穿在一起的两个塑料球，就不能彼此相互转动了。这时双键和两个碳原子上面的其他两个单键都在一个平面上，而且单键和双键不能在一条直线上（见图 1-1 左下）。如果碳原子之间的双键发生在碳链之中，碳链在这个地方就会出现一个"拐弯"（见图 1-2 中的不饱和脂肪酸，即分子中有碳 – 碳双键的脂肪酸）。在图 1-2 的辅酶 Q 分子中，环上的碳原子以双链相连，使得环上的 6 个碳原子都在一个平面上。

第二节　生命的原料宇宙中都有

组成生物体的分子常常是非常复杂的。例如生物的主要"燃料"分子葡萄糖，就由 24 个原子组成。6 个碳原子彼此相连形成一条链，上面再连上氢原子和由一个氧原子和 1 个氢原子组成的"羟基"（—OH）（见图 1-2 左上）。从甘蔗和甜菜中提取的蔗糖、从棉花得到的纤维素、从葡萄汁中提取到的酒石酸、从尿液中提取到的尿素，都只能从生物材料获得，在自然界中是不能自发形成的，所以当时人们就把只能来自生物材料的物质称为有机物（organic matter）。英文中"organic"这个词，就是从"生物体"（organism）这个词来的。在 19 世纪初期，人们已经可以合成大量的无机物，但是还不能合成有机物，所以猜想生物合成有机物，并不是通过化学规律，而是靠一种神秘的生命力（vital force）的作用。这个理论叫做生命力学说（Vitalism）。

对生命力学说影响最大的人要数瑞典化学家贝采里乌斯（Jons Jakob Berzelius，1779—1848）。贝采里乌斯对化学做出了重大贡献，是现代化学的奠基人之一，被称为是"瑞典化学之父"。他把氧的相对原子质量定为 100，以此计算出其他元素的相对原子质量。他发明了用拉丁名缩写来命名元素的方法，例如用 O 代表氧元素，用 Fe 代表铁元素。他还发明了分子式的写法，不过他把原子的数目用上标表示，例如把水的分子式写成 H^2O。他鉴定了元素硅、硒、钍和铈，发现了电流可以把物质中的元素分开。他还创造了"催化"（catalysis）、"聚合物"（polymer）、"同分异构体"（isomer）、"同素异型体"（allotrope）等名词；甚至"蛋白质"（protein）这个词也是他发明的，意思是植物供给动物的"原始营养"（primitive nutrition）。这样一位优秀的科学家，在有机物的合成上却有错误的观念。他把物质分为无机物和有机物，认为有机物只能通过生物的"生命力"从无机物来合成；生物遵循的是有关生机的原理（vital principle），而不是物理和化学定律。由于当时化学合成的水平有限，还无法人工合成有机物，再加上贝采里乌斯的巨大影响力，生命力学说统治了化学界几十年。它使得人们放弃合成有机物的努力，严重地妨碍了有机化学的发展。

1828 年，生命力学说被一个年轻的德国化学家维勒（Friedrich Wohler，1800—1882）打破了。维勒原先是想合成氰酸胺，他把氰酸和氨水混合在一起，然后蒸干。出乎他意料的是，得到的产品并不是氰酸胺，而是尿素。为了检验自己的结果，维勒用了多种方法，包括混合氰酸银和氯化铵、用氰酸铅和氨反应等，结果都得到了尿素。尿素在 1799 年就被发现了，是尿液的主要成分，过去被认为是只有生物才会合成的。维勒的实验结果表明，在人工条件下，有机物也可以由无机物合成。这是对生命力学说的致命打击，打破了有机物和无机物之间过去被认为是不可逾越的界限，具有重大的理论意义和现实意义，从此开辟了有机合成的新纪元。

1858 年，德国化学家开库勒（Friedrich August Kekule，1829—1896）和苏格兰化学家库伯（Archibald Scott Couper，1831—1892）提出，有机物的分子结构可以从各种元素的化学价（valence，即能够和其他原子形成化学键的数目）来决定，特别是他们认识到碳原子的四个化学键可以把碳原子彼此联系起来，形成有机分子的"骨架"，上面再连上氢原子和其他功能基团，这就已经抓住了有机化合物的本质了。现在，科学家把有机物定义为含碳的化合物（一氧化碳、二氧化碳、碳酸、碳酸盐、金属碳化物、氰化物除外）。由于有机物分子中的碳原子上常常连有氢原子，有机物也可以看做是碳氢化合物的衍生物，这也和地球上的生命是以碳为基础的事实相一致。

制药工业很快就通过有机化学的手段来合成新药。1897 年，德国的拜耳制药公司（Bayer Pharmaceutical Company）合成了解热镇痛药阿司匹林（Aspirin，化学名为乙酰水杨酸，即邻羟基苯甲酸）。这是从柳树的树皮中提取的水杨苷（Salicin）发展而来的。染料工业也很快利用了有机合成的手段。靛蓝是一种植物来源的染料。1866 年，德国化学家拜耳（Adolf von Baeyer，1835—1917）发明了人工合成靛蓝的方法，使得天然靛蓝的产量从 1897 年的 19000 吨降到 1914 年的 1000 吨。目前全世界使用的靛蓝几乎全是人工合成的。2003 年，人工合成了维生素 B_{12}（化学式 $C_{63}H_{88}O_{14}N_{14}PCo$），这是有机合成的另一个里程碑。更复杂的蛋白质合成是由中国科学家首先完成的。1965 年，中国科学院生物化学研究所、北京大学化学系和中国科学院有机化学研究所三个单位的有关科学工作者合作，以钮经义为首，由龚岳亭、邹承鲁、邢其毅、汪猷等人共同组成一个协作组，在世界上首次实现用人工方法全合成牛胰岛素。这说明连蛋白质这样复杂的生物大分子也可以用化学方法合成，而不需要神秘的"生命力"。"生命力"其实和"神力"在概念上有共同之处，都是超自然的力量。生命力学说被推翻，也意味着生命不需要"神力"来创造，而是一个自然发生的事情。

人工合成各种有机分子，包括生物体内复杂的有机分子，说明这些分子的合成不需要生命力或者神力。但是这些分子毕竟是人类利用科学知识合成的，如果没有人类的干预，这些有机分子是否能够在生命出现之前，就在宇宙中自然产生呢？如果不能，生命从无机物中产生仍然是一句空话。但是在地球上，这样的问题却很难回答。地球上到处都有生物存在，它们死亡后会留下大量的有机物，而且这些有机物还会不断地被微生物或自然过程分解，形成次生有机物，例如石油就是由过去的生物材料降解形成的。我们很难判定某种有机物是生物产生的还是自然产生的。另一个困难是，地球上有极其大量的各种微生物，它们的代谢类型各式各样，可以"食用"几乎所有类型的有机物。就算地球上现在还有自然形成的有机物，它们也会很快地被微生物代谢掉。所以要回答有机物是否能够在没有生物的情况下形成的问题，只有两个办法。一个是模拟地球早期的环境，看看有机物是否能够由简单的分子产生。另一个

是检查地球外的物体，比如彗星、陨石、星际尘埃，看看它们上面是不是含有机物。

1924 年，俄国科学家奥巴林（Alexander Ivanovich Oparin，1894—1980）在他的《生命起源》（Origin of Life）一书中，提出了这样的设想：在地球早期无氧的环境中，通过太阳光的作用，有机物可以在一种"原始汤"（primordial soup）中从简单分子（甲烷、氨、氢、和水）产生。这些有机物相互作用，凝聚成"微滴"。这些微滴可以通过分裂来"繁殖"，并且有了最初的新陈代谢。这时候自然选择发挥作用，能够保持稳定和进行繁殖的微滴就存活下来，其他的就灭绝了。奥巴林的这些基本思想，现在仍然被认为是正确的。不过在随后的近30 年中，没有人想用实验来实际检验奥巴林的思想，因为奥巴林设想的几十亿年前地球上的情形早已不复存在，也无法让地球回到当时的状态。1951 年，美国芝加哥大学的

化学家尤里（Harold Clayton Urey，1893—1981）在一次学术报告中，也提到有机物可能在地球早期的环境中产生。由于尤里是化学家，他认为也许可以用化学实验的方法来检验这个思想。在他的听众中有一位年轻的研究生，叫做米勒（Stanley Lloyd Miller，1930—2007）（图 1-3），对这个想法非常感兴趣，于是找到尤里，希望进行这样的实验，最后得到了尤里的支持。米勒像奥巴林说的那样，在无氧环境中混合甲烷、氨、氢和水。他先将水烧开，再对这个混合物进行放电，以模拟闪电。一个星期后，水变成了黄绿色。米勒用纸层析的方法，测到有氨基酸形成，例如甘氨酸、丙氨酸、天冬酰胺。尤里立刻认识到这个结果的重要性，并且兴奋地叫道"上帝肯定是这么干的！"。他们的结果于 1953 年在《科学》（Science）杂志上发表，随后又有多家实验室得到了类似的结果。1972 年，米勒重复了他 1953 年的实验，但是用更

图 1-3　米勒和他的实验装置

灵敏的方法（例如离子交换色谱、气相色谱加质谱分析）来检查实验产物，结果他发现了 33 种氨基酸，其中 10 种是生物体所使用的。

1964 年，美国科学家福克斯（Sidney Walter Fox，1912—1998）用了和米勒不同的方法来模拟地球早期的情况。他把甲烷和氨的混合物气体通过加热到 1000 摄氏度的沙子，以模拟火山熔岩，再把气体吸收在冷冻的液态氨中，结果生成了蛋白质中使用的 12 种氨基酸，包括甘氨酸、丙氨酸、缬氨酸、亮氨酸、异亮氨酸、谷氨酸、天冬酰胺、丝氨酸、苏氨酸、脯氨酸、酪氨酸、和苯丙氨酸。这些实验结果都证明了奥巴林的设想，即生物使用的分子，例如组成蛋白质的氨基酸，的确可以在地球早期的环境中从当时存在的简单分子形成，而且形成的途径和方式不止一种。实验室中的情形如此，宇宙中是不是也有自然形成的有机物呢？

1969 年 9 月 28 日，一颗陨石坠落于澳大利亚的墨其森（Murchison），因而被命名为墨其森陨石（Murchison Meteorite）（图 1-4）。这颗陨石总重超过 100 公斤，上面含有 15 种氨基酸，包括组成蛋白质的甘氨酸、丙氨

图 1-4　墨其森陨石（Murchison Meteorite）

酸、谷氨酸，以及含有两个氨基的氨基酸（我们身体里的天冬酰胺、谷氨酰胺、赖氨酸也是含有两个氨基的氨基酸）。在从陨石中取样时最容易被污染的丝氨酸和苏氨酸反而没有被测出，说明这 15 种氨基酸的确来自太空。而且这些氨基酸是"消旋"（没有旋光性）的，即两种镜面对称的分子都有，说明它们是非生物来源的，很可能是碳、氢、氧、氮等元素的化合物被高能射线照射，发生化学反应而形成的。除氨基酸以外，墨其森陨石还含有嘌呤和嘧啶，即地球上生物的遗传物质脱氧核糖核酸（DNA）和核糖核酸（RNA）的组成部分。该陨石还含有大量"芳香化合物"（由碳原子和氢原子组成的环状化合物）、直链型碳氢化合物、醇类化合物、羧酸（含有"羧基"的碳氢化合物）以及富勒烯（Fullerens，完全由碳原子彼此相连构成的中空的球体、管状物或平面）。

2006 年，美国的"星际尘埃使命"（Stardust Mission）飞船在太空中飞行 5 亿公里之后，降落在犹他州。它收集了从彗星 81P/WILD 2 来的微粒，在里面发现了大量的芳香化合物和脂类化合物（由碳原子连成的长链，上面再连上氢原子），以及甲基和羧基这样的含碳功能基团。科学家还在距离地球 400 光年的原始恒星 IRAS 16293-2422 周围探测到了一种糖类物质——羟基乙醛（glycolaldehyde）。这些结果说明，生命所需要的许多有机物，包括组成蛋白质的氨基酸、组成核酸的核苷酸，以及组成细胞膜的脂肪酸，也可以在太空中形成。这些有机物还可以通过彗星和星际尘埃到达地球，作为生命的起始物质。

这些分子具体是如何形成的，由于我们对它们形成时的状况不完全了解，不能确定每一个过程，但是也可以做一些推测。在恒星死亡时发生的爆炸，会将之前在恒星内部合成的各种元素喷撒到太空中。在温度降到一定程度时，这些元素就会彼此作用，形成各种化合物，例如水、氨、甲烷、硫化氢、氰化物、各种结构的碳氢化合物等。如果事情就到此为止，那么宇宙中最多也就含有这些简单分子，也就不可能有生命了。幸运的是，各种分子在形成后，不会永远不变，而是会在适当的条件下相互作用，把它们中的原子重新组合，形成新的分子。分子中的原子（无论是同一分子中的原子还是不同分子之间的原子）要重新组合，前提条件是把原子之间

原来的化学键打破，这样原子才能以不同的方式重新形成化学键。打破化学键是需要能量的。加热（例如太阳能、地热、火山熔岩、水底热泉）、紫外线照射、闪电、陨石的冲击、氧化－还原反应等，都可以为原先化学键的破坏提供能量。如果这些简单的化合物被吸附在星际微尘上、彗星核中或者地球的岩石表面，它们还能得到一种帮助来形成新分子，那就是矿物质（如硅酸盐和硫化铁）的"催化"作用。通过结合到矿物质的表面，原有的化学键只需要比较少的能量就能够破裂，形成新分子的可能性就大大增加了。例如宇宙中大量存在的甲酰胺（formamide）在矿物质存在时加热，就可以形成多种有机分子，包括尿素和组成核酸的嘌呤和嘧啶，例如腺嘌呤、胞嘧啶和尿嘧啶（图1-5）。

火山熔岩能够同时提供热源和催化功能，也可以帮助有机分子的形成。反复的冰冻和融化也会促成新化合物的生成。水在结冰时，水分子会整齐地排列，把原来溶在水中的其他分子"排挤"出来，这相当于极大地增加这些分子的浓度，有利于化学反应的进行。例如尿素的水溶液在无氧环境中受到电击和反复冻融，就会形成胞嘧啶和尿嘧啶。所有这些实验结果都表明，地球和太空中都存在多种条件，可以将简单的化合物形成生命所需的比较复杂的分子。地球上生命的出现，是在宇宙中自然形成的各种有机分子，特别是氨基酸和碱基（嘌呤和嘧啶）的基础上发生的，是太空环境提供了生命产生的原始材料。

不过有了单体分子还不够。蛋白质、DNA和RNA都是多聚物，是由许多单体分子组成的。在生物体内，这些多聚物是通过"酶"（具有催化功能的蛋白质）的作用而形成的。在早期地球的环境中，氨基酸是否能够不通过酶的作用而聚合，形成蛋白质呢？福克斯在合成氨基酸的基础上，又把氨基酸的溶液在温暖无氧的环境中让水溶液自然蒸干，就像当初地球表面的一个浅水坑自然蒸干一样。福克斯发现，在这个干燥过程中，氨基酸会聚合，形成彼此交联的长链，有些像在蛋白质中的情形那样。他把这种物质叫做"类蛋白质"（proteinoid）。这说明蛋白质也可以由它的构造单位——氨基酸在自然环境中形成。既然氨基酸能够在某些自然条件下形成类似蛋白质的分子，其他有机化合物也有可能聚合成更大的分子。如果有些新形成的分子具有催化功能，就有可能形成有机分子的自我催化，并且形成稳定的、能够不断形成同类有机分子的化学反应系统，这就是生命的萌芽。所以生命的产生很可能不是一次幸运的偶然事件，而是我们这个宇宙发展的必然结果。

第三节　原始细胞可以在自然条件下形成

生命的形成除了有机分子以外，还需要一个重要的条件，就是这个系统必须与环境分开。生命活动包括大量的化学反应，而这些化学反应又是在水中进行的。如果没有一个"墙壁"把这套系统和环境分开，一个大浪打来，组成生命的分子被稀释，生命系统也就荡然无存了。这个"墙壁"应该能够阻止组成生命的分子逃逸，又应该能够

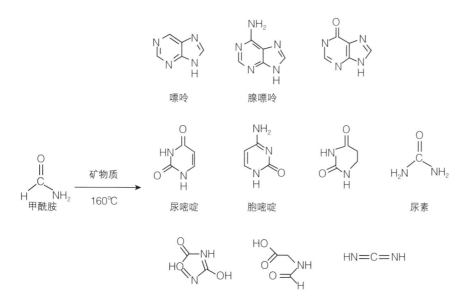

图1-5　宇宙中大量存在的甲酰胺在矿物质存在时受热，就可以形成多种有机物，包括组成核酸的嘌呤和嘧啶

让生命和外界进行物质交换。这个被"墙壁"围起来的小空间就是原始的细胞，"墙壁"就是细胞膜（cell membrane）。由此可见，生命必须以细胞的形式开始。要知道分子如何在水中形成细胞膜，就需要知道这些分子之间怎样相互作用，以及这些分子又怎样与水分子之间相互作用。

分子之间的作用主要是通过电荷之间的作用

在形成我们的宇宙的大爆炸发生后的 10^{-43} 秒，我们的宇宙已经急剧膨胀，物质之间相互作用的 4 种力，即强作用力、弱作用力、电磁力和重力，开始起作用。强作用力是把基本粒子（比如质子和中子）结合在一起的力，其作用距离比氢原子的尺寸还小 100 万倍，所以只能在原子核中起作用。弱作用力和中子衰变为质子、电子和中微子有关，和分子间的相互作用没有关系。万有引力约为电磁力的 $1/10^{37}$，在分子的相互作用中可以完全忽略不计。所以分子之间以及生物大分子内不同部分之间的相互作用力，只能是电磁力。在电磁力中，磁场的产生需要电荷的移动。而在生物体内，电荷（比如各种离子上的电荷和分子上的局部电荷）的数量非常多，而且以极高的速度向各个方向运动，分子和离子之间又以极高的频率相互碰撞，所以这些电荷所产生的磁场基本上互相抵消，生物体内的"净"磁场的强度极其微弱，约为地磁场一千万分之一。这样弱的磁场对分子之间的相

互作用微乎其微，所以分子之间和分子内不同部分之间的作用力，基本上就是电荷之间的作用力。这种电荷之间的作用力又分为两种，一种是相对局部和定点的，另一种是较大范围和动态的。这两种类型的电荷作用力，决定了化学键和分子是极性的还是非极性的，这两种性质互相配合，是细胞膜和生物大分子形成和维持相对稳定结构的基础。

化学键和分子的极性和非极性

处于元素周期表上同一周期的元素外层电子的层数相同，电子数从 1 开始，直到 8 把外层轨道填满为止。外层电子数增加时，原子核中质子的数量也相应地增加，以保持电荷平衡。这样对于同一外层轨道上的电子来说，逐渐增加的原子核正电荷数意味着把这些外层电子"抓"得更紧。当两个原子之间形成共价键时，如果两个原子的原子核对这些共用电子的"抓力"相当，那么这些共用的电子就在两个原子之间"均匀分配"，不偏向任何一方。由两个同样的原子组成的分子，比如氧分子（O_2）和氢分子（H_2）就是这样的情形；碳原子和氢原子之间也是这种情形，例如由 1 个碳原子和 4 个氢原子组成的甲烷 CH_4（图 1-1）。在这些情况下，分子总体和局部都不会带电。这样的化学键叫做非极性键（non-polar bond），这样的分子叫非极性分子。

但是如果两个原子对这些共用电子的"抓力"不一样，共用电子就不再在两个原子之间均匀分配，

而是偏向"抓力"强的一方，这样分配到更多共用电子的原子就会带一些负电，另一方原子就会带一些正电。比如氧原子和氢原子通过共用电子形成水分子时就是这种情形。氧原子对共用电子"多吃多占"，带一些负电，氢则带一些正电。而且由于氧原子的 2p 亚层轨道的方向，这两个氢原子并不和氧原子在一条直线上，而是偏向氧原子的一边，两个化学键之间有 104.45 度的夹角。这样，水分子的正电荷中心和负电荷中心就彼此不重合，从总体上看就是水分子"一头"（氧原子"那头"）带负电，"一头"（两个氢原子"那头"）带正电，所以氢原子和氧原子之间的化学键就叫做极性键，水分子是极性分子。既然氧原子带负电，氢原子带正电，一个水分子中的氧原子就能够和其他水分子中的氢原子通过正负电荷相互吸引，这样形成的联系叫做氢键（Hydrogen bond）（图 1-6）。氢键的力量虽然没有离子键和共价键强，却是分子之间最强的作用力之一。水分子之间就是因为有氢键，

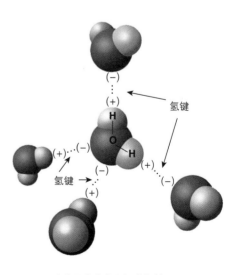

图 1-6　水分子和它们之间的氢键

彼此"抓"得很牢，所以水分子虽然很小，相对分子质量只有 18，水的沸点却很高，即一个水分子不容易"挣脱"其他水分子的吸引力，"飞"到空气中去，在一个大气压下水要到 100℃ 才沸腾。而分子大小和水分子差不多的甲烷，相对分子质量 16，由于是非极性分子，沸点却低到 −161.5℃，在常温常压下是气体。

非极性分子由于整体和局部都没有固定的电荷，按理说它们之间应该没有吸引力了，甲烷极低的沸点似乎也支持这个想法。但是汽油也是由许多不同的碳氢化合物的分子组成的，在室温下却是液体，这说明这些分子之间也有吸引力。这又该如何解释呢？1930 年，德裔美国科学家弗里茨·伦敦（Fritz London, 1900—1954）提出了一个假说来解释非极性分子之间的吸引力。他认为分子中电子的分布是动态的，虽然从总体上看，非极性分子的正电荷的中心和负电荷的中心彼此重合，但是在每一瞬间，这两个中心不一定完全重合，这就会产生瞬时的极性。这个极性又会影响相邻分子中电子的运动，在相邻的分子中"诱导"出极性来，而且"诱导"出来的极性的方向与第一个分子中的极性方向相反，例如第一个分子中瞬时的局部负电荷会在相邻分子的地方"诱导"出正电荷来，这样两个分子就会相互吸引。通过这种机制形成的分子之间的吸引力叫做伦敦力（London force），以提出这个学说的科学家"伦敦"的名字命名。因为这种力不是固定在分子的某一部分的，而是随机发生在分子的大范围内，所以又称为色散力（dispersion force）。

分子之间通过极性键（包括氢键）的相互作用，和通过色散力的相互作用，都是正电荷和负电荷之间的吸引，而且都只在短距离起作用（大约 3 到 5 个氢原子直径的范围内）。极性键之间的作用力和色散力虽然都是电荷之间的作用力，它们之间却有重大差别。极性键中的电荷是持续存在的，位置也是相对固定的，因此极性键之间的作用是"持续"和"定点"的，作用方式基本上是"点对点"。而色散力是随时变化的，电荷没有固定的位置，可以"平均"为分子之间的大范围相互作用，无法精确定位，作用方式是"面对面"，或者分子的"整体对整体"。在强度上，极性键之间的相互作用一般比色散力要强得多，除非非极性分子很大，接触面也很大。这两种作用方式不同的电荷作用

力彼此配合，在细胞和生物大分子结构的形成上起关键的作用，包括蛋白质的三维结构，DNA 的双螺旋，以及细胞膜的形成，我们在下一章中还会详细讨论这些问题。

分子在液体中的溶解度在很大程度上受分子和液体极性相似度的影响。带有比较多极性键的分子，由于带有比较多的固定电荷，能和也带极性的水分子"亲密相处"，也就比较容易溶解在水中。这样的分子或分子局部就被称为是亲水的（hydrophilic）。比如葡萄糖的分子中的 6 个氧原子带负电，而和它们相连的氢原子带正电，所以葡萄糖是高度溶于水的，25℃ 时，每 100 毫升水可以溶解 91 克葡萄糖，是亲水的分子。而总体和局部都不带固定电荷的非极性分子，由于无法和水分子形成比较稳定的电荷相互作用，它们分散到水中时又会破坏水分子之间很强的相互作用，所以不受水分子的"欢迎"而被"排挤"出去，自己聚在一起，被称为是疏水（hydrophobic）的，也就是不溶于水。比如碳氢化合物"苯"（benzene，由 6 个碳原子连成环状，每个碳原子再连上一个氢原子所组成的化合物）就和水完全不混溶，所以是疏水的。但是苯却能够通过色散力和其他非极性分子相互作用而溶于由非极性分子组成的液体中，比如苯就可以溶解在汽油中。所以我们也可以把苯称为亲脂的。亲脂的分子之间也有电荷的相互作用，不过是通过色散力来彼此吸引的。

膜和囊泡在水中的形成

完全亲脂的分子（比如汽油中的分子）是不可能在水中形成固定结构的，因为它们在水中根本"待不住"。完全亲水的大分子，即"全身"到处带电的分子，也不能在水中形成稳定的结构，因为它们的"身体"处处都受到水分子的包围，再加上水分子的热运动带来的冲击，没有一种力量能使它们保持在一起，维持稳定的形状。比如一种由葡萄糖单位线性相连组成的大分子叫做直链淀粉，它可以溶于热水中，但是分子却没有固定的形状。要在水中形成稳定的立体结构，一个办法是分子上既有亲水的部分，又有亲脂的部分，即两性分子（amphiphilic 或者 amphipathic molecules），其中亲水的部分可以处在结构表面，和水直接打交道，使分子或分子

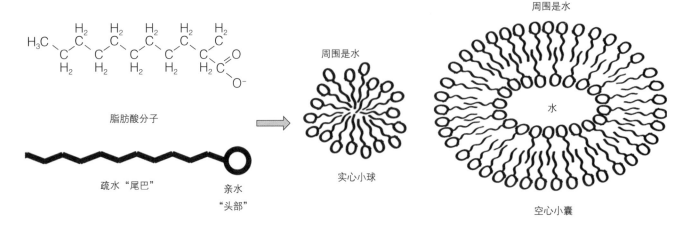

图 1-7　脂肪酸分子在水中形成的结构。左上为脂肪酸的分子结构，左下为脂肪酸的分子模型。脂肪酸分子由一个亲脂的长"尾巴"和一个亲水的"头部"组成。在水中，亲脂的尾巴彼此以色散力结合，位于小球的内部，不与水接触；亲水的头部排列在外面，与水接触，形成实心的小球。脂肪酸也可以在水中形成双层膜，膜的边缘彼此融合，形成空心的囊泡，里面包裹着水

团能在水中稳定存在；而亲脂的部分由于受到水分子的排斥，被"赶"到一起，处于结构内部，彼此以色散力相吸引，并且从内部"拉住"分子的各个部分。这两种作用相互配合，就有可能在水中形成相对稳定的结构。假设有一种两性分子，它具有长长的亲脂"尾巴"，又有一个亲水的"头部"，当把这种分子放到水中时，亲脂的尾巴由于不能与水混溶，彼此聚集在一起，通过色散力彼此吸引，形成一个脂性的内部，亲水的头部排列在外面，与水亲密接触，就可以在水中形成比较稳定的结构。

根据亲脂部分和亲水头部的相对大小，这样形成的结构可以是球形的，也可以是膜状的。例如脂肪酸就有一根由碳氢链组成的亲脂的"尾巴"和由羧基组成亲水的"头部"。当把脂肪酸放到水中时，它就会形成两种结构。一种是实心的小球，亲脂的"尾巴"在内部，不与水接触，尾巴之间通过色散力彼

此结合，羧基端朝外，与水接触。另一种是形成双层膜，每层膜的亲脂"尾巴"在膜内，彼此接触，羧基的头部在膜的两面。但是这样的膜有一个问题，就是在膜的边缘，亲脂部分仍旧可以和水接触。如果膜能融合成小囊，边缘就消失了，就可以形成由双层膜包裹成的小囊泡，里面包裹有水，类似细胞膜（图1-7）。当然这样的膜还太简单，目前地球上生物的细胞膜是由更复杂的两性分子磷脂组成的，在第二章第七节中，我们还会详细讨论这个问题。

在太空中形成的有机物是否可以在水中自发形成膜状结构，从而形成最初的细胞呢？为了回答这个问题，2001年，美国航空航天局（NASA）和加州大学桑塔·克鲁兹分校（UC Santa Cruz）的科学家合作，模拟太空中的状况来产生有机物。他们按照星际冰中物质的比例，混合了水、甲醇、氨和一氧化碳，在类似星际空间的温

度（15K，即绝对温度15度，相当于 −258℃）下用紫外线照射这个混合物。当被照射过的混合物的温度升到室温时，有一些油状物出现。把这些物质提取出来，再放到水中时，发现它们形成了囊泡，直径10—50微米，与细胞的大小相仿（图1-8）。这个结果说明，在太空中形成的有机物中就有两性分子，可以自发在水中形成囊泡结构，这就使得原始细胞的形成成为可能。

第四节　RNA 催化了最早的生命

我们在上一节中提到的那些在自然条件下形成的有机分子还没有组成生命。它们的合成需要多种条件的配合，而这些条件不是始终不变，永远存在的。条件合适时，这些有机分子可以不断产生；条件变化时，它们又以各种方式不断地被

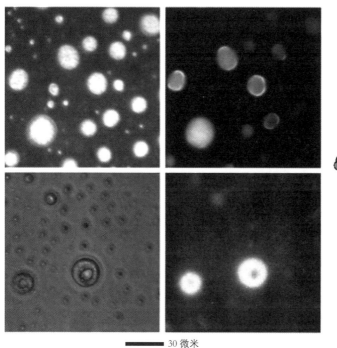

30 微米

图 1-8　模仿太空条件产生的油状物在水中形成的囊泡

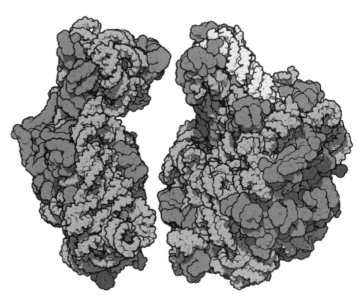

图 1-9　核糖体。左为小亚基，右为大亚基。浅色为核糖体 RNA，深色为蛋白质。肽键的形成是被核糖体中的 RNA 催化的

破坏。如果这些有机分子具有自我产生的能力，就可以减少对自然条件的依赖，不断地用环境中的物质来生产自己，从而形成一个比较稳定的系统。

　　假设有 A 和 B 两种分子，它们在环境因素（例如放电，加热，或者矿物质催化）的帮助下结合，成为产物分子 T。如果 T 能够同时结合 A 和 B，并且能够催化 A 和 B 结合成 T，这就是一个自催化系统。它不再依赖环境因素来形成 T，因为 T 就能催化自己的形成。什么分子能够具有这样的能力呢？可能许多人会想到蛋白质，因为细胞里面数以千计的化学反应都是由蛋白质来催化的，无论是葡萄糖、脂肪酸，DNA 的复制，DNA 的信息被"转录"到 RNA 上，都是由蛋白质来催化的。科学家还给这些具有催化能力的蛋白质取了一个名字，叫做酶（enzyme）。在很长的时间里，人们相信，细胞里面所有的催化过程都是由蛋白质来完成的。即使蛋白质自己的合成，也是由含有蛋白质的复合物——核糖体（ribosome）来实现的。

　　核糖体是巨大的蛋白质复合物。例如真核细胞的核糖体分为"小亚基"和"大亚基"两部分（图 1-9）。小亚基含有 33 种蛋白质，大亚基含有 46 种蛋白质。和其他的酶不同，核糖体还含有核糖核酸（RNA），所以是

蛋白质和 RNA 的复合物。小亚基含有 1 个 RNA 分子，大亚基含有 4 个 RNA 分子，总的蛋白量和总的 RNA 量的比例大约是 1:1。在过去，RNA 被认为是只起结构的作用，因为"酶催化一切反应"的观点已经根深蒂固，而且受到几乎所有实验事实的支持。

　　然而，奇怪的事情发生了。1978 年，美国科罗拉多大学的托马斯·切赫（Thomas Robert Cech，1947—　）想提取"剪接"一种核糖核酸的酶。许多真核生物的基因为蛋白质编码的 DNA 序列并不是连续的，而是分成为蛋白质编码的序列——外显子（exon），中间被不为蛋白质编码的序列——内含子（intron）隔开。在基因的信息被转录到信息核糖核酸（mRNA，即 messenger RNA）上时，这些不编码的 DNA 序列也一起被转录。接着细胞对这些 mRNA 进行加工，把内含子切掉，再把外显子连在一起，这个过程叫做 mRNA 的剪接（splice）。剪接后的 mRNA 含有连续的编码序列，再到核糖体中指导蛋白质的合成。切赫研究的是核糖体中的 RNA（rRNA, 即 ribosome RNA），因为这种 RNA 在细胞中的含量特别丰富，容易大量得到。这种 RNA 虽然不为蛋白质编码，但是也含有外显子和内含子，内含子的序列不能出现在最后的 rRNA 序列中，因此也需要被

剪掉。一开始，切赫也认为进行剪接的酶一定是蛋白质，他想先把这个 rRNA 提纯，然后再逐步把细胞里面的成分加进去，看看哪种成分具有剪接酶的活力。但是无论他如何提纯这个 rRNA，剪接反应照样发生，而不需要添加任何成分。最后他发现，这种剪接活动根本不需要蛋白质，是这个 rRNA 分子自我剪接！这是一个破天荒的发现，原来 RNA 也有催化能力。由于这个发现，切赫被授予 1989 年的诺贝尔化学奖。具有催化功能的 RNA 也被叫做核酶（ribozyme），虽然它不是蛋白质。

核酶的发现使得科学家猜想，核糖体中的 RNA 是不是也有催化作用。实验结果表明，去除核糖体中的蛋白质只会降低而不能消除核糖体合成蛋白质的活性，但是除去

RNA 却会使核糖体合成蛋白质的活性完全消失。对核糖体精细结构的分析表明，在合成蛋白质的"反应中心"（实际把氨基酸加到合成中的蛋白质链上的地方）只有 RNA 分子，而没有蛋白质分子，说明蛋白质的合成是由 RNA 来催化的。也就是说，似乎无所不能的蛋白质竟然不能催化蛋白质自己的形成！从最初的生命出现到人的出现，其间有几十亿年的时间，蛋白质的合成竟然还是由 RNA 来催化的，这说明 RNA 很可能是生命最早的核心分子。科学家们已经发现 RNA 能够剪接自己和催化蛋白质的合成，下一个关键的实验就是检查 RNA 是不是也有催化合成自己的能力。

2002 年，美国斯克里普斯研究所（Scripps Research Institute）的保尔（Natasha Paul）和玖易斯（Gerald

Joyce）就用实例证明了这一想法。他们合成了 3 个 RNA 分子，分别是 A（48 个核苷酸单位长）、B（13 个核苷酸单位长）和 T（A 和 B 连在一起）。在设计这些 RNA 时，他们考虑到了其他具有催化作用的 RNA 的结构，同时让 T 能够以碱基配对的形式同时结合 A 和 B。当把 A 和 B 混合在一起时，它们自动相连成为 T 的速度非常缓慢。而当把产物 T 加入到试管中时，T 形成的速度加快了 3 亿倍，说明产物 T 的确能够有效地催化自身的合成（图 1-10）。不仅如此，核酶还可以用 DNA 作为模板，把核苷酸连起来，形成 RNA 分子，相当于 DNA 转录成 RNA 时用的 RNA 聚合酶。这些结果表明，RNA 不仅能够自我剪接，可以催化蛋白质的合成，而且可以催化自己的合成。

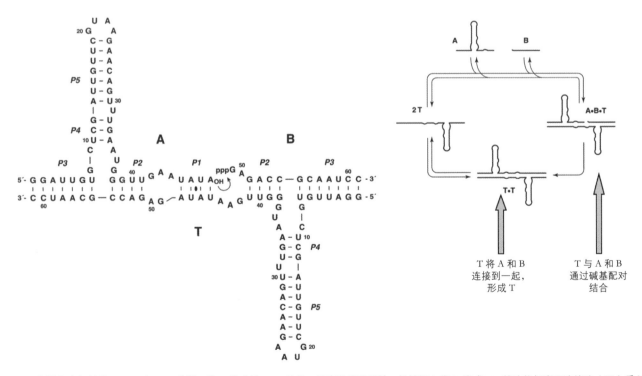

图 1-10 能够自我复制的 RNA。由 RNA 片段 A 和 B 连成的 RNA 片段 T 具有连接酶活性，能够把 A 和 B 连成 T，其功能相当于连接酶（蛋白质）。左图为 A、B、T 的实际分子结构以及 T 与 A 和 B 的碱基配对情形，A、G、C、U 代表组成 RNA 的四种核苷酸（腺苷酸、鸟苷酸、胞苷酸和尿苷酸）。右图为图解，A 和 T 都含有分子内的碱基配对，可以形成回形针形结构

RNA 分子的这种催化能力来自两个因素：碱基配对所形成的空间结构和能够起催化作用的磷酸基团和羟基。RNA 由 4 种核苷酸（腺苷酸、鸟苷酸、胞苷酸、尿苷酸，分别用字母 A、G、C、U 代表）线性相连组成（图 1-11）。

在图 1-11 中，四种核苷酸的核糖和磷酸部分都是一样的，是它们所含的碱基 [腺嘌呤（adenine）、鸟嘌呤（guanine）、胞嘧啶（cytosine）、和尿嘧啶（uracil）] 不同。其中嘧啶含有一个环状结构，而嘌呤是两个环并在一起的结构。这些环上的原子多数为碳原子，但是也含有一个或两个氮原子。由于环内有多个双键（原子之间以两个化学键相连），这些碱基分子的形状都是平面的。环上的碳原子可以形成"羰基"（C＝O），其中的氧原子带一些负电。环上的氮原子有的只和环内的碳原子相连，有的还连上一个氢原子。由于氮原子和氧原子在同一主族中，性质相似，氮原子也有吸电子的特性，使得环内的氮原子带一些负电，而与氮原子相连的氢原子带一些正电。此外，腺嘌呤、鸟嘌呤、胞嘧啶的环上还连有氨基（—NH$_2$），其中的氮原子也带一些负电，与其相连的氢原子带一些正电。

碱基的形状和它们上面所带的多个电荷，使得碱基之间可以两两配对。一个碱基羰基上面的氧原子和另一个碱基氨基上的氢原子之间，一个碱基上不带氢原子的氮原子和另一个碱基上与氮原子相连的氢原子之间，就可以通过正负电荷相互吸引，即通过氢键形成碱基配对（base paring）。根据这些碱基的形状和电荷的分布，腺嘌呤（A）只能和尿嘧啶（U）之间形成 A–U 配对，鸟嘌呤（G）只能和胞嘧啶（C）之间形成 G–C 配对。其他的配对方式都不可能。例如腺嘌呤和腺嘌呤之间，或者腺嘌呤和胞嘧啶之间，都不可能配对。RNA 分子的长链通过分子内碱基之间的这些配对，可以形成各种复杂的空间结构，而这些空间结构是为 RNA 分子的催化功能所需要的（图 1-12）。

有了空间结构，还需要有能够催化化学反应的基团，这就是 RNA 分子中的磷酸基团和核糖上的那个自由羟基。科学家用 X– 射线衍射的方法，测定了 RNA 分子的详细结构，发现与催化过程密切相关的，正是磷酸基团和核糖上第 2 位的羟基（图 1-13）。

从 RNA 分子的这些特性，我们可以对 RNA 分子的产生做一些猜想。磷酸分子中，有 3 个羟基与磷原子

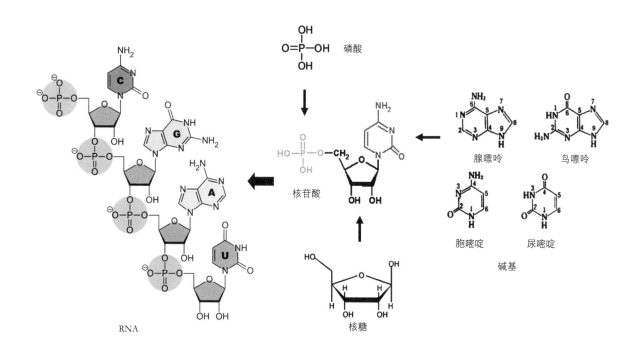

图 1-11　RNA 的分子结构。RNA 由 4 种核苷酸相连而成，核苷酸又由碱基、核糖和磷酸根组成。
注意核糖分子的两个羟基中，有一个被用来与磷酸相连，还剩下一个自由羟基

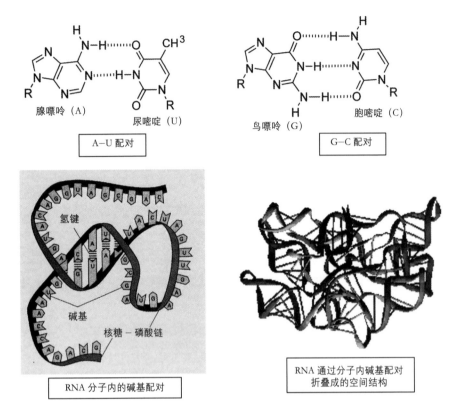

图 1-12　碱基配对以及这样形成的 RNA 分子的空间结构。上图：腺嘌呤（A）只能和尿嘧啶（U）配对，鸟嘌呤（G）只能和胞嘧啶（C）相互配对。碱基之间的虚线表示氢键，字母 R 代表核糖。左下图显示 RNA 分子内碱基配对的情形，其中碱基用带字母的图形表示，配对的碱基之间横线代表氢键。右下图显示这样的分子内碱基配对可以产生复杂的空间结构，其中的粗带表示磷酸－核糖链，细带表示配对的碱基

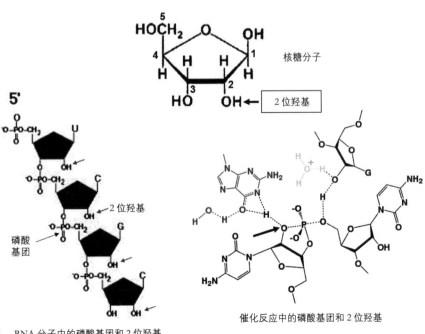

图 1-13　RNA 分子中的磷酸基团和核糖中第 2 位的羟基（箭头所指）

相连，它们可以和其他分子上的羟基反应，形成酯键（酸和醇之间形成的化学键）。而糖分子（例如核糖）含有多个羟基，磷酸分子可以通过与两个糖分子上的羟基形成酯键，形成糖－磷酸－糖－磷酸－糖－磷酸这样的长链。从太空环境中形成的有机分子的多样性来看，这样的长链也是可以形成的。如果在糖分子上又连上碱基中的嘌呤和嘧啶，嘌呤和嘧啶之间就有可能形成氢键，使原来的长链形成空间结构，也使连有碱基的磷酸－糖长链具有更好的催化能力。一开始与磷酸相连的糖分子和碱基都各式各样，但是具有优良碱基配对和含有核糖的分子逐渐在竞争中胜出，成为上面介绍的 RNA 分子。

除了这些特性以外，RNA 分子还有一个功能，就是储存信息。RNA 是由 4 种核苷酸组成的，相当于用 4 个字母写成的序列。这 4 个字母的不同排列就可以代表不同的信息，好像英文字母的不同排列可以形成不同的词汇一样。这样，RNA 就具备了生命核心分子所有的特性：能够催化各种化学反应、能够自我复制、能够储存信息、并且能够把信息传给下一代。在生命形成的早期，会有各种结构的 RNA 形成，它们在序列、复制自己的能力、稳定性上也会有差别，同时它们又使用同样的结构单位（核苷酸）来建造自己。这样，不同的 RNA 分子之间就会出现争夺建造原料的竞争，只有那些具有最佳性能的 RNA 分子能够存活下来，成为形成最初生命的核心分子。这种能够自我维持，并且能够通过竞争来改善自己

的化学系统，就是生命的雏形。

随着生命的演化，RNA 的催化作用逐渐被蛋白质取代，因为蛋白质是由 20 种氨基酸组成的，能够形成更为复杂的结构和更为多样的功能，包括催化化学反应的能力（见第二章第三节）。RNA 储存信息的功能也逐渐被脱氧核糖核酸（DNA）取代，因为 DNA 的双螺旋结构更为稳定，更适合作为储存遗传信息的分子（见第二章第五节）。现在，RNA 作为生命最初的分子的观点已经被人们广泛接受。

第五节　水在宇宙中并不稀少

地球上的生命是以水为介质的，为地球上的任何生命形式所必需。组成我们身体的物质中，大约 70% 是水，大白菜中 90%—95% 为水，水母的含水量更是高达98%！生命活动中数以千计的化学反应，都是在水中进行的，水还活跃地参与其中的许多化学反应。各种分子也是在水中才形成各种特异的结构。生命最初也是在水中诞生的。可以说，没有水就没有生命。

水也是宇宙中最丰富的物质之一。宇宙中丰度最高的三个元素依次是氢、氦、氧。例如在我们的太阳系中，氢元素占 70.6%，氦元素占 27.5%，氧元素占 0.6%，碳元素占 0.3%。氢和氦在宇宙大爆炸后的太初核合成时就大量形成。更多的氦以及比氦重的元素则是在恒星内部的热核反应中生成的，在恒星爆发时被喷洒到太空中。被喷洒到太空中的氧，自然有机会与无处不在的氢结合生成水。

对太空的实际观测也证实了这一点。例如在 2011年，美国航空航天局（NASA）的科学家们在距地球 120亿光年的一个叫做 APM 08279-5255 的类星体（quasar，

黑洞周围高密度的物质区域，因为物质被黑洞吞噬而发光）周围发现了大量的水，相当于地球上全部水量的 140 万亿倍！由于这个光信号是在 120 亿年以前发出的，现在才到达地球，而宇宙的年龄是约 138 亿年，这说明宇宙在形成后的 18 亿年，就已经含有极其大量的水。

在我们的太阳系中，水也广泛存在。地球的表面约71% 为水覆盖，海洋平均水深约为 4 公里，水的总体积约为 13 亿立方公里。木星的卫星木卫二（Europa）表面完全由冰层覆盖，下面有深达 100 公里的海洋。土星的卫星土卫六（Titan）表面的冰层下也有液态水的海洋，其深度可能有数百公里（图 1-14）。冥王星的伴星卡戎（Charon）的表面也全部由冰覆盖。火星上曾经有过大量的液态水，被这些水冲出的河床超过 4 万条，有的绵延几千公里长。现在火星的南极和北极地区以及地表之下，仍然有大量的水存在。这些水的总量超过 500 万立方公里，如果全部覆盖在火星表面，水深可达 35 米。即使在被认为是非常干燥的月球上，在靠近极地的陨石坑的阴面，也发现了约 6 亿吨水。除了行星和卫星以外，彗星也含有大量的水，被称为是"脏雪球"。距离太阳 30 个天文单位（1 个天文单位等于地球到太阳的距离）的柯伊伯带（Kuiper belt）含有大量的彗星，当然也含有大量的水。就是离太阳数万天文单位的奥尔特云（Oort Cloud）也含有水。

这些事实说明，水在宇宙中是普遍存在的，再加上组成生物体的主要分子可以在宇宙环境中自然形成，地球上生命的出现很可能不是一个偶然事件，而是可以在多处发生。或者反过来说，正是宇宙中水的存在和自然形成的化合物，包括氨基酸、嘌呤、嘧啶、脂肪酸和各种糖类分子，导致了生命的诞生。从下一章开始，我们将在分子水平上介绍生命在地球上出现和发展的过程。

图 1-14　太阳系中几个星球上的水量。地球、木卫二（Europa）和土卫六（Titan）都含有大量的水。星球左前方的球体代表如果把这些星球上的水全部聚到一起，所形成的水球的大小。图中所有球体的大小都是按比例画的，可以看出地球上的水还不如木卫二和土卫六多。下图为木卫二

第二章

了不起的原核生物
CHAPTER 2

第一节　生命乍现

在上一章里，我们叙述了生命产生的"前期过程"，包括构成生命的元素和分子在宇宙中的形成、自我催化系统的出现、原始的细胞结构以及 RNA 作为生命最初分子的核糖核酸。从宇宙中数量极其巨大的行星和卫星的存在，我们可以预期生命的出现很可能是一个必然的现象，地球上生命的形成及其发展则提供了一个极好的例子。

生命的前期分子是在什么时候演变成为地球上最初的生命的？换句话说，地球上的生物是何时出现的？这个问题看似简单，回答起来却非常不容易。最

初形成的生命一定非常微小，构造简单，它们不像后来出现的大型生物那样，有骨骼、牙齿那样比较容易保存的组织，而只是由膜包裹的一些有机物。它们能够形成化石，保留到现在吗？

这个难题被科学家用很聪明的办法解决了。蓝细菌（Cyanobacteria）是一类可以进行光合作用的单细胞生物，在浅水处可以聚集，在砂石上形成菌膜。这些被菌膜黏附的沙子由于菌膜的覆盖，可以免受水流的冲刷，因而能够形成对应的结构，例如菌膜被水流掀起时，沙子就会和菌膜一起卷成筒状结构。菌膜被沙掩盖，上面又可以长出菌膜。这样长期反复地沉积，就会形成具有多层结构的叠层石（Stromatolite）。目前在地球上的许多地方，叠层石还在生成。如果我们在古代的沉积岩中

发现叠层石和类似卷筒那样的结构，就可以推断出生命在这些沉积岩中的存在。

带着这个想法，美国科学家诺拉·诺夫克（Nora Noffke）在澳大利亚西部皮尔巴拉沉积岩（Pilbara terrane）中发现了叠层石，并且在这些结构中发现了可能是由菌膜卷曲而形成的筒型结构（图2-1）。离叠层石稍远的地方就没有这些结构，说明它们很可能是由生物因素形成的。皮尔巴拉岩层的形成年代在35亿年以前的太古代（Archaean eon），如果这些结构真是由当时的生物留下的，那就说明生物在地球上至少有35亿年的历史。用同样的方法，诺拉·诺夫克在南非的蓬戈拉超群（Pongola Supergroup，29亿年前形成）中也发现了类似的结构。

不过这还只是间接的证据，还不能排除这些结构是由某些人类尚不知道的自然机制形成的，所以有可能只是在形态上和现代形成的叠层石相似。要证明这些结构的确是由生物形成的，还需要更多的证据。由于形成叠层石的蓝细菌能够进行光合作用，要从空气中获取二氧化碳，再利用二氧化碳中的碳元素来合成自身的有机物，是不是可以从这里找到线索呢？科学家研究了光合作用过程中生物获取碳元素的过程，找到了一个办法，那就是碳元素的同位素分析。同位素（isotope）是原子核中具有相同的质子数（所以原子序数相同），而中子数不同的元素形式。地球上的碳有三种同位素，分别是碳-12、碳-13、碳-14（碳后面的数字为相对原子质量，大约是质子数加中子数），其中绝大部分是碳-12，占99%，其次是碳-13，占约1%，而碳-14只有痕迹量。生物在进行光合作用时，对这些碳同位素并不是"一视同仁"的，而是"偏爱"最轻的碳-12。这样，在生物体内的有机物中，碳-13/碳-12比例就会比自然环境中低。如果在发现菌膜痕迹的地方又发现碳-13的比例低于环境中的，那就能够有力地证明这些结构是来源于生物的。

诺夫克测定了菌膜遗迹处的碳同位素比例，再和周围的碳同位素比例相比较，发现菌膜遗迹处碳-13/碳-12的比例的确明显比周围环境中低，这是对叠层石是由生物原因形成的思想有力的支持。另一位美国科学家多罗西·阿赫勒（Dorothy Oehler）在南非的翁维瓦特群（Onverwacht Group）测定了沉积岩不同深度中碳-13

和碳-12的比例，发现中层和深层的同位素比例和其他非生物来源的物质一样，而具有生物痕迹的表层却有异常低比例的碳-13。翁维瓦特群的沉积岩也有35亿年的历史。说明生物的出现也至少在35亿年之前。用这些方法测定到的生物早期的痕迹还在南非的无花果树群（Fig Tree Group）、格陵兰的伊苏阿（Isua）地区、澳大利亚西部的瓦拉伍纳群（Warrawoona Group）等处发现。

蓝细菌是已经可以进行光合作用的（因而已经是比较复杂的）生物，自身营养充足，可以在浅水区大量繁殖形成菌膜，也就比较容易留下化石或痕迹。更原始的生物用其他方法获得的能量较少，可能只以低密度的单细胞存在，也就难以形成化石或留下痕迹。由此推断，最初的，更简单的生物出现的时间应该比35亿年前早得多。地球是大约45亿年前形成的，而地壳的形成大约是在44亿年前，所以从地壳的形成到生命的出现，中间应该不到10亿年的时间。

第二节　神通广大的原核生物

蓝细菌虽然可以进行光合作用这样复杂的活动，但是仍然属于原核生物（Prokaryotes），即细胞里面没有细胞核的生物。原核生物是地球上出现最早，也是结构最简单的生物。绝大多数原核生物都只由一个细胞组成，也就是它们基本上都是单细胞生物。原核生物的英文名称中，pro-表示"在……之前"，而karyo-是"核"的意思。所以原核生物这个名称不是说这些生物有"原始"的细胞核，而是在有细胞核的生物出现之前的生物。有细胞核的生物叫做真核生物（eukaryotes）。它们具有由双层膜包裹起来的细胞核，里面装有遗传物质DNA。我们的肉眼能够看见的生物基本上都是真核生物，包括植物、动物和人类自己。

现在地球上的原核生物分为两大类，即细菌（bacteria）和古菌（archaea）。它们都没有细胞核，大小和形状也相似，所以古菌曾经被归于细菌的范畴。随后的研究表明，古菌核糖体中一种核糖核酸（16S rRNA）的核苷酸序列既不同于一般细菌，也不同于真

图 2-1　澳大利亚西部皮尔巴拉沉积岩中的叠层石

核生物。此外，这两种生物的细胞膜结构、代谢途径、转录（把 DNA 中的信息转移到 RNA 分子上）和转译（把信使 RNA 中的信息转变为蛋白质中氨基酸的序列）所用的酶，也和一般细菌不同。1976 年，美国科学家卡尔·伍兹（Carl Woese）在 16S rRNA 序列的基础上，提出应该把细菌和古菌分为不同的类别。现在这个分类法已经被科学界广泛接受。

原核生物是最原始的生物，构造简单，"个头"也很小，大多数直径只有 1 微米（千分之一毫米）左右，光学显微镜也要用高倍镜头才看得见。与它们相比，真核细胞就是巨人。真核细胞的直径从几微米到几十个微米，体积可以是原核细胞的几千倍甚至上万倍。但是这不等于原核细胞就是弱者。现在地球上的原核生物都已经有几十亿年的历史，所以每种原核生物都已"身经百战"（在"百"字后面还应该加很多零），个个"身手不凡"。在更高级的真核生物的强大竞争面前，它们不但没有败下阵来，而且还能繁荣昌盛。据估计，现在地球上光是细菌就有 12—15 万种，总数约有 5×10^{30} 个，总重 500 万亿吨。

原核生物的生命力强大，自有其原因。个头小其实是它最大的优点。首先是它的繁殖速度。由于细胞小，表面积和体积的比例大，和周围环境的物质交换迅速，外来的营养分子需要在细胞内的扩散距离也很短，能够迅速到达所需的地方，所以原核生物繁殖速度很快。例如大肠杆菌每 20 分钟就能够繁殖一代。这使得它们在营养充足时，能够迅速增加个体数量，"抢占地盘"。相比之下，真核生物的酵母菌由于菌体较大（5—10 微米），在营养充足的条件下也要 100 分钟才能繁殖一代。

繁殖速度快意味着原核生物更新换代的速度很快，这样它们就可以迅速地通过自然选择来适应环境。原核生物可以在短时期内产生大量的个体，在恶劣的条件下，虽然大部分个体不能生存，但是经常会有少数个体由于自然变异而存活下来，逐渐成为占主流的菌种。例如抗生素刚出现时，一度被认为是致病细菌的克星，但是细菌也很快发展出对抗这些抗生素的能力，使得几乎每一种抗生素都有能够抵抗它的菌种。对抗生素如此，对其他恶劣的环境也一样，几亿年积累下来，就使得原核生物能够适应各种非常严酷的环境。

个头小，1 微米的尺寸，比能够进入我们肺泡的 PM 2.5 的颗粒还要小，微风就可以把它们带到全球，进入河湖海洋，还可以通过地下的水流到达地表以下几千米的地方。再加上它们极强的适应能力，所以在地球上的绝大多数地方都有原核生物生存。世界上的几乎任何物体（无论是有生命的还是无生命的）的表面都有细菌。它们还在我们的鼻腔、口腔、肠道里生存。所以原核生物可以说是"无处不在、无孔不入"。

原核生物的第二个优点是它获得物质和能量的方式多种多样，远远超出植物和动物的代谢方式。正因为它们是地球上最早出现的生物，它们最初可能是通过氧化现成的无机分子（例如氢气、氨、硫化氢、低价铁）得到能量的，然后再用这些能量从二氧化碳中取得碳原子以合成自己所需要的有机物。这种机制叫做化能合成（chemosynthesis）。光合作用出现以后，大多数生物不再用这种方式来获得能量，这反而给仍然使用化能合成的原核生物留出了空间，使它们在其他生物不能生存的地方找到了自己的栖身之地。例如现在地球上的硝化细菌可以把氨氧化成硝酸，硫杆菌可以把硫化氢氧化成硫酸，就是这些古老代谢方式的遗存。

古老代谢机制的保留，再加上原核生物极强的演化和适应能力，使得原核生物的代谢方式远远超过真核生物。有的像植物一样，可以进行光合作用，从阳光中获得能量，从二氧化碳中获取碳元素，自己制造有机物，例如蓝细菌；有的像动物一样，可以利用各种现成的有机物，例如动物所喜欢的葡萄糖早就是细菌喜欢的食物，败血症、肺结核、霍乱、伤寒等病症，都是由于细菌在利用我们身体里面的有机物。动物和植物死亡后，遗体被迅速降解，主要是靠细菌的作用。美味的泡菜、豆腐乳、甜面酱、酸奶，都是细菌分解现成的有机物的产物。我们肠道里的细菌则靠我们吃进的食物为生。有的细菌甚至还能"吃"石油。

原核生物代谢方式的多样性还使得一些原核生物在极为严酷的环境中生存。从海底热泉到极地冰层，从盐湖到冷凝水，从深达万米的马里亚纳海沟到喜马拉雅山山顶，从几十公里的高空到地下几公里的岩层，都能够找到原核生物的踪迹。嗜盐菌（*Halobacteria*）可以在含盐 25% 的水中盐湖中存活。嗜酸古菌（*Picrophilus torridus*）能够在 pH 为 0 的环境中（相当于 1.2 摩尔 /

升浓度，也就是 18% 的硫酸）中生长。坎氏甲烷嗜热菌（*Methanopyrus kandleri*）甚至能够在 122°C 的温度下繁殖，这相当于家用高压锅里面的温度！

原核生物之所以有这么强的生命力，除了个头小和代谢方式多以外，根本原因还是原核生物已经具备了非常复杂和完善的分子机制，可以对环境的变化做出适当的反应。虽然原核生物的代谢方式千变万化，但是在基本的分子机制上却是高度一致的。这说明这些机制不是各种原核生物各自演化，"碰巧"产生了同样的分子机制，而是这些机制是从一个共同的祖先继承下来的。这些机制已经如此完善，以致后来的真核生物，包括植物、动物和我们自己，都几乎原封不动地继承了这些机制，然后在上面"锦上添花"。换句话说，地球上所有生物运行最基本的分子机制，在原核生物身上就已经形成和完善了，所以原核生物是地球上生命的大功臣。下面我们将逐一介绍这些在几十亿年前就已经形成，现在所有的生物都还在使用的机制。

第三节　蛋白质催化原核生物

在第一章第四节中我们曾经提到，RNA 可能是最早的生命分子。它能够催化自己的形成，能够催化蛋白质的形成，还可以用它的核苷酸顺序来储存信息，所以 RNA 很可能就是地球上生命的"起始分子"。在分子之间的相互协作关系尚未建立的条件下，RNA 分子的这种"一物多能"对于最初的生命看来是必要的。但是正是由于"一物多能"，RNA 分子的这些优点同时也就是它的缺点。一个缺点就是它的催化效率比较低。例如 RNA 可以相当于现在细胞所使用的 RNA 聚合酶（由蛋白质组成），用单链 RNA 为模板合成新的 RNA 分子。但是它催化 RNA 合成的速度很慢，一个叫核酶 B6.61 的 RNA 要为新的 RNA 分子添加 20 个核苷酸，需要 24 小时。相比之下，大肠杆菌的 RNA 合成酶每秒钟可以添加 2000 个核苷酸，比 B6.61 快 1.8 亿倍！

RNA 的另一个缺点是它能够催化的化学反应种类有限。它的大部分催化功能都是对 RNA 分子的加工，例如剪接、合成和自我复制。而生命活动是非常复杂

的，细胞中的化学反应有几千种，光是把葡萄糖氧化成二氧化碳和水，就要经过数十个步骤，而且几乎每一步都需要催化，而 RNA 是没有这个能力的。RNA 只由 4 种核苷酸组成，虽然能够通过分子内核苷酸的碱基配对形成各种空间结构，但是由于 RNA 的组成成分相对简单，这些结构的复杂程度有限，能够催化的化学反应的种类也比较少。如果只靠 RNA 自己，也许可以形成一个能够自我维持的"RNA 世界"，但是不会有我们现在所见的多姿多彩的生命世界。

幸运的是，在 RNA 有限的催化能力中，"碰巧"有一个非常关键的能力，就是能够把氨基酸分子连在一起，形成类似蛋白质的物质。这可是一个了不得的事情，因为蛋白质的催化能力比 RNA 强多了。不仅催化的速度快，而且能够催化的化学反应的类型几乎无穷无尽，这才使得地球上生命的发展成为可能。如果当初没有这个"碰巧"，也许地球上就没有我们现在所见的生命了。蛋白质为什么有这么大的本事呢？这就要从组成蛋白质的氨基酸说起。

氨基酸（amino acids）有一个由数个碳原子线性相连组成的"骨架"，上面连有一个带碱性的氨基（—NH_2）和一个带酸性的羧基（—COOH，中间的两个氧原子都连在左边的碳原子上），所以叫做氨基酸。按照连接氨基的碳原子相对于羧基的位置（第一个、第二个、第三个），氨基酸可以分别称为 α- 氨基酸、β- 氨基酸和 γ- 氨基酸（图 2-2）。

除了氨基和羧基，碳链上还可以连上其他功能基团，例如羟基（—OH）、巯基（—SH）、苯基、第二个氨基、第二个羧基等，或者只连上氢原子。这些不同的基团和氢原子赋予氨基酸以不同的性质。目前已知的氨基酸有 600 多种。在生命出现以前，宇宙中的化学反应就可以形成各式各样的氨基酸（见第一章第二节）。

也许是由于 RNA 最初把氨基酸连起来时，只能使用 α- 氨基酸，即氨基和羧基连在同一个碳原子上的氨基酸，所以现在生物体内的蛋白质，都是由 α- 氨基酸组成的，而且通过生物的选择和淘汰，最后留下 20 种 α- 氨基酸来组成蛋白质，这就是丙氨酸、缬氨酸、亮氨酸、异亮氨酸、甲硫氨酸、天冬酰胺、谷氨酸、赖氨酸、精氨酸、甘氨酸、丝氨酸、苏氨酸、半胱氨酸、天冬酰胺、谷氨酰胺、苯丙氨酸、酪氨酸、组氨酸、色氨

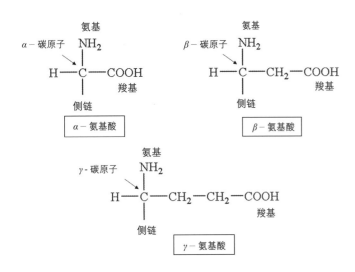

图 2-2 α-氨基酸、β-氨基酸和 γ-氨基酸

酸、脯氨酸。从原核生物选定了这 20 种氨基酸之后，就再也没有变过。包括人在内的所有生物都使用这些氨基酸，说明原核生物已经做了最佳选择。

一个氨基酸分子上的羧基可以和另一个氨基酸上面的氨基反应，在脱去一个水分子后彼此相连，这样形成的化学键叫做肽键（peptide bond）。几十个到几百个氨基酸线性相连，就形成了肽链（peptide chain），蛋白质就是由肽链组成的。由于氨基酸在组成蛋白质分子时都丢掉了一个羟基和一个氢原子（两端的氨基酸除外），所以蛋白质分子中的氨基酸被称为氨基酸残基（residue）。在蛋白质两端的氨基酸中，一个保留了氨基，叫做蛋白质的氨基端（amino-terminal 或者 N-terminus），另一个保留了羧基，叫蛋白质的羧基端（carboxyl-terminal 或者 C-terminus）（图 2-3）。

由 20 种氨基酸组成的蛋白质，根据各种氨基酸在蛋白质分子里面的排列方式，可以组成种类极为庞大的蛋白质分子。多数蛋白质由数百个氨基酸组成，即使蛋白质只由 100 个氨基酸单位组成，能够生成的蛋白质在理论上也有 20^{100} 种，超出整个宇宙中的原子数！这数量如此众多的蛋白质中，总会有一些能够催化生命活动所需要的蛋白质分子。蛋白质是怎么做到这一点的呢？

这是因为不同的氨基酸含有不同的侧链。α-氨基酸的基本构造都相同，就是中心碳原子上连上一个氨基和一个羧基，但是不同的氨基酸有不同的侧链。氨基酸

彼此线性相连形成蛋白质分子的长链时，氨基酸中的侧链就横向伸出，好像一根长绳子上等距离地伸出的短绳子。这些侧链长短和形状不同，性质各异。有的带正电（例如赖氨酸，精氨酸，组氨酸），有的带负电（例如谷氨酸，天冬酰胺），有的亲水（例如半胱氨酸，丝氨酸，甲硫氨酸，酪氨酸），有的亲脂（例如丙氨酸，苯丙氨酸，亮氨酸，异亮氨酸）。由于肽链中碳原子之间，以及碳原子与氮原子之间，都以单键相连，这些原子都可以相互转动（见第一章第一节），所以肽链是高度柔顺的，像细线一样可以弯曲成为无数种形状。由于侧链的亲水性和亲脂性不同，在水溶液中，不带电的亲脂侧链"不受欢迎"，就像油与水不能混溶一样，只好彼此聚在一起，"藏"在蛋白质分子的内部。而带电的亲水侧链由于能与水分子"亲密相处"，就位于蛋白质分子的外面，包裹着"油性"的内核。这个过程也就把蛋白质分子"长绳子""卷"成有一定形状的立体分子。根据侧链的种类和它们的排列顺序，蛋白质分子可以有各种不同的形状，表面电荷的分布情况也不同。许多蛋白质分子上还有"沟槽"和"凹坑"（图 2-4）。

肽链在折叠的过程中，还可以先形成一些局部结构。由于肽键—CO—NH—（图 2-3）中氧原子带一些负电，与氮原子相连的氢原子带一些正电，肽键中的氧原子就可以与相隔两个肽键的第 3 位肽键上的氢原子之间相互吸引，形成氢键，使肽链的一段或者多段卷曲成螺旋状，叫做 α-螺旋（α-helix）。肽链也可以弯回来，彼此平行，平行的肽链之间也可以在肽键之间形成氢键，形成有皱褶的片状结构，叫做 β-折叠（β-sheet）（图 2-5）。在整个肽链卷曲成为蛋白质的三维结构时，α-螺旋和 β-折叠上伸出来的亲脂侧链彼此靠近，与肽链的其他部分伸出的亲脂侧链一起，位于分子的内部，这些部分伸出的亲水侧链则位于分子的外部。

蛋白质凭借表面电荷的分布情况和空间形状，就可以和形状、电荷分布与之互补的分子结合。这个分子突起的地方，蛋白质就有一个凹坑与之对应，这个分子凹进去的地方，蛋白质在对应的地方就突起。这就像过去皇帝调兵时用的"虎符"，两半的形状要完全对得上。除了空间形状要匹配，电荷分布也要匹配。这个分子带正电的地方，蛋白质在对应的地方就带负电；这个分子带负电的地方，蛋白质的对应部位就带

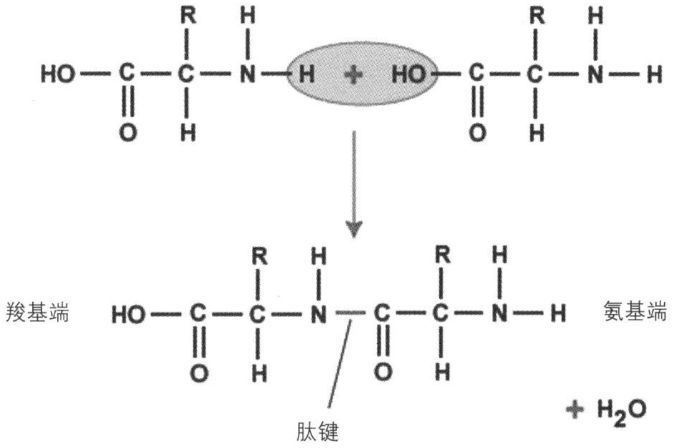

图 2-3 肽键的形成。一个氨基酸上羧基的一OH 基团和另一个氨基酸氨基上的一个氢原子从各自的氨基酸分子上脱落下来，结合成一个水分子，两个氨基酸分子余下的部分彼此结合，形成由两个氨基酸残基组成的分子，叫做"二肽"。连接这两个氨基酸残基的化学键叫做肽键。肽分子中含有自由氨基的一端叫氨基端（N-terminus），含有自由羧基的一端叫羧基端（C terminus）。图中的 R 表示侧链

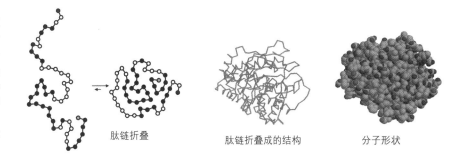

图 2-4 肽链折叠成为蛋白质的空间结构。左图为肽链折叠示意图。肽链中每个圆圈代表一个氨基酸残基，白色的代表亲水的氨基酸，黑色的代表亲脂（疏水）的氨基酸。在肽链折叠时，疏水的氨基酸位于分子内部，亲水的氨基酸位于分子外部，形成三维结构。中图：一种肽链的实际折叠情形，只有肽链的走向被画出来。右图：折叠成的蛋白质分子的形状（填充型，即把分子表面原子的位置和形状画出来）

肽链折叠　　　　肽链折叠成的结构　　　　分子形状

图 2-5 α-螺旋和 β-折叠。在左图中，肽键之间的氢键用虚线表示。右图为蛋白质分子的结构图（缎带型画法），其中 α-螺旋的节段用螺旋表示，β-折叠用带箭头的缎带表示，箭头的方向表示肽链从氨基端到羧基端的方向。没有这两种结构的肽链部分用弯曲的细线表示

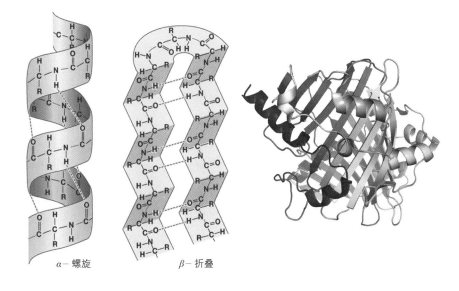

α-螺旋　　　　β-折叠

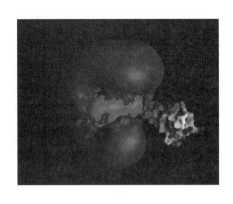 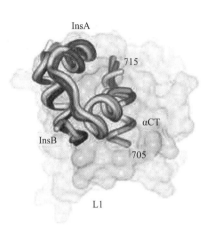

图 2-6　蛋白质分子与其他分子的结合。左图为胰蛋白酶与要被水解的蛋白结合，右图为胰岛素与胰岛素受体的结合

正电。这个分子不带电的地方，蛋白质对应的地方也不带电。这样形状加电荷匹配，蛋白质就可以在细胞里面千千万万种分子当中，找到能够与自己特异作用的分子，例如胰蛋白酶（trypsin）和它要水解的蛋白质分子之间的特异结合，以及胰岛素与细胞表面的胰岛素受体之间的结合（图 2-6）。

蛋白质结合特定的分子之后，如果蛋白质还能够帮助化学反应的发生，这个蛋白质就有催化功能而被称之为酶（enzyme）。被催化的反应物分子就叫做底物（substrate）。过去认为酶都是蛋白质。在 RNA 的催化性能被发现以后，具有催化功能的 RNA 也被称为酶（见第一章第四节）。所以现在酶的概念是指能够催化化学反应的生物物质。

酶是怎样催化化学反应的呢？化学反应要破坏分子中原来的一些化学键，形成新的化学键。例如在蛋白质的合成中，要破坏氨基（—NH_2）上氮原子和其中一个氢原子之间的化学键，破坏羧基（—COOH）中碳原子和羟基（—OH）之间的化学键，去掉了羟基的羧基和去掉一个氢原子的氨基彼此结合，就形成了肽键（—CONH—），而脱下来的羟基和氢原子则彼此结合形成水分子（见图 2-3）。在蛋白质被消化成氨基酸时，相反的反应发生，水分子中氧原子和一个氢原子之间的化学键被破坏，肽键也被破坏，重新恢复氨基和羧基。这就是蛋白质的水解（hydrolysis）。

但是破坏化学键是需要能量的。破坏一个共价键（由电子分享形成的化学键）需要每摩尔数百千焦（kJ）的能量。而在室温下，分子热运动的能量只有约 1.3 千焦，不足以破坏共价键。所以蛋白质在水中不会自动水解，葡萄糖在水中也不会自动分解。但是如果它们结合在酶分子上，通过酶分子上氨基酸的侧链与底物分子上有关的原子相互作用，将化学反应分为几步，每一步需要的能量都比较少，破坏化学键所需要的能量就可以通过分子热运动的能量来供给，化学反应

也就可以在室温或体温下进行了。从这个意义上讲，酶分子上面的这些侧链有点像外科医生的手术刀，可以对反应物分子进行"手术"。我们吃饭后消化食物，葡萄糖在细胞内被氧化成水和二氧化碳，都是酶催化的结果。通过酶的催化作用，化学反应的速度可以提高上百万倍甚至上亿倍。

在有的化学反应中，例如和电子传递有关的氧化还原反应，即使 20 种侧链也无能为力了，这时候蛋白质就会去"搬救兵"，结合一些金属原子或者一些非蛋白的化合物，让它们参与催化反应。这些结合在酶分子上，帮助酶催化反应的物质就叫做辅基（prosthetic group）。例如催化氧化还原反应的酶常常用铁和硫形成的铁硫中心（iron-sulfur center）作为辅基；给分子加上氧原子的细胞色素 P_{450} 含有血红素（heme）辅基（图 2-7）；固氮酶含有铁原子或者钼原子加铁原子等。许多金属原子在非生物的环境中就有催化作用，例如铁、钴、镍、铜、钼就在化学工业中被广泛用作催化剂。在宇宙中，有机物的形成也与这些非蛋白质的催化剂有关，酶只不过把一些具有催化作用的金属原子拿过来，收入自己的"武器库"而已。有了辅基的帮助，酶能够催化的反应类型几乎是无限的。

正是由于原核生物利用蛋白质来催化绝大多数的化学反应，它们才如此强大的生命力。而且由于蛋白与底物的结合是高度特异的，每种酶只催化一种反应，而不会"多管闲事"，去干涉其他的化学反应，

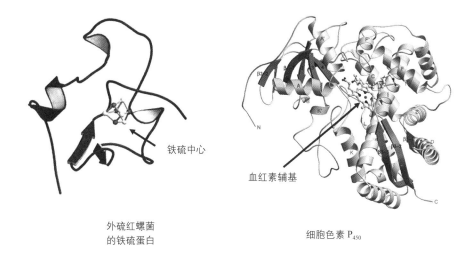

铁硫中心

血红素辅基

外硫红螺菌
的铁硫蛋白

细胞色素 P$_{450}$

图2-7 带辅基的酶。左图为外硫红螺菌（Ectothiorhodospira）的铁硫蛋白，其中含有由4个铁原子和4个硫原子组成的铁硫中心。右图为一种细胞色素 P$_{450}$ 的结构，其中含有血红素辅基

生物体内的化学反应才可以精确有控地进行。原核生物用蛋白质来取代 RNA 的催化作用，具有重大意义，是原核生物建立的"功勋"之一。从原核生物到高等动物再到人，都毫无例外地使用蛋白质来催化绝大多数的生命活动。可以说，没有蛋白质就没有现代意义上的生命，这说明原核生物当初的选择是完全正确的。

第四节　RNA 和蛋白质的华尔兹

蛋白质能够催化几乎任何化学反应，按理说催化自己的生成也应该不成问题。但是出人意料的是，蛋白质不能够催化自己的合成！这倒不是因为蛋白质没有把氨基酸连在一起的能力，例如细胞里面有一种重要的分子，叫做谷胱甘肽（glutatione），就是由蛋白质催化合

成的。谷胱甘肽由三个氨基酸单位组成，分别是谷氨酸、半胱氨酸、和甘氨酸（见图2-8）。由于它只有三个氨基酸单位，所以还不够蛋白质的"资格"，而只能被称为"肽"。有几个氨基酸就叫做几肽，所以谷胱甘肽是个三肽。即使要把这三个氨基酸连在一起，也需要两个酶的催化。第一步，γ-谷氨酰半胱氨酸合成酶把谷氨酸和半胱氨酸连在一起，形成谷胺酰半胱氨酸这个二肽。再由谷胱甘肽合成酶把甘氨酸加到这个二肽上，形成谷胱甘肽。这个例子说明，由蛋白质组成的酶是可以合成肽链的。既然肽链可以被蛋白质合成，为什么蛋白质的合成就不行呢？

这是因为合成谷胱甘肽的方法不能被扩大到蛋白质的合成上。在合成谷胱甘肽时，γ-谷氨酰半胱氨酸合成酶上面同时有谷氨酸和半胱氨酸的结合点，而且这些结合点把两个氨基酸的位置安排得恰到好处，再经过酶的催化，这两个氨基

酸就连在一起了。谷胱甘肽合成酶上同时有谷胱二肽的结合点和甘氨酸的结合点，它们彼此之间的位置也是恰到好处，所以可以把甘氨酸和二肽连在一起，形成谷胱甘肽（图2-8）。

现在假设我们要合成一个由5个氨基酸组成的蛋白质，其中的氨基酸依次是 ABCDE（这样写只是为了叙述方便，其实其中的一些字母，例如 B，并不真的代表一种氨基酸）。合成 AB 时需要一个酶，同时结合 A 和 B。合成 ABC 时需要另一个酶，同时结合 AB 和 C。到这一步，合成过程和谷胱甘肽的过程是一样的。但是合成 ABCD 就需要第三个酶同时结合 ABC 和 D，合成 ABCDE 还需要第四个酶同时结合 ABCD 和 E，余此类推（图2-9）。

这样，要合成由 N 个氨基酸组成的蛋白，就需要 N-1 种酶，而且要结合的肽链也越来越长。对于有几百个氨基酸单位的蛋白质来讲，这显然是不切实际的。这还是只对一种蛋白质的合成，而细胞里有几千种的蛋白质，用这种方法来合成所有这些蛋白质更不可能。况且合成蛋白质的酶自己也是蛋白质，它们又如何被合成呢？所以走谷胱甘肽合成的这条路来合成蛋白质是行不通的。

RNA 虽然可以把氨基酸连起来，形成蛋白质，但是如果没有一种机制来规定氨基酸被加上去的顺序，这样合成的蛋白质中氨基酸的排列顺序只能是随机的。这样随机形成的蛋白质中会有一些具有生命所需要的性质（例如催化功能），在生命的早期也许起过作用，但是随

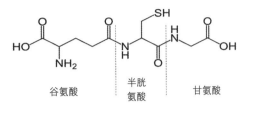

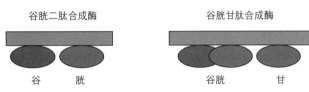

图 2-8 谷胱甘肽的合成的两个步骤。上图为谷胱甘肽的分子结构，下图表示谷胱甘肽的合成需要两个酶的作用

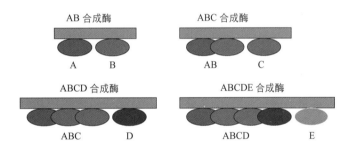

图 2-9 一种假设的由蛋白质催化合成肽链 ABCDE 所需要的酶和步骤

着生命的化学系统逐渐定型，对蛋白质序列的要求就越来越严格。有时一个氨基酸单位的改变都会影响蛋白质的功能，例如人的镰状细胞贫血症（sickle-cell anemia）就是血红蛋白中一个谷氨酸单位被缬氨酸取代而引起的。所以要合成具有一定氨基酸顺序的蛋白质，必须要有含有这个序列的严格指令。

蛋白质中的氨基酸序列本身就包含有这个信息，如果这个信息可以被读取，蛋白质也可以被用作模板来复制自己。假设每一种氨基酸都可以结合同样的氨基酸，那么蛋白质伸开的肽链就可以把各种氨基酸按照自己的顺序排列起来，再由 RNA 把这些氨基酸连在一起。但这只是一种假设，氨基酸并不能结合与自己相同的氨基酸。蛋白质作为一个整体的确可以结合氨基酸，前面所说的谷胱甘肽合成酶就是一个例子，但在这样的结合中一个氨基酸对应的不是一个氨基酸，

而是肽链卷曲以后由多个氨基酸组成的结合区。肽链的正确卷曲还有其他氨基酸的参与，所以蛋白质要结合一个氨基酸，需要整个蛋白质作用。由于这个原因，蛋白质是不能作为模板来指导自己的复制的。换句话说，由于蛋白质中的氨基酸之间没有如 RNA 分子中碱基之间那样的配对机制，蛋白质里面的信息（氨基酸的排列方式）并不能被读取，信息必须储存在别的分子中。

RNA 由 4 种核苷酸（腺苷酸、鸟苷酸、胞苷酸、尿苷酸，分别用字母 A、G、C、U 代表）线性相连组成，好像由 4 个字母写成的长句子，其排列的顺序就可以用来储存信息。例如 AGC 代表一个意思，GCC 又代表另一个意思，就像 24 个英文字母按照不同顺序排列，可以组成不同的词一样。用这种方式，蛋白质中氨基酸的顺序就可以储存在 RNA 分子中。那么需要几个"字母"来代表一个氨基酸呢？RNA 里面只有 4 种核苷酸，两个核苷酸只有 16 种（4×4）排列方式，而氨基酸却有 20 个，显然是不够的。如果用三个核苷酸来决定一个氨基酸，就有 64（4×4×4）种排列方式，在决定氨基酸种类上是富富有余了，所以现在的生物都使用密码子（triplet code，又称三连码）来为蛋白质中氨基酸的序列编码。这些为蛋白质编码的密码子类似于电报的密码，叫做密码子（codon）。由于 64 远大于 20，许多氨基酸由多个密码子来编码，第 3 个字母可以不同，例如 CAU 和 CAC 都代表组氨酸，AAA 和 AAG 都代表赖氨酸。许多氨基酸还有 4 个密码子，例如 GCU、GCC、GCA、GCG 都代表丙氨酸（图 2-10）。不过可以储存信息是一回事，能不能读取信息又是另一回事。蛋白质中氨基酸的排列顺序也是一种信息，只是细胞无法读取，如果储存在 RNA 分子中核苷酸序列里的信息也没有方法被读取，这样的信息仍然没有用处。

在这里，早期的生物有另一个"幸运"，就是有催化作用的 RNA 可以把氨基酸连在一个小 RNA 分子上。这个小 RNA 分子上面又有几个核苷酸专门用来和储存蛋白质氨基酸顺序的 RNA 分子上的密码子配对，例如小 RNA 分子上的 ACU 就可以和编码 RNA 分子上的 UGA 配对，这样就可以把氨基酸带到 RNA 分子附近(见图 2-11)。这几个通过碱基配对而和密码子结合的核苷酸序列就叫做反密码子（anticodon），是小 RNA 分子读

20 种氨基酸的密码子表					
第一个字母	第二个字母				第三个字母
	U	C	A	G	
U	苯丙氨酸	丝氨酸	酪氨酸	半胱氨酸	U
	苯丙氨酸	丝氨酸	酪氨酸	半胱氨酸	C
	亮氨酸	丝氨酸	终止	终止	A
	亮氨酸	丝氨酸	终止	色氨酸	G
C	亮氨酸	脯氨酸	组氨酸	精氨酸	U
	亮氨酸	脯氨酸	组氨酸	精氨酸	C
	亮氨酸	脯氨酸	谷氨酰胺	精氨酸	A
	亮氨酸	脯氨酸	谷氨酰胺	精氨酸	G
A	异亮氨酸	苏氨酸	天冬酰胺	丝氨酸	U
	异亮氨酸	苏氨酸	天冬酰胺	丝氨酸	C
	异亮氨酸	苏氨酸	赖氨酸	精氨酸	A
	甲硫氨酸（起始）	苏氨酸	赖氨酸	精氨酸	G
G	缬氨酸	丙氨酸	天冬氨酸	甘氨酸	U
	缬氨酸	丙氨酸	天冬氨酸	甘氨酸	C
	缬氨酸	丙氨酸	谷氨酸	甘氨酸	A
	缬氨酸（起始）	丙氨酸	谷氨酸	甘氨酸	G

图 2-10　为氨基酸编码的核苷酸密码子

取 RNA 分子中密码子信息的工具。如果每一种氨基酸都对应小 RNA 分子上特定的反密码子，这些氨基酸就可以被带到 RNA 分子上为自己编码的密码子附近，并且按照 RNA 分子上面密码子的顺序排列起来。如果这时有第三个 RNA 分子能够把这些氨基酸连起来，就可以合成蛋白质。由于氨基酸的顺序是按照编码 RNA 分子上密码子的顺序决定的，mRNA 分子就可以准确地指导蛋白质的合成，RNA 分子中为蛋白质编码的信息就可以被读取了。

由于每一种蛋白质都有自己特有的氨基酸序列，这意味着每种蛋白质都需要专门为自己编码的 RNA 分子。这应该不是个问题。同一个 mRNA 分子可以被重复使用，合成多个蛋白质分子，理论上每种蛋白质有一个为它编码的 RNA 分子就够了，所以细胞储存这些信息并不需要太多的资源。

这个机制还真的被原核生物采用了。原核生物细胞中蛋白质的合成，是在一种叫做核糖体(ribosome)的结构中进行的。核糖体是由 RNA 和蛋白质组成的巨大复合物。原核生物的核糖体分为“大亚基”和“小亚基”两大部分（参看图 1-9），其中小亚基含有 1 个由 1540 个核苷酸组成的 RNA 分子和 21 个蛋白质分子，大亚基含有两种 RNA 分子，分别由 120 个和 2900 个核苷酸组成，以及 31 个蛋白质分子。核糖体里面的蛋白质没有催化作用，而是帮助整个结构的稳定。核糖体里的 RNA rRNA 才是催化蛋白质合成的分子。为蛋白质编码的 mRNA 结合于核糖

体，在那里指导蛋白质的合成。合成蛋白质所需要的氨基酸则被与它相连的小 RNA 分子——转运 RNA（transfer RNA，简称 tRNA），转运到 mRNA 分子附近，通过 tRNA 上的反密码子和 mRNA 上的密码子结合。大亚基上由 2900 个核苷酸组成的 rRNA 有催化功能，可以把这些氨基酸连在一起，这样就能够准确地按照 mRNA 中的信息合成蛋白质，而且几乎没有误差（图 2-11）。因此蛋白质肽链的合成是由三种 RNA 分子（mRNA、tRNA、rRNA）协同完成的。这个机制是如此成功，所以不仅原核生物首先使用，地球上所有的其他生物也都继承了这个机制。这个合成蛋白质机制的发展和完善，是原核生物的又一大功劳。

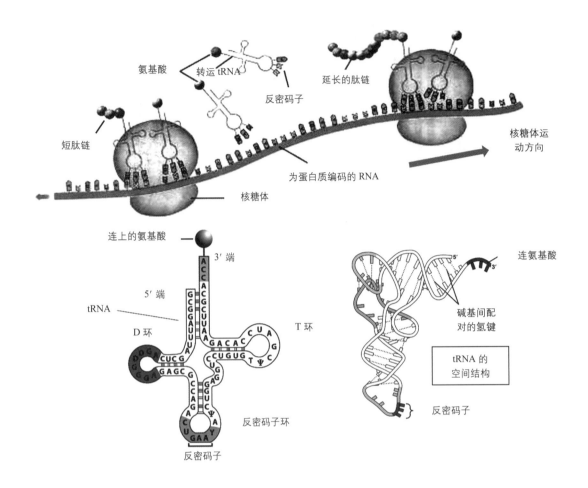

图 2-11　RNA 指导蛋白质合成。氨基酸先被连接到 tRNA 分子上，通过 tRNA 分子上的反密码子与 mRNA 分子上的密码子配对，把氨基酸带到 mRNA 附近，由核糖体中的 RNA（rRNA）把这些氨基酸连在一起，形成肽链。左下为苯丙氨酸 tRNA 的结构，显示 tRNA 分子内的碱基配对使分子形成三叶草的形状，右下为 tRNA 的实际空间形状

在生命出现的早期，RNA 催化自己的复制，并且催化蛋白质的合成。到了原核生物，RNA 分子的合成已经不再由别的 RNA 分子催化，而改用蛋白质来催化，但是 RNA 催化肽链合成的功能却一直保留。离开 RNA，就没有蛋白质的合成；而没有蛋白质，RNA 也无法合成。现在所有生物体内的 RNA，都是由蛋白质催化合成的，而所有的蛋白质又是 RNA 催化形成的。RNA 和蛋白质之间跳的这种"华尔兹"是所有现代生命的基础。

第五节　DNA 取代 RNA 成为遗传物质

RNA 用密码子来储存蛋白质中氨基酸序列的信息，是生命发展过程中极其重要的一步。它不但能够用这个信息指导蛋白质的合成，而且由于 RNA 能够复制自己，还可以把这些信息传给下一代的细胞，也就是作为遗传物质。但是 RNA 作为储存信息的分子也有缺点，就是它在水中不是很稳定的，会逐渐分解为组成它的核苷酸。而作为储存信息和遗传物质的分子，应该有高度的稳定性。所以 RNA 分子需要改进，这就需要知道为什么 RNA 分子在水中不是很稳定的。

每种核苷酸都由 3 个部分组成，分别是碱基、核糖和磷酸。4 种核苷酸的核糖和磷酸部分都是一样的，差别只是在碱基部分，分别是腺嘌呤、鸟嘌呤、胞嘧啶和尿嘧啶。碱基和核糖连成的分子叫核苷（nucleoside），核苷再连上磷酸叫核苷酸（nucleotide）（参看图 1-11）。

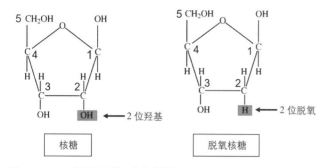

图 2-12　RNA 分子中核糖 2 位上的羟基

影响 RNA 分子稳定的，主要是核糖上的自由羟基。

核糖（ribose）是 5 碳糖，骨架由 5 个碳原子线性相连组成，可以形成环状结构。在 5 个碳原子中，1、2、3、5 位的碳原子上连有羟基。在这 4 个羟基中，1 位的羟基在和碱基相连时被用掉，3 位和 5 位的两个羟基分别通过磷酸和上下两个核苷酸的核糖相连，这样就只剩下 2 位的羟基。这个自由的、还未使用的羟基就是核苷酸的"武器"，为 RNA 分子的催化能力所必需（图 2-12 左）（参看图 1-13）。

但是正是因为它能够活跃地参与化学反应，它也能够攻击 RNA 自己，破坏把核苷酸连起来的磷酸二酯键，使核苷酸之间的联系断开（水解）。这是 RNA 分子在水中不是很稳定的根本原因。如果这个自由羟基能够被除掉，就相当于敲掉了 RNA 分子催化化学反应的"牙齿"，RNA 分子就稳定了。

在生物演化的过程中，为 RNA 分子"敲牙齿"的酶出现了，它就是核糖核苷酸还原酶（ribonucleotide reductase）。它可以把核苷酸中核糖上 2 位的羟基去掉，换为氢原子。这相当于核糖失去了一个氧原子，由于这个原因，这个羟基被氢原子置换了的核糖就叫做脱氧核糖（deoxyribose，deoxy- 就是脱氧的意思）（见图 2-12 右），含有脱氧核糖的核苷酸叫脱氧核苷酸（deoxynucleotide）。由脱氧核苷酸组成核酸就叫脱氧核糖核酸（deoxyribonucleic acid，简称 DNA），DNA 的名字就是这么来的。所以"脱氧"核糖核酸这个名称并不是说 DNA 分子里面没有氧原子，而是指里面每个核苷酸的核糖少了一个氧原子。细胞在合成 DNA 时，不

是首先合成 DNA 的组成成分脱氧核苷酸，而是先合成 RNA 的组成成分核苷酸，再通过核苷酸还原酶把核苷酸变成脱氧核苷酸。这也支持 RNA 分子在先，DNA 是由 RNA 演化而来的想法。RNA 变为 DNA 时，不仅核糖上的那个羟基被去掉了，核苷酸中的尿苷酸里的尿嘧啶也被胸腺嘧啶（thymine，用字母 T 代表）取代，所以脱氧胸苷酸取代了尿苷酸，成为 DNA 的组成成分。

DNA 分子不但稳定，也失去了催化的能力，只能"老老实实"地做储存信息的分子。DNA 分子有多稳定，可以从下面的例子看出来。人类有一个近亲，叫做尼安德特人（Neanderthals，以最初发现他们化石的德国地名 Neaderthal 命名），大约在 3 万年前灭绝。从一个 13 万年前尼安德特人留下来的脚趾的趾骨，科学家提取了 DNA 样品，并且从这个样品测定了尼安德特人的全部 DNA 序列。这说明经过 13 万年的时间，尼安德特人的 DNA 分子仍然基本完整！

DNA 分子的稳定除了是由于核糖上的羟基被去除掉以外，还和 DNA 双螺旋（DNA double helix）结构有关。RNA 分子要执行各种生理功能，是以单链形式存在于细胞中的。它通过分子内部碱基的配对（A 和 U 彼此结合，C 和 G 彼此结合）形成各种三维结构（见图 1-12 和图 2-11）。DNA 的作用只是储存信息，就没有必要再形成只有单链分子才能形成的各种三维结构。在原核生物演化的过程中，还出现了一种酶，叫 DNA 聚合酶（DNA polymerase）。它可以用单链 DNA 为模板，合成另一条 DNA 链。这条新 DNA 链中的碱基和原来那条 DNA 链对应位置上的碱基是互补的：原来是碱基 A 的地方，新链是碱基 T，原来是 C 的地方，新链是 G。新的 DNA 单链被合成后，并不像新合成的 RNA 分子那样和模板分子分开，而是通过 A-T 和 C-G 碱基配对而和模板 DNA 链结合在一起，彼此缠绕成为 DNA 双螺旋（图 2-13）。

从第一章第四节可以知道，碱基配对在 RNA 分子中就出现了，功能是使 RNA 分子形成各种三维结构。DNA 只是继承了 RNA 分子的这个特性，改用来形成双螺旋，所以碱基配对并不是 DNA 分子的发明，也不是 DNA 分子出现后才出现的。

双螺旋的形状就像一根长长的麻花，所有的碱基配对都发生在两条链之间，即"麻花"的中心部位。由于

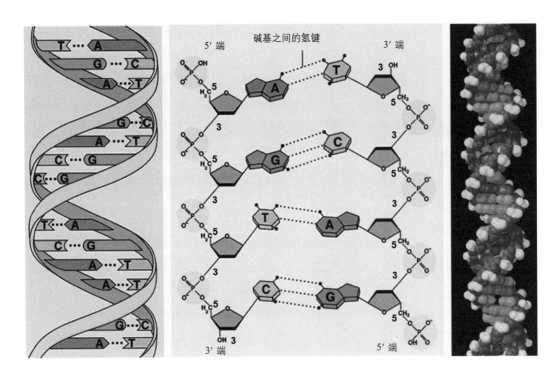

图 2-13　DNA 双螺旋。中间为 DNA 分子中的碱基配对，将两根 DNA 单链结合到一起。左图为 DNA 双螺旋中碱基配对图示。右图为 DNA 双螺旋的分子模型

核苷酸里面的碱基的形状都是平面的，而且在性质上是亲脂的，DNA 形成双螺旋还有一个后果，就是这些碱基可以像薄片一样彼此叠在一起，通过色散力结合，进一步增加了 DNA 双螺旋的稳定性。而在 RNA 分子中，由于单链的 RNA 会在分子的不同区段之间进行碱基配对，形成各种三维结构，这样的碱基重叠就不容易发生。有了这些原因，在水溶液中的 DNA 双螺旋就是非常稳定的结构，要加热到 90℃ 以上才能把两条链分开，所以非常有利于作为储存信息的分子。DNA 的双螺旋结构是英国科学家华生（James D. Watson）和克里克（Francis Crick）于 1953 年发现的，他们也因此获得了 1962 年的诺贝尔生理或医学奖。

不过这样的 DNA 双螺旋也有一个问题，就是 DNA 的末端。像由多股线编成的绳子一样，在末端这两股链容易分开。为了解决这个难题，原核生物的 DNA 是环状的，无始无终，也就没有末端的问题。

DNA 链的方向性

在 DNA 的双螺旋中，两条 DNA 链的方向是相反的。DNA 单链是由脱氧核苷酸线性相连组成的，方向性是怎么来的呢？原来 DNA 链中的磷酸根，是分别与两个脱氧核糖分子上面第 5 位和第 3 位的羟基相连的。在图 2-13 中图的左下，第一个脱氧核糖是用它的 5 位羟基和磷酸根相连，所以它第 3 位碳原子上的羟基没有被使用，是完整的。左上的核糖只用了它第 3 位碳原子上的羟基和链中的磷酸根相连，成为 DNA 链的末端，而它 5 位羟基相连的磷酸根不再与脱氧核糖相连，是"自由"的。这样，由脱氧核苷酸组成的 DNA 链就有了方向性。具有第 3 位自由羟基的那一端就叫做 3′ 端（3′terminal），而含有自由磷酸根的那一端就是 5′ 端（5′terminal）。

其实 DNA 单链的方向源自 RNA 分子。核苷酸在彼此相连成为 RNA 的线性分子时，就是 5 位羟基上的磷酸和另一个核苷酸上 3 位的羟基相连，所以已经有 5′ 端和 3′ 端。DNA 中单链分子的方向，是从 RNA 分子那里继承过来的。

在合成 DNA 单链时，是新的脱氧核苷酸上的磷酸与 DNA 链 3′ 端的自由羟基相连，所以 DNA 的合成是向 3′ 方向延长。DNA 的双螺旋中，如果从同一头看起，一条 DNA 链的方向是从 5′ 到 3′，另一条 DNA 链的方向则是从 3′ 到 5′。DNA 在复制自己时，用作模板的 DNA 链是从 3′ 到 5′ 方向被复制，而新合成的 DNA 则按从 5′ 到 3′ 的方向被延长（图 2-14 上）。

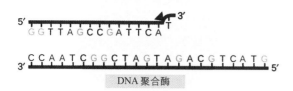

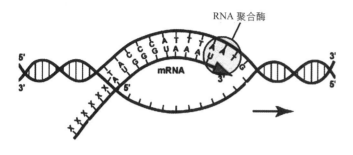

图 2-14　新 DNA 链（上）mRNA 链（下）的合成。DNA 聚合酶以单链 DNA 为模板合成新的互补链 DNA，新链延长的方向是从 5′ 端到 3′ 端。RNA 聚合酶以负链 DNA 为模板，合成 mRNA 分子，mRNA 分子延长的方向也是从 5′ 端到 3′ 端。由于 DNA 分子是以双螺旋形式存在的，在合成新的 DNA 链或者 mRNA 链之前，两条 DNA 链必须分开

原核生物上的细胞在分裂前，DNA 的两条链分开，各自作为模板，合成新的 DNA 链。新合成的 DNA 链和作为模板的 DNA 链结合在一起，就形成了两份 DNA 双螺旋，分别进入两个"子"细胞。这样，DNA 不仅可以作为储存信息的分子，还可以通过复制把信息传给下一代，因而也可以作为遗传物质。生物的遗传信息，是通过 DNA 传给后代的。

DNA 分子中的信息如何转移回 RNA 呢？这就要靠一种叫做 RNA 聚合酶（RNA polymerase）的蛋白质。它以单链 DNA 为模板，合成 RNA 分子，类似于 DNA 复制时的情形。新 RNA 链的合成也是从 5′ 端开始，向 3′ 的方向延长（图 2-14 下）。DNA 中的两条链中，含有为蛋白质编码序列的链叫做"正链"，和正链互补的那条链叫"负链"。在合成 RNA 分子时，是以负链为模板，这样合成出来的 RNA 才有和正链相同的核苷酸序列。这样，DNA 分子中为蛋白质编码的信息就被转移到 RNA 分子上，用来在核糖体中指导蛋白质的合成。这就是现代分子生物学中经典的 DNA—RNA—蛋白质信息传递链。其实在 DNA 出现之前，为蛋白质编码的 RNA 分子就已经存在了，而且直接指导蛋白质合成的分子，所以它本来是 DNA 的"祖宗"，现在不过是信息在 DNA 那里转了一圈，又回到 RNA 分子而已。

用蛋白质取代 RNA 的大部分催化功能，用 DNA 取代 RNA 储存信息的功能，DNA、RNA 和蛋白质这三种分子之间的分工合作，形成了完美的信息储存、传递和执行系统。这是原核生物的功劳，地球上所有的生物，包括人类自己，都一直在使用这个系统。

第六节　随机应变的基因调控

DNA 取代 RNA，储存原核生物细胞中所有蛋白质的信息，即 DNA 能够为细胞中所有的蛋白质编码，但是只有这样的信息还不够。细胞的状况是在不断变化的，例如处于生长期和分裂期的细胞所需要的蛋白质就不同。把它们同时生产出来，不仅是浪费，有时还会造成互相干扰。"食物"的种类变化时，利用这些食物分子的蛋白质（酶）也需要更换。所以在任何时候，细胞只生产这些蛋白质中的一部分，这就需要一个控制机制，按需要生产蛋白质。

从 DNA 中的信息到 mRNA 中的信息再到蛋白质的生产，首先要把位于 DNA 分子上的信息转录到 mRNA 分子上。这个任务是由 RNA 聚合酶来执行的。问题是，DNA 不过是由 4 种脱氧核苷酸组成的线性分子，RNA 聚合酶怎么知道从哪里开始转录所需要的蛋白质信息呢？为了解决这个问题，在为蛋白质编码的 DNA 序列前，还出现了一些特殊的 DNA 序列，它们可以结合一些蛋白质分子，这些蛋白质分子再"召集"RNA 聚合酶，让它结合到 DNA 特定的位置上，开始 DNA 的转录，合成 mRNA。这些起控制作用的 DNA 序列就叫做启动子（promoter），意思是启动转录。结合到启动子上，控制 DNA 转录的蛋白质则叫做转录因子（transcription factor）。有的转录因子可以使转录过程开始，相当于把基因"打开"，叫做激活因子（activator）。有的转录因子能够阻止转录过程的开始，相当于把基因"关闭"，叫做阻遏因子（repressor）。为不同的蛋白质编码的 DNA 序列有不同的启动子，结合不同的转录因子，这些为蛋白质编码的 DNA 序列就可以选择性地被转录了。为一种蛋白质编码的 DNA 序列，连同起控

制作用的 DNA 序列（启动子），就叫做这种蛋白质的基因（gene）。控制基因开关的机制叫做基因调控（gene regulation），把基因里面为蛋白质编码的信息实现为该蛋白质合成的过程叫做基因表达（gene expression）。我们说某个基因被表达了，就是说它里面的信息被释放出来了。表达一般是指蛋白质的合成，但是有些 DNA 序列被转录成 RNA 分子后，这些 RNA 分子并不去指导蛋白质的合成，而是以 RNA 分子的身份起作用，例如核糖体里面的 RNA（rRNA）和转运 RNA（tRNA）。为这些 RNA 储存序列信息的 DNA 序列和它的控制序列也被称为基因。所以基因不只是为蛋白质编码，也可以为 RNA 编码。

在原核生物中，常常是几个功能相关的基因排列在一起，共用一个启动子，这样启动子就可以同时表达一组功能相关的基因。这种由一个启动子控制几个彼此相关基因的 DNA 结构叫做操纵子（operon），大肠杆菌的乳糖操纵子就是基因的表达随食物种类变化的好例子。

大肠杆菌最喜欢的食物是葡萄糖。葡萄糖既可以提供能量，又可以作为合成有机物时碳原子的来源。但是在没有葡萄糖的情况下，大肠杆菌也能利用乳糖。大肠杆菌中和利用乳糖有关的基因有好几个，其中一个基因的产物(lacZ)能够把乳糖分解为半乳糖和葡萄糖；另一个基因的产物(lacY)可以把乳糖从细胞外转运到细胞内，第 3 个基因的产物（lacA）可以在半乳糖上加上一个乙酰基。这些基因依次相连，共用一个启动子，组成乳糖操纵子（Lac operon）。在没有乳糖的情况下，一个阻遏因子结合在转录开始的地方（DNA 序列为 TGGAATTGTGAGCGGATAACAATT，即阻遏序列），阻止 RNA 聚合酶的工作，这样利用乳糖的蛋白质就不能被合成，以免浪费资源去生产用不到的蛋白质。在有乳糖的情况下，乳糖分子能够结合在阻遏因子上。乳糖的结合使阻遏因子蛋白质的形状改变，不再能够结合在 DNA 上。这样 RNA 聚合酶就可以结合在 DNA 上面，开始转录，进而生产利用乳糖的蛋白质（图 2-15）。

不过乳糖操纵子中的启动子的功能不强，需要激活因子来增强它。在葡萄糖浓度很低的情况下，细胞内会产生大量的环腺苷酸（cAMP）。cAMP 可以结合在另一个蛋白质——cAMP 受体蛋白（cAMP receptor protein，CRP）上。由 cAMP 和 CRP 组成的蛋白质复合物就成为激活因子，可以结合到启动子中一个 DNA 激活序列 GTGAGTTAGCTCAC 上，促进基因的转录，使细胞去利用乳糖。如果有葡萄糖，cAMP 的浓度就会降低，形成的 cAMP-CRP 复合物的数量也很少，不能促进乳糖操纵子中基因的转录，利用乳糖的酶就会减少，细胞也就转而利用葡萄糖了。

基因调控机制的建立，是原核生物的伟大发明，地球上的生物才因此能够根据需要合成相应的酶，对外界环境的变化做出适当的反应。真核生物基因调控的机制使用的是和原核生物同样的原理，也是通过转录因子与基因启动子的结合来控制基因的"开"和"关"。不过真核细胞的活动要比原核细胞复杂得多，基因调控的机制也更复杂，所使用的转录因子的种类

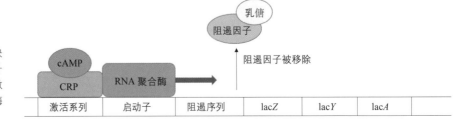

图 2-15　大肠杆菌的乳糖操纵子。在葡萄糖缺乏的情况下，细胞中环腺苷酸 cAMP 的浓度升高，cAMP 结合在其受体蛋白上，使其变为激活因子，结合于 DNA 上，促进 RNA 聚合酶的工作

也更多。真核生物的基因是分别控制的，即每个基因都有自己的启动子，以实现更为精细的调控。

第七节　细胞的"墙壁"和"门户"

原核生物的细胞里面含有 DNA、RNA 和蛋白质等生物大分子，以及一些盐类分子如氯化钠、氯化钾等。原核生物要生存，一个必要条件就是细胞的内容物要和环境分开，这样细胞里面的分子才不会被稀释到环境中去。这就需要原核生物有一个自己的"墙壁"，由它包围形成一个属于生物自己的小空间，这就是细胞。出于这个原因，所有的原核生物都是由细胞构成的。另一方面，原核生物也需要细胞外的物质源源不断地进入细胞，新陈代谢产生的废物也需要不断地被排出到细胞外面。这就要求这个"墙壁"不能"密不透风"，而是有"门户"供物质进出。在第一章第三节中我们已经谈到，模仿星际空间的条件，就可以生成能够在水中形成小囊泡的物质（见图 1-8），说明组成细胞膜的物质可以在自然条件下生成。原核生物又将这些物质完善，完美地解决了细胞膜的"墙壁"作用和通透性的问题，这就是由磷脂组成的细胞膜和它上面的通道蛋白质。

我们在第一章第三节里讲过，亲脂力（弥散的电荷作用力）和亲水力（相对固定的点电荷之间的作用力）彼此配合，就有可能在水中形成空间结构。如果在一个分子上既有亲水的部分，又有亲脂的部分，即两性分子，其亲水的部分可以处在结构表面，和水直接打交道，而亲脂的部分由于受到水分子的排斥，被"赶"到一起，处于结构内部，彼此以色散力相吸引，并且从内部"拉住"分子的各个部分，这两种作用相互配合，就能在水中形成相对稳定的结构。

脂肪酸（fatty acid）是两性分子。它的亲脂部分是由 16 或 18 个碳原子组成的长链，上面再连上氢原子。它的亲水部分是一个叫做"羧基"的"头部"（见图 1-7）。我们可以把这个分子想象成一根火柴，火柴杆亲脂，火柴头亲水。在中性（pH 7）的环境中，羧基上的氢原子会有一部分把电子完全给氧原子，形成氢离子而脱离脂肪酸，这样失去氢离子的脂肪酸头部就会带负电。当脂肪酸的分子被放到水中时，亲脂的火柴棍被水"排挤"，彼此聚到一起，通过色散力相互吸引，形成一个亲脂的内部。而亲水的火柴头则排列在外面，与水亲密接触。对于亲脂的火柴杆来讲，它们越是整齐排列，色散力越强，所以火柴杆趋向于彼此平行。而火柴头由于带负电，彼此排斥，趋向于增加火柴杆之间的距离。这两种力量平衡的结果就是形成一种球形结构，火柴杆指向球心，火柴头排列在球面上。脂肪酸在水中也可以形成双层膜，包裹一些水在内部，形成小囊泡（见图 1-7）。不过由脂肪酸形成的囊泡不很稳定，内部空腔很小甚至没有空腔，作为细胞膜不是很理想的，原核生物的细胞膜也不是由脂肪酸组成的。

如果亲脂的部分增加到两根火柴杆，而且共用一个火柴头，火柴杆之间的吸引力就会更强，更容易彼此平行排列，而火柴头占的空间是原来的一半，彼此的排斥力也会更弱。这两种力量变化的结果就是更容易形成近似平面的结构。但是火柴杆的另一头由于没有亲水的头部，仍然要与水接触，而这种情况是不稳定的。一个解决办法是平面结构中火柴杆没有头的那一端与另一平面结构的火柴杆"足和足"相对，彼此接触。这样两片膜就对在一起，每层膜亲脂的火柴杆朝内，彼此接触；亲水的火柴头都向外，面对水，把内部的脂层和外面的水隔开，形成双层膜，这样就解决了亲脂层与水接触的问题。不过这样的膜还有一个麻烦，就是在膜的边缘，亲脂的部分仍然会暴露出来，和水接触。为了避免这种情况，膜会由于热运动而自动弯曲，让边缘融合，形成小囊泡，这样亲脂的部分就完全和水隔绝了。原核生物的细胞膜就是这样形成的。这样形成的囊泡尺寸较大，可以满足细胞空间的要求。

能够使两个脂肪酸尾巴共用一个亲水"头"的分子就是磷脂（phospholipid）。磷脂分子的核心是一个甘油分子。它有三个碳原子，每个碳原子上面连上一个羟基，其中两个羟基（包括位于中间位置上的羟基）分别和两个脂肪酸分子的羧基作用，形成"酯键"，把两个脂肪酸分子连在甘油分子上。第三个羟基则和一个磷酸分子相连，磷酸再和一个亲水的分子（如胆碱）相连。这样形成的分子就叫磷脂（图 2-16）。

就像前面说的那样，磷脂有两个脂肪酸"火柴杆"和一个亲水的头部，它在水中就可以形成双层膜。双层

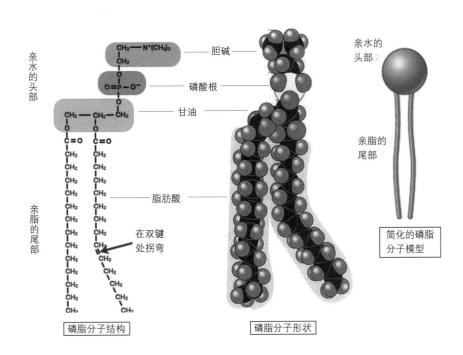

图 2-16　磷脂分子。磷脂分子由甘油分子连上两个脂肪酸分子和一个磷酸分子，磷酸分子再连上一个亲水分子组成。左图为分子结构图。中图为分子模型，注意脂肪酸中间的一个碳－碳双键使脂肪酸分子有一个"拐弯"。右图为简化的磷脂分子模型

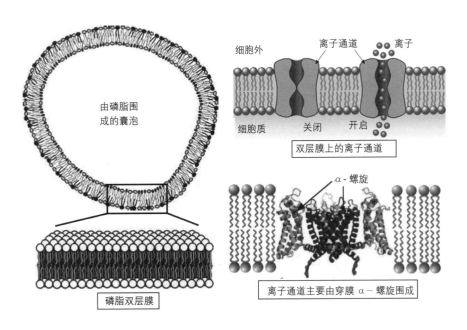

图 2-17　由磷脂分子组成的双层膜和小囊泡以及膜上的离子通道。左上为磷脂双层膜围成的囊泡，可以起到细胞膜的作用，左下为磷脂双层膜的结构图。右上：磷脂膜上有各种通道让物质进出细胞，包括离子通道。这些通道可以根据不同的情况关闭或者开启。右下：这些离子通道主要由穿膜的 α- 螺旋围成

膜的总厚度约 5 纳米（5×10^{-9} 米），其中亲脂的内层厚 2.5 纳米，相当于 25 个氢原子的大小。这层膜就能够防止 DNA、RNA、蛋白质这样的生物大分子"逃"到细胞外面去，相当于细胞的"墙壁"（图 2-17 左）。

"墙壁"的功能解决了，那么"门户"的功能呢？有些分子是可以通过扩散直接穿越细胞膜的，并不需要"门户"，比如氧分子和二氧化碳分子。但是许多分子，特别是高度水溶性的分子如葡萄糖，以及带电的离子如钾离子和钠离子，就要靠镶嵌在细胞膜上的蛋白质分子进出细胞。这些蛋白质分子贯穿细胞膜，沟通细胞内外。细胞需要的分子和离子可以通过这样的蛋白质通道进入细胞。这些镶嵌在细胞膜上的蛋白质和溶解于水中的蛋白质不同，叫做膜蛋白（membrane protein）。在这里蛋白质遇到了不同的环境：即有 25 个氢原子厚的"油层"。为了穿过这些"油层"，蛋白质分子有一个或多个区段，里面的侧链多数是亲脂的。这些亲脂节段形成亲脂的 α- 螺旋，可以容易地"穿过"细胞膜，而蛋白质中其余带有许多亲水侧链的节段则位于细胞膜之外。当一个膜蛋白有多个"穿膜节段"时，这些"穿膜节段"也含有少数亲水的侧链。这些亲水侧链在脂性环境中被排斥，彼此通过固定电荷相互吸引，使这些穿膜节段彼此靠近，围成管状，形成离子通道（ion channels）（图 2-17 右）。在这里蛋白质穿膜节段中亲水和亲脂侧链的位置就反过来了：亲脂的侧链朝外，与膜的脂性环境接触；亲水的侧链朝内，形成离子通道。

所以膜蛋白的结构也是由亲水和亲脂这两种作用力相互配合形成的，不过由于环境不同，穿膜节段的朝向和水溶性蛋白正好相反。这些通道还可以根据需要被打开和关闭，就像房间的门窗可以根据需要开关一样。这样，"墙壁"和"门窗"的功能都具备了。

如果检查组成细菌细胞膜的磷脂里面的主要脂肪酸分子，发现它们都很长。比如棕榈酸和软脂酸有 16 个碳原子，油酸、亚油酸、亚麻酸和硬脂酸都有 18 个碳原子。从原核生物中的细菌到真核生物再到人，磷脂里面的主要亲脂部分都是由这些 16 或 18 碳的脂肪酸组成的。这些长链脂肪酸都是高度不溶于水的，合成、吸收和运输都很麻烦，为什么生物要用这么长的脂肪酸呢？

主要原因有两个。一是细胞膜必须足够"结实"。细胞膜是细胞对外的"屏障"，容不得出任何差错。细胞膜破裂往往意味着细胞死亡。双层膜只由两层分子组成，是很薄的，比肥皂泡的膜（大约 700 纳米厚）还要薄。如果把细胞放大成为直径 4 米的房间，细胞膜的厚度只相当于 1 毫米！这么薄的细胞膜除了要经受周围分子的热运动造成的冲击，还要耐受细胞内容物造成的渗透压，只有 16 到 18 碳原子长的脂肪酸才可以产生足够强的色散力，使碳氢链"火柴杆"之间的作用力足够强，使细胞膜足够强固。17 碳以上的烷烃（饱和的碳氢链），在常温常压下已经是固体。为了不让细胞膜真的成为"固体"，细胞膜已经采取了多种措施来保持其流动性，包括使用不饱和脂肪酸（含有碳-碳双键的脂肪酸，双键会在"火柴杆"上引起"拐弯"，见图 2-16 和图 1-2）来扰乱脂肪层的结构。这意味着原核细胞已经把脂肪酸的长度推到形成"固体"的边缘，以求得足够的强度。

第二个原因是细胞膜必须成为离子的有效屏障。细胞内外的离子种类和数量的差别是很大的。比如大肠杆菌和人体的细胞一样，细胞内有高浓度的钾离子和低浓度的钠离子，细胞外相反，有高浓度的钠离子和低浓度的钾离子。这种膜两边离子浓度的差别对细胞的生理功能极为重要，所以细胞膜必须要能够防止离子"泄漏"。25 个氢原子厚的脂质层对离子来讲就是脂肪的"汪洋大海"。即使是这样，轻度的"泄漏"仍在发生，要靠"离子泵"不断地把泄漏的离子"泵"回去。要是膜再薄，膜两边离子的浓度差就难以维持了，细胞也会因为要消耗太多的能量来维持膜两边离

子的浓度差而"累死"。

迄今为止，我们只谈到原核生物中的细菌的细胞膜，而没有谈到同为原核生物的古菌的细胞膜。这是因为古菌细胞膜的构造比较特别，不仅与细菌的细胞膜不同，与真核生物的细胞膜也不同。大概是由于古菌常常生活在极端严酷的环境中，例如高温、高压、高盐浓度，高酸性环境或高碱性环境等，在这些不利条件下磷脂中脂肪酸和甘油之间的酯键容易被水解，使细胞膜的通透性增加，甚至造成细胞膜破裂。为了适应这些不利的环境，古菌不使用脂肪酸来构建磷脂，而是用聚异戊二烯的长链通过醚键（—C—O—C—）和甘油相连。这样的分子也能在水中形成双层膜结构，但是由于醚键比酯键稳定得多，亲脂的"火柴棍"还带侧链，使得古菌的细胞膜更加结实稳定。古菌也含有使脂肪酸降解的酶，说明脂肪酸也是古菌代谢系统中的一部分。古菌不用脂肪酸来建造细胞膜，也许是古菌在适应严酷环境的过程中放弃了使用含脂肪酸的磷脂，而采用聚异戊二烯的脂肪链（图 2-18）。

含有膜蛋白的磷脂双层膜是原核生物对生命发展的又一重大贡献。真核生物，包括植物、动物和人，都几乎原封不动地继承了细菌细胞膜的这种构造，连使用的主要脂肪酸（硬脂酸、软脂酸、油酸、亚油酸）都相同。许多细菌为了更好地保护自己，在细胞膜的外面还有其

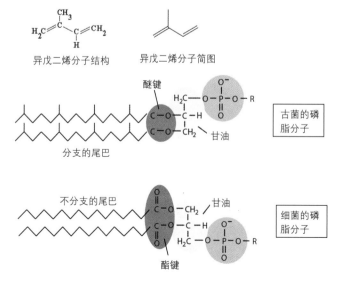

图 2-18　古菌的磷脂分子。与细菌的磷脂分子（下）相比，聚异戊二烯的分支链取代了脂肪酸的直链，醚键代替了酯键。异戊二烯聚合时，双键会消失，产生分支的饱和碳氢链

他的保护层，例如荚膜和细胞壁。植物细胞为了增加机械强度，外面也有细胞壁（cell wall）。虽然它们的名字叫做"细胞壁"，这些细胞膜外面的结构却只有保护和增强的作用，并不能选择性地阻挡和允许分子和离子通过，所以不是细胞真正的"墙壁"和"门户"。动物的细胞则只有细胞膜，除少数细胞如神经细胞外，细胞膜外也没有更多的包裹层，这说明细胞膜才是细胞最基本的屏障和与外界交换物质的通道。

第八节　氧化还原反应供给能量

生命活动需要能量，最初的生物是从哪里获得能量的呢？那就是氧化还原反应（oxidation-reduction reaction）。从字面上讲，和氧结合的反应就是氧化反应，比如碳与空气中的氧结合而燃烧，生成二氧化碳的过程就是氧化反应。氢与氧结合而燃烧，生成水，也是氧化反应。除了与氧结合，已经和氧结合的原子再增加与氧结合程度也叫氧化反应，例如一氧化碳与氧反应生成二氧化碳，二氧化硫和氧反应生成三氧化硫，也是氧化反应。还原反应最初的意思是一些金属氧化物被加热时会释出氧，金属从氧化状态被"还原"为金属。例如氧化汞被加热时会生成汞和氧气。氧化汞里面的汞在加热时失去了氧，所以被"还原"成金属的"真身"了。按照这个标准，得到氧的反应叫氧化反应，失去氧的反应叫还原反应。

但是许多与氧无关的反应，也称作氧化还原反应。例如钠与氯反应，形成氯化钠，就是钠被氯"氧化"了，虽然在这个过程中没有氧参加。在硫酸铜溶液中放入铁丝，铜离子变成铜，铁却变成了铁离子。这个反应叫做"置换反应"，即用一种元素置换溶液中的另一种元素。在这个反应中，铁原子上面的电子给了铜离子，自己变成铁离子，铜离子得到电子，变成铜原子，化学上称为铁原子被铜离子"氧化"，铜离子被铁原子"还原"。在这里氧化反应和还原反应是成对的。一方的氧化就是另一方的还原，统称为"氧化还原反应"。

而在氧直接参与的许多反应中，例如氢与氧反应生成水，并不涉及电子的得失。在氢分子中，两个氢原子共用它们的外层电子，氧分子中的两个氧原子也共用电子。在水分子中，氧原子和氢原子仍然共用电子。那么怎么把这些氧化的机制统一起来呢？氧化还原反应的本质究竟是什么呢？

在第一章中，我们曾经讲到，不同元素的原子对外层电子的吸引力是不一样的。同一周期中的元素，原子序数越大，对外层电子"抓"得越牢。这样，对外层电子抓得牢的原子就会夺取抓得不那么牢的原子的外层电子。这相当于物体从高位跌到低位，高度差引起的势能变化就以能量释放出来。例如钠和氯反应会释放出能量，因为钠原子的外层电子转移到氯原子上，相当于石头从高处落到低处。氢和氧反应会释放出能量，也是因为氧原子抓电子比氢原子强，电子从氢原子中的轨道进入到氧原子中的轨道，也相当于石头从高处落到低处。上面说的铜被铁置换，就是因为铜抓电子的能力比铁强，所以铜离子可以把铁原子的外层电子拿走。而把铜丝放到硫酸铁的溶液中，就不会有铁生成。同样，氢原子抓电子比锌原子强，所以锌可以把氢离子变成氢原子，但是氢原子却不能把锌离子变成锌。按照不同元素抓电子的强度，可以把元素排一个顺序。抓电子能力越强的，叫做电负性（electronegativity）越强。许多轻金属的电负性都很低，例如钾是0.82，钠是0.93，锌是1.65。而氢的电负性为2.2，所以锌可以置换氢。许多非金属元素的电负性都比较强，例如氮是3.04，氧是3.44，氟最强，是3.98。从元素电负性的高低，就可以知道两种元素的原子相遇时，电子会从哪个原子转移到哪个原子。（图2-19）。

电负性越低的元素，其外层电子的就像处于山顶上的石头，容易落到低处，所以很容易转移到电负性更强的原子上。在转移的过程中会有能量释放出来，所以这些电子就叫做"高能电子"。反之，电负性很强的原子上面，外层电子的能量就比较低，相当于已经落到山谷里面的石头，没有多少势能可以释放了。电子从电负性低的原子转移到电负性更高的原子的过程就叫"氧化还原反应"。失去高能电子的原子被"氧化"，得到高能电子的原子被"还原"。具有"高能电子"的原子"还原性"强，例如氢原子就是具有"还原性"的原子，而电负性强的元素则"氧化性"强，例如氧原子、氮原子和氯原子。在分子中，每个原子的电负性除了要看它是什

元素的电负性

H 2.18																	
Li 0.98	Be 1.57											B 2.04	C 2.55	N 3.04	O 3.44	F 3.98	
Na 0.93	Mg 1.31											Al 1.61	Si 1.90	P 2.19	S 2.58	Cl 3.16	
K 0.82	Ca 1.00	Sc 1.36	Ti 1.54	V 1.63	Cr 1.66	Mn 1.55	Fe 1.8	Co 1.88	Ni 1.91	Cu 1.90	Zn 1.65	Ga 1.81	Ge 2.01	As 2.18	Se 2.55	Br 2.96	
Rb 0.82	Sr 0.95	Y 1.22	Zr 1.33	Nb 1.60	Mo 2.16	Tc 1.9	Ru 2.28	Rh 2.2	Pd 2.20	Ag 1.93	Cd 1.69	In 1.78	Sn 1.96	Sb 2.05	Te 2.10	I 2.66	
Cs 0.79	Ba 0.89	Lu 1.2	Hf 1.3	Ta 1.5	W 2.36	Re 1.9	Os 2.2	Ir 2.2	Pt 2.28	Au 2.54	Hg 2.00	Tl 2.04	Pb 2.33	Bi 2.02	Po 2.0	At 2.2	

图 2-19　元素周期表中前 5 个周期元素的电负性

么元素外，还要看与它相连的是什么原子，以及周围的状况。所以同是分子中的氢原子，它们的还原性也有差别。

知道了氧化还原的定义，我们就可以来讨论原核生物获得能量的方式。金属元素，例如锂、钠、钾，电负性很低，都小于 1，它们的氧化按理说应该提供大量的能量。但是在实际上，正是因为它们的电负性太低，太容易给出电子，所以在宇宙中早就被其他元素氧化了，根本不可能以金属状态存在。能够给生物提供能量的，还是那些由电负性低的元素形成的比较稳定的分子。在早期的地球上，有比较丰富的氢气，火山爆发和海底热泉还会释放出硫化氢。氢气和硫化氢都是"还原性"比较强的分子。它们可以被硝酸盐氧化，释放出能量。早期的生物很可能就是利用这样的氧化还原反应来获取能量的。就是现在的海底热泉周围，也还有许多这样生活的生物。不过这样的还原性分子来源毕竟有限，供应没有保证，从这些氧化还原反应获得能量也需要专门的酶，所以也不能被所有的生物所利用。

早期的"自养生物"（自己合成生命所需要的所有分子的生物）如蓝细菌，已经"学会"合成葡萄糖（glucose）。葡萄糖一经出现，它就成为几乎所有生物主要的"能量分子"。葡萄糖分子由 6 个碳原子、12 个氢原子和 6 个氧原子组成（图 2-20）。比起只由 6 个碳原

子和 14 个氢原子组成的己烷，葡萄糖已经是"半氧化"的分子，所以葡萄糖在"燃烧"时所释放出来的能量（每摩尔 2800 千焦）远比同样含有 6 个碳原子的碳氢化合物己烷的燃烧热（4159 千焦）低，但是葡萄糖分子中与碳相连的氢原子和碳原子本身仍然具有很高的能量，可以作为生物的能源。己烷含的能量虽多，但是在水中溶解度极低，不便于多数生物利用，而葡萄糖的优点是高度溶于水，便于输送，葡萄糖代谢的产物还能用于合成其他分子（见本章第十一节"三羧酸循环"），所以葡萄糖就成为几乎所有生物首选的能源。下面我们就具体叙述原核生物是如何用葡萄糖为"燃料"分子来获取能量的。

第九节　"蓄水发电"合成 ATP

原核生物需要能量来做各种工作，包括合成各种生物所需要的大分子，转运各种"货物"（例如把分子和离子从浓度低的地方转运到浓度高的地方），鞭毛的摆动等。为此，原核生物必须发展出供应各种生命活动所需能量的机制。在这里，原核生物又显现出它们的"聪明"来。它们不是为每种需要能量的活动都提供一种供

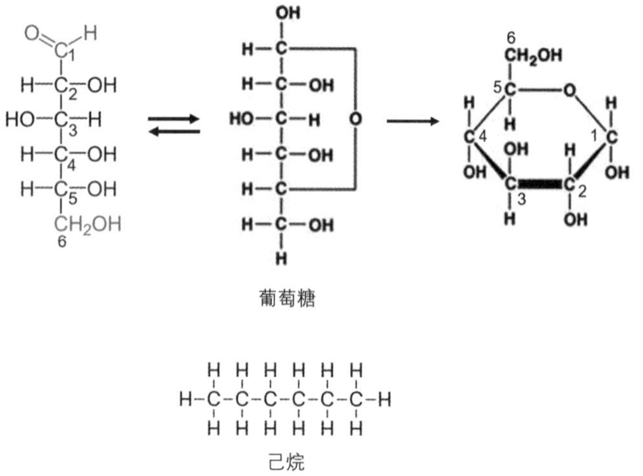

图 2-20 葡萄糖（上）和己烷（下）的分子结构。葡萄糖分子除了以线性分子存在外，第 1 碳原子上的羰基还可以与第 5 碳原子上的羟基反应，生成环状化合物。上右是葡萄糖的环状结构

能机制，而是发展出一种共同的机制来供应能量。就像家里的电灯、电话、计算机、电视机、音响设备、电饭锅、洗衣机、空调等都用电来供给能量一样，原核生物也用一种"高能化合物"来供应各种需要能量的活动。这样的"高能化合物"叫做三磷酸腺苷（adenosine triphosphate，缩写为 ATP）。由于 ATP 可以给各种生理过程提供能量，就像钱可以买到各种商品，所以 ATP 又被称为"能量通货"。

能量货币 ATP 分子

ATP 本来就是合成 RNA 的核苷酸之一，也就是腺苷酸上面再多连两个磷酸分子。这也是最早期的生物是以 RNA 为核心的学说的另一个证据。腺苷分子上有三个磷酸根，所以叫三磷酸腺苷，其中的 T 来自 tri-，意思是"三"（图 2-21）。

ATP 分子上的三个磷酸根线性相连，其中最末端的那个磷酸和中间的磷酸根之间的化学键，中间的磷酸根和最里面的磷酸根之间的化学键都含有许多能量，叫做高能磷酸键（high Energy phosphate bond）。它们破裂（水解）时，都会释放出能量。ATP 水解成 ADP，ADP 水解成 AMP，或者 ATP 直接分解为 AMP，都会释放出能量。例如每摩尔 ATP 水解成 ADP 和磷酸时可以释放出 30.5 千焦，相当于 7.3 千卡的能量，这些能量就可以供

给各式各样需要能量的活动。在 RNA 的合成中，ATP 被水解为 AMP 和焦磷酸（pyrophosphate，由两个磷酸分子彼此通过磷酸键相连而形成的分子，英文简称为 PPi，见图 2-21），水解释放出来的能量就被用来把 AMP 部分用于合成 RNA 分子，而焦磷酸则被释放到溶液中。

焦磷酸里面的磷酸键也是高能磷酸键。ATP 中的两个高能磷酸键，其实也都是磷酸之间的化学键。把磷酸二氢钠加热，就可以得到焦磷酸，所以焦磷酸可以在自然条件下形成（例如含有磷酸的溶液在太阳下被晒干）。现在一些原核生物还能利用焦磷酸的能量，把氢离子或者钠离子从细胞膜的一边泵到另一边去，说明焦磷酸也许是更原始的供能分子。最早的原核生物也许不是从 ATP，而是从焦磷酸中获得能量的。而且焦磷酸分子可以和两个 ADP 分子反应，生成两分子的 ATP，说明焦磷酸和 ATP 属于同一个能量系统。

在生命的初期，核苷酸形成后，有可能从焦磷酸那里获得磷酸根，生成二磷酸或者三磷酸核苷酸，包括 ATP 以及类似的 GTP、CTP 和 UTP。这四种三磷酸核苷就可以利用它们分子中高能磷酸键的能量，把其中的单磷酸核苷的部分组入 RNA 分子。除此以外，这些三磷酸核苷还能够给原核细胞其他的需能过程提供能量。例如 CTP 可以为磷脂的合成提供能量；GTP 可以为蛋白质合成的起始步骤提供能量，UTP 可以为糖原合成提供能量。但是 ATP 是用途最广的供能化合物。细胞里绝大多数需要能量的过程，都是由 ATP 提供能量的。更高级的生命形式也继承了原核生物的这个"发明"。地球上所有的生物，包括原核生物和真核生物，还有我们人类自己，都用 ATP 作为主要的能源分子。ATP 既然能够提供能量，它自己的合成自然也需要能量。从上节的内容可见，地球上绝大多数生物都用葡萄糖作为主要的"燃料"分子，ATP 合成的主要能源就是葡萄糖氧化所释放出来的能量。

葡萄糖如何合成 ATP

原核生物合成 ATP 的过程是在 ADP 上面加一个磷酸根，所以这个过程又叫做 ADP 的"磷酸化"，简称磷酸化（phosphorylation）。ADP 的磷酸化有两种机制，分

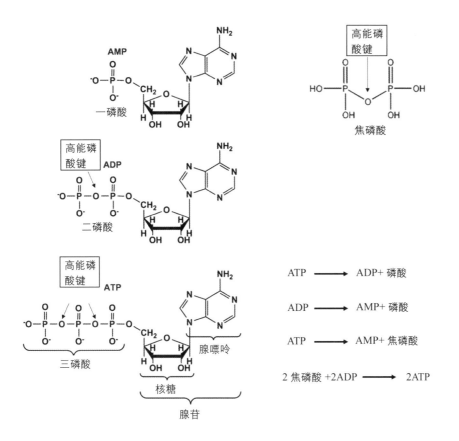

图 2-21　ATP、ADP、AMP 和焦磷酸的分子结构及其相互关系

别叫做底物水平的磷酸化（substrate level phosphorylation）和氧化磷酸化（oxidative phosphorylation）。大肠杆菌在无氧条件下分解葡萄糖，生成 ATP 的机制是底物水平磷酸化的例子。大肠杆菌先在葡萄糖分子上加上两个磷酸根，把它分解为两个含 3 个碳原子的分子，每个分子上连有一个磷酸根。每个 3 碳分子再脱去氢原子和一个水分子，最后产生丙酮酸（pyruvate）。失去氢原子相当于分子的氧化程度增加，释放出来的能量使分子中磷酸键的能量增加，变成高能磷酸键。这个高能磷酸键就可以把磷酸根转移到 ADP 上，产生 ATP。这是最简单最直接的合成 ATP 的方式。这种方式不需要氧，所以可以在无氧条件下进

行，叫做糖酵解（glycolysis），是许多厌氧微生物合成 ATP 的机制。

如果葡萄糖的分解到此为止，丙酮酸还可以转化成为乳酸。乳酸菌就是以这种方式生活的。人的身体也继承了这个方式，在缺氧条件下也能够分解葡萄糖，合成 ATP，同时产生乳酸。我们在剧烈运动后感到肌肉酸痛，就是肌肉产生乳酸的结果。由于乳酸还可以被继续"燃烧"，产生更多的能量，所以用这种方式"燃烧"葡萄糖是不彻底的，产生的 ATP 数量也少。产生 ATP 更有效的机制，还是将葡萄糖彻底氧化的氧化磷酸化机制。

在氧化磷酸化机制中，葡萄糖被彻底氧化，生成二氧化碳和水。"燃烧"释放出来的能量则被用来合

成 ATP。这个过程类似于火电厂中燃烧煤或天然气，生成二氧化碳和水，燃烧释放出来的能量则被用来发电。葡萄糖含有大量的碳和氢，也可以作为燃料来发电，只是经济上不合算。而在原核生物中，这种"燃烧"不是在锅炉中的高温下，而是通过酶的催化，在常温下进行的。释放出来的能量也不是产生火电厂中的高压蒸汽，而是类似水力发电站那样，在水库的大坝后面蓄水，然后用高水位的水流过大坝时来发电。这个"大坝"，就是我们在上一节中谈的细胞膜，这个"水"，就是氢离子。"发电机"就是 ATP 合成酶，发出的"电"就是高能化合物 ATP。

这个机制听上去有点神奇，其实原核生物早就掌握这种"技术"了。原核生物首先用糖酵解机制把葡萄糖变成三碳化合物丙酮酸。如果要继续氧化丙酮酸，细胞就把丙酮酸变成含两个碳的"乙酰基"，再经过一个环状反应链（三羧酸循环，见下节）把乙酰基彻底分解为氢原子和二氧化碳。氢原子被脱氢酶（dehydrogenase）脱下来，二氧化碳则被当做废物被释放到细胞外。脱下来的氢原子被转移到烟酰胺腺嘌呤二核苷酸（nicotinamide adenine dinucleotide，简称 NAD$^+$）分子上，形成 NADH，NADH 则可以为许多需要氢原子的反应提供氢原子。

NADH 提供的氢原子，和三羧酸循环中的一个成员琥珀酸（succinate）分子提供的氢原子（通过琥珀酸脱氢酶）都可以与氧结合生成水，释放出能量。不过这些氢

原子不是直接与氧结合，因为那样释放出来的能量只能够以热的形式散出，生物无法利用。要利用氢原子"燃烧"的能量，氢原子要先被分离成为氢离子和电子，氢离子被释放到溶液中，而电子沿着一条位于细胞膜上，由几个蛋白复合物组成的电子传递链（electron transfer chain）传递到氧分子上，与开始时释放的氢离子一起，形成最终产物水。因为这个电子传递链以氧为最终的电子受体，所以又叫做呼吸链（respiratory chain）。电子在呼吸链里传递的过程中，能量逐步降低，像人下楼梯。每下一梯释放出的能量可以把细胞质里面的氢离子"泵"到细胞膜的外面，就像从高处跳下到跷跷板一端的杂技演员可以把站在跷跷板另一端的演员弹起。这样，细胞膜外面氢离子的浓度就会大大超过细胞内的浓度，类似于水库蓄水。当这些氢离子通过细胞膜上的另一个膜蛋白质复合物——ATP合成酶（ATP synthase）流回细胞质时，氢离子就像水坝里面蓄的高位水，带动ATP合成酶把ADP和磷酸分子结合在一起，生成ATP（图2-22）。

这种机制也说明，细胞膜的完整性对于原核生物的ATP合成有多重要，也说明为什么细胞膜要尽量不让氢离子和其他离子通过，因为那等于是水坝漏水，把蓄积的能量白白浪费掉。有些化合物，例如二硝基甲苯，可以增加细胞膜对氢离子的通透性，让氢离子漏过细胞膜，减少ATP的合成，让氢离子蓄积的能量以热的形式散发掉。但是在人体内，这种氢离子的泄漏也有合理的时候。例如在身体发冷，需要热量的时候，除了用发抖这种方式强迫肌肉收缩产生热量外，棕色脂肪细胞里面的一种"去偶联蛋白质"还会让氢离子泄漏，让蓄积在氢离子梯度里面的能量以热的方式散出来，给人体补充热量。人到老年时怕冷，就和身体里的棕色脂肪减少有关。

在膜的两边建立氢离子的浓度梯度来蓄积能量，再用这些能量来合成ATP，是原核生物的又一大发明。地球上所有的生物都用这种方式来大量合成ATP。原核生物还把这种机制扩大，直接利用这种跨膜氢离子梯度来做工。例如细菌鞭毛的摆动就是由氢离子流过细胞膜时直接驱动的，而不通过ATP。植物的光合作用产生ATP，用的也是这种蓄积跨膜氢离子浓度的机制（见本章第十二节光合作用）。人体每天要消耗大约60千克ATP，但是在每个时刻身体里面的ATP只有约50克。这意味着每天ATP要被分解和再合成，循环使用1000次以上。这些ATP中的绝大多数都是用氢离子"蓄水"的方式合成的。

其实不仅是氢离子，细胞外面高浓度的钠离子也是蓄能的一种方式，它可以带动一些分子（如葡萄糖）进入细胞。人的小肠吸收葡萄糖，利用的也是细胞膜外高浓度的钠离子。

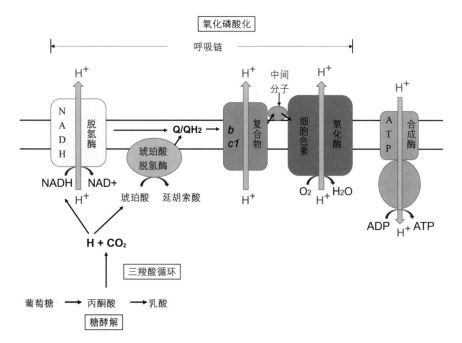

图2-22 葡萄糖在原核生物中被氧化释放能量以合成ATP的机制。葡萄糖通过三羧酸循环变成氢原子和二氧化碳，这些氢原子被脱氢酶脱下来，转移给细胞膜内的脂溶性分子醌（Q），使醌还原为氢醌（QH_2），氢醌再把氢原子中的电子传给细胞色素bc_1复合物，通过中间分子（在不同的生物中不同）传给细胞色素氧化酶，再与氧结合生成水。原核生物利用能量的方式是多渠道的，电子传递链也可以有多条，本图是这些链共同部分的综合

第十节　破解烧碳难题

在上一节中，我们谈到原核生物的细胞膜和膜上由蛋白质复合物组成的电子传递链就是一个有效的"能量转换器"：位于膜上的脱氢酶把"燃料"分子上的氢原子脱下来，分解为高能电子和氢离子。高能电子流过电子传递链，最后与氧结合生成水。蛋白质复合物利用电子流过释放出的能量建立跨膜氢离子梯度，用于 ATP 的合成。这个系统的工作原理像是水库蓄水发电，是原核生物的伟大发明。

这个系统好是好，但是也有缺点，就是电子传递链太"挑食"，只能够"吃"氢原子上面的高能电子。可是葡萄糖分子中还有 6 个碳原子，而碳（例如煤）也是很好的燃料，在热电厂中是可以用来发电的，这些碳原子的能量又该如何利用呢？除了葡萄糖，一些其他生物分子，例如脂肪酸和氨基酸，也是以碳原子为骨架的，它们被当做燃料分子被氧化而释放能量时，也有如何利用其中的碳原子的问题。原核生物的细胞中有脱氢酶，可是没有"脱碳酶"，所以碳原子不能单独被脱出来，变成高能电子和碳离子，况且碳离子也不能稳定存在。这些碳原子也不能直接和氧结合，因为那样一来能量只能以热的形式放出，细胞无法利用。所以在这里，细胞遇到了如何"烧"碳的难题，这个难题不解决，细胞高效合成 ATP 的目标就无法达成。

在这里，原核细胞发明了一个极其聪明的方式来氧化葡萄糖分子中的碳原子，既能使这些碳原子彻底氧化，变成二氧化碳，又能把碳原子氧化时释放出来的能量用来合成 ATP，这就是通过"加水脱氢"的方式。这种方式先在燃料分子的代谢中间产物上加上水分子，让水分子中的氧原子与碳原子结合，使碳原子的氧化程度增加，变成与两个氧原子相连的"羧基"（—COOH），然后在"脱羧反应"中以二氧化碳的形式从燃料分子上脱下来。水分子中的氢原子也结合在燃料分子和它们的代谢产物上，随后和燃料分子上原来的氢原子一样，被脱氢酶脱下来，再被分解为高能电子和氢离子。

由于碳原子是和水分子中的氧原子结合，而不是和氧气中的氧结合，所以不会产生大量的热。碳原子就以这种方式"平平静静"地变为二氧化碳。水分子中的氢

原子本来与氧结合，已经没有燃烧价值，但是在水分子中的氧原子与碳原子结合后，这些氢原子就被"解放"出来，像葡萄糖分子上原有的氢原子一样，重新具有"燃烧"价值。所以葡萄糖中的碳原子以这种方式被氧化成二氧化碳时，它的"燃烧"价值是被转移到氢原子上面去了。

这种方式有点像"水煤气"的生产。煤主要是由碳组成的固体，不能通过管道来运输。但是在高温下让煤和水反应，水中的氧原子和碳结合，生成一氧化碳（约占水煤气的 40%），水分子中的氢原子则被"解放"出来，变成氢气（约占 50%）。此外还有生成少量（约 5%）的二氧化碳。一氧化碳和氢都是气体，可以用管道方便地运输。在这里碳的燃烧价值就被部分转移到水中的氢原子上面去了。原核生物也在做类似的事情，只是做得更好，不但反应是在常温下进行的，碳的燃烧价值也能够完全转移到氢原子上，自己变成二氧化碳，而不产生一氧化碳。

这种在燃料分子的代谢中间产物上加水脱氢以氧化碳原子的反应，主要是在一个环状反应链中进行的。这个反应链是由德国科学家汉斯·克雷布斯（Hans Adolf Krebs，1900—1981）最后测定确立的，被命名为克雷布斯循环（Krebs Cycle），克雷布斯也因此获得了 1953 年的诺贝尔生理学和医学奖。这个循环看上去比较复杂（图 2-23），但它是生物体内几乎所有化学反应围绕旋转的中心，我们的每个细胞里面，都有这样的循环在运转。它是把食物分子"磨碎"成为氢和二氧化碳的"磨盘"，也是细胞内各种化学反应彼此联系的"转盘路"，还是早期生物合成有机物的主要通道，所以稍微了解一下这个循环是值得的。

克雷布斯循环由 9 个成员组成，依次是（1）柠檬酸、（2）顺 - 乌头酸、（3）异柠檬酸、（4）α- 酮戊二酸、（5）琥珀酰辅酶 A、（6）琥珀酸、（7）延胡索酸、（8）苹果酸、（9）草酰乙酸。在这个反应链中，每一个成员经过化学反应转变成下一个成员，转一圈之后又回到起始点，开始另一圈循环。由于循环中形成的第一个分子是柠檬酸，这是含有三个羧基的分子，所以这个循环又称为柠檬酸循环（Citric Acid Cycle），或者三羧酸循环（tricarboxylic acid cycle）。

为什么把柠檬酸算作是第一个成员呢？这是因为

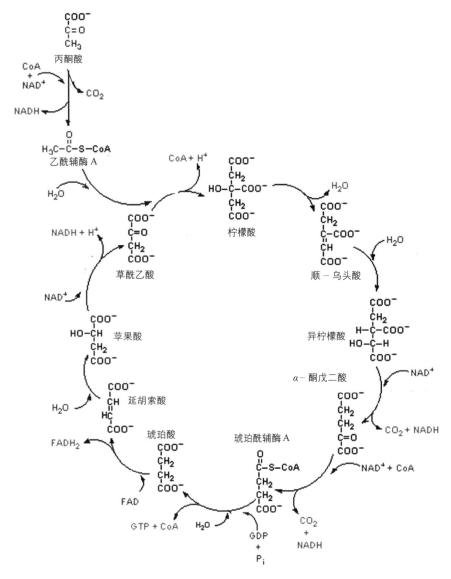

图 2-23 克雷布斯循环

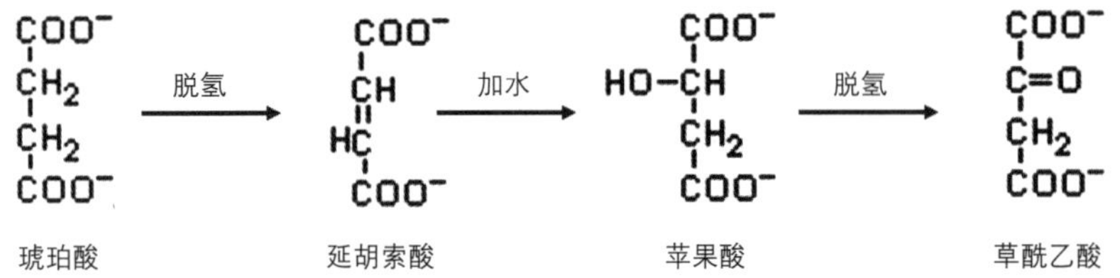

图 2-24 氧化碳原子的加水脱氢反应

葡萄糖酵解的产物——丙酮酸，是在脱掉一个二氧化碳分子后，以乙酰基的形式进入三羧酸循环，被彻底分解为氢原子和二氧化碳的。乙酰基连在一个叫做"辅酶A"的分子上，形成乙酰辅酶 A（acetyl coenzyme A，简写为 acetyl CoA）。乙酰辅酶 A 可以和这个循环中的一个成员草酰乙酸反应，生成柠檬酸，进入三羧酸循环，所以柠檬酸是乙酰辅酶 A 进入这个循环的第一站。

加水过程分三次进行：在乙酰辅酶 A 和草酰乙酸结合变成柠檬酸时，在琥珀酰辅酶 A 变成琥珀酸时，以及在延胡索酸变成苹果酸时。有兴趣的读者可以自己去详究这些分子细节，在这里我们只举其中的一个例子，从琥珀酸变成草酰乙酸（图 2-24）。

在这个过程中，琥珀酸分子先被琥珀酸脱氢酶脱去两个氢原子，变成延胡索酸，在分子中形成一个双键。这个双键可以打开，使一个水分子加入（注意中间两个碳原子的变化），形成苹果酸。苹果酸再被脱去两个氢原子，就变成草酰乙酸。第 2 号碳原子（从上往下数）上原来有两个氢原子，通过脱氢－加水－再脱氢后，这个碳原子变得与来自水分子的氧原子相连，这个连有一个氧原子的碳原子会在随后的步骤中变成羧基，以二氧化碳的形式被脱掉。水分子贡献的两个氢原子被脱氢酶脱下，转移到 NAD^+ 分子上形成 NADH，通过 NADH 脱氢酶进入呼吸链。

整个循环总的加水脱氢结果是：三次加水提供 3 个氧原子，和乙酰基上原有的 1 个氧原子一起，共 4 个氧原子，把乙酰基中的两个碳原子变成两分子的二氧化碳。来自水分子的氢原子则和乙酰基上的氢原子一起，共 8 个氢原子，分 4 次在循环中被脱掉，每次脱掉两个氢原子。通过这个过程，碳原子的燃烧价值就被转移到氢原子上去了。

三羧酸循环中的另两个步骤是用来把柠檬酸变成异柠檬酸的，其中包括先让柠檬酸脱掉一个水分子，变成顺 - 乌头酸。顺 - 乌头酸在分子不同的地方加上一个水分子，变成异柠檬酸，所以这两步的净结果是没有加水分子。

从上面的分析可以看到，细胞氧化葡萄糖分子后释放出来的二氧化碳分子里面的氧原子，并不是来自空气中的氧气，而是来自水分子和燃料分子中原有的氧原子。同理，我们呼吸时呼出的二氧化碳分子中的氧原子，也不是来自我们呼吸时吸进的氧，而是来自水分子和葡萄糖分子中原有的氧原子。

脂肪酸在被氧化释放能量时，也要形成乙酰辅酶 A 进入三羧酸循环，而且脂肪酸每生成一个乙酰基，就需要一次加水和两次脱氢反应（图 2-25）。

脂肪酸在氧化时，先形成脂肪酰辅酶 A，再每次脱下一个乙酰基。因为是从第 2 个碳原子后的位置（β- 碳原子之前）被"切"开，每次切下两个碳原子单位，所以这个氧化叫做脂肪酸的 β- 氧化（fatty acid β-oxidation）。不过由于脂肪酸的碳氢链并不含氧，为了每一次都"切"下一个乙酰基，第 2，3 位

的两个 CH₂ 单位先要被脱去两个氢原子，变成 —CH ＝ CH—，即两个碳原子变成以双键相连。这个结构上再加一个水分子，就变成—CHOH—CH₂—。这个结构再被脱去两个氢原子，就变成了—CO—CH₂—。在第 1，2 位的碳原子被"切"下为乙酰基时，—CO—上的碳就变成 1 位碳原子，可以开始第二轮的 β- 氧化。这样生成的乙酰基，也是随后在三羧酸循环中经过加水脱氢的方式被彻底氧化的。由于在生成乙酰基之前就经过两轮脱氢反应，所以脂肪酸"燃烧"时释放出来的总能量比葡萄糖和蛋白质都高出近一倍。

通过这些"迂回曲折"的步骤，我们的身体就化解了在体温下"燃烧"食物分子中碳的难题，即把水分子里面的氧与碳原子结合，让其变成二氧化碳，水分子里面的氢重新变成燃料。这个方法在几十亿年前就由原核生物"学会"使用了，我们只是原样继承而已。看到这里，你能不佩服生物演化过程的"聪明"吗？

第十一节　正转和反转的三羧酸循环

在上节中，我们叙述了三羧酸循环在燃料分子彻底分解中的作用。它就像一个"磨盘"，葡萄糖、脂肪酸以及一些氨基酸的共同代谢产物以乙酰辅酶 A 的形式进入循环，在那里被完全"磨碎"，分解为氢离子和二氧化碳。燃料中的碳原子以加水脱氢的方式，被氧化为二氧化碳放出。燃料分子中原有的氢原子和加水反应中加到燃料分子上的氢原子则被脱氢酶脱下，供给电子传递链以合成 ATP。三羧酸循环除了这个重要功能外，还是细胞中化学反应的"转盘路"，各种分子从不同的"路口"进来，又从不同的"路口"出去，参与氨基酸、脂肪酸、胆固醇、葡萄糖、血红素等细胞所需要的分子的合成，所以三羧酸循环也是细胞化学合成的中心。

三羧酸循环之所以能够成为细胞中化学反应的转盘路，是因为它的一些成分和步骤与氨基酸、脂肪酸和葡萄糖等的反应路线相交接或者相重合，因而使这些分子通过共同的成分和步骤相互转化。例如谷

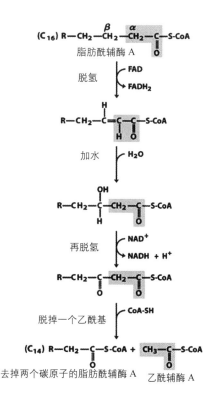

图 2-25　脂肪酸的 β- 氧化

氨酸的合成路线就和三羧酸循环的起始阶段相同，即从乙酰辅酶 A 经过柠檬酸、异柠檬酸到 α- 酮戊二酸这一段。α- 酮戊二酸再加上氨基，就变成谷氨酸。糖酵解的产物丙酮酸加上氨基可以生成丙氨酸，也可以通过整个循环生成草酰乙酸，草酰乙酸加上氨基，就变成天冬酰胺。糖酵解的一个中间产物——磷酸烯醇式丙酮酸，是合成苯丙氨酸、酪氨酸、色氨酸的原料。通过这个循环，氨基酸之间还可以互相转化。例如酪氨酸、苯丙氨酸、亮氨酸、异亮氨酸、色氨酸代谢中间产物都是乙酰辅酶 A，它们就可以通过三羧酸循环合成谷氨酸和天冬酰胺。谷氨酸又可以转化为谷氨酰胺、脯氨酸和精氨酸。另一些氨基酸（异亮氨酸、甲硫氨酸、缬氨酸、苏氨酸）的代谢产物从琥珀酰辅酶 A 的路口进入循环，也可以转化成为谷氨酸和天冬酰胺。天冬酰胺的脱氨产物——草酰乙酸，可以用来合成葡萄糖，其中有一个中间产物叫做 3- 磷酸甘油酸，可以转化为丝氨酸。丝氨酸又可以转化为甘氨酸和半胱氨酸（图 2-26）。

乙酰辅酶 A 还可以反向合成脂肪酸。在"乙酰辅酶 A 羧化酶"的作用下，乙酰辅酶 A 生成"丙二酰辅酶 A"。这两种分子上的乙酰基和丙二酰基再被转移到"酰基载体蛋白"（ACP）上，开始脂肪酸合成，每次添加一个乙酰基（含两个碳原子）单位，直至 16 个碳的饱和脂肪酸（"软脂酸"）。16 碳的脂肪酸再被"脂肪酸合成酶Ⅲ"延长，每次也是添加两个碳原子单位。所以这样合成的脂肪酸里面碳原子的数目都是双数的。通过这条途径，葡萄糖和氨基酸就可以转化为脂肪酸。

电子传递链含有许多转移电子的蛋白质，其中的一些含有血红素作为辅基，例如各种细胞色素 b、细胞色素 c 等。所以血红素不是等到血液运输氧气的血红蛋白形成时才出现的，而在生命产生的早期阶段就为能量代谢所必需了。血红素就是以谷氨酸为原料，通过三羧酸循环中第 5 位的琥珀酰辅酶 A 合成氨基酮戊酸，再连成卟啉环的。

通过三羧酸循环，葡萄糖和脂肪酸可以生成氨基酸，氨基酸和脂肪酸可以生成葡萄糖，氨基酸和葡萄糖又可以生成脂肪酸，所以三羧酸循环把细胞中的三种主要分子——氨基酸、脂肪酸和葡萄糖联系起来，让它们可以互相转化，同时还可以合成像血红素这样的分子，

是名副其实的化学反应"转盘路"。

虽然三羧酸循环与合成活动有关，但是其主要功能还是细胞的能量代谢，即将乙酰基彻底分解，将其中的氢原子脱下了输入呼吸链合成 ATP，同时用加水脱氢的办法把碳原子氧化成为二氧化碳，将其燃烧值转移到氢原子上，所以三羧酸循环是一个氧化型的循环。

而在生命形成的初期，现成的有机物有限，没有那么多东西可供代谢，在这种情况下，细胞利用氧化还原反应获得的能量，用还原性分子如氢和硫化氢提供氢原子，用二氧化碳作为碳源合成有机物更为重要。例如海底热泉能够提供氧化还原反应的能量，也能提供还原性的硫化氢分子，但是没有提供现成的有机物供原核生物使用，这些原核生物就必须自己合成有机分子，用无机分子如二氧化碳作为碳源。那个阶段的生物是不是就有三羧酸循环呢？答案也许出乎你的意料：那个时候的原核生物不但有三羧酸循环，而且这个循环是反着转的，原因就和早期生物固定二氧化碳中碳原子的机制有关。

在真核生物的藻类和植物中，二氧化碳是通过卡尔文循环（Kalvin Cycle）合成有机物分子的。这个循环是由美国科学家梅尔文·卡尔文（Melvin Ellis Calvin，1911—1997）发现的，卡尔文也因此获得了 1961 年的诺贝尔化学奖。在这个循环中，二氧化碳分子和 1,5- 二磷酸核酮糖结合，生成一个 6 碳分子。这个分子不稳定，随即被水解为两分子的 3- 磷酸甘油酸。3- 磷酸甘油酸再从 NADH 接受两个氢原子变成磷酸甘油醛，就进入葡萄糖的合成路线了。但是在原核生物的古菌和一些细菌中，这种固定二氧化碳中碳原子的机制并不存在，说明卡尔文循环是后来才发展出来的。早期的生物一定有其他机制来固定二氧化碳中的碳原子。研究发现，许多原核生物是利用逆向旋转的三羧酸循环来完成这项工作的（图 2-27）。

在这个逆向旋转的三羧酸循环中，1 分子二氧化碳与乙酰辅酶 A 结合，生成丙酮酸。丙酮酸变为磷酸烯醇式丙酮酸后，与 1 分子二氧化碳结合，生成草酰乙酸。草酰乙酸再以逆行三羧酸循环的方式，依次生成苹果酸、延胡索酸、琥珀酸和琥珀酰辅酶 A。琥珀酰辅酶 A 结合 1 分子二氧化碳分子后变成 α- 酮戊二酸，α- 酮戊二酸再结合 1 分子的二氧化碳，变成异柠檬酸。异柠檬

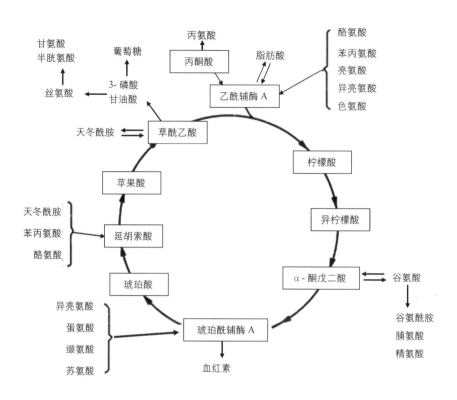

图 2-26　三羧酸循环将氨基酸、脂肪酸和葡萄糖代谢联系在一起

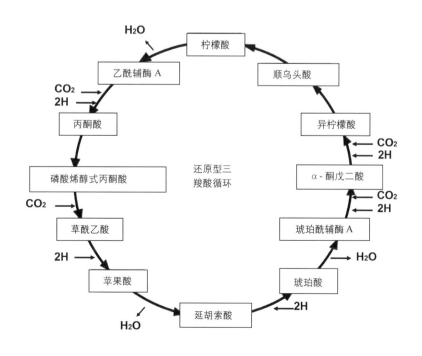

图 2-27　还原型的三羧酸循环，旋转方向是逆时针的，与氧化型的三羧酸循环相反

酸再逆向生成顺乌头酸、柠檬酸，柠檬酸又能够生成乙酰辅酶 A，完成一个循环。每个循环将 4 个二氧化碳分子组入有机物。这个循环中的成分与正方向转的三羧酸循环完全相同，但是把乙酰辅酶 A、丙酮酸和磷酸烯醇式丙酮酸也包括进来，所以逆向旋转的三羧酸循环有 12 个组分，而不是正转的 9 个组分。

由于这个循环是反着转的，主要目的是把二氧化碳中的碳原子还原为有机物，所以逆行的三羧酸循环被称为还原型的，需要氢原子在反应的不同阶段加入；而正转的，以氧化碳原子为目的的三羧酸循环被称为是氧化型的。由于这两个三羧酸循环的旋转方向相反，因此效果也是反的：氧化型的三羧酸循环合成 ATP，产生氢原子和二氧化碳，而早期逆向的三羧酸循环消耗 ATP 和氢原子，固定二氧化碳分子中的碳，用它来合成有机物。随着二氧化碳和氢原子的组入，逆向三羧酸循环中的成分浓度会升高，多出来的部分就可以像前面介绍的那样，分别用来合成葡萄糖、氨基酸和脂肪酸等分子。

生物氧化碳原子的方式是加水脱氢，固定碳原子的方式正好反过来，是加氢脱水。在氧化型的三羧酸循环中，加水反应分别是在乙酰辅酶 A 与草酰乙酸结合形成柠檬酸、琥珀酰辅酶 A 被转化为琥珀酸和辅酶 A 以及延胡索酸变成苹果酸时进行的。在还原型的三羧酸循环中，脱水反应是在柠檬酸变成乙酰辅酶 A 苹果酸变成延胡索酸以及琥珀酸变为琥珀酰辅酶 A 时进行的。

还原型的三羧酸循环和氧化型的三羧酸循环虽然成分几乎完全相同，但是前者消耗能量和氢原子，后者释放能量和氢原子，所以它们使用的酶并不完全相同。例如在氧化型的三羧酸循环中，丙酮酸被氧化成乙酰辅酶A时，氢原子是转移到NAD$^+$分子上的，而在还原型的三羧酸循环中，把乙酰辅酶A还原为丙酮酸的氢原子却不是来自NADH，而是来自铁氧还蛋白（ferredoxin）；在氧化型的三羧酸循环中，α−酮戊二酸被氧化成琥珀酰辅酶A时，脱下来的氢原子也是转移到NAD$^+$分子上的，而在还原型的三羧酸循环中，琥珀酸被还原为α−酮戊二酸时所需要的氢原子也不是来自NADH，而是来自铁氧还蛋白；在氧化型的三羧酸循环中，乙酰辅酶A和草酰乙酸结合生成柠檬酸时，是被柠檬酸合酶催化的。而在还原型的三羧酸循环中，柠檬酸被分解为乙酰辅酶A和草酰乙酸时，是被柠檬酸裂解酶催化的，而且需要ATP提供能量。因此，还原型三羧酸循环需要三个关键酶才能运转。这三个酶分别是铁氧还蛋白：丙酮酸合成酶（ferredoxin: pyruvate synthase）、铁氧还蛋白：α−酮戊二酸合成酶（ferredoxin: α-ketoglutarate synthase）、柠檬酸裂解酶（citrate lyase）。

在约23亿年前，地球大气中的氧气浓度增加时，光合作用已经能够合成大量的有机物，氧的出现也使得燃料分子的彻底氧化成为可能。异养的原核生物不再需要自己固定二氧化碳中的碳原子来合成有机物，而是使用现成的有机物作为碳源和能量的来源，在这种情况下，氧化型的三羧酸循环就对异养的原核生物更有用处了。由于还原型三羧酸循环含有氧化型三羧酸循环的全部成分，这些成分在氧化型的三羧酸循环中也可以用来合成各种有机分子，例如氨基酸，脂肪酸和血红素，所以循环方向的倒转并不影响生物利用这个循环来合成这些有机分子。许多原核生物就采取了这种生存方式，让三羧酸循环方向反过来，从还原型循环变为氧化型循环。例如蓝细菌和大肠杆菌的三羧酸循环就是正着转的，而且氧化型的三羧酸循环产生的氢原子还能够把它们的电子通过电子传递链传给氧原子生成水，同时用水坝蓄水的方式建立跨膜氢离子浓度来合成ATP。在氧气缺乏时，大肠杆菌就用糖酵解的方式来产生ATP，并且分泌乙酸，但是三羧酸循环的旋转方向已经不能反转了。

在一些原核生物如绿色硫细菌中，三羧酸循环可以

向两个方向转。在不供给细菌有机碳的情况下，绿色硫细菌只能从二氧化碳分子中获取碳原子来合成有机物，这个时候三羧酸循环是反着转的，即为还原型循环，而与氧化型三羧酸循环有关的酶的合成则被抑制。但是如果在绿色硫细菌的培养基里加入乙酸作为有机碳源并且同时作为能源，三羧酸循环的旋转方向就反过来，用正转的三羧酸循环来产生能量。

这些事实说明，生物在有机合成和能量代谢的机制上是非常灵活的，总的原则是在已经拥有的分子和反应机制上加以整合和修改，让它们发挥新的功能，而不是什么事情都从头做起。这倒不是因为生物"知道"这样做的好处，而是什么事情都从头做的生物竞争不过利用已有资源的生物。最初的还原型的三羧酸循环是在无氧条件下出现的，可能整合了二氧化碳中碳原子的还原、氨基酸的合成、血红素的合成和脂肪酸合成的路线，成为一个有12个成分的循环。异养原核生物的出现使得这些生物可以利用现成的有机物来建造自己的身体和获得能量，使得自己用反转的三羧酸循环固定碳原子，从头合成有机物不再必要。对于这些原核生物，分解和代谢成为异养生物首先要进行的活动，而大气中氧气的出现又使得彻底氧化食物分子中的氢和碳，将它们变成水和二氧化碳成为可能。这时三羧酸循环的作用就转变了，从还原碳原子变为氧化碳原子，这个循环的转动方向也就反过来，成为氧化型的循环。由于把乙酰辅酶A还原为丙酮酸的路线不再需要，丙酮酸氧化为乙酰辅酶A的步骤就从循环中分离出来，使循环的成员减到9个。

从还原型的三羧酸循环到氧化型的三羧酸循环，原核生物又为地球上生物的发展做出了杰出的贡献。真核生物基本上原封不动地继承了氧化型的三羧酸循环，把它作为能量代谢和化学合成的中心枢纽。在我们身体的几乎每一个细胞中，都有三羧酸循环在运转，而这个多功能的环状反应链却是原核生物在几十亿年前创造的。

第十二节　发明光合作用

在本章第八节中我们谈到，在生命形成的初期，一些原核生物是靠氧化现成的还原性物质来获取能量的，

例如氢气、硫化氢、氨都是还原性物质，它们的氧化会释放出生物所需要的能量，同时用氢原子来合成生物所需要的有机物。地球早期的大气中含有氢，火山爆发和海底热泉也会释放出硫化氢，不过随着时间推移，地球大气中的氢就越来越少了。氢虽然是宇宙中含量最丰富的元素，按原子数计算，宇宙中的氢占99%，在太阳系中，81.75%的分子也是氢，地球早期的大气中，也含有大量的氢，但是星际空间的物质密度是非常低的，每立方厘米大约只有一个微观粒子，相当于地球上的高真空。由于大气中的氢气很少有补充的来源，又由于它是最轻的气体，容易逃逸到外太空中去，再加上不断被细菌消耗，氢气的含量就越来越低。目前，氢气只占地球大气体积的千万分之五，少数能够产生氢气的细菌生产的氢数量也有限，所以氢气不可能作为地球上生物丰富可靠的能源。火山喷发和海底热泉释放的硫化氢数量也有限，所以硫化氢也不会是丰富和永久的能源。地球上的生物要大发展，就需要一种无处不在，而且永不枯竭的能源，这就是太阳光。地球轨道上的平均太阳辐射强度为1369瓦/平方米。从地球赤道周长约为四万公里来计算，地球获得的能量可以达到173000TW（太瓦）。地球在一小时内获得的太阳能，比人类一年内使用的能量还要多，而且可以持续数十亿年。

太阳辐射能的99%集中于波长为150—7000纳米的电磁波中，其中可见光区（390—700纳米）占总辐射能的约50%，红外光区（波长大于700纳米）占约43%，紫外光区（波长小于390纳米）只占约7%（图2-28）。光辐

射能量的大小与它的频率成正比，即 $E = hv$，这里 E 是光子的能量，v 是它的频率，h 为普朗克常数，为 1.58×10^{34} 卡·秒。所以光子的能量和它的频率成正比，而和波长（光速除以频率）成反比。波长越长，能量越低，因此紫外光的能量高于可见光，可见光的能量又高于红外线。

从图2-28可以看见，臭氧（O_3）对紫外线吸收很强，所以到达地面的紫外线大大减少；水和二氧化碳在红外辐射区间也有几个吸收带，但是它们对可见光的影响不大。

虽然地球上有丰富的阳光资源，但是要捕获太阳光中的能量，使它变为生物能够利用的形式，却并不容易。一是要有合适的分子来吸收光能，二是吸收的光子所含的能量必须合适。紫外线的能量太高，容易造成化学键的断裂，红外线的能量太低，只能增加分子的热运动，都不适合作为生物的能源，能够作为生物有效能源的，主要是可见光和波长接近可见光的红外线。

在吸收可用光能上，氨基酸、核苷酸、脂肪酸以及由它们组成的蛋白质、核酸和脂肪都派不上用场，因为这些分子含有的化学键大部分是单键（例如碳－碳单键和碳－氢单键），而单键吸收光能实现电子跃迁需要的能量比较多。例如甲烷的吸收峰在125纳米，其他饱和烷烃的吸收峰在150纳米左右，都在紫外区。

如果在碳原子之间形成双键，电子跃迁需要的能量就小一些，例如乙烯的吸收峰就在185纳米。碳原子之间在形成双键时，如果双链之间再形成共轭双键（conjugated double bond，即被单键隔开的双键），电子跃迁需要的能量就更低，例如丁二烯（2个双键共轭）吸收峰就移到217纳米。由于这样的共轭系统在生物的有效光吸收上扮演关键角色，我们在这里稍微多介绍一下其中的原理。

在第一章第一节中，我们已经介绍了碳原子之间以双键相连时，一个键是通过 sp^2 杂化轨道形成的，另一个键是未改变的2p轨道彼此重叠形成的（见图1-1），我们把重叠的p轨道叫做 π 轨道，把 π 轨道中的电子叫做 π 电子。由于碳原子之间是通过共价双键相连，它们之间的距离（即双键的长度）为13.4纳米，明显短于碳－碳单键的15.4纳米。如果有两个碳－碳双键，彼此被一条单键隔开，这两个双键的 π 轨道又可

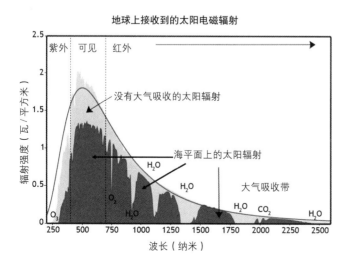

图 2-28　地球上接收到的太阳辐射

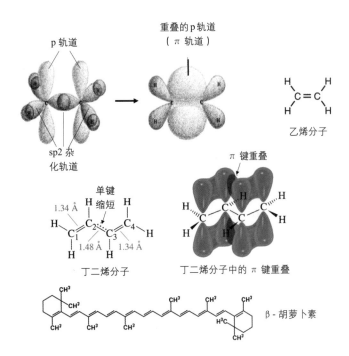

图 2-29 碳碳双键和共轭双键。上图：两个碳原子以双键相连时，4 个外层电子形成 3 个 sp2 杂化轨道和 1 个未变的 p 轨道。两个碳原子用 1 个 sp2 轨道和 1 个 p 轨道的重叠来形成双键。中图：在丁二烯分子中，两个双键的 4 个 p 轨道（即两个 π 轨道）可以重叠在一起，形成大的 π 轨道。下图：更多的双键可以形成更大的共轭系统，例如 β- 胡萝卜素

以彼此部分重叠，形成一个共同的大 π 轨道（图 2-29），使得隔开两个双键的那条单键变短，从 15.4 纳米变为 14.8 纳米，成为部分双键，相当于 2 个双键和它们之间的一个弱一些的双键融合在一起，使电子活动的范围更大，跃迁需要的能量更低。这种 π 轨道可以彼此重叠的双键就叫做共轭双键。

除了两个双键可以形成共轭双键，多个被单键隔开的双键也可以形成更大的共轭系统，即更大的 π 轨道，因为它们的 π 轨道也可以像丁二烯分子内的两个 π 轨道那样彼此重叠。参与共轭双键体系的双键数量越多，π 轨道的范围越大，电子跃迁需要的能量越少。例如 1,3,5- 己三烯（3 个双键共轭）的吸收峰移到 285 纳米，癸五烯（5 个双键共轭）的吸收峰在 335 纳米。虽然如此，这些化合物的吸收峰仍然在紫外区。要有效地捕获光能，需要更大的共轭系统，把吸收区域转移到可见光的范围内。一些分子由于含有巨大的共轭系统，可以吸收某些频率的可见光，我们能够看到没有被它们吸收的可见光的颜色，所以这些分子称为色素

（pigment）。例如 β− 胡萝卜素（β-carotene）分子的共轭系统含有 11 个碳碳双键，而且都被单键隔开，它们就可以组成一个大的共轭系统（见图 2-29 下），吸收从紫色到绿色的可见光（400—550 纳米），我们看见它的颜色就是橙红色的。

地球上的生物主要利用两种色素分子来捕获光能，即由异戊二烯单位组成的线性大共轭分子（例如视黄醛和胡萝卜素）和由卟啉环组成的环状大共轭系统（例如各种叶绿素）。这也没有什么可奇怪的，因为生物都是尽可能将已经有的分子加以改造，让它们具有新的功能，而不是一切从头做起。聚异戊二烯链类型的结构在原核生物中早已存在，例如细菌呼吸链中的醌就含有聚异戊烯的长"尾巴"（见图 2-33）。细菌的呼吸链中许多电子转运蛋白都含有血红素辅基，叫做细胞色素（cytochrome），例如细胞色素 b、细胞色素 c 等等。而叶绿素的分子结构和血红素非常相似，都是由四个吡咯环(由 4 个碳原子和 1 个氮原子组成的环)通过次甲基(＝CH—)彼此相连组成的大环状结构（见后文及图 2-31）。叶绿素和血红素的合成路线也相似，都是以谷氨酸为原料，经过琥珀酰辅酶 A 和氨基酮戊二酸（aminolevulinic acid）合成"胆色素原"，再由"脱氨酶"把胆色素原连成一个卟啉环。这一过程说明叶绿素和血红素有共同的分子起源。只要把血红素的合成路线做一些修改，就可以合成叶绿素。叶绿素有多种形式，被不同的光合生物所使用，但是它们的基本构造是相同的，即基本构造是卟啉环，功能也都是捕获光能。

细菌用视紫红质利用光能

根据色素分子受光照射后是否射出电子，生物利用光能有两种方式：第一种是色素分子不射出电子，而是利用光能直接把氢离子从膜的一边泵到另一边去，创造一个跨膜的氢离子梯度。这个氢离子梯度就像水库里面蓄的高位水，可以在流回膜的另一边时，带动 ATP 合成酶生成 ATP（见本章第九节，原核生物"蓄水发电"）。有些原核生物就采用了这种方式，例如有些古菌是"嗜盐菌"，可以在饱和盐溶液中生活。其中的盐杆菌（halobacteria）细胞膜呈紫色，因为膜上含有一种蛋白质，叫细菌视紫红质（bacteriorhodopsin）。它

有 7 个跨膜区段，在细胞膜内围成筒状，在筒的中间含有一个色素分子叫视黄醛（retinal），分子中含有多个异戊二烯单位。视黄醛含有由 5 个双键组成的大共轭系统，其吸收峰在 357 纳米的紫外区，所以还不足以在可见光区域有吸收。但是当它上面的醛基与细菌视紫红质蛋白上 216 位的赖氨酸残基上的氨基结合后，吸收峰就被移到可见光中 500—650 纳米 的区域（绿色和黄色），其吸收峰在 568 纳米，所以看上去为紫红色。它在受光照射时可以改变形状，从基本上是一根"直棍"变为"弯棍"。这个形状变化就把氢离子从蛋白质位于细胞质附近第 96 位上的天冬酰胺残基转移到位于膜另一边第 86 位的天冬酰胺残基

上，再释放到细胞膜的外面。所以细菌的视紫红质可以直接利用光能来产生跨膜氢离子梯度（图 2-30）。这个质子梯度就是能够储存的一种方式，可以用来合成 ATP。

视黄醛的分子受光激发时形状从"直棍"变为"弯棍"，在化学上就叫从"全反式"变为"13- 顺式"。要知道什么是反式和顺式，就需要回忆一下碳碳双键的性质（见图 1-1）。两个碳原子以双键相连，好像两个塑料球被两根牙签穿在一起，是不能相对转动的。这两个碳原子余下的两根单键和双键也在一个平面上。如果这两个碳原子上各自又连有碳原子，就像在碳链中的情形，就有两种连接方法。一种是外接碳原子在双键的同侧，叫做顺

式连接；另一种是外接碳原子在双键的对侧，叫做反式连接（见图 2-30右下）。反式连接对碳链形状影响不大，碳链总的来说还是一条直链，但是用顺式连接时，碳链就必须在这里有一个"拐弯"。在没有光激发时，视黄醛分子内所有与双键的连接方式都是反式的，所以视黄醛分子像一根"直棍"。当受到光激发时，第 13 位碳原子处的双键就会从反式变为顺式，"直棍"也就变为"弯棍"。这个变化是可逆的，随后顺式视黄醛又会自己变回全反式，可以再次被光激发改变形状。视黄醛的这个性质非常有用，不仅被细菌用来直接建立跨膜质子梯度，还被动物用来获得光线中的信息。我们在第十二章第一节中，还将介绍视黄

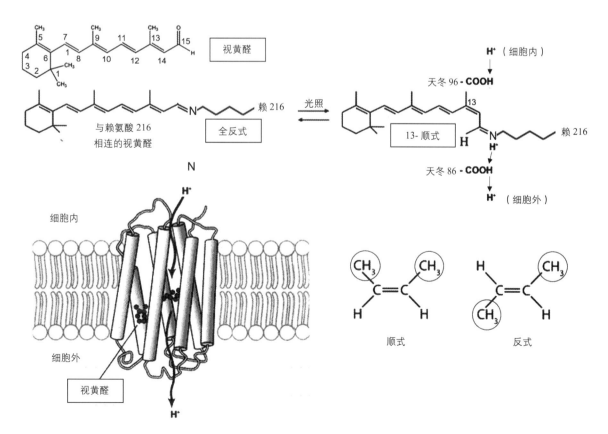

图 2-30　细菌的视紫红质可以利用光能直接产生跨膜质子梯度

醛的视觉功能。

与蛋白质结合的视黄醛虽然可以把光能直接转化为跨膜质子梯度,继而合成ATP,给原核生物的有机合成提供能量,所以也可以属于广义光合作用的范畴,缺点是不能提供有机合成的氢原子,细菌还得从现成的有机物中获得氢原子,所以只能算作半个光合作用。如果还有一种机制可以同时将光能用于ATP合成和提供氢原子,生物就可以摆脱对现成有机物的依赖,自己从无机物合成有机物。这个任务是由叶绿素来完成的。

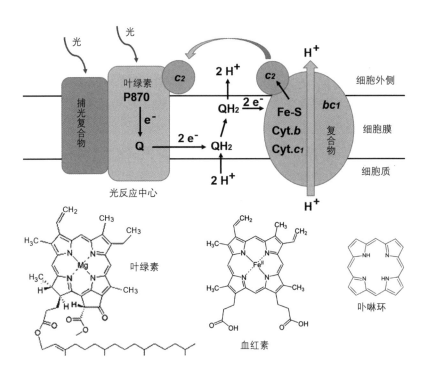

图 2-31　上图为紫细菌的光反应回路。下图比较叶绿素和血红素的分子结构。它们都含有一个卟啉环,中心都含有一个金属离子,在叶绿素是镁离子,在血红素是铁离子

紫细菌用叶绿素利用光能

叶绿素的分子含有一个复杂的环状结构,叫卟啉环。卟啉环里面所有的双键都是彼此"共轭"的,即彼此都被一个单键隔开,因而形成一个巨大的共轭系统。不仅如此,卟啉环的中间还连有一个镁离子(见图 2-31 左下)。这个结构使得叶绿素在紫外和可见光区段都有吸收峰。不过叶绿素最早的功能也许还不是进行光合作用,而是结合在膜蛋白上,起保护 DNA 不受太阳光中紫外线的伤害作用。在地球大气中氧气出现以前,大气上层还没有臭氧层来阻挡紫外线。强烈的紫外辐射对于原核生物的 DNA 是很大的威胁,因为紫外辐射能够使 DNA 链断裂,碱基突变。既然所有的生物早就能够合成血红素,出现类似叶绿素那样的分子也不是难事。与膜蛋白结合的叶绿素不但能够吸收可见光,也能够吸收紫外线,相当于我们皮肤细胞里面的黑色素保护我们少受紫外线的伤害。

在叶绿素分子结构微调的过程中,一个变化发生了,就是叶绿素受到可见光激发时,可以射出一个电子。如果这个电子可以从细胞膜的一边转移到另一边,而丢失电子的叶绿素分子带一个正电,就可以发生膜中的电荷分离,类似于跨膜氢离子浓度,因为二者都有膜两边电荷不平衡的情形,也是储存能量的一种方式。如果有一个机制能够把这个电荷分离变成跨膜氢离子梯度,光能就可以用"水坝蓄水"的方式储存起来了。这个任务是由原核生物的光反应中心来完成的,是原核生物利用光能的第二种方式。下面我们以能够进行光合作用的原核生物紫细菌(purple bacteria)为例,看这个过程是如何完成的(图 2-31)。

紫细菌的光反应中心含有一对叶绿素分子,它们结合在蛋白质上,位置靠近细胞膜的外侧。受到近红外光激发时(吸收峰在 870 纳米),这一对叶绿素分子射出一个电子,经过几个中间步骤将电子送到细胞膜的内侧,同时在叶绿素分子上留下一个正电荷。转移到细胞膜内侧的电子被一种叫做醌(quinone,简写为 Q)的分子所接收。不同生物所使用的醌类物质在结构上有一些差别,在紫细菌中为泛醌(ubiquinone),在蓝细菌和绿色植物中为质体醌(plastoquinone,其结构见图 2-33 下),但是它们的功能是相同的。当反应中心受激发两次时,醌分子就接受两个电子,再和内侧细胞质中的两个氢离子结合,形成与醌相连的两个氢原子,让氧化型的醌 Q 变成还原型的

QH_2。这样就在细胞膜的内侧消耗两个氢离子。QH_2 是高度脂溶性的分子，而且不带电，从蛋白复合物上脱离后，可以在细胞膜内的脂质环境中游动。当它到达细胞膜的外侧时，会遇到另一个蛋白复合物叫做 bc_1 复合物，bc_1 复合物能把 QH_2 分子上的两个氢原子上的电子拿走，把这样形成的两个氢离子释放到细胞膜的外侧，再加上内侧形成 QH_2 时消耗的两个氢离子，就相当于把两个氢离子从细胞膜的内侧转移到外侧了。

QH_2 是具有还原能力的分子，里面的能量还可以利用来产生跨膜氢离子梯度。这就是 bc_1 复合物的功能，和本章第九节图 2-22 里面的 bc_1 复合物非常相似。这个复合物由多个蛋白亚基组成，其中能够传递电子的蛋白质亚基都含有辅基，例如含血红素的细胞色素 b 和细胞色素 c_1。另一个电子转移蛋白含有由铁原子和硫原子组成的电子传递辅基，叫做铁硫蛋白（Fe-S）。电子经过这些电子转移中心时，释放出来的能量被用来把氢离子从细胞膜的内侧泵到外侧，进一步增加细胞膜外侧氢离子的数量。释放了能量的电子被传递到复合物外一个能够在膜的外表面自由移动的蛋白质叫细胞色素 c_2，细胞色素 c_2 再把电子传回光反应中心失去了电子的叶绿素分子上，完成一轮电子循环。得到了电子的叶绿素恢复中性，又可以被光激发，开始另一轮电子循环。

这个系统虽然可以工作，但是效率不高。因为叶绿素分子太小，卟啉环的面积只有 1 平方纳米左右，这么小的面积接收不到许多光子。为了增加吸收光的面积，原核生物还发展出了捕光复合物。捕光复合物也由叶绿素结合蛋白（chlorophyll binding protein）组成，上面结合了 12 个叶绿素分子和两个类胡萝卜素分子。它们形成特殊的空间排列，以便使任何受到光子激发的分子都可以把能量传给光反应中心，在那里激发出电子。这相当于收集太阳光的"天线"，能够大幅度地提高光反应中心的工作速度。这种能量传递的效率非常高，在不到 1 纳秒的时间内就能把收集到的能量传输给反应中心，传输效率为 95%，即基本上没有能量损失。有了捕光复合物，光反应中心的工作效率就可以大大提高了。所以原核生物最简单的光合反应系统是由捕光复合物、光反应中心、bc_1 复合物组成的，工作方式是由光激发的电子循环。

这种光合反应系统是比较原始的，只含有一种光反应中心。它能够将光能转换成为跨膜氢离子梯度，效果和使用视紫红质的嗜盐菌相同，不能提供有机合成所需要的氢原子，也不释放出氧气，为一些细菌如紫细菌所使用。但是它创造的光反应中心和捕光复合物，却是伟大的发明，奠定了蓝细菌和植物中更复杂的，能够同时提供能量和氢原子的光合反应系统的基础。

蓝细菌的双光反应系统

紫细菌的光反应中心虽然可以产生 QH_2，但是其中的氢原子并不被用于有机合成，而是像在呼吸链中一样，被用来产生跨膜氢离子梯度，有机合成所需的氢原子仍然需要从现成的有机物来，例如葡萄糖、乙酸、琥珀酸，所以这样的细菌还摆脱不了消费者的角色。而如果世界上的生产者不多，消费者也不会繁荣，所以地球上还需要能够不消耗现成的有机物，而是能够自己用无机物合成有机物的生物。

为有机合成直接提供氢原子的主要是两种彼此类似的分子，烟酰胺腺嘌呤二核苷酸（Nicotinamide adenine dinucleotide，NAD^+）和烟酰胺腺嘌呤二核苷酸磷酸（Nicotinamide adenine dinucleotide phosphate，$NADP^+$），后者比前者在核糖上多一个磷酸根。读者不必记住它们冗长复杂的名称，只需记住它们常用的名字，NAD^+ 和 $NADP^+$ 就行了。它们都不是什么全新的分子，而是在 ADP 分子上再加上与核糖相连的烟酰胺，所以也是与核苷酸有关的分子。它们烟酰胺的部分可以反复地接受两个电子和一个氢离子，形成它们的还原形式——NADH 和 NADPH，它们就能够为有机合成提供氢原子（图 2-32）。NADH 和 NADPH 之间还可以互相转化，即 NADH 上的氢原子可以转移到 $NADP^+$ 上，使其变为 NADPH；NADPH 也可以使 NAD^+ 变成 NADH。所以一旦有一种形式出现，只要细胞里有催化它们之间相互转化的酶，就可以生成另一种形式。在"消费者"生物中，它们是接受有机分子的代谢中产生的氢原子而形成的（例如参看图 2-23 三羧酸循环）。如果不依靠现成的有机物，能够从光反应系统直接生成 NADH 或者 NADPH，生物就可以只依靠光能和无机的碳源（例如二氧化碳）和氮源（例如氮气和氨）等来合成有机物。这就是真正的有机物的生产者。

这样的光反应系统还真的出现了。这就是对原有的光反应中心加以改造，让叶绿素受激发时射出的电子不是以醌分子为受体，而是经过铁氧还蛋白还原 NADP⁺，形成 NADPH。这个发明看来是在蓝细菌中完成的，因为蓝细菌就含有两种光反应中心，一种以醌为电子受体，一种以铁氧还蛋白为电子受体（图 2-33）。

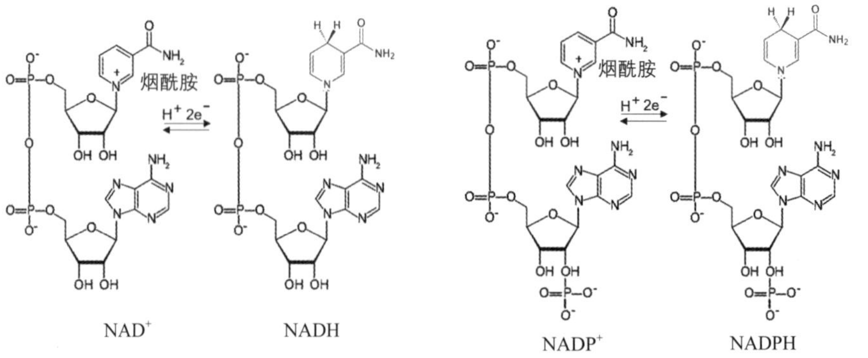

随着第二个光反应系统的出现，蓝细菌的细胞还发生了另一个变化，就是原来含有光反应系统的细胞膜向细胞内伸出，与其余的细胞膜分离，成为细胞内的膜。这些膜将一部分细胞质包裹起来，与其余的细胞质分开，叫做"类囊体膜"（thylakoid membrain）。由于光反应系统不再位于细胞膜上，光反应泵出的氢离子也不再被泵到细胞外，而是到类囊体膜围成的腔内。氢离子从类囊体腔流回细胞质时，带动 ATP 合成酶合成 ATP。虽然紫细菌把氢离子从细胞内泵到细胞外，蓝细菌把氢离子从细胞质泵到类囊体腔，但都是把氢离子泵离细胞质。这个变化也为后来进行光合作用的真核细胞继承，成为叶绿体中的类囊体（参看图 3-23）。

由于以铁氧还蛋白为电子受体的光反应中心被发现在先，被称为光系统 I（photosystem I，简称 PS I）。以醌为电子受体的光反应中心本来是首先出现的，在结构和功能上都类似于紫细菌的单光反应中心，但是因为被发现在 PS I 之后，被称为光反应中心 II（PS II）。不仅如此，PS I 中的叶绿素被光激发射出电子后，产生

图 2-32 NAD⁺ 和 NADP⁺。它们分子下半部分都含有 ADP，上半部分是烟酰胺通过核糖与 ADP 部分相连，NADP⁺ 在核糖的 2 位羟基上还连一个磷酸根。它们烟酰胺部分都含一个正电荷。在接收到两个电子和一个氢离子后，它们就分别变为还原型的 NADH 和 NADPH。NADH 和 NADPH 都能够为有机合成提供氢原子

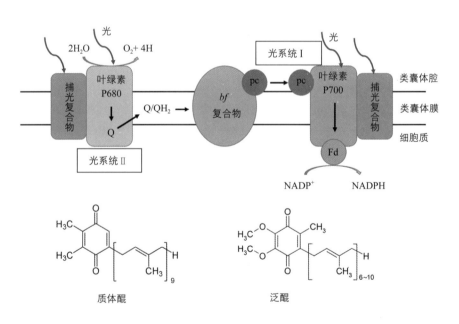

图 2-33 蓝细菌的光反应系统。光系统 II 中的叶绿素 P680 射出的电子将醌（Q）还原为氢醌（QH₂），氢醌将电子传给 bf 复合物，再传给质体蓝素（pc）。光系统 I 受光激发时，叶绿素 P700 射出的电子还原铁氧还蛋白，再经过铁氧还蛋白 -NADP⁺ 还原酶将 NADP⁺ 还原为 NADPH。蓝细胞使用的醌是质体醌，与绿色植物相同。紫细菌使用的是泛醌，与动物线粒体使用的醌相同。醌分子的结构中，大括弧右下的数字是侧链中异戊烯单位的数目，可以看出质体醌和泛醌都有一条长长的聚异戊烯侧链

的正电荷是被来自 PS Ⅱ 的电子中和的，其间经过 *bf* 复合物（相当于紫细菌的 *bc*₁ 复合物）和一个叫做质体蓝素（plastocyanin，简称 pc）的蛋白质，这样这两个光反应中心就被串联在一起，协调工作，而不是彼此单独活动。蓝细菌的双光反应中心系统既能形成跨膜氢离子梯度来合成 ATP，又能提供用无机物合成有机物所需要的氢原子，使得真正的利用光能的有机物生产者出现，对地球上生物的发展与扩张具有关键性的意义。

不过把两个光反应中心串联起来也会产生一个问题，就是 PS Ⅱ 射出的电子会通过质体蓝素传给 PS Ⅰ，不能通过环状电子流动流回 PS Ⅱ 中失去电子的叶绿素分子上，这些正电荷就不能完全被中和。在这里蓝细菌又完成了另一个伟大的发明，就是让 PS Ⅱ 中失去电子的叶绿素分子从水分子中的氢原子那里得到电子，把氢原子变成氢离子，释放到细胞膜外。失去了氢原子的氧原子彼此结合，以氧气的形式放出。这就是释氧光合作用（oxygenic photosynthesis）。释氧光合作用的出现是生物演化史上的重大事件，从此地球的大气中就有了源源不断的氧气供给。这就为本章第九节中说的"氧化磷酸化"提供了条件和保证。由于氧化磷酸化比底物水平磷酸化能够生成多得多的 ATP，这就使得生物的进一步演化成为可能。而这个功绩也是由原核生物，特别是蓝细菌完成的。真核的藻类生物和植物的光合作用系统，就是从蓝细菌那里继承下来的，并且将其发扬光大，造成了地球上生物的大繁荣。

第十三节 "骨骼系统"

长久以来，细菌被认为是没有内部结构的，没有细胞核，没有细胞器，基本上就是细胞壁和细胞膜包裹的一包溶液。然而细菌又有各种不同的形状，有球状、杆状、螺旋状、甚至三角或四角形。细菌在分裂时，必须在分裂面收缩，将自身"掐"成两段。细胞里面的环状 DNA 在复制后，也必须分入两个"子"细胞去。这一切又是如何办到的呢？这就是细菌的细胞骨架（bacterial cytoskeleton）的作用。它们有的成为细胞壁的组成成分，抵抗细胞的渗透压，有的使细菌成为杆状或螺旋状，有的则在细菌的细胞分裂时起作用。

球形的细菌一般都比较小，直径一般在 0.5—1.0 微米之间。例如金黄色葡萄球菌（*Staphylococcus aureus*）的直径约为 0.6 微米。杆菌一般粗 0.5—1.0 微米，长 1—5 微米。螺旋菌一般粗 1 微米，长数微米。大多数细菌，至少在一个方向上的尺寸一般不会超过 1 微米，才能提供生命所需的表面积和体积的比例，这样迅速从环境中获得养料，才能够足够快地繁殖（见下节）。杆菌和螺旋菌都可以看成球菌在一个方向上线性或螺旋性的延长，所以可以比较长，体积比较大，而又不会显著减少表面积和体积的比例。

肽聚糖外壁

细菌的细胞膜外面有由肽聚糖（peptidoglycan，又称胞壁质 murein）组成的细胞壁。革兰氏阳性细菌的细胞壁比较厚，革兰氏阴性细菌的细胞壁比较薄。肽聚糖的骨架是由葡萄糖的两种衍生物：*N*-乙酰葡糖胺（*N*-acetylglucosamine，NAG）和 *N*-乙酰胞壁酸（*N*-acetylmuramic acid，NAM）交替相连而形成的多糖链。链中每个 *N*-乙酰胞壁酸引出一条由几个氨基酸组成的寡肽链（例如大肠杆菌的寡肽链就由丙氨酸、右旋谷氨酸、二氨基庚二酸和右旋丙氨酸组成），与相邻多糖链上的 *N*-乙酰胞壁酸相连，使两条平行的糖链横向相连构成网络，形成肽聚糖（图 2-34）。

由肽聚糖组成的细胞壁有两个作用。第一是帮助细胞经受住渗透压。细菌细胞的内容物浓度比周围的水溶液溶质的浓度高，会产生渗透压。例如革兰氏阴性细菌的渗透压相当于几个大气压，而革兰氏阳性细菌的渗透压可以高至 30 个大气压，而汽车轮胎内的空气压力才两个大气压左右（相当于 203 千帕）。除去细胞壁，这些细菌就会在水中被涨破。人体的防护系统也巧妙地利用了细菌的这一弱点。例如眼睛的角膜和空气接触而细菌不易在眼内生长，就是因为眼泪中含有溶菌酶（lysozyme）。它能够水解 *N*-乙酰葡糖胺和 *N*-乙酰胞壁酸之间的连接，使细菌的肽聚糖解体。肽聚糖一旦解体，细菌的细胞膜抵挡不住渗透压，细胞就涨破了。青霉素的化学构造与一种肽聚糖单体的结构类似，可以结合在合成肽聚糖的酶上面，使肽聚糖的合成受到影响。

细菌的高渗透压使得细菌的形状像充了气的气球，可以是球形或杆形，但是没有尖锐的角。而一些高度耐盐的细菌，细胞内外溶质浓度差不多大，即细菌细胞的渗透压比较小，这些细菌的细胞就可以成片状的三角形或四角形。

细胞壁的第二个作用是维持细胞的形状。实验表明，把细胞的内容物去掉，只剩下肽聚糖组成的细胞壁，这个细胞壁仍然保持细菌原来的形状，说明细菌的形状是由细胞壁的形状决定的，问题是细菌如何合成不同形状的细胞壁。科学研究发现，杆菌和螺旋菌都含有一种叫做 MreB（名称来自 murein cluster e B）的蛋白质，而球菌则没有这种蛋白质。大肠杆菌和枯草杆菌（*Bacillus subtilis*）都是杆状的，每个细胞分别含有约 30000 和 8000 个 MreB 分子。如果用绿色荧光蛋白标记 MreB，在细胞被紫外线照射时，这些蛋白质就会发出绿色的荧光，可以在显微镜下看见它们的分布情况。用这种技术，科学家发现，MreB 分子在 ATP 存在时可以聚合成类似弹簧状的螺旋形长丝，紧贴细胞膜的内面，贯穿细胞的全长，好像从内面撑住塑料管的金属螺旋。但是除去细胞壁后，尽管 MreB 还存在，细菌仍会变成球形。这个事实说明，不是 MreB 的"弹簧"把细菌的细胞"撑"成杆状，而是 MreB 的螺旋作为一种"脚手架"，使得合成肽聚糖的酶沿着 MreB 螺旋的位置合成新的细胞壁（图 2-35）。

杆状细菌的细胞壁中，肽聚糖的糖链方向与长轴垂直，和这个机制相一致。万古霉素（vancomycin）

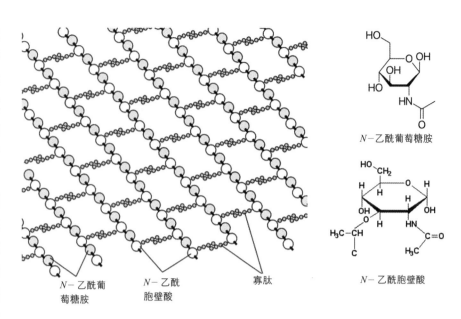

图 2-34　细菌细胞壁上肽聚糖的结构。右图为 *N*-乙酰葡糖胺和 *N*-乙酰胞壁酸单位的分子结构，它们都是葡萄糖的衍生物

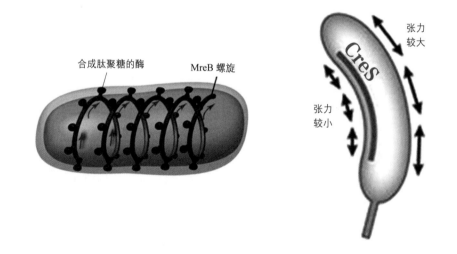

图 2-35　MreB 和成新月蛋白 CreS 分子在细胞形状中的作用。MreB 分子在 ATP 存在时可以形成螺旋形长丝，位于细胞膜内面，并且不断转动，作为合成肽聚糖的酶的"脚手架"，在细胞膜外合成细胞壁。成新月蛋白 CreS 聚成的链只贴在细胞的一侧，而且会弯曲，使得细胞另一侧的细胞膜有较大的张力，合成更多的肽聚糖，使得细胞保持在弯曲状态

和"雷莫拉宁"（ramoplanin）都是能够抑制肽聚糖合成的抗生素，可以用来标记新合成的肽聚糖。它们的标记结果表明，新合成的肽聚糖的确呈螺旋状，与 MreB 的分布情况相符。对单个 MreB 分子的追踪表明，MreB 分子沿着细胞的短轴方向运动，大约每秒钟 6 纳米，说明 MreB 的螺旋结构在细胞内转动，不断制造新的肽聚糖合成点。细菌的细胞分裂时，MreB 集中到分裂面附近，形成一个环状结构，估计是在那里促进新的细胞壁合成。而球形的细菌则是失去了 mreB 基因的结果。

如果杆状细胞弯曲，就可以形成新月状或螺旋状的细胞。例如新月柄杆菌（Caulobacter crescentus）的形状就是弧形的。一些新月柄杆菌的突变种可以从弧形变成杆状。研究发现，这是由于一种成新月蛋白（Crescentin，简称 CreS）的基因被转座子（transposon，一种可以在 DNA 分子中"跳来跳去"，转移位置的 DNA 序列单位）打断的缘故，说明 CreS 蛋白对于弧形或螺旋形的结构非常重要。Cres 蛋白分子自身就可以聚合成长链，不需要 ATP 的存在。这些长链结合于细菌的内弯面，似乎是处于拉伸状态。因为从细胞膜上分离下来后，这些链会缩回螺旋状态。也许是 CreS 链的拉力使细胞内弯。另一个可能是 CreS 链的存在减慢了肽聚糖的合成速度，使得细胞另一面（即没有 CreS 链结合的那一面）肽聚糖的合成速度更快，使细胞的杆状部分发生弯曲。这后一种机制看来是更有可能的，因为新月柄杆菌的细胞壁在细胞的

内容物被除去后仍然呈弧形，说明这个弧形并不需要 CreS 蛋白来维持。CreS 需要 MreB 的存在才能发生作用。如果没有 MreB，尽管有 CreS 蛋白在，细胞仍然会是球形。

使细胞一分为二的 FtsZ 蛋白

细菌在分裂时，会在分裂处形成的一个分裂环。这个分裂环不断收缩，就把细菌从中间勒断。分裂环中的关键蛋白是 FtsZ，全名为 filamenting temperature-sensitive mutant Z，意思是这个基因的突变会使细菌在高温下（如在 42℃）无法分裂。FtsZ 蛋白在 GTP（三磷酸鸟苷，也是高能化合物）的存在下可以聚成几十个单位的直链。这些链互相平行重叠排列，形成一个绕细胞分裂面的环，类似棉纤维被纺成线。与 FtsZ 蛋白结合的 GTP 水

解时，直链会向一个方向弯曲，产生拉力。把 FtsZ 蛋白放入脂质体（liposome，由磷脂等两性分子组成的由膜包成的囊，在性质上类似细胞膜），它也能形成环。当 FtsZ 和一个类似的 FtsA 蛋白一起被放入脂质体时，形成的环可以收缩，有时还可以把脂质体分成两个。这说明 FtsZ 就有可能产生使分裂环收缩的力量（图 2-36）。

当然收缩环中的蛋白不止 FtsZ 一种，还有至少 10 种其他蛋白，包括合成新细胞壁的酶，以及帮助这些酶定位的 MreB。在细菌形成孢子时，FtsZ 会移动到细胞的顶端，在那里形成分裂环，使孢子与细胞体分离。FtsZ 参与几乎所有原核生物的细胞分裂，包括细菌和古菌。黄连素（Berberine）能够与 FtsZ 紧密结合，抑制 FtsZ 环的形成。这就是黄连素具有广谱抗菌作用的机制之

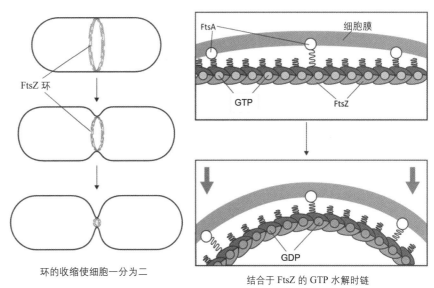

环的收缩使细胞一分为二

结合于 FtsZ 的 GTP 水解时链
会弯曲，使细胞膜变形

图 2-36　FtsZ 在细胞分裂中的作用。FtsZ 在 GTP 存在下聚合成的短链彼此重叠排列，形成从细胞膜内面环绕细胞的环，并且通过 FtsA 蛋白与细胞膜相连。在与 FtsZ 结合的 GTP 水解时，释放出来的能量使得短链弯曲，环收缩，将细胞一分为二

一，因为它阻止细菌分裂。

细菌的细胞分裂时，DNA 要先复制，再分配到两个子细胞中去。这是由另外一组可以聚合成长链的蛋白质完成的，叫做 ParABS 系统。其中的 Par 是"划分"（partition）的头三个字母。ParA 是一种蛋白质，在 ATP 存在时可以聚合成长链。ParB 也是一种蛋白质，可以结合在 DNA 复制开始部位的序列 ParS 上。在染色体复制前，结合 ParS 的 ParB（通过另一个蛋白质 PopZ）把染色体的复制起始处固定在细胞的"老极"上（即在上次细胞分裂时已经有的极，细胞分裂新形成的极叫"新极"）。而 ParA 的长链则被另一种蛋白质 TipN 固定在细胞的新极上。染色体复制后，新染色体的 ParS 也和 ParB 结合，原来的染色体仍然被固定在老极上。当新染色体的 ParS-ParB 复合物遇到 ParA 的长链，就会与 ParA 结合，同时激活 ParA 水解 ATP 的活性。当末端 ParA 上面的 ATP 被水解为 ADP 后，形状改变，从 ParA 链的末端脱落，使 ParA 链缩短一个单位，同时暴露出新的 ParA-ATP 末端。由于这个末端又可以和 ParS-ParB 复合物结合，ParS-ParB 复合物就向缩短了的 ParA 链方向前进一步。ParS-ParB 复合物与新的 ParA-ATP 末端结合，又触发 ParA 水解 ATP 的活性，使又一个 ParA 分子从链端脱落。这样，ParS-ParB 复合物就一直"追"着不断退缩的 ParA 链，直至它到达新极为止（图 2-37）。

质粒（plasmid）是细菌染色体外的环状 DNA，比染色体小得多，主要携带可以在细菌之间交换

的基因。在细胞分裂时，质粒也要被复制，然后被分配到两个子细胞中去。在质粒的分配中，科学家还发现了另外一种机制，即不是靠 ParA 蛋白质链的缩短把 DNA"拉"着走，而是靠蛋白质链的延长把 DNA"推"着走。这是通过另一组划分蛋白 ParMRC 系统来实现的。ParM 和 ParA 一样，在结合 ATP 后可以聚合成长链。但是与 ParA 长链是由 ParA-ATP 组成的情况不同，新的 ParM-ATP 单位可以在链的两端同时加入，而且新加入的 ParM-ATP 会使链里面的 ParM-ATP 单位水解为 ParM-ADP。这样，ParM 链中间的部分就是由 ParM-ADP 单位组成的，两端戴有 ParM-ATP 的"帽子"，而这个帽子使链保持稳定。ParC 类似 ParB，可以结合在质粒 DNA 复制开始处的 DNA 序列，相当于 ParS；而 ParR 可以充当"中间人"，

把 ParM 和 ParC 结合在一起。质粒复制后，会形成两个复制起始点，它们分别和 ParC-ParR 结合。这时 ParM 链在这两个 ParC-ParR 复合物之间形成。新的 ParM-ATP 单位在 ParM 与 ParR 结合处插入，使 ParM 链不断延长，"推"着两个质粒向细胞的两极运动。细胞分裂时，ParM 链会从中间被切断。由于 ParM 链是由 ParM-ADP 单位组成的，中间 ParM-ADP 单位的暴露会使 ParM 链迅速瓦解，两个质粒就分别留在两个细胞里面了（图 2-38）。

从上面的例子可以看见，细菌不同形状的形成，细胞分裂，染色体和质粒在子细胞之间的分配，都是由能够聚合成链的蛋白质系统来实现的。它们通过与 ATP 或 GTP 的结合和水解来聚合、水解、伸长缩短、改变形状，使肽聚糖形成不同形状的细胞壁，使细胞被"掐"

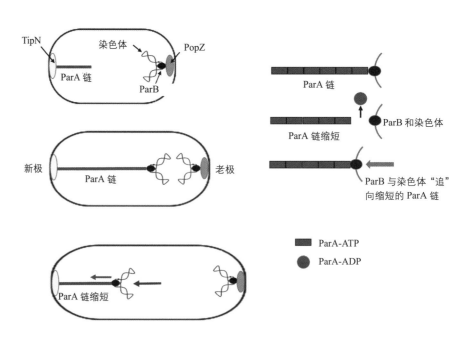

图 2-37　ParABS 系统将细胞分裂时新的染色体"拉"到新细胞中

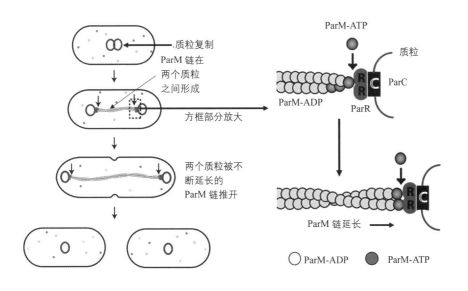

图 2-38　ParMRC 系统可以把两个质粒"推"到新形成的两个细胞中去

为两个，把染色体和质粒分配到两个"子"细胞中去。因为这类蛋白质可以形成链，又与细菌细胞的形状、分裂、DNA 分配有关，它们被统称为细胞骨架。它们的存在和功能打破了细菌的细胞只是一包水溶液的想法，证明了原核生物就已经演化出了具有机械性质和功能的蛋白质系统，是非常了不起的发明。当然这样的系统还是比较原始的，还没有专门产生拉力的"动力蛋白"（motor proteins）出现，所以只能靠蛋白链自己的弯曲、伸长、缩短来执行功能。但是它们已经奠定了更复杂的运动和运输系统的基础。真核细胞更先进的系统，就是从原核生物的细胞骨架系统演化而来的。在真核生物的细胞中，这些"细胞骨架"只被当做"轨道"使用，真正唱主角的是动力蛋白。这就要等到真核生物的出现了。在下一章（第三章）第六节中，我们会介绍真核细胞的"骨骼系统"和"肌肉系统"。

第十四节　喧闹中的秩序

尽管有些原核生物能够借助鞭毛运动，但是许多原核生物却不自己主动运动。它们要么附着在物体表面，要么随水、随风飘荡。如果没有风或水流，这些原核生物似乎非常"安静"，一动不动。细胞里面确实有化学反应在进行，不过好像也是从容不迫的。但是如果原核生物细胞里面的分子真的这么"悠闲"，那就糟糕了，那样就不会有原核生物的生命了。实际上，原核生物细胞里面分子的运动非常激烈，甚至达到了喧嚣的程度。例如在常温时，水分子的运动速度可以高达每秒 694 米，比波音飞机的速度还快 3 倍以上。更复杂的分子质量较大，而总的平均运动能量必须和小分子一样，运动速度自然较慢。像葡萄糖的分子（相对分子质量 180）比水分子（相对分子质量 18）大

10 倍，它的运动速度就是每秒 236 米，比人类百米赛跑的世界纪录还快 20 多倍。即使是分子大小为 100 万的蛋白分子，每秒钟也能跑 2.6 米。在直径 1 微米的原核细胞中，如果没有其他分子的阻挡，它一秒钟能跑 130 万个来回。就是病毒，假如它的"分子量"是 100 亿，也能每秒跑 2.6 厘米。如果没有其他分子的阻挡，它每秒能在细胞内跑 13000 个来回。当然这些微观粒子不是真的这样来回跑，细胞的内容物主要是液体，其中绝大多数是水分子，这些分子密密地挤在一起，它们的运动速度又是如此之快，所以每个分子都以极高的频率和其他的分子相互碰撞。

细胞中的分子为什么会做这么激烈的运动呢？这是因为细胞中的温度在 300 开氏度左右。这是按照开氏温标，常温下原核生物细胞内的温度就是 300 度左右，所以分子的运动是如此激烈。分子的这种激烈运动对于原核生物的生命活动有什么意义呢？

第一个作用是使分子可以移动位置，而不需要额外供给能量。例如氧分子从细胞外进入到细胞内再到达电子传导链的末端、转录因子到达某个基因的启动子上、组成蛋白质的氨基酸到达核糖体上、组成 RNA 的核苷酸到达 DNA 转录为 RNA 的地方，都需要分子移动位置。按照牛顿力学的第一定律，一个物体在没有受到外力作用时，只能维持静止状态，或保持在匀速直线运动的状态。这些分子之所以能够运动，就是因为分子的热运动，而且运动的激烈程度与绝对温度的

高低成正比。在 300 开氏度，分子的运动速度是很快的。分子的快速运动和分子之间的碰撞使得分子可以从浓度比较高的地方逐渐移动到浓度比较低的地方，这就是分子的扩散（diffusion）。由于大量其他分子的阻挡，分子向一个特定方向的"净"移动是很缓慢的。放一勺糖到一杯水中，如果不搅动，过了很长时间上层的水仍然不怎么甜，尽管糖已经完全溶化在下层的水中，就可以证明这一点。扩散的速度随温度的升高而增加。在常温（例如 20℃ 或 293°K）下，分子的扩散速度才能比较好地满足生命活动的需要。即使是这样，细胞中分子的扩散还是很缓慢的，所以扩散只能在很短的距离上使所需的分子及时到达。原核生物的细胞一般只有 1 微米大，就是为了保证物质供应的速度。正是因为原核生物的细胞小，物质到达的速度快，所以原核生物的生长和繁殖速度都比真核生物快得多。

在细胞"一分为二"之前，它的遗传物质必须要进行复制。大肠杆菌的 DNA 有 4639221 个碱基对。要在 20 分钟里复制这个 DNA，每秒钟就要复制近 4000 个碱基对。就算 DNA 的复制是从一点开始，向两个方向同时进行的，那每秒钟也要复制近 2000 个碱基对。如果把 DNA 比作拉链，拉链的每个"齿"相当于一个核苷酸，假设每厘米有 5 个"齿"，那么每秒添加 2000 个核苷酸相当于每秒钟拉合 4 米长的拉链，这是惊人的合成速度。如果温度更低或者细胞更大，核苷酸就不能及时扩散到 DNA 复制的地方，大肠杆菌就不能以这样的速度生长和繁殖了。

第二个作用是高频率的分子碰撞才能维持生命活动的需要，例如 DNA 的复制和蛋白质的合成。DNA 是由四种不同的核苷酸线性相连组成的。要把不同的核苷酸按一定的顺序加上去，就需要正确的核苷酸靠碰撞到达合成 DNA 的地点。由于有四种核苷酸，每次与 DNA 合成地点碰撞的核苷酸中，只有四分之一的机会是合适的核苷酸。而且每次碰撞中，分子的方向也是随机的，只有少数具有正确的方向。所以核苷酸必须以比每秒 8000 次高得多的频率去碰撞，才能满足大肠杆菌繁殖的需要。由此推断，细胞中多数分子之间碰撞的频率一定比每秒 8000 次高很多。与 DNA 的复制相比，蛋白质的合成受碰撞频率的影响更大。蛋白质是由 20 种氨基酸按一定顺序线性相连而成的。在每次氨基酸与合成中心碰

撞时，只有 5%（二十分之一）的机会到达的氨基酸是正确的氨基酸，所以蛋白质的合成速度远比 DNA 的合成要慢。在大肠杆菌中，核糖体（合成蛋白质的"装配车间"）每秒钟只能添加 18 个氨基酸到新合成的肽链上。如果扩散和碰撞概率再低，生命活动就难以维持了。

第三个作用是分子的热运动还给许多化学反应提供能量。没有分子的热运动，许多化学反应就不能进行。化学反应的速度一般随温度升高而加快。提高温度 10 摄氏度，反应速度就大致加倍，说明分子的热运动与化学反应密切相关

化学反应常常要破坏原有的化学键，形成新的化学键。在室温下，分子热运动的能量远低于破坏这些键的能量，所以葡萄糖不会自动分解。但是在高温下，分子的热运动就能提供这样的能量。把葡萄糖放在火焰中，它也会燃烧，变成二氧化碳和水，就是因为在高温下，分子运动的动能就能够提供破坏化学键的能量。但是在原核生物的细胞里面，所有的化学反应，包括葡萄糖被氧化成水和二氧化碳，都必须在常温下进行。即使在 37 摄氏度时，分子热运动在一个方向上的平均能量也只有 0.014 电子伏特（1 电子伏特是 1 个电子经过 1 伏特的电场加速后获得的能量），相当于每摩尔 1.3 千焦耳。这个能量不仅低于氢键的键能（每摩尔 5 至 30 千焦耳），更远低于许多共价键的键能（一般每摩尔数百千焦耳）。为什么在原核生物的细胞中，葡萄糖可以被氧化成二氧化碳和水呢？这就是因为酶的作用。酶可以把化学水解反应分成几步，同时弱化需要破坏的化学键，每一步所需的能量可以由分子的热运动来提供，各种化学反应就可以在体温下进行了。原核生物细胞中的许多化学反应，看似"自然发生"的，好像不需要能量，其实化学键常常是被分子的热运动"撞"破或"扯"破的，所以仍然需要能量，只不过这个能量是由分子的热运动来提供的。

由于这几个原因，细胞中的分子必须以超乎想象的速度运动和碰撞，才能够满足生命活动的需要。神奇的是，尽管原核生物的细胞里面是一个喧嚣的世界，但是一切生命活动又能够有条不紊地进行。在分子的喧嚣无序中，每种分子都能够"找到"需要与自己作用的分子，并且进行特异的相互作用。这是原核生物创造的奇迹。真核生物的细胞也继承了这样在分子的无序中保持细胞

的生命活动高度有序的能力，直至产生人体这样高度复杂而又高度有序的有机体。

本章小结

　　原核生物是地球上最早出现的生命，多数也只由一个细胞组成。它们的大小以微米计，用光学显微镜也要用高倍镜头才能看见它们。但是就是在这样微小的世界中，生命不但发生了，而且发展到了非常完善和精巧的地步。它们"学会"了用蛋白质来催化化学反应，又用 RNA 来指导和催化蛋白质的合成。它们"发明"了DNA 的双螺旋结构，用它来储存信息，并且将信息传给后代。它们把信息储存在"基因"里，并且给每个基因安上了"开关"，使它们能够灵活地适应环境的变化。它们有了结构精巧的细胞膜，用作生物分子和外界的屏障。它们"懂得"利用氧化还原反应来产生生命活动所需要的能量，使用 ATP 作为供给能量的媒介，而且使用葡萄糖作为主要的能源分子和合成其他分子的碳源。它们"创立"了电子传递链，利用细胞膜来做"水坝"，蓄积氢离子来"发电"，即合成 ATP。它们"创建"了化学反应的"转盘路"，使得细胞内的各种分子得以互相转化。它们还"发明"了光合作用，直接从太阳光中获取能量，并且释放出氧气。它们还"发明"了细胞骨架，并且用它来维持细胞形状，实现细胞分裂。原核生物的确很小，但是正是因为它们小，和环境交换物质快，它们可以迅速生长繁殖，并且通过基因突变来适应新的环境，甚至在难以想象的极端条件下生活。正是因为原核生物的这些"发明创造"，即使在多细胞生命极其发达的今天，原核生物不仅没有败下阵来，它们还继续繁荣昌盛，成为我们的生活必不可少的成分。原核生物的这些发明，真核生物都几乎原封不动地继承下来了。我们细胞里面的 DNA、RNA、蛋白质、基因、细胞膜、三羧酸循环、绿色植物叶绿体中的光反应系统，以及细胞骨架，都和原核生物一脉相承。可以说，原核生物是地球上生命的大"功臣"，是它们为后来更高级的生命打下了坚实可靠的基础。我们用了这么多篇幅来叙述原核生物，是因为生命运行的基本结构和方法，在原核生物就已经建立了，真核生物不过是"锦上添花"而已。

　　但是原核生物也有局限性。它们的构造比较简单，基因数量较少，调控机制也不很复杂。而且原核生物必须迅速繁殖才能在竞争中站住脚。繁殖就需要复制DNA，而 DNA 的复制不仅需要消耗能量，复制效率也和 DNA 的大小有关。DNA 分子越大，复制时用的时间越长，消耗的能量越多。为了能够迅速地繁殖，原核生物都尽量使自己的 DNA 紧凑精干，DNA 的大小一般只有几十万到几百万个碱基对。这样就限制了它们功能的发展，所以经过几十亿年的漫长历程，它们基本上仍然是单细胞生物，不能形成具有细胞分工的多细胞生物。生物的进一步发展，就要等待真核生物登上历史舞台了。

3

更上一层楼的真核生物

第一节　什么是真核生物

　　原核生物在地球上出现并且站稳脚跟，是地球上生物界的第一个大事件，在数亿年的时间里，原核生物在地球上生殖繁衍，占据了几乎所有的空间。无论是海洋、湖泊中，还是陆地表面和岩层深处，都有原核生物的踪迹。它们改变了地球上有机物的组成，也改变了大气的成分。但是它们微小的身体和比较"简单"的构造使得它们始终是"单身"：不仅原核生物在随后的几十亿年中基本上都是单细胞的，它们也不进行真正的有性生殖。它们之间有合作，例如通过质粒（染色体外的小型环状 DNA）交换遗传信息，共享对它们有利的基因；

同时它们之间也有竞争，但是主要是对资源的竞争。在真核生物出现之前，除了"吃"它们的病毒噬菌体（bacteriophage），没有细菌吃细菌的情况发生。

　　大约在 22 亿年前，也就是原核生物诞生后的约 13 亿年，发生了地球上生物史中的第二个大事件，这就是真核生物的诞生。在南非赫克颇特地层（Hekpoort Formation near Waterval Onder）中发现的杯形虫（*Diskagma buttonii*）有 0.3 到 1.8 mm 长，还有"根"将其固定在土壤上。碳同位素测定表明，它们和叠层石一样，碳 −13/ 碳 −12 的比例比周围的岩石低，证明它们是生物来源的。这些化石的历史比弗朗斯维尔生物群还要古老，距今已经有 22 亿年（图 3-1）。这样的结构是原核生物无法形成的，说明真核生物在 22 亿年前就已经

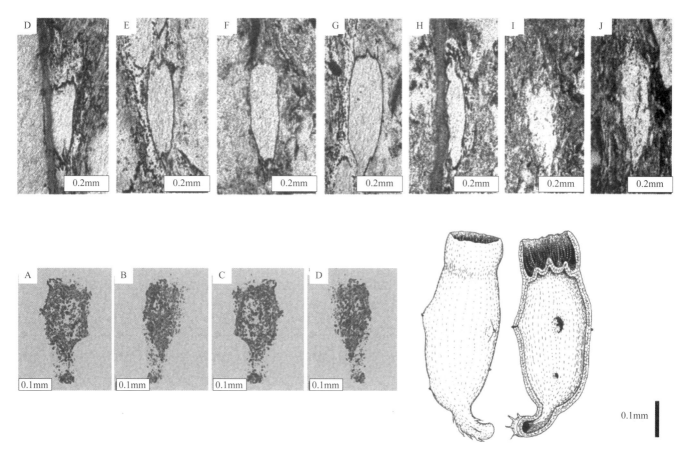

图 3-1　最早的真核生物化石。上为在南非赫克颇特地层中发现的杯形虫化石的切片。左下为根据化石切片得出的杯形虫的三维结构图。右下为根据三维结构复原的杯形虫

出现。在西部非洲加蓬发现的，有 21 亿年历史的弗朗斯维尔黑色页岩中，含有大量多细胞生物的化石，即弗朗斯维尔生物群（Francevillian Biota），每平方米岩石可以含有多达 40 个动物化石，其中有些动物化石的直径达到 12 厘米。这些化石呈扁盘状，中部的圆形结构周围有放射状的结构。这也支持地球上真核细胞出现的时间不晚于 21 亿年之前的结论。

真核生物的细胞比原核生物的细胞（大约 1 微米）大得多，从几微米到几百微米。例如酵母菌的直径可以从 4 微米到 50 微米；衣藻细胞长 10—100 微米；草履虫长 180—280 微米；变形虫的长度更可以达到 220—740 微米。要是把真核生物的细胞放大到一个房间那么大，原核生物的大小就只相当于一只暖水瓶。在显微镜下，真核细胞最明显的特征就是有一个界限分明的、与周围的细胞质分开的细胞核。根据这个特点，这些细胞被称为"真核细胞"。这些生物也被称为真核生物（eukaryotes），其中 karyo- 是"核"的意思，而前缀 eu- 在这里就是"真正"的意思。不过光学显微镜的分辨率受可见光波长（400—700 纳米）的限制，不能看清 1 微米以下的结构，所以在有更高分辨率的显微镜发明之前，真核生物细胞中能够被看清的结构就是细胞核。

电子显微镜的发明使得科学家能够看到小至 0.2 纳米的结构。在电子显微镜下，科学家发现，真核细胞的结构特点不仅有细胞核，而且还有其他被膜包裹的结构——细胞器（organelle），包括线粒体、叶绿体、高尔基体、溶酶体、过氧化物酶体等。对这些细胞器的研究发现，它们各有自己特殊的功能。例如细胞核是遗传物质 DNA 的"藏身和工作之地"；线粒体是细胞的"动力工厂"，ATP 在那里合成；叶绿体是进行光合作用的地方；高尔基体和蛋白质的转运有关；溶酶体是细胞的"垃圾回收站"，处理废

物，让物资循环使用；过氧化物酶体处理对细胞有害的过氧化物，等等。

除了细胞器，真核生物的细胞内还有复杂的内部膜系统，分别叫做内质网和高尔基体，它们是进行蛋白质合成、加工、分类的地方。由于细胞巨大，真核细胞还发展了自己的"骨骼系统"，以支撑和改变细胞的形状。不仅如此，真核细胞还发明了自己的"肌肉系统"，即能够产生拉力的蛋白质。即使是单细胞的真核生物，这些能够产生拉力的蛋白质也在细胞分裂和细胞内的物质运输上起作用。这就为以后动物的运动系统准备了条件。为了将一些蛋白质运输到特殊的目的地，真核细胞还发明了对生物膜"动手术"的蛋白质，让生物膜可以形成小囊，再与目的地的膜融合。真核细胞的骨骼系统和肌肉系统使真核细胞能够进行"有丝分裂"，使真核细胞在进行分裂时，几十对染色体能够被精确地分配到新形成的细胞里面去。

此外，真核细胞还有更多的新"发明"，包括对DNA结构和基因表达上的起作用的组蛋白、使得同一个基因可以形成多个蛋白质的内含子（intron）、更复杂完善的信号传输系统等。真核细胞的这些新特点使得真核细胞可以走上细胞联合和分工的道路，形成多细胞生物。我们眼睛能够看见的生物，基本上都是真核生物。真核细胞的出现使得地球上生物进一步发展成为可能。就是能够思考、写作、阅读，现在还能坐在这里看书的人类，也是真核生物这些新发明的直接结果。在这一章中，我们要详细叙述真核生物的各种新特点和新发明。

第二节　线粒体是关键

既然被称为"真核生物"，我们自然会想到它和原核生物最重要的区别就是它有细胞核。那么细胞核的重要性又是什么呢？细胞核不过是用两层膜把DNA包裹起来而已，这有什么必要性和优越性吗？而且在澳大利亚的淡水湖中，科学家发现了一种细菌，叫做隐球出芽菌（Gemmata obscuriglobus）。这些微生物为球形，像酵母菌那样出芽生殖。从它们核糖体RNA（5S和16S

rRNA）的序列来看，它们应该属于细菌中的"浮霉菌门"（Planctomycetes）。奇怪的是，这些细菌却有由两层膜包裹的细胞核，说明细胞核并不是真核生物的专利（参看图3-36）。

原核生物的DNA是环状的，而真核生物的DNA是线状的，那么是不是具有线状DNA的生物就是真核生物呢？引起莱姆病（Lyme disease）的"伯氏疏螺旋体"（Borrellia burgdorferi）是原核生物，却有一个100万个碱基对的线性DNA。真核生物的其他特征，例如细胞内部的膜系统和基因中的"内含子"，也可以在原核生物中找到。那么真核生物和原核生物的根本区别是什么？是什么事件使得原核生物变成了真核生物？如果要找一个真核生物都有，原核生物绝对没有的特征，那就是真核生物的细胞里有线粒体（mitochondria）而原核生物没有。那么线粒体是个什么东西呢？为什么有线粒体的细胞最后变成了真核细胞呢？

线粒体是真核细胞的"动力工厂"，是细胞合成ATP的地方。葡萄糖和脂肪酸在这里被彻底氧化，生成二氧化碳和水，释放出来的能量则被用来合成ATP。线粒体和细菌差不多大（直径约1微米），所以每个真核生物的细胞可以拥有成百上千个线粒体，相当于细胞的"身体"里面有成百上千个发电厂。细胞有了充足的"电力"供应，做什么事情都有能量保证了。线粒体是用大气中的氧来氧化葡萄糖和脂肪酸的，所以真核生物的出现是在空气中氧含量大大增加的时间（大约23亿年前）后不久。换句话说，是线粒体带来的充足的能量供应使原核细胞变成真核细胞。那么细胞里面的线粒体是如何出现的呢？

对线粒体的研究发现，线粒体不仅是一个细胞器，而且更像是一个细胞(图3-2)。它被两层膜(外膜和内膜)包裹，有自己的DNA，有自己合成mRNA和蛋白质的系统。它的DNA是环状的，类似于细菌的环状DNA。它合成蛋白质的核糖体（70S）不像真核生物的核糖体（80S），而像细菌的核糖体（70S）。它的基质相当于细菌的细胞质，里面含有三羧酸循环系统。像细菌那样，线粒体的基因也是组织在"操纵子"（operon）中的，即功能相关的基因共用一个启动子，而不像真核生物那样，每个基因有自己的启动子。线粒体也像细菌那样，通过分裂来繁殖。真核细胞不能"制造"线粒体，所有

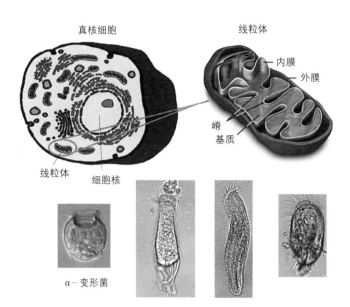

图 3-2 真核细胞中的线粒体（上）和线粒体的祖先 α−变形菌（下）

α−变形菌

的线粒体必须从已有的线粒体分裂而来。这也符合"细胞只能来自细胞"的定律。

有一种假说认为线粒体起源于被吞食的细菌。这个过程是如何发生的，现在已经不可考，但是肯定不是一种细菌"吃下"另一个细菌造成的。吞食是一个非常复杂的过程，需要有控制细胞形状的"细胞骨架"，还要有类似肌肉收缩的蛋白质使细胞膜包裹另一个细胞，还要有专门"消化"另一个细胞的"溶酶体"。所有这些原核生物都不具备，所以没有细菌吃细菌的事情，而且细菌在细胞膜外面还有细胞壁或者荚膜等形状比较固定的结构，也不适于吞食。一种可能性是古菌细胞被机械力压开（例如石头滚动），而又没有彻底将细胞压碎。细胞在恢复过程中裂开的古菌又正好把在附近的一个能够用氧彻底氧化葡萄糖和脂肪酸的细菌包裹进去。由于古菌没有溶酶体，被包裹进去的细菌也不被杀死，最后和古菌形成共生关系。要成功地实现这个过程，估计概率非常小，所以原核生物出现数亿年后，才有这种共生的情况发生。而且从所有真核生物的线粒体基因来看，它们都来自同一个祖先，也就是这样的细胞融合只发生过一次。但是就是这次"幸运"的细胞融合导致了真核生物的诞生。

在细菌中，呼吸链是位于细胞膜（即内膜）上的。电子传递时释放出来的能量则被用来把氢离子从细胞内泵

到细胞的内膜外，建立一个跨膜的氢离子梯度，类似于水坝蓄水。氢离子通过细胞膜再流回细胞时，就带动 ATP 酶合成 ATP，像水库里面高水位的水经过水坝带动水轮机发电（见第二章第九节）。在线粒体中，呼吸链也是位于内膜上的（相当于细菌的内膜），电子传递释放出来的能量则把氢离子从线粒体内部泵到内膜之外，即线粒体的内膜和外膜之间。氢离子流回线粒体内部时则带动 ATP 酶合成 ATP。所以线粒体合成 ATP 的结构和细菌是一样的，只不过细菌合成 ATP 的地方以线粒体的形式被带到另一个细胞的内部。

通过对线粒体中基因的分析（例如磷酸丙糖异构酶基因），发现它们和一类细菌，即"变形菌门"（proteobacteria）中的一种——α−变形菌（α-proteobacteria）的基因最为相似。变形菌门是一大类革兰氏阴性细菌，外膜主要以脂多糖构成。因其形状多变而被称为变形菌（见图 3-2 下）。根据这些证据，科学家认为，线粒体是某种古菌"吞并"了 α−变形菌，彼此形成共生关系而演变出来的，因为古菌已经拥有真核生物的一些特征，例如含有细菌没有而真核细胞拥有的组蛋白。古菌给 α−变形菌稳定的生活环境，而 α−变形菌给古菌提供能量。因此真核细胞实际上是两种细胞的混合物，是"细胞套细胞"，它们各自的 DNA 至今还在。

不过在 α−变形菌的细胞演变为线粒体的过程中，许多 α−变形菌的基因逐渐转移到古菌细胞的 DNA 中去，使得线粒体 DNA 中的基因越来越少，最后只剩下为蛋白质合成需要的转运 RNA（tRNA）、核糖体 RNA（rRNA）的基因和少数为蛋白质编码的基因。这些蛋白质基本上都是膜蛋白，高度亲脂，如果在细胞质中合成，转移到线粒体中会很不方便，所以它们的基因就留在线粒体中，以便"就地制造"这些亲脂的蛋白质。在不同的真核生物中，线粒体基因转移到细胞核 DNA 中的程度不同。例如单细胞的真核生物"异养鞭毛虫"（Reclinomonas americana）的线粒体 DNA 有 69000 个碱基对，97 个基因，其中 62 个基因为蛋白质编码，算是保留得比较多的。而在人的线粒体中，DNA 只有 16000 个碱基对，37 个基因，其中 13 个基因为蛋白质编码。引起人疟疾的疟原虫（Plasmodium falciparum）线粒体的 DNA 只有 6000 个碱基对，含 5 个基因。尽管不同的真核生物的线粒体 DNA 大小差别很大，基因数

也不一样，但是所有这些线粒体里面的基因都不出变形菌门细菌基因的范围，说明线粒体的确是从变形菌门的细菌演化而来的。

对于"真核生物的细胞都有线粒体"这个说法，也有反对意见。这些意见的根据是有些真核生物的细胞里没有线粒体。例如寄生在人体小肠内，引起腹泻的兰氏贾第鞭毛虫（Giardia almblia，简称"贾第虫"）是一种单细胞真核生物，它就没有线粒体。贾第虫属于"古虫界"（Excavata），里面有许多靠寄生来生活的低级真核生物。这些生物一般都没有线粒体，曾经被认为是最原始的真核生物，还没有到获得线粒体的阶段，被称为"无线粒体原生生物"（amitochondriate）。但是随后的研究发现，这些生物含有"热激蛋白70"（heat shock protein70，简称 Hsp70）基因，和"伴侣素蛋白60"（chaperonin60，简称 cpn60）和"伴侣素蛋白10"（cpn10）的基因。这些基因都只有在线粒体或者 α- 变形菌中发现，而在古菌和革兰氏阳性细菌中没有发现，说明这些"古虫"都曾经获得过线粒体，只不过后来由于寄生生活或在无氧条件下生活，不再需要线粒体，这些线粒体就退化了。

线粒体退化后，一开始可以变成氢酶体（hydrogenosome）。氢酶体和线粒体一样，也由两层膜包裹，大小也在 1 微米左右。它能够把丙酮酸经过乙酰辅酶 A 变成乙酸，在此过程中脱下的电子则经过铁氧还蛋白（ferredoxin）把氢离子还原为氢气。它还利用三羧酸循环中琥珀酰辅酶 A 转化为琥珀酸的步骤合成 ATP（见第二章第十一节），说明氢酶体是从线粒体演变而来的。线粒体进一步退化，还可以变成线体（mitosome）。它也由双层膜包裹，但是不再合成 ATP，而是合成"铁－硫蛋白"（含 Fe-S 结构的蛋白质）。它也含有 Hsp70，说明是从线粒体变来的。而在古虫如贾第虫中，连双层膜结构都消失了，只剩下一些线粒体的基因。

所有这些事实都说明，所有真核生物的细胞都曾经获得过线粒体，只不过后来一些真核生物不再需要线粒体的氧化磷酸化功能而部分或全部失去线粒体。而原核细胞无一例外地不含线粒体，所以线粒体是区别真核生物和原核生物最根本的标志。而且线粒体的作用还不仅是为寄主细胞提供能量，它带来的内含子更使得细胞核成为必要，因而是线粒体的出现让原核细胞发展出了细胞核。

第三节　细胞核出现

线粒体给寄主细胞带来威力强大的"发电厂"的同时，也带来了另一个"不速之客"，那就是内含子。它的出现使得细胞核成为必要。要知道什么是内含子，就要从 1977 年美国两个实验室的意外发现说起。

在 20 世纪 70 年代以前，人们对基因的认识是很简单的：基因就是 DNA 分子上为蛋白质编码的区段，再加上控制基因表达的"开关"，即启动子。当启动子把基因"打开"时，这段编码的 DNA 序列就被"转录"为 mRNA，mRNA 再指导核糖体合成蛋白质。为蛋白质编码的 DNA 序列被认为是连续的，mRNA 分子中为蛋白质编码的 RNA 序列也因此是连续的。在原核生物中，这的确是实际情况。在大肠杆菌中，合成 mRNA 的过程还没有完成，在附近的核糖体就"迫不及待"地"抓住"mRNA，开始蛋白质合成了。所以在原核生物中，合成 mRNA 和合成蛋白质是在同一个地方，几乎同时进行的（图 3-3）。

这种"编码序列是连续的"的观念在 1977 年被打破了。在这一年，美国冷泉港实验室的里查德·罗伯兹（Richard J. Roberts）和麻省理工学院的菲利浦·夏普（Phillip A. Sharp）同时在研究引起人感冒的腺病毒（adenovirus）。这种腺病毒的主要蛋白叫做六邻体（Hexon），是包裹病毒 DNA 的表面蛋白质。他们先从被病毒感染的细胞中提取到六邻体的 mRNA。为了寻找病毒 DNA 中为六邻体蛋白编码的部位，他们让 mRNA 和病毒的 DNA "杂交"，即让 mRNA 的序列和 DNA 分子上相应的序列通过碱基配对彼此结合。出乎意料的是，六邻体 mRNA 和 DNA 上四个互不相连的区段结合，这四个区段之间没有和 mRNA 结合的部分则游离出来，形成三个环。这个结果使他们认识到，腺病毒 DNA 为六邻体蛋白质编码的序列不是连续的，而是分为许多段（图 3-4）。

在这些实验结果的基础上，美国科学家瓦尔托·基尔伯特（Walter Gilbert）于次年（1978 年）提出了内含子（intron）的概念。内含子就是编码序列之间的 DNA 区段，其序列在 mRNA 合成后被"剪切"掉，不出现在成熟的 mRNA 分子中。而为蛋白质编码的区段则被

图 3-3　大肠杆菌中的转录和翻译。在这幅电镜照片中，mRNA 刚开始合成，核糖体就结合在 mRNA 分子上，开始蛋白质的合成（翻译），而不等待 mRNA 的生产完成。同一条 mRNA 分子上可以结合多个核糖体，同时进行蛋白质的合成

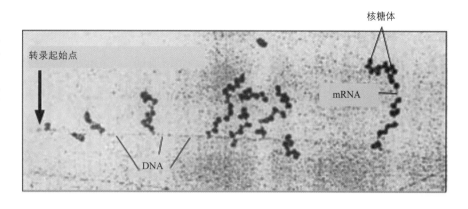

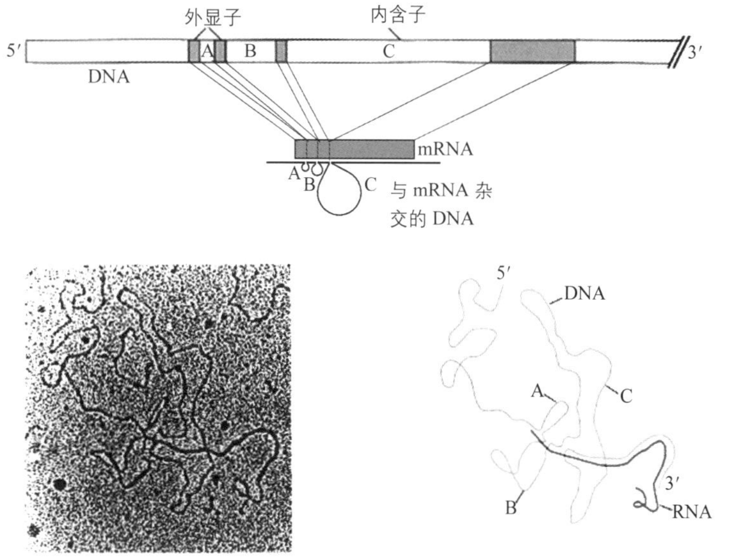

图 3-4　基因中内含子的发现。腺病毒的六邻体基因中，为蛋白质编码的部分不是连续的，而是分为四段，它们之间被非编码的 DNA 序列隔开。mRNA 的分子中，编码部分被连在一起，间隔序列则被"剪"掉。当用六邻体基因的 DNA 和对应的 mRNA 杂交时，mRNA 只和编码的序列通过碱基配对结合，间隔序列则形成环。基因中为蛋白质编码的序列被称为外显子，间隔序列称为内含子。上为图示；左下为杂交结构的电镜照片；右下为照片的图解

称为外显子（exon），它们被内含子分隔开，和内含子的序列一起被转录。当 mRNA 分子中的内含子序列被剪切掉以后，外显子就连在一起，去指导蛋白质的合成，最后的效果就像当初内含子不存在一样。我们可以想象为蛋白质编码的 DNA 序列为蓝线，被分成几段，中间由白线（内含子）连起来。把白线剪掉，把蓝线部分连起来的过程就叫做 mRNA 的剪接（splice）。罗伯兹和夏普的研究结果使科学家也去研究真核生物的基因，发现许多这些基因中编码序列也是不连续的，也就是许多真核生物的基因含有内

含子。这是基因结构观念上的大革命，罗伯兹和夏普也因此获得了1993 年的诺贝尔生理学和医学奖。

内含子是如何起源的，至今科学界还没有统一的意见。一种假说认为，内含子在生命出现的早期，在 RNA 世界时就出现了。当时 DNA 还没有出现，RNA 分子则"一身数任"：既要催化自己的合成，又要催化蛋白质的合成，还要用自己的核苷酸序列为蛋白质中的氨基酸序列编码（见第一章第四节）。要使一个长长的 RNA 分子的连续序列来为蛋白质编码，编出来的蛋白质又是具有生物功能的，概

率非常小，就像把英文的 26 个字母随机地排列在一起会出现一段有意义的文字那样困难。比较可能的情况是 RNA 分子内有许多小的区段，每段给一些氨基酸编码。有选择性地把这些区段结合起来，就有可能产生有功能的蛋白质。这就像随机排列的字母不容易产生有意义的词和句子，但是有选择性地去掉一些字母，就可以连成有意义的词和句子。由于 RNA 分子具有自我剪接的能力，这样的过程是有可能的。当然这是一个漫长和随机的过程，但是这样的目标最终是可以实现的。一旦这样的组合被固定下来，它们

就可以在 DNA 出现后，被复制到 DNA 分子中，然后在 mRNA 阶段再进行剪接。现在原核生物以 RNA 为最终产物（如 tRNA 和 rRNA）的基因（即不为蛋白质编码的基因）中，就还有许多这样的区段，它们能够在 RNA 分子被合成后，自己把自己剪切掉，包括 I 型和 II 型内含子（这两型内含子剪切自己的方式不同）。经过几十亿年的时间，能够自我剪接的 RNA 内含子类型居然还有两种，说明内含子在 RNA 生命阶段就出现的学说是有一定道理的。

不过到原核生物出现后，这种为蛋白质编码的方式就不理想了。因为在合成的 mRNA 分子中，有很大一部分是不为蛋白质编码，因此需要去除的"废物"。这些内含子既占 DNA 的空间，使得原核生物复制 DNA 时要付出更多的成本，在合成 mRNA 时，细胞还要花费资源去合成这些废物，而且剪接 mRNA 也需要时间。而对于简单的原核生物，资源有限，还必须迅速繁殖才能与其他的原核生物竞争。如果能够把这些"废物"去掉，既能节省资源，又能繁殖，对于原核生物的生存无疑是非常有利的。这样经过亿万年的演化，原核生物基本上已经把内含子"清除"掉了。为蛋白质编码的 DNA 序列是连续的，生成的 mRNA 也不需要剪接，而是可以直接用来指导蛋白质的合成，因而出现了在原核生物中，转录和蛋白质合成同时同地进行的情形（参看图 3-3）。在这种情况下，细胞核的存在反而会延迟转译开始的时间，因此原核生物中的绝大多数都没有细胞核。原核生物的基因之间也有一些"没用"的 DNA 序列，不过一般只占 DNA 序列的 10%~15%，残余的内含子也基本上"躲"在这些地方。

另一方面，真核生物的 DNA 中却含有大量的内含子，而且越是高级的生物（例如哺乳动物和开花植物），基因中内含子的数量越多。为蛋白质编码的基因，几乎都含有内含子。例如人类，每个基因平均含有 8.1 个内含子，拟南芥（Arabidopsis thaliana，一种开花植物）每个基因平均含有 4.4 个内含子，就连低等动物，如果蝇（Drosophila melanogaster），每个基因也平均有 3.4 个内含子，而许多原核生物总共也只有几个内含子。看到这里，估计有人会产生疑问：原核生物想尽量去掉的东西，真核生物怎么会让它存在并且让它繁荣起来呢？原因看来有两个：一是真核生物因为有线粒体提供能

量，"财大气粗"，不在乎这点"废物"的存在。真核生物是以质取胜，即通过自己更强大多样的功能取胜，而不是像原核生物那样以量取胜，所以不必拼命繁殖。二是真核生物巧妙地利用了内含子的存在来形成更多的蛋白质。在原核生物中，因为编码序列是连续的，没有"花样"可玩。编码序列什么样，蛋白质就什么样，一个编码程序就只能生成一种蛋白质，真是"一个基因对应一种蛋白质"。而在真核生物中，由于编码序列是最后"拼接"起来的，如果改变拼接方法，只使用其中的一些编码区段，让外显子以不同的方式结合，就可以从同一个基因形成不同的蛋白质。这种不同的拼接外显子的方法叫做选择性剪接（alternative splicing）。例如果蝇的 dsx 基因是控制性别的基因。它有 6 个外显子。如果把外显子 1、2、3、5、6 拼接在一起，就会形成一个使果蝇向雄性发育的转录因子。但是如果把外显子 1、2、3、4 拼接在一起，就会形成一个使果蝇向雌性发育的转录因子。这样，同一个基因就可以产生功能完全相反的两种蛋白质。一个基因产生巨大数量蛋白质的"冠军"，要数果蝇的 DSCAM 基因。它有 24 个外显子，可以形成 38016 种不同的组合，即生成 38016 种蛋白质，而果蝇的全部基因数才 15016 个！在人的全部 DNA 序列测定以后，发现其中只有大约 21000 个基因。这个结果出乎人们的预料，甚至有人认为这是对人类的羞辱，因为那么低级的原核生物大肠杆菌（菌种 K-12）都有 4377 个基因，其中 4290 个基因为蛋白质编码。考虑到人的复杂性远远超过大肠杆菌，人类好像应该至少有 100000 个以上的基因才"合理"。其中的奥妙就在人的基因能够活跃地进行选择性剪接，所以两万个左右的基因可以形成 10 万种以上的蛋白质。这就可以解释为什么生物越高级，为蛋白质编码的基因中内含子越多。

为蛋白质编码的基因中出现内含子，转录生成的最初的 mRNA 就不能直接在核糖体中指导蛋白质的合成了，因为那样会把内含子中的序列也当做是编码，合成出错误的蛋白质，所以必须先把 mRNA 中的内含子部分去掉，然后才能用来合成蛋白质。而去掉内含子的剪接过程又是比较慢的，怎么才能防止内含子去掉之前合成蛋白质的过程就开始呢？唯一的办法就是不让核糖体接触到还没有"加工"完毕的 mRNA。换句话说，就是转录和蛋白质合成必须在空间上分开，而这正是细胞

核的作用。细胞核的膜能够防止完整的核糖体进入细胞核，而 mRNA 在剪接完成前，又不会离开细胞核，这样核糖体能够接触的，就只能是加工完毕的 mRNA。其实真核生物加工 mRNA 还不只是去掉内含子，还要给 mRNA "穿靴戴帽"。"穿靴"就是给 mRNA 分子加上一个由 100~250 个腺苷酸组成的"尾巴"，叫做"多聚腺苷酸尾巴"。"戴帽"是在 mRNA 的"头"（5′ 端）的鸟嘌呤上面加一个甲基（—CH₃）。这两个修饰都使 mRNA 分子更稳定，也等于是给 mRNA 分子戴上了"放行徽章"，可以离开细胞核了。所以细胞核的出现，是为蛋白质编码的基因中出现内含子的必然结果。

如果把各种真核生物同种基因中内含子的位置做比较，发现许多这些内含子的位置是相同的。例如动物和植物之间有 17% 的内含子位置是相同的，真菌和植物之间有 13% 的内含子位置相同，甚至人类和开花植物拟南芥之间，都有 25% 内含子在基因中的位置相同。这些事实说明，真核生物的内含子出现的时间非常早，在所有真核生物的共同祖先中就出现了。据各种模型的推测，在最早的真核生物中，为蛋白质编码的每个基因平均含有 2~3 个内含子。由于细菌的 DNA 含有的内含子数量极少，在最初的真核生物形成时，一定有一个内含子数量突然大量增加的事件。由于原核生物经过 10 亿年左右的演化，已经将内含子基本消除，真核生物的共同祖先又是从原核生物演化而来的，内含子的突然增加是如何发生的呢？2006 年，美国科学家尤金·库宁（Eugene V. Koonin）提出一个假说，他认为是后来要变成线粒体的 α- 变形菌进入寄主细胞后，其 DNA 中的内含子"入侵"寄主的 DNA 并在那里繁殖，使得最初的真核细胞含有大量的内含子。

真核生物为了适应这种情况，发展出了细胞核把 DNA 和核糖体分开，同时发展出了更有效的方式来剪除 mRNA 中的内含子序列，这就是剪接体（spliceosome）。剪接体是由 5 个细胞核内的小分子 RNA（snRNA，包括 U1、U2、U4、U5、U6）和蛋白质组成的巨型复合物。5 个 snRNA 分别识别内含子的各个部位，例如 U1 会先辨识内含子的 5′ 端剪接点（内含子 5′ 端与外显子结合的地方），而 U2 识别 3′ 端剪接点（内含子 3′ 端与另一个外显子结合的地方）上游的"分支点"。这个步骤将 mRNA 上要被剪切除去的内含子定

位。然后，由 U4-U5-U6 组成的三聚体加入，使得分支位点上的腺苷酸被连到内含子的 5′ 端上，使它脱离外显子，同时内含子的 RNA 链形成一个"套马索"那样的环状结构。脱离了内含子的 5′ 外显子再与 3′ 的外显子结合，内含子就被剪切掉了（图 3-5）。

剪切体剪除内含子的过程与 II 型内含子"自我"剪切的过程极为相似，例如都形成"套马索"那样的结构和中间步骤，RNA 分子的空间结构也高度一致。所以真核生物的剪切体应该是从原核生物的 II 型内含子演化而来的。II 型内含子是自己切割自己，而剪切体的 5 个 snRNA 则是 II 型内含子分开的片段，再与蛋白质形成复合体。所有的原核生物都没有剪切体，剪切体是被真核生物发展出来的，即把原来自我剪切的内含子分成几

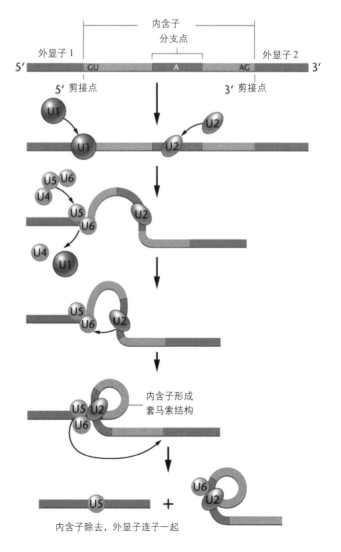

图 3-5　内含子被剪除的过程

段，再分别和蛋白质结合。即使是在人类的细胞里，实际剪切内含子的分子还是剪切体中的 snRNA，蛋白质只起辅助作用。核糖体合成蛋白质时，起催化作用的仍然是 RNA（rRNA）分子。这些事实都说明，最初的生命是 RNA 的世界，真核生物的内含子也是由 RNA 分子中的 II 型内含子演化而来的。

有趣的是，并不是所有的真核生物都含有大量的内含子。对于那些单细胞的真核生物，繁殖速度对于生存还是很重要的。俗话说，"活在狼群中，就得学狼叫"，所以这些单细胞的真核生物，像同样是单细胞的原核生物一样，都去除了大量的内含子。例如裂殖酵母（*Schizosaccharomyces pombe*）每个基因平均只有 0.9 个内含子，出芽酵母（*Saccharomyces cerevisae*）的内含子含量更低，每个基因平均只有 0.05 个内含子。而多细胞的真核生物，则在演化过程中不断增加内含子的数量，在人身上甚至达到每个基因平均有 8 个以上的内含子。

线粒体的出现给真核生物带来充足能源的同时，也带来了内含子的入侵。为蛋白质编码的基因中内含子的出现，又迫使细胞形成细胞核以把 DNA 和核糖体分隔开来。这大概就是真核细胞出现的根本原因。其他的改变都是在这个基础上进行的。

第四节　组蛋白和染色体

真核细胞由于有线粒体供给大量的能源，可以使原有的基因变双份或多份。增殖出来的基因就可以获得新的功能，逐渐形成基因家族，使得真核生物的"本事"越来越大。真核细胞还"收编"了 α- 变形菌的 DNA，进一步增加了基因的数量。再加上真核生物基因所含的内含子数量不断增加，这也增加了基因的长度。随着真核生物的繁荣，各种"寄生"的 DNA 序列也来搭"顺风车"，在真核生物的 DNA 中繁衍起来。例如病毒就可以把自己的 DNA 插入细胞 DNA，并且和细胞的 DNA 一起被复制。还有一些能够自我复制，在 DNA 中"跳来跳去"的 DNA 序列，叫做转座子（transposon），也可以在真核细胞的 DNA 中繁殖。因为它们是搭"顺风车"的 DNA 序列，对细胞的功能没有直接的贡献，反而消耗细胞的资源来保留和复制它们，所以这些 DNA 序列也被称为"自私 DNA"（selfish DNA）。在一些真核生物的 DNA 中，这些自私 DNA 甚至占了大部分。人类 DNA 的 30 亿个碱基对中，只有约 5% 是为蛋白质编码的，说明我们的 DNA 中有大量的"寄生虫"。

所有这些因素加起来，就使真核生物的 DNA 分子越来越长。如何把这样的 DNA "装"到细胞核中，就成了问题。先让我们看看原核生物的情况。作为储存生物全部遗传信息的分子，原核生物的 DNA 就很大。例如大肠杆菌（菌种 K-12）的 DNA 就有约 460 万个碱基对。DNA 双螺旋大约 10 个碱基对转一圈，每转一圈的长度约 3.4 纳米。这样，大肠杆菌的环状 DNA 的周长就有 1.56 毫米长，是大肠杆菌细胞的周长（约 3 微米）的 500 倍左右。要把这么长的 DNA "装"进细胞里，大肠杆菌采取了几个办法。一是形成超螺旋（supercoil），即让 DNA 的双螺旋再绕紧，成为"麻花上的麻花"，有点像把橡皮筋一端固定，把另一端绕很多圈后形成的结构。大肠杆菌有专门的酶，叫做 DNA 旋转酶（DNA gyrase），在 DNA 中形成超螺旋。形成超螺旋需要 DNA 的双螺旋能够弯曲，但是 DNA 中磷酸基团上的负电荷互相排斥，使 DNA 分子趋向成为直线状态。为了中和磷酸基团的负电荷，大肠杆菌有两种带正电的分子，精胺（spermin）和亚精胺（spermidine）与 DNA 结合。精胺和亚精胺是由碳原子和氮原子连成的长链，上面再连上氢原子。氮原子上的一对"未共用电子"可以和氢离子结合，在氮原子处增加一个正电。它们与 DNA 结合后可以减弱磷酸基团之间的排斥作用，使 DNA 分子更容易弯曲。除此以外，大肠杆菌还有 H-NS 蛋白（histone-like nucleoid-structuring protein）结合在 DNA 上。H-NS 蛋白质的结合也帮助大肠杆菌的 DNA 更紧密地团聚在一起。

大肠杆菌如此，单细胞真核生物的 DNA 就更长了。例如酿酒酵母的 DNA 有约 1200 万个碱基对，总长约 4 毫米。变形虫的 DNA 有 3388 万碱基对，总长约 11 毫米。而衣藻的 DNA 有约 12000 万碱基对，总长约 4 厘米。人的基因组有约 30 亿个碱基对，总长达 1 米，如果考虑到人的体细胞（组成身体的细胞）是二倍体的，即含有来自父亲和母亲的各一份遗传物质，每个细胞中的 DNA 总长会达到 2 米！所以真核细胞的 DNA 就不能像原核生物那样，成为单个环状的 DNA，而且只进行简单的"包装"了。真核生物的办法是把 DNA 分成若干段，例如酵母菌就把 DNA 分成 16—18 段。变形虫分成 6 段，衣藻分成 16 段，人把每份遗传物质分成 23 对，共 46 段。这些 DNA 片段也不是像细菌的 DNA 那样是环状的，而是线性的，也就是有两端。

不仅如此，真核生物的 DNA 还和一类叫做组蛋白（histone）的碱性蛋白结合。组蛋白含有比较多的赖氨酸和精氨酸，所以是带正电的。由组蛋白 H2a、H2b、H3、H4 各两份组成的蛋白质 8 聚体基本上呈球形，上面有带正电的氨基酸组成的条带。DNA 和这些带正电的条带结合，绕在组蛋白球上，用 146 个碱基对绕 1.65 圈。这样形成的组蛋白 –DNA 结构叫做核小体（nucleosome），直径大约 10 纳米。核小体之间有大约 50 个碱基对的 DNA 将它们连在一起。如果在低盐浓度下提取真核生物的 DNA，核小体就像穿在线上，彼此分开一段距离的念珠。如果在生理盐浓度（例如 150 毫摩尔 / 升浓度的 KCl）提取 DNA，就会发现 DNA 要粗得多（大约 30 纳米直径），原因是在这种条件下，另一种组蛋白（H1）把核小体连成环状，每一圈有 6 个核小体。这样就形成由核小体排列成的圆筒状螺线管结构（图 3-6）

核小体之间 50 个碱基对是为"线上的念珠"结构进一步卷成直径 30 纳米的管状结构所必需的。在真核细胞处于"间期"（分裂期之间的时期）时，DNA 就是以这种形式存在的，而且可以被碱性染料染色，叫做染色质（chromatin）。在真核生物的细胞分裂时，DNA 更加浓缩，被称为染色体（chromosome）。染色质中 DNA 和蛋白质的质量比约为 1:1，比起原核生物中 H-HS 蛋白质与 DNA 的质量比大约为 1:10 的情形，真核生物的 DNA 是被大量组蛋白"包装"成为紧密结构的。

有趣的是原核生物中的古菌。它的 DNA 虽然和细菌一样是环状的，但是却结合有组蛋白。和真核生物的核小体蛋白由 H2a、H2b、H3 和 H4 各两份组成的蛋白质 8 聚体不同，古菌核小体的蛋白是由类似 H3 和 H4 的蛋白质组成的 4 聚体。由于这样组成的组蛋白核心比真核细胞小，围绕它的 DNA 只有约 60 个碱基对，不到真核生物的一半。但是这毕竟是核小体，说明真核生物的组蛋白和核小体结构是在古菌和真核生物的共同祖先中就出现了。

DNA 这样被紧密包装，基因和它的启动子也被包裹起来了，转录因子就很难结合在启动子上，把基因"打开"，进行转录。在这种情况下，基因是"沉默"的。要使基因"打开"，就必须把 30 纳米的管状结构打开，并且把 DNA 从核小体上分离下来。一个办法就是减少组蛋白上面的负电荷。例如在组蛋白碱性氨基酸的氨基上面加上一个"乙酰基"，把氨基的正电荷屏蔽掉，组蛋白的正电荷就会减少。正电荷一减少，组蛋白和 DNA 的结合就不紧密了，DNA 就可以恢复"自由之身"，和转录因子、RNA 聚合酶结合，开始转录。所以在真核细胞里，基因调控除了启动子和转录因子外，还有染色质结构这样更高层次的调控。

第五节　端粒和端粒酶

DNA "包装"的问题解决了，真核细胞又面临另外一个问题，就是 DNA 的末端。真核生物染色体里面的 DNA 不像原核生物的细胞

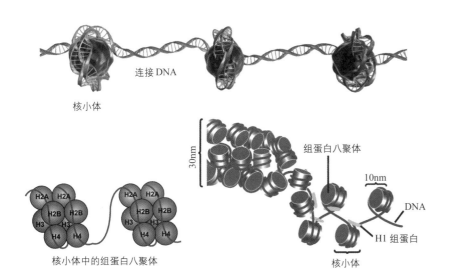

图 3-6　组蛋白对 DNA 的"包装"

里那样是环形的，而是有两端。就如没有鞋带扣的鞋带那样，里面的"线"（DNA 链）容易松开，而且细胞也分不清这样的末端是染色体正常的末端，还是 DNA 双股断裂所产生的末端，会试图去"修复"，把这些断端连起来。这就会造成不同染色体之间的连接，导致严重后果。所以染色体的两端必须有一个保护自己的办法。

研究发现，染色体的末端由许多短的 DNA 重复序列单位组成，叫做端粒（telomere，这个英文名称来自希腊文 telos，意思为"末端"，和 meros，意思为"部分"）。这些重复序列单位一般 6~8 个碱基对长，富含鸟嘌呤（G）。例如酵母的重复序列单位为 TCTGGGTG，四膜虫（纤毛虫的一种）的序列为 TTGGGG，植物为 TTTAGGG，脊椎动物（包括人）为 TTAGGG。在酵母中，这样的重复序列有几百个碱基对长，而人的端粒有 1500 多个碱基对长。不仅如此，DNA 双链中的一根还会比另一根长出一段，成为单链 DNA。这根单链 DNA 又像回形针那样弯回来，在双链部分形成一个"三链结构"，好像鞋带中的一根弯回来打一个结。这样的三链－回形针结构又与若干蛋白质分子结合，好像鞋带的结外面再包上胶布。这样形成的结构很稳定，就像鞋带两端的金属鞋带扣，把 DNA 的两端结结实实地包裹起来（图 3-7）。

即使这样，染色体末端的麻烦还没有完。染色体的两端不是包裹起来就完了，细胞分裂时，染色体里面的 DNA 还要被复制，而麻烦就出在这里。细菌的环状 DNA 被

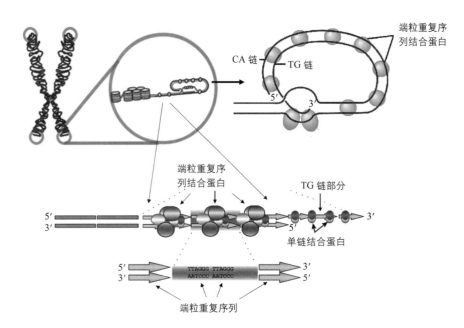

图 3-7　端粒的结构。

复制时，两条链各自从 3′ 到 5′ 的方向开始，完成整圈复制。但是线性的双链 DNA 复制就不好办了，因为 DNA 无法走一个圈。染色体的复制是从中间开始，向两端分别进行的。在 DNA 复制的起始点，双螺旋的两条链分开，再由一种叫做引发酶（primase）的蛋白质以两条 DNA 链为模板，各合成一小段（大约 10 个核苷酸长）的 RNA 引物（primer），新的 DNA 链则从引物的 3′ 端继续延长。由于 DNA 双螺旋中的两条 DNA 链的方向是相反的（见第二章第五节），新的 DNA 链又只能从 5′ 端开始，向 3′ 端方向合成，其中前导链（leading strand）是从 3′ 到 5′ 的方向被复制的，复制可以持续进行下去，直至这条链的末尾，也就是这条链里面的序列可以完全被复制。新链延长的方向，就是 DNA 双链不断被打开的方向。但是另一条链（叫"后随链"）就

麻烦了，因为这条模板链的打开是从 5′ 到 3′ 方向，而新 DNA 链的合成也是从 5′ 到 3′ 方向，这就要求新链合成的方向与 DNA 双链打开的方向相反。

这有点像把上衣的拉链从领口往下拉开。拉链的两根链就像是 DNA 双螺旋的两条 DNA 单链，没有被拉开的部分就像是 DNA 的双螺旋。拉链从领口向下拉开时，假设左边那条链是前导链，方向是从 3′（领口处）到 5′（衣服下摆处）。引发酶在前导链的 3′ 端合成一小段 RNA，接着 DNA 聚合酶就从 RNA 引物上延长，沿着这条链从上到下合成新的 DNA 链，新 DNA 链合成的方向和拉链拉开的方向是一致的，所以可以一直进行下去，直至下摆。而右边那条拉链是后随链，方向是从 5′（领口处）到 3′（衣服下摆处）。由于 DNA 聚合酶只能从新链的 5′ 端向 3′ 端合成（对于模

板链就是从 3′ 向 5′ 方向被转录），相当于新 DNA 链的合成方向是从衣服下摆到领口的方向，和拉链拉开的方向相反。这个难题如何解决呢？

真核生物真是很"聪明"的，解决这个难题的方法就是"跳着走"。在后随链的前方（3′ 端方向）先合成一段 RNA 引物，再从引物延伸，合成一段 DNA，所以新 DNA 链合成的方向和双螺旋打开的方向相反。这段新合成的核酸就由两部分组成，DNA 和它前面的引物，叫做冈崎片段（Okazaki fragment），是日本科学家冈崎（Okazaki）发现的。由于在合成这段冈崎片段 DNA 时，拉链又向下拉开了，在这段冈崎片段前方又有一段还没有被转录的 DNA。这时引发酶又"跳"到这个冈崎片段的前面，在拉链刚拉开的地方合成另一个 RNA 引物，再从新引物合成一段 DNA。当这段新 DNA 延长到之前合成的冈崎片段时，它上面的 RNA 被水解掉，代

之以 DNA。连接酶（lygase）再把两段 DNA 连起来，就成为连续的 DNA 链了。所以后随链 DNA 的复制是一步一步"跳着走"的。问题就出在这条 DNA 链的末端，在那里必须有一段 DNA 作为模板来合成 RNA 引物。但是在最后一段新的 DNA 链合成后，由于其 RNA 引物的前方不再有新合成的 DNA，这段 RNA 引物就不能被 DNA 序列取代，最后被细胞降解。无论为 RNA 引物当模板的 DNA 是在后随链的最末端（3′ 端），还是离 3′ 端还有一段距离，这段模板 DNA 和它到 3′ 端之间的 DNA 序列都无法被复制。也就是说，后随链不能被完全复制，而是要损失一段。由于 DNA 双螺旋中的两根 DNA 链是互补的，以前导链为模板合成的是新的后随链，以后随链为模板合成的是新前导链，因此新的前导链在 5′ 端要短一截，而新的后随链在 3′ 端要长一截（图 3-8）。

细胞每分裂一次，端粒的 DNA

会损失 30~200 个碱基对。如果没有修复端粒的机制，细胞每分裂一次，端粒就缩短一点。经过几十次分裂，端粒就会短到不再能够保护染色体的完整。细胞也会"感知"到这种情况，停止分裂，最后死亡。例如人的成纤维细胞在体外分裂 50 次左右，就停止分裂，进入衰老状态。这个现象被美国科学家海弗里克（Leonard Hayflick, 1928—）于 1961 年发现，叫做"海弗里克现象"。由于这个原因，端粒的长度被认为是细胞寿命的一个指标，相当于是细胞的"分裂钟"。人的体细胞一般都不能防止端粒的缩短，所以它们的寿命都有限。

而单细胞的真核生物必须有办法来防止端粒的缩短，否则这些生物在分裂若干代后就会死亡。真核细胞的办法，是把新合成的后随链进一步延长，这样在延长的后随链上又可以生成新的冈崎片段，把短一截的新前导链延长。进一步延长新后随链的工作是由端粒酶

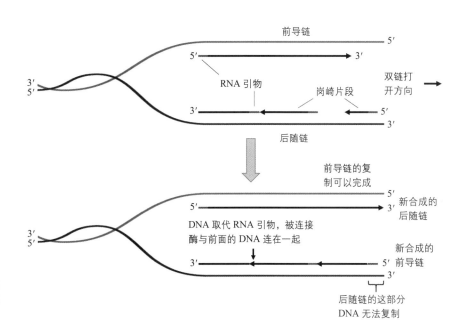

图 3-8　线性 DNA 被复制的过程。后随链 DNA 不能被完全复制，所以新合成的前导链要损失一段

(telomerase) 来完成的。端粒酶是一种反转录酶（reverse transcriptase），即可以用 RNA 为模板，合成 DNA 的酶。不仅如此，它自己就带有一个模板 RNA 分子，这个 RNA 分子含有端粒重复序列的互补序列（例如 CCCAAUCCC），可以和新后随链末端的部分重复序列结合，例如用 RNA 分子上的 CCC 部分与新后随链上 TTAGGG 中的 GGG 部分结合，再用酶的反转录酶活性，用 RNA 分子的其余部分为模板，合成新的 DNA。由于端粒 DNA 的序列是重复的，端粒酶上的 RNA 分子又可以"移位"，结合到新的 DNA 末端上，再次把 DNA 延长。这样重复很多次，就可以在新后随链上增加许多新的重复序列。新后随链上的这些新的重复序列就可以作为模

板，生成新的冈崎片段，将新的前导链延长，将 DNA 复制时新前导链损失的端粒 DNA 序列补回来（图3-9）。

所以端粒酶的作用就是防止真核生物 DNA 复制时端粒的缩短，让这些细胞能够一直分裂下去。所有的单细胞真核生物都有端粒酶的活性，所以它们能够无限制地分裂繁殖。从真核生物出现到现在的约20 亿年中，真核生物的细胞能够一直不间断地繁殖，端粒酶功不可没。生殖细胞、干细胞、癌细胞都有端粒酶的活性，所以它们都能够无限制地繁殖。而组成我们身体的细胞（叫做"体细胞"）一般不再表达端粒酶（虽然为端粒酶编码的基因还在那里），就是为了不让这些体细胞无限繁殖，变成癌细胞，它

们只要能够满足这个生物体一生的需要就够了。

染色体复制的问题解决了，真核细胞还面临一个大问题，就是如何把多个复制后的染色体分配到两个子细胞中去。细菌只有一个环状染色体，复制后也只有两个，细菌用 ParABS 系统"拉"的方式就可以把两份染色体分配到两个子细胞中去（见第二章第十三节，原核细胞的骨骼系统）。而真核细胞有多达几十个染色体，如何保证每个染色体复制后都能够准确地分配到两个子细胞中去？而且真核细胞的染色体不仅其中的 DNA 分子比细菌的大得多，还含有大量蛋白质，是巨型的 DNA- 蛋白质复合物，光靠ParA 丝的力量已经不足以完成分离染色体的任务了。为了"搬动"染

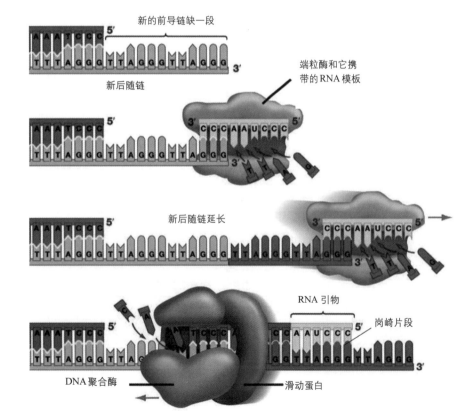

图 3-9　端粒酶的作用。端粒酶能够以自身携带的 RNA 为模板，将新合成的后随链延长。后随链延长后，可以在上面形成新的冈崎片段，将缩短的新前导链延长，以防止端粒缩短

色体，真核细胞需要更强有力的运输系统，这就是真核细胞的"肌肉"和"骨骼"系统。在介绍它们如何帮助真核细胞分裂之前，我们先介绍真核细胞的这些"骨骼"和"肌肉"分子。

第六节　"骨骼系统"和"肌肉系统"

在第二章第十三节中，我们谈到原核生物的"细胞骨架"系统。那是一类能够聚合成链的蛋白质。它们或者作为其他蛋白工作的"脚手架"，合成新的细胞壁（MreB），或者在水解 ATP 时，形状从直线变为弯曲，从而使细胞膜被往内拉，使细胞一分为二（FtsZ），或者紧贴一部分细胞膜的内面，使细胞在这个部分内弯，形成弧形或螺旋形的细胞（CreS），或者通过自身的缩短和延长，将 DNA "拉"和"推"到不同的细胞里面去（ParABS 系统和 ParMRC 系统）。在这些系统中，都是这些蛋白纤维通过自身的变化来执行功能，还没有专门产生拉力的蛋白质，即动力蛋白（motor protein）出现。

真核细胞比原核细胞大得多，还有各种细胞器，结构和功能都远比原核生物复杂。不过"大有大的难处"，就是染色体和各种细胞器都很"沉重"，而且相比于原核细胞而言，真核细胞体积巨大，这些结构需要移动的距离也大，光靠热运动或者原核生物的细胞骨架蛋白来移动它们不是很有效的。要将这些细胞器运送到细胞中特定的位置，以及将复制后的染色体运送到子细胞中去，都需要专门的运输系统。为了这个目的，真核生物继承了原核细胞的骨架系统，并且将以发展，使其更加强大，功能更多，不仅可以起支撑作用，还可以作为真核细胞内"货物"运输的"轨道"。更重要的是，真核细胞还发展出了能够产生机械力的蛋白质，能够以 ATP 为能源，在细胞骨架上"走动"，因而可以从事各种"搬运"工作。

"骨骼系统"

在真核生物中，细菌骨架蛋白的"后代"仍然存在，而且在真核生物的生理活动中扮演重要角色。MreB

的后代是肌纤蛋白（actin）；FtsZ 的后代是微管蛋白（tubulin）；而 CreS 的后代为中间纤维蛋白（intermediate filament proteins）。仅从氨基酸序列的比较，是很难看出这些蛋白质之间的传承关系的，但是如果比较这些蛋白质的三维结构，就可以看出 MreB 和肌纤蛋白之间、FtsZ 和微管蛋白之间、CreS 和中间纤维蛋白之间的空间结构高度相似。MreB 和肌纤蛋白都结合 ATP，FtsZ 和微管蛋白都结合 GTP，它们结合 GTP 的氨基酸侧链也都基本相同。CreS 和中间纤维蛋白的聚合都不需要核苷酸（例如 ATP 和 GTP）的存在，它们在原核生物和真核生物的细胞中都起结构支持的作用。下面分别介绍这几种真核细胞的骨架蛋白。

肌纤蛋白（actin）是原核生物蛋白质 MreB 的"后代"，它们的分子形状和聚合形成的丝状物都高度相似，而且它们直接和 ATP 结合的氨基酸侧链也几乎全部相同（图 3-10）。

在 ATP 存在的情况下，肌纤蛋白的单体（叫 G-肌纤蛋白，G 从 global 一词而来，意思是肌纤蛋白的单体是球形的）也能够聚合成长丝（叫 F-肌纤蛋白，F 是 filament 的第一个字母，意思是丝状物）。这些细丝的直径约 7 纳米，是真核生物的细胞骨架纤维中最细的，被称为微丝（microfilaments）。微丝也是双螺旋，即由两根微丝互相缠绕组成，但是和 DNA 的双螺旋不同的是，DNA 双螺旋中的两根链是可以分开，单独存在的，而微丝的单链并不存在，一旦聚合就是双螺旋。F-肌纤蛋白每根链中的 G-肌纤蛋白单位和另一条链上的 G-肌纤蛋白单位互相错开约半个分子长，所以每个 G-肌纤蛋白单位有四个"邻居"：沿自己的链上下各一个，在另一条链上的上下方也各有一个。G-肌纤蛋白分子上有一个凹槽，是结合 ATP 的地方。在 G-肌纤蛋白聚合成 F-肌纤蛋白时，所有的凹槽都朝着一个方向，所以 F-肌纤蛋白是有方向的。末端 G-肌纤蛋白凹槽暴露的一端叫做负端，末端 G-肌纤蛋白的凹槽被"埋"在两个 G-肌纤蛋白之间的一端叫做正端（图3-11）。

G-肌纤蛋白可以从两端加到 F-肌纤蛋白上去，也可以从两端脱落下来，所以 F-肌纤蛋白和 G-肌纤蛋白之间存在一个动态关系。F-肌纤蛋白是延长还是缩短，要看细胞中 G-肌纤蛋白的浓度高低。如果 G-

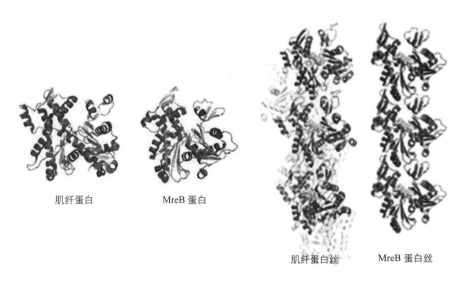

图 3-10　肌纤蛋白和 MreB 蛋白分子结构比较

肌纤蛋白的浓度很低，F- 肌纤蛋白上面的 G- 肌纤蛋白会解离下来，F- 肌纤蛋白就会缩短。反之，如果 G- 肌纤蛋白的浓度很高，F- 肌纤蛋白就会不断延长。在某一个 G- 肌纤蛋白的浓度，F- 肌纤蛋白既不延长，也不缩短，这个浓度就是 F- 肌纤蛋白和 G- 肌纤蛋白达到平衡的浓度，解离和聚合的速度相同，叫做"临界浓度"（critical concentration，简称为 Cc）。但是正端和负端的临界浓度不一样。正端的 Cc 比较小（约 0.1 毫摩尔 / 升），而负端的 Cc 比较大（约为 0.8 毫摩尔 / 升）。所以 G- 肌纤蛋白的浓度高于 0.1 毫摩尔 / 升时，正端就会延长，而只有在 G- 肌纤蛋白的浓度高于 0.8 毫摩尔 / 升时，负端才会延长。这就导致一个有趣的后果：如果 G- 肌纤蛋白的浓度在两个 Cc 之间，就会出现正端延长，负端缩短的现象，整个 F- 肌纤蛋白好像在向正端方向前进，尽管 F- 肌纤蛋白的中段可以保持不动。

在真核生物的细胞中，G- 肌纤蛋白的总浓度在 0.5 毫摩尔 / 升左右，按理说大部分 G- 肌纤蛋白都应该结合剂 F- 肌纤蛋白才对。但在实际上，大量的 G- 肌纤蛋白并没有结合剂 F- 肌纤蛋白。这是因为细胞中有另外一些蛋白质，例如"胸腺素 β-4 蛋白"（Thymosin β-4）和"抑丝蛋白"（profilin），它们可以结合 G- 肌纤蛋白，使其自由浓度降低。这些蛋白又受细胞的调控，这样就可以决定在什么时候什么地点让 F- 肌纤蛋白生长或缩短。生物真是很"聪明"的，肌纤蛋白的这个性质，就被利用来执行

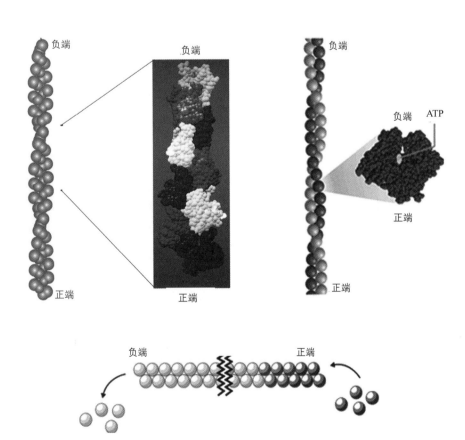

图 3-11　肌纤蛋白及其聚合成的微丝。在放大图中，肌纤蛋白单位用不同的色调表示，以显示这些单位之间的空间关系。长丝为双螺旋，其中结合 ATP 的凹槽暴露的一端为负端，凹槽被埋于内侧的一端为正端。下图：肌纤蛋白的长丝是动态的，可以从一端延长，另一端缩短

一些生物功能。

例如在海胆中，精子使卵受精时，F-肌纤蛋白的延长就发挥了重要的作用。海胆卵被一层约 50 微米厚的胶质层包围（类似于哺乳动物卵的"透明带"）。为了穿透这个胶质层，海胆精子头部的前端有一个储存 G-肌纤蛋白的小囊，叫"顶体囊"（acrosomal vesicle）。在精子接触到卵细胞时，顶体囊破裂，释放出 G-肌纤蛋白。这些 G-肌纤蛋白立即开始聚合，而且正端向前。这样形成的 F-肌纤蛋白不断从正端延长，就"推"着精子的细胞膜向前运动，形成管状突起，穿过胶质层。当精子的细胞膜与卵子的细胞膜接触时，两个膜融合，精子头部中的内容物，包括 DNA，进入卵细胞，使卵细胞受精。真核生物（如变形虫）的细胞在"爬行"时，在前进方向会有 F-肌纤蛋白纤维形成，正端朝着细胞运动的方向。F-肌纤蛋白纤维从正端不断延长，就把细胞膜向前推进。

甚至一些细菌也"学会"了利用 F-肌纤蛋白的这个本领。例如李斯特菌（Listeria monocytogenes）是经过食物感染人的致病菌。它在侵入人体的细胞后，能够在细胞内运动，后面还跟着一根"尾巴"，好像火箭上升时后面喷出的气流。原来这根"尾巴"，就是李斯特菌利用 F-肌纤蛋白推动自己前进的证据。李斯特菌让 F-肌纤蛋白在自己的后部生成，正端朝着细菌。F-肌纤蛋白从正端延长时，就"推"着细菌往前运动了，相当于是细菌的"火箭发动机"（图 3-12）。

不过 F-肌纤蛋白的这些"技能"比起动力蛋白的"本事"来，又只能是小巫见大巫了。在真核生物中，肌纤蛋白的一个重要功能是作为肌动蛋白运动的"轨道"，在动物的肌肉收缩中起关键作用，这个我们在本节后面再讲。

FtsZ 的"后代"是微管蛋白（tubulin）。和 FtsZ 一样，微管蛋白分子在结合 GTP 以后，也会聚合成长链。微管蛋白和 FtsZ 的空间结构也高度相似。它们聚合成的纤维也有极性（即两端的性质不同）。不过微管蛋白聚合的方式和形成的纤维与 FtsZ 已经有很大的不同。FtsZ 是以单体聚合，而微管蛋白的分子分两种：α-微管蛋白和 β-微管蛋白。一个 α-微管蛋白分子先和一个 β-微管蛋白分子结合成二聚体，再以二聚体为单位聚合成长链。聚合时二聚体都朝着一个方向，所以聚合成的链是有方向的。末端 α-微管蛋白暴露的为负端，末端 β-微管蛋白暴露的为正端。不仅如此，13 条这种链还平行相连，组成一个空管，外直径约 25 纳米，内直径约 12 纳米，所以叫做微管（microtubule）。虽然叫做微管，它在真核生物的细管骨骼纤维中却是最粗的。与 FtsZ 纤维的另一个不同之处是，FtsZ 纤维的两端是开放的，而微管的负端总要附着在一个组织中心（microtubule organizing center，简称 MTOC）上。在那里另一种微管蛋白，γ-微管蛋白与其他蛋白质结合，成为微管的附着处和聚合开始点。所以微管是从正端延

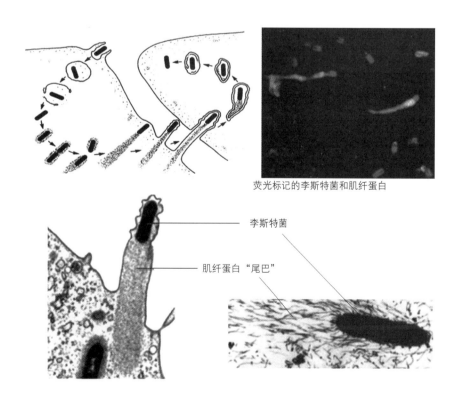

图 3-12　李斯特菌入侵细胞后，利用肌纤蛋白丝的延长推动自己前进，甚至能够推动自己进入另一个细胞。右下为李斯特菌和它后面的肌纤蛋白丝照片。左下为李斯特菌被肌纤蛋白丝推出细胞，向另一个细胞前进的照片。左上为示意图，右上为荧光标记的李斯特菌和后面的肌纤蛋白丝"尾巴"

长或者缩短的（图 3-13）。

在 αβ 二聚体单位中，α- 微管蛋白和 β- 微管蛋白都各自结合一个 GTP 分子。结合在 α- 微管蛋白上的 GTP 不会被水解，而当二聚体结合在微管上后，β- 微管蛋白上的 GTP 会被水解为 GDP。如果这个水解发生在链内部的二聚体上，这些二聚体不会从链中分离出来。而如果这个水解发生在末端的二聚体上，二聚体就会脱落下来，暴露出里面的 αβ- 微管蛋白 -GDP 单位，并也会脱落。这样就会引起"雪崩效应"，使微管迅速缩短（约 4 μm/min）。如果这时有新的，结合有 GTP 的二聚体结合在正端上，缩短就会停止，同时开始生长（约 1.9 μm/min）。所以微管在

细胞中是高度动态的。有些蛋白质还可以在微管之间"搭桥"，使微管平行排列，以一定的距离通过这些蛋白质彼此相连。这些蛋白叫做微管联系蛋白（microtubule-associated proteins，简称 MAP）。不同的 MAP 的"手臂"长度不同，使微管之间的距离不同。

微管由于是由 13 条微管蛋白丝组成的空心管，不仅是真核细胞中最粗的骨架纤维，而且机械强度比较大，除了在真核细胞中起支撑和骨架的作用，还作为细胞中动力蛋白在上面"行走"的轨道，在鞭毛和纤毛摆动、细胞内"货物"的运输、细胞分裂时染色体的分配上都起重要作用。

原核生物成新月蛋白 CreS 在

真核生物中的对应蛋白质是中间纤维蛋白（intermediate filament protein）。它们的基因在 DNA 序列上有相似之处，而且分子中段都含有几个 α- 螺旋。中间纤维的单体，和 CreS 一样，不需要和核苷酸（ATP 或 GTP）结合就可以聚合成长丝，而且它们聚合成的长丝在结构、性质上都非常相似。中间纤维蛋白在两端各有一个球状的"头部"，中间则是几段 α- 螺旋，α-螺旋之间被非螺旋的肽链分开。两个分子的中间区段可以互相缠绕，形成麻花样的双螺旋，形成二聚体。这个二聚体在形成时，两个蛋白分子的氨基端在同一端，所以这个二聚体是有方向的。两根这样的二聚体以"头对脚"的方式结合，彼此错开一段距离，形成四聚体。由于四聚体中两个二聚体的方向相反，所以四聚体没有方向性。这样的四聚体非常稳定，成为中间纤维的组成单位。四聚体先组成单根的原丝（protofilament），几根原丝再组合成中间纤维。由于四聚体没有方向性，所以中间纤维也没有方向性。这和微丝和微管有正端和负端是不一样的（图 3-14）。

由于中间纤维的二聚体是由 α-螺旋彼此缠绕而成，它的直径（约 10 纳米）就比由肌纤蛋白双螺旋缠绕而成的微丝（大约 7 纳米）粗，但是又比由 13 条微管蛋白丝组成的微管（25 纳米）细，所以被称为中间纤维。中间纤维和 CreS 纤维一样，有很强的弹性，可以被拉伸几倍长而不断裂，而且不像微丝和微管那样是动态的，因此非常稳定，细胞里面也没有动力蛋白以中间纤

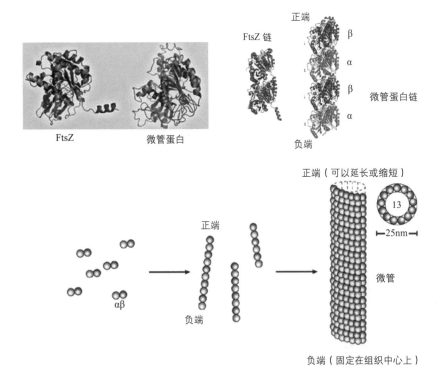

图 3-13　微管蛋白。上图：原核生物的 FtsZ 蛋白和真核生物的微管蛋白，它们在空间结构上高度相似。下图：微管蛋白以 αβ 二聚体为单位，先聚集成长链，β- 蛋白暴露的一端为正端，α- 蛋白暴露的一段为负端。13 条这样的长链并排可以组成中空的微管，其正端可以生长延长或者缩短，而负端通过 γ- 微管蛋白结合于组织中心上，不能延长或者缩短

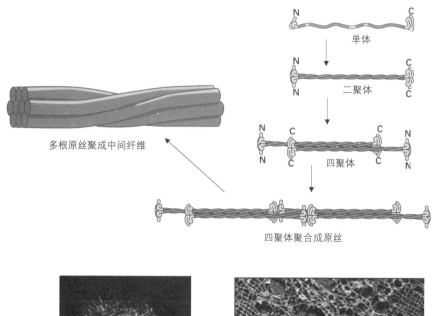

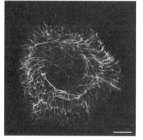

从细胞核发出的中间纤维

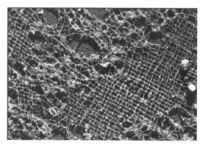

核纤层蛋白

图 3-14　中间纤维由中间纤维蛋白经过二聚体、四聚体、原丝阶段形成。图中 N 代表蛋白的氨基端，C 代表蛋白的羧基端。下图为两个具体的例子

维为轨道"搞运输"，所以中间纤维的主要作用就是支撑。中间纤维蛋白至少有 7 个大类，各执行不同的支撑功能。例如中间纤维可以从细胞核发出，像人长出头发一样。这些"头发"穿过细胞质，与细胞膜相连，相当于有无数只"手"拉住细胞膜（图 3-14 左下）。在细胞核的核膜下面，有一层由中间纤维组成的支撑结构，由第 V 类中间纤维蛋白——核纤层蛋白（lamin）聚合而成。中间纤维在其中彼此垂直相交，形成像纱布那样的网状物（图 3-14 右下）。

在神经细胞的长轴突（axon）中，有大量第 IV 型中间纤维沿着轴突方向排列，对轴突起支撑作用。人体皮肤的上皮细胞中含有大量的中间纤维，主要是第 I 类和第 II 类中间纤维，由角蛋白（keratin，中间纤维的一种）聚合形成。它们在上皮细胞死亡后仍然存在，形成我们皮肤表面的角质层，可以抵抗外部机械力的作用，例如摩擦和撕扯。角蛋白也是头发和指甲的主要成分，是不含矿物结晶的生物材料中最强韧的材料之一，它的强度只低于含矿物结晶的物质，如骨头和牙齿。

和"微管联系蛋白"MAP 类似，许多蛋白也能够与中间纤维结合，把它连成网状，或者和其他结构（如细胞膜和微丝）相连。在许多情况下，中间纤维在细胞质中的分布情况和微丝几乎完全相同，说明这两种纤维在细胞质中常常联系在一起。

MreB 在关系最远的原核生物中的氨基酸序列也有 40% 相同，肌纤蛋白在不同的真核生物中也高度类似，例如兔子和酵母的肌纤蛋白氨基酸序列就有 88% 相同，但是 MreB 和肌纤蛋白之间只有 15% 的氨基酸序列相同。同样的情形出现在 FtsZ 和微管蛋白。FtsZ 在关系最远的原核生物中也有 40%~50% 氨基酸序列的相似性；植物、动物、真菌的微管蛋白也有 75%~85% 的相似性，而 Ftsz 和微管蛋白之间只有不到 10% 的氨基酸序列相似性。这种看似奇怪的现象是因为在原核生物和真核生物中，这些蛋白质发挥的作用不同。动力蛋白的出现使得原来由骨架蛋白执行的运动功能被动力蛋白取代，原核生物骨架蛋白的功能也就相应改变。例如细胞分裂在原核生物中是由微管蛋白的祖先 FtsZ 来执行的，而在真核生物中，却是由肌纤蛋白和肌球蛋白（myosin）共同完成的，肌纤蛋白只是作为肌球蛋白运动的轨道，真正产生拉力的是肌球蛋白。原核细胞分裂时，是肌纤蛋白家族的 ParABS 把染色体"拉"到新形成的细胞中去，而在真核生物中，染色体却是被由微管蛋白组成的纺锤体（spindle）中的动力蛋白"拉"到两个子细胞里面去的。

这些事实说明，是功能决定蛋白质的氨基酸序列。原核生物的细胞骨架蛋白在真核生物细胞中发生角色的转换，使得它们的氨基酸序

列也大幅度变化，但是一旦能在真核生物中执行类似的功能，氨基酸的序列又高度保守，因为它们在真核生物中扮演的角色与原核生物相同。支持这个说法的是 MreB 所属的肌纤蛋白大家族的另外一些成员，例如己糖激酶（hexokinase）和一些热激蛋白（Hsp），如 Hsp70，它们在原核生物和真核生物中起的作用并无变化，它们的氨基酸序列的改动就比较少。真核生物和原核生物的这些蛋白质之间有 50% 的氨基酸序列相同。

"肌肉系统"

在原核生物中，细胞骨架系统既起支撑作用，又做机械功。它们依靠自身的伸长和缩短来"推"和"拉"，通过自身的弯曲来使与它们结合的细胞膜改变形状，让细菌改变形状成为弧形或螺旋形，还能够使细胞膜在分裂面上收缩，使细胞一分为二。这些功能虽然对原核生物有用，对真核细胞就不够了。真核生物的细胞（一般几十微米）比原核生物（如细菌）的细胞（一般约 1 微米）体积要大数千倍，还有各种细胞器，如线粒体、溶酶体、高尔基体、内质网，分泌泡等等。小分子，例如氧分子和葡萄糖分子，可以靠扩散来达到细胞里所需要的位置，但是细胞器靠扩散移动就太没有效率了，而需要"搬运工"来移动它们。真核细胞里面运输蛋白质的小囊比分子大得多，也不能靠扩散来移动，而是需要专门的运输系统。除此以外，细胞爬动（前端伸出，后端收缩），细胞吞食（将

细胞外颗粒包裹并且吞进细胞内）、细胞分裂（细胞中部收缩，再一分为二），都是尺度比较大的活动。所有这些活动都需要能够以细胞骨架为轨道，在上面移动的分子。这就是真核细胞中的"肌肉蛋白"。真核细胞主要有三大类"肌肉蛋白"，分别是肌球蛋白（myosin）、动力蛋白（dynein）、驱动蛋白（kinesin）。

一说到肌肉，好像只和动物有关，其实单细胞的真核生物（比如酵母菌和变形虫）就已经有脊椎动物肌肉里面最关键的成分，即肌球蛋白（myosin）。它与 ATP 分子结合，在 ATP 水解时能够发生形状变化，产生机械拉力。肌球蛋白由"头""颈""尾"三部分组成，形状像一根高尔夫球的球杆。"头部"膨大，可以结合在肌纤蛋白（actin）的长丝上，所以肌球蛋白的作用是通过肌纤蛋白丝来实现的。肌球蛋白的头部有一个 ATP 结合点，当一个分子的 ATP 结合到头部时，头部

变形，从肌纤蛋白上脱离。ATP 水解时释放出能量，使得头部从颈部处偏转，结合到肌纤蛋白长丝更远的位置上。偏转了的头部就像被拉伸了的弹簧一样，要恢复到原来的位置，这样就在肌纤蛋白的长丝上产生一个拉力。如果肌纤蛋白丝的位置是固定的，肌球蛋白就能够沿着这根丝向正端的方向"走"。如果肌球蛋白的位置是固定的，它就可以拉动肌纤蛋白丝向负端方向移动。ATP 不断结合和水解，这个移动过程就能够一直持续下去（图 3-15）。

这个精巧的机制是何时出现的，现在已经不可考，因为现在地球上所有真核生物的细胞里都有肌动蛋白和肌球蛋白，所以必然是真核细胞出现后的某个时间发展出来的。而且就在单细胞真核生物的阶段里，这个产生拉力的机制就已经发展到非常完美的程度，以致在随后的亿万年中极少改变。兔子肌肉上的肌球蛋白甚至可以和变形虫的

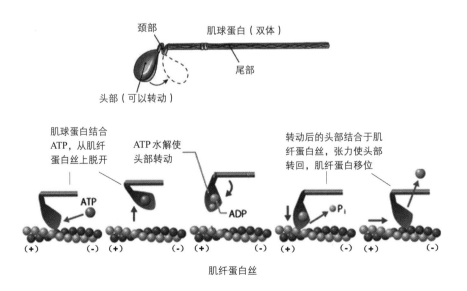

图 3-15　肌球蛋白与肌纤蛋白的相互作用。ATP 的水解使肌球蛋白头部转动，产生拉力，使得肌球蛋白和肌纤蛋白相对移动

肌动蛋白结合；植物和动物的肌动蛋白"轨道"也非常相似，以致动物肌球蛋白的"头部"在植物的轨道上滑行的速度和在动物的轨道上滑行的速度几乎一样。而且这种机制的效率非常高。每摩尔 ATP 水解成 ADP 和磷酸时可以释放出 38.5 千焦的能量，相当于每个 ATP 分子水解时释放出 6.4×10^{-13} 尔格的能量，可以用 4 皮牛的力量拉动 16 纳米的距离。而实测的单个 ATP 被肌球蛋白水解产生的能量，可以用 3 至 4 皮牛的力量拉动肌动蛋白细丝 11 到 15 纳米！

这种产生拉力的机制是如此宝贵，所以在演化过程中，生物也不断复制这两种蛋白的基因，然后让其改变，产生功能类似，而结构有差异的肌球蛋白，在不改变拉力形成机制和效率的情况下，让它们做各种需要拉力的工作。这些基因产生的蛋白质"头部"相似，但是"尾巴"不同，就可以做不同的事情。不同的肌球蛋白"颈部"的长度不同，"头部"每次位移走过的距离也不同。这就像脖子长的人摆头时，头部运动的距离比脖子短的人要大，即使摆头的角度相同。这样不同的肌球蛋白就可以满足不同的运输需要。例如 I 型肌球蛋白每次移位可以走过 10 纳米的距离，而 V 型的肌球蛋白每次可以走 36 纳米的距离。这样基因复制的结果，使得真核生物肌球蛋白的基因越来越多。单细胞的真核生物酵母菌就已经有 5 个肌球蛋白的基因，而人类则有 40 个以上的肌球蛋白基因。

I 型肌球蛋白和 V 型肌球蛋白的尾端都能够和生物膜结合，所以能够"背"着生物膜或者由生物膜包裹的细胞器（比如线粒体和运输小囊）沿着肌纤蛋白的"轨道"运动，起到运输的作用。I 型肌球蛋白以单体起作用，V 型肌球蛋白以双体起作用，它们都把"货物"移向肌纤蛋白丝的正端（图 3-16）

变形虫前进时，在伸出的"伪脚"中形成肌纤蛋白丝，方向与前进方向平行，以防伸出的细胞膜缩回。这些肌纤蛋白丝正端朝外，形成"轨道"，I 型肌球蛋白尾部结合在细胞膜上，头部沿着肌纤蛋白的轨道滑行，就可以把细胞膜往前拉。在细胞后部，由 II 型肌球蛋白和肌动蛋白组成的"收缩链"（类似于肌肉中的收缩单位）把附着在固体表面的细胞膜"拉"离，细胞后部就可以缩回来了。

通过类似的机制，肌球蛋白和肌纤蛋白还赋予真核细胞吞食的能力。真核细胞在吞食时，与要吞食的颗粒相接触的细胞膜向颗粒周围蔓延，膜内的肌纤蛋白也随之延长，正端向外。这些新长出的骨架不仅能够支撑住细胞膜不缩回，肌球蛋白还能够"背"着细胞膜向肌纤蛋白丝的正端移动，把细胞膜往前拉，最后完全包围要吞食的颗粒。细菌没有肌球蛋白，也就没有吞食能力，所以吞食是真核细胞发展出肌球蛋白之后才获得的能力。

除了在真核细胞内运输货物、使细胞移动、和具有吞食功能外，肌球蛋白还使细胞具有收缩功能。II 型肌球蛋白和 V 型肌球蛋白一样，也是以双体起作用的，但是 II 型肌球蛋白的尾部不与膜结合，而是两个分子的尾部缠绕在一起，形成共同的尾部。两个头部在同一

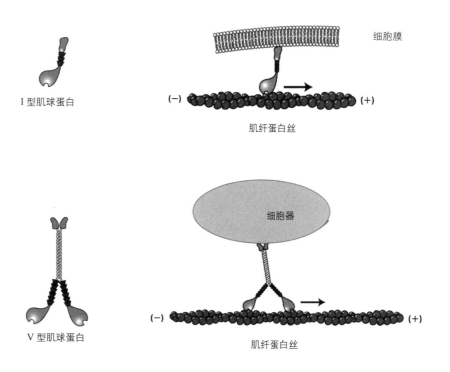

图 3-16　I 型和 V 型的肌球蛋白的尾部能够结合于生物膜上，带着细胞膜和细胞器向肌纤蛋白丝的正端移动

侧，而尾部可以与其他II型肌球蛋白的尾部相连。真核细胞分裂时，含有II型肌球蛋白和肌纤蛋白的"收缩环"在细胞中央形成。II型肌球蛋白尾尾相连，头部分别结合于相邻但是方向相反的两根肌纤蛋白丝上，这个"双头"的肌球蛋白分子把这两根肌纤蛋白丝向相反的方向拉动，即头部都向肌纤蛋白丝的正端移动，就会使这个收缩环不断缩小，最后使细胞一分为二（图3-17左上）。缺乏II型肌球蛋白的细胞不能分裂，而形成含有许多细胞核的巨型细胞。

II型肌球蛋白和肌纤蛋白组成的收缩结构后来还演变成为动物的肌肉。在动物的肌肉中，II型肌球蛋白也是双体，两个肌球蛋白的"尾巴"紧绕在一起，两个"头"在双体的同一端。多根这样的双体再聚合在一起，其中一半双体的方向和另一半相反，形成"双头狼牙棒"那样的结构。肌纤蛋白的细丝以正端整齐地"插"在一个圆盘上，细丝之间彼此平行。两个这样的结构彼此相对，就像两只电动牙刷的头部毛对毛地彼此相对，中间有一段距离。肌球蛋白的"双头狼牙棒"插到这些肌动蛋白的细丝中间，头部和细丝结合。在有钙离子时，

ATP结合于肌球蛋白的头部并且水解，头部就拉动肌动蛋白的细丝向负端方向运动。由于肌球蛋白"双头狼牙棒"的两头拉动肌动蛋白细丝的方向相反，两个"牙刷头"就都向"狼牙棒"的中间运动（即两个"牙刷头"彼此靠近），肌肉就收缩了（图3-17右）。当然肌肉的结构不只由肌球蛋白和肌纤蛋白组成，还含有许多别的蛋白质，但是真正使肌肉收缩的拉力，仍然是肌球蛋白与肌纤蛋白之间的相互作用产生的。

从以上事实可以看出，即使在单细胞的真核生物中，肌球蛋白就已经开始起重要作用了。它们在细胞内搬运货物，帮助细胞膜移动，使得细胞能够运动和吞食，还在细胞分裂时将细胞一分为二。多细胞动物的肌肉，就是在这个基础上发展出来的。我们现在能够有心跳和呼吸，能够走路、做饭、吃饭、运动、开车、写字、作画、绣花、跳舞、唱歌、演奏乐器等等，都要感谢当年发明了肌纤蛋白—肌球蛋白系统的单细胞老祖宗。

细胞里面的运输任务很多，比如细胞分裂时，两份染色体要分配到两个细胞里面去，需要有力量来

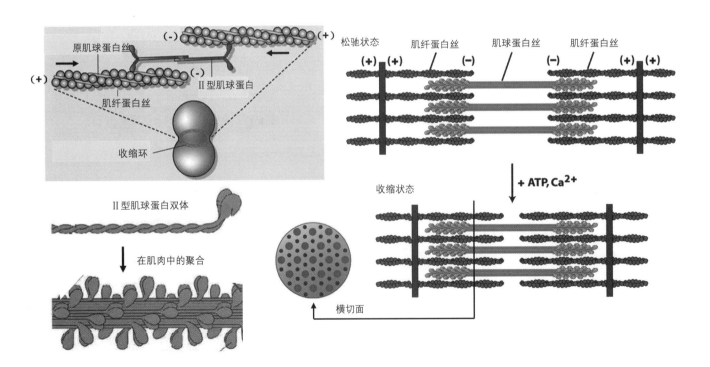

图3-17　II型肌球蛋白的收缩功能。II型肌球蛋白以双体起作用，也可以在肌肉中聚合成含有许多双体的肌球蛋白丝。左上：细胞分裂时，含有II型肌球蛋白和肌纤蛋白的收缩环在细胞中部收缩，将细胞一分为二。左下：II型肌球蛋白还能以相反方向聚合，形成"双头狼牙棒"形的结构。右图：动物肌肉细胞中收缩部分的结构

"拉"它们。神经细胞的"轴突"（传出神经信号的神经纤维）可以有1米多长，但是神经细胞的蛋白质主要是在细胞体（含细胞核的膨大部分）中合成的。其中神经递质（neurotransmitter，在神经细胞之间传递信息的分子）在合成后，被膜包裹成运输小囊，再被运输到神经末端去。这些运输任务就不再由肌纤蛋白和肌球蛋白来完成，而是由另一类"动力火车"来执行的。

这一类"动力火车"的"轨道"不是由肌纤蛋白聚合成的丝，而是前面介绍过的由微管蛋白（tubulin）聚合成的中空的微管。这种微管像肌纤蛋白丝一样，有正端和负端。有两种蛋白质能够带着"货物"沿着这个"轨道"移动。它们都用ATP水解时释放出来的能量作为动力，但是移动方向不同。动力蛋白（dynein）向微管的负端移动，把"货

物"从细胞远端运到细胞中央。另一个蛋白叫驱动蛋白（kinesin），把"货物"运向微管的正端，即从细胞中心运向远端（图3-18）。

动力蛋白是一个巨大的分子复合物，含有10个以上蛋白质亚基，包括两条重链、中链和轻链，相对分子质量可以高达150万。重链结合和水解ATP，是分子变形以产生动力的地方。每条重链伸出两根杆状结构，一根结合在微管上，另一根与中链和轻链结合，后者再与要运输的货物结合。由于每个动力蛋白复合物有两条重链，相当于有两只"脚"和微管结合。两条重链依次活化和移位，就像人的两只脚在路上行走，把货物运向微管的负方向。任何时候都有一只脚和微管结合，而不至于从微管上脱落下来。

驱动蛋白也是巨大的分子复合物，也含有两条重链，是结合和水

解ATP的地方。重链有一个球形的"头部"和微管结合，一条长的"尾部"和另一条重链的尾部彼此缠绕，再和轻链结合。轻链则负责和货物结合。与动力蛋白一样，驱动蛋白的两只"脚"（重链的"头部"）也能够一前一后地在微管上"行走"，有方向性地把"货物"运向微管的正方向。

既然动力蛋白和驱动蛋白都能够在微管上"行走"，为什么它们运动的方向相反呢？这是因为前面提过的，微管是由α和β微管蛋白的二聚体定向聚合而成，因而是有方向性的。β亚基暴露的一端为正端，α亚基暴露的一端为负端。由于微管是有方向性的，微管上结合动力蛋白和驱动蛋白的结合点也是有方向的，这种结合方向就决定了动力蛋白只能"面向"负端，向负端行走，而驱动蛋白只能"面向"正端，

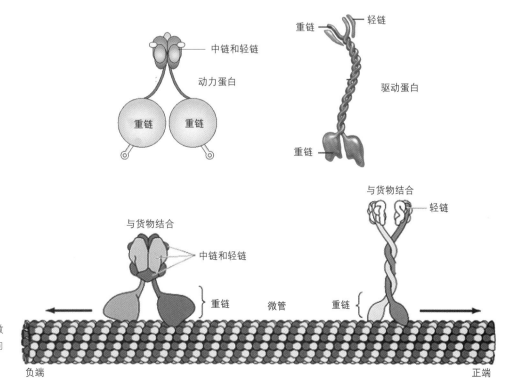

图 3-18　动力蛋白携带货物走向微管的负端，驱动蛋白携带货物走向微管的正端

向正端行走。由于微管的负端是结合在细胞内部的"组织中心"（MTOC）上，正端朝向细胞膜的，所以货物从细胞膜向细胞中央运输，包括细胞吞食作用形成的小囊泡，神经细胞轴突远端向细胞体运送物资，都是通过动力蛋白进行的。而向细胞周边运输的货物，例如从高尔基体运向细胞膜的小囊，把神经递质从细胞体通过轴突（axon）运输到轴突末端的突触（synapse）的小囊，就是通过驱动蛋白来运输的。

除了运输货物，动力蛋白还和真核细胞纤毛的摆动有关。细菌的鞭毛只能转动，不能摆动，因为细菌没有动力蛋白，只能依靠细胞膜外的高浓度的氢离子流回细胞内部时，推动鞭毛基部的轮状结构旋转，好像水坝蓄的高水位的水流过水轮机时带动水轮机旋转。而真核细胞的纤毛内部有许多平行排列的微管。动力蛋白附着在微管上，而重链和旁边的微管结合。在重链改变形状时，就会给旁边的微管一个推力，使动力蛋白结合的两根微管相对滑动，纤毛就弯曲了。控制纤毛两边的动力蛋白交替变形，纤毛可以来回摆动。

植物一般不运动，似乎不需要肌肉。但是植物细胞也含有肌纤蛋白和肌球蛋白，而且肌球蛋白不止一种。比如Ⅷ型、Ⅺ型和ⅩⅢ型肌球蛋白就是植物特有的。它们和植物细胞内各种"货物"的运输有关，比如ⅩⅢ型肌球蛋白可以把叶绿体运输到新生组织的顶端去。

植物肌球蛋白的另一个作用是引起植物细胞的"胞质流动"。如果在显微镜下观察绿藻（Nitella），可以看见细胞质绕着中央的液泡流动，而且流动的速度在靠近细胞膜的地方比较快，在靠近液泡的地方比较慢。研究表明，绿藻细胞在细胞膜下面形成平行的肌纤蛋白"轨道"。Ⅺ型肌球蛋白的"尾巴"结合在植物的细胞器（如叶绿体）上，"头部"则沿着肌纤蛋白的"轨道"滑行，就带动细胞质一起流动了。在绿藻中，胞质流动的速度可以达到每秒7微米。

动力蛋白和驱动蛋白的基因也在植物中发现。例如在水稻（Oryza sativa）的DNA中发现了动力蛋白的基因，在拟南芥中也发现了驱动蛋白的基因。虽然这些基因的功能还没有被研究出来，但是很可能这些基因的产物也在植物细胞中执行一些类似动物细胞内的工作。肌球蛋白、动力蛋白和驱动蛋白在植物细胞中的发现，说明在细胞水平上，植物和动物有更多的相似之处，它们

都需要拉力来进行某些活动，特别是细胞内"货物"的运输。

动力蛋白和驱动蛋白除了在细胞内运输货物外，还有一个极其重要的功能，这就是在真核细胞分裂时，把几十对染色体准确地分配到两个子细胞中去。在介绍了真核细胞的骨骼系统和肌肉系统后，我们就可以回过头来，看看真核细胞是如何完成这一项重要而又困难的任务的。

第七节　有丝分裂

原核细胞分裂时，两份DNA被分配到两个子细胞中去的过程就已经需要原核细胞的"骨骼系统"（见第二章第十三节）。例如ParABC系统把DNA联系在细胞的极（细胞的两端）上，通过ParA细丝的不断缩短把DNA拉到子细胞中去。ParMRC可以位于两份DNA之间，靠ParM链的不断延长把两份DNA推到两个子细胞中去。

比起原核细胞来，真核细胞分裂时面临的困难要大得多。原核细胞通常只有一微米大小，细胞分裂时DNA需要移动的距离也很小。真核细胞一般有几十微米大，细胞分裂时染色体需要移动的距离也大得多。原核细胞的DNA比较小，例如大肠杆菌的DNA只有460万个碱基对，而人的DNA有约31亿个碱基对（严格说来是3095693981碱基对），是大肠杆菌的700多倍。细菌的DNA是一个单环，细胞分裂时只需把这两个环分到两个细胞中即可。而真核生物的DNA一般分为数十个染色体，要把这几十对"沉重"的染色体分配到两个子细胞中去，其中每一对染色体都要分别分开，不能有差错，是一个十分艰巨的任务，不是原核细胞的骨骼系统所能够胜任的。为了完成这个任务，真核细胞动用了机械强度最大的微管（直径24纳米的空管）和大量能够在上面"行走"产生拉力的动力蛋白和驱动蛋白分子，用"推""拉""缩"三管齐下的方式来完成这个任务。

真核细胞分裂时，已经被复制的DNA浓聚成为几十对染色体，每个染色体含有两条染色单体（chromatide），即细胞分裂前染色体被复制后形成的两条DNA序列

完全一样的染色体。这两条完全相同的染色单体叫做姊妹染色单体（sister chromatide），它们通过着丝点（kinetochore）相连，形成一个 X 形的结构。这个时候染色体在显微镜下最容易被看清楚，所以在临床上常在这个阶段来检查染色体，这也给人以"染色体的结构都是 X 形"的印象。其实在细胞不分裂时，每个染色体都是单条的，也不是在浓聚状态，而是分散在细胞核中，不容易被看见。

为了把这几十对姊妹染色体分开，细胞核的膜消失，在原来细胞核的两端形成两个发出微管的中心，叫做中心粒（centrioles），起微管组织中心的作用。微管从这里发出，正端向外，负端与中心粒相连。每个中心粒发出许多根微管，向对方中心粒的方向发散，形成

一个纺锤的形状，叫做纺锤体（spindle）。纺锤体中的微管也有些像地球仪上的经线，只不过这些"经线"并不连接两极，而是在两个中心粒之间的某个位置终止。这些微管中的一些通过着丝点和染色体相连，一根微管连一条染色体。在要被分配到两个子细胞里面的姊妹染色体对中，每一对中的两条染色体各自被来自不同中心粒的微管相连，这样这两条姊妹染色体就可以被来自不同中心粒的微管拉开。所有的染色体在这样与微管相连后，都排列在两个中心粒中间的一个平面上，等待被拉开。这个平面有点像地球的赤道面，所以也被称为赤道面（equatorial plane）（图 3-19）。

在中心粒发出的朝向对方中心粒方向延伸的微管，有一些并不和染色体相连，而是长过赤道面，和来自对

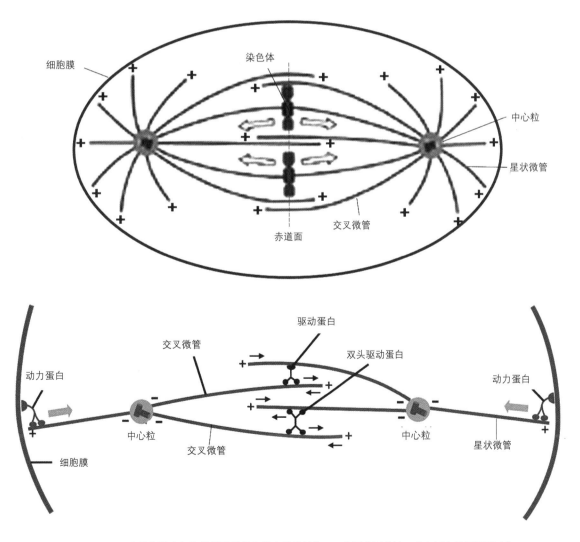

图 3-19　有丝分裂中细胞的骨骼系统和肌肉系统的作用。为了使图简洁，在上图中只画了两对染色体，在下图中只显示动力蛋白对星状微管"拉"的作用和驱动蛋白对交叉微管"推"的作用

方中心粒，也长过赤道面的微管彼此交叉，叫做交叉微管（overlap microtubules）。除了发出向对方中心粒方向的微管，每个中心粒还向相反的方向（即朝向细胞两极的方向）发散出一些微管，其排列像星星发出的光芒，叫做星状微管（astral microtubules）。由中心粒发出的这三种微管，即和染色体相连的微管、交叉微管、星状微管，在把两套染色体分配到两个子细胞的过程中都起重要的作用。"肌肉蛋白"依靠这些微管，把染色体运送到子细胞中去。在这里要记住，微管是有方向的，负端与中心粒相连，所以只有正端暴露，或者与染色体相连。能够在微管上背着货物"行走"的肌肉蛋白有两种：动力蛋白向微管的负端行走，即走向中心粒的方向，驱动蛋白向微管的正端方向行走，即走向背离中心粒的方向。

交叉微管上驱动蛋白的作用是"推"。驱动蛋白结合货物的一端结合在一根交叉微管上，其能够在微管上行走的头部结合在来自另一个中心粒、正负端方向与它相反的微管上。驱动蛋白向微管的正端方向行走，就会产生使这两根微管向各自的中心粒方向运动的力。多个驱动蛋白同时在多对交叉微管上起作用，就会产生把两个中心粒推开的力量。为了增加这种推力，有些驱动蛋白还能以"脚对脚"的方式结合在一起，形成有两个"头"的驱动蛋白。这两个头和交叉微管中的两根微管相连，同时向这两根微管的正端方向走，由此产生的对两个中心粒的推力就更大了。

星状微管的作用是"拉"。它们的正端伸向细胞的极，即细胞分裂时离得最远的两端。在两极，动力蛋白用它的"脚"结合在细胞膜内面的结构上，能够在微管上行走的头部则结合在星状微管上。由于动力蛋白能够向微管的负端行走，在这里就是向中心粒方向行走，它就会在星状微管上产生一个拉力，把细胞的极拉向中心粒的方向。这样当两个细胞分开时，和极相连的动力蛋白就能够通过星状微管把中心粒拉住，和极一起走。

和染色体相连的微管的作用是"缩"。它们和染色体相连的端是正端，在要使染色体彼此分开时开始解聚，即从正端不断缩短。有一种驱动蛋白能够寻找正在缩短的微管的正端，并且与之结合，同时让不断缩短的微管正端始终和染色体联系在一起，这样微管的缩短也会拉着染色体向中心粒方向运动。这个机制很像是细菌

的 ParABC 系统，通过 ParA 细丝的不断缩短把细菌的 DNA 拉到两个子细胞中去（见图 2-37，这个过程在图 3-19 中没有显示）。

由于真核细胞的分裂是通过微管丝及其在上面"行走"的动力蛋白和驱动蛋白把姊妹染色体分配到两个子细胞中去的，所以真核细胞的分裂也叫做丝分裂（mitosis）。其实原核细胞分裂也要借助 ParA 丝来拉色体和 ParM 丝来推质粒，所以也是"有丝分裂"，只不过原核细胞分裂时不形成纺锤体，ParA 丝和 ParM 丝只是单根，而且比微管细得多，很难看见，所以原核细胞的分裂不认为是有丝分裂，而把有丝分裂这个名称专用于真核细胞的分裂过程。

第八节 "胃"和"回收中心"

相对于原核细胞而言，真核细胞体形巨大，又有能够改变细胞膜形状的骨骼肌肉系统，即肌纤蛋白丝和肌球蛋白，这就给真核细胞一个新的功能，那就是吞噬（phagocytosis）。真核细胞通过细胞表面的受体探测到有食物（如细菌）时，细胞膜会向细菌周围移动，同时细胞伸出的部分会在细胞质中形成肌纤蛋白丝，正端向着伸出方向，一方面防止伸出的部分缩回，同时也作为肌球蛋白运动的轨道，让肌球蛋白"背"着细胞膜向前移动。这个过程持续下去，就可以将细胞完全包围，包住细菌的细胞膜再与真核细胞的细胞膜断开，细菌就被吞进细胞内了。通过吞噬作用，真核细胞不仅能够吞下病毒颗粒和整个细菌，也可以吞下细菌和其他生物的碎片，还可以通过类似的过程——胞饮（pinocytosis）吞下细胞外的液体和里面的内含物。

细胞吞食功能的出现，意义极其巨大，因为这首次给了真核细胞在细胞内（对于单细胞真核生物就是体内）消化其他生物的能力。原核细胞是没有这个能力的，即使是靠现成的有机物生活的细菌，也是把消化酶分泌到细胞外，消化生物大分子，再吸收消化的产物。用体内消化的方式，真核细胞就可以占有吞进的食物的全部资源，是比体外消化更有效的获得有机物的方式。

之所以真核生物能够这样获得营养，是因为地球上

所有的生物都来自同一个祖先，建造所有的生物的"零件"，例如氨基酸、脂肪酸、核苷酸、葡萄糖等都是相同的，这些"零件"就可以用来建造自己的身体。用体内消化的方式，真核生物不仅可以迅速获得大量的建造材料，而且"零件"的门类齐全，因为这些"零件"本来就是组成一个完整的生物体的。将吞噬作为生活方式的生物，就发展成为动物。变形虫和草履虫是单细胞的动物，被称为原生动物（Protozoa），多细胞的动物就是在原生动物的基础上发展出来的。

当然吞食的功能也不一定要产生动物。真核细胞有了吞食功能，还可以把能够进行光合作用的细菌吞进来，加以"驯化"，让它们变成叶绿体（chloroplast），真核细胞也因此变成藻类，进行光合作用，自己合成有机物，植物就是在藻类的基础上发展出来的。在这个意义上，地球上的动物和植物都是因为真核细胞获得了吞食功能才出现的。

不过吞噬作用吞进的生物还是完整的生物或者生物片段，里面的许多"零件"，例如氨基酸、脂肪酸、核苷酸，以及各种糖类分子，还存在于生物大分子如蛋白质、磷脂、核酸、多糖分子中，真核细胞不能直接加以利用，需要在细胞内将这些生物大分子分解成为零件，真核细胞才能够加以利用。而且细菌的 DNA 也不能和真核细胞的 DNA 相混，否则那相当于引进了另一个"司令部"，造成大混乱，因此必须被降解掉。由于这两个原因，消化吞进的细菌就是必须首先完成的步骤。分解生物大分子的酶应该不是问题，因为许多原核生物就能够分泌各种消化酶到周围的环境中，在细胞外分解死亡生物的生物大分子，再加以吸收，现在只不过是把这些酶专门送到包裹细菌的小囊中去而已。这个任务是由一种细胞器——溶酶体（lysosome）来完成的。

溶酶体是真核细胞的"胃"

溶酶体是真核细胞内由单层膜包裹的小囊，大小从0.1 微米到 1.2 微米。这层膜就相当于人体胃的胃壁，把内容物和细胞质分隔开来。这里说的"单层膜"，其实和细胞膜一样，是由两层磷脂"脚对脚"组成的，在结构上被看成是一个单位，与细胞核和线粒体都是由两层膜包裹的不同。溶酶体里面含有几十种消化酶，可以消

化几乎所有的细胞结构和成分，包括蛋白质、糖类、脂肪、核酸。溶酶体和人的胃相似，其内部环境也是酸性的，pH 在 4.8~5.0 左右，这个酸性环境是由位于溶酶体膜上的液泡型 ATP 酶（v-ATPase）来维持的。这种酶利用 ATP 提供的能量，把氢离子从细胞质泵到溶酶体内部，类似于人体胃的胃膜使用另一种 ATP 酶往胃中泵氢离子。这个 pH 是溶酶体中的酶最佳的工作酸碱度，而细胞质的 pH 在 7.2 左右，这样即使溶酶体里面的酶有一些泄漏到细胞质中去，也会由于 pH 不合适而丧失活性，不会给细胞造成很大的伤害。

被吞噬作用吞进的病毒、细胞或细胞碎片、被胞饮作用吞进的细胞外液体及其内含物，都先被包裹在由细胞膜围成的囊泡中，叫做内体（endosome）。这个时候内体中的 pH 还不是酸性的，叫做"早期内体"。早期内体膜上的液泡型 ATP 酶不断把氢离子泵到内体腔中，内体里面的 pH 也不断降低，形成"晚期内体"。当内体里面的 pH 降低到一定程度时，原来细胞表面用来探测食物颗粒的受体形状发生变化，和它结合的物质分开，重获"自由身"。这些游离出来的受体聚集在内体表面长出的小管中，小管再脱离内体，返回细胞膜重新使用。晚期内体带着其余的内容物与溶酶体融合，相当于把这些内容物转运到细胞的"胃"中，这些内容物就被转移到溶酶体中进行消化了（图 3-20）。消化的产物，即其他生物的"零件"，通过溶酶体膜上的通透酶（permease，参看图 3-22）进入细胞质，就可以用来"建造"真核生物的身体，或者被用作"燃料"，进入线粒体，在那里被氧化，给细胞提供能量。

细胞中的"垃圾"

无论是原核细胞还是真核细胞，蛋白质都不能只合成，不分解。例如细胞在分裂期就会使用一些和分裂有关的蛋白质，包括周期蛋白（cyclin）。这些蛋白质在 DNA 分配到两个子细胞中去后，其使命就完成了，就需要被分解掉。再保留这些蛋白质不仅没有必要，还是对资源的浪费，而且这些只与细胞分裂有关的蛋白质在细胞不分裂的期间存在，还会对细胞的活动造成干扰。如果把它们分解掉，不但消除了干扰，分解它们时释放出来的氨基酸还可以用于其他蛋白质的合成。所以蛋白

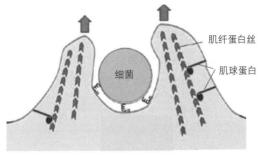

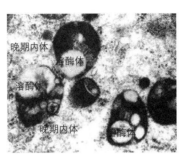

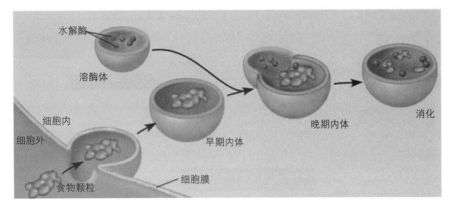

图3-20　真核细胞的吞噬过程和溶酶体的作用。上图：在真核细胞探测到食物颗粒时，细胞膜会向食物颗粒周围蔓延，最后将食物颗粒完全包围。这个过程是在肌纤蛋白和肌球蛋白的帮助下完成的。下图：包裹食物颗粒的小囊叫早期内体，内部酸化后变成晚期内体，与含有消化酶的溶酶体融合，这些食物就可以被消化了。右上为溶酶体与晚期内体融合的电子显微镜照片

质的合成和分解是细胞正常生理活动的一部分。

蛋白质分子是由数十个到数千个氨基酸单位线形相连，再卷曲成特定三维结构的分子。除了常见的最稳定、具有正常生物活性的形状，蛋白质分子还有多种亚稳的非"正常"的卷曲方式，在周围环境不理想时就有可能卷曲成形状异常的蛋白质。卷曲成功的蛋白质也可以受外界因素影响而发生异常改变，例如和一些化学物质发生交联。这些异常蛋白质分子的性质和功能会发生变化，对细胞的正常生理活动造成干扰和破坏，也都必须被处理掉。

需要降解的蛋白质分子虽然由成百上千个氨基酸单位组成，对于细胞而言还算是"小垃圾"，可以由比较小的"垃圾处理机"来降解。这个"小垃圾处理机"就是一个叫蛋白酶体（proteasome）的筒状结构。

当体型巨大（相对于原核细胞而言）、构造复杂、具有细胞器的真核细胞的出现，又带来了新的问题需要解决，这就是细胞中各种巨大的构造（相对于分子而言）如何进行自我更新。例如线粒体这样的细胞器就有1微米大小，相当于整个原核细胞的尺寸。线粒体老化时，需要更新，即将这些老化的线粒体消化掉，用新生的线粒体来取代它们。而且这些细胞器由膜包

裹，无论是细胞器里面的蛋白质和膜上的蛋白质，都不是蛋白酶体"啃"得动的。同样，被真核细胞吞进的细菌，也不是蛋白酶体能够对付的。

原核细胞分裂频繁，新的膜成分（例如磷脂和膜蛋白）不断生成，相当于在不断更新。而真核细胞寿命比较长，磷脂和膜蛋白都会受到各种因素的影响而受损，所以真核细胞的细胞膜也有更新的问题。而蛋白体只能分解蛋白质，对细胞膜无能为力，所以真核细胞需要新的机制来更新细胞膜。

所有这些需求都要求真核细胞中有处理"大垃圾"的方式，这就是溶酶体。溶酶体是真核细胞中的"大垃圾处理机"。在介绍溶酶体作为"大垃圾处理机"的功能之前，我们先谈谈细胞的"小垃圾处理机"——蛋白酶体。

细胞处理不再需要的正常蛋白质和变异的蛋白质的方式，是给这些蛋白质打上"标签"，再由特定的"蛋白粉碎机"分解。这个标签本身也是一种蛋白质分子，由于它广泛存在于各种细胞中，所以被称为泛素（ubiquitin，不要和泛醌ubiquinone混淆）。泛素是由76个氨基酸单位组成的小蛋白质分子，先经过几步酶催化步骤被连接到泛素连接酶（ubiquitin lygase）上，再由泛素连接酶把泛素分子羧基端的甘氨酸残基连到被标记蛋白质分子的赖氨酸残基上。泛素分子自己也含有7个赖氨酸残基，分别位于蛋白质分子的第6、11、27、29、33、48、63位上，所以又可以被新的泛素分子标记上。这样连续标记下

去，最后就可以形成一长串由泛素分子依次相连而形成的"尾巴"。这个尾巴就是一个明显的信号，告诉细胞被标记的蛋白质分子应该被销毁。

被泛素标记的蛋白质随后在蛋白酶体中被分解。蛋白酶体是一个两端有"帽子"的圆筒形的结构。中部是由四个环组成的圆筒，每个环由 7 个亚基组成，最中间的两个环是分解蛋白质的地方，由 β 亚基组成，内腔直径有 5.3 纳米。虽然都叫 β 亚基，这些 β 亚基还具有不同的蛋白酶活性，例如胰蛋白酶（trypsin）活性、糜蛋白酶（chymotrypsin）活性等，以水解不同结构的蛋白质。在两个 β 环的两端各有一个由 α 亚基组成的环状"门户"，孔径只有 1.3 纳米，阻挡正常的蛋白质进入，而只允许展开了的肽链进入。αβ 圆筒的两端还各有一顶"帽子"，各由 19 个亚基组成，具有 ATP 酶的活性，并且能够识别被泛素标记的蛋白质分子。这些蛋白分子被"帽子"部分结合后，泛素的"尾巴"被除掉，ATP 水解释放的能量使得要被降解的蛋白质分子成为伸展状态，以便进入由 α 环组成的门户，进入 β 环被水解（图3-21）。

在泛素—蛋白酶体系统中，蛋白酶体是把水解蛋白的活性藏在空管的内面，以避免对细胞自身的伤害。这和溶酶体用膜来隔离消化酶的活性是一致的。从这个意义上讲，蛋白酶体相当于是细胞的"小胃"。

这样的结构看来是从原核细胞中类似的结构演化而来的。例如古

菌（Archae）就含有和真核细胞类似的蛋白酶体，但是其 β 亚基只有一种，说明它比较原始。而在单细胞的真核生物如酵母中，蛋白酶体就已经有不同的 β 亚基。大肠杆菌也有一个由 HslV 和 HslU 组成的四环结构。中间两个环各由 6 个 HslV 亚基组成，是水解蛋白质的地方。HslV 的氨基酸序列也和真核蛋白体的 β 亚基相似，所以这两个环相当于真核蛋白体由 β 亚基组成的两个环。大肠杆菌蛋白体两端的两个环各由 6 个 HslU 亚基组成，具有 ATP 酶的活性，相当于真核蛋白体两端的帽子。细菌也含有类似泛素的分子，例如 ThiS 和 MoaD。虽然

它们的氨基酸序列和泛素只有14%相同，但是具有类似的分子形状和功能。类似泛素反应的酶也在细菌中发现，例如 MoeB 就和真核细胞的泛素活化酶类似。这说明原核细胞和真核细胞使用类似的机制来标记和分解蛋白质分子，真核细胞的蛋白酶体是由原核细胞的蛋白酶体发展而来的。

真核细胞体形巨大，结构复杂，有各种细胞器，包括线粒体。线粒体是真核细胞彻底氧化葡萄糖，生成 ATP 的"动力工厂"。在线粒体中呼吸链的电子传递过程中，有一个副产品，那就是自由基（free radicals），它们会损坏生物大

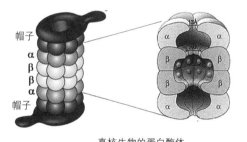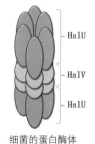

图 3-21　降解蛋白质的蛋白酶体。上左为真核细胞的蛋白酶体，上右为原核生物（大肠杆菌）的蛋白酶体。下图：蛋白质分子被泛素分子标记、水解

分子，破坏细胞结构。由于自由基主要是在线粒体中产生的，线粒体在遭受损害上"首当其冲"。受到损坏的线粒体如果不更新，功能就会不断下降，相当于伤害真核细胞的动力供应，这对于真核细胞是致命的，因此线粒体需要不断更新。虽然线粒体可以通过分裂来繁殖，但是老化受损的线粒体也需要除去，其中还可以用的"零件"还应该可以回收。

但是线粒体的大小相当于细菌，外面还有两层膜包裹，蛋白酶体是无法降解它的。真核细胞的办法是将受损的线粒体和其周围的细胞质用膜包裹起来，形成自噬体（autophagosome）。自噬体由两层膜包裹，先形成一个杯状结构（单层膜无法形成这样的结构），然后封闭，把细胞质的一部分连同里面的细胞器包裹在里面。自噬体再和溶酶体融合，就可以消化细胞自身的成分。这相当于是细胞"自己吃自己"，因此叫做自噬作用（autophagy）（图 3-22 上）。

溶酶体也可以使细胞膜和膜上的蛋白质不断更新。溶酶体里面的消化酶一般只水解包在内体里面的物质，如果细胞膜和它里面的蛋白质需要更新，内体的膜就会不断向内凹陷，形成小泡，原来细胞膜及其上的蛋白质都包裹在内体的内部。这样的内体内有许多小囊泡，叫做多泡体（MVB）。在和溶酶体融合后，这些膜和它里面的蛋白质就都能够被消化了。这也是细胞进行自噬的一种方式（图 3-22 下）。

在细胞处于饥饿状态时，细胞可以通过这种方式消化细胞中不必要的成分，用消化它们后产生的"基本零件"来合成细胞生存最需要的分子，增强细胞的生存能力。由于自噬作用能够去除受损的分子或者细胞器，它也被认为是细胞自我更新、延缓老化的一种方法。

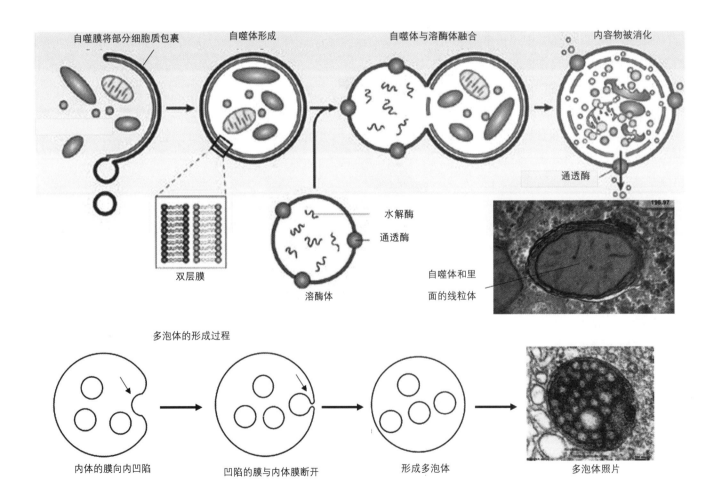

图 3-22　自噬体（上）和多泡体（下）的形成过程

第九节　被收容的叶绿体

原核细胞通过获得线粒体而变成真核细胞，由于有了充足的能源供应，真核细胞还发展出了许多新的特点，例如吞噬功能的出现，可以使生物体迅速获得大量营养，为其进一步演化成为可能。不过这些功能只能使真核细胞消耗更多的食物分子，合成更多的ATP，换句话说，线粒体和吞噬功能只能促进线粒体的寄主细胞对其他细胞合成的葡萄糖和脂肪酸这样的有机分子的"消费"，成为"超级消费者"，却不能增加这些有机分子的合成。异养生物自己也合成蛋白质、DNA和脂肪，但是合成的量远少于它消耗的，因为食物的获得、利用和再合成都需要消耗能量。真核生物出现的早期是增加了地球上有机物质的消耗，而不是增加这些物质，所以在另一个重大事件发生之前，真核生物只能是"异养生物"，依靠原核细胞（例如能够进行光合作用的蓝细菌）合成的有机分子过日子。

在真核生物出现数亿年之后（大约是15亿年前），另一个重大事件发生了。这就是真核细胞"捕获"蓝细菌并且让它变成"叶绿体"。这个过程和古菌获得α-变形菌并且让它变成线粒体有些相似，都是在细胞中包进了另一个细胞，并且让它变成自己的一个细胞器。蓝细菌和α-变形菌也都是革兰氏阴性细菌，外面包有两层细胞膜，但是这次真核细胞获得蓝细菌的过程和当初古菌获得α-变形菌有一些不同。原核细胞是没有吞食能力的，所以获得α-变形菌估计是靠偶然的机械力量，是概率极小的事件，在历史上只成功地发生过一次，而真核生物的细胞已经有了吞下其他细胞（主要是体型较小的原核细胞）的能力，所以这次获得蓝菌多半是通过吞噬，但不消化吞进的蓝细菌。由于真核细胞还能够吞入其他的真核细胞，也就可以吞进已经有光合作用能力的真核细胞如藻类细胞，第二次、甚至第三次获得光合作用的能力。

获得α-变形菌使得细胞获得氧化磷酸化的能力，利用食物分子的效率大大增加，即变成"超级消费者"。而获得蓝细菌却是让它获得进行光合作用、制造有机物的能力，使其成为"生产者"。这个变化使得一些真核生物从异养生物变为自养生物，即从"消费者"变成

"生产者"，并且由此诞生了海洋中的藻类（红藻和绿藻）和陆地上的植物。这个变化的后果极其深远，没有它，就没有现在的植物和动物，更不会有人类。光靠吃细菌（无论是活的还是死的）生活的生物能够有多大和多复杂？

不过在叶绿体出现之前，吞食并不能使得蓝细菌变成叶绿体。被吞进来的细菌是作为食物，在溶酶体中被消化掉的，而不是保留它们，和真核细胞形成共生关系。但是在一次偶然的机会中，被吞进的蓝细菌没有被消化掉，而是存活下来。蓝细菌最初是如何存活下来的，我们已经无法知道，但是我们知道，这也是一个小概率事件，获得蓝细菌，让它变成叶绿体的原初过程只发生过一次，因为现在所有的叶绿体都有共同的祖先。和α-变形菌形成线粒体的过程一样，蓝细菌在形成叶绿体的过程中，也把绝大多数基因转移到寄主细胞的DNA中去。从这些基因的种类和结构，就可以推测出不同生物叶绿体之间的一致性。

例如蓝细菌和叶绿体都有一种蛋白质和叶绿素结合，叫叶绿素结合蛋白（chlorophyll binding protein），它能够捕获光能，并且传输给光反应中心（见第二章第十二节）。这些蛋白质都是膜蛋白，能够横穿生物膜。但是蓝细菌的叶绿素结合蛋白只有一个穿膜区段，而所有进行光合作用的真核生物（红藻、绿藻和陆生植物）中叶绿体的叶绿素结合蛋白却都有三个穿膜区段。这说明叶绿素结合蛋白的基因在转入寄主细胞的DNA后发生了变化，使为穿膜区段编码的序列增殖为三个。如果各种进行光合作用的真核生物中的叶绿体有不同的来源，叶绿素结合蛋白的穿膜区段都从一个变为三个的概率极小。更大的可能是它们都是由同一个祖先叶绿体而来的。

在蓝细菌中，捕获光能的蛋白质位于细胞质内的类囊体膜（thylakoid membrane）上（见第二章第十二节和图2-33），质子被泵到类囊体膜围成的腔内，使得腔内为酸性，而类囊体膜之间的细胞质则为碱性。ATP合成酶的主要部分也是突出在细胞质中。在叶绿体中，蓝细菌的细胞膜变为叶绿体的内膜，蓝细菌的细胞质变成叶绿体的基质（stroma），而蓝细菌的类囊体膜则演化成构造复杂的类囊体（thylakoid），但是光合作用的基本过程和电子传递链（见第二章第十二节和图2-33）完全保留。

在叶绿体中，质子也被泵到类囊体腔内，使得腔内为酸性（pH 4 左右），而基质为碱性（pH 8.1 左右）。ATP 合成酶的主要部分也是突出在基质中（图 3-23）。

最早获得蓝细菌，并使其变为叶绿体的真核生物可能是灰胞藻（glaucophyte）。它的叶绿体比较原始，叫做蓝小体（cyanelles）。蓝小体含有由肽聚糖（peptidoglycans）组成的细胞壁，看来是蓝细菌细胞壁的残留。蓝小体和蓝细菌一样，含有叶绿素 a 和藻胆素（phycobilin）。而在绿藻和陆生植物的叶绿体中，藻胆素已经消失，代之以叶绿素 b。在灰胞藻分支出去以后，这样的真核细胞还随后分化成为绿藻和红藻。

原核生物因为体型小，又没有吞食其他生物的能力，获得 α- 变形菌并将其变为线粒体的过程只发生过一次。线粒体单线垂直传递，随着生物的演化进入所有的真核生物中。而真核生物由于体型巨大而且功能强大（包括吞食能力），所以不仅能够吞下蓝细菌这样的原核细胞，而且可以吞下已经具有叶绿体的真核细胞，间接获得叶绿体。例如绿藻可以被其他真核细胞吞下，形成眼虫藻（euglenids）。红藻也可以被其他真核细胞吞下，形成隐藻（cryptomonas）。这样捕获的叶绿体就有三层膜，内面的两层来自叶绿体的双层膜，而最外面的膜则来自被吞食绿藻的细胞膜。这样形成的藻类还可以再次被真核细胞吞进，这样被捕获的叶绿体就有四层膜，例如变形虫样藻类（chlorarachinophyte）。

有趣的是，有些被吞并的绿藻和红藻的细胞核还能够幸存，例如在隐藻和变形虫样藻类中，这些被吞进的藻类的细胞核就位于叶绿体的两层膜外和更外面的膜之间，形成共生核（nucleomorph）。它们周围残留的细胞质中含有 80S 核糖体，说明它们是真核生物的遗迹。它们含有很小的染色体（只有几十万个碱基对），说明是在退化的过程中。但是在第三次获得叶绿体所形成的共生核中，DNA 的长度就没有变小，说明退化过程还没有开始。

即使是原来没有叶绿体的真核生物，重复约 10 亿年前捕获蓝细菌，使其变为叶绿体的过程，也能够再次发生。一种淡水生活、单细胞，类似变形虫的丝足虫（Paulinelle chromatophora），看来就在"最近"（约 6000 万年前）捕获了蓝细菌，并且开始把它改造成叶绿体，尽管到现在这些蓝细菌还没有完全变成叶绿体。丝足虫的细胞内含有 1 至 2 个腊肠形的色素细胞

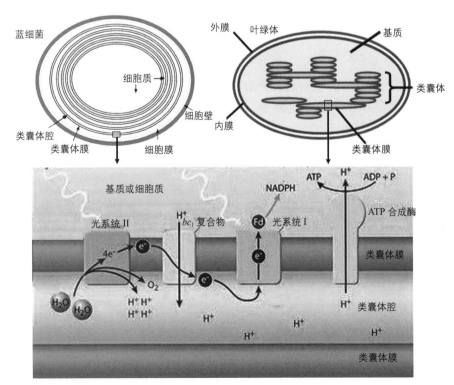

图 3-23　蓝细菌和由蓝细菌变成的叶绿体。上图中框住的部分放大于下图，类囊体膜和类囊体腔的构造在蓝细菌和叶绿体中几乎完全相同。蓝细菌的 bc_1 复合物相当于叶绿体 bf 复合物

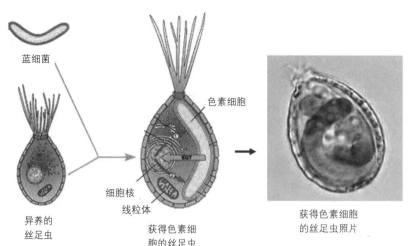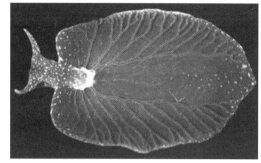

蓝细菌

色素细胞

细胞核

线粒体

异养的
丝足虫

获得色素细
胞的丝足虫

获得色素细胞
的丝足虫照片

绿叶海蛞蝓

图 3-24　捕获蓝细菌的丝足虫和绿叶海蛞蝓

（chromoatophores），它们的前身是蓝细菌中的聚球菌（*Synechococcus*），但是已经不能离开寄主细胞单独生活。色素细胞的 DNA 含有 100 万个碱基对和约 850 个基因，远高于叶绿体的 12 万到 17 万个碱基对和约 100 个基因，但是又少于蓝细菌的约 1500 个基因。寄主细胞核中来自色素细胞的 DNA 只占 0.3%~0.8%，远低于植物中的 11%~14%，说明蓝细菌基因向寄主细胞核转移的过程并不久（图 3-24）。

有趣的是，一些低等动物也能够捕获和利用叶绿体为自己制造养料，弄得自己既像动物，又像植物。例如海蛞蝓（Elysia，又叫"海蜗牛"，一种软体动物）以海藻为食。它们把海藻消化后，留下叶绿体。接着，消化道的内皮细胞将这些叶绿体吞进去，让它们在这些内皮细胞中生活，为自己制造营养。叶绿体在这些内皮细胞中存活的时间不同，有的几天就得换一次，有的能够存活 10 个月之久。例如绿叶海蛞蝓（*Elysia chlorotica*）只需食用海藻两星期，就能终生保有它们的叶绿体。为了更好地利用这些叶绿体进行光合作用，绿叶海蛞蝓还把自己变得像一片叶子，所以它既是动物，又像植物（图 3-24）。

叶绿体的作用还不只是进行光合作用，制造有机物（包括糖类、脂肪酸和氨基酸），而且还在演化过程中，单独发展出来另外的功能。白色体（leucoplast）就是失去了色素的叶绿体。它们不进行光合作用，而是起储藏物质的作用。其中储藏淀粉的白色体叫做淀粉体

（amyloplast）。淀粉体存在于植物的果实、块根和块茎中，里面含有淀粉粒。植物需要时，这些淀粉可以水解为葡萄糖。淀粉体也含有自己的环状 DNA，和叶绿体之间可以互相转化。例如马铃薯受光照后会变为绿色，就是淀粉体变为叶绿体的缘故。储藏脂肪的白色体叫做油粒体（elaioplasts，又称"油质体"或"造油体"），存在于植物的种子和果实中。油粒体里面有甘油三酯的小滴，需要时可以分解为脂肪酸和甘油供植物使用。油粒体也有自己的环状 DNA。储藏蛋白质的白色体叫做蛋白体（proteinoplasts），存在于种子（如花生）、分生组织、表皮和根冠细胞中，也有自己环状的 DNA，是由叶绿体变化而来（图 3-25）。

叶绿体变种的另一个作用是用颜色来吸引动物，叫做有色体（chromoplasts）。有色体和叶绿体有完全相同的 DNA，只是有色体 DNA 中胞嘧啶（C）上的甲基化程度高一些。有色体和叶绿体一样，可以合成类胡萝卜素，但是有色体还可以合成和储存橙色的胡萝卜素（carotene）、黄色的叶黄素（xanthophylls）和其他红色色素，所以能够呈现不同的颜色。水果成熟时由绿变红或变橙，就是叶绿体变为有色体的缘故。有色体使花和成熟的水果带上各种颜色，以吸引动物来传粉或吃水果后散布种子。白色的花中仍然含有有色体，只是其合成类胡萝卜素的基因 *CrtR-b2* 发生了突变，使有色体不再能够合成类胡萝卜素。这些花很多是香的，改用气味来吸引昆虫。胡萝卜和红薯也含有有色体而显橙色，不过

在这里有色体的作用不是吸引动物，而是储存一些难溶于水的化合物。

叶绿体在变为有色体时，与叶绿素合成和与光合作用有关的基因被关闭，类囊体膜溶化消失，代之以由叶绿体内膜发展成的新的膜系统，在那里合成和储存各种色素。一些柑橘类水果和黄瓜在高温和氮肥充足的情况下会重新变绿，研究表明是有色体重新变为叶绿体的缘故。这时合成色素的膜系统消失，类囊体膜系统重新出现。这些事实都说明叶绿体和有色体是可以互相转化的。

在光照不足时（例如缺乏光照一至二个星期），叶绿体或将要形成叶绿体的前导物原质体（proplastid）会转换成黄化叶绿体（etioplasts）。黄化叶绿体缺乏叶绿素，却有叶黄素，所以呈黄色。类囊体不发达，代之以管状物聚合成的"原片层体"。如果又受到数分钟到十几分钟的光照，黄化叶绿体就重新转化成叶绿体（见图3-25）。

到了秋天，植物的叶子会由绿变黄或变橙。这是由于叶绿体中的叶绿素消失，类胡萝卜素的颜色显现出来的缘故。叶绿体并没有转变成有色体，也没有新的类胡萝卜素合成，叶绿体老化，丧失DNA，变成了老质体（gerontoplasts）。所以秋天叶子变黄或变橙的原因和水果成熟时从绿变为黄色、橙色、红色的原因不同。前者是叶绿体自己的老化，而后者是有色体的作用，二者不是一回事。

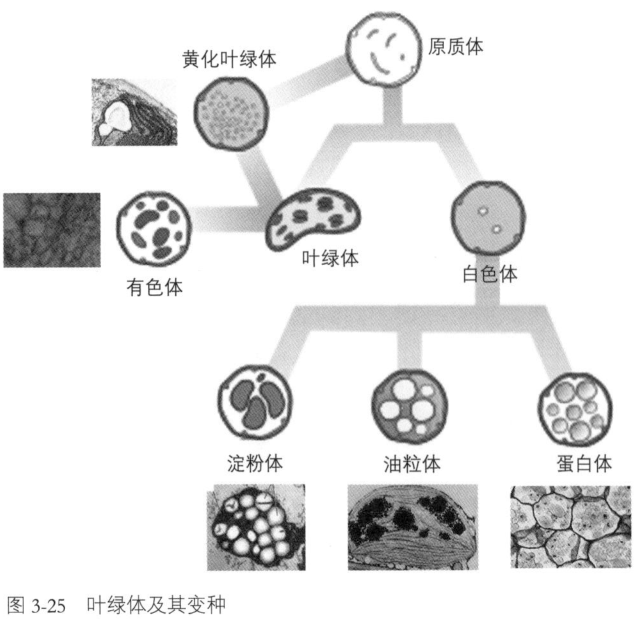

有趣的是，光照过强时，叶绿体会排列在与光线方向平行的细胞壁处，彼此遮挡，以减少强光的伤害。光照弱时，叶绿体又排列在与光线方向垂直的细胞壁附近，增大受光面积。这就是为什么藻类植物的细胞只有单个巨大的叶绿体，因为藻类在水中生活，阳光不至于太强烈，藻细胞又可以改变离水面的距离来调节光强度。而陆生植物无法改变光照强度，就只好含有大量小的叶绿体，通过它们的排列方式来调节受光程度。有些植物的叶子在阳光强烈时会转为与光线方向平行的形状，原理和叶绿体的排列是一样的。

叶绿体的出现，无疑是线粒体出现后的另一重大事件，意义极为深远。线粒体只能给细胞提供效率非常高的"发电厂"，使真核生物变成"超级消费者"。但是没有充足的"燃料"，发电厂也无法正常运转。叶绿体则给生物合成"燃料"的巨大能力，使得拥有叶绿体的真核生物从"超级消费者"变为"超级生产者"，地球上的食物链也从原先的以细菌为基础变为以藻类和植物为基础，这就极大地扩张了食物链的供给能力，也使得动物，特别是大型动物的出现成为可能。现在世界上粮食年产量在20亿吨左右，供养着近70亿人和更多的禽畜。这些粮食都是光合作用制造出来的，是叶绿体的功劳。可以说，没有当初古菌"收容"α-变形菌，把它变为线粒体的事件，就没有真核生物。而没有后来真核生物"收容"蓝细菌，把它变为叶绿体的事件，也就没有多细胞生物，不会有使我们的世界郁郁葱葱的植物和各式各样的动物，更不会有我们人类。地球上的生物随后的演化，都是在这两个基础上进行的。

图 3-25　叶绿体及其变种

黄化叶绿体　原质体　有色体　叶绿体　白色体　淀粉体　油粒体　蛋白体

第十节　内质网和高尔基体

在本章第八节溶酶体中，我们谈到溶酶体的出现使得真核细胞可以在细胞内消化吞进的食物颗粒，赋予真核细胞迅速获得大量营养的能力。溶酶体里面有几十种消化酶，可以对吞入的原核细胞所有的成分，包括细胞膜、蛋白质、DNA、多糖等等进行降解。在真核细胞中，溶酶体中的这些酶从哪来的？

答案就在真核细胞除了有细胞膜和核膜外，还有一个庞大的细胞内的膜系统，这个系统就是内质网和高尔基体。这个系统的功能之一就是形成要进入溶酶体的消化酶，并且将它们送入溶酶体，还有一个重要功能就是给蛋白质分子加上糖基，并且将它们运送到溶酶体、细胞膜和细胞外。这两个功能是彼此衔接的，因为进入溶酶体的消化酶都是带有糖基的。

内质网（endoplasmic reticulum，简称 ER）和高尔基体（Golgi apparatus，简称 Golgi）都是真核细胞所特有的，由膜包裹而成的扁平囊状结构，将其内部的腔和细胞质分开，以执行其特有的功能。虽然它们都是细胞内的膜系统并且功能彼此衔接，但是它们的结构和功能也有所区别（图 3-26）。

内质网是由多重扁平囊平行排列组成的系统，扁平囊之间有膜连接，所以整个内质网的腔是相通的。由于内质网的膜还和细胞核的外膜相连，所以内质网的腔和细胞核两重膜之间的空间也相通。内质网系统常常延伸到细胞内的大部分空间，可以绵延几十微米。在电镜下，内质网还分为糙面内质网（rough ER）和光面内质网（smooth ER）两种区域，前者因为附有合成蛋白质的核糖体颗粒而显得粗糙，而光面内质网则没有核糖体附着。内质网的主要功能之一是让需要糖基化的蛋白质进入内质网腔或膜，对它们进行剪裁、初步的糖基化、形成二硫键（由半胱氨酸侧链上的"巯基"—SH 通过氧化形成的—S—S—键），最后折叠成正确的三维结构。

高尔基体由数个凹状的圆形扁平囊（cisternae）相叠而成，常常位于内质网和细胞膜之间。高尔基体一般含有 4~8 个扁平囊，每个囊的尺寸比较小，直径在 1 微米左右，周缘成泡状。和内质网的腔是一个整体不同，高尔基体的各个囊之间没有膜相连，因而囊腔是彼此隔离的。面向内质网的囊接受来自内质网的蛋白质，被称为高尔基体的"顺面"（cis-face），面向细胞膜的囊把蛋白质加工完毕，准备送往它们的目的地，叫做高尔基体的"反面"（trans-face）。高尔基体的主要作用是对来自内质网的蛋白质进行进一步的加工，修改糖链，并且对各种蛋白质分子进行分类，再运送到各自的目的地去，例如溶酶体、细胞膜或者分泌到细胞外。由于内质网和高尔基体之间，高尔基体的不同囊之间，以及高尔基体和溶酶体、细胞膜之间都没有膜连接，蛋白质从内质网到高尔基体的顺面，从高尔基体的顺面到高尔基体的反面，以及从高尔基体的反面到目的地（溶酶体、细胞膜和细胞外）的转运都必须通过小囊的方式，将可溶性蛋白质包裹在小囊中，将目的地是细胞膜的膜蛋白分配到小囊的膜中进行运输。小囊通过内质网膜和高尔基体的膜突起然后分裂而形成，类似酵母细胞的出芽繁殖。这些小囊再通过细胞内的运输系统（见本章第六节，"真核细胞的骨骼系统和肌肉系统"）到达目的地。高尔基体周围的泡状物，就是运输这些蛋白质的小囊。由于小囊的形成需要磷脂，所以内质网中的光面内质网还有一个重要功能，就是合成磷脂和新的生物膜。

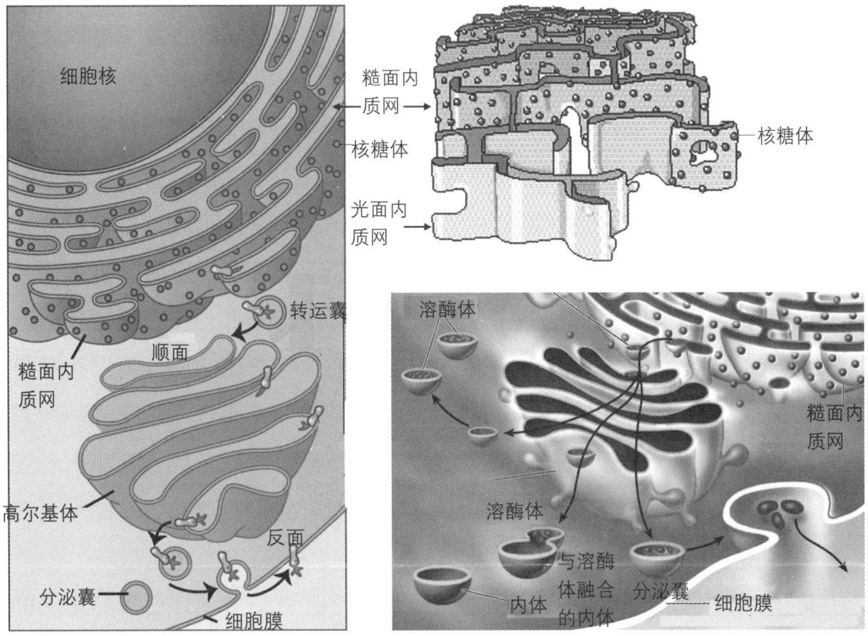

图 3-26　内质网和高尔基体。左图显示内质网和高尔基体的空间关系。内质网分为糙面内质网和光面内质网

在内质网中形成和加工后的消化酶是如何进入溶酶体的呢？原来要进入溶酶体的消化酶，在内质网中都被加上了糖链，在糖链中甘露糖的第 6 位碳原子上加上一个磷酸根。形成的"6- 磷酸甘露糖"，这就是进入溶酶体的"路牌"。它被位于高尔基体膜上的"6- 磷酸甘露糖受体"识别，酶即与膜联系在一起。这些蛋白质随后聚集在反面高尔基体膜的一个小区域内，这部分膜再突起分裂出去形成输送小囊，运送至溶酶体。小囊的膜与溶酶体的膜融合，将这些蛋白质释放到溶酶体腔中。

蛋白质糖基化的"车间"和"发送站"

溶酶体中消化酶转运的例子也显示出蛋白质的糖基化对于真核细胞的意义。原核细胞里面的蛋白质是很少带糖基的，例如在大肠杆菌中测到的带糖基的蛋白质只有十来个，也还没有发展出专门的细胞内的膜系统来给蛋白质加糖基。虽然许多细菌的外面包裹有由肽聚糖组成的细胞壁（见第二章第十三节，图 2-34），但是那主要是由多糖分子组成的结构，肽链只有几个氨基酸单位长，主要起联系糖链的作用，并不是真正的蛋白质。而许多真核细胞的蛋白质分子上面都带有糖基，或是单个糖基，或是结构复杂的糖链。

许多真核细胞的蛋白质分子上带有糖基这一现象，和真核细胞生理活动的复杂性有关。真核细胞里面的蛋白质种类远多于原核细胞，执行的功能也多得多，完全依靠蛋白质自己的肽链在许多情况下已经不够了，而需要糖基的帮助。糖基能够增加蛋白质的稳定性，没有糖基，许多蛋白质不能够卷曲成正确的三维结构，或者会在细胞中被迅速降解。许多蛋白质的活性也与它上面的糖基有关，例如核糖核酸酶的活性就因为上面有糖基而大大提高。由于糖基是高度溶于水的，蛋白质带上糖基也可以增加它的溶解度，例如血浆中的蛋白质基本上都是带糖基的。在多细胞生物中，蛋白质上面的糖基在分子之间的识别和相互作用中也起重要作用，例如与免疫有关的蛋白质如抗体和补体分子基本上都带有糖基；胰岛素受体和胰岛素之间的相互作用也需要受体上面的糖基；生长激素、甲状旁腺激素、黄体激素、红细胞生长激素等蛋白质分子都带有糖基。

从上面的介绍可以看出，真核细胞中有三大类蛋白质分子是需要糖基化的，也都走囊泡运输这条路，那就是进入溶酶体的水解酶、被分泌到细胞外的蛋白质（例如前面谈到的血浆中的蛋白质、抗体、具有激素功能的蛋白质）和细胞表面的蛋白质（例如细胞表面的受体）。所有这三大类带糖基的蛋白质都是不进入细胞质的，所以需要特殊的环境来合成这些蛋白质和给这些蛋白质分子加上糖基，并且将它们分别送到自己的目的地。这个环境就是内质网和高尔基体以及它们内部的腔。这些腔和外面的细胞质是不相通的，可以含有专门给各种蛋白质加上糖基并且进行修饰的酶。

蛋白质的糖基化是一个多形式、多步骤的复杂过程，需要几十种酶的作用。从内质网到高尔基体，从高尔基体的顺面到反面，腔内所含的酶都不同，以便对蛋白质上的糖链依次进行加工。蛋白质糖基化的方式有许多种，涉及 13 种不同的单糖和蛋白质中的 8 种氨基酸残基，但是其中最主要的是连在天冬酰胺残基上的糖基和连在丝氨酸或苏氨酸残基上的糖基。前者是与天冬酰胺侧链氨基上的氮原子相连，叫做 N- 糖基化（N-linked glycosylation）；后者与丝氨酸或苏氨酸侧链羟基上的氧原子相连，叫做 O- 糖基化（O-linked glycosylation）。N- 糖基一般较大、较复杂，常常是十几个单糖连成的分支的糖链。O- 糖基一般比较短小，多数只含 1~4 个单糖。组成这些糖基的单糖不像淀粉或纤维素那样都是葡萄糖（glucose，简称 Glc），而是还有多种单糖和它们的衍生物，例如半乳糖（galactose，简称 Gal）、甘露糖（mannose，简称 Man）、海藻糖（fucose，简称 Fuc）、N- 乙酰半乳糖胺（N-acetylgalactosamine，简称 GalNAc）、N- 乙酰葡萄糖胺（N-acetylglucosamine，简称 GlcNAc）、唾液酸（sialic acid）等。糖链也不像蛋白质的肽链那样是线性的，而是像树枝那样可以分支，分支上又可以再分支。不同类型的细胞含有的糖基化酶不同，所以往糖链上加糖单位的数量、种类、顺序不同，再加上同一个蛋白质分子还可以连上多个糖链，最后形成的糖蛋白种类极其庞大，使得每种细胞的表面都有自己特有的糖蛋白结构（图 3-27）。

蛋白质被加上糖基后，会被高尔基体分配到不同的地方去。进入溶酶体的水解酶和被分泌到细胞外的蛋白质都是溶于水的，被装在小囊泡的内部再被运输到溶酶

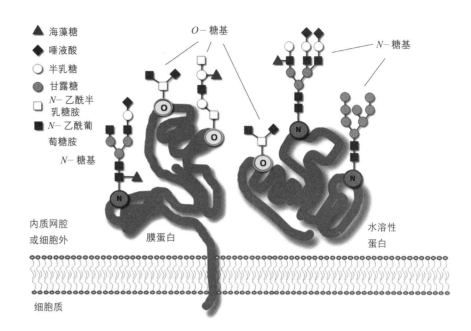

图 3-27　蛋白质上的糖基举例图

体中或者细胞外。而细胞表面的蛋白质属于膜蛋白，是不溶于水的，这些分子在腔内的部分被糖基化后，仍然停留在膜上，在运输小囊形成时进入小囊的膜内，通过小囊与细胞膜的融合进入细胞膜，呈现于细胞表面（参看图 3-26）。

第十一节　蛋白质的"路牌"

真核细胞中各种细胞器的出现使得细胞中的生理功能有巨大的提升。不同的细胞功能在不同的细胞器中进行，不仅避免了互相干扰，效率也大大提高。例如细胞核可以按需要合成所需要的 mRNA 并对其进行加工，在内含子被剪切掉还"穿靴戴帽"以后，才被"释放"到细胞质中指导蛋白质的合成。线粒体是细胞的"动力工厂"，燃料分子在这里被彻底氧化，变成二氧化碳和水，被释放出来的能量则被用来合成 ATP。叶绿体是进行光合作用，合成有机物的地方。而溶酶体是细胞的"胃"和"回收中心"。不过这种状况也带来一个问题：这些细胞器所需要的蛋白质是如何找到自己的"工作场所"的？原核细胞的内部是不分区间的，里面的分子可以在整个细胞里面跑来跑去。真核细胞的内部分区间

后，如果没有专门的机制让各种蛋白质找到各自的"家门"，就会造成混乱。例如细胞核中的组蛋白跑到不需要组蛋白的线粒体中去，线粒体里面的蛋白质跑到叶绿体中去，那岂不乱套？可是细胞里面又没交通警察来指挥蛋白质分子往哪里走，蛋白质分子怎么能够找到自己的路呢？

为了让蛋白质"各得其所"，真核细胞发展出多种复杂的机制来引导不同细胞器的蛋白质只去自己的目的地。机制虽然复杂，总的原则是让这些蛋白质携带上自己的"路牌"，以便让"有关单位"认识和放入。蛋白质分子到达自己的目的地主要通过两条通路：通过细胞质运动和通过膜包裹的小囊运输。在前一节中，我们已经简要介绍了蛋白质被送往溶酶体、细胞表面以及分泌到细胞外的途径，在这一节中，我们将系统地介绍蛋白质到达自己工作场所的机制。

目的地是细胞核、线粒体和叶绿体的蛋白质是走细胞质这条路的。这些蛋白质被游离在细胞质中的核糖体合成，然后被释放到细胞质中。这些蛋白质合成后不会经过进一步的修饰（例如加上糖基或去掉一些氨基酸），但是常常在其他蛋白质的"护送"下，移动到所要去的细胞器。这些蛋白质本身所带的信号（一些特殊的氨基酸序列）决定它们由哪些蛋白质护送该去的细胞器中去。

细胞核

　　细胞核不合成任何蛋白质，所以细胞核里面的蛋白质都是在细胞质中合成，再进入细胞核的，包括与DNA结合的组蛋白、在核膜内面形成网状结构的核纤层蛋白（lamin）、参与细胞核中各种结构形成的核质蛋白（nucleoplasmin）等。细胞核由两层膜包裹，所以物质进出细胞核是通过横穿两层核膜的核孔（nuclear pore）这个通道进行的。核孔是由三十多种蛋白质，数百个蛋白质分子组成的环状通道，外径约129纳米，内径几纳米，可以让小分子自由通过，但是许多蛋白质要进入细胞核就需要"路牌"，或"通行证"。

　　这个"路牌"，就是蛋白质分子氨基端（即蛋白质被合成时开始的那一端，带有氨基酸的自由氨基）上一串特殊的氨基酸序列。这个序列可以是7个氨基酸残基的序列，中间有5个连续的带正电的氨基酸残基，例如脯－赖－赖－赖－精－赖－缬（其中带正电的氨基酸名称用粗体字表示，"氨酸"两个字省略），也可以是两组由两个带正电的氨基酸残基组成序列，中间被10个其他氨基酸残基隔开，例如精－赖－天冬－谷－缬－天冬－甘－苏－天冬－谷－缬－丙－赖－赖－赖－丝。改变这些带正电的氨基酸，例如用不带正电的氨基酸代替，蛋白质就会留在细胞质中，不再进入细胞核。反之，如果把这些信号序列引入到本来是位于细胞质中的蛋白质序列中去，例如丙酮酸激酶，这个蛋白质就会被转运到细

胞核中去，说明这些序列的确是蛋白质进入细胞核的"入核信号"，或"路牌"。

　　仅从这些氨基酸序列，还不容易看出这些信号的意义。但是如果我们看一下这些序列的空间结构，它们的特点就变得明显了。蛋白质分子中氨基酸之间相互连接的肽键是由氨基和羧基之间脱去一个水分子形成的，结构是—CO—NH—。其中的氧原子带一些负电，氮原子上面的氢原子带一些正电。如果肽链能够卷曲成为一个螺旋管，一个这样的氧原子就可以和后面（羧基端方向）第三个肽键上的氢原子之间形成氢键。这样形成的螺线管结构叫做 α 螺旋，其中每3.6个氨基酸单位旋转一圈（参看图2-5）。每个氨基酸残基的侧链向外伸出，好像狼牙棒上的"牙齿"。了解了 α－螺旋的结构，上面说的蛋白质进入细胞核的"路牌"的结构就清楚了。连续5个带正电的氨基酸的侧链会在 α－螺旋外部形成一个带正电的

螺旋，是一个很明显的空间特征。而被10个氨基酸单位隔开的正电氨基酸组在 α－螺旋中就是排列在螺旋同一侧的两处正电区域，因为11个氨基酸差不多正好转3圈。这就好像圆柱的同一侧有两个相隔不远的正电区域，也是一个明显的空间信号（图3-28左）。

　　光有"路牌"还不够，还要有能够认识这个路牌的机制。这是由一种叫做输入蛋白－α（importin-α）来实现的。输入蛋白－α 能够识别蛋白质分子上的"入核信号"并且与之结合。接着，输入蛋白－α 和输入蛋白－β（importin-β）结合，输入蛋白－β 又会被核孔上的蛋白质"认识"，这样要进入细胞核的蛋白质就在输入蛋白－α和－β的"护送"下，经过核孔进入细胞核。到细胞核里面以后，一种叫做RanGTP（结合了GTP的Ran）的蛋白质结合于输入蛋白－α 和－β上，使它们离开被输入的蛋白质，这个蛋白质就被释放到细胞核里面了。在蛋白质进

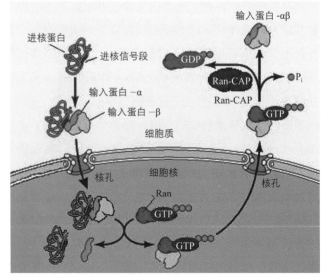

图3-28　蛋白质进入细胞核的过程。左图显示进核信号的空间结构

入细胞核以后，构成"路牌"的氨基酸序列仍然是蛋白质的一部分，不会被除掉。

和 RanGTP 结合的输入蛋白 -α 和输入蛋白 -β 在 CAS 蛋白（cellular apoptosis susceptibility protein）的帮助下返回细胞质，在那里 RanGTP 把其中的 GTP 水解为 GDP，使输入蛋白 -α 和 -β 与 Ran 蛋白分开。输入蛋白 -α 和 -β 又可以结合新的蛋白质分子并将其输入到细胞核中去。RanGDP 在得到高能磷酸键变回 RanGTP 后，又回到细胞核中解离更多的输入蛋白 -α 和 -β。虽然输入蛋白 -α 和 -β 护送蛋白质通过核孔进入细胞核时不需要额外提供能量，但是 RanGTP/RanGDP 在运送输入蛋白 -α 和 -β 回细胞质的循环中要消耗两个分子的 GTP，所以整个运输过程还是需要能量的。通过这种机制，每对输入蛋白每秒钟可以输送约 1000 个蛋白质分子进入细胞核。这个速度虽然快得令人难以想象，但是看一下细胞里面分子激烈运动的情形（见第二章第十四节，喧闹中的秩序），这个效率就可以理解了。

线粒体

线粒体含有大约 1000 种蛋白质，其中 99% 为这些蛋白质编码的基因都已经转移到细胞核的 DNA 里面去，所以这些基因的产物（蛋白质）也就必须先在细胞质中合成，再输送到线粒体里面去。而线粒体是由两层膜包裹的，这些膜也不像细胞核的膜那样上面有孔，否则为合成 ATP 所需的跨膜氢离子浓度梯度就会散失。因此，在细胞质中合成的蛋白质要进入线粒体，就必须穿过两层完整的膜，才能到达线粒体的内腔，即基质（matrix），这就需要这两层膜上都有让蛋白质穿过的通道，蛋白质自身也必须有某种"路牌"，才能被线粒体识别和接纳。这个进入线粒体的"路牌"，就是在蛋白质的氨基端上另外加上的 15~55 个氨基酸单位长的信号肽。这些信号肽含有不连续的带正电的氨基酸残基，例如赖氨酸和精氨酸，它们之间被亲脂的氨基酸残基隔开。这样的信号肽形成 α- 螺旋时，带正电的氨基酸侧链都排列在螺旋的同一侧，而亲脂的侧链排列在螺旋的另一侧（图 3-29 左下）。这种"双重性质"的信号段也是一个很容易辨认的目标。为了使这个空间性质尽可能

地明显，这个信号段里不含有带负电的谷氨酸和天冬酰胺。

线粒体的外膜上含有专门的蛋白质输入通道，叫做外膜通道（TOM）。TOM 由多个蛋白亚基组成，能够识别输入蛋白质的"路牌"并让其通过。与核孔内径有数个纳米，可以让已经卷曲的蛋白质进入不同，这些线粒体通道非常狭窄，不能够让已经卷曲成三维结构的蛋白质通过，所以要进入线粒体的蛋白质只能在未卷曲的状态下像一根绳子那样穿过通道。但是这样一来，蛋白质的亲脂区段就会暴露出来，容易彼此交缠形成沉淀。为了防止这种情况，这些蛋白质在进入线粒体之前，先要和一种伴侣蛋白（chaperone）结合，掩盖其亲脂的部分，使肽链保持伸展状态而不因交缠而沉淀。由于温度升高时，蛋白质也容易变性沉淀（一个极端例子是把鸡蛋煮熟时的蛋白变性），这些伴侣蛋白可以起到防止其他蛋白质变性沉淀的作用，增加细胞的生存能力，所以这些蛋白也被称为热激蛋白（heat shock protein，简称 Hsp）。保护要进入线粒体的蛋白质，并且将它们护送至线粒体的伴侣蛋白就是热激蛋白 Hsp70，其中的数字 70 是指蛋白质的相对分子质量，以千为单位，所以 Hsp70 的相对分子质量是 70000。蛋白质在细胞质中合成后，它就立即与其结合，再向线粒体移动，从 TOM 进入线粒体。

线粒体的内膜上也有让蛋白质进入的通道，叫内膜通道（TIM），TIM 也由多个蛋白亚基组成，输入蛋白质也只能以伸展的肽链的方式通过 TIM。在一般情况下，线粒体的内膜和外膜是被膜际空间（intermembrane space）分开的。为了提高蛋白质进入线粒体内部的效率，内膜和外膜在一些地方彼此靠近接触，位于外膜和内膜上的蛋白质转运通道 TOM 和 TIM 可以彼此接触和相互作用。这样蛋白质在经过外膜通道后，可以立即再穿越内膜通道，进入基质（图 3-29 上）。

蛋白质进入基质后，肽链仍然处于伸展状态，因而是不稳定的。它们需立即结合在另一个 Hsp70 分子上，以防止交缠沉淀。Hsp70 接着把肽链转移给 Hsp60。Hsp60 是一个由 14 个蛋白亚基组成的圆筒形结构，将肽链装在圆筒内。这 14 个亚基都结合有 ATP 分子，ATP 的水解提供能量使肽链脱离 Hsp60 并且卷曲成三维结构。位于基质中的一种蛋白酶把信号肽从

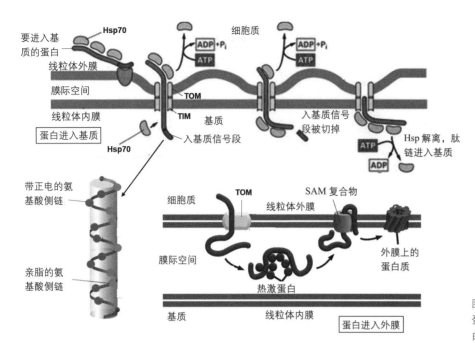

图 3-29 蛋白质进入线粒体路线图。上图显示蛋白分子进入线粒体基质的过程，下图显示蛋白进入线粒体外膜的过程

蛋白质分子上切掉，蛋白质进入线粒体基质的过程就算是完成了。位于基质中的蛋白质，例如醇脱氢酶，就是这样进入的。

从这个过程可以看出，蛋白质进入线粒体基质和进入细胞核有相似之处，即都在细胞质中合成，都有伴侣蛋白护送至目的地，都要跨越两层膜，都有自己的"路牌"，即位于氨基端信号区段。不同的是，蛋白质进入细胞核是在卷曲的状态下，而进入线粒体的蛋白质必须在伸展的状况下；伴随蛋白质进入细胞核的输入蛋白 -α 和 -β 结合的作用仅仅是"引路"，而伴随蛋白质进入线粒体的 Hsp70 则是稳定未折叠的结构，防止它交缠沉淀；进入细胞核的蛋白质信号区段不被切掉，而进入线粒体的蛋白质信号肽是要被切掉的。

进入线粒体的蛋白质不都是进入基质的。有的要进入线粒体外

膜，有的要进入两层膜之间，有的要进入内膜。这些蛋白质也都有各自的"路牌"。进入线粒体外膜的蛋白质在其跨膜区段也有专门的信号，在通过位于外膜上的 TOM 进入到两膜之间后，再通过小蛋白分子的帮助，通过外膜上的分类组装复合物（sorting and assembly machinary, 简称 SAM）插入到外膜中去（图 3-29 下）。进入内膜的蛋白质在其跨膜区段有进入内膜的信号，包括一连串亲脂的氨基酸残基。进入到两层膜之间后，在一些小蛋白分子的帮助下通过内膜上另一个 TIM 插入内膜，这些亲脂氨基酸组成的区段就是蛋白质穿越内膜的部分。进入两层膜之间的蛋白质有富含半胱氨酸残基的信号段，进入两层膜之间后结合于膜间装配复合物（mitochondrial intermambrance space import and assembly, 简称 MIA），然后就停留在那里。因此蛋白质进

入线粒体的不同部位是一个非常复杂的过程，牵涉到几十种蛋白质，而且去每个目的地都有自己特殊的"路牌"。

叶绿体

和线粒体类似，叶绿体也是被吞入的原核细胞（蓝细菌）演变成的细胞器，它的大部分基因也被转移到寄主细胞的细胞核中，所以这些被细胞核 DNA 编码的叶绿体蛋白质也必须先在细胞质中合成，再被转移到叶绿体中。

和线粒体的蛋白质穿膜类似，要进入叶绿体的基质（stroma）区域也必须穿过两层膜，即叶绿体的外膜和内膜。穿过两层膜的地方也是这两层膜能够彼此接触的点，在这里位于外膜上的转运通道——叶绿体外膜转运通道（TOC）和位于内膜上的转运通道——叶绿体内膜

转运通道（TIC）能够互相作用，快速将蛋白质连续转运到基质中去。与线粒体内外膜的转运通道 TOM 和 TIM 相似，TOC 和 TIC 也由多个蛋白亚基组成。

进入叶绿体基质的蛋白质也必须以链伸展的形式通过膜上的转运通道，所以它们在细胞质中被合成以后，并不卷曲成最后的三维结构，而是和伴侣蛋白 Hsp70 结合，在这些蛋白质的陪伴下向叶绿体移动，并且被膜上的转运通道识别，再被转移到叶绿体内的基质中去。

要进入叶绿体基质的蛋白质在其氨基端也有附加的信号肽，在进入基质后信号肽也被剪除。信号肽的长度为 30 个到 100 多个氨基酸残基不等，而且不同蛋白质的信号肽彼此不同。迄今为止，科学家还没有能够找出这些信号肽的共同特点（图 3-30）。

和线粒体类似，进入叶绿体的蛋白质除了进入基质外，还有叶绿体的其他地方，例如叶绿体的外膜、内膜、两膜之间。除此之外，叶绿体还有类囊体（thylakoid），即位于基质内，由膜包裹的囊状物，是进行光合作用的地方，有些进入基质的蛋白质还要进入类囊体的膜和类囊体的腔（lumen）。所以进入叶绿体的蛋白质的去向比线粒体里面要多，更需要不同的信号和识别机制。例如进入类囊体的蛋白质除了在氨基端有附加的进入基质的信号肽外，还含有进入类囊体腔的信号肽。这些蛋白质在进入基质后，进入基质的信号肽被切除，进入类囊体腔的信号肽就成为新的氨基端，指导蛋白链通过内囊体膜进入类囊体腔。

叶绿体上负责识别"路牌"和转运蛋白质的转移通道在所有进行光合作用的真核生物中都是相同的：在叶绿体的外膜上是 Toc75，在叶绿体内膜上是 Tic20、Tic22、Tic110。如果不同生物中的叶绿体是各自形成的，这些基因转入细胞核的蛋白质的转运机制不会如此相同。这些蛋白质的基因，除了 Tic110 以外，都可以在蓝细菌中找到，说明蓝细菌有把光合作用所需要的蛋白质转运到类囊体膜（thylakoid membrane）的机制，也说明叶绿体的确是从蓝细菌衍生而来的。而 Tic110 是蓝菌被真核细胞吞进后才出现的基因，为所有的叶绿体所共有。

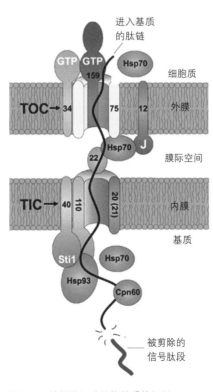

图 3-30　肽链进入叶绿体基质的机制

真核细胞里面的蛋白质要到达目的地，除了通过细胞质外，还有另外一条道路，那就是进入细胞内的膜系统，在那里被修饰后，被膜包裹成小囊泡输送到目的地。小囊运输这种方式的出现，主要是因为真核细胞有三大类蛋白带有糖基，都需要在内质网和高尔基体的腔内糖基化。进入内质网和高尔基体的腔内的蛋白质，它们的转运必须通过小囊运输。

蛋白质进入内质网的"路牌"

由于在蛋白质分子上添加糖基的酶都位于内质网和高尔基体内，要被糖基化的蛋白质必须先进入内质网的腔内，或者插入内质网的膜，使部分肽链位于内质网腔内。为此，这些蛋白质都具有进入内质网的"路牌"——一段位于蛋白质氨基端上的信号肽。这段信号肽含有一串亲脂的氨基酸残基，前面带有一个或几个带正电的氨基酸残基。在这段信号肽被核糖体合成并且伸出核糖体之外时，被细胞质中的信号识别颗粒（signal recognition particle，简称 SRP）识别并且与之结合。这时蛋白合成暂时减缓，让 SRP 带着核糖体在内质网膜上寻找 SRP 受体。一旦 SRP 与内质网膜上的受体结合，已经合成的信号肽就会进入内质网膜上的蛋白转运通道。这时蛋白质的合成过程恢复，新合成的肽链一边合成一边从蛋白转运通道进入内质网腔内。信号肽会被腔内的信号肽酶切掉，所以信号肽不是蛋白质最终的组成部分，类似于进入线粒

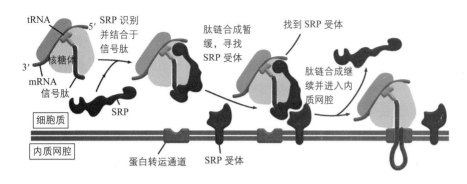

图 3-31　蛋白质进入内质网腔的过程

体和叶绿体的信号肽。（图 3-31）。

　　在蛋白质被转运到内质网腔内的过程中，腔内的糖基转移酶就会在肽链上寻找加糖基的信号，例如往天冬酰胺残基上加糖链的"天冬—X—丝或苏"（DXS/T）信号。一旦信号被找到，糖链就会被加到肽链上，而不等到整个蛋白质分子都被转运完毕。在肽链被转运过膜的过程中，进入腔内的肽链部分就开始卷曲折叠。被卷曲到蛋白质分子内部的"天冬—X—丝或苏"信号就不再能够被识别，所以不是所有的"天冬—X—丝或苏"信号都会导致糖基化，只有那些暴露在蛋白质分子表面的"天冬—X—丝或苏"信号才会导致糖基化。在高尔基体中，这个糖链再以各种形式被修饰，去掉一些单糖或加上更多的单糖，就要看该细胞的高尔基体中所含的糖链修饰酶的种类。O- 糖基化没有事先合成好的糖链被加到蛋白质分子上，而是每次加减一个糖分子，其识别信号目前还不清楚。

　　合成这些蛋白质的核糖体是附着在内质网膜上的，使这部分的内质网膜显得粗糙，称为糙面内质网，而合成经由细胞质转运的蛋白质的核糖体是游离在细胞质中的。这种现象使人怀疑这两种核糖体是否有什么不同。其实这两种核糖体之间并无区别。核糖体是否附在内质网膜上，取决于被合成的蛋白质是否有进入内质网的信号肽。如果有，在蛋白质合成开始后，信号肽就会通过 SRP 把核糖体带到内质网膜上。所以信号肽不但能够决定自己进入内质网，还能通过能够识别这个信号的 SRP "指挥"核糖体附着在内质网膜上，把蛋白质合成 - 蛋白质跨膜转运结合成为一个过程。

糖化的蛋白质的"路牌"

　　如前所述，进入内质网的蛋白质有三大类，分别是进入溶酶体的蛋白、去细胞膜的蛋白以及分泌到细胞外的蛋白。它们使用共同的"路牌"进入内质网被糖基化，那么它们后来不同的去向又是如何被决定的呢？这也是由蛋白质自身携带的信号决定的。

　　进入内质网腔的蛋白要被转运出去，首先要保证它们不被留在内质网内。但是有些蛋白的最终目的地就是内质网腔，例如给进入内质网腔的蛋白质加上糖基的酶就需要在内质网腔中工作。这些留在内质网腔里面的蛋白质都有一个在那里工作的"工作证"，那就是蛋白质中由 4 个氨基酸残基组成的序列"赖－天冬－谷－亮"（用氨基酸的单个字母表示就是 KDEL）。有这个"工作证"的蛋白质会留在内质网腔内。没有这个"工作证"的蛋白会被转运出去。

　　这些蛋白质没有在内质网中的"工作证"，在糖基化后被送到高尔基体中去。如前所述，这些蛋白质在高尔基体内会被做一个"记号"，这就是在糖链中甘露糖的第 6 位碳原子上加上一个磷酸根。形成的"6- 磷酸甘露糖"，这就是进入溶酶体的"路牌"。它被位于高尔基体膜上的"6- 磷酸甘露糖受体"识别，将它们与膜联系在一起。这些蛋白质随后聚集在反面高尔基体膜的一个小区域内，这部分膜再突起分裂出去形成输送小囊，运送至溶酶体。小囊的膜与溶酶体的膜融合，就把这些蛋白质释放到溶酶体腔里了。

　　插入内质网膜，但是停留在膜上的蛋白质除了氨基端的信号肽外，在后面还有由另一连串亲脂氨基酸残基组成的区段。这就是一个"停止转运"的信号，肽链转运到这里就会停止，让蛋白质成为插入膜上的蛋白，再通过小囊运输和与细胞膜融合，进入细胞膜。

　　有些蛋白质既没有留在内质网中的"路牌"，又没有去溶酶体的"路牌"。这些蛋白质即使被糖基化了，糖链上面也有甘露糖单位，这些甘露糖也不会被磷酸化，所以不会去溶酶体。这些蛋白质分子就被高尔基体"打包"，由小囊运输到细胞膜，小囊的膜与细胞膜融合，这些蛋白质就被释放到细胞外，成为细胞分泌的蛋白质。

第十二节　对生物膜"动手术"的蛋白质

前面我们谈到细胞用膜包裹的小囊运输"货物"的情况：在细胞的吞饮过程中，小囊可以由细胞膜向内凹形成，包裹细胞外的液体或颗粒，然后与溶酶体融合；在从高尔基体反面向溶酶体和细胞膜输送水解酶和分泌蛋白时，高尔基体的膜突出形成小囊，再与溶酶体膜或细胞膜融合。要膜形成小囊，就需要有蛋白质结合在膜的一个局部区域，让其变形，再有蛋白质将突出来的泡状结构"掐下"，使其成为游离的小囊，随后还要有机制让小囊与其他膜（例如细胞膜和溶酶体膜）融合，以便"提交货物"。要让生物膜变形并且将其"掐断"，需要改变生物膜中磷脂的双层结构，并且拉断膜内脂肪酸尾巴之间的相互作用；要让小囊与膜融合，又需要克服生物膜表面负电荷的排斥，让本来位于膜内部的亲脂部分彼此接触而后融合。这些过程都是高难度的，需要许多蛋白质分子的参与。原核生物在几十亿年的时间里也没有能够做到这一点，所以小囊运输的体系以及与此相关的对生物膜"动手术"的本事，是真核细胞的发明。看看真核生物是如何在生物膜上"玩把戏"是很有趣的，我们在这里介绍其中一些研究得比较详细的蛋白质和它们的工作机制。

网格蛋白

从高尔基体反面形成小囊输送物质到溶酶体或细胞膜，或者在吞噬过程中从结合了细胞外分子的细胞表面受体处的细胞膜形成内体小囊，使用的是网格蛋白（clathrin）。网格蛋白是由三条重链（相对分子质量约190000）和三条轻链（相对分子质量约25000）组成

的三叉形状的蛋白质。三条重链的羧基端结合轻链，再彼此结合，形成一个三叉形状。重链的氨基端有一个拐弯，末端膨大，像长在腿上的脚。网格蛋白的这种三叉形状，很像是五边形和六边形的皮革拼成足球表面时的交接线汇聚处。足球上五边形和六边形的皮片拼接时，接缝的交汇处总是三叉的，这个几何原理网格蛋白早就"懂得"了，多个三叉形的网格蛋白分子彼此连接聚合，就可以像足球缝线那样连成笼形结构，不过这里不是足球那样是"面"的结合，而是像足球缝线"边"的结合。根据其中五边形和六边形的数目，笼的大小可以变化。例如最小的笼状物只有4个六边形，其余的都是五边形。而大的笼状物可以有20个六边形。

网格蛋白并不直接和生物膜结合，而是通过转接蛋白（adaptin）间接与生物膜结合。这些转接蛋白识别生物膜上的一些蛋白质，例如细胞膜上结合有配体（如胰岛素或低密度脂蛋白）的受体蛋白质分子，或者高尔基体反面膜上结合有溶酶体蛋白质的 6- 磷酸甘露糖受体，以决定哪些蛋白质将被包括在要形成的运输小囊中。这些转接蛋白再与网格蛋白氨基端的膨大"脚"部结合，不断召集网格蛋白到膜附近。这些网格蛋白彼此聚合，形成笼状结构，与网格蛋白结合的转接蛋白由于和生物膜上的蛋白质相连，就把生物膜拉向笼子的内表面，生物膜就变形突起了（图3-32）。

突起的这部分生物膜现在还与原来的膜相连。要把这部分膜与其他的膜部分"切开"，成为包裹在笼状物内部的小囊，需要另一个叫发动蛋白（dynamin）的蛋白质。它在球的颈部聚集，形成像弹簧一样的结构绕住颈部，利用它结合的 GTP 水解的能量将颈部收紧，最后把膜切断，形成由网格蛋白包裹的小球。细胞膜形成内体和高尔基体反面发出的运输小囊，就是由网格蛋白包裹形成的。

小球形成后，网格蛋白还必须解离，释放出由膜包裹的小囊，否则包着网格蛋白的小球无法与另外的生物膜融合。这个任务是由细胞质中的热激蛋白 Hsp70 来完成的。Hsp70 使用 GTP 水解释放出来的能量让网格蛋白解离。释放出来的网格蛋白又可以形成新的运输小囊。

从内质网到高尔基体顺面，从高尔基体反向运输蛋

白回内质网，小囊形成时使用的就不是网格蛋白，而是包被蛋白（coat protein，简称 COP）。从内质网运往高尔基体的小囊是由包被蛋白 II（COP II）形成的。COP II 复合物含有由 Sec13/Sec31 组成二聚体，由 Sec23/Sec24 组成的二聚体，以及 Sar1 蛋白（一种 GTP 酶，上结合有 1 分子的 GDP）。当结合有 GDP 的 Sar1 蛋白与内质网膜上的一个蛋白质相互作用，改为结合 GTP 时，Sar1 形状改变，其亲脂的"尾巴"暴露出来，插入内质网膜中。结合于内质网膜的 Sar1 接着又结合 Sec23/Sec24 二聚体，这个二聚体又结合 Sec13/Sec31 二聚体。这几种蛋白的聚合就能够形成笼状结构，使内质网膜变形，形成运输小囊（图 3-33）。

从高尔基体反向运输分子到内质网的小囊是由 COP I 复合物包裹的。COP I 含有 7 个蛋白质，其中包括由 3 个 α 蛋白和 3 个 β 蛋白组成的三叉结构，以及一个 ARF 蛋白。和 COP II 系统的 Sar1 类似，COP I 系统也需要一个 GTP 酶来启动。这个 GTP 酶叫做 ARF（ADP ribosylation factor）。和 Sar1 类似，结合 GDP 的 ARF 是溶于细胞质的，但是 ARF 蛋白上连有一个脂肪酸叫"豆蔻酸"（myristic acid，十四烷酸），使 ARF 有一定的亲脂性。当高尔基体膜上的蛋白质把 ARF-GDP 变成 ARF-GTP 时，ARF 的形状发生变化，脂肪酸和它亲脂的氨基端都暴露出来，使 ARF 结合在高尔基体的膜上。ARF 再促使 COPI 复合物聚合，组成笼状结构，使里面的膜形成运输小囊（图 3-34）。

由此可见，真核细胞在使生物

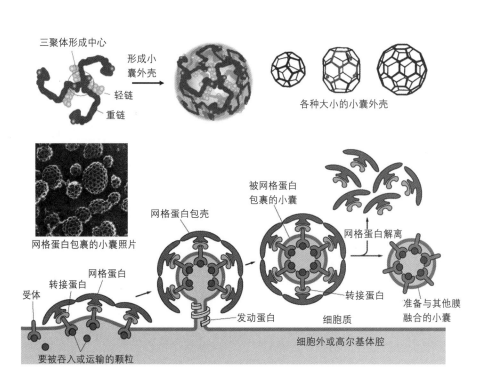

图 3-32 网格蛋白和它包裹成的运输小囊

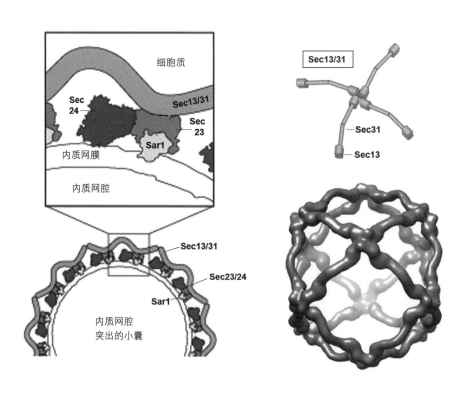

图 3-33 在内质网和高尔基体之间运输货物的小囊。Sec13/31 二聚体能够形成笼状结构。它通过 Sec23/24 与 Sar1 相连，Sar1 在结合 GTP 时，其亲脂的尾部暴露出来，插入膜中，使膜与笼状结构紧密相连，形成运输小囊

膜变形，形成运输小囊时，使用了多种蛋白质。网格蛋白、COP Ⅰ 和 COP Ⅱ 与不同的生物膜作用，生成运送蛋白质或其他物质的小囊。

膜融合蛋白

　　光有形成运输小囊的机制还不够，还必须有使小囊与目的地膜融合的机制，否则小囊携带的蛋白质就无法交送。但是要让两张生物膜融合不是一件容易的事。生物膜的表面是亲水的磷脂头部，带有负电。要让埋藏在膜内部的脂肪酸尾巴冲破膜表面的磷脂层互相接触并且融合，需要特殊的机制，这就是通过膜融合蛋白来完成的。

　　膜融合蛋白（SNARE）主要包含三种蛋白质，分别位于运输小囊和目标膜上。这套系统在神经末梢的突触（synapse）分泌神经递质的系统中研究得最详细，所以这些蛋白的名称中都和突触 synapse 这个词有关，其实在非神经细胞中膜的融合也使用这些蛋白质。位于运输小囊上的蛋白叫小突触小泡蛋白（synaptobrevin），它有一个亲脂的羧基端插入小囊的膜中，暴露在细胞质中的部分则用来和目标膜上的融合蛋白结合。运输小囊都含有这个蛋白，以保证以后能够和目标膜融合。

　　目标膜上的融合蛋白有两种，分别是突触融合蛋白（syntaxin）和突触联系蛋白 25（synaptosomal associated protein 25，简称 SNAP 25）。突触融合蛋白和小突触小泡蛋白一样，也有一个亲脂的羧基端插入膜中，不过在这里是插入目标膜中，其暴露在细胞质中的部分则用于和其他融合蛋白相作用。突触联系蛋白 SNAP 25 没有插入膜的亲脂区段，而是在其中部的半胱氨酸残基上连有一个脂肪酸（棕榈酸，即十六烷酸），通过这个脂肪酸附着在目标膜上。

　　每一种融合蛋白都含有能够与其他融合蛋白结合的区段，叫"融合区段"（SNARE motif）。这个区段是 60~70 个氨基酸残基长的 α- 螺旋，其中含有由 7 个氨基酸残基组成的重复序列，能够和其他融合蛋白的融合区段结合。小突触小泡蛋白和突触融合蛋白都只提供一个融合区段，而突触联系蛋白 25 提供两个融合区段。当运输小囊靠近目标膜时，位于囊上的小突触小泡蛋白的融合区段就与位于目标膜上的突触融

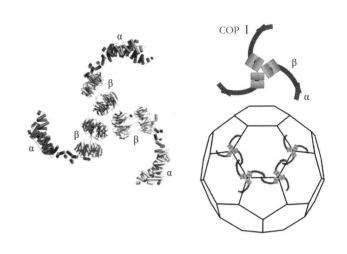

图 3-34　COP Ⅰ 复合物和它形成的笼状结构。左为含 α 亚基和 β 亚基的蛋白复合物结构图。右下为 COP Ⅰ 复合物形成的笼状结构

合蛋白和突触联系蛋白 25 的融合区段结合。这四个区段的结合从氨基端开始，接着像拉链一样向羧基端前进，最后形成紧密地结合在一起的融合区段的四聚体。由于小突触小泡蛋白和突触融合蛋白各有一个亲脂的尾巴分别插入运输小囊和目标膜，四个融合区段拉链式的拉合过程中就会产生拉力，通过插入小囊膜和目标膜的亲脂尾巴把两张膜拉在一起并且彼此融合（图 3-35）。

　　在膜融合完成以后，这个融合区段的四聚体就不再需要了。这个解离工作就是由前面提到的 N- 乙基马来酰胺敏感的融合因子（NSF）来完成的。NSF 是一个 ATP 酶，在蛋白质 SNAP（NSF attachment protein）的协助下，结合于融合蛋白，并且用 ATP 水解提供的能量使融合蛋白彼此解离。

第十三节　膜系统是如何出现的

　　细胞内的膜系统，包括内质网和高尔基体，是一个非常复杂的体系，需要数百种蛋白质的参与才能运作。除了识别"路牌"的蛋白质、防止肽链交缠沉淀的伴侣

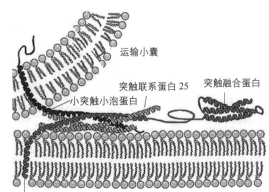

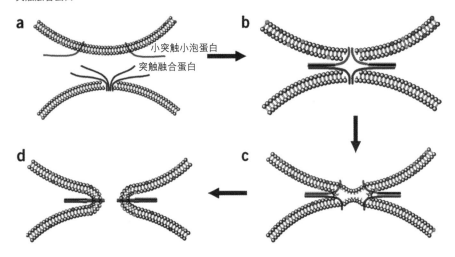

图 3-35　膜融合蛋白将运输小囊与目标膜融合在一起。插在运输小囊膜上的小突触小泡蛋白与插在目标膜上的突触融合蛋白在彼此接近时，会与突触联系蛋白 25 的融合区段紧密结合，像拉链一样向膜融合处推进，使得原来的膜在此处断开，运输小囊膜和目标膜形成新的连接。下图显示运输小囊与膜融合的过程，突触联系蛋白 25 没有画出

蛋白，膜上让蛋白质通过的通道、在腔内对蛋白质进行加工的酶以外，膜的变形、形成运输小囊泡、决定小囊泡的运行路线，以及让小囊泡和膜（溶酶体膜和细胞膜）融合，都需要特殊的蛋白质。人们不禁要问，真核细胞是如何发展出这套复杂的系统的？除了膜系统，要进入内质网的蛋白质还需要在氨基端另加一段信号肽，在蛋白质进入内质网后又被切掉。这段附加的肽链需要在基因中加上为它们编码的核苷酸序列，这又是如何发

生的？

回答这个问题的一个途径是比较各种真核生物的细胞内膜系统和与它们的运作有关的基因。如果这套膜系统是真核生物出现后才逐渐发展出来的，那么有些比较原始的真核生物也许就只具有还没有发展完全的膜系统，与这套膜系统的运作有关的基因也许还不完全。但是基因比较的结果表明，所有的真核生物都具有全套的有关基因，包括小分子的 GTP 酶（Sar1、Arf、Ras、Ran、Rab）、突触融合

蛋白（Syntaxin 家族蛋白，包括 Syn5、Syn7、Syn12、Syn18、Syn16/TLG12、Vam13、pep1 等）、结合突触融合蛋白的 Vps33、Vps45、Sly1、Sec1 等，以及结合在膜上使其变形的网格蛋白、COP Ⅰ 复合物、COP Ⅱ 复合物。这说明这套系统出现的时间非常早，在所有真核生物的共同祖先中就已经发展完善了。

看看原核生物细胞转运蛋白质的情况，也许可以给我们一些启示。原核细胞没有吞食功能，细胞外的蛋白质、淀粉、脂肪无法直接加以利用。原核生物利用这些物质的方法是分泌消化酶到细胞外，把这些物质降解，然后吸收降解所产生的小分子如氨基酸、葡萄糖和脂肪酸。对原核生物分泌到细胞膜外的蛋白质的序列分析表明，它的氨基端有一个信号肽。这个信号肽和进入内质网的蛋白分子氨基端的信号肽相似，它也含有一连串亲脂的氨基酸残基，前面有一个或数个带正电的氨基酸残基。在被分泌到细胞膜外后，这段信号肽也被切掉。这说明蛋白质的穿膜信号在细菌中就已经发展出来了，真核细胞的信号肽是从细菌的信号肽继承下来的。

原核细胞识别信号肽的机制也和真核细胞相似。真核细胞使用细胞质中的信号识别颗粒（SRP）来识别刚从核糖体伸出的信号肽，并且将正在合成蛋白质的核糖体带到内质网膜上。细菌也使用信号识别颗粒 SRP 来识别蛋白质上的信号肽，并且将肽链带到细胞膜上。真核细胞的 SRP 含有 6 个蛋白质亚基（SRP72、68、54、19、14、9）和 1 个 RNA 分子。细菌的 SRP 也含一

个 RNA 分子，但是只含 1 个蛋白质分子，叫做 Ffh（名称来自 Fifty four homologue）的蛋白质，类似于真核 SRP 中的 SRP54 亚基。古菌的 SRP 除了含 SRP54 的类似蛋白外，还含有与 SRP19 类似的蛋白，说明蛋白亚基 SRP54 是 SRP 中最基本、最必要的蛋白质。无论是真核生物、细菌还是古菌，它们 SRP 颗粒中 RNA 的结构都非常相似。这些事实说明真核细胞的 SRP 是从原核生物中继承下来并且加以发展的。

真核细胞和原核细胞中蛋白质为穿过膜所使用的信号肽的相似性，以及信号识别颗粒 SRP 结构和功能的相似性，说明内质网膜是由原核细胞的细胞膜变化而来。只要把内质网腔看成是原核生物细胞膜以外的空间，蛋白质其实是使用同样的机制穿过膜。由于细胞核的外膜和内质网膜相连，真核细胞的核膜也应该是由原核细胞的细胞膜发展而来。很有可能核膜、内质网和高尔基体是在同一个过程中，由原核细胞的细胞膜向内折叠形成的。

溶酶体由单层生物膜包裹，里面不过是一些水解酶，没有 DNA，没有合成蛋白质的能力，所以溶酶体虽然也是细胞器，但是不像线粒体和叶绿体那样是由被俘获的原核细胞变来的，而是在细胞内的膜系统形成时的一个产物。细菌本来就能够向细胞膜外分泌各种水解酶。溶酶体的酶进入内质网腔，就相当于被分泌到细胞外。只不过这些酶在被加上"路牌"（6－磷酸甘露糖）以后，经过高尔基体进入另外一个由膜包裹的囊罢了。一开始溶酶体内 pH 也许还不是那么低，是真核

细胞在演化过程中逐步降低溶酶体腔内的 pH，也让里面的酶工作的最佳 pH 降低，以避免这些水解酶对细胞自身的伤害。酸度增加还有别的作用，例如内体在与溶酶体融合前酸度会逐渐增加，使受体和它结合的分子解离，以便受体可以加以回收，再回到细胞表面。

真核生物的细胞中的膜系统的来源有解释了，那么小囊运输的机制又是如何发展出来的呢？要膜形成小囊，需要有蛋白质结合在膜的局部，让其变形，再有蛋白质将突出来的泡状结构"掐下"，使其成为游离的小囊，还要有机制让膜之间融合，以便"提交货物"。这就是前面介绍的能够对生物膜"动手术"的蛋白质。迄今为止，这些蛋白质还没有在原核细胞中发现，所以原核细胞也没有形成小囊泡的能力。这是不是意味着小囊运输完全是真核细胞的新发明呢？

2010 年，科学家发现，一种叫做"隐球出芽菌"（Gemmata obscuiglobus）的原核生物能够"吞

下"多种蛋白质，包括绿色荧光蛋白（GFP）、牛血清白蛋白（BSA）、卵清蛋白（ovalbumin）等。隐球出芽菌属于"浮霉菌门"（Planctomycete），细胞膜外没有肽聚糖（peptidoglycan）的阻挡，也许这是它能够吞食的原因之一。更出人意料的是，隐球出芽菌细胞内有由两层膜包裹的细胞核和一层位于细胞质内的膜。这层膜还没有把细胞质分为彼此隔离的空间，而只是把细胞质大致分为两个相通的区域（图 3-36）。这些结果说明，隐球出芽菌也许已经发展出了使膜变形的蛋白质。这类蛋白质也许能够使细菌的细胞膜向内折叠，形成细胞膜内的膜系统，包括核膜和后来的内质网和高尔基体。真核生物的细胞内膜系统也许就是在这样原始的原核细胞膜系统的基础上发展起来的。

真核生物细胞内膜系统的出现，包括核膜、内质网、高尔基体、溶酶体，是真核细胞结构和功能上的一次大飞跃。它使得真核生物的生理活动能够在更高的水平上

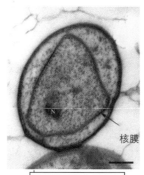
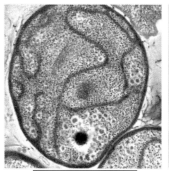
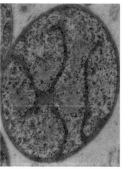

隐球出芽菌的细胞核　　　隐球出芽菌细胞内的膜

图 3-36　隐球出芽菌的细胞膜和细胞内的膜系统。除了核膜外，其余细胞内的膜是不封闭的，不会把细胞质分为彼此隔绝的两部分

进行。核膜的出现使得基因可以通过使用外显子的组合方式产生多种蛋白质，而溶酶体这个细胞内的"胃"和"回收中心"的出现给了真核细胞吞噬微生物和自我更新的能力。通过内质网和高尔基体对蛋白质分子的糖基化，使得真核细胞的表面能够有千差万别的糖蛋白种类，使得细胞间的相互识别成为可能，这是多细胞生物能够出现和发展的重要原因之一。

本章小结

原核生物是地球上生命的大功臣，奠定了地球上生命的基础，真核细胞里面的 DNA、RNA、蛋白质、基因、细胞膜、三羧酸循环、电子传递链以及光合作用，都和原核生物一脉相承。而真核生物又在原核生物的基础上更上一层楼。真核细胞与原核细胞最大的差别是真核细胞具有线粒体这样的细胞器，为细胞功能的进一步发展提供了强大的能源保证。在这个基础上，真核生物的基因数大大增加，功能日趋复杂。核膜的出现（也即细胞核的出现）把基因转录（mRNA 合成）和转译（蛋白质的合成）在空间上分开，使得内含子的数量能够大量增加，使得每个基因能够以同样的编码序列生产出不同的蛋白质来，进一步扩大了真核生物功能的多样性。组蛋白的出现使得真核细胞的基因调控有更多的层次，可以精确地控制真核细胞复杂的生理活动。细胞内膜系统的出现使得细胞的各种生理活动能够在空间上进行分工，能够对膜"动手术"的蛋白使得运输小囊的形成和与目标膜的融合成为可能。真核细胞肌肉骨骼系统的出现使得细胞内的各种运输过程能够有效进行，也使真核细胞获得了吞食其他细胞的能力，为动物的出现准备了条件。叶绿体的出现使真核细胞从"超级消费者"变为"超级生产者"，由此产生的大量有机物为真核生物的进一步发展准备了充足的原料。真核细胞的这些新的能力使它们不再像原核生物那样以快速繁殖取胜，而是靠自身强大的功能取胜。在这些新变化的基础上，真核细胞就能够进一步发展，那就是形成多细胞生物。

细胞分工的出现——多细胞生物
CHAPTER **4**

真核细胞的出现是生物演化史上的大事件。真核细胞不仅继承了原核细胞创建的各种基本的功能，而且在线粒体所提供的能源的强力支持下，基因数量成倍增加，为更复杂的生命活动提供了所需的工具和手段。在此基础上，真核细胞的个头大大扩张，从原核细胞的1微米左右增大到几十微米，体积增大了千倍以上。体积大了，又有新基因的支持，就有条件发展出细胞内的各种结构，包括细胞内膜系统、各种细胞器以及在肌肉骨骼系统基础上的运输系统以及能够使膜分离、融合的蛋白。如果说缺乏细胞器的原核生物基本上只有细胞内分子之间的分工，特别是DNA、RNA、蛋白质"三驾马车"之间的分工，那么真核细胞就有了细胞内细胞器之间的分工。细胞核、内质网、高尔基体、溶酶体、线粒体、叶绿体等细胞器各司其责，分工合作，使真核细胞的基因调控、蛋白合成、货物运输、能量代谢、废物回收等功能可以特别高效地进行，而且在肌肉骨骼系统提供的机械力的帮助下，还发展出了细胞主动变形、爬行、吞食这些原核细胞所不具备的新功能。

早期的真核生物虽然在原核细胞的基础上有了很大的进步，但是在数亿年中，它们仍然是单细胞生物。它的体积已经扩大了许多，但是仍然是在微米级别上。如果人类能够返回到那个历史时期去观察，除了能够看见水边的菌膜和由于微生物的繁殖而改变了颜色的湖水、海水以外，用肉眼是看不见任何单个生物的，没有树木花草，没有鸟兽虫鱼，所以那时地球上的景色仍然是相当单调的，和无生命世界的景色没有多大差别。

促使真核生物向大型化方向发展，最后导致多细胞生物出现的主要动力，应该是具有吞食功能的真核细胞的出现，从此开始了捕食者与被捕食者之间永无休止的斗争。对于捕食者而言，身体大了，就能够吞进更大的生物，食物的种类和来源就可以增加。对于被捕食者而言，身体大了，被捕食的机会就会降低。一种捕食者也可以被另一种捕食者捕食，例如变形虫就可以捕食草履虫。如果自己的身体大到对方吞不下，生存的机会就增加了。

在理论上，真核生物向大型化发展可以走两条路线：（1）单细胞变大变复杂，但是仍然保持为单细胞生物；（2）细胞不变大，但是成为多细胞生物。这两条发展路线都被真核生物采用了。

第一节　单细胞巨无霸

让自己的身体变大，但是仍然保持为单细胞生物的典型代表是变形虫（amoeba）和草履虫（paramecium）。它们是真核细胞中的"巨无霸"。真核细胞的大小一般为10~30微米，而变形虫和草履虫可以大到200~300微米，体积是普通真核细胞的上千倍，更是一般细菌体积的10万倍。它们不但能够吞食细菌，还能够吞食比细菌大得多的其他真核细胞如藻类，可以看做是最早的动物。变形虫可以伸出"伪足"俘获细菌，有"食物泡"来消化吞进的细菌，还有"收缩泡"来排泄废物。草履虫的构造更复杂，它有"口沟"用来吃东西，相当于动物的嘴和咽喉；有"食物泡"来消化食物，相当于动物的胃；有"收集管"和"伸缩泡"来收集和排出废物，相当于动物的肾脏、膀胱、和尿道；它还有纤毛，用来游泳，相当于动物的四肢。所以它们是真核细胞中当之无愧的"超级细胞"（图4-1）。如果把细菌放大到人一般大小，它们就像是上百米高的庞然大物，在细菌"眼"里真是很可怕的。变形虫能够伸出伪足包裹食物，甚至可以捕食草履虫。

变形虫和草履虫的例子表明，真核细胞的演化可以走第一条路

线，即细胞变大、变复杂，但是仍然维持为单细胞生物。问题是生物从这条路线能够走多远？在我们周围的环境中，是没有比草履虫和变形虫更大的单细胞生物的，我们的眼睛所能够看见的，都是多细胞生物。然而在2011年，美国科学家在深达1万多米的马里亚纳海沟（Mariana Trench）的底部发现了巨大的单细胞生物 Xenphyophores，由于其身体上长满皱褶，可以称之为多褶虫，它在海底缓慢爬行，像变形虫那样进食，因而又被称为巨型阿米巴虫。这是一类生活在深海海底的单细胞生物，其中的一个种类叫有孔虫（*Syringammina fragilissima*），因其身体上充满孔洞，身体直径可达20厘米。虽然多褶虫和有孔虫的发现证明了巨大的单细胞生物也可以存在，但是它

们只能"躲"在深海这个事实也说明，走单细胞放大这条路有一定的限度，只有变形虫和草履虫那样的大小才有竞争力。更大的单细胞生物竞争不过体积相同的多细胞生物。

妨碍单细胞生物无限放大的一个主要原因是物质交换的效率。细胞变大时，直径是线性增长，面积是按平方增长，而体积是按立方增长。细胞越大，单位体积所分配到的表面积就会越小。例如直径200微米的细胞的面积是直径20微米的细胞的100倍，而体积却是1000倍，这样单位体积所分配到的表面积就只有直径20微米细胞的1/10。细胞是通过细胞表面的细胞膜和周围环境交换物质的，而分子在水溶液中通过扩散来运动的速度是很慢的。把一勺糖放进一杯水中，如果不加搅动，过一段时间上层的水仍

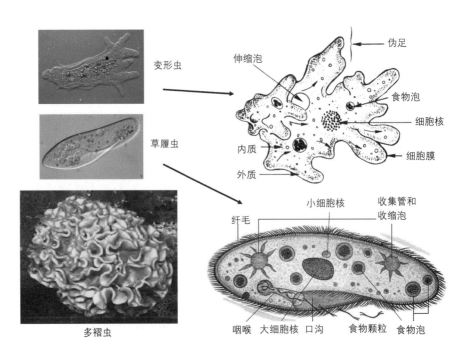

图4-1　具有捕食功能的单细胞真核生物——变形虫、草履虫和多褶虫。左为照片，右为变形虫和草履虫的结构图示

然没有什么甜味，尽管沉于水底的糖已经完全溶解于下层的水中，说明糖分子在水中不能迅速扩散。所以在物质交换上，细胞越小越有效。原核细胞就是因为它们的个头小，只有1微米左右，能够和周围环境迅速交换物质，它们也就能够迅速地繁殖，例如大肠杆菌每20分钟就可以繁殖一代。而同为单细胞生物的酵母菌，直径比原核细胞大数倍，繁殖就慢多了。如果细胞再大，获得外界营养的速度就要受到更大的限制，单细胞生物的生存就会越来越困难。变形虫的身体不是球形，而是扁平的，并伸出许多伪足，这样就可以在同样的体积下增加表面积。草履虫的身体不是扁平的，而是两头尖的弧形圆筒状，这个形状对增大表面积帮助不大，所以草履虫细胞内有移动的食物泡和能够收缩的伸缩泡和收集管，在一定程度上可以起到搅拌的作用，加速物质在细胞内的流动。多褶虫的表面长满了皱褶，有孔虫身上布满了孔洞，说明这些生物也"懂得"用这种方式来增大表面积。但是用这种方式增大表面积效果毕竟有限，所以走单细胞放大这条路的生物难以进一步发展。

要发展出有效率、生命力强的大型生物，更好的途径是走多细胞联合这条路，其中的细胞还是在微米级，以满足物质交换的需要。大量细胞的聚集能够带给细胞新的优势，包括体型的增大和细胞分工，所以细胞联合是生物演化必然的趋势。

走多细胞联合道路的真核生物很早就出现。在南非赫克颇特地层中发现的杯形虫（图3-1）和有21亿年历史的西非弗朗斯维尔生物群中直径达到12厘米的动物化石都表明多细胞生物很早就出现。不过这些化石过于古老，只有总体形态被保留，细胞结构已经不可辨。能够看见细胞结构的化石是在加拿大北部Somerset岛上发现的多细胞结构的红藻化石，它已经有12亿年的历史。这些多细胞的红藻不是简单的多细胞细丝，而是有一定的形态，细胞的大小形状也已经发生了分化（图4-2左）。中国南京古生物研究所的朱茂炎研究员及其团队在贵州瓮福磷矿采区埃迪卡拉纪陡山沱磷块岩中发现了瓮安生物群，这些生物出现在约6亿年前，除了红藻化石外，还有类似海绵的多细胞动物，被命名为贵州始杯海绵（*Eocyathispongia qiania*）。这些生物身体呈管状，有进水孔和出水孔，而且发现了细胞分裂时形成细胞团的化石（图4-2）。这些例子证明，无论是异养的真核生

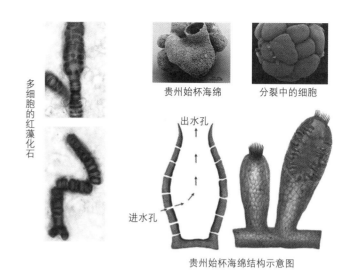

多细胞的红藻化石

贵州始杯海绵　　　分裂中的细胞

出水孔
进水孔

贵州始杯海绵结构示意图

图4-2　在加拿大发现的多细胞红藻化石（左）和在中国贵州发现的瓮安生物群中的贵州始杯海绵化石（上）及其结构示意（右下）。右上为在瓮安生物群中发现的分裂中的细胞化石

物如贵州始杯海绵，还是自养的真核生物红藻，都走上了多细胞联合的道路。在下节中，我们将详细介绍多细胞生物出现的过程。

第二节　演化为多细胞生物的各种尝试

从单个细胞演化到严格意义上的多细胞生物，是一个漫长、多次的过程，其间生物进行了各式各样的尝试，也取得了不同程度的成功，最后发展出像动物和植物这样的高级多细胞生物。回顾一下这个发展历程是很有趣的，从中可以看见生物演化的多样性和灵活性。

简单的细胞"抱团"

细胞抱团的现象很早就出现，而且最初的功能也不是为了避免被捕食，而是为了形成更好的生活环境。例如一些蓝细菌在35亿年前就能够在水边的沙石上形成菌膜。细胞分泌出黏液，把大量细胞黏合在一起，并且将自己固定在水边的沙石上。菌膜的形成使得蓝细菌可以固定在光照、水环境、营养都最佳的地方，而不像单个的蓝细菌细胞那样只能随波逐流，居无定所。这种细

胞抱团的优势使得蓝细胞可以成千上万年地在水边生活繁殖，留下的化石就是"叠层石"（见第二章第一节和图2-1）。现代的细菌也能够在生物（例如牙齿表面）或者非生物（例如下水道内面和船舶的吃水面）的表面形成菌膜，其中的微生物种类各式各样，可以包括细菌、古菌、真菌和藻类。这些膜除了能够使这些细菌被固定在较好的生活环境中外，还能够提高这些细菌抵御外界攻击的能力，包括抵御抗生素的攻击和被其他生物吞食的能力。菌膜的生存能力很强，例如引起牙周炎的菌膜就很难被清除；下水道的菌膜常造成水管堵塞，船舶吃水部分的菌膜能够引起更大型生物的附着，严重影响船舶的航行速度。

除了形成菌膜，单细胞生物还能够彼此相连形成链状，这样也能减少被捕食的机会。例如链球菌（streptococcus）就能够彼此相连，形成链状。在溪流中，常常可见随着水流摆动的绿色细丝，那就是水绵（spirogyra）。水绵的每条细丝由多个圆柱形的绿藻类细胞线性相连而成。丝状体的形成使这些细胞不容易被其他生物吞食。这些丝状体还可以通过末端的附着器（hapteron）附着在溪中的岩石上，使这些细丝不被水流冲走。

但是在蓝细菌的菌膜、链球菌的菌链、水绵的长丝中，每个细胞都是独立生活的，细胞之间没有进行分工。在菌膜中，各种细菌的种类和数量不固定，而且随时变化，菌膜也没有固定的大小、形状和结构。所以上面所说的细胞聚集都不能算是多细胞生物。要被称之为多细胞生物，应当至少满足以下条件：（1）由多个细胞组成；（2）细胞之间有分工；（3）有基本固定的身体结构，因而可以被看做一个"个体"。要形成多细胞生物，从理论上说又有两种途径：（1）由具有不同遗传物质的细胞聚合而成；（2）由具有相同遗传物质的细胞分化而成。

一说到地衣（lichen），人们常常容易把它和苔藓（moss）相混淆。在许多人的印象中，它们都是附着在岩石或树木表面，具有细微结构的生物，好像都是植物。在英文中，有些地衣的名称中也含有moss这个词，例如Reindeer moss（驯鹿苔藓）实际上是地衣，其拉丁文的名称是 *Cladonia rangiferina*，这说明西方人也常把地衣和苔藓搞混。

其实地衣和苔藓是非常不同的生物。苔藓是由遗传物质相同的细胞组成的低等植物，叶片长在细小的茎上，但是茎只起支持作用，里面没有维管输送水分和营养物质。而地衣不是植物，而是由真菌和藻类，或者真菌和蓝细菌组成的生物。地衣的"叶片"分为四层，最外面两层是由真菌的菌丝紧密交缠而成的"上皮"（upper cortex）和"下皮"（lower cortex）。两层皮之间的空间里也有交织的菌丝，但是靠近下皮的地方菌丝比较稀少，有许多空间，供空气流通，叫做"髓"层（medulla）。在靠上皮的地方，菌丝之间有许多藻类细胞或蓝细菌细胞，或者两者兼有。这些细胞能够进行光合作用，制造营养，所以叫做光合层（photobiont layer）（图4-3）。

地衣中的真菌包括子囊菌（Ascomycete）和担子菌（Basidiomycete）；藻类主要是绿藻中的共球藻（Trebouxia）和橘色藻（Trentepohlia），蓝细菌主要是念珠藻（Nostocales）和伪枝藻（Scytonema）。它们来自完全不同的生物门类（真菌、绿藻、蓝细菌），具有差异很大的遗传物质，所以地衣是具有不同遗传物质的细胞聚集在一起，形成新的生物体的典型例子。

地衣中的真菌和光合生物之间的关系可以看成是共生关系。光合生物（绿藻和蓝细菌）制造有机物，而真

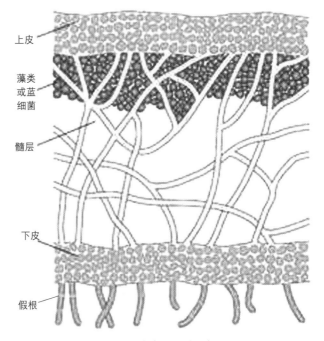

地衣的结构

图4-3 地衣及其结构示意图

菌提供保护性的环境。由于地衣没有根，全靠从空气和雨水中得到水分，从水中和落到地衣上的灰尘颗粒吸取养分，真菌的菌丝网可以吸收并且保持水分和溶于水中的养分，供光合生物使用。绿藻向真菌提供的主要是糖醇（醛糖中的醛基变为羟基后的产物），例如核糖醇（ribitol）、山梨糖醇（sorbitol）、赤藓糖醇（erythritol）。蓝细菌则提供葡萄糖。真菌用菌丝紧紧缠绕这些光合生物，增加它们细胞膜的通透性，以便吸收这些有机物。

地衣的繁殖主要通过碎裂，在干燥状态下，地衣特别容易碎裂，形成许多碎片，碎片里面真菌和藻类都有。一旦有水，这些碎片又可以长成新的地衣。地衣也可以靠散布孢子（diaspore）繁殖。散布孢子其实不是一个细胞，而是真菌细胞包裹的几个光合生物的细胞，所以散布孢子和碎片只是大小不同，它们之间并没有本质的区别。

由于地衣有比较固定的形态，所以可以被看成是一种生物，是一种特殊的多细胞生物。另一方面，组成地衣的真菌、绿藻、蓝细菌，有许多可以单独生活，并不依靠地衣这个结构。地衣中的真菌也可以进行有性繁殖，生成孢子。这些孢子萌发后，必须找到合适的绿藻或蓝细菌，才能重新组成地衣。同一种绿藻或蓝细菌可以和不同的真菌组成地衣，而同一种真菌也可以和不同的绿藻或蓝细菌组成地衣，或者二者兼有，所以地衣并没有固定的细胞类型组成。

没有找到光合生物的真菌在培养基上只能形成没有结构的细胞团，而在给它提供绿藻或者蓝细菌后，形态才向地衣的结构转变，而且根据提供的光合生物的种类不同，最后形成的地衣的形态也不同。所以地衣也没有固定的形态，全看生活在一起的细胞是什么种类的。

在地衣中，光合生物和真菌之间并不是完全平等的共生关系。没有真菌的蓝细菌在培养基上生长更快，而蓝细菌合成的糖类物质中，被真菌拿走的可以高达80%。这说明真菌是在"剥削"光合生物，光合生物只是被真菌俘获的"奴隶"，相当于是真菌的"体外叶绿体"。

地衣和大多数多细胞生物的最大区别是它不能通过一个细胞来繁殖。组成地衣的各种细胞必须分别繁殖，然后组装。从这个意义上讲，地衣还不是真正意义上的多细胞生物，而只是多种细胞不平等共生的群体。由于地衣是由具有不同遗传物质的细胞所组成，它们的命名就是一个难题。目前的做法是按照地衣中占主导地位的真菌的种类来命名。

虽然地衣还不是真正的多细胞生物，但这也是生物从单细胞向多细胞的转变过程中，所尝试过的方式之一。不仅如此，这种方式还相当有效。地衣的生命力极强，从海滨到高山，从极地冻原到干热的沙漠，都可以见到它们的身影。它们可以在几乎任何表面上生长，甚至在岩石的缝隙中生长。据估计，地表6%的面积为地衣所覆盖。它们还能够耐受太空极端干冷的环境，在模拟火星表面的状态下能够存活34天。地衣的成功说明，生物的发展是不拘一格的，是在无数机会和可能中寻找和发展自己的生存方式。没有什么固定的"路线"和"模式"。

另一方面，地衣中细胞聚合的这种方式也有局限性。细胞之间的关系比较简单，而且由于这些细胞各有自己的遗传物质和基因调控机制，作为生物整体的高度的协调统一难以实现。这就是为什么地衣虽然生命力很强，也只能作为低等的生物，难以有进一步的发展。更有效的方式，是由具有同样的遗传物质的细胞之间进行分工。由于这些细胞都是从一个细胞发展而来，高度的协调统一就成为可能。但是这样也就需要从同一套遗传物质"变"出不同类型的细胞来，这同样是一个难题。在这条路上，生物也进行了各式各样的尝试。

蓝细菌的细胞分化

原核生物的细胞构造比较简单，DNA也比真核生物小，一般只有几百万个碱基对。而真核的单细胞生物中，出芽酵母（*Saccharomyses cerevisae*）的DNA有1200万个碱基对，而人的DNA有30多亿个碱基对。原核生物绝大多数以单细胞形态存在，所以容易被认为是没有什么细胞分工的，也不可能形成多细胞生物。然而，生物演化的事实常常出人意料，原核生物经过几十亿年的发展，也出现了一些能够进行细胞分化，形成原始的多细胞生物的例子，其中之一就是蓝细菌。

蓝细菌是地球上最早出现的生物之一，至今已经有35亿年的历史。在漫长的发展历程中，蓝细菌复杂性也有所增加。按照形态分类，目前的蓝细菌主要分为5个目（Ⅰ—Ⅴ），其中第Ⅰ目的色球藻（Chroococcales）

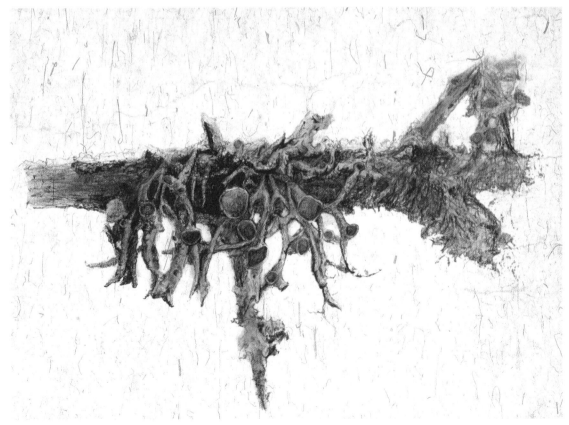

图 4-4 地衣是生命力最为顽强的植物之一

图 4-5　日本人采地衣为食物

的结构最简单，是单细胞的。第
Ⅱ目的宽球藻（Pleurocapsales）开
始连接成链。第Ⅲ目的颤球藻
（Oscillatoriales）则已经连成丝，但
是细胞之间没有分工。第Ⅳ目的
念珠藻也连成线状，细胞成球形，
菌丝中还含有大小和形态都不同的
蓝细菌细胞，所以整体看上去像念
珠。第Ⅴ目的真枝藻结构更复杂，
除了菌丝中也含有大小和形态都不
同的细胞外，菌丝还能够分支，甚
至分支上还可以再分支。所以从第
Ⅰ目到第Ⅴ目，蓝细菌的复杂性是
不断增加的，其中第Ⅳ目（念珠藻）
和第Ⅴ目（真枝藻）还出现了细胞
分化（图4-6）。

念珠藻和真枝藻菌丝中的多数
细胞是营养细胞，类似于单细胞
的蓝细菌。除此之外，它们的菌
丝中还含有两种大小和形态都和
营养细胞不同的细胞。其中的一种
叫做厚壁孢子（akinetes）。它比营
养细胞大，除了细胞壁，还被另
外三层壁包裹，是处于休眠状态
的营养细胞，细胞质变浓而且含
有营养储备，可以在干燥或严寒
的状态下存活。另一种叫异形细
胞（heterocyes），每隔9~15个营
养细胞就有一个异形细胞。异形细
胞由营养细胞变化而来，它们的任
务不是制造有机物，而是固氮，即
把空气中的氮气转化为细胞能够
使用的氮化合物（例如氨和亚硝
酸盐）。由于催化这个反应的固氮
酶（nitrogenase）很怕空气中的氧，
所以异形细胞在原来的细胞壁外，
再加三层细胞壁来隔绝氧气。由于
光合作用系统中的光系统Ⅱ能够
释放出氧气，所以在异形细胞中，光
系统Ⅱ的形成也被抑制，只留光系
统Ⅰ来利用光能合成ATP。异形
细胞和营养细胞之间的细胞壁上有
许多直径20纳米的小孔，由酰胺
酶（amidase）在组成细胞壁的肽聚
糖上"打洞"而成。相邻细胞的细
胞质通过这些小孔相连，以便交换
物质。营养细胞向异形细胞提供糖
类物质，同时异形细胞糖酵解的活
性增加，以利用这些糖类物质合成
更多的ATP用于固氮。异形细胞向
营养细胞提供氮的化合物，用于含
氮有机物（如氨基酸和核苷酸）的
合成。营养细胞变成异形细胞的过
程是不可逆的，即营养细胞一旦变
成异形细胞，就不能够再变回营养
细胞。

从营养细胞变为异形细胞，细
胞的形态和功能都发生变化，这就
已经是一种细胞分化，即一种细胞
变化成为另一种细胞，而遗传物质
的组成（DNA的大小和序列）并
不改变。细胞分化对于多细胞生物
的形成是绝对必要的，因为所有的
多细胞生物都是由一个细胞发展而
来，其中必然有从原来的一个细胞
变成身体里面所有细胞的过程。在
细胞分化出现之前，不同单细胞生
物之间的差别是由它们的遗传物质
DNA决定的。不同的细菌有不同的

Ⅰ色球藻

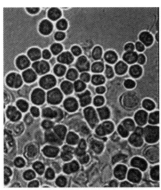
Ⅱ宽球藻

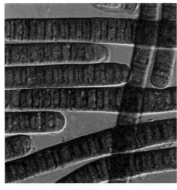
Ⅲ颤球藻

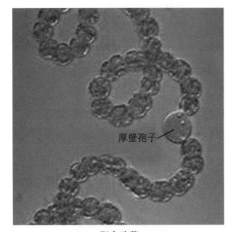
Ⅳ念珠藻

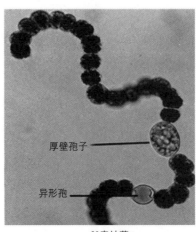
Ⅴ真枝藻

图4-6　不同类型的蓝细菌。从Ⅰ目到Ⅴ目，蓝细菌从单细胞发展到多细胞，并且在Ⅳ目和Ⅴ目中出现细胞分化

DNA，例如大肠杆菌和蓝细菌的 DNA 就不同。而细胞分化却要求用同样的 DNA"变"出不同的细胞来。这对细胞来说是一个难题。许多单细胞生物发展了几十亿年，也没有能够解决这个问题，所以仍然为单细胞生物。而相对简单的蓝细菌却实现了这个突破，是令人惊讶的事情。

蓝细菌的营养细胞和异形细胞含有完全相同的 DNA，但是基因的表达状况却不一样。营养细胞和异形细胞都含有固氮酶基因，但是只有异形细胞表达这个基因。营养细胞和异形细胞也都含有为光系统 II 的蛋白编码的基因，但是这些基因只在营养细胞中表达。就是同为糖酵解所需要的基因，在异形细胞中的表达水平也比在营养细胞中高。换句话说，细胞分化需要细胞"关闭"一些基因，"打开"另一些基因，或者改变它们的表达水平，这就要求比较复杂的基因调控机制。能够分化出异形细胞的蓝细菌的 DNA，就比单细胞的蓝细菌要大，基因数量也更多。例如单细胞的集胞藻（Synechocystis sp. PCC 6803，属于第 I 目的色球藻）的 DNA 只有 357 万个碱基对，3618 个预期的基因，而能够形成异形细胞的静水筒孢藻（Cylindrospermum stagnale，属于第 IV 目的念珠藻）DNA 有 700 万个碱基对，6229 个为蛋白质编码的基因，几乎是集胞藻的两倍。这说明细胞的分化需要更大的 DNA 和更多的基因。在下一部分中，我们还会具体介绍细胞分化过程中的基因调控。

蓝细菌虽然突破了细胞分化这个难关，第 IV 目和第 V 目的蓝细菌也因此可以看成是最初级的多细胞生物，但是蓝细菌的复杂程度毕竟有限，细胞分化也只限于分化出异形细胞，而不能形成更复杂的多细胞结构。这就要等结构和功能都更强大的真核细胞了。

团藻是真正的多细胞生物

团藻（Volvox）是属于绿藻门（Chlorophyta）、绿藻纲（Chloropyceae）、团藻目（Volvocales）、团藻属（Volvox）的真核生物，生活在水塘和沟渠中，其中代表性的团藻为强壮团藻（Volvox carteri）。它的身体为圆球形，直径 2~5 毫米。在没有显微镜放大的情况下，人眼看见的团藻不过是水中的小绿点，难以对其进行详细的研究。1700 年，荷兰科学家列文虎克（Antonie van Leeuwenhoek，1632—1723）用他的显微镜发现了团藻的更微细结构。他对这种生物极感兴趣，不眠不休地对团藻进行了长时间的观察。他的观察发现，在母体团藻的内部能够产生小的团藻，小团藻在结构上像是母体团藻小一号的拷贝。它们在母体团藻破裂后被释放出来，长大，形成能够自由游动的新团藻。而且小团藻还在母体团藻内的时候，其体内就已经有比体细胞大得多的生殖细胞了，看上去像是小团藻里面的"小小团藻"，所以团藻的生命是"层层相套的"。从这个观察结果出发，列文虎克认为生物不能从非生命的物质自然产生，而是必须从已有的生命而来。这个想法和 1873 年德国科学家施万（Theodor Schwann，1810—1882）和施莱登（Matthias Jakob Schleiden，1804—1881）提出的细胞学说（新细胞只能从已有的细胞来）不谋而合，但是却早了 100 多年。

进一步的研究发现，团藻体积的 99% 为富含羟基脯氨酸的糖蛋白胶质组成。团藻有两类细胞，它们都有叶绿体，都可以通过光合作用制造有机物，但是这两类细胞的功能不同。一类是位于圆球表层的体细胞（somatic cells），它们数量众多，一般从几百个到几千个，有时可多达数万个。这些细胞有一个杯状的叶绿体，有两根用于游泳的鞭毛，另外还有一个能够感受光线的眼点，帮助团藻感受光线，所有体细胞的鞭毛都向一个方向摆动，使团藻朝光线来的方向游动，但是这些细胞没有繁殖能力。另一类细胞数量较少，一般为 16 个，位于球体的内部。它们没有鞭毛，也没有眼点，所以与感光和运动无关，为团藻的生殖细胞（gonidia）。团藻在进行繁殖时，这些生殖细胞进行分裂，在团藻的内部形成小型的团藻。这些小型的团藻也含有体细胞和生殖细胞。在这些小团藻形成后，母体团藻破裂，母体团藻上的体细胞死亡，小团藻被释放出来，长成新的团藻。

虽然团藻只有两类细胞，但是却已经满足了多细胞生物所有的条件：（1）它由遗传物质相同的多个细胞聚合而成；（2）细胞之间有分工；（3）有特定的身体结构；（4）新个体由一个细胞（生殖细胞）发育而来，这个细胞能够分化成生物体内的各种细胞（虽然在团藻的情况下，只有两种细胞）。所以团藻是真正意义上的多细胞生物。现在一个自然的问题就是，这样的多细胞生物是如何产生的。

从衣藻到团藻的转变历程

科学家发现，组成团藻的体细胞和同为绿藻纲的莱氏衣藻（*Chlamydomonas reinhardtii*）在大小和结构上都非常相似。它们的大小都为 5 微米左右，都有一个杯状的叶绿体，都有两根用于游泳的鞭毛，都有一个眼点。对团藻科（Volvoceae）生物的基因序列比较表明，所有团藻科的生物和莱氏衣藻都有共同的祖先，证明团藻的确是从莱氏衣藻发展而来的。不仅如此，现存的绿藻中，还有一系列在结构和复杂性上介于单细胞的衣藻和多细胞的团藻之间的藻类，虽然这些现存的中间类型的藻类不一定是团藻的直系祖先，但是从这些藻类结构的比较，还是可以推测出从单细胞绿藻到多细胞团藻的转化可能的发展步骤。

结构比单细胞的衣藻复杂一些的绿藻是盘藻（Gonium）。它可以含有 4、8、16 个衣藻类型的细胞，由衣藻细胞依次分裂 2、3、4 次而成。这些细胞排列在一个中心部分稍微下凹的平面上，像一个四方形的盘子。这些细胞被包裹在胶质中，细胞之间有细胞质的细丝相连。在由 16 个细胞组成的盘藻中，中间 4 个细胞排列成方形，方形的 4 个边各有 3 个外周细胞。这些细胞的大小和结构相同，细胞之间也没有分工。在由 16 个细胞组成的盘藻中，外周的 12 个细胞的鞭毛都朝外，而中心的 4 个细胞的鞭毛都朝向盘藻的凸面方向。这说明每个细胞能够"感知"自己在盘藻中的位置，从而调整自己鞭毛的方向（图 4-7）。

衣藻的另一种聚集方式是聚成实心的球体，叫实球藻（Pandorina）。实球藻的直径约为 30 微米，外面被胶质包裹，内部没有空腔。实球藻可由 8、16 或 32 个细胞组成，由于这些细胞紧紧地挤在一起，细胞的形状都有改变，朝外的部分较大，朝内的部分较小。这些细胞的鞭毛都向外，而且能够协调一致地摆动，使实球藻能够向一个方向运动。

构造更复杂的是"空球藻"（Eudorina）。空球藻由 32 个或 64 个细胞组成。这些细胞不是挤在一起成为实心的球，而是彼此分开，位于球体的表层，细胞之间有比较大的距离，细胞之间和球体内部都充满胶质。由于细胞排列疏松，胶质的体积占据空球藻体积的绝大部分，空球藻的直径也因此变大很多，在 100 微米左右。空球藻中的

最高细胞数虽然比盘藻和实球藻多，但是细胞之间功能分化的情形还没有出现。

比实球藻复杂的是"杂球藻"（Pleodorina）。杂球藻由 64 个或者 128 个细胞组成，直径增加到 150 微米左右。像空球藻那样，杂球藻的细胞也位于球体的表层，细胞之间有较大的距离。但是杂球藻有明显的"前端"和"后端"之分。前端的细胞较小，后端的细胞较大。一开始所有这些细胞都有眼点和鞭毛，但是在细胞成熟的过程中，一些前端较小的细胞保有鞭毛和眼点，但是不再能够分裂繁殖，而位于后端较大的细胞可以分裂繁殖，但是失去眼点和鞭毛。这说明杂球藻中的细胞已经开始分化。

比杂球藻更进一步的就是团藻

莱氏衣藻

盘藻

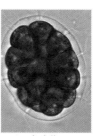
实球藻

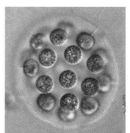
空球藻

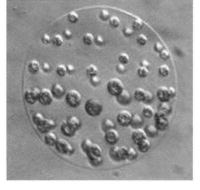
杂球藻

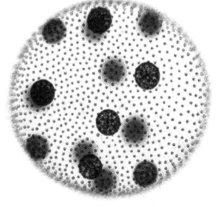
团藻

图 4-7　衣藻演化为团藻的可能过程

了。团藻由大约2000个细胞组成，直径500微米左右。杂球藻中比较小的细胞成为团藻细胞的大多数，它们仍然位于球体的表层，具有鞭毛和眼点，但是完全失去了分裂繁殖的能力，成为团藻的体细胞。团藻球体的内部有少数巨大的细胞，没有鞭毛和眼点，却保留了分裂繁殖的能力，成为生殖细胞。

从单细胞的衣藻到团藻，生物体结构的复杂性逐渐增加，从盘状或者实球状到空球状、从没有方向的空球状到有前后端的空球状，再到球体表面的细胞和球体内部的细胞，这就要求细胞之间有相互作用，每个细胞能够"感知"自己在生物体中的位置，做出相应的基因表达的改变，以适应自己在生物体中的位置。

从衣藻到团藻，最大细胞数也逐渐增加，从衣藻的1个到盘藻的16个、实球藻的32个、空球藻的64个、杂球藻的128个，到团藻的几千到几万个。这就要求在形成这些生物体时，原初细胞的分裂次数由基因控制，而不再像单细胞的衣藻那样，分裂次数由营养状况决定。

随着生物体复杂性的增加，细胞分工也逐渐出现。从盘藻、实球藻、空球藻中的无分工，到杂球藻中的不完全分工，再到团藻中细胞之间的完全分工。这就需要基因调控方式的变化，把细胞固定在某种发展模式上。所有这些新的功能（细胞之间的相互作用和感知、细胞对自己的生物体中位置的反应、生物体总细胞数的控制、以及细胞命运的控制）都需要新的基因和新基因调控的新方式。

团藻的每个生殖细胞可以发育成为一个新的团藻，新的团藻也含有体细胞和生殖细胞这两种细胞，这说明多细胞生物不是通过多个原来彼此无关的细胞聚合而成，而是由单个细胞通过分裂和细胞分化而来。这是所有多细胞生物形成的共同途径。

控制团藻细胞分化的基因

细胞的分化要求用同样的遗传物质"变"出不同类型的细胞来，这些细胞的结构和功能都不一样，它们之间的差别甚至比同科但是不同种的细胞差别还大。这就好像要用同一本"设计手册"生产出两种或多种不一样的产品，这是怎么做到的呢？

其实看一下细胞的生活周期，就可以发现细胞必须经历至少两种时期：生长期和分裂期。细胞在这两个时期的结构和功能都有极大的区别。例如衣藻在生长期新陈代谢旺盛，具有鞭毛，细胞里面也有细胞核。而分裂期的衣藻新陈代谢速率降低，细胞收缩变圆，鞭毛消失，细胞内的DNA浓缩为染色体，核膜分解，纺锤体出现。细胞核完整的细胞可以活跃地表达基因，能够游泳，但是不能进行分裂；分裂期的细胞基因几乎全部关闭，没有鞭毛，也不能游泳。

换句话说，细胞在一生中本来就有不同的状态，而且这些状态所需要的结构和功能彼此不能兼容。如果能够发明出一种机制，使这两种状态分离开来，一些细胞只执行某些生理功能，不进行分裂，另一些细胞丧失一些生理功能，专管分裂繁殖，每种细胞也就可以"专司其职"，而不用在不同的状态之间变来变去，工作效率就可以提高了。而且细胞早就有不同时期生理活动所需要的基因，例如生成眼点、鞭毛的基因和细胞进行有丝分裂的基因，所需要的只是一种控制机制，让一些细胞只表达生长期的基因，另一些细胞只表达和细胞分裂有关的基因，同一份遗传物质就能够"变"出两种类型的细胞来了。

在团藻中，控制细胞分化的基因真的被找到了。一个叫做 *regA*（somatic regenerator A）基因，另一个叫做 *lag*（late gonidia）基因。*regA* 基因抑制和分裂有关的基因表达，使团藻的细胞始终保有眼点和鞭毛，丧失分裂功能，这就是体细胞。如果让 *regA* 基因突变，体细胞就像变回单细胞的衣藻，既有眼点和鞭毛，又能够进行分裂繁殖。单细胞的衣藻没有 *regA* 基因，说明这个基因是后来在团藻中出现的，很可能在已经有初步细胞分化的杂球藻中就出现了。*lag* 基因的作用相反，是让细胞保留分裂能力，但是却丧失眼点和鞭毛。如果 *lag* 基因发生突变，在团藻发育过程中本来要变成生殖细胞的细胞就会重新长出眼点和鞭毛来。团藻的例子说明，通过新的基因调控机制，可以把不同的功能"固定"在不同的细胞上，这就是细胞分化的原理。

团藻通过多条路线演化而成

强壮团藻（*Volvox carteri*）只是团藻中被研究得最详细的一种，其实团藻属中至少包括18种团藻。它们的直径可以差10倍以上，细胞数可以差100倍以上。

它们的共同特点有：都是球形，含有大量的、位于球体表面的体细胞，还有位于球体内部少数的生殖细胞。由于这些共同特点，这些团藻被认为是从同一条演化路线来的，都被归入团藻属中，都有 Volvox 这个属名。然而，对这些团藻的基因比较分析发现，它们实际上是从不同的演化路线而来的。例如 Volvox carteri、Volvox obversus、Volvox africanus、Volvox tertius、Volvox dissipatrix 彼此关系较近，是从同一条路线演化而来的。但是 Volvox aureus 和它们的关系就远一些，而和杂球藻（Pleodorina）的关系较近。Volvox gigas 的关系就更远，而和空球藻的关系较近。Volvox globator、Volvox rousseletii、Volvox barberi 和强壮团藻的关系最远，而和板藻（Platydorina）关系较近。

这个事实表明，从单细胞的衣藻演化为团藻，可以经过不同的路线，例如盘藻就可以直接变成空球藻，而不经过实球藻的阶段。强壮团藻类型的结构一定有特殊的优点，所以不同路线的演化最后都汇聚到这种结构上。这个事实也表明，从单细胞生物演化到多细胞生物的难度不是非常高的，所需要的只是基因调控机制的改变，在生物的演化中可以发生多次，所以地球上的多细胞生物并没有一个共同的多细胞祖先，例如动物和植物就各有自己的演化路线，多细胞的团藻也不是动植物的祖先。这和 α- 变形菌变为线粒体的情形不同，那是一个高难度、概率极小的事件，在生物的演化史上只发生过一次（见第三章第二节，真核生物和原核生物的最重要的区别是真核生物拥有线粒体），因此所有的真核生物（具有线粒体的生物）都来自一个共同的祖先。

细胞分化机制的出现，即由同样的遗传物质"变"出不同类型的细胞来，是生物演化过程中的大事件，它使得多细胞生物的出现成为可能。团藻的形成过程也代表了多细胞生物的出现过程，即首先通过单个细胞的多次分裂形成后代细胞共同生活的群体，然后通过基因调控让这些细胞的功能发生分化，而不是通过彼此独立的细胞聚集在一起。随着生物的演化，基因数量越来越多，功能也越来越复杂。通过使用基因调控机制，多细胞生物就能产生种类越来越多的细胞，形成高度复杂的生物体。

第三节　生殖细胞和体细胞

对于单细胞生物来说，组成身体的就是一个细胞，自然是"体"细胞。同时，这个细胞又必须繁殖，否则物种就会灭亡，所以这个细胞又是"生殖"细胞。地衣的身体由真菌和光合细胞（绿藻和蓝细菌）组成，这些细胞必须分别繁殖，所以这些细胞和单细胞生物一样，同时是体细胞和生殖细胞。蓝细菌中的念珠藻和真枝藻的菌丝由三种细胞组成，分别是营养细胞、厚壁孢子和异形细胞（见上节）。厚壁孢子是处于休眠状态的营养细胞，基本上不进行新陈代谢，可以耐受干燥或严寒，在营养细胞死亡的情况下还能存活，在条件转好时又能萌发出新的菌丝，可以看成是原始的生殖细胞。异形细胞由营养细胞分化而来，其任务是固氮。它不能再变回营养细胞，也不能分裂繁殖，可以看成是初级的体细胞。但是营养细胞仍然占菌丝中细胞的大多数，每个营养细胞也能够进行繁殖，所以组成菌丝的主体细胞仍然是营养细胞。

到了团藻，情况就彻底改变了。数量占多数的营养细胞除了制造有机物、分泌胶质组成球体外，还用眼点感受光线，用鞭毛游泳，可以说团藻所有的生理活动（生殖活动以外）都是由营养细胞来执行的，所以这些细胞是名副其实的体细胞。但是它们已经和生殖活动无关，所以不再是生殖细胞。而少数位于球体内部的"大个头"细胞能够进行分裂繁殖，所以是生殖细胞，但是它们没有眼点和鞭毛，不参与团藻的主要生理活动，也不是身体的主要组成部分，所以不再是体细胞。

团藻虽然只有两种细胞，但是却意义重大，因为它开创了体细胞和生殖细胞之间的分工。体细胞占生物体的绝大部分，执行各种生理活动，但是不具备繁殖功能；生殖细胞具备繁殖功能，却不是身体的主要组成部分，也不参与除繁殖以外的各种生理活动。多细胞生物，从简单到复杂，都遵循这个模式。

例如人体由 200 多种不同类型的细胞组成，总数高达 60 万亿个。这 60 万亿个细胞中，绝大部分是体细胞，包括肌肉细胞、神经细胞、肝细胞、血细胞等。这些细胞组成人体的绝大部分，执行各式各样的生理功能。而生殖细胞只局限在生殖器官内（睾丸或卵巢），只占身体的很小一部分，也不参与身体的主要生理活动，如消化、吸收、运动。

在动物的传代中，生殖细胞的"真身"始终不变，即永远不参与体细胞的活动，而只是在生物体的发育过程中分化出体细胞，让这些体细胞去执行身体的各种功能。而在同时，人的受精卵在发育时，也会"留出"一些细胞不分化为体细胞，让它们在生殖器官中产生精子和卵子，让生殖细胞的传承绵延不断。

多细胞生物身体内体细胞和生殖细胞分工的一个重要后果，就是体细胞不能进入下一代的身体。团藻球体内部的新团藻形成后，母体团藻破裂，新的小团藻被释放出来，而母体团藻的营养细胞就死亡了。人的体细胞虽然数量众多，人体死亡时，所有这些体细胞也都一起死亡，而不会进入下一代的身体，所以体细胞只能在生物体中生存一代。人的心、肝、脾、肺、肾，都只能和它们所在的人体一起生活，无法传递到下一代去。植物的叶片执行完光合作用的任务后，就死亡脱落，和下一代也没有关系。体细胞的任务，其实就是给生殖细胞提供生存的场所、提供营养。在有性生殖的情况下，还提供精子和卵子结合的工具和手段。从这个意义上讲，体细胞只是生殖细胞的载体，是生殖细胞分化出来帮助自己更好地繁殖的工具，任务完成就死亡了。

体细胞和生殖细胞分工的另一个重要后果，就是多细胞生物体内所有的细胞都来自一个细胞的分裂和分化。人的身体虽然由 200 多种、60 万亿个细胞组成，但是所有这些细胞都来自受一个精卵细胞。有的树木可以长到几十米高，里面的细胞数更多，但是所有这些细胞也都来自种子中的那个受精卵。虽然有些植物可以通过身体的一部分长成新的植物，例如甘蔗、红薯、马铃薯，但那只是人工繁殖这些生物的方式，其实这些植物都是可以结种子并且通过种子繁殖的。少数低等生物可以不通过这种方式，例如水螅可以通过出芽繁殖，但这只是少数例外的情形，而且水螅也可以通过有性繁殖，通过受精卵这一个细胞发育成新的水螅身体。

体细胞和生殖细胞分工的第三个后果，就是体细胞的种类可以不断增加，而生殖细胞的种类则保持不变。体细胞摆脱了繁殖后代的任务，就可以通过基因复制和基因分化形成越来越多的细胞类型，从团藻的一种体细胞到人体的 200 多种体细胞，形成功能越来越强大的生

物。这也使得体细胞所携带的生殖细胞有更好的生存机会，例如人的生殖细胞就比任何其他生物的生殖细胞更有成功繁殖后代的保证。

与此相反，多细胞生物体内的生殖细胞始终只有一个种类，功能也很单一，就是进行繁殖，例如团藻的生殖细胞、黑曲霉的分生细胞，以及雌雄异体的生物的精子或卵子，只有雌雄同体的生物有两种生殖细胞（同时具有精子和卵子）。而且所有这些生殖细胞也都彼此"单干"，不像体细胞那样协同工作，例如精子和卵子都是以细胞为单位执行生理活动的。在这个意义上，生殖细胞也可以被看成是寄生在自己创造的体细胞生物体内的单细胞生物。

复杂的多细胞生物的出现，也给生殖细胞提出了越来越高的要求。单细胞生物只须复制自己，即从一种细胞变成同样的一种细胞。而多细胞生物要求生殖细胞要能够变成一种以上的细胞。团藻的生殖细胞就必须变成营养细胞和生殖细胞这两种细胞，而人的生殖细胞（精子和卵子）在结合形成受精卵后，必须分化出人体内所有的 200 多种细胞。

第四节　干细胞

在团藻中，团藻的整体寿命和体细胞的寿命是一样长的，都只有几天。小团藻"破茧而出"时，母体团藻破裂分解，里面的营养细胞也同时死亡。但是在更复杂的多细胞生物中，生物总体的寿命却可以比体细胞的寿命长得多。例如水螅，虽然体细胞也只能活几天到几十天，但是整个水螅的寿命却可以在 4 年以上。人也是一样，许多体细胞的寿命很短，例如我们皮肤里的上皮细胞，处在身体的最外面，随时要受到外界因素的伤害（磨损，紫外线辐射，各种有害物质的侵袭，等等），所以这些上皮细胞只能活 27~28 天。血液中的免疫细胞要不断地和外来的入侵者作战，寿命也不长，像白细胞一般只能活几天到十几天。工作条件最恶劣的是小肠上皮细胞。它们负责从肠道中吸收营养物质，同时要经受肠蠕动带来的摩擦，又浸泡在消化液中，还要面对几百种肠道细菌和它们的代谢产物，所以它们的寿命极短，

只能活两三天。按照水桶理论，一个水桶如果是由长短不同的木条拼接成的，这个水桶能够装的水的量是由最短的那根木条的高度来决定的，所以人体的寿命似乎也应该和寿命最短的细胞一样，因为没有这些细胞，即使其他细胞还活着，人也不能生存。但在实际上，人作为整体却可以活到100岁或者更长。这是怎样做到的呢？我们先用结构相对简单的水螅作为例子来说明这个问题。

短命的体细胞，长命的身体

水螅（hydra）是"腔肠动物门"（Coelenterata，也叫"刺细胞动物门"，Cnidaria）、水螅纲（Hydrozoa）的多细胞生物。水螅的身体由两层细胞组成，两层细胞之间是没有细胞的中胶层。这些细胞围成一个圆筒状，长约几毫米。圆筒的一端封闭，形成基盘，附着在岩石或水草上。另一端开口但管径缩小，形成水螅的"口"。口周围有数根"触手"。触手也是由两层细胞组成的空管，只是比水螅的身体要细长。

虽然水螅的身体只由两层细胞组成，身体比团藻也大不了多少，但是水螅的细胞种类要比团藻多得多。水螅的外层细胞里含有外上皮细胞（组成水螅身体和触手外层的主要细胞）、用来攻击猎物的刺细胞（主要在触手的外层）和感知外界刺激的神经细胞。水螅的内层细胞里有内上皮细胞（组成水螅身体和触手内层的主要细胞）和分泌消化液的腺细胞。

水螅以浮游生物（例如水蚤）

为食。当触手碰到猎物时，刺细胞会射出带倒钩的刺插入猎物的身体，同时分泌毒素使猎物麻痹。多根触手协同，将猎物送入口中。在体腔内，腺细胞分泌消化液，将猎物分解，内上皮细胞再吸收消化后的营养物质。不能被消化的食物残渣由口排出，所以口同时也是"肛门"。神经细胞连成网状，没有脑部。受到外界威胁时，触手和身体都会缩成一团，以避免伤害。

和团藻的体细胞不再分裂不同，在水螅身体的中部，外细胞层内和内细胞层内都含有一些能够分裂的细胞，即能够分裂的外上皮细胞（ectodermal epithelial cells）和内上皮细胞（endodermal epithelial cells）。它们源源不断地形成外胚层的细胞和内胚层的细胞。新细胞的不断形成会推着更老的细胞向身体的

两端前进，向下到达基盘，替换那里的细胞；向上到达口部和触手的顶端，更老的细胞则从这些顶端脱落。通过这种方式，水螅的身体和触手中的细胞就能够不断地被更新。除了这两种能够分裂的细胞，水螅的外细胞层内还含有第三种能够分裂的细胞，叫做间质细胞（interstitial cells），它能够不断形成刺细胞、神经细胞和腺细胞。这些新形成的细胞和新形成的外上皮细胞和内上皮细胞一起向两端运动，取代那里的同类细胞。通过这种方式，触手的细胞每4天左右就要更新一次，而身体部分的细胞每20天左右就可以更新一次（图4-8）。

因此水螅长寿的秘密，就在于组成身体的细胞不停地被替换。用这种方法，不管体细胞的寿命有多短，水螅的整体寿命却可以长达数

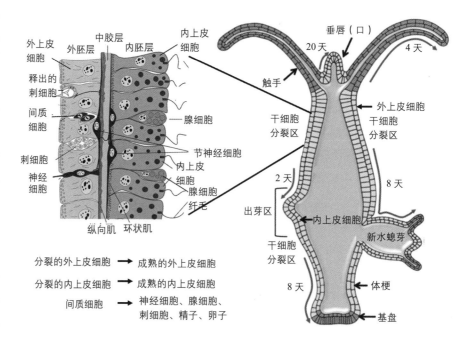

图 4-8 水螅的身体更新

年，而且很少有衰老迹象。这真是一种极为聪明的办法，更高级的多细胞生物，直到人类，都采取了同样的办法。例如人体内小肠绒毛的细胞只能活两三天，但是在小肠绒毛的基部，就有一些细胞在不断地分裂，源源不绝地产生新的小肠绒毛细胞。这些新的绒毛细胞也像水螅的体细胞一样，逐渐向绒毛的顶端移动，将原来位于顶端的绒毛细胞挤出去。人体内的其他细胞，例如皮肤的上皮细胞，血管里面的各种血细胞，都是被不断更新的。

干细胞是生物体的更新之源

水螅中能够分裂的外上皮细胞和内上皮细胞与繁殖下一代无关，所以它们不是生殖细胞。它们都处于未分化状态，还不是成熟的外胚层细胞和内胚层细胞，所以也不能算作是体细胞。同样，人体内替补小肠绒毛细胞，皮肤细胞、血细胞的细胞也和生殖无关，不是生殖细胞，同时它们也不是任何成熟的（分化完成的）体细胞。它们就像是树木的树干，可以不断长出新的枝叶来，科学家给这类细胞取了一个名字，叫做干细胞（stem cells），是"树干细胞"的简称。除团藻这样的少数低级多细胞生物外，几乎所有的多细胞生物体内都有干细胞，以摆脱体细胞对身体总体寿命的限制，大大延长生物的整体生命，所以干细胞的历史几乎和多细胞生物一样长。这些干细胞存在于多细胞生物长成的身体内，终身为这些生物体替补细胞，所以这些干细胞被称为成体干细胞（adult stem cells）。成体干细胞是多细胞生物身体的更新之源。

为了从少数干细胞产生出大量的体细胞，干细胞分化为体细胞时不是"一步到位"，而是先形成前体细胞（progenitor cells），前体细胞大量繁殖，然后进行分化，这样一个干细胞就可以产生成千上万个体细胞。

有的成体干细胞只替补一种细胞，例如水螅可分裂的外上皮细胞只替换外上皮细胞，可分裂的内上皮细胞只替换内上皮细胞，这叫做单能干细胞（uni-potent stem cells）。人体中替换肌肉细胞的干细胞只能够替换肌肉细胞，也是单能干细胞。有些干细胞能够分裂和分化成多种要被替补的细胞，叫做多能干细胞（multi-potent stem cells）。例如人的造血干细胞就能够生成血液中所有类型的血细胞，包括红细胞和各种白细胞，是多能干细胞。水螅的间质细胞能够分化为刺细胞、神经细胞、腺细胞、精子、卵子，所以也是多能干细胞，不过是带有生殖细胞能力的干细胞。

成体干细胞只占所在组织中细胞的极少数，常常只有已分化细胞的万分之一。要能够终身为生物体替换细胞，这些干细胞还必须有一个本领，就是不断地复制自己，不然干细胞用一个少一个，是很快就会被用完的。干细胞复制自己的方法，是进行不对称分裂（asymmetric division），干细胞分裂形成的两个细胞中，只有一个继续分裂，并且在分裂的同时进行分化，最后变成成熟的体细胞，另一个则仍然是干细胞。通过这种方式，干细胞就能够保持自己的"真身"。在需要的情况下，干细胞还能够进行对称分裂（asymmetric division），分裂形成的两个细胞都是干细胞，以保持干细胞的数量稳定。

成体干细胞是受精卵的延伸

从成体干细胞的性质出发，我们可以把干细胞定义为具有两个重要性质的细胞：（1）处于未分化状态，并且能够分化成为（一种或多种）成熟体细胞的细胞；（2）能够自我更新，保持自己未分化状态的细胞。这两个性质中，第一个是对干细胞基本功能的描述，即这些细胞就像树干一样，从上面可以分出枝叶来。而第二个功能只为成体干细胞所需要，即需要在生物体内被终身用来替补体细胞，所以不能被用完，而有些全能干细胞只存在于胚胎发育的初期，随后就变成多能干细胞，并不复制完全的自己（见下文）。在实际应用上，干细胞技术（见下一部分，干细胞技术）也需要干细胞能够在体外增殖（即能够复制自己），这样才能有足够的干细胞用于临床目的。所以第二个定义只适用于某些干细胞，或者是为实际应用的需要。如果我们只从科学含义出发，可以只保留第一个定义，这样更多的细胞都可以被归入干细胞的范畴。

从第一个定义出发，受精卵无疑是功能最强大的干细胞。受精卵不但可以分化形成人体内所有类型的细胞，还能分化出为胚胎发育所需要，但是不属于胚胎的胎盘细胞。这样的干细胞被称为是全能干细胞（toti-potent stem cells）。它就像是树的主干，所有的枝叶都从它而来。团藻的生殖细胞、黑曲霉的分生孢子也应该算作全能干细胞，虽然它们分化出的细胞类型远比人体少，但是毕竟能够产生下一代生物体内所有类型的细胞。这些细胞都不符合上面说的第二个定义，即自我复制，因为这些细胞一旦分裂，就会变成胚胎或生物体，自身也就不存在了，但是它们仍然符合第一个定义，所以都是干细胞。我们以后在讨论干细胞时，也都不考虑第二个定义。

哺乳动物（包括人）的受精卵开始分裂后，细胞数逐渐增加，开始时形成实心的球体，样子像桑葚，叫桑葚胚（morula）。桑葚胚里面的每个细胞和受精卵一样，也是全能的。如果把这些细胞分开，每一个都有可能形成单独的胚胎。在动物育种技术中，就曾经采取这种办法用一个受精卵产生多个胚胎。

胚胎进一步发展，会形成一个小囊泡，叫囊胚（blastocyst）。囊泡的壁以后发育成胎盘，囊胚腔中有一团细胞，附在囊胚的壁上，叫内细胞团（inner cell mass）。内细胞团中的每个细胞以后都可以分化为身体里面所有类型的细胞，但是不能够形成胎盘，所以光靠自己不能在子宫中着床，发育成胎儿。由于这些细胞能够分化成动物身体里面所有类型的细胞，所以被称为是万能干细胞（pluri-potent stem cells）（图4-9）。由于它已经不能分化成胎盘的细胞，所以已经不是全能干细胞。

胚胎进一步发育，就会形成三个胚层，它们逐渐分化成为各种组织，内细胞团里面的细胞在分化的同时，也保留一部分作为干细胞，进入各种组织，最后变为成体干细胞。在这个过程中，这些干细胞也失去了万能性，即不再能够分化形

成身体里面所有类型的细胞，而只能变成它们所在组织里面的细胞，成为多能干细胞或单能干细胞。它们就像是大树上的分枝，只能形成自己这个分枝上的枝叶。

从上面的过程可以看出，从受精卵到成体干细胞，干细胞分化的能力是逐渐下降的，从全能到万能到多能和单能。在这个意义上，干细胞本身也在发育过程中分化，从性能广泛的干细胞分化为性能更狭窄的干细胞。这些性能更狭窄，或者说性能更专一的干细胞已经不是生殖细胞，但是它们也不是组成身体的，成熟的体细胞。由于它们还保留有一些受精卵低分化的性质和分化成体细胞的能力，所以这些成体干细胞可以看成是受精卵的延伸。

干细胞会老化吗？

从人老化的状态，可以推测干细胞的功能是会随着年龄增长逐渐下降的。一个原因是干细胞本身的老化，另一个是干细胞所处的环境恶化，使它们的功能发挥不出来。

干细胞陪伴多细胞生物终身，其间也会受到辐射和有害化学物质的伤害，数量、活力都会下降。但是干细胞所处环境的恶化似乎起更大的作用。例如老年小鼠的睾丸中，原来生成精子的成精干细胞已经不再能够产生精子，好像它们已经老化了，但是如果把这些干细胞取出来，移植到年轻小鼠的睾丸中去，它们又可以产生精子。如果每三个月转移一次，这些干细胞还可以活跃地生成精子达三年之久，超出小鼠的寿命。所以只要环境合

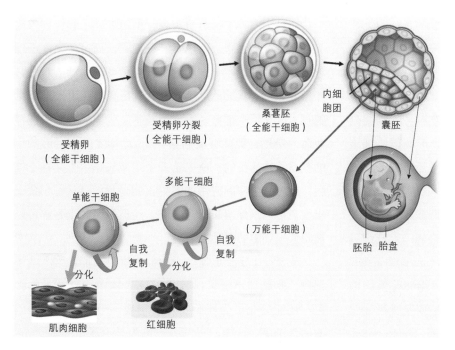

图 4-9　人体干细胞的生成过程

适，老年生物的干细胞还是具有活力的。生物死亡时，身体内还有许多还具有活力的干细胞，说明干细胞的寿命长于生物体的总体寿命。只是由于生物体总体的死亡，这些干细胞才不能继续生存下去。

对比同样年龄的人，也可以看出身体状况对干细胞的影响。有的人到了高龄仍然耳聪目明、思维敏捷、行动迅速、面色红润、肤革充盈，就是生病和受伤也恢复得比较快，说明他们身上的干细胞还有强大的生命力。按照中国人的说法，就是"元气充足"。但是许多人却达不到这种状态。由于自身（基因组合、生活方式）和外界的原因，许多细胞提前衰亡而得不到补充，使这些人听力下降、两眼昏花、牙齿脱落、头发稀疏、呼吸不畅、行动困难、关节磨损、伤口愈合缓慢、感冒久拖不愈，说明他们身体里面的干细胞已经不能很好地发挥作用，中国人的说法就是这些人"元气不足"，或者"元气大伤"。干细胞和"元气"之间，看来真有密切的关系，因为二者都有生命之源的意思。而经过改变生活习惯，许多人的健康状况也可以改善，甚至长出新的头发。这说明他们身体里面的干细胞还有功能，只是所处的环境恶化。所以为了保持身体里面干细胞的活力，我们都要注意自己的生活方式。

干细胞技术

干细胞技术是人类对天然干细胞生成和分化过程的介入和利用，本不属于本书叙述的范围，不过从广义来说，人类的行为归根到底还是生物演化的结果，而且干细胞技术具有很大的临床意义，还能帮助人类更好地了解干细胞，所以也在这里做简要介绍。

开发干细胞技术的原因，是由于干细胞虽然具有分化成各种体细胞的巨大潜力，但是这种潜力在生物体内没有完全发挥。成体干细胞只能在正常状态下替补身体里面的细胞，而在非正常状态下，干细胞就"心有余而力不足"了。例如角膜受损后，身体并不能将其修复，而需要角膜移植。肝坏死或肾坏死后，身体也没有办法修复，而需要器官移植。成体干细胞被分隔在不同的组织中，只能接收所在组织给它的信号，分化成为所在组织的细胞，而不能分化为其他组织的细胞。况且我们身体里面的干细胞数量很少，体细胞数量虽多，却不能变

回干细胞。干细胞技术就是要打破这些限制，提取或者"制造"干细胞，让它们在体外增殖，扩大它们的分化范围，再让它们变成所需要的细胞，这样就有希望做出体内的干细胞自己不能够做到的事，替换身体里面受损或者死亡的细胞、组织，甚至器官，例如修复受损的角膜、替换由于心肌梗死而死亡的心肌细胞、修复病变的视网膜、替换坏死的肾脏、肝脏等，所以具有很大的临床意义和应用价值，世界上的许多国家都在开发干细胞技术。从干细胞技术的角度，干细胞有以下来源：

由于胚胎本来就是要发育成一个完整的人的，囊胚里面的内细胞团可以发育成为人体内所有类型的细胞，所以一开始人们对胚胎里面的干细胞寄希望最大。从人工授精产生的胚胎中提取内细胞团的细胞，放在适当的培养环境中，这些细胞就可以自我复制，形成细胞系，叫做胚胎干细胞（embryonic stem cells，简称 ES 细胞）。

由于这个技术要破坏本来可以发育成人的胚胎（哪怕当事人已经不打算使用），这个做法被一些人认为是谋杀生命而加以反对。而且培养这些细胞的条件非常苛刻，极费人工，还需要用胎鼠的成纤维细胞作为"饲养细胞"（不是喂给干细胞吃，而是给它们提供控制信号），有被小鼠细胞污染的危险。所以胚胎干细胞在理论上用处最大，但实际上操作困难。作为理论研究很有价值，但离临床应用还有相当距离。

发育 10 个星期以上的胎儿已经发育出各种组织。由于该时期正是这些组织快速形成的时期，胎儿身体里面含有大量组织特异性的干细胞。从流产的胎儿中提取的这些干细胞，叫胎儿干细胞（fetal stem cells）。它们已经不是万能干细胞，但是可以形成所在组织的各种细胞。胎儿干细胞的培养比胚胎干细胞容易，但是仍然需要胎鼠的成纤维细胞做为饲养细胞。

新生儿出生时，脐带里还残留着胎儿的血液，里面含有大量的造血干细胞，叫脐带血干细胞（umbilical cord blood-derived stem cell）。由于这些干细胞是在人体发育的早期形成的，组织特异性抗原（引起另一个个体组织排斥的细胞表面物质）的表达程度还比较低，因而可以比较容易地应用在其他人身上，而不像骨髓移植那样需要严格的配对。经过诱导，这些造血干细胞还可以转化成其他系统的细胞，例如肌肉细胞和神经细胞，所以实用性很强。许多国家都在建造脐带血的血库。储存

新生儿脐带血以便以后为自己使用或被别人使用。

羊水中也含有大量的干细胞，叫羊水干细胞（amniotic fluid-derived stem cells）。这些干细胞来自胎儿，活性很高，可以分化为脂肪细胞、成骨细胞、肌肉细胞、肝细胞、神经细胞，甚至心脏瓣膜，而且癌变危险性低。目前科学家正在进一步发掘这些干细胞的能力和用途。这些干细胞容易获得，在怀孕的各个时期都能抽取，甚至能够从分娩后的胎盘中提取。它们类似于胚胎干细胞，但抽取它们又没有毁坏胚胎的问题，羊水干细胞既能为提供者本人以后所用，也可以供其他人使用，被看做是很有前途的干细胞。

成体干细胞，顾名思义，是从成年人身上提取的。它们都是具有组织特异性的干细胞，即在体内只能分化成为所在组织的细胞。最容易取得和应用最广的是骨髓干细胞（bone marrow stem cells），其中包括造血干细胞（hematopoietic stem cells）和间质干细胞（mesenchymal stem cells）。前者可以分化出所有类型的血细胞，后者可以产生骨细胞、软骨细胞和脂肪细胞。

成体干细胞也可以从人体的许多器官和组织中提取，包括皮肤、小肠、大脑、眼睛、胰脏、肝脏、睾丸、脂肪、肌肉等。最近发现，胸腺里也含有大量的造血干细胞，是成人干细胞另一个丰富和方便的来源。

虽然成体干细胞具有组织特异性，但是在体外，这些干细胞也可以被诱导成其他组织的细胞，大大增加这些干细胞的应用范围。

在干细胞技术中，"诱导"有两个意义。一个是改变干细胞的培养条件（例如加入各种生长因子），把一个组织的干细胞转变成其他组织的细胞。例如造血干细胞在体内是不能变成神经细胞的，因为这些细胞在骨髓中得不到让它变为神经细胞的信号。而在体外，就可以模拟干细胞分化成为神经细胞的条件，在培养基中加入神经生长因子等诱导分子，诱导造血干细胞分化成为神经细胞。这种诱导技术使得干细胞的分化能力和应用范围大大提高，是干细胞技术的威力之一。

另一种诱导是把体细胞诱导成为干细胞。在人体内，干细胞分化为体细胞是单行线，即干细胞可以变为体细胞，而体细胞不能变回干细胞。一种体细胞也不能变为另一种体细胞，例如肝细胞不能变成肌肉细胞。由于体细胞是组成身体的主要细胞，数量极其庞大，如果

有一种技术能够使体细胞变回干细胞，干细胞就有了取之不尽的源泉。在制取诱导干细胞时，人们希望这些干细胞是多能的，所以这样形成的干细胞叫诱导多潜能干细胞（induced pluripotent stem cells）。

把体细胞诱导成干细胞也有几种方法。一种是让体细胞的细胞核和去掉了细胞核的卵细胞融合，或者直接让体细胞和去核卵细胞融合，叫做体细胞核转移技术（somatic cell nuclear transfer）。由于卵细胞的细胞核和核里面的遗传物质DNA都已经去掉，融合细胞的遗传物质就是从体细胞来的，以后繁殖出来的细胞也和体细胞具有几乎完全相同的遗传物质（卵细胞中线粒体的DNA比起细胞核的DNA数量微不足道）。卵细胞的细胞质有一种能力，使体细胞的遗传物质"时光倒转"，变回干细胞状态，甚至回到受精卵状态，进而可以发育成一个完整的动物。克隆羊多利（Dolly）就是这样诞生的。

第二种诱导法不是使用卵细胞的细胞质，而是在体细胞中引入几个"转录因子"（transcription factor，即控制基因开关的蛋白质，例如Oct4、Sox2、Klf4、c-myc）。这些因子在体细胞中的表达（产生这几个基因编码的蛋白质），就可以让体细胞"反分化"，退回到未分化状态，即变为干细胞。这个方法最大的优点是可以用病人自己的体细胞（例如皮肤的上皮细胞）来制造干细胞来给他们治病，不会出现组织排斥的问题。用这种方法，中国科学家甚至能够把小鼠尾巴上的细胞诱导成为万能干细胞，进而培育出活的小鼠。

不过在目前，无论是细胞核转移技术，还是基因诱导技术，成功率都很低，而且外来基因还要用病毒为载体进入细胞，带有潜在的风险。

从体细胞分离出干细胞

比起已分化细胞来，我们身体里面干细胞的数量很少，大约只有万分之一。诱导干细胞的成功率也很低，从百分之一到千分之一。要从已分化细胞的汪洋大海中识别并且分离出这些干细胞，是一件难度很高的事。只有在上个世纪80年代标记和分离干细胞的技术出现突破之后，干细胞研究才得到迅猛的发展。

首先是识别干细胞。这主要是利用细胞表面的一些特殊抗原，即能够在另一个机体中引起免疫反应的

糖蛋白分子。不同的细胞表面有不同的表面抗原，相当于我们衣服上佩戴的徽章，表明我们是哪个单位的人。这些徽章的名字一般都冠以"CD"这个前缀，例如CD19、CD34等。"CD"的意思是细胞分化时的细胞表面分子簇（Cluster of Differentiation，缩写为CD）。由于它们首先是在白细胞表面发现的，一般翻译为"白细胞分化抗原"。一种徽章常常不足以鉴定一种细胞，但是几种徽章结合起来，就能够准确地识别一种细胞。

例如所有的骨髓造血干细胞表面都有CD34。但是有CD34的不一定就是造血干细胞，它所形成的前体细胞也具有CD34。要区别干细胞和前体细胞，就要看有没有CD38。如果CD38出现，那就已经不是干细胞，而是向分化方向走的前体细胞了。如果CD34没有了，那就说明分化程度已经比较高了，连干细胞的痕迹也没有了。利用这个原理，就可以把干细胞和其他细胞区别开来。

但是这些徽章在显微镜下也看不见，太小了。要知道它们的存在，需要一类特殊的识别分子，那就是抗体（antibody）。抗体是动物身体所产生的专门用来识别外来物质的分子，具有很高的特异性。一旦遇到与它相对应的抗原，就会紧紧地结合在上面。如果在抗体分子上再连上荧光基团，被抗体结合的细胞就会在被激光照射时发出荧光（波长与激发光不同的光），这些细胞就容易被看见了，发荧光的细胞就具有这种抗原。

如果与不同抗体相连的荧光基团能够在激光照射时发出不同的颜色，就可以准确地知道细胞的种类，进而分离它们。如果让这些细胞通过一根细管，每次只让一个细胞通过，同时用激光照射细胞。机器根据这些颜色，决定是给细胞带上正电、负电、还是不带电。然后细胞从细管中被喷射出来，每次一个，进入分离仓。分离仓里有外加的电场，带电的细胞在电场中运动路线会发生偏转。根据细胞带电的情形，这些细胞的运动路线或是向右偏转，或是向左偏转，或是不发生偏转，从而进入不同的收集管，干细胞就和其他细胞分开了。能够进行这项工作的机器叫做荧光激活的细胞分离机（Fluorescent Activated Cell Sorter，简称FACS机器）。现在的FACS机器每秒钟可以分离数以千计的细胞，是干细胞研究不可缺少的设备（图4-10）。

干细胞分离出来后，还要进行"核实"工作，看它们是不是真的干细胞。首先是看它们基因表达的情况是不是符合干细胞的情形，然后进行功能测试，看它们是否真的能

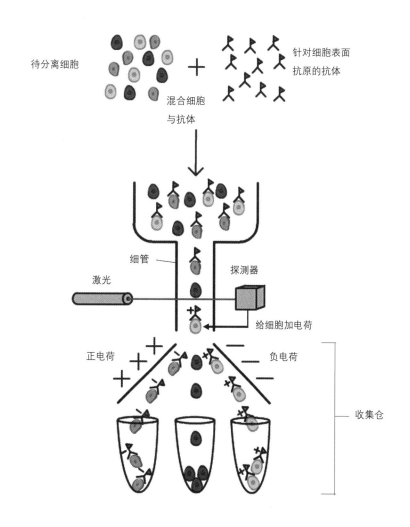

图 4-10　荧光激活的细胞分离机工作原理

够自我复制和分化为体细胞。经过核实的干细胞才能够使用。

在体内,干细胞是在一些特殊的环境中生活的,这种微环境在英文中叫做 niche,原意是墙壁上凹进去,用来放神像的小空间。例如骨髓里面的造血干细胞就是在一些特殊的缝隙中生活的。在这里,它们与周围的细胞接触,从这些细胞得到保持干细胞身份和进行分化的信号,所以在体外培养干细胞,也要尽量模仿体内 niche 的状况和条件,给它们配备能够给它们信号的细胞,同时在培养液中要有它们所需要的各种蛋白因子。

在需要干细胞分化时,就在培养液中加入某种生长因子。例如在体外培养的条件下,给骨髓造血干细胞以促红细胞生长因子(erythropoietin,简称 EPO),它就会分化成红细胞。如果给它白细胞介素–7(interleukin-7,简称 IL-7),它就会向淋巴细胞方向转化。当然细胞的分化是一个非常复杂的过程,需要精密的基因调控,这里举的只是大大简化了的例子,实际操作远比这个复杂,不过原理是一样的。

第五节 永生的生殖细胞

多细胞生物的生命是通过生殖细胞传递下去的,生殖细胞既然负担着延续生命的重任,它就必须满足一个条件,就是能够永生,否则物种就无法延续。这里所说的永生,不是同一个细胞永远不死,而是能够永远繁殖下去。单细胞生物既然同时为体细胞和生殖细胞,它就已经具有这种能力。例如蓝细菌是地球上最早出现的生物之一,在 35 亿年之后的今天仍在地球上繁衍。由生殖细胞传递的多细胞生物的生命也是这样,例如昆虫已经在地球上生活了数亿年的时间,现在仍然是地球上物种最多的生物。就是人类,作为物种也已经生存了几百万年的时间,而且在可以预见的将来还会继续生存下去。根据细胞理论,新的细胞只能从已经有的细胞分裂而来,所以对于许多具有无限生命的物种,生殖细胞都可以连续地从一代生物繁衍到下一代生物,永不间断。从这个意义上说,生殖细胞的寿命是无限的。我们每个人的身体里面,都有几十亿年前那个最初的细胞连续不断分裂产生的后代,而且它们还会永久分裂下去。

与此相反,任何多细胞生物个体的寿命都有限,组成多细胞生物的体细胞也不能无限地繁殖下去,而是会随着多细胞生物的个体死亡而死亡,而且有些体细胞的寿命还短于生物整体的寿命。

人类对于生物衰老机制的研究,其实是对体细胞衰老机制的研究,因为这才是决定一个生物体能够活多久的原因。对于衰老的机制已经有众多的理论,例如"磨损理论""自由基理论""端粒酶理论""基因决定论"等。但是所有这些理论都必须解释,为什么这些机制只影响体细胞,而不影响生殖细胞。例如妇女的卵细胞是她还在胎儿时期就形成了的,在成熟之前在身体内要待上十几年至几十年。男性的生殖能力可以延续到老年,精原细胞在体内待的时间更长。即使影响体细胞的因素只是轻微地影响到生殖细胞,逐代积累起来,也会最后导致物种的灭绝。假如人类从出现到现在有 100 万年的时间,如果每传一代需要 20 年的时间,那人类就已经传了 5 万代。即使每一代生殖细胞受环境的影响只减少每一代人一天的寿命,那么人类也不应该存活到今天(人活到 100 岁也就是 3 万多天)。人类如此,那些活了几十亿年的蓝细菌就更是如此了。

当然这不是说生殖细胞就不会老化和死亡。例如妇女过了 40 岁,卵子中 DNA 的突变率就会显著增加。没有生殖能力和生殖机会的个体死亡时,这个生物体所含的生殖细胞也会死亡。但是只要在自然的生育年龄内,总会有许多个体能够形成健康的后代,其寿命永远不会随着代数的增加而减少,每一代都能够真正地"从零开始"。也就是说,生殖细胞有能力把环境带来的不利影响完全消除掉,不留一丝一毫给下一代,否则物种就会凋亡,这就和体细胞的情况形成鲜明对比。对于体细胞,无论身体如何努力来防止和修复由内在和外在因素造成的伤害,人类还用各种医学手段来对抗这些伤害,它们也终将老化死亡。但是生殖细胞也是细胞,含有和体细胞同样的基因,生殖细胞维持自己长生不老的"武器",理论上体细胞也能够具有。是什么原因使生殖细胞和体细胞有如此巨大的差异呢?

1881 年,德国生物学家奥古斯特·魏斯曼(August Weismann,1834—1914)提出了种质论(Germ plasm theory)。他把生物体内的细胞分为生殖细胞(germplasm)

和体细胞（somaplasm），生殖细胞的寿命是无限的，体细胞由生殖细胞衍生而来，任务就是把生殖细胞的生命传给下一代，然后死亡。在生殖细胞分裂发育成为生物体时，总是会"留出"一些细胞继续作为生殖细胞，同时分化出体细胞来"照顾"生殖细胞，并且让生殖细胞把生命传给后代。也就是说，我们的身体只是生殖细胞的载具，只能使用一次，使用完就被丢弃了，只有生殖细胞代表连续不断的生命，这是任何多细胞生物体都会衰老死亡的根本原因。直到今天，魏斯曼的基本思想还是被许多科学家认为是正确的。从魏斯曼提出这个思想到现在，已经过去了130多年，人类对于生物发育和衰老机制的研究已经获得了大量的结果，可以比较具体地来讨论生殖细胞为何与体细胞如此不同。

"垃圾桶理论"

我们前面谈的生物的寿命，是指多细胞生物的寿命。单细胞生物同时是体细胞和生殖细胞，所以应该是"永生"的。细菌一分为二，酵母出芽繁殖，它们的生命都在后代细胞中延续。许多细菌从产生到现在，已经生存了几十亿年，可以证明单细胞生物的确是永生的。但是仔细观察单细胞生物，就会发现它们之中有的个体也会显现出衰老的迹象，比如生长变慢，死亡率增加，最后失去繁殖能力并且死亡。是什么机制使得一些单细胞生物的个体持续分裂下去，另一些个体却衰老死亡呢？

在这里，面包酵母（baker's yeast, *Saccharomyces cerevisiae*）提供了一个有趣的例子。面包酵母出芽形成的新酵母菌比"母体"小，所以这种酵母的细胞分裂是"不对称分裂"。这种不对称性不仅表现在细胞大小上，而且有更深刻的内容。"母体"细胞继承了原来细胞的损伤，例如羰基化的蛋白质、被氧化的蛋白质和细胞核外的环状DNA。母体细胞只能再分裂25次左右，就衰老死亡。而新生的酵母却没有这些受损成分，能够活跃地分裂繁殖。所以酵母作为一个物种，是靠新生酵母把生命传下去的。"母体"酵母就像一个"垃圾桶"，自己收集细胞所受的损伤，而不把这些损伤传给下一代。

大肠杆菌（*Escherichia coli*）的分裂看上去是对称的，两个"子"细胞在大小形状上没有差别，那么大肠

杆菌的生命又是靠什么细胞传递下去呢？为了研究这个问题，法国科学家跟踪了94个细菌的菌落中细胞分裂的情况，一共跟踪到35049个最后形成的细菌。跟踪的结果表明，这种对称只是表面上的。大肠杆菌是杆状的，所以有两"极"（相当于杆的两端）。细胞分裂时，在分裂处形成新的极，这样每个细胞都有一个上一代细胞的极（老极）和新形成的极（新极）。细胞再分裂时，就会有一个"子"细胞含有老极，一个"子"细胞含有新极，所以这两个细胞是不一样的。研究发现，总是继承上一代老极的细胞就像酵母菌的"母体"细胞那样，生长变慢、分裂周期加长、死亡率增加。而总是继承上一代新极的"子"细胞则一直保持活力。所以大肠杆菌分裂时，也有一个"子"细胞成为"垃圾桶"，继承细胞的损伤，以便使另一个"子"细胞"从零开始"。这个想法也得到实验证据的支持，例如许多变性的蛋白质会结合在热激蛋白上，用荧光标记的热激蛋白抗体IbpA表明，变性蛋白的聚结物确实存在于含老极的细胞中。

除了蛋白质受损伤，脂肪酸也可以被氧化。但是细胞膜的流动和代谢是比较缓慢的，在单细胞生物迅速分裂的情况下（一般几十分钟分裂一次），受到损伤的成分常常被保留在"母体"细胞中（例如酵母的分裂），或者和老极相连（例如大肠杆菌的分裂）。变性蛋白质的聚结物在细胞中扩散很慢，也容易留在上一代的细胞中。这些结果说明，"垃圾桶"理论还是有一些道理的。不过这就要求"垃圾桶"能够把"垃圾"全部收集光，不留给新细胞。细胞是如何做到这一点的，或者是否能够做到这一点，现在还是未知数。

有趣的是纤毛虫（ciliate）。这是一类单细胞的原生动物，以细胞上有纤毛而得名，草履虫就是纤毛虫的一种。纤毛虫有两个细胞核。比较小的细胞核和高等动物一样，是2倍体的（含有两份遗传物质）。它不管细胞的代谢，只管生殖。纤毛虫还有一个比较大的细胞核，由小细胞核自我复制和修饰而成（见图4-1）。它是多倍体（含有多份遗传物质），负责细胞的日常生活。这相当于在同一个细胞中既有体细胞（以大核为标志），又有生殖细胞（以小核为标志）。在繁殖时，负责生殖的小核被传给下一代，而负责代谢的大核则被丢弃。分裂时小核代表将生命传下去的生殖细胞，然后在新细胞中

再由小核形成大核。而原来的大核则代表被丢弃的体细胞。这也和"垃圾桶理论"相符。

"垃圾桶理论"也可以通过另一种方式实现，即细胞不是固定地把受到损伤的成分留在老细胞里，而是通过随机的过程进入任意一个"子"细胞中。裂殖酵母（fission yeast, Schizosaccharomyces pombe）不是靠出芽繁殖，而是进行对称分裂。在不利的条件下，变性的蛋白质会形成单个聚结物。细胞分裂时，这个聚结物会随机地进入其中一个"子"细胞。获得了聚结物的细胞就显现出老化的迹象，而没有继承到聚结物的细胞则保持青春活力。

生殖细胞不老的机制

多细胞生物中生殖细胞"长生不老"的机制很难研究，因为生殖细胞和体细胞存在于同一个生物体中，所以很难把体细胞的衰老和生殖细胞的衰老分开。生物个体的寿命反映的主要是体细胞衰老的情况，生殖细胞的衰老不一定直接反映在生物个体的寿命，而是把生命传下去的能力上，这就需要很多代的数据积累。由于许多动物个体的总体寿命大大超过生育寿命，个体之间生育寿命的差别也很大，生殖细胞的衰老也很难从生殖寿命的缩短看出来。

线虫（Caenorhabditis elegans）是研究这个问题比较好的材料，因为线虫的繁殖周期很短，只有 3.5 天，所以几个月内就能观察几十代。相比之下果蝇的繁殖周期约为 11 天，小鼠为两个月左右。而且线虫是自我受精的，不需要交配就能繁殖后代。科学家用甲基磺酸乙酯（EMS）在线虫的 DNA 中引起突变，再选择那些繁殖在若干代后终止的突变型。结果发现能够影响端粒复制的突变 mrt2 与 DNA 双链断裂修复有关的突变 mre-11，都能够使线虫的繁殖在数代以后终止，说明未被突变破坏的这两个机制都是生殖细胞的永生所需要的。

端粒位于染色体的末端，本身也是 DNA 的序列，由许多重复单位构成。它就像鞋带两端的鞋带扣，没有它鞋带里面的线就会松开。由于 DNA 复制过程的特点，DNA 每复制一次，端粒就会缩短一点。如果端粒不被修复，DNA 复制若干次后，端粒就短到不再能够保持 DNA 完整的程度（见第三章第五节）。这就是为什么人

的成纤维细胞在体外只能分裂 50 来次就死亡，因为这种细胞不能修复端粒。如果生殖细胞也是这种情形，生殖细胞也就不成为生殖细胞了。幸运的是，生殖细胞能够生产"端粒酶"来修复受损的端粒。一种理论认为，许多体细胞没有端粒酶的活性，是为了防止它们像癌细胞那样无节制地繁殖，而许多癌细胞由于像生殖细胞那样具有端粒酶的活性，所以能够无限制地繁殖。但是在通过出芽繁殖的面包酵母中，继承细胞损伤的"母体"细胞的端粒在细胞分裂时并不缩短，说明"母体"细胞老化的原因并不是端粒酶活性缺失。同样，DNA 双链断裂的修复也是为体细胞的生存所需要的，体细胞也有这样的修复机制，所以这种机制也不大可能是生殖细胞永生的原因。

1987 年，英国科学家托马斯·科克伍德（Thomas Kirkwood, 1951 年—）提出了生殖细胞永生的三种机制：(1) 生殖细胞比体细胞有更强大的维持和修复机制；(2) 生殖细胞特有的，使自己恢复青春的机制；(3) 只让健康的生殖细胞存活的选择机制。这几种机制都得到一些实验结果的支持。

为了检验细胞的修复机制，科学家把外来基因转入小鼠的各种细胞中，包括小脑和前脑的细胞、胸腺细胞、肝细胞、脂肪细胞和生殖细胞，再比较在这些细胞中外来基因 DNA 的突变率。结果发现在生殖细胞中，DNA 的突变率最低。用动物自身基因的实验也得到了同样的结果。另一个办法是人为地在小鼠 DNA 中引起突变，再看不同细胞修复的情况，结果也是生殖细胞的修复能力最高。

生殖细胞特有的保持青春的机制包括前面提到的不对称分裂以使老的细胞继承细胞损伤的产物，就像出芽酵母和大肠杆菌的情形那样。人在生成卵细胞时，两次减数分裂形成的 4 个细胞中，只有一个成为卵细胞，其他 3 个都变成"极体"而退化，而不是 4 个细胞都成为卵细胞。这种"浪费"的做法也许就是把受损产物都集中到极体中去，让卵细胞"全新开始"。恢复青春的机制还包括表观遗传修饰（epigenetic modification）的重新设定，包括 DNA 的甲基化和组蛋白的乙酰化。它们不改变 DNA 的序列，但是可以影响基因表达的状况。生殖细胞和受精卵里面的表观遗传修饰都是经过大规模改变的。

生殖细胞看来也存在选择机制。例如果蝇的卵子在形成的过程中，会有几波细胞的程序性死亡（apoptosis）。小鼠的精子在形成过程中，也有几波细胞程序性死亡。这些程序性死亡的目的可能是淘汰那些受损的生殖细胞。精子的选择也在受精过程中进行。几亿个进入阴道的精子中，只有一个能够与卵子结合。

这些机制看来都对维持生殖细胞的青春有作用，问题是它们是否有作用。生殖细胞的修复机制的确比体细胞高，但是如果修复的效率不是百分之百，损伤还是可能积累。极体也许可以收集受到损伤的细胞产物，但是这种收集也许并不彻底。选择性机制能够淘汰那些有明显损伤的生殖细胞，但是也不一定能够防止被挑选的生殖细胞积累损伤。所以科克伍德的假说也许还不足以完全解释生殖细胞的永生能力。

现代克隆动物实验的启示

近年来人类克隆动物的重大突破，就是让体细胞重新成为有无限繁殖能力的生殖细胞。把体细胞的细胞核放到去核的卵细胞内，就能够形成胚胎，发育成动物。不用体细胞的细胞核，而是把整个体细胞和去核卵细胞融合，也可以形成胚胎。克隆羊"多利"就是这样产生的。体细胞本来是有寿命的，但是卵细胞的细胞质似乎有一种力量，能够把加在体细胞上面的寿命限制解除，体细胞变成了永生的。这说明体细胞的命运是可逆的。成年动物的体细胞肯定已经积累了相当数量的受损物质，可是这些物质似乎并不影响体细胞获得永生的能力。卵细胞的细胞质中似乎有一种"青春因子"，可以使时钟倒转，让体细胞变回生殖细胞，而不管它已经受了多少损伤。

但是这种有关"青春因子"的想法被"诱导干细胞"技术否定了（见本章第四节）。把几种"转录因子"（控制基因开关的蛋白质）的基因转移到体细胞中去，就可以把体细胞变成生殖细胞，而不再依靠卵细胞的细胞质。2009年，中国科学院动物研究所的周琪和上海交通大学医学院的曾凡一合作，从一只雄性黑色小鼠的身上取下一些皮肤细胞，用转录因子诱导的方法，得到了诱导干细胞。他们把诱导干细胞放到"4倍体"的胚胎细胞之间，植入小鼠的子宫内，成功地培育出了一只活的小鼠，取

名"小小"。"小小"还有繁殖能力，已经成功地产生了几代小鼠。在这个过程中没有使用卵细胞的细胞质，而4倍体的胚胎细胞也只发育成胎盘，并不参与胚胎自身的发育。所以这只克隆鼠完全是由当初的一个体细胞产生的，并不需要卵细胞细胞质中假想的"青春因子"。

当然克隆动物繁殖的代数还有限，还有许多克隆动物生下来就有各种缺陷和疾病，甚至早夭。这些缺陷也许是由于克隆过程本身造成的损伤，或者表观遗传状态重新设定得不彻底，但是不能说这样形成的生殖细胞就不能永生。克隆鼠"小小"能够繁殖数代，每代看上去都很健康，似乎证实了这个想法。如果克隆动物和普通动物一样，能够无限代地繁殖，就能最终证明体细胞和生殖细胞之间的界限是可以打破的，永生的能力也不是生殖细胞所特有的。

植物的生殖细胞

在动物中，生殖细胞的传递是连续不断的，在从受精卵发育成动物的身体时，总会留出一些细胞不向体细胞方向分化，而保留为生殖系统的细胞，所以动物在任何发育阶段都可以找到生殖细胞的脉络。这个系统里面的一些细胞虽然也在形成精子和卵子的时候被淘汰，但是总会有一些细胞（最后形成的精子和卵子）能够把生命传递给下一代，让物种能够无限地繁衍，除非外界的条件让物种凋亡。而进入体细胞分化路线的细胞则最多只能够活生物体的一代，即最多和生物体的寿命一样长（例如神经细胞），最后都要死亡，而许多体细胞的寿命则远短于整体动物的寿命。无论是哪种情况，体细胞的前途只有一个，那就是死亡，除非进行人为的干预，用干细胞技术把它们重新变回生殖细胞。

但是植物的情形却不同。植物的种子在萌发时，并不"留出"专门的细胞为生殖细胞。在植物生长期，即在繁殖期之前，植物的身体只由体细胞和干细胞组成。植物形成层的细胞和芽尖、根尖生长点的细胞就是植物的干细胞，它们不断分裂分化，形成组成植物根、茎、叶的体细胞。在这个阶段，植物的干细胞和动物的干细胞的任务没有根本区别，都是形成体细胞。

但是到了生殖期，植物的这些干细胞却可以分化形成性器官所需要的细胞，生成花粉中的雄性生殖细胞和

胚珠中的雌性生殖细胞。这说明植物的干细胞实际上还保留有万能干细胞的性质，可以生成所有类型的细胞，包括体细胞和生殖细胞。

因此，植物和动物的最大差别，是动物在发育成熟后，就不再拥有全能干细胞，只保留功能有限的成体干细胞。由于成体干细胞的任务只是替补体细胞，不能变为生殖细胞，动物的生殖细胞必须在胚胎发育阶段就被分离出来，在生殖器官中单独保存。而植物在其生命的全过程中始终拥有全能干细胞，在生长阶段只负责根、茎、叶的生长，形成体细胞，在植物进入繁殖期时，又能从这些全能干细胞发展出生殖细胞来。植物不能运动，不能逃避危险（例如动物啃食和大风冰雹），所以难以预测身体在哪个时候会受伤，在哪里受伤。与其像动物那样在胚胎发育阶段就长出生殖器官而冒它们被损坏的危险，还不如在真正需要繁殖时再在最合适的地方长出生殖器官。

生殖细胞永生的能力可能来自DNA的外遗传修饰状况

动物的体细胞和生殖细胞拥有同样的DNA，同样的基因，动物的体细胞经过干细胞技术也可以变回生殖细胞，从有限的寿命变为永生的，而且这个过程也不需要什么"青春因子"，生殖细胞永生的机制，有可能就是DNA表观遗传修饰的形式（关于表观遗传的详细介绍，见本章第八节）。卵细胞的细胞质的作用，转录因子对体细胞的诱导，也许都是重新设定这些表观遗传修饰（包括DNA的甲基化和组蛋白的乙酰化）。只要这些DNA序列以外的修饰能够回到受精卵时的状态，细胞就变成生殖细胞，基因的顺序表达就可以"从头再来"。但是细菌没有组蛋白，自然也不会有组蛋白的乙酰化，生殖细胞却一直能传到现在，说明生殖细胞保持永生的能力在几十亿年前就发展出来了。也许我们还在使用这样的机制（如"垃圾桶机制"），也许我们有了新的机制（如表观遗传修饰），也许多种机制都在使用，也许不同的生物使用不同的机制。问题核心还是生殖细胞如何完全消除细胞不可避免地受到的损伤。我们在这里谈的细胞损伤，主要是指DNA序列以外分子层面上的损伤，例如蛋白质的变性、脂肪酸的氧化、分子之间的交

联等等。这些都是体细胞衰老的重要原因，它们最终导致体细胞的死亡。同样的损伤在生殖细胞中也会发生。即使是那些经过精挑细选保留下来的生殖细胞，也要经受体细胞所经受的各种袭击，而在亿万年的时间里，所有这些袭击的负面作用都被生殖细胞消除得干干净净，不留下任何痕迹，这真是一个奇迹。找到生殖细胞长生不老的秘密，才能真正理解为什么体细胞会死亡。

虽然从生物学的观点看来，体细胞只是生殖细胞的载具，但是生命的精彩却由体细胞表现出来。我们的眼睛所能看见的多姿多彩的生命世界，其实都是体细胞的世界。是体细胞"代替"生殖细胞进行的生存竞争导致了越来越复杂的体细胞组合（生物体），人类的体细胞更是意识、智慧、感情和高级思维的基础。所以我们不必对自己只是生殖细胞的载具而感到沮丧，只有我们这些由体细胞组成的人体才能有如此丰富多彩的生活，才能对这个世界进行主动的研究，包括反过来研究延续我们生命的生殖细胞。

第六节　体细胞的衰老和死亡

体细胞丧失了生殖能力，主要由体细胞组成的多细胞生物也就只能活一代，体细胞随着多细胞生物体的死亡而死亡，因此主要由体细胞组成的多细胞生物都是有寿命的，只是寿命的长短不同。过去认为寿命最短的动物要算蜉蝣（mayfly, *Ephemeroptera*），这是一种带翅膀的昆虫，变为成虫后一般只能活几天，短的甚至只有几个小时，可谓"朝生暮死"。其实蜉蝣的幼虫在水中可以活20天左右，所以蜉蝣的寿命（从卵孵化算起）也有20多天，和苍蝇蚊子的寿命差不多。寿命最短的多细胞生物可能要数团藻。团藻由于没有成体干细胞，体细胞不能被更新，整体生命和体细胞的寿命一样长，都是4天左右。

大部分多细胞生物都有成体干细胞，体细胞能够源源不断地被替换和补充，所以多细胞生物的整体寿命比许多体细胞的寿命长得多。例如水螅的体细胞虽然只能活几天到十几天，但是由于水螅有三种干细胞不断进行体细胞的替补，整体寿命却可以长达数年。更大型的动

物可以活数百年之久。例如 1777 年，英国探险家库克船长把一只刚出生不久的陆龟送给东加王国的皇家家庭。这只叫做 Tu'I Malila 的陆龟直到 1965 年才因自然原因死亡，活了 188 年。印度 Alipore 动物园的一只叫 Adwaita 的陆龟活了大约 250 年。北极圆蛤（Quahog）活得更长，例如在冰岛北部海岸发现的一只圆蛤，用数其壳上的"年轮"的方法和碳 −14 测定法，发现它的寿命已经有 507 岁，被记入吉尼斯动物最长寿命的纪录。如果不是因为船员误将它冷冻致死，这只圆蛤的寿命可能还会更长。与动物相比，植物的寿命更长，非洲的龙血树，美洲的红杉，都可以活千年以上。美国加州的一棵芒松（Bristlecone Pine）已经活了 5064 年。欧洲山杨（Aspen）树干的寿命不过 100 多年，但是它的根却可以不断长出新的树干，总体寿命可以非常长，例如美国犹他州的一棵叫 Pando 的杨树已经通过这种方式活了大约 8 万年。

但是无论多细胞生物的寿命有多长，毕竟都是有限的。所有多细胞生物的生物体都要经历出生、生长、衰老、死亡的阶段。由于多细胞生物的死亡是由于体细胞组成的生物体的总体功能不能持续所引起，归根到底是由体细胞的死亡引起，例如心肌细胞由于心肌梗死造成的缺血而死亡，导致心脏停跳；脑细胞由于"中风"（脑血管破裂或者堵塞）造成的缺血而死亡。这就提出了一个问题，为什么生殖细胞能够长生，而体细胞却一定会死亡？

虽然多细胞生物最终都会死亡，但是在同时，每种多细胞生物也都极力在避免死亡，至少要把生命维持到把"传宗接代"的任务完成后，否则物种就会灭亡。特别是意识在动物中产生后，动物还会主动采取措施来避免死亡。人类更是想尽一切办法来达到"长生不老"，除了想要更好地照顾和帮助后代，还因为人类有远超过其他动物的生活条件和精神生活，自然想尽可能长久地享受这一切。生活优裕的人自然希望长命百岁，就是处境艰难的人，也想活得更长来改变自己的命运，以及给后代创造更好的条件。虽然古代皇帝令人炼制的"仙丹"已经证明不是长寿的妙药，弄不好还会送命，但是人类寻求这类"长寿仙丹"的努力一直没有停息过。生命科学的许多研究成果，都会被人当做延缓甚至阻止衰老的突破口。近年来，人类对于衰老机制的研究更是不遗余力，提出的衰老理论不下 10 种。下面我们只讨论其中最重要的几个。

生命速率学说

对于人为什么会衰老的问题，最朴素，最直观的想法就是把生命过程比作物质的消耗和工具的使用。比如古人从灯油的消耗速度中发现，灯芯越粗，火苗越大，灯油消耗得也越快。人的生命也如灯油，"火苗"越大（劳作越多），老得就越快。所以中国春秋时期的思想家老子（据说约公元前 600 年出生）就说"人生有期，百年为限。节护之者，可至千岁。如膏之用，小炷与大耳。"（见南梁时期陶弘景《养性延命录》）《黄帝内经》里的《上古天真论》中也主张"食饮有节，起居有常，不妄作劳"。这个"不妄作劳"看来就有"把生命省着用"的意思。

在西方，希腊的哲学家亚里士多德（Aristotle，384 BC – 322 BC）也说，小火消耗物质慢，所以燃得久，而大火很快就烧完了。

与人的衰老相类似的现象是工具的使用。许多工具都会在使用过程中逐渐被用坏，而且用得越多，使用强度越大，工具也坏得越快。比如衣服和鞋袜，少穿就用得比较久，穿得越多，坏得越快。汽车也一样：一年跑两万公里的，报废的速度就比一年跑两千公里的要快。

在把人的寿命与其他哺乳动物的寿命相比较时，人们发现，体型越小的动物寿命越短。比如大鼠（rat）和小鼠（mice）的寿命只有两三年，狗可以活十几年，牛和马可以活 30 年左右，大象则可以活到 60 年或更长。1908 年，德国的生理学家 Max Rubner（1854—1932）比较了豚鼠、猫、狗、牛、马和人的寿命，并且计算了这些动物消耗的能量，发现每克组织在一生中消耗的总能量基本相似。虽然对各种动物计算出来的数量有一些差别（不包括人时数值相差 1.9 倍，包括人时差别为 5.1 倍），但是考虑到这些动物的体重差别达 1000 倍左右（豚鼠为 400~500 克，牛为 400~500 千克），这些动物在一生中单位组织消耗的能量还是相当接近的。

这个结果自然使人想到，豚鼠生命短，是因为它消耗能量太快了。这个速度也反映在这些动物的心率（每分钟心脏跳动的次数）上面。比如豚鼠的心率为每分钟 300 次左右，小鼠更高，达每分钟 500~600 次，猫为每分钟 110~130 次，而牛每分钟只有 50~80 次。这些事实和上面说的"用得多则坏得快"的想法是一致的。在这些结果的基础上，人们提出了生命速率学说（rate of living theory），即动物一生单位质量的组织消耗的总能量大体相近；新陈代谢的速率越高，动物老得越快。我们在前面列举的几种长寿的生物（陆龟、北极圆蛤、非洲龙血树、美洲红杉、欧洲山杨），新陈代谢速率都是很慢的。

对这种现象的一个解释是简单的几何因素，即体重（与线度成立方关系）变大时，身体表面积（与线度成平方关系）并不按同样比例增大。所以对于体重大的动物，单位质量的组织所"分"到的身体体表面积就越小。比如动物的体重加倍时，皮肤面积只增加 60% 左右（58.75%）。如果所有的动物都有相似的新陈代谢速率，大的动物就有散热不足的问题。有人计算过，如果马的新陈代谢速率和小鼠一样，那么马的皮肤温度要高到 100 度才能把新陈代谢所产生的热量散掉。反过来说，小的哺乳动物由于相对表面积大，单位组织就要消耗更多的能量才能保持体温。这就像一碗热汤，它凉得就比一锅热汤要快。

2007 年，澳大利亚 Wollongong 大学的 A. J. Hubert 收集和比较了 267 种哺乳动物的体重（千克），基础（休息时的）新陈代谢的速率 [千焦耳 /（千克体重 × 天）]，最长寿命（年），以及计算所得出的每种生物一生消耗的总能量（百万焦耳 / 千克），证实了 Rubner 的结果，并且得出了这些参数之间的平均数值关系。按照 Hubert 的分析结果，哺乳动物体重和基础代谢率的关系是，

$$基础代谢率 = 227 \times 体重^{-0.31},$$

也就是基础代谢率按体重的负 0.31 次方减少。体重每增加一倍，基础代谢率降低约 20%。牛的体重是豚鼠的 1000 倍，这样计算出来的牛的基础代谢率就应该是豚鼠的 12% 左右。

根据 Hubert 计算的结果，哺乳动物的预期寿命和体重的关系是：

$$预期寿命 = 10.2 \times 体重^{0.22}$$

也就是预期寿命按体重的 0.22 次方增加。体重每增加一倍，预期寿命增加 16%。这样算下来，牛的预期寿命应该是豚鼠的 4.6 倍，和实际的比值相近（豚鼠的寿命为 6~8 年，牛为 30 年左右）。由于基础代谢率和体重的关系，与预期寿命和体重的关系是相反的，而且幂的数值相近（−0.31 和 0.22），在计算哺乳动物一生消耗的总能量（基础代谢率 × 预期寿命）时，这两个参数在很大程度上互相抵消，使得消耗总能量随着体重变化的程度很小（只有 −0.09），也就是体重每增加一倍，单位组织的总能量消耗只减少约 6%。

这些统计结果看上去支持"生命速率学说"，也就是各种哺乳动物，尽管体重相差很大，一生中单位质量的组织消耗的总能量是大致恒定的。能量消耗越快，预期寿命越短。当然这里列出的数值只是几百种哺乳动物的平均值，是很粗略的。动物之间的实际差异可以很大。在这几百种哺乳动物之间，一生之中单位质量的组织消耗的总能量可以相差 17 倍之多。例如人的体重比牛小得多，寿命却是牛的好几倍，但是总的趋势还是存在的。而且有些低等动物的实验似乎也支持"生命速率学说"。比如可以自由飞翔的家蝇和果蝇的寿命，就没有无法自由飞翔状态下的家蝇和果蝇的寿命长。在较低温度下生活的果蝇活得也比在较高温度下生活的果蝇久。

减少新陈代谢速率的一种方法就是人为地限制动物的饮食，特别是减少饮食中的总热量。燃料少了，火自然不会那么旺。动物实验表明，把进食中的热量减少到任意吃时的量的 60%~70% 左右，就可以延长许多实验动物的寿命。早在 1935 年，McCay 等就报道说，给大鼠限食可以延长雄鼠和雌鼠的寿命，而且和老年有关的疾病也推迟出现。后来的研究发现，给小鼠限食也有类似的结果，寿命可以延长大约 50%，和年龄有关的疾病，包括肥胖、癌症、心血管病、糖尿病发生的时间也推迟。限制酵母和果蝇的热量摄取也有延长寿命的效果。这些结果也符合新陈代谢速率和寿命的负相关关系。

新陈代谢的速率虽然看上去和生物的寿命有关，也和"火越大燃料烧得越快"的现象相符合，但是动物身体里面的燃料毕竟主要不是从自己的身体，而是从食物中得到的。新陈代谢速率高，多从外面输入燃料就是了。细胞里面的线粒体好像是发电厂，燃料是从外面运进来的。要多发电，多运进一些煤或石油就是了，怎么

会和生物的寿命扯上关系呢？要解释新陈代谢速率和寿命的关系，需要具体的分子机制，这个机制就是"自由基学说"。

自由基学说

自由基（free radicals）是带有"未配对电子"的原子、原子团和分子。这些未配对电子本来是可以和其他原子形成共价键的，但是却"闲置未用"，就像伸出一只可以抓住别的原子的手，所以一般具有高度的化学反应性，能够迅速与许多分子发生化学反应。由于它们的"寿命"一般很短，在长时期中没有人认为自由基能够在人体内存在，或者和衰老有什么关系。这个情形由于美国科学家 Denham Harman（1916 年—）的想法和工作而发生了改变。在加州大学伯克利分校工作期间，他注意到原子弹和 X 射线的辐射能在人和动物的身体内产生自由基，同时缩短人和动物的寿命。当时人们已经知道，富含"抗氧化剂"的食物能减轻放射线的危害，这使他去思考自由基是否与衰老有关。为了验证他的这个想法，他给受到射线照射，从而寿命很短的小鼠喂各种"抗氧化剂"，包括 2- 硫代乙醇胺（2-mercaptoethylamine），发现这些物质能够使这些小鼠的寿命延长 30% 左右。

随后的研究发现，自由基不仅可以由外部的原因（如射线）产生，它还是动物正常新陈代谢的"副产品"。只要动物进行"有氧呼吸"，自由基就会产生。自由基，由于它们高度的化学反应性，能够与细胞膜上的脂肪分子、蛋白质分子和 DNA 发生反应，破坏这些分子，从而缩短这些动物的寿命。新陈代谢越旺盛，产生的自由基就越多，这就解释了为什么新陈代谢旺盛的动物寿命比较短，而那些著名的长寿生物无一例外都是新陈代谢缓慢的。这这些事实的基础上，Harman 确信自由基是人和动物衰老的原因，并且提出衰老的"自由基学说"。

随后的研究发现，对生物有害的不仅有自由基（包括"超氧化物"$[O_2^-]$ 和"氢氧自由基"$[\cdot OH]$ 等），还有非自由基的"过氧化物"，比如"过氧化氢"（H_2O_2）。所有这些化合物都含有氧，化学性质活泼，所以衰老的"自由基学说"又可以称为衰老的活性氧物质（reactive oxygen species，简称 ROS）学说。这两种名称现在都还在使用，它们的实际意义也基本相同。

线粒体是产生活性氧的地方

新陈代谢怎么会和自由基扯上关系呢？原来所有的真核细胞都含有线粒体，即细胞的"动力工厂"。食物中的"燃料分子"在那里"燃烧"，生成水和二氧化碳，释放出来的能量则被用来合成高能化合物 ATP（见第二章第九节和第三章第二节）。在线粒体中，燃料分子所含的氢原子和碳原子不是直接和氧原子结合的，而是以氢原子或者电子传递的方式经过位于线粒体内膜上的"呼吸链"，最后和氧结合生成水。在氢原子传递的过程中，要经过一个非蛋白质的电子载体叫做泛醌（ubiquinone，又叫辅酶 Q 或者 Q10，简称 Q）的分子。氧化型的 Q 从脱氢酶中得到两个氢原子，变成氢醌 QH_2，QH_2 再把氢原子传递给一个蛋白复合物叫做 bc_1 复合物，在那里氢原子被分解为电子和氢离子。bc_1 复合物把电子传给细胞色素 c，细胞色素 c 再把电子传递给细胞色素氧化酶，在那里电子、氢离子再与氧结合生成水分子（图 4-11）。

问题就出在从 Q 被还原为 QH_2 的过程中。Q 被还原为 QH_2 不是一步完成的，而是分为两步，每次接受一个氢原子（一个电子加一个质子），先是 Q 被还原为半醌 $QH\cdot$，$QH\cdot$ 再接受一个氢原子，变成 QH_2。而 $QH\cdot$ 含有未配对电子，本身就是自由基。虽然这些氧化还原反应都是由蛋白质催化的，在一定程度上受到蛋白质环境的保护，但是体积很小的氧分子还是能够"钻空子"，夺取 $QH\cdot$ 上的电子，形成超氧化物 O_2^-，一种含氧的自由基。这是线粒体中"活性氧"形成的最初过程。据估计，在线粒体消耗的氧中，约有 0.1% 变成了"超氧化物"。这个比例看上去不大，但是如果考虑到人每天要消耗大约 750 克氧气（500~600 升），那么每天产生的超氧化物就是 0.023 摩尔。如果不被消灭掉，它在细胞里面的浓度可以达到 0.5 毫摩尔 / 升左右，这是一个可观的浓度。

"超氧化物"是极为活泼的，能迅速和其他分子发生反应。比如它能攻击不饱和脂肪酸，形成超氧化脂肪酸。而超氧化脂肪酸本身又是自由基，又可以和其他分子发生反应，形成破坏性的链式反应。它也可以攻击蛋

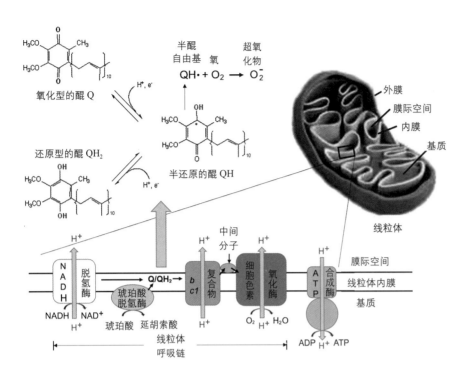

图 4-11 线粒体是真核细胞内产生自由基的主要地方。位于线粒体内膜上的呼吸链将食物分子中氢原子中的电子传递给氧，生成水，电子传递过程中释放出来的能量被用来建立一个跨内膜的质子梯度——一种可以被用来合成 ATP 的能量形式。电子传递过程中要经过醌（Q），其中一个步骤要形成半醌，这是一个自由基，可以和氧反应生成超氧化物，一种含氧的自由基

白质分子中氨基酸的侧链，破坏蛋白质分子的功能。它还攻击遗传物质 DNA，造成碱基改变和链断裂。如果任其到处破坏，细胞的结构和功能很快就会被摧毁，所以真核细胞早就发展出对抗超氧化物的措施。

细胞对付超氧化物的是一些能够分解超氧化物的酶，其中一类叫做超氧化物歧化酶（superoxide dismutase，简称 SOD）。它们能把"超氧化物"变成"过氧化氢"和氧。

$$2O_2^- + 2H^+ \rightarrow H_2O_2 + O_2$$

这是我们的身体对于活性氧的第一道防线，但是仅有一种 SOD 还不够。氧是可以从线粒体内膜的两边与半醌反应，生成超氧化物的。由于生成的超氧化物带负电，不容易通过线粒体内膜，位于内膜

这边的 SOD 管不了内膜那边的超氧化物，于是线粒体准备了两种 SOD，一种含有铜和锌，叫铜锌超氧化物歧化酶（Cu/Zn-SOD），位于线粒体的内膜和外膜之间，细胞质中也含有这种酶，叫做 SOD1。另一种含有锰，叫做锰超氧化物歧化酶（Mn-SOD），位于线粒体内膜的内侧，叫做 SOD2。还有第三种 SOD，位于细胞之外，叫做 SOD3，负责清理细胞外生成的超氧化物，它也含有铜和锌，但是蛋白质结构和 SOD1 不同。所以光是对付超氧化物，细胞就"层层设防"，这本身就表示"超氧化物"是有害的。

超氧化物的问题有办法解决了，可是它的产物，过氧化氢，仍然属于活性氧。过氧化氢的水溶液

叫做"双氧水"，具有很强的氧化性能，对身体仍然有害。所以我们的身体里不但有超氧化物歧化酶，还有过氧化氢酶（catalase，简称 CAT），它可以把过氧化氢变为氧和水：

$$2H_2O_2 \rightarrow 2H_2O + O_2$$

在一般情况下，哪里有 SOD，哪里就有 CAT，"就近处理"SOD 产生的过氧化氢。除了 CAT 外，细胞还有其他酶可以消灭过氧化氢，比如谷胱甘肽过氧化物酶（glutathione peroxidase，简称 Gpx），硫氧还蛋白过氧化物酶（peroxireducxin，简称 Tpx）等。所以对于"过氧化氢"，细胞也是"层层设防"，以降低它的浓度，减少伤害。

以上所有这些清除体内活性氧的酶都可以称为抗氧化酶。它们的活性一般都很高。比如 SOD 和 CAT 都是活性非常高的酶，只要活性氧到达它们的反应中心，就会立即被销毁，限制因素只是这些活性氧扩散到这些酶的时间。但是酶也有一个缺点，就是因为它们是蛋白质，体积通常很大（相对活性氧而言），比如 SOD1 就是一个二聚体，相对分子质量 32500。这就使得这些抗氧化酶无法到达细胞里面所有的"犄角旮旯"。相反，"活性氧"分子很小（比如"超氧化物"的相对分子质量只有 32），可以"见缝就钻"，到处"藏匿"，抗氧化酶不可能把藏在各个角落里的活性氧都抓住并且消灭掉。

除了"抗氧化酶"以外，我们的身体里面还有一些非酶的"抗氧化剂"，比如抗坏血酸（维生素 C）、

生育酚（维生素 E）、β－胡萝卜素等等。它们的相对分子质量比较小，能够到达抗氧化酶去不了的地方，与活性氧反应。由于这些化学反应不是由酶催化的，速度比酶反应慢得多（慢 1000 倍以上）。在它们发生作用前，有一些活性氧就已经完成它们的破坏作用了。

因此，我们的身体里面虽然有众多的抗氧化酶和抗氧化剂，它们也不能把活性氧百分之百地消灭掉。总会有一些活性氧对细胞造成伤害。细胞里的修复机制，比如用完整的脂肪酸来替换被氧化了的脂肪酸，把受损的蛋白质降解掉，修复被损坏的 DNA 等，可以在很大程度上修复被活性氧造成的伤害，但是修复机制也不是百分之百有效，伤害还是会逐渐积累，造成细胞的功能下降。新陈代谢的速率越高，产生的活性氧越多，对细胞的破坏越大，这也许就是高新陈代谢率影响寿命的原因。

增强身体抗氧化能力的影响

要证明活性氧是引起衰老的原因，最好的办法是变化生物体内活性氧的浓度。如果增加活性氧的浓度能加速衰老，或者减少活性氧的浓度能延缓衰老，那就是对衰老的自由基理论的直接证明。

分子生物学技术的出现使人们可以用"超量表达"（overexpression）的办法来增加体内抗氧化酶的量，或者用"基因敲除"的办法来除去一个或多个抗氧化酶基因。从理论上讲，抗氧化酶的超量表达应该增强动物对抗活性氧的能力，减少体内自由基的数量，延缓衰老，延长寿命；而敲除抗氧化酶的基因则应该降低动物对抗活性氧的能力，增加体内自由基的数量，加速衰老和缩短寿命。

但是活性氧的寿命很短，直接测量它们的浓度比较困难，可以用体内各种分子被活性氧氧化的产物的多少来间接推断体内自由基的多少。这些产物包括羰基化的蛋白质、8－氧脱氧鸟苷，以及异前列腺素。这些氧化产物的名称比较奇怪，需要解释一下。"羰基"是由以双键相连的碳原子和氧原子组成的基团（C＝O）。这样的羰基在蛋白质分子中赖氨酸、精氨酸、脯氨酸、组氨酸的侧链中本来不存在，是活性氧攻击这些侧链所形成的，所以可以作为活性氧破坏蛋白质分子的指标。8－氧脱氧鸟苷中的头一个"氧"，是指活性氧在"鸟苷"（由

鸟嘌呤和脱氧核糖组成）中第 8 位的碳原子上面加上一个氧原子，是 DNA 受到氧化伤害的标志；而后面的"脱氧"来自鸟苷的组成成分"脱氧核糖"，是正常成分。"异前列腺素"是花生四烯酸被活性氧氧化后形成的带环状结构的分子，在结构上类似前列腺素，所以叫"异前列腺素"，它是脂肪酸被活性氧氧化的一个指标。

另一个间接的办法是测定抗氧化酶的浓度变化后，细胞对活性氧的抵抗能力的变化。如果抗氧化酶真的有保护细胞免于活性氧攻击的作用，提高抗氧化酶的浓度就应该使细胞更加能对抗活性氧的作用，反之亦然。测定这种抵抗能力的方法就是给细胞一种物质，人为地提高细胞内活性氧的浓度，再观察在什么浓度下这种物质能把细胞杀死。如果细胞抵抗活性氧的能力增加，就要用更高浓度的这种物质才能杀死细胞。在衰老实验中常用的这种物质就是百草枯（paraquat）。它是一种除草剂，被人和动物吸入后，会造成肺损伤。研究表明，百草枯在体内得到一个电子后（从 NADPH 得到），就可以和氧分子发生反应，形成超氧化物。它还可以和超氧化物反应，生成过氧化氢。因此百草枯可以在动物实验中人为地提高细胞中活性氧的浓度，可以用来测定细胞对自由基的抵抗能力。

许多这类实验的结果与衰老的自由基理论所预期的一致。例如把小鼠的 *SOD1* 基因敲除以后，血浆中异前列腺素的浓度就增加了 2~3 倍，说明脂肪酸被活性氧氧化程度增加了。与此同时，DNA 和蛋白质的氧化产物也增加。部分敲除 *SOD2* 基因（只敲除两个 *SOD2* 基因中的一个）也使脂肪酸、蛋白质和 DNA 的氧化增加，细胞对百草枯的抵抗力也下降。敲除小鼠的谷胱甘肽过氧化物酶（Gpx）的基因也会造成脂肪酸的氧化增加，对百草枯的敏感性也升高。这些结果都说明抗氧化酶的确有减少活性氧、保护生物体的作用。

敲除果蝇的 *SOD1* 的基因使果蝇的寿命缩短 80%，而超量表达 *SOD1* 基因可以延长果蝇寿命 40%。在小鼠实验中，敲除 *SOD1* 的基因也缩短寿命 30%，并且使小鼠提前出现与年龄相关的疾病，如听觉丧失、视网膜黄斑病变、白内障以及肝癌的发生率增加。去除 *SOD2* 基因的后果更为严重。用 RNA 干扰技术（RNAi）降低果蝇 SOD2 基因的表达，或者敲除果蝇的 *SOD2* 基因，都会严重影响果蝇的寿命。敲除小鼠的 *SOD2* 基因使小鼠

出生后很快死亡。由于 *SOD2* 位于线粒体内，是活性氧产生的地方，这些结果说明 *SOD2* 的保护作用对于这些动物的存活是绝对必要的。

这些实验结果都表明，活性氧对于动物的健康和寿命是有害的，也可能是引起衰老的原因。在世界范围内，衰老的自由基理论被多数人认为是已经被证明了的理论。既然如此，延长我们寿命的一个重要途径看来就是抗氧化，即尽量减少我们身体里面活性氧的数量。不过在目前，还没有安全有效的办法来增加我们体内抗氧化酶浓度的方法，比较可行的就是从外面补充各种抗氧化剂，包括多吃蔬菜水果，适量补充维生素 C、维生素 E、β－胡萝卜素等等。

与自由基学说矛盾的事实

虽然衰老的自由基学说已经获得了大量的实验结果支持，但是在同时，也有另外一些事实与这个理论相矛盾。例如运动会增加能量消耗，使新陈代谢加快，增加活性氧的产生，按说应该缩短人的寿命，而实际结果却正相反，爱好活动的人身体更健康，寿命更长。这个结果在小鼠试验中也得到证实。最活跃，因而消耗能量最多的小鼠，比那些最不活动跃小鼠寿命长 36%。

小型狗的基础代谢率比大型狗高，心跳也比大型狗快。小型狗的心率可以快到每分钟 150 次，而大型狗的心率可以慢到每分钟 50 次。按说小狗的寿命应该比大狗短才是，但在实际上，小狗比大狗活得长。

蚂蚁的"王后"和工蚁都是雌性，它们的遗传物质也相同，"王后"基本不动，而工蚁活动量很大，"王后"体内 SOD1 的水平也比工蚁要低，但是"王后"可以活 28 年，工蚁却只能活 1 至 2 年。

鸟类每单位质量的组织在休息状态下消耗的能量平均是哺乳动物的 1.44 倍，但是鸟的寿命比质量相同的哺乳动物平均几乎长一倍（平均 1.93 倍）。

限食可以延长许多动物的寿命，包括线虫、果蝇和小鼠，但是并不降低这些动物的新陈代谢率，也不降低动物体内活性氧的数量。

最令人困惑的是对维生素功效的试验。虽然维生素制剂已经出现许多年了，大家也都相信吃维生素的好处，包括它的抗氧化作用，不过科学家还是要看到实际数据心里才踏实。然而维生素对人体寿命和疾病的影响不是很容易测定的，需要长时期、大规模的随机对照实验。即便如此，也有一些研究设计不当（比如缺乏适当的对照、人数不足、时间不够等等），或者实验者本来就有偏见（比如已经认为维生素有效或无效），所以不是所有的研究报告都是可靠的。要得到可以信赖的结论，最好的办法不是看单篇文献，而是把有关的文献全部收集起来，剔出那些有偏见、设计不当的报告，再对符合标准的文献进行综合评估（meta-analysis）。Cochrane 综合评定（Cochrane review）就是一种疗法是否有效的权威标准。综合评定的结果表明，维生素并没有预期的延长寿命的效果。

例如在 2007 年，丹麦哥本哈根大学的 Cochrane 机构评估了 68 个关于抗氧化剂的随机对照试验，共 385 篇研究报告，涉及 232606 人。他们从中挑选了质量最高的 47 个试验，涉及 180938 人。对这些报告的综合分析表明，维生素（A、C、E 和 β－胡萝卜素）没有延长寿命的效果。相反，一些维生素还会增加死亡率（约 5%）。其中维生素 A、维生素 E、β－胡萝卜素和死亡率的增加有关。

2012 年，塞尔维亚的 Cochrane 机构评估了 78 关于对抗氧化剂的随机对照实验，其中对健康人的研究有 26 个，涉及 215900 人，对有各种疾病的人的研究 52 个，涉及 80807 人。评估结果与 2007 年的相似，即维生素 A、C、E 和 β－胡萝卜素对降低死亡率均没有效果，反而轻度升高死亡率。

同时，科学家们也综合评估了抗氧化剂对各种具体疾病的预防效果，包括肝脏疾病、黄斑病变、白内障、骨关节炎、风湿性关节炎、感冒、肺癌、皮肤癌、胃癌、肠癌、前列腺癌、心血管疾病、肺炎、老年痴呆症、男性不育、先兆子痫、流产等等，都没有发现"抗氧化剂"有预防这些疾病的功效。

在有的情况下，抗氧化剂还会显著增加癌症的发生率。例如在 1996 年，位于美国西雅图的 Hutchinson 癌症中心研究了维生素 A 和 β－胡萝卜素对吸烟者、前吸烟者以及接触石棉者患肺癌概率的影响。他们的试验涉及 18314 人。在平均四年的观察以后，他们发现维生素 A 和 β－胡萝卜素不仅不能减少肺癌的发生率，肺癌的发生率反而增加 28%。

如果说这些对抗氧化剂大规模试验的结果出乎人们

的预料，近年来一些对动物研究的结果更是与衰老的自由基理论相冲突。例如源于东非的裸鼠（naked mole rats），体型和小鼠差不多，寿命却是小鼠的 8 倍，最长可以活 30 年。它们对癌也有高度的抵抗性。但是裸鼠肝脏中谷胱甘肽的氧化程度却比小鼠高，尿中异前列腺素的量是小鼠的 10 倍，肝和肾中蛋白质和 DNA 的氧化程度都比小鼠高。这些指标说明裸鼠体内的活性氧造成的分子损伤比小鼠要严重，但是裸鼠的寿命反而比小鼠长得多。

美国得克萨斯大学的 Arlan Richardson 用 18 种方式敲除小鼠的抗氧化酶，包括 $SOD1$ 基因（全敲除），$SOD2$ 基因（半敲除，因为全敲除是致命的），$Gpx1$ 基因（全敲除），$Gpx4$ 基因（半敲除），$MsrA$ 基因（"甲硫氨酸硫氧化物还原酶 A"，修复被氧化的甲硫氨酸，全敲除），$Trx2$ 基因（"硫氧还蛋白基因 2"，修复被氧化的半胱氨酸，半敲除）以及它们的各种组合。只有 $SOD1$ 基因全敲除的小鼠寿命缩短约三分之一，其余的基因敲除鼠的寿命完全不受影响。不用基因敲除的方法，而是超量表达 SOD1、SOD2 和 CAT 以增加小鼠对抗活性氧的破坏作用，也不能延长小鼠的寿命。

线虫虽然是低等动物，却有 5 种 SOD。加拿大 McGill 大学的 Sirgfried Hekimi 将这 5 种 SOD 全部"敲除"，线虫对百草枯的敏感度大幅度升高，但是在没有百草枯时，它们的寿命却和正常的线虫没有什么不同。

以上结果表明，虽然生物体内高浓度的活性氧对生物有害，还可能缩短生物的寿命，但是自由基学说并不能解释所有的实验结果，服用维生素也不能代替蔬菜水果对身体的有益作用。活性氧的浓度和衰老速度之间，并没有始终一致的因果关系。

生物体对自由基等"毒物"的正面利用

在有的情况下，低浓度的活性氧甚至对生物有益，甚至为生物所必需。例如 1908 年，德国科学家 Otto Warburg（1931—1970）发现，海胆的卵受精后，耗氧量会大量增加，形成所谓的"耗氧爆发期"。研究表明，一种叫海胆双氧化酶（Sea Urchin dual Oxidase 1, 简称 Udx1）的蛋白质，利用氧来产生过氧化氢。用化学物质抑制 Udx1，或者用抗体结合于 Udx1，受精卵中的细胞就停止分裂。用低浓度（10 微摩尔 / 升）的过氧化氢可以使一些细胞恢复分裂。这说明过氧化氢为海胆受精卵的发育所必需。

线虫线粒体 DNA 的一种突变（nuo-6）会使线粒体产生的超氧化物增加。奇怪的是，这些线虫的寿命却比普通线虫长 70%。更奇怪的是，给这些突变体线虫抗氧化剂（乙酰半胱氨酸，N-acetyl-cysteine，简称 NAC）来对抗超氧化物时，这些线虫延长的寿命反而消失了，又回到和正常线虫一样的寿命。用低浓度的百草枯（0.01 微摩尔 / 升到 0.1 微摩尔 / 升）处理线虫，线虫的寿命随着百草枯的浓度增加而延长，最多可以长 58%。同样奇怪地，在用抗氧化剂 NAC 处理后，百草枯延长寿命的效果又消失了。

用过氧化氢处理体外培养的细胞时，也看到了和线虫实验类似的结果。过氧化氢的浓度在 50 微摩尔 / 升或以上时，细胞就停止生长；到 1000 微摩尔 / 升时，细胞就会死亡。这说明高浓度的活性氧对细胞是有害的，符合衰老的自由基学说。但是在低浓度（0.001 微摩尔 到 10 微摩尔）下，过氧化氢却可以促进细胞的生长和增殖。例如在 1 微摩尔的浓度下，过氧化氢可以刺激仓鼠（Hamster）成纤维细胞（BHK-21 细胞）的生长。0.001 微摩尔到 1 微摩尔浓度的过氧化氢也可以刺激晶状体中成纤维细胞的增殖。这些结果都说明低浓度的活性氧对生物有益。

如果这种现象使人感到奇怪，不妨让我们回顾一下地球上"有氧呼吸"的历史。有氧呼吸是指利用大气中的氧气作为最终的电子受体，把燃料分子彻底氧化，释放出能量的生理活动，在地球上已经有非常长的历史。在大约 23 亿年以前，由于能进行光合作用的微生物（比如蓝细菌 cyanobacteria）释放氧气的作用，使得大气中的氧含量明显增加。这使得以氧为电子受体的能量代谢成为可能。产生氧气的蓝细菌本身也具有和线粒体里的电子传递链类似的电子传递途径，把氧还原成水，所以蓝细菌也能进行有氧呼吸来提供合成 ATP 所需的能量。蓝细菌的电子传递也用醌作为电子载体，不过不是线粒体里面的泛醌（ubiquinone），而是化学结构稍有不同的质体醌（plastoquinone），其功效与泛醌类似。为了对抗超氧化物，蓝细菌已经具有 SOD。这说明氧化与抗氧化的斗争在 20 多亿年前就开始了。动物细胞里面的线粒体是由远古时代能进行有氧呼吸的细菌被真核细胞俘获演变而来的，所以里面氧化和抗氧化也已经有很长的历史。在这么长的演化过程中，难道生物的身体对活性氧就只有被动抵抗，而不会主动利用？

在这个方面，硫化氢是一个很好的例子。硫化氢是剧毒的气体，万分之五的浓度就会使我们呼吸困难，万分之八的浓度就能致命。而且它非常臭，像臭鸡蛋发出的气味。谁想得到硫化氢对我们的身体还有"好处"呢？近年来的研究发现，哺乳动物（比如小鼠、牛和人）的血管就能生产硫化氢。用小鼠进行的实验表明，血管里产生的硫化氢和一氧化氮一样，可以使血管松弛扩张，使血压降低。敲除小鼠体内生产硫化氢的酶，胱硫醚 $-\gamma-$ 裂解酶（cystathionine-γ-lyase，简称 CSE），小鼠就会患高血压。给这些小鼠注射含有硫化氢的液体，小鼠的血压就下降。硫化氢还可以保护处于缺血状态的细胞，延长这些细胞的生命。有趣的是，让线虫在低浓度的硫化氢中生活，它们的寿命可以延长 70% 左右。这说明连低等动物都有利用硫化氢为自己服务的能力。

这种"正面利用"硫化氢的能力，大概是在 5.5 亿年前就开始形成。那时由于地球上大规模的火山爆发，释放出大量的二氧化碳，导致大气中氧浓度下降，使进行有氧呼吸的生物大量死亡。与此同时，不需要氧的生物，如绿色硫细菌（green sulfur bacteria），却大量繁殖，产生硫化氢，导致二叠纪的物种大灭绝。据估计，大约 95% 的海洋生物和 70% 的陆地生物因此灭绝。硫化氢虽然对生物是灾难，但是存活下来的生物却发展出了正面利用硫化氢的能力，包括上面说的舒张血管，降低血压。除了硫化氢，我们身体还利用另一种毒性气体——一氧化碳（煤气中毒的元凶）来松弛血管。它由降解血红素的酶，血红素氧合酶（heme oxygenase 1，简称 HO-1）所产生，对细胞有保护作用。从这些事实来看，动物对低浓度活性氧的利用也就不奇怪了。

端粒是体细胞死亡的"衰老钟"

在第三章第五节，"端粒和端粒酶"中，我们谈到了从原核细胞到真核细胞时 DNA 分子结构的变化：从环状 DNA 变为线状 DNA，DNA 分为许多段，每一段都和组蛋白结合，并形成染色体。在 DNA 末端带有端粒，这是保持 DNA 分子的稳定性所必须的。

在多细胞生物出现以后，端粒酶就只在生殖细胞中表达，让生殖细胞能够永远分裂繁殖下去。成体干细胞也具有端粒酶活性，让它们源源不断地分裂分化，替补那些受损或者已经死亡的细胞。但是对于许多生物的体细胞，这种"待遇"就被取消了。动物的体细胞基本上都没有端粒酶活性，相当于这些体细胞里面都装有衰老钟，时间早晚会走完，使这些体细胞不能够无限期地活下去。这种现象在 1961 年被美国科学家海弗里克（Leonard Hayflick，1928—）注意到。他发现人的成纤维细胞在体外培养的条件下只能分裂 50 次左右，然后就停止分裂，进入衰老状态，被称为"海弗里克现象"。不过在当时，人们并不知道引起这种现象的原因，现在我们知道是因为这些体细胞缺少端粒酶活性的缘故。例如人在受精卵阶段时，端粒大概是 15000 个碱基对长。受精卵发育成婴儿时，要进行多次细胞分裂，所以在婴儿出生时，端粒的长度就已经减少到 10000 个碱基对左右。婴儿出生后，体细胞每分裂一次，端粒就要损失大约 100 个碱基对，这样分裂 50 次之后，端粒就只剩 5000 个碱基对左右，进入不稳定状态。这就相当于衰老钟的时间走完，细胞到了衰老死亡的时候了。

海弗里克现象后来在其他生物如牛、鼠类和鸟类的体细胞中也被观察到，说明这很可能是动物体细胞的一种普遍现象。海弗里克也发现，癌细胞能够无限制地分裂繁殖，因此他认为体细胞之所以不能无限制地繁殖，是为了防止它们变成癌细胞的缘故。他的这个想法现在也被认为是正确的（见本章第八节 癌细胞）。由于体细胞只是生殖细胞的载具，只能被使用一代，多细胞生物就用端粒来控制体细胞的寿命，不让它们永久生存。

如果体细胞寿命有限的原因是它们缺少端粒酶活性，那么让这些细胞表达端粒酶是不是就可以延长体细胞的寿命呢？为了回答这个问题，在 1998 年，美国科学家 Bodnar 等人使用了人的视网膜色素细胞和包皮细胞进行实验。结果发现，接受了端粒酶的细胞能够活跃地分裂，端粒不再因细胞分裂而缩短，而且能够比没有接受端粒酶的细胞多分裂 20 次左右。

让体外培养的体细胞表达端粒酶能够延长细胞的寿命，那么整体动物的实验又怎么样呢？在 2012 年，西班牙科学家 Blasco 等给年轻的（1 岁）和年老的（2 岁）小鼠注射携带有端粒酶基因的病毒，让病毒感染体细胞，并在体细胞内表达端粒酶。结果表明，接受注射的年轻小鼠的寿命延长了 24%，接受注射的老年小鼠寿命延长了 13%；与老年有关的疾病，例如骨质疏松、对胰岛素敏感度下降、神经肌肉协调性下降等，都延迟出现。这些结果说明，体细胞中端粒酶的表达的确可以延长动物的寿命。

另一方面，就如生物衰老的自由基学说一样，端粒的长度并不能解释所有与衰老有关的现象，也有许多事实是与端粒酶学说矛盾的。不同动物体细胞中端粒的长度不同，但是这些长度与动物的寿命并没有明显的关联。例如有两种小鼠，*Mus musculus* 和 *Mus spretus*，它们之间可以交配，产下后代，说明它们的血缘关系是很近的。它们的端粒长度大有差别，前者大于 25000 个碱基对，而后者只有 5000~15000 个碱基对，但是它们的寿命却基本一致。小鼠的端粒普遍长于人的端粒，但是小鼠细胞在体外培养的情况下只能分裂 5~10 次，而人的细胞却可以分裂 50 次。叙利亚仓鼠（Syria Hamster, *Mesocrice auratus*）的成纤维细胞表达端粒酶，按说可以像生殖细胞那样长生的，但是这些细胞在分裂 30 次后也出现衰老现象。人的 T 细胞（一种与免疫有关的血细胞）也表达端粒酶，但是也不能无限制地分裂。这些事实说明体细胞衰老的原因是非常复杂的，不能用单一的机制来解释。

生物的寿命是最适合物种的

前面讨论了生物衰老的自由基学说和端粒学说，这是目前关于生物衰老的最主要的两种学说。它们都可以解释许多有关生物衰老和寿命长短的现象，但是也都不能解释有关衰老所有的现象。例如哺乳动物都是恒温动物，有维持体温和散热的问题。而对于"变温动物"（体温随外界温度变化而变化的动物），就没有维持体温和散热的问题，所以新陈代谢速率应该不受温度问题限制，但是一些变温的脊椎动物的寿命仍然和体重类似的哺乳动物相近。例如鳄鱼的体重为几百千克，寿命几十年，和牛的寿命相近。小型蛇的寿命为 2~5 年，中型蛇的寿命为 5~12 年，大型蛇寿命可达 20 年或更长，也

是体重越大寿命越长，而且和体重相似的哺乳动物差不多，说明体温不是唯一的因素。在更低级的非脊椎动物中，体重和寿命的关系就无规律可循了。例如水螅，体重只有 0.1 克左右，却可以活数年，比体重比它大几千倍的小鼠和大鼠的生命还长。在中国东海发现的"玻璃海绵"（glass sponge），高 10~30 厘米，体型并不很大，却可以活 11000 年，它硅质"骨骼"上的"年轮"被用来估计在过去的几千年中海水温度的变化。因此，仅从生物的新陈代谢速率或者生物的体重，是不足以解释生物为什么会衰老的问题的，我们还必须考虑其他引起衰老的因素。同样，自由基学说也不能解释许多与衰老和寿命有关的问题。除了这两种学说外，还有前面提到的生命速率学说、激素学说、受损分子积累学说、自体免疫学说等等，但是这些学说也都不能解释生物衰老的许多现象。

所有这些学说都忽视了一个重要问题，那就是成体干细胞的作用。体细胞不是完全靠自己分裂来维持细胞数量的，而是靠成体干细胞终身分裂分化来替补这些寿命有限的体细胞。而成体干细胞是具有端粒酶活性的，可以自我复制，所以寿命和生殖细胞一样，应该是无限的，只不过它们生活在早晚要死亡的，由体细胞组成的生物体中，它们才"不得不"随着生物体的死亡而死亡。尽管如此，成体干细胞还是能终生为生物体提供新的体细胞。所以只考虑体细胞的衰老是不能很好地解释生物整体的衰老的。而且许多例子都表明，生物的死亡是由程序决定的。

最明显的例子是一些生物交配后不久就死亡。许多昆虫，包括许多人熟悉的家蚕，交配后雄性蛾子几乎立即死亡，而雌性蛾子要在产卵以后才死亡。雄蛾子从交配完毕到死亡，常常还不到一天的时间，什么自由基的作用也没有这么快啊。这段时间里雄蛾子的体细胞也没有必要分裂，端粒又怎么起作用呢？更好的解释是蛾子体内有一个生死的"开关"，蛾子完成繁殖任务，"不需要"再活下去的时候，死亡开关就启动，让蛾子死亡。其他许多昆虫，例如蝴蝶、蟋蟀、蜉蝣，也只繁殖一次，然后死亡。

鲑鱼在海洋中可以活许多年，但是在河里产卵后也几乎立即死亡，一般的解释都是由于鲑鱼产卵时要从大海洄游到河流上游，一路上体力耗尽了。但是并不洄游

图 4-12 玻璃海绵

图 4-13 蜂鸟的寿命也很短暂

图 4-14 美国红杉寿命可以达到几千年

图 4-15　加拉帕戈斯象龟和蓝鲸的寿命可以超过 100 年

产卵的章鱼也是繁殖任务完成后很快死亡，又该如何解释呢？而且雄章鱼交配后很快（不到一个月）就死亡，而雌章鱼要照顾产下的卵，在这段时间内停止进食，不断吹出水流保持卵清洁，直到卵孵化才死亡。这段时间可以长达几个月。既然雌章鱼和雄章鱼都要受到自由基的伤害，也有端粒的问题，为什么雌章鱼要比雄章鱼活得久呢？为什么它们死亡的时间都"刚刚好"，也就是生育下一代的任务完成，不再需要它们的时候？更好的解释也是鲑鱼和章鱼也有死亡程序，到时候就启动。

为了研究章鱼的"死亡开关"，美国科学家 Jerome Wodinsky 把 14 条产卵后不久的雌章鱼两眼之间的一对腺体摘除。Wodinsky 把这对腺体叫做"视腺"（optical gland），其实它们和章鱼的视觉没有关系，而是章鱼唯一的内分泌腺。有趣的是，在这些腺体被摘除后，章鱼又开始进食，体重增加，而且可以比对照组多活 9 个月。这说明这些腺体是章鱼的"自杀开关"，到时候就会分泌"自杀化合物"，让章鱼死亡，而不是什么自由基或者端粒的作用。

对于那些不照顾后代的生物，如一些昆虫和鲑鱼，产卵完成后就死亡是符合物种的繁衍的，因为这样可以减少父母和子女竞争有限的资源，让后代有更好的机会。而对于那些要照顾新生后代的生物如雌章鱼，它们产卵后就不立即死亡，而是要到后代能够自己独立生活后才死亡。小麦、玉米、高粱等农作物结子后就死亡。竹子一生只繁殖一次，开花后就死亡。而竹子什么时候开花是由环境因素决定的，也就是说竹子的寿命不是由自身决定的，这也反驳自由基学说和端粒学说对生物衰老和死亡的解释。

一些昆虫一生也繁殖多次，例如蚊子、蟑螂，它们就不是"产卵即死"。更高级的生物，包括大多数鱼类、两栖类、鸟类，在一生中都不止繁殖一次，而是多次。这就要求这些生物的寿命大大长于第一次生育完成后的年龄。这都说明产卵并不一定是生物死亡的"催命符"。到了哺乳动物，哺育后代的时间更长，常常长达数年，而且一生中要繁殖多次，所以这些生物的寿命也大大长于性成熟的年龄，一般认为是性成熟年龄的 5 到 7 倍。多年生的植物一生也繁殖许多次，寿命可以更长。所有这些年龄上的差别与其说是自由基

或者端粒决定的，不如说是生物为繁衍后代的需要决定的。在生物演化的过程中和相互作用中，逐渐形成了各种生物的"最佳寿命"，比这个最佳寿命更长或更短都不利于物种的繁衍。

对于小型又被捕食的动物如家鼠，迅速繁殖对物种繁育最有利，所以它们的寿命也只有两三年。但是对于在地下生活，主要以块茎为食，很少受捕食的裸鼠，体型和小鼠差不多，寿命却是小鼠的 8 倍，最长可以活 31 年。对于大象这样的体型巨大，很少有天敌的动物，小象需要照顾的时间和长大的时间都比较长，是不可能像老鼠那样只活两三年的。

所以各种生物寿命的长短，是根据它的生活方式决定的，是长期演化过程中与环境（包括其他有关的生物）相互作用的结果。自由基、端粒、体型大小、保温散热等都起一定的作用，但是各种生物的平均寿命还是程序控制的。即使是限食、增加生物抗氧化的努力、让体细胞表达端粒酶，都只能少量地改变生物的寿命，一般不超过 20%～30%，而不能把小鼠的寿命变成裸鼠的寿命。

这个决定死亡时间的程序，现在还是个谜。我们现在还不知道生殖细胞为什么能够永生，我们也不知道为什么有干细胞不断更新身体的生物会死；生殖细胞和体细胞有同样的 DNA，同样的基因，为什么生殖细胞就不受自由基的破坏而能够永生，而体细胞却会受伤死亡？但是，既然这些基因能够让生殖细胞永生，它们也应该能够让体细胞，或者通过干细胞的更新，让生物体活到任何需要的年龄，决定因素只是每一代寿命的长短对物种的生存是不是最佳值。

人类寿命并不短

作为人类，我们自然会对自己的寿命感兴趣。有一种说法，认为比起其他哺乳动物来，人好像没有活到"应该有"的年龄，人的年龄"应该是"120—150 岁。这种说法的根据是 18 世纪的法国科学家巴丰（Georges-Louis Leclerc Comte De Buffon，1707—1788）提出的一个说法。巴丰根据 31 种哺乳动物的生长期，第一次生育时的年龄以及这些动物的寿命，提出哺乳动物的寿命应该是生长期的 7 倍。由于生长期大约是第一次生育的

年龄的 2 倍，所以哺乳动物的寿命是第一次生育年龄的 13 倍。这个说法被称为巴丰系数。例如狗的生长期为 2 年，性成熟期是 1 年左右，寿命是 10~15 年；牛在一岁的时候就有生育能力，生长期 2~4 年，寿命为 20~30 年。人在 12~13 岁就具有生育能力，生长期是 20~25 年，所以寿命应该是 140 岁或者更长。

但是与前面提到的动物寿命和体重的关系一样，这样的说法只是一个大概的近似，并不是一个准确的公式，也没有已经证明的理论来支持这些说法。如果我们考察一下和人类亲缘关系最近的三种灵长类动物黑猩猩（chimpazee）、大猩猩（gorilla）和长臂猿（oragutan），就会发现这个"系数"并不准确。黑猩猩性成熟在 8—10 岁，按照巴丰系数计算，黑猩猩的寿命应该至少是 56 岁，但是实际上黑猩猩的年龄只有 30 多岁（雄性 33 岁，雌性 37 岁）。大猩猩性成熟大约在 10—13 岁（雄性 11—13 岁，雌性 10—12 岁），按照巴丰系数计算，大猩猩的寿命应该至少 70 岁，实际上大猩猩的寿命只有 35—40 岁。寿命最长的大猩猩是美国俄亥俄动物园的一只叫 Colo 的雌性大猩猩，现在也才 58 岁（1956 年 12 月 22 日出生）。雌长臂猿性成熟在 6—11 岁，雄性在大约 15 岁，但是无论是在野外还是在人工饲养的条件下，长臂猿都只能活 30 多岁。相比之下，人类的性成熟年龄，生长期和其他三种灵长类差不多，但是活过 90、100 岁的大有人在，人类有记录最长寿命已经达到 122 岁，与其他灵长类动物相比应该算是想当长的了。

再看一下巴丰所处的时代，也可以看出巴丰对于自然和生命的理解都是非常有限的。他正确地指出太阳系当时已知的 7 颗行星以同一方向围绕太阳旋转并不是上帝设置的，而是自然规律作用的结果。但是他的解释却是一颗彗星撞击了太阳，撞出来的物质围绕太阳旋转，最后形成了 7 大行星。他反对创世纪中地球的年龄只有 6000 年的说法，并且根据他对地球冷却过程的计算，得出地球的历史是 35000 年的结论。他认为生物是由有生命的有机物自然产生的，而这些有机物是在地球温度很高时形成的。最初形成的生物体型巨大，由于冰川的南下而灭绝。后来形成的生物体型较小，能够适应环境而生存下来。所以他不仅相信生物的自然发生说，也还没有生物演化的概念。他有很多很聪明的想法，但是由于当时科学水平的限制，这些想法基本上只是猜想，而且

其中不少猜想是错误的。尽管"巴丰系数"在互联网上被引用得很多，但是在科学文献中几乎没有被提及，一些详细介绍巴丰的文章根本没有提到他的这个说法，我们也不能把他在 200 多年前的一个猜想当做判断人类寿命的根据。而且由于人类居住和卫生条件的改善，科学技术的进步，人类目前的寿命已经大大超过我们的灵长类近亲。

问题是我们是否可以活得更长。在上一段中，我们谈到一个物种的寿命是由生物演化过程所决定的该物种的最适寿命，过长或过短都不利于该物种的生存。换句话说，一个物种的寿命是由身体里面的程序决定的，自由基、端粒等引起衰老的机制只不过是这个程序的执行者，而不是决定者。这对于动物来说是难以改变的，但是人类却有可能干预这个程序，使我们活得更长。在目前，人类对于这个程序和它的工作机制还了解甚少，有效而且安全地干预这个机制还不可能，想靠一两种化合物来延长寿命的希望更有可能落空。更可靠有效的办法还是健康的生活习惯，以尽量避免由于人为因素而损失程序本来可以带给我们的寿命。

第七节　细胞的程序性死亡

如果说端粒是体细胞的"衰老钟"，只给体细胞有限的分裂次数，以免它们无限制地分裂繁殖，成为癌细胞，那么多细胞生物为了整体的利益，还要主动消灭一些细胞，让它们"自杀"。这个细胞自杀的机制，就像是给细胞装的"不定时炸弹"，需要的时候就会被引爆。这就是细胞的程序性死亡（programmed cell death，或者称为 apoptosis）。

细胞在接到外部或者内部的指令，"自行了断"的死亡方式，和细胞受到急性损伤，被动死亡的情形不同，后者叫做细胞坏死（necrosis）。细胞坏死时，细胞膜破裂，细胞的内容物，包括各种水解酶，都被释放到周围的环境中，对其他细胞造成伤害，同时引起炎症反应。我们的皮肤被割伤或刺伤时，就会有大量的细胞被急性损坏，也就是坏死，造成伤口处红肿疼痛。与此相反，细胞程序性死亡时，细胞膜并不破裂，而是 DNA

断裂，细胞核分裂成数块，每一块都有膜包裹，细胞皱缩，分裂为若干由膜包裹的小囊，这样在细胞解体时，细胞的内容物就不会被释放到周围的环境中去，引起炎症反应。这些有膜包裹的小囊泡也很快被周围的细胞吞食，消失于无形，所以对身体不会造成不利的影响(图4-16)。

成年人的身体中，每天大约有500到700亿细胞"自杀"，即身体总共60万亿的细胞中，每天大约有千分之一的细胞自杀。这个数量远超过皮肤被划个小口或者扎一根刺时所杀死的细胞，但是我们却毫无感觉，这就说明细胞的这种死亡方式是身体自己需要，主动发起的，所以也不需要向中枢神经系统报告，而细胞坏死却常常是外来伤害的结果，必须以痛觉的方式向中枢神经系统报告，以立即让身体采取措施，避免进一步的伤害。多细胞生物要一些细胞自杀的原因主要有两个：一是剔出那些不再需要的正常细胞，二是消灭那些出了毛病的细胞。

为生物体的正常发育所需要

生物体从一个细胞（例如受精卵）发育时，不只是要增加细胞数量，而且需要消灭那些在发育过程中暂时需要，随后又必须消失的细胞。例如青蛙在发育过程中，要经过蝌蚪的阶段，这个时候蝌蚪需要尾巴来游泳。在蝌蚪变青蛙时，四肢长出，尾巴却需要消失，这些尾巴上的细胞就通过程序性死亡而自然消失了。许多昆虫，例如蝴蝶和苍蝇，在发育过程中都要经过幼体(larva)阶段，这个时候昆虫是没有触须和翅膀的。而从幼虫变成虫时，幼虫身体里面的大部分细胞都要消失，而从其中的小部分细胞中长出头、胸、腹、触须、翅膀以及六条腿。这些需要消失的细胞也是通过程序性死亡消失的。

人的手和脚在发育时，先是长出一个小圆瓣，手指和脚趾还没有彼此分开。小圆瓣长大时，预定要发育成手指和脚趾部分之间的细胞逐渐消失，手指和脚趾才逐渐形成。身体中的空洞，例如耳道和内耳，也是细胞死亡"雕刻"出来的。老鼠刚出生时，上下眼皮是连在一起的，是结合处的细胞程序性死亡后，老鼠的眼睛才能睁开。

人的免疫细胞形成时，要经过两道"质量检查"。不能认识敌人的免疫细胞没有用处，要被淘汰掉。而把自己身体里面的细胞当成是外来敌人的免疫细胞也不能让它们存在，否则免疫系统就会攻击自己的身体了。只有淘汰了这两种细胞后，免疫系统才能够正常工作，而这些都是细胞的程序性死亡来实现的。自体免疫病症的发生，就是因为有些免疫细胞把自己的细胞当成敌人，而又不被淘汰的缘故。

神经系统在发育过程中，要淘汰神经细胞之间那些不正确的连接。虽然这不涉及细胞的死亡，但是神经细胞发出的、长长的轴突(axons)，也是通过细胞程序性死亡的机制来实现的。在哺乳动物的胚胎发育过程中，后来形成子宫和输卵管的 Muller 细胞因为在雄性动物

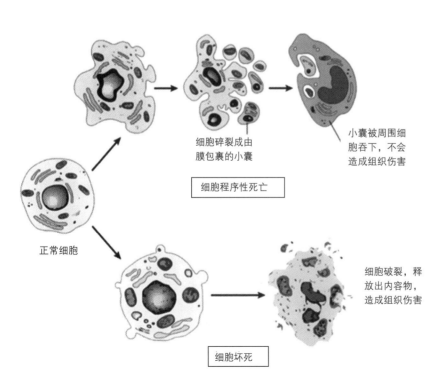

细胞碎裂成由膜包裹的小囊

小囊被周围细胞吞下，不会造成组织伤害

细胞程序性死亡

正常细胞

细胞破裂，释放出内容物，造成组织伤害

细胞坏死

图 4-16　细胞的程序性死亡（上）和细胞坏死（下）

中不需要，就在雄性动物的发育过程中被消灭掉了。而形成精囊的男性生殖管（Wolffian duct）在雌性动物体内就退化。这些过程也是通过细胞的程序性死亡实现的。

线虫在发育过程中一共要产生 1090 个体细胞，其中的 131 个要通过细胞的程序性死亡消除掉，最后剩下 959 个细胞。不过这个过程好像还不是绝对必要的，因为线虫的身体构造非常简单，就是两头尖，1 毫米左右长。用人工的方法不让细胞程序性死亡过程发生，这些多余的细胞也不会造成严重的后果。但是果蝇的情形就不同了。果蝇的身体构造比线虫复杂得多，细胞数比线虫多 1000 倍以上，而且从幼虫到有翅膀的成虫，身体构造有很大的变化，细胞程序性死亡就是绝对必要的了。如果用人工的办法不让这个过程发生，果蝇的发育就会出现严重的缺陷而导致死亡。

在人体的发育过程中，许多组织的细胞是过量形成的，然后再淘汰其中的许多细胞，只留下质量最好的细胞。例如超过一半的神经细胞要被淘汰。还有生殖细胞，例如女婴在出生时，其卵巢中超过 90% 的卵细胞都已经被消灭掉了。

所有这些例子都说明，细胞程序性死亡是生物体的发育所需要的正常现象。从结构形成，身体需要，到质量控制，都需要许多细胞程序性死亡。

程序性死亡可以淘汰劣质

在动物的体细胞中，总会有一些由于各种原因而变得不正常。例如 DNA 受到射线照射而断裂、被自由基损坏、复制时出现错误等等，如果这些 DNA 受损的细胞还能够继续在身体里面繁殖，就会造成身体发育不正常，甚至导致癌症的发生。这些 DNA 受损的细胞就会被命令执行程序性死亡。

就如我们在上一节中所说的，体细胞里面都有一个"衰老钟"，这就是端粒。DNA 每被复制一次，端粒就要缩短 100 个碱基对左右。当端粒缩短到一个临界长度（大约是 5000~6000 碱基对），细胞就失去分裂能力而进入老化状态，衰老的细胞就需要被清除掉。

细胞受损的另一个原因是被病毒感染。病毒和细菌不同，它们没有新陈代谢活动，自己不能够合成 DNA 和蛋白质，而必须借助活细胞里面合成 DNA 和蛋白质的工具来复制自己。由于病毒藏在细胞中，人体的免疫系统不能直接消灭它们。如果让这些被病毒感染的细胞继续繁殖，无疑会给病毒的继续繁殖提供更多的机会，最好的办法就是让这些细胞自己死亡，其碎片被周围的细胞吞食掉，再在溶酶体中被消化，这样感染细胞的病毒也一起被消灭了。

身体是怎么知道细胞是受到病毒感染的呢？原来每个体细胞里面都有"汇报系统"，向身体报告自己有些什么蛋白质。这套系统能够对细胞内的蛋白质，包括病毒的蛋白质，进行"取样"，即抽取它们中间大约 20 个氨基酸长的片段，并呈现在细胞表面上，相当于告诉身体："瞧，我这个细胞里面有这些蛋白质"（见第十章）。如果是正常的细胞，身体就会对这些信息不加理睬，但是如果这里面有病毒蛋白质的片段，身体就知道这个细胞被病毒感染了，然后会发出信号，让这些细胞程序性死亡。

所以细胞的程序性死亡不仅是为了清除那些身体不需要的正常细胞，还能够消灭已经受损、老化或者已经被病毒感染的细胞，它是身体正常发育和维持健康的重要机制。

胱天蛋白酶是死亡执行者

细胞的"自行了断"主要是通过一些特殊的蛋白水解酶来实现的。它们是细胞的"死亡执行者"。这类酶和其他水解蛋白质的酶不同，它们并不把蛋白质彻底水解成氨基酸，而是在特殊的天冬酰胺残基后面把肽链切断，其中一个目的就是为了蛋白的活化，特别是与细胞程序性死亡有关的蛋白酶的活化。它们的催化反应中心含有半胱氨酸，又在被作用的蛋白质中特定的天冬酰胺残基后面把肽链切断，所以这类酶被称为"半胱天冬酶"，或者叫做胱天蛋白酶（Caspase）。Caspase 这个词是半胱氨酸 cysteine，天冬酰胺 aspartate 和蛋白酶 protease 三个词缩合而成。

胱天蛋白酶有许多种（例如人体有 12 种），其中只有三种直接执行细胞死亡程序，即第 3 型，第 6 型和第 7 型。它们能够直接使细胞死亡，例如水解核纤层蛋白（lamin），使细胞核碎裂，以及水解脱氧核糖核酸酶的抑制剂 ICAD/DFF45，让脱氧核糖核酸酶（DNase）发挥作用，把 DNA 切成片段等。不过这些蛋白酶平时在细胞里只以酶原的形式被表达，是没有蛋白酶活性的，不然所有的细胞都会自杀了。只有在需要的时候，把这些蛋白质加以改变，就可以使它们的活性释放出来。这样事先表达酶原的好处是，可以保证在细胞合成蛋白质的功能受损的情况下，仍然可以启动自杀程序，以避免细胞病得连自杀都无法进行了。这相当于在每个细胞里面都已经放好了一个炸弹，需要的只是引爆炸弹的引信。当然，如果细胞伤害来得太突然，或者细胞的损伤已经太严重，无法进行有效的自杀程序，细胞也只能通过坏死的方式死亡。

让这些执行酶活化的上游的酶本身也是胱天蛋白酶，包括第 2、第 8、第 9、第 10、第 11、第 12 型的酶。它们接受不同的死亡信号，激活执行酶，所以叫做启动酶（initiation caspases）。它们在活化执行酶时，把具有抑制作用的氨基端部分去掉，同时把酶原切成大亚基和小亚基。大小亚基再互相结合，就形成具有活性的酶了。

胱天蛋白酶，包括启动酶和执行酶，是细胞程序性死亡的核心工具。有多种信号可以启动细胞自杀的程序，但是这些信号最终都汇聚到胱天蛋白酶系统上。

细胞自杀有多种信号

胱天蛋白酶可以通过多种路线而被活化，启动这些路线，让细胞自杀的信号都是死亡信号。死亡信号可以分为外源的和内源的两大类。

外源性死亡信号

外源性死亡信号是身体向要被消灭的细胞发出的死亡指令，所以这类信号来自要被消灭的细胞之外。为了接收这些信号，细胞在表面上有特殊的蛋白质（称为"受体"receptor）与信号分子结合，再把信号传递给细胞内的分子，这样一级一级地传递下去，最后导致胱天蛋白酶的活化。外源性死亡信号分子中，研究得最详细的是肿瘤坏死因子（tumore necrosis factor，简称 TNF）和第一细胞程序死亡配体（first apoptosis signal ligand，简称 FasL）。它们都能够引起细胞的程序性死亡。

TNF 是由活化的巨噬细胞（macrophage）产生的。大多数细胞表面都有两种 TNF 受体，TNF-R1 和 TNF-R2，其中 TNF-R1 和 TNF 的结合会首先活化细胞膜上的与 TNF 受体相连的死亡蛋白（TNF receptor-associated death domain，简称 TRADD），然后再活化第 8 型胱天蛋白酶（启动酶）。被活化的第 8 型启动酶再活化第 3 型和第 7 型胱天蛋白酶（执行酶），死亡程序就被启动了（图 4-17）。

FasL 是由一种特殊的淋巴细胞——毒杀性 T 细胞（cytotoxic T lymphocyre）所生产的。这种淋巴细胞能够杀灭受损细胞、被病毒感染的细胞和一些癌细胞。细胞上结合 FasL 的受体叫做 Fas，和 TNF 受体属于同一个大的蛋白质家族。FasL 以三聚体的形式结合在 Fas 上，这种结合使 Fas 也变成三聚体，然后被细胞吞食进去。在细胞内，Fas 和一个叫做与 Fas 相连的死亡蛋白（Fas-associated death domain，简称 FADD），以及第 8 型胱天蛋白酶的酶原结合，形成致死信号复合物（death-inducing signal complex，简称 DISC）。在这个复合物中，第 8 型胱天蛋白酶被活化。活化的第 8 型胱天蛋白酶再活化第 3 型和第 7 型胱天蛋白酶（执行酶），死亡程序也可以被启动（图 4-17）。

内源性死亡信号

内源性的死亡信号主要有两个来源。一个来自抗癌蛋白 p53（详见下一节），另一个来自线粒体。

细胞里面有"质量监察员"，随时在检察细胞中 DNA 的情况，其中的一种叫做 p53 的蛋白质。它在 DNA 受损时结合在 DNA 上，同时召集修复 DNA 的蛋白质。如果 DNA 修复失败，p53 就会阻止细胞进行分裂，在有的情况下还可以让这些细胞自杀。

而 p53 自身又是转录因子，可以结合在基因启动子上的特殊序列上，

5′-PuPuPuC（A/T）（A/T）GPyPyPy-3′

其中 Pu 代表嘌呤，Py 代表嘧啶，A/T 代表 A 或者 T，即在这个位置上可以是腺嘌呤或者胸腺嘧啶。通过这种方式，p53 可以让许多下游的基因表达，其中的 p21 可以使细胞停留在生长期（G1），而不让 DNA 进行复制（S 期）；GADD45 和 14-3-3d 两种蛋白质则控制 G2 期（为细胞分裂而进行的蛋白质合成）和 M 期（有丝分裂期）。

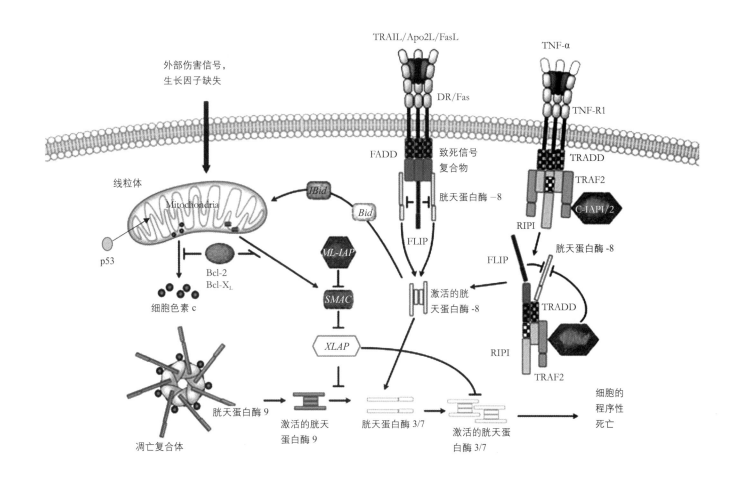

图 4-17　细胞的程序性死亡机制。外源的死亡信号，如肿瘤坏死因子 TNF 和第一细胞程序死亡配
体 FasL，都能够通过细胞膜上的受体形成死亡蛋白复合物（分别为 TRADD 和 FADD）

　　如果 DNA 修复失败，或者细胞处于压力状态，p53 还可以直接进入线粒体，促成死亡程序的启动。

　　线粒体不仅是细胞的"动力工厂"，也是细胞死亡信号的发出者。当细胞受损，包括紫外线引起的 DNA 损伤或细胞中毒时，线粒体的外膜上会形成由蛋白质 Bax 和 Bak 聚合成的孔洞，使外膜的通透性增加，原先附在线粒体内膜上的细胞色素 c 就会从线粒体中"逃"出，进入细胞质中。细胞色素 c 在正常情况下是线粒体呼吸链的一个重要成员，负责把电子从 bc_1 复合物传递到给细胞色素氧化酶（见第

三章第二节和第二章第九节），然而被释放到细胞质中的细胞色素 c 却是"催命分子"。它首先与细胞程序死亡蛋白酶活化因子（Apoptotic protease activating factor-1，简称 Apaf-1）结合，形成凋亡复合体（apoptosome），凋亡复合体再募集第 9 型胱天蛋白酶的酶原，让其自我切割而活化。活化的第 9 型胱天蛋白酶再切割第 3 型和第 7 型的胱天蛋白酶原，使它们变成有活性的胱天蛋白酶，启动细胞的自杀。这个过程可以被蛋白质 Bcl-2 和 Bcl-x 所抑制。

　　线粒体的这个自杀途径也可以

被其他外源性或内源性死亡信号所使用。例如 FasL 结合到 Fas 上，通过 FADD 活化第 8 型胱天蛋白酶之后，第 8 型胱天蛋白酶不仅可以直接活化第 3 型和第 7 型胱天蛋白酶，而且可以切割另一个叫做 Bid 的蛋白质。被切短的 Bid（tBid）进入线粒体，促使细胞色素 c 的释放，通过凋亡复合体活化第 9 型胱天蛋白酶，再活化第 3 型和第 7 型的胱天蛋白酶（见图 4-17）。

　　被受损细胞活化的 p53 也可以直接进入线粒体，促使蛋白质 Bax 和 Bak 在线粒体的外膜上形成孔洞，使细胞色素 c 逃逸到细胞质中

去，开始活化胱天蛋白酶的程序。因此细胞内启动自杀程序的路线是互相连接的。

上面介绍的启动细胞死亡程序的过程只是粗线条的"简化版"，实际过程是非常复杂的，涉及很多种类的蛋白质和正反方向的控制机制，而且不是所有的细节都清楚。但是我们介绍的这些主要步骤能够让我们有一个总体的概念，细胞是如何自杀的。虽然有许多细胞由于这种机制而"自杀身亡"，但是这对于多细胞生物的整体利益是必要和有益的。无论是不再需要的正常细胞，还是已经老化、受伤、被病毒感染的细胞，都需要从机体中被清除掉，而且清除的方式不会给机体带来损害，这就是细胞的程序性死亡。通过这个过程，部分细胞的"自我牺牲"换来的是多细胞生物的整体生命。如果有细胞不服从整体利益，自己无限增殖，甚至已经不正常了还要在多细胞生物体内繁衍，那就是癌细胞。

第八节　叛逆者——癌细胞

在单细胞生物中，每个生物体（细胞）是独立生活的，基本上不需要考虑其他细胞的状况。而在多细胞生物中，细胞过的是"集体生活"，每个细胞在生物体中都有一定的位置，数量也受到严格地限制，要不多不少，否则多细胞生物就不能维持恒定的结构。从一个受精卵发育成为整个生物体，以及生物体发育完毕后干细胞替补老化受损的细胞，都要有精密的控制机制。如果控制机制出了问题，细胞不是按计划和需要产生，就会形成不需要的细胞，影响其他细胞的生活。

在多细胞生物中，每个细胞都是集体的一员，必须服从总体的需要，有时还必须为整体而牺牲自己的利益。例如被频繁替代的小肠绒毛细胞，只能够活两三天，被替换时还是活着的，但是也为整体利益牺牲了。水螅的外胚层细胞和内胚层细胞也被频繁地被替换，只能活几天到十几天。但是它们的牺牲换来了水螅的长生。如果有的细胞"不服从规矩"，不受控制地生长繁殖，和其他细胞争夺资源，就会形成肿瘤。如果这些细胞还能够入侵周围的组织，甚至脱离原来的位置，到身体的其他地方"安营扎寨"，发育出新的肿瘤，那就是

癌，即恶性肿瘤。所以癌细胞就是失去控制，无限制地生长繁殖的细胞。它们危害多细胞生物的整体利益，是细胞中的叛逆者。

癌细胞几乎是和多细胞生物同时产生的

在一些人的印象中，癌好像主要是人患的疾病，最多也是高等动物如狗才会得癌。其实任何多细胞生物都有控制细胞生长繁殖的问题，所以原则上，有了多细胞生物，癌也就可能出现。虽然像团藻这样的简单多细胞生物还没有发现癌，但是癌却已经在许多无脊椎动物中发现。

例如在 1826 年，Kirby 和 Spence 在甲虫（*Phytodecta variabilis*）的前胸上发现一个巨大的肿瘤。

1890—1891 年，Williams 和 Collinge 检查了上千只淡水贻贝（*Anodonta cygnaea*），发现其中 3 只患有肿瘤，其显微结构类似腺肌瘤。

在 1897 年的一篇报道中，McIntoch 在一只龙虾的身体上发现肿瘤。肿瘤从腹部长出，挤开胸甲，从眼后突出。肿瘤不断长大，最后导致这只龙虾的死亡。

1921 年，White 在蜜蜂身上发现了一个类似纤维瘤的肿瘤。肿瘤像桑椹，把旁边的结构都挤开。

1925 年，Brun 发现一个草地蚁（*Formica pratensis*）患脑瘤。这是一只工蚁，爬行时只能向右打转。检查发现在这只蚂蚁的原始大脑的左上方有一个肿瘤。肿瘤中微小的细胞紧挤在一起，看来是从胶质细胞变来的。

1934 年，Kolosvary 发现长腿蜘蛛（*Phalangium opilio*）也长肿瘤，而且肿瘤大到把蜘蛛的内脏都挤到身体的一边。

如果说这些多细胞动物还不够原始，那么水螅身上的肿瘤就更令人惊异。2014 年，Thomas Bosch 等人报道说，他们在两种水螅（*Hydra oligactis* 和 *Pelmatohydra robusta*）身上都发现了肿瘤。这些肿瘤是如此之大，以致远远超过水螅的正常体积，使水螅变成球形。这些肿瘤只出现在母水螅身上，而且是在诱导母水螅进入有性生殖的过程中出现的，说明肿瘤的产生与生殖过程有关（图 4-18）。

在温度合适、营养充足时，水螅一般通过出芽进行无性繁殖。但是当条件变坏时（例如把温度降到 10 摄

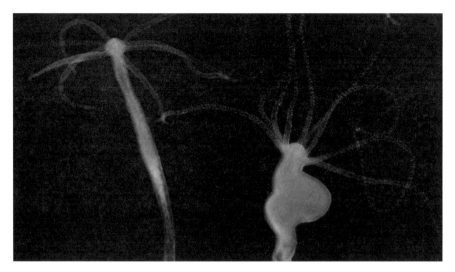

图 4-18　左为正常水螅，右为长肿瘤的水螅

氏度，并且禁食 2 至 4 个星期），它们就实行有性生殖，母水螅的间质干细胞会分化成为 1 个卵细胞和多个饲养细胞（nurse cells）。这些饲养细胞程序性死亡后，就被卵细胞吞食掉。卵细胞再受精，就可以在休眠状态下度过不利的时期。在这个过程中，有些母水螅就会发展出肿瘤。

为了研究组成肿瘤的细胞是否来自间质干细胞，科学家在显微镜下观察这些细胞，发现它们聚集在外胚层中，和间质细胞的位置相同。而且这些肿瘤细胞在结构上不像刺细胞、不像神经细胞，也不像腺细胞，而像间质干细胞（见本章第四节）。

为了证明这些肿瘤细胞确实来自间质干细胞，科学家检验了两种蛋白质。一种是水螅分泌的抗细菌的蛋白质 Periculin。由于受精卵要离开水螅母体独立生活，比较容易受到细菌的侵袭，Periculin 的作用就是保护受精卵。研究发现，肿瘤细胞分泌 Periculin，说明它们确实是间质干细胞向卵细胞分化过程中的细胞。第二种蛋白质叫做 Cnnos1，它只在水螅的间质干细胞和生殖细胞中表达，而不在体细胞中表达。测定结果表明，间质干细胞和肿瘤细胞都表达 Cnnos1，也证明肿瘤细胞确实是间质干细胞分化为生殖细胞的过程中产生的。

然而，这些肿瘤细胞停留在分化的中间阶段，类似于在间质干细胞分化成生殖细胞的 GC II 阶段，而不继续分化成为卵细胞和饲养细胞，说明间质干细胞在分化过程中基因调控程序出了问题，分化过程不能继续进行下去。这个形成肿瘤的过程和人体中癌症形成的过程非常相似，即干细胞分化成体细胞的过程出现了问题，形成大量未分化完成的细胞。一个典型的例子就是白血病，造血干细胞分化为白血球的过程不能进行彻底，在血中聚集大量未分化完全的细胞。

低等动物也发生癌的情形说明，癌症和多细胞生物一样古老，而且癌生成的机制也非常相似，即干细胞的分化过程失控，让它们产生的细胞继承了繁殖能力，却失去了分化能力和受控制的能力，结果这样的细胞就无限制地生长繁殖。进一步的研究发现，细胞中有两类基因控制着一个细胞的命运，一类促进细胞生长繁殖；另一类抑制细胞的生长繁殖。它们就像是汽车的油门和刹车，二者之间的平衡是生物正常生长发育的关键。任何一方出了问题（如踩油门过重，或者刹车失灵），或者两方都出了问题（在刹车失灵时还猛踩油门），就有可能导致癌症的发生。

致癌基因

1911 年，美国科学家劳斯（Francis Peyton Rous，1879—1970）在研究鸡长肉瘤（sarcoma）的病因时发现了致癌基因（oncogene）。他把从鸡身上收集到的肉瘤磨碎，用离心法除去其中的固体物质，再把上清液注射到别的鸡身上，结果被注射的鸡也长出了肉瘤。这说明上清液中含有能引起癌症的病毒，这种病毒就被命名为劳斯肉瘤病毒（Rous Sarcoma virus，简称 RSV）。病毒里面的致癌基因叫做 Src，从肉瘤 sarcoma 一词而来。劳斯的实验表明，肿瘤可以由病毒引起，他也因此获得了 1966 年的诺贝尔生理学和医学奖。病毒里面的基因 Src 可以引起癌症，所以叫做致癌基因（oncogene）。

68 年后，美国科学家毕晓普（J. Michael Bishop，1936—）和瓦尔姆

斯（Harold E. Varmus，1939—）发现，正常鸡的体内也含有一个基因，和病毒的 Src 基因非常相似。由于这个基因是从鸡的细胞里提取到的，所以被称为 c-Src，其中的 c 是"细胞中"（cellular）的意思。而病毒中的 Src 基因则被称为 v-Src，其中 v 是"病毒的"（viral）的意思。毕晓普和瓦尔姆斯的发现表明，原来病毒中能够引起癌症的基因在动物的体内就有，只不过在正常情况下，这些基因并不引起癌症，而是发挥重要的生理功能，只有在这些基因发生突变或大量表达的情况下，它们才会引起癌症，所以这些基因还不是致癌基因，只是原癌基因（proto-oncogene）。这就打破了癌症都是由外来物质引起的想法，原来癌症也可以由身体自己的基因引起。由于这个贡献，毕晓普和瓦尔姆斯获得了 1989 年的诺贝尔生理学和医学奖。

进一步的研究发现，c-Src 基因的产物是一个酪氨酸激酶（tyrosine kinase），它的功能是在其他蛋白质分子中的酪氨酸残基上加一个磷酸基团。这个反应使原来不带电的酪氨酸残基的侧链变得带上负电，改变蛋白质分子的结构和化学性质，是细胞信息传递的一个重要机制。

Src 蛋白质有许多途径被活化。细胞膜上有许多蛋白质，它们能够与细胞外的信息分子结合，获取它们所携带的信息，再把这些信息传递到细胞内，这些蛋白质称为外来信息分子的"受体"。Src 蛋白可以被许多这类受体活化，例如被"血小板源生长因子受体"（platelet derived growth factor receptor，简称 PDGFK）和"上皮生长因子受体"（epidermal growth factor receptor，简称 EGFR）所活化。活化的 Src 蛋白质可以提高细胞的生存能力、促使细胞增生。如果这些活性太高而失去控制，就可能造成细胞癌变。

在正常细胞内，Src 蛋白的活性是受到控制的，c-Src 蛋白的羧基端上有一个酪氨酸残基（第 527 位），它的磷酸化可以抑制 Src 蛋白的活性，只有在接到外界让细胞生长分裂的信号时，Src 蛋白才被活化。但是 v-Src 蛋白上没有这个起抑制功能的酪氨酸残基，这就使得 v-Src 蛋白始终处于活化状态，不断地促使细胞生长分裂，最后变成癌细胞。如果 c-Src 的突变增加了它的活性，或者 c-Src 蛋白被过量表达，都有可能诱发癌症。据统计，大约有 50% 的直肠癌、肝癌、肺癌、乳腺癌、胰腺癌中有 Src 的活化。

另一个致癌基因 Myc，在致癌病毒和动物肿瘤中都有发现。引起鸡的髓细胞瘤（myelocytomatosis）的病毒 MC29 就含有 v-Myc 基因。v-Myc 基因也在其他四种致癌病毒中发现（CM Ⅱ、MH2、OK10、FTT）。Myc 基因在人的伯奇氏淋巴癌（Burkitt's lymphoma）中也有发现。在这种癌症细胞中，第 8 号染色体常常断裂，和其他染色体的片段连接在一起。这个断点处的基因和 v-Myc 相似，叫 c-Myc。断点处的另一个基因常常是免疫球蛋白（immunoglobulin）基因。这种染色体之间的错误连接使得免疫球蛋白基因的增强子转而调控 Myc 基因，使它在细胞中过量表达，成为致癌基因。

与 Src 蛋白是蛋白酪氨酸激酶不同，Myc 蛋白是一个转录因子，即能够结合在 DNA 的增强子（enhancer box，简称 E-box）序列（CANNTG，其中 N 可以是任何核苷酸）上，是控制基因开关的分子。据估计，人体细胞里面的基因大约有 15% 受 Myc 调控，其中包括与细胞的生长分化有关的基因。Myc 结合于 DNA 后，能够召集组蛋白乙酰基转移酶（histone acetyltransferase）到染色质附近，使组蛋白乙酰化。由于组蛋白乙酰化是发生在氨基酸侧链上的自由氨基（在中性 pH 下带正电）上的，会减少组蛋白上的正电荷，使它与带负电的 DNA 结合变松，有利于转录因子与 DNA 结合，使基因表达增加。例如 Myc 蛋白能够增加核糖体 RNA 和蛋白质的量，使得细胞可以大量生产蛋白质。Myc 也增加与细胞周期有关的细胞周期蛋白（cyclin）的表达，促使细胞进入分裂繁殖期。如果 Myc 蛋白质持续大量表达，细胞就会不受控制地生长繁殖，形成癌细胞。

一个自然的问题是，为什么许多病毒都带有人的致癌基因？这是因为这些病毒都属于逆转录病毒（retrovirus），它们的遗传物质是 RNA，进入细胞后 RNA 被"逆转录"为 DNA，再随机插入细胞的 DNA 内。病毒繁殖时，病毒 DNA 有时会带着一些细胞的 DNA 出来，变为病毒的 RNA，再进入病毒颗粒。如果病毒携带出来的细胞 DNA 对它们无用，反而成为它们的"累赘"，这些病毒就会被淘汰掉。但是如果它们带出来的是致癌基因，在入侵细胞后就会促使细胞大量繁殖，给病毒提供丰富的感染的对象，所以对病毒的繁殖是有利的。带有这些致癌基因的病毒繁殖的效率就会比那些不带致癌基因的病毒高，也更容易在竞争中占据有利地位。由于这个原因，有的病毒还会携带其他的致癌基因，例如 v-Abl、 v-Jun、v-Fos、v-ras 等。有的病毒甚至同时携带两个致癌基因，例如病毒 MH2 除了含有 v-Myc 外，还含有 v-Mil，说明病毒很"懂得"这些致癌基因对它们的好处，这也从反面证明这些基因的确促使细胞生长繁殖的。

抗癌基因

如果说致癌基因是细胞生长分化的"油门"，那么抗癌基因（tumor suppressor genes）就是"刹车"。它们让细胞"守规矩"，只有在需要的时候才分裂繁殖。如果细胞已经发生异常，抗癌基因还会让这些细胞"自杀"，以免危害生物整体。

一个典型的抗癌基因就是在视网膜母细胞瘤（Retinoblastoma）中发现的基因，简称 Rb 基因。视网膜瘤就是在视网膜上长瘤子，发病率大约在一万八千到三万分之一之间，通常在一两岁，视网膜尚在发育阶段的孩子中发生。由于视网膜细胞自身的性质，也因为这些细胞是外来光线，包括紫外线照射的地方，容易在这些细胞的 DNA 中引起突变，导致癌症的发生。

研究发现，在视网膜瘤中发生突变的就是 Rb 基因。它的产物是一个位于细胞核里面的蛋白质，在控制细胞周期上发挥关键作用。在处于非磷酸化或低磷酸化状态时，Rb 蛋白质会结合到一个叫 E2F 的转录因子上，让它不能发挥作用，细胞也不能分裂。当细胞需要分裂时，Rb 蛋白的磷酸化程度增加，使得它和 E2F 解离。E2F 一旦恢复"自由身"，马上就会发挥作用，把细胞推入分裂期。所以低磷酸化的 Rb 蛋白是阻止细胞进入分裂期的"刹车"。如果 Rb 基因发生了突变，相当于细胞的"刹车失灵"，细胞就会无节制地分裂。

Rb 蛋白的另一个作用是减少细胞的基因表达，使细胞的活动水平降低。致癌基因 Myc 的一个作用，就是使组蛋白乙酰化，减弱 DNA 和组蛋白的结合，让基因更容易表达。而 Rb 的作用正好相反，让组蛋白去乙酰化酶（histone deacetylase，简称 HDAC）工作，让 DNA 更紧密地结合于组蛋白上，使基因更不容易表达。

由于人有两个 Rb 基因，即使一个 Rb 基因出了问题，另一个正常的 Rb 基因也会发挥作用，癌症还是不容易发生，要两个 Rb 基因都出了问题，细胞才容易癌变。这也和致癌基因不同，一般一个致癌基因突变就会促使癌的发生。这就像两个人中一个人变坏就可以做坏事，但是必须两个警察都不起作用坏事才容易发生。如果孩子已经从父母那里继承了一个坏的 Rb 基因，他（她）患视网膜瘤的机会就会大大增加，而且两只眼睛都会长肿瘤。而没有继承坏 Rb 基因的孩子就需要在视网膜细胞中有两个 Rb 基因突变才会患瘤，且通常也只影响一只眼睛。

Rb 基因控制细胞分裂的功能看来已经有很长的历史，在单细胞生物中就出现了。例如衣藻（Chlomydomonas renhardtii）就有一个类似 Rb 的基因，叫做 mat3。如果让 mat3 基因发生突变，衣藻就会连续不断地分裂繁殖，形成许多微小的衣藻，而不是等到细胞长到足够大了再分裂。在人的耳朵中，直接感知声音的听毛细胞（hair cells）是不能分裂繁殖的，也不能更新，这是人到老年听力下降的原因。如果把小鼠的 Rb 基因突变掉，小鼠的听毛细胞就会在身体长成后还继续分裂。可惜这不会增加小鼠的听力，反而造成听力丧失，因为 Rb 基因的突变还会影响周围的其他细胞，使耳蜗的结构不正常。

另一个重要的抗癌基因是 TP53。它的蛋白质产物叫 p53，其中 53 是指它的相对分子质量（即 53000）是通过将蛋白质变性后在凝胶电泳中测到的。但是从 p53 的氨基酸组成计算，它的相对分子质量应该是 43700。之所以有这个差别是因为 p53 蛋白含有比较多的脯氨酸，让它在电泳中的表现不正常。

在细胞中，p53 是个"把关员"，决定细胞是不是适合分裂。如果 DNA 发生损伤，p53 就会结合在 DNA 上，同时活化修复 DNA 的分子。结合于受损 DNA 的 p53 还会活化 p21（由 WAF1 基因编码），不让细胞进入分裂期。如果 DNA 修复失败，p53 还会让细胞"自杀"。如果 p53 出了问题，就无法通过 p21 发布停止分裂的指令，相当于"把关员"失效，让 DNA 不正常的细胞继续分裂，导致肿瘤的发生。

由于抗癌基因阻止细胞分裂，对病毒的繁殖不利，所以病毒是不会携带抗癌基因的，也不存在 v-Rb 和 v-p53。相反，病毒会"想方设法"地干扰抗癌基因的作用，让细胞快速分裂。例如人乳头瘤病毒（human papilloma virus，简称 HPV）会生产一种蛋白质叫 E6，E6 能够与 p53 蛋白结合，让它不起作用。HPV 还会产生另一种蛋白质叫 E7，E7 能够结合到 Rb 蛋白上，让它失活。这些作用的后果就是使细胞连续分裂，导致皮肤上长疣或和宫颈癌。

表观遗传因素的作用

除了原癌基因和抗癌基因的突变（原癌基因经过突变成为癌基因，抗癌基因经过突变失去抗癌能力），还有另外的变化也能使细胞恶变，这就是表观遗传修饰（epigenetic modifications）。在 epigenetic 这个词中，前缀 epi- 是"上、前、外"的意思，genetic 是"遗传"的意思，所以 epigenetic 这个词被翻译为"表观遗传的"。这种修饰不影响 DNA 序列的变化，却能够使基因活化（从本来不表达的状态转变为表达状态）或被关闭（从本来表达的状态变为不表达的状态），其效果和 DNA 序列突变的后果是相似的。

表观遗传修饰的一种形式就是 DNA 的甲基化，即在 DNA 中胞嘧啶（C）的碱基第 5 号碳原子上加一个甲基（—CH₃），不过不是在所有的 C，而是在 CpG 序列的 C 上加甲基。CpG 二核苷酸序列常常多个聚集在一起，位于基因的启动子部分，叫做 CpG 岛（CpG island）。如果 CpG 岛中的 C 大量被甲基化，转录因子就不容易与启动子结合，这个基因就被"关闭"了。反之，如果启动子中的 CpG 岛甲基化程度很低，转录因子就容易与启动子结合，开始基因的表达。所以基因启动子的甲基化和去甲基化是控制基因开关的重要机制，为身体的发育和维持正常状态所必需，但是通过这种方式错误地打开致癌基因，或者错误地关闭抗癌基因，也能够导致癌症的发生，一种修复 DNA 的酶 MGMT1 由于表观遗传修饰而致癌就是一个例子。

胞嘧啶第 5 位碳原子不参与碱基配对，在上面加上甲基不会影响 DNA 的结构，所以胞嘧啶的甲基化可以"安全"地用于基因调控。但是 DNA 甲基化还可以有

另外一种形式，那就是在鸟嘌呤（G）的第 6 位氧原子上加上一个甲基。这不是细胞内正常的化学反应，而是由烷化剂（alkylation reagents）与 DNA 中的鸟嘌呤反应形成的。烷化剂在工业上有广泛的应用，但是进入人体后，就会成为致癌物。这是因为鸟嘌呤第 6 位碳原子所在的羰基（—C═O）是被用来与胞嘧啶（C）配对的。其中的氧原子上加上甲基以后，羰基不复存在，被修饰后的鸟嘌呤不再能够和 C 配对，改而与胸腺嘧啶（T）配对。由于 DNA 双螺旋中另一条链对应的位置上仍然是 C，这种情形会被细胞认为是碱基配对错误而加以纠正，把 C 换成 T。DNA 再被复制时，在新链中会对应地连上 A，原来的 G-C 碱基对就变成 A-T 碱基对。所以烷化剂是造成 DNA 突变的化学试剂，也能致癌。

在细胞中，有一种酶专门来纠正这种不正常的状况，把 G 上面的甲基去掉。这个酶叫做 O-6- 甲基鸟嘌呤 -DNA 甲基转移酶（O-6-methylguanine-DNA methyltransferase 1，缩写为 MGMT1）。如果细胞里面这种酶活性消失，细胞就容易癌变。研究发现，在许多癌细胞中，是 MGMT1 基因启动子的甲基化造成这种基因的低表达。例如在 113 个直肠癌样品中，只有 4 例是因为 MGMT1 基因的突变，绝大多数都是因为 MGMT1 基因启动子的甲基化造成了细胞中 MGMT1 蛋白的缺失。这说明有些表观遗传修饰和 DNA 突变一样，也能够导致癌症。

进一步的研究发现，在许多癌症中，包括乳腺癌、卵巢癌、直肠癌、头颈癌，许多修复 DNA 的基因，包括 BRCA1、WRN、FANCB、FANCF、MLH1、MSH2、MSH4、ERCC1、XPF、NEIL1 和 ATM，多是由于其启动子的甲基化而被"关闭"掉的。

在漫长的演化过程中，多细胞生物发展出了高度复杂的基因调控机制来控制身体中各种细胞的生长和分化，对细胞的癌变不是只有一重保险，而是有多重保险，因而在多细胞生物的一生中，尽管干细胞进行了多次的分裂和分化，多数细胞还是没有癌变。一个基因的变化常常不足以使细胞癌变，而是需要多个基因的变化。而这是需要时间的，这是为什么癌症的发生率随着年龄增加而增高。

在另一方面，基因调控的机制越复杂，出各种问题的机会就越大，这就是为什么在简单的多细胞生物水螅

中，只有一种癌症被发现，而人有众多的器官，每个器官由不同的组织构成，可以发生不同的种类的癌，因而人体中癌的种类就已经超过 200 种。由于癌症是随着多细胞生物的出现而产生的，是多细胞生物复杂基因调控出差错的必然后果，要想完全防止癌出现是不可能的，只能通过减少环境和自身的因素来降低癌症的发生率。已经转移的癌症是很难治愈的，重要的是尽早发现，尽早治疗。

为什么植物不得癌症？

植物也是多细胞生物，也会长肿瘤，这主要是受其他生物侵袭，让植物的细胞异常生长繁殖造成的。

例如双粒病毒（Germinivirus，病毒颗粒两两连在一起）能够感染棉花和烟草等植物的叶子，并且刺激植物细胞进入分裂期，形成瘤状物，以便利于植物细胞的 DNA 和蛋白质合成工具来复制自己。玉米瘤黑粉菌（Ustilago maydis）能够侵袭玉米穗，刺激植物细胞增殖，形成瘤状物。李属黑癌病真菌（Dibotryon morbosum）能够感染杏和樱桃的树干。被感染的部位形成黑色的瘤状物，表面粗糙。瘤状物不断长大，将树干包围，使染病的树干死亡。

根癌土壤杆菌（Agrobacterium tumefaciens）能够感染数千种植物的根，在根上形成肿瘤，严重影响植物的健康状况。但是也有对植物有好处的成瘤菌，例如根瘤菌（Rhizobium）虽然也促使豆科植物的根长出瘤子，但是这些瘤子体积比较小，与根松散地联系在一起，并不直接长在根上，不仅对植物无害，细菌固定的氮还对植物有好处。

昆虫也能够刺激植物细胞长成肿块，叫做虫瘿（insect gall）。虫瘿可以长在植物的树叶或者树皮上。植物的分生组织对形成虫瘿非常重要，昆虫啃食植物，然后在伤口上产卵，而且幼虫还要正好赶上分生细胞快速分裂时分泌化学物质，或者使用机械刺激，让植物细胞形成虫瘿。昆虫的幼虫在里面发育成长，直到成熟才离开。

虽然植物细胞在其他生物的刺激下可以异常增生，形成肿瘤，但是植物并没有像动物那样会得癌症，也就是这些肿瘤细胞不会转移。这里有两个主要的原因：一是植物细胞有细胞壁，能够把细胞固定住，使它们不能移动。不能移动的细胞是很难转移到身体的其他部分去的。二是植物虽然有维管系统，木质部里面的导管输送水分，韧皮部里面的筛管输送养料，但是这些管道都不输送细胞，所以肿瘤细胞也"无处可走"。而动物身体里面的血管系统和淋巴系统都能够输送细胞，给癌细胞的扩散提供了方便的途径。

虽然如此，植物抵抗癌症的能力还是值得进一步研究的。例如人晒太阳过多容易引起皮肤癌，但是植物可以从早到晚被太阳光中的紫外线照射，时间大大超过人晒太阳的时间，细胞却并不癌变。

本章小结

真核细胞比之于原核细胞，不仅体积变大，基因数量成倍增加，细胞内还出现了各种细胞器，包括细胞核、内质网、高尔基体、线粒体、溶酶体、对生物膜"动手术"的蛋白质，以及肌肉骨骼系统等亚细胞结构等，进行光合作用的真核细胞还含有叶绿体。这些细胞器各司其职，使得真核细胞的生理活动更为复杂，而且能够高度有序地进行。叶绿体为细胞生产有机物，让真核生物变成"超级生产者"，线粒体是真核细胞的"动力工厂"，给真核细胞强大的能量支持，成为"超级消费者"。大量新基因的出现给了真核细胞新的功能和更复杂的基因调控机制。吞食能力的出现使得一些真核细胞能够以其他生物为食，从此开始了"捕食者"与"被捕食者"之间的斗争，促使真核生物向更大、更复杂的方向发展。

真核生物要变大、变复杂，有两条路可走。一条是细胞变大变复杂，但是仍然保持为单细胞生物，变形虫和草履虫走的就是这条路。但是由于细胞与外界环境交换物质的限制，这条路走不了太远，大致停止在变形虫和草履虫的水平，更大的单细胞生物只能躲藏在深海。另一条路是多个细胞聚集，形成更大的生物体，而这又有两种途径。一种是具有不同遗传物质的细胞聚集成为多细胞生物体，地衣就是一个例子。但是由于组成生物体的细胞需要各自繁殖，统一的控制困难，所以这类生物的复杂性有限。另一种是具有同样遗传物质的细胞聚在一起，细胞之间进行分工，这样生物整体的统一调控就成为可能，是大多数多细胞生物所采取的模式，包括人类自己。

多细胞生物中细胞之间最基本的分工，是把细胞分为体细胞和生殖细胞。体细胞组成生物体的主要部分，执行几乎所有的生理功能，但是没有繁殖后代的能力。生殖细胞负责把生命延续下去，却不参与身体的其他活动。这样分工的一个后果就是，体细胞都有寿命，只能生活在一代生物体中，随着生物体的死亡而死亡；而生殖细胞却是永生的，能够使得物种无限制地繁衍。在这个意义上，体细胞只是生殖细胞的载具，使用一次就被丢弃，这是所有的多细胞生物都要死亡的根本原因。作为主要由体细胞组成的人体，我们都希望能够延缓体细胞的死亡，所以人类对于衰老现象进行了大量的研究，也获得了大量的资料。但是造成体细胞死亡的机制要到理解生殖细胞为什么能够永生的时候才能真正了解。

多细胞生物中许多细胞的寿命很短，但是多细胞生物作为整体的生命却要长得多。这是通过多细胞生物体内的干细胞来实现的。干细胞是生殖细胞留在多细胞生物体内的"留守部队"，它们处于低分化状态，能够通过分裂分化源源不断地形成新的体细胞，替换那些受损和衰老的细胞，是多细胞生物机体的"更新之源"。通过发掘和扩展干细胞的功能，人们有希望更有效地替换我们身体中受损的细胞、组织甚至器官，这就是干细胞技术。

多细胞生物体的发育和维持不仅需要细胞增殖，也需要细胞死亡。在发育过程中曾经需要，随后不再需要的正常细胞需要被除去，老化、受损或者被病毒感染的细胞也需要被清除，而且除去这些细胞的过程要能够平稳无害地进行，这就是细胞的程序性死亡。这是一个高度复杂、精确控制的过程，每天都在我们的身体中进行。这个机制出差错，应该死亡的细胞不死亡，还大量繁殖，这就是癌细胞。

癌细胞是身体中的叛逆者，能够不受控制地大量繁殖，侵犯其他细胞的利益，而且能够转移，在身体的各处"安营扎寨"，最后导致生物体的死亡。有了多细胞生物，就有了细胞分化控制的问题，就有控制失效产生癌细胞的危险，所以癌症和多细胞生物有同样长的历史，像水螅这样简单的多细胞生物都会患卵巢癌。这是多细胞生物为获得大型身体和复杂功能所不得不付出的代价。"弊"总是跟随"利"而来，这是多细胞生物不得不接受的现实。尽管如此，多细胞生物的强大生命力还是使得生命形式越来越复杂，功能越来越强大，这才有了我们今天所看见的地球上多姿多彩的生命现象。

植物、动物、真菌的起源

CHAPTER 5

地球上的生物在形成多细胞的有机体时，可以根据生活方式分为自养和异养两种。自养主要是通过光合作用自己制造有机物，用这种方式生活的生物后来发展成为植物。异养的多细胞生物利用别的生物现成的有机物生活，其中利用的方式又可以分为两种：一种是分泌消化液，在体外把别的生物（通常是已经死亡的）等复杂有机物降解，再消化吸收所产生的有机小分子，这种通过体外消化获得营养的生物后来发展成为真菌。另一种不是在体外消化有机物，而是把别的生物（无论是活的还是死的）先吞进体内，在体内完成消化吸收的工作，这样进行体内消化的多细胞生物发展为动物。要了解多细胞生物是如何分别发展为植物、真菌和动物的，让我们先回忆一下原核生物的生活方式。

在大约 35 亿年前，原核生物在地球上出现。最初的这些生物应该是异养的，即用非生命过程产生的有机物，例如核苷酸和脂类，来建造自己的身体，它们还不具备自己合成基本有机物，如葡萄糖、氨基酸、核苷酸、脂肪酸等分子的能力。在生命基本形成，并且开始繁殖时，就面临现成有机物的供给由于消耗而逐渐减少的问题。利用环境中简单的无机分子，自己制造有机物，就成为生命继续存在并且进一步发展的前提。用无机的小分子合成有机物是需要能量的，生物最初的能量来源应该不是太阳光，而是氧化还原反应。利用

原始大气中的氢、氨、水中的亚硝酸盐、火山喷发出的硫等还原性物质作为电子供体，用硝酸盐等作为电子受体，进行化学反应，就可以获得能量。利用这些能量，就可以用二氧化碳作为碳源，用含氮化合物作为氮源，来合成各种有机分子。即使到现在，这种从氧化还原反应中获得能量的原核生物仍然存在，例如嗜氢菌（Hydrogenophilaceae）能够氧化氢气，热脱硫杆菌（Thermodesulfobacteria）能够氧化硫，硝化螺旋菌（Nitrospira）能够氧化亚硝酸盐。这些将简单的无机分子合成有机物的生物叫做自养生物（autotroph）中的化生生物（chemotroph），它们的生存不依靠别的生物，而只依靠自己和环境中的简单分子。

不过这些电子供体的数量毕竟有限，而且供应没有保证。光合作用的出现使得生物可以利用太阳光这个用之不尽、取之不绝的能源。有了能源保证，生物就可以使用水作为电子供体、二氧化碳作为碳源、无机盐作为其他元素供体来合成有机物，而地球上水、二氧化碳和无机盐是广泛分布、供应充裕的，给能够进行光合作用的生物以可靠的原料保证，让它们在地球上持续不断地繁衍，蓝细菌就是其中最成功的代表。蓝细菌是地球上最古老的生命形式，至今还在地球上广泛存在，而且贡献地球上生物释放氧气的 30%。地球上近一半的固氮反应（把空气中的氮变为生物可以利用的形式）是在海洋

中进行的,蓝细菌又是海洋中的主要固氮者。

不过地球上的生物不会只限于自养生物。从生命诞生那天起,死亡也就同时出现。在进行自养生活的原核细胞中,并不是每一个细胞都能够通过细胞分裂成功地繁殖后代,其中一些也会因为各种原因死亡,例如老化、强紫外线照射、环境中酸碱度变化、水环境干涸消失以及酷热、严寒等。这些细胞死亡之后,它们所含的有机物也会被释放到环境之中,这就给能够从环境中吸收营养的原核生物创造了生存条件。这些原核生物从其他生物留下的有机物中获得能量,同时把这些有机物作为建造自己身体的原材料。这就是异养生物(heterotroph),即它们的生存依赖别的生物生产的有机物。即使在几十亿年后的今天,仍然有许多原核生物以这种方式生活。例如枯草杆菌(Bacillus subtilis)生活在土壤中,利用细胞外的蛋白质和糖类。所以在原核生物中,自己合成有机物和利用现成有机物这两种不同的生存方式就已经出现了。

在随后的大约 13 亿年中,自养和异养的原核生物之间,以及不同的异养原核生物之间,基本上是彼此"相安无事"的。原核生物细胞很小,细胞外面又有细胞壁等结构包裹,形状基本固定,还缺乏使细胞主动变形的"肌肉系统",所以原核生物没有吞食其他原核生物的能力。当然原核生物之间也有竞争,不过那主要是对资源的竞争。细菌之间也有"杀戮",例如绿脓杆菌(Pseudomonas aeruginaosa)可以给其他细菌"打毒针",通过它的第IV型蛋白分泌系统,把毒素分子注射到其他细菌的外周胞质(periplasm)中去,消化维持细胞结构的肽聚糖,使这些细菌肿胀破裂,以消除环境中的竞争者。即便如此,"细胞吞吃细胞"的情形还是无从发生。

约 22 亿年前真核生物的出现改变了这种情形。真核细胞由于有线粒体提供能源,体型巨大,一般有几十微米,又有强壮的"骨骼系统"和"肌肉系统"(见第三章第六节),可以使细胞膜主动变形,去包围和吞进食物颗粒,包括细菌,这就开启了"细胞吞吃细胞"的阶段。一开始还是"单个细胞吃单个细胞",例如真核生物中的领鞭毛虫(Choanoflagellate),身体虽然只有几微米大,但是已经足够吞下身体不到 1 微米的细菌。它的一端有一根能够摆动的鞭毛,周围有一圈硬毛,像人衣服的高领,所以被译为"领"鞭毛虫。它通过鞭毛的摆动形成水流,一圈硬毛则作为"过滤器",拦住水流里面的细菌以便吞食。变形虫和草履虫,虽然还是单个细胞,身体却达到几百微米,体积是细菌的上百万倍,更是吞食细菌的"专业户"。如果想象我们的身体是一个细菌,那么吞食我们的草履虫就像一栋楼房那么大,对于细菌来说真是很"可怕"。

真核生物吞食功能的出现,使得一些生物能够以活的生物为食,这是生物演化史上的另一个大事件。这种生活方式简单快捷,直接把别的生物的有机物拿过来为己所用,对这些生物是非常"合算"的。自己合成有机物是缓慢和费事的,而吃现成的有机物则要省事得多。例如在最佳的生活条件下,进行光合作用,自己合成有机物的蓝细菌要 12 小时才能繁殖一代,而变形虫几分钟就可以吞下一个蓝细菌并且获得里面的全部营养。

之所以地球上有一种生物吃另一种生物的现象出现,背后有一个重要的原因,就是一种生物能够利用另一种生物建造身体的"零件",否则把别的生物吃下去也没有用。地球上的生物刚刚形成时,也许工作的机制彼此不同,构建身体的"零件"也不相同,但是后来只有一种在竞争中胜出,其他的生命形式就消失了。后来地球上的生物,虽然大小和模样上千差万别,但都是从一个共同的祖先发展而来的,所以建造身体的"基本零件",例如核苷酸、氨基酸、脂肪酸、葡萄糖等小分子,在所有的生物中都是一样的,因此在不同的生物体中也就可以"通用"。这就像用简单的几种积木,却可以搭建出无限多种的结构一样。把别的生物吞进来,把组成它们身体的蛋白质、核酸、脂肪、多糖等分子分解为基本零件,就可以用这些零件来建造自己的身体,这是地球上生物吃生物的现象能够出现并且不断发展的根本原因。外星生命如果使用的基本零件和地球上的不同,他们就无法以地球上的生物为食。

不过由于几何因素的限制,单个细胞的吞食者不可能变得太大,否则它们与外界交换物质的效率就会大打折扣。更有效的方法是变成多细胞生物。体型一大,能够吃的生物也可以更大。从构造非常简单、只能吃水蚤的水螅,到体型巨大、能够捕食野牛的狮子,就可以看出这种捕食生物演化的趋势。这种靠吃别的生物生存的多细胞真核生物,就是动物。动物是地球上有机物的超级消费者,1 平方米土地上的小麦在阳光下晒几个月才能合成大约 1 斤的粮食，而这些有机物，人一天就消耗掉了，所以动物实在是这个星球上的"超级吃货"。

动物要吃食，首先得有食可吃。地球上之所以能够有超级消费者来消耗有机物，是因为地球上还有超级生产者来生产有机物，这就是植物。植物是俘获了能够进行光合作用的原核生物，从而获得自养能力的真核生物。它们像蓝细菌一样，能够进行光合作用，利用太阳光提供的能源，以水、二氧化碳、无机盐这些简单的分子来合成有机物。由于这三种东西是取之不尽，而且是可以循环使用的，唯一需要的驱动力——能量，又可以从太阳光中源源不断地获取，所以植物就可以持续而且大规模地生成有机物，成为地球上各种动物生存的基础。地球上除细菌以外的活的生物物质约含 5600 万亿吨碳，每年活的生物物质的生产量大约含 1000 万亿吨碳，而这主要是植物的贡献，所以植物是地球上有机物的超级生产者。

由于动物建造身体的基本零件和植物并无不同，而且在动物之间也彼此相同，动物除了以植物为食外，还可以吃别的动物，例如还在单细胞阶段，变形虫就可以吞食草履虫。而多数动物的身体构造比植物复杂得多，又有感觉系统和神经系统，能够对外界环境的变化做出迅速的反应，所以捕食动物的难度远大于捕食植物。这种捕食者和被捕食者之间的斗争，是动物演化的强大动力，最后导致了智力的出现。人类的智力就是这一过程的最高成就。

有些真核生物既不发展为植物，过自养的生活，也不像动物那样要吞下别的生物，而主要以已经死亡的生物为食。它们分泌出消化液，在细胞外面把死亡生物的有机物降解，再把基本"零件"加以吸收，这就是真菌。

植物、动物和真菌，是地球上真核生物的三大主要形式。在这一章中，我们将介绍这三大类真核生物是如何出现和演化的。

第一节 体外消化获得营养的真菌

异养生物不一定要吃活的生物，因为所有的多细胞生物只不过是生殖细胞的载具，都逃脱不了死亡的命运。即使是靠分裂繁殖的单细胞的生物，也会老化死亡。这些死亡的生物会留下大量的有机物，足可以成为许多异养生物的营养来源。除了死亡的动植物，植物的落叶、掉在地上的果实，也是有机物的丰富来源。这些生物材料中，大部分是生物大分子，例如蛋白质、多糖（例如淀粉和纤维素）、DNA、RNA，以及构成生物膜的磷脂分子。这些分子不能够被异养生物直接吸收，而是必须首先被降解成为组成它们的基本单位，例如葡萄糖，氨基酸，脂肪酸，甘油等，然后再被吸收。原核生物就已经具有这种能力，例如前面谈到的枯草杆菌就能够分泌降解这些生物大分子的酶。所以原核生物不仅能够直接利用现成的有机物，而且还可以在细胞外分解有机物，将它们变成自己能够利用的小分子。土壤中的许多细菌都是这样生活的。这种通过分泌水解酶降解细胞外大分子有机物的生活方式叫做细胞外消化(extracellular digestion)。由于细菌基本上是单细胞的，所以细胞外消化也就相当于是身体外消化（extra-organism digestion）。

有些异养的单细胞真核生物也继承了原核生物的外消化功能，通过分泌消化酶降解环境中的有机物，再吸收消化产物。一个典型的例子就是酵母菌（yeast）。酵母菌有 1500 多种，其中的糖化酵母（*Saccharomyces diastaticus*）能够分泌糖化酶（glucoamylase，一种淀粉酶），把环境中的淀粉水解成葡萄糖，再加以吸收。出芽酵母（*Saccharomyces cerevisiae*）能够分泌转化酶（invertase），把细胞外的蔗糖水解为葡萄糖和果糖，再加以吸收利用。酵母菌也可以生活在水果的表面、植物的汁液、花朵的蜜腺、动物的身体表面甚至肠道以及土壤中，以它们能够接触到的有机物为食。它们降解生物大分子的方式也是外消化。

异养的单细胞真核生物进一步演化，出现多细胞的生物，它们利用身体外消化的功能来获取营养物的方式并没变。这些通过体外消化获取营养的真核生物就是真菌（Fungus），包括单细胞的酵母菌和多细胞的真菌。而通过吞食并进行体内消化获取营养的真核生物就是动物，包括单细胞的原生动物和多细胞的动物。

获取营养物的方式不同也决定了真菌和动物有非常不一样的身体构造。真菌既然不需要吞进食物，也就不需要动物那样与捕食有关的系统，例如肌肉骨骼系统、控制身体运动的神经系统，以及进行身体内消化的消化系统等。对于大型动物，多数细胞是远离消化系统的，所以还需要有循环系统来把吸收的养料输送到身体的每一个细胞。相反，真菌的体外消化方式要求尽量增大身体与体外有机物的接触面，以最大限度地吸收体外的食物。由于这个原因，真核身体的构造都相当简单，其营养体（获取营养的结构）基本上是单细胞或者纤细的菌丝，与营养物直接接触，所以也就不需要循环系统。

通过孢子传播

由于真菌进食的对象是已经死亡的动植物，而已经死亡的动植物是不会动的，真菌自己也不需要动，只需要不断长出菌丝包围和穿进已经死亡的动植物组织即可。由于每个动物或者植物的尸体早晚会被真菌"吃"完，真菌又必须能够移动位置，以寻找新的动植物尸体。由于菌丝自己无法移动，真菌移动位置的任务就由真菌形成的孢子来完成的。孢子只含有一个细胞，体小身轻，很容易被风带到远方。为了最大限度地利用风力来传播孢子，真菌总是尽可能地把生成孢子的结构伸到空中，例如在菌丝的顶端，或者形成突出地面的结构，叫做子实体（fruit body），其中最为我们熟悉的就是蘑菇。

真菌的孢子都是单倍体的，即细胞核中只含有一份遗传物质。真菌孢子可以通过两种方式形成，无性和有性。在通过无性方式产生孢子时，单倍体的菌丝在顶端的细胞进行有丝分裂，形成分生孢子（conidia）。例如产生青霉素的青霉（penicillium），菌丝在顶端分支，形成笤帚状的结构，每根帚条里面的细胞进行有丝分裂，形成一串孢子。孢子脱落后，就可以通过风、水流或者动物的身体散布到很远的地方（图 5-1）。

真菌在进行有性繁殖时，两根菌丝彼此融合，但是来自两根菌丝的细胞核并不立即融合形成二倍体的细胞核，而是彼此配对，形成双核菌丝。这些菌丝在遗传物质上是二倍体，但是每个细胞核仍然是单倍体，因此是"假"二倍体菌丝。这些配对的细胞核能够同步分裂，让双核菌丝继续生长，最后形成子实体。在子实体中，两个配对的细胞核才彼此融合，形成二倍体的细胞核。二倍体的细胞核立即发生减数分裂，形成单倍体的孢子（关于减数分裂，见第七章第二节）。这些孢子也

可以借风力、水流或者动物的身体传播到很远的地方。根据子实体的结构，真菌基本上可以分为三大类：子囊菌（Ascomycota）、担子菌（Basidiomycota）和接合菌（Zygomycota）。

子囊菌的子实体叫子囊果（ascocarp），可以是球形、瓶形、杯形、盘形等，例如红白毛杯菌（*Sarcoscypha coccinia*）的子实体就是杯状的。这些结构里面的菌丝在末端形成子囊（ascus），子囊菌丝的细胞含有两个配对的细胞核，这两个细胞核彼此融合，再进行减数分裂，形成 4 个单倍体的细胞核。这 4 个细胞核再进行有丝分裂，形成 8 个单倍体的细胞核，在孢子囊中排成一列，使子囊菌丝变得很长。这 8 个细胞核分别形成有细胞壁的孢子，因此每个子囊会形成 8 个子囊孢子，最后分离脱落（图 5-2）。

担子菌通过有性生殖方式产生孢子的过程和子囊菌相似，也是单倍体的菌丝彼此融合，形成双核菌丝，而且这种双核菌丝的寿命相当长，成为这类真菌的主要菌丝形式。在要形成孢子时，双核菌丝长成子实体，其中最熟悉的就是我们常见的蘑菇。蘑菇的伞盖下形成许多片状结构，在这些结构的表面菌丝长出棒状凸起，叫做担子（basidium）。每个担子里面有一对细胞核，在那里它们彼此融合，成为二倍体的细胞核，经过减数分裂，形成 4 个单倍体的细胞核。和子囊菌不同的是，这 4 个细胞核不再进行有丝分裂，变成 8 个孢子，而是平行地从担子的不同地方伸出，各自成为孢子，一共 4 个，叫做担孢子。这些孢子萌发，又变成

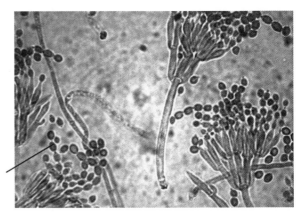

分生孢子

图 5-1　青霉产生的分生孢子（右）

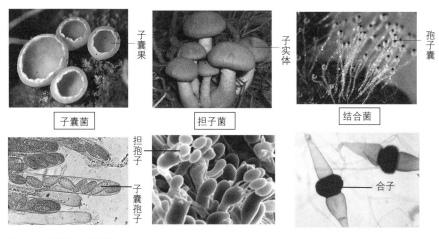

图 5-2　霉菌产生孢子的方式

单倍体的菌丝（图 5-2）。

接合菌形成孢子的方式与前两者不同。结合菌在进行无性繁殖时，单倍体的菌丝就可以在顶端长出孢子囊，形状像一个大头针的头部，里面的细胞通过有丝分裂形成数千个分生孢子。接合菌在进行有性繁殖时，菌丝相对长出凸起，彼此融合，形成一个球状结构叫做合子（zygote）。在合子中来自不同菌丝的细胞核彼此融合，形成二倍体细胞核。然后合子萌发，长出菌丝，里面含有二倍体的细胞核。在菌丝伸长的过程中，二倍体细胞核进行减数分裂，形成单倍体的细胞核。这些核聚集在菌丝顶端，形成孢子囊，里面也含有数以千计的孢子，叫做接合孢子。接合孢子萌发，又形成单倍体的菌丝（图 5-2 右）。

由于真菌可以产生大量小而轻的孢子，可以经过空气、水流和任何移动的物体到处传播，所以真菌的孢子可以说无处不在。遇到潮湿和有机物存在的环境，它们就会萌发。暴露在空气中未吃完的食物或者水果，以及久不穿的皮鞋会生霉，就证明了这一点。真菌让死亡的动植物迅速消失，给新的生命腾出空间。

寄生和共生的真菌

真菌主要靠分解死亡的动植物生存，这种生活方式叫做腐生（saprophytic）。但是真菌也不是和活的生命无关，而是有密切的关系。活的动植物表面也会有已经死亡的细胞，真菌也可以在那里过寄生生活，进而影响下面的活细胞。例如人皮肤表面的角质层就是已经死亡的上皮细胞形成的，真菌也可以在那里生活，并且入侵下面的活细胞。人类的脚气和体癣，就主要是由红色毛癣菌（*Tricophyton rubrum*）引起的。这种在活的生物身上生活，而且对活的生物没有好处，在许多情况下还有坏处的生活方式叫做寄生（parasitic）。

真菌的寄生有时还可以造成致命的后果。例如壶菌（Chytrids）中的蛙壶菌（*Batrachochytrium dendrobatidis*）能够感染两栖类动物如青蛙的皮肤，引起壶菌病（Chytridiomycosis）。蛙壶菌也是先接触青蛙皮肤的角质层，然后侵犯下面的活细胞，在上皮细胞的细胞膜上形成孔洞，使离子外泄，常常造成被感染动物的死亡，是一些地方两栖类动物数量大幅度下降的重要原因。

真菌也可以寄生在活的植物身上，造成各种疾病。例如担子菌中的黑穗菌（*Sphacelotheca reilianum*）可以寄生在玉米和高粱的花穗上，引起黑穗病，严重影响作物产量。担子菌中的散黑粉菌（*Ustilago nuda*）可以寄生在大麦的花和麦粒上，也可以引起黑穗病。子囊菌中的黑斑菌（*Ceratocystis fimbriata*）能够感染红薯，引起红薯黑斑病。

为了入侵植物，有的真菌还发展出了非凡的穿刺能力。例如感染水稻的叶和茎，引起稻瘟病的稻瘟菌（*Magnaportle grisea*）的孢子在附着在水稻上以后，会在细胞内产生大量甘油以增大渗透压，使得菌丝能够以极大的压力（大约相当于 82 个大气压）穿进水稻组织的内部以吸取营养。

但是真菌并不一定都会给它们一起生活的生物带来危害，在有的情况下还会建立互惠的关系，这种生活方式就是共生（symbiotic）。

地衣就是真菌和藻类，或者真菌和蓝细菌共生而组成的生物（见第四章第二节）。地衣的"叶片"分为四层，最外面两层是由真菌的菌丝紧密交缠而成的"上皮"和"下皮"。两层皮之间的空间里也有交织的菌丝,但是靠近下皮的地方菌丝比较稀少,有许多空间,供空气流通,叫做"髓"层。在靠上皮的地方,菌丝之间有许多藻类细胞或蓝细菌细胞,或者两者兼有。这些细胞能够进行光合作用,制造营养,所以叫做光合层。光合生物(绿藻和蓝细菌)制造有机物,而真菌提供保护性的环境。由于地衣没有根,全靠从空气和雨水中得到水分,从水中和落到地衣上的灰尘颗粒吸取养分,真菌的菌丝网可以吸收并且保持水分和溶于水中的养分,供光合生物使用。真菌用菌丝紧紧缠绕这些光合生物,增加它们细胞膜的通透性,以便吸收这些光合生物生产的有机物。

真菌这种帮助吸收水分和营养的功能也见于与植物的关系,在研究过的维管植物中,有95%与真菌建立了共生关系,这就是菌根(Mycorrhiza,注意不要和根瘤 root nodule 混淆,根瘤是植物的根和固氮的细菌 Rhizobium 建立的共生关系)。真菌生活在植物的根上,帮助植物吸取水分和营养。这种帮助作用在贫瘠的土壤中效果更加显著。在那里真菌的菌丝发挥了作用,由于真菌的菌丝比植物最细的根还细得多,所以具有更大的表面积,可以更有效地吸收土壤中的水和无机盐。真菌还可以分泌有机酸,溶解土壤中的矿物质,使它们变成植物可以利用的形式。真菌还可以直接从落叶上吸取磷酸盐,再转运给植物。作为回报,真菌从植物那里获得有机物,例如葡萄糖和蔗糖。

这些事实说明,真菌的发展是没有一定之规的,只要能够从体外获得营养,无论是通过体外消化或者是直接从体外获得营养(寄生或者共生)。无论是哪种手段,真菌的生活方式是一致的,那就是靠直接吸收体外的营养物为生,而不需要将食物吞进体内。

真菌的生活方式使它在一些方面与植物相似,例如都在土壤中生活,都不运动,菌丝从顶端生长,通过孢子进行繁殖,结出果实模样的子实体,细胞有细胞壁,细胞内有液泡等。由于这些原因,真菌曾经被归类为植物。

但是进一步的研究发现真菌和植物有许多不同。植物有叶绿体,自己制造有机物,是自养生物;而真菌没有叶绿体,不能进行光合作用,而是利用体外现成的有机物,是异养生物。植物的细胞壁主要由纤维素组成,而真菌的细胞壁不含纤维素,而是含几丁质(chitin,N-乙酰葡萄糖胺的聚合物)。有些动物,例如螃蟹、虾、昆虫,也有含几丁质的外骨骼。

不过仅仅通过这些指标,还难以确定真菌与其他真核生物的关系。随着生物基因组研究的进展,真菌的演化来源才真正被确定。真菌和动物一样,都是单鞭毛生物,而植物是双鞭毛生物,所以真菌与动物的关系比和植物的关系要近。

第二节 体内消化获取营养的动物

真菌仅靠消化细胞外的有机物,虽然也可以生存,但是也有局限性,在许多情况下必须等待活的生物死亡。有些真菌虽然可以侵袭动植物的表面,例如让动物长癣,让植物的花穗成为黑穗,但是那也仅是对动植物身体表面的侵犯,不能利用动植物身体内部有机物这个巨大的资源。

所以要利用动植物身体内部的有机物,就不能采用真菌的外消化方式,而必须把活的生物吞入体内,变成死的生物,解除它们的防御机制,在许多情况下还把它们咀嚼成碎块,然后再消化它们,这就是动物的生活方式。这样的方式不仅可以从活的生物体获得营养,而且由于先要把生物体吞进体内,消化的产物也会位于体内供自己有效使用,而不会像体外消化那样,消化产物有可能流失,例如被水流冲走。对于体外消化的生物,死亡的生物体是"公共资源",不仅各种真核生物可以利用,原核生物也可以利用,每个进行体外消化的生物体只能从众多的竞争者中分得一杯羹。动物由于采取的是体内消化的方式,先把别的生物,或者别的生物身体的一部分,吞入体内,就可以独占其中所有的资源,因而是更加有效的获得有机物的方式。

既然活的生物都可以吞食,那么没有逃跑或者抵抗能力的死的生物或者身体碎片也更容易吞食,因此动物的进食不仅能够利用活生物体的有机物,也可以像真菌那样,利用死亡的生物体的有机物。一些动物,例如秃鹫(Vulture)和鬣狗(Hyena),就吃已经死亡的动物的尸体。在利用死亡的动植物身体时,动物采取的办法仍然是吞食。

由于动物既可以从活的生物，也可以从死亡的生物获得有机物，而且吞入的资源可以独占，因此动物获得有机物的效率远高于真菌，也就有更雄厚的能源基础来更快地演化发展。而且捕食一旦开始，捕食者与被捕食者之间的斗争也就开始，促使捕食者有更敏锐的感觉，更快的速度，更强大的杀伤力，以及更发达的智力，以有效地捕获到猎物。被捕食者要避免被捕食，也会发展出敏锐的感觉，更快的逃跑速度，以及更加发达的智力，以逃脱捕食者的追捕。这种斗争是生物演化的强大驱动力，也使得动物成为生物界中构造最复杂，功能最发达，唯一具有智力的生物。我们人类就是动物的这种捕食方式所带来的生物高度演化的顶峰。

吞食

单细胞生物要吞进一个活的生物，哪怕是很小的细菌，也绝非易事。这需要细胞膜有感知猎物存在的机制，还要有主动改变细胞膜的形状，将猎物包围，最后吞入细胞的机制。对于没有肌肉系统的原核生物来讲这是无法实现的，所以没有细菌吃细菌的情形。而真核细胞具有细胞内的骨骼肌肉系统，可以改变和支撑细胞的形状，让真核细胞第一次具有"吃"别的生物的能力。

例如变形虫捕食时，与要吞食的颗粒相接触的细胞膜会向食物颗粒周围蔓延，膜内的肌纤蛋白丝（F-actin）随着延长，正端向外。这些新长出的骨架不仅能够支撑住细胞膜不缩回，肌球蛋白（myosin）还能够"背负"着细胞膜向肌纤蛋白丝的正端移动，把细胞膜往前拉，最后完全包围要吞食的颗粒（见第四章第一节）。

草履虫身体上有口沟，沟里面的纤毛会将细菌推向口沟的底部，在那里草履虫将细菌吞入。动物的祖先领鞭毛虫通过长鞭毛的摆动产生水流，把细菌带到身体附近，在那里细菌被鞭毛周围的一圈领毛阻挡，然后领毛融合，将细菌推向领鞭毛虫的细胞膜，在那里被细胞用同样的机制吞入。

被这些单细胞真核细胞吞进的细菌仍然是活的个体，其内容物是不能直接与真核细胞的内容物融合的，否则真核和原核两套系统的混合，包括遗传物质 DNA 的混合，会在细胞内产生大混乱，以致连细胞都无法生存。所以真核细胞在吞进细菌后，必须将它们"隔离"

起来，杀死它们，再进行消化。这就是真核细胞溶酶体的功能。细菌在被真核细胞吞入后，包裹细菌的膜与溶酶体的膜融合，细菌就进入溶酶体内部了。那里酸性的环境，在加上真核细胞生成的过氧化氢等物质，都能够将细菌杀死。死亡的细菌失去了抵抗能力，溶酶体里面的各种消化酶就可以把细菌拆卸分解了（关于溶酶体的详细介绍，见第三章第八节）。这种方式不同于真菌的体外消化方式，是在单细胞的真核生物细胞内部进行的，所以是细胞内消化。由于单细胞生物的身体只由一个细胞组成，细胞内消化也就相当于是体内消化，符合动物生活方式的定义。

能够捕食的单细胞真核生物由于能够获得丰富的营养，发展成为多细胞动物就有了雄厚的物质基础。丝盘虫（Trichoplax adhaerens）是扁盘动物门（Placozoa）的生物，被认为是最低等的多细胞动物。它们生活在水底，身体呈扁片状，直径约 1 毫米，边缘形状不固定，类似变形虫，但又是多细胞的，所以也叫"多细胞的变形虫"。它的身体由两层细胞组成，上层细胞和下层（贴水底的）细胞，而不像更高等的动物胚胎发育时有三个胚层，所以属于低级的双胚层动物（Diploblastic）。它没有组织，没有器官，靠细胞上的鞭毛摆动在水底移动（图 5-3 上）。

丝盘虫的进食方式很有趣。下层细胞在遇到食物颗粒时，会暂时形成凹进的小空腔，将食物颗粒包围。组成空腔的细胞分泌消化酶，将食物颗粒降解为可溶性的小分子，细胞再以"胞饮"（pinocytosis，与吞食 phagocytosis 相似，不过吞进的是液体）的方式，将营养物吞入细胞。在这里，这些暂时的空腔可以看成是丝盘虫的"临时胃"，在消化和吸收期间食物颗粒也可以看成是位于丝盘虫"体内"的，所以也属于动物的体内消化。但是与单细胞动物在细胞内（同时在体内）消化不同，在这里丝盘虫的消化是在细胞外进行的，类似于真菌的消化方式。因此从多细胞动物开始，动物的消化方式既是体内，同时又是细胞外，所以在细胞外消化这点上，多细胞动物和真菌是一致的。就是最高级的动物人类，也是采用体内加细胞外消化的方式。我们的胃位于身体的内部，但是消化却是在胃腔中进行。消化的产物被消化道（特别是小肠）表面的细胞吸收。

在丝盘虫的上表面，细胞之间的联系是松弛的，食

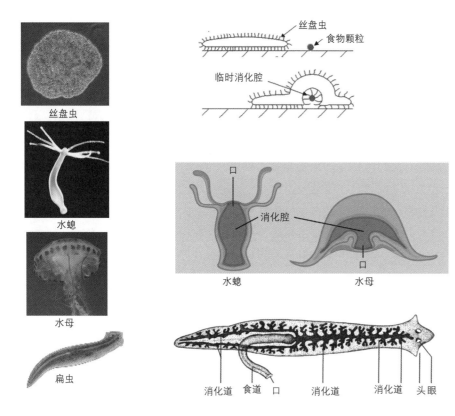

丝盘虫
水螅
水母
扁虫

丝盘虫　食物颗粒
临时消化腔

口
消化腔
水螅　　　　　　水母

消化道　食道　口　　消化道　　消化道　头眼

图 5-3　低等动物的消化系统。它们都只有口，没有肛门

物颗粒可以进入细胞之间的空隙，被周围的细胞吞食。这种行为和单细胞动物的进食方式类似，所以还保有单细胞动物进食的特点。丝盘虫的这两种进食方式说明，这种最低级的动物正处在细胞内消化转向细胞外消化的过程中，虽然两种方式都是体内消化。

丝盘虫身体的下方是轻微凹进的，整个身体类似于一个倒扣的扁盘。如果凹进程度加深，就会形成杯状结构，下层细胞变成内壁细胞，上层细胞变成外壁细胞，这就是水螅（图 5-3）。水螅的身体由两层细胞组成，围成一个空腔，空腔上端收小，成为口，口的周围有数根触手，每根触手也是由两层细胞组成，可以捕获水蚤等动物，将其

送入口中，再在腔内进行消化，所以水螅是体内消化。内壁上的腺细胞（gland cells）分泌消化液入体腔，将食物消化，形成小食物颗粒。内壁细胞再把这些食物颗粒吞进细胞内，进行像单细胞动物那样的细胞内消化，所以水螅已经有比较完善的动物的体内加细胞外消化方式，但是消化并不完全在细胞外完成，还有细胞吞食食物颗粒进行细胞内消化的步骤。到了比较高等的动物，消化道中食物的降解就基本上是细胞外消化了。消化道分泌消化液，降解后的营养物则被消化道吸收，就像我们人类的消化过程。

水螅的体腔只有一个开口，另一端是封闭的，食物残渣也由口排出，所以"口"同时也是"肛门"。

这样的动物叫腔肠动物（Cnidaria）。具有比较低等的动物消化管道的特征。

由于水螅的身体只有两层细胞，消化产物可以通过扩散过程到达水螅的全身，因此水螅没有循环系统把营养物从吸收营养的细胞输送到其他细胞，例如外壁细胞和触手细胞上去。和水螅类似的动物是水母（jellyfish）（图 5-3）。水母也是腔肠动物，口同时也是肛门。食物进入口以后，进入一个扁形的空腔，形状与水母帽的形状类似，以使水母帽的细胞都能够近距离地接近消化腔，方便它们吸收营养，因此水母也没有循环系统。

水螅和水母都是辐射对称的动物，而扁虫（Planaria）已经是两侧对称的动物，有三个胚层，有体腔，是三胚层动物（Triploplastic）（图 5-3）。扁虫有头部，头部有一对眼睛，但是扁虫的口却不在头部，而是在腹部，即身体的下表面，在那里伸出一根管子，管子的开口处就是口。口咽处的肌肉收缩，可以将食物颗粒吸进口中，再进入消化道进行细胞外消化。由于扁虫的身体长度从几毫米到一两个厘米，又没有循环系统来把吸收进消化道细胞的养料输送到全身，所以扁虫的消化道是高度分支的，而且布满全身，这样身体的任何部分和消化道之间都只有很短的距离，便于营养物扩散到所有的细胞中去。在这里，是消化道自己通过高度分支把营养物质送到全身，起到循环系统输送养料的作用。

和水螅和水母一样，扁虫的消化道也只有口，没有肛门。这样的

结构使得动物难以连续进食，因为这样会将食物和"粪便"混合在一起，降低消化和吸收的效率。只有在"粪便"排出，腾空消化道之后，再次进食才能保证被消化的是食物。扁虫的例子说明，消化道可以在动物体内形成很长的管道，分布到动物的全身。如果这样的管道能够在某处"穿透"动物的身体，形成另一个开口，专管排泄，就会打破低等动物的消化道只有一个开口，既当口又当肛门的"尴尬"，食物及其消化产物就可以向一个方向连续运动，使消化道形成一个连续的食物加工流水线，动物也可以连续进食了。这样的消化道在蚯蚓的身体中出现了。

口和肛门的出现

蚯蚓属于环节动物（Annelid），是消化道同时具有口和肛门的最低等的动物。蚯蚓的口位于身体的最前端，咽部的肌肉收缩将食物推向食道，与钙腺分泌的钙离子混合，经过嗉囊进入沙囊，在那里和食物一起吞入的沙粒将食物磨碎，再进入肠道。肠道分泌胃蛋白酶分解蛋白质，淀粉酶分解多糖，纤维素酶分解纤维素，酯酶水解脂肪，肠壁细胞再吸收这些消化的产物。蚯蚓的肠不像人的肠那样是盘旋的，而是通过皱褶来增加表面积。和扁虫的消化道不同，蚯蚓的肠是不分支的，而蚯蚓的身体又相当大，可以长至几十厘米，直径几个毫米，因此营养不可能通过扩散到达身体各处的细胞，而是通过的循环系统把养料输送到全身。蚯蚓已经有血管

和心脏，并且有血管网围绕消化道，能够把消化道吸收的营养带到全身（图5-4）。

和前面提到的动物的消化管不同，蚯蚓是有肛门的，食物残渣，连同吃食时吞进的土壤，都从肛门排出，不再有食物和粪便互相冲突的情形。口和肛门有了严格的分工，也就可以"专业化"。例如口咽部的肌肉就可以使食物向一个方向（食道的方向）运动，而且口部还发展出了化学受体，相当于高等动物的味觉和嗅觉，感知食物的存在。这些特点使得蚯蚓的消化系统已经具有高等动物的消化系统的基本特点和工作方式。

从丝盘虫到蚯蚓，我们可以看到动物消化道形成的过程：先是体

表凹进，围绕食物颗粒形成暂时的"胃"，进行细胞外消化。这样的凹陷加深，就成为只有一个开口的消化道，例如腔肠动物的消化道。消化道从身体的另一端穿孔而出，就形成肛门，例如在蚯蚓身上，这样动物就有了完整的消化道。进一步的发展包括颌和牙用于捕食，咽部用于吞咽，食道用于输送食物，胃用于消化，肠用于吸收，肛门用于排泄等。但是无论动物的消化道如何变化，体内消化和细胞外消化这两个特点是始终一致的，是动物进食的根本特点。

蚯蚓的胚胎发育时，在体表先出现一个凹陷，叫做胚孔（blastopore），胚孔向内延伸，变成原肠（archenteron），原肠穿过身体，

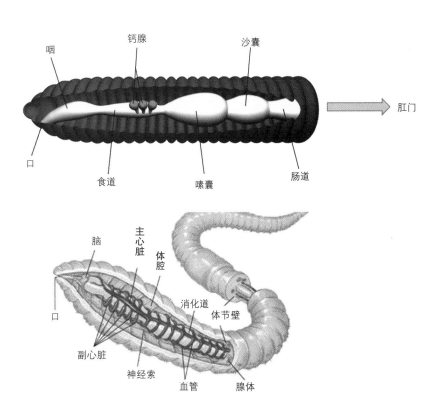

图 5-4 蚯蚓的消化系统（上）和循环系统（下）。上图只画出了蚯蚓的前端部分

形成另一个开口，就是肛门，而原来的开口则变成口，所以这样的生物叫原口动物（Protostome）。原口动物包括蜕皮动物（Ecdysozoa，例如节肢动物和线虫）、扁虫动物（Platyzoa）和冠轮动物（Lophotrochozoa，如软体动物和环节动物），是比较低级的动物。

原口动物不一定有肛门。比蚯蚓低级的动物，例如上面谈到的扁虫，原肠就在体内终止，形成盲端，所以消化道和水螅、水母一样，只有一个开口。扁虫消化道靠近口部的地方表达转录因子 brachyury 和 goosecoid，而有肛门的原口动物中，消化道靠近口的地方也表达这两种转录因子，说明扁虫的口就相当于是有肛门的原口动物的口。

而在另一些动物，例如棘皮动物（Echinodermata，如海星、海胆和海参）和脊索动物（Chordata，包括脊椎动物）中，胚孔的位置后来并不变成口，而是变成肛门，是消化道另一端的开口才变成口。由于口是后形成的，这样的动物叫后口动物（Deuterostome）。我们人类就是后口动物。

无论是原口动物还是后口动物，它们获得有机物的基本原理都是一样的，即都先要把食物从口摄入到体内，再用细胞外消化的方式消化食物，消化道再吸收消化的产物，所以是体内消化加细胞外消化。同是异养方式，这种方式却比真菌的体外消化（也是细胞外消化）效率高得多，为动物能够发展成为有复杂结构的高级动物，包括后来脊椎动物的提供物质保证。

多细胞动物的祖先是领鞭毛虫

采用吞食方式的单细胞真核生物很多，变形虫和草履虫是最著名的例子。现在的问题是，多细胞动物是从哪一种采用吞食方式的单细胞动物演化而来的？

这个问题的答案，也许在 100 多年前对一个不怎么像动物的生物进行的研究中就开始浮现。1886 年，英国科学家亨利·詹姆士·克拉克（Henry James Clark，1826—1873）对海绵发生了兴趣。在他之前，海绵被许多人认为不是动物，因为它居住在海底，像植物那样不运动，也没有固定的大小和形状。但是克拉克发现，海绵的身体上有许多孔，内部有空腔，海水从孔洞中进入，再从顶部的开口流出。是什么原因使海水这样流动

呢？原来在海绵空腔的内表面有一层细胞，每个细胞伸出一根鞭毛，鞭毛不停地挥动，这样就使海水流过身体内的空腔。除了鞭毛，每个内壁细胞上还有一圈硬毛围绕着鞭毛。它们有些像过去西方人衣服上的高领，所以这些细胞就叫做"领细胞"（choanocyte）。这圈鞭毛的作用相当于过滤器，把水流中的细菌和食物颗粒挡住，以便领细胞吞食。

不仅如此，克拉克还发现了一种单细胞真核生物，长相和海绵的领细胞一模一样，也有一根能摆动的鞭毛，鞭毛周围也有一圈"领毛"，它以细菌为食，而且也以领毛为过滤器，俘获水流中的细菌并加以吞食，这就是领鞭毛虫（choanoflagellate），一种单细胞动物。根据这个发现，克拉克认为海绵是领鞭毛虫组成的群体，因此也是动物，并且在 1886 年发表了他的这项研究成果。也许克拉克本人没有意识到，他不仅发现了海绵的祖先，也发现了地球上所有动物的祖先（图 5-5）。

也许你会问，多细胞动物的许多细胞，例如神经细胞，肌肉细胞，并没有鞭毛啊，领鞭毛虫怎么可能是动物的祖先呢？要回答这个问题，我们先介绍一下生物的鞭毛问题。

单鞭毛生物和双鞭毛生物

地球上的生物大约有 160 多万种，可以分为各种类型的生物。从细胞的结构特点，可以分为原核生物和真核生物两大类。其中真核生物包括植物、动物和真菌。除了这种分类方法，是不是还有其他分类法呢？

1987 年，英国科学家托玛斯·卡弗利尔—史密斯（Thomas Cavalier-Smith，1942—   ）提出，真核生物还可以根据鞭毛的数量来分类。例如有一根鞭毛的和有两根鞭毛的生物就不是同类。

例如单细胞的衣藻有两根鞭毛（见图 5-8），植物的孢子和配子也是双鞭毛的，而且这些鞭毛都长在细胞的前端，即细胞运动的方向。与此相反，动物的精子（包括人类的精子）、真菌的游动孢子以及一些单细胞生物如领鞭毛虫则只有一根鞭毛，而且长在细胞的后方，通过摆动"推"着细胞前进，它们和植物应该不是同一类生物。从这个事实出发，卡弗利尔—史密斯认为地球上所有的真核生物可以被分为两个大类：单鞭毛生物

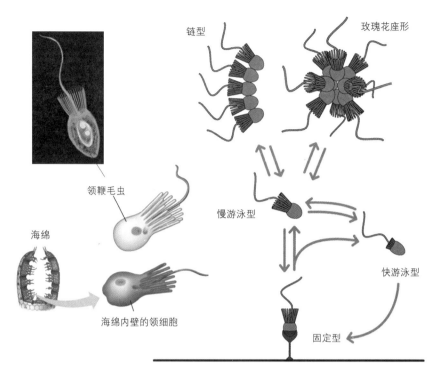

链型

玫瑰花座形

领鞭毛虫

慢游泳型

海绵

快游泳型

海绵内壁的领细胞

固定型

图 5-5　领鞭毛虫。领鞭毛虫能够以多种形式存在（右）

冬酰胺转氨甲酰酶和二氢乳酸酶。这三个酶各有为自己编码的基因，在细胞中分别合成。这三个酶彼此协作，用谷氨酰胺为原料合成嘧啶。真核生物是从原核生物演化而来的，在真核生物中，这三个酶的情况又如何呢？在单鞭毛生物中，无论是单细胞的单鞭毛生物还是多细胞的动物和真菌，这三个功能彼此联系的酶都融合在一起，成为单一的多功能酶，即一个蛋白分子具有三种酶的活性。这就需要为这三个酶编码的基因也融合在一起，成为一个基因。由于这个转化过程需要三个基因经过两次融合，是一个概率非常低的事件，很难发生两次，所以这个融合基因可以作为追踪生物演化路线有用的标记，它以三个酶的头一个字母命名叫 *CAD* 基因。所有的单鞭毛生物都有这个 *CAD* 基因；而在双鞭毛生物，包括一些高级多细胞生物如植物中，这种融合并没有发生，三个基因仍然各自表达。这个事实说明，所有具有 *CAD* 融合基因的生物（即单鞭毛生物，不管是单细胞的还是多细胞的）应该来自共同的祖先，和双鞭毛生物是不同类别的生物。

另一方面，植物中两个与胸腺嘧啶合成有关的酶，胸苷酸合成酶和二氢叶酸还原酶彼此融合在一起，叫 TS-DHFR 融合，而这种融合在任何单鞭毛生物中都未曾发生过，这说明双鞭毛生物也有自己共同的祖先。从这些事实出发，把有一根鞭毛的生物与有两根鞭毛的生物区分开，各自归为一大类是有道理的。

在单鞭毛生物中，鞭毛长在细

（unikonta）和双鞭毛生物（bikonta）。它们各自都包括单细胞生物和多细胞生物，所以是很大的门类。例如单鞭毛生物就包括多细胞的动物和真菌，以及单细胞的原生动物如领鞭毛虫，也就是包括所有的动物和真菌。而双鞭毛生物则包括植物界中所有的生物，包括藻类和陆生植物。

不过单凭鞭毛的数量来给生物分类，理由好像不那么充足。要是有些生物后来丢掉了一些鞭毛呢？刚毛藻（Cladophora，也是绿藻的一种）的配子像衣藻一样，有两根鞭毛，而孢子却有四根鞭毛。仅凭一根鞭毛就把一些单细胞生物、真菌和多细胞动物分为一类也让人疑惑：真菌的菌丝不运动，而且能够从顶端伸长，不是更像植物吗？怎么和动物弄到一起去了？仅凭有些

单细胞生物只有一根鞭毛，就和多细胞的动物归为一类，能够使人信服吗？这样做，相当于把所有的真核生物纵向切成两大块，分别是单鞭毛生物和双鞭毛生物，每一块都包含了最简单的到最高级的生物，这远比传统分类中的"门"（Phylum）甚至"界"（Kingdom）还要大，这样的生物块是不是太大了？它们真的存在吗？

但是科学研究的结果却表明，卡弗利尔—史密斯的想法是有道理的，证据就是生物演化过程中一些分子的特征性变化。如果一些生物具有这种特征性变化，而其他生物没有这种变化，具有这种特征性变化的生物就应该来自共同的祖先，属于同门类的生物。例如在原核生物中，有三个与嘧啶合成有关的酶，分别是氨甲酰磷酸合成酶、天

胞的后面的生物叫做后鞭毛生物（Opisthokont）。多细胞生物中的动物和真菌，以及单细胞生物中领鞭毛虫门（Choanozoa）和中粘菌门（Mesomycetozoa）中的生物，都属于后鞭毛生物。为了进一步证明单细胞的后鞭毛生物和多细胞动物的关系，在 2005 年，英国的科学家从 20 种生物中提取了 DNA，并且测定了以下四个蛋白的基因序列：真核生物的转译延长因子（简称 EF-1a）、热激蛋白 70、肌纤蛋白、β 微管蛋白。在比较这 4 个基因在不同动物中的差别之后，科学家发现，后鞭毛生物确实是一个独立的门类，包括单细胞的后鞭毛生物、多细胞的动物和真菌。例如在所有的后鞭毛生物中，EF-1a 蛋白序列中都有一个 12 个氨基酸单位的插入，而双鞭毛生物则没有这个插入，这就更加证明单细胞的后鞭毛生物和多细胞动物确实有共同的祖先。

这些事实都表明，在真核生物形成的初期，还在单细胞的阶段，就已经分化出单鞭毛细胞（如领鞭毛虫）和双鞭毛细胞（如衣藻）这两大类。单鞭毛细胞后来发展成为真菌和多细胞动物，同时有些单鞭毛生物仍然以单细胞状态存在。双鞭毛生物后来发展成为藻类和陆生植物，同时也有一些继续以单细胞状态存在。尽管单细胞生物后来发展成为多细胞生物，但是单鞭毛和双鞭毛的基本特征仍然存在。两大类生物各有特点，成为地球上彼此区别的两大类生物。

领鞭毛虫和多细胞动物一样，都属于单鞭毛生物中的后鞭毛生物，这是对领鞭毛虫为多细胞动物祖先想法的有力支持，但是要证明这一点，还需要更多的实验结果。

为了从基因上证明领鞭毛虫是多细胞动物祖先，2008 年，由美国多个研究机构和德国的科学家合作，测定了领鞭毛虫纲中 *Monosiga brevicollis* 的全部 DNA 序列。2013 年，美国科学家测定了领鞭毛虫纲中的另一个物种，群体形成性领鞭毛虫（*Salpingoeca rosetta*，因其能够聚集形成群体）的全部 DNA 序列。也是在 2013 年，西班牙和美国的多家研究机构的科学家合作，发表了领鞭毛虫门卷丝球虫纲中 *Capsaspora owczazarzaki* 的全部 DNA 序列。对这些 DNA 序列的分析得出了惊人的发现，大大超出科学家当初的预期。为了叙述简洁，下面我们用 Mbre 代表 *Monosiga brevicollis*，用 Sros 代表 *Salpingoeca rosetta*，用 Cowc 代表 *Capsaspora*

owczazarzaki。

要形成多细胞动物，需要细胞之间能够粘连。在多细胞动物中，这种粘连主要是通过钙黏着蛋白（cadherin）来实现的。科学家没有想到的是，钙黏着蛋白的基因在以上三个物种的单细胞生物中都有发现。

动物的上皮细胞通过整联蛋白（integrin）、纤连蛋白（fibronectin）、层粘连蛋白（laminin）与细胞外由胶原蛋白（collagen）组成的细胞外基质相连。而在 Cowc 和 Mbre 中，所有这四种蛋白的基因都已经出现。

有些转录因子被认为是多细胞动物所特有的，例如 p53、Myc、Sox/TCF，可是在 Cowc 和 Mbre 中，这些基因也已经存在。

更令人惊异的是，过去被认为是多细胞动物特有的信号传递链上的分子，蛋白质酪氨酸激酶（protein tyrosine kinase，简称 TK），在这些单细胞生物中被大量发现。在 Mbre 中，竟有 128 种酪氨酸激酶，比人类的酪氨酸激酶还多 38 种！与酪氨酸激酶配合作用的酪氨酸磷酸酶（tyrosine phosphatase）在这些生物中也有发现。

最有趣的是群体形成性领鞭毛虫 Sros。虽然它仍然是单细胞的生物，但是已经能够以 5 种细胞形态存在：慢游泳单细胞（领鞭毛虫的典型形态，包括鞭毛和领毛）、快游泳单细胞（领毛已经消失，只剩鞭毛）、通过杯形鞘壳附着在固体上（叫 Thecate cells）的固定型细胞、聚集成链的细胞以及聚集成玫瑰花座形（rosette）的细胞，这也是其名称 *Salpingoeca rosetta* 的由来（见图 5-5）。在 Sros 中，和多细胞动物器官形成有关的几个信号通路中的一些成分，以及使细胞出现极性的一些蛋白质成分已经出现。对 Sros 的基因分析表明，Wnt 信号通路中的 *Wnt* 基因和联蛋白（catenin）基因、刺猬蛋白（hedgehog）信号通路中含有刺猬蛋白信号段的基因以及含有刺猬蛋白前体中负责肽链自我切断的部分的基因、骨形态蛋白（BMP）信号通路中的 *Smad* 基因、转化生长因子（TGF）信号通路中的 TGFβ 和 TGFβ 受体基因、以及使细胞出现极性的 Crumb 复合物中为 PATj 蛋白编码的基因都已经出现（详细资料见第六章）。

以上事实说明，领鞭毛虫门的生物已经具有多细胞动物所需要的一些功能蛋白域。这些功能蛋白域在其他单细胞生物中没有发现，只存在于领鞭毛虫门的生物中，而且领鞭毛虫已经表现出以多细胞群体存在的能力，这是领鞭毛虫门的生物是多细胞动物祖先最强有力的证据。

功能域混编是形成新基因的重要机制

对领鞭毛虫基因的详细分析表明，它们虽然含有多细胞动物这些信号通路中的一些蛋白质的某些部分，但常常并不是整体的蛋白质，而只含有其中的一些功能域（domain）。功能域是指蛋白质分子中结构和功能都相对独立的部分。在领鞭毛虫中，这些功能域常存在于不同的基因中，在多细胞动物中再拼合在一起。这个过程不同于同源重组，而叫做功能域混编（Domain shuffling）。

例如多细胞动物的刺猬蛋白的前体分子就含有两个域，分别是氨基端的信号域，它负责与其他分子相互作用以传递信号；另一是 Hint（hedghog/intein）域，它的功能是把前体分子中的信号域部分切出来，让它被分泌到细胞外，成为信号分子。在领鞭毛虫 Mbre 中，刺猬蛋白的信号域是含在一个很大的膜蛋白的氨基端部分的，这个膜蛋白的其余部分并不是 Hint 域，而是一个叫冯·维勒布兰德因子（von Willebrand factor，简称 vWF）的一部分，然后依次是钙黏着蛋白的一部分、肿瘤坏死因子受体（TNFR）的一部分、弗林（furin）蛋白的一部分、以及上皮生长因子（EGF）的一部分。其中冯·维勒布兰德因子是与人类的一种遗传病，叫做血管性血友病有关的蛋白因子，由于它的突变使得血小板的功能丧失。弗林蛋白是一种酶，能够把蛋白的前体分子转化成具有生物活性的蛋白质。领鞭毛虫这个巨大的，含有多种多细胞动物蛋白片段的膜蛋白执行什么功能，是很有意思的问题，但多半还不是作为刺猬蛋白信号通路的一部分。

多细胞动物刺猬蛋白前体分子中的 Hint 域在领鞭毛虫中也不和信号域存在于同一个蛋白分子中，而是在另外一个蛋白中。在领鞭毛虫向多细胞动物演化的过程中，刺猬蛋白的信号域部分和 Hint 域部分通过基因片段的重新组合到了一起，组合为一个蛋白，这才变成刺猬蛋白的前体分子。Hint 域把信号域切出来，成为分泌到细胞外的信号分子（图 5-6）。

多细胞动物中另一个功能域混编的例子是 Notch 信号通路中的 Notch 蛋白。它含有多个功能域，除了跨膜区段，在细胞外的部分还含有上皮生长因子重复序列（EGF repeats）和 NL（Notch/LIN-12）功能域，在细胞内部分含有锚蛋白重复序列。而在领鞭毛虫中，这三个功能域却分别存在于三个不同的基因上，是功能域混编使它们在多细胞动物中组合在一起，成为 Notch 信号通路的必要部分（图 5-6）。

功能域混编是把不同基因中为蛋白功能域编码的外显子组合在一起，因此和经典的同源重组不同（关于同源重组的详细介绍，见第七章第二节）。经典的同源重组是"同源"，也即序列极为相似或相同的 DNA 片段之间的交换，而功能域混编要把不同基因的外显子组合在一起，这是如何办到的？一种解释是，内含子中常常含有许多重复序列，这些重复序列在 DNA 中有许多拷贝，彼此的序列相同或相似。在同源重组过程中，这些相同或者相似的内含子序列有时也会被细胞认为是"同源"的，在这些重复序列处进行 DNA 的片段交换时，也把被这些内含子包围的外显子部分一起交换了。

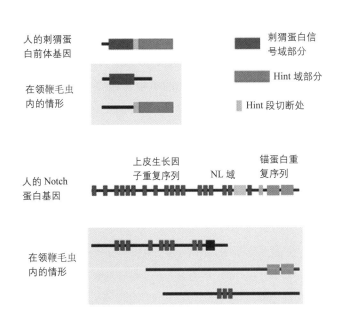

图 5-6 蛋白质的功能域混编。上图：人的刺猬蛋白前体中信号域部分和 Hint 域部分的 DNA 编码序列是在同一个基因中的，而在领鞭毛虫中是分开在两个基因中的。下图：在人的 Notch 蛋白中，为其中的上皮因子重复序列、NL 域和锚蛋白重复序列的 DNA 编码序列是在同一个基因中的，但是在领鞭毛虫中却存在于三个基因中

这些功能域混编的例子说明，从单细胞动物到多细胞动物，新的基因不是突然产生的，也不是原封不动地从单细胞动物继承，而是将已经有的蛋白功能域重新组合，成为具有新功能的蛋白质。比起完全从头创造一个基因来，这是更容易实现的过程。

鞭毛和微绒毛仍然发挥重要作用

领鞭毛虫不仅在基因发展上超越其他原生生物，成为地球上所有动物的祖先，还为后来的动物贡献了两个非常有用的结构：鞭毛和领毛（见图5-5）。鞭毛由微管支撑，而领毛由微丝支撑，它们都是从细胞膜上突出的线状结构，可以执行各式各样的功能。关于微管和微丝的详细信息，见第三章第六节。

领鞭毛虫的鞭毛属于真核生物的鞭毛，虽然在英文中和原核生物的鞭毛是同一个词（flagellum），但是具有完全不同的结构。原核生物中细菌的鞭毛由鞭毛蛋白聚合而成，外面没有细胞膜包裹，自身不能摆动，而是靠鞭毛基部的"水轮机"带着旋转。当细胞外的氢离子通过它进入细胞内时，可以使这个"水轮机"转动。由于鞭毛本身的转动并不会产生推力，鞭毛在伸出细胞膜不远处有一个"拐弯"，这样鞭毛的转动就会产生推力。

而真核生物的鞭毛是由细胞膜包裹的线状结构，里面由微管支撑。微管不是一根，而是9组，排列成一圈，每组微管由双联的两根微管组成，即一根微管融合在另一根微管上。在鞭毛的中心处还有两根单独的微管，所以鞭毛的微管结构被称为"9 + 2"结构（图5-7）。无论是绿藻如衣藻的鞭毛，苔藓植物和蕨类植物精子上的鞭毛，真菌游动孢子上的鞭毛，还是动物精子上的鞭毛，都具有同样的"9 + 2"结构，说明真核生物的鞭毛出现的时间非常早，在分化为单鞭毛生物和双鞭毛生物之前就现了。

鞭毛能够摆动，是由于在它们的9组微管之间，还有动力蛋白附着（图5-7右）。动力蛋白是真核细胞"肌肉蛋白"（能够产生机械力的蛋白）中的一种，用两条"腿"结合在微管上，在水解ATP时，分子变形，可以在微管上向其负端"行走"。在鞭毛中，动力蛋白的另一端还能结合在相邻的微管上，因此动力蛋白形状的改变不会使自己在微管上行走，而是会给旁边的微管一个推力，使动力

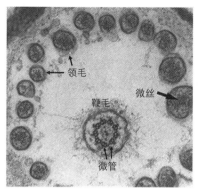

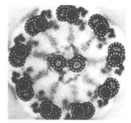

鞭毛的 9+2 结构

领鞭毛虫的鞭毛和领毛横切面

图 5-7　领鞭毛虫的鞭毛和领毛

蛋白结合的两组微管相对滑动，使纤毛弯曲。纤毛两边的动力蛋白交替变形，纤毛就可以来回摆动。

领鞭毛虫的领毛也是由细胞膜包裹的线状结构，但是里面起支撑作用的不是维管，而是肌纤蛋白微丝（图5-7左）。领毛没有摆动功能，也只存在于动物和原生动物中，植物和真菌都没有这样的结构，说明领毛这样的结构是后来在动物（包括单细胞的原生动物）细胞中出现的。

领鞭毛虫的鞭毛和领毛在动物的许多细胞上不仅仍然存在，而且发挥重要作用。例如动物的精子就是靠鞭毛的摆动前进的。在动物的体细胞上，鞭毛的作用就不是推动细胞前进，而是推动细胞外物质的移动，这样的鞭毛被称为是"动纤毛"。鞭毛和动纤毛这两个名称也基本上是同义的，具有同样的"9+2"结构，只不过鞭毛长在单细胞（原生生物和动物的精子）上，而动纤毛长在动物的体细胞上。例如人气管的内壁细胞就长有动纤毛，它们的摆动可以将含有细菌的痰液排出呼吸道。输卵管内壁细胞上的动纤毛能够使卵细胞向子宫的方向前进。在脑室中，动纤毛还能推动脑脊液的流动。

动纤毛失去摆动功能后，就变成静纤毛。静纤毛的结构和动纤毛基本相同，但是没有中心的那两根单独的微管，所以静纤毛的微管结构为"9 + 0"。静纤毛存在于动物的多种细胞上，含有各种感觉受体，成为动物细胞接收信号的"天线"。它们能够感知动物体内多种液体的流动情况，被动物用来监测血压、眼压、胆汁流动、尿液流动和感知骨骼负荷；动物的视觉、听觉、

嗅觉、味觉、触觉、自体感觉、细胞运动也是通过静纤毛来接收信号的。在动物胚胎的发育过程中，静纤毛也负责细胞的信息接收，是刺猬蛋白信号通路、Wnt 信号通路、Notch 信号通路等的起始处。由于纤毛在动物体内的多种作用，纤毛功能障碍会导致全身性疾病，统称纤毛病（ciliopathy），包括嗅觉丧失、听觉丧失、视网膜退化、雄性不育、脑室积水、脑发育障碍、骨骼畸形、多指、多囊肾、多囊肝、内脏位置左右颠倒等多种症状。

领鞭毛虫的另一个线状结构——领毛，演变成为动物细胞上的微绒毛（microvilli），像静纤毛一样，微绒毛成为细胞接收信号的"天线"，在视觉、听觉、嗅觉、味觉、触觉和自体感觉中发挥作用。在第十二章（动物的感觉）中，我们还会对纤毛和微绒毛在信息接收和传递中的作用做具体介绍。

丝盘虫很可能是最原始的多细胞动物

用类似的分子生物学的方法，再结合形态学的特点，科学家认为丝盘虫可能是最原始的多细胞动物。为了证明这一点，德国和美国的科学家合作，收集了 24 种代表性动物的资料，包括 17 种形态学资料，5 个核糖体 RNA 基因（包括线粒体核糖体和细胞核糖体），34 个细胞核中为蛋白质编码的基因（一共 8307 个氨基酸的位置）。对这些资料的分析表明，丝盘虫的确是最原始的多细胞动物，位于多细胞动物演化的最低端。例如它只有一个与身体结构形成有关的 Hox 类型的基因，叫 Trox-2，而构造也相对简单的双胚层动物水螅，就已经有两个 Hox 类型的基因 Cnox-1 和 Cnox-3。

丝盘虫是最简单的多细胞动物的结论，也符合前面对丝盘虫在动物消化器官演化中地位的分析。丝盘虫没有胃，而靠包裹食物颗粒形成暂时的"胃"，同时分泌消化液对这些被包围的食物颗粒进行消化，再吸收消化产物。这已经是动物用胃消化食物的雏形。临时的"胃"内缩，变成永久的胃，但是只有一个开口，才变成像水螅那样的腔肠动物。消化道从身体的另一端开口，就有了肛门和口的区分，像蚯蚓的消化道。消化道进一步分化，发展出颚、牙、食道，是消化系统的进一步完善。动物的消化系统看来就是这样发展起来的。丝盘虫上表面的细胞仍然像单细胞动物那样直接吞食食物，说明丝盘虫还没有完全脱离单细胞动物的生活方式，即细胞内消化。

最初的动物是二倍体的

在本节的前面部分中，我们介绍了植物和动物的起源：植物和动物都是从原生生物（单细胞的真核生物）演化而来的，但是它们的原生生物祖先却不相同。植物的祖先绿藻属于双鞭毛生物（bikont），其外部特征是游动细胞前端有两根鞭毛，拥有融合基因 TS-DHFR；而动物的祖先领鞭毛虫为单鞭毛生物，其外部特征是游动细胞只有一根鞭毛，拥有融合基因 CAD。

除了鞭毛数和所含的融合基因不同，动物和植物的祖先还带给他们遗传物质份数上的差异。最原始的多细胞动物海绵、丝盘虫、水螅等就已经是二倍体，高等动物更都是二倍体的，因此当初发展成为多细胞动物的那个细胞，应该是在二倍体状态的，使得后来所有的多细胞动物都是二倍体。二倍体动物也有单倍体的阶段，那就是动物细胞通过减数分裂产生的单倍体的精子和卵子。但是除了少数例外（例如蚂蚁的未受精卵可以进行有丝分裂，发育成为单倍体的雄性蚂蚁），精子和卵子并不进行有丝分裂（不改变遗传物质份数的细胞分裂）生成更多的单倍体细胞，形成多细胞的单倍体生物形式，而是直接彼此融合，再变回二倍体。例如人的精子和卵子除了彼此融合变为受精卵以外，是没有其他发展前途的。

与单倍体的生物相比，二倍体的生物是具有优势的。单倍体的生物由于只拥有一份基因，一个关键基因的突变就可能影响生物的生存。而二倍体生物由于拥有双份基因，如果其中的一个基因有功能缺陷，还有另一个完好的基因可以工作。单倍体生物的这个缺点对单细胞生物关系不大，因为单细胞生物繁殖较快，可以通过细胞淘汰的方式让那些有缺陷基因的细胞自然消失，所花费的代价比较小。但是对于多细胞生物，包括动物和植物，生命周期要长得多，要淘汰的生物体也许含有成万甚至成亿的细胞，个体淘汰的代价太大，而拥有双份基因的二倍体生物生存的可能性就高得多。这就是为什么所有的动物都是二倍体的，既然一开始就占有遗传物质双份的优势，动物自然没有理由改变它。

而最初的植物却是单倍体的，一开始处于"不利地位"，但是经过漫长的"努力"，也一步一步地"纠正"了这个"错误"，因此所有的高等植物（这里指裸子植物和被子植物，总称种子植物）都变成了二倍体。在下一节中，我们将详细介绍植物的这个变化过程。

与植物和动物相比，真菌走的是一条"中间路线"。真菌的菌丝是单倍体的，和绿藻（例如水绵）的丝状体相似，只是没有叶绿体，也没有颜色，靠体外消化过活。在真菌要繁殖时，单倍体的菌丝可以通过有丝分裂直接形成单倍体的孢子，而苔藓植物和更高级的植物则没有这个功能。真菌也可以通过有性生殖产生孢子，不同菌丝的细胞彼此融合，一个细胞里面有两个细胞核。这种双核菌丝总的来说是二倍体的，因为两个细胞核相当于有两份遗传物质，但是融合菌丝里面的细胞核并没有融合，所以每个细胞核仍然是单倍体的。双核菌丝也能够生长，而且形成子实体，例如我们熟悉的蘑菇。蘑菇细胞里面有两个细胞核，所以是"假"二倍体。只有在子实体上要形成孢子的结构时，两个细胞核才融合，并且直接进行减数分裂，形成单倍体的孢子（见本章第一节）。所以真菌的合子（相当于受精卵）的减数分裂并没有被延迟，和动物一样，但是单核菌丝和双核菌丝的存在又有些像植物的世代交替（见下节）。

第三节 超级生产者——植物

真菌和动物都是靠消耗别的生物生产的有机物生活的，而且利用有机物的效率很高，因为它们都是真核生物，具有线粒体，可以将有机物彻底氧化成为二氧化碳和水，并且把这个过程中释放出来的能量用于 ATP 合成。不过真菌和动物的出现只会增加地球上有机物消耗的速度，如果没有新的生物来大规模增加有机物的产量，还依靠已经存在了约 20 亿年的原核单细胞生物来生产有机物，真菌和动物的发展也会受到限制。

能够进行光合作用的原核生物（例如蓝细菌）是在水中产生的，也只能够在水中生活。蓝细菌用水和二氧化碳为原料，用太阳光提供的能量来合成有机物。水对

可见光是透明的，二氧化碳也可以溶于水中，合成氨基酸和核苷酸所需要的氮、磷、硫等元素也可以从溶于水的无机盐中获取，所以水中能够提供原核生物进行光合作用的所有原料和条件。但是在陆地上，这些条件就难以同时满足了。例如要获得光能，原核细胞必须位于陆地的表面，但是在这里它们也很容易被晒干。地表之下倒是有可能接触到水，但是那里又没有光照。能够在陆地上生活的原核生物只能是那些利用氧化还原反应，而不依靠光合作用的生物。即使这些原核生物也需要潮湿的环境，而且由于能够提供氧化还原反应的化合物有限，这些生物也不可能大规模地繁殖。由于这些原因，在真核生物出现之前，陆地上是没有大规模的有机物的生产者的，依靠现成有机物生存的真菌和动物也不可能大规模地存在。如果能够"穿越"回到那个时代的地球上，我们能够看到的，只能是荒芜的陆地，没有树木花草，更没有飞禽走兽，从宏观上看，和没有生命的星球差不多。

这个状况由于另一个重大事件而彻底改变，这就是具有光合作用能力的真核生物的出现。它们先出现在水中，然后大规模地在陆地上繁殖和发展，成为陆上的植物。陆上植物的繁衍提供了大量的有机物，使得多种动物也能够在陆地上出现和发展，形成我们现在看见的陆地上多姿多彩的生命世界。

这个重大事件大约发生在 15 亿年前，也就是在真核生物出现数亿年之后，被真核细胞吞进作为食物的蓝细菌不再被当做食物颗粒被消化，而是成为"俘虏"，替真核细胞"干活"，成为后来的叶绿体（见第三章第九节），这样形成的进行光合作用的真核生物就是藻类。

最早进行光合作用的藻类

最初吞下蓝细菌，将其变为叶绿体的真核细胞是生活在水里的，很可能是生活在蓝细菌数量最多的海洋中的。这些在水中生活，能够进行光合作用的真核生物就叫做藻类（algae）。蓝细菌曾经被称为"蓝绿藻"，因为它们和单细胞的能够进行光合作用的真核生物如衣藻之间有相似之处，例如都进行光合作用，都含有叶绿素 a 等。其实蓝细菌是原核生物，我们也改称之为"蓝细菌"，以和藻类区别开来。

藻类生物一开始也是单细胞的，但是由于它们同时拥有叶绿体和线粒体这"两员大将"，生命力非常强大，不仅能够独立生活，还能够有足够的资源来扩大自己的基因库，发展出更多的功能，其中一个结果就是形成多细胞生物。不过这样形成的多细胞生物不是为了捕食动物，而是为了更有效地进行光合作用，成为多细胞的"光合作用专业户"，例如多细胞的藻类和后来的陆生植物。单细胞藻类向这个方向发展估计有两个原因。一是捕获蓝细菌，将其变为叶绿体的真核细胞属于双鞭毛生物。二是这些双鞭毛的真核细胞已经获得了蓝细菌带来的强大的光合作用能力，能够自己制造有机物，使得这种真核生物没有必要向捕食的方向发展，而成为多细胞的"光合作用专业户"更符合这些藻类生物的利益。

既然要成为光合作用专业户，身体结构自然也要适应这个功能。由于藻类在水中生活，没有水分输送的问题，需要的只是扩大受光面积，以及把自己固定在海床上，所以有些多细胞的藻类发展出了类似根、茎、叶的结构。根的作用首先是把藻类固定在适宜生长的海域，叶状结构是为了增大表面积，以便更有效地吸收光能，茎的作用则是把叶状物和根状物联系在一起。不过这些结构只是在形态上大致像陆生植物的根、茎、叶，实际结构是很原始的，还远没有如陆生维管植物的根、茎、叶的那些专门结构。

多细胞藻类化石的年代非常久远。在加拿大北部 Somerset 岛上发现的多细胞结构的红藻化石已经

有 12 亿年的历史。这些多细胞的红藻不是简单的细丝，而是有一定的形态，细胞的大小形状也已经发生了分化（见图 4-2 左），说明单细胞藻类出现的时间更早。最原始的藻类是灰胞藻（Glaucophyte），后来发展出绿藻（green algae，学名 Chlorophyceae）和红藻（red algae，学名 Rhodophyceae）（见第三章第九节）。红藻和绿藻与灰胞藻一样，叶绿体只由两层膜包裹。对这些叶绿体的基因分析表明，它们和灰胞藻的叶绿体有共同的祖先，都是最初那次蓝细菌吞食而后共生事件产生的生物后代，而在后来的演化过程中逐渐演变为不同的藻类（图 5-8）。

红藻和蓝细菌一样，所含的叶绿素为叶绿素 a，红藻的红色是因为它还含有另外两种色素，藻红素

（phycoerythrin）和藻青素（phycocyanin）。红藻绝大部分为多细胞的，可以呈丝状、片状或枝状。我们常见的紫菜（Porphyra）就是一种红藻。

而绿藻后来还发展出了叶绿素 b，所以绿藻同时含有 a 和 b 两种叶绿素。除了这两种叶绿素，绿藻还含有胡萝卜素和叶黄素。绿藻可以是单细胞的，例如衣藻，可以是多细胞球状的，例如团藻，也可以是丝状的，如水绵，或者是分支状的，例如轮藻（Chara）。

陆生植物是由绿藻上陆发展出来的（见后文），叶绿体也只被两层膜包裹，所以也是最初吞进蓝细菌，将其变成叶绿体的真核细胞的后代，所以绿藻、红藻和陆生植物一起，被统称为原始色素体生物（Archaeplastika），意思就是叶绿体

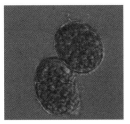  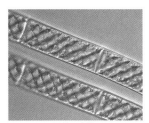

灰胞藻　　　绿藻（衣藻）　　　绿藻（水绵）

红藻　　　褐藻

图 5-8　藻类

是"原生"的，是"一手货"。原始色素体生物也可以看成是广义上的植物。

除了绿藻和红藻，还有一大类藻叫做褐藻（brown algae，学名 Phaeophyceae）。我们常吃的海带就是一种褐藻，它可以长到几十米，形成巨大的"海底森林"。与绿藻和红藻不同的是，褐藻的叶绿体被 3 层甚至 4 层膜包裹，说明这种叶绿体不是最初吞食蓝细菌而形成的，而是某种真核细胞吞食已经含有叶绿体的绿藻或者红藻而获得的，所以除了蓝细菌自己的两层细胞膜外，还含有它们所在的真核细胞的膜，这种叶绿体因此属于"二手货"。由于这个原因，褐藻不被认为是光合真核生物的"嫡系部队"，而属于"杂牌军"。不过褐藻和绿藻、红藻一样，也属于双鞭毛生物，所以也是绿藻和红藻的亲戚。虽然褐藻不被归于植物的范畴，但毕竟还是靠光合作用生活的，所含的叶绿体也和绿藻、红藻，以及后来发展出来的陆生植物没有根本的区别，只不过它的叶绿体是从绿藻或者红藻获得的。如果不根据"出身"，而只根据最基本的生活方式来分，褐藻和绿藻、红藻，以及陆生植物一起，都是靠光合作用为生的真核植物，可以被归于更广义的"泛植物"的范畴，而和靠捕食为生的动物和靠体外消化的真菌是不同的门类。

双星藻是所有陆生植物的祖先

陆生植物，包括下面要介绍的苔藓植物、蕨类植物、种子植物，都是从藻类植物登上陆地后变化而来的。比较陆生植物和绿藻、红藻和褐藻的一些特性，可以得知绿藻是所有陆生植物的祖先。例如陆生植物和绿藻的叶绿体都含有叶绿素 a 和 b，而红藻的叶绿体只含有叶绿素 a，褐藻的叶绿体含有叶绿素 a 和 c。陆生植物和绿藻细胞的细胞壁都由纤维素组成，而红藻细胞的细胞壁除了纤维素外，还含有硫酸化藻胶（sulphated phycocolloid），褐藻细胞的细胞壁则含有纤维素和未硫酸化的藻胶（phycocolloid）。陆生植物和绿藻都以淀粉为储存的食物，其中葡萄糖单位以 β-1,4 键彼此相连，而红藻的储存食物为红藻淀粉（floridean starch），其中葡萄糖单位以 α-1,4 键相连，褐藻的储存食物则为海藻多糖（laminarin），其中葡萄糖单位以 β-1,3 键彼此相连。

绿藻主要分为两大类：绿藻纲（chlorophyte）和轮藻纲（charophyte）。绿藻纲包括大多数绿藻，例如单细胞的衣藻和多细胞的团藻就属于绿藻纲。轮藻纲植物的数量较少，水绵和轮藻就属于轮藻纲。为了弄清陆生植物是从哪种绿藻演化而来，科学家也采取了比较基因特征性变化的方法，例如比较叶绿体中基因的特殊结构。研究发现，轮藻叶绿体基因和陆生植物基因有共同的结构特点，例如 tufA 基因都从叶绿体中转移到细胞核中去；叶绿体中丙氨酸和异亮氨酸的转移 tRNA（tRNA^{Ala} 和 tRNA^{Ile}）基因中有内含子插入，而在绿藻纲中没有发现。这些事实表明，轮藻纲中的一些藻类是陆生植物的祖先。

轮藻纲的藻类又分为 6 个目：对鞭毛藻目、绿叠球藻目、克里藻目、轮藻目、鞘毛藻目和双星藻目。从形态上看，轮藻目藻类的结构较为复杂，与陆生植物相近，曾经被认为是陆生植物可能的祖先。但是在 2014 年，包括美国、加拿大、德国、法国、西班牙、中国在内的多国科学家合作，测定了 92 种植物，其中包括 18 种轮藻纲的植物中的 842 个单拷贝基因所表达的 mRNA 的序列，表明双星藻目植物的基因和陆生植物的基因最为相似，因此双星藻目中的某种藻类应该是陆生植物的祖先（图 5-9）。

绿藻是单倍体的

植物的祖先绿藻从双鞭毛的原生生物演化而来，而且都是单倍体的，和由单鞭毛生物演化而来的动物为二倍体不同。不仅单细胞的衣藻是单倍体的，最初的多细胞绿藻如团藻，水绵、轮藻也都是单倍体的。多细胞绿藻也有二倍体的阶段，但那只是精子和卵子结合形成的二倍体的受精卵（合子）。合子并不进行有丝分裂变成多细胞的二倍体绿藻，而是直接进行减数分裂形成单倍体的孢子，再萌发成单倍体的绿藻。

多细胞动物和多细胞绿藻，尽管都有单倍体和二倍体的阶段，但是进行有丝分裂的时机不同。动物是二倍体的细胞进行有丝分裂，形成多个二倍体的细胞，再由这些细胞组成二倍体的身体；而多细胞的绿藻是单倍体细胞进行有丝分裂，形成多个单倍体的细胞，再由这些细胞组成最初植物的单倍体身体。也可以换一个说法：绿藻的受精卵（合子）直接进行减数分裂，而动物的受

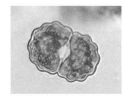

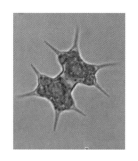

图 5-9　各种双星藻，其细胞结构具有对称性

呈波浪形，可以有数厘米长，约 1 厘米宽，在地表匍匐，假叶下面有假根（rhyroid）。藓类植物有假茎，上面长有由一层细胞组成的假叶片，共同组成茎叶体，例如葫芦藓（Funaria hygromitrica）就有假茎，尖型叶片长于茎上，茎下面也有假根。角苔植物与苔类植物相似，没有假茎，叶片呈扁平型，但常分瓣。它形成孢子的结构从基部向上长出，类似犄角，所以被称为角苔。例如黄角苔（Phaeoceros laevis（L）Prosk）的叶可以有数厘米大，贴地生长，下有假根。形成孢子的角状孢蒴从叶状体长出，可达 3 厘米高（图 5-10）。

　　苔藓植物出现在大约 4.7 亿年前的奥陶纪时期内。在阿根廷 Gondwana 发现的化石孢子和现代苔类植物的孢子构造很相像，而且孢子壁都含有孢子花粉素（sporopollenin），说明这些孢子能够耐受陆上干燥的环境，而不是水生藻类的孢子。含有这些孢子的岩层不是海生岩，而是陆生岩，形成时间在 4.73 亿—4.71 亿年前，孢子的数量随着离海岸的距离增加而减少，说明它们是由离海岸近的原始陆生植物产生的。在阿曼和瑞典发现的化石孢子也得出了类似的结论，证明苔藓植物的确是在大约 5 亿年前在陆上出现的。在苏格兰 Aberdeenshire 县发现的莱尼埃燧石层（Rhynie Chert）中含有保存得极好的生物化石，包括多种陆生植物、地衣和真菌。陆生植物中的"块茎茎轴植物"（Horneophyton）就和苔藓植物中的角苔相似（见图 5-10 右下）。莱尼埃燧石层形成于 4.1 亿年前，里面已经含有几种比苔

精卵却延迟进行减数分裂，而且只在生殖细胞中进行，在体细胞中永不发生。这里面一定有一个机制，控制动物和绿藻在遗传物质份数不同的情况下进行有丝分裂和减数分裂，使得组成动物身体的细胞都是二倍体的，而组成绿藻身体的细胞都是单倍体的。不仅如此，从绿藻登陆变成的最初的植物也是单倍体的，例如苔藓进行光合作用的营养体就是单倍体的。

　　最初的植物尽管是单倍体的，一开始处于"不利地位"，但是经过漫长的"努力"，也一步一步地"纠正"了这个"错误"，因此所有的高等植物（这里指裸子植物和被子植物，总称种子植物）都变成了二倍体。通过这个过程，植物和动物殊途同归，都拥有双份的遗传物质。

　　植物要"纠正错误"，就必须发展出在二倍体阶段进行有丝分裂

的能力，而不让受精卵直接进行减数分裂。这种能力在最初登陆的植物——苔藓中出现了。

苔藓类植物是最早登陆的植物

　　苔藓植物是绿藻登陆发展而来的。既然绿藻能够发展出各种多细胞结构，包括假根和假叶，它们也就有可能突破单细胞光合细菌的限制，向陆上发展。例如假根可以将植物固定在土地上，而假叶部分又可以在地表之上获得阳光，这就是陆地上最初的绿色生物，我们已经可以把它们称为植物了。这些低等的绿色植物总称为苔藓植物（bryophytes），包括苔类植物（liverworts）、藓类植物（mosese）和角苔植物（hornworts）。

　　苔类植物身体呈扁平叶状。例如半月苔（Lunularia cruciata）的假叶

半月苔

葫芦藓

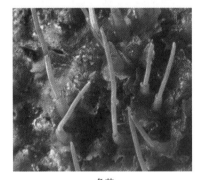

角苔

莱尼埃燧石层中的角苔化石

图 5-10 苔藓植物及其化石

藓植物高级的维管植物，说明藻类植物登陆后比较快地就发展分化。即便如此，苔藓植物在陆地上出现还是比藻类出现晚了数亿年，说明藻类登陆不是一件容易的事情。

陆上的生活环境是很严酷的。从水中生活变为在空气中生活，首先遇到的挑战就是不能迅速失水。为了防止快速失水，苔藓植物发展出了比较厚的外皮，有的还在表面有蜡质层，以减少水分蒸发。虽然苔藓植物能够在陆上生活，但是它们主要通过叶片来吸收水分和溶于水的无机盐，假根主要是起固定植株的作用。苔藓植物也没有输送水分和养料的维管组织，所以被称为非维管植物。由于这个原因，苔藓植物都比较矮小，最多数厘米高。

它们的有性繁殖过程仍然需要水为介质，精子需要植物表面有一层薄薄的水才能游动到卵子所在的地方，使之受精。由于这些原因，苔藓植物还只能生活在背阴潮湿的地方，在结构上和藻类植物没有根本的差别。而且苔藓类植物和藻类植物一样，也都是通过孢子进行繁殖，而不像高等植物那样用种子繁殖。

尽管如此，从水环境到陆上生活是一个意义重大的步骤，开始了多细胞光合生物在陆上的生活。苔藓植物的孢子也可以通过风力传播，到达陆地上很远的地方。从此陆地表面的状况开始改变，而且从苔藓植物发展出了更高级的植物，也导致了陆上动物的出现。我们人

类的出现也是这个水生的藻类转变为陆上的苔藓植物的后果之一。

苔藓植物中二倍体植株的出现和世代交替

除了从水环境登陆，使得陆地上第一次有了植物，苔藓植物还有另一个重大贡献，就是发育出二倍体的世代，从此开始了植物从单倍体向二倍体的转变。

苔藓植物是从绿藻登陆发展而来的，而许多绿藻既可以进行无性繁殖，也可以进行有性生殖。例如衣藻是单倍体的，即每个细胞只含一套遗传物质。衣藻可以用有丝分裂的方式一分为二，变成两个衣藻，也可以两个衣藻细胞融合，形成二倍体，再减数分裂变成单倍体的孢子，孢子萌发长成衣藻。水绵可以用细丝断裂的方式进行无性繁殖，也可以用菌丝融合的方式形成二倍体的核，再减数分裂变成单倍体的孢子，孢子萌发长成新的水绵。

但是陆生植物的祖先，绿藻中轮藻纲的双星藻却放弃了无性生殖的方式，只进行有性生殖。苔藓植物也一样，只进行有性生殖。平时我们看见的有"叶片"的苔藓植物，和绿藻一样，都是单倍体的多细胞生物。苔藓植物分雌性和雄性，分别通过有丝分裂产生精子（sperm）和卵子（egg），统称配子（gamete），所以产生这些配子的植物叫做配子体（gametophyte），即通过单倍体细胞直接分裂产生配子的植物体。配子中的遗传物质的份数不改变，也是单倍体，精子和卵子结合后，形成二倍体，到这一步，苔藓植物和绿藻的有性生殖是一样的。

但是与受精卵直接进行减数分裂，形成单倍体的孢子，再萌发为单倍体的绿藻不同，苔藓植物的受精卵并不直接进行减数分裂，变回单倍体的细胞，而是像动物的受精卵那样进行有丝分裂，产生多个二倍体的细胞，再由这些细胞形成二倍体的结构。这些结构里面的一些细胞进行减数分裂，才形成单倍体的细胞。这些通过减数分裂形成的单倍体细胞并不是配子，它们不彼此结合，而是可以萌发，再成为多细胞单倍体的配子体，所以这些单倍体的细胞不是配子，而是孢子（spore），这些产生孢子的二倍体多细胞结构就叫做孢子体。不过苔藓植物的孢子体不进行光合作用，不能独立生活，而是从配子体身上向

上长出，在一根梗上形成一个囊状物，叫做孢子囊，里面可以形成大量的孢子。这些孢子可以被风吹到陆地上较远的地方，在合适的环境中长出新的苔藓植物（图5-11），完成一个循环。由于苔藓植物的生活要交替经过单倍体（配子体）和二倍体（孢子体）这两个多细胞形式，这种生殖方式叫做苔藓植物的世代交替。

绿藻的单倍体植株通过有丝分裂直接产生配子，所以相当于苔藓植物的配子体。但是绿藻的受精卵（合子）不经有丝分裂就直接进行减数分裂形成单倍体的孢子，所以绿藻没有孢子体，也没世代交替。而在苔藓植物中，受精卵的减数分裂被延迟了，要先进行无性繁殖形成

多细胞结构后，部分细胞才进行减数分裂形成孢子。

孢子体的出现，是植物从水生到陆生环境变化的一种适应。陆上生活环境严酷，不是到处都有水，很可能多数孢子遇不到有水的环境而不能萌发，而产生大量的孢子，增加孢子遇到水环境的机会，就是适应这种环境的一个办法。受精卵立即分裂，只能产生数量有限的孢子，而受精卵先进行有丝分裂增加二倍体细胞的数量，相当于把一个受精卵变成千千万万个受精卵，这些复制出来的受精卵再进行减数分裂，就可以形成数量巨大的孢子，对刚上陆的苔藓植物是有利的。而且大量的二倍体细胞进行减数分裂，也可以形成千千万万种遗传物

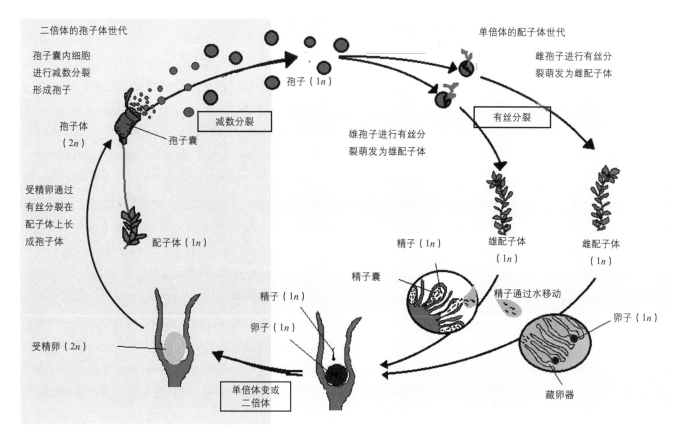

图 5-11 苔藓植物的世代交替

质经过"洗牌"的后代（因为每个二倍体细胞在减数分裂过程中进行基因的同源重组的情形不同，见第 7 章第 2 节），对苔藓植物适应环境变化是有利的。

孢子体的出现，也是植物"纠正错误"的开始，因为植物从此就拥有了二倍体的生命形式，但是这个变化是不容易的，需要在基因调控上有重大变化。

苔藓植物从单倍体变二倍体的基因调控

苔藓植物发展出二倍体的结构，是植物为"改正错误"而做出的"漫长努力"的开始（其实还是随机突变加自然选择）。如果我们从基因调控的角度来看苔藓植物的这个转化历程，就会发现要实现这个变化非常不容易。苔藓植物要从最初的单倍体植株发展出二倍体的结构，有三个关键的问题必须要解决。第一个是使受精卵不立即进行减数分裂，而是像动物那样延迟（在生殖细胞中）或者取消（在体细胞中），并且代之以有丝分裂，形成多个二倍体的细胞，这样才有建造二倍体身体的材料。第二个是有了许多二倍体的细胞后，还需要有将这些细胞组建成二倍体身体的发育程序，这样二倍体世代才能够有自己的形态结构。第三个是即使有了为二倍体植株发育的程序，由于为单倍体发育的程序仍然存在（基因仍然在那里，在单倍体植株的发育中就会被采用），苔藓植物还必须有机制来控制二倍体只使用自己的发育程序，而不采用单倍体植株的发育程序。下面我们分别介绍对这三个问题的研究状况。

（1）是进行有丝分裂还是进行减数分裂？

要知道苔藓植物的受精卵是如何以有丝分裂取代减数分裂的，就需要知道有丝分裂和减数分裂控制机制的差别，而这是一个相当困难的任务，到现在还没有答案。有丝分裂和减数分裂的基本过程相同，都是通过纺锤体中的微管将染色体拉到两个子细胞中去，所以减数分裂其实也是广义上的有丝分裂，只是要进行两轮细胞分裂，而且染色体分离的方式有些不同。有丝分裂和减数分裂的基本机制相同的证据是：无论是在植物中还是在动物中，这两个细胞分裂过程都是被一个叫做 MPF 的蛋白复合物驱动的。MPF 由两个亚基组成：一个是细胞周期素（cyclin），另一个是依赖于细胞周期素的蛋白激酶（CDK）。在有丝分裂或减数分裂开始前，CDK 不与细胞周期素结合，没有活性。在细胞进入有丝分裂

或减数分裂时，CDK 磷酸化的状态改变，结合细胞周期素，形成具有活性的蛋白复合物，其 CDK 激酶的活性使细胞分裂所需要的蛋白因子磷酸化，启动有丝分裂或减数分裂。

MPF 是在 1971 年被两个美国实验室发现的。孕酮（progesterone）能够激活青蛙的卵母细胞，使其进入可以受精的状态，即卵母细胞的成熟，所以起作用的因子被称为成熟激活因子（maturation promoting factor, MPF）。类似的 MPF 复合物后来也在植物中被发现。有丝分裂和减数分裂都由 MPF 启动的事实说明，这两个细胞分裂的基本过程是高度重合的。

MPF 被激活时，细胞是进行有丝分裂，还是进行减数分裂，一定有相应的控制机制，但是到目前为止，这个控制机制还没有被找到。减数分裂是一个极为复杂的过程，例如小鼠的精母细胞变为精细胞时，有大约 60% 的基因（12776 个）的表达有变化。要从如此众多的基因表达变化中找出负责决定减数分裂的基因，是非常困难的事情。

不仅如此，减数分裂还分成几个阶段，每个阶段都有自己的控制机制。例如女婴在出生时，卵巢中已经有初级卵母细胞。这些初级卵母细胞是四倍体的，说明卵母细胞已经进入减数分裂的程序，完成了 DNA 的复制，但是停止在第一轮减数分裂前。到了青春期，在排卵前 36~48 小时，初级卵母细胞才进行第一轮减数分裂，形成次级卵母细胞。卵巢排出的卵实际上是还没完成减数分裂的次级卵母细胞。进入输卵管之后，次级卵母细胞才进行第二轮减数分裂，形成单倍体的卵细胞。因此整个减数分裂的过程可以在 DNA 复制后和第一次减数分裂后停止，后面的步骤可以延迟启动，说明减数分裂的启动（DNA 复制）、第一轮减数分裂和第二轮减数分裂都各有自己的控制机制，使得对整个减数分裂的控制机制的研究变得非常困难。

（2）控制植物二倍体结构发育的基因

苔藓植物发展出二倍体结构要解决的第二个和第三个问题分别是要形成二倍体身体发育的程序和强制二倍体细胞采用这个程序的机制。苔藓植物的配子体是单倍体的，像多细胞的绿藻一样，已经有发育成单倍体植株的程序，让单倍体细胞长出有类似根、茎、叶结构的植物体，有叶绿体，可以进行光合作用而独立生活。在受

精卵延迟进行减数分裂，代之以有丝分裂，产生大量的二倍体细胞后，就面临如何把这些二倍体细胞组成一个新结构（在这里是孢子囊和支持孢子囊的梗）的问题。由于这样的二倍体结构以前没有存在过，这就要求苔藓植物发展出新的建造身体的蓝图，而且在新的蓝图发展出来以后，还必须要有机制避免二倍体细胞再采用单倍体植株的蓝图。这两个任务是彼此相连的：没有发育出二倍体植株的蓝图，二倍体的细胞无法形成有用的结构，而没有制止植物向单倍体结构方向发展的机制，这样的新蓝图发展出来也不能保证被二倍体的细胞所使用。

苔藓植物二倍体发展的蓝图是如何发展出来的，现在还不得而知，估计这是一个不断尝试的过程。一开始也许是受精卵原地进行有丝分裂，产生大量的二倍体细胞，这些二倍体的细胞再进行减数分裂，产生单倍体的孢子。比起受精卵直接进行减数分裂，这种延迟的减数分裂已经是一个巨大的进步，即像前面说过的可以增加孢子的数量和增加孢子遗传物质的多样性。如果一些二倍体细胞能够聚合起来，形成杆状结构，位于杆端的细胞就可以从配子体上伸出，由这些细胞产生的孢子就可以从配子体植株的上面，即从比较高的地方散发孢子，使孢子有更好的机会被传播到比较远的地方，增加植物繁殖后代的机会。如果在杆状结构的顶端形成孢子囊，二倍体细胞就会形成梗，孢子囊壁，以及孢子囊内部负责进行减数分裂、形成孢子的组织，这就是最初的孢子体，但是形成这样的孢子体的分子控制机制还不清楚。

在二倍体发育的程序形成后，二倍体细胞是如何采用这个程序，而避免发育成单倍体的配子体结构的，现在已经有了一些有趣的初步研究结果。苔藓植物中的小立碗藓（*Physcomitrella patens*），和其他苔藓植物一样，配子体和孢子体有不同的结构。配子体是有"叶片"和假根的植物，而孢子体没有"叶片"和假根，只是梗上的孢子囊。当一个叫做 KNOX2 蛋白的基因被突变后，二倍体的细胞就会发育出配子体的形状，即长出"叶片"和假根来，而不是形成孢子囊那样的结构。这说明小立碗藓的二倍体细胞也可以采用单倍体配子体身体的发展蓝图，而 KNOX2 蛋白的作用就是防止二倍体采用单倍体配子体的身体发育程序，而向形成孢子囊的方向发展。检查 *KNOX2* 基因的表达状况，发现它只表达于受精卵和孢子体中，而不表达在配子体中，说明 KNOX2 蛋白为二倍体的身体发育所必需。

KNOX2 蛋白不是单独起作用的，而是和另一个叫做 BELL 的蛋白结合，形成异质二聚体，二聚体的形成使得 KNOX2/BELL 蛋白进入细胞核，结合于 DNA 上，发挥它们的调节功能，启动二倍体的发育程序。对 KNOX2 蛋白和 BELL 蛋白的研究表明，它们都含有一个由 63 个氨基酸残基组成的 DNA 结合域，这个 DNA 结合域与由 60 个氨基酸残基组成的同源异形域蛋白的 DNA 结合域基本相同，只是中间有三个氨基酸残基的插入，所以被称为 TALE（three amino acid extension）蛋白。

同源异形域蛋白是一类非常重要的蛋白，在生物身体结构的发育中起关键的控制作用。它们有些像施工中"包工队"的队长，一旦把任务交给它们，它们就能够动员形成一个结构的所有基因，完成该结构的建造。最著名的例子就是果蝇的 *antennapedia* 基因，它是负责形成果蝇腿的"包工队队长"。如果这个基因发生突变，原来应该长腿的地方就会被长触角的程序所取代而长出触角来。而如果在原来应该长触角的地方活化这个基因，就会在原来长触角的地方长出腿来。Homeo- 这个前缀来自果蝇由于基因突变引起的身体结构的变化，英文叫 Homeosis，意思就是某个这样的基因发生突变，身体的一部分就会被另一部分取代而导致身体异形，在中文中被译为"同源异形"。为同源异形域（60 个氨基酸残基）编码的 DNA 序列（180 碱基对）被称为同源异形框，因此同源异形框基因也被称为 homeobox gene，简称 *Hox* 基因。上面谈到的 TALE 蛋白的基因也含有同源异形框，只是多出了为 3 个额外的氨基酸残基编码的 DNA 序列（9 个碱基对），所以是 *Hox* 基因的近亲，和 *Hox* 基因一起控制生物身体结构的形成。

KNOX2 基因是在 1991 年从一个玉米的突变种中提取到的，因为突变种玉米的叶子呈结节样（knotted）变形，突变的基因也被称为 *KNOX*，是 KNOTTED-like TALE homeobox gene 的简称。由于同源异形框基因在动物的身体发育过程起非常重要的调控作用，在植物中同源异形框基因 *KNOX* 的发现引起了人们广泛的兴趣，开始了研究植物同源异形框基因的热潮。

研究发现，植物中 TALE 蛋白的历史非常悠久。单倍体的衣藻在环境不利（例如营养缺乏）时进行有性生殖。细胞先进行有丝分裂，形成配子。配子分正负两种，它们彼此融合，形成二倍体的受精卵（合子），受精卵再发育成为能够抵抗恶劣环境的孢子，以等待适宜的生活环境的到来。这就需要启动为形成孢子壁的建造所需要的蛋白质的基因。所以即使是在单细胞的衣藻中，单倍体细胞和二倍体细胞也有不同的"身体"结构。受精卵启动二倍体的发育程序，形成孢子，已经是由 TALE 蛋白控制的。

衣藻正配子表达 Gsp1 蛋白，负配子表达 Gsm1 蛋白。正负配子融合后，Gsp1 蛋白与 Gsm1 蛋白结合，进入细胞核，启动受精卵形成孢子的程序。如果在负配子中也表达 Gsp1，负配子就会向形成孢子的方向变化，表达为孢子壁形成所需糖蛋白的基因，这说明 Gsp1/Gsm1 二聚体能够使细胞向形成孢子的方向发展，无论细胞是单倍体的还是二倍体的。

比较 Gsp1、Gsm1 的氨基酸序列与其他 TALE 蛋白的氨基酸序列发现，Gsp1 相当于 BELL 蛋白，而 Gsm1 相当于 KNOX 蛋白，这说明 KNOX/BELL 类型的二聚体在单细胞的衣藻中就已经存在，并且在二倍体细胞的发育方向上起作用了，而且 Gsm1/Gsp1 异质二聚体的工作方式也和 KNOX/BELL 二聚体相同，都是形成二聚体后才进入细胞核与 DNA 结合。

绿藻只有一个 KNOX 基因，而在苔藓植物中，KNOX 基因被复制，形成两个 KNOX 基因，分别称为 KNOX1 和 KNOX2。在被子植物中，KNOX1 蛋白存在于分生组织的细胞内，维持分生组织不断进行细胞分裂的能力，它和 KNOX2 蛋白一起，使植物形成茎、叶等二倍体组织。KNOX 基因在配子体（胚珠和花粉囊）中没有表达，说明在高等植物中，KNOX 基因仍然控制着二倍体植株形态的形成。

在动物中，单倍体的精子和卵子也有不同于体细胞的发展路线，例如精子必须长出鞭毛，浓缩和包装 DNA，在鞭毛的根部包裹上许多线粒体等；卵子体积增大，直径可以达到 100 微米，外面包有由糖蛋白组成的透明带，其作用是结合同种动物的精子并且启动精子进入卵子的过程，因此单倍体的卵细胞必须表达为透明带蛋白编码的基因。这说明动物单倍体的细胞和二倍体的细胞各有不同的发育蓝图，虽然这些蓝图所需要的基因在单倍体的细胞和二倍体的细胞中都存在。一个有趣的情形是一些昆虫如蚂蚁，卵细胞在没有受精的情况下也可以进行有丝分裂，发育成为单倍体的雄性蚂蚁，而受精卵则发育成为雌性的蚂蚁（工蚁和蚁后）。这说明单倍体的细胞（卵子）也可以采用二倍体细胞的身体发育程序，发育成为二倍体模样的动物，所以这些昆虫一定有改换发育程序的机制。

这些例子都说明，无论是动物还是植物，单倍体的细胞和二倍体的细胞各有自己的发展蓝图，形成不同的结构。由于所有这些细胞都同时含有两种蓝图的基因，每种细胞一定有某种机制，只选择适合自己功能的发展蓝图。如果调控机制发生变化，同一种细胞也可以采用另一个发展蓝图。在植物中，二倍体蓝图的选择是由 KNOX 基因控制的。

虽然苔藓植物具有登陆和发展出二倍体结构的巨大"功劳"，不过在苔藓植物中，单倍体的配子体还是主要的生命形式，孢子体还不能独立生活，而依靠配子体提供营养。如果孢子体激活进行光合作用的基因，就可以自己制造营养，摆脱对配子体的依赖而独立生活，二倍体结构就可以进一步发展，这就是蕨类植物。

最早的二倍体植物蕨类

苔藓是水生植物（绿藻）转战陆地的"先头部队"，这重大的一步迈出之后，植物在陆地上的发展就有了根据地。苔藓植物虽然成功地登陆，但是也有严重缺陷，就是缺乏输送水分和养料的管道，水分和无机盐仍然要靠身体表面直接吸收，大部分细胞自己进行光合作用，制造养料，所以也没有输送有机物的渠道。由于这些原因，苔藓植物都是很矮小的，一般只有数厘米高，而且只能生活在遮阴处潮湿的地方。

苔藓植物上陆后不久，另一个重大变化发生了，这就是孢子体激活了进行光合作用所需要的基因，自己制造营养，独立生活，开创了二倍体结构独立生活的时代，这就是蕨类植物（ferns，学名 Pteridophyte）。蕨类植物大约出现在 3.6 亿年前的晚期泥盆纪，但是许多早期的蕨类植物已经灭绝，目前常见的蕨类植物出现在大约 1.45 亿年前的早期白垩纪。

蕨类植物的孢子体不但能够独立生活，而且由于其二倍体的优越性，还发展出了专门输送水分和养料的维管组织。蕨类的茎的中央有专门输送水分的管道，这些管道由管胞组成。成熟的管胞是中空的死细胞，只留下由纤维素和木质素组成的细胞壁。细胞的形状两头尖，呈梭形，插入上下位置的管胞之间。细胞壁上有很多小孔，叫纹孔，把相邻细胞内的空腔连通，这样水分就可以通过这些小孔从一个管胞进入另一个管胞，把水分和无机盐从根部输送到身体的各个部分去（图5-12左）。由管胞组成的组织叫木质部，除了输送水分，由纤维素和木质素组成的细胞壁还有支撑作用。有了管胞输送水分和提供机械支持，蕨类植物就可以长得很高，达到二三十米甚至四十米，形成蕨类植物的森林。

植物长高了，叶片制造的有机物还需要输送到茎和根部去，这是通过包围在管胞周围的筛胞（sieve cells）来完成的。筛胞是管状的活细胞，通过它们的两端彼此相连。相连部分的细胞壁上有孔，方便有机物通过，使得这部分细胞壁像筛子，所以这些细胞叫做筛胞（图5-12）。筛胞的细胞壁中没有木质素，比较柔软。由筛胞组成的组织叫做韧皮部（phloem）。木质部和韧皮部都含有管状的输导组织，统称维管组织，具有维管组织的植物叫维管植物，以和没有维管组织的苔藓植物相区别。有了维管组织，陆生植物才能向大型化发展。

比较早期，现在已经灭绝的原始蕨类植物的原始叶片（鳞片）里面还没有维管组织，现存的石松（Lycophyte）只有细小的叶片，中间只有一根不分支的叶脉，也不和茎里面的管胞相连，水分只能从茎中的维管组织通过扩散过程到达叶片。随着叶片的发展，叶片里面也有了维管组织，直接从茎的维管组织发出，形成分支的叶脉（见图5-12），这样水分就可以通过维管组织被直接输送到叶片中去。由于有了维管组织，蕨类植物的叶就变成了真叶。

同时，蕨类植物的根也是真根，里面有维管组织，和茎的维管组织相连。根除了将蕨类植物固定外，还能够从土壤中吸取水分和无机盐，叶片制造的有机物也通过维管组织到达根部。这样，蕨类植物就由于拥有维管组织而拥有真正的根、茎、叶。

蕨类植物的世代交替

除了发展出维管组织，蕨类植物的一个显著特征，就是在世代交替中，二倍体的孢子体不但能够独立生活，还成为主要的植物形式，我们平时所见的蕨类植物，都是二倍体的孢子体。而蕨类植物的配子体虽然也能够进行光合作用并且能够独立生活，但是却没有像孢子体那样发达，而是仍然像苔藓植物的配子体，没有维管系统，没有真正

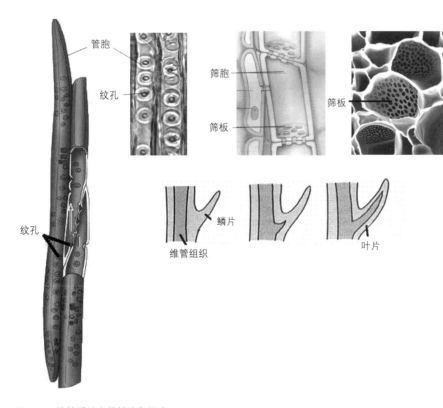

管胞
纹孔
纹孔
筛胞
筛板
筛板
鳞片
维管组织
叶片

图 5-12　维管系统中的管胞和筛胞

图 5-13　海克尔笔下的蕨类

图 5-14　蕨类的孢子

图 5-15　蕨类

图 5-16　新西兰髓杪椤（黑树蕨）有 20 米高

图 5-17　澳大利亚的软树蕨

的根、茎、叶，大小也和苔藓植物的配子体差不多。所以从苔藓植物到蕨类植物，配子体没有大的变化，但是孢子体却在蕨类植物中"异军突起"，成为主要的植物形式，矮小的配子体反而成了"弱势群体"（图5-18）。

但是蕨类植物对缺点的纠正还不彻底。蕨类植物的孢子体变成二倍体了，但是独立生活的配子体仍然是单倍体，生活力弱小，而且在配子产生精子和卵子之后，精子仍然必须靠配子体表面的一层水膜才能够游到卵子所在的地方，使卵子受精而发育成孢子体，这就使得蕨类植物的繁殖仍然摆脱不了对水环境的依赖。当然高大的孢子体可以为配子体遮阴，落叶也有助于在地表保持水分，有利于配子体的生长，但是单独生活的配子体仍然是

蕨类植物生活周期中的"薄弱环节"，要长成二倍体植物的受精卵也必须在弱小的配子体上形成。如果有一个办法能够克服这些缺点，例如让强大的孢子体"收容"弱小的配子体，使其不再独立生活，这样受精卵就可以在生活力强大的孢子体上形成，植物的生存能力就会有进一步的提高，还可以向更干旱的地方迈进，这就是裸子植物的出现。

最早形成种子的植物——裸子植物

一个避免蕨类植物弱小配子体阶段的办法，就是生存力强大的孢子体"收容"生存力弱小的配子体，让它们在自己身上生活并且形成受精卵，而且在受精卵形成后，

还不"放行"，还要让它在孢子体身上发育为胚胎，即已经有根、茎、叶雏形的植物，再为胚胎带上"粮食"和"盔甲"，形成种子，才让种子离开孢子体，去开创新生活。所以种子就是带着营养和保护层的胚胎。种子的出现，使得仍然有世代交替的植物从二倍体的孢子体"生出"新的二倍体孢子体，类似于二倍体的鸟生出二倍体的鸟蛋，蛋里面有动物的胚胎，还有为胚胎发育准备的营养。用种子繁殖的植物叫做种子植物（seed plant, Spermatophyte）。种子就是植物的"蛋"。由于受精过程不再需要液态水，使得植物的繁殖过程摆脱了对水环境的依赖，可以向陆上比较干旱的地方发展。

最早的种子植物的化石是1968年在比利时发现的，名称叫

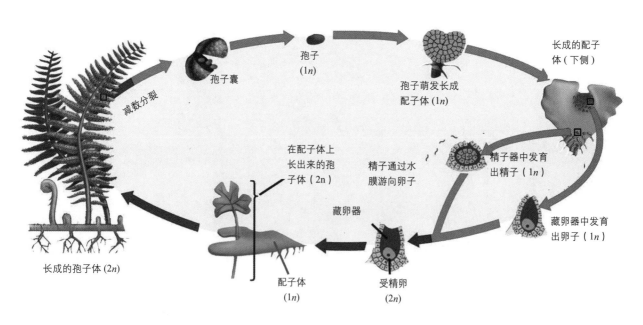

图 5-18　蕨类植物的世代交替。二倍体的孢子体和单倍体的配子体都是能够进行光合作用，独立生活的多细胞个体，但是孢子体发展出了维管系统，成为主要的生命形式，而配子体仍然停留在苔藓植物的水平

做 Runcaria heinzelinii，时间大约
在 3.85 亿年前。但是早期的种子植
物还很矮小，不能和巨大的蕨类植
物竞争。到了泥炭纪晚期和二叠纪
早期（约 2.9 亿至 2.5 亿年前），地
球上的气候变得干燥，不利于蕨类
植物的生活。这时种子植物的优越
性就发挥出来，取代蕨类植物成为
地球上占绝对优势的植物。我们日
常所见的植物，花草树木、森林草
原，基本上都是种子植物。

种子植物的发展分为两个阶
段。一开始种子是裸露的，例如松
子和榧子。形成裸露种子的植物叫
做裸子植物（Gymnosperm，其中
Gymno- 在希腊文中就是裸露的意
思）。后来植物在种子的外面包有各
种结构，常常可以被动物食用，例
如苹果、柑橘、西瓜，以便利种子
的传播，这样有包裹的种子叫做果
实。果实是开花植物产生的，这样
的植物叫做被子植物（Angiosperm）。

裸子植物进行繁殖时，先长出
由多个鳞片组成的圆锥形结构，
例如松树的松果。松果其实不是
"果"，而是松树的繁殖器官。松
果分雌、雄两种，雌松果较大，长
在松树较高的枝上，雄松果较小，
比较细长，长在松树靠下的枝上，
以减少同树传粉的机会。在雌松果
每个鳞片状物的基部，长有胚珠，
相当于蕨类植物的孢子囊，叫大孢
子囊。胚珠由珠被包裹，里面为珠
心，珠心里面有一个大孢子母细
胞。所有这些结构的细胞都来自母
体，即二倍体的孢子体。大孢子母
细胞进行减数分裂，形成单倍体细
胞。到这一步，裸子植物的胚珠和
蕨类植物的孢子囊里面的过程是类

似的，都是由孢子母细胞通过减数
分裂产生单倍体的细胞核。

但是从这一步往下就不一样
了。在蕨类植物中，每个单倍体的
细胞核都被分别"包装"，形成有壁
的孢子，被释放出去，到新的地方
再进行有丝分裂，长成单倍体的配
子体。而在裸子植物中，这些细胞
核并不形成孢子被释放，而是就在
孢子体上的胚珠中进行有丝分裂，
产生数千个单倍体的细胞核。这些
细胞核中的一些成为卵细胞，其余
的则没有繁殖能力，以后变为胚
乳。这数千个细胞核和卵细胞就构

成了单倍体的多细胞配子体，配子
（卵细胞）从其中产生，只不过这
个配子体没有叶片，不进行光合作
用，更没有茎和根，即没有一株植
物的"样子"。这样的配子体也不独
立生活，而是留在孢子体内，由孢
子体提供营养。

松树的雄松果上长有许多小孢
子囊。小孢子囊里面有小孢子母细
胞。小孢子母细胞进行减数分裂，
生成 4 个单倍体的小孢子。但是这
些小孢子也不被释放出去，长成单
倍体的雄配子体，而是其中一个进
行有丝分裂，形成一个营养细胞和

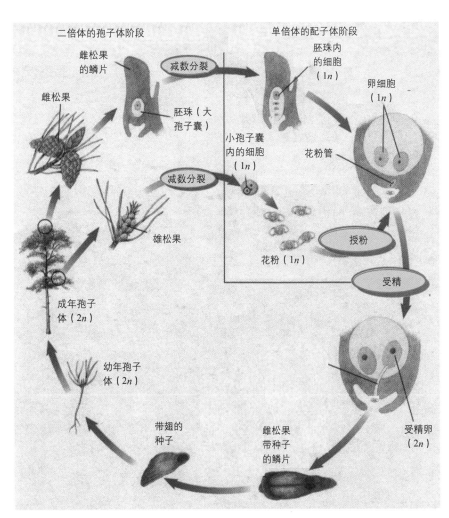

图 5-19 裸子植物（松树）的繁殖过程

一个生殖细胞，其余的三个细胞核退化。生殖细胞再进行有丝分裂，形成两个精子。所以一个单倍体的小孢子经过有丝分裂，形成由三个细胞组成的、单倍体的雄配子体。这个雄配子体再被包上外壁，就形成花粉，从孢子体上脱离出来，被风带到雌配子体上去。所以花粉并不相当于是动物的精子，而是含有精子的雄配子体，其中的营养细胞还在受精过程中发挥作用。在花粉接触到胚珠上的开口时，营养细胞长出花粉管，把两个精子输送到雌配子体中去。

进入雌配子体的两个精子中，有一个和卵子结合，形成二倍体的合子，合子进行有丝分裂，形成二倍体的植物胚胎，胚胎已经具有胚芽和胚根，是植物的雏形。其余单倍体的细胞则积蓄营养，变成胚乳，给植物胚胎以后的发展提供营养。胚珠的珠被变成坚硬的种皮，一个种子就形成了。只有到这个阶段，种子才离开孢子体，自己去独立生活（图 5-19）。

种子含有二倍体新植物的胚胎，有来自母体的二倍体的种皮，还有雌配子体留下的单倍体细胞变成的胚乳，所以是三代（孢子体、配子体、新植物）物质的结合物，每一步都体现有孢子体对下一代的照顾。

给种子包上"外套"的被子植物

种子里面已经有具雏形的下一代植物，又自带胚乳为植物落地生根时提供最初的营养，直到新的植物能够自己制造养料，外面还有种皮抵抗陆上干燥的环境，可以说是相当完备的繁殖手段，比小小的孢子生命力强大得多。不过大也有大的缺点，就是不容易像孢子那样随风飘扬而被传递到远处。要使种子也能够容易地传播到远处，有两个途径：一是让种子长上翅膀，使风能够吹走，例如松树的种子就是带翅的，如果能够发展出更发达的结构，种子被风力传播的过程会更加有效。二是利用动物能够到处移动的特点，让动物来搬运它们，例如在种子上加上带钩的刺，使种子能够附在动物身上被带到远处；或者给动物"好处"，即提供能够吃的外部结构，这样动物在进食时会把种子吞下肚去，再随粪便排到新的地方。

为了达到这些目的，植物发展出了新的结构，就是在胚珠的外面再包上一层包被，形成子房（Ovary，和动物的卵巢是同一个词）。子房壁有些类似于动物的胎盘，叫做胎座（placenta）。胚珠通过一个柄状结构，胚珠柄与胎座联系以获取营养，有点像动物的脐带。当然这只是从营养获取角度所做的比喻，在动物中，脐带和胎盘来自要发育为新动物的受精卵，而植物的胎座和胚珠柄则是母体组织（图 5-20）。

在胚珠发育成种子时，胎座就发育为包在种子外面的果皮。果皮可以演化为可被风吹动的结构，例如柳絮、蒲公英的"小伞"、翅果的"翅膀"、以及"鬼针草"的钩刺等。果皮也可以变为多汁的果肉，如桃、西瓜、西红柿的可食部分。这样形成的含有种子的结构叫做果实，种子是包裹在果实之内的。每个子房可以含有一个胚珠，也可以含有多个胚珠，这样每个果实可以含有一个种子，如桃、李；或者多个种子，如西瓜、西红柿。形成果实的植物因其种子是有包被的，所以叫做被子植物。

除了胚珠是包裹在子房里，被子植物和裸子植物还有几处差别。裸子植物形成雄性和雌性配子体的结构是分开的，例如松树的雄松果和雌松果，而被子植物产生雄性和雌性配子体的结构常常存在于同一个叫做花的结构内。子房长在花的中央，上有接受花粉的柱头，通过花柱与子房连接。这三部分是雌性的生殖器官，统称雌蕊。产生雄配子体的结构长在雌蕊周围，叫做雄蕊。雄蕊的顶部有花药，又叫花粉囊，是产生花粉的地方。花药通过一根细丝叫花丝与花轴相连。花轴的上方就是子房。为了吸引昆虫来传粉，花还有各种颜色的花瓣，有的花在花轴上还长有蜜腺（见图 5-20）。花的这些结构使得传粉更有效率，也是果实形成的地方。所以被子植物也被称为开花植物。

被子植物胚珠的发育情形也和裸子植物有些不同。裸子植物的大孢子母细胞在进行减数分裂后，所产生的单倍体细胞又进行多轮有丝分裂，形成数千个单倍体的细胞核，其中少数成为卵细胞，多数后来变成胚乳。而被子植物的大孢子母细胞进行减数分裂后，所形成的 4 个单倍体细胞核中，3 个退化，剩余的 1 个经过 3 次有丝分裂，形成 8 个单倍体的细胞核。这 8 个单倍体的细胞核中，有 6 个变成细胞，其余两个细胞核变成极体核（polar nuclei），共同位于胚珠中央。在 6 个细胞中，三个位于胚珠的珠孔附近，中间的一个是卵细胞，两边各有 1 个伴细胞 (synergid cells)。伴细胞能够分泌化学信号，引导花粉管的生长。另 3 个细胞位于胚珠的另一端，叫做反足细胞 (antipodal cells)，后来退化。所以被子植物的雌配子体只含有 6 个细胞，8 个细胞核（见图 5-20）。

被子植物花粉形成的过程与裸子植物相似。在花粉落到柱头上时，如果与接收植物匹配，花粉就会萌发，长出花粉管。不过在裸子植物中，花粉管直接进入胚珠，而在被子植物中，花粉管还要通过花柱才到达胚珠，走的路程要长得多。花粉管到达胚珠后，里面的两个精子从胚珠孔进入雌配子体，其中一个精子与卵子结合，形成受精卵，另一个精子与位于胚珠中央的两个极核结合，形成三倍体的细胞核，后来发育成为胚乳。所以被子植物的胚乳是三倍体的，和裸子植物胚乳是单倍体的不同。

有的被子植物的种子主要用胚乳来储存营养，例如小麦、玉米，但是有很多被子植物用长得很大的子叶 (cotyledon，胚胎的一部分) 来储存营养，胚乳几乎消失，例如豆类。子叶在种子萌发时形成植物最初的叶，除了提供发芽阶段的营养，子叶还可以进行光合作用，帮助新植物度过幼年时期。有一片子叶的被子植物叫单子叶植物 (monocotyledon)，如小麦；有两片子叶的被子植物叫双子叶植物 (dicotyledon)，如豆类。裸子植物的子叶数变化很大，可以从 2 个到 24 个，例如冷杉 (Douglas Fir) 就有 7 根细长的子叶。

被子植物是植物发展的最高阶段，从种子变成果实，植物对下一代的帮助和照顾又进一层，也为动物提供了各式各样的果实。花的出

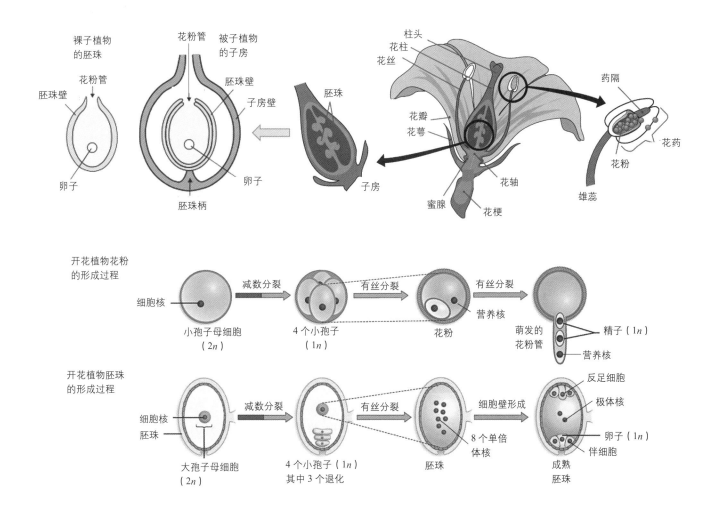

图 5-20　被子植物的繁殖过程

现更使我们的世界变得五彩缤纷。

从绿藻的单倍体生命，到苔藓植物以单倍体的配子体为主的生命，到蕨类植物以二倍体为主的孢子体生命，再到二倍体种子植物（包括裸子植物和被子植物）中单倍体的配子体被孢子体"收容"，退化为只有被子植物中的几个细胞（花粉中 3 个细胞核，胚珠中的 8 个细胞核），植物的生活方式越来越像动物。从表面上看，动物和种子植物都是二倍体的生物体产生二倍体的下一代，植物单倍体的配子体几乎退化干净，而且隐藏在胚珠和花粉之中。这说明二倍体的遗传物质构成更加适应复杂生物体的需要，所以动物和植物虽然开始时不同，动物是二倍体，植物是单倍体，但是后来它们殊途同归，最后都采用了二倍体的生活方式。

之所以植物的配子体还没有完全退化干净，不能像动物那样只产生单倍体的精子和卵子，完全取消世代交替，是因为植物不能运动，无法像动物那样通过性交把精子送到卵子处，陆生植物的精子必须通过风力或者动物传播，而裸露的精子是无法在这样的条件下生存的，必须有保护和萌发的结构，这就是花粉，即残存的雄配子体。陆生动物的卵子是深藏体内而裸露的，精子通过在阴道中长途游泳可以直接到达卵子处，而陆生植物的卵子却不能长时间裸露，否则会失水，所以植物的卵子是藏在胚珠内的，精子只能通过花粉管的延长到达卵子，这就使得植物必须有相应的结构来实现精子和卵子的相遇，这就是胚珠的作用。胚珠就是残存的雌配子体。高等植物的配子体虽然只剩下几个细胞，但是不能被完全消除，这是由植物不能运动的特性造成的，即植物还需要多细胞的配子体来完成精子的传输和受精过程。

本章小节

真核生物出现后，由于有线粒体这样的"动力工厂"来彻底氧化有机物，生产大量的 ATP，给细胞以充足的能源供应，真核细胞尺寸变大，基因变多，在原核细胞的基础上增加了许多新的功能，为真核生物向多细胞生物发展提供了条件，最后形成了真菌、动物和植物这三大类真核生物。

所有的真核细胞都来自同一个祖先，即最初俘获 α- 变形菌，将其转化为线粒体的细胞。真核细胞在形成后发生分化，产生了单鞭毛生物和双鞭毛生物。单鞭毛生物中的后鞭毛生物在细胞后面长有一根鞭毛，靠鞭毛的摆动"推"着细胞前进；而双鞭毛生物在细胞的前端长有两根鞭毛，靠鞭毛的摆动"拉"着细胞前进。这两种不同的真核生物后来发展出的多细胞生物也不同。

单鞭毛生物继承了原来细胞的异养生活方式，自己不生产有机物，而靠别的生物现成的有机物生活，其中利用现成有机物的方式又有两种：像细菌那样，继续利用环境中可以直接吸收的有机物小分子，或者分泌消化酶，将细胞外的有机物先行降解，再加以吸收的，就发展成为真菌。真菌没有吞食功能，获得有机物的方式与异养的细菌相似，都是通过细胞外消化。由于真菌不吞食，为吞食所需要的骨骼肌肉系统、控制运动的神经系统都不存在，真菌的身体构造也相对简单，主要由菌丝构成，以尽量扩大与食物的接触面积。许多真菌是陆生的，自身不运动，而主要靠孢子通过风力将后代传向远方，为此真菌发展出了伸到空气中的孢子囊和子实体。

另一些单鞭毛的真核生物发展出了吞食功能，例如领鞭毛虫，获得有机物的方式是先将其他生物或生物碎片吞下，再在体内进行消化。向这个方向发展的单鞭毛生物就成为动物，领鞭毛虫则是所有多细胞动物的祖先。对于单细胞的动物，消化在细胞内（也就是体内）进行；而对于多数多细胞动物，消化是在体内的消化腔中进行，虽然仍然在体内，但不再是细胞内消化，而是像真菌那样，在消化腔壁的细胞外进行，再由这些细胞吸收消化产物，因此对大多数动物来说，是体内消化加细胞外消化。低等动物的消化腔只有一个开口，叫腔肠动物。消化腔在身体的另一处开口，就有了口和肛门，食物就可以向一个方向运动，由此导致了口、牙、食道、消化腺、胃、肠、肛门的出现。体内消化是多细胞动物生活的基础和特征，其他一切功能，包括捕食需要的骨骼肌肉系统，指挥运动的神经系统，以及将消化腔吸收的营养分配到全身的循环系统，都是为这个基本过程服务的。捕食者与被捕食者之间的斗争，是动物向高级发展的强大动力，我们人类也是这个发展的结果。

最初的多细胞动物都是二倍体的，由于有双份的基因，二倍体是比单倍体更优越的生命形式，因此后来发展出的高级动物也都继续是二倍体的。二倍体的动物通过一些细胞进行减数分裂产生单倍体精子和卵子，精子和卵子结合，又形成二倍体的细胞受精卵，因此动物没有单倍体的生物形式，也就是没有世代交替。

真核生物中的双鞭毛生物由于俘获了蓝细菌而获得了进行光合作用的能力，其中绿藻中的双星藻发展成为植物，即有机物的超级生产者。最初的植物是水生的藻类，后来上陆成为苔藓、再通过维管组织形成蕨类和种子植物。正是由于有植物这个有机物的超级生产者，异养的真核生物，特别是动物，才能够大发展。

最早的植物是单倍体的，到了苔藓植物还是以单倍体为主要的生活形式，这对植物的生存和发展不如动物的二倍体有利。植物"纠正"这一缺点的方法，是让有性生殖过程中产生的二倍体的受精卵延迟进行减数分裂，改为先进行有丝分裂，形成多细胞的二倍体生物，

这就是植物的孢子体，从此植物就有了单倍体和二倍体的世代交替。在苔藓植物中，单倍体的配子体还是主要的生活形式，孢子体依附于配子体。从蕨类植物开始，孢子体开始超过配子体成为主要的生活形式，但是配子体仍然能够独立生存。到了种子植物，孢子体占绝对优势，配子体失去进行光合作用的能力，甚至失去了根茎叶的结构，退化为花粉和胚珠，依附于孢子体生活，受精卵要在种子中的胚胎形成后，才离开孢子体去独立生活。因此从总体上看，植物像动物那样，也是二倍体的个体生产二倍体的个体。植物和动物分别从单倍体和二倍体的真核细胞出发，通过植物自己"纠正错误"，最后与动物殊途同归，都采用了二倍体的生活方式。

要实现单倍体向二倍体的转化，植物必须发展出延迟受精卵立即进行减数分裂的机制、形成二倍体结构的发展蓝图，以及控制二倍体细胞只采用自己的发展蓝图，而不是单倍体结构蓝图的机制。在目前，前两个问题还没有答案，而控制植物二倍体结构形成的基因为 *KNOX* 基因。

第六章

6 巧夺天工的生物结构
CHAPTER

多细胞生物的出现，打破了地球上生命出现后的十几亿年中生命只以单细胞形态存在的局面，使得生物体结构的复杂性和随之而来的体型尺寸都能够爆发性地增长。单细胞生物的大小大多都在微米级，而多细胞生物中的蓝鲸可以长达 33.5 米，体重 173 吨。人体则由大约 60 万亿个细胞组成。从海洋到陆地，人眼能够看到的生物，基本上都是多细胞生物。

多细胞生物的优越性不仅是细胞数量多，还在于这些细胞能够组成各式各样的结构，执行专门的功能。这些精巧的结构是不同的细胞执行专门功能的场所，生物也通过结构的演化和完善而变得越来越高级。多细胞生物通过几十亿年的演化历程，发展出了各种精美和巧妙的结构，其巧夺天工的程度让人惊叹。例如单细胞生物"眼睛"不过是细胞中的一个"眼点"，只能提供给细胞光线明暗与大致的方向信息。而多细胞生物的眼睛由多个细胞组成，结构也越来越复杂，最后形成了人眼这样高度精巧的接收视觉信号的器官，可以从可见光获得物体的方向、远近、大小、形状、质地、颜色，运动速度等丰富的信息，能够通过眼球的转动和晶状体的调节对观察对象进行跟踪和聚焦，还能够通过瞳孔的收放适应光线强度的变化。单细胞生物的运动只能通过鞭毛的摆动或者伪足的伸缩，运动速度只有每秒钟几十微米。而多细胞生物可以发展出专门的运动器官，其中猎豹的腿可以使它以每小时 110 公里的速度奔跑；雨燕的翅膀使它能够以每小时 350 公里的速度飞行。单细胞生物是没有耳朵的，而多细胞生物却能够发展出各式各样接收和放大空气振动的结构，用于感知环境的变化，包括感知敌友的存在。蝙蝠的耳朵可以接收 5 万赫兹以上的超声波，并且利用超声波的回波来定位，人的耳朵可以辨别从 20 赫兹到 20000 赫兹的连续音频，并且能够从复杂的噪音背景中提取所需要的信息。蜻蜓的复眼、蝴蝶的翅膀、孔雀的羽毛、植物的花朵，都是生物创造出来的结构上的奇迹。我们身体的循环系统、消化系统、呼吸系统、排泄系统等，都是高度复杂、效能高度专一的。我们的大脑更是由上千亿个神经元按照高度有序的方式彼此连接，由此产生感觉、控制、思维、情感，更是生物结构发展的最高成就，是我们的世界中构造最复杂、功能最强大的信息处理结构。可以说，没有各种专门的结构，就没有多细胞生物。

问题是，这些精妙的结构是如何形成的？所有的多细胞生物都是由一个细胞分裂发育而来。在细胞数量变大，种类也不断增加的时候，是什么指令让细胞知道自己的位置和"任务",又是什么机制让细胞形成各种专门的结构?我们常说DNA是生命的"蓝图",它携带着我们身体建造的全部信息,有什么样的DNA,就会发展出什么样的结构。的确,"种瓜得瓜,种豆得豆",老鼠的DNA只能"指挥"受精卵发育出老鼠,而形不成猫的结构。科学家甚至可以用一滴鼠血(实则是血中白细胞里面的DNA),就能克隆出一只活的小鼠,证明DNA的确是生命的蓝图。如果DNA没携带生物身体构造的全部信息,又怎么能够指导这些完美生物结构的形成呢?

但是当我们去具体考察一下这份DNA"蓝图"时,却发现它和修建房屋的蓝图不同。修建房屋的蓝图会详细地写明这个房子有几层,有多少个房间、楼梯在哪里、每个房间有多少个门,多少个窗户,以及这些门窗的位置和具体尺寸、灯在哪里、电线从哪里通过、开关在什么地方、水管的走向等,都必须一一具体注明。总之,有关这栋房子的所有结构信息,都可以在设计蓝图中找到。但是当我们去考察DNA这份"蓝图"时,却只发现为蛋白质编码的序列,以及控制基因表达的序列,仅此而已。在DNA的序列中,根本找不到人有两只手以及两条腿的指令,也找不到规定人的每只手有5根手指的信息。是什么DNA序列规定了舌头和牙齿长在嘴里、鼻子有两个孔、眉毛长在眼睛之上?是什么DNA序列规定心脏有两个心房、两个心室、血管分静脉和动脉?是什么DNA序列能够决定人有多少根头发,长在什么地方?实际上,所有这些有关身体结构的信息,在DNA的序列中都是找不到的。

从许多生物结构的复杂程度来看,要直接把这些信息全部"写"进DNA序列也不可能。人只有2万多个基因,而人的头发就有大约12万根。就算一根头发的位置的信息只需要一个基因来记录,那也是远远不够的,更不要提我们身体里面的60万亿个细胞,它们的结构功能各异,位置不同,要靠区区两万多个基因来记录所有这些信息,可以说是毫无希望。

既然如此,我们又应该怎样来理解"DNA是生物的蓝图"这句话呢?在没有具体的结构指令的情况下,受精卵就能够准确无误地发育成为一个有完美结构的生物体。只要看看采集花蜜的蜜蜂,个个都像工厂里生产出来的产品,彼此之间几乎一模一样,而形成这些结构

的信息不过是为蛋白质编码的DNA序列和控制这些序列表达时间和环境的序列(启动子),这真是一件难以想象的事情。

生物的蓝图和建造房屋的蓝图,工作方式是不一样的。建造房屋所需要的砖头、木材、水泥、玻璃等自己不会组装成一栋房屋,要靠施工队按照蓝图的指令把这些材料组装在一起。而生物在形成自己的身体时,并没有这样的施工队按需要把各种细胞放到它们应该待的位置,建造出心脏或肾脏来,而是细胞必须自己"知道"应该是什么类型,"自动"装配成身体里面的各种结构。

这里的关键就在DNA中控制基因有序表达的信息,它决定何种基因在什么地方,在什么时候表达,以及表达多少。这个程序可以决定受精卵在分裂和分化的过程中,如何逐步形成各种类型的细胞。这是从细胞内部来控制细胞的发展方向,即"命运"。除此以外,在人的2万多个基因中,还有一些是为信号蛋白编码的。在生物体发育的过程中,有些细胞就会表达这些信号蛋白,"指挥"周围的细胞进一步变化,从细胞外部控制细胞的发展方向。新形成的细胞中,有一些又会表达另外一些信号蛋白,指挥更多类型细胞的产生。这样一步一步发展下去,就会形成我们身体中200多种类型的细胞。这有点像诸葛亮给前方将士的"锦囊妙计"。锦囊里面的指令不是一开始就打开的,而是要到一定阶段才打开。通过在不同阶段打开不同的锦囊妙计,就可以一步一步地指挥各种细胞的形成。

但是仅凭这种控制机制,只能形成由各种细胞组成的细胞团,而不能形成特定的结构,包括各种腔、管以及它们的形状、大小、分支。要形成生物体各种精巧的结构,必须有某种机制来使基因的产物(蛋白质)能够在细胞内和细胞之间产生机械力,让细胞根据这些力来彼此识别、结合、变形、移动位置,从而形成各种精巧的结构。

这种在细胞内和细胞之间产生机械力的根源,其实就是一组为数不多的基因,它们的蛋白质产物可以在生物结构的形成过程中起作用。这组基因的历史可以追溯到单细胞生物,在多细胞生物中它们的功能被"升级",成为生物体结构的"建筑师"。从水螅到人体,使用的都是同一套基因。这些基因产物(蛋白质)的顺序表达,就可以让细胞之间以特异的方式彼此作用,"自动"形

成高度有序的特殊结构。虽然这些基因的数量不多，但是通过用不同的组合方式来使用它们，却可以形成各式各样的结构。这就像木匠的工具只有斧、锤、锯、刨、凿、钻等几种，却可以造出无数种木结构来一样。

基因的顺序表达可以逐步产生不同类型的细胞，而能够产生机械力的蛋白又能够使细胞之间以不同的方式彼此结合，形成生物结构。锦囊妙计分阶段打开，每次的妙计又指挥能够产生机械力的蛋白形成，这两种机制结合起来，就可以构建出一个完整的生物体，DNA的"蓝图"作用也就被实现了。这些在不同的阶段和位置上指挥周围细胞发育的信息分子，以及能够在细胞内和细胞间产生机械力的蛋白分子，就是建造生物结构的"基本工具"。在本章的前四节中，我们先介绍这些"基本工具"的功能以及它们在结构形成中的作用。在第五节和第六节中，我们再分别用四肢动物的手脚和眼睛形成的过程为例子，具体表明这些工具是如何造就各种生物结构的。

第一节　直接接触形成结构

钙黏着蛋白

多细胞生物要形成稳定的结构，首先就需要细胞之间有稳定的结合。一种让细胞彼此结合在一起的分子就是钙黏着蛋白（cadherin），

因为它需要钙离子才能发挥黏合细胞的作用。其英文名称中的头两个字母 ca 来自"钙"Calcium，adhe 几个字母来自"黏附"adhesion。钙黏着蛋白的历史非常久远，在领鞭毛虫中就已经有钙黏着蛋白的表达。领鞭毛虫通过它彼此聚在一起成为链状或星状，例如领鞭毛虫家族中的原绵虫（Proteospongia），就可以好几个细胞用"尾对尾"的方式聚在一起（见图 5-5）。单细胞生物的这种钙黏着蛋白后来就被多细胞生物继承，被用来把细胞彼此黏附在一起。

钙黏着蛋白由 720~750 个氨基酸组成，是一个膜蛋白。它含有一个跨膜节段，细胞膜外的部分很大，细胞膜内的部分比较小。钙黏着蛋白有一个特殊的性质，就是它们的细胞外部分可以彼此结合，即同类蛋白质分子之间的结合，这样表达钙黏着蛋白的细胞就可以通过

这种蛋白彼此结合在一起。钙黏着蛋白在细胞内的部分则通过 β- 联蛋白和 α- 联蛋白与细胞里面由肌纤蛋白组成的"细胞骨架"相连，这样不仅把结合力施加于细胞膜上，而且还把力延伸到细胞内的骨架上，将细胞牢牢地栓在一起（图 6-1）。

如果不同的细胞表达不同量的钙黏着蛋白，细胞之间黏附力的强弱就会有所不同。表达钙黏着蛋白多的细胞之间黏附力强，彼此聚集成团，位于细胞团的核心，而黏附较弱的细胞则包裹在外面。这个过程有点类似于油和水的分相，在无重力的情况下，结合力强的水分子彼此聚集在一起，成为位于液体内部的水球，而结合力弱得多的油分子则包围在水球的外围。这就是最初步的结构形成。在多细胞生物形成的早期，由于细胞表达不同量钙黏合蛋白的机制还不固定，所以这

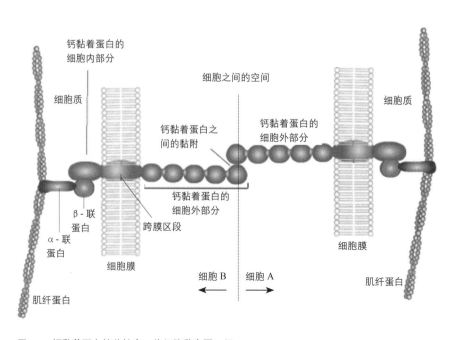

图 6-1　钙黏着蛋白彼此结合，将细胞黏合再一起

样形成的结构是不稳定的，但是随着细胞中钙黏着蛋白表达量调控机制固定下来，细胞按照黏附力分类就可能形成稳定的结构。当然仅靠同一种钙黏着蛋白是不足以形成复杂的结构的，大多是实心的多层球体。

经过长期的演化，动物已经有多种钙黏着蛋白，由原来的钙黏着蛋白基因复制和变化而成。不同类型的细胞表达不同的钙黏着蛋白，例如上皮细胞表达 E- 钙黏着蛋白，神经细胞表达 N- 钙黏着蛋白，胎盘细胞表达 P- 钙黏着蛋白，肾脏细胞表达 K- 钙黏着蛋白，维管上皮细胞表达 VE- 钙黏着蛋白，视网膜细胞表达 R-钙黏着蛋白等等。新发展出来的钙黏着蛋白也保持了原来的钙黏着蛋白的特性，即只有同种的钙黏着蛋白才能彼此结合。这样，E- 钙黏着蛋白就只和 E- 钙黏着蛋白结合，而不和 N- 钙黏着蛋白结合。如果把表达不同钙黏着蛋白的细胞混合在一起，它们就会按照在细胞表面表达的钙黏着蛋白的种类自动分类，同种细胞彼此结合在一起，分别聚集成为各种组织。随着动物身体复杂性和细胞种类的增加，钙黏着蛋白的种类也不断增多。例如无脊椎动物总共有不到 20 种钙黏着蛋白，而脊椎动物的钙黏着蛋白总数超过 100 种，光是人类就有 80多种钙黏着蛋白，成为人体各种组织中细胞自动分类聚集的基础。

钙黏着蛋白虽然是细胞分类聚集的基础机制，但是仅由钙黏着蛋白导致的细胞分类聚集只能形成各种实心的细胞团，而不能够形成腔、管等更复杂的结构。这些结构的形成需要其他的"工具"。

细胞的极化是形成结构的基础

在上一部分的讨论中，我们假设钙黏着蛋白在细胞表面上的表达是均匀的，即在细胞膜的各个部分表达的程度都一致。在这种情况下，细胞之间通过钙黏着蛋白形成的结构就只能是实心的球形结构。我们把这种状态的细胞称之为没有"极性"的，即细胞的性质在各个方向上都相同。但是多细胞生物中，如果所有的细胞都是没有极性的，各种复杂的结构如片、腔、管就无法形成了。所以在多细胞生物体中，许多细胞都带有一定的极性，即细胞的形状和结构不是中心对称的，在不同的方向上，细胞膜的组成、细胞内蛋白质和 RNA 的分布、

细胞骨架纤维的走向、细胞核和中心粒的位置，都是不对称的。我们把细胞结构在各个方向上的不对称性叫做细胞的极性，而细胞从非极性状态转变为极性状态叫做细胞的极化。细胞的极化在形成复杂结构上非常重要。

例如细胞如果只在侧面表达钙黏着蛋白，而上下面（分别称为"顶面"和"底面"）不表达，细胞就能够连成片状，而不再聚集成球状，因为顶面和底面的细胞膜无法彼此黏合。如果底面的细胞膜上再有和细胞外基质结合的分子，片状结构中的细胞就都以底面和基质结合，这样顶面就成为唯一能够和外部空间接触的细胞面。生物体里的上皮就是这样形成的，这种片状结构里面的细胞也被称之为上皮细胞（图 6-2）。

上皮的形成是多细胞生物发展史上的重大事件，从此生物就有了一层细胞来区分身体的"外"和"内"。如果细胞膜是细胞的"墙壁"，那么上皮就是生物体的"墙壁"，处于生物体内部的细胞就有了比较稳定的内环境，而不像单细胞生物那样始终暴露在复杂多变的外部环境中。在这样相对稳定的内环境中，生物体就可以发展出更加复杂的结构来，而且许多这些结构的"内表面"仍然由上皮组成。除了我们身体外部的皮肤表面，我们身体内部黏膜的表面、血管和淋巴管的内壁、小肠的内壁、肺泡中和空气接触的细胞、肾脏的肾单位（nephron）、各种分泌腺体内围绕着把分泌物输送出去的管道的细胞，都由上皮组成。这些上皮的结构都类似，即细胞以侧面相互连接，细胞底部通过整联蛋白（integrin）与由细胞外基质组成的基膜（basal lamina）连接，而细胞顶部暴露于外部空间或腔管的内部空间，可以长出各种结构，用来执行各种生理功能，例如小肠的肠壁细胞的顶面长出许多绒毛，用来吸收营养；气管内壁的细胞长出许多纤毛，通过它们的定向摆动清除痰液；分泌腺的上皮细胞的顶端则是细胞分泌各种分子的地方。

在上皮细胞的侧面，钙黏着蛋白在细胞之间形成黏着连接。由于上皮是和外界接触的地方，为了防止分子从细胞之间"溜"进来，让外部分子必须通过顶端膜这个"海关"，细胞之间在靠近顶膜的地方还形成紧密连接。这由紧密连接蛋白 claudin 和 occludin 组成。紧密连接还有另外一个重要功能，就是防止顶端膜和侧面的膜成分彼此混合。上皮细胞之间的这些紧密联系使得它们

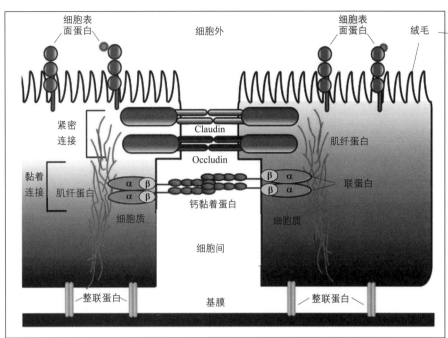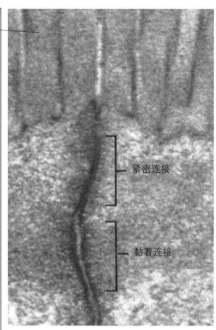

图 6-2　左图：上皮细胞之间通过钙黏着蛋白形成黏附着连接，以及通过 claudin 和 occludin 蛋白形成紧密连接。上皮细胞的底面通过整联蛋白与基膜相连。细胞间的距离和细胞与基膜之间的距离都被夸大了。右图：黏着连接和紧密连接的照片

在上皮中的位置固定而难以移动（见图 6-2）。

如果上皮细胞的顶端能够收缩（通过顶端区域的肌纤蛋白和肌动蛋白），细胞的顶部就会变尖，在上皮的暴露面上产生拉力，使得原来是平面的片状结构卷曲，卷曲到一定的程度，就能形成腔或者管。在

管的一些特定部位上皮细胞的顶端再收缩，就可以在管上形成分支，例如气管就这样分为支气管，支气管再不断分支，最后形成肺泡。血管也可以这样分支，最后形成毛细血管。所以通过细胞极性的形成和变形，就可以形成面、片、腔、管等结构（图 6-3）。

去极化后的间充值细胞

并不是身体里面所有的细胞都是上皮细胞，身体里面还有另外一类细胞，它们没有明显的极性，彼此之间并不紧密结合，例如结缔组织里的细胞，包括血细胞、脂肪细胞、骨细胞、软骨细胞、筋腱里面的细胞、神经系统中的神经细胞和胶质细胞等。这些细胞来自一类没有或很少极性，可以移动位置的细胞，叫做间充质细胞（mesenchymal cells）。在胚胎发育过程中，常常需要细胞移位，到达别的地方，在那里形成新的组织和器官，而这是没有移动能力的上皮细胞做不到的，这个任务就由间充质细胞来完成。

间充质细胞是由胚胎发育过程中的上皮细胞失去极性而形成的，这个过程叫做上皮－间充质转化

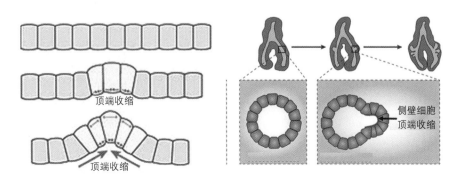

图 6-3　上皮弯曲的原理。右图是肺泡形成过程的示意图

（简称 EMT）。在这个过程中，钙黏着蛋白的表达被抑制，细胞之间黏连减弱或消失，细胞获得迁移和侵袭组织的能力，在胚胎发育中起重要作用。例如神经嵴细胞（neural crest cells）就是可以移动的细胞，它们由胚胎的神经外胚层的上皮细胞通过上皮－间充质转化而来。它们能够运动到身体各处，形成神经细胞、胶质细胞、头面部的软骨细胞和骨细胞以及平滑肌细胞等。上皮细胞在转变成癌细胞时，也会发生上皮－间充质转化，使自己脱离黏附，获得迁移和侵袭组织的能力，因此恢复这些细胞的极性也是治疗癌症的一个途径。

在胚胎发育中，间质细胞也可以反向转化，即间充质－上皮转化（MET），重新变回上皮细胞。在器官的形成过程中，常常需要细胞在上皮和间充质两种状态下来回转化，通过间充质细胞阶段获得迁移能力，又在最后的位置变回上皮细胞，形成各种结构。例如组成肾脏的"肾单位"中的上皮细胞就是由"生肾间充质细胞"通过间充质－上皮转化变来的。这些事实说明，细胞的极化和去极化在胚胎发育，形成各种组织和器官的结构上起关键的作用。

形成和维持极性的原理

从我们对细胞的基本了解来看，细胞的极化似乎是一件比较难于理解的现象。蛋白质在细胞中是可以向各个方向扩散的，而细胞膜也是动态的，里面的磷脂和蛋白质处于连续不断的流动和移位之中。这些随机的过程似乎只能使细胞的结构均匀化，就像糖分子在一杯水中最后会平均分布在水的各部分一样，怎么会出现分子在细胞的各个方向分布不均的情况呢？

有两个机制可以使细胞的极性出现。一个是正反馈机制。如果一种分子在细胞膜的某处由于某些原因浓度比在其他地方稍高一些，它又能够通过与其他分子之间的相互作用招募其他分子来这个位置，而新到来的分子又能够促进头一种分子在该位置聚集，这就是一种正反馈机制，可以导致分子或分子团的不均匀分布。一个类似的例子是白蚁建蚁山（白蚁的窝）。一开始白蚁在地表随机地堆砌土块，所以地上会出现一片基本均匀的小土粒。但是白蚁有一个习惯，就是往最高的那个土块上堆新土，这样土块的增高速度就不是平均的了，而是在当初稍大的土块上有更多的白蚁在堆土，这样这个土块就会逐渐明显高于其他土块，使得后来所有的白蚁都往这个土块上堆土，最后形成单一的土山。这就是正反馈造成物质分布不均的例子。

第二个机制是蛋白分子团之间互相排斥，或者说互相"拆台"，这样它们就不可能进入对方的"领地"，只能在细胞的不同位置存在。如果其中一种或者两种蛋白团在膜上又有能进行正反馈的位置，这两个蛋白团就不可能在细胞中均匀分布了，而是分别分布在膜内不同的地方。例如有两个蛋白质聚成的蛋白团，一个由 A、B、C 三种蛋白质组成，只有三种蛋白质都存在时蛋白团才稳定。另一个蛋白团是由 D、E、F 三种蛋白质聚合而成，也都需要三种蛋白质都存在才能成为稳定的聚合物。三种蛋白质彼此结合，形成稳定的复合物，就是一种正反馈机制。设想 A、B、C 中的任何一种蛋白在进入 DEF 的领地时，DEF 能够使它失活，不能和其他两种蛋白质形成聚合物，那么在 DEF 的领地里就不可能有 ABC 聚合物的存在。

从细胞形成极性的过程来看，这两种机制都起了作用。下面我们就具体来看看这两种机制是如何发挥作用，造成细胞的极性的。

形成和维持极性的蛋白质

（1）Par 复合物

1988 年，美国科学家 Kemphues 等在研究线虫（*C. elegans*）的胚胎发育时，发现了 6 个基因，它们的突变使线虫的胚胎只能形成无结构的细胞团，而不能形成正常的组织和器官。科学家们把这 6 个基因称为分隔缺陷基因（partition defective），简称 *Par* 基因，从 *Par-1* 到 *Par-6*。所有这些基因的产物都是可溶性蛋白，都位于细胞质中。虽然这些基因的产物都叫 Par 蛋白，但是它们只是为细胞的极性形成所需，并不是同类的蛋白质。例如 Par-1 和 Par-4 是蛋白激酶，即可以在蛋白质分子上加上磷酸基团，改变蛋白性质，让其活化或失活。在线虫一个细胞阶段的胚胎中，这些 Par 蛋白的分布是不均匀的，其中 Par-3 和 Par-6 位于胚胎的前端，Par-1 和 Par-2 位于胚胎的后端，Par-4 和 Par-5 则平均分布。如果突变这些基因中的任何一种，胚胎的极性就消失，例如如果让 *Par-3* 基因突变，Par-1 和 Par-2 就不再位于胚胎后端，而是均匀分布了，说明这些 Par 蛋白之间在位置上是互相拮抗的。

1990 年，日本科学家田布施（Tabuse）等在线虫中发现了另一个 Par 蛋白，这个基因的突变造成的后果和其他 Par 基因突变的效果一样。这个基因的产物也是一个蛋白激酶，叫做非典型的蛋白激酶 C（atypical protein kinase C，简称 aPKC）。蛋白结合试验表明，Par-3、Par-6 和 aPKC 彼此结合，形成一个蛋白复合物，而且只有在形成这个复合物后，这些蛋白质才能在细胞中不对称分布。这就类似于前面讲过的 A、B、C 三种蛋白组成稳定蛋白复合物的例子。

在上皮细胞中，Par-1 是以二聚体的形式存在于基底膜和侧膜位置的。如果 Par-1 扩散到顶端膜，Par-3/Par-6/aPKC 复合物中的 aPKC 能够使 Par-1 磷酸化，让它结合于在细胞质中的 Par-5，使它不能停留在顶端膜上。反过来，如果 Par-3 运动到基底膜和侧膜，Par-1 又

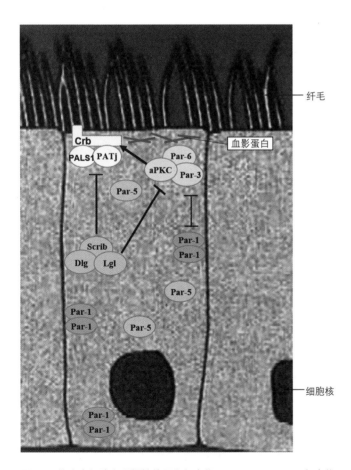

图 6-4　使上皮细胞出现极性的蛋白复合物。Par-3/Par-6/aPKC 复合物和 Crb/PALS-1/PATj 复合物位于细胞的顶端膜上，Par-1 二聚体分布于细胞的侧面和底端。Scrib/Dlg/Lgl 复合物位于侧膜区域

能够使 Par-3 磷酸化，让它与 Par-5 结合，而不能在基底膜和侧膜停留（图 6-4）。

随后在果蝇和哺乳动物（包括人）中的研究表明，Par 蛋白质在比线虫更高等的动物细胞中也都存在，而且 Par-3/Par-6/aPKC 复合物也都在细胞的极性形成中起不可缺少的作用。这个复合物位于线虫胚胎的前端、爬行细胞的前沿、神经细胞生长中的轴突的顶端、以及上皮细胞的顶部，因此这个复合物在细胞的各种极性状态或过程中都发挥作用，是一个有古老历史，几乎所有动物，从线虫到人，都使用的极性蛋白复合物。

（2）Crumbs 复合物

1990 年，德国科学家 Tepass 等人在果蝇的上皮细胞中发现了一种膜蛋白，它只位于上皮细胞顶端膜上，在靠近细胞之间连接的地方浓度最高。为这个蛋白编码的基因突变会使上皮细胞的顶端膜消失，严重干扰果蝇上皮的结构，有时甚至导致这些细胞的死亡，而过量表达这个基因又会使顶端膜扩张，说明这个基因对上皮细胞的极性，特别是顶端膜的形成和稳定，有非常重要的作用。由于这个基因的突变使得果蝇身体表面的角质层呈碎裂状，所以这个基因被称为碎裂基因（crumbs），平常被称为 Crb 基因。

与 Par 蛋白是水溶性的分子不同，Crb 蛋白是一个膜蛋白，有一个跨膜区段。它在细胞内部分有一段 37~40 个氨基酸残基组成的肽链，对于它的功能是必要的，去除这个部分后，Crb 蛋白对上皮细胞极性的作用就消失。这个细胞内的部分能够结合一个蛋白叫 PALS-1。PALS-1 又和另外一个蛋白 PATj 结合。因此，Crb 蛋白和 Par 蛋白一样，也形成一个由三个蛋白质组成的复合物 Crb/PALS-1/PATj。这三个蛋白质对于复合物的稳定性和功能都是必要的，PALS-1 基因和 PATj 基因的突变都和 Crb 基因的突变有相同的效果，使钙黏着蛋白的分布错位，不能在细胞之间形成黏着连接，导致结构异常（见图 6-4）。

Crb 蛋白除了和 PALS-1 和 PATj 蛋白形成复合物外，Crb 蛋白的细胞内部分还能够和 Par 复合物中的 Par-6 结合，这样 Crb 复合物和 Par 复合物就彼此联系，共同存在于上皮细胞的顶端膜内。不仅如此，在顶端膜内，肌纤蛋白和血影蛋白一起组成网状的细胞骨架，以支持顶端膜。Crb 复合物和 Par 复合物结合后，Par 复合物中的

aPKC 能够使 Crb 蛋白的细胞内部分磷酸化，使它可以和血影蛋白结合，这样 Crb 复合物和 Par 复合物就与顶端膜内的细胞骨架相联系，进一步稳定它们在上皮细胞顶端的存在（见图 6-4）。除此之外，顶端膜磷脂的组成也有利于 Par 复合物位于细胞顶端。

（3）细胞膜成分的不对称分布有利于 Par 复合物位于细胞顶端

除了 Par 复合物和 Crb 复合物由于彼此相互作用并与血影蛋白结合位于细胞顶端外，顶端膜和基底侧面膜所含的一种磷脂成分也不相同。磷脂是以甘油分子为核心的分子（见第二章第七节）。甘油的三个羟基中，有两个（包括中间的那一个）通过酯键与脂肪酸相连，另一个羟基与磷酸根相连，磷酸根上再连上其他亲水的分子，例如丝氨酸、乙醇胺、胆碱、肌醇等，这样形成的分子分别叫做磷脂酰丝氨酸、磷脂酰乙醇胺、磷脂酰胆碱和磷脂酰肌醇。其中磷脂酰肌醇（PI）的磷酸化产物是重要的信息分子。

肌醇（inositol）的化学结构是"环己六醇"，即 6 个碳原子连成环状，每个碳原子上面连一个氢原子和一个羟基。在 6 个羟基中，1 号碳原子上的羟基与磷脂分子上的磷酸根相连，4、5、6 号碳原子上的羟基都可以被磷酸化，但是 2 号和 6 号碳原子上的羟基（即和 1 号碳原子相邻的羟基）不会被磷酸化。4、5、6 号碳原子上的羟基各由不同的激酶磷酸化。最先被磷酸化的是 4 号位的羟基（被磷脂酰肌醇 -4- 激酶催化，用 ATP 作为磷酸根的供体），生成"磷脂酰肌醇 -4- 磷酸"（PIP）。PIP-5- 激酶能够使 PIP 分子中第 5 号碳原子上的羟基磷酸化，生成"磷脂酰肌醇 -4，5- 二磷酸"（PIP$_2$）。PIP$_2$ 还可以进一步被磷酸化，通过 PIP-2，3- 激酶使第 3 号碳原子上的羟基磷酸化，生成"磷脂酰肌醇 -3，4，5- 三磷酸"（PIP$_3$）。读者不必为这些复杂的名称费脑筋，只需要记住 PI 是磷脂酰肌醇，PIP 是磷脂酰肌醇上连一个磷酸根，PIP$_2$ 连两个磷酸根，PIP$_3$ 连三个磷酸根就行了。在第八章（细胞的信息接收和传递系统）中，我们还要详细介绍磷酸化肌醇在信息传递中的作用。

在上皮细胞中，PIP$_2$ 位于顶端膜上，而 PIP$_3$ 位于基底侧膜上。细胞之间的紧密连接则把这两个部分的细胞膜分隔开来，不让这两部分细胞膜的成分互相交换混合。位于顶端膜的 PIP$_2$ 能够和膜联蛋白 2（annexin2）

结合，膜联蛋白又和 Cdc42 蛋白结合，Cdc42 又可以招募 Par 复合物中的 Par-6 和 aPKC 到顶端膜并且活化它们，和 Par-3 形成最后的复合物，如果人为地把 PIP$_2$ 引入基底侧膜，基底侧膜就变得像顶端膜，所结合的蛋白质也会改变。所以 PIP$_2$ 可以对 Par 复合物的定位起引导作用。

反过来，如果人为地把 PIP$_3$ 引入顶端膜，就会把顶端膜的性质变为基底侧膜，所连的蛋白质也相应变化。除了紧密连接能够防止顶端膜中的 PIP$_2$ 和基底侧膜上的 PIP$_3$ 相混以外，在顶端膜上还有一个叫 PTEN 的磷酸酶，它可以把 PIP$_3$ 脱去一个磷酸根，变成 PIP$_2$，这样 PIP$_3$ 在顶端膜就没有存在的可能。同样，在基地侧膜上有一个 PIP$_2$ 的激酶（PI3K），可以在 PIP$_2$ 上加上一个磷酸根，把 PIP$_2$ 变成 PIP$_3$。这样 PIP$_2$ 也不能在基地侧膜区域存在。

（4）Scribble 复合物

在果蝇的突变试验中，科学家还发现了另一类和细胞极性有关的基因。其中一个基因的突变会使果蝇的角质层起皱多孔，因此被起名为 Scribble（简称 Scrib），意思是"乱涂乱画"。突变体果蝇的细胞失去极性，性状变圆，不再形成单层上皮，而是互相堆积，说明 Scrib 基因也是为上皮细胞的极性所需要的。

和 Par 蛋白和 Crb 蛋白都形成由三个蛋白质形成的复合物一样，Scrib 蛋白也和另外两个蛋白质形成复合物。这两个蛋白分别是"Dlg"（lethal disc large）和"Lgl"（lethal giant larvae）。

与 Par 复合物和 Crb 复合物在细胞内的位置不同，Scrib 复合物 Scrib/Dlg/Lgl 并不位于顶端膜下，而是在侧膜区。这个复合物的作用看来是排斥 Par 复合物和 Crb 复合物，让它们只位于顶端膜，而不能到侧膜区来。突变 Scrib 复合物中的任何一个基因，都会使前两个复合物中的蛋白失去它们在顶端膜的定位，而变为在细胞中平均分布。E- 钙黏着蛋白也失去了它们在细胞侧面的定位，变为在细胞膜的所有位置都有分布，使细胞的极性黏附丧失。因此 Scrib 复合物和前两个复合物是彼此拮抗的（见图 6-4）。

从以上的叙述可见，Par 复合物、Crb 复合物和 Scrib 复合物各由三个蛋白组成，而且都要三个蛋白质存在才能形成稳定的复合物，这就提供了一个正反馈的机制，即复合物中的每一种蛋白都起稳定对方的作用。Par 复合物和 Crb 复合物之间的联系，细胞顶端的血影蛋白和顶端膜中 PIP$_2$ 都对 Par 复合物的定位有引导作用，组成更高一层的正反馈机制。而 Par 复合物、Crb 复合物和 Scrib 复合物之间的拮抗，又使得前两种复合物不能和 Scrib 复合物位于细胞中的相同位置。细胞中的分子虽然是动态的，但是通过这些机制，细胞却可以被极化，极化的细胞就可以连成片状、形成上皮，并且进一步形成腔和管的结构。参与这些过程的蛋白质是高度保守的，从线虫到哺乳动物，用的都是同样的基因，说明这样的蛋白质和它们形成的复合物在动物演化的早期就出现了。

这些复合物不仅自身在细胞内不对称分布，它们还通过"Rho GTP 酶"影响细胞内由细胞骨架构成的运输系统的方向。例如通过顶端膜分泌的蛋白质就是通过这些通路从高尔基体运送到顶端膜的，而不会向基底侧膜方向运输；基底侧膜所需要的蛋白质也不会向顶端膜运输。物质的定向运输又进一步增强和巩固细胞的极性，因此这些系统是彼此联系并且彼此促进的。

促成平面细胞极性的基因

上皮里面的每个细胞都具有顶端－基底端方向的极性，这个极性的方向是与上皮的平面垂直的，通过 Par、Crb、Scrib 三个蛋白复合物的不对称分布来调节控制。除了这个垂直方向上的极性，上皮细胞还有另外一种极性，其方向和上皮的平面方向相平行。这种极性对于生物结构的形成也非常重要。例如蝴蝶翅膀上的纤鳞片都朝向一个方向；鱼的鳞片都朝向尾部；鸟类的羽毛朝向后方；人眉毛的方向朝向脸的外侧等等（图 6-5）。这种和上皮的平面方向平行的极性叫做平面细胞极性（planar cell polarity），其方向要根据一个器官（例如昆虫的翅膀）朝向身体的方向和远离身体的方向定义为近端和远端，或者根据生物身体的前后方向定义为前端和后端。

和顶端－基底端极性一样，平面细胞极性也是由不同蛋白质或蛋白复合物的不对称分布所造成的，不同的是在顶端－底端极性中，蛋白复合物都位于细胞内。而在平面细胞极性中，有关的蛋白质或蛋白复合物的分布是在上皮的平面方向上不对称的，而且能够通过它们在细胞外的部分与相邻细胞表面对应的复合物相互作用。

引起平面细胞极性的蛋白质有两组，第一组包括 Fmi/Vang/Pk 复合物 和 Fmi/Fz/Dgo/Dsh 复合物。前者位于细胞侧面的前端或近端，后者位于细胞侧面的后端或远端。这两个复合物在细胞内的位置是互相排斥的。位于一个细胞远端膜上的 Fmi/Fz/Dgo/Dsh 复合物只能够和它远端方向相邻细胞上的 Fmi/Vang/Pk 复合物结合，同时，位于这个细胞上近端膜上的 Fmi/Vang/Pk 复合物又只能和位于它近端邻近细胞上的 Fmi/Fz/Dgo/Dsh 复合物结合。这样，上皮里面的细胞就能够以"首尾相连"的形式呈有方向性的排列和结合，导致平面极性（图 6-6）。

另一组包括两个蛋白，分别是 Ds（Dashsous）和 Ft（Fat）。它们都是类似钙黏着蛋白的分子，能够以它们的细胞外部分彼此结合。但是它们和钙黏着蛋白不同的是，同种的分子并不彼此结合，例如 Ds 和 Ds 分子的细胞外部分就不能彼此结合，而必须与 Ft 的细胞外部分结合。Ds 和 Ft 都是细胞侧面膜上的分子，在细胞膜上的分布也是不对称的，Ft 位于细胞的前端或近端，Ds 位于细胞的后端或远端。它们在细胞膜上的位置也互相排斥。这样，相邻细胞间的 Ft 和 Ds 也能够使细胞以"首尾相连"的方式排列和结合，与 Fmi/Vang/Pk 复合物 和 Fmi/Fz/Dgo/Dsh 复合物一起，导致这些细胞的平面极性。

上皮细胞的平面细胞极性和顶端－基底端极性一样，都是为生物胚胎的正常发育所需要的，上面说的那些蛋白质基因的突变也会严重影响胚胎的发育，例如人类新生儿中的脊柱裂和无脑儿就是因为平面细胞极性的机制不正常引起的神经管畸形导致的。

使相邻的细胞有不同命运的蛋白质

多细胞生物是由不同类型的细胞组成的。在细胞分化过程中，基因调控的改变可以使细胞朝向不同的路线转变，赋予它们不同的命运。除了细胞内的基因调控，细胞之间的相互作用也能够使相邻的细胞向不同的细胞类型发展，形成不同类型的细胞，这就是 Notch 及其配体分子的作用。

鱼鳞

孔雀翅膀上的羽毛

蝴蝶翅上的鳞片

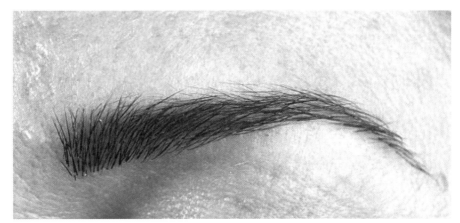

人的眉毛

图 6-5 上皮细胞的平面极性

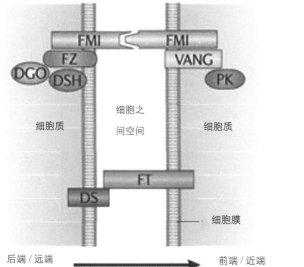

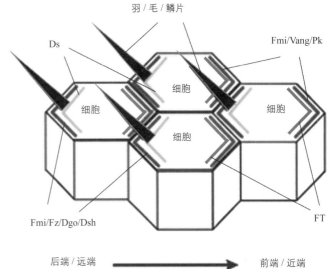

图 6-6 造成上皮细胞平面极性的蛋白复合物及其分布

1914 年，John Dexter 在美国科学家 David P. Morgan 的实验室工作期间，发现了一种果蝇的突变种，这些果蝇的翅膀边沿上有缺口。1917 年，Morgan 发现了引起这个缺陷的基因，并且把它叫做缺口基因（*Notch*）。

进一步的研究发现，*Notch* 基因的产物是一个膜蛋白，有一个跨膜区段，一个比较长的细胞外区段，以及一个比较短的细胞内区段。细胞外区段用来和它的配体分子（ligand）结合。*Notch* 的配体分子有两种，在果蝇中分别叫做 Delta 和 Serrate。在哺乳动物中，对应的配体分子是 Delta-like 和 Jagged；在线虫中是 glp-1 和 Lin-12。它们也都是膜蛋白，有一个跨膜区段和细胞外区段，其中细胞外区段用来和 Notch 的细胞外区段结合。由于 Notch 蛋白和配体蛋白都是膜蛋白，所以它们要彼此结合，需要细胞－细胞之间的直接接触。

配体蛋白 Delta 或者 Jagged 和 Notch 分子结合后，细胞膜内的一个蛋白酶就把 Notch 蛋白的细胞内部分切下来。这个被切下来的 Notch 部分随后进入细胞核，在那里影响一些基因的表达。因此，Notch 蛋白接收和传递来自另一个细胞信号的分子，是外来信号分子的受体，信号通过 Notch 的细胞内部分传递到细胞核中去（图 6-7）。

在 Notch 蛋白和配体分子结合以前，细胞核中一个叫做 CSL 的转录因子处于和具有抑制作用的蛋白质分子——辅抑制物结合的状态，这时 CSL 蛋白质起到关闭基因的作用。CSL 是三个同类蛋白的合称，即哺乳动物中的 CBF1/Rbpj，果蝇中的 Su（H），以及线虫中的 Lag-1。Notch 的细胞内部分进入细胞核后，会和 CSL 蛋白质结合，改变它的形状，使它和那些起抑制作用的蛋白质脱离，改而结合一些起活化作用的蛋白质如主导控制样蛋白 1（MAML1），这样 CSL 蛋白的作用就从关闭基因转变为打开基因。被打开的基因（*Hes-1*）合成的蛋白质（HES 蛋白）是具有抑制作用的转录因子，会关闭一些细胞里面的基因，这样，表达 Notch 蛋白以接收外界信号的细胞和发出信号的细胞（即表面有 Delta 或 Jagged 的细胞）基因调控状态就不一样了，它们也会形成不同类型的细胞。

在一群细胞中，即使一开始每个细胞都表达 Notch 蛋白和配体蛋白，但这是一种不稳定的状态，Notch 蛋白接收信号和改变细胞状态的作用会逐渐使得一些细胞只表达 Notch 蛋白，一些细胞只表达配体蛋白，这样，表达配体分子的细胞就能防止表达 Notch 蛋白的细胞和自己有一样的命运。

这个通过细胞之间的接触改变另一个细胞命运的机制叫做侧向抑制（lateral inhibition），它使相邻的两个细胞走向不同的命运。如果这两个细胞随后表达不同的钙黏着蛋白，它们就会各自与和自己同类的细胞连接，形成不同类型细胞之间的边界。这个机制在胚胎发育过程中起到非常重要的作用。例如胰脏细胞分化为外分泌细胞（分泌消化液到肠腔中去）和内分泌的细胞（分泌胰岛素进入血液）这两种细胞时，Notch 信号传递就起了关键的作用。许多组织器官的形成过程都和 Notch 信号传递链有关，例如血管生成过程中内皮细胞的形成、心

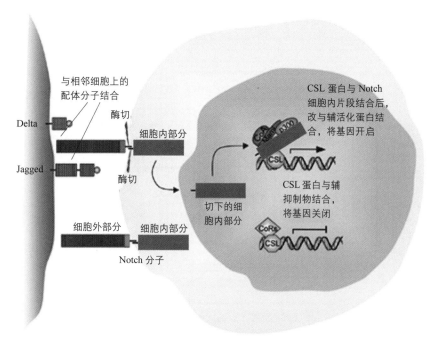

图 6-7　Notch 蛋白引起的细胞侧向抑制

脏形成过程中心肌细胞和心内膜细胞的分化、心脏瓣膜的形成、消化道中起分泌作用的细胞和起吸收作用细胞之间的分化、乳腺发育、昆虫复眼中视锥细胞和色素细胞的形成（见本章第六节）等，都是通过 Notch 信号传递来实现的。

第二节　远程控制生物结构

通过接收外来分子的信号，改变自身状况的能力，在单细胞生物中就已经出现了。例如黏菌中的盘基网柄菌（*Dictyostelium discoideum*）能够感知其他黏菌分泌的环单磷酸腺苷（cAMP），彼此相聚而形成孢子体，其中有的细胞变成柄部的细胞，而且分化为柄的表面细胞和柄内部的细胞，有的则变成孢子。

多细胞生物则进一步发展这种能力，通过分泌可以在细胞之间移动的分子，影响近程或远程细胞的活动状况或者命运。与上一节中所说的需要细胞 – 细胞直接接触的分子不同，这些分子由于可以在细胞之间移动，不需要发出信号的细胞与接收信号的细胞直接接触，它们能够影响的细胞就不只一个，而是一群。改变了命运的细胞再表达分泌出能够远程作用于其他细胞的分子，就可以控制生物体内的各种组织和器官的形成。这类分子为数不多，但是由于它们各有专门的作用机制，再通过下游分子的相互作用，可以在比较大的范围内控制各种复杂的结构的形成，这是生物结构形成中高一层的控制机制。

Wnt 基因和信号通路

1976 年，Sharma 和 Chopra 发现，果蝇中的一个基因突变，会使果蝇的翅膀丧失，他们把这个基因取名为无翅基因（*wingless*，简称 *Wg*）。6 年之后，美国科学家 Roel Nusse 和 Harold Varmus 发现在小鼠乳腺肿瘤病毒中含有一个致癌基因，他们把这个基因称为整合基因（*integration 1*，简称 *int1* 基因）。随后的研究发现，这两个基因实际上是同一个基因，从线虫、果蝇、斑马鱼、青蛙、小鼠到人类都含有这个基因，它在动物胚胎

的发育和器官形成中起重要作用，因而科学家把这两个名称综合起来，把这个基因称为"*Wnt* 基因"。

Wnt 基因的产物是一个被分泌到细胞外的蛋白质，说明它的作用不需要细胞 – 细胞之间的直接接触，而可以在比较长的距离上起作用。Wnt 蛋白由 350~400 个氨基酸残基组成，其中有 23~24 个半胱氨酸残基，这些半胱氨酸残基中的一些上面连有脂肪酸（即软脂酸）。Wnt 蛋白上还连有糖基，以保证它被细胞分泌出去。由于 Wnt 蛋白上有脂肪酸和糖基，这个蛋白能够和细胞膜相互作用，因此常常临时附着在细胞表面，通过不断地附着 – 解离，Wnt 蛋白就能够在细胞之间移动，影响位置较远的细胞的命运。

Wnt 蛋白质传递信息的方式，是和细胞表面一个叫卷曲蛋白的膜蛋白（Fz）结合，使 Fz 蛋白活化。活化了的 Fz 蛋白把信号传给细胞质中的蓬乱蛋白（Dsh）。Dsh 蛋白能够阻止 β– 联蛋白（β-catenin）的降解，使 β– 联蛋白在细胞中集聚。β– 联蛋白不仅在细胞之间通过钙黏着蛋白的结合中起重要作用，而且可以进入细胞核，与 T 细胞因子相互作用，启动一些基因表达，从而改变细胞的命运。在没有 Wnt 信号时，细胞质中的 β– 联蛋白是不断被降解的，上述的基因调控也不会发生，而 Wnt 信号使得 β– 联蛋白不被降解，发挥调控基因的作用。这是 Wnt 蛋白作用的"经典途径"。除此以外，Wnt 信号传递也可以走非经典途径，即不通过 β– 联蛋白，而是和细胞骨架起作用，使肌纤蛋白丝的方向极化，导致细胞的极性（顶端 – 基底端极性）和平面细胞极性。卷曲蛋白和蓬乱蛋白本来就是细胞的平面极性所需要的蛋白质（见第一节），所以细胞的极性可以由扩散性分子诱导出来（图 6-8）。

Wnt 蛋白质在动物的胚胎发育中起重要作用，它可以帮助形成动物身体的前后轴线和背腹轴线，而且通过影响细胞的增殖和运动，参与器官的形成，例如肺、卵巢、神经系统和四肢。我们在后面谈一些器官的形成时还要再谈到 Wnt 蛋白的作用。

"刺猬蛋白"

同 *Wnt* 基因一样，为胚胎的正常发育所需要的另一个基因也是首先在果蝇中发现的。为了寻找为果蝇胚胎

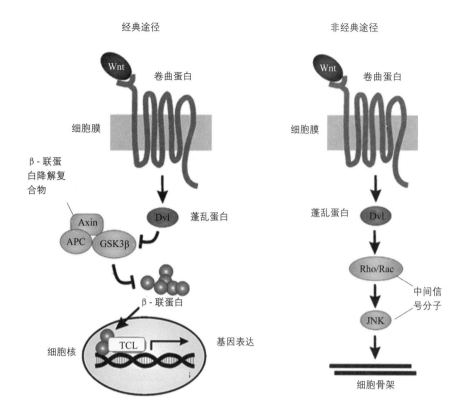

图 6-8　简化的 Wnt 信号通路

正常发育所需要的基因，德国科学家 Christiane Nüsslein-Volhard 和 Eric Wieschaus 用突变剂甲基磺酸乙酯（EMS）对果蝇进行"饱和突变"，然后观察这些突变的效果。他们的这项研究发现了一组与果蝇胚胎发育有关的基因，这些科学家也因为他们的杰出贡献而获得了 1995 年的诺贝尔生理学和医学奖。

Nüsslein-Volhard 和 Wieschaus 在果蝇中发现的基因中，有一个叫做刺猬基因（Hedgehog，简称 Hh）（有这个突变的基因会使果蝇的胚胎变得短圆并有密集的刚毛，样子类似刺猬）。哺乳动物有三个 Hh 基因，分别为三种刺猬蛋白编码，叫做音猬因子（Shh）、印度刺猬因子（Ihh）、沙漠刺猬因子（Dhh）。它们

在生物胚胎发育和组织器官形成上起非常重要的作用，其中音猬因子被研究得最详细。

音猬因子 Shh 在细胞中首先被合成为一个分子大小为 45000 的前体分子，这个分子随后被切成两段，其中氨基端部分大小约 20000，羧基端部分大小约 25000。在前体分子被切成两段时，羧基段把一个胆固醇分子加到氨基段的羧基端上。另一个亲脂的分子，脂肪酸中的软脂酸，也被添加到 Shh 的氨基段上。这个被加上胆固醇和脂肪酸的氨基端部分随后被分泌到细胞外，作为信号分子，与细胞表面的受体相互作用。所以 Shh 分子和 Wnt 蛋白一样，也是被分泌到细胞外，可以在细胞间移动的分子，能够在比较

长的距离上传输信息。由于 Shh 分子上带有一个胆固醇分子和一个脂肪酸分子，具有亲脂性，所以 Shh 蛋白也能够附着在细胞膜上，通过反复地附着 – 解离，在细胞之间运动。

当 Shh 分子到达细胞表面时，它能够与一个叫补片蛋白（Patched，简称 PTCH）的受体结合，抑制它的功能。在没有 Shh 分子存在时，PTCH 有一个作用，就是不断地把膜上的另一个蛋白分子（SMO）上的氧固醇分子除去。由于 SMO 需要结合氧固醇分子才有活性，在没有 Shh 结合到 PTCH 上时，SMO 的活性是被 PTCH 蛋白抑制的。Shh 与 PTCH 的结合解除了 PTCH 对 SMO 的抑制，让它和细胞内的下游分子相互作用。

在果蝇中，SMO 的下游分子是一个转录因子，叫做 Ci 蛋白。在 SMO 被抑制的状况下，Ci 蛋白被蛋白酶体切断，从分子大小为 155000 的分子中产生一个大小为 75000 的片段，叫做 CiR。CiR 能够进入细胞核，抑制基因的转录。在 SMO 被活化的状况下，Ci 蛋白的降解被抑制，CiR 浓度下降，全长的 Ci 蛋白浓度上升。Ci 蛋白进入细胞核，活化基因的表达，因此 Shh 蛋白能够把 Ci 蛋白从转录抑制分子转变为转录活化分子，从而改变受影响的细胞的状态。

在哺乳动物中，SMO 蛋白在细胞内的下游分子叫做"Gli"，因为该蛋白的基因是最先从"神经胶质瘤"中发现的。和 Ci 蛋白一样，Gli 蛋白也是一种转录因子，能够控制基因的表达。在 SMO 被抑制

的情况下（即没有 Shh 信号的情况下），Gli 蛋白也是被蛋白酶体切断，其羧基端进入细胞核，抑制基因的表达。而在 SMO 被活化的情况下，Gli 被切断的通路被阻断，导致全长 Gli 分子的浓度上升，并且以全长状态进入细胞核，启动一些基因的表达。因此，从果蝇到哺乳动物，刺猬蛋白是通过同样的机制影响细胞的命运的，即都是通过解除对 SMO 的抑制，再通过 Ci/Gli 转录因子影响基因的表达，从而控制细胞的命运（图 6-9）。

不仅如此，全长的 Gli 蛋白还能够增加补片蛋白 PTCH 的表达，由于 PTCH 对 SMO 的抑制会导致 Gli 蛋白被切断，这就构成了一个负反馈回路。Shh 结合到 PTCH 上后，细胞还会通过胞饮作用把 Shh 连同受体 PTCH 一起"吞"到细胞内，减少细胞外 Shh 的浓度，降低 Shh 对细胞的影响，构成另一个负反馈回路。这些回路在 Shh 分子发挥结构形成的功能上也起重要的作用。

在果蝇中，一个细胞分泌的刺猬蛋白 Hh 能够和相邻细胞上的 PTCH 受体结合，使得相邻的细胞分泌 Wnt 蛋白。分泌出来的 Wnt 蛋白又能够反过来通过卷曲蛋白和蓬乱蛋白作用于分泌刺猬蛋白的基因，稳定这两个细胞之间的关系。因此，刺猬蛋白信号通路和 Wnt 信号通路可以相互作用，共同导致生物体中结构的形成。

成纤维细胞生长因子 FGF

1973 年，美国科学家 Hugo A. Armelin 在脑垂体提取液中发现了一种因子，能够促使小鼠成纤维细胞（NIH 3T3 细胞）分裂增殖。这种因子分子大，不能通过透析除去，对热和蛋白酶敏感，说明它是一种蛋白质。Armelin 把这种蛋白质叫做成纤维细胞生长因子（FGF）。除了促进细胞增殖，它们还能够诱导上皮细胞形成管状结构，因此在血管生成上起重要作用。在胚胎发育过程中，它们诱导中胚层的发生、前后端的结构形成、肢体发育和神经系统的发育。在成体动物中，它们在血管生成、伤口愈合和内分泌信号传递上都起重要作用。人类有 22 种 FGF 分子。

和 Wnt 蛋白、刺猬蛋白 Hh 一样，FGF 蛋白也是细胞分泌到细胞外的信号分子，通过结合到细胞表面的受体分子上起作用。和上面几种蛋白不同的是，FGF 蛋白除了与受体蛋白结合外，还结合细胞表面的硫酸乙酰肝素（Heparan sulfate，简称 HS），因此对细胞膜也有一定的亲和力。

FGF 的受体（FGFR）有四种，都是含有单个跨膜区段的膜蛋白。其中细胞外的区段负责与 FGF 分子结合，同时协助 FGF 分子与硫酸乙酰肝素分子结合。受体细胞内的区段具有酪氨酸蛋白激酶的活性，可以使细胞内的下游分子磷酸化，把信号传递下去。每种受体可以与一组特定的 FGF 分子结合，多数 FGF 分子也可以和几种受体分子结合，但是要传递信号，必须是两个相同的 FGF 分子与两个相同的受体分子结合，形成四聚体。四聚体的形成使受体的酪氨酸激酶活性被激活，再通过下游分子的磷酸化把信息传递下去（图 6-10）。

与多数生长因子受体一样，FGFR 都是酪氨酸激酶型受体。酪氨酸激酶能够使蛋白分子中的酪氨酸残基被磷酸化，改变蛋白的性

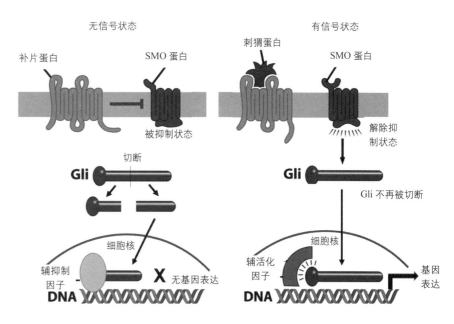

图 6-9　刺猬蛋白的作用，其中 Gli 蛋白相当于果蝇的 Ci 蛋白

质。其中一些被磷酸化的蛋白本身也是酪氨酸激酶，又能够使更下游的蛋白质磷酸化，这是动物细胞中传递信息的重要方式。例如 FGFR 在与 FGF 结合而被活化后，就能够活化磷脂酶 -γ (Plc-γ)，生成 PIP$_3$，并且通过蛋白激酶 C (PKC)、c-Jun 氨基末端激酶 (JNK)、丝裂原活化蛋白激酶 (MAPK)、细胞外调节蛋白激酶 (ERK) 等多条途径影响基因表达。

骨形态发生蛋白 BMP

1965 年，美国的整形外科专家 Marshall R. Urist 发现，用酸除去骨里面的钙质，再植入兔的体内，可以诱导新骨的生成，他把里面负责诱导骨生成的因子叫做骨形态发生蛋白 (BMP)。随后的研究发现，BMP 是转化生长因子 -β (TGF-β) 超级家族的成员，是一种非常重要的形态发生蛋白，在身体各部分结构的形成中起不可缺少的作用。

BMP 在细胞中也先是合成其前体蛋白，随后羧基端 100~125 氨基酸的部分被水解出来，形成二聚体，被分泌到细胞外作为诱导信号分子，所以 BMP 和 Wnt 蛋白、刺猬蛋白 (如 Shh)、FGF 蛋白类似，也是通过在细胞外移动来传达信息的分子。BMP 可以使间充质细胞变成骨细胞和软骨细胞，在动物肢体形成上起关键作用 (见本章的第五节)。它也可以使"生肾芽基"中的间充质细胞发生间充质细胞 - 上皮细胞的转化，这样形成的上皮细胞后来形成肾小球和肾小管，并且通过抑制肾脏中上皮细胞 - 间充质

细胞的转化，维持肾脏结构的稳定性。在斑马鱼中，BMP 的表达促使腹面结构的形成，而它在背面的活性被抑制，导致背面结构的形成，所以 BMP 在背 - 腹轴的形成中起关键作用。如果让所有细胞都表达 BMP，那就只有腹面结构能够形成；如果用截短的 BMP 来对抗全长 BMP 的作用，斑马鱼就只形成背面结构。这些事实都表明 BMP 蛋白在生物体结构形成中的重要作用。

细胞表面有两类 BMP 受体分子，类型 I 和类型 II。它们除了能够和 BMP 蛋白结合外，还有丝氨酸 / 苏氨酸蛋白激酶的活性，能够在其他蛋白分子中的丝氨酸或苏氨酸残基上加上磷酸基团。由于 BMP 分子形成二聚体，和它结合的受体也是二聚体。类型 I 和类型 II 受体和 BMP 的结合会导致两类受体形成四聚体

(包含两个 I 型受体和两个 II 型受体)。II 型受体会使四聚体中的 I 型受体磷酸化，使 I 型受体活化。活化的 I 型受体又会使细胞内的下游分子磷酸化，活化这些分子，使信号传递下去。

细胞内传递 BMP 信号的分子叫做 Smad，由果蝇中 MAD 和线虫中同源分子 SMA 两个名称合并而成。Smad 蛋白分为三类。一类是从 BMP 受体处接收信号的，叫做 R-Smad (其中的 R 表示 Receptor)，包括 Smad1、Smad5 和 Smad8。第二类是起协助作用的，叫做 Co-Smad，只有 Smad4 一种。第三类是起抑制作用的，叫做 I-Smad (其中 I 表示 inhibitory)，包括 Smad6 和 Smad7。它们能够抑制前两类 Smad 蛋白的作用。

在 BMP 结合到 I 和 II 型受体

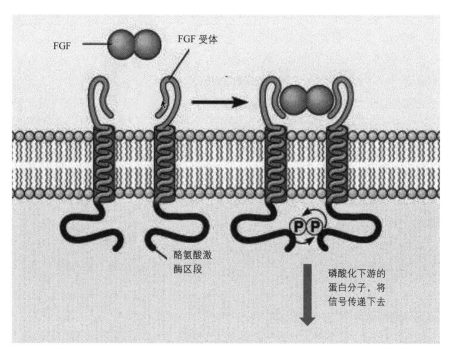

图 6-10　成纤维细胞生长因子 FGF 与细胞的作用。两个 FGF 分子与两个受体分子结合，形成四聚体，受体分子互相磷酸化，活化其酪氨酸激酶的活性，再磷酸化下游的蛋白分子，将信号传递下去

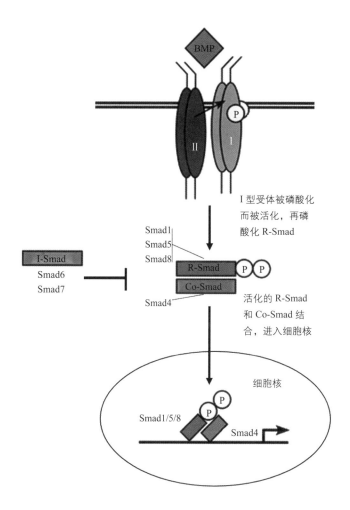

图 6-11 骨形态发生蛋白 BMP 的作用。BMP 分子结合于两个 I 型受体和两个 II 型受体，形成 I / III 型受体的四聚体。四聚体形成后，II 型受体将 I 型受体磷酸化，活化其丝氨酸 / 苏氨酸激酶活性，将下游分子 R-Smad（Smad1/5/8）磷酸化而活化。活化的 Smad1/5/8 与 Co-Smad（Smad4）结合，进入细胞核，结合于 DNA 上，启动基因表达。I-Smad（Smad6/7）对 R-Smad 和 Co-Smad 有抑制作用。图中的 P 代表磷酸根

上，活化类型 I 受体时，R-Smad 中的 Smad1，Smad5 和 Smad8 被磷酸化而被活化。活化的 Smad1、Smad5、Smad8 和 Smad4 形成四聚物，在细胞核中起转录因子的作用，调控基因表达（图 6-11）。

控制左右不对称的蛋白

动物的身体分为左右两半，而且是不完全对称的。例如人的心脏位于身体的左边，肝脏位于右边。肺脏虽然胸腔的左右两边都有，但是肺叶数也不同（右边三叶，左边两叶）。控制动物身体左右两边发育情况不同

的分子被认为也是分泌的信号分子，但是在长时期中具体的分子一直没有被确定。

1996 年，日本科学家滨田宏（Hiroshi Hamada）的实验室发现了小鼠胚胎中决定左右的分子，它在原肠胚形成过程中只位于胚胎的左边，因而被命名为 Lefty。同 BMP 蛋白一样，Lefty 蛋白也是转化生长因子 −β（TGF-β）超级家族的成员，而且也是先被合成为前体分子，被蛋白酶加工切短以后再被分泌到细胞外，成为可扩散的信号分子。

Lefty 的主要功能是对抗另一个扩散蛋白——Nodal 的功能。Nodal 也是转化生长因子 −β（TGF-β）超级家族的成员，而且也是先被合成为前体分子。与 Lefty 不同的是，Nodal 前体分子是在被分泌到细胞之外以后，才被一个叫做转换酶（convertase）的蛋白酶切短，成为成熟的信号分子的。在动物的胚胎早期发育中，Nodal 信号对于内胚层和中胚层的形成，以及随后身体左右轴的形成都起重要作用。Lefty 的合成需要 Nodal 蛋白的合成，Lefty 蛋白又反过来抑制 Nodal 的活性，组成一个负反馈系统。

Nodal 蛋白质与细胞上的受体结合，这些受体具有丝氨酸 / 苏氨酸激酶活性，可以使下游的蛋白信号分子被磷酸化。同 BMP 蛋白类似，Nodal 的下游分子也是 Smad 蛋白。不过 BMP 磷酸化的是 Smad1、Smad5 和 Smad8，被磷酸化的 Smad1、Smad5 和 Smad8 再和 Smad4 结合，进入细胞核调节基因表达；而 Nodal 受体分子磷酸化的是 Smad2 和 Smad3，被磷酸化的 Smad2 和 Smad3 再和 Smad4 结合，进入细胞核，在那里它们再分别与 p53、Mixer、FoxH1 等蛋白质结合，与一些基因的启动子相互作用，调控这些基因的表达。

虽然 Nodal 和 BMP 都属于"转化生长因子 −β"（TGF-β）家族的成员，下游的分子也都是 Smad 蛋白，但是它们的功能有所区别。BMP3 和 BMP7 还能和细胞外的 Nodal 蛋白结合，彼此抑制对方的功能。

视黄酸 RA

在控制动物结构形成的分泌分子中，视黄酸（retinoic acid，简称 RA）是一种非蛋白分子，从节索动物到脊椎动物，都需要它的诱导来形成身体中组织和器

官。在动物早期的胚胎发育中，从身体特定区域分泌的RA 能够在细胞和组织中扩散，形成 RA 的浓度梯度，使细胞能够根据这个梯度来获知自己在动物体内的位置，决定身体前后轴方向的结构形成。

RA 由维生素 A（即视黄醇 retinol）经过两步氧化而成。第一步由 RA 脱氢酶催化，形成视黄醛（retinaldehyde），这是视网膜中感知光线的分子。视黄醛再经视黄醛脱氢酶催化，形成 RA。

RA 是水溶性分子，能够比较自由地在细胞之间扩散，并且能够进入细胞，所以 RA 的受体不在细胞表面上，而是在细胞质中。RA 的受体叫 RAR，在结合 RA 后，RAR 再和 RXR（retinoid X receptor）结合，形成二聚体。这个 RAR/RXR 二聚体能够结合到 DNA 分子上的"RA反应序列"上，影响基因的表达。

第三节　生物结构形成的各种理论

扩散性分子可以在细胞间移动，在比较长的距离上起作用，影响大范围细胞的命运，这就突破了细胞之间通过直接接触来影响细胞命运的局限性，能够在器官的尺度上控制结构的形成，这是胚胎发育高层的控制机制。但是在 20 世纪 90 年代之前，科学家还不知道这些扩散性的分子，而只能根据一些胚胎发育的现象来推测这些扩散性分子的存在及其作用。例如德国科学家汉斯·斯佩曼（Hans Spemann）根据他在两栖动物胚胎发育的实验，于 1924 年提出了斯佩曼组织中心（Spemann's organizer）的概念，认为是一些细胞团在控制生物身体发育。这些细胞团的作用，是分泌出扩散性的分子，在长距离上控制其他细胞的命运，让它们形成各种结构。1969 年，英国科学家 Lewis Wolpert 提出了法国国旗学说。这个学说的内容和斯佩曼组织中心的想法类似，也是通过扩散分子的作用，影响远距离细胞的命运。无独有偶，这个由扩散分子控制结构形成的想法是英国数学家阿兰·图灵（Alan Mathison Turing）1925 年提出来的。

在没有具体的扩散分子被鉴定出来的情况下，提出扩散分子控制结构形成的想法，在当时是非常超前和具

有天才眼光的。随着科学研究的进展，具体的扩散性分子一个接一个地被发现和鉴定，证实了这些先驱科学家的预见。对生物器官形成过程的研究表明，上面提到的几种学说都是正确的，都在生物结构的形成中起作用。下面我们就具体介绍这些学说的内容。

斯佩曼组织中心

德国科学家汉斯·斯佩曼（Hans Spemann，1869—1941）是动物克隆的先驱人物。1903 年，他用婴儿（他的小女儿）的头发做成套索，成功地把 2 细胞阶段蝾螈胚胎中的两个细胞分开，并且让它们分别长成一只蝾螈。他进一步提出把动物胚胎细胞里面的细胞核转移到去核卵细胞中形成胚胎的想法，并且亲自从事两栖类动物细胞核转移的试验，于 1928 年取得成功。这个方法后来成为克隆动物的主要方法，例如克隆羊"多利"就是这样产生的。因此斯佩曼是当之无愧的动物克隆理念和技术的开创者。由于他在胚胎学和动物克隆上的杰出贡献，斯佩曼在 1935 年被授予诺贝尔生理学和医学奖。

斯佩曼的贡献还不止如此，他还把囊胚期（blastula）的非洲爪蟾（African clawed frog, *Xenopus Laevis*）胚胎分割成两半，如果每一半都含有原口背唇（blastopore dorsal lip）部分，那么每一半都能够长成一个完整的胚胎，只是比完整囊胚长成的胚胎小一些。如果其中一半不含原口背唇，则这一半不能发育成为正常的胚胎。如果把部分原口背唇转移到腹面，则会形成两个头的胚胎。这些结果说明，原口背唇部分的细胞具有控制胚胎结构形成的能力，即控制远处细胞分化和形成结构的能力，而这很可能是通过该区域的细胞分泌出可扩散分子来实现的。其他人用鸟类胚胎做实验，也得到类似的结果。例如把鸭胚胎的原口背唇转移到鸡的胚胎上，结果形成了另一个发育对称轴（图 6-12）。

1918 年，美国科学家哈瑞森（Ross Harrison）做了另一个有趣的实验。他把蝾螈胚胎要长前肢处的细胞团切下来，移植到另一个蝾螈胚胎的两侧，结果在移植细胞团的地方也长出了前肢。这说明和原口背唇类似，这些原肢细胞团也能够控制肢体的形成。斯佩曼把这种能够控制胚胎发育的细胞团叫做斯佩曼组织中

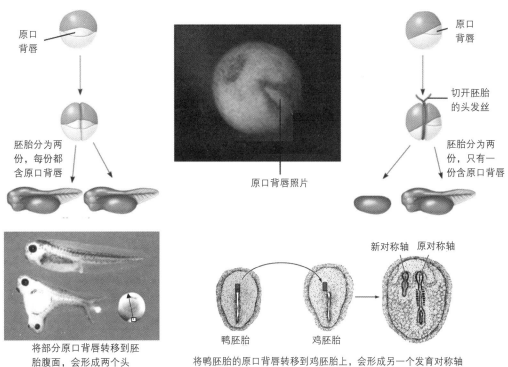

图 6-12 胚胎发育中的斯佩曼组织中心

原口背唇

胚胎分为两份，每份都含原口背唇

原口背唇照片

将部分原口背唇转移到胚胎腹面，会形成两个头

原口背唇

切开胚胎的头发丝

胚胎分为两份，只有一份含原口背唇

新对称轴　原对称轴

鸭胚胎　　鸡胚胎

将鸭胚胎的原口背唇转移到鸡胚胎上，会形成另一个发育对称轴

心（Spemann's organizer），它能够通过分泌可扩散分子影响其他细胞的命运。但是在长时期中，这些分泌的分子究竟是什么，没有人知道。

1991 年，美国科学家罗伯茨（Edward M. De Roberts）从蝾螈原口背唇细胞中，克隆到了一个叫做"*goosecoid*"的基因，简称 *Gsc* 基因，其表达的 mRNA 清楚地划分出组织中心的边界范围。把 *Gsc* 基因的 mRNA 注射到非洲爪蟾胚胎的腹部区域，能够使胚胎发展出两个对称轴，这说明它很可能与组织中心的功能有关。但是 *Gsc* 基因的产物是一个转录因子，能够结合在 DNA 上，影响其他基因的转录，但本身并不是一个被细胞分泌的分子。这说明 *Gsc* 基因应该能够促使某些分泌分子基因的表达，是这些分泌到

细胞外的基因产物影响长距离上其他细胞的命运。

1992 年，美国科学家 Richard Harland 克隆到组织中心分泌的扩散分子，叫做头蛋白（noggin），因为注射 *noggin* 基因的 mRNA 到蛙胚中会导致头部的过度发育。*Noggin* 基因的产物就是一个分泌到细胞外的蛋白分子。1994 年，另一个从组织中心分泌的蛋白分子的基因被克隆，被称为 *follistatin*。其表达产物和 noggin 一样，也能诱导神经系统的发育。

随后的研究发现，除了原口背唇，蝾螈的胚胎还含有一个腹面组织中心。这个组织中心和原口背唇一样，也分泌若干扩散性分子，而且这两个中心都分泌骨形态发生蛋白 BMP 和它们的拮抗物，以及 Wnt 蛋白的拮抗物。因此，组织中心分

别分泌多种信号分子，有的直接控制其他细胞命运，有的是这些分子的拮抗物。通过它们之间复杂的相互作用，共同控制身体各处细胞的命运。到目前为止，在原口背唇中克隆到的扩散性分子有：Adamp（anti-dorsalizing morphogenic protein，是一种 BMP 分子）、chordin、Noggin、Follistatin、Frzb1、sFrp2、Crescent、Dickkopt-1、Cerberus。其中 chordin、Noggin、Follistatin 是 BMP 的拮抗物，Frzb1、sFrp2、Crescent、Dickkopt-1 是 Wnt 的拮抗物。

被腹面组织中心中分泌的扩散分子有：Bmp4、Bmp7、Cv2、Sizzled、Bambi、Xlr、Tsg。其中 Xlr 可以切断原口背唇分泌的 chordin，使其丧失作用。因此，组织中心控制远程细胞命运的实际机制是非常

复杂的，是通过一系列扩散性分子的协同作用和拮抗作用来实现的。

"法国国旗学说"

1969 年，生于南非的英国科学家 Lewis Wolpert（1929—），在意大利的 Bellagio 举行的国际生物科学联合会第三次会议上提出了"位置信息"的概念。他认为某些基因的产物能够在生物体中形成浓度梯度。由于在胚胎的不同地方这些分子的浓度不同，细胞就可以根据自己接触到的浓度判断自己在胚胎中的位置，并且因此决定自己的命运。例如高浓度的地区形成细胞类型 A，用红色表示，中浓度的地方形成细胞类型 B，用白色表示，低浓度的地方形成细胞类型 C，用蓝色表示。红和白交界处就是决定细胞是变成 A 类型还是 B 类型的阈值，而白和蓝交界处的浓度就是决定细胞是变成 B 类型还是 C 类型的阈值。这种红－白－蓝的不同区域拼在一起，正好像一面法国国旗，所以这种理论就叫做法国国旗学说（French Flag Theory）。

在当时，这是一个革命性的概念，一开始受到许多同行的抵制。第二年，即 1970 年，发现 DNA 双螺旋的克里克（Francis Crick）发表了"胚胎发育过程中的扩散过程"（Diffusion in Embryogenesis）一文，支持了 Wolpert 的想法，并且提出了扩散性分子可以通过从分泌位置向胚胎的其他地方扩散，形成浓度梯度的想法。这些扩散性分子能够指导其他细胞向特定的方向发展，因此叫做成型素（morphogen）。

1988 年，德国科学家 Christiane Nüsslein-Volhard（1942—）在果蝇中提取到了第一个成型素 bicoid。*bicoid* 基因的突变会造成果蝇胚胎头部缺失，变成腹部的结构，使得果蝇有两个后端。研究发现，*bicoid* 基因的 mRNA 和蛋白质都主要位于果蝇胚胎的前端，其浓度在前端最高，在向尾端的方向浓度逐渐降低。如果把 *bicoid* 的 mRNA 注射到果蝇胚胎的其他地方，则会在注射的位置长出头咽部的结构来，尾端的结构则向后移动。这说明 *bicoid* 基因的产物是决定果蝇前－后轴方向的决定性基因，这就证实了 Wolpert 关于扩散分子的浓度梯度决定细胞命运的想法

为什么 bicoid 的 mRNA 会集中在胚胎的前端呢？

这是因为这些 mRNA 是由母亲身体中卵细胞前端的细胞合成的。这些 mRNA 进入卵细胞，与卵细胞内的微管（microtubule）结合，使它们不能进一步扩散到卵细胞的其他地方去。卵细胞受精后，这些 mRNA 就会被转译成为 bocoid 蛋白质，也集中在细胞的前端。

随后的研究发现，bicoid 并不是果蝇卵细胞里面唯一的成型素。另一个成型素基因，叫 *nanos* 的 mRNA，位于卵细胞的后部。另外两种 mRNA，hunchback 和 caudal 的 mRNA，则在卵细胞中均匀分布。在卵细胞受精后，*bicoid* 基因和 *nanos* 基因的 mRNA 分子都被转译成为蛋白质，分别位于受精卵的两端，形成一个浓度梯度。由于 bicoid 蛋白能够抑制 caudal mRNA 的转译，使得 caudal 蛋白质的浓度在前端低，后端高。Nanos 的蛋白质又能够结合在 *hunchback* 基因的 mRNA 上，抑制它的转译，使得 hunchback 蛋白质的浓度前端高，后端低。这样，在果蝇的受精卵前端，bicoid 和 hunchback 蛋白质的浓度高，它们活化果蝇为前部结构所需的基因，形成头胸部的结构。而在受精卵的后端，caudal 和 nanos 蛋白质的浓度较高，它们活化后端结构所需的基因，形成后端的结构。因此，果蝇胚胎的发育是由多种成型素分子来控制的（图 6-13）。

在这些研究的基础上，法国国旗理论的内容就可以被扩充。生物体结构的形成不仅是由一种成型素的浓度梯度决定的，而是不同的成型素在胚胎的两端分别形成浓度梯度，共同控制其间细胞的命运。身体不同位置的细胞不仅可以根据一种成型素的浓度，而且可以通过多种成型素的浓度来感知自己在胚胎中的位置，从而决定自己的命运，即向什么类型的细胞分化并且形成结构。法国国旗中的红－白－蓝也不仅是表示同一种成型素的不同浓度，而可以代表不同的成型素和它们的交叉位置。例如国旗中红色的区域可以代表果蝇中 bicoid 的高浓度区，蓝色代表 nanos 蛋白的高浓度区，中间的白色则代表两种成型素的交叉区。

在分子水平上，法国国旗理论和 Spemann 的组织中心其实是一回事，都是通过扩散性分子建立的浓度梯度来给细胞以位置上的信息，只是最初提出这些理论时的出发点不同，一个是从特殊细胞团的组织能力出发，一个是从分子浓度梯度出发，是对成型素分子的具体研究把这两种学说统一在一起。

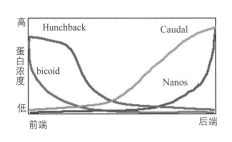

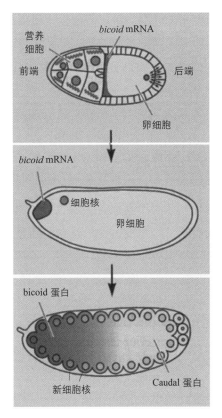

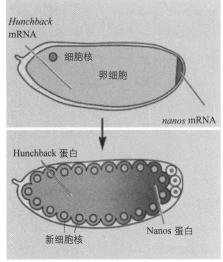

图 6-13 控制细胞命运的蛋白浓度梯度。来自卵细胞前端营养细胞的 *bicoid* mRNA 位于卵细胞的前端，*nanos* mRNA 位于卵细胞的后端。它们在受精卵的发育中被转译为蛋白质，分别位于卵细胞的前端和后端。bicoid 蛋白能够抑制 caudal mRNA 的转译，使得 caudal 蛋白质的浓度在前端低，后端高。Nanos 的蛋白质能够抑制 hunchback mRNA 的转译，使得 hunchback 蛋白质的浓度前端高，后端低。受精卵分裂形成的新细胞核位于这些蛋白不同的浓度区间，由此决定自己向何种细胞发展。这种 mRNA 和蛋白质的浓度梯度类似于法国国旗的红、白、蓝三种颜色随位置的变化

图灵学说

生物的一些结构常常使人感到神奇，例如斑马和斑马鱼身上的条纹、豹子身上的斑点、皮肤表面的毛发等等，都显现出一定的周期性，如斑马条纹明暗相间，皮肤上长毛发和不长毛发的地方交替出现等等。就是人的手指和脚趾也有周期性，在要形成手和脚的胚芽中出现周期性的成骨－不成骨的间隔分布，后来不成骨的区域消失，才形了手指和脚趾。这样周期性结构的形成机制是什么？要靠基因来直接控制是不行的，例如人的头发有十几万根，要靠区区两万多个基因来"规定"每根头发的位置，是根本不可能的事，应该有其他的机制来"自发"形成这样的周期性结构。但是

在长时期中，这样的机制一直没有人知道。直到 1952 年，英国科学家阿兰·图灵（Alan Mathison Turing, 1912—1954）发表了他开创性的"结构形成的化学基础"（The chemical basis of morphogenesis）文章后，才给生物斑纹的形成提供了一个理论解释。

图灵是一个传奇性人物，在其短短的一生中做出了好几项重大贡献。他创造的"图灵机"被认为是计算机的鼻祖。在第二次世界大战期间，他协助军方破译德国的密码系统 Enigma，为战争的提前结束做出了不可磨灭的贡献。他也对生物学感兴趣，在他生命的最后几年中，他致力于研究生物斑纹的形成机制，并且天才地提出了他的反应－扩散学说（reaction-diffusion

equations）来解释扩散性分子如何导致周期性结构的形成，并且预期了化学振荡反应的存在。

图灵学说的核心是"反应－扩散"，即两种扩散分子如果能够相互作用，它们又以不同的速度在介质中扩散，就可以自发形成周期性的结构。图灵学说依据的也是扩散性分子，因此和前面谈到 Spemann 组织中心和 Wolpert 的法国国旗理论是相通的，而且这些扩散性分子之间也可以相互作用。

图灵描述的是一个非平衡系统，牵涉到分子扩散。其实 Spemann 组织中心和 Wolpert 的法国国旗理论都需要成型素的浓度梯度，因此也是非平衡系统。只不过图灵是从数学的角度来描述斑纹图像的形成机制，用到比较复杂的数学公

式，不是那么容易理解，因此我们在这里只给出一个非数学的形象描述。

例如分子 A 可以促使自身的表达，即 A 分子可以增加自己基因的转录，这就是一个正反馈回路。如果只有 A 分子存在，那么最后在所有的区域内都有高浓度的 A 分子表达。但是如果 A 分子可以促使 B 分子的形成，而 B 分子可以对 A 分子产生抑制作用，而且扩散的速度比 A 分子快，就会在周边区域逐渐减少 A 分子的表达。许多这样的中心——周边区域组合在一起，就是豹子皮肤上斑点的图案，即 A 在自我强化中心的高浓度和周围被 B 分子抑制导致的 A 的低浓度周期性地彼此相间（图 6-14）。

一个形象的比喻就是干燥草原上的蝗虫。如果干草在太阳底下温度越来越高，达到燃烧温度，就会出现许多起火点。燃烧的火会使更多的干草起火，形成正反馈，使火的范围越来越大，相当于只有分子 A 的正反馈。如果没有一个抑制火的机制，整个草原都会着火。如果在着火的地方有蝗虫，这些蝗虫就会跳开以免被火烧着，如果这些跳开的蝗虫又能够出汗或撒尿（当然这只是一个比喻），把干草弄湿，这些地方的草就不会着火。由于蝗虫跳开的速度比火蔓延的速度快，每个火点周围就会有一圈不会着火的地方。蝗虫的"汗"或"尿"就相

当于抑制 A 分子的 B 分子。这样，草原上起火的地方就不是连成一片的，而是彼此分开成点状的。这些着火的区域，就相当于豹子身上的斑点。如果在分子扩散的过程中生物组织又因生长而延长，形成的图案就不是斑点，而是条纹。

在这里，斑点和条纹之间的距离就是图像的周期，取决于具体的反应扩散分子的性质和它们扩散的速度。如果能够改变其中一些参数，周期就可以被增长或者缩短。如果分子 A 的浓度又可以决定细胞的命运，像前面谈到的成型素分子那样，那么在 A 浓度不同的地方就会形成不同类型的细胞，例如皮肤上的毛囊。斑马身上的条纹距离很近，而大熊猫黑白区域的分隔很大，就是因为形成这些图案时的周期大小不同的缘故。

图灵学说首先被化学家所证实。2014 年，美国科学家 Seth Fraden 和 Irv Epstein 用他们构建的化学反应系统，成功地产生了环状的结构，而且图像就如图灵当初预期的那样。图灵对化学振荡的预期也被化学家所证实，例如著名的别洛乌索夫－扎博京斯基反应（Belousov-Zhabotinsky reaction）。在这个反应中，四价的铈与溴酸钾、柠檬酸、硫酸、水混合在一起。按照一般的预期，四价的铈被还原成为三价的铈时，四价铈离子的黄色应该消失，但是别洛乌索夫和扎博京斯基观察到的，却是溶液在黄色和无色的状态之间反复振荡，证实了图灵的预期，

在生物体系中，图灵学说的计算机模拟很好地再现了动物体表的

阿兰·图灵

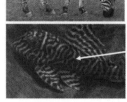

图 6-14　动物身上的斑点和条纹可以用图灵的反应－扩散方程解释。例如图中斑马、豹子和鱼身上的条纹或斑点都可以用反应－扩散方程的结果来模拟。方框内的图案是根据反应－扩散方程数学模拟的结果，与动物身上的实际图案相比较

各种斑纹图案（见图 6-14），说明在理论上，这样的机制是可以在生物系统中"自发"形成各种斑纹和结构的。但是找到具体操作的分子却不容易，这是因为胚胎的发育是动态的，许多成型素基因的突变又是致命的。这个情形在 2014 年改变了。西班牙的科学家成功地在小鼠五趾的形成过程中证实了图灵理论的正确性，找到了相当于分子 A 和 B 的正反馈－负反馈扩散性分子。这些分子也正好是我们前面介绍过的骨形态发生蛋白 BMP 和 Wnt 蛋白。我们将在第五节中详细地叙述这个过程。

第四节　执行扩散性信号的基因

靠扩散来影响其他细胞的命运的分子，可以在远距离（即多个细胞的距离）上决定细胞的命运，从而在器官的尺寸水平上形成各种组织和结构。但是在形成各种器官时，还需要具体负责"建造工程"的基因。例如果蝇的身体外部就有口器、眼、触角、腿、翅膀等结构，要靠扩散分子来直接控制这些结构的形成，"线条"还太"粗"。这就像城市管理机构可以决定在哪里修建机场，在哪里建购物中心，在哪里建公园，但是具体建造这些场所还需要具体的"专业户"。他们各司其责，建机场的不负责建购物中心，建购物中心的不管建公园。在果蝇身体中，就有这样的"专业户"，有的负责触角的生成，有的负责眼睛的生成，有的负责腿的生成。它们从扩散性分子接到指令，动员下游的有关基因，具体去完成各种结构的建造。这样的"专业户基因"有多种，其中一种就是同源异形基因（homeotic gene）。在这里 homeotic 的意思是如果这种基因发生突变，原先负责建造的结构就会变成另外一种结构，例如 Hox 基因中的吻足基因（Proboscipedia 基因，简称 pb 基因）的突变会使原来应该长口器的地方长出腿来。另外一种叫做 Paired Box 基因，简称 Pax 基因，是与同源异形基因关系密切的基因，它们在生物结构中也起重要作用，例如 Pax3 的突变会造成耳聋，Pax6 的突变会使眼睛不能正常形成，Pax2 基因突变影响肾脏的正常形成等。

果蝇的 Hox 基因

同源异形基因也是发现刺猬蛋白的德国科学家 Christiane Nüsslein-Volhard 和 Eric Wieschaus 用突变剂甲基磺酸乙酯（EMS）对果蝇进行"饱和突变"时发现的。随后，美国科学家 Edward B. Lewis 具体研究了这些基因在果蝇胚胎发育中的作用，即发现了果蝇中具体实现结构形成的"专业户"。

对这些基因的研究发现，这些基因的蛋白产物都是转录因子，而不再是分泌到细胞外，通过在细胞之间扩散来发挥作用的分子。它们位于细胞内，管理为形成某个结构所需要的全部基因。例如果蝇的 Antennapedia 基因（简称 Antp 基因）是负责"包工"果蝇腿的形成的，这个基因的蛋白产物就可以调动为腿的形成所需要的全部基因。只要这个基因被表达，在表达基因的地方就会长出腿来，而不管是在身体的什么地方。例如果蝇头部的 Antp 基因被活化，在原来该长触角的地方就会长出腿来。所以这些基因相当于是"包工队"的"队长"，它根据自己的任务动员所需要的人员和设备来完成特定的建造工作。

这些"包工队"的"队长"也不是只做一种工作，这就要看在具体的生物中下游基因是什么。例如 Ubx 基因在果蝇中是控制平衡杆（Halteres）的生成，而在蝴蝶中是控制后翅的形成。这就像包工队的队长不是只会盖一种楼，而是可以盖彼此有相似性的楼一样。

这些基因还可以相互作用，例如 Ubx 基因的产物就可以结合在 Antp 基因的启动子上，抑制 Antp 基因的表达。在 Ubx 基因被活化的地方，Antp 基因就不能起作用。这样，就不会出现数个专业户因为争夺工程而互相"打架"的情形。

对这些基因的 DNA 序列分析发现，每个基因都含有一个高度保守的，由 180 个碱基对组成的区段，为 60 个氨基酸编码。由这些氨基酸组成的肽链段负责和下游基因调控部位的 DNA 序列结合，而且各种同源异形基因的这段 DNA 序列高度相似，被统称为同源异形框（homeobox），这些基因也就被称为同源异形框基因（Hox 基因），它和前面提到的同源异形基因是一回事。在后文中，为了简明起见，我们一律称为 Hox 基因。

既然不同的 Hox 基因的同源异形框都高度相似，下游基因又如何区分这些基因，从而决定哪些 *Hox* 基因管控哪些下游基因呢？这就是框中第 9 位的氨基酸的作用。所有的同源异形框都能够结合到下游基因调控部位的 TAAT 序列上，但是区分同源异形框的是这个 TAAT 序列旁边的核苷酸。例如果蝇的 *Antp* 基因的同源异形框在第 9 位上编码的氨基酸是谷氨酰胺，它结合到 TAAT 序列旁边的腺嘌呤（A）上，这样只有旁边有 A 的 TAAT 序列（TAATA）才结合 Antp 蛋白。果蝇的 bicoid 蛋白也含有一个同源异形框，其 9 位的氨基酸是赖氨酸，它就结合到 TAAT 序列旁边的鸟嘌呤（G）上，所以序列 TAATG 只结合 bicoid 蛋白。如果把 bicoid 蛋白中的赖氨酸换成谷氨酰胺，它就会结合到 *Antp* 控制的基因上。通过这种方式，不同的 *Hox* 基因就可以特异地控制自己的下游基因，它们的作用就不会彼此混淆了。

果蝇的 *Hox* 基因都位于第 3 染色体上，分为两群，分别是双胸复合群（BX-C）和触角复合群（ANT-C），这两个同源异形基因群统称 HOM-C。前者含有 *Labial*（*lab*）、*Proboscipedia*（*pb*）、*Deformed*（*Dfd*）、*Sex combs reduced*（*Scr*）、*Ultrabithorax*（*Antp*）基因；后者含有 *Ultrabithorax*（*Ubx*）、*Abdominal-A*（*Abd-A*）、*Abdominal-A*（*Abd-B*）基因（图 6-15）。

Hox 基因在果蝇第 3 号染色体上的排列方式也很有趣，即它们在染色体中的排列顺序和它们在果蝇身体上表达部位的空间顺序一致。位于 DNA 3′ 端的 *Hox* 基因表达在

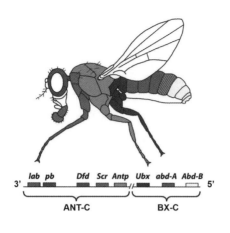

图 6-15　果蝇的 *Hox* 基因。这些基因都位于第 3 染色体上，分为双胸复合群 BX-C 和触角复合群 ANT-C。这些基因在染色体上的排列顺序和它们在果蝇身上的表达前后位置的顺序一致，叫基因的同线性

果蝇身体的头部，而位于 DNA 5′ 端的 *Hox* 基因表达在果蝇身体的尾部，位于这两端之间的 *Hox* 基因也按照它们在 DNA 中的顺序在身体中依次排列，这个现象叫做同线性（co-linearity）（见图 6-15）。为何 *Hox* 基因在 DNA 上排列的顺序和它们在身体中表达的空间顺序相同，一直是使发育生物学家感到困惑的问题。*Hox* 基因的同线性也许是这些基因需要排列在一起，以受一些共同的机制调控。

哺乳动物的 *Hox* 基因

由于 180 个碱基对的 DNA 序列（同源异形框）在 *Hox* 基因中是高度保守的，用这部分 DNA 序列来和哺乳动物的 DNA 杂交，就可以找出哺乳动物中类似的基因。用这种方法，科学家在哺乳动物如小鼠（mouse）和人身上也发现了 *Hox* 基因。如果把果蝇的双胸复合群和触

角复合群总称为 HOM-C，总共算做一组，那么哺乳动物中就有四组，分别叫做 A、B、C、D，每一组里面有 13 个 *Hox* 基因的位置，其中一些和果蝇 HOM-C 中的 *Hox* 基因对应，因此哺乳动物有四套 *Hox* 基因。这四组 *Hox* 基因位于不同的染色体上，例如在小鼠中，它们分别位于第 6、11、15、2 号染色体上，在人体中这四组 *Hox* 基因则分别位于第 7、17、12、2 号染色体上。人类的 *Hox* 基因全用大写英文字母，例如 *HOXB1* 表示 B 组 *Hox* 基因中的第 1 号基因。小鼠的 *Hox* 基因则只第一个字母大写，例如 *Hoxa10* 表示小鼠 a 组 *Hox* 基因中的第 10 个。

如果把果蝇 HOM-C 中 *Hox* 基因的排列顺序和哺乳动物每组中 *Hox* 基因的排列顺序相比较，就会发现对应基因的排列顺序是一致的，即在演化过程中保留不变（图 6-16）。

例如果蝇中 *Dfd-Scr-Antp-Ubx-abdA-abdB* 的排列顺序，就和人对应的 *HOXB4-HOXB5-HOXB6-HOXB7-HOXB8-HOXB9* 基因的排列顺序一致。其中人的 *HOXB4* 就相当于果蝇的 *Dfd*，人的 *HOXB7* 就相当于果蝇的 *Ubx*，等等。这些事实说明人和果蝇的 *Hox* 基因有共同的祖先。例如最 3′ 端的一个远古的 *Hox* 基因变成了果蝇的 *lab* 基因和人的 *A1*、*B1* 和 *D1* 基因，而最 5′ 端的基因变成了果蝇的 *Abd-B* 基因和人的 *A9-A13*、*B9 B13*、*C9-C13* 和 *D9-D13* 基因。

不同组中号码相同的 *Hox* 基因功能相似，叫做平行同源家族（paralogs）。例如小鼠的 *Hoxa3*、

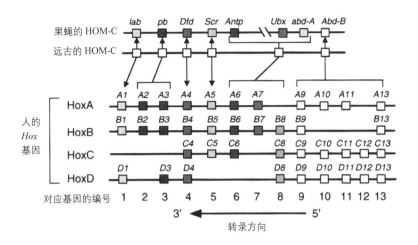

图 6-16 哺乳动物（这里以人为代表）和果蝇 Hox 基因的比较。如果把果蝇的全部 Hox 基因算作 1 套（叫 HOM-C），则人有 4 套，分别位于第 7、17、12、2 号染色体上。每套的 Hox 基因彼此对应，也和果蝇的 Hox 基因对应。人和果蝇对应的 Hox 基因在染色体上的排列顺序也相同，说明它们是从同一组远古的 Hox 基因演化而来的

Hoxb3、Hoxd3 都和颈部脊椎骨的形成有关。多个平行同源家族的基因由于功能相似，相当于具有备份，这样一个基因的突变就不容易造成重大的恶果。例如小鼠的 Hoxa11 和 Hoxd11 都和前臂中的桡骨和尺骨的形成有关。突变 Hoxa11 基因或者突变 Hoxd11 基因都只能对桡骨和尺骨的形成造成轻微缺陷，只有这两个基因同时突变才会使桡骨和尺骨无法形成。不同动物中同号的基因功能也相似。例如鸡的 Hox 基因就能取代果蝇的对应基因。但是同组中相邻的 Hox 基因功能却彼此不同。例如 Hoxa11 的功能就不能由 Hoxa3 基因取代。

在哺乳动物中，身体的发展和调节更为复杂，Hox 基因不仅在胚胎发育中起作用，也在成年动物身上起作用，例如在血细胞的分化上，这就和 Hox 基因在结构上的作用无关了。

许多 Hox 基因受上游基因的控制，特别是我们前面讲到的 FGF 和 RA。它们位于发育中的胚胎的两端，分别控制一些 Hox 基因。FGF 主要控制 DNA 上 5' 端（对应于动物的尾端）的 Hox 基因，而 DNA 上 3' 端（对应于动物首端）的 Hox 基因主要为 RA 所控制。

水螅和酵母就有 Hox 基因

科学家在果蝇中发现 Hox 基因后，人们一度以为 Hox 基因只存在于两侧对称生物中，因为这些生物才有前后轴和背腹轴。然而在刺细胞动物如水螅中，科学家也克隆到了 5 个 Hox 基因，并且测定了其中 2 个的 DNA 序列（分别叫做 Cnox-2 和 Cnox-3）。虽然水螅的身体像一根空管，是辐射对称的，Hox 基因在水螅中被发现说明 Hox 基因很早就开始扮演结构形成的角色。Cnox-3 主要集中在水螅身体的上 1/8 部分，在身体和触角的交界

处，也在出芽水螅的顶端。如果水螅从中间切断，下半截朝上的部分（即原来的嘴的方向，也可以看出水螅的"头"的方向）就会表达比较高的 Cnox-3，促使水螅长出新的"头"。而 Cnox-2 主要表达在身体的其余部分，在水螅身体的上 1/8 部分很少表达，所以 Cnox-2 的作用可能是抑制"头"的生成。

从 Cnox-2 和 Cnox-3 蛋白的氨基酸序列来看，它们分别类似于小鼠的 Hox-4 和 Hox-1，都是表达在身体靠前部的基因产物。如果把水螅的"头部"看成"前端"，而 Cnox-3 的表达位置比 Cnox-2 更靠前端，这说明水螅的 Hox 基因就已经根据身体的前后位置来表达了。也就是说，在两侧对称动物出现之前，Hox 基因就已经在动物身体的发育上起作用了。这些事实说明，Hox 基因组也许最先是由一个 Hox 基因经过复制然后分化形成的，而在哺乳动物中有整组 Hox 基因被复制。

扁盘动物门中的"丝盘虫"的身体构造比水螅更简单，身体是由两层细胞组成的扁盘，形状不固定，没有体腔，也没有神经系统，但是身体的一面贴水底的泥土上，另一面朝上，所以这两层细胞是不同的（见第五章第二节）。丝盘虫就已经有一个 Hox 类型的基因，叫 Trox-2，估计和这两层细胞的分化有关。

Hox 基因的出现甚至可以追溯到单细胞的真核生物中，例如 Hox 基因在单细胞的裂殖酵母（Schizosaccharomyces pombe）中就已经有了。它含有一个同源异形

框，被称为裂殖酵母的 *Hox* 基因（Pombe Homeobox），简称 *Phx1* 基因，说明 *Hox* 基因有非常久远的历史。目前测到的 Phx1 蛋白的功能是增加丙酮酸脱羧酶的合成，把原来用于三羧酸循环原料的丙酮酸变成乙醛，再变为乙醇，即对有机分子进行无氧代谢，增强酵母菌在生长停滞期和营养缺乏时生存的能力。*Phx1* 是如何在多细胞动物中变为控制结构形成的基因的，或者哪一个单细胞生物的 *Hox* 基因后来演变为动物的 *Hox* 基因，是一个有趣的问题。

Pax 基因家族

除了 *Hox* 基因，另一组基因，叫做 *Pax* 基因的，也在动物身体的结构形成上起重要的作用。它们和 *Hox* 基因一样，也是形成具体结构"包工队"的"队长"。它们含有部分的或者整个的同源异形框，因此和 *Hox* 基因家族关系密切，可以看成是 *Hox* 基因的"亲戚"。和 Hox 蛋白相同的是，*Pax* 基因的产物也是转录因子，通过结合在基因的调控序列上影响基因的表达。和 Hox 蛋白不同的是，Hox 蛋白只有一个 DNA 结合区段（即同源异形框），而 Pax 蛋白有两个 DNA 结合区段，一个是同源异形框，叫同源异形区段（HD）。另一个叫配对区段（PD）。由于这些基因的产物有两个（成对的）DNA 结合区段，这些基因也因此叫做成对区段基因（*Paired Box*，简称 Pax 基因）。*Pax* 基因用这两个 DNA 结合区段分别执行不同的任务。例如 Pax6 蛋白用 HD 来控制眼睛的发育（包括晶状体和视网膜），而用 PD 来控制神经系统的发育。像 *Hox* 基因家族一样，*Pax* 基因家族也有多个成员，分别执行不同的功能。

Pax1 基因：在小鼠中，*Pax1* 基因控制脊柱的发育和身体分为节段。估计在人体中也有类似功能。Pax1 蛋白由 440 个氨基酸残基组成。

Pax2 基因：其蛋白产物有 417 个氨基酸单位，主要控制肾脏的形成，*Pax2* 基因的突变会造成肾功能缺失或者肾肿瘤的发生。

Pax3 基因和耳朵、眼睛和面部的发育有关，其蛋白质有 479 个氨基酸单位。*Pax3* 基因突变会导致耳聋。

Pax4 基因和胰腺中分泌胰岛素的 β- 细胞的形成有关，其蛋白质有 350 个氨基酸单位。

Pax5 基因和神经系统发育和生精过程有关，和免疫系统中 B 细胞的分化也有关系。其蛋白质有 391 个氨基酸单位。

Pax6 基因是控制眼睛发育的关键基因，也和其他感觉器官（例如嗅觉）的发育有关。

Pax7 基因和肌肉的发育有关，其蛋白质有 520 个氨基酸单位。

Pax8 基因和甲状腺的发育有关，其蛋白质有 451 个氨基酸单位。

Pax9 基因和骨骼牙齿的发育有关，其蛋白质有 341 个氨基酸单位。

从 Pax 基因以上的功能看出，Pax 基因同 *Hox* 基因一样，也是具体指导各种组织和器官形成的"专业户"。它们从扩散因子中获得指令，在具体的组织和器官中发挥作用。扩散因子正是通过这些"专业户"来具体形成各种组织和器官的。

下面，我们将用动物四肢和眼睛的形成过程为例，具体介绍这些成型分子和"施工专业户"是如何指导生物结构的形成的。由于实际的情形非常复杂，我们给出的是简化的形式，即只给出主要的调控路线。

第五节　四肢的形成

四肢动物的身体结构基本上可以分为头、颈、躯干、四肢这几个部分，有些动物还有尾巴。四肢是负责运动的，没有四肢，这些动物就不能成为"动"物。四肢动物的四肢分为一对前肢和一对后肢，它们基本上都由三个部分组成，分别是靠近躯干部分的近段、中段和离躯干最远的掌段，包括腕或踝、掌及趾。近段和中段本身都不能弯曲，靠它们之间的关节转动改变彼此的相对位置。掌段部分也和中段以关节相连，因此无论是前肢还是后肢，这三个部分的相对位置都能够变化，以适应运动的需要。掌段部分又分为几个部分，分别是腕（踝）、掌、趾。它们之间也以关节相连，所以也可以改变相对位置，比近段和中段有更大的灵活性。到了人类，由于直立行走的缘故，前肢变成上肢（也叫手臂，包括上臂、前臂、手掌），后肢变为下肢（也叫腿，包括大腿、小腿和脚掌）。

如果我们考察支撑肢体各部分的骨头，也可以发现一个规律，就是这些骨头的数量和位置在不同的动物中是彼此对应的。以人为例，近段（上臂或大腿）只由一根骨头支撑，在上肢为肱骨，在下肢为股骨。中段（前臂或小腿）则由两根骨头支撑，在上肢为尺骨和桡骨，在下肢为胫骨和腓骨。手掌骨分为三部分，分别是腕骨，掌骨和指骨。腕骨共8块，分成平行的两列，每列四块，彼此以关节相连。掌骨共5块，分别和指骨、腕骨以关节相连。指骨共14块，分布在5根手指中，其中2块在拇指中，其余4指各有3块指骨。这些指骨之间也以关节相连。这样，手掌就有很大的弯曲性和灵活性。这些骨头

的构成特点，在其他动物身上也可以看见，只是大小、长短和形状有些不同，说明这样的结构来自共同的祖先（图6-17）。

现在地球上所有的四肢动物（例如青蛙、蝾螈、蜥蜴、老鼠、以及人类）中，每肢都有5根手指或脚趾。虽然人和动物都有多指症，但是那根多出来的指头在形态上都和正常五指中的一只（例如拇指或小指）相同，说明是某根手指加倍而形成的，而不是一根与其他指头不同的新手指。鸟类的翅膀相当于四肢动物的前肢，鸟类的腿相当于四肢动物的后肢，肢体各段的结构也彼此对应，只是鸟类的趾头数量要少一些，翅膀只有3趾，爪只有4趾。研究发现，这是由于从恐龙到鸟的变化中一些趾退化而造成的。

例如鸟类的恐龙祖先兽脚亚目恐龙前肢的第4、第5趾退化，使得鸟翅只有3趾，所以鸟类的3趾相当于四肢动物的1、2、3趾。而鸟类腿上的4趾则相当于四肢动物的Ⅰ－Ⅳ趾（哺乳动物后肢的趾头用罗马字母编号）。这说明无论是两栖类、爬行类、鸟类还是哺乳类，5根手指或脚趾都是普遍规律。

问题是，这样的结构是如何形成的？是什么原因使动物的四肢都发展出近段－中段－掌段这样的结构，而且都由一根骨头－两根骨头－五根骨头支撑？在人的DNA序列中，是找不到这样的"设计图"的，我们在DNA序列中能够看见的，只是为蛋白质编码的序列和控制编码序列转录的调控序列。那么一根骨头、两根骨头、五根手指（脚趾）的"设计"又在哪里呢？

所有这些都是科学家深感兴趣的问题，也进行了大量的研究，特别是用小鸡和小鼠所进行的详细研究。这些研究揭示了动物四肢发育的分子机制，是动物身体结构形成原理很好的范例。研究结果表明，由Spemann提出的组织中心学说，Wolpert提出的法国国旗学说和由Turing提出的反应－扩散学说，即图灵学说在肢体的发育过程中都起作用，而在这些发育过程中起作用的"成型分子"，也都是我们前面介绍过的"工具分子"。

小鼠上肢和小鸡翅膀发育的"组织中心"

小鼠的四肢是从胚胎两侧的突起，叫做肢芽（limb bud）的结构

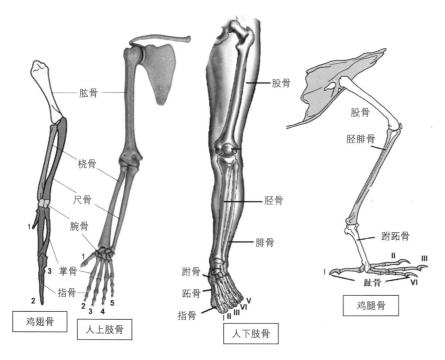

图6-17 四肢动物的上肢和下肢骨骼结构以及鸟类翅膀和腿骨骼的比较。在鸟类中，胫骨和腓骨部分融合成为胫腓骨，鸟腿中的跗骨和跖骨融合为跗跖骨

发育而来的。要知道小鼠的上肢是如何从肢芽发育出来的，我们首先需要了解小鼠上肢结构的特点。这些结构特点也代表了其他四肢动物上肢和鸟类翅膀的结构特点，所以对它的研究具有普遍意义。小鼠的上肢有三个方向轴，一个是近 - 远端轴，它定义上肢各部分与躯干之间的相对位置。离躯干最近的为近端，是上臂的位置。离躯干最远的为远端，是前肢掌段中脚趾的位置。上肢的结构在这条轴线上是不对称的，例如上臂部分和上肢脚掌部分就不以中段为对称中心而对称。这条轴线英文叫 proximal-distal axis，简称为 P/D 轴。第二个是前后轴（anterior-posterior axis，简称 A/P 轴）。小鼠头的方向为前，尾的方向为后。上肢结构在这条轴线上的结构也是不对称的，例如 5 根脚趾（相当于人的拇指、食指、中指、无名指、小指）在前后轴方向上就不对称，拇指就不是小指的镜面结构（假设以中指为对称轴）。第三根轴是背 - 腹轴（dorsal-ventral axis，简称 D/V 轴）。这就类似于人的手心和手背，它们的皮肤结构是不一样的，手心无毛，而手背有毛。要成功地发育成一只完美的上肢，小鼠的肢芽必须在这三个方向的轴上都有控制中心，告诉细胞它们在这三个方向上的位置，从而决定它们形成相应的结构。这相当于定义一点在空间中的位置需要 X、Y、Z 三个彼此垂直的轴。研究结果证明，小鼠的肢芽在这三个方向轴上真的都有 Spemann 说的"组织中心"，它们通过如 Wolpert 的法国国旗理论说的那样，通过扩散性分子的浓度梯度，控制上肢的发育。小鸡翅膀的构造和小鼠的上肢类似，形成原理也相似，所以对这两个动物肢体发育的研究可以相互补充和促进。

小鼠的肢芽是由来自侧板中胚层的间充质细胞迁移到肢芽形成处大量增殖，使包在这些细胞外面的外胚层向外突起而形成的。这些间充质细胞后来就发育成为骨骼和关节处的软骨细胞，由这些细胞形成的骨头和关节就决定了上肢的构造，肌肉、血管、神经都是围绕这些骨架建造的。

控制近 - 远端轴方向结构形成的组织中心 AER

在到达肢芽位置后，这些间充质细胞就分泌成纤维细胞生长因子（FGF）家族中的成员 FGF7 和 FGF10（见本章第二节，扩散性信号分子）。这些扩散性蛋白分子使得与其相邻的外胚层细胞发生变化，形成指挥近 - 远端轴（即 P/D 轴）的控制中心，也就是 Spemann 提出的"组织中心"。因为它处于肢芽的顶端（离躯干最远），所以叫做外胚层顶脊（Apical Ectodermal Ridge，简称 AER）。这个细胞团对于肢体的发育非常重要，除去 AER，肢体的发育就停止，而且除去 AER 的时间越早，则肢干的缺失程度越大，例如只形成近段，而其他两部分（中段和掌段）缺失。反过来，如果把另一个 AER 移植过来，则会形成另一个肢体，常常是附近一个正在发育中的肢体的镜面结构。这些结果都说明，AER 的确是动物上肢或翅的一个组织中心（图 6-18）。

在外胚层下植入浸有 FGF10 的小珠，会诱导出新的肢芽，说明间质细胞分泌的 FGF10 是形成 AER 的"启动分子"。AER 接收间质细胞发出的 FGF10 的信号，活化 Wnt 家族的蛋白质 Wnt3a，Wnt3a 又诱导 AER 中的细胞分泌 FGF8。FGF8 扩散回 AER 下面大约 200 微米范围内的间充质细胞之间，让这些间质细胞处于可塑状态，并且快速增生，形成一个由这些间质细胞组成的增生区（PZ 区）。PZ 区的细胞都按近 - 远端方向排列，它们的高尔基体都位于细胞的远端，这样 PZ 区间质细胞的增殖就会使肢芽在近 - 远端方向不断延长（参看本章第一节，细胞的平面极性）。控制细胞有方向排列的是 Wnt5 蛋白，它是由来自 AER 的 FGF 信号诱导的。如果 Wnt5 基因被突变，PZ 区的细胞就失去方向性，形状变圆，这些细胞的增殖就会形成细胞团，而不是形成长度大大超过粗度的肢体。加入 Wnt5 又会使细胞恢复方向性。

AER 分泌的 FGF8，还会使 PZ 区的间质细胞继续分泌 FGF10，维持 AER 的存在。这样就在 AER 和 PZ 细胞之间形成互相依赖的正反馈循环。如果用非肢芽区的间充质细胞取代 PZ 区的细胞，AER 就会退化，肢体的发育也会停止。

如果把肢体发育早期的 PZ 区的细胞移植到发育较晚期的肢芽上，就会在已经形成的结构上重复形成同样的结构，例如在已经形成的桡骨和尺骨的远端再形成另一套桡骨和尺骨。但是如果把较晚期的 PZ 区细胞移植到较早的肢芽中，则会造成中间结构的缺失，例如桡骨和尺骨缺失，趾头直接连在肱骨上。这说明在肢体发育过程的不同阶段中，PZ 区的细胞能够形成不同的结构，而且一旦 PZ 区的细胞确定了自己的"前途"，即使换一个地方，也会长出同样的结构。例如把前肢 PZ 区的细胞移植到后肢的肢芽上，会形成后肢的近段（例如股骨）和前肢掌段的趾头。与此相反，把早期的 AER 移植到晚期的肢体上，或者把晚期的 AER 移植到早期的肢芽上，肢体的发育都不受影响。把后肢的 AER 移植到前肢的肢芽上，长出来的仍然是前肢。这说明只有 PZ 区的细胞才能随着时间和空间（随着肢芽生长分化而不断移动的位置）的变化决定自己的命运，决定是分化形成前肢还是后肢的结构，是形成近段、中段、还是掌段。AER 只

给出 FGF 信号，不决定前后肢的区别，也不决定肢体形成的结构是近段、中段、还是掌段。

控制前－后端轴方向结构形成的组织中心 ZPA

AER 对肢芽生长的控制方向是沿着 P/D 轴的，即控制近－远端结构的形成。但是肢体的发育还需要前－后端（沿着 A/P 轴）的控制机制，例如在中段中，桡骨位于前端，尺骨位于后端。在掌段中，拇指位于掌的前端，小指位于掌的后端。然而桡骨、尺骨和 5 套趾骨的方向都是和 P/D 轴平行的，AER 不能有效地控制它们之间的区别性

发展，而需要一个与 P/D 轴垂直的信号中心，控制肢体前后轴方向发育，这就是位于肢芽后端（相当于人的下端）部位的一团细胞，叫做极性活化区（zone of polarizing activity，简称 ZPA）。它分泌音猬蛋白 Shh（见本章第二节，扩散性信号分子）作为扩散性信号分子，在肢芽中形成从后到前、浓度不断降低的浓度梯度，控制上肢沿前－后轴（A/P 轴）的结构形成。与 AER 是由外胚层细胞组成不同，ZPA 是由肢芽后端外胚层下面的间充质细胞组成的（见图 6-18）。

将一部分 ZPA 移植到肢芽的前端，就会使肢芽有两个前－后端轴

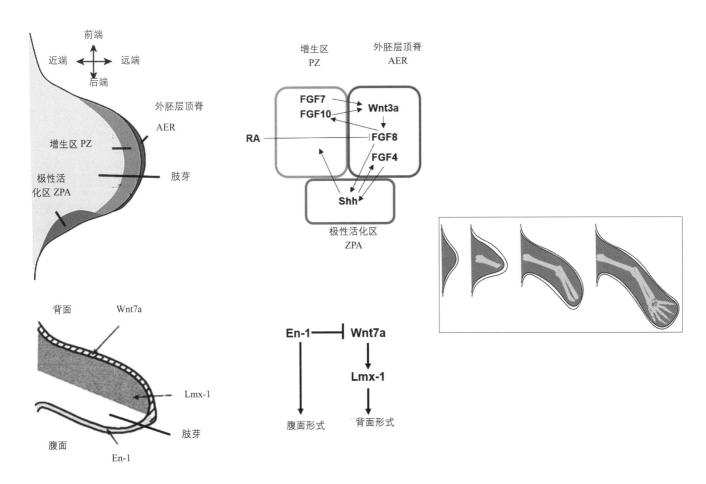

图 6-18 小鼠上肢形成的基因控制

方向的 ZPA 信号中心，同时从前端和后端发出信号，结果就会形成以 P/D 方向为对称轴的镜面结构，例如在掌段，从前端到后端，会在同一个掌段依次形成第4、3、2、2、3、4 趾，原来离 ZPA 最远，因而接收到最低 Shh 浓度的第 1 趾消失，第 5 趾也消失。把 Shh 基因插入病毒，感染鸡的成纤维细胞，再把这些表达 Shh 的成纤维细胞植入肢芽的前端，同样会形成镜面结构。

如果把小鼠的 Shh 基因敲除掉，肢芽的形状就会变得瘦而尖，中段和掌段的发育都会出现异常。但如果小鼠中抑制 Shh 的 Gli3 基因被敲除掉，肢芽就会变得很宽，并且形成多趾，说明 Shh 的确是控制肢芽前－后端轴方向结构形成的扩散性分子。

ZPA 和 AER 是互相依赖的。ZPA 分泌 Shh 需要来自 AER 的 FGF8 的作用，Shh 又会反过来诱导 AER 分泌 FGF4。AER 分泌的 FGF4 和 FGF8 会扩散到 ZPA，维持 Shh 的表达，形成正反馈循环（图 6-18 中上）。

控制背－腹轴方向结构形成的基因 Wnt7a 和 En1

肢体，特别是肢体的掌段，明显地分为背－腹面。这个方向的轴线也被称为背－腹轴。例如掌的腹面（相当于人的手心）是不长毛的，而背面（相当于人的手背）长毛，皮肤的结构也不同。

控制掌段背－腹轴分化的一个基因是 Wnt7a 基因，它表达于背面外胚层的细胞中。Wnt7a 蛋白分子从这些细胞分泌出来以后，扩散到背面的间充质细胞之间，诱导这些间质细胞合成转录因子 Lmx1，让肢芽发展出背面的结构。敲除 Lmx1 基因会使小鼠掌段的背面变成腹面，这样掌段的两面都会长出腹面的皮肤，相当于人的手两面都是手心。另一个基因，engrailed，简称 En-1，表达在肢芽腹面的外胚层细胞中。它能够抑制 Wnt7a 的作用，使背面结构不能在腹面发展，使得腹面结构得以形成（见图 6-18 左下）。

T 盒子基因控制前肢和后肢的发育

既然前肢和后肢的发育都是由 AER、ZPA 和 Wnt7a 控制的，为什么还会有前后肢的区别呢？这是因为前后肢的发育还为另一组基因所控制，即 T 盒子基因（Tbx）。Tbx 基因家族的产物是转录因子，都含有一个叫做 T 盒子的 DNA 结合区段。其中 Tbx5 蛋白控制前肢的发育，

而 Tbx4 蛋白控制后肢的发育。

如果把浸泡有 FGF 的小珠植入鸡的胚胎中，则会在植入处的前端诱导 Tbx5 基因的表达，在植入处的后端诱导 Tbx4 基因的表达，说明 FGF 可以控制这两个 Tbx 基因在胚胎的不同部位表达，形成前肢或后肢。

Tbx 基因对于心脏的发育也是必要的。Tbx5 基因的突变会导致 Holt-Oram 综合征。除了上肢畸形，例如拇指像其他指头，手指弯曲外，左心室和右心室也不能分隔开。

视黄酸的作用

除了在肢芽顶端的 AER 影响 P/D 轴方向的结构以外，从 P/D 轴另一端来的视黄酸 RA 信号也参与肢体的发育。用化学药物阻断 RA 的合成，就会阻止肢芽的形成。如果把蝌蚪的尾巴切断，再浸泡在 RA 的溶液中，在尾巴的断处会长出许多只脚，说明 RA 对于肢芽的形成是非常必要的。但是 RA 只在诱导肢芽的形成过程中起作用，对于随后肢体结构的形成没有影响。RA 可以抑制来自 AER 分泌的 FGF8 的作用。在近端 RA 的浓度高，活化为近端结构形成所需要的基因，而在远端 FGF8 的浓度高，活化为远端结构形成所需要的基因。RA 的作用，也符合 Spemann 的组织中心学说，即某些细胞分泌的扩散性分子控制远距离细胞的命运（见图 6-18 中上）。

趾头的形成也遵循图灵原理

AER 和 ZPA 的功能和它们分泌的扩散性分子说明，Spemann 的组织中心学说是正确的，在指导动物肢体发育中发挥作用。另一方面，肢体中段的桡骨和尺骨，掌段的 5 指，又具有明显的周期性，即在 A/P 轴方向上显现出成骨－不成骨－成骨这样的周期。特别是在掌段，这样的周期数达到 5 个，使人猜想图灵原理也在起作用。Spemann 的组织中心学说只要求这些组织中心分泌出扩散性信号分子，并不一定要求（但是也不排斥）这些分子之间要相互抑制。AER 分泌的 FGF8，ZPA 分泌的 Shh，都是很好的例子。但是图灵理论却是"反应－扩散理论"，要求至少有一个正调控的分子和一个抑制性分子。要在肢体的发育过程中证实图灵原理，鉴定出这两类分子，是很困难的，因此在长时期中，图灵学说

只在身体表面的图案形成中（例如动物皮肤上的斑纹和毛囊位置的确定）被证实，而在动物身体内部器官的形成过程中是否也起作用，一直是一个未知数。

这种情形最近改变了。2014 年，西班牙的科学家 James Sharpe 等人用小鼠五趾形成过程中各种基因表达区域的信息、基因敲除技术以及计算机模拟等研究方法结合起来，证明了小鼠五趾的形成过程遵循图灵原理。

这些科学家首先测定了肢芽中要形成五趾的区域和五趾之间的区域中，各种基因的表达状况。他们发现，形成趾骨的关键基因 Sox9 在五趾形成区高度表达，而在趾间区域的表达水平很低。Sox9 基因对于趾骨的形成是绝对必要的，如果 Sox9 基因失活，就没有趾头形成。与 Sox9 基因的表达区域相反，骨形态发生蛋白 BMP（主要是 BMP2、4、7）和 Wnt 蛋白的工作信号（分别为 Smad 和 β- 联蛋白，见本章第二节）在趾间区最强，在成趾区很弱。而在前 - 后轴方向上，FGF 的表达程度没有明显变化，这也和分泌 FGF 的 AER 在方向上是和前 - 后轴垂直的情形一致的。这些结果说明，BMP 和 Wnt 两种扩散性分子可能在五趾的形成中起控制作用。

科学家早就知道，BMP 能够增加 Sox9 基因的表达，即促进指趾的形成，而 Wnt 抑制 Sox9 基因的表达，阻止趾骨的形成。在成趾区，BMP 的下游分子 Smad 有高表达，证明趾间区里面的间充质细胞分泌的 BMP 能够扩散到成趾区去，在那里诱导 Sox9 基因的表达。这样我们就已经有了一个正调控的扩散分子 BMP 和一个负调控的扩散分子 Wnt，符合图灵反应 - 扩散学说的要求。而且肢芽外胚层细胞分泌的 Wnt 分子能够抑制靠近外胚层的间充质细胞形成趾骨，使得趾骨只能在趾头的中轴区域形成。

如果把 Sox9 基因敲除掉，BMP 和 Wnt 信号区域就不再显示出周期性，而是在整个掌区均匀分布，说明在成趾区的 Sox9 蛋白并不是 BMP 和 Wnt 的下游分子，而能够抑制 BMP 和 Wnt 的信号传递链，是 BMP-Sox9-Wnt 作用系统的成员之一。如果用 BMP 信号通路的抑制剂 LDN-212854 阻断 BMP 的作用，Sox9 的表达就消失，没有趾头形成。如果用 Wnt 信号通路的抑制剂 IWP2 阻断 Wnt 信号通路，Sox9 就会在整个掌区表达，证明 Wnt 的确在掌段的趾间区抑制趾骨的形成。这样，BMP

蛋白通过扩散作用促进成趾区 Sox9 基因的表达，Wnt 蛋白通过扩散作用在趾间区抑制 Sox9 基因的表达，而 Sox9 又抑制 BMP 和 Wnt 在成趾区的表达，这些作用就是形成五趾的图灵机制（图 6-19）。

趾骨形成的图灵机制还可以从另一个实验中得到证实。Sharpe 等人把发育中肢芽的成趾区细胞（高 Sox9 表达）和趾间区细胞（低 Sox9 表达）提取出来，分别放在培养基中体外培养，结果在十几个小时之后，这两种细胞都自动形成了图灵学说预期的图案，即 Sox9 高表达的区域散布在 Sox9 低表达的区域中，类型豹子皮肤上的斑点。这说明无论是成趾区的间充质细胞，还是趾间区的间充质细胞，都还保留了自动形成周期性图案的能力，是图灵学说最直接的证明（见图 6-19 右下）。

当然这样形成的斑点并不是趾头的形状。但是如果把趾芽的生长过程考虑进去，并且用 FGF 和它控制的 Hox 基因来调节图灵图案的周期，计算机模拟就能够准确地复制出小鼠上肢趾头形成的图案。

从以上的介绍可以看出，在小鼠趾头形成的过程中，图灵机制和前面谈到的 AER 和 ZPA 组织中心都在起作用，所以趾头形成的实际过程是非常复杂的，涉及多种控制机制的共同作用。

为什么我们有 5 根指头？

我们在前面曾经谈到，目前地球上所有的四肢动物都有 5 根手指或脚趾（在鸟类中部分趾头退化）。对这个现象有三种解释。

第一种是图灵学说。掌段的间充质细胞本身就具有形成周期性结构的能力，这从掌区的间充质细胞在体外就能自动形成高和低 Sox9 表达水平的斑点状图案就可以得到证明。而图灵图案的周期性是可以调节的。在四肢动物身上，这样的周期调节正好可以形成 5 根趾头。

第二种是从 ZPA 组织中心分泌的 Shh 的控制作用。完全去除 Shh 信号通路会使中段的两根骨头变成一根，前端的桡骨形成，后端的尺骨消失。完全除去 Shh 信号通路只形成第 1 趾，在第 1 趾后端的 4 根趾头都消失了。这说明位于肢芽后端的 ZPA 分泌的 Shh 对后端骨头的形成是必要的。如果不让 Shh 蛋白上带有胆固醇分子，在前端会形成更多的趾头，说明 Shh 可

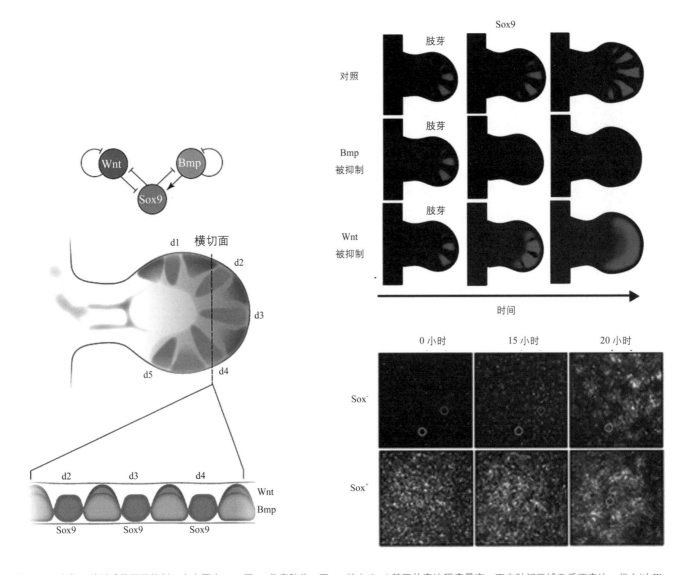

图 6-19　小鼠五趾形成的图灵机制。在左图中，d1 至 d5 代表趾头 1 至 5，其中 *Sox9* 基因的表达程度最高，而在趾间区域几乎不表达，代之以 *Wnt* 基因（d1~d5 之间靠近表面的深色区域）和 *Bmp* 基因（弥散的灰色区域 d1~d5 对应的锥形区域内）的表达。左下为第 2 至第 4 趾横切面上 *Wnt*、*Bmp*、*Sox9* 三个基因的表达状况，面积表示表达的高低程度，成趾区 *Sox9* 基因表达高，而趾间区 *Wnt* 和 *Bmp* 基因表达高。右上图显示肢芽中 *Sox9* 基因表达程度随时间而增强的情况（第 1 行）。如果 *Bmp* 基因的表达被抑制，则没有 Sox9 蛋白的生成（第 2 行）；但是如果 *Wnt* 基因的表达受到抑制，则 *Sox9* 基因在整个增生区表达（第 3 行）。右下：培养细胞表达 *Sox9* 基因的状况。如果把发育中肢芽的成趾区细胞（高 Sox9 蛋白表达，Sox[+]）和趾间区细胞（低 Sox9 蛋白表达，Sox[-]）分别提取出来，放在培养基中在体外培养，结果在十几个小时之后，原来不表达 Sox9 蛋白的细胞也开始表达 Sox9 蛋白，而且这两种细胞都自动形成了图灵学说预期的图案，即 Sox9 蛋白高表达的区域成斑点状。左上是 *Wnt*、*Bmp*、*Sox9* 三个基因之间的关系：Bmp 蛋白促使 *Sox9* 基因的表达，而 Wnt 蛋白抑制 *Sox9* 基因的表达，而 Sox9 蛋白又抑制 *Bmp* 基因和 *Wnt* 基因在成趾区表达

以向肢芽前端扩散得更远，诱导更多的趾头形成。如果不让 Shh 蛋白带有脂肪酸分子，就会造成第 2 趾的缺失，以及第 3 趾和第 4 趾的融合。这些结果都说明 Shh 信号对于趾头的形成和数量是有控制作用的。

Shh 的一个作用就是控制 Gli3R 的作用。在没有 Shh 信号的情况下，下游转录因子 Gli 会被"蛋白酶体"切断，被切下来的羧基端进入细胞核，抑制基因的表达（见本章第二节）。Shh 能够抑制 Gli 分子被蛋白酶切断，而全长的 Gli 蛋白则是促进基因表达的分子。研究表明，在 Gli 蛋白家族中，Gli1 和 Gli2 和趾头的形成无关，而 Gli3 的羧基端对基因表达有抑制作用，叫做 Gli3R。由于 Shh 的浓度在肢芽后端更高，Gli3R 的浓度会在肢芽的前端更高，起到抑制更多趾头形

成的作用。如果敲除 *Gli3* 基因，就会形成更多的趾头。Shh 在肢芽后端的高浓度和 Gli3R 在肢芽前端的高浓度彼此协同，控制趾头的生成。由于最前端的第 1 趾在没有 Shh 信号的情况下也可以生成，可以认为第 1 趾不需要 Shh 信号。

Shh 的浓度在肢芽后端最高，但是趾头形成的顺序却是 4-2-5-3。如果在不同的时间切断 Shh 信号，则最先失去的是趾头 3，然后是 5、2、4，和正常情况下趾头形成的顺序正好相反。对此现象的解释是，Shh 对趾头形成的作用决定于间充质细胞接触 Shh 分子的浓度和时间，后端趾头的形成需要较长时间地接触 Shh。在肢芽发育过程中用环巴胺（cyclopamine）阻断 Shh 信号会缩短间充质细胞接触 Shh 的时间，影响后端趾头的形成。再一个因素是，后端的间质细胞和高浓度的 Shh 长时间接触，会形成"去敏化"，即对 Shh 不那么敏感，因此第 5 趾（最后端的趾头）并不是最先形成的。

按照这些推理，掌段 5 根趾头对 Shh 的要求是：

第 1 趾，不需要 Shh。

第 2 趾，需要 Shh 的长距离传输，短时接触。

第 3 趾，第 2 趾的形成会延伸到第 3 趾的形成。

第 4 趾，需要长时间接触 Shh。

第 5 趾，第 4 趾的形成会延伸到第 5 趾的形成。

第三种解释是同源异形框基因（*Hox* 基因，见本章第四节）对 5 趾身份的规定。

在肢芽发育的过程中，*Hox* 基因组里面的 *Hoxd* 基因中，只有 5 个基因，即 *Hoxd4*、5、6、7、8 在肢芽中表达（注意不要把这些数字与趾头的命名混淆起来）。它们都在肢芽的最后端表达，但是向前端表达的范围逐渐增大。例如 *Hoxd8* 只在肢芽的最后端表达，*Hoxd7* 也在肢芽的后端表达，但是范围要广一些，超出 *Hoxd8* 基因表达的范围。*Hoxd6* 表达的范围又超出 *Hoxd7* 的范围，*Hoxd5* 表达的范围更大，*Hoxd4* 则在整个肢芽表达。这样，肢芽中 *Hoxd* 基因的表达情形就分为 5 个区，即所有 5 个 *Hoxd* 基因都表达的区域（4、5、6、7、8），位于肢芽的最后端，然后是只表达 4 个 *Hoxd* 基因的区域（4、5、6、7），位于（4、5、6、7、8）区域的前端，然后是表达 3 个 *Hoxd* 基因的区域（4、5、6），再是表达 2 个 *Hoxd* 基因的区域（4、5），最后是只表达 *Hoxd4* 的区域，位于肢芽的最前端。

这 5 个表达不同数量的 *Hoxd* 基因的区域，就对应于 5 根指头的身份。由于只有 5 个 *Hoxd* 基因以这种方式参与动物趾头的形成，所以四肢动物的趾头应该是 5 个。也就是说，四肢动物只能有 5 个趾头类型。四肢动物中较原始的棘鱼（Acanthostega，也叫石螈）的前肢有 8 根趾头。似乎违背了这个规则。但是仔细检查这 8 根趾头，发现它们仍然属于 5 根趾头的类型，其中第 1、第 3、第 4 趾被复制，是双份。棘鱼的这种情形也许和它仍然主要在水中生活，需要较大的鳍来游泳有关。在这方面，棘鱼多趾的功能更类似鱼的鳍，由多根细长的鳍条支撑。陆生动物需要比较强壮的趾头来支撑动物的体重，多而细的趾头是不利于陆上生活的。5 根趾头看来最适合许多动物在陆地上生活的需要，演化也就把这样的"设计"固定了下来。

这三种假说都能够在一定程度上解释为什么四肢动物有 5 趾，但是都缺乏整个控制过程的细节，所以现在还难以判断哪一种机制是正确的。细节的阐明有可能将这几种机制统一起来。

无论是小鼠的四肢，还是人的手脚，都是有指头（趾头）的。这不仅要求有形成趾骨的机制，还需要趾间的组织消失。在掌段的发育过程中，在成趾区之间的间充质细胞会分泌 BMP 蛋白，这些蛋白不仅能够诱导成趾区的细胞变成软骨，随后变成趾骨，还使得趾间区的细胞"自杀"（也叫"凋亡"，即细胞的程序性凋亡，见第四章第七节）。如果在细胞中表达对抗 BMP 分子的蛋白质，让 BMP 分子失去作用，不但会影响趾头的形成，趾间区的细胞也不会凋亡。

由于 BMP 蛋白可以扩散到成趾区，促使那里的间质细胞形成趾骨，而 BMP 同时又能够使间充质细胞凋亡，因此在成趾区，间充质细胞表达的 *Sox9* 基因的产物能够诱导 BMP 的拮抗物 *Noggin* 基因的表达。Noggin 蛋白可以保护成趾区的间充质细胞，使它们不启动凋亡的程序。

许多水鸟如鸭、鹅、鸳鸯、天鹅，脚趾之间都有蹼，以利于划水。这就是趾间的细胞没有完全凋亡的结果。如果把鸡和鸭后肢的肢芽互换，具有鸭间充质细胞的鸡就会长出有蹼的后肢，说明这些间质细胞里面已经有不完全凋亡的指令。

鱼鳍是怎样演化成四肢的？

鱼类是没有四肢的，靠鳍来游泳。鳍通常也有两对，分别是前鳍和后鳍。研究发现，动物的四肢，是从鱼类的前后鳍演化而来的。鱼在水中生活，身体的密度与水相似，基本上没有承重的问题，所以不需要能够承重的趾，而主要是靠多条细长的鳍条来维持鳍的形状和柔韧性。例如辐鳍亚纲中的斑马鱼的鳍有 10 根鳍条，其中一些还分叉。软骨鱼中的鲨鱼有 11 根鳍条，都不分叉。肉鳍鱼中的古鳍鱼有 17 根鳍条，其中 12 条分叉；潘氏鱼有 13 根鳍条，其中 8 根分叉；提塔列克鱼也有 13 根鳍条，其中 8 根分叉。

四肢动物的肢骨是内骨骼（endoskeleton），在软骨的基础上由成骨细胞钙化而成。四肢动物在陆上生活，没有水的浮力，必须有能够承重的肢体，细长柔软的鳍显然是不能满足需要的。如果动物要奔跑，在掌段接触地面的一瞬间要经受巨大力量的冲击，更需要强壮的脚掌和趾头来承受这样的力量。由鳍条变为趾骨，长度变短，数量从 10 根以上减少到 5 根，看来是陆生动物最佳的选择。

而鳍条是外骨骼（exoskeleton），又叫膜骨（membrane bones），不经软骨阶段，而是由间充质细胞直接钙化而成。而四肢动物的趾骨是内骨骼，要经过软骨的阶段，由成骨细胞取代软骨细胞，再钙化而成。这样的转变是如何发生的？在胚胎发育的初期，鱼身体侧面的鳍芽发育成为鳍，动物身体侧面的肢芽发育成为四肢。又是什么原因使得鳍芽发育成为鳍，而肢芽发育成为肢？

如果检查各种鱼鳍内部的结构，就会发现鱼鳍的根部还是有一些内骨骼的，而且逐渐变化成为类似肢体中的肱骨、桡骨和尺骨。例如在辐鳍鱼的鳍中，在靠近身体的地方就有两列内骨骼，其中近端的较长，远端的短小，和鳍条相连。这些内骨骼占鳍很小的一部分，在结构上也难以和四肢动物的肱骨、桡骨和尺骨相比较。

而到了被认为是四肢动物祖先的肉鳍亚纲的鱼，鳍中的内骨骼的组成就已经很像四肢动物肢体中的近段和中段。其中的提塔列克鱼鳍的内骨骼被认为是和四肢动物的肢骨最相似的。鳍中最靠近鱼身体的部分只有一根

骨头，相当于四肢动物的肱骨。鳍中部与这根骨头以关节相连的，是两根骨头，相当于四肢动物的桡骨和尺骨。与这两根骨头相连的，是多列短小的骨头，类似于四肢动物的腕骨和掌骨。不过再远端还没有指骨，仍然是鱼的鳍条。所以提塔列克鱼的鳍其实是鳍和肢的混合物，提塔列克鱼也被称为是"会走路的鱼"。从鱼鳍到完全的肢体，最后一步是趾骨的出现（图 6-20）。

鳍变为肢的过程中基因表达状况的变化

如果检查鳍和肢发育过程中基因表达的状况，可以发现它们之间有许多相似之处。例如鳍芽和肢芽都有位于顶端的 AER 组织中心，而且 AER 的标志性基因如 Wnt2b、dlx2、dlx5a、sp8、sp9，在鳍和肢的 AER 中都有表达。抑制 sp8 和 sp9 基因的活性，鳍芽就消失。

FGF 信号对于鳍的发育也是绝对必要的。在鳍发育的初始阶段，鳍芽中的间充质细胞表达 FGF24，而 FGF24 能够促使 FGF10 基因的表达，相当于肢芽的间充质细胞表达 FGF10。如果 FGF24 的基因突变，这些间充质细胞就不再表达 FGF10，鳍芽也消失。随后，FGF24 的表达转移到鳍芽的 AER 中。由于 FGF24 与 FGF8 属于 FGF 超级家族里面的同一亚家族，这相当于鳍芽的 AER 也表达 FGF8。在鳍的发育过程中，FGF24 既在间质细胞中表达，也在 AER 中表达。而在四肢动物中，是间质细胞先表达 FGF10，FGF10 再诱导 AER 表达 FGF8。Shh 蛋白也在鳍芽中表达，对于鳍的形成也是必要的。

鳍和肢基因表达的一个关键性差别，也许是在近 - 远端轴（P/D axis）上两个 Hox 基因的表达方式不同。无论是在鳍芽还是在肢芽中，最近端表达的基因都是 Meis1，它负责肢体中肱骨的形成和鳍中最近端的内骨骼的形成。表达位置比 Meis1 基因表达区域更远端的，在四肢动物中是 Hoxa11 和 Hoxa13。在斑马鱼中是 Hoxa9 和 Hoxa11。在四肢动物肢芽发育的初期，Hoxa11 和 Hoxa13 的表达区域是完全重合的，但是随着肢芽的发育，Hoxa11 和 Hoxa13 的表达区域逐渐分开，Hoxa11 的表达区域与 Meis1 的表达区域相邻，负责桡骨和尺骨的形成，小鼠的 Hoxa11 突变，桡骨和尺骨就消失。而 Hoxa13 的表达区域在肢芽的最远端，负责趾骨的形成。Hoxa13 基因的突变会造成趾骨畸形和融合。

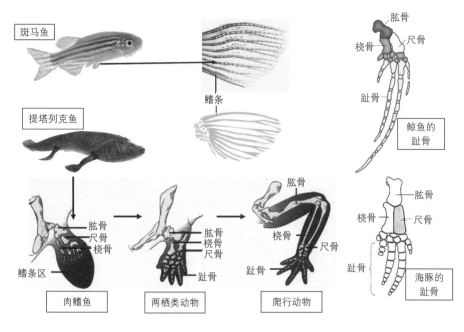

图 6-20　从鱼的鳍到四肢动物的肢。斑马鱼的鳍由 10 根鳍条支撑，鳍条为外骨骼，由间充质细胞直接钙化而成。到了肉鳍鱼中的提塔列克鱼，鳍仍然由鳍条支撑，但是在靠近鱼身处已经有相当于肱骨、尺骨和桡骨的内骨骼，由软骨钙化而成。到了四肢动物，鳍条消失，代之以趾骨。在四肢动物又回到水中生活时（例如鲸鱼和海豚），前肢又变回鳍样，以利于划水。这样的"鳍"中并没有鳍条，而仍然是四肢动物的趾骨，但是趾骨的数量变多，使得趾骨在形状上像鱼鳍中细长的鳍条

但是在鱼鳍中，*Hoxa9* 和 *Hoxa11* 的表达区域一直重合，没有彼此分离的情形。成年蛙上肢再生时，*Hoxa11* 和 *Hoxa13* 都表达在再生肢的间充质细胞中，但是它们表达的区域相互重叠，并不分离，所形成的新肢也就像一个椎状物，而没有五趾。这些现象说明，*Hox* 基因表达区域的区分看来是四肢动物中掌区骨头发育的关键。

这种 *Hox* 基因分段表达的一个后果就是 AER 内面间充质细胞形成的功能区域。在四肢动物中，与 AER 直接相邻的间质细胞形成增生区（PZ），它依次发育为肢体的近段、中段、掌段。而在鳍芽中，AER 会形成一个叫顶褶（Apical

fold，简称 AF）的结构。AF 由两层上皮细胞组成，间充质细胞在这两层上皮细胞之间的空间中形成鳍条。四肢动物的肢芽不会形成 AF，也没有鳍条区域。估计是基因表达方式的变化，很可能是两种 *Hoxa* 基因在近－远端轴方向上的分段表达，使得 AF 结构消失，代之以增生区 PZ，才使得四肢动物中的掌段得以发展出来。

鱼鳍和四肢动物的肢体之间的比较说明，许多为四肢动物肢体发育所需的基因，如 *Meis1*、*FGF*、*Wnt*、*Hox*，在鱼类的鳍中就已经出现了。它们表达的位置和控制这些身体附件发育的方式也相似，也通过 AER 与下面的间充质细胞相互作

用来引导这些结构的发展。这不但支持四肢动物的前后肢是从鱼鳍演化而来的理论，也表明生物在身体结构形成上所使用的"工具分子"是高度保守的。

鲸鱼和海豚是哺乳动物，是四肢动物下水演变而成的。它们和四肢动物一样，具有 5 根趾头。但是鲸鱼和海豚的五趾并不分开，而是在前肢位于像鱼鳍那样的器官中，后肢形成像鱼尾的结构，在方向上和鱼尾垂直。不仅如此，比起人和小鼠来，它们每根趾的趾骨数量要多得多。人手的拇指只有两个指骨，其余的手指有三个指骨。而鲸鱼和海豚的第 2 趾有 7 块趾骨，鲸鱼的第 4 趾可以有多达 11 块趾骨。这些趾骨数量的增加估计是和这些在水中生活的哺乳动物四肢变回鱼鳍形状的游泳器官有关（见图 6-20 右）。

四肢动物趾头中趾骨的数量看来和间充质细胞接触来自 AER 的 FGF8 信号时间的长短有关。延长 FGF8 信号的作用时间，就会形成更多的趾骨，而在趾头发育过程中破坏 AER，或者用 FGF 受体的抑制剂，FGF 信号链消失，就会形成趾尖，结束趾头的发展，导致数量少于正常的趾骨。

第六节　眼睛的形成

眼睛是动物最精巧的结构之一。从简单地感知光线的强弱和方向，到形成高清晰度的彩色图像，动物的眼睛经历了从简单到复杂的

各种演化，发展出各式各样的眼睛类型。最简单的眼睛只由两个细胞组成，一个是感光细胞，另一个是色素细胞。感光细胞的功能是感受光线并且将其信号通过神经递质传递给其他细胞，色素细胞起遮光的作用，使得光线只能从一个方向到达感光细胞，这样动物就能够知道光线来的方向。

昆虫的复眼由几百个到几万个眼单位（ommatidium）组成。它们上大下小，以六角形的方式排列成半球状，其中的眼单位可以朝向各个不同的方向，这样昆虫就可以有非常广阔的视野。每个眼单位都是独立的感知光线的个体，里面只含有几个感光细胞，每个眼单位传送到昆虫脑中的信号相当于数码相机里面的"像素"或"像点"，即组成图像最小的单元，昆虫的脑再把这些像素合成为图像。

人眼更是眼睛高度演化的范例之一。瞳孔可以调节进入光线的多少，相当于是照相机的光圈；晶状体能够聚焦光线，在视网膜上形成清晰的图像，相当于照相机的镜头；视网膜接受光信号，将其转换为神经冲动，相当于传统相机里的感光胶片或数码相机里面的电荷耦合器（CCD）；眼部肌肉还可以使眼球转动，跟踪感兴趣的物体。

动物能够从受精卵这样一个细胞，发展出眼睛这样精巧的构造，是生物结构形成的最高成就之一。但是这样的结构是如何形成的，在对基因的研究还缺乏有效的工具之前，却是一个难以研究的问题。而且眼睛的种类繁多，除了上述几种眼睛，动物还发展出了其他类型的眼睛，例如色素杯眼、针孔眼、反光眼等（见第十二章第一节）。众多的眼睛构造类型曾经使人相信，目前地球上各式各样的动物眼睛，彼此有独立的演化路线，例如昆虫的复眼和脊椎动物的单透镜眼，也许就有不同的演化路线。分子生物学研究的结果使得科学家发现，所有动物眼睛的形成都由同一套基因所控制，从最简单的两个细胞的"眼睛"到昆虫的眼，再到人类的眼，细胞分化和结构形成所使用的"基本工具"都是高度保守的，说明现在地球上所有类型的眼睛都来自同一个"祖宗眼睛"。

下面我就以最简单的2细胞"眼睛"、昆虫（果蝇）的复眼和哺乳动物（小鼠）高度精巧的单透镜眼为例，来看看眼睛这种美妙的结构是如何形成的。

2个细胞眼睛

海生沙蚕（*Platynereis dumerilii*）属于动物中的环节动物门多毛纲中沙蚕科的动物。海生沙蚕的身体由多节构成，每一节上都长有一对脚，类似蜈蚣的身体构造。其幼虫能够游泳，身体表面有一些由两个细胞组成的"眼睛"，其中感光细胞和色素细胞紧贴在一起，感光细胞的感光杆簇伸入到色素细胞对应部分形成的凹陷中，被色素细胞中的色素颗粒包围，因此感光细胞只能从自己所在的方向感知光线（参看图12-10）。除了沙蚕幼虫，属于扁形动物门涡虫纲的低级动物扁虫的幼虫身体表面有纤毛，能够游泳，长有两个类似沙蚕幼虫的2细胞"眼睛"，其中的色素细胞呈杯状，感光细胞的感光部分深入到色素杯中（图12-12）。

研究表明，两个细胞眼睛里面的感光细胞和色素细胞都由同一个前体细胞通过不对称分裂而来。让其中一个细胞变成色素细胞基因叫做小眼症转录因子（Mitf），因为在人类中这个基因的突变会导致新生儿具有小眼。研究发现，这个转录因子是决定细胞向色素细胞方向发

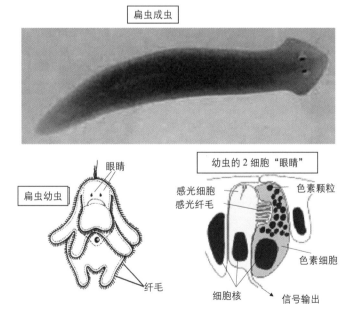

图6-21　扁虫幼虫两个细胞的"眼睛"。感光细胞的感光纤毛插入色素细胞的凹陷中，周围被色素颗粒包围，以阻挡光线从这些方向进入，使幼虫能够辨别光线的方向

展的关键因子，从扁虫这样的低等动物到昆虫到人，都使用这个因子来形成色素细胞，包括使我们皮肤变黑的黑素细胞（melanocyte）。*Mitf* 基因突变的小鼠皮肤是白色的，眼睛也失去红色。反过来，人 *Mitf* 基因的"互补DNA"（cDNA，和基因 DNA 序列相同，但是没有内含子部分）能够使小鼠的成纤维细胞（NIH 3T3 细胞）变成黑色素细胞。这说明它是动物眼睛中控制色素细胞形成的基因，而且从很低级的动物中就已经"发明"出来了，更新发展出来的动物只是继续使用它而已。

沙蚕和扁虫幼虫体表 2 细胞眼睛的形成机制，说明一个器官的形成需要特殊的基因来使前体细胞向所需细胞的方向发展。在更复杂的眼睛中，这个原则也照样被使用。当然色素细胞的形成并不能就自动导致 2 细胞眼睛的形成，还需要其他基因（例如钙黏着蛋白）的作用使得这两个细胞能够彼此结合，它们的形状也要彼此配合，让色素颗粒围绕感光杆等。这就需要我们在第一节中谈到的那些使细胞彼此结合并且变形的"基本工具"了。

果蝇的复眼

果蝇的眼睛是复眼，由 800 个左右相同的眼单位组成，其中每个眼单位朝向不同的方向，给果蝇以广阔的视野。每个眼单位由 20 个细胞组成，其中 8 个是感光细胞（R1 到 R8），4 个视锥细胞，2 个初级色素细胞，3 个次级色素细胞和 3 个三级色素细胞。在 8 个感光细胞中，前 6 个（R1 到 R6）排列成一圈，形成一个空管，感知光线的明暗变化，相当于脊椎动物眼中的视杆细胞。每个感光细胞实际感受光线的部分是细胞朝中心侧沿长轴伸出的纤毛（图 6-22 右下），上面有感光蛋白。这样的纤毛列在眼单位中心部位形成杆状的感光区，叫做视杆。另外两个感光细胞 R7、R8 位于 R1~R6 细胞空管的管腔中，其中 R7 靠近眼单位的顶部，R8 位于 R7的下方。R7 能够感知紫外线，R8 能够感知蓝光和绿光，所以它们相当于脊椎动物眼中的视锥细胞，和果蝇的彩色视觉有关。这 8 个感光细胞发出的轴突连接到果蝇脑中的"视叶"（optic lobe）部分。其中 R1~R6 的轴突连接到其中的"视板"（lamina）部分，R7 和 R8 的轴突连接到"视髓"（medulla）部分。

4 个视锥细胞位于眼单位的顶部，形状为锥状，上大下小，起到聚光的作用。两个初级色素细胞从两侧将8 个感光细胞严密包围，起到遮光的作用。次级和三级色素细胞再在初级色素细胞的外部包裹眼单位。这种双重色素细胞的结构使得每个眼单位只能接受来自视椎细胞的光线，彼此独立工作，互不干扰（图 6-22 右）。果蝇的脑再把这 800 个眼单位传来的视觉信号（相当于照片的像素）综合起来，形成图像。

这样高度精确的重复结构是如何形成的？是什么分子机制使得这些不同的细胞得以形成，并且"组装"到一起，成为复眼？近年来科学研究的进步，特别是分子生物学的进步，已经获得了果蝇复眼形成有关基因的大量信息。

果蝇从幼虫到成虫，身体结构有很大的变化。成虫阶段的腿、翅、触角、复眼等器官在幼虫阶段是不存在的，而是从幼虫身上一些特殊的器官原基（imaginaldisc）发展而来的。果蝇的眼原基（eye imaginal disc）是一层上皮细胞，到了幼虫的第三蜕变期时，这些上皮细胞的顶部收缩，形成一条沟，叫"成型沟"（MF，关于上皮卷曲的原理，见本章第一节）。在成型沟的前端，细胞保持未分化状态，继续分裂，而在成型沟后端，细胞开始分化，形成眼单位。新的眼单位在已经形成的眼单位前方形成，这样果蝇的复眼就从成型沟的后端到前端逐渐形成。

眼原基上皮细胞的分化，是由成型沟后缘的细胞分泌扩散信号分子刺猬蛋白诱导开始的。前端受影响的细胞自身又会分泌 Hh，使得更前端的细胞也分泌 Hh，这样，Hh 的分泌区就逐渐前移，形成一个诱导眼单位形成的区带，里面有 *Pax6* 基因（即果蝇的 *eyeless* 基因 *ey*）表达。

Hh 在前端的邻近细胞中诱导一个叫"无调"（Atonal，简称 Ato）的转录因子的表达。一开始 Ato 在一个比较宽的条带上的细胞内表达，但是由于细胞间Notch 信号通路造成的细胞侧面抑制（即使相邻的细胞会采取不同的命运，见本章第一节），最后 Ato 只在少数细胞中表达。这少数的细胞就变成感光细胞 R8，成为眼单位形成的第一个细胞，相当于是每个眼单位的"种子细胞"，眼单位中的其他细胞都是由 R8 细胞诱导出来的（图 6-22 下中）。

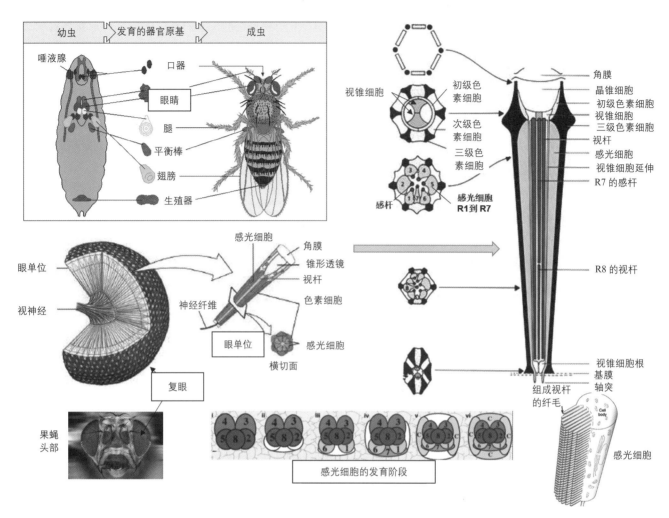

图 6-22　复眼由眼原基发育而来（左上图）。右图为眼单位的结构，从上而下显示 5 个横切面

　　R8 细胞形成后，会分泌一种叫 Spitz（简称 Spi）的分泌信号蛋白，诱导周围的细胞也变成感光细胞。Spi 类似于哺乳动物的转化生长因子 –β（TGF-β），通过结合于上皮生长因子受体（EGFR）起作用。Spi 分子上面连有脂肪酸，作用距离非常短，只能诱导最邻近的细胞发生变化。Spi 的这种短距离作用范围也许是形成由少数细胞组成的眼单位所需要的，以免一个 R8 细胞分泌的 Spi 的作用蔓延到其他的眼单位去，影响其他眼单位的生成。

　　最先被 R8 诱导形成的是感光

细胞 R2 和 R5，R2 和 R5 接着分泌 Spi，使邻近它们的细胞变成 R3 和 R4，形成一个 5 细胞的细胞团，然后以同样的方式形成 R1、R6、R7。为了防止 Spi 的过度作用，Spi 还会诱导它自己的抑制物 Aos 的表达。Aos 能够结合于 Spi 上，防止它与 EGFR 结合。如果除去 Aos 基因，眼单位中就会形成额外的感光细胞，这说明每个眼单位中感光细胞的数量是通过负反馈机制精确控制的。

　　R7 感光细胞与 R1 到 R6 感光细胞不同，它的形成需要另一个基

因，这个基因的突变会使原先要变成 R7 的细胞变成视锥细胞，这个基因也因此被称为"无 7"（sevenless，简称 sev），意思是没有这个基因，也就没有了 R7 感光细胞。

　　到了这一步，所有的感光细胞都形成了，下一步就是形成视锥细胞和色素细胞，这就需要 Notch 信号通路的控制了。R1 到 R6 都是外围的感光细胞，会表达 Notch 的底物 Delta（简称 Dl，见本章第一节），Dl 会和相邻细胞上的 Notch 分子结合，使它们不能变成感光细胞，而是在 Spi 的作用下，变成视锥细胞。

视锥细胞接着又表达 DI，使与它们邻近的细胞变成色素细胞。色素细胞的形成也同时需要 *Mitf* 基因的表达，类似扁虫 2 细胞眼睛的色素细胞形成。

因此，眼单位中各种感光细胞、视锥细胞、色素细胞的形成，是通过刺猬蛋白 Hh 启动的细胞分化开始的，通过 *Ato* 基因的活化先形成感光细胞 R8。R8 分泌短距离作用的 Spi 扩散蛋白，诱导周围的细胞变成感光细胞。感光细胞在其表面表达 Notch 分子的底物 DI，使邻近的细胞变成视锥细胞，视锥细胞又表达 DI，使与它们邻近的细胞变成色素细胞。先形成的细胞指导后面细胞的形成，一步步地最后形成眼单位中所有的 20 个细胞。其中所使用的基因，也是我们在本章第一节中谈到过的"成型工具"。

当然上面说的只是一个简化了的模式，实际的过程要复杂得多，涉及更多的基因，例如 R2、R3、R4、R5 感光细胞还表达 *Rough* 基因，R3 和 R4 还表达 *Spalt* 基因等。数量固定的色素细胞包围感光细胞，还需要多余的细胞进行"自杀"（程序性死亡）。所有这些过程是受更上游的基因（例如 *Pax6*）控制的，其机制还不完全清楚，但是我们可以推测，这些过程所使用的基本原理，也是细胞通过表达不同的扩散性信号分子和细胞-细胞之间直接相互作用的分子，来达到使细胞定向分化、数量控制、结构形成的目的。

单眼的形成

与果蝇的复眼相比，哺乳动物（如小鼠和人）照相机型单眼的构造要复杂得多。这些单眼不仅有完善的色素细胞层用于挡光，有视网膜层用于转换光信号，这些眼睛还发展出了能够折光的角膜和玻璃体，调节光线进入的虹膜和瞳孔等结构。眼部肌肉可以改变晶状体的形状，使位于不同距离上的物体图像聚焦，还可以使眼球转动，跟踪要看的事物。视网膜也不只是一层细胞，而是大致分为三层，每一层都含有多种细胞，各自执行不同的功能，包括转换光信号的视杆细胞和视锥细胞、以及处理光信号和起支持作用的双极细胞、水平细胞、无长突细胞、节细胞、穆勒胶质细胞等。眼睛的每个"部件"都非常完善，由它们组装成的眼睛也就成为高度精密、高度有效的视觉器官。问题是，这样精巧的结构又

是怎样形成的？下面我就以小鼠眼睛的形成为例，来说明哺乳动物眼睛形成的机制。

果蝇的眼睛是从幼虫阶段身体上的一对眼原基发育而来，经过细胞的多步骤分化，最后形成眼单位内所有类型的细胞，因此果蝇复眼内的细胞都来自眼原基中的细胞。而哺乳动物的眼是经过长期的演化过程发展出来的，一些"部件"是后来为新的功能而添加的，所以眼睛里面的"部件"就不是一个来源，而是根据它们当初形成的机制，来自不同的细胞群体，分别是神经上皮细胞和外胚层上皮细胞。来自神经嵴的间充质细胞则控制色素细胞层和视网膜的形成。

哺乳动物的胚胎发育时，先形成外胚层和内胚层。这两个胚层里面的细胞都表达 E 型钙黏着蛋白（E-cadherin，见本章第一节），并且通过 E 型钙黏着蛋白彼此相连形成片状组织。胚胎继续发育时，外胚层中线上的细胞停止合成钙黏着蛋白，彼此失去黏连，变为间充质细胞（即所谓的上皮-间充质细胞转化），向身体内部运动，形成中胚层。中胚层形成以后，外胚层中线的细胞顶部收缩，这部分的外胚层向内弯曲，成为神经系统的前体，叫神经板。神经板进一步弯曲，形成管状物，叫神经管，和外胚层脱离，以后神经管的前端发育成脑，后端发育成脊髓。在神经管形成后，神经管背部的一些细胞又进行上皮-间充质转化，变回间充质细胞，从神经管游离出来，位于神经管的上方，在神经管和外胚层之间，位置上像神经管的"屋顶"，叫做神经嵴（见图 6-23 左上）。神经嵴里面的细胞能够移动到身体各处，参与多种组织细胞的形成。

神经管进一步发育，在前端形成脑的部分长出三个鼓泡，以后分别形成前脑（forebrain）、中脑（midbrain）和后脑（hindbrain）。前脑鼓泡的两侧各长出一个较小的鼓泡，叫做眼泡（optic vesicle）。眼泡不断生长，与外胚层接触，使和眼泡相邻的外胚层部份变为晶状体基板，以后发育成为晶状体。与外胚层接触的眼泡内褶，形成双层的眼杯，以后外层形成眼睛里面的色素细胞层，内层形成视网膜层（图 6-23）。

位于眼泡和外胚层之间的间充质细胞叫眼泡外间充质细胞，它们分泌信号分子，参与眼睛的发育过程。因此哺乳动物的眼睛是由不同来源的细胞彼此协作而形成的。

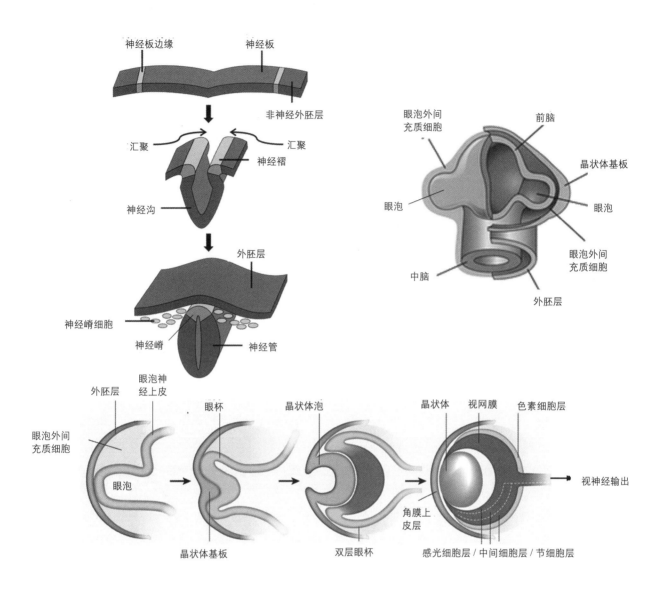

图 6-23　哺乳动物（小鼠）眼睛的形成过程。左上：神经管的形成。右上：神经管的前端形成前脑和中脑，前脑鼓泡的两侧各长出一个较小的鼓泡，叫做眼泡。眼泡外和外胚层内有来自神经嵴的间充质细胞。下图：眼杯和晶状体的形成

控制眼杯和晶状体形成的基因

在眼泡形成之前，前脑只形成一个成眼区，是前脑细胞分泌的"音猬因子"使得这个成眼区一分为二，形成左右两个眼泡。Shh 基因突变使得这个眼区分裂无法完成，失去 Shh 信号的小鼠只有一只眼睛，叫做独眼畸形（cyclopia）。

前脑分泌 Shh，又是由另一个基因，叫视网膜和前神经褶同源异形框基因（Rax 基因）所控制的。Rax 基因突变会导致眼睛无法形成，叫做无眼症（anophthalmia）。这个基因不仅控制眼睛的形成，而且还参与下丘脑、松果体和脑垂体的形成，所以是更上层的控制基因。

眼泡继续生长，直至和外胚层的细胞接触。眼泡细胞中 Pax6 基因的表达会使眼泡细胞分泌"纤连蛋白"（fibronectin），将眼泡和外胚层黏合在一起。这个接触让眼泡和与之接触的外胚层部分都发生变化。外胚层变厚，形成晶状体基板，以后内折，形成晶状体。晶状体形成后，和外胚层脱离，和晶状体脱离的外胚层形成角膜上皮层。

外胚层的细胞形成晶状体基板时，需要在这些外胚层细胞中表达 Six 3。Six3 又诱导 Pax6 和 Sox2 在这

部分外胚层细胞中的表达，指导晶状体的形成。如果消除 Six 的信号，外胚层就不会增厚变为晶状体（图 6-24 左）。

　　在晶状体形成的同时，眼泡与外胚层接触的部分也开始内折，形成由两层细胞组成的杯状物，叫做眼杯，就像把一个皮球放气，把一边按进去，直至与另一边接触，形成双层的杯状物就像是眼杯的样子（参看图 6-23 下）。眼杯进一步发育则形成色素细胞层和视网膜。在眼泡发育为眼杯的过程中，*Rax* 基因在眼泡中诱导三个基因的表达，分别是 *Pax6*、*Lhx2*、*Six3*。*Pax6* 基因是为从果蝇到人的眼睛发育时都使用的"专业户"基因（见本章第四节），*Pax6* 基因的突变会导致无眼症。*Lhx2* 基因也为眼睛的发育所必需。*Lhx2* 基因的突变会使眼睛的发育终止在眼泡阶段。*Six3* 基因不仅和晶状体的形成有关，也和前脑的形成有关，Six3 能够抑制 Wnt8b，不让脑的后部区域向前端发展，以保证前脑的形成。*Six3* 基因的突变在小鼠和人中都会使前脑的发育异常，脑的两半球不能分开，叫做前脑无裂畸形（holoprosencephaly）。而如果在中脑和后脑区域表达 Six3，则会诱导新的眼泡出现。

视网膜和色素上皮的形成

　　眼杯的形成，使得眼泡的单层结构变为眼杯的双层结构。眼杯的内层（即朝向外胚层方向的细胞层）演化成为视网膜，外层（即朝向脑方向的细胞层）变成色素细胞层。这个过程类似于扁虫 2 细胞眼睛中

的感光细胞和色素细胞来自同一个前体细胞。由于这两层细胞都是从眼泡的单层细胞发展而来，所以在眼杯的形成初期，色素细胞和视网膜细胞还是可以互相转化的。它们最后形成何种细胞，就要看它们接收到的外部信号是什么。

　　眼泡形成后，眼泡外间充质细胞会分泌信号分子，例如 activin，使得眼泡里面的细胞都表达使细胞转化成色素细胞的 *Mitf* 基因。*Mitf* 基因在扁虫 2 细胞的眼睛形成中，就是使细胞变成色素细胞的基因，在哺乳动物中也发挥同样的作用。眼杯形成后，来自晶状体基板的 FGF 会使邻近基板的眼杯内层细胞表达 *Vsx2* 基因和 *Sox2* 基因，这两个基因的表达会抑制 *Mitf* 基因的表达，使得这些细胞变成视网膜细胞。眼杯外层的细胞由于被内层细胞隔开，接收不到来自晶状体基板的 FGF 信号，继续表达 *Mitf* 基因，变成色素细胞（图 6-24 右）。如果没有 FGF 信号，形成色素细胞的区

域就会蔓延到形成视网膜细胞的区域，使得整个眼杯都由色素细胞构成。用 FGF 处理色素层细胞，它们就会变成视网膜细胞，而且能够进一步分化成感光细胞和节细胞。因此，来自晶状体基板的 FGF 信号是使眼杯的两层细胞分别向色素细胞和视网膜细胞分化的控制因子。表达 *Vsx2*/*Sox2* 基因的区域和表达 Mitf 的区域就决定了色素细胞和视网膜细胞形成的范围。

视网膜细胞的分化

　　哺乳动物的视网膜不仅含有感光细胞（视杆细胞和视锥细胞），还含有多种处理视觉信号的神经细胞和支持细胞，包括双极细胞、水平细胞、无长突细胞、节细胞、穆勒胶质细胞等，所以哺乳动物的视网膜主要由 7 种细胞组成。这 7 种细胞都来自眼杯内层的细胞。这些细胞在来自晶状体 FGF 信号的诱导下，先形成视网膜前体细胞（RPC）。

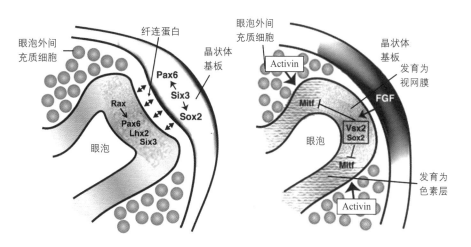

图 6-24　控制眼杯和晶状体形成的主要基因。左：形成眼杯和晶状体基板的基因。右：眼泡分化为视网膜层和色素细胞层

RPC 细胞具有干细胞的性质，能够分化成为视网膜中的 7 种主要类型的细胞。

RPC 虽然是干细胞，但是每一次分裂都使自己的分化能力减少一次，所以在分化出某种类型的细胞之后，就再也不能形成同样类型的细胞。这也许是 RPC 自己的分化程序决定的，也许也和已经分化形成的细胞造成的外环境的影响有关。每一种细胞类型的形成都需要特殊基因的表达，RPC 细胞的这种不同基因的顺序表达就会依次形成不同类型的细胞。在哺乳动物的视网膜形成过程中，上述 7 种细胞形成的顺序是：(1) 节细胞，(2) 水平细胞，(3) 视锥细胞，(4) 无长突细胞，(5) 视杆细胞，(6) 双极细胞，(7) 穆勒细胞，也就是节细胞最先形成，而穆勒细胞最后形成（图 6-25）。

节细胞的形成需要 Math5 基因的表达。但是 Math5 基因的表达不但会导致节细胞的形成，还会导致水平细胞、视锥细胞和无长突细胞的形成。要形成节细胞，还需要 Brn3b 基因和 Isl1 的表达。Brn3b 基因表达后，Math5 基因的表达就下

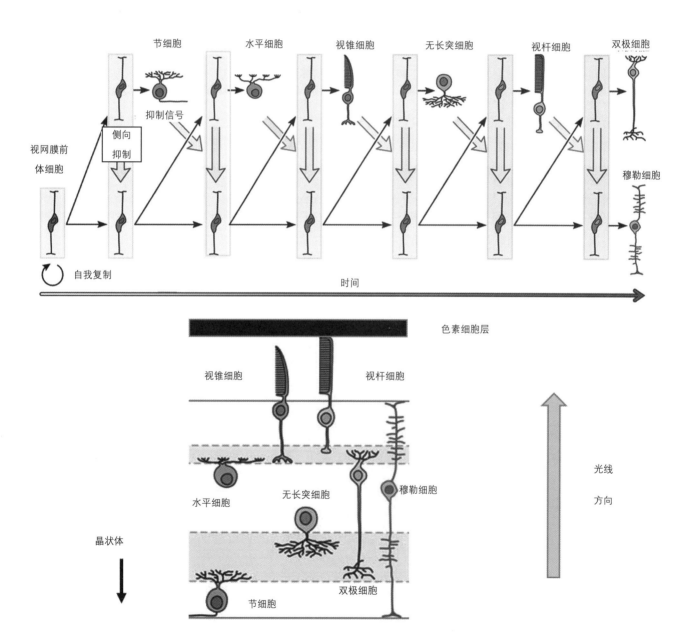

图 6-25　视网膜中 7 种主要细胞的形成顺序。到穆勒细胞形成后，前体细胞的分化能力也被用尽。下图为各种细胞在视网膜中的位置，注意感光细胞与色素细胞层直接接触

降，形成节细胞。

水平细胞的形成需要 *Foxn4* 基因的表达。但是 *Foxn4* 基因的表达也会导致无长突细胞的形成。要形成水平细胞，*Foxn4* 基因的产物会诱导下游基因 *Ptf1a* 基因的表达。*Ptf1a* 基因的产物又诱导它下游的 *Prox1* 基因的表达，使细胞变成水平细胞。如果 *Foxn4* 基因诱导到 *Ptf1a* 基因为止，Ptf1a 蛋白就会和另外两个基因 *NeuroD* 和 *Barh12* 的产物合作，使细胞分化为无长突细胞。

感光细胞的形成需要 *Otx2* 基因的表达。*Otx2* 基因通过"椎－杆同源异形框基因"（Cone-rod homeobox gene，简称 *Crx* 基因）起作用，使细胞向感光细胞方向转化。*Crx* 基因控制下游 *Rorb* 基因的表达，导致视杆细胞的形成。如果使 *Rorb* 基因突变，视杆细胞就会变成视锥细胞。视锥细胞的形成需要 *Trb2* 基因的表达，如果 *Trb2* 基因突变，就没有视锥细胞形成。

双极细胞的形成需要 *Mash1* 和 *Math3* 基因的表达。如果没有这两种基因的表达，双极细胞就会变成穆勒细胞。双极细胞的形成还需要 *Chx10* 基因的表达。一开始 *Chx10* 基因在所有的 RPC 细胞中表达，最后只限于在双极细胞中表达。

穆勒细胞是最后形成的，需要 p27/Kip1 蛋白来抑制细胞的分裂周期，使得细胞变成穆勒细胞。*Sox9* 基因最初在所有的 RPC 细胞中表达，最后只限于在穆勒细胞中表达。如果使 *Sox9* 基因发生突变，就会阻碍穆勒细胞的形成。

因此，视网膜中的 7 种主要细胞是从具有干细胞性质的视网膜前体细胞（RPC 细胞）经过一系列分化过程，依次形成的，每一步都需要特殊基因的表达。这既是由于 RPC 细胞自身的性质（程序性的分化），也由于视网膜发育过程中新类型细胞不断出现而造成的 PRC 细胞微环境不断改变所带来的影响。

本章小结

多细胞生物复杂的生理功能是通过各种特异精巧的结构来实现的，但是"生命的蓝图"DNA 却只含有为蛋白质编码，以及控制生产蛋白质的地点、时间和多少的序列，并不直接含有身体中各种结构的信息。生物形成各种结构的方法，是用一套"成型基因"作为基本工具来控制细胞的发展类型，并且使细胞表达产生极性的分子，使它们能够特异地连接，并且通过细胞形状的变化，形成片、管、腔等等结构，成为各种组织和器官。

细胞表面钙黏着蛋白能够与同类的钙黏着蛋白结合，因此可以把同类的细胞结合在一起，形成组织。如果让细胞具有极性，只在侧面表达钙黏着蛋白，就能够形成片状结构，即各种上皮组织。位于细胞顶端的 Par 复合物和 Crumbs 复合物、位于细胞侧面和底端的 Scribble 复合物就是形成和维持片状结构的蛋白复合物。如果片状结构中一些细胞的顶端能够收缩，就能够使片状结构弯曲，进一步形成管和腔。为了使得上皮组织表面的结构如鳞片和毛发具有方向性，细胞还发展出了平面极性，即垂直于平面方向的极性，这是由 Fmi/Vang/Pk 复合物 和 Fmi/Fz/Dgo/Dsh 复合物、Ds 蛋白和 Ft 蛋白实现的。细胞上面的 Notch 蛋白和相邻细胞上 Notch 蛋白的配体蛋白之间的相互作用使得表达这两种不同蛋白的细胞有不同的命运，即向不同类型的细胞发展，这是由同样细胞形成的组织发展为由不同细胞组成的器官的重要机制。以上这些细胞之间的相互作用都需要细胞之间的直接接触。

除了细胞之间的直接接触和相互作用，有些细胞团（即组织中心）还能够分泌能够通过扩散在细胞之间远程运动的分子，这样就可以影响一大片细胞的命运，这些扩散性分子包括 Wnt 蛋白、刺猬蛋白（例如 Shh）、成纤维细胞生长因子 FGF、骨形态发生蛋白 BMP、控制左右不对称的蛋白——Lefty 和 Nodal、以及非蛋白的视黄酸 RA。它们在身体的一定范围内形成浓度梯度，其中的细胞根据自身周围各种成型蛋白的浓度决定自己的命运，发展成为不同的细胞并且根据自己的极性和表面分子特异连接。如果扩散分子不止一种而且一种扩散分子可以抑制另一种扩散分子的作用，还可以形成斑点、条纹以及其他周期性结构。图灵学说就是解释动物周期性结构的理论。

有了成型分子的指令，生物还需要执行成型分子指令的"专业户"或者"包工队"，它们负责建造各种特异的器官，例如眼睛、触角、肢体。*Hox* 基因家族和

Pax 基因家族就起到"包工队"的作用。

四肢动物肢体和眼睛的发育过程证明了上面所说的动物结构形成所遵循的原则。无论是四肢发育中外胚层顶脊 AER 分泌的 FGF8 还是极性活化区 ZPA 分泌的 Shh 从两个相互垂直的方向控制肢体的发育、手掌的背－腹面由 Wnt7a 和 En1 基因分别控制、果蝇复眼发育过程中眼原基上皮分泌的刺猬蛋白 Hh 诱导 Pax6 基因，再通过 Ato 基因、Spi 基因和 Notch 侧向抑制依次形成 R1 到 R8 的感光细胞、视锥细胞和色素细胞，哺乳动物眼睛发育过程中 Rax 基因诱导 Shh 基因的表达，再在眼泡中诱导 Pax6、Lhx2 和 Six3 三个基因，这些都是胚胎中的一些细胞团分泌扩散性分子控制周围细胞的命运，形成不同类型的细胞。

在四肢和眼睛的发育过程中，都是外胚层分泌的 FGF 扩散分子（来自肢芽外胚层顶脊 AER 分泌的 FGF8 和来自晶状体基板分泌的 FGF9）影响位于它内部的细胞的发展方式。肢芽后端分泌的 Shh 控制五趾的形成，而成眼区分泌的 Shh 使其分为两个眼泡。无论是果蝇的复眼和哺乳动物的单眼，Pax6 基因都在发育过程中扮演不可缺少的角色，Mitf 基因都控制色素细胞的形成。Notch 侧向抑制、Wnt 信号通路和骨形态蛋白 BMP 也都在这些器官的发育中发挥关键作用。这些实事证明，生物结构的形成是由一组数量不多的"成型分子"所控制的。虽然这些基因的数量不多，但是通过用不同的组合方式来使用它们，却可以形成各式各样的结构。这就像木匠的工具只有几种，却可以造出无数种木结构来一样。

这是一个动态，多步骤的过程，每一步都会有新类型的细胞产生，而一些新形成的细胞又会通过分泌扩散性分子影像周围细胞的命运。每一步都在前一步的基础上活化新的基因，形成新的细胞和结构。虽然 DNA 并不含有形成生物结构的直接指令，但是通过多个步骤和层次控制这些基因的有序表达，却可以一步一步发展出各种复杂的结构，最后形成完美的生物体，实现 DNA 的"蓝图"功能。这真是一个奇迹。看看同窝蚂蚁彼此之间高度的相似性，看看人体结构在世界范围内不同人种之间高度的一致性，就可以体会到生物的成型系统是多么精妙。

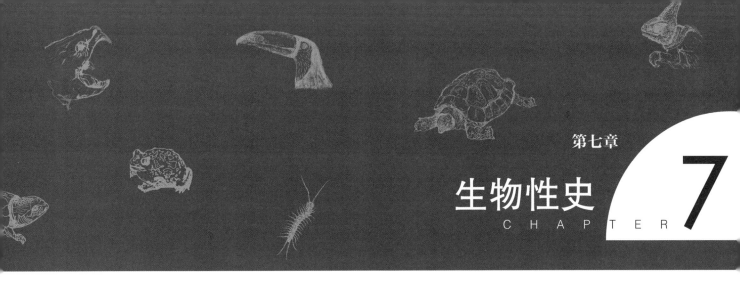

第七章

生物性史
CHAPTER **7**

　　地球上多细胞生物的生活是丰富多彩的，赏心悦目的绿叶、五彩斑斓的花卉、翩翩起舞的蝴蝶、鸣腔婉转的鸟儿，使得我们的世界生气勃勃，充满情趣。如果我们再仔细观察一下，就会发现，多细胞生物生活得多彩多姿，在很大程度上与生物的性别有关。地球上绝大多数的多细胞生物，都分雌、雄两性。植物开花、蝴蝶双飞、孔雀开屏、人类求偶，都是生物"有性生殖"的表现。如果生物不分性别，这些绚丽动人的情景都不会出现，这个世界会单调沉闷得多。人类社会多少动人的故事，许多刻骨铭心、终身难忘的感觉，都和男女之间的关系有关。设想人类社会只有一个性别，那会是多么乏味？（图 7-1）

　　我们的祖先早就发现了这种现象，并且发明了专门的词汇来形容两性。比如用"男"和"女"来形容人的两性，用"公"和"母"来形容动物的两性，用"雄"和"雌"来形容植物的两性，或泛指生物的两性，相当于英文的"male"和"female"。

　　显微镜的发明使得科学家认识到，即使是最简单的多细胞生物，例如水螅和团藻，也能够产生精子和卵子，进行有性繁殖。多细胞生物如此，那么单细胞的生物又如何呢？研究发现，有些单细胞生物，例如酵母和衣藻，也能够通过细胞融合来进行有性繁殖。但是另一些单细胞生物，例如蓝细菌和大肠杆菌，就不能进行有性繁殖，而只能用"一分为二"的方式来产生后代。进一步的研究表明，所有的原核细胞，包括细菌和古菌，都不能进行有性生殖；而几乎所有的真核生物，包括单细胞真核生物和多细胞真核生物，都能够进行有性繁殖。换句话说，有性生殖是真核生物的发明和"专利"。这是因为有性生殖的机制比无性繁殖复杂得多，只有真核细胞才有这个能力。原先被认为真核生物中一些比较原始的物种（例如贾第虫 *Giadia lamblia*）还没有进行有性生殖的能力，但是后来发现，贾第虫也含有减数分裂（见下文）所需要的基因。而减数分裂是有性生殖的必要步骤，说明所有的真核生物都具有或者曾经获得过进

图 7-1　生物有性生殖的表现

行有性生殖的能力。就像贾第虫原先被认为不含线粒体而后来发现有线粒体特征基因一样，是贾第虫的寄生生活使得线粒体和有性生殖功能退化。

虽然几乎所有的真核生物都能够进行有性生殖，但是也不是所有的真核生物都只进行有性生殖。在某些环境条件下，有些真核生物仍然使用无性繁殖。例如酵母菌在营养丰富时就采用一分为二的无性繁殖方式，蚜虫在食物丰盛的夏天采用"孤雌胎生"的方式繁殖后代。

在这些事实面前，自然的问题就是，真核生物为什么要进行有性生殖？有性生殖的机制是什么？这些机制又是怎样发展出来的？性别是如何

决定的？为什么有些真核生物仍然使用无性繁殖的方式？在本章中，我们将一一回答这些问题，从分子水平来探究真核生物的"性"史。

第一节　从无性到有性

生物是高度复杂，同时也是高度脆弱的有机体，不可能成为永远不死的"金刚不坏之身"。要使种群能够延续下去，就必须要有不断产生下一代同类生物体的方法。这就是"生殖"。

原核生物（几乎全是单细胞生物）的生殖方式比较简单，就是"一

分为二"。遗传物质（DNA）先被复制，然后细胞分为两个，各带一份遗传物质。"女儿细胞"和"母亲细胞"模样类似，结构相同。原核生物中的大肠杆菌（Escherichia coli）就是以这种方式繁殖的。这种繁殖方式也被一些单细胞的真核生物所采用。真核生物中的裂殖酵母（Schizosaccharomyces pombe）可以一分为二，产生两个子代酵母菌。出芽酵母（Saccharomyces cerevisiae）菌用"出芽生殖"，"女儿细胞"比"母亲细胞"小，脱落以后再长大，成为和"母亲"大小形态相同的细胞，也可以说是"一分为二"。

但是对于多细胞生物，"一分为

二"就比较困难了。水螅的身体只有两层细胞,可以进行"出芽生殖",即在躯干上长出小水螅,再脱落变成新的水螅(见图4-8)。但是对于结构更加复杂的动物,用"分身术"来繁殖就越来越困难了。蚯蚓断成两截后再长回"全身",蜥蜴断尾后长出新尾巴,都只是身体失去部分的再生,而不是繁殖的方式。即使如蚂蚁、蝗虫这样的低等动物,都不可能用"出芽",或"分身"的方式来繁殖后代。高等动物就更不用说了,谁能想象人的身上长出一个"小人"来,脱离以后变成一个新的人?

对于多细胞生物(例如动物和植物),既然"分身术"不灵,它们繁殖后代的方法就不再是简单的"一分为二",而是把遗传信息(DNA)"包装"到单个特殊的细胞中,再由这个细胞(单独地或与其他带有同样繁殖使命的细胞融合成一个细胞)发育成一个生物体。也就是说,所有多细胞生物的身体都是由一个细胞发育而来的,这是地球上多细胞生物繁殖的总规律。我们把这种负有"传宗接代"任务的细胞统称为"生殖细胞"。用"生殖细胞"产生下一代的方式有两种。

第一种,也是最简单的方式,由单个的生殖细胞长成一个新的多细胞生物体。这就是"孢子"中的一种,叫做分生孢子。它由有丝分裂(mitosis,即用细胞里面"纺锤体"中的"细丝"把复制出来的两份遗传物质"拉"开,分别进入两个新细胞的过程,见第三章第七节,真核生物特有的细胞分裂机制——"有丝分裂"及图3-19)产生,后代的遗传物质和母体完全相同。生殖细胞自己就能发育成新的生物体,所以是"自给自足"的。一些霉菌就是用这种方式来繁殖的。这种繁殖方式其实和细菌和酵母的分裂繁殖方式没有本质区别,也是靠分裂繁殖,但是却进了一步:细菌和酵母分裂出来的细胞还是以单细胞的形式生活,而霉菌身体分裂形成的生殖细胞(分生孢子)却能够重新长成多细胞的生物体,这说明这个生殖细胞已经发展出了可以分化成身体里面各种细胞的能力,也就是现在我们说的"干细胞"的能力。

这种靠分生孢子一个细胞来繁殖后代的方法和单细胞生物一分为二的繁殖方式一样,都不需要两个生殖细胞的融合。单个生殖细胞自己就有发育成为完整生物的能力,也无所谓性别,所以被称为无性生殖(asexual reproduction)。无性生殖的后代和上一代的遗传物质相同,所以是上一代生物体的"克隆"。这种方式简单经济,多细胞生物常常可以同时产生大量的分生孢子,而且每个分生孢子都是"自力更生"的,在生活条件好的情况下,能迅速增加个体的数量。而且无性生殖的后代能够比较忠实地保留上一代的遗传特性,短期来讲对物种的稳定性有利。

无性生殖虽然简单有效,但是也有缺点,就是遗传物质被"禁锢"在每个生物个体和它的后代身体之内,只能"单线发展",与同类生物中别的个体中的遗传物质"老死不相往来"。也就是说,每个生物体在DNA的演化上都是"单干户",对于自己和自己后代DNA的变化"后果自负","自生自灭"。某些个体中DNA中新出现的有益变异也无法和别的个体共享。这样,不同的个体在适应环境的能力上就可能会有比较大的差别。

对于单细胞生物来说,这通常不是问题。单细胞生物一般繁殖极快,在几十分钟里就可以繁殖一代。那些具有DNA有益变异的个体很快就可以在竞争中"脱颖而出",成为主要的生命形式,那些差一点的就被淘汰了。而且单细胞生物每传一代,就有约千分之三的细胞DNA发生突变,这些发生突变的细胞中一般能够出现能适应新环境的变种,通过迅速的"改朝换代",单细胞生物通常能够比较好地适应环境的变化。但是对于多细胞生物来讲,这个"战略"却不灵。多细胞生物换代比较慢,常常需要数星期,数月,甚至数年才能换一代,"演化"赶不上环境"变化"。在环境条件变化比较快的时候,这些只能进行无性生殖的物种就有可能因不能及时适应环境的变化而灭绝。

比较好的办法,是让多细胞生物的遗传物质多样化,这样同一种生物中不同的个体就具有适应不同环境的能力。无论环境如何变化,总有一些个体能够比较好地适应,这样物种就不容易灭绝。但是DNA突变的速率是很慢的,要通过每个生物体DNA突变的方式来增加遗传物质的多样性,不是很有效。如果有一种方法能够使多细胞生物的遗传物质迅速多样化,对于物种的繁衍无疑是非常有利的。这就是通过生殖细胞的融合来繁殖后代的"有性生殖"。

如上所述,由单个生殖细胞来繁殖后代的方法虽然简单有效,但是也使不同个体的遗传物质彼此隔绝。

如果同一物种的不同个体之间可以进行遗传物质的"交流",就可以共享 DNA 的有益变异,增加每个生物体中 DNA 的多样性,即增加各种基因形式的组合。这就相当于预先给环境的变化做了准备,物种延续下去的机会就增加了。

不过多细胞生物之间直接进行遗传物质的交换是很难实现的。一个生物体细胞里面的 DNA 怎么能够跑到另一个生物体的细胞中去啊。就算直接的身体接触可以转移一些 DNA 到另一个生物体身体表面的细胞里去,也很难做到那个生物体的每个细胞都能得到转移的 DNA。但是我们前面讲过,多细胞生物最初都有一个细胞的阶段,如果这些单细胞阶段的生物能够彼此融合,成为一个细胞,就能把两个生物体的遗传物质结合到一起。由于以后身体里面所有的细胞都由这个最初的细胞变化而来,身体里面所有的细胞都会得到新的 DNA。

这种用生殖细胞融合的方式产生下一代的繁殖方式就叫做有性生殖(sexual reproduction),它导致同一物种中雄性和雌性的分化,且区别于没有生殖细胞的融合过程(比如分生孢子)、生殖细胞也不分性的无性生殖。有性生殖可以定义为"把两个生物体(通常是同种的)的遗传物质结合在同一团细胞质中以产生后代的过程"。来自不同生物体,彼此结合的生殖细胞就叫做**配子**(gamete),有"配合""交配"之意,以区别于没有细胞融合的"孢子"。由于这两个来自不同个体的生殖细胞在遗传物质的构成上有差别,它们之间融合产生的后代在遗传物质上就不同于上一辈中的任何一个个体,因此不再是上一辈生物体的克隆。由于这种繁殖方式比无性繁殖有更大的优越性,所以真核生物,特别是多细胞的真核生物,基本上都用这种方式来繁殖后代。

几乎所有的真核生物都能够进行有性生殖,而几乎所有的多细胞生物都采用有性生殖的方式来产生后代,这说明有性生殖一定有无性生殖所不具备的优点。归纳起来,有性生殖的优点主要有四个:

一是"拿现成"。DNA 的突变速度是很慢的,比如人每传一代,DNA 中每个碱基对突变的概率只有一亿分之一,也就是大约 30 亿个碱基对中,只有 30 多个发生变异,而且这些变异还不一定能改变基因的功能。而

来自两个不同生物体的"生殖细胞"的融合,有可能立即获得对方已经具有的有益变异形式。通过有性生殖,同一物种的不同个体之间可以实现遗传物质的"资源共享"。

二是"补缺陷"。两份遗传物质结合,受精卵以及后来由这个受精卵发育成的生物体里面的细胞中,DNA 分子就有了双份。如果其中一份遗传物质中有一个"缺陷基因",另一份遗传物质很可能在相应的 DNA 位置上有一个"完整基因",有可能弥补"缺陷基因"带来的不良后果。

三是"备模板"。由于有两份 DNA,一个 DNA 分子上的损伤可以用另一个 DNA 分子为模板进行修复。

四是对两个生物体的基因进行"重新洗牌"。在形成生殖细胞(精子和卵子)的过程中,来自父亲和母亲的染色体会随机分配到生殖细胞中去,而且来自父亲和母亲的 DNA 之间还会发生对应片段之间的交换,叫做同源重组(homologous recombination,见下文),这样来自父亲和母亲的基因就能够随机结合,存在于同一个染色体中。这个过程有可能把有益的变异和有害的变异分开来,而且可以把两个生物体有益的变异结合在一起。"基因洗牌"可以增加下一代 DNA 的多样性,使得整个种群更好地适应环境,比如各种恶劣的生活条件。

有性生殖的这些优点使得多细胞生物从一开始,即在受精卵阶段,就能得到经过补充和修复,具有"备份",而且基因组合具有多样性的遗传物质,而且随着受精卵的分裂和分化,这些遗传物质被带到身体所有的细胞里面去。这也许就是地球上的绝大多数真核生物都采用有性繁殖方式的原因。也正是因为这个原因,绝大多数多细胞生物都是二倍体的,即拥有两份遗传物质,或者至少有含有两份遗传物质的阶段。而原核生物由于不能进行有性生殖,没有细胞融合的情形发生,携带两份遗传物质在细胞分裂前 DNA 复制时会消耗更多的资源,也没有把两份遗传物质分配到两个子细胞中的机制,所以原核生物都是单倍体的,即只拥有 1 份遗传物质,它们靠快速的繁殖和淘汰来适应环境。

有性生殖带来的结果不都是好的。后代在获得"好"的 DNA 时,也有可能获得"坏"的 DNA。基因之间原来"好"的组合也许会被打破,有益的变异形式也有

可能和有害的变异形式组合在一起。这就像英国作家萧伯纳（George Bernard Shaw，1856—1950）对一位女演员提议的回答。这位女演员说，"让我们一起生个孩子吧，这样孩子就有我的美貌和你的头脑"。萧伯纳回答道，"很好，女士，不过要是孩子有我的容貌和你的头脑呢?"

两性之间的分工，也意味着两性必须合作才能产生下一代。这就产生了寻偶、求偶、竞争和交配这些"麻烦事"，需要付出相当的时间和精力，甚至冒一些风险（比如同性生物为争夺交配权的打斗）。对于一些体内受精的动物来讲，还要冒微生物"搭顺风车"，感染上性病的危险。有性生殖是非常复杂的过程。精子和卵子的形成，既需要生殖细胞进行"有丝分裂"，也需要"减数分裂"（见下文），步骤复杂，出错的机会自然要比无性生殖多。尽管有性生殖有这些缺点，但是地球上的多数生物，特别是复杂的高等生物，还是采取了有性生殖的方式，说明有性生殖带来的"好处"超过"坏处"。

原核生物不进行有性生殖，不是它们不"想"，而是由于它们不具备这个能力，主要是原核生物没有进行有丝分裂所需的肌肉骨骼系统。不过原核生物也用其他方式来获得有性生殖的一些好处。这个我们后面再讲。

雌性和雄性的由来

进行有性生殖的并不限于多细胞生物，单细胞的真核生物就可以进行这样的活动，而且看来是为了应付严酷的生活环境。比如酵母菌在营养充足时用无性的"出芽"方式繁殖。一旦营养缺乏，双倍体的酵母就会进行减数分裂，形成单倍体的配子型孢子（分为 a 型和 α 型）。这两种配子型孢子在萌发后能够融合，形成新的双倍体酵母细胞。它的遗传物质经过同源重组，已经和原来的"父母"细胞不同，在困难的环境下有更强的生存能力。

单细胞真核生物，例如衣藻（*Chlamydomonas reinhardtii*）也可以进行有性生殖。在营养缺乏时，单倍体的衣藻细胞在它们的细胞表面分泌两种凝集素蛋白（agglutinin），分别为"正"（mt⁺）型和"负"（mt⁻）型。这两种凝集素蛋白能够彼此结合，然后 mt⁺ 和 mt⁻

类型的衣藻细胞结合在一起，成为一个二倍体的合子（zygote）。合子具有厚厚的细胞壁，可以在严酷的条件下长期存活。在环境条件适宜时，合子进行细胞分裂，形成 4 个单倍体的衣藻。为什么合子会形成 4 个衣藻细胞，而不是一分为二繁殖方式的两个，我们在"减数分裂"部分再讲。

在这个过程中，衣藻细胞自己就变成了生殖细胞，或者叫配子。彼此融合的衣藻细胞在大小、形态、结构上都相同，只是它们细胞表面的凝集素类型不同，所以这类有性生殖叫做同配生殖（isogamy），两个配子叫做同型配子（isogametes）。酵母菌进行有性生殖时，a 型的酵母细胞和 α 型的酵母细胞彼此融合，两种配子的大小、形态、结构也相同，也是同配生殖。这时很难说这两个配子中，哪个是雄性，哪个是雌性。除了衣藻和酵母，一些真菌、藻类和原生动物也都进行同配生殖。对于单细胞的真核生物，两个细胞融合产生的合子在分裂时只形成 4 个单倍体细胞，因此这两个配子携带的营养就足够了。

但是对于多细胞生物来讲，情形就不同了。例如由衣藻演化出来的多细胞生物团藻（*Volvox rouseletti*），可以含有多至 50000 个细胞。要由一个合子发育成有如此多细胞的新个体，营养显然是不够的。生成复杂的生物体需要大量营养，需要配子变得更大，以携带更多的营养。但是配子一大，运动能力就差了，不利于彼此相遇。一个解决办法就是把营养功能和运动功能分开，一种配子专供营养，基本上不动，另一种配子专门运动，除了遗传物质以外，不必要的东西越少越好。这样就由配子逐渐分化成为卵子和精子。卵细胞很大，带有许多营养，数量较少，基本不动；而精子很小，数量众多，擅长运动。产生卵子的生物就是"雌性"，产生精子的生物就是"雄性"。这就是生物"雌性"和"雄性"的来源。这样的生殖方式叫做异配生殖（heterogamy），精子和卵子也叫做异型配子（heterogametes）。多细胞生物，特别是由大量细胞组成的大型生物，都是通过精子和卵子来繁殖后代，因而也分雌雄两性，原因就是对营养和运动性的双重需求要通过不同类型的配子来满足。

也许有人要问：为什么生物只分"雌"和"雄"两性呢? 结合三个甚至更多生物体的遗传物质不是更好

吗？这个主意听上去不错，但是实行起来却很困难。两性寻偶、求偶、竞争和交配的过程已经够复杂的了，再加入"第三方"或"多方"情形会更加困难，在个体密度低的情况下反而会因为"找不齐"三方或多方而无法繁殖。由于各方都有"一票否决权"，"方"数越多，成功概率越低。在细胞进行减数分裂时，如何把三倍或多倍的遗传物质分到三个或多个细胞里面去，再形成单倍体的生殖细胞，也是一个难以解决的问题。现在细胞还没有"一分为三"的机制，更不要说"一分为多"了。所以进行有性生殖的生物，每个生物体不能有多于一个生物学上的父亲和多于一个生物学上的母亲。

有性生殖虽然有那么多优点，但是通过两个生殖细胞的融合来产生后代，面临的困难也是巨大的。如果两个生殖细胞的遗传物质结合在一起，那么融合产生的细胞里面就有两份遗传物质，生物学上叫做"二倍体"，由这样的融合细胞发育出来的是生物也都是二倍体。如果二倍体生物产生的生殖细胞还是双倍体，两个这样的生殖细胞融合后的细胞就会是"四倍体"，再往下的生物就会依次变成"八倍体""十六倍体""三十二倍体"……如果是这样，进行有性生殖的生物很快就会吃不消了：哪个细胞能装下这样以几何级数增加的遗传物质啊？要用生殖细胞融合的方式来产生后代，就需要在形成生殖细胞时，遗传物质减半，成为"单倍体"，这样两个单倍体生殖细胞的结合，才能恢复到动物正常的双倍体状态。这个使遗传物质减半，形成单倍体生殖细胞的过程叫做减数分裂。如果没有这个机制，有性生殖就是一句空话。

原核生物不能进行有丝分裂，更不能进行减数分裂，所以原核生物是无法演行有性繁殖的。真核生物是从原核生物演化而来的，那么真核生物的有性生殖又是如何发展出来的呢？研究发现，有性生殖所需要的减数分裂之所以能够发展出来，主要是由于两个原因，一个是真核生物细胞新增的"骨骼系统"和"肌肉系统"，它们使得真核细胞可以用一种全新的方式来实现细胞分裂，即"有丝分裂"。第二个是原核生物就已经发展出来的修复DNA损伤的"同源重组"机制，它使得配对的同源染色体能够在交换遗传物质的过程中彼此联系在一起，让细胞能够识别它们并且将它们分配到两个"子"细胞中去，在此过程中来自父亲和母亲的基因还可以彼

此交换。在下一节中，我们将具体看看减数分裂是如何在这两种机制的基础上发展出来的。

第二节 破解有性生殖的难题

在上一节中，我们谈到有性生殖必须解决遗传物质按几何级数增加的难题。解决这个难题的唯一方法是进行减数分裂，即让生殖细胞的遗传物质减半。但是减数分裂也是非常复杂的过程，有自己的难题需要解决。幸运的是，真核生物能够继承原核生物修复DNA的机制，并且发展出了有丝分裂和同源染色体配对的机制，这才使得减数分裂能够成功地进行。在具体叙述减数分裂的过程之前，我们先介绍这两种机制。

有丝分裂

在第三章第七节，我们已经详细介绍了有丝分裂（mitosis）的机制，在这里只重复其中的主要内容。

真核细胞分裂时，已经被复制的DNA浓聚成为几十个染色体，每个染色体含有两条染色单体（chromatide），即细胞分裂前染色体被复制后形成的两条DNA序列完全一样的染色体。这两条完全相同的染色单体叫做姊妹染色单体（sister chromatide），它们通过着丝点（kinetochore）相连，形成一个X形状的结构。这个时候染色体在显微镜下最容易被看清楚，所以在临床上常在这个阶段来检查染色体，这也给人以"染色体的结构都是X形状"的印象。其实在细胞不分裂时，每条染色体都是单独的，也不是在浓聚状态，而是分散在细胞核中，不容易被看见。

姊妹染色单体形成后，核膜消失，在原来细胞核的两端有两个发出微管的中心，叫做中心粒（centrioles）。每个中心粒发出许多根微管，向对方中心粒的方向发散，形成一个纺锤形状的结构，叫做纺锤体（spindle）。纺锤体中的微管有些像地球仪上的经线，只不过这些"经线"并不连接两极，而是在两个中心粒之间的某个位置终止。这些微管中的一些通过着丝点和染色体相连。在要被分配到两个子细胞里面的姊妹染色体对中，

每一对的两个染色单体分别被来自不同中心粒的微管相连。所有的染色单体在这样与微管相连后，都排列在两个中心粒中间的一个平面上，这个平面有点像地球的赤道面（equatorial plane）。接着在微管和驱动蛋白以及动力蛋白配合下，用"推""拉""缩"的方式把染色单体分配到两个"子"细胞中去，所以真核生物的这种细胞分裂方式被称为有丝分裂，其中的"丝"指的就是微管。如果读者想详细了解真核细胞是如何用"推""拉""缩"的方式把两份 DNA 分配到两个"子"细胞中去的，可以去看第三章第七节，包括图 3-19。

减数分裂的过程虽然复杂，但是其中两次细胞分裂的机制，仍然是有丝分裂，只是在有丝分裂的基础上进行了一些修改，这个我们后面再谈。

染色体之舞

在减数分裂的第一次细胞分裂中，每条染色体也已经被复制，形成由两条姊妹染色单体连在一起的 X 形状的染色体。但是这两条染色单体并不像在有丝分裂中那样彼此分开，进入两个细胞，而是仍然连在一起，进入同一个细胞。分配到两个细胞里面去的，是来自父亲和母亲的同源染色体。例如来自父亲的 2 号染色体和来自母亲的 2 号染色体就是同源染色体，它们复制后的染色单体并不被分配到两个细胞中去，而是来自父亲的染色体（这时含有两条染色单体）进入一个细胞，来自母亲的染色体（这时也含有两条染色单体）进入另一个细胞。这样在第一次减数分裂之后，每个细胞就只有一套染色体（见图 7-4）。

不过到这里困难就来了：细胞怎么能够"知道"哪两条染色体是 2 号染色体，又如何把它们分配到两个细胞中去，而不是把两条 2 号染色体都分配到一个"子"细胞中去，把另外两条同源染色体（例如 3 号染色体）都分配到另一个"子"细胞中去呢？在有丝分裂中，两条姊妹染色体是通过着丝点连在一起的，所以细胞能够识别它们是同号的染色体，通过每个染色单体的着丝点与微管相连，就可以准确地把这两条染色单体分配到两个细胞中去。但是来自父亲和母亲的同源染色体在细胞中是彼此分开的，即使在分别复制后还是相互分开的，

细胞怎么能够识别它们呢？一个解决办法还是把这两个同源染色体连在一起，这样细胞就"知道"连在一起的两个染色体一定是同源染色体，而发展出办法来把它们分配到两个"子"细胞中去了。这种把同源染色体连在一起的过程叫做染色体联会。这是一个高度保守的机制，从酵母、线虫、果蝇，到哺乳动物，使用的都是同一套机制，说明这个机制在真核生物出现初期就已经形成了。

染色体联会是一个奇妙的过程，类似于"多人舞"变成"双人舞"。在减数分裂的第一次细胞分裂之前，DNA 已经被复制，而核膜还没有消失时，同源染色体能够通过核膜上的蛋白复合物在核膜上运动而相遇和配对。这是因为在每个染色体的端粒处，有一些特殊的识别信号，即由多个 12 个碱基对组成的 DNA 重复序列，它们能够让同源 DNA 互相"认识"，叫做配对中心（pairing center，PC）。没有配对中心的同源染色体不能够彼此配对，而含有同种配对中心，其余部分不同的染色体（即非同源染色体）却能够彼此配对，说明配对中心就足以使同源染色体彼此结合。不同的染色体配对中心的 DNA 序列不同，这就保证了只有同源染色体才能够彼此配对。

配对中心的 DNA 序列本身并不能直接让同源染色体互相识别和结合，而是通过蛋白质。有四种蛋白质可以结合到配对中心上。这四种蛋白的结构中都含有"锌指"（zinc finger，即能够结合锌离子的肽链环，用于与 DNA 结合），统称为"减数分裂中的锌指蛋白"（zinc finger in meiosis，简称 ZIM）。它们分别是 ZIM-1、ZIM-2、ZIM-3 和 HIM-8，其中 ZIM 1-3 结合于常染色体，HIM-8 结合于性染色体。不同的 ZIM 蛋白结合于不同的染色体上，例如在线虫（*C. elegans*）中，ZIM-1 结合于染色体Ⅱ和Ⅲ；ZIM-2 结合于染色体Ⅴ；ZIM-3 结合于染色体Ⅰ和Ⅳ，HIM-8 结合于 X 染色体。染色体对不同 ZIM 蛋白质的结合有助于同源染色体之间的识别和结合。

ZIM 蛋白与配对中心的结合使得一种蛋白激酶 PLK-2（polo-like kinase 2）被招募到配对中心。PLK-2 能够使一种位于两层核膜之间，叫做 SUN-1（Sad1-Une-84）的蛋白氨基端的一个丝氨酸残基被磷酸化。被磷酸化的 SUN-1 蛋白除了和位于细胞核内染色体配对

中心的 PLK-2 结合外，还和细胞核外一种叫 ZYG-12 的蛋白质结合，ZYG-12 再和细胞核外的动力蛋白（Dynein）结合，而动力蛋白能够在细胞核外的微管上"行走"，这样就形成一条"染色体—ZIM—PLK-2—SUN-1—ZYG-12—Dynein—微管"的蛋白链，它横穿两层核膜，把染色体连接到细胞核外的微管上。动力蛋白就可以"拉"着染色体的端粒部分，让染色体沿着核膜"行走"。

通过细胞核外微管的导向，动力蛋白就可以通过蛋白链逐渐把色体的端粒部分都集中到细胞核的一端，而让染色体的着丝点位于细胞核的另一端。这样，所有的染色体的端粒都朝向同一方向，并通过蛋白链和核外的微管相连，染色体的其他部分则在细胞核内散开，形

成一个花束（bouquet）的形状。这使得染色体基本上呈平行排列状态，便于它们彼此配对（图 7-2）。

一开始不同的染色体之间随机地通过着丝点暂时相连，但是通过配对中心的识别，非同源染色体之间的联系解离，最后只剩下同源染色体之间的配对。这就像是一开始的群舞逐渐变成了许多双人舞，只有同源染色体能够彼此配对。这样由两个同源染色体形成的结构叫做四联体（tetrads），因为它含有四条染色单体（每染色体都含有两条姊妹染色单体，参看图 7-4）。

四联体形成后，来自同源染色体的染色单体平行排列。Spo11 蛋白在染色单体上造成双链断裂，并且进行 DNA 片段的交换，即"同源重组"（见下文）。同源重组完成后，四联体中的两条染色体并不分

开，仍然通过着丝点联系在一起。每条染色体中两条姊妹染色单体的着丝点融合在一起，使得四联体只有两个着丝点，每条染色体一个，分别和来自纺锤体两极的微管相连。这样，在第一轮细胞分裂时，同源染色体就能够被准确地分配到两个"子"细胞中去了。

因此，同源染色体之间通过"双人舞"的配对，不仅导致了同源重组，即对来自父亲和母亲的基因进行"洗牌"，还把同源染色体联系在一起，使得它们能够为细胞所识别，被分开到两个"子"细胞中去。这就破解了细胞如何"认识"同源染色体，并且将它们分离到两个细胞中去的难题。

修复 DNA 的损伤

染色体联会不仅解决了同源染色体识别和分配的问题，还由于来自父亲和母亲的染色体被连在一起，它们之间就可以进行 DNA 片段的交换，即同源重组，使得来自父亲和母亲的基因能够存在于同一条 DNA 链上，使得后代的基因组成更加多样化，增强它们的生存能力。而在 DNA 链之间交换片段的机制，却是原核生物为了修复 DNA 损伤而发明的。原核生物也许自己都没有"想"到，它们的这项发明，后来却被真核生物继承，成了减数分裂的重要内容。

原核生物基本上是单细胞生物，"个头"很小，只有 1 微米左右，DNA 又是高度复杂而且脆弱的分子，高能射线（如紫外线）的照射就能使它断裂。在地球大气层

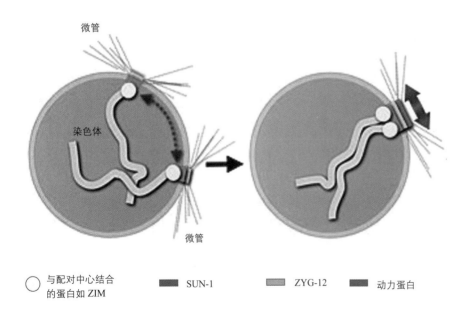

与配对中心结合的蛋白如 ZIM　　■ SUN-1　　　ZYG-12　　■ 动力蛋白

图 7-2　染色体联会。同源染色体之间通过结合于配对中心的蛋白质如 ZIM 招募蛋白激酶 PLK-2，这个激酶使位于两层核膜之间的 SUN-1 磷酸化，并且与蛋白 ZYG-12 结合，ZYG-12 再与细胞核外的动力蛋白结合，通过在微管上行走，使同源染色体彼此靠近，进行同源重组

中还没有氧的时候（如在释放氧气的光合作用出现之前），大气层的外部没有臭氧层来阻挡大部分的紫外线，来自太阳的紫外辐射比现在强烈得多，原核生物1微米大小的细胞根本挡不住紫外线。为了生存，原核生物演化出了修复DNA损伤的机制，其中一种就是修复DNA双螺旋中两条DNA链都断裂的损伤。

原核生物是单倍体，细胞里面只有一份遗传物质。在细胞分裂前，DNA会进行复制，于是原核生物暂时有两份遗产物质，也有两种修复DNA双链断裂的机制。第一种是在细胞只有一份遗传物质时。这时DNA的修复没有模板，只能把断端直接连接起来。原核生物使用两种蛋白来修复DNA双链断裂：蛋白质Mu和多功能酶LigD。Mu能够结合到DNA的断端，同时招募LigD到DNA的断裂处。LigD蛋白同时有核酸酶（nuclease，除去DNA分子上的一些核苷酸单位）、DNA聚合酶（polymerase，以另一条DNA链为模板，合成新的DNA序列）和连接酶（ligase，把DNA的断端连接起来）的活性，可以根据DNA双链断裂的情况，例如2条DNA链是在相同的地方断裂还是在不同的地方断裂，对DNA的断端进行加工，再把断端连接起来。由于这种连接方法有时会造成一些DNA序列的变化（新增或失去一些序列），如果变化的DNA序列又正好在为蛋白质编码的区段内，就有可能造成蛋白质序列的改变，所以不是很理想。

而在DNA复制后，细胞分裂前，原核生物暂时拥有双份遗传物质，也就是暂时变成了二倍体，受到损伤的DNA链就有可能用另一条DNA链为模板来修复自己，这第二种修复机制可以使断裂前的序列完全恢复，所以是更好的修复机制。

原核生物在发生DNA双链断裂时，一个由3种蛋白质（RecB、RecC、RecD）组成的复合物RecBCD就会结合在断裂端上。复合物中的RecC和RecD会把DNA的两条链分开，RecB则把其中的一条链（具有5′末端的）切短，使得具有3′末端的链成为单链DNA。接着另一种蛋白质RecA结合在单链上，开始在模板DNA上寻找相同的DNA序列。一旦这样的序列被找到，单链DNA就会和模板DNA中序列互补的链结合，置换出原来与互补链结合的DNA链。然后，DNA聚合酶以互补链为模板，延长单链DNA，并且进行到超出原先DNA断裂的位置，直到断裂处另一端被切短了的5′末端。被置换的DNA链现在为单链，可以和断裂处另一端的DNA单链结合，并且作为模板，将断链从3′延长，直至原先被RecB切短了的5′端。当这两根单链被延伸到原来同链的断端时，延伸停止，DNA连接酶把延伸链和断端链连接在一起。如此一来，2条双链DNA就各有1条DNA链和对方的DNA链互换。如果把其中1个DNA双螺旋在交汇处旋转180度，就会形成一个十字形的结构。这个结构在1964年由英国科学家霍利迪（Robin Holiday 1932—2014）提出，并得到电子显微镜图

像的证实，称为霍利迪交叉（Holiday Junction）。这个交叉的结构可以看成是2个DNA双螺旋以"头对头"的方式靠近，然后2条链分开，各自与对方的单链连接，形成另外2个双螺旋，组成一个十字形结构（图7-3）。

到了这一步，就有两种方式使这个十字形结构的DNA链断开并换链重新连接，恢复两个独立的DNA双螺旋。一种方式是把交叉的DNA链断开，重新与原来的DNA链连接，这样2个DNA双螺旋之间就没有片段交换。另一种方式是保留交叉的DNA链，将未交叉的DNA链断开，再与对方的DNA链相连，使2条DNA链都实现互换，使得原来的两个DNA双螺旋实现片段互换。不过在原核生物中，由于修复DNA的模板是原来DNA的复制品，这样的片段交换并不会造成DNA序列的改变。

但是如果用于修复的模板来自另一个细胞，这样的DNA片段互换就能够让外来DNA取代一些自身DNA的片段，相当于采用了另一个原核细胞的部分DNA，使自己的DNA形式多样化，对于适应环境的变化是有利的。由于DNA片段的交换发生于相同（例如DNA或和它的复制品）或者同源（来自同一物种，但是不同个体的）的DNA之间，这种DNA之间的片段交换叫做同源重组（homologous recombination）。

真核生物的细胞已经是二倍体，即含有来自父亲和母亲的2份遗传物质。2条对应的染色体虽然含有同样的基因，但是基因的DNA

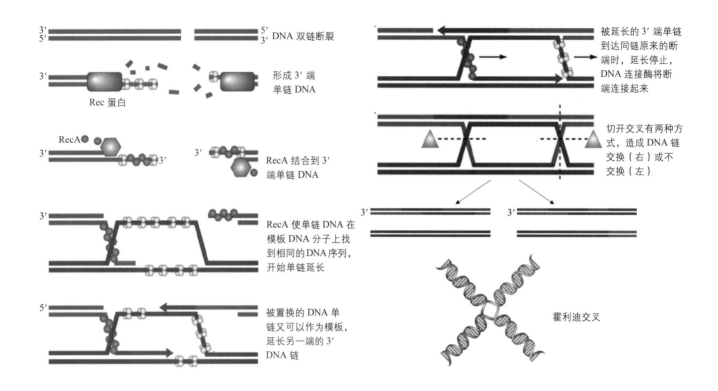

图 7-3　原核生物修复 DNA 的方式，右边的步骤是左边步骤的继续。DNA 双链断裂后，Rec 蛋白使 DNA 在断裂处形成 3′ 端单链，与模板 DNA 上相同或者类似的 DNA 序列结合而延长，再由 DNA 连接酶连接，形成霍利迪交叉（右下）。在重新连接霍利迪交叉的 DNA 链时，有一种方式可以使得原来的 DNA 和模板 DNA 发生片段交换

序列并不完全相同。在这种情况下，来自父亲和母亲的 DNA 片段互换就可以形成新的基因组合，使后代的基因更具多样性，更好地适应环境的变化，原核生物的 DNA 修复机制也就被真核生物继承下来，用来进行基因交换，即同源重组。为了增加重组的频率，真核生物不再被动地等待 DNA 的自然原因断裂，而是主动地创造这种断裂。这就是一种叫做 Spo11 的酶的功能，它能够在 DNA 分子上造成双链断裂，以模仿射线造成的 DNA 断裂。DNA 断裂形成后，再用和原核生物同样的 DNA 修复机制实现同源重组。动物、植物、真菌、古

菌都含有 Spo11 类型的蛋白质，说明这个启动同源重组的蛋白质已经有很长的演化历史，在真核生物和古菌的共同祖先中就出现了。

理解了丝分裂、同源染色体配对以及 DNA 同源重组的机制，有性生殖中减数分裂就容易理解了。

减数分裂的历程

真核生物在进行减数分裂以形成生殖细胞时，一开始和形成体细胞的有丝分裂相同，首先要进行 DNA 的复制，形成四倍体的精母细胞（spermatocyte）和卵母细胞（oocyte）。染色体复制后形成的

两条相同的 DNA 分子也是在一个叫"着丝点"的地方相连，形成一个 X 形状结构的染色体，其中每条染色体叫做姊妹染色单体，它们的 DNA 序列完全相同。每个细胞含有两套这样 X 形的染色体，一套源自父亲，一套源自母亲，它们之间 DNA 的序列有一些差别，但是还彼此独立。

但是在进行第一次细胞分裂时，情形就不同了。在形成体细胞的有丝分裂中，每个 X 形染色体中的姊妹染色单体分别与来自纺锤体两端的微管通过着丝点结合，再被运送到两个子细胞中，来自父亲的染色体和来自母亲的染色体彼此独

立行事，互不相关，因此在形成的子细胞中，来自父亲的染色体和来自母亲的染色体仍然和当初受精卵中的情形一样，彼此独立。而在减数分裂中，DNA 复制加倍后，来自父亲的染色体和来自母亲的同源染色体却通过"双人舞"彼此结合。两个同源染色体的染色单体相邻排列，通过 Spo11 蛋白的作用在 DNA 链上形成双链断裂，在染色单体之间形成霍利迪交叉，把两个同源染色体连在一起。由于每条染色体含有两条染色单体，这样形成的结构叫做四联体。在四连体中，同源染色单体互相交叉，进行 DNA 片段交换，即同源重组（图 7-4）。

在同源重组后，连接两条姊妹染色单体的着丝点彼此融合，这样每条染色体就只有一个着丝点能够与来自纺锤体的微管相连，相当于

普通有丝分裂中的染色单体，只能与来自纺锤体中不同中心粒的微管相连。在细胞分裂时，两个同源染色体就被转运到两个子细胞中去。因此在减数分裂中的第一次细胞分裂中，分开的是同源染色体，每个同源染色体仍然含有两条染色单体，染色单体只是已经发生了 DNA 片段交换。第一次细胞分裂的结果就是染色体的数量减半。

在第二次细胞分裂中，每条染色体中的染色单体（姊妹染色体）彼此分离，进入不同的子细胞。这个过程也和体细胞的有丝分裂一样，只不过要分离的染色体数目少一半，而且每条染色单体有可能已经发生了片段交换。这样，最后形成的生殖细胞只含有一份遗传物质，是单倍体。这样的单倍体生殖细胞（精子和卵子）结合时，就正

好恢复上一代生物的二倍体状态，有性生殖就可以一直进行下去了（图 7-4）。

细胞在进行减数分裂前要进行 DNA 复制，即变成四倍体，需要两轮有丝分裂才能把它变成单倍体。最后形成的单倍体细胞也因此是四个，而不是普通有丝分裂的两个。对于精母细胞来说，最后形成的四个单倍体细胞都发育成精子，但是卵母细胞最后形成的四个单倍体细胞中，只有一个发育成卵子，其余三个细胞都变成极体细胞（polar cells）而退化。

由于生殖细胞得到的遗传物质经过了同源重组，也就是进行了基因的"洗牌"，因此在每条染色单体中，有可能既含有来自父亲的基因，也含有来自母亲的基因，生殖细胞基因的组成就既不同于父亲，

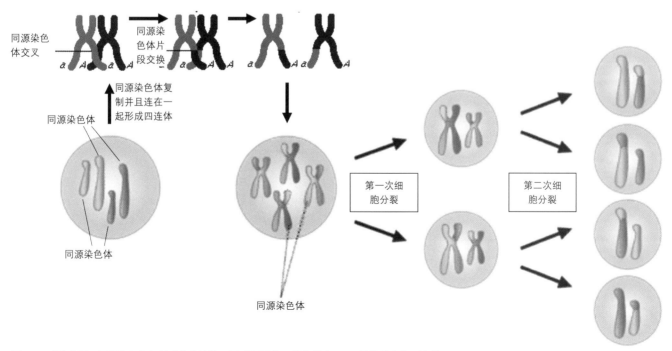

图 7-4 减数分裂。同源染色体复制后彼此连接，形成四联体，其中发生 DNA 片段的交换。这样形成的同源染色体经过两轮细胞分裂，形成 4 个单倍体的细胞

也不同于母亲,也不彼此相同。生殖细胞结合产生的后代中,每个都有自己独特的DNA组成。由于基因重组的可能性几乎是无穷无尽,后代的这种DNA组成只能出现在具体的个体身上,这就使得每个生物个体都是独一无二的,真的是"前无古人,后无来者"。这种个体之间遗传物质组成的差异,给进行有性生殖的生物更高的适应环境变化的能力,对于物种的繁衍是有利的。

细菌和病毒也懂得性?

有性生殖的主要"好处",是使不同个体之间的遗传物质能够进行结合和交换,实现个体遗传物质的多样化。细菌和病毒虽然不能进行精子和卵子融合这样的有性繁殖方式,但是也会采取一些手段达到类似的目的。

细菌交换遗传物质的一种方式很有趣,称为细菌结合(bacterial conjugation)。一个细菌和另一个细菌之间先用菌毛建立联系,菌毛收缩,将两个细菌拉在一起,建立临时的"DNA通道",把自己的质粒用单链DNA的形式传给另一个细菌,自己留下一条单链。两个细菌再用单链DNA为模板,合成双链的质粒。细菌结合可以发生在同种细菌之间,也可以发生在不同种的细菌之间。转移的基因常常是对接受基因的细菌有利的,比如抵抗各种抗生素的基因,利用某些化合物的基因等等,所以这是细菌之间"分享"对它们有益的基因的有效方式。某种细菌一旦拥有了对抗某种抗生素的基因,就可以用这种方式迅速传给其他细菌,让其他细菌也能抵抗这种抗生素(图7-5)。

在细菌结合中,遗传物质是单向传播的,细胞之间只有短暂的"通道",而没有细胞融合,所以不是典型的"有性生殖"。但是其后果也和病毒遗传物质的"重组"一样严重。有人把给出遗传物质的细菌看成"雄性"细菌,把接收遗传物质的细菌看成"雌性"细菌,更多地是比喻。因为细菌在用这种方式获得遗传物质后,又能提供给其他细菌。

病毒基本上就是遗传物质外面包上蛋白质和一些脂类,没有细胞结构,靠自己是无法繁殖的。但是一旦进入细胞,它就可以"借用"细胞里面"现成"的原料和系统来复制自己。病毒在细胞内复制自己时,不同病毒颗粒的遗传物质就可能"见面",也就有机会进行遗传物质的交换。不仅如此,病毒"重组"自己遗传物质的"本事"还更大。"重组"不但可以在相似的(同源的)遗传物质之间发生,还可以在不相似的遗传物质之间发生,甚至和被入侵细胞的遗传物质之间也可以进行交换。研究表明,病毒遗传物质

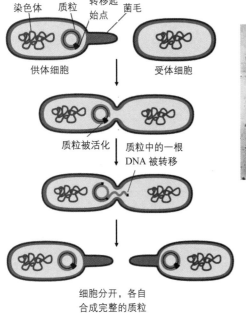

染色体 质粒 转移起始点 菌毛

供体细胞　　　　　受体细胞

质粒被活化 ｜ 质粒中的一根 DNA 被转移

细胞分开,各自合成完整的质粒

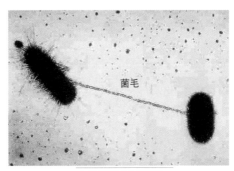

菌毛

大肠杆菌结合的照片

图 7-5 细菌结合。细菌之间先通过菌毛建立联系,菌毛收缩,将两个细胞拉到一起。供体细胞质粒双螺旋中的一条 DNA 链被转移到受体细胞中,两个细胞再分别用单链 DNA 为模板,合成双链的质粒

的"重组"发生得非常频繁，这是病毒演化的主要方式。

许多病毒以 RNA，而不是 DNA 为遗传物质。病毒的 RNA 通常是单链的，如何在单链 RNA 分子之间交换信息，是一个有趣的问题，为此有各种假说和猜想。一种假说是，病毒在复制自己的 RNA 时，有关的酶可以从一个 RNA 分子上"跳"到另一个 RNA 分子上。这样用两个 RNA 分子作为"模板"复制出来的 RNA 分子自然是两种 RNA 分子的混合物。

另一种遗传物质进行重组的方法是交换彼此的 RNA 片段。许多病毒的 RNA 不是一个分子，而是分成若干片段。在进行 RNA "重组"时，来自不同颗粒的片段就可以进行交换。比如许多流感病毒的遗传物质是由 8 个 RNA 片段组成的。如果人的流感病毒和禽流感病毒同时感染猪，它们的遗传物质在猪的细胞里"见面"，就有可能形成两种病毒的混合体。1957 年流行的"亚洲流感病毒"（H2N2）的 8 个 RNA 片段中，有 5 个片段来自人的流感病毒，3 个片段来自鸭流感病毒。我国发生过的人感染 H7N9 流感的病例中，病毒的 RNA 片段有 6 个来自禽流感病毒，但是为凝集素（H）和神经氨酸酶（N）编码的 RNA 片段来源不明，说明这种病毒很可能也是通过 RNA 片段的交换而形成的。

病毒的这些交换遗传物质的方式，虽然不是典型的"有性生殖"，但是也非常有效，并且可以对人类的健康造成重大威胁。把这些过程看成病毒的"性活动"，也未尝不可，只是没有细胞融合的过程，也没有明确的"雌性"和"雄性"之分。

细菌和病毒的"性行为"说明，遗传物质的交换和"重组"对各种生物都有巨大的"好处"，因此所有的生命形式都用适合自己的手段来做到这一点。多细胞生物的"有性生殖"形式，不过是把其中的一种手段定型化而已。

第三节 细胞选择和异性选择

有性生殖虽然有巨大的优越性，但是也要付出代价，其中之一就是生殖细胞的废品率比较高。用无性生殖的方式产生生殖细胞（如分生孢子）的过程比较简单，只需要进行一次有丝分裂，复杂程度只相当于普通的细胞分裂，也没有遗传物质的改变，所以生成的生殖细胞不容易出废品。而减数分裂涉及同源 DNA 之间的片段交换，还需要进行两次有丝分裂，出废品的几率就大多了。例如人每传一代，生殖细胞的 DNA 中每个碱基对出错的机会约为一亿分之一，是进行无性生殖的大肠杆菌的突变速率（约为一百亿分之三）50 倍。精子和卵子出废品的概率也不同。比如人的卵细胞在女婴出生时就形成了，所以女性不会在一生中不断产生卵细胞。男性则不同，在性成熟后的几十年都在不断地产生精子，这就需要精原细胞不断地分裂。男人到 50 岁时，精原细胞就已经分裂了约 840 次。而每一次分裂都可能带来新的突变，所以精子中 DNA 的平均突变率约是卵子的 5 倍。

对于恒温动物，精子的生成还有一个不利因素，就是精子的生成、成熟和储存对温度非常敏感。哺乳动物的体温一般在 37 摄氏度，由于目前还不知道的原因，睾丸的温度在 36 摄氏度或以上就会有严重后果。为了解决这个问题，许多哺乳动物都采取了把睾丸放在体外的方式，这就是阴囊。阴囊是由皮肤形成的"袋子"，可以根据温度变化形状，把温度控制在 35 摄氏度以下。外界温度高时，阴囊松弛，增大表面积，以利于散热。外界温度低时，阴囊收缩，减小表面积，以减少热量散失。外界温度很高（比如摄氏 40 度以上），阴囊还会出汗，靠汗液的蒸发来散热。除了精子生成，还有精子储存的问题。在没有交配机会的情况下，精子必须被储存起来，以备交配时使用。也许体内 37 摄氏度的温度不利于精子长期储存，所以储存精子的"附睾"，也和睾丸一样，位于躯干外的阴囊内。男婴出生后，如果睾丸没有从腹腔下降到阴囊中，就叫做"隐睾症"，而隐睾症几乎总是导致不育，说明体内 37 摄氏度的温度的确对生精和储精不利。

但是用阴囊来"装"睾丸和附睾的做法，相当于把产生和储存精子这样重要的器官都置于躯干以外，使它们容易受伤。即便如此，多数哺乳动物仍然采取了"睾丸外置"的方法，说明这出于不得已，温度这一关难以绕过去。也有些哺乳动物不采用阴囊外置的方法，比如鲸鱼、大象（据说是从水中登陆的）和蹄兔（Hyraxes，模样虽然像啮齿类动物，实际上与大象的关系更近）就用流过体表、温度比较低的血液来拉低睾丸的温度。这对于在水中生活的哺乳动物也许是更好的办法。即使是这样，正常人的精子中也有约25%是畸形的，这还不包括那些形态看起来正常，其实携带有不正常DNA的精子。有的人的精子中高达80%畸形。据联合国卫生组织（WHO）的标准，精子至少要60%正常才能有效地使女方受孕。如果精子和卵子结合的过程是像人结婚那样一对一，那风险就太大了。

为了降低有性生殖中生殖细胞废品率高所带来的风险，进行有性繁殖的生物在生殖细胞的融合阶段就对精子进行选择。人类每次射出的几亿个精子中，只有一个最强壮，最具活力的精子能一马当先，率先到达卵子并与之结合。这样，废品精子就不太有机会使卵子受精而被自然淘汰。精子的选择机制，使得进行有性生殖的生物可以采用单细胞生物那样相对"便宜"的细胞淘汰方式，大大降低成功繁殖的"成本"。如果不是这样，而是采取少量精子甚至单个精子的方式，相当比例的后代则会因为遗传物质的缺陷而无法发育成为健康的、有生育能力的个体，这种"身体淘汰"的方式，成本就高多了。

即使受精过程产生了能够发育为成年动物的受精卵，也不能保证这样的动物是健康的。因此除了细胞选择，进行有性生殖的生物还有另一个层次的选择，就是被同种生物的异性所选择。异性选择可以在个体层次上选择已经长成正常生活的个体。雌性动物会选择综合素质最高的雄性，质量较差的动物则会被剥夺交配权，它们所携带的基因也因不能被传下去而被淘汰。总的效果和单细胞生物直接淘汰较差的个体是一样的。当然雌性不能直接"看见"潜在对象的DNA，但是可以从雄性的体型、毛色、花纹图案的鲜艳程度、"唱歌"的本领、以及在打斗中的表现来判断一个雄性是否身体健康，是否被寄生虫感染，是否具有更强的生活能力等等。最吸引雌性动物的雄性，其后代也容易比同代的其他雄性动物更吸引雌性，因而有可能在基因传递上继续占据优势。

异性选择也是自然选择中的一种，因为配偶也是自然界的一部分，但是异性选择和我们常说的自然选择又有区别。在异性选择中，起作用的只是同一物种中的个体，而自然选择的范围要广泛得多，包括非生命的环境（如温度、水源等等）和生命环境（食物、捕食者、微生物、寄生虫等等）。在一些情况下，异性选择的需要和自然选择的需要是冲突的。比如一些雄鸟为了吸引雌鸟长出很长的尾巴，但是过长的尾巴也会使其行动不便，遇到捕食者时不容易逃脱。过于鲜艳的颜色和更响的叫声也使雄性动物容易将自己暴露给捕食者。但是异性选择又是实行有性生殖的生物淘汰那些生理上正常、但综合素质稍差的个体的重要手段，所以能够长盛不衰。

有了细胞层面的精子选择，再加上个体层面的异性选择，就可以比较有效地克服有性生殖所具有的生殖细胞废品率比较高的缺点，而充分发挥有性生殖的优点，使得有性生殖成为地球上多数生物，特别是高等生物的繁殖方式。

第四节　怎样避免近亲交配

有性生殖要解决的另一个问题，就是近亲交配（inbreeding），即遗传物质相近的个体之间的交配，例如在兄弟姊妹之间（同父母）、表兄弟姊妹之间以及堂兄弟姊妹之间。既然有性生殖的主要优点是结合同一物种中不同个体的遗传物质，以使后代的基因呈现多样性，更好地适应环境的变化，这两个生物个体的遗传物质就应该尽可能地不同。如果交配的两个个体来自同一家庭或家族，由于他们的基因来自共同的祖先，遗传物质相似的程度相对较高，有性生殖的好处就有可能打折扣。

如果兄妹都从父或母那里继承了同样的缺陷基因，这个缺陷基因就可能进入精子和卵子。如果带有这个缺陷基因的精子和卵子结合，产生的后代就会两份基因都是缺陷型的，造成严重的后果。在人类中，表兄妹结婚生下有缺陷的孩子例子并不少见。用近亲交配得到的纯种动物（例如纯种狗）也常常带有遗传病。当动物种群中个体数量太少时，近亲交配就容易发生，产生质量较差的后代，威胁到物种的生存。

动物如此，植物也一样。小麦和大豆的自花传粉相当于是自己和自己"结婚"，是"同亲结婚"。如果长期没有来自其他个体的遗传物质，它们就会逐渐退化。例如小麦连续自花传粉 30~40 年，大豆连续自花传粉 10~15 年后，就会逐渐衰退而失去栽培价值。所以从植物、动物到人，都要极力避免近亲交配（同代近亲）或者乱伦（异代近亲）。人类社会早就从实践中认识到近亲结婚的坏处，形成了规定和习俗来加以防范。除了亲姐弟或亲兄妹不能结婚，三代以内旁系血亲也是禁止结婚的。

但是从理论上说，要做到这一点却很难。近亲的个体属于同一家庭或家族，常常生活在同一环境中，彼此在空间上接近，构成异性的"近水楼台"。如果没有机制加以防止，那么近亲之间的交配就会是概率最高的事件，极大地抵消有性生殖的优点。而植物和动物又不能像人类那样，认识到近亲交配的坏处，它们又是如何避免近亲交配的呢？

植物的方法

高等植物的有性繁殖是通过花来进行的，花就是高等植物的繁殖器官。花的结构分为营养部分和繁殖部分。营养部分称为花被，包括花萼瓣和花冠。繁殖部分包括雄性和雌性的器官。雄性器官为雄蕊，雄蕊上有花药，里面的花粉含有雄配子，相当于动物的精子。雌性器官为雌蕊，上面有子房，子房里面有胚珠，胚珠里面有雌配子，相当于动物的卵子。子房前端有花柱，最前端有柱头。花粉落在柱头上，会向胚珠长出花粉管。雄配子沿着花粉管到达雌配子处，与雌配子结合，然后发育成为种子（见第五章第三节和图 5-20）。

许多植物是雌雄同花的，即在同一朵花上既有雄蕊，又有雌蕊。由于植物不能像动物那样移动去寻找配偶，在植株密度很低时，自花传粉也能够产生有性生殖的后代。虽然这些后代的基因全部来自上一代的植物，但是由于生殖细胞在形成的过程中进行了 DNA 的同源重组，来自雄性亲本和雌雄亲本的基因进行了重新洗牌，自花传粉的后代并不是上一代的克隆，而且后代之间也彼此不同。虽然这种方式不如异花传粉（相当于不同动物个体之间的交配）效果好，但是也部分实现了有性生殖的初衷，使其遗传物质多样化。这对于无法移动的植物来说是有好处的。

即便如此，自花传粉的后代并不能获得新的基因形式，而只是上代基因的重新排列。如果能够实行异花传粉，就相当于动物中不同个体之间的交配，有性生殖的优越性才有可能充分体现，因此植物也发展出了各种机制来避免自花传粉。

一种办法是把雄蕊和雌蕊分开，不让它们在同一朵花中。这样就有了雄花和雌花。雄花产生的花粉必须离开花朵才能到达雌花，这就使得不同植株之间的花粉交换成为可能。雄花和雌花长在同一株植物上叫雌雄同株，例如玉米，它的雄花长在植株的顶端，雌花长在叶腋。雄花和雌花长在不同的植株上叫雌雄异株，例如杨树和柳树就是雌雄异株的植物。

对于雌雄同花的植物，避免自花传粉也有一种办法，就是让雄蕊和雌蕊成熟的时间错开，使得自花传粉不能有效进行。莴苣就是雄蕊先成熟，雌蕊后成熟。甜菜则是雌蕊先成熟，雄蕊后成熟。另一种方式是雄蕊和雌蕊的位置使得自花传粉不可能，例如报春花。第三种办法是让同株植物的花粉落在柱头上后不能萌发，或者无法使雌配子受精，例如荞麦。

科学家还发现，为了避免自花传粉，有些植物还采取了"高科技"的方式。例如矮牵牛（*Petunia inflata*）能够在花中表达一种核酸酶（S-RNase，其中的 S 指 Self），它能够杀死同株植物的花粉，使得自花传粉不可能有效进行。

植物采取的这些措施也表明，有性生殖对于物种的繁衍是有好处的，而避免近亲交配，也是植物充分发挥有性生殖优点而发展出来的做法。

动物的方法

动物是能够"动"的，所以动物避免近亲交配的办法要比植物多。一种方法是让子女彼此分开，到不同的地方去生活。例如狐狸妈妈就会把基本长成的子女驱赶走，不让它们一直和原来的家庭在一起。这固然是为了避免家庭成员之间对资源的竞争，同时也减少近亲交配的机会。有的动物是雌性出走，雄性留下，例如黑猩猩。有的是雄性出走，雌性留下，例如狮子。大猩猩是雌性和雄性都外迁。鸟类由于能够飞翔，迁徙的距离更远，近亲交配的概率更低。

第二种方法叫"稀释法",动物生活在极大的群体中,遇见家庭成员的概率非常小,自然也不容易发生近亲交配,例如非洲的角马(Wildebeest)可以几十万,甚至上百万只生活在一起,要遇见兄弟姊妹的机会微乎其微。

第三种方法是雌性动物和多个雄性动物交配,这样总会有一些雄性不是家庭成员。例如骆驼、狨(marmosets)、鲸鱼、蜜蜂、海龙(pipefish)。

从小一起长大的兄弟姊妹会熟悉彼此的叫声和身体特征。这些信息存入大脑中,会抑制对家庭中的异性成员产生性要求。例如让来自不同家庭的雄性和雌性小鼠在一起长大,它们的生殖期就会推迟,似乎已经把彼此认为是兄妹,而激发不起交配的愿望。

不过这些方法都不能完全避免近亲交配。例如出走的家庭成员有可能再彼此遇见,生活在群体中的动物也可以遇见兄弟姊妹,和多个雄性交配也可能包括家庭成员。对于从小"离家出走"的家庭成员,用叫声和身体特征来辨别的办法就不起作用,更好的办法是动物能够识别近亲,主动地避免与它们交配。

可是同种生物中不同个体之间 DNA 的组成极为相似,怎样才能区别亲属和非亲属呢?例如人之间,即使非家庭成员之间,DNA 序列的差别也还不到 0.1%。因此基因的主要产物蛋白质也只有微小的差别,一般只有个别氨基酸单位不同。这样微小的差别是难以区分亲属和非亲属的。有没有个体之间差异非常大的基因,可以用来鉴别个体之间关系的亲疏呢?

初看起来,这样的情形是很难发生的,因为在不同的个体中,绝大多数蛋白质执行的功能是相同的,它们的氨基酸组成就不能差别太大。例如人血红蛋白中一个氨基酸单位的差别就可以使血红蛋白的形状改变,使人得镰状细胞贫血(sickle cell anemia)。有什么蛋白质能够有非常不一样的氨基酸组成,又能够执行它的正常功能啊?

这样的蛋白质还真有,这就是主要组织相容性复合体(Major Histocompatibility Complex,简称 MHC)。它的作用不是执行人体内通常的生理功能,而是"举报"外来微生物(包括细菌和病毒)。由于细菌和病毒的种类极其繁多,就需要多种这样的分子来结合和识别它们,使得人之间 MHC 分子的差异非常大。关于 MHC

分子更详细的介绍,见第十章第四节,这里只介绍它在动物识别近亲中的作用。

动物能区分亲属与非亲属

微生物是地球上最早出现的生物,其历史已经有约 40 亿年,至今仍在地球上广泛存在。它们种类繁多,数量巨大,生活方式多种多样,能够用一切我们想到和想不到的方式获得能源和新陈代谢所需的物质,而且能够迅速改变自己以适应不断变化的环境,所以生存能力极强。高至几十公里的高空,深至地表以下几千米,烫至热气滚滚的热泉,冷至极地的冰中,都可以找到它们的踪迹。

动物要在这样微生物无处不在的环境中生活,一个首要条件就是不能让微生物侵入身体的内部。动物身体内部的环境是动物为自己的细胞准备的,营养全面而充足,酸碱度合适,各种电解质和微量元素平衡,再加上 37 摄氏度左右的体温,如果微生物进入到这个环境,无异到了它们繁殖的"天堂",几个小时就能够把动物身体的内部变成它们的天下,动物也就无法存活了。

动物有许多机制来防止微生物的入侵,详细情形我们将在第十章第二节和第四节中介绍,这里只介绍动物如何向身体报告有微生物入侵,以便动物的免疫系统采取措施来消灭它们。MHC 分子就有这样的功能。MHC 有两种,MHC Ⅰ 和 MHC Ⅱ,MHC Ⅰ 报告细胞被病毒入侵,MHC Ⅱ 报告身体被细菌入侵(但是多在细胞外)。MHC 是怎样向身体报告"敌情"的呢?任何生物(包括病毒)都需要一些自己特有的蛋白质才能生存,所以检查有没有外来微生物的蛋白质,就是发现这些微生物的有效手段。

动物身体里面几乎所有的细胞(红细胞除外)都含有 MHC Ⅰ。这些细胞把细胞里面的各种蛋白质进行"取样",即把它们切成约 9 个氨基酸长短的小片段,把这些小片段结合到 MHC Ⅰ 上,再和 MHC Ⅰ 一起被转运到细胞表面。MHC Ⅰ 分子就像是"举报员",用两只"手"举着蛋白质片段,向身体说,"看,这个细胞里有这种蛋白质"。如果举报的是细胞自己的蛋白质片段,身体就会"置之不理"。但是如果细胞被病毒入侵,产生的病毒蛋白质就会这样被 MHC Ⅰ"揭发",身体就知道这些细胞被病毒感染了，就会把这些细胞连同里面的病毒，一起消灭掉。

对于细胞外面的细菌，人体有专门的细胞，例如巨噬细胞（macrophage）来吞噬它们。被吞噬的细菌在细胞内被杀死，它们的蛋白质也被切成小片段。不过这些小片段不是结合于 MHC I 上，而是结合于 MHC II 上，和 MHC II 一起被转运到细胞表面，向身体报告："瞧，我们的身体里有细菌入侵啦"。身体接到信号后，就会生产专门针对这种细菌蛋白质的抗体（antibody，一种能够特异地结合外来分子的蛋白质分子），将这些细菌标记上，再由其他细胞加以消灭。

无论是人体自身的蛋白质，还是微生物的蛋白质，都有千千万万种，它们产生的片段也多种多样。为了结合这些蛋白质片段，只靠一种 MHC 是不够的，所以人体含有多个 MHC，各由不同的基因编码。例如人的 MHC I 就主要有 A、B、C 三个基因，它们的蛋白质产物和另一个基因的产物（β- 微球蛋白）一起，共同组成 MHC I。其中 A、B、C 蛋白都可以结合蛋白质小片段。由于人的细胞是双倍体，即有来自父亲和母亲的各一套基因，每个细胞都有两个 A 基因，两个 B 基因，和两个 C 基因，所以每个细胞都有 6 个主要的 MHC I 基因。

不仅如此，A、B、C 基因还有 1000 个以上不同的形式。由于变种的数量是如此之大，每个人得到这些基因中的某一个变种的情形又是随机的（要看父亲和母亲具有的是哪一个变种），光是 MHC I 的 A、B、C 基因的组合方式就至少有 1000 的 6 次方，也就是 100 亿亿种组合方式！这已经远远超出地球上人口的总数。

MHC II 分子也主要有三大类，分别是 DP、DQ、和 DR。每个基因也有多种形式，MHC II 基因组合方式的数量也极其庞大。再加上 MHC I 基因的组合方式，MHC 基因的组合方式多得难以想象，但是每个动物个体只有拥有其中少数几种，这就造成动物之间 MHC 分子形式的差异非常大，在人身上就成为组织排斥的主要原因。

既然动物个体之间拥有的 MHC 基因形式差别很大，它们结合的蛋白质小片段就会不同，这些被结合的蛋白质小片段的差异就会使每个动物个体有不同的气味，能够被同种动物的其他个体闻到，作为判断是否是

近亲的根据。近亲由于拥有共同的祖先，MHC 形式会比较相近，而非近亲的动物个体由于来自不同的祖先，它们的气味而也会有显著差异。

可是由 9 个氨基酸组成的蛋白质小片段是不具挥发性的，它们是如何被求偶动物的嗅觉器官感知到的呢？用小鼠的实验表明，这些蛋白质小片段可以在动物直接接触（比如用鼻尖去接触对方的身体）时被转移到求偶动物的鼻子上。用化学合成的蛋白质小片段进行实验表明，小鼠的鼻子能"嗅"到极低浓度（0.1 纳摩尔，即 10 的负 10 次方摩尔）的这些小片段，而不需要 MHC 的部分。这些片段，连同结合它们的 MHC，也出现在动物的尿液中和皮肤上，既可以直接被求偶动物感知，也可以被微生物代谢成具有气味的分子而被感知，从而能够辨别另一个个体是否是近亲而避免与之交配。

人身上也有同样的情形。在一项研究中，科学家让若干男性大学生穿上汗衫过两天（包括睡觉），这样这些男性的气味就被吸收在汗衫上。然后再让若干女性大学生去闻这些汗衫，挑选出她们所喜欢的气味来。结果具有女性大学生喜欢的气味的男性，他们的 MHC 类型和这些女性的差异最大。这样的效果在一些人群中已婚夫妇的 MHC 类型上也可以看到。比如研究发现欧洲血缘的配偶和美国的 Hutterite 群体（也来自欧洲，但是在婚姻上与外界隔绝）的已婚夫妇中，MHC 不相似的程度远比整个基因组的不相似程度高。当然，人是有丰富精神生活的社会动物，人在求偶时，要考虑的因素很多，社会和文化背景也有很大的影响。许多男女结了婚又离婚，说明 MHC 的差异性并不是决定人类择偶的唯一因素。但是 MHC 类型的差异程度，却是在人们不经意间起作用。MHC 差异大肯定不是建立和维持一个婚姻的充足条件，却很可能是必要条件。

第五节　孤雌胎生和世代交替

既然有性生殖比无性生殖优越，是不是所有的多细胞生物都完全使用有性生殖的方式呢？也不是。因为无性生殖也有其优点，就是简单有效。在无性生殖对物种繁衍更有效的情况下，也会采取无性生殖的方式，例如

蚜虫的孤雌胎生和世代交替。

蚜虫靠吸取植物的汁液生活，其生殖方式也随着季节调整。在夏季，植物繁茂，食物非常丰富。这个时候迅速增加个体数，以尽可能多地"抢占地盘"，对蚜虫最有利，而进行麻烦的有性生殖反而会耽误蚜虫的时间。这个时候母蚜虫就会通过有丝分裂产生一种生殖细胞，其遗传物质和母体细胞一模一样，也是二倍体，不需要受精就可以发育成小蚜虫。这些受精卵在"妈妈"体内发育成小蚜虫，再由"妈妈"生下来，好像有胎盘的动物分娩，所以这种生殖方式叫做孤雌胎生（parthenogenesis and viviparity）。这些小蚜虫和它们的"妈妈"一样，都是雌性。更神奇的是，小蚜虫还在"妈妈"体内的时候，就已经开始孕育自己的下一代了。用这种接力的方式，蚜虫几天到十几天就能繁育一代（图7-6）。

到了秋天，食物开始匮乏了，雌蚜虫就用孤雌胎生的方式，同时产出雌蚜虫和雄蚜虫。雌蚜虫和雄蚜虫进行交配，产下的受精卵在树枝上过冬，来年春天再孵化成雌蚜虫，进行孤雌胎生。蚜虫这种把有性生殖和无性生殖交替使用的

方式叫做世代交替（alternation of generations），但是用孤雌胎生和有性生殖产生的后代都是二倍体，蚜虫没有单倍体的世代，和植物的世代交替不同。这种繁殖方式为一些低等动物所使用。除了蚜虫，瘿蜂（gall wasp）也用这种方式繁殖。通过无性生殖和有性生殖的交替使用，动物既可以在环境优越时用无性生殖的手段迅速增加数量，又可以随后用有性生殖来增加遗传物质的多样性。两种繁殖方式的好处这些动物都得到了。

不过这种世代交替一般只适合生殖周期短的生物，对于需要数年才能繁殖一代的动物，这种方式就难有什么优越性了。只有在极稀罕的情况下，才可以看见一些大型动物（如鲨鱼和火鸡）进行孤雌生殖。

第六节　有性生殖的回报系统

有性生殖的优越性，以及随之而来的生物性器官的演化，可以保证有性生殖的过程"能做"。这两点对于植物就足够了。植物没有神经

系统，没有"思想"，基本上是按程序来进行生理活动。植物发展出了各式各样的方法，例如开花和传粉，来使有性生殖得以进行，而自然选择就可以让进行有性生殖的植物占优势。

但是仅仅"能做"，对动物来讲是不够的。动物，特别是高等动物，是有神经系统，能主动做决定的生物，有性生殖也需要动物主动去"操作"。而有性生殖需要有寻偶、求偶、争夺交配权、交配等过程，是很麻烦，甚至是有危险的事情，如果没有"回报"机制，给从事有性生殖的生物体"好处"，动物是不会自动去做的。换句话说，有性生殖不但要"能做"，动物还必须"想做"，否则有性生殖再优越也没有用，因为动物并不会从认识上知道有性生殖的好处而主动去做。所以动物必须发展出某种机制，以保证种群中的性活动一定发生。动物采取的办法，就是让"被异性选择"和"性活动"这两个过程产生难以抵抗的、强烈的精神上的幸福感和生理上的快感，这就是脑中的回报系统。动物的回报系统在人类身上研究得最详细，我们也就以人类的回报系统作为例子。

人的"回报系统"与脑中多巴胺（dopamine）的分泌有密切关系。当男性进行性活动时，中脑的一个区域，叫做腹侧被盖区（ventral tegmental area，简称VTA）的，会活动起来分泌多巴胺。多巴胺接着移动到大脑的回报中心，一个叫做伏隔核（nucleus accumbens）的地方，使人产生愉悦感。而妇女在进行性活动时，脑干中的一个区域，叫做

图7-6　蚜虫的孤雌胎生

中脑导水管周围灰质（periqueductal gray，简称 PAG）的区域被激活，而杏仁核(amygdala)和海马(hipocampus)的活性降低。这些变化被解释为妇女需要感觉到安全和放松以享受性欢乐。

在性高潮发生时，无论是男性或女性，位于左眼后的一个区域，叫做外侧前额皮质（lateral orbitofrontal cortex）的区域停止活动。这个区域的神经活动被认为与推理和行为控制有关。性高潮时这个区域的活动被"关掉"，也许能使人摒弃一切外界的信息，完全沉浸在性爱的感觉中。

对于男性来讲，射精是使精子实际进入女性身体的关键活动，没有射精的性接触对于生殖是没有意义的，所以男性的性高潮总是发生在射精时，即对最关键的性活动步骤以最强烈的回报，以最大限度地促使射精的发生。

为了最大限度地享受性快感，即对性活动实现最大限度的回报，演化过程发展出了多种神经联系来传递性感觉。性器官的神经联系高度密集，光是阴蒂就有约 8000 个神经末梢。而且在男女两性中，传输性感觉的神经通路都不只一条。比如"下腹神经"（hypogastric nerve）传递妇女子宫和子宫颈的感觉，以及男性前列腺的感觉；骨盆神经（pelvic nerve）传递妇女阴道和子宫颈的感觉和两性直肠的感觉；外阴神经（pudendal nerve）传递妇女阴蒂的感觉，以及传递男性阴囊和阴茎的感觉。除此以外，妇女还有迷走神经（vagus nerve）联系，传递子宫、子宫颈以及阴道的感觉，它绕过脊髓，所以脊髓断裂的妇女仍然可以感觉到对子宫颈的刺激，也能达到性高潮。而且由于神经传输途径的不同，女性阴蒂高潮和阴道高潮的感觉是不一样的。

这样"精心安排"所形成的对性活动的回报系统是如此强大，以致极少有人在一生中完全回避性活动。层出不穷的性犯罪说明，如果对这种回报效应的追求不用道德和法律加以控制，可以在人类社会中导致负面的后果。一些毒品（比如海洛因）就是通过刺激这些回报中心而人为地获得和性高潮类似的感觉。2003 年，荷兰的神经科学家 Gert Holstege 用"正电子发射断层扫描术"（Positron Emission Tomography，简称 PET）监测了男性发生性高潮时和吸食海洛因时脑中的变化，发现二者95% 相同！

但是如果控制得当，性愉悦就是大自然给我们最宝贵的礼物之一。比起动物来，人类更加能够享受性爱的感觉。也许是住房的出现使人类摆脱了繁殖活动对季节的依赖，人类的性活动一年四季都可以进行，而不像许多动物那样每年只有短暂的发情期和交配期。更加宝贵的是，人类的性活动可以延续到生殖"任务"完成后许多年，因而可以与生殖目的"脱钩"，只以享受其感觉为目的。

对于高等动物，特别是人类，光有生理上回报的感觉是不够的，我们还有精神上对异性的欣赏和追求，其中的化学和生理过程就更复杂了。初恋时，血液中神经生长因子（nerve growth factor）的浓度会增加，性渴求时，性激素 [睾酮（testosterone）和雌激素（estrogen）] 的分泌会加速。在爱恋期大脑会分泌多种神经递质，包括多巴胺、正肾上腺素（norepinephrine）和血清素（serotonin），它们使人产生愉悦感、心跳加快、不思饮食和失眠。配偶间长期的感情关系则由催产素(oxytocin)和后叶加压素（vasopressin）来维持。催产素的作用并不只是促进分娩，而是和母爱、对配偶的感情（无论男女）有密切关系。后叶加压素的结构和催产素相似。它的功能也不仅是收缩血管，而且也和配偶之间关系的紧密程度有关。

性活动所导致的生理上的快感和精神上"爱"的感觉都非常强烈，二者的结合使几乎所有的人都无法抗拒有性生殖带给我们的这种巨大的驱动力。人类细致入微的精神感受和各种形式的艺术表达能力更使得"爱"的感觉上升到崇高和神圣的境界，成为人类共享的感受。只要看看流行歌曲中有多少是歌唱"爱"的，看看有多少文学名著以爱情为题材，就可以知道有性生殖对我们精神和生活的影响有多么大。恩格斯在他的著作《家庭，私有制和国家起源》中说，"人与人之间，特别是两性之间的感情关系，是从有人类以来就存在的。性爱，特别是在最近 800 年间，获得了这样的意义和地位，竟成了这个时期中一切诗歌必须环绕着旋转的核心"。这种状况在可预见的将来还会持续下去。

在形成精子和卵子过程中的"基因洗牌"（即同源重组），还使得人类基因的组合方式无穷无尽。每一个人都是独特的，只能出现一次。基因的差异，再加上后天社会的经历和影响，使得每一个人都有自己独特的择偶"口味"和标准。这种人与人之间的差异使得寻偶成了一个非常带个人特性的事情，也使得多数人能够找到自己所喜欢的配偶。我们都有这样的经验：中学时班上你没有感觉甚至不喜欢的异性同学，后来绝大多数都结了婚，说明他（她）们也有人爱。如果大家都是一个"口味"，一个标准，那必然出现一些人被所有的人追，同时又有一些人没人要的情形。

人是从动物演化而来的，所以人类对性活动的强烈反应不是凭空突然出现的，而是继承和发展了许多动物性活动的特点。我们无法直接测定动物对"性"和"爱"的感觉，但是我们可以从动物的行为中推测到有性生殖对动物的影响。

第七节　求偶竞争

动物之间的爱恋之情是可以观察到的。一些处于"恋爱期"的雌鸟和雄鸟（如斑鸠）会紧挤着卧在一起。鲸鱼在交配前要彼此摩擦身体，像情人之间的爱抚。处于生殖期的斑雀（Zebra Finch）会发出"昵声"。斑头雁失去配偶时，会发出哀鸣声，并且永不再"婚"。这些现象都说明，许多动物对于配偶是有感情的，对配偶的感情并不是人类的专利，而是动物有性生殖演化到一定阶段时必然出现的精神活动，目的是进一步增强配偶之间的联系，更有效地把基因传下去。人类对配偶的感情，也是在动物对配偶感情的基础上发展出来的。

对许多动物来说，要把自己的基因传下去，一个重要的手段就是取得 "交配权"。雄性动物为了获得交配权，常常采取"武力竞争"的方式，即直接的打斗。只有最健康最强有力的雄性动物能战胜其他雄性对手，取得交配权。另一种方式不是打斗，而是雄性用外貌、舞蹈、声音、物品、筑巢等手段来吸引雌性。一般来讲，只有最健康，"表现最好"（这也直接和雄性动物的健康状况和"综合素质"有关）的雄性能够取得雌性的"青睐"。有的雄性动物是两种方法并用：它们会用各种方法取悦雌性，同时把别的雄性赶走。

这样的例子不胜枚举。比如雄孔雀绚丽的长尾巴再加上开屏的动作在求偶中就起重要的作用。如果把这些羽毛上最具吸引力的眼纹（靠近羽毛尾端的圆形图案）剪掉，这只雄孔雀就会失去了吸引雌孔雀的能力。把非洲寡妇鸟（widowbird）雄性的长尾巴剪掉，接到另一只雄寡妇鸟的尾巴上，那只具有超长尾巴的雄鸟就最具吸引力，而被剪掉尾巴的雄鸟则"无人问津"。具有色泽鲜艳的大鸡冠的公鸡，和具有最长的、颜色最鲜艳尾巴的"剑尾鱼"（Swordtail fish）最讨雌性的喜欢。叫得最响的"泡蟾"（Tungara frog）对雌性最有吸引力，而雌蟋蟀最喜欢叫声最复杂的雄性。

雄性动物为了把自己的基因传下去，采取了各式各样的方式。例如雄海马的身上长有"育儿囊"。只要成功地诱使雌海马把卵产到育儿囊中，就可以保证只有自己的精子能使这些卵子受精。这不是先争夺交配权，而是先夺取卵子。有些雄海马甚至在育儿囊中发育出类似胎盘的结构，给发育中的小海马提供营养。

一些雄性动物还会举办"求偶派对"，例如多个雄孔雀聚集在专门的求偶场所（lek），用叫声吸引雌孔雀。当雌孔雀到达现场后，雄孔雀们就开始"表演"，抖动羽毛和开屏。雌孔雀根据其中雄孔雀的表现与其交配，而"落选"的雄孔雀则得不到交配权。雄孔雀对求偶场所的选择比较执著，一旦选中了一个场所，第二年还会在同样的地方举行"派对"。举办"求偶派对"的还不仅限于孔雀，其他鸟类，例如澳洲麝鸭（musk duck）、毛领鸽（ruff）、极乐鸟（bird of paradise）、侏儒鸟（manakin），北美的艾草松鸡（Greater sage-grouse）也举办这样的派对。哺乳动物中的乌干达水羚（Ugandan kob）和狐蝠（fruit bat），爬行动物中的海鬣蜥（marine iguana），鱼类中的大西洋鳕鱼（Atlantic cod）、沙漠鳉鱼（desert pupfish）、丽鱼（cichlid），甚至昆虫中的蠓（midge）、鬼面飞蛾（ghost moth）、纸巢蜂（paper wasp）等也用这种形式求偶（图7-7）。

一种雄蛾子在与雌蛾交配后，会在雌蛾的身上留下一种对其他雄性具有排斥性的化合物——苯乙腈（benzyl cyanide），阻止其他雄蛾再来交配。不过雄蛾子没有"想"到的是，它留在雌蛾子身上、排斥其他雄蛾子的苯乙腈，却也对其他"不怀好意"的动物有吸引力。一种体型小得多的寄生蜂就能通过这种气味"知道"这只雌蛾一定是已经完成交配，准备产卵的，于是随着这只

图 7-7　北美艾草松鸡和乌干达水羚的求偶派对

雌蛾到其产卵处。在雌蛾产卵后，把自己的卵产进雌蛾的大卵中，使自己孵化出来的幼虫以雌蛾的卵为食。在这里，雄蛾为了独占交配权所使用的手段，有时反倒害了自己的后代。

澳大利亚的 Cuttlefish（一种乌贼）懂得使用欺骗手段。当个头较小的雄乌贼知道打不过正在向雌乌贼献媚的大块头雄乌贼时，它会在颜色和动作上模仿雌乌贼，使"大块头"对它失去警惕。一旦时机适合，它会立即和母乌贼交配，然后迅速逃跑。这样聪明的小个子是有望将它的基因"代代相传"的，因为它的后代也许也会使用同样的欺骗手段。

蜣螂（dung beetle，俗称屎壳螂）以草食动物的粪便为食，雄蜣螂也用粪球来吸引雌蜣螂。有些雄蜣螂自己做粪球，但是很多雄蜣螂偷别的蜣螂做好的粪球，并且迅速把粪球推离现场。雌蜣螂则跟着粪球走，有的甚至爬在粪球上，像杂技演员那样在粪球滚动时一直待在粪球上，让雄蜣螂推着它走。到了土地松软的地方，雄蜣螂会挖洞，把粪球、雌蜣螂和自己藏起来。在这个安全的藏身之地，其他雄蜣螂的竞争消失了，雄蜣螂才可以"安心"地和雌蜣螂交配，雌蜣螂则把卵产到粪球中，它们的幼虫生下来就有充足的食物。

有些雄性动物为了把自己的基因传下去，甚至采取了"自我牺牲"的手段。有些雄蜘蛛在交配完成后，"甘愿"被雌蜘蛛吃掉。另一种蜘蛛（yellow garden spider, *Argiope aurantia*）在把性器官插入雌蜘蛛的体内后，在几分钟之内就心跳停止而死亡。它的"遗体"就成了"贞操带"，防止其他雄蜘蛛与这只雌蜘蛛交配。

更匪夷所思的是一种深海的"鮟鱇鱼"（anglerfish）。雄性比雌性小得多。当雄性找到雌性时，就用自己的"嘴巴"吸到雌鱼身上。"嘴巴"上的皮肤接着就与雌鱼的皮肤融合，然后雄鱼所有的器官都开始退化，只剩下睾丸还工作，由雌鱼

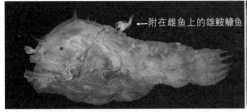
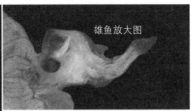

←附在雌鱼上的雄鮟鱇鱼

雄鱼放大图

图 7-8　鮟鱇鱼的交配方式

终生供给营养。这样连在一起的雄鱼和雌鱼还能够相互协调，同时排出精子和卵子以便利受精。通过这种手段，不管是雄鱼寄生在雌鱼身上，还是雌鱼把雄鱼变成了自己的一个器官，还是雄鱼和雌鱼共同组成了一个"雌雄同体"的新生物体，总之雄鱼的交配目的是达到了（图7-8）。

雄狮之间在传递基因上的竞争可以说是"惨烈"的，雄狮常常会杀死雌狮子和其他雄狮所生的后代。为了减少这种情况，东非的雌狮采取了一个聪明的办法，就是先交配，后排卵。只有雌狮确信与她交配的雄狮不会被其他雄狮取代时，她才会排卵。

雄性黑猩猩的身体只有雄性大猩猩的四分之一大，睾丸大小却是大猩猩的四倍。原因也许是大猩猩对自己的"妻妾"们具有绝对的控制权，所以不需要许多精液就能保证把自己的基因传下去。而黑猩猩是群交的，没有固定的配偶。雄性黑猩猩为了增加自己的基因被传下去的机会，就只有增加精液的量。

生物这些千奇百怪的性行为其实只有一个目的，就是有效地用"有性生殖"的方式使得物种能够繁衍下去。

第八节　令人困惑的性染色体

在介绍与有性生殖有关的各种现象之后，一个自然的问题就是，生物的性别是如何被决定的？是什么机制让身体大部分功能（例如呼吸、心跳、消化、排泄）相同的生物体向不同的方向发展，以致成为不同性别的个体？

生物在演化过程中，使用的蛋白质在功能上是高度保守的。例如动物肌肉里面产生拉力的主要蛋白质，在单细胞生物如酵母菌中就已经出现了。哺乳动物细胞分裂的机制（有丝分裂），和单细胞的酵母菌也高度一致。作为有性生殖必要条件的减数分裂，其中的 DNA 同源重组的机制，甚至在原核生物如大肠杆菌中就已经发展出来了。如果我们看看进行有性生殖的动物所使用的性激素，就会发现它们也是高度一致，一脉相承的。例如所有的雄性哺乳动物、鸟类、爬行类动物都使用睾酮作为主要的雄性激素，鱼类则用结构类似的 11- 酮睾酮（11-ketotestosterone），昆虫使用的，也是结构类似的蜕皮素（ecdysone）。同样，所有的雌性脊椎动物都分泌

雌激素，而昆虫也分泌同样的雌激素：雌二醇（estradiol）和雌三醇（estriol）。从这些事实，我们自然会预期，动物的性决定机制也是彼此类似，一脉相承的。但是实际观察到的一些现象却令人困惑，例如所谓的"性染色体"。

人的 46 条染色体中，有 44 条可以配对，成为 22 对染色体，每一对染色体中，一条来自父亲，一条来自母亲，这两条染色体的长短、结构、DNA 序列、所含的基因，以及这些基因的排列顺序，都高度一致。但是在男性中，却有两条染色体不能配对。它们不仅大小不同，DNA 序列和所含的基因也不同。长的一条叫 X 染色体，短的一条叫 Y 染色体。只在女性中，细胞里面没有 Y 染色体，而有两条 X 染色体。由于这两条染色体和人的性别有关，所以它们被称为性染色体。22 对能够配对的染色体似乎和性别无关，称为常染色体。

其他哺乳动物的染色体数目不同，但是也用 X 和 Y 来决定性别。XX 是雌性，而 XY 是雄性。除了哺乳动物，一些鱼类、两栖类、爬行类动物，以及一些昆虫（如蝴蝶）也使用 XY 系统来决定性别。

如果因此就认为所有的动物都用 XY 系统来决定性别，那就错了。鸟类就不用 XY 系统。在鸟类中，具有两个相同的性染色体（叫做 Z，以便与 XY 系统相区别）的鸟是雄性（ZZ），而具有两个不同染色体的（ZW）反而是雌性。除了鸟类，某些鱼类、两栖类、爬行类动物，以及一些昆虫也使用 ZW 系统。

既然 XY 染色体和 ZW 染色体

都是决定性别的染色体，它们所含的一些基因应该相同或相似吧？出人意料的是，XY 染色体里面的基因和 ZW 染色体里面的基因没有任何共同之处。就是同为 ZW 系统，蛇 ZW 染色体里面的基因和鸟类 ZW 染色体中的基因也没有共同之处。

不仅如此，XY 系统还有一个变种，就是 XO 系统。有两条 X 染色体的为雌性（XX），只有一条 X 染色体的为雄性（XO）。这里 O 不表示一个性染色体，而是表示缺这个染色体。这个系统主要为一些昆虫所使用。比如有些果蝇，XX 是雌性，XO 是雄性。蝗虫也是 XX 为雌性，XO 为雄性。既然有 Y 染色体的动物是雄性，没有 Y 的动物怎么也能成为雄性呢？而在人身上，如果缺失 Y 染色体，细胞只有一个 X 染色体（所以相当于 XO 的情况），发育成的人却是女性，只是不正常的女性（如卵巢不能正常发育），这种先天性卵巢发育不全叫做特纳综合征（Turner's syndrome）。

ZW 系统也有一个变种，就是 ZO 系统，其中 ZZ 是雄性，ZO（O 也表示缺失）是雌性。一些昆虫（如蟋蟀、蟑螂）就使用 ZO 系统。如果 W 对于生物发育成雌性是必要的，没有 W 的动物又是如何发育成雌性的呢？

同样为哺乳动物的鸭嘴兽，却有 5 条不同的 X 染色体和 5 条不同的 Y 染色体。雌性为 $X_1X_1X_2X_2X_3X_3X_4X_4X_5X_5$，而雄性为 $X_1Y_1X_2Y_2X_3Y_3X_4Y_4X_5Y_5$。虽然都叫 X 染色体，鸭嘴兽的 5 条 X 染色体和哺乳动物的 X 染色体却没有任何共同之处，反而像鸟类的 Z 染色体。

如果这些现象还使人不够困惑，一些昆虫决定性别的机制就更奇怪了。例如蜜蜂和蚂蚁，雌性和雄性的遗传物质并无不同，只是雌性的遗传物质比雄性多一倍，叫做性别决定的"单双倍系统"（haplodiploidy）。二倍体的动物是雌性，而单倍体的动物是雄性。蚂蚁未受精的卵是单倍体的，不经受精就可以发育成蚂蚁。这样的蚂蚁都是雄性，不"干活"，只负责交配。而受精卵（二倍体）则发育成雌性（蚁后或工蚁）。这就产生了一个奇怪的现象：雄蚂蚁没有"父亲"，也没有"儿子"，却有"外祖父"和"外孙子"。

不管如何奇怪，这些动物的性别还是由遗传因素（即 DNA 的差别）决定的。有些动物的性别决定还受外部因素的影响，在遗传物质不变的情况下改变性别。

例如外界温度就可以影响一些动物的性别，而且有两种方式。一种方式是，高温产生一种性别，低温产生另一种性别。海龟在温度高于 30 摄氏度时孵化出雌性，而温度低于 28 度孵化出雄性。另一种方式是，高温低温都产生某一性别，中间的温度产生另一性别。例如豹纹壁虎（leopard gecko），在 26 摄氏度时只发育为雌性，30 度时雌多雄少，32.5 度时雄多雌少，但是到了 34 度又都是雌性。

有些动物还能"变性"，随环境条件改变自己的性别。许多人都看过美国动画片《海底总动员》（Finding Nimo），其中的主角，住在海葵里面的"小丑鱼"（clownfish），就可以改变性别。在小丑鱼的群体中，最大的为雌性，次大的为雄性，其余更小的则与生殖无关。如果雌性小丑鱼死亡，次大的雄性小丑鱼就会变成雌性，取代她的位置。而原来没有生殖"任务"的小丑鱼中最大的那一条就会变成雄鱼，取代原来次大的雄鱼。

这些情况说明，仅从"性染色体"或者遗传物质的总体水平是难以真正了解性别决定机制的，还应该研究决定性别的基因，因为性别的分化毕竟是靠基因的表达来控制的。

第九节　决定性别的基因

决定人性别的基因的线索来自所谓的"性别反转人"：有些人的性染色体明明是 XY，却是女性，而一些 XX 型的人却是男性。研究发现，一个 XY 型女性的 Y 染色体上有些地方缺失，其中一个缺失的区域含有一个基因，如果这个基因发生了突变，XY 型的人也会变成女性。而如果含有这个基因的 Y 染色体片段被转移到了 X 染色体上，XX 型的人就会成为男性。这些现象说明，这个基因就决定受精卵是否发育为男性的基因。Y 染色体上含有这个基因的区域叫做 Y 染色体性别决定区（sex-determining region on the Y chromosome，简称 SRY），这个基因也就叫做 *SRY* 基因。近一步的研究发现，许多哺乳动物（包括有胎盘哺乳动物和有袋类哺乳动物）都有 SRY 基因，所以 *SRY* 基因是许多哺乳动物的雄性决定基因。

SRY 基因不是直接导致雄性特征的发育的，而是通过由多个基因组成的"性别控制链"起作用。SRY 基因的产物先活化 SOX9 基因，SOX9 基因的产物又活化 FGF9 基因，然后再活化 DMRT1 基因。这个性别控制链上的基因，如 SOX9 和 FGF9 表达的产物，会抑制卵巢发育所需的基因（例如 RSPO1 和 WNT4）的活性，使得受精卵向雄性方向发展。

如果没有 SRY 基因（即没有 Y 染色体），受精卵中其他的一些基因（例如前面提到的 RSPO1 和 WNT4）就会活跃起来，其产物促使卵巢的生成。这些基因的产物抑制 SOX9 基因和 FGF9 基因的活性，使睾丸的形成过程受到抑制。所以男女性

别的分化是两组基因相互斗争的结果（图 7-9）。

DMRT1（doublesex and mab-related transcription factor 1）基因位于哺乳动物中性别控制链的"下游"。人和老鼠 DMRT1 基因的突变都会影响睾丸的形成，说明 DMRT1 基因的确和雄性动物的发育直接有关。不仅如此，它还是鸟类的雄性决定基因，而且位于鸟类性别分化调控链的"上游"（它的"前面"没有 SRY 这样的基因）。DMRT1 基因位于鸟类的 Z 性染色体上，不过和人 Y 染色体上的一个 SRY 基因就足以决定雄性性别不同，一个 Z 染色体上的 DMRT1 基因还不足以使鸟的受精卵发育成雄性，而是需要两个 Z 染色体上的 DMRT1 基因。所以拥有一个 DMRT1 基因的鸟类（ZW

型）是雌性。

DMRT1 基因虽然是决定动物性别的"核心基因"，但是在一些哺乳动物中，其地位却受到"排挤"。不仅被"挤"到了性别决定链的"下游"，而且被"挤"出了性染色体。例如人的 DMRT1 基因就位于第 9 染色体上，老鼠的 DMRT1 基因在第 19 染色体上。这就可以解释为什么哺乳动物的 XY 和鸟类的 ZW 都是性别决定基因，它们之间却没有共同的基因，因为它们所含的性别"主控"基因是不同的，在哺乳动物是 SRY，在鸟类则是 DMRT1。

DMRT1 也是决定一些鱼类雄性发育的基因。比如日本青鳉鱼（Japanese medaka fish）和哺乳动物一样，也使用 XY 性别决定系统。不过这种鱼的 Y 染色体并不含 SRY 基因，而是含有 DMRT1 基因的一个类似物，叫做 DMY。它和哺乳动物 Y 染色体上的 SRY 一样，单个 DMY 基因就足以使鱼向雄性方向发展，而不像鸟类 Z 染色体的 DMRT1 基因那样，需要两个基因（即 ZZ 型）才具有雄性决定能力。

DMRT1 基因"变身"后，还能成为"雌性决定基因"。比如使用 ZW 性别决定系统的爪蟾，在其 W 染色体上含有一个被截短了的 DMRT1 基因，叫做 DM-W。因为其产生的蛋白质是不完全的，所以没有 DMRT1 的雄性决定功能。DM-W 虽然在雄性决定上"成事不足"，却"败事有余"：它能干扰正常 DMRT1 基因的功能，使雄性发育失败。所以带有 DM-W 基因的 W 染色体的爪蟾是雌性的。

DMRT1 基因的类似物甚至能决

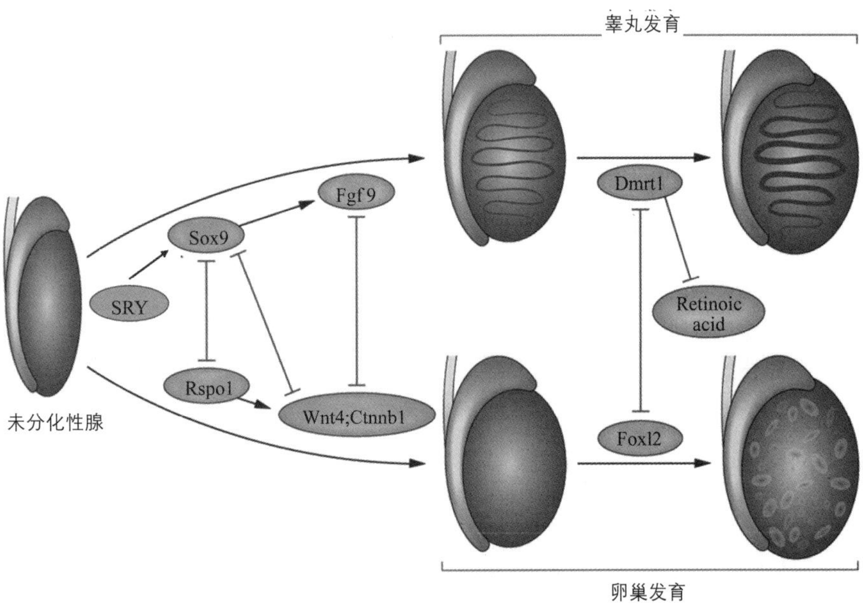

图 7-9 控制性别分化的基因。SRY 位于性别控制链的上游，通过 Sox9 和 FGF9 激活位于下游的 DMRT1 基因，使动物向雄性发展。Sox9、FGF9 和 DMRT1 基因的产物能够抑制雌性决定基因 Rspo1、Wnt4 和 Foxl2。在没有 SRY 基因的情况下，雌性决定基因就活跃起来，并且抑制雄性决定基因，使动物向雌性发展

定低等动物的性别。比如果蝇含有一个"双性基因"（doublesex）。它转录的mRNA可以被剪接成两种形式，产生两种不同的蛋白质。其中一种使果蝇发育成雄性，另一种使果蝇发育成雌性。DMRT1的另一个类似物，*mab-3*，和线虫的性分化有关。其实所有这些蛋白质都含有非常相似的DNA结合区段，叫DM域（doublesex/mab domain），说明这个基因有很长的演化历史，是从低等动物到高等动物（包括鸟类和哺乳类）反复使用的性别决定基因。哺乳动物不过是发展出了*Soy9*和*SRY*这样的"上游"基因来驱动*DMRT1*基因。

因此，在基因水平上，动物决定性别的机制也是高度一致的。性染色体在表面上显现出来的困惑，其实不过是性染色体上控制*DMRT1*基因的"主控基因"在不同的生物中不一样，而*DMRT1*基因又不一定在性染色体上而已。

第十节 男性会消失吗

无论是XY系统还是ZW系统，能具有双份的性染色体（比如哺乳动物雌性中的XX和鸟类雄性中的ZZ）的系统都是比较稳定的，因为它们和总是成对的常染色体一样，拥有备份，可相互作为模板为对方纠错。但是"打单"的性染色体，比如哺乳动物的Y染色体和鸟类的W染色体，就没有这么幸运了。它们因为拥有和另一个性染色体不同的DNA，和对方不能有效地配对，

被纠错的机会就比较小，因此错误和丢失就会不断积累。所以哺乳动物的X染色体和鸟类的Z染色体都比较大，也比较稳定，而哺乳动物的Y染色体和鸟类的W染色体就比较小，而且"退化"很快。

性染色体据信是由常染色体发展而来的。一旦一对常染色体中的一个获得了"性别决定基因"，它的DNA序列就和另一个有所不同了，这就会影响它的配对，也是它退化的开始。在性染色体演化的过程中，还会和常染色体交换遗传物质，这样原来在性染色体上面的"性别决定基因"也可以被转移到常染色体上面去，比如*DMRT1*基因就已经不在人的性染色体上了。

据估计，人的Y染色体在过去的3亿年间（从哺乳动物和爬行动物分开时算起）已经失去了1393个基因，也就是每100万年丢失约4.6个基因。现在Y染色体只剩下几十个基因，按照这个速度，再有1000万年左右，Y染色体上的基因就会被"丢光"，也许其中也包括性别决定的*SRY*基因。有人忧虑，那时"男人"也许就不存在了。

但是如果比较人和黑猩猩的Y

染色体，就会发现从约500万年前人类和黑猩猩"分道扬镳"以后，并没有失去任何基因。在2500万年前人和恒河猴（*rhesus macaque*）分开以后，也只失去了一个基因。这说明每100万年丢失4.6个基因的推论是不正确的。人类Y染色体在过去几千万年中的退化也许并不如想象的那么快。

究其原因，也许是因为人类的Y染色体上有8个"回文结构"（palindrome），即正读和倒读都一样的DNA序列，总共有570万个碱基对。这是Y染色体的一些片段复制自己，又反向连接造成的。这些片段的两边可以相互结合，形成回形针那样的结构。它相当于Y染色体上的一些DNA序列也有了备份，可以起到常染色体的"双份效果"，所以Y染色体现在还是有保持自己稳定性的机制的（图7-10）。

就算Y染色体有一天真的消失了，男人也不一定消失。XO型的蝗虫就没有Y染色体，但是也发育成为雄性。日本的一种老鼠，叫做裔鼠（Ryukyu spiny rat），并没有Y染色体（相当于XO系统），但是一样有雌雄之分。也许它们已经发展

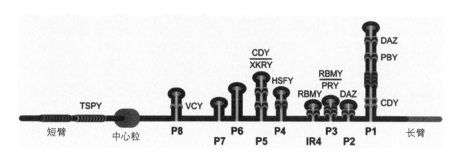

图7-10 Y染色体上的回文结构。图中竖起的回形针形结构就是由回文结构形成的

出一个基因，可以替代 SRY 基因的作用。

生物在性别决定机制上是非常灵活的，我们不必为男性的将来担忧。有性生殖是最有利于物种保存和繁衍的生殖方式，演化过程一定会把这种繁殖方式维持下去的。我们可以继续享受有性生殖带给我们的多姿多彩的"有性生命历程"，包括刻骨铭心的爱情和温馨的家庭生活。

本章小节

地球上所有的生物都必须有繁殖下一代的能力，否则物种就会消亡。原核生物都是单倍体的，即只含有一份遗传物质，繁殖后代的方式也是简单的"一分为二"，遗传物质被复制，再被分配到两个子细胞中去，所使用的工具只是原核生物相对简单的细胞骨架系统。这种繁殖方式不需要细胞之间的融合，单独一个细胞就可以完成繁殖的全过程，叫做无性生殖。这种繁殖方式快捷简便，能够迅速增加个体的数量，缺点是遗传物质被禁锢在单独的细胞中，只能传给自己的直接后代，和其他个体没有关系，所以即使有了好的变化也无法与其他个体共享。

真核细胞由于有强大的骨骼系统和多种能够产生机械力的"肌肉蛋白"，而且能够背着"货物"在骨骼系统形成的轨道上"行走"，发展出了新的细胞分裂方式，那就是有丝分裂。有丝分裂能够把真核细胞数个、甚至数十个染色体准确地分配到子细胞中去。在有丝分裂的基础上，真核细胞还发展出了减数分裂，即将遗传物质的份数减半的机制，这就使得二倍体的真核细胞可以通过减数分裂先形成单倍体的配子（精子和卵子），配子再融合，变回二倍体的真核细胞。真核生物可以通过融合来自不同个体的生殖细胞，将两个个体的遗传物质结合在一起，从而达到遗传物质共享的目的，使得真核生物有更强的适应环境的能力。这种通过生殖细胞融合来繁殖后代的方式叫做有性生殖。提供精子的生物为雄性，提供卵子的生物为雌性。

除了融合来自亲本的遗传物质外，在形成生殖细胞的减数分裂过程中，亲本的基因还会通过同源重组进行交换，即"基因洗牌"，使来自亲本的基因共存于同一染色体中，进一步增加遗传物质的多样性，使后代有更好的适应环境的能力。因此几乎所有的真核生物都用有性生殖来繁殖后代，或者至少在生命周期中有进行有性生殖的阶段。同源重组的机制是原核生物用来修复DNA 损伤的，被真核生物继承来交换亲本的基因。

对于没有意识的植物和真菌，有性生殖是按程序进行的，但是对于有意识，能够主动做出决定的动物来讲，只有有性生殖的能力还不够，还必须有对有性生殖过程回报的系统，使性活动产生快感和被异性选择产生幸福感，这样动物才会主动地去进行有性生殖。

动物的性别是由性染色体决定的，在哺乳动物是 XY系统，有 2 个 X 染色体的发育为雌性，有 1 个 X 染色体和 1 个 Y 染色体的发育为雄性。鸟类使用的是 ZW 系统，有两个 Z 染色体的发育为雄性，有 1 个 Z 染色体和 1个 W 染色体的发育为雌性。XY 系统和 ZW 系统各有自己的变种，分别为 XO 系统（O 代表性染色体缺失）和ZO 系统（这里 O 也代表性染色体缺失）。但是单从性染色体，得不出具体控制动物性别的基因是什么，因为 XY染色体和 ZW 染色体在基因上没有任何共同之处。

对于性别控制基因的研究发现，直接控制动物性别的为 DMRT1 基因，这个基因有非常古老的历史，在线虫和果蝇中就已经出现，是动物一直使用的性别控制基因。在 XY 系统中，DMRT1 基因并不在性染色体上，而控制 DMRT1 基因的"上游"基因 SRY 却位于 Y 染色体上。在 ZW 系统中，DMRT1 基因直接位于 Z 染色体上，自己就是主控基因。这可以解释为什么 XY 和 ZW都是控制性别的染色体，它们之间却在基因上没有任何共同之处。

性染色体中不能配对的 Y 染色体和 W 染色体缺乏供修复用的模板，因此在逐渐退化，染色体变小，基因变少。但是这些染色体仍然有对抗退化的机制，那就是回文结构，这相当于性染色体上的许多基因拥有备份，可以彼此为模板，进行 DNA 的修复。因此我们不必担心有一天人类的男性会消失。

细胞的信号传输系统

CHAPTER 8

所有的生物都是开放系统，从环境中得到能量和建筑身体的材料，而环境的状况是生物难以控制的。特别是单细胞生物，因为"个头"小，只有 1 微米左右，除了形成菌膜以便固定自己之外，这些细胞是"身不由己"的，很容易"随波逐流"，被水流和风带到不同的地方，因此它们生存环境的状况，例如光照、温度、酸碱度、渗透压、无机盐的种类和浓度、有机物的种类和浓度、其他细胞的存在情形等，都容易发生比较大的变动。在外部环境的剧烈变化面前，单细胞生物又必须保持细胞内的环境尽可能的稳定，这样各种生命活动才能够正常地进行。这就要求单细胞生物有感知这些变化的手段，以做出相应的反应，例如趋光和避光反应、向营养物浓度高的地方游动、调整自己的酶系统以便生产需要的酶，而停止生产不再需要的酶等。这是单个细胞水平的信号感知和反应系统，也是多细胞生物中细胞感知和反

应系统的基础。

到了多细胞生物，特别是复杂的多细胞生物，身体的多数细胞是生活在相对稳定的内环境中的，例如动物的多数细胞就"浸泡"在组织液中，但是动物作为一个整体，仍然生活在变幻莫测的环境中，需要动物随时了解这些变化，做出相应的反应，例如寻找食物、躲避天敌、获得配偶、照顾子女等。动物是利用各种感觉器官来感知外部世界的情况的，例如眼睛接受视觉图像，耳朵接收空气振动传来的信息，鼻子里面的嗅上皮接收挥发性分子传来的信息，味蕾接收分子结构种类的信息，皮肤上的各种感受器接收触摸、挤压、伤害、冷热等信息。这些感觉器官结构精巧，功能专一，是高效率的感受信息的器官。

但是感觉器官也是由细胞组成的，感觉器官的构造虽然可以很复杂，但是真正直接接收信息的，仍然是一

种或少数几种细胞，其他细胞只起支持和协助的作用。要理解感觉器官的工作原理，就必须了解感觉器官中直接感知信号的细胞的工作原理。

除了要感知外部情况的变化，动物还必须随时监测体内各种生理指标的变化，例如人体要监测体温、血压、血糖、血液酸碱度、渗透压、入侵微生物等指标的变化，并且做出相应的调整。这些信号的感知通常不是由器官，而是由细胞来进行的。身体用激素、神经信号传送的总体反应指令，也是通过细胞来感知并且做出具体反应的。

生物的身体不是一成不变的，而是有发育期、繁殖期和衰老期，其间身体内部的情况要发生特异的变化。这些变化也是由身体内部的信号和反应系统来完成的。起控制作用的细胞发出指令，这些指令又由效应细胞来接收和执行。

由于所有这些原因，细胞接收和传输信息的能力是整个生物对内外环境变化做出反应的基础，而多细胞生物细胞接收和传递信息的机制又从单细胞的生物发展而来。在第六章《巧夺天工的生物结构》中，我们已经介绍了生物结构形成过程中细胞对控制信号的接收和反应。在本章中，我们将全面地介绍细胞水平上的信号接收和传输机制，以及这些机制形成和演化的过程。器官水平上的信号接收和传递机制，我们将在第十二章（动物的感觉）中再分别介绍。

第一节　蛋白质分子的信息开关

细胞没有眼睛耳朵，没有电缆光纤，更没有大脑，有的只是蛋白质、DNA、各种糖类和脂类物质、无机盐、以及各种小分子如氨基酸和核苷酸。要细胞用这些分子组成信号传输和反应系统，好像有点强"人"所难。但是细胞又是生物接收信号和做出反应的基础，所以生物必须在使用细胞所拥有的材料来建造这样一个信号系统。在实际上，生物不仅用这些"材料"建造出了信息处理系统，而且这个系统的工作方式还出人意料地巧妙。

在细胞里的各种分子中，能够担当这个信息系统主角的，只能是蛋白质分子。蛋白质分子不仅能够催化化学反应以及参与细胞结构的建造，而且还能够在"有功能"和"无功能"、或者"开"和"关"两种状态之间来回转换，这就使它具有接收和传输信号的功能，类似于计算机用"0"和"1"代表电路"通"和"不通"两种不同的状态，并借此来传递信息。由于蛋白质也是细胞中各种生理活动的执行者（例如催化化学反应和调控基因表达），自身状态的改变也同时改变其功能状态，从不执行某种功能到开始执行某种功能，或者停止执行以前在使用的功能，这些改变就相当于是细胞对信息的反应。在许多的情况下，蛋白质分子（一种或多种）就可以完成所有这些任务。在另外一些情况下，一些小分子如核苷酸，甚至一些无机离子如钙离子，也可以起信号传输者的作用，但是形成或者释放这些非蛋白分子的，以及接收这些分子所传递的信号的，仍然是蛋白质分子。

要了解为什么蛋白质分子具有这样的"本事"，需要先了解蛋白质分子是如何形成自己特有的功能状态的。蛋白质由许多氨基酸依次相连，再折叠成具有三维结构的分子。由于肽链中碳－碳之间的单键是可以旋转的，这些碳原子伸出的化学键又不在一条直线上，从理论上说同一种蛋白质可以折叠成无数种形状。这就像用牙签把小塑料球穿成串，插在每个塑料球上的两根牙签又不在一条直线上，而且牙签还可以旋转，这根塑料球链就可以被折叠成无数种形状。如果是这样，蛋白质就不可能有特定的功能了。幸运的是，细胞中肽链折叠的方式并不是任意的，而是受能量状态的控制。在水溶液中，由于蛋白质分子中各带电原子之间的相互作用可以形成氢键，蛋白质分子中亲脂部分又有聚团的倾向，不同的折叠方式就具有不同的能量状态。绝大多数的结构都具有比较高的能量状态，就像位于山顶或山坡上的石头，处于不稳状态，随时可以滚下坡，而处于最低能量状态的结构就像位于沟底的石头，不会自发滚动，是最稳定的状态。一般来讲，处于最低能量状态的结构就是蛋白质分子在细胞中的结构，也是其执行生理功能时的结构。

但是这种能量最低状态的结构是可以改变的。如果蛋白质结合了另一个分子，蛋白质分子中原子之间原来的相互作用情形就变会发生改变，原来的形状就不一定是处在能量最低的状态，而要改变为另一种形状才更稳定。这种现象叫做变构现象（allosteric effect）。蛋白质的功能是高度依赖于它的三维空间结构的，例如酶的反应中心常常是肽链的不同部分通过肽链折叠聚到一起形成的，蛋白质形状改变通常会形成或者破坏这种功能，即把原来没有功能的蛋白质分子变成有功能的分子，或者把原来有功能的蛋白质分子变成没有功能的分子。除去与之结合的分子，蛋白质的形状又恢复原样，这样蛋白质分子就可以在功能"开"或者是"关"的状态之间来回转换。

细胞里面有几千种分子，如果它们都能够和某种蛋白质分子结合，改变它的形状和功能，那么每种蛋白质分子就不只是在两种形状之间来回变换，而是有数千种形状了。幸运的是，这种情形并不会发生。细胞中分子的种类虽多，但是这些分子基本上是互不结合，而是各行其是的。要能够与某种蛋白质分子结合，首先要有形状相匹配的结合面，这就像碎成两段的卵石，断面必须形状完全配合才能重新对在一起，两个不同卵石的断面是无法对在一起的。另一个要求是结合面上电荷的分布也必须匹配，一方带正电的地方，另一方就要带负电，至少不带电，以免出现电荷同性排斥的情形。有这两种限制，能够与一种蛋白特异结合的分子就屈指可数了，在很多情况下只能是一对一地结合，在这种情况下蛋白质分子就只能在两种形状之间来回转换。

这种情形的一个直接后果就是蛋白质可以和信息分子特异结合，从而可以用一对一的方式接收所结合分子所携带的信息。特异结合是信号辨别的首要条件。如果蛋白质不加区别地结合许多类型的分子，例如一种蛋白质同时能够结合葡萄糖和二氧化碳，这两种信号也就无从分辨，蛋白质分子也不会只有"开"和"关"，或者说"0"和"1"两种状态了。所以每一种信息分子都需要能够与它特异结合的蛋白质分子来一对一地传递信息。我们把这些与各种信号分子特异结合，并且接受它们信息的蛋白质分子叫做受体（receptor）。与受体蛋白质结合，并且通过改变受体蛋白形状把信息传递给受体的分子就叫做配体（ligand）。每一种配体分子都需要与它匹配的受体分子结合。在信息链中，信息分子和配体分子是一个意思。

这种与配体分子的特异结合就相当于细胞"认字"。

在人类的语言中，每个名词代表一个意思，识别这些意思可以先用视觉器官看见这个词，或者用听觉器官听见这个词，这些信号被输入大脑后，还要经过大脑对信号的分析，才能知道某个词的意思。而在细胞水平，每种信号分子本身就是一个词。细胞虽然不能叫出葡萄糖和胰岛素的名字，但是通过受体与它们的特异结合，就相当于接收到这个词所携带的信息。

受体通过特异结合感知了某种信息分子的存在后，如何把信息传递下去呢？在这里细胞采取的是同样的策略，即把接收到信号，并且改变了形状的受体分子作为信号传递链中下一级蛋白分子的配体分子，以改变下一级蛋白分子的形状。改变了形状的下一级蛋白分子又可以作为配体，信号就这样传递下去了，直到最后的效应分子，通过它的形状改变使其活性被激活，或者使原来的活性消失，对信号的反应过程就完成了（见图8-1左上）。

由于与其他分子的结合会改变蛋白质分子的形状，细胞中信息这样传递就有两种方式。一种是受体分子与配体分子的结合后，形状改变，使它和下一级蛋白分子的关系改变，从形状不匹配到形状匹配，从不能结合到能够结合，相当于从"关"到"开"。另一种是在没有配体分子结合时受体就与下一级的蛋白质分子结合，但是下一级蛋白分子处于无功能，即"关"的状态。在有配体分子时，受体分子形状改变，从原来能够结合下一级的蛋白质分子变为不再能够结合，下一级的蛋白分子因此从受体分子上游离出来。由于不再与受体分子结合，下一级蛋白分子的形状也要发生改变，功能状态也发生改变，从"关"变为"开"。这两种方式都可以把受体分子接收到的信息传递下去，但是要求配体分子一直与受体分子结合，以保持受体分子变化了的状态（图8-1左下）。

通过与配体分子结合改变形状来传递信息的方式虽然有效，但是也有局限性。蛋白质形状的改变需要配体分子一直与之结合，配体分子一离开，蛋白质又恢复到原来的形状。如果在配体分子离开前信息还没有传递下去，就相当于原来接收到的信息又丧失了。这对于有些信息传递步骤不是问题，例如配体分子和受体分子都不用移动位置，受体分子就可以把信息传递下去的情况。但是如果信息分子必须移动到新的位置才能传递信息，

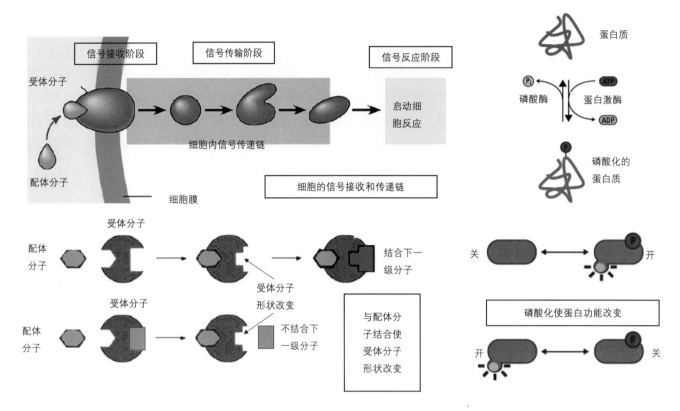

图 8-1 细胞的信号传递链和信号传递的原理。左上：来自细胞外的配体分子与位于细胞膜上的受体分子结合，使受体分子形状改变，信息再通过信号传递链传到效应分子上，启动细胞对外界信号的反应。在信息传递链中，每一步都是上一级的蛋白与下一级的蛋白特异结合，改变下一级蛋白的形状和功能状态，像多米诺骨牌那样把信息传递下去。左下：配体分子与受体分子的结合使得受体分子从原来不能结合下一级分子到能够结合下一级分子，或者从原来能够结合下一级分子到不能结合，让下一级分子的功能改变。这两种方式都能够传递信息，同时也要求配体分子不离开受体分子，以维持受体分子形状改变的状态。右上：蛋白质分子可以在未磷酸化和被磷酸化两种状态中来回变换，这是通过蛋白激酶和磷酸酶的作用实现的。磷酸化可以使蛋白的功能从无到有，即从关的状态到开的状态，也可以是从开的状态变为关的状态。两种方式都可以传递信息。这种传递信息的方式不要求配体分子一直与受体分子结合，是磷酸化使蛋白质分子维持在功能变化的状态下

而配体分子又无法和受体分子一起移动时，问题就来了。解决这个困难的办法就是给受体分子打上"印记"，使受体分子在离开配体分子后还能够保持变化了的形状。这个"印记"，就是对受体蛋白进行修改，例如在氨基酸侧链上加上带电的基团。这些基团引入的电荷会改变蛋白质分子中原子之间的相互作用，形状也就相应改变了，而且在配体分子离开后还能够保持这个状态。

局部电荷改变影响蛋白质分子形状的经典例子就是人的镰状细胞贫血病。在 β- 血红蛋白基因中，

第 6 位为谷氨酸编码的 GAG 序列突变成 GTG，所编码的氨基酸也就变成了缬氨酸。谷氨酸的侧链是带负电的，而缬氨酸的侧链是不带电的，这相当于蛋白质在这个位置失去了一个负电荷。就是这一个负电荷的失去，使得 β- 血红蛋白的形状完全改变，生理功能也就丧失，相当于从"开"变为"关"。当然这种突变造成的氨基酸的替换是不可逆的，不能使蛋白质分子起到开关的作用。要让蛋白质分子能够在两种状态之间来回转换，这种修饰必须是可逆的。

要使蛋白的修饰变成可逆的，生物最常用的办法是在蛋白中一些氨基酸的侧链上加上磷酸基团。磷酸基团含有两个负电荷，如果在合适的地方把它引入蛋白质分子，就可以改变蛋白质的形状和功能。只要这个磷酸根还在那里，蛋白质的状态就可以一直保存，而不再需要配体分子。如果这个磷酸根又可以很方便地除掉，蛋白质的形状和功能又恢复到以前的状态。以这种方式，蛋白质分子就可以在两个状态下来回转化，从而起到开关的作用。在蛋白质分子中加上磷酸基团

的过程叫做将蛋白质磷酸化（phosphorylation），催化这个反应的酶叫做蛋白激酶（protein kinase），它们把 ATP 分子中末端的磷酸根转移到要被修饰的蛋白质中氨基酸的侧链上去。去掉这个磷酸根的过程叫去磷酸化（dephosphorylation），催化这个反应的酶叫做磷酸酶（phosphatase）。这两种酶相互配合，就能够使蛋白质来回地"开"和"关"，成为信号系统中的开关。蛋白质分子中能够反复接受和失去磷酸基团的氨基酸残基有组氨酸、天冬酰胺、丝氨酸、苏氨酸以及酪氨酸。

蛋白质磷酸化的后果有两种，一种是磷酸化使蛋白分子从原来没有功能的状态变为有功能的状态，即从"关"到"开"，例如把原来被掩盖的酶活性"解放"出来。相反的情形也能够发生，即受体分子在没有结合配体分子时具有酶活性，结合配体分子后反倒使酶活性消失，即从"开"到"关"。不管是哪种情形，都是蛋白质分子的磷酸化改变了蛋白质的功能状态，因而可以传递信息（见图 8-1 右下）。由于磷酸化过程中添加在蛋白质分子上的磷酸根是跟着蛋白质分子走的，这种功能状态的改变在配体分子离开后可以继续保持，直至磷酸酶把加上去的磷酸根除去。

细胞的信息传递链也不一定完全由蛋白质组成，配体分子也不一定都是蛋白质，例如后面要谈到的许多神经递质就不是蛋白质，性激素不是蛋白质，细胞内的信息分子如环腺苷酸（cAMP）也不是蛋白质，但是它们与受体蛋白的结合也能改变受体分子的形状和功能状态，起到信息传递的作用。信息传递链中的某些蛋白也可以利用它们被激活的酶活性生产一些非蛋白的信息分子。这些分子又作为配体分子，与下游的受体蛋白结合，改变其形状，把信息传递下去。但是产生这些非蛋白信息分子的，以及接收这些非蛋白分子信息的，仍然是蛋白质。

最后的受体蛋白分子一般是具有其他功能的蛋白，在与自己的配体分子（即上一级信号分子）结合或者同时被磷酸化后其功能被激活，就可以发挥效应分子的作用。无论是作为酶催化化学反应，还是通过结合于 DNA 调控基因表达，都可以实现细胞对信息的反应。

蛋白质分子和配体分子结合改变形状，或者同时被磷酸化，功能也随之改变，改变了功能的蛋白质又可以作为下一级信息分子的配体，使其改变形状或者磷酸

化，最后到达效应分子，这就是细胞中信息系统工作的总机制。下面我们就来具体介绍细胞中的各种信息传递链。它们虽然各有特点，复杂程度不同，但是都不出这个总的机制。

第二节　原核生物的信号系统

原核生物基本上都是单细胞的，比起有内环境的多细胞生物来，它们面临的环境变化更为剧烈，需要能够感知环境变化并且根据这些变化做出反应的系统。原核细胞虽然相对简单，它们的信号传输系统却巧妙有效。下面就是原核细胞传递信息和做出反应的具体方式。

单成分系统

在有的情况下，信息分子可以进入细胞内部，一些营养物，如氨基酸和糖类物质，可以经由细胞的主动运输进入细胞内部，相当于信息已经在细胞内，这就减少了细胞信息传输的旅程。在这种情况下，原核细胞中一个蛋白质分子就可以完成信号接收－反应信号输出的全过程，这叫做信息传递和反应的单成分系统（one component system）。

例如许多细菌都自己合成色氨酸（tryptophan），所以能够生产合成色氨酸的酶。但是如果环境里面已经有足够的色氨酸，细菌再生产合成色氨酸的酶就是一种浪费。细菌是怎样"知道"环境里面已经有大量的色氨酸，从而把与合成色氨酸有关的功能"关掉"的呢？初看起来这个任务好像很复杂，其实完成这个任务的只是一种蛋白质，叫 trp 抑制物。在细胞中没有色氨酸的时候，trp 抑制物上的两个 DNA 识别区段彼此靠得很近，使它不能结合在 DNA 分子上，即形状不匹配。而一旦细胞里面有色氨酸分子，色氨酸分子结合到 trp 抑制物上，trp 抑制物的形状就会发生改变，两个 DNA 识别部分彼此分开，让它们正好能够伸进 DNA 分子上的沟槽内，与 DNA 分子结合。trp 抑制物分子上识别 DNA 部分的氨基酸组成决定了它们只能结合到有关基因的调控部分，即启动子的特殊 DNA 序列上。这种结合相当于是给这

些基因上了一把锁，这些基因不能被"打开"，有关的酶就不能被合成了。在这里色氨酸就是信号（配体）分子，通过与抑制物结合把信号传出，告诉细胞"已经有色氨酸啦"。抑制物形状改变就是接收信号的过程，而通过形状改变，获得结合DNA的功能，结合于有关基因的启动子上，阻止细菌生产与色氨酸合成有关的酶，就相当于是反应信号的输出。如果色氨酸缺乏了，trp抑制物上没有色氨酸结合，又恢复到不能结合DNA的状态，抑制解除，合成色氨酸的酶又可以被生产了。在这个过程中，抑制物并没有发生任何化学变化，改变的只是形状和依赖形状的功能，就起到了开关的作用。一个看似复杂的问题，

解决的过程和方法就是这么简单(图8-2左)。

另一个例子是乳糖酶（lactase）的合成。在环境中没有乳糖的时候，水解乳糖，把它变成细胞可以利用的葡萄糖和半乳糖的乳糖酶就应该停止生产。不过这里的情况要复杂一些。细菌最喜欢的"食物"还是葡萄糖，不是乳糖。在有葡萄糖的时候，即使有乳糖，水解乳糖的酶也不会生产。只有在环境里面没有葡萄糖，只有乳糖时，水解乳糖的酶才被生产。细胞是怎么感知葡萄糖和乳糖的浓度，并且做出正确决定的呢？原来细胞里有一种抑制物蛋白，在不结合配体分子时结合在DNA分子上，阻止乳糖酶的生产。环境里面有乳糖

时，乳糖的一个代谢物——异乳糖（allolactose）结合在抑制物上，改变它的形状，使它不再能够结合在DNA分子上，相当于解除了抑制。但是解除抑制不等于基因就可以表达，还需要具有活化作用的蛋白质来驱动。但是这种活化蛋白质（catabolite activator protein，简称CAP）自身并不能结合在DNA分子上，只有在结合一种叫环腺苷酸（cyclic AMP，简称cAMP）的小分子后，它才改变形状，结合在DNA分子上，激活基因的表达。而细胞中cAMP的浓度又是和葡萄糖的浓度成反比的。在有葡萄糖的时候，cAMP的浓度很低，活化分子基本上不起作用，乳糖酶不被生产。只有在葡萄糖浓度很低时，cAMP的

无色氨酸时，trp 抑制物不能结合在 DNA 上

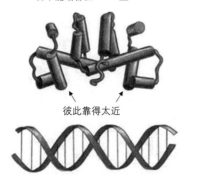

彼此靠得太近

当有色氨酸结合到 trp 抑制物上时，两个 DNA 识别部分分开，正好可以结合在 DNA 上

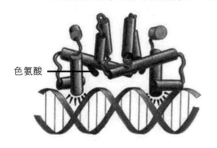

色氨酸

DNA

lac I

cap 结合于 DNA 上，启动乳糖酶基因表达

cAMP

无活性的 CAP

有活性的 CAP

转录

结合抑制物的序列

lacZ

RNA 聚合酶

由于异乳糖的结合而改变形状，从 DNA 上脱落的抑制物，抑制被解除

异乳糖

图 8-2 细菌的单成分信号系统

浓度才显著上升，使活化蛋白发挥作用，乳糖酶才被生产。在这里，乳糖的代谢物就是信息（配体）分子，通过结合于抑制物传达信息，抑制物改变形状，从 DNA 分子上脱落，解除抑制，是反应信号的输出。葡萄糖浓度低的信号由 cAMP 传递给活化蛋白分子，活化蛋白分子改变形状，结合在 DNA 分子上，促进基因表达，也是反应信号的输出（图 8-2 右）。

在以上两个例子中，都是一个蛋白分子既接收信号，又对信号做出反应。在第一个例子中，trp 抑制物在有色氨酸的情况下从无功能变为有功能（trp 抑制物），在第二个例子中，乳糖酶基因抑制物在有乳糖的情况下从有功能变为无功能，CAP 蛋白在没有葡萄糖的情况下从无功能变为有功能，是单成分系统的典型例子。

单成分系统占原核生物信号传输和反应系统的大部分，这些蛋白质多数通过与 DNA 结合或解离来发挥作用，而且它们的 DNA 结合部分都是所谓的"螺旋－转角－螺旋"结构（Helix-turn-Helix，简称 HTH，是一段短肽链把两段卷成螺旋状的肽链连接在一起，见图 8-7）。由于要与 DNA 接触，单成分系统的蛋白分子必须在细胞之内，因此也只能感知细胞内的信号。对于细胞外的信号就难以探测了。为了接收细胞外的信息，原核生物还发展出了含有两个成分的信号传输和反应系统。

双成分系统

前面我们讲了许多信息分子可以进入细胞内部，省去了信息从细胞外传输到细胞内的过程，所以一个分子就可以完成信息接收和信息反应的任务。但是也有一些信息分子是不能进入细胞内部的，为了接收细胞外部的信号，细胞表面必须有由蛋白质分子组成的受体。这些蛋白质应该是跨膜蛋白，即含有跨膜区段，以便稳定地位于细胞膜上。它们的细胞膜外部分可以和细胞外的信号分子结合，接收它们传来的信号；膜内部分则负责把信号传输到细胞内部去。由于它们位于细胞膜上，不可能再去结合 DNA，要调控基因的表达，它们还需要细胞内的分子把信息传递到 DNA 分子上去。由于这个原因，这个系统至少需要两种蛋白分子协同作用，一种接

收细胞外的信号，并且把信号传递到细胞内，另一种接收细胞膜上的受体传来的信号，再进入细胞核，调节基因表达，发挥反应信号输出的作用。这叫做信号传输的双成分系统（two component system），以和上面说的单成分系统相区别。

双成分系统面临的问题是膜上的蛋白如何把信息传递给细胞内的蛋白。在单成分系统中，一个蛋白质分子在结合配体分子后就可以完成形状改变和功能改变的过程，因为这个配体分子可以陪伴蛋白分子在细胞内移动的全程。而在双成分系统中，由于膜上的受体不能离开细胞膜，它不可能一直与细胞内的蛋白分子结合，陪伴它到 DNA 分子上去发挥作用。即使细胞内的分子由于与膜上的受体结合而改变形状，这种形状的改变也无法在离开细胞膜上的受体后继续保持，所以必须有细胞内蛋白在离开膜上受体后仍然能够保持形状变化的方法。如前面所说的，一个办法就是使细胞内蛋白质的磷酸化，把形状变化固定下来，在离开配体分子（这里是膜上的受体）后还能够维持，也就是继续保有信息。而且在这里，双成分系统采取了一个"迂回"的办法，不是直接把细胞内的蛋白磷酸化，而是通过两个蛋白之间磷酸根转移的方式来使细胞内的蛋白磷酸化。这种方式看来很适于在原核细胞中发挥作用，所以在原核生物中，这种磷酸根转移的方式还不只一种。

在这个双成分系统中，细胞膜上的受体分子与细胞外的信号分子结合时，受体分子改变形状，同时其组氨酸激酶（histidine kianse，HK）的活性被释放，也就是用 ATP 作为磷酸根的供体，给其他蛋白质分子的组氨酸侧链加上磷酸根的活性。不过这个活性不是用来使细胞内的蛋白分子直接磷酸化的，而是首先使自己磷酸化。可是激酶通常是使其他蛋白分子磷酸化的，怎么能够使自己磷酸化啊？在这里，原核细胞采取了一个很"聪明"的方式，就是让受体分子以二聚体的形式存在，这样每个受体分子就有一个其他的蛋白质分子在旁边，虽然旁边的那个蛋白质分子和自己是一样的。在受体分子接合底物分子后，获得的 HK 的活性就可以把二聚体中对方分子的一个组氨酸残基磷酸化。虽然这还是让另一个蛋白质分子磷酸化，但是由于被磷酸化的蛋白质分子和自己是一样的，效果和自己使自己磷酸化是一样的，所以这个过程也被称为是自我磷酸化

（autophosphorylation）。以后我们要谈到的其他受体分子的自我磷酸化，说的也是这个意思。

但是自我磷酸化还不能把信息传递给细胞内的蛋白分子。在这里细胞采取的办法是把磷酸根转移到细胞内的蛋白分子上去。受体分子上与组氨酸相连的磷酸键是高能磷酸键，可以把这个磷酸根转移到细胞内接收信号的蛋白分子上的一个天冬酰胺的侧链上，效果相当于直接把这个天冬酰胺磷酸化。

天冬酰胺残基的磷酸化给细胞内蛋白增添了负电荷，使它的形状改变，使它从单体结合成二聚体。这个二聚体就能够结合到 DNA 上，调控基因的表达。因此在双成分系统中，膜上接收细胞外信号的分子是一个 HK，而细胞内接收 HK 传来的信号，并做出反应的分

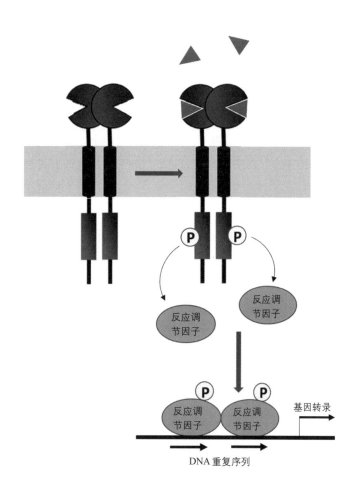

图 8-3　细菌的双成分信号系统。膜上的受体以二聚体的形式存在。当有配体分子（三角）与之结合时，受体分子细胞内部分的组氨酸激酶活性被激活，将二聚体中对方的细胞内部部分磷酸化，即在组氨酸残基上加上一个磷酸根。这个磷酸根随后被转移到细胞质中的反应调节因子的天冬酰胺残基上，使反应调节因子以二聚体的形式结合于 DNA 分子上，启动基因表达。反应调节因子是以二聚体的形式结合于 DNA 的，DNA 分子上也相应地有两个相同的结合序列

子叫反应调节因子（response regulator，简称 RR）。HK 接收细胞外的信号，它的信号输出是组氨酸残基上的磷酸根。反应调节因子 RR 接收 HK 传来的信号（一个天冬酰胺残基接收 HK 组氨酸残基上的磷酸根），状态改变，它的反应输出是结合于 DNA，影响基因表达（图 8-3）。

由于反应调节因子是以二聚体的形式结合于 DNA 的，DNA 上面也相应地有两段相同的结合序列。例如结核杆菌（*Mycobacterium tuboculosis*）决定其致病性的一个信号系统就是双成分系统，叫做 PhoP/PhoR，其中反应调节因子 PhoP 就是以二聚体的形式结合在 DNA 上的，结合的 DNA 序列是：

5′-TCACAGCnnnnTCACAGC -3′

这段 DNA 序列中有两个完全相同的序列 TCACAGC，分别与二聚体中的两个反应调节因子结合（n 表示其间分隔的碱基对）。这个直接重复序列（方向相同的 DNA 重复序列）也说明在反应调节因子的二聚体中，两个反应调节因子的朝向相同，也即以"脸靠背"的方式结合成二聚体的。

在多数情况下，双成分系统都是以这种方式工作的，即通过反应调节因子结合于 DNA 上发挥作用，通过基因表达状况的改变实现生物对外界信号的反应，这和单成分系统也多是通过与 DNA 结合来发挥作用一样。但不是所有的反应调节因子都通过结合 DNA 发挥反应信号输出的作用。例如有的反应调节因子在被磷酸化后具有双鸟苷环化酶（diguanylate cyclase）的活性，使两个 GTP 分子能够彼此相连，成为一个环状的信号分子，再把信息传递给其他系统。有的还具有甲基转移酶（methyltrasferase）的活性，通过在分子之间转移甲基来传输信号等。

在受体 HK 没有接收到信号时，它就不再让自己的那个组氨酸磷酸化，而是具有磷酸酶的活性，把反应调节因子中天冬酰胺残基上的磷酸根去掉，使其转换回无功能状态，以便供受体 HK 下一次使用。所以受体分子既可以是组氨酸激酶，又可以是磷酸酶，就看有没有外部信号分子结合。这种"一身二任"是原核细胞受体 HK 系统的特点，在真核细胞中，激酶和磷酸酶是不同的分子，以增加调节的灵活性。

为了对不同的信息加以区分，一种受体 HK 只和它

自己的反应调节因子配对，所以信号只能传递给自己的反应调节因子，而不会传递给其他受体 HK 的反应调节因子，这样不同受体 HK 接收到的信号（相当于认识到不同的词）就不会在反应调节因子阶段相混淆。在许多细菌中，受体 HK 基因和与它配对的反应调节因子的基因还存在于同一个操纵子（operon，见第二章第六节）中，受同一个启动子控制，这样可以保证它们一起被表达或一起不表达，从而避免受体 HK − 反应调节因子对中，只有其中一个蛋白被表达，而与它配对的蛋白却不被表达的情形。

细菌的双成分系统

一个双成分系统工作的有趣例子是细菌的趋化性（chemotaxis），即细菌能够主动游向营养物浓度高的地方，或者离开它不喜欢的化合物的地方。细菌没有眼睛，没有脑子来分析情况，它们是怎样做到这个聪明的反应的？这就是细菌双成分系统控制的巧妙过程。

细菌表面有多根鞭毛，每根鞭毛的根部连在一个位于细胞膜上的微型"马达"上。细胞膜外的氢离子流过这个马达进入细胞膜内时，就能够带动马达旋转。而且马达上还有一个蛋白分子，可以控制马达旋转的方向。由于鞭毛上有拐弯，鞭毛有所谓的"手性"（handness，即两个方向的形状不对称），旋转方向不同时效果也不一样。鞭毛反时针旋转时，所有的鞭毛都聚集成一束，协同摆动，推动细菌向一个方向前进。如果鞭毛顺时针旋转，这些鞭毛就彼此散开，伸向不同的方向，细菌就乱翻跟斗。在旋转方向再变为反时针时，细菌一般会朝另外一个方向前进。因为翻跟斗是随机的过程，恢复原来前进方向的概率几乎是零，所以翻跟斗是细菌改变前进方向的机会。在没有外部刺激的情况下，鞭毛的旋转方向几秒钟就变一次，这样细菌就在"定向前进 − 翻跟斗 − 再向另一个方向前进"的模式中，朝一切可能的方向运动。

细菌鞭毛转动的方向是由一个双成分系统的反应调节因子 CheY 控制的。磷酸化的 CheY 能够使鞭毛向顺时针方向转动，使细菌翻跟斗。磷酸化的 CheY 越多，鞭毛顺时针转动的时间就越长，细菌翻跟斗的时间也越长。而 CheY 的磷酸化又是被带有 HK 的受体 CheA 控制的。如果有营养物结合，CheA 的 HK 活性就消失，

CheY 的磷酸化程度变小，细菌就更多地定向前进。而如果受体有细菌不喜欢的物质（对细菌是排斥物）结合，CheA 的 HK 被激活，有更多的 CheY 被磷酸化，使鞭毛顺时针方向旋转，细菌就更多地打滚，以更频繁地改变前进方向，增加细菌逃离的机会。

如果有营养物在某个方向浓度高，而细菌又在向营养物浓度高的方向游动，这时就会有越来越多的营养物分子结合在受体上，使得更多的 CheA 失活，让细菌用更多的时间保持原来有利的前进方向。反之，如果细菌游动的方向是朝向营养物浓度低的方向，营养物结合在受体上的就越来越少，使鞭毛顺时针转动的时间延长，翻跟斗更加频繁，终止原来在不利方向上的运动，增加细菌改变方向的机会。同理，如果细菌在向抑制物浓度高的方向移动，就会有越来越多的排斥物结合在受体上，增加 CheY 的磷酸化程度，使细菌更多地翻跟斗，有更多的机会改变原来不利的方向。因此，细菌看似"理性"的行动并不是细菌"思考"的结果，而是演化过程产生的反应程序（图 8-4）。

混合型的双成分系统

双成分系统也有一些变种。例如有些受体 HK 在细胞内的部分还含有一个信号接收域，这个域也含有一个能够接收来自组氨酸残基上磷酸根的天冬酰胺，好像是一个反应调节因子被融合到受体 HK 分子上，叫混合型 HK（hybrid HK）。由于这个信号接收域位于 HK 这个膜蛋白上，它是无法结合于 DNA 进行基因调控的。一个叫做组氨酸磷酸根转移酶的蛋白（histidine phospohotransferase）从这个信号接收域上的天冬酰胺残基上接过磷酸根，把它转移到自己的一个组氨酸残基上，然后作为受体 HK 的"替身"，再把磷酸根转移到反应调节因子的天冬酰胺残基上，进行基因调控。这相当于反应调节因子和受体 HK 都被复制一次作为中介，受体 HK 上面的磷酸根要被转三次手（组氨酸 − 天冬酰胺 − 组氨酸 − 天冬酰胺）才最后使反应调节因子上面的天冬酰胺磷酸化。这种"费事"的安排估计有它的好处，就是增加系统的灵活性，因为作为中介的组氨酸磷酸根转移酶可以从不同的混合型受体 HK 上获得磷酸根，把磷酸根传递给不同的反应调节因子，或者和其他的信号传递链相互作用（图 8-5）。

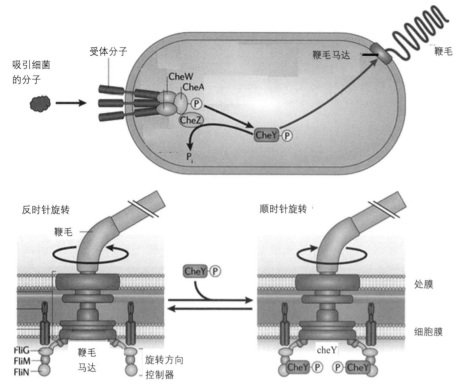

图 8-4　细菌趋化系统中的双成分信号传输。在没有吸引细菌的分子结合到细胞膜上的受体时，受体复合物中的 CheA 具有 HK 活性，使受体细胞内部分的一个组氨酸残基磷酸化。这个磷酸根随后被转移到细胞内的 CheY 分子上。磷酸化的 CheY 与鞭毛马达上的转动方向控制器相互作用，使鞭毛顺时针旋转，细菌也频繁地翻跟斗，不断改变游泳方向。在有吸引细菌的分子与受体结合时，CheA HK 活性消失，CheY 的磷酸化程度降低，鞭毛改为反时针旋转，使得细菌更多地定向前进

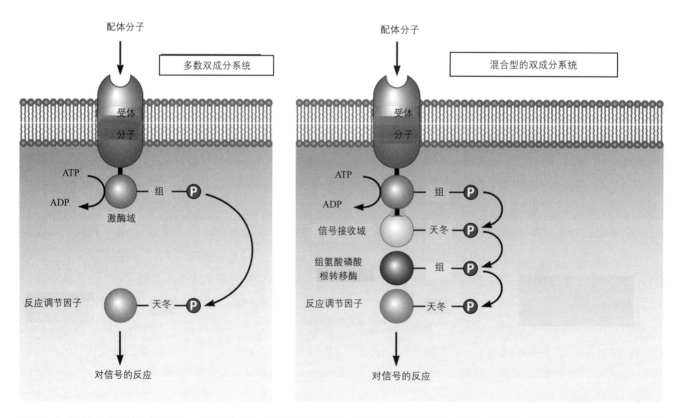

图 8-5　标准型和混合型的双成分系统。为了图的简洁，受体分子只以单体，而不是以二聚体出现。左图：标准型，细菌的多数双成分系统都是这个类型。右图：混合型的双成分系统

这个变种只占双成分系统的一小部分，却被除多细胞动物以外的真核生物所使用，也许就是因为变种受体 HK 系统的灵活性，使它可以被纳入真核细胞更加复杂的信息传递系统中。例如在出芽酵母（*Saccharomyces cerevisae*）中，混合型的受体 HK 叫做 Sln1，是感觉细胞渗透压的蛋白质。在正常的生长环境中，Sln1 是具有自我磷酸化的活性的，它把磷酸根传递给组氨酸磷酸根转移酶 Ypd1p，Ypd1p 再把磷酸根转移给一个叫做 Ssk1p 的反应调节因子。Ssk1p 被磷酸化以后，失去活性，下游调节渗透压的通路也被关闭。如果渗透压过高，Sln1 就失去活性，Ssk1p 失去磷酸根，获得活性，使得下游调节渗透压的信号通路开启。

这个变种还为能够变成多细胞个体的黏菌（slime mold）所使用。例如盘基网柄菌（*Dictyostelium discoideum*，黏菌的一种）在正常情况下是以单细胞状态生活的，但是在饥饿状态下，它们能够分泌信号分子 cAMP。这些黏菌能够感知 cAMP 的信号，聚集在一起，形成多细胞的子实体（fruiting body）来产生孢子。子实体形成的过程也是受 cAMP 浓度调节的。一种调节 cAMP 浓度的方式就是分解它，而这是由黏菌中的混合型受体 HK 系统控制的。一个叫 RdeA 的混合型受体 HK 使得它的反应调节因子（叫 RegA）磷酸化。磷酸化的 RegA 具有水解 cAMP 的磷酸二酯键的活性，能够水解 cAMP。这也是反应调节因子不结合 DNA，而是用其酶活性来对信号作出反应的例子。

在植物中，混合型 HK 系统还被扩大，用于信息传递。例如乙烯是重要的植物信息分子，而拟南芥（*Arabidopsis thaliana*）就有 5 种不同的混合型 HK 来感知乙烯的存在。

原核细胞里的双成分系统是如何演化出来的，是一个有趣的问题。从结构特点来看，HK 和后面要介绍的其他蛋白质激酶不同，因此有自己特有的起源。HK 属于一个古老的蛋白家族，其特点是使用 ATP 水解的能量改变其他分子的结构，例如改变 DNA 缠绕情况的第二型拓扑异构酶 [（Topoisomerase Ⅱ）和热激蛋白 90（Heat shock protein 90，简称 Hsp90）]，因此 HK 可能是从类似这样的蛋白演化来的。

从本节里面的内容，可以看到原核生物的信号传输和反应系统是比较简单的。在多数情况下，一个蛋白质

分子就可以既接收信号，改变自己的形状，又可以通过形状的改变获得或者失去某些功能，作为反应信息的输出分子。即使是双成分系统，在一般情况下也只涉及两个蛋白质分子，受体 HK 和反应调节因子。对于体积微小的原核细胞，看来这样简单的系统就够了。

特别需要指出的是，在任何动物中，都没有发现受体 HK 系统的存在。这也许是因为磷酸化的组氨酸和天冬酰胺都不是很稳定的，不适合在动物细胞中传递信息。动物细胞比原核细胞大得多，生理活动也远比原核细胞复杂，要使整个身体的活动协调一致，动物细胞需要接收的信息远比原核生物多，也需要更加复杂的信号传输和反应系统，以 HK 为基础的双成分系统就被淘汰了。

在原核细胞的双成分系统中，感受外部信号，自我磷酸化，并且把磷酸根传递给反应调节因子的并不限于 HK。例如 B 族链球菌（Group B streptococcus）就有使用丝氨酸或苏氨酸激酶来传递信息的双成分系统。B 族链球菌平时寄生在人的消化道和尿道内，在某些情况下可以引起感染，出现症状。这是因为 B 族链球菌在一些情况下能够产生毒素。控制毒素（例如 β- 溶血素 β-hemolysin）生产的有多个双成分系统。一个是经典的受体 HK-RR 系统，由 CovS 和 CovR 组成。CovS 是感受蛋白，具有 HK 的活性，它把磷酸根传递到反应调节蛋白 CovR 的一个天冬酰胺残基上，使 CovR 能够结合在 DNA 上，启动 β- 溶血素的生产，使 B 族链球菌产生致病性。而在非致病状态下，另一个膜蛋白 Stk1 却具有丝氨酸 / 苏氨酸激酶活性，而且能够把磷酸根转移到 CovR 的一个苏氨酸残基上，使它不能结合于 DNA，β- 溶血素也不能生成。

原核细胞没有组蛋白，但是有类似的碱性蛋白与 DNA 结合，保持 DNA 结构的稳定和调节基因表达，例如 HU 蛋白。据估计，大约 8% 的大肠杆菌基因是受 HU 蛋白调节的。一些致病菌，例如金黄色葡萄球菌（*Staphylococcus aureus*）细胞膜上的丝氨酸 / 苏氨酸激酶能够使 HU 蛋白上的苏氨酸残基磷酸化，使其不能结合于 DNA 上，改变基因的表达状况。在这里 HU 蛋白就是双成分系统的反应调节蛋白。

虽然使用丝氨酸 / 苏氨酸激酶的双成分系统只占原核细胞双成分系统的小部分，大部分原核细胞的双成分

系统仍然使用 HK 系统，但是丝氨酸 / 苏氨酸激酶在原核细胞中的出现却意义重大。HK 是在组氨酸侧链中咪唑环上第 3 位的氮原子上加磷酸根，而丝氨酸 / 苏氨酸激酶却是在丝氨酸和苏氨酸侧链的羟基上加磷酸根。磷酸化的对象不同，对酶结构的要求也不一样，所以丝氨酸 / 苏氨酸激酶的结构也和 HK 不同，而与同样是在羟基上（尽管是在苯环上的羟基）加磷酸根的酪氨酸激酶相似。例如丝氨酸 / 苏氨酸激酶和酪氨酸激酶的催化域都由大约 270 个氨基酸残基组成，而且都分为 12 个亚域。在催化中心都有一个天冬酰胺残基，在 ATP 结合部分都有一个赖氨酸残基，而且附近都有富含甘氨酸的氨基酸序列等。在这些相似性的基础上，这两种激酶被认为是有共同的来源，统称为 Hanks 激酶，以这个领域内的主要研究者，美国科学家 Steven K. Hanks 的名字命名。丝氨酸 / 苏氨酸激酶在原核生物中被发现，也提示酪氨酸激酶在原核细胞中也有可能出现。由于磷酸化的组氨酸和磷酸化的天冬酰胺在化学上不是很稳定的，而磷酸化的丝氨酸、苏氨酸、酪氨酸却很稳定，适宜在多细胞的动物细胞内参与信息的传递，这就为动物细胞内高度复杂的信号传递系统准备了条件。

原核细胞中的酪氨酸激酶

就在不久以前，人们还一直认为原核细胞里的信号传输和反应系统只是单成分系统和双成分系统（包括其变种），而其他形式的信号传输系统，例如蛋白质分子中酪氨酸残基的磷酸化，只是真核细胞才具有。

但是科学研究的新结果却打破了这种传统的看法。通过测定原核细胞内磷酸化的蛋白质，科学家们发现，原核生物被磷酸化的蛋白质中，酪氨酸残基被磷酸化的蛋白质所占的比例（3%~10%）虽然总体少于真核生物中的比例（3%~39%），但是仍然有相当数量的蛋白质含有磷酸化的酪氨酸。对原核生物基因组全部 DNA 序列的分析也表明，类似真核类型的 Hanks 类型的激酶在各种细菌中广泛存在。然而，所有这些激酶都只使蛋白质中的丝氨酸 / 苏氨酸残基磷酸化，而没有使蛋白质中酪氨酸残基磷酸化的例子，那么原核生物中酪氨酸残基被磷酸化的蛋白质又是从哪里来的呢？这个酪氨酸残基被磷酸化的蛋白质又具有什么功能呢？

近年来，数个原核生物的酪氨酸激酶被提取出来，例如从大肠杆菌中提取的 Wzc，从不动杆菌（*Acinetobacter johnsonii*）中提取的 Ptk，从结核杆菌（*Mycobacterium tuboculosis*）中提取的 PtkA。它们都是膜蛋白，而且像双成分系统中的 HK 那样，具有细胞膜外部分和细胞膜内部分，细胞膜内部分具有激酶的活性，能够在二聚体或多聚体中互相磷酸化，即所谓的自我磷酸化，而且是使自己的酪氨酸残基磷酸化。从蛋白质的这些性质，人们猜想它们的结构也许和受体丝氨酸 / 组氨酸激酶类似，而且也是用来传输来自细胞外的信号的。

然而，对这些蛋白质结构的分析表明，它们和 Hanks 类型的激酶（包括真核生物中的丝氨酸 / 苏氨酸激酶和酪氨酸激酶）没有任何关系。它们只存在于原核生物，特别是细菌中，所以被称为细菌酪氨酸激酶（bacterial tyrosine kinase，简称 BY 型激酶）。

对一些这类蛋白的基因进行突变，发现细菌细胞外多糖的合成受到影响，因此这些酶和细菌荚膜（capsule）的形成有关。例如在大肠杆菌中，Wzc 能够使二磷酸尿苷 - 糖脱氢酶（uridine diphosphate-sugar dehydrogenase，简称 UGD）上的酪氨酸残基被磷酸化，调节荚膜多糖可拉酸（colanic acid）的合成。如果 UDG 被 BY 型激酶 Etk 磷酸化，还能使细菌合成一种能够抵抗一些抗生素（如多粘霉素 polymyxin）的细胞外多糖。

在同时，也有证据表明，BY 型的激酶还能够像双成分系统那样，使细胞质中的蛋白磷酸化，影响它们的功能。例如它们能使细菌的热激蛋白磷酸化，影响细菌对严酷环境的反应。枯草杆菌（*Bacilus subtilis*）的 PtkA 能够使单链 DNA 结合蛋白 SsbA 和 SsbB 磷酸化，和 DNA 的复制过程有关。

BY 型激酶的结构和原核生物中泵出亚砷酸盐（arsenite）的 ATP 酶 ArsA，以及细胞分裂时，控制细胞中隔（septum）形成的 MinD 蛋白类似，估计是从一种古老细菌的 ATP 酶演化而来的。由于它具有细胞膜外的部分和细胞膜内的激酶部分，也有可能像双成分系统那样，在信号接收和信号传递中起作用。不过到目前为止，还没有发现与 BY 型激酶有关的外部信号。它们在信号传递中的作用还有待研究。

但是 BY 型激酶在多细胞动物中完全消失这一事

实，说明这一类的激酶不适合于多细胞动物的需要。例如 BY 型激酶的一个主要功能和细菌的荚膜形成有关，而多细胞动物的细胞并没有荚膜。而且多细胞动物需要接收的信号种类更多，传递路线和反应机制也更复杂，BY 型激酶系统就被淘汰了。取而代之的，是动物的受体酪氨酸激酶系统。

基因越多，传递越复杂

如果把各种原核生物中这两个系统的数量和这些生物总的基因数量相比较，可以看到一个有趣的现象，就是这两个系统的数量都和基因总数的平方成正比。根据美国科学家 Ulrich、Koonin 和 Zhulin 对 145 种原核生物的统计，单成分系统和双成分系统和基因总数的关系分别是：

单成分系统数量 = 7.708 × 基因总数 $^{2.0198}$

双成分系统数量 = 1.106 × 基因总数 $^{2.326}$

这个结果表明，生物的基因总数增加时，需要监测的参数的数量增加的速度要快得多，所以生命活动的复杂性会随着基因数量的增加而更快速地增加。这可能是由于分子之间相互作用的可能性不是随分子数的增加而呈线性增加的。例如两种分子之间只能有一种相互作用方式（A-B），而三种分子就有三种（A-B、A-C、B-C），设分子数为 N，则计算公式为：

$$(N-1) + (N-2) + (N-3) + \cdots\cdots + (N-N)$$

当然这个公式中的关系不是平方关系，细胞里也不是任意两个分子之间都可以发生相互作用，细胞里面的真实情形要复杂得多，但是这个公式也说明，分子之间能够作用的可能性还是会非线性地增加。这个结果也表明，原核生物中单成分系统的数量约为双成分系统的 6—7 倍，也就是单个分子担负起了大部分信号传输和信号反应的任务。

以上的数据只是平均值，这两种信号接收和反应系统的具体数量还和微生物的环境变化状况有关。环境状况比较稳定的，这两种系统的数量就比较少，而环境复杂多变的，这两种系统的数量就比较多，以尽量检测到环境变化的状况。例如生活在海洋中，环境变化比较小的蓝细菌和生活在土壤中植物根部附近的变形菌（Sinorhizobium meliloti）的基因组大小很接近，

前者为 770 万个碱基对，后者为 670 万个碱基对，但是前者只有 69 个单成分系统和 35 个双成分系统，而后者却有 390 个单成分系统和 40 个双成分系统。居住在我们胃中的幽门螺杆菌（Helicobacter pylori）由于胃中环境相对稳定，只有 4 种双成分系统，而附着在人呼吸道内上皮细胞上过寄生生活的肺炎支原体（Mycoplasma peumoniae）则完全没有双成分系统。

第三节 动物的单成分系统

从上一节的内容中我们知道，原核细胞中信号系统的数量是和基因总数的平方成正比的，也即细胞需要控制的参数随着基因数的增加而非线性地快速增加。比较简单的原核生物如此，比原核生物复杂得多的多细胞动物就更加如此。例如人的身体就由多个系统组成，每个系统包括若干器官，每个器官里有不同的组织和不同类型的细胞，这样人体内细胞的总数就超过 60 万亿个，分为 200 种不同类型的细胞。控制所有这些细胞活动的，是超过 2 万个基因。要协调所有这些细胞的活动，还要对外部环境的变化做出反应，需要非常复杂的信号接收、信号传递以及信号处理系统。在细胞水平上，位于细胞膜上接收细胞外来的信号的受体分子种类增加，机制多样；细胞内传递信息的分子则分为多个层次，而且信息链之间还互相交连，形成复杂的信息网络系统。在本章中，我们将逐个介绍多细胞动物身体中，细胞水平上的信号系统，包括神经细胞接收和传递信号的原理。为叙述简洁起见，我们以后用"动物"一词来代表多细胞动物。

动物细胞虽然复杂，但也不是所有的信号系统都复杂。能够用简单方式解决问题的，就不需要更加复杂的系统。动物细胞的单成分系统就是一个例子。我们也就从动物的这个最简单的信号传输和反应系统开始。

许多信息分子是亲脂的，它们可以通过扩散穿越细胞膜到达细胞内部，直接把信息传递给细胞内的受体分子。例如雌激素（estrogen，如雌二醇 estradiol）、雄激素（androgen，如睾酮 testosterone）、孕酮（progesterone，即黄体酮）、糖皮质激素（glucocorticoid）、盐皮质激

素（mineralcortocoid）等都是以胆固醇为原料合成的信息分子，统称为"类固醇"（steroid）类分子。它们有和胆固醇分子类似的基本骨架，可以自己穿越细胞膜进入细胞。除类固醇类的分子，甲状腺素（thyroxine，包括三碘甲状腺素triiodothyronine，即所谓的 T_3 和四碘甲状腺素 tetraiodothyronine，即所谓的 T_4），维生素 A 和维生素 D、视黄酸（retinoic acid）也是亲脂性分子，也可以自己穿越细胞膜，进入细胞内部。由于信息分子自己就可以进入细胞内部，省去了把信号从细胞外传递到细胞内的步骤，信号传输系统也就可以比较简单，像原核生物的单成分系统那样，一个分子就可以完成任务。

在细胞内部"等着"它们的，也是一类受体分子，它们与这些信号分子结合后，就能够作为转录因子，结合在 DNA 上，影响基因的表达，所以在与配体分子结合后，它们就变成了转录因子。这类分子的基本结构相似，都以二聚体的形式与 DNA 结合，与 DNA 结合的结构都是锌指（见下文和图 8-7），所以这些蛋白被归为一类，叫做核受体（nuclear receptor），意思是它们直接在细胞核中发挥作用。

核受体主要分为两类，第一类平时存在于细胞质中，与热激蛋白结合。这时它们没有生理活性。在与进入细胞的信号分子（配体分子）结合后，它们的形状改变，从热激蛋白上脱落，形成二聚体。这时它们分子中所含的进入细胞核的信号肽被暴露出来，被核膜上的通道识别，而被转运到细胞核内，以转录

因子的身份调控有关基因的表达。这一类的核受体包括雌激素受体、雄激素受体、孕激素受体、糖皮质激素受体、盐皮质激素受体等（图8-6）。

第二类核受体平时存在于细胞核中。在没有信号分子（配体分子）时，它们和"辅抑制物"（co-repressor）分子结合，没有转录因子的活性。在与配体分子结合后，形状改变，与辅抑制物分子脱离，改与"辅活化物"（co-activator）分子结合，作为转录因子调控有关基因的表达。这类受体包括视黄酸受体、甲状腺素受体、维生素 D 受体等。

动物的单成分系统中，与 DNA 结合的结构是所谓的"锌指"（Zinc finger）。锌指是蛋白质分子中的特殊结构，突出如手指状，里面常常含有锌离子，因此被称为锌指，是蛋白质分子用来与 DNA 结合的结

构之一。锌指中与锌原子结合的是半胱氨酸和组氨酸残基的侧链。这些氨基酸残基以一定的距离排列，在肽链卷曲时，就正好形成与锌离子结合的空间结构。例如在最常见的 Cys_2His_2 类型的锌指结构中，有两个半胱氨酸残基和两个组氨酸残基参与锌离子的结合，有关的氨基酸序列为：

X_2- 半胱 $-X_{2,4}-$ 半胱 $-X_{12}-$ 组 $-X_{3,4,5}-$ 组

其中半胱代表半胱氨酸，组代表组氨酸，X 代表其他氨基酸，下标的数字表示这些氨基酸的个数（图 8-7）。

由于核受体是以二聚体的形式与 DNA 结合的，DNA 上也有两个相同的序列来对应这两个核受体分子。在多数情况下，这两个 DNA 序列彼此相同，但是方向相反，彼此之间有 3 个碱基对的距离。如果

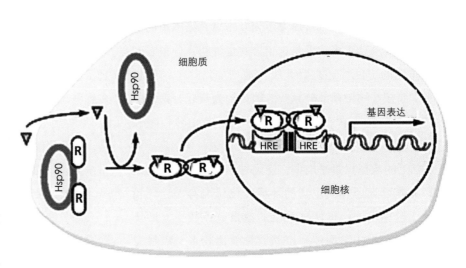

图 8-6　动物的单成分系统。许多核受体（R）平时位于细胞质中，与热激蛋白（例如 Hsp90）结合。配体分子（在图中用三角表示）进入细胞后，与核受体分子结合，使其与热激蛋白分开，并且形成二聚体，进入细胞核，结合在 DNA 上启动基因表达

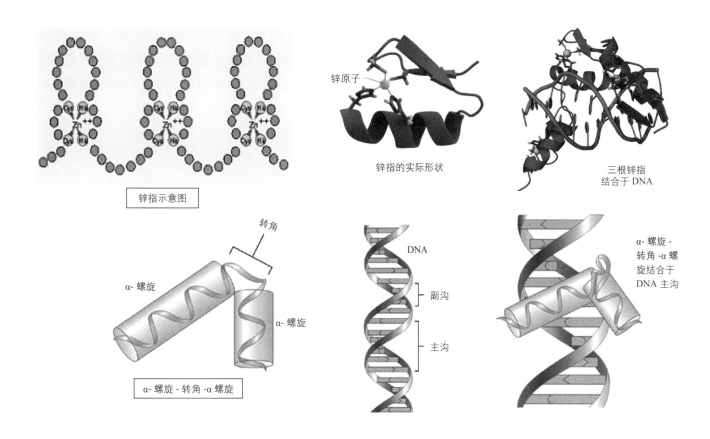

图 8-7　锌指（上）和 α 螺旋－转角 -α 螺旋（下）。左上为锌指结构示意图，按一定距离排列的半胱氨酸和组氨酸残基的侧链与锌原子结合，形成 3 个指状结构。上中为其中一根锌指的空间结构。右上显示 3 根锌指与 DNA 结合。左下显示 α 螺旋－转角 -α 螺旋的结构，它结合于 DNA 的主沟（右下）

把两条 DNA 链的序列都写出来，并且用大写粗体字母表示结合序列，用小写字母 n 表示非结合序列，那么雌激素受体结合的 DNA 序列就是：

5′-AGGTCAnnnTGACCT-3′
3′-TCCAGTnnnACTGGA-5′

由于 DNA 双螺旋中的两条链序列互补，而且方向相反，如果从另一条链来读上述序列，而且也是从 5′ 到 3′ 的方向读，读出来的序列和上面的序列是相同的，例如上面序列中右半的 TGACCT，在互补链上倒过来读就是 AGGTCA，正好和上面序列中左半的序列相同。这样

的序列叫回文结构（palindrome），即正读和倒读都一样的序列。例如英文中的"madam"和中文中的"人人为我，我为人人"就是回文结构。

核受体在 DNA 上的结合序列为回文结构这一事实，说明在二聚体中，两个核受体分子是以"面对面"的方式结合的，因此方向相反。回文结构中间的三个碱基对（用 n 表示）则是两个核受体分子 DNA 结合区之间的距离。这和原核细胞中双成分系统中反应调节因子的 DNA 结合情形不同。在反应调节因子的 DNA 结合序列中，两个结合序列方向相同，说明两个反应调节

因子是以"面对背"的方式结合的，因此二聚体中两个蛋白的方向是一样的。

雄激素受体结合的 DNA 序列是：

5′-GG（A/T）ACAnnnTGTTCT-3′
3′-CC（T/A）TGTnnnACAAGA-5′

其中的（A/T）表示在这个位置 A 和 T 都可以。可以看出这两半序列不是完全对称的，如果要和右半的序列对称，左半应该为 AGAACA 才是。这说明在两半的 6 个碱基对中，有些位置是有灵活性的。除了这个核心结合序列，相邻的 DNA 序列也起一些作用，使得

不同的核受体只结合到需要自己调控的基因上。

比较雌激素受体和雄激素受体的 DNA 结合序列，可以看出它们是很相似的。事实上，多数核受体的 DNA 序列都是上面给出的雌激素受体 DNA 结合序列的变种，一般只有两三个碱基对不同。这说明所有的核受体都有共同的来源，后来逐渐分化为不同信号分子的受体。

核受体的 DNA 结合序列也揭示了一个现象，就是许多以二聚体形式结合 DNA 的转录因子都结合于具有回文结构的 DNA 序列上，只是分隔两个重复序列的距离不同。例如转录因子 AP-1 是由 c-Fos 和 c-Jun 两个结构相似的蛋白质形成的异质二聚体（heterodimer），其 DNA 结合序列也是一个回文结构，但是两半之间只由一个碱基对分开：

5′-TGA（c/g）TCA-3′

3′-ACT（g/c）AGT-5′

动物的单成分系统和原核生物的单成分系统有许多相似之处，例如都由一个分子构成，平时都位于细胞内，在与配体分子结合后改变形状，与 DNA 结合调控基因的表达。但是它们之间也有重大的差别。原核细胞的单成分系统中，蛋白质是以单体起作用，而动物的核受体是以二聚体起作用。原核系统中蛋白质与 DNA 结合的结构是"α螺旋－转角－α螺旋"结构（见图 8-7），而动物的核受体是用锌指与 DNA 结合，所以它们结合的 DNA 序列也不同。

根据这些差别，动物的单成分系统和原核生物的单成分系统是由不同类型的蛋白质分子组成的，彼此没有传承的关系。原核生物的单成分系统在动物中没有发现，说明在动物中已经被淘汰。而动物的单成分系统在原核生物中也不存在，所以是真核生物自己发展出来的。而且这种系统只存在于动物中，在单细胞的原生动物、藻类、真菌、植物中都没有发现，说明这是动物的发明，是适应动物的特殊需要而出现的，这从单成分系统的数量随着动物复杂性的增加而增加也可以看出来。例如最原始的动物海绵（*Amphimedon queenslandica*）只有 2 种核受体，栉水母（*Ctenophore Mnemiupsis leidyi*）也只有 2 种，扁盘动物中的丝盘虫（*Tricoplax adhaerens*）有四种，刺细胞动物中的海葵（*Nematostella rectensis*）已经增加到 17 种，小鼠有

49 种，人有 48 种。比较出人意料的是比较低级的线虫（*Caenorhabditis elegans*）居然有 270 种！也许线虫还没有发展出高等动物的信号系统，而更多地依赖这种简单而有效的单成分系统。

第四节　动物的双成分系统

和原核细胞一样，动物细胞外的许多信息分子是不能用扩散的方法穿过细胞膜，进入细胞内部的。特别是动物还用多种多肽分子（较小的蛋白类分子，从几个氨基酸到几十个氨基酸长）和蛋白分子来作为信息分子，包括胰岛素（insulin）、胰高血糖素（glucagon）、生长激素（growth hormone）、催乳素（prolactin）、催产素（oxytocin）、上皮生长因子（epidermal growth factor）、白细胞介素（interleukin）等。在第六章中，和胚胎发育有关的一些信息分子，例如 Wnt 蛋白、刺猬蛋白、成纤维细胞生长因子、骨成型蛋白（BMP）等也都是蛋白分子。这些多肽分子和蛋白质分子是无法穿过细胞膜，传递所携带的信息的，必须在细胞表面有专门的受体蛋白来接收它们的信息。由于多数信息最后要导致基因表达的改变，这些信息必须有某种方式传递到细胞核中去，而膜上的受体显然不可能做到这一点。这就需要细胞内的分子来把信息中继到细胞核中去，所以靠细胞表面受体接收信息的系统至少需要两个成分。虽然总体来说动物细胞传递信息的系统要比原核生物复杂得多，但是动物也有一些类似原核生物那样的双成分系统，只是在具体的工作方式上有些差别。

在原核细胞中，细胞膜上的受体蛋白具有组氨酸激酶的活性，在有配体分子结合时将自身的一个组氨酸残基磷酸化，然后再把这个磷酸根转移到细胞内的反应调节因子的一个天冬酰胺残基上。被磷酸化的反应调节因子结合在 DNA 上，调节有关基因的表达。而在动物细胞中，具有组氨酸激酶活性的受体蛋白已经被淘汰，取而代之的是具有酪氨酸激酶活性的细胞表面受体。这些受体一般也以二聚体的形式存在，在有配体分子结合时形状发生改变，激活酪氨酸激酶的活性，自我磷酸化（其实是双体中的受体蛋白彼此磷酸

化），而且被磷酸化的氨基酸残基不是组氨酸，而是酪氨酸。

到了这一步，动物细胞往下传递信息的方式就与原核生物不同了。酪氨酸残基上的磷酸根并不被转移到细胞内的信息传递分子上（在原核生物中是把磷酸根转移到反应调节因子的天冬酰胺残基上），而是受体蛋白利用自己的酪氨酸激酶活性，直接把细胞内传递信息的蛋白质分子上的一个酪氨酸残基磷酸化，最后的结果也是使细胞内传递信息的分子磷酸化，改变它的性质，再把信息传递下去。这一类具有酪氨酸激酶活性的受体叫做受体蛋白质酪氨酸激酶（receptor protein tyrosine kinase，简称 RTK），中文简称"受体酪氨酸激酶"，在动物细胞的信息传递过程中起重要作用。

受体酪氨酸激酶传递信息到细胞核的方式有多种，有些是非常复杂的，要经过几次信息传递，即经过好几个信息分子的"手"，用接力的方式，才能把信息传递到细胞核中去。但是动物细胞也有"快速通道"，直接把信息从细胞膜传递进细胞核，这就是动物细胞的双成分系统。

EGF 受体－STAT 双成分系统

动物细胞双成分系统的一个典型的例子就是上皮生长因子（EGF）的一种传递信号的方式。位于细胞膜上的 EGF 受体在与 EGF 分子结合后，形成二聚体，自我磷酸化，再用已经激活的酪氨酸激酶活性，使细胞内的信息分子磷酸化。在这里细胞内的信息分子类似于原核细胞中的反应调节因子，也是在被磷酸化后与 DNA 结合，影响基因的表达。接收 EGF 受体信息的是一类叫做信号传输和转录活化因子（signal transducers and activators of transcription，简称 STAT）。STAT 蛋白除了有能够被磷酸化的酪氨酸残基外，还有一个功能域，可以和磷酸化的酪氨酸残基结合，叫做 SH2 域（SH2 domain，Src homology 2）。由于被磷酸化的 STAT 分子上既有被磷酸化的酪氨酸残基，又有能够结合磷酸化的酪氨酸残基的 SH2 域，两个这样的 STAT 分子就彼此结合，形成二聚体，进入细胞核和 DNA 结合，调控有关基因的表达（图 8-8 左）。

既然是以二聚体的形式与 DNA 结合，与 STAT 分子结合的 DNA 序列也就含有两个结合区，而且和核受体的结合区一样，是回文结构，说明两个 STAT 分子也是以"面对面"的方式形成二聚体的。人体内有 7 种 STAT 分子，从不同的细胞表面蛋白接收信息。它们的结合序列非常相似，核心序列都是：

5′-TTC（n）$_{3-4}$GAA-3′
3′-AAG（n）$_{3-4}$CTT-5′

把两个结合序列分隔开的，是 3 到 4 个碱基对。不同的 STAT 分子对间隔长度的要求不同。例如 STAT6 对有 4 个碱基对间隔的结合序列亲和力更高，而 STAT1 和 STAT3 更倾向于使用 3 个碱基对的间隔。STAT5 两个间隔都可以，但是对有 4 个碱基对间隔序列的亲和力要小得多。除了核心序列，不同的 STAT 分子对其周围的序列也有各自的"偏好"，这样不同的 STAT 分子就可以与各自要调控的基因启动子结合，信号就不会彼此相混了。

Jak-STAT 双成分系统

除了从 EGF 受体接收信息，STAT 分子还从干扰素受体接收信息，只是过程要复杂一些。干扰素是人体的免疫细胞在受到病毒感染时分泌的信号蛋白，告诉周围的细胞，"有病毒入侵啦"，让这些细胞启动对抗病毒入侵的程序。干扰素受体在结合干扰素以后也形成二聚体，不过干扰素受体并没有蛋白激酶的活性，而是活化与它结合的一种细胞内的酪氨酸激酶 Jak（Janus Kinase，以罗马双面神 Janus 的名字命名，因为它含有两个几乎相同的催化域，其中一个只起调控作用）。由于受体在结合干扰素后形成二聚体，它们也能与两个 Jak 激酶分子结合，让它们彼此靠近，将对方磷酸化。磷酸化后的 Jak 激酶活性更高，又把受体的酪氨酸残基磷酸化，而且使受体分子上的多个酪氨酸残基磷酸化。这些磷酸化的酪氨酸残基作为 STAT 分子的"停靠码头"，通过它们的 SH2 域与磷酸化的受体结合，使它们靠近 Jak 激酶，被 Jak 激酶磷酸化。总的结果是干扰素与受体的结合导致了 STAT 分子的磷酸化，和 EGF 受体直接使 STAT 分子磷酸化相同，但是这里借助了 Jak 激酶的作用（图 8-8 右）。

在这里，Jak 激酶可以看成为原是受体激酶的一部分，后来分离出去，由不同的基因编码。所以 Jak-STAT

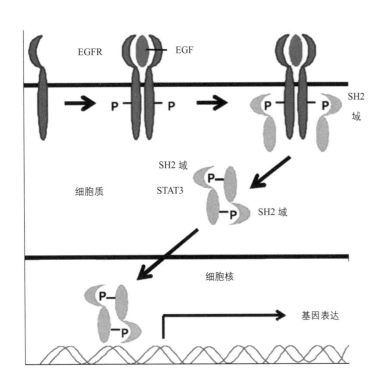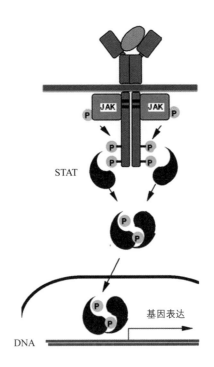

图 8-8　动物的 EGF 受体 -STAT 系统（左）和 Jak-STAT 系统（右）。在左图中，EGF 受体与 EGF 结合后，形成二聚体，并且自我磷酸化。STAT 分子通过其 SH2 域与受体分子上的磷酸化酪氨酸结合，并且被受体已激活的酪氨酸激酶活性所磷酸化。磷酸化的 STAT 分子通过它们被磷酸化的酪氨酸残基和 SH2 域形成二聚体，进入细胞核启动基因表达。右图中 Jak-STAT 的情形与 EGF 受体 -STAT 系统类似，但是结合配体分子的受体自己没有蛋白激酶的活性，而是借用细胞质中 Jak 激酶的活性将受体分子和 STAT 分子磷酸化

系统仍然可以看成是双成分系统，是信息从细胞膜传递到 DNA 的"直通车"。

TGF-β-Smad 双成分系统

另一个细胞膜 –DNA 信息"直通车"系统就是"转化生长因子 –β（transforming growth factor-β，简称 TGF-β）受体 –Smad 双成分系统。转化生长因子 –β 是动物细胞分泌的信号蛋白分子，它可以使成纤维细胞的性质发生变化。TGF-β 和第六章第二节中提到的骨成型蛋白 BMP 属于同一蛋白超级家族，它们的下游信号分子同属另一个家族的

蛋白质，叫 Smad。

Smad 分三类，从受体处接收信号的，Smad1、Smad2、Smad3、Smad5 和 Smad8/9。起协助作用的，Smad4。起抑制作用的 Smad6 和 Smad7。

细胞表面有两类受体分子（类型Ⅰ和类型Ⅱ）可以结合 TGF-β 和 BMP。它们除了能够和这些信息分子结合外，还具有丝氨酸 / 苏氨酸蛋白激酶的活性，能够将下游蛋白分子中的丝氨酸或苏氨酸残基磷酸化。这两种受体都以二聚体的形式存在，在和配体分子结合后形成四聚体（包含两个Ⅰ型受体和两个Ⅱ型受体）。Ⅱ型受体会使四聚体中

的Ⅰ型受体磷酸化，使Ⅰ型受体活化。活化的Ⅰ型受体又会使细胞内 Smad 分子磷酸化，活化这些分子，使信号传递下去（图 8-9，参看图 6-11）。

如果是 BMP 结合到Ⅰ和Ⅱ型受体上，活化类型Ⅰ受体时，R-Smad 中的 Smad1，Smad5 和 Smad8 被磷酸化，活化的 Smad1，Smad5 和 Smad8 再和 Smad4 形成四聚物，进入细胞核，起转录因子的作用，调控基因表达（见图 6-11）。如果是 TGF-β 结合在Ⅰ型和Ⅱ型的受体上，则是 Smad2 和 Smad3 被磷酸化，活化了的 Smad2 和 Smad3 也和 Smad4 结合，形成三聚物，进入细

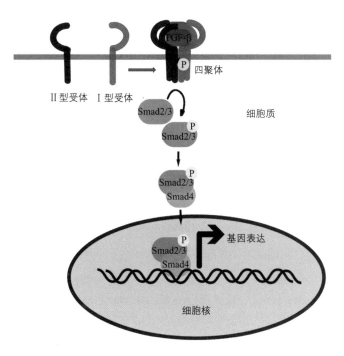

图 8-9　TGFβ-Smad 信号传输系统。I 型和 II 型 TGF-β 受体与 TGF-β 结合后会形成四聚体，其中 II 型受体会使 I 型受体磷酸化，活化其丝氨酸 / 苏氨酸蛋白激酶的活性。这个酶活性使 Smad2 和 Smad3 被磷酸化。磷酸化的 Smad2 和 Smad3 和 Smad4 结合，形成三聚物，进入细胞核调控基因表达

胞核调控基因表达（图 8-9）。因此双成分系统也可以通过受体的丝氨酸 / 组氨酸激酶活性来传递信息。

第五节　动物的多成分系统

　　动物细胞的单成分系统和双成分系统虽然快捷有效，但是在这两种系统中，信号基本上是"单线传递"的，即一种信号对应一种反应物分子。而动物细胞是受大量外部信号分子控制的，如果每一种信号都单线传递，各自反应，彼此之间没有联系，没有细胞总体上的调节，是无法精密地控制动物细胞高度复杂的生理活动，并且对外界信号做出综合反应的。如果信号传输链被分成许多段，每一段由不同的蛋白质负责，这些位于信号链中间的蛋白质就可以同时从几种信号传递链上获取信号，也可以把信号传输给不同的信号链。这种信号

传递链之间的横向联系，就可以组成动物细胞中的信息传递和信息处理网，综合平衡各种信号，最后做出细胞最佳的反应。其中的一条这样的多成分信息传递通路就是由多个激酶组成的信息传递链。

　　与原核生物用细胞表面的受体组氨酸激酶来接收和传递信号不同，许多动物细胞表面的受体使用它们的酪氨酸激酶活性来接收和传递信号。上一节中介绍过的 EGF 受体就属于这类受体。除了 EGF 受体，还有多种蛋白质或多肽信息分子的受体也都是酪氨酸激酶型受体，这些分子包括胰岛素、胰岛素样生长因子（insulin-like growth factor-1，简称 IGF-1）、神经生长因子（nerve growth factor，简称 NGF）、血小板源生长因子（platelet-derived growth factor，简称 PDGF）、成纤维细胞生长因子（FGF）、肝生长因子（hepatocyte growth factor，简称 HGF）、血管内皮细胞生长因子（vascular epithelial growth factor，简称 VEGF）、巨噬细胞集落刺激因子（macrophage colony-stimulating factor，简称 M-CSF）等。不仅这些信息分子通过受体的酪氨酸激酶活性传递信息，而且信息链的组成远比双成分系统复杂，是多层次、多成分的。人的细胞一共含有 58 种酪氨酸激酶型细胞表面受体，其中多数是多成分系统中的组成部分。

　　在这类系统中，每个细胞表面受体的单体都含有一个跨膜区段，有一个位于细胞膜外的氨基端和一个位于细胞膜内的羧基端。不同的受体细胞外的部分结构不同，与不同的配体分子结合，以保证信号不被混淆。在没有配体分子时，有的受体以单体存在，有的以二聚体的形式存在。在有配体分子时，它们都形成二聚体，以便互相磷酸化（即"自我"磷酸化）。为了将受体分子组合成二聚体，有的配体分子本身就以二聚体的形式存在，例如 PDGF。EGF 虽然以单体的形式存在，但是在结合受体分子时，还同时和细胞表面的蛋白多糖分子硫酸乙酰肝素（heparan sulfate proteoglycan，简称 HSPG）结合，依靠 HSPG 分子排列的周期性把两个 EGF 分子带到一起，起到二聚体的作用。

　　原核细胞的组氨酸激酶型受体在自己的一个组氨酸残基上添加上磷酸根以后，就完成了自我磷酸化的任务，往下传递信息的方式是将组氨酸上的磷酸根转移到反应调节因子中天冬酰胺残基上。而动物细胞的受体酪氨酸激酶在自己的一个酪氨酸残基上添加磷酸根以

后，自我磷酸化的过程还没有结束。第一个酪氨酸残基被磷酸化后，受体的酪氨酸激酶的活性增加，进一步在受体分子中的其他酪氨酸残基上也添加磷酸根，最后在受体分子上形成多个磷酸化的酪氨酸残基。这些磷酸酪氨酸也并不把它们上面的磷酸根转移到下一层是信号分子上，而是当做细胞内其他信号蛋白的"停靠码头"，让它们结合在受体分子上，改变它们的性质，将它们活化，把信号传递下去。

细胞内从受体分子上接收信息的蛋白质分子都具有 SH2 域，能够识别磷酸酪氨酸。在前面谈到 EGF 受体 –STAT 双成分信号通路时，我们就已经提到了 SH2 域，STAT 蛋白分子是通过它上面的 SH2 域与 EGF 受体上磷酸化的酪氨酸残基结合的。SH2 域的形状有些像电路中的双孔插座，一个孔接受受体分子上磷酸化的酪氨酸残基，另一个孔接受该酪氨酸残基附近的、隔两个氨基酸残基的氨基酸残基。受体分子上附近的其他氨基酸残基不同，决定了不同蛋白需要不同的 SH2 域，这样不同的信号蛋白就可以与受体分子上不同部位的磷酸酪氨酸结合。例如 PDGF 受体被活化后，位于分子第740、751、771、1009、1021 位上的酪氨酸残基都被磷酸化。PI3 激酶（见第七节）结合于第 740 和 751 位的磷酸酪氨酸，GAP（见下文）结合于第 771 位的磷酸酪氨酸，磷脂酶 C-γ（PLC-γ）结合在第 1029 和第 1021 位的磷酸酪氨酸上。所以活化的受体就像一个码头，可以让多只船舶停靠，各有自己的船位。这样同一个受体分子就可以把信号传递向不同的信号通路，其中最主要的是 MAP 激酶通路。

MAP 激酶通路

在受体酪氨酸激酶往下传递信息时，一条主要的通路是通向 MAP 激酶的。MAP 激酶是这条通路中比较"下游"的传递信号的分子，几乎是信息传递链的终端，所以这条通路被称为 MAP 激酶通路。这条通路的特点是信号传递步骤中，多数是通过激酶反应来完成的，也就是这条信息链的主要部分是由激酶组成的。在没有外界信号的时候，这些激酶都是处于未被磷酸化的状态，也没有蛋白质激酶活性，处于被"关闭"的状态。在有信号分子结合到细胞表面的受体时，信号链启动，被活

化的激酶分子把下一站的激酶磷酸化，激活它的激酶活性。被激活的激酶又磷酸化更下一站的激酶，使其激酶活性被活化。这样的激酶链就像多米诺骨牌，第一激酶被活化（这里相当于倒下）会使后面的激酶依次被活化（倒下）。最后把信号传递到 MAP 激酶上去。

MAP 激酶的英文全名是 mitogen-activated protein kinase，简称 MAPK，中文名称是"促分裂素原活化的蛋白激酶"。在研究的早期，科学家还不知道有多少种信号可以活化 MAP 激酶，所以给它一个比较笼统的名字，叫"外部信号调节的激酶"（extracellular signal regulated kinase，简称 Erk）。现在这两种名称都在使用，指的是同一个蛋白激酶。和受体酪氨酸激酶不同，MAP 激酶是丝氨酸 / 苏氨酸激酶，即在蛋白质分子中的丝氨酸 / 苏氨酸残基上加磷酸根，改变它们的性质，对传入细胞的信息做最后的反应。位于它上游的激酶，即组成激酶多米诺骨牌链的，也都是丝氨酸 / 苏氨酸激酶，包括 Raf 和 MEK。MEK 是使 MAP 激酶磷酸化的酶，所以是 MAP 激酶的激酶（MAPKK）。Raf 又是 MEK 的激酶，所以是 MAPKK 的激酶（MAPKKK）。Raf 的磷酸化使得 MEK 磷酸化，MEK 的磷酸化又使 MAPK 磷酸化，组成激酶的"多米诺骨牌"链（图 8-10）。

MAP 激酶几乎是最终端的激酶。它使最后对外来信号作出反应的蛋白质分子（叫做"效用分子"，effector proteins）磷酸化，改变其性质，让它发挥作用。例如 MAP 激酶可以直接使转录因子 Myc 磷酸化，在第 62 位的丝氨酸残基上加上磷酸根，延长 Myc 分子的寿命，让它更多地在基因调控上起作用。对于有些效用分子，MAP 激酶还需要再经过一次激酶步骤，才能使效用分子磷酸化。例如 MAP 激酶不能直接使转录因子 CREB 磷酸化，而是先使 Mnk 激酶磷酸化，磷酸化的 Mnk 激酶才使 CREB 分子中第 133 位的丝氨酸残基磷酸化，使它能够和其他转录因子一起，结合到 DNA 上，影响基因的表达。再例如，合成蛋白质的核糖体中有一个亚基蛋白叫 S6。S6 的磷酸化可以使核糖体合成蛋白质的效率提高。但是 MAP 激酶不能直接使 S6 蛋白磷酸化，而是先使 S6 亚基激酶磷酸化，S6 亚基激酶再接着使 S6 蛋白磷酸化。从这些例子可以看出，MAP 激酶是这条信息链最后的共同激酶，是信息向各种效用分子传递的分支点。而且 MAP 激酶使最后的效应分子磷酸化

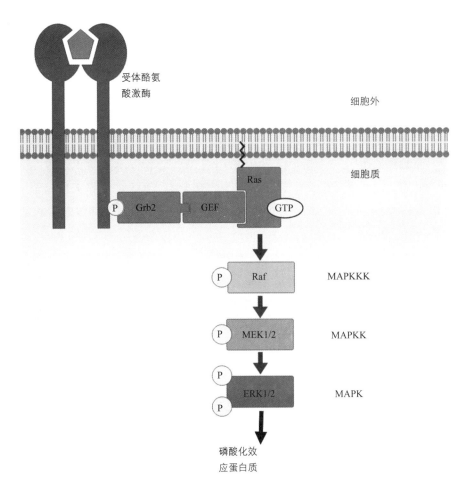

图 8-10 MAP 激酶信号通路

时，使用的还是激酶信号传递链。例如前面谈到的转录因子 CREB 的活化，就是通过 Mnk 激酶，而 Mnk 激酶又是被 MAP 激酶磷酸化的。所以 Raf 应该是"CREB 的激酶的激酶的激酶的激酶"（CREBKKKK）！在动物细胞中，这类激酶组成的多米诺骨牌链是动物细胞信息传递的重要机制。

G 蛋白的作用

在 MAP 激酶信号传递链中，从 Raf 到效应分子的部分是由激酶组成的，而且都位于细胞质中。但是信号从位于细胞膜上的受体酪氨酸激酶传递到 Raf 的途径却迂回曲折。其中一个重要的节点是一种叫 Ras 的蛋白质。Ras 蛋白得名是因为最初在大鼠肉瘤中发现它的。但是 Ras 的活化并不依赖磷酸化，而且 Ras 也不是激酶，它传递出信息的方式也不是直接将 Raf 磷酸化。那么信息又是如何从受体分子传递到 Ras，再从 Ras 传到 Raf 分子上的呢？这就要了解 Ras 蛋白的工作方式。

Ras 是"鸟苷酸结合蛋白"（guanosine nucleotide binding protein）家族的成员，中文名称是 G 蛋白。G 蛋白分为两大类，"小"的 G 蛋白和"大"的 G 蛋白。"小" G 蛋白的大小在 20000~25000 之间，以单体存在。Ras 就是小 G 蛋白的一种。另一大类属于"大"的 G 蛋白，分子大小在 40000 以上，叫 G_α，在处于关闭状态时和另外两个蛋白 G_β 和 G_γ 组成的二聚体 $G_{\beta\gamma}$ 结合，形成异质三聚体（$G_{\alpha\beta\gamma}$）。大 G 蛋白 G_α 和小 G 蛋白 Ras 虽然有大小之分，它们的调控机制却是一样的。它们既能够结合三磷酸鸟苷 GTP，也能够结合二磷酸鸟苷 GDP。它们在结合 GTP 时处于活化状态，即有功能的状态，而结合 GDP 时分子则是另外一种形状，不具有活性。结合 GTP 相当于在 G 蛋白分子上增加两个负电荷，其效果相当于使蛋白的一个氨基酸残基磷酸化，所以使蛋白质磷酸化和用 GTP 置换 GDP，所使用的原理是一样的，都是通过在蛋白质分子上增加负电荷来使蛋白质分子形状改变。大 G 蛋白 G_α 的功能，在下一节里再谈，这里我们先介绍小 G 蛋白 Ras 的功能。

既然活化 Ras 的办法是把它们结合的 GDP 换成 GTP，那就需要一个蛋白质来执行这个任务。这是由一个蛋白，叫做鸟苷酸置换蛋白（guanosine nucleotide exchange factor，简称 GEF）来完成的。它结合在 G 蛋白上，使 G 蛋白和 GDP 的结合松弛。由于细胞中 GTP 的浓度远高于 GDP 的浓度，G 蛋白分子上的 GDP 就被 GTP 自然置换。结合了 GTP 的 G 蛋白改变形状，处于活化状态，可以把信息传递给下游的分子。G 蛋白在完成传递信息的任务后，需要恢复到没有活性的状态，即把结合的 GTP 变成 GDP。G 蛋白自身就具有 GTP 水解酶的活性，在与细胞中的另一个蛋白，叫做"GTP 酶活化蛋白"（GTPase-activating protein，简称 GAP）结合后，水解酶的活性被激活，GTP 被水解，变成 GDP，同时释放出一个磷酸分子，G 蛋白恢复成为没有活性的状态。因此 GEF 蛋白活化 G 蛋白，而 GAP 蛋白使 G 蛋白失活，使 G 蛋白能够在两种状态下来回变换，作为信息传递链中的"开关"。那么活化 Ras 的 GEF 和受体又有什么关系呢？

受体酪氨酸激酶要把信息传递给 Ras，就首先要活化 GEF。Ras 蛋白没有跨膜区段，不是真正的膜蛋白，但是它的羧基端的两个半胱氨酸残基上连有脂肪酸（软脂酸），可以把 Ras 蛋白附着在细胞膜的内面。受体分子要活化 Ras，不但先要活化 GEF，还必须让 GEF 分子在细胞膜附近，这样才能与 Ras 分子接触。要做到这一点，最简单的办法就是受体分子直接结合 GEF。但出人意料的是，受体分子并不能直接结合和活化 GEF，还必须通过一个叫 Grb2 的转接蛋白。Grb2 含有一个 SH2 域，能够和受体上磷酸化了的酪氨酸残基结合。Grb2 还含有两个 SH3 域（SH3 domain），可以结合到 GEF 分子上两个富含脯氨酸残基的部位。所以 Grb2 的作用是当受体分子和 GEF 的"中间人"，叫做信号转导接头蛋白（adaptor protein），这就像中国和美国的电源插头和插座形状不匹配，需要转接插头（adaptor plug）一样。受体分子通过 Grb2 把 GEF 蛋白带到细胞膜附近，能够与 Ras 蛋白接触，通过让 Ras 把结合的 GDP 换成 GTP，活化 Ras 分子，信息就从受体分子传递到 Ras 分子了（见图 8-10）。

为什么受体酪氨酸激酶要绕这么一个圈子才把信号传到 Ras 分子上？首先是因为 Ras 分子不是通过磷酸化来活化的，所以受体的酪氨酸激酶活性在这里派不上用场，而只能用它上面被磷酸化的酪氨酸残基来作为其他分子的结合点。而能够活化 Ras 的鸟苷酸置换蛋白 GEF 又不含有 SH2 域，无法和磷酸化的受体分子结合，所以还必须通过转接分子。这种迂回的办法看来早就被动物使用了。例如在低级动物线虫（*C. elegans*）

中，就有一个结构与 Grb2 非常相似的转接蛋白叫做 sem-5，起的也是类似的作用。同时含有 SH2 域和 SH3 域的蛋白分子还有许多，它们在细胞中充当"转接插头"的角色，把原来不能结合的蛋白质结合在一起。这也是细胞中蛋白质分子之间相互作用中的一个有趣的现象。

Ras 信息传递的下一站就是 Raf，即上面说过的"激酶多米诺骨牌链"的起始点。Raf 的名称来自 rapidly accelerated fibrosarcoma，即 Raf 是和鼠类纤维肉瘤的发生密切有关的一个蛋白质。其实不仅是 Ras 和 Raf，这条信号传递链上的蛋白质都与癌症有关。因为这条信息传递链是和细胞的生长分裂密切有关的，如果信息传递失控，持续地给细胞增生的信号，就会导致肿瘤或者癌症。

Raf 需要被磷酸化才能被活化，然而 Ras 蛋白并不是激酶，怎么活化 Raf 呢？这个问题困惑了科学家许多年，并且一直在寻找使 Raf 磷酸化的激酶。直到 2013 年，美国科学家才发现，活化的 Ras（即结合有 GTP 分子的）与 Raf 分子结合后，会让另一个 Raf 分子与这个 Raf 分子结合，形成二聚体。由于 Raf 自己就是激酶，二聚体的形成使得 Raf 分子"自我"磷酸化，类似于细胞表面的受体分子在结合配体分子后，形状改变，形成二聚体，再"自我"磷酸化。

经过这些"艰难曲折"，信息终于传到了 Raf 这一级，从此信息传递就走上了"康庄大道"。Raf 是激酶，它的下游分子也是激酶，而且都是丝氨酸 / 苏氨酸激酶，包括最终端的 MAP 激酶。所以从 Raf 开始，信息传递都是通过丝氨酸 / 苏氨酸激酶的活性来实现的。把以上通路综合起来，MAP 激酶通路的主要步骤就是：

受体酪氨酸激酶 –Grb2–GEF–Ras–Raf（MAPKKK）–MEK（MAPKK）–MAP 激酶（MAPK）– 效应物

MAP 激酶信号传递链出现的时间非常早。例如出芽酵母虽然没有受体酪氨酸激酶，但是也有相当于从 Raf 到 MAP 激酶的信号传递链，其中 Ste11 相当于动物的 Raf，Ste7 相当于动物的 MEK，Fus3 和 Kss1 相当于动物的 MAP 激酶。在植物中也有 MAP 激酶，而且有 A、B、C、D 四种。这说明 MAP 激酶路线，或者是它的一部分，早就在真核生物的信号传递中发挥重要作用。而从受体酪氨酸激酶到 Ras 的路线，则是动物后来发展出来的。

　　为什么动物细胞的细胞表面受体使用酪氨酸激酶而细胞内的信息传递链却使用丝氨酸／苏氨酸激酶，是一个有趣的问题。受体酪氨酸激酶处于活化状态的时间非常短，大约只有 1 分钟左右，就被磷酸酶把酪氨酸残基上的磷酸根除去，恢复到无活性（即关闭）的状态。受体分子的活性只维持很短的时间，也许是信息快速转换的需要，即让大部分细胞表面受体在多数时间处于"待命"状态，以便及时和新到来的细胞外信息分子发生反应。而细胞内的反应需要足够多的效应分子，需要信号持续的时间长一些。磷酸化的丝氨酸和苏氨酸非常稳定，存在的时间要长得多，使得细胞有足够的时间来对信号做出反应。

第六节　动物的 G 蛋白 - 蛋白激酶 A 系统

　　这个系统也是动物细胞的多成分系统，而且信息传递也是从位于细胞表面的受体开始。在这个系统中，G 蛋白仍然起关键作用，重要性相当于前面介绍过的"激酶多米诺骨牌系统"前面的 Ras。但是在这条链中，几乎找不到激酶的位置，所有的信息传输步骤都是通过蛋白质分子的依次变形来起到"开"和"关"的作用。只有到了最后一步，要和效应分子打交道了，才转换成激酶，像上一节中的 MAP 激酶，通过磷酸化来使效应分子活化。例如在上一节中，MAP 激酶通过 Mnk 激酶使转录因子 CREB 磷酸化，而在这个系统中，激酶可以直接使 CREB 磷酸化，而且是直接磷酸化，不通过 Mnk 激酶的步骤。

　　从细胞膜到细胞核中的 DNA，中间可以有几十微米的距离，传递信息的分子又没有像磷酸化那样能够自己维持在"开"状态的手段，而是离开了上一级的蛋白分子就无法保持自己的功能状态，所以如果要全靠信息分子诱导变形来传输信息，就得有一个从细胞膜到 DNA 的，中间不能间断的蛋白分子链，很显然这是不现实的。所以除了使用蛋白 - 蛋白之间的作用造成下

一级蛋白分子依次变形外，这套系统还使用了其中一个成分的酶活性，产生能够在细胞质中自由扩散，携带信息的非蛋白分子叫第二信使的，再把信息传递给信息链末端的激酶。

　　虽然这套系统和上面谈到的"激酶多米诺系统"都使用 G 蛋白作为一个关键的成分，但是前者要用到受体的酪氨酸激酶的活性，信息链的主要部分也由激酶组成，而后者却不需要受体分子有任何酶的活性，只是通过受体结合配体分子后的形状改变，就能直接起到 GEF 的作用，使 G 蛋白结合的 GDP 换成 GTP。产生第二信使的酶的活化和末端激酶的活化，也不是通过磷酸化，仍然是蛋白分子变形。所以蛋白分子依次变形是这类信息传递链的主要机制。出于这个原因，前一个系统被称为是受体蛋白激酶信息通路，而把本节中介绍的这套系统叫做 G 蛋白偶联的受体通路，以区别它们的工作特点。

　　G 蛋白偶联的信号传输通路广泛参与动物细胞的信息传递过程，包括视觉、嗅觉、味觉、对脑中神经递质的反应（例如血清素 serotonin、多巴胺 dopamine），免疫反应中的组胺（histamine）、对激素的反应（例如肾上腺素 adrenaline、胰高血糖素、后叶加压素 ADH）、传递体内有关血压、心率等过程的信息等。人体约有 800 种 G 蛋白偶联的受体分子，充分说明这些 G 蛋白偶联的信息通路在动物信息传递中的重要作用。

信息传递链的膜上起始部分

　　这个信息传递链开始的受体分子就和受体酪氨酸激酶不一样。受体酪氨酸激酶只有一个跨膜区段，而 G 蛋白偶联的受体却有 7 个跨膜区段。这 7 个跨膜区段围成一个管腔，跨膜区段的走向并不是彼此平行的，而是类似于枪管里面的来复线的走向。受体分子的氨基端在细胞膜外，羧基端在细胞膜内，7 个跨膜区段之间的肽链形成 6 个半环，3 个在细胞膜外，3 个在细胞膜内。这样 G 蛋白偶联的受体就比酪氨酸激酶型受体有复杂得多的结合面，可以和细胞外的各种信息分子以及细胞膜内面的 G 蛋白结合，传递各式各样的信息，是动物细胞接收和传递信息的重要分子。不同的受体氨基酸的序列有差别，以便和大小形状都差异很大的细胞外信

息分子结合。例如人的鼻腔中就有 391 种不同的嗅觉受体，在数量上几乎占人体中 G 蛋白偶联的受体分子种数（791 种）的一半，以和不同的嗅觉分子结合。

虽然细胞外的信息分子（即配体分子 ligand）在大小和结构上差异很大，但是它们通过受体传递信息的机制都是一样的。配体分子与受体的结合也改变受体分子的形状，但并不像受体酪氨酸激酶那样形成二聚体，而是受体的空间结构发生改变，包括 7 个跨膜区段在膜内的相对位置的改变，这样就能够使与受体分子结合的 G 蛋白活化，相当于活化的受体分子本身就能起到鸟苷酸置换因子 GEF（见上节）的作用，而不像酪氨酸激酶受体活化 Ras 那样，还要通过转接蛋白 Grb2 连接 GEF 分子。

在这个系统中，G 蛋白不像 Ras 蛋白那样以单体存在，而是与另外两个蛋白分子结合，形成异质三聚体。在这里相当于 Ras 的 G 蛋白叫做 G_α，其他两个蛋白分别叫做 G_β 和 G_γ，组成的三聚体叫 $G_{\alpha\beta\gamma}$，其中 G_β 和 G_γ 可以形成稳定的异质二聚体 $G_{\beta\gamma}$，在没有 G_α 的时候也不会分开。G_α 和 G_γ 上都连有脂肪酸，脂肪酸可以插入细胞膜中，这样 $G_{\alpha\beta\gamma}$ 三聚体就被系在细胞膜的内面上。

在这个三聚体中，G_α 蛋白上结合的是 GDP，处于没有活性的状态。在受体与配体分子结合而被活化时，受体能够与 G 蛋白三聚体 $G_{\alpha\beta\gamma}$ 中的 G_α 结合。这时受体的作用就相当于活化 Ras 蛋白的 GEF，使 G_α 蛋白结合的 GDP 被置换成为 GTP。这个置换改变 G_α 的形状，使它活化，相当于把 G_α 蛋白从"关"变为"开"。活化的 G_α 蛋白由于形状改变，不再与和 $G_{\beta\gamma}$ 结合而脱离出来，不过由于 G_α 上和 G_γ 上都连有脂肪酸，分开了的 G_α 单体和 $G_{\beta\gamma}$ 二聚体仍然留在细胞膜的内面，不会进入细胞质。

由于 G_α "随身携带"着使它活化的 GTP，所以活化的 G_α 在离开受体后仍然处于"开"的状态，可以把信息传下去。信息传递的下一站也是一个膜蛋白，叫做腺苷酸环化酶。腺苷酸环化酶结构复杂，有 12 个跨膜区段。这 12 个跨膜区段分为两组，每组 6 个，各有一个伸到细胞质中的环状结构。这两个环状结构彼此结合，形成酶的反应中心。在没有与其他分子结合时，这个酶是处于"关闭"状态的，没有酶活性。但是由于这

个酶和活化的 G_α 都位于细胞膜的内表面，它们就有"碰面"的机会。一旦活化的 G_α 与腺苷酸环化酶结合，它就会改变腺苷酸环化酶的形状，激活它的酶活性，信息就传递到腺苷酸环化酶分子上了（图 8-11）。

到这一步，信息的传递仍然没有离开细胞膜，受体、G_α 蛋白和腺苷酸环化酶都位于细胞膜上或和细胞膜相联系。如果没有一种机制把信息传递到细胞内，这样的信息传递在很多情况下是没有意义的。再用蛋白 - 蛋白相互作用改变形状来传递信息的方式不可能达到这样的目的，因为这需要连续不断的蛋白链从细胞膜伸到细胞核。如果不采取磷酸化的方式，细胞就必须使用一种分子，在离开细胞膜以后仍然能够传递信息，这就是动物细胞使用的，叫做环腺苷酸（cAMP）的分子。

信息从细胞膜传到细胞质内

腺苷酸环化酶是一种酶，但不是激酶。它可以用 ATP 为原料，合成环腺苷酸。之所以名称里面有"环"字，是因为虽然它也是一种单磷酸腺苷 AMP，不过磷酸根除了和核糖的第 5 位碳原子上的羟基以酯键相连外（这点和普通的 AMP 相同），还和核糖第 3 位碳原子上的羟基以酯键相连，相当于两个人用两只手拉在一起，自然会组成一个环形。这个带有环状结构的 cAMP 分子和 AMP 一样，也是高度溶于水的，在合成以后从腺苷酸环化酶上脱离，进入细胞质。由于它的环状结构，可以被许多蛋白分子识别而结合，改变自身的形状，cAMP 也就成为传递信息的分子。而且由于它的水溶性，可以在细胞质中自由移动，把信息从细胞膜内面传递到细胞的各个部分，参与调节细胞的许多活动，所以 cAMP 被称为是第二信使。而细胞外的信息分子，即作为信息最初来源的配体分子，则被称为"第一信使"。信号从受体到腺苷酸环化酶相当于从边关（相当于细胞膜）的哨兵到边关的军事机构之间的传递，而 cAMP 是那个离开前线，往内地报信的人。没有 cAMP，G 蛋白偶联的受体传出的信号是离不开细胞膜的。

cAMP 进入细胞质后，一种接收其信号的分子叫蛋白激酶 A（PKA）。在细胞内 cAMP 浓度很低时，PKA 分子结合在一种具有调节作用的蛋白二聚体（regulatory dimmer）上，每个调节蛋白上结合一个。这时 PKA 没

有活性。当细胞内 cAMP 浓度升高时，4 个 cAMP 分子结合到二聚体上，每个调节蛋白结合两个 cAMP 分子。在调节蛋白结合 cAMP 分子后，形状改变，不再能够结合 PKA 分子。于是 PKA 就从调节蛋白二聚体上脱离，成为有功能的状态，信息就从 cAMP 传递到 PKA 分子上了（图 8-11）。

PKA 是一种丝氨酸／苏氨酸激酶，可以在许多种效应蛋白的丝氨酸或苏氨酸残基上加上磷酸根，改变它们的性质，实现对信息的反应。例如胰高血糖素与受体的结合可以导致细胞中 cAMP 的合成，cAMP 可以使磷酸化酶激酶磷酸化而活化这个激酶。这个激酶再使磷酸化酶被磷酸化，激活它的磷酸化酶活性。磷酸化酶也是在别的分子上加上磷酸根，但是和激酶把 ATP 上的磷酸根转移到蛋白质分子中的氨基酸残基不同，磷酸化酶是把无机磷酸转移到非蛋白的分子上，例如糖原磷酸化酶（glycogen phosphorylase）在糖原或者淀粉分子上加上磷酸根，开始它们被水解成葡萄糖的过程。

PKA 也可以直接使转录因子 CREB 磷酸化而活化这个转录因子，使其结合于 DNA，发挥调节基因表达的作用。

PKA 还可以通过磷酸化开启一些离子通道，例如心肌细胞上的钙离子通道，在心肌细胞收缩上起作用。PKA 也活化小肠绒毛细胞上的氯离子通道，在小肠分泌水的过程中发挥作用。

从 PKA 的这些作用可以看出，PKA 的位置和作用相当于受体酪氨酸激酶系统中的 MAP 激酶，是信号传递链中末端的激酶，它直接控制各种效应分子对信号做出反应。为了更好地发挥 PKA 的作用，动物细胞里面还有专门使 PKA 锚定在细胞中某个特定部位的蛋白质，叫"PKA 锚定蛋白"（AKAP），它们与 PKA 结合，带 PKA 到细胞里的特定位置，例如离子通道、细胞骨骼、中心粒等，以便使 PKA 就近发挥作用。

从以上的叙述可以看出，和 G 蛋白偶联的受体分子基本上不使用蛋白质分子磷酸化的手段来传递信息，而主要依靠蛋白－蛋白之间的直接相互作用来改变蛋白形状以达到"开"和"关"的目的。在蛋白－蛋白相互作用不能再延伸时，细胞使用 GDP 到 GTP 的置换使 Gα 蛋白在离开受体后仍然保持在活化状态，活化位于细胞膜上的腺苷酸环化酶。从细胞膜到细胞质的信息传递，则使用非蛋白分子环腺苷酸。只有到了和效应分子直接打交道的阶段，才重新使用激酶，在这个系统中则是 PKA。

这套系统是真核生物所特有的，为比原核生物大得多也复杂得多的真核细胞中的信息传递所必须。它出现的时间非常早，在单细胞的真核生物如酵母中，以及所有动物祖先的领鞭毛虫中就已经出现，是动物细胞中数量最大的信号传递系统。我们在第十二章动物的感觉系统部分还会具体介绍这类系统在动物对外界信息接收中的作用。

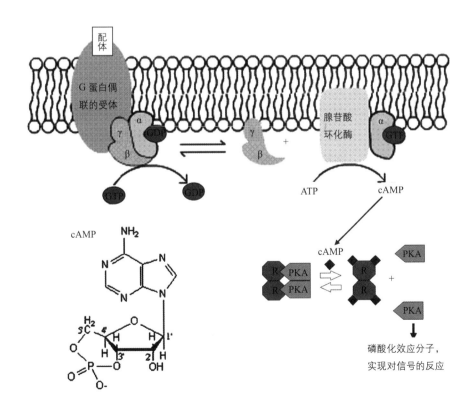

图 8-11　G 蛋白－蛋白激酶 A 系统

第七节　传递信息的磷脂分子

cAMP 是核苷酸类的信息传递分子，也即非蛋白的信息分子。除了 cAMP，动物细胞还使用一种糖类分子来作为第二信使，这就是肌醇（见图 8-12）。肌醇结构和葡萄糖非常相似，而且它们的分子式都是 $C_6H_{12}O_6$，所以肌醇是一种糖，甜度约为蔗糖的一半，动物细胞也是用葡萄糖为原料来生产肌醇的。

由于碳原子的四个化学键不在一个平面上，这个 6 碳环也不是平面形状的，最稳定的形状有三个面，彼此的空间关系像一把椅子的椅背、椅面（用于坐的平面）和椅子两条前腿的平面，所以肌醇的这个形状叫"椅形"（图 8-12 右上）。由于每个羟基都有两个可能的方向，相对于朝向椅子的"上方"和"下方"，理论上椅形肌醇应该有 64 种不同的羟基方向组合（2 的 6 次方），但自然界中存在的肌醇构象只有 9 种，例如肌肉肌醇（myo-inositol）和鲨肌醇（scyllo-inositol）等。由于肌肉肌醇在食物中分布最广，生理功能也最重要，所以中文名称就用"肌醇"这个总称来称呼它。由于肌醇特殊的空间结构，使它成为动物细胞中传递信息的重要分子。

在动物细胞中，肌醇并不游离存在，而是作为磷脂分子的一部分，存在于细胞膜中朝向细胞质的那一层中。磷脂分子由甘油、脂肪酸、磷酸根和与磷酸根相连的分子组成。甘油（丙三醇）分子上的三个羟基中，两个用酯键与脂肪酸相连，另一个羟基用酯键与磷酸根相连，磷酸根上再连上一个亲水的分子，例如丝氨酸、胆碱、乙醇胺、肌醇等。根据磷酸根所连的分子类型，磷脂在化学上也被称为磷脂酰某某分子，例如磷脂酰丝氨酸、磷脂酰胆碱等。连有肌醇的磷脂分子则叫做磷脂酰肌醇（PI）。

在磷脂酰肌醇分子中，肌醇分子与磷酸根相连的那个碳原子被定义为 1 号碳原子，其余的碳原子分别为 2~6 号碳原子（见图 8-12）。细胞膜的内面有激酶，给这些碳原子上的羟基加上磷酸根，也就是使它们磷酸化。不同的激酶使不同碳原子上的羟基磷酸化，例如磷脂酰肌醇 -4- 激酶（PI-4-kinase）使 4 号碳原子上的羟基磷酸化，磷脂酰肌醇 -5- 激酶（PI-5-kinase）使第 5 号碳原子上的羟基磷酸化等。第 2 和第 6 碳原子上的羟基一般是不被磷酸化的，因为它们靠近 1 号碳原子，空间上的阻碍使激酶难以接近这些羟基，所以除 1 号位的羟基与磷脂分子相连外，只有 3、4、5 三个位置的羟基能够被磷酸化，由不同的磷脂酰肌醇激酶所催化。

在不传输信号时，磷脂酰肌醇中的肌醇处于三种状态，分别是没有被磷酸化，即原来的磷脂酰肌醇（简称 PI）、在第 4 位磷酸化（PI（4）P）和在第 4、5 位磷酸化（PI（4,5）P_2）。

在需要这些磷脂分子传递信息时，这些磷脂以两种方式被修改，修改后传递信号的方式也不同。第一种方式是把 PI（4,5）P_2 中的磷酸肌醇从磷脂分子中分离出来，自己成为信息分子。另一种方式是不把磷酸化的肌醇分子分离出来，而是把它保留在磷脂分子上，只是在其 3 号位再加上一个磷酸根，让它起到"船码头"的作用。

三磷酸肌醇和二酰甘油都是信息分子

在上面说过的磷脂酰肌醇的几种形式中，PI（4,5）P_2 是处于"待命"状态的磷脂分子。当一类叫磷脂酶 C（PLC）的分子被活化（获得信息）后，它能够把 PI（4,5）P_2 当中的磷酸肌醇分子，连同把磷酸肌醇分子连到甘油分子上的那个磷酸根，一起水解下来，形成 1,4,5 三磷酸肌醇（IP_3）。在这里要注意不要把 IP_3 和前面的 PIP_2 混淆。虽然二者的肌醇都与 3 个磷酸根相连，而且都是在 1、4、5 位，但是 PIP_2 是连在磷脂分子上的，不能离开细胞膜，PIP_2 中第一个 P 也不是指磷酸根，而是指"磷脂酰"；而 IP_3 已经脱离了磷脂部分，3 个 P 都指磷酸根。从磷脂脱离下来后，IP_3 就成为"自由之身"，可以脱离细胞膜，进入细胞质了。而且由于它是高度溶于水的分子，和 cAMP 一样，可以在细胞质内自由运动，把信息传递给细胞内的分子，所以是另一种"第二信使"分子（图 8-12）。

在 IP_3 离开磷脂分子后，PI（4,5）P_2 余下的部分是二酰甘油（DAG），是两个脂肪酸分子通过酯键与甘油分子相连。由于它的高度亲脂性，DAG 留在细胞膜中，成为另一种信号分子。

许多细胞内的蛋白分子都可以结合 IP_3，接收它携带的信息，其中一个重要的蛋白质就是位于内质网膜上

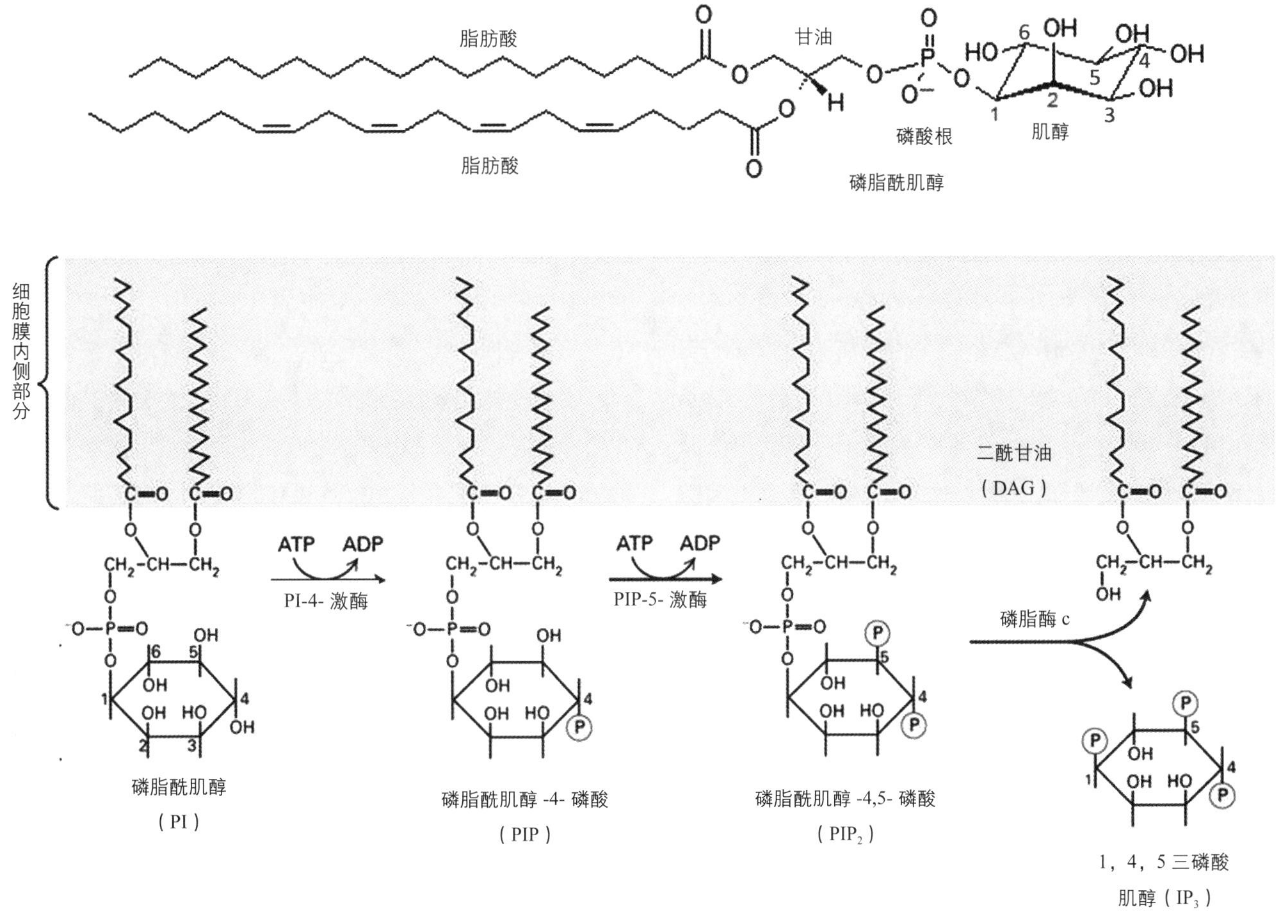

图 8-12 磷脂酰肌醇及其在信号传输中的形式

的 IP₃ 受体。内质网（ER）是真核细胞内复杂的膜系统（见第三章第十节），有和细胞质隔绝的"内腔"。ER 腔内的溶液组成和细胞质有很大的差别，例如腔内就有高浓度的钙离子。在细胞没有接收到外界信号时，细胞质内的 Ca^{++} 浓度是很低的，只有 $10\sim100$ nmol/L。这是由于细胞膜和内质网膜上的钙离子泵不断地把钙离子泵到细胞外或者内质网腔内的缘故。在细胞接收到外界信息，IP₃ 被生成并且被释放到细胞质中时，IP₃ 会扩散到内质网膜，和膜上的 IP₃ 受体结合。这个受体是

一种钙离子通道，平时处于关闭状态，在有 IP₃ 结合时形状改变，通道打开，于是内质网内腔中的钙离子就"蜂拥而出"，进入细胞质，使得细胞质内的钙离子浓度瞬间达到 $500\sim1000$ nmol/L。

细胞质内高浓度的钙离子本身就是一种信号，一些蛋白可以结合钙离子，改变自己的性质，即从"关"的状态变为"开"的状态，把信息传递下去。一个重要的例子就是钙调蛋白。钙调蛋白有 4 个钙离子结合点，当有 4 个钙离子结合时，钙调蛋白改变形状，暴露出

一个亲脂面，和其他的蛋白质相互作用。

钙调蛋白重要的下游信号分子叫做依赖于钙调蛋白的蛋白激酶（CAMK）。CAMK 是丝氨酸/苏氨酸蛋白激酶，有 10 种，分为四大类，它们使效应分子磷酸化，活化它们，以最后对细胞外的信号做出反应。在这个意义上，CAMK 相当于前面两个系统中的 MAP 激酶和 PKA，都是处于信号链末端的激酶，通过使效应分子磷酸化对外来信号作出反应。因此从细胞膜上的受体开始，这条从磷脂酶 C 到

CAMK 的信号传递路线就是：

磷脂酶 C—IP$_3$—ER 上的钙通道—钙离子释放—钙调蛋白—CAMK。

在这个信息传递链中，也是只有在最后一步才采用蛋白激酶，而且也是丝氨酸 / 苏氨酸激酶（图 8-13）。

磷脂酶 C 水解 PI (3,4) P$_2$ 后，IP$_3$ 分子离开，进入细胞质，而 DAG 则留在细胞膜内，活化蛋白激酶 C（PKC）。PKC 的活化不仅需要 DAG，而且需要 IP$_3$ 释放的钙离子。当 PKC 结合钙离子后，再和膜上的 DAG 相互作用，形状发生改变，激酶的反应中心暴露出来，可以使其他蛋白质分子上的丝氨酸或苏氨酸残基被磷酸化，使它们处于"开"的状态，对细胞外的信号作出反应。

人有 15 种不同类型的 PKC，可以把信号传递到细胞中的许多活动过程中，调节这些生理过程，包括基因表达、免疫反应、细胞生长、学习记忆等。因此，磷脂酶 C 通过 IP$_3$ 和 DAG 两个信息分子，可以把信息通向依赖钙调蛋白的激酶 CAMK 和蛋白激酶 C 两条路线，

激活终端的效应分子对信号做出反应，因此从磷脂酶 C 到 PKC 信息传递路线是：

PLC—DAG—PKC

说到这里，我们还没有讲磷脂酶 C 是从哪里接收到信号的。磷脂酶有多种，有的可以从 G 蛋白偶联的受体路线那里获取信号，有的可以从受体酪氨酸激酶路线那里获取信号。

在 G 蛋白偶联的受体通路中，有一种 G$_\alpha$ 蛋白叫做 G$_{q/11}$，它能够和磷脂酶 C-β（PLC-β）结合，使其磷脂酶 C 的活性被活化。被活化的 PLC-β 也可以水解细胞膜上的 PI (4,5) P$_2$，生成 IP$_3$ 和 DAG（见图 8-13）。

磷脂酶 C-γ（PLC-γ）分子上含有能够和磷酸化的受体上酪氨酸残基结合的 SH2 域，能够和活化了的酪氨酸激酶型的受体（即已经"自我"磷酸化的受体）直接结合，例如与 PDGF 受体上被磷酸化的第 1009 和 1021 位的酪氨酸残基结合。这种结合使 PLC 的磷脂酶 C 的活性被活化，能够就近水解细胞膜中的 PI (4,5) P$_2$，生成 IP$_3$ 和 DAG。

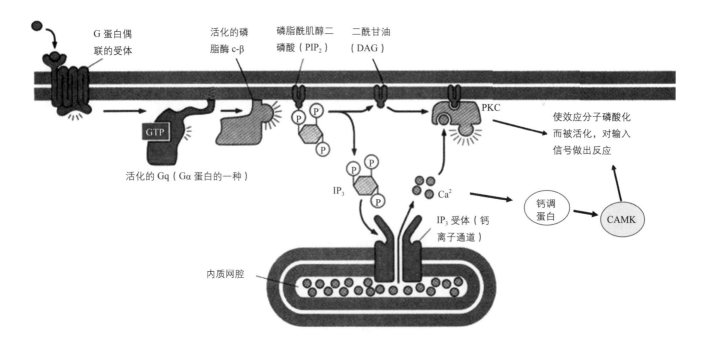

图 8-13　磷脂酰肌醇在信号传递过程中的作用

磷脂酰肌醇－3－激酶开启另一条信息通路

在 PIP_2 分子中，与肌醇相连的三个磷酸根分别在第 1，4，5 位，第 3 位碳原子上的羟基尚未磷酸化。如果第 3 位的羟基也被磷酸化，肌醇分子就获得了一个新的功能，那就是作为其他信息分子停靠的"码头"，让这些分子彼此发生作用，把信息传递下去，从而开辟另一类信息通路。使 3 位羟基磷酸化的酶由于能够开启新的信息通路，所以本身也是信息传递分子。这个酶就是磷脂酰肌醇－3－激酶简称 PI_3 激酶。

PI_3 激酶的作用，是在肌醇 3 号位的羟基上加上磷酸根。如果肌醇已经在第 4 位被磷酸化，那就会生成磷脂酰肌醇 3,4－ 二磷酸，即 PI (3,4) P_2，和前面提到过的 PI (4,5) P_2 不同。如果肌醇已经在第 4 和第 5 位上被磷酸化，PI_3 激酶就会把它变成磷脂酰肌醇（3,4,5）－三磷酸，即 PI (3,4,5) P_3。

PI (3,4) P_2 和 PI (3,4,5) P_3 由于都有 3，4 位羟基被磷酸化，这样一种结构就能够被细胞质中的信息分子所识别，通过 PH 域结合到膜上的这两种磷脂分子上。人体中大约有 200 种蛋白质含有 PH 域，说明 PI (3,4) P_2 和 PI (3,4,5) P_3 在信息传递中起重要的作用。

例如前面谈到的 PLC-γ 就可以结合到 PI (3,4) P_2 和 PI (3,4,5) P_3 上。同时，一种叫做 BTK 的激酶也结合到附近的 PI (3,4) P_2 和 PI (3,4,5) P_3 上，使它能够与 PLC-γ 接触，使 PLC-γ 磷酸化而被活化。所以 PLC-γ 不仅能够通过 SH2 域与受体酪氨酸激酶结合被活化，也可以通过结合于 PI (3,4) P_2 和 PI (3,4,5) P_3 而被 BTK 活化。

PI (3,4) P_2 和 PI (3,4,5) P_3 还可以把两个蛋白，激酶 PDK1 和蛋白激酶 B（PKB）也结合到细胞膜的内面，让 PDK1 把蛋白激酶 B 磷酸化而活化，蛋白激酶 B 再进入细胞质，使效应分子磷酸化，实现对细胞外信号的反应。例如 PKB 可以让一种使细胞"自杀"的蛋白质 BAD 磷酸化，使它失去功能，促进细胞的生存。

像磷脂酶 C 一样，PI_3 激酶也可以通过多种途径被活化。它可以通过它的 SH2 域与受体酪氨酸激酶结合，例如结合于 PDGF 受体上的第 740 位和 751 位的磷酸化酪氨酸残基上而被活化；它也可以和已经活化的 Ras 结合而被活化。它还可以和 G 蛋白被活化后产生的 $G_{βγ}$ 二聚体结合而被活化。

从以上的内容可以看出，磷酸化肌醇分子可以通过多种途径获得信息，包括受体酪氨酸激酶通道和 G 蛋白通道；也能够通过多种方式传递信息，包括产生 IP_3 活化钙离子通道、产生 IP_3 和 DAG 活化蛋白激酶 C、通过 IP_3 激酶生成 PI (3,4) P_2 和 PI (3,4,5) P_3，然后活化 PLC-γ 和蛋白激酶 B。这样，磷酸肌醇分子将不同的信号传递链彼此联系起来，形成信号传输网络，以适应动物细胞复杂信息接受和处理的需要。

第八节　神经细胞是信息的高速公路

动物作为一个整体，常常需要快速的信息传递。例如我们的皮肤感觉到伤害时（如火烧和针刺），会立即缩回。如果反应慢几秒钟，我们就会受伤。鹿看见老虎时，会立即逃跑。老虎在追逐鹿时，不但要在速度上赶上猎物，而且还能够根据猎物的躲避行为（例如突然拐弯）而迅速调整自己的追逐行动。在这里如果有瞬间的误差，后果对鹿来说就是死亡，对老虎来说就是捕猎失败。从眼睛发现信号到肌肉作出反应，信息传输的路径常会有数米之长，要在毫秒级的时间内把信息传输如此长的距离，决不是上面说的那些信息传递机制能够担当得了的。那些机制在细胞尺寸上的距离可以非常有效，但是在长距离（从厘米到米）上就无能为力了。由于这个原因，动物在长期的演化过程中，发展出了快速信息传输系统，这就是由神经细胞组成的信息网络，人神经细胞传输信息的速度可以达到 100 米／秒，比短跑的世界冠军的速度（用大约 10 秒跑完 100 米）还快 10 倍！下面我们先介绍这样快速信息传输的工作原理，然后再介绍这样的系统是如何演化出来的。

用连续翻转的方式传输信息

我们都知道电线传输电流的速度是很快的。一按电灯开关，电灯立即发亮，中间感觉不到任何滞后时间。就是打越洋电话给在上万千米以外的亲人，我们也不觉得对方的话语有滞后的时间。这是由于电场传播的速度和光速是一样的，都是每秒约 30 万千米。神经细胞发出的，用于传出信息的长丝（叫"轴突"axon）的形状也很像电线，长度可以超过一米。轴突传输信息的方式也是用电，不过不是电流从轴突的一端流向另一端，而是膜电位的翻转以接力的方式沿着神经纤维传递。这种传输信息的方式虽然比不上光速，但也是相当快的。要了解神经细胞的工作原理，就需要先知道什么是膜电位。

膜电位（membrane potential）是指细胞膜两边的电位差，一般是细胞膜内为负，细胞膜外为正，大小约为 −70 毫伏（负号表示细胞膜内为负）。这个电位差看上去不大，但是如果考虑到细胞膜的厚度只有约 3.5 纳米，那么电位梯度（单位距离的电压改变）就相当于 200000 伏 / 厘米，比传输电流的高压线（约 200000 伏 / 公里）的电位梯度还要高 10 万倍！

不仅是神经细胞，所有的动物细胞，甚至原核生物如细菌的细胞，都有这样的膜电位，幅度大小也一般为负几十毫伏。为什么细胞膜内外会有这么高的电位差呢？这是因为细胞膜两边（大致相当于细胞内和细胞外）各种离子的浓度不同的缘故。细胞内钾离子浓度高而钠离子浓度低，细胞膜外（如单细胞生物周围的海水和动物细胞外的血液和淋巴）正相反。除了这两种离子，还有其他如氯离子、碳酸氢根离子等，在细胞膜两边的浓度也很不一样。此外，细胞内还有高浓度的蛋白质，而蛋白质分子在细胞酸碱环境中主要是带负电的，这也影响细胞内外的电位差。我们把实际情形简化，假设跨膜电位主要是由细胞膜外的高钠离子浓度（约 145 毫摩尔 / 升）和细胞内的低钠离子浓度（约 12 毫摩尔 / 升）造成的。这样做虽然略去了其他离子的作用，但总的效果却和考虑这些离子的贡献时的结果大体一致，理解起来却容易多了。由于钠离子是带正电的，高浓度的细胞膜外钠离子浓度就会使细胞膜外带多余的正电，形成跨膜电位。这种细胞膜两边由于电荷的分布不对称而形成跨膜电位的情形叫做细胞膜的极化（membrane polarization）。

细胞膜内外各种离子浓度之所以不一致，是因为膜上有各种"离子泵"。这些离子泵以 ATP 为能源，逆向（即逆着离子的浓度梯度）把离子从浓度低的一面泵向浓度高的一面。例如钠离子泵就可以把钠离子从细胞内泵向细胞外。同时细胞膜上也有各种离子通道，在一定条件下通道可以被打开，让离子自然地从浓度高的一面流向浓度低的一面。这两种过程彼此配合，就可以把跨膜电位维持在一定的范围内。

但是仅有跨膜电位还不足以使神经细胞传输信号，还必须有一种特殊的机制能够使膜电位局部变化，而且这种变化还能够向一定的方向传递。这就是电压门控钠离子通道（voltage-gated sodium channel）的作用。它能够感觉膜电位幅度的降低而自动开启，让钠离子进入细胞，又能够在开启后很快自动关闭。正是因为钠离子通道有这些特殊的功能，才使得神经系统的出现成为可能。现在我们就来看看这个神奇的钠离子通道是如何工作的。

许多神经细胞是通过树突（dendrite，即从细胞体发出的分支结构，形状像树枝）来接收其他细胞传来的信号的。当神经细胞在树突的某处接收到信号时，这个信号会让一些钠离子进入细胞（具体机制我们下面再讲）。由于钠离子是带正电的，它们的进入会抵消一部分膜内的负电，使得跨膜电位的幅度减少。如果神经元在多处同时接收到这样的信号，这些跨膜电位的变化就有可能叠加起来，造成跨膜电位的幅度进一步减少。由于神经细胞是通过树突来接收信号的，膜电位减少的地方首先在树突的细胞膜，然后逐渐扩散到细胞体。由于细胞体部分的细胞膜基本上不含有电压门控钠离子通道（每平方微米不到一个钠离子通道），细胞不会对膜电位的这种变化做出反应。然而在细胞体和轴突连接的地方（叫"轴突丘"hillock）却含有高浓度的电压门控的钠离子通道。当轴突丘的跨膜电位的幅度减少大约 15 毫伏，也就是其数值减少到约 −55 毫伏时（即所谓"阈值"时），轴突丘处细胞膜上电压门控钠离子通道就会感受到这个变化，改变自己的形状，让钠离子通过细胞膜。由于膜外钠离子的浓度远高于膜内，钠离子通道打开会使更多的钠离子进入细胞，跨膜电位进一步降低。这反过来又使更多的钠离子通道打开。这种"正反馈"产生的"雪崩效应"使得这个区域内原来的外正内负的电位差完全消失，甚至出现短暂的外负内正的情况。这种情况叫做轴突丘细胞膜的去极化（membrane depolarization）。

如果钠离子通道就这样一直开着，最后的结果只能是细胞内外钠离子达到平衡，而不会有任何信号传递。

这时钠离子通道的另一个本事就发挥作用了，就是在开启几微秒以后自动关闭，而且暂时不会对膜电位变化做出反应。已经进入细胞的钠离子会向各个方向扩散，改变邻近区域的跨膜电位，触发邻近区域钠离子通道的反应，让钠离子从邻近区域进入。而从邻近区域进入的钠离子又会触发更远区域的钠离子通道开启。这样一级一级地触发下去，去极化的区域就会沿着神经纤维传递下去，这就是神经细胞的信息传递，即膜电位的"连续翻转"。这就像多米诺骨牌一样，第一个牌倒下会使后面的牌依次倒下。由于最初被活化的钠离子通道还在"不应期"，这个电信号不能反向再传回去，而只能向前走，使得神经纤维只能单向传递信号（图 8-14）。

在信号传递下去后，轴突丘膜上的钠离子泵会把进入细胞的钠离子泵回细胞外面，恢复原来外正内负的膜电位，钠离子通道也恢复激发前的状态。这个过程进行得非常快，只需要 1 到 2 毫秒的时间，所以去极化过程经过细胞膜每个地方的时间非常短，只有 1 至 2 毫秒，记录在仪器的电压图上就是一个短暂的脉冲，因此神经

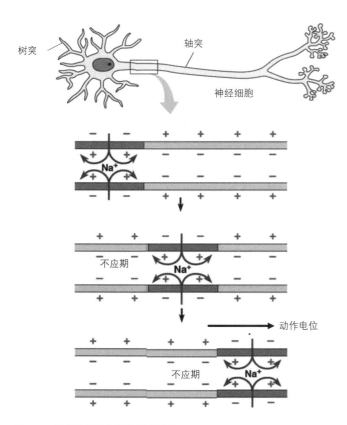

图 8-14　简化的动作电位的形成过程

纤维传递的去极化信号也叫做神经冲动（neural pulse）。同一根神经纤维每秒钟可以发出几百个脉冲。这个电位翻转的信号可以启动其他的信号链，所以也叫做动作电位（简称 AP）。由于这种脉冲在非神经细胞中也可以发生（见后文），所以不限于只是"神经"脉冲。在以后的文字中，神经冲动和动作电位两个名称都被使用。在谈到非神经细胞时，我们就将其称为动作电位。

神经冲动的形成是以"全或无"的方式进行的。在膜电位降低到阈值之前，虽然有膜电位的变化，却没有神经冲动被激发。而神经冲动一旦被激发，就会具有相当的强度。换句话说，神经冲动也是用"0"和"1"信息码为基础工作的，和蛋白质功能的"开"和"关"采用的是同样的原理，只是实现两种状态的机制不同。

电压门控的钠离子通道

电压门控钠离子通道之所以有那么大的本事，和它的结构有密切关系。这种钠离子通道的结构非常复杂，由 I－IV 四个基本相同的大区域组成，每个区域含有 6 个跨膜区段，共同在细胞膜内围出一个钠离子通道，其中每个大区域的第 5 和第 6 跨膜区段聚在中间，围成离子通道，而第 1 到第 3 跨膜区段位于通道的外侧。第 4 个跨膜区段靠通道比较近，也是负责对膜电位做出反应的跨膜区段。蛋白质的跨膜区段要穿过由脂肪酸的长碳氢链组成的细胞膜内部，其氨基酸残基的侧链基本上都是亲脂的，例如亮氨酸（leucine，用字母 L 代表）、异亮氨酸（isoleucine，用字母 I 代表）、缬氨酸（valine，用字母 V 代表）、丙氨酸（alanine，用字母 A 表示）、苯丙氨酸（phenylalanine，用字母 P 代表）等。但是在第 4 跨膜区段中，为了对膜电位产生反应，在其氨基酸序列中，基本上每隔两个氨基酸残基就会有一个带正电的氨基酸残基，例如精氨酸（arginine，用字母 R 代表）和赖氨酸（lysine，用字母 K 代表）。但是由于这一段还得跨膜，所以其余的氨基酸残基多是亲脂的。下面就是四个大区域中第 4 个跨膜区段的氨基酸序列：

大区段 I　　　SALRTERVLRALKTISVIPGLK

大区段 II　　　GLSVLRSFRLLRVFKLAKSWP

大区段 III　　　GAIKSLRTLRALRPLRALSRFE

大区段 IV　　　RVIRLARIGRILRLIKGAKGIR

其中带正电的氨基酸残基用粗体字母表示。由于细胞膜内面是带负电的，这些带正电的氨基酸残基就带着区段4被吸引向细胞膜的内面，由此导致的蛋白质分子形状就正好把钠离子通道关闭。在膜电位降低时，细胞膜内负电荷对这些带正电的氨基酸残基的吸引力也降低，跨膜区段4的位置向细胞膜外的方向移动，通过它与区段5的联系把通道"拉"开，使钠离子通过。只要跨膜电位降低到一定程度，钠离子通道就会开启（图8-15）。

如果仅是这样，跨膜电位降低就只能使钠离子通道开启了，钠离子通过正反馈进入细胞的过程就无法停止。巧妙的是，这种钠离子通道还有一个本事，就是开启以后很快又自我关闭。虽然钠离子通道自我关闭的机制还不清楚，但是在结构上与钠离子通道非常相似的电压门控的钾离子通道给出了一个可能的答案。在钾离子通道中，位于细胞质内的氨基端形成一个球状结构，像一个"塞子"，在通道打开后很快把通道细胞质面的孔堵住。把这个球状结构的"塞子"和钾离子通道分到两个分子中，这个球形结构仍然可以把通道堵住，只是在

时间上要慢一点，这说明在离子通道打开时，也创造了一个与"塞子"结合的结合面，所以氨基端的球形结构不一定要和离子通道连在一起。但是连在一起会使"塞子"就在通道的开口附近，可以更迅速地把通道堵上，而不必经过扩散寻找的步骤。

钠离子通道被堵塞后，细胞外的钠离子不再能够在原地进入细胞，而把钠离子泵出细胞的泵却仍然在起作用，使得这部分细胞膜两边的钠离子浓度很快恢复到去极化之前的状态。随着这部分细胞膜跨膜电位的恢复，第4跨膜区段又被吸向细胞内的方向，带动通道关闭。通道的关闭也改变了通道的形状，使得氨基端的球状结构不再能够结合在通道的开口上，整个离子通道又恢复到去极化以前的形状，准备下一次神经冲动的发出。

由此可见，神经细胞要传递神经冲动，需要钠离子通道的两个功能，即能够对膜电位改变做出反应，打开通道使细胞外的钠离子进入，还能够通过形状改变，形成一个使"塞子"能够结合的空间结构。这样局部的膜电位变化才是瞬时可逆的。在膜电位恢复前，钠离子通

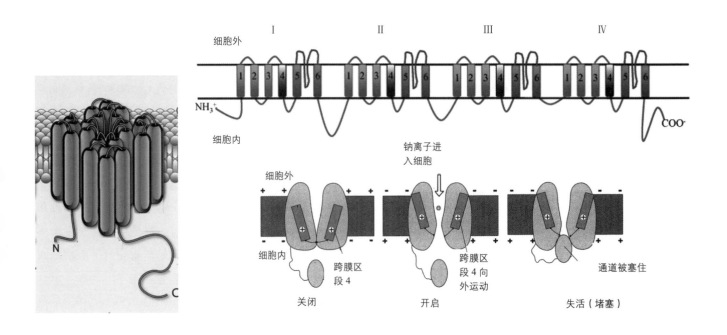

图 8-15　电压门控钠离子通道。右上图：这个钠离子通道蛋白含有 24 个跨膜区段，分为 I－IV 四个大区，每个大区含 6 个跨膜区段，共同围成离子通道。左图：每个大区的跨膜区段 5 和 6 位于中心部位，形成离子通道，跨膜区段 1 至 3 位于外侧。右下图：钠离子通道的开关机制

道处于"通道开启，但出口被塞住"的状态，不能对膜电位变化做出反应，即处于"不应期"，使得信号不能反向传递。

电压门控的钠离子通道的这些神奇的功能是如何演化出来的，是科学家非常感兴趣的问题。随着对各种生物基因组全序列的测定，这个问题的答案也越来越清楚了。原来在原核生物如细菌中，就已经有电压门控的钠离子通道存在，而且结构和动物细胞电压门控的钠离子通道非常相似，例如二者都由总共 24 个跨膜区段组成，也都是第 4 个跨膜区段负责对膜电位的反应，不同的是细菌的每个钠离子通道分子只含有 6 个跨膜区段，所以需要 4 个分子组成四聚体，以达到动物的 24 个跨膜区段。这说明动物细胞中电压门控的钠离子通道很可能是从细菌的钠离子通道演化而来的。

除了电压门控的钠离子通道，所有的生物，包括细菌，还有电压门控的钾离子通道。电压门控的钾离子通道也是由 24 个跨膜区段组成，但是每个分子只有 6 个跨膜区段，像细菌的电压控制的钠离子通道那样，由 4 个分子组成四聚体。动物细胞中电压门控的钙离子通道类似于动物细胞中电压门控的钠离子通道，也由 24 个跨膜区段组成，而且一个分子就含有这所有的 24 个跨膜区段。这些事实说明，电压门控的钾、钠、钙通道有共同的起源，最初的作用可能是调节细胞的渗透压和体积。它们对不同离子的通透性主要是通过第 5 通道的氨基酸序列决定的，例如对钠离子的选择性就是由通道内的赖氨酸残基来决定的。但是这样的赖氨酸残基在珊瑚和水母中还没有出现，所以它们的钠离子通道同时也是钙离子通道。

在细菌中，所有这些离子通道都是由含有 6 个跨膜区段的分子组成的四聚体，在生物演化的过程中，钠离子通道和钙离子通道的基因经过复制和合并把 24 个跨膜区段都包含在一个基因中，但是这样的过程在钾离子通道中却没有发生，所以动物细胞中电压门控的钾离子通道仍然是四聚体，每个分子仍然只含有 6 个跨膜区段。

神经纤维包上绝缘层

有了电压门控的钠离子通道使细胞的膜电位沿着轴突依次翻转，神经细胞就可以利用膜电位来传输信号了。不过对于裸露的神经纤维（外面没有任何包裹的），实测到的信号传输速度只有每秒 1 米左右。如果指令从脊髓传递到腿上的肌肉需要 1 秒的时间，不要说跑步，就是走路都有困难。对于需要用闪电般的速度捕食或逃跑的动物来说，每秒 1 米的传输速度也太慢了。

神经细胞传递信息的速度远低于电线传输电流的速度，这是因为神经纤维用电脉冲的形式传输信号仍然需要离子，特别是钠离子的扩散过程。而扩散是相对缓慢的过程。特别是分子或者离子在水溶液中的扩散，要不断和水分子、溶于水的其他分子不断碰撞，净移位的速度不会很大。咖啡加糖以后一定要搅动，就是这个道理。在神经纤维传输电脉冲的过程中，钠离子的扩散是以接力的方式进行的，每批钠离子扩散的距离只有数纳米，可以在微秒的时间内完成，但是和电线里的电子被电场驱动的速度是不可比拟的。电脉冲能够达到每秒 1 米的速度，已经比细胞内的信息传输速度快多了。

电脉冲传递速度相对较慢的另一个原因是神经纤维会"漏电"，即进入轴突纤维的钠离子会由于各种原因而"漏"回细胞外。这就像消防队的水管上被老鼠咬了许多洞。水压一低，水在管子里流动的速度自然就慢了。如果能够把这些漏洞"堵住"，水流就快了。动物也正是这样做来提高神经冲动的传输速度的。

动物身体里面的一些神经纤维传输电脉冲的速度是很快的，远超出每秒 1 米。检查那些能够迅速传递信号的神经纤维，例如动物连接脊髓和腿部肌肉的神经纤维（轴突），发现它们外面都有白色的绝缘层，好像是电线外面包有绝缘层一样。实验表明，包不包绝缘层，神经纤维传输信号的速度相差很大。例如从人的脊髓传输让肌肉收缩的信号只需要 0.01 秒就可以到达，也就是大约每秒 100 米，是没有包裹绝缘层，直径相同的神经纤维的 100 倍！除了脊椎动物，一些低等的无脊椎动物运动纤维（传输让动物运动信号的轴突）也是由绝缘层包裹的，而且信号传输的速度不比脊椎动物慢。实验记录到的最高的神经冲动传输速度是在一种对虾（Kuruma shrimp, *Marsupenaeus japonicus*）中测到的，最高速度达到每秒 210 米！我们看海洋生物捕食时，常常是用闪电般的速度，这就是轴突外面绝缘层的功劳。

绝缘层能够大大提高神经纤维信号传输速度的事实表明，神经纤维确实是会"漏电"的，即临时进入细胞内部的正电荷能够部分漏到细胞外面去，使得神经冲动的传输速度减慢。这对于体型小的动物（例如只有几毫米大的水螅）不是问题，但是随着动物体型的变大，信息传输的距离达到米级，神经细胞传输信号的速度就越来越是一个问题，包上绝缘层是动物的发明，也使得大型动物的出现成为可能。

除了运动神经，大脑中需要长距离传输信号（例如在大脑不同部位之间传输信号）的神经纤维也是包裹有绝缘层的，以缩短远距离传输信号的时间。包有绝缘层的神经纤维位于脑的内部，沟通位于大脑表层的神经细胞。由于这些绝缘层是白色的，这部分脑组织呈白色，叫做白质，大脑皮层中的神经纤维主要联系附近的神经细胞，信息传输的距离短，外面也没有绝缘层以减少体积，使得神经细胞可以更加密集。皮质中的神经纤维由于没有绝缘层，颜色是灰的，叫做灰质（图8-16下）。

这些包裹在神经纤维外面的绝缘层统称为髓鞘（myelin sheath），由神经胶质细胞（glial cells）在轴突外面包裹多圈而形成。在包裹的过程中，这部分胶质细胞的细胞质逐渐消失，最后只剩下细胞膜，所以髓鞘是由多层细胞膜包裹而成的。在外周神经中（脊髓以外的神经），形成髓鞘的胶质细胞叫施万胶质细胞（Schwann cell），而在中枢神经系统（脑和脊髓）中，形成髓鞘的胶质细胞叫少突胶质细胞（oligodendrocytes）。虽然名称不同，它们所形成的髓鞘的主要功能相似，都是起绝缘作用。

髓鞘解决了轴突"漏电"的问题，但是也带来了新的问题：神经冲动的传递需要细胞膜上电压控制的钠离子通道顺序打开，让细胞外的钠离子进入到细胞中，让膜电位依次翻转。如果轴突都被严严实实地包裹起来，细胞外的钠离子没有地方可以进来，神经冲动就无法接力了。在轴突丘处进入细胞的钠离子是无法长距离扩散的，而且还会在扩散的过程中逐渐被稀释和泄漏以致最后消失。为了解决这个问题，髓鞘每隔几十微米到几百微米就中断一次，让轴突和细胞外的液体接触，好像电线过一段就把包皮除去，让导电的金属裸露出来。这个髓鞘中断的地方叫做郎飞结（node of Ranvier）。在这里电压门控的钠离子通道高度密集，可以达到每平方微米2000个。这些钠离子通道感受到膜电位的变化，让细胞外的钠离子在这里进入细胞，增强神经冲动。从上一个郎飞结进入轴突的钠离子在轴突内扩散到下一个郎飞结，又启动新的钠离子进入和运动。这有点像输送石油的管线，每过一段距离就要再加压，使管内的石油一直前进。

髓鞘对于神经传导的重要性也可以从一种髓鞘病看出来。这种病叫做多发性硬化症，是一种自体免疫性疾病，即身体里面的抗体把髓鞘当做外来物加以攻击和破坏。髓鞘破坏的结果是神经传输信号的过程受到影响，出现各种与信号传递有关的症状，如对肌肉的控制丧失以及感觉异常等。

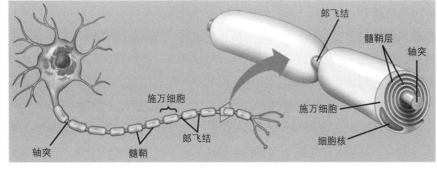

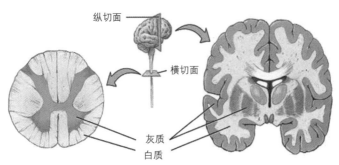

图8-16　上图：髓鞘由施万细胞或者少突胶质细胞多层包裹轴突而成。髓鞘被郎飞结打断，以让钠离子进入轴突。下图：脑中和脊髓中包有髓鞘的神经纤维集中的地方为白质，无髓鞘的地方为灰质

第九节　神经细胞的信号输出

神经冲动虽然传递速度快，但也只能传递到轴突的终端，就像接力赛跑的运动员跑得再快，也只能跑完自己那一段一样。要把信息传递给另一个细胞，就需要一个信号接力的机制，类似于接力赛跑中运动员交棒。在神经细胞把信息传递到效应器官时，由于不同的效应器官使用不同的信息传递方式，许多并不是电脉冲（见本章前几节），神经细胞还必须把电脉冲转换成为效应器官中细胞能够识别和使用的信号，这些效应细胞才能实现对信号的反应。这就需要信号的转换。

神经细胞要把信息传递给别的细胞，首先要和别的细胞建立联系。这种联系是一种特殊的结构，叫做突触（synapse）。突触是轴突末端膨大的结构，贴在接收信号的细胞上，以方便信息快速传输。神经细胞的信号都是通过突触传递到另一个细胞中去的。根据传输信息要求的不同，包括快速还是慢速，效应器官使用什么信息传递链，突触传递信息的方式也有多种。

电突触

如果需要信息在细胞之间快速传递，例如与动物生死攸关的逃跑指令的传输，最好的办法就是把神经冲动不间断地直接传递到下一个细胞中去。例如淡水龙虾（crayfish）在受惊吓时会猛烈收缩腹部，使龙虾弹向背部的方向。研究发现，与这个逃跑反应有关的神经细胞就是通过一种特别的连接方式，即电突触（electrical synapse）彼此连接的，以尽量缩短信号传递的时间。

在电突触处，两个细胞之间的距离只有2~4纳米，而且两个细胞的细胞质是通过一种特别的通道直接相通的，这样，一个细胞的钠离子就可以直接进入另一个细胞，继续神经冲动的传递。这种通道叫做连接子（connexon）。连接子由两个半段组成，每个细胞各出一半，对起来形成一个完整的通道。每个半段由6个连接蛋白分子围成一圈组成，而每个连接蛋白分子又有4个跨膜区段。这样围成的通道内径从1.2到2.0纳米，足够让大小不超过1000的分子通过（图8-17）。

电突触的优点是信号从一个细胞传递到另一个细胞几乎没有滞后时间，在微秒的时间段里就可以完成。这不仅在逃跑反应中有重要意义，还可以使彼此以电突触相连的细胞电活动同步。例如在中枢神经系统中，许多神经细胞，特别是同类神经细胞之间，就有电突触连接，使它们能够以同样的步调作用，产生脑电波。在动物眼睛的视网膜中，各种神经细胞，包括感光细胞之间，也有电突触连接，通过细胞之间的电活动交流降

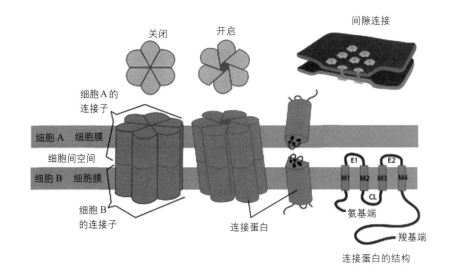
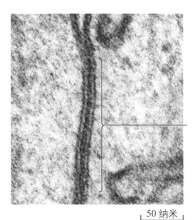

图8-17　细胞之间的电突触连接，也叫间隙连接

低单个细胞偶发信号所产生的噪声。在动物神经系统的早期发育中，许多神经细胞最初的连接也是通过电突触的，通过化学突触（见后文）的连接随后才发育出来。

电突触的缺点是传到第2个细胞里面的信号在性质上与第1个细胞里面相同，是前一个细胞信息的复制，因此无法进行更改。而且通过这些通道传到下一个细胞里的信号，在强度上还有所减弱，类似水流经过一个筛子。但是电突触的特殊优点使它在神经系统的活动中扮演不可缺少的作用。

并不是神经细胞输出信号才需要这种类型的细胞间连接方式。类似的细胞间通道在动物的各种细胞之间普遍存在。这些通道一般聚集在一起，形成细胞之间的特殊连接区域，叫做间隙连接。在间隙连接处，细胞之间的距离也很短，只有几个纳米，这样相邻细胞的半通道才能彼此连接起来，形成连接子，把相邻细胞的细胞质连通。

人类有21种不同的连接蛋白，它们在不同的细胞中组成不同的连接子，其孔径和调控方式都不一样，但是功能大体相同，就是沟通相邻细胞的细胞质，让许多分子自由通过，包括信息分子cAMP和钙离子，以协调相邻细胞的生理活动。有趣的是，和钙联蛋白类似，只有同类型的连接蛋白能够彼此结合，形成连接子。这样连接子就只协调表达同类连接蛋白的细胞的活动。例如上皮细胞就不和神经细胞形成连接子，以免其功能互相干扰。

当然把细胞的细胞质彼此连通也有风险，如果一个细胞受伤破裂，相邻细胞的许多成分不是可以通过连接子进入破裂细胞而丢失吗？其实细胞早已经发展出了预防机制，在紧急情况下关闭这些连接子，把细胞间的联系断开。这是通过高浓度钙离子对连接子的关闭作用实现的。在完整的细胞中，自由钙离子的浓度很低，在微摩尔（μM）水平。在这种钙离子浓度下，连接子是开启的，让小分子和离子自由通过。如果细胞破裂，由于细胞外钙离子的浓度很高，有1到2个毫摩尔（mM），这些钙离子会进入破损的细胞，使这些细胞内的钙离子浓度大幅升高，从而使连接子关闭，相邻的细胞也就安全了。

这种预防机制和潜艇的设计思想是一致的。潜艇的艇身是分段的，各段之间有密闭门。在潜艇正常运作时，这些舱门是开启的，以便人员自由往来。如果潜艇的某部分破裂，海水进入，水兵就会立即关闭通往受损舱室的舱门，防止海水进入其他舱室。这是一个巧妙的设计，但是生物早就有这个"创意"了。

化学突触

像上面提到过的，通过电突触把信息传递到另一个细胞里面去的方法虽然快捷，但是也有缺点。一是只能复制信息，下一个细胞里面被激发起来的电脉冲和上一个细胞里面的一样，所以不能转换信息。二是接收信息的细胞未必也用电脉冲的方式传递信息，神经冲动即使传过去也没有用，所以必须要有信息的"格式转换"，换成下一个细胞能够使用的信息。三是通过连接子传到下一个细胞里面的电脉冲的强度，往往要比发出信息的神经细胞里面电脉冲的强度低一些，在有的情况下不足以启动下一个细胞里面的信息链，而需要信息被放大。化学突触就可以克服这三个缺点。

钙离子是"接力棒"

化学突触在外形上和电突触相似，也是轴突的膨大末端贴在另一个细胞的细胞膜上。但是与电突触的结构不同的是，相邻的两个细胞之间，细胞质并没有经过通道彼此相连，而是彼此分隔的，这样两个细胞就可以各有各的控制机制，包括信息传递方式。信息从一个细胞传递到另一个细胞需要先进行"格式转换"，即把电信号变成化学信号。输出信息的细胞释放信息分子到突触处两个细胞之间的缝隙处，信息分子扩散到下一个细胞，和细胞膜上的受体结合，启动下一个细胞里面的信息传递链。为了信息分子能够在两个细胞之间扩散，两个细胞之间在突触处的距离比电突触要大一些。但是这个距离也不能太大，以免信息分子从一个细胞扩散到达另一个细胞的时间过长，同时也减少信息分子扩散到突触以外的区域去，所以在化学突触处，两个细胞之间的距离是20~40纳米，约是电突触的10倍（图8-18）。

神经细胞通过在化学突触处释放的，把信号传递给下一个细胞的分子叫做神经递质（neural transmitter）。神经递质分子多数是核苷酸或氨基酸的衍生物。例

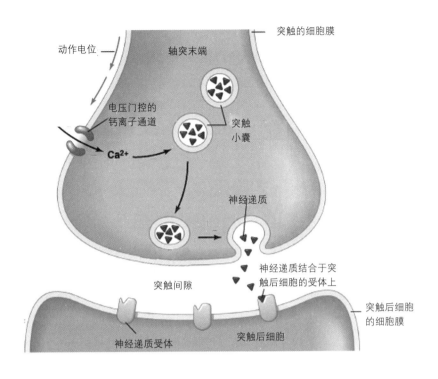

图 8-18 化学突触的工作原理

种信息传递链中起作用，所以钙离子和 cAMP 一样，也被称为是细胞内的"第二信使"分子。

电脉冲可以转换成多种信号

由于神经递质的种类很多，神经冲动转换成的信号类型也很多。对于接收信息的细胞，这些分子就像我们在本章前面所说的细胞外信息分子，可以通过细胞表面的受体接收它们所携带的信息，启动各自的细胞内信息传递链，信息转换的目的就达到了。有些神经递质分子是活化其他细胞的生理活动的，例如乙酰胆碱就能在肌肉细胞中激起动作电位，使肌肉细胞收缩。有些神经递质是起抑制作用的，例如 GABA 和甘氨酸能够使接收信号的细胞上面的氯离子通道打开。由于细胞外面氯离子的浓度（大约是 116 毫摩尔/升）比细胞内部（大约 4 毫摩尔/升）高得多，氯离子通道打开会使许多氯离子进入细胞内部，使得膜电压更高，去极化就更加困难，也就是下一级神经细胞更不容易形成和发出神经冲动。所以同样是神经冲动，经过转换到神经递质分子后，性质就改变了，是什么信号就要看神经递质的种类和接收信息的细胞的类型是什么。

即使是同一种神经递质如乙酰胆碱，在不同的细胞中作用也不同。例如在骨骼肌细胞中，细胞膜上和乙酰胆碱结合的受体本身就是离子通道。与乙酰胆碱的结合使受体形状改变，通道打开，让钠离子进入骨骼肌细胞。钠离子的进入会降低膜电位，像在神经细胞里面那

如多巴胺（dopamine）、5-羟色胺（serotonin，也叫血清素）、GABA（γ-氨基丁酸）、肾上腺素、正肾上腺素、组胺等都氨基酸的衍生物，甘氨酸、谷氨酸就是氨基酸。而 ATP 和腺苷则是核苷酸或核苷酸的衍生物。只有乙酰胆碱不属于上面的几类。在发出信息的神经细胞的突触处，神经递质分子是被包裹在由膜形成的小囊里面的，小囊的膜上有突触蛋白。在没有神经冲动时，这些包了神经递质分子的小囊就停留在细胞膜内，等待需要时被释放到突触缝隙里去。

电脉冲并不能直接让这些神经递质分子被释放，而是通过钙离子的作用。在发送信息细胞的突触处，细胞膜上有许多电压门控的钙离子通道，其工作原理和电压门控

的钠离子通道相似，即在膜电位降低到一定程度时就会打开。在没有电脉冲时，这些钙离子通道是关闭的，而当有电脉冲到达轴突的终端（突触）时，膜电位的改变就会触发电压控制的钙离子通道，让细胞外的钙离子进入细胞内。这些进入细胞内的钙离子会和钙调蛋白结合，使依赖于钙调蛋白的激酶 CAMK 活化（见本章第七节和图 8-13）。激酶使小囊上的突触蛋白磷酸化，磷酸化后的突触蛋白能够与突触处的细胞膜相互作用，让小囊的膜和细胞膜彼此融合，小囊里面的神经递质分子也就被释放到突触的缝隙中了。在这里钙离子是在神经冲动和信息分子中间传递信息的分子，相当于信息传递的"接力棒"。除了释放神经递质，钙离子还在细胞内多

样触发电脉冲（即动作电位）。电脉冲会触发骨骼肌细胞里面肌质网（sarcoplasmic reticulum，是骨骼肌细胞内的一种特殊的内质网）膜上的电压门控的钙离子通道，使储藏在肌质网中的钙离子被释放到细胞质中去。这些钙离子结合在肌纤维中的肌钙蛋白上，启动肌肉收缩。因此在这里，乙酰胆碱的作用是打开离子通道，在骨骼肌细胞中激发动作电位。尼古丁也可以结合在这种乙酰胆碱受体上，将离子通道开启，所以这种乙酰胆碱受体叫做尼古丁型的乙酰胆碱受体。由于乙酰胆碱直接打开离子通道，所以作用非常迅速，在不到 1 毫秒的时间内就可以在骨骼肌细胞中激发起动作电位。

但是在心肌细胞中，接收乙酰胆碱信号的是另一类受体。由于毒蕈碱（muscarine）分子也可以结合到这类乙酰胆碱受体上，所以这类受体就叫做"毒蕈碱型的乙酰胆碱受体"。这种受体并不是离子通道，而是和 G 蛋白偶联的受体。乙酰胆碱分子的结合使得 G 蛋白被活化，分开成为 G_α 蛋白和 $G_{\beta\gamma}$ 蛋白。G_α 蛋白和 $G_{\beta\gamma}$ 蛋白都能够使细胞膜上的钾离子通道被打开，使细胞内的钾离子流出到细胞外。由于钾离子是带正电的，钾离子的流出会使细胞的膜电位更负（即膜电位的幅度更高），更不容易被去极化，因此在心肌细胞中能够起到减缓心率的作用。虽然乙酰胆碱的作用最后也是打开离子通道，但是先要经过 G 蛋白活化的步骤，乙酰胆碱的作用出现的时间就比较晚，但是更加持久。乙酰胆碱的例子说明，同一种神经递质分子在不同的细胞中可以有非常不同的作用。这就是化学突触信号转换功能的优越性。

大脑中的神经网络需要各式各样的信号，有些有增强的作用，有些有抑制的作用。每种神经递质也有数量众多类型的受体，在结合神经递质分子后各有不同的反应，这样形成的神经网络系统才能够具有分析处理信号的强大能力。例如多巴胺就有五种不同类型的受体（D1 到 D5），它们都是 G 蛋白偶联的受体。5- 羟色胺有 7 大类受体，从 5-HT$_1$ 到 5-HT$_7$。除第三类（5-HT$_3$）是离子通道外，其余的都是 G 蛋白偶联的受体。有些大类还不只一种受体，所以 5- 羟色胺一共有 18 种受体。这些受体就可以让 5- 羟色胺这同一种神经递质在不同的细胞里触发不同的反应。如果没有化学突触，只凭电突触传输不变的信号，是无法满足神经系统的需要的。

放大信号

化学突触的第三个优越性就是它有放大信号的作用。就像前面谈过的，电突触不能放大信号，只能造成电脉冲的衰减。而经过化学突触释放大量信息分子，每一个和接收信号的受体结合时，都能够激起反应，这就能将原来电脉冲的信号强度放大。例如一个突触可以含有上百万装有神经递质分子的小囊，每个小囊含有数千个神经递质分子。这些分子的释放能够在受体细胞中激起更大的反应，即使激起的反应仍然是动作电位。

像上面说过的那样，在神经信号使肌肉收缩时，并不是所有的细胞间连接都是通过最快速的电突触。神经细胞之间是以电突触相连的，以保证信号无阻传递。但是神经和骨骼肌细胞就是通过化学突触相连的。动物在这里弃电突触不用，而用慢一些的化学突触，就是因为用电突触时，传到骨骼肌细胞的动作电位不够强。而通过乙酰胆碱的释放激活大量离子通道，再激发起来的动作电位就会比神经细胞里面的电脉冲强很多，能够有效地使肌纤维收缩。而且在这里，乙酰胆碱的受体本身就是离子通道，可以在 0.1 毫秒的时间内触发动作电位，比电突触也慢不了多少，但却更有效。

化学突触由于有转换信号（从电脉冲到神经递质），使信号多样化（通过多种神经递质的不同受体）和增强信号（通过释放大量神经递质分子）的作用，所以在神经系统中被广泛使用。特别是在中枢神经系统如大脑中，神经细胞之间的连接主要是通过化学突触，也就是通过神经递质来传输信号的。

第十节　神经细胞可能是从上皮细胞演化而来的

神经细胞用电脉冲快速传递信息的能力，使它在动物体内的信息传递链中扮演特殊的角色。它的工作方式，包括产生和传递电脉冲，以及与其他细胞之间的突触连接，都使神经细胞和其他体细胞区分开来，自己成为特殊的一类细胞。但是单细胞生物并没有神经细胞，却一样能够对外界刺激起反应，而且是迅速的反应，这些单细胞生物又是如何做到这一点的？多细胞的动物又是如何发展出神经细胞的？

为了回答这些问题，科学家对单细胞生物和动物身体中非神经类型细胞传递信息的方式进行了研究，发现利用膜电位的改变来传递信息并不只是神经细胞的专利。原核生物和动物的非神经细胞也有用膜电位的改变来传递信息的能力。神经细胞很可能就是在这些细胞的基础上发展出来的。

草履虫就能够用膜电位传输信息

草履虫是单细胞的真核生物，以细菌为食，所以需要不断地游动来寻找食物。草履虫的身上布满了纤毛，例如第四双小核草履虫（*Paramecium tetraurelia*）身体表面就有约 5000 根纤毛。这些纤毛协同摆动，使草履虫能够像一个方向前进。

在遇到障碍时，草履虫能够暂时后退，然后再向另一个方向前进。观察发现，草履虫在后退时，细胞表面的纤毛摆动方向和前进时相反，这种现象叫做"纤毛倒转"（ciliary reversal）。科学家对这种现象很感兴趣，对它的机制进行了研究。原来草履虫使纤毛倒转的机制就是膜电位的改变，而且也像神经细胞那样，通过钙离子进入细胞来传递信息。

草履虫的细胞膜上平时就结合有钙离子。在草履虫碰到障碍物时，膜电位会降低，类似神经细胞的部分去极化。这个膜电位的变化触发了细胞膜上电压门控的钙离子通道，使原来吸附在细胞膜上的钙离子进入细胞。进入细胞的钙离子就能够使纤毛的摆动方向临时倒转。

这个过程还需要草履虫细胞里面的一些蛋白质磷酸化，因为磷酸酶的抑制剂"冈田（软海绵）酸"（Okadaic acid）能够延长草履虫倒退的时间，也就是使纤毛倒转的时间更长。

草履虫的这个例子说明，单细胞的真核生物就能够使用膜电位的变化来传递信息（碰到障碍物），并且能够做出相应的反应（纤毛倒转使草履虫后退），而且信息传递链中还用到神经细胞所使用的电压门控的钙离子通道和蛋白质的磷酸化。前者（去极化使钙离子进入细胞以充当第二信使）和神经细胞的工作原理相同，后者（蛋白质的磷酸化）和所有细胞（包括原核细胞和真核细胞）传递信息的一个重要方式相同。

团藻是球形的多细胞生物，拥有叶绿体进行光合作用，是自养生物，好像应该归于植物。但是团藻的有些细胞有眼点感知光线，每个细胞有两根鞭毛，能够游泳，又有些像动物。团藻虽然是球形，却有前端、后端之分，前端的细胞有眼点，可以辨别光线来的方向。光信号能够使团藻各个细胞的鞭毛还协调一致地摆动，使团藻向光线的方向游动。这说明位于团藻前端的细胞必须把信号快速传给位于后端的细胞，整个团藻的鞭毛才能够协调一致地摆动（见第四章第二节图4-7）。

检查团藻的细胞，可以发现它们之间并不是完全分开的，而是有管道（叫做细胞质桥）连接相邻的细胞，把它们的细胞质连通在一起。这种团藻细胞间细胞质的直接联系，不同于动物细胞之间的间隙连接，而是细胞分裂时，细胞膜没有完全断开形成的。虽然构造不同，但是这种细胞质之间的直接通道也能够起到间隙连接的作用。

团藻的这种快速信号传输很有可能是通过细胞质桥传输的电信号，因为通过分子扩散传输的信号不可能如此快速。当然团藻最后并没有向动物的方向演化，这些细胞间快速的电信号传输也没有导致神经细胞的出现，但是团藻的例子也说明，在神经细胞出现之前，细胞之间已经开始有电信号传输了。

海绵是最简单的多细胞动物，没有组织分化，更没有神经系统。但是它的幼虫却能够游泳，可以在新的地方落脚，长出新的海绵来。海绵幼虫体表布满了纤毛，前端的纤毛较长，用于导向，身体其余部分的纤毛较短，用于游泳。海绵幼虫前端有感受光线的细胞，而且像团藻一样，从感受光线的细胞到全身的纤毛，海绵幼虫也必须有迅速传递信号的通路。这说明在没有神经细胞的情况下，海绵幼虫也有快速传递信号的能力，以协调全身纤毛的摆动，使海绵幼虫能够定向游泳。

在一些低等动物中，尽管已经具有神经系统，但是这些神经系统还比较简单，在生物对外界做出反应的过程中还不能"包办一切"，一些上皮细胞也具有传递动作电位的能力，在生物反应中发挥作用。例如多鳞虫

(polynoid worm，一种环节动物）在身体受到刺激时会突然发出荧光，也许是为了阻吓敌人。研究发现，发萤光的上皮细胞自己就能够传递电脉冲，而且荧光发生时间过程与上皮细胞里面的动作电位的传播相一致。

研究比较详细的是水螅水母（*Euphysa japonica*）上皮细胞传递电脉冲的情形。水螅水母的表面有一层薄薄的上皮细胞。这些细胞呈多角形，宽约 70 微米，厚却只有 2 微米。细胞之间有间隙连接，即像神经细胞的电突触处那样的间隙连接，连接子把相邻细胞之间的细胞质连通，因此电信号可以从一个细胞直接传递到相邻的细胞里面去。

实测这些细胞的膜电位，在休息状态下大约是 −60mV，和神经细胞的静止膜电位相似。如果用电极在细胞内注入电脉冲，这些电脉冲可以传递到周围的细胞中去，速度大约是每秒 10 厘米。由于这个速度是在 11 摄氏度时测定的，在室温下电流传递的速度估计还会高一些。用电极记录膜电位的变化，发现膜电位在电脉冲到达时迅速降低到约 −35mV，然后再反弹，脉冲的形状和典型的神经冲动非常相似，说明这些细胞是以电脉冲的形式传递电信号的。但是水螅水母受刺激的上皮细胞会向周围所有的上皮细胞都传播动作电位，即向上皮面上的各个方向传播，没有专一的方向性，而不能像神经细胞那样，用轴突定向传输动作电位，说明这种传输电脉冲的方式还是很原始的。受刺激的上皮细胞自己也会发出荧光，电脉冲的传递，只不过是让相邻的细胞也发荧光而已。

在另一种水螅，薮枝螅（*Obelia geniculata*，其形状像树枝）中，上皮细胞在受到刺激时会发出荧光。这种荧光是上皮细胞中的一种特殊的发光细胞（photocyte）中产生的。与发光细胞相邻的细胞在受刺激时并不发光，但是能够触发电压门控的钙离子通道（作用机制类似于电压门控的钠离子通道），在支持细胞中产生动作电位。动作电位能够通过支持细胞和发光细胞之间的间隙连接传递到发光细胞里面去，使钙离子结合到发光蛋白 obekin 上，激发荧光。在这里，细胞已经有了感受细胞和效应细胞的分工。感受细胞把信息通过电脉冲的形式传递给发荧光的细胞，已经类似于动物的信息反射链了，但是在这里感受细胞并没有轴突传输出信息，也没有和效应细胞建立突触连接，电信号

是通过间隙连接直接传过去的。

像这样具有能够传递动作电位的上皮细胞的低等动物很多，包括上面说的腔肠动物，此外还有被囊动物和软体动物，说明上皮细胞形成和传递动作电位是一个相当普遍的现象，也许神经细胞就是从这样的上皮细胞演化而来的。

轴突和突触的形成

在上面薮枝螅上皮细胞传递电信号的例子中，已经出现了感觉细胞和发光细胞的分化。如果感觉细胞由于基因调控的改变，表达另外一种钙黏着蛋白，例如从上皮钙黏着蛋白改变为另一种钙黏着蛋白，这些感觉细胞就不再和发光上皮细胞黏合在一起了，而只能通过连接蛋白和发光细胞形成间隙连接，传递电信号。如果这两种细胞之间的距离增加，而又要保持间隙连接，感觉细胞势必要形成伸长的部分，这可能就是最初的轴突。它通过间隙连接传输电信号，就像现在的神经细胞使用电突触传递信号一样。

化学突触是如何形成的，可以从单细胞的真核生物中去寻找线索。例如被认为是动物祖先的"领鞭毛虫"是一种单细胞生物，细胞呈椭圆形，顶端有一根鞭毛，鞭毛周围有一圈硬毛，类似高领衣服的领子，所以叫领鞭毛虫。鞭毛的摆动可以产生水流，把细菌带到领毛附近。领毛的作用是当过滤器，拦住细菌让领鞭毛虫吞食。

领鞭毛虫中的 *Monosiga brevicellis* 和 *Salpingoeca rosetta* 的全部 DNA 已经被测定。检查这些领鞭毛虫所具有的基因，发现它们已经含有化学突触中的一些关键蛋白质的基因，例如细胞分泌蛋白质时使含有分泌蛋白的小囊和细胞膜融合的 SNARE 蛋白的类似物。而且在鞭毛根部附近，也发现领鞭毛虫的细胞内含有小囊，类似于神经细胞含有神经递质的小囊。形成电脉冲所需的电压门控的钠离子通道和钙离子通道，在领鞭毛虫中也有发现。这些基因的存在说明，领鞭毛虫很可能已经具有了神经细胞那样在突触处（在这里是领鞭毛虫的顶端部分）释放小囊中分子的能力。

在动物细胞中，接受信息的细胞在化学突触处有一层结构致密的区域，叫"突触后密集区"。它宽大约

250~500 纳米，厚约 25~50 纳米，含有几百种蛋白质，包括起结构骨架作用的蛋白质 Homer 和 SHANK，以及接受神经递质信号的受体。令人惊异的是，Homer 蛋白和 SHANK 蛋白在领鞭毛虫中也有发现。这说明化学突触所需要的一些关键蛋白质，在单细胞的真核生物中就已经出现了。虽然这些蛋白质在领鞭毛虫细胞中的作用还不清楚，但是也表明动物神经细胞的化学突触不是突然出现的，而是早就有了结构的基础。

感觉细胞和效应细胞以化学突触连接的情形，在环节动物沙蚕（Annelid, *platynereis dumerilii*）的幼虫中可以看到。一开始幼虫只有两只非常简单的"眼睛"，位于头部的两侧。每只眼睛只由两个细胞组成：一个感光细胞和一个色素细胞。色素细胞的作用是遮光，使感光细胞能够感知光线的方向。在幼虫的前端有一圈纤毛，用于使幼虫游动。感光细胞和纤毛细胞直接相连，以控制纤毛摆动，让幼虫向光线来的方向（即海面方向）游动，让海表层的水流把它们带到远处（见第十二章第一节）。

感光细胞和纤毛细胞之间的联系就是通过化学突触。感光细胞在突触处分泌乙酰胆碱，影响纤毛细胞上纤毛的摆动。如果用光照射其中一只眼，可以看见这只眼周围的纤毛细胞摆动纤毛的情形有改变，说明是感光细胞通过分泌乙酰胆碱传递的信号使纤毛细胞的行为发生了改变。在这里感光细胞就已经具有神经细胞的性质。

田螺的幼虫中，感觉细胞也是以化学突触与纤毛细胞相连。但是在这里感觉细胞分泌的不是乙酰胆碱，而是另一种神经递质 5- 羟色胺。5- 羟色胺的分泌能够增加纤毛细胞摆动纤毛的频率。在这里感觉细胞也已经具有了神经细胞的性质。

乙酰胆碱和 5- 羟色胺都是高级动物，包括人的神经系统所使用的神经递质。沙蚕和田螺幼虫的例子说明，化学突触在低等动物中就已经出现而且开始发挥作用。虽然这样的系统只有感觉细胞和效应细胞的直接联系，还没有在中间传递的信息的神经细胞，即"中间神经元"（interneuron），但这已经是神经系统的雏形，我们可以看见最初的神经细胞是如何工作的。

水螅已经具有简单的神经系统，即由神经细胞组成的网状结构，而没有神经细胞聚集的神经节，更没有脑。神经细胞之间以化学突触连接，分泌 GABA 和谷氨酸等神经递质。用电子显微镜检查这些突触，发现这些突触的两边都含有包裹神经递质的小囊，说明突触两边的神经细胞都可以在突触处输出信号，而不像高等动物的神经细胞那样，化学突触传递信号的方向是单方向的。这样，任何一个神经细胞受到刺激（例如触碰），整个神经系统都会做出反应，让与神经细胞相联系的肌肉细胞收缩，也就是整个身体的收缩。这样的反应是很原始的，反映了早期神经系统的工作状况。在水螅的化学突触中，也已经可以发现少数单向传递信息的突触，即只有一方具有含神经递质的小囊，说明水螅也开始向单一传递方向变化。

随着神经节的出现，以及后来脑的出现，神经系统有了处理信息的中枢，神经细胞的信息传输方向才逐渐变成单向的。有的把感觉信息传入中枢，有的把中枢的反应指令传至效应细胞。在中枢神经中，还有在神经细胞之间传递信息的神经细胞，即中间神经元，它们的传递方向也是单向的。

第十一节　膜电位的演化

上一节中的例子说明，单细胞生物和动物的上皮细胞利用动作电位的历史早于神经细胞。细胞膜两边各种离子浓度的非对称分布造成的膜电位不仅历史悠久，而且存在于所有的细胞中，包括原核细胞。其实即使在动物的神经系统高度发达后，非神经细胞仍然能够利用膜电位来驱动各种生理活动和传输信息。作为例子，让我们先看看动物细胞利用跨膜离子梯度来吸收营养物和胰脏的 β 细胞分泌胰岛素的过程。

细胞外钠离子的高浓度可以用来吸收葡萄糖

在动物细胞中，跨膜电位是一种储存能量的形式，跨膜氢离子浓度可以用来合成 ATP 和驱动细菌鞭毛的旋转，跨膜钠离子浓度梯度也可以在转运分子跨越细胞膜时起作用。例如食物中的淀粉在消化道中被水解成为葡萄糖后，小肠内壁的绒毛细胞必须把葡萄糖分子吸收到细胞中，再经过细胞转运到血液中。但是葡萄糖分子是高度溶于水的，自己不能通过细胞膜，而必须让细胞膜上的转运蛋白把葡萄糖分子转运到细胞里面去。由于小肠中葡萄糖的浓度常会低于血液中葡萄糖的浓度，这种转运过程常常是逆葡萄糖的浓度梯度而行的，即把葡萄糖从浓度低的地方转运到浓度高的地方。这个过程叫做主动运输，是需要消耗能量的。许多这样主动运输的泵都使用 ATP 作为能源，例如细胞就是使用 ATP 水解释放的能量把钠离子从细胞内泵到细胞外的。但是既然跨膜电位（例如细胞膜外的高钠离子浓度）也是细胞储存能量的一种方式，细胞也可以直接加以利用。在小肠绒毛细胞的细胞膜上有一种葡萄糖转运蛋白，让细胞外的钠离子把葡萄糖分子"携带"进细胞来。由于细胞外高浓度的钠离子进入细胞是一个释放能量的过程，这个能量就可以使葡萄糖分子逆自己的浓度梯度而动。这种用钠离子把葡萄糖带进细胞的转运蛋白叫"钠－葡萄糖协同转运蛋白"。要转运一个分子的葡萄糖进入细胞，需要两个钠离子的"携带"。

动物细胞的这个本事，其实原核生物如细菌早就具有了。例如大肠杆菌不仅在人的肠内生存，也可以在土壤和淡水湖中生存。那里营养物如乳糖的浓度可以非常低，远低于细胞内的乳糖浓度。为了获得环境中的这些乳糖，大肠杆菌必须逆着乳糖的浓度梯度把细胞外的乳糖跨膜转运到细胞里面去。这也是一个需要消耗能量的主动运输过程。大肠杆菌在合成 ATP 时会先利用由食物分子氧化时释放出来的能量将氢离子泵到细胞外面去，相当于水库反向蓄水，当氢离子流回细胞内时带动 ATP 合成酶生产 ATP，类似于高水位的水流过坝上的水轮机发电（见第二章第九节）。由于细胞膜外的高氢离子浓度本身就是储存能量的一种形式，大肠杆菌也能利用细胞膜外的高氢离子浓度来转运乳糖。这是由细胞膜上的一种叫做"氢离子－乳糖共同转运载体"来进行的。如果在大肠杆菌的培养基中加入氰化物，由于氰化物能够阻断大肠杆菌的电子传递链，使大肠杆菌失去泵氢离子出细胞膜的能力，环境中的乳糖就不再能够被大肠杆菌吸收了。如果在细菌的培养液中加入酸，相当于人为地提高细胞外的氢离子浓度，大肠杆菌即使在有氰化物的情况下又可以吸收乳糖，证明大肠杆菌的确是用细胞膜外的高氢离子浓度来转运乳糖分子的。

胰脏利用膜电位分泌胰岛素

在神经系统已经高度发达的人体内，用膜电位的变化来传递信息也不是神经细胞的专利。一个例子就是胰脏的 β 细胞分泌胰岛素。血液中葡萄糖浓度升高时，会激发胰脏的 β 细胞分泌胰岛素，以降低血糖浓度。在这里葡萄糖是信息分子，而胰岛素的分泌是细胞对高葡萄糖浓度的反应。从葡萄糖到胰岛素，中间经过由多个步骤组成的信息传递链，其中就包括膜电位的变化，即细胞的去极化，而且所有这些信息传递步骤都可以在胰脏的 β 细胞里面完成。

血液中的葡萄糖浓度升高时，会有更多的葡萄糖进入胰脏的 β 细胞。这些葡萄糖分子进入 β 细胞后，会在线粒体里面被"燃烧"成为二氧化碳和水，释放出来的能量则被用来合成高能分子三磷酸腺苷，即 ATP。血液中的葡萄糖浓度越高，β 细胞中线粒体燃烧的葡萄糖分子就越多，合成的 ATP 就越多。由于 ATP 是以 ADP 为原料加上磷酸根而成的，ATP 浓度升高意味着 ADP 的浓度会相应降低，所以 ATP/ADP 的浓度比值就会升高。这个比值的变化就是一种信息，可以被 β 细胞识别和利用。

胰脏的 β 细胞表面有一种钾离子通道，叫做对 ATP 敏感的钾离子通道。

在 β 细胞中的 ATP 浓度比较低时，这种钾离子通道是开启的。钾离子流向细胞外，相当于增加细胞膜外正电荷的数量，使得细胞极化。在这种情况下，胰岛素分子是储存在细胞内由膜包裹的小囊中的。当细胞中的 ATP 浓度由于葡萄糖浓度增加而升高时，ATP 结合到钾离子通道中的 SUR 亚基上，使分子的形状改变，关闭钾离子通道。这会导致细胞膜外钾离子浓度降低，跨膜电位也随之降低，即"去极化"。这时细胞膜上对电位敏感的钙离子通道打开，让细胞外的钙离子进入。进入细胞内的钙离子会和钙调蛋白结合，使依赖于钙调蛋白的激酶 CAMK 活化。激酶使小囊上的突触蛋白磷酸化，磷酸化后的突触蛋白能够与突触处的细胞膜相互作用，让小囊的膜和细胞膜彼此融合，小囊里面的胰岛素分子也就被释放到细胞外，进入血流（图 8-19）。

这个过程非常类似于神经细胞的突触释放神经递质。神经递质和胰岛素分子都是储存在细胞内由膜包裹

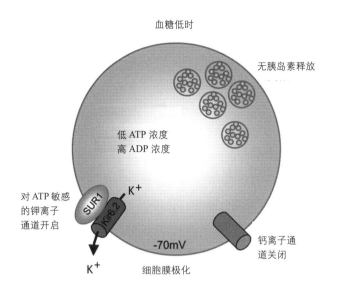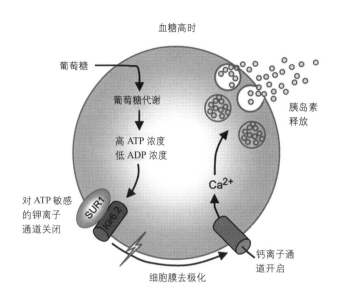

图 8-19　胰岛的 β 细胞分泌胰岛素的机制。胰脏 β 细胞表面有一种对 ATP 敏感的钾离子通道，由 Kir 和 SUR 两部分组成。Kir 蛋白的跨膜区段围成钾离子通道，而 SUR 蛋白感受细胞内 ATP 的浓度。当细胞外葡萄糖浓度低时，葡萄糖代谢生成的 ATP 少，ADP 浓度较高，这时对 ATP 敏感的钾离子通道开启，钾离子流出细胞外，使细胞极化。这个膜电位使得电压门控的钙离子通道关闭，没有胰岛素分泌。当细胞外葡萄糖浓度高时，细胞代谢葡萄糖生成的 ATP 浓度也高。ATP 结合于钾离子通道中的 SUR 亚基上，使其关闭，钾离子停止流出细胞，膜电位降低。细胞的去极化被电压门控钙离子通道感受到并开启，让细胞外的钙离子进入细胞，通过钙调蛋白和依赖于钙调蛋白的激酶 CAMK 活化，使得包裹胰岛素的小囊上的突触蛋白磷酸化，小囊与细胞膜融合，释放出胰岛素

的小囊中的，是膜电位的变化（去极化）开启细胞膜上电压控制的钙离子通道，让细胞外的钙离子进入。进入细胞的钙离子也用同样的方式让小囊与细胞膜融合，释放出内容物到细胞外（参看图 8-18）。区别只在于使细胞去极化的机制不同，在 β 细胞中也没有动作电位的长距离传输，但是二者分泌分子到细胞外时所使用的原理是一样的。

这些例子都说明，膜电位的变化、电压控制的钙离子通道、钙离子在细胞中作为"第二信使"传递信息，释放包裹在小囊中的信息分子，这些神经细胞使用的基本机制，在神经细胞出现前就已经为一些低等动物，甚至单细胞动物使用了。即使是在神经细胞出现并且高度专业化后，身体中的其他细胞仍然能够使用膜电位的变化来传递信息。神经细胞不过是在这些机制的基础上专业化，发展出树突、轴突、突触而已。除了传输信息，膜电位还被广泛地用于细胞的主动运输过程。这就提出了一个根本的问题：膜电位是从哪里来的？由于膜电位是由细胞膜两边各种离子，特别是钠离子和钾离子的不

对称分布造成的，膜电位从哪里来的问题，也可以改换成细胞膜两边离子不对称分布是如何形成的问题。

最早的细胞可能产生于高钾低钠的环境

跨膜电位是由于细胞膜两边各种离子的浓度，特别是钾离子浓度和钠离子浓度，有巨大差别引起的。如果我们考察一下各种细胞内外的各种离子浓度，一个最重要的共同点就是细胞内的钾离子浓度高，钠离子浓度低；细胞膜外正相反，是钠离子浓度高而钾离子浓度低，从细菌到人无不如此。由于血液中的离子浓度也是钠高钾低，类似海水，所以有人认为生命最初是从海水中诞生的。但是仔细想一下，就会发现这种想法有问题。在生命形成的初期，细胞膜还不完善，也还没有离子泵，像钠离子和钾离子这样体积很小的金属离子应该是比较容易地在细胞膜上穿来穿去，没有细胞内外浓度差的。如果生命是在海水中诞生的，那么细胞里面的化学反应一定能够适应钠高钾低的状况，为什么细胞后来

又要创造一个钾高钠低的内环境呢？由于钾高钠低的内环境和细胞外钠高钾低的情形正相反，细胞为了维持内环境的稳定，不得不耗费能量把钠离子逆着浓度梯度泵出去，又消耗能量把钾离子逆着浓度梯度泵进来。由于细胞膜对这两种离子都不是完全不通透的，而是不断有泄漏，这些离子泵必须连续不断地工作，消耗大量的能量，才能维持内部钾高钠低的状况。例如神经细胞消耗的能量中，就有约 20% 是用来维持细胞内外钾钠离子的浓度差的。细胞这样做的目的是什么呢？不要膜电位，直接用 ATP 来驱动各种需要能量的过程不是更简单吗？

为了回答这个问题，俄裔美国科学家库宁（Eugene V Koonin, 1956—）提出了另一种观点，认为现在细胞内钾高钠低的现象，其实是早期细胞形成时周围环境条件的遗存。因为细胞内以蛋白质为主的化学反应是需要一定的离子条件的。在细胞形成初期，由于细胞膜还不完善，只能把像蛋白质、RNA、DNA 这样的生物大分子留在细胞内，而像钾离子和钠离子这样的小金属离子，细胞膜还没有阻止它们自由运动的能力。也就是说，早期细胞内外的小离子成分应该是差不多的，细胞的化学反应系统也必须在这样的离子环境中形成。而化学反应链的形成是一个漫长的过程，在此过程中蛋白质的结构必须在当时的离子环境中优化。这样的蛋白质一旦形成，就会反过来要求离子环境不再剧烈变化，否则蛋白质分子的工作效率就会受到影响。从这个观点出发，库宁认为早期的细胞是在高钾低钠的环境中形成的。

为了验证他的这个观点，他检查了所有细胞中最基本、最普遍存在的蛋白质——核糖体蛋白质的工作环境。因为任何细胞都必须自己合成蛋白质，核糖体中的蛋白质就应该是最能够代表早期蛋白的"元老"。实验结果表明，核糖体蛋白的反应条件包括镁离子、锌离子和钾离子，但是不需要钠离子。如果最初的细胞是在钠高钾低的环境中产生的，蛋白质的反应条件应该偏好钠离子才是。现在蛋白质的反应条件不需要钠，正好说明最初的反应条件里就很少钠。

根据这个结果，库宁认为最早的生物是在高钾低钠的环境中产生的，后来才进入海洋。由于海水中有高浓度的钠离子（现今的海水含有 0.4 摩尔 / 升的钠离子），而钾离子的浓度相对较低（0.01 摩尔 / 升），细胞为了保持内部环境为蛋白质反应的最佳状态，不得不发展出离子泵来主动转移这些离子。当然这些能量也不是完全浪费的，因为细胞膜两边离子的浓度梯度本身就是能量的一种形式，是可以加以利用的，例如前面提到的钠－葡萄糖协同转运蛋白。

但是库宁的学说也有困难。放眼望去，地球上的水，无论是湖水还是海水，都是钠高钾低的，钾高钠低的环境又会在什么地方出现呢？库宁的假说是：热泉蒸汽冷凝所形成的水。钾离子由于比钠离子大得多，比较容易被蒸发的水分子"夹带"，进入蒸汽中。这样蒸汽在冷凝以后，就会形成钾高钠低的水。这个假说也得到了实地观测的证实。例如在意大利的 Larderello 热泉冷凝水中，钾离子的浓度就是钠离子浓度的 32 倍。在美国加州的一处热泉，冷凝水中钾离子的浓度竟然是钠离子浓度的 75 倍！

热泉冷凝水也不是高钾低钠水的唯一来源。由于氯化钠在水中的溶解度几乎和温度无关，例如 20 摄氏度时为每升 35.9 克，60 摄氏度时为每升 37.1 克，而氯化钾在水中的溶解度却随着温度升高而升高，例如在 20 摄氏度是为每升 34.2 克，和氯化钠差不多，而在 60 摄氏度时为 45.8 克，明显超过氯化钠的溶解度。如果一部分海水被隔绝出来，在太阳底下蒸发，在温度较高（例如 60 摄氏度）时，氯化钠首先饱和，结晶出来。由于氯化钾达到饱和是在氯化钠之后，所以氯化钠结晶上面的水就会富含氯化钾。这些水如果由于自然的原因流到其他的地方，也会含有较高的钾和较低的钠。这些事实都说明，地球早期出现钾高钠低的水是可能的。也许是低钠的环境更适合早期的生命反应，特别是蛋白质分子的反应，最初的生命就是在这样的环境中诞生的。

如果最初的生物在这样高钾低钠的环境中形成并且逐渐完善，包括形成由磷脂组成的、对离子（包括氢离子）不通透的细胞膜，ATP 的形成就可以不再通过效率比较低的底物水平磷酸化过程（例如只部分氧化葡萄糖的糖酵解过程，其中高能磷酸键上面的磷酸根被直接转移到 ADP 分子上形成 ATP），而改用将食物分子彻底氧化的方式。这就需要一条电子传递链和储存能量的方式，即利用跨膜的氢离子浓度梯度来储存能量（见第二章第九节）。

既然氢离子流回细胞内时可以带动有关的酶合成ATP，反过来，水解 ATP 也可以把氢离子泵到细胞外。例如在我们的胃中，胃酸就是用 ATP 为能源的氢离子泵分泌到胃中的。通过类似的机制，早期的细胞就能够逐渐形成以 ATP 为能源的离子泵。如果这样的初期的细胞再遇到海水，由于这些细胞已经有了比较完善的细胞膜，海水中的钠离子不仅不能轻易进入细胞内，而且可以作为一种能源加以使用。而且由于细胞内已经有以 ATP 为能源的离子泵，再发展出钠离子泵和钾离子泵也就有了基础，细胞也就能够在海水中生存和发展。

虽然细胞能够适应外面钠高钾低的状况，但是细胞在形成初期所偏好的钾高钠低的化学条件却无法再改变，细胞只能够通过离子泵的连续工作来保持这样的内环境。这种状况一直持续到今天，我们人体的细胞内部也和原始的细菌一样，是高钾低钠的。但在同时，细胞也主动利用细胞膜两边离子的浓度差，包括使用其中的能量来转运分子，以及利用膜电位的变化来触发化学反应和传递信息。这就把"负担"转变成了可以使用的"资产"，类似海水的钠高钾低的细胞外环境，也就保留在动物的血液和淋巴液中。

本章小结

担任细胞接收和传递信息任务的，主要是蛋白质分子。蛋白质分子能够担当这些任务的原因有两个。第一个原因是蛋白质分子的形状可以改变，与蛋白质分子形状密切有关的功能也会随着改变，这样蛋白质分子就可以在有功能和无功能，即"开"和"关"两种状态之间来回变换，相当于计算机中的 0 和 1。一个蛋白状态的改变又会通过与下游的蛋白质分子相互作用，改变下游分子的状态，下游分子又可以改变更下游分子的状态，这样一级一级的状态依次改变，就是细胞传递信息的方式。第二个原因是蛋白质是有生物功能的分子，能够在改变状态后，以自己的生物功能对信号做出最后的反应，成为效应分子。

改变蛋白质形状和功能的方法主要有两种：一种是结合另一个分子（蛋白或非蛋白），另一种是一些氨基酸残基结合一个磷酸根。这些结合改变了蛋白质分子中各个部分相互作用的情形，使得蛋白质分子采取另一种能量最低的形状。一旦这些结合消失，蛋白质又回到原来的状态，实现"开"和"关"状态之间的转换。

在信息分子可以进入细胞内部时，一个蛋白分子就可以完成信息接收 - 信息反应的任务。在信息分子不能进入细胞时，细胞表面必须要有能够接收这些信息的分子，即受体，同时还需要把信息向细胞内传递的分子，所以需要至少两个蛋白质分子。在真核细胞中，信息传递链的成分更多，其中可以包括非蛋白分子，形成信息传递网络。靠近信息传递链终端的分子通常是激酶，它们直接或通过另一个激酶使效应分子磷酸化，实现对信息的反应。

以上的信息传递过程都是通过分子的扩散来实现的。无论是分子沿着细胞膜运动，还是在细胞质中扩散，速度都是很慢的，所以只能在微米的尺度上起作用。

生物除了以上近距离的信息传递链，还需要长距离快速传递信息的手段，这就是神经细胞跨膜电位的突然翻转，再以接力的方式传递这种翻转。虽然神经细胞是以电脉冲的形式来传输信息的，但是触发电脉冲的钠离子通道和化学突触处把神经脉冲转换成为信息分子的钙离子通道，仍然是蛋白质，而且也是通过他们自身在"开"和"关"两种状态之间的变换而实现的。因此，神经细胞的信息传递也是以蛋白质在两种状态下来回转换为基础的。

所有的细胞都有膜电位，而且许多细胞可以用膜电位来传递信息，所以利用膜电位的改变来传递信息并不只是神经细胞的专利。神经细胞只不过是传递电脉冲的专业户，发展出了轴突来长距离传输信息，用树突来接收信息，用髓鞘作为绝缘层而已。

在本章中，我们还没有谈到神经细胞是如何接收外部世界的信号的。而没有信号的输入，神经系统就没有可以加工的材料，也没有信息可以传递和输出。而外部世界的信息并不是以神经细胞电脉冲的形式提供的。要通过神经细胞传递这些信息，首先需要各式各样的受体来感受这些外部信息，并且把这些性质不同的信号转换成为神经脉冲。在第十二章中，我们会对各种外界信息如何被神经系统感知分别进行介绍。

平时我们所说的生物，无论是原核生物（细菌和古菌），还是真核生物（动物、真菌和植物），都是由细胞组成的。除了这些细胞类型的生物，地球上还有另一类数量极其庞大的非细胞类型的生物体，这就是病毒（virus）。

法国科学家路易斯·巴斯德（Louis Pasteur，1822—1895）首先意识到病毒的存在，因为他不能用显微镜看见引起狂犬病（rabies）的致病原，所以致病原一定比细菌小。1884 年，与巴斯德一起工作的法国科学家 Charles Chamberland 发明了陶瓷过滤器，上面的孔比细菌小，能够把液体中的细菌挡住而不让通过。8 年之后，俄国科学家 Dimitri Ivanovsky 发现，从患烟草花叶病的烟草叶获得的液体在通过细菌过滤器以后仍然能够使烟叶患病，说明致病原能够通过该过滤器。1894 年，荷兰科学家 Martinus Beijerinck 重复了 Ivanovsky 的实验，得到了同样的结果，并且认为致病原只能在细胞中才能繁殖，他把这种致病原叫做

病毒。但是只有在 1931 电子显微镜发明后，人们才第一次看见病毒的模样（图 9-1）。

病毒基本上就是由蛋白质包裹的 DNA 或者 RNA。这层蛋白质包被叫做衣壳（capsid），由相同的蛋白质单位组成。这些组成衣壳的蛋

白质单位叫做壳粒。衣壳的形状常为多面体，例如 20 面体。有的病毒在衣壳外面还有一层脂质的包膜，类似细胞的细胞膜，上面也有蛋白质分子。病毒没有细胞结构，即使有些病毒有类似细胞膜的外膜，膜里面也有遗传物质，但是病毒没有

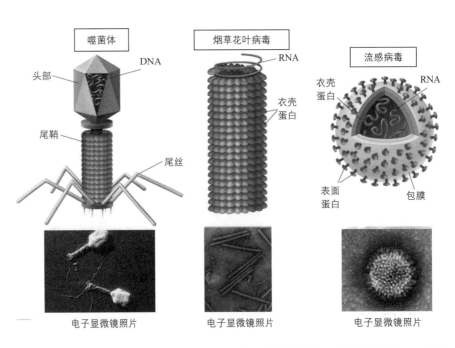

图 9-1　几种病毒的结构。噬菌体是感染细菌的病毒，烟草花叶病毒是感染植物的病毒，而流感病毒是感染动物的病毒

细胞质，即没有一个水溶液的环境。由于地球上的生命活动是以水为介质的，化学反应要在水溶液中才能进行，没有水溶液的环境也意味着没有化学反应，所以病毒没有自己的新陈代谢。例如病毒没有合成蛋白质的核糖体，也不能合成自己的遗传物质。在单独存在时，病毒没有通常意义上的生命活动，因此也称为病毒颗粒。我们平时所见的病毒照片，都是病毒颗粒，即它们在细胞外的模样。要是只看病毒颗粒阶段，可以认为病毒是没有通常意义上的生命的。

病毒的结构虽然简单（和细胞相比而言），但是却含有储存生命信息的分子，DNA 或者 RNA。一旦有发挥它们指令作用的环境，即到活的细胞内部，这些指令就可以调动细胞里面的资源和生产线，合成复制自己所需要的遗传物质和壳粒蛋白。从这个意义上讲，病毒就是只有指挥部，没有工厂的单位，指挥部进入别人的工厂发号施令，由这些工厂来生产自己。与真菌和动物一样，依靠其他生物的有机物来"生活"，因此所有的病毒都是异养的。真菌和动物还要自己消化而后吸收有机物，再用"基本零件"（氨基酸、核苷酸、葡萄糖等）来建造自己的身体，病毒把这些活动全免了，只发指令，其他一切活动都靠被感染的细胞进行，复制出多个自己，真的是"饭来张口，衣来伸手"。

由于这种"生活方式"是最省事的，通过这种方式来"生活"的病毒也种类繁杂，估计有数百万种之多，能够感染地球上所有的生物。无论是动物、植物、真菌，还是细菌和古菌，都不能幸免于病毒的攻击，而且同一种生物还可以被多种病毒感染，例如人就可以被感冒、流感、肝炎、SARS、艾滋病、狂犬病、脑膜炎、天花、麻疹、水痘等病毒感染。由于病毒能够把地球上所有的生物当做生产自己的工厂，病毒的数量极其庞大，超过地球上的任何生物。例如每毫升海水就含有多达 2.5 亿个病毒，是同样体积海水中细菌数的十倍至数十倍。据估计，地球上病毒总数有 10^{31} 个之多！从这个意义上说，病毒利用现成有机物复制自己的本领比动物大得多。它含有和细胞生物同样类型的遗传物质，使用同样的遗传密码，并且能够在竞争中不断演化，因此也可以看成是生命的一种形式。

细胞被病毒"劫持"后，就变成了生产病毒的工厂，在很多情况下会使被感染的细胞死亡，即在大量的病毒颗粒被生产出来之后，细胞破裂，释放出病毒。这对于单细胞生物如细菌，就直接是死亡。对于多细胞生物，病毒可以造成部分细胞死亡，或者生物整体的死亡。例如 1918 年的流感大流行就夺去了数千万人的生命。从欧洲带入的天花病毒曾经杀死了约 70% 的美洲原住民。在海洋中，病毒每天杀死约 20% 的单细胞生物，包括细菌和藻类。如果细胞生物没有抵御病毒攻击的能力，所有的细胞都会被病毒消灭。因此从细菌开始，就有抵御病毒攻击的机制（见第十章，生物的防卫系统）。病毒和细胞生物之间，就在这种进攻和防御的斗争中建立大体平衡的关系，并且双方都在这场无休止的斗争中不断演化。

第一节　种类和繁殖

病毒赖以"生存"的手段，都是在细胞中"发号施令"，用"别人的工厂"来生产自己，所需要的不过是指令和进入细胞的手段。只要满足这两个条件，什么样的形式都可以。病毒的演化的历史（见下节）和被感染生物的多样性，使得病毒的形式多种多样。

病毒的种类

病毒的种类极其庞杂，据估计有数百万种之多。病毒的遗传物质可以是 DNA，也可以是 RNA。DNA 中可以有单链 DNA，也可以是双链 DNA（和细胞生物相同）。RNA 中也可以是单链 RNA，或者双链 RNA。单链 RNA 中，还可以是正义链（直接含有编码的链）或者反义链（正义链的互补链）。遗传物质可以是环形的，也可以是线性的。线性的遗传分子可以是单条，也可以是多条。由于 DNA 和 RNA 链之间的互补性，无论是正义链还是反义链，单链还是双链，都可以包含遗传信息，只是在发出这些信息和执行这些指令的具体方式不同。

病毒 DNA 或者 RNA 的大小也可以非常不同。感染鸟类和哺乳动物的环状病毒的遗传物质是单链环状的 DNA，只有约 2000 个核苷酸，为两个蛋白质（复制酶和衣壳蛋白）编码。而从智利海岸的海水中发现的，感染变形虫的潘多拉病毒（Pandoravirus），其遗传物质为双链 DNA，含有 250 万个碱基对，2556 个为可能的蛋白质编码的基因，远超过立克次氏体和衣原体所拥有的基因数（900 个左右）。

小的病毒只有 20 纳米大，也就是只有 200 个氢原子排列起来那么长。多数病毒都能够通过 chamberland 过滤器，而潘多拉病毒尺寸接近 1 微米，几乎是细菌的大小。病毒颗粒多为多边形（例如 20 边形），也可以是螺旋形、长形。感染细菌的病毒如噬菌体有装 DNA 的"头部"，圆柱形的"身体"，下面还有几只"脚"，用于附着在细菌表面（见图 9-1）。

要按照基因的组成对病毒进行分类是困难的，因为没有任何一个基因是所有的病毒共同拥有的，病毒之间遗传物质的类型、大小、所含有的基因数都差异很大，而且外形和遗传物质的类型也没有固定关系。鉴于这种情况，美国科学家 David Baltimore（1938—）改用病毒遗传物质的性质和指令的表达方式，将病毒分

为 7 组（图 9-2）。

第 I 组，双链 DNA 病毒（dsDNA viruses）。

这类病毒的遗传物质最像细胞生物的双链 DNA，它们的复制也多在细胞核中进行，类似细胞复制自己的 DNA，而且必须使用寄主的 DNA 聚合酶。病毒用以合成自己蛋白的 mRNA 可以直接利用双链 DNA 为模板而合成，类似细胞合成自己的 mRNA，而且也需要细胞的 RNA 聚合酶。

第 II 组，单链 DNA 病毒（ssDNA viruses）。

DNA 分子为环形的正义单链，它们的复制也在细胞核中。单链 DNA 先被用作模板合成另一条 DNA 链，形成双链 DNA 的中间物，再以新合成的链（反义链）为模板合成 mRNA 和正义单链 DNA。

第 III 组，双链 RNA 病毒（dsRNA viruses）。

繁殖过程与 DNA 无关，复制在细胞质中进行，由病毒自己编码的 RNA 聚合酶，即依赖 RNA 的 RNA 聚合酶（RNA-dependent RNA polymerase, RdRp），用 RNA 为模板直接复制自己，不经过 DNA 的阶段，也

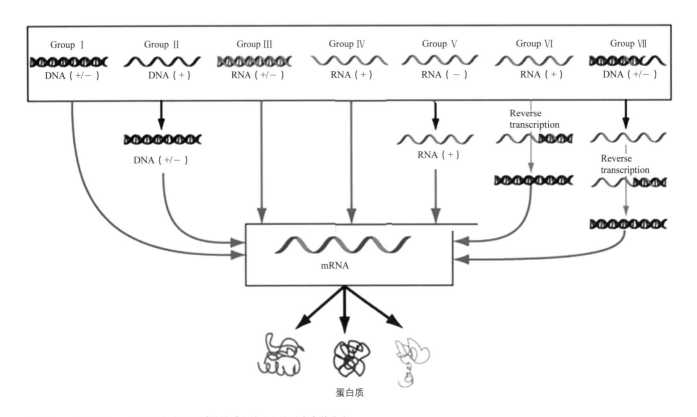

图 9-2　David Baltimore 按照病毒遗传物质的性质和繁殖方式对病毒的分类

不需要寄主的 RNA 聚合酶。由于它已经含有相当于 mRNA 的信息链，可以直接指导蛋白质的合成。

第Ⅵ组，正义（+）单链 RNA 病毒（（+）ssRNA viruses）。

复制在细胞质中进行，也用病毒自己编码的，依赖 RNA 的 RNA 聚合酶 RdRp。它们在性质上类似细胞生物的 mRNA，所以可以直接和寄主的核糖体结合而生产病毒的蛋白质。

第Ⅴ组，反义（−）单链 RNA 病毒（（−）ssRNA viruses）。

复制也在细胞质中进行。由于它们的 RNA 链是反义的，不能直接和寄主的核糖体结合生产蛋白质，必须先用病毒自己编码的，依赖 RNA 的 RNA 聚合酶把反义 RNA 转录成为正义 RNA，用于指导病毒蛋白质的合成，正义 RNA 链也被用作模板，合成病毒的反义单链 RNA。

第Ⅵ组，正义（+）单链逆转录病毒（ssRNA-RT viruses）。

虽然这种遗传物质类似第四组病毒，也是正义单链 RNA，但是它的复制不是通过依赖 RNA 的 RNA 聚合酶 RdRp，而是要经过 DNA 的阶段。首先 RNA 作为模板被逆转录酶合成一条 DNA 链，而且这条链不从原来的 RNA 链上解离，形成 RNA/DNA 混合双链。其中的 RNA 链随后被分解掉，再以剩下的单链 DNA 为模板，用 DNA 聚合酶合成另一条 DNA 链，形成双链 DNA。mRNA 由双链 DNA 为模板合成，类似细胞合成自己的 mRNA。病毒的正义单链 RNA 再由双链 DNA 为模板合成。

第Ⅶ组，双链 DNA 逆转录病毒（dsDNA-RT viruses）。

DNA 也像第一组那样是双链的，但是并不在细胞核中像细胞的 DNA 那样被复制，而是在进入细胞后形成环状的 DNA，以 DNA 为模板合成正义单链的 RNA，再像第六组那样，以这条 RNA 链为模板用逆转录酶合成 RNA/DNA 混合双链，再合成双链 DNA。正义 RNA 链的合成步骤也包括 mRNA 的合成。

病毒感染细胞

病毒要繁殖，首先要进入细胞。根据要进入的细胞不同，病毒也有不同的进入细胞的方式。

噬菌体感染细菌是用注射其 DNA 进入细胞的方法。由于细菌的细胞膜外面还有细胞壁，整个噬菌体进入细菌的细胞有困难。噬菌体附着在细菌表面后，其"头部"含有的双链 DNA 经过"尾部"被直接注射进细菌的细胞质，噬菌体的其余部分则留在细胞外。注射所需要的压力来自 DNA 自身。噬菌体在细胞中生成时，蛋白质的外壳首先形成，里面还没有 DNA，所以内部是空的。噬菌体的 DNA 是在末端酶的帮助下，像压缩弹簧那样把 DNA 包装进"头部"的。这个被压缩的"弹簧"在噬菌体附着在细菌表面时就能够"弹"入细胞。

动物的细胞没有细胞壁，所以病毒可以直接和细胞质接触。病毒通过细胞表面的特种蛋白与细胞结合，在特异结合完成后，细胞会用内吞（endocytosis）的方式把病毒"吞"入细胞，所以整个病毒，包括其衣壳，都会进入细胞。例如艾滋病的病毒就通过淋巴细胞上的 CD4 蛋白和细胞结合，从而进入表达 CD4 的淋巴细胞。在进入细胞后，衣壳蛋白质解离并且被细胞降解，释放出遗传物质。

如果病毒的衣壳外面还有脂质的包膜，在包膜上的蛋白质与细胞表面的特殊蛋白结合后，病毒的包膜会与细胞膜融合，使病毒颗粒，包括遗传物质和衣壳，进入细胞，在那里衣壳被降解，释放出遗传物质。

植物的细胞也有细胞壁，而且由于植物的细胞远大于细菌，其细胞壁也比细菌的细胞壁厚得多。感染植物的病毒，像类病毒一样，无法直接进入植物细胞，而需要植物细胞的损伤。但是一旦进入细胞，它们能够通过胞间连丝（plasmodesmata，细胞之间通过小孔建立的细胞质联系）从一个细胞进入另一个细胞。

由于病毒只能在细胞内才能进行繁殖，而原核细胞和真核细胞，真核生物中的植物细胞和动物细胞在大小和结构上有很大的不同，即使是同一种生物也有不同类型的细胞，例如人的身体就由 200 多种不同类型的细胞组成，某种结构的病毒常常只能感染适合它的细胞，而不能感染别的类型的细胞。例如感染植物的病毒一般对动物就无害，许多感染动物的病毒也不能感染人类。即使在人类，病毒也不能感染所有类型的细胞。例如乙型肝炎的病毒就不能感染皮肤细胞，艾滋病的病毒也不能感染肝细胞。

噬菌体基本上都含有双链的 DNA，但是还没有发现能够感染植物的含双链 DNA 的病毒。感染植物的病毒多含有单链的 RNA。含 RNA 的病毒多数感染动物和植物，只有少数能够感染细菌，但是还没有发现能够感染古菌的 RNA 病毒。感染古菌的病毒，像感染细菌的病毒（噬菌体）那样，含有双链的 DNA。

只有 RNA 的类病毒

除了带蛋白衣壳的"标准"病毒，还存在没有衣壳，"光溜溜"的只有 RNA 的致病物质，叫做类病毒（viroids）。类病毒是被美国科学家 Theodor Otto Diener 于 1971 年在马铃薯纺锤块茎病中发现的。患病的马铃薯变长并且畸形，而且提取预期中的致病原（真菌、细菌或者病毒）的努力都没有成功。使蛋白质变性的尿素和苯酚都不能使致病性消失，说明致病原不含蛋白质，但是致病原却对核糖核酸酶极其敏感。在这些实验的基础上，Diener 认为，致病原比病毒还小得多，只由 RNA 组成，他把这种致病原叫做"类病毒"，引起马铃薯疾病的致病原也被称为马铃薯纺锤块茎病类病毒（PSTVd）。随后，类似的类病毒在苹果、桃、茄子、鳄梨等作物上发现，共有 30 多种。被类病毒感染的生物多是植物。由于植物的细胞有细胞壁，简单的 RNA 分子难以进入细胞，所以类病毒感染植物细胞的方式是借助植物的外伤，例如农作物栽培中剪切所造成的机械性损伤，或者动物（例如蚜虫）进食所造成的细胞损伤。一旦进入细胞，类病毒还可以借助花粉传给下一代。

1976 年，科学家发现 PSTVd 是环形的单链 RNA，由 359 个核苷酸组成，分子呈杆状，由碱基配对的双链和不能配对的单链环相间排列组成。其他类病毒的 RNA 结构和 PSTVd 类似，而且都很小，只有 246~467 个核苷酸，而且都不包含为蛋白质编码的基因。尽管没有为蛋白质编码的基因，为了叙述方便，类病毒的 RNA 还是被定义为正义（+）链。它们的复制方式也不只一种。

马铃薯纺锤块茎病类病毒 PSTVd 进入细胞后，并不像第三、第四和第五组病毒那样，使用依赖 RNA 的 RNA 聚合酶 RdRp 来合成反义 RNA，而是利用植物第 II 型的 RNA 聚合酶，以滚圈的方式合成一个长长的 RNA 分子，其中含有多个反义的 PSTVd 单位，即转录

PSTVd 的分子多次。第 II 型的 RNA 聚合酶本来是细胞生物用 DNA 为模板合成 mRNA 的，但是 PSTVd 却能够通过细胞中的另外一些蛋白质，让第 II 型 RNA 聚合酶以自己为模板合成反义 RNA。反义 RNA 又被当做模板，合成正义的，含有多个 PSTVd 单位的长 RNA 分子。这个长的正义 RNA 分子被细胞中的第 III 型核糖核酸酶剪切成只含 1 个单位的 PSTVd，再被 RNA 连接酶连成环形。

另一种类病毒是在鳄梨（牛油果）植株中发现的，叫做鳄梨日斑类病毒（ASBVd）。它在进入植物细胞后，不是在细胞质中繁殖，而是进入叶绿体，在那里被细胞核中编码的叶绿体 RNA 聚合酶（NEP）转录成为多拷贝的反义 RNA。这个反义 RNA 分子具有核酶的活性，能够把自己切成单拷贝的反义 RNA 链。反义 RNA 链在连成环形后，又被当做模板，由 NEP 催化，以滚圈的方式合成多拷贝的正义链 RNA。多拷贝的正义链 RNA 也具有核酶的活性，能够把自己切成单拷贝的正义链，再经过 RNA 连接酶连成环状的 RNA 分子（图 9-3）。

仅仅是几百个核苷酸组成的环状单链 RNA，没有包膜，没有衣壳，也没有任何为蛋白质编码的基因，却能够利用细胞来复制自己，是令人惊异的。从这个意义上讲，类病毒是最"纯净"的寄生遗传物质。

第二节　病毒的起源

由于病毒不像细胞生物那样含有共同的基因，因此无法通过比较基因的方式来追溯病毒的起源。根据病毒的特点，科学家提出了三种主要的学说来解释病毒的起源。分别是细胞退化学说、质粒起源学说、病毒和细胞共演化学说。

细胞退化学说

由于病毒含有与细胞生物同样的信息分子 DNA 或者 RNA，使用同样的遗传密码，其蛋白质也由同样的 20 种氨基酸组成，有包膜的病毒其包膜也和细胞膜非常相似，一个自然的想法就是病毒是由细胞简化形成的。

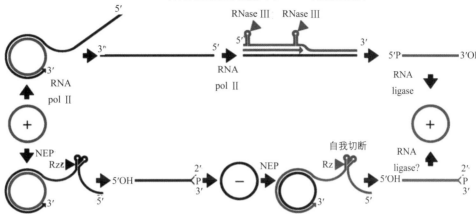

图 9-3 类病毒 RNA 的结构和繁殖方式。上图为马铃薯纺锤块茎病类病毒的分子结构。下图为类病毒的两种繁殖方式。马铃薯纺锤块茎病类病毒进入细胞后，利用植物的第 II 型的 RNA 聚合酶（RNApol II）合成反义的 RNA 分子，这个反义的 RNA 分子又被当做模板，合成多拷贝的正义 RNA 分子，再由植物的第 III 型核糖核酸酶（RNase III）切成单体，再由 RNA 连接酶连成环状 RNA。鳄梨日斑类病毒进入细胞后，被叶绿体 RNA 聚合酶（NEP）转录成单拷贝的反义链 RNA。这个反义链 RNA 再被用作模板，合成多拷贝的正义链 RNA。这个正义链 RNA 具有核酶的活性，能够把自己切成单拷贝的正义链，再经过 RNA 连接酶连成环状的 RNA 分子

也就是先有细胞，后有病毒。简化的细胞失去了独立生存的能力，但是遗传物质仍然在，可以在活的细胞中进行复制。

有若干事实支持这个学说。例如立克次氏体和衣原体就是寄生在真核细胞中的原核生物，像病毒一样只能在寄主细胞内繁殖。立克次氏体有细胞结构，拥有三羧酸循环的酶和电子传递链用于合成 ATP，但是不能自己合成氨基酸和核苷。这可以看成是细胞最初阶段的退化，即细胞结构还在，拥有细胞质，能够进行新陈代谢，但是由于许多基因的缺失，已经不能够独立

生活，而必须依靠真核细胞提供它所缺乏的成分，例如氨基酸和核苷。但是它们还是细胞，不是病毒（图 9-4）。

拟菌病毒（mimivirus）的发现也支持细胞退化学说。1992 年，科学家在一种变形虫（Acanthameoba polyphaga）中发现了一种寄生物。它的直径有 0.4 微米，加上外面的蛋白长丝，直径可以达到 0.6 微米，接近细菌的大小，可以用光学显微镜看见。由于它对革兰氏染色法有反应，最初被认为是一种革兰氏阳性细菌，并将其命名为"布拉得福德球菌"（Bradfordcoccus）。2003 年

法国科学家才发现它其实是病毒，由于和细菌如此相似而被命名为"拟菌病毒"。它含有线性的双链 DNA，长度为 1181404 个碱基对，含有 979 个为蛋白质编码的基因，数量和立克次氏体相似，包括有合成氨基酸和核苷酸的基因，而立克次氏体已经失去了这些基因。但是拟菌病毒没有为核糖体蛋白质编码的基因，而立克次氏体有。拟菌病毒还有衣壳，形状为 20 面体，每面为六边形，是病毒的典型特征（见图 9-4）。

拟菌病毒虽然自己不进行新陈代谢，却含有与糖类、脂类和氨基

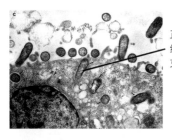

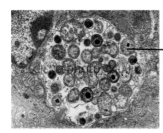

正在进入
细胞的立
克次氏体

细胞内的
衣原体

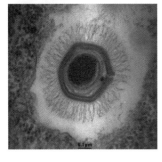

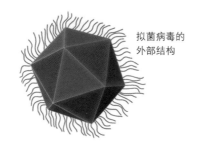

拟菌病毒
的照片

拟菌病毒的
外部结构

图 9-4　立克次氏体（左上）、衣原体（右上）和拟菌病毒（下）

酸代谢有关的基因，也有与蛋白质合成有关的氨酰-tRNA 合成酶，说明这些基因是原来细胞的残留，支持它是细胞进一步退化的产物。只要退化的细胞发展出衣壳蛋白，就有可能退化成为能够在细胞外独立存在，并且能够感染新细胞的病毒。

令人惊异的是，拟菌病毒还有能够感染自己的病毒，叫 sputnik virophage，即病毒的病毒，而且发展出了对抗 sputnik 病毒的机制（见第十二章　生物的防御机制）。当然 sputnik 是无法在拟菌病毒单独存在时在其里面繁殖的，必须借助活体细胞，当拟菌病毒在细胞内复制自己时，在其建立的"病毒生产工厂"中"趁火打劫"，同时复制自己。病毒的病毒的存在似乎说明拟菌病毒原来是细菌。

质粒起源学说

病毒的另一个可能的来源是质粒。质粒是细菌染色体外的环状双链 DNA，可以在细胞中繁殖，并且能够在细菌之间转移。质粒常常会含有一些基因，例如为某种特殊代谢所需要的基因或者抗抗生素的基因。这样，一种细菌的抗抗生素的基因能够很快地传播到其他细菌中去。在分子生物学技术中，科学家就常常利用质粒把基因导入细胞里面去。

质粒的这种能够在细菌之间传播，并且在细菌的细胞中复制自己的特性有可能导致病毒的产生。如果质粒中出现了为衣壳蛋白编码的基因，就能够在进入细菌的细胞后生产衣壳蛋白，将自己包装起来，这样能在细胞外独立稳定地存在，并且感染更多的细菌。

共同起源学说

细胞退化学说和质粒学说的主要困难是，病毒一般会含有自己特有的基因，例如衣壳蛋白和噬菌体的末端酶（把双链 DNA 装填到噬菌体"头部"的酶）。而这些蛋白是细胞所不具备的，也不存在于质粒中。如果病毒是从细胞退化而形成的，那么衣壳基因应该是在细胞中首先形成，然后才有病毒，为什么细胞自己却没有这些基因？如果病毒是质粒变成的，为什么质粒中没有病毒特有的基因？

而且不同的病毒，例如感染细菌、古菌和真核细胞的病毒就含有非常相似的衣壳蛋白。绿球藻病毒（PBCV）的 Vp54 蛋白、噬菌体 PRD1 的 P3 蛋白、第 5 型腺病毒（Ad5）的衣壳蛋白 hexon、拟菌病毒的 MCP、豇豆花叶病毒的衣壳蛋白大亚基都有几乎相同的结构（图 9-5）。尽管这些病毒为衣壳蛋白编码的基因在序列上各不相同，形成的衣壳蛋白的结构却几乎完全一样，说明这些衣壳蛋白有共同的祖先，只是在病毒分化的过程中为其编码的基因逐渐变化，以致核苷酸序列的共性已经不可分辨，但是蛋白质的结构和功能却一直保留下来。而无论是在细菌、古菌还是真核细胞中，都找不到这些基因的痕迹，这似乎说明病毒和细胞生物是各自演化的，病毒早在细胞出现以前的 RNA 世界中就已经出现。

支持这种学说的是类病毒。它是单链的 RNA，具有核酶的活性，能够自己剪裁自己，而且不含有为蛋白质编码的基因。在生命演化的早期阶段，RNA 是"一身数任"的，既能够复制自己，又能够剪裁自己，还能够催化肽链的形成。类病毒就具有这样的特性，它们具有核

绿球藻病毒
的 Vp54 蛋白

噬菌体 PRD1
的 P3 蛋白

第 5 型腺病毒（Ad5）
的衣壳蛋白 Hexon

豇豆花叶病毒的
衣壳蛋白大亚基

图 9-5　几种病毒的衣壳蛋白结构比较

酶的活性，能够剪裁自己。植物的正义单链 RNA 病毒在其 RNA 分子中还含有 tRNA 的结构。tRNA 是与氨基酸联系在一起后把氨基酸带到肽链合成处的 RNA 分子，RNA 病毒具有 tRNA 的结构，正好说明它是早期 RNA 世界的残留。一开始这些 RNA 是没有外壳的，而是在形成生物的"原汤"中自由移动，从中获得繁殖自己所需要的核苷酸。在原始细胞出现，阻碍这些 RNA 分子自由移动时，能够发展出衣壳的 RNA 就能够在没有细胞的情况下单独存在，并且依靠这些蛋白来进入细胞，形成有衣壳的病毒。从此细胞生物和非细胞生物就分道扬镳，发展为地球上两大类不同的生物。

由于单链和双链的 RNA 和 DNA 都能够储存遗传信息，RNA 病毒在复制过程中可以将反义（即互补链）的 RNA 分子包装为病毒，在遗传信息的携带上同样有效。如果 RNA 病毒的复制要经过 DNA 的中间阶段，那么 DNA 中间物也可以被包装成病毒，携带同样的遗传信息。

从这个观点看来，最初的病毒是没有衣壳的，保留到现在就是感染植物的类病毒。而发展出衣壳的 RNA 分子就成为后来的病毒，RNA 也可以被 DNA 所取代。所以类病毒才应该是正宗的病毒，是病毒的老祖宗。

由于病毒的起源可能要追溯到细胞出现之前，病毒也不会留下化石，病毒的起源还是一个难以弄清的问题，因为细胞的起源过程也是一个不容易确定的问题。目前还不能确定上面哪一种学说是正确的，也许三种机制在病毒的起源中都起作用，因此病毒也没有单一的起源。在目前，经过鉴定的病毒不过 5000 种左右，只是几百万种病毒中的极小部分。随着更多种类的病毒被鉴定，也许会出现病毒起源的新线索。

无论病毒是如何起源的，病毒存在本身和病毒的多样性，也说明生命的演化过程是非常复杂和灵活的，一切能够导致存在和繁衍的机制都能够得到保存和演化。

第十章

10

生物的防卫系统

CHAPTER

地球上的生物不断演化，从原核生物到真核生物，从单细胞生物到多细胞生物，构造越来越复杂，功能越来越多样，最后产生了被子植物和哺乳动物这样的高级生命形式。人类更是地球上生物演化的最高峰。我们的身体由多个系统（例如消化系统、呼吸系统、循环系统等），200多种细胞，大约60万亿个细胞组成。光是我们的大脑就含有约100多亿个细胞，在此基础上产生了感觉、意识、思维和情感。我们不仅能够成功地在地球上生活，成为这个星球的主宰，我们还能够反过来研究这个产生我们的世界，了解宇宙诞生和演化（包括生物演化）的过程和规律。

但是这并不意味着，低级生物就会被高级生物所取代，像4G手机取代3G手机、数码相机会取代使用胶片相机那样。对于生物来讲，地球（包括陆地和海洋）是极其巨大的，可以为各种生物，包括原核生物，提供广大的生活的空间。例如蓝细菌是地球上最古老的生命形式之一，已经有约35亿年的历史，至今仍然在地球上繁衍。地球上生活环境的多样性（海洋、陆地、热带、寒带、酸性、碱性、地表、地下、干燥、潮湿、以及不同环境中化学组成）也能够为各种生物形式，从低级到高级，提供适合它们生存的环境。许多不适合高等

生物生活的地方，如热泉、地表之下、酸性或者碱性的环境等，却是一些原核生物生活的地方。不仅如此，由于真核生物是由大量的有机物组成，而且会死亡的，真核生物的出现不仅没有使原核生物消失，反而由于真核生物提供的大量有机物而使异养的原核生物有更大的发展空间。异养的真核生物，例如真菌，也主要是依靠其他真核生物提供的有机物生存的。

许多异养的原核生物和真菌，在这里我们统称为微生物，是依赖死亡的动植物提供的有机物生活的，但是它们并不一定要等到动植物的死亡。动物和植物，无论死活，都是有机物最丰富的来源。如果动物和植物没有防卫系统，活的动植物和死的动植物对于这些微生物来说就没有根本区别，一样会被它们所分泌的消化液消化掉。动植物体内多水的环境，适宜的酸碱度，全面和丰富的营养，本来是为动植物自己的细胞所使用的，但同时也可以是细菌和真菌生活和繁殖的理想场所。特别是恒温动物那30多摄氏度的体温，体液中丰富的营养，更是许多微生物生活的"天堂"。如果没有防卫系统，活人就会很快被微生物消化干净。

除了微生物，地球上所有的生命形式，包括原核生物，还会受到病毒的侵害。在许多情况下，被病毒感染

的细胞会死亡破裂，释放出更多的病毒。如果生物没有对抗病毒的有效机制，任由病毒繁殖的"链式反应"进行下去，所有的生命形式都会受到极大的威胁。第二次世界大战前欧洲流行的流感就是由病毒引起的，造成了数千万人的死亡。病毒的生活方式，也是利用其他生物身上现成的有机物来繁殖自己。病毒不仅攻击真核细胞，也攻击细菌，所以从原核生物开始，就有了对抗"抢夺"自己有机物的入侵者的斗争。

细菌、真菌和病毒的例子说明，地球上异养生物获得其他生物现成有机物的方式，不仅可以"大吃小"，例如大鱼吃小鱼，水螅吃细菌，而且可以"小吃大"。在这里"小"就成了这些异养生物的优点。由于它们是如此之小，很容易随风飘荡，所以无处不在，被侵害的生物"无处可藏"。动物跑得再快，也跑不到没有微生物的地方。也正是因为它们小，动物的触觉、视觉、听觉、味觉、嗅觉也发现不了细菌、病毒，而且生物对付捕食动物的一些方法也不管用，例如牙齿和爪子对微生物就相当于是用大炮打蚊子，毫无作用。因此要对抗微生物的攻击，必须采取另外的专门手段，"以小对小"。微生物和病毒是细胞或者亚细胞水平的，生物也用细胞水平，甚至分子水平的手段来对付。这就是生物的防卫系统，也叫免疫系统（immune system）。Immune 这个词来自拉丁文的"immunis"，意思就是"免除"，在这里指免除微生物的攻击。一开始，免疫学研究的主要是人类对抗微生物和病毒的机制，后来逐渐扩展到其他动物身上，再扩展到植物和细菌的防卫机制。它们的共同点都是抵抗比自己小得多的生物抢夺自己身上有机物，并因此可能危及自己的生命的活动。

生物的免疫系统可以大致分为两大类，先天的和后天的。先天免疫系统是与生俱来的，不需要学习，按照固定的程式对入侵的外来物质起反应，能够同时对抗多种微生物，因此也被称为"非特异的免疫系统"。原核生物、植物和动物都拥有各自的先天免疫系统。后天免疫系统不是与生俱来的，而是在生物形成后通过学习获得的。它能够"记住"某种入侵微生物，并且特异地对这种微生物做出反应，因此也被称为适应性免疫，或者特异性免疫。过去认为只有脊椎动物才有适应性免疫系统，但是近年来的研究表明，原核生物也拥有适应性免疫系统，只是具体的机制和动物的适应性免疫机制不同。

第一节　细菌的防卫系统

细菌是单细胞的原核生物，只有 1 微米大小。在具有吞食功能的真核细胞出现之后，它们就成为比它们大得多的真核生物，例如单细胞的领鞭毛虫、变形虫和草履虫，以及多细胞的线虫和海绵的食物。除了被比它们大的真核生物吞食，细菌还面临另一个威胁，那就是比它们小得多的病毒的攻击。这些攻击细菌的病毒有一个专门的名称，叫做噬菌体（Bacteriophage）。这些病毒感染细菌时，把自己的遗传物质（通常是双链 DNA）注射进细菌的细胞质中，蛋白质衣壳并不进入细胞（见第九章）。因此细菌要对抗病毒，最好的方法就是从病毒的遗传物质下手，发现和摧毁病毒的遗传物质。

直接把病毒 DNA 切断

要对抗病毒，最直截了当的方法就是摧毁它们的遗传物质。细菌为此发展出了许多这样的酶，专门切噬菌体的 DNA。这些酶不是从病毒 DNA 的末端切起，而是从 DNA 分子的中间切，所以叫做内切酶（endonuclease）。它们也不是在病毒 DNA 链的任何地方切，而是在一些特定的 DNA 序列上切。这些特定的序列很多是回文结构，即在一条链上正读和在另一条链上反读都相同的序列。由于这些酶能够在特定 DNA 序列（restriction sites）切断 DNA，所以这些酶被称为限制性内切酶（restriction endonuclease）。由于要结合到回文结构的两个方向相反的半段序列，这些限制性内切酶许多都是同质二聚体，以"面对面"（即也是方向相反）的方式彼此结合，共同结合于限制性序列上，每个单体负责切断一条 DNA 链。有些限制性内切酶的位点不是由回文序列组成，但也是比较固定的序列，可以被专门的内切酶辨认。由于病毒的基因里面会有内切酶的位点，DNA 在这些位点被切断之后，基因也就不完整了，无法再作为模板合成 mRNA 进而合成病毒所需的蛋白质，病毒也就无法繁殖了。

但是细菌自己的遗传物质也是 DNA，而且细菌没有细胞核，DNA 是"裸露"在细胞质中的，可以与限制性内切酶接触，细菌又是如何防止自己的 DNA 被限制性内切酶破坏呢？在这里细菌用了一个很"聪明"的方法，就是把自己DNA上的位点"遮盖"起来，让内切酶无法辨识，这样自己的DNA就不会被内切酶切断了。这个遮盖的方法，就是让自己的DNA甲基化（methylation），即在DNA链中的胞嘧啶上加上一个甲基。甲基化的胞嘧啶分子形状和性质都发生改变，使得内切酶无法识别。通过这个方法，细菌就可以让内切酶"分清敌我"，只摧毁病毒的DNA。

限制性内切酶是细菌对抗病毒入侵的伟大发明，可以说是生物最初的免疫功能。为此细菌发展出了超过3000种限制性内切酶，以保证这些酶切位点能涵盖所有病毒的DNA，从而能够对付各式各样的入侵者。限制性内切酶对各种病毒的DNA都能够加以攻击，并不只对一种病毒进行攻击，所以属于先天的，即非特异的免疫系统。

这个伟大发明不仅帮助细菌抵抗病毒的入侵，还成为人类研究基因的重要工具。有些限制性内切酶是在DNA双链上同样的位置把链切断，这样产生的DNA末端是"齐头"的，即在DNA的断口处，两条链一样长。但是也有许多限制性内切酶在DNA两条链的不同位置切断，例如一种叫 Eco RI 的限制性内切酶在切序列GAATTC时，不是从中间（A和T之间）切，而是在G和A之间把DNA链切断。由于另一条链上的GAATTC序列也是在G和A之间被切断，这样产生的末端就不再是"齐头"的，而是每个断口的5′端都有一个AATT的序列（在互补链上就是TTAA）以单链伸出。一个断口伸出的AATT序列可以通过碱基配对与另一个断口伸出的TTAA序列结合，使两条DNA双链能够暂时"黏"在一起，所以这样的末端叫做黏性末端。不同的内切酶产生的黏性末端不同，例如内切酶 Bam HI 切位点GGATCC形成的GATC单链就无法和 Eco RI 形成的AATT单链互相结合，而只能和能够产生GATC末端单链的内切酶形成的断口相结合。这样，科学家就可以把不同的DNA双链通过共同的内切酶切点黏合在一起，再用DNA连接酶把切开的键修复，两条DNA就可以连在一起了。通过这种方式，科学家就可以根据需要把不同的DNA片段拼接在一起。这是分子生物学研究中必不可少的工具，可以说，没有细菌的限制性内切酶，就没有当初的分子生物学（图10-1）。

有"记忆"的免疫系统

细菌除了用限制性内切酶非特异地摧毁各种病毒的DNA外，还有能够对曾经遇到过的病毒进行特异性攻击的手段，也就是能够"记住"某种病毒曾经入侵过自己，再遇到这种病毒时就能够快速特异地反应。这需要有遭遇某种病毒的经验和因此形成的"记忆"，所以属于后天的，即特异的免疫系统。这种免疫系统在约40%DNA序列已知的细菌和约90%DNA序列已知的古菌中发现，所以是在原核生物中普遍存在的一种免疫系统。

这个系统是科学家偶然发现的。1987年，日本大阪大学的科学家在研究细菌碱性磷酸酶（alkaline phosphatase）的基因时，发现该基因的附近有一些短的（21~48个碱基对）重复序列，重复序列之间被类似长度（26~72碱基对）的间隔序列隔开。这些重复序列彼此高度类似，并且具有回文结构的特征，能够通过序列两端彼此配对形成回形针形的结构，而间隔序列彼此不同。在当时，没有人知道这些重复序列的意义。到了2000年，类似的重复序列在许多细菌和古菌中发现，并且被命名为有规律间隔的短回文重复序列簇（CRISPR），但是这些CRISPR序列的意义仍然不清楚。

到了2005年，三个实验室各自独立地发现，间隔序列其实来自入侵细菌的病毒或者其他来源的质粒（染色体外的环状DNA），所以猜想CRISPR序列有可能与细菌对抗病毒的机制有关。2007年，美国和加拿大的科学家发现，在用噬菌体感染嗜热链球菌（Streptococcus thermophilus）之后，噬菌体的一段DNA变成了嗜热链球菌CRISPR中新的间隔序列，同时嗜热链球菌也获得了对这种噬菌体的抵抗能力。除去CRISPR中的这段新的间隔序列，对这种噬菌体的抵抗力就消失。这就证明了CRISPR序列确实是原核生物用来对抗病毒或者外来质粒的工具。

进一步的研究发现，原核生物含有多套CRISPR系统，它们工作的具体机制有些差别，但是共同点都是利用间隔序列来自入侵病毒或者质粒的特性，将这些序列转录成为RNA，在与专门的蛋白质结合后，再与病毒或者质粒上对应的DNA序列结合，通过蛋白质的酶活性将入侵DNA切断。这个机制的最后步骤和限制

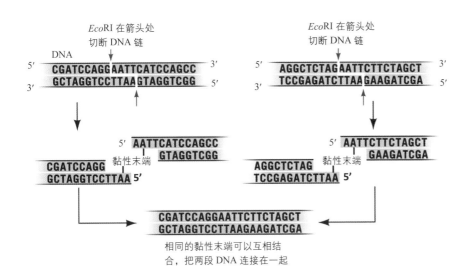
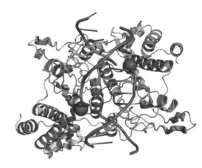

图 10-1 限制性内切酶 *Eco*RI 在 DNA 链上的 GAATTC 序列将 DNA 链切断，而且在两条链不同的位置切断，产生能够彼此结合的黏性末端。这样的粘性末端可以用来将不同的 DNA 片段结合到一起，成为分子生物学强有力的工具。右为 *Eco*RI 的分子结构图，不同的灰度表示二聚体中的不同单体。被切断的 DNA 双链用粗线表示

性内切酶一样，都是用酶将入侵的 DNA 切断，但是由于 CRISPR 系统有专门的 RNA 导向，被攻击的外来 DNA 是被精确瞄准的，受感染的原核生物也获得对入侵病毒或者质粒的记忆，所以属于特异性免疫。这是一个令人震惊的结果，因为长期以来，人们普遍认为特异性免疫只是动物才具有的功能，再次证明原核生物真的很了不起（见第二章）。下面我就用研究得最多，应用价值最大的第 II 型 CRISPR 系统为例，看看 CRISPR 系统是如何工作的。

CRISPR 序列含有数十个重复／间隔序列（一般不超过 50 个），即含有数十个外来 DNA 的不同片段，彼此被重复序列隔开。在这些重复／间隔序列的前方（DNA 的 5′ 方向），有一段约 550 个碱基对长的前导序列，它在 CRISPR 系统需要启动时起到启动子的作用，将后面的重复／

间隔序列转录为 RNA。前导序列的前方是若干基因，为与 CRISPR 系统有关的酶编码，这些酶叫做与 CRISPR 系统有关的酶（Cas），例如 Cas9、Cas1、Cas2 和 Csn2。这些基因的前方是一段和重复序列相反的 DNA 序列，为反向作用 crRNA（trancrRNA）序列编码。整个 CRISPR 位点的结构为：

反向重复序列—Cas9—其他 Cas 基因—前导序列—重复－间隔－重复－间隔－重复－间隔……

当原核生物发现有外来 DNA 时，细胞会对外来 DNA 进行取样，即截取一段数十个碱基对长的 DNA 作为新的间隔序列。原来离前导序列最近的重复序列被复制，成为两份，新的间隔序列就被插入到这两个重复序列之间，成为新增添的间隔序列。对外来 DNA 的取样不是随机进行的，而是在一段短（3~5

个碱基对，例如 AGG）的 DNA 序列的后方（3′ 方向）取样。这段用于选择间隔序列的 DNA 也因此叫做"与间隔相邻的基序"（PAM）。PAM 序列中的最后一个碱基是最保守（即最不变化的），而且和新的间隔序列一起从外来 DNA 上切下来，被插入到 CRISPR 位点中。Cas1 和 Cas2 这两个酶是为取样和将新的间隔序列插入 CRISPR 位点所需要的，并且存在于所有的 CRISPR 系统中。新插入的间隔序列就相当于是对入侵的 DNA 进行"存档"，即"记住"它。

当同样的 DNA 再入侵时，前导 DNA 序列会发挥启动子的作用，把重复－间隔序列转录成为 RNA，这个长长的 RNA 分子含有许多间隔序列和重复序列。这个长 RNA 分子随后被第 III 型核糖核酸酶（RNase III）切成单个的间隔序列，

两端各有部分的重复序列。这样形成的、含有单个间隔序列和部分重复序列的小RNA片段叫做CRISPR RNA，简称crRNA。同时，位于CRISPR位点前端的反向重复序列也被转录为tracrRNA。由于tracrRNA的序列是和重复序列互补的，它会和crRNA中的重复序列配对，形成双链RNA。这个结构会被Cas9酶识别并且结合，形成一个功能复合物，其中含有Cas9、crRNA和与之结合的tracrRNA。这个复合物会在外来DNA上寻找与crRNA中间隔序列互补的DNA序列，并且与之结合，这时Cas9就会发挥其DNA内切酶的活性，把外来DNA完全切断，即把外来DNA的两根链都切断，使其失去功能（图10-2）。

第Ⅱ型的CRISPR系统在摧毁外来DNA时，不仅需要外来DNA与crRNA中的间隔序列配对，而且还需要外来DNA在紧邻配对序列的地方有一个PAM序列，以确认外来DNA的这段序列当初就是通过这个PAM序列被挑选的，使得对外来DNA的识别过程更加准确。

由于CRISPR系统本身也含有crRNA中的间隔序列（crRNA就是以CRISPR位点中的间隔序列为模板转录的），crRNA会不会也反过来把CRISPR位点的DNA也切断呢？如果是那样，CRISPR系统不仅会摧毁外来DNA，也会破坏自己的DNA，就没有什么优越性了。在这里crRNA中的部分重复序列就起到了"辨别敌我"的作用。外来DNA分子中是没有CRISPR位点中的那些重复序列的，所以crRNA只会用其中的间隔序列部分，加上PAM序列的最后一个碱基，与外来DNA配对。但是crRNA中还含有部分重复序列，在crRNA与自身的CRISPR序列结合时，不仅间隔序列部分可以配对，重复序列也可以配对。这种超出间隔序列配对的情形就是一个信号，"告诉"Cas9酶：这是自己人！Cas9就不会对自己的DNA"动手脚"。

CRISPR系统使得原核生物获得了适应性免疫的功能，也再一次使我们对原核生物"刮目相看"，生命的力量是如此强大和奇妙，即使是原核生物也能够发展出如此巧妙的系统来。另一方面，病毒也会"想法"来对抗原核生物的CRISPR系统，例如变化自己可能用来作为间隔序列的部分。即使一个碱基对的变化也会使crRNA无法与外来DNA形成完美的碱基配对，而使得Cas9无法工作。这种攻击和反攻击

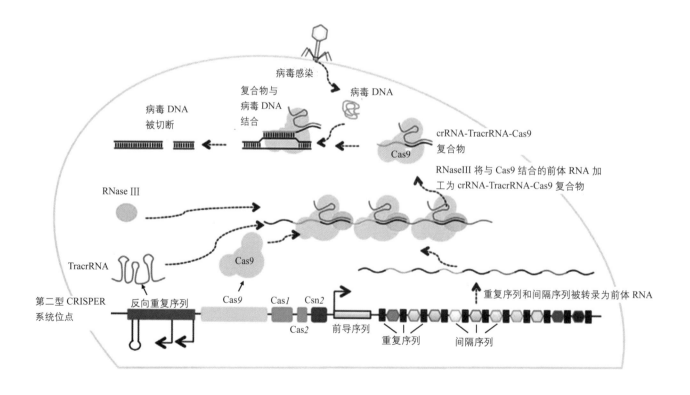

图10-2　细菌的CRISPER防御系统

的斗争在生物界中普遍存在，也是促使生物发展演化的强大动力。

不仅如此，像细菌的限制性内切酶一样，原核生物的 CRISPR 系统也被人类加以改造利用，成为基因工程的强大工具。例如 crRNA 和 tracrRNA 就可以合并成一个 RNA 分子，叫做单导向 RNA（sgRNA）。它也能够和 Cas9 蛋白结合，对能够和 sgRNA 分子中相当于间隔序列配对的 DNA 分子"动手术"。只要改写其中的间隔序列，就可以在目标 DNA 上的任何地方将其切断。细胞在修复这些断口时，通常会增添或者除去几个碱基对，这样就可能打乱 DNA 中为蛋白编码的序列，使得切断处后面的 DNA 给出错误的编码信息，相当于使一个基因失活。将 CRISPR 系统的功能扩展，还可以被用来删除基因，引入新的基因。由于 CRISPR 系统的精确性和简易性，这套系统已经成为基因技术中最受欢迎的方法。

第二节　动物的先天免疫系统

多细胞生物，包括动物和植物，从诞生之日起，就处在微生物的包围之中。这些微生物，包括细菌、真菌和病毒，多数是以异养方式，也就是利用现成的有机物生活的，活的生物由于也是由有机物组成，自然也是微生物获得有机物的潜在来源。动物和植物由多个细胞组成，其中许多细胞是位于身体内部的，也就是有了内环境。在内环境中，水分充足，酸碱适中，营养丰富，为自己的细胞提供了很好的生活环境，但是这样的环境也是微生物生长和繁殖的理想场所。如果没有防御机制，任凭微生物进入，借助它们迅速繁殖的能力，很快就会把生物体内的资源洗劫一空，后果就是多细胞生物的死亡。

因此，多细胞生物从诞生之日起，就必须要有防御微生物攻击的机制，这就是多细胞生物的先天免疫系统。这个系统是多细胞生物与生俱来，不需要学习和事前经验的；它对各种微生物的攻击都起作用，因此是非特异的，也没有记忆，但是却非常有效，使得多细胞生物能够在微生物的包围中不但能够生存，并且能够发展壮大。先天免疫系统是多层次、多机制的、共同担负起保卫生物体的作用。动物和植物的先天免疫机制有共同之处，也有不同之处，我们先从动物的先天免疫机制谈起。

第一道防线

动物保卫自己的第一道防线，就是形成物理和化学的屏障，不让微生物进入自己的身体。

动物身体的最外面都有由上皮细胞组成的紧密屏障，不让微生物进入体内。在这层细胞之外，为了加强阻隔效果，还会有死细胞组成的外皮，例如人皮肤表面的角质层，阻挡微生物与活细胞接触。昆虫的外骨骼也有类似的作用。

但是动物除了外表面，还有内表面，例如消化道和呼吸道的内面。这些表面虽然位于体内，却和外界相通，微生物可以随食物和气流进入这些管道。这些表面中的许多部分都和生理过程有关，例如肺泡的内表面用于气体交换，肠的内表面用于吸收营养，它们的外面都不能有由死细胞组成的屏障。动物采取的办法，是向细胞外分泌黏液，使微生物难以到达细胞表面，也难于运动。而且呼吸道内面还有纤毛，通过纤毛的摆动把含有微生物的黏液排出这些管道外。

物理屏障虽然有效，毕竟是被动的，更好的防御方式是"主动出击"，即分泌能够杀死微生物的分子。眼泪、唾液和内表面分泌的黏液中都含有溶菌酶（lysozyme），它能够分解细菌的细胞壁，让细菌由于失去细胞壁的支撑而被渗透压涨破。皮肤表面的细胞能够分泌防御素，例如 β- 防御素，和蛇毒抗菌肽（cathelicidin）。这些抗菌肽能够在细胞膜上形成孔洞，增加细胞膜的通透性，使细胞内的离子和营养物流出，致使微生物死亡。防御素还存在于舌头、角膜、唾液、食道和呼吸道中，在体外和内表面的细胞外杀灭微生物。这种用破坏细菌和病毒包膜的抗菌肽来对抗微生物的机制非常古老，在多细胞生物（包括植物）中普遍存在。

吞噬异物的细胞

动物的表面（包括外表面和内表面）虽有屏障，但也不是牢不可破的，会因为各种因素（例如外伤）而出现缺口和漏洞，使微生物能够进入生物体内。在平时，动物身体内就有准备"迎敌"的细胞，当微生物在体内出现时立即将其杀灭。这就是动物体内的吞噬细胞（phagocytes）。它们就像体内的游动哨兵，发现敌人时立即将其消灭。

动物用吞噬细胞来防御细菌的攻击是很自然的，因为动物本来就是靠吃细菌"起家"的。动物的单细胞祖先——领鞭毛虫，就通过吞食细菌生活。变形虫也是吞食细菌的好手。从单细胞动物变为多细胞动物，细胞吞食细菌的本领并没有丢掉，只是不让所有的细胞都去吞食细菌，而是分出一些细胞来执行这项任务而已。所以把侵入身体的细菌吞掉，再加以消灭，本来就是动物的"拿手好戏"。

最原始的多细胞动物——海绵，在外皮细胞和内皮细胞之间有胶质的"中胶层"，里面有许多游走的变形虫样的细胞。水螅和水母也有类似的中胶层，里面也有游走的变形虫样细胞。这些细胞担任防御作用，吞噬进入身体的微生物。海绵还没有消化腔，内皮细胞和领鞭毛虫一样，直接吞食流过内腔海水里面的细菌，其作用是获取细菌中的营养，我们称之为"吞食"。中胶层里面的变形虫样细胞也吞进细菌，但是其作用就不再是获取营养，而是防御了，可以称之为"吞噬"。同样是吞进细菌，意义却不一样。刺细胞动物，如水螅和水母已经有消化腔，内皮细胞不再直接吞食细菌，而是往消化道里面分泌消化液，将细菌在细胞外（但是在动物体内）进行消化，再吸收消化产物。所以从刺细胞动物开始，吞噬细菌就是专门用于防御的了。获得营养的方式不再是细胞直接吞进食物，而是通过细胞外消化的方式，所以与获取营养有关的细胞就不再有吞食功能了。

高级一些的动物如蚯蚓和昆虫，体内已经有循环系统，其中的液体中有"血细胞"（Haemocyte），它们的功能也是防御侵入体内的微生物，已经类似于脊椎动物的巨噬细胞。脊椎动物的巨噬细胞是吞噬入侵细菌的第一线细胞，它由在血液中循环的单核细胞演变而来，担负起吞噬外来微生物的任务。

识别细菌的分子

不过细菌也是细胞，吞噬细胞如何区分这些细胞是外来入侵者还是自己的细胞呢？换句话说，动物如何分辨"敌我"呢？这就和原核生物与真核生物细胞的差别有关。作为原核生物的细菌，表面有细胞壁和荚膜，许多细菌还有鞭毛。细菌的细胞壁和荚膜由细菌脂多糖、细菌脂蛋白和细菌脂多肽等分子组成。这些分子为细菌的生存所需要，难以改变，而这些分子在真核生物中并不存在，所以是真核细胞用来区分敌我时很有用的分子。细胞的鞭毛是由鞭毛蛋白组成，而真核细胞的鞭毛由微管蛋白组成，二者完全不同，也是真核生物"认识"细菌的依据。

为了识别这些细菌特有的分子，吞噬细胞表面有专门的受体。其中的一种叫做 Toll 样受体（TLR）。Toll 在德文中的意思是"太棒了"，是德国科学家在果蝇中发现这种基因时欢呼而叫出的词，后来就成为这个基因的名称。德国科学家发现，*Toll* 基因突变的果蝇不能对抗真菌的侵袭，说明它与果蝇的免疫有关。随后的研究发现，类似 Toll 的受体在多细胞生物中广泛存在，而且都与免疫有关，所以也称之为 Toll 样受体 TLR。例如海绵就用 TLR 来识别细菌的脂多糖。小鼠的 TLR4 受体突变后，就不能识别细菌的脂多糖。连植物都有 TLR，说明 TLR 是多细胞生物用来识别细菌的重要受体（图 10-3）。

为了识别各种细菌特有的表面分子，动物发展出了多种 TLR。例如人就有十种以上的 TLR，其中的 TLR-1 识别细菌的脂蛋白，TLR-2 识别细菌的肽聚糖，TLR-3 识别细菌的双链 DNA，TLR-5 识别细菌的鞭毛等。

TLR 有一个穿膜区段，其细胞外部分含有若干个富含亮氨酸的重复序列域，简称 LRR 域。TLR 在细胞内的部分类似白介素 1 受体（IL-1R）细胞内的功能域，因此被称为 TIR 域（把 TLR 和 IL-1R 的名称结合起来）。所有的 Toll 样受体都含有这个细胞内的 TIR 域，负责把结合细菌表面分子的信号传递给细胞。这个信号除了帮助吞噬细胞"认识"细菌，从而启动吞噬活动外，还能够让生物分泌对抗细菌的物质，例如 α- 防御素和穿孔素（perforin）。这两种肽类物质都能够破坏细菌的细胞膜。α- 防御素的工作原理类似前面谈到的 β- 防御素。穿孔素，顾名思义，就是能够插入细菌的细胞膜，在上面形成孔洞，让细菌细胞里面的离子和营养物泄漏出来，致其死亡。例如海绵在发现细菌入侵后，会通过

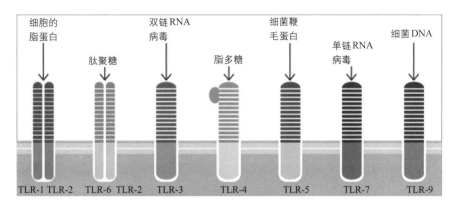

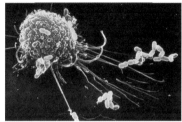

图 10-3　Toll 样受体和它们识别的微生物分子。下图为巨噬细胞在吞噬细菌

TLR 的信号增加穿孔素的生产。人类也用穿孔素来消灭入侵的细菌，而且人的穿孔素和海绵的穿孔素氨基酸序列高度相似，说明除了吞噬细菌外，利用抗菌肽在体内对抗入侵的细菌也是动物高度保守的防卫手段。

补体系统

微生物的入侵是对动物的致命威胁，除了吞噬细胞和抗菌肽以外，动物还发展出了另一套系统来杀灭进入身体的微生物，以增加自己的"保险系数"。这个系统就是动物的补体系统。它的最后结果也是在细菌的细胞膜上打孔，但是它不依赖于 Toll 样受体来识别细菌，而是有自己的识别和信号传递系统。

补体系统的发现很早。1896年，德国科学家 Hans Ernst August

Buchner（1850—1902）就发现人的血浆中含有能够杀灭细菌的物质。由于那时人们已经知道抗体的存在，所以把这种物质叫做"补体"。其实补体系统的出现比抗体早得多，抗体是脊椎动物才拥有的，所以抗体才应该叫做补体，补体被称为抗体才是。

补体是一个非常复杂的系统，含有 C1q、C1r、Cls、C2 至 C9、D 因子、B 因子、H 因子、I 因子等数十个蛋白因子。其中以 C 开头的因子的编号也是由于历史的原因。现在我们知道，无脊椎动物的 C3 才是这个系统的起始分子，三种 C1 分子和 C2、C4 是在脊椎动物中才发展出来的，以和抗体路线衔接，所以应该把 C3 叫做 C1 才对，不过这种编号方法也不必去改正了。

补体系统的信息传递主要依靠这些蛋白的蛋白酶活性，把下游的

蛋白切成大和小两段，大的叫 b，小的叫 a，例如 C3 可以被切为 C3a 和 C3b 两部分。这些片段又可以组成新的蛋白酶，切断更下游的蛋白质，最后形成攻击细菌细胞膜的复合物。补体系统的工作方式极其复杂，在这里只介绍主要的反应路线。我们先介绍从 C3 开始到对细菌发动攻击的信号传递路线，再谈 C3 是如何被外来微生物活化的。

血液中的 C3 能够缓慢地裂解自己，变成 C3a 和 C3b。C3b 迅速被血液中的 H 因子和 I 因子灭活，因此血液中的 C3b 浓度极低。但是如果 C3b 通过自己的硫酯键和细胞膜上的羟基或者氨基共价结合时，C3b 就不受 H 因子和 I 因子灭活，而可以结合 B 因子。与 C3b 结合的 B 因子被 D 因子切断为 Ba 和 Bb 两段，其中 Ba 游离到液体中，Bb 和 C3b 仍然结合在一起，形成 C3bBb。这个 C3bBb 就是"C3 转化酶"，可以把更多的 C3 切成 C3a 和 C3b，形成一个正反馈回路，产生越来越多的 C3b。

新形成的 C3b 又能够与 C3bBb 结合，形成 C3bBb3b，这个复合物具有 C5 转化酶的活性，可以把 C5 切成 C5a 和 C5b。C5b 可以结合 C6，C6 又可以结合 C7，这样依次结合下去，最后 C8 结合 C9。C9 的作用类似于穿孔素，可以在细胞膜上形成孔洞，让细胞内容物泄漏而死亡（图 10-4）。

现在的问题是，细胞如何区分敌我？C3b 通过硫酯键与细胞膜上的羟基或者氨基结合时，是无法区分敌我的，因为细菌和自己的细胞表面都会有这些基团。如果没有一

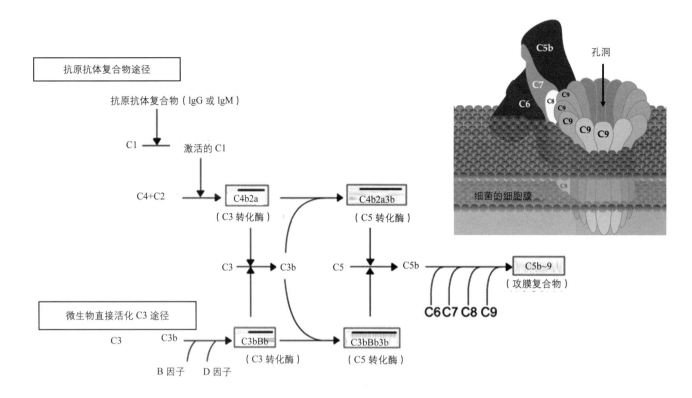

图 10-4　对抗外来微生物的补体系统

种机制来防止补体系统攻击自己的细胞，还没攻击细菌，倒先把自己的细胞杀死了。动物所用的办法，是在自己的细胞里表达一些调节蛋白，例如 CD35、CD46、CD55、CD59 等，阻止 C3b 被 B 因子和 D 因子活化的过程，因此 C3b 开始的信号传递链在自己的细胞上无法被启动。而入侵的细菌并没有这些调节蛋白，C3b 的活化过程就可以在细菌表面一直进行下去，最后导致细菌的死亡。因此在这里，动物并不是去"认识"入侵的细菌，而是根据这些细菌没有"免死牌"（调节蛋白）而将其摧毁的，也是外来微生物的存在使得从 C3 开始的这条路线得以不受阻碍的发展。这和 Toll 类受体"主动"地去寻找和结合细菌表面的特征性分子方式不同，但是最后都达到了区分敌我，只杀敌人的效果。这条路线不需要抗体系统，因此是更古老的系统，外来微生物自身就可以活化它。

从 C3 开始的补体系统出现的时间非常早。约在 13 亿年前，和水螅同属刺细胞动物的海葵就已经有了 C3 和 B 因子，而且 C3b 也用硫酯键与外来分子形成共价键。补体系统后面的成分，从 C6 到 C9，都含有与穿孔素分子彼此相连，在细胞膜上形成孔洞的"膜攻击复合物 / 穿孔素域"（MACPF 域）。最古老的含有 MACPF 域的蛋白是海绵的 MPEG-1，它在海绵遇到细菌的脂多糖时数量增加，对细菌有杀灭的作用。这说明补体系统后面的成分，和穿孔素一起，拥有共同的祖先。这类分子在海绵中的存在说明补体系统后面对微生物的杀灭分子在多细胞动物形成的早期就出现了。它们和 C3、B 因子组合在一起，就形成了最初的补体系统。

在脊椎动物中，补体系统又和抗体系统"搭上线"，通过 C1 与结合外来分子的抗体结合而被活化，再依次活化 C2 和 C4，形成 C4b2a。C4b2a 也是 C3 转化酶，能够把 C3 切成 C3a 和 C3b，进入上面叙述过的路线。C4b2a 还可以和 C3b 结合，形成 C4b2a3b。C4b2a3b 还是 C5 转换酶，可以把 C5 切成 C5a 和 C5b，再结合 C6 到 C9，启动穿孔复合物的形成，这样抗体系统也可以利用补体系统来攻击外来微生物了（见

图 10-10）。因此 C1、C2 和 C4 是后来才发展出来的，是从 C3 开始的老补体系统在脊椎动物中的应用。

脊椎动物对抗病毒的干扰素

吞噬细胞和补体系统主要是针对细菌的，脊椎动物还有非特异的对抗病毒的化学系统，这就是干扰素（interferon）。

脊椎动物的细胞在受病毒感染时，会分泌一类蛋白质分子，通知周围的细胞：有病毒入侵！它们通过细胞上面的干扰素受体，启动周围细胞对抗病毒的活动，那就是抑制细胞蛋白质的合成。由于病毒的繁殖需要被感染的细胞为它们合成所需要的蛋白，抑制细胞的蛋白合成就相当于是抑制病毒的繁殖。"干扰素"的名称，就是指它们能够干扰病毒的繁殖过程。

干扰素可以通过多条途径抑制细胞蛋白质的合成。一条途径是让细胞合成大量的蛋白激酶 R（PKR）。PKR 可以使一个叫 elF-2 的蛋白磷酸化，磷酸化的 elF-2 能够与 elF-2b 结合，抑制核糖体合成蛋白。另一条途径是让细胞合成核糖核酸酶 L（RNase L）。这个酶能够降解细胞中的 RNA，包括 mRNA。没有 mRNA，蛋白质合成没有模板，自然就停顿下来了。

干扰素还能增加吞噬细胞的活性，增加报告敌情的 MHC 分子的表达（见第五节），使整个免疫系统的效能提高。

干扰素的这个活性不仅对病毒是非特异的，即对各种病毒都有抵抗作用，而且不区分受病毒感染的细胞和正常细胞。这有点像用化疗来杀灭癌细胞，同时也杀灭分裂快的正常细胞，所谓"杀敌三千，自损八百"。所以干扰素大量分泌时人会觉得不舒服，像得了重感冒，但是它毕竟是动物对抗病毒的一种有效的手段。

第三节　植物的防卫系统

植物也是由有机物组成的，也是异养生物（包括微生物和吃植物的动物）侵袭的对象，也必须有自己的防卫系统。动物对付捕食者的方法主要是逃跑，而植物不能运动，不能逃跑，所以植物除了要对付微生物的侵袭外，还必须有对付动物啃食的机制。在这一节中，我们会把植物对付动物啃食和微生物侵袭的机制都加以介绍。

防御动物啃食的方法

植物防御动物啃食的第一道防线还是物理屏障。浓密的绒毛可以起到隔绝昆虫的作用，而各种尖刺也能够妨碍动物进食。有些刺是空心的，内含毒液，在刺入动物皮肤时会断裂，释出毒液，在动物身上产生痛觉，有的甚至含有前列腺素（prostagladins），增加疼痛的强度。

对于动物，特别是昆虫的进食，植物也用增加进食难度的方法来对抗。例如在细胞壁外再包上胼胝质（callose），相当于人的皮肤长茧，增加昆虫啃食的难度。植物也可以长出一些坚硬的细胞，例如石细胞，损坏昆虫的口器。不过在许多情况下，这些物理屏障并不能完全防止动物的攻击，所以植物还有其他的方式对抗动物的进食。

一种方法是识别进食动物留下的特征性物质，例如动物进食时留下的唾液。植物细胞上的受体在探测到这些物质后，会分泌一些挥发性物质，例如萜类化合物（terpenoids）。樟脑、松香酸、薄荷醇、冰片、松节油都是萜类化合物的例子。精油也主要由萜类物质组成。这些物质一般有强烈的气味，能够驱离一些有害的动物，例如小麦可以用这类挥发性物质驱离蚜虫；或者吸引这些有害动物的天敌，例如棉花可以用这类物质吸引蛾子幼虫的天敌黄蜂。除虫菊脂则是昆虫的神经毒剂。洋地黄毒苷和地高辛能够使动物的心跳骤停。不过这样的防御机制是很昂贵的，因为这些萜类化合物是以异戊二烯单位合成的，而异戊二烯又是以 3- 磷酸甘油醛为原料合成的，最终来自葡萄糖分子。每合成一个异戊二烯分子需要 20 分子的 ATP 和 14 分子的 NADPH。植物合成这些化合物，说明它们在植物防卫中的重要性（图 10-5）。

除了萜类化合物，植物还合成其他对抗昆虫的分子。单宁，又叫鞣酸，平时储存在植物细胞的液泡中。它对昆虫有毒，它可以结合在昆虫消化液中的蛋白酶

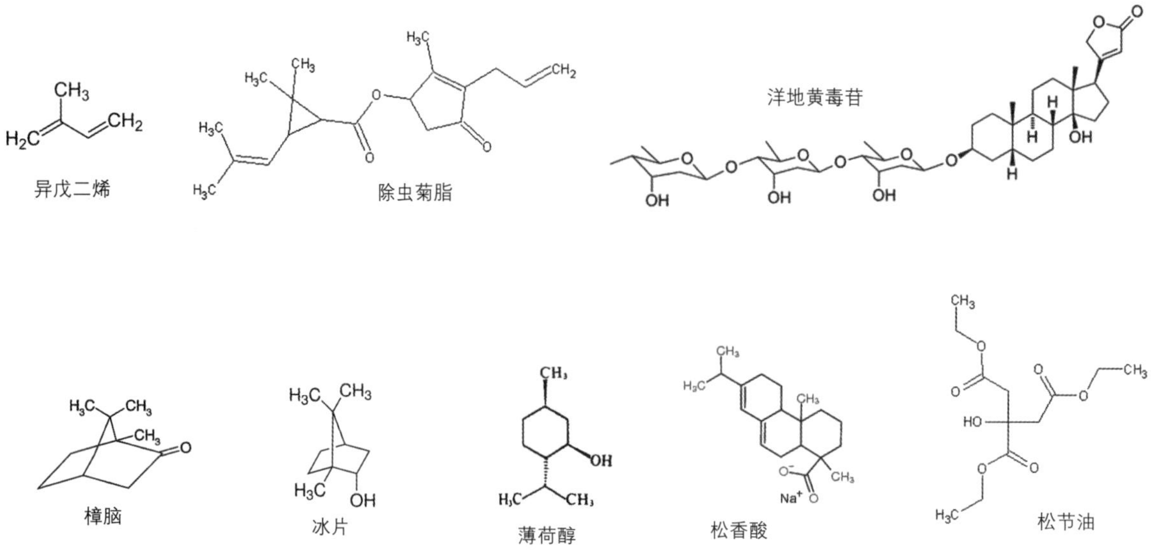

图 10-5　植物用于防御的一些化合物。其中的萜类化合物是由异戊二烯单位（左上）合成的

上，让它们失去功能。食入大量单宁会使昆虫营养不良，停止生长。生物碱是植物对抗动物进食的另一大类物质，咖啡因、吗啡、尼古丁、阿托品都是生物碱。它们一般有苦味，对动物有毒。

植物还能生产对动物有毒的蛋白质，例如消化酶抑制剂，使得动物无法消化吃进的食物。植物凝集素能够结合碳水化合物，干扰消化过程。蓖麻毒蛋白也是凝集素的一种，能够通过动物细胞表面的糖类物质进入细胞，抑制蛋白质合成，对动物具有高度毒性。植物还能够生产精氨酸酶，分解被动物吃进的植物成分中的精氨酸，让昆虫得不到这种重要的氨基酸，阻滞它们的生长。

由于植物有这些对抗动物啃食的手段，大多数植物都能够免于动物的吞食。在 300 多万种植物中，能够作为人类食物的，寥寥无几。

走遍全世界，人类吃的蔬菜，不过百种左右。

对抗微生物的侵袭

和动物一样，植物也首先使用物理和化学屏障作为抵御微生物的第一道防线。树干外面由死细胞组成的树皮、叶片表面的蜡质层，细胞外面的细胞壁，都是隔离微生物，不让它们与细胞膜接触的屏障。叶片表面的细胞也形成致密的细胞层，类似动物的上皮，不让微生物进入自己的身体。和动物类似，植物在细胞表面也有化学屏障，例如植物在细胞外分泌几丁质酶，能够降解几丁质。由于真菌的细胞壁是由几丁质组成的，破坏它们的细胞壁就可以阻止它们。葡聚糖酶可以水解水霉细胞壁中的葡聚糖，也有防御这些微生物的作用。溶菌酶和动物分泌的溶菌酶一样，

也能够分解细菌的细胞壁，使细菌无法承受渗透压而被涨破。

除了表面的化学屏障，植物所含的一些物质也有抗菌作用。例如植物的精油是萜类化合物，除了能够对抗昆虫外，还能够对抗微生物的入侵。萜类化合物中的棉酚也具有抗真菌和抗细菌的作用。

但是植物的祖先（绿藻中的双星藻，见第五章第三节）并没有吞食别的细胞的能力，它的后代也没有这样的能力，所以植物体内是没有吞噬细胞用来消灭入侵的微生物的，而必须采取别的防卫方法来对付入侵的微生物。

像动物一样，要抵御微生物的攻击，首先需要"感知"微生物的存在。植物也可以通过识别微生物所具有的特征性的分子来知道微生物的存在，并且做出相应的反应。动物用 Toll 样受体（TLR）来感知微生物的存在，植物也有类似的受

体，叫做特征识别受体（PRR），例如稻米的 Xa21 受体，拟南芥的 FLS2 受体。它们和 TLR 一样，在细胞外都有富含亮氨酸的功能域（LRR），能够识别微生物表面的特征性分子。如果敲除 FLS2 受体，拟南芥就会对细菌和真菌的感染敏感。这种由表面 PRR 受体激发的免疫反应叫受体触发的免疫反应 PTI。

植物收到受体传来的信号时，会活化 MAP 激酶信号通路（见第八章第五节），表达对抗微生物的基因，包括关闭气孔阻止微生物侵入、在细胞壁外形成胼胝质以加强物理屏障、产生活性氧来杀灭微生物、分泌抗菌肽如穿孔素和防御素等。

为了对抗植物的这些防御措施，微生物也发展出了对抗手段来消除植物的抵抗。例如一些细菌一旦进入植物细胞之间的区域，就会给植物细胞"打毒针"，通过它们的类型Ⅲ注射系统，往植物细胞内注射抑制植物免疫反应的效应物质 T3SE，让植物的 PTI 失效。植物的反制措施是启动另一个层次的对抗机制，效应物触发的免疫反应（ETI）。它使得受感染部分的细胞程序性死亡，相当于是植物用"坚壁清野"的办法来对抗入侵的军队，让它们失去生存的环境。这是植物用局部的牺牲来换取整体的生存。植物能够这样做，是因为植物有动物不具备的优点，就是部分身体是可以被牺牲和被取代的，而动物就难以做到牺牲一部分结构而不显著影响自己的生存能力。

当然微生物也会发展出各种手段来继续入侵植物，也会在植物中引起病害。但是有了植物的这些对抗措施，植物作为整个物种还是能够在各种微生物的包围中继续存在和发展的。植物的这些对抗微生物的防卫措施和对抗动物进食的措施一起，构成植物的整个防卫系统。植物虽然不能运动，不能逃跑和用动作反击，却也能够在很大程度上免受动物和微生物的侵害，在地球上繁荣昌盛，成为地球上生物圈必不可少的部分。

第四节　脊椎动物的适应性免疫系统

在大约 5.3 亿年前的寒武纪，脊椎动物，即背部有脊柱的动物，在地球上出现了。最早的脊椎动物类似鱼，

可能是从海鞘能够游泳，具有脊索的幼虫演化而来的（见图 10-6）。最初鱼模样的动物是没有颌的，嘴巴像吸盘，用过滤水中颗粒的方式进食。这些无颌的脊椎动物大部分已经灭绝，现有的八目鳗（lamprey）和盲鳗（hagfish）也许是这些无颌鱼类仅存的代表。八目鳗并不是有八对眼睛，只有最前端的那一对是眼睛，后面的七对其实是鳃孔，所以又叫七鳃鳗（图 10-6）。

到了奥陶纪的后期，有颌的鱼类出现了。颌是嘴入口处彼此相对的铰接式结构，可以上下张合，用于咬住食物并由此进食。颌的出现使脊椎动物的进食方式大为改善，在随后的软骨鱼类（如鲨鱼）和硬骨鱼类（大多数鱼类）、两栖类、爬行类和哺乳类动物都一直保留，包括我们人类，都通过颌来进食。这些有颌的脊椎动物统称为有颌脊椎动物（gnathostome），以区别于无颌脊椎动物（agnatha）。目前 99% 的脊椎动物都是有颌的。

脊椎动物的出现不仅开启了动物演化的新篇章，导致了更高级动物，包括后来的灵长类和人类的出现，同时也带来了动物免疫系统的新突破，这就是在先天免疫系统的基础上，发展出适应性免疫。先天性免疫针对性差，"一处见敌，四处开炮"，虽然也有效，但是代价也很高。动物的先天性免疫也没有记忆能力，对于同一微生物的反复攻击每次都是临时应对。

适应性免疫像原核生物的 CRISPR 系统那样，记住已经遭遇过的微生物，以后在遇到同样的攻击时，能够迅速做出针对性的反应。由于适应性免疫系统能够识别某个特定的敌人并且加以记忆，在遇到同样的攻击时也只动员对付这个敌人的资源，成本就大大降低了。而且集中力量打击个别目标，效果也比普遍开炮要好。

动物的适应性免疫要记住入侵的微生物，首先需要识别这些微生物。Toll 样受体 TLR 只能辨别微生物的一些共同特点，例如细菌特有的脂多糖、脂蛋白、鞭毛蛋白等，而不能识别各种微生物之间比较细微的差别，十来种 TLR 也无法对成千上万种微生物进行区分。要在微生物的汪洋大海中识别并且记住某个特定的微生物，必须有能够特异识别各种微生物的受体。这就像照片的分辨率，要看清细节，看清照片里面不同人的脸，就必须增加像素。

原核生物的 CRISPR 系统虽然能够记住特定的微生物，但是识别的是入侵者的 DNA 片段，在动物的先天

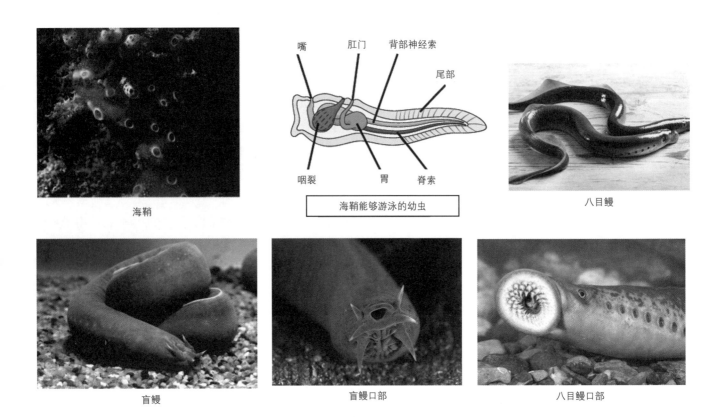

海鞘

嘴　肛门　背部神经索

尾部

咽裂　胃　脊索

海鞘能够游泳的幼虫

八目鳗

盲鳗

盲鳗口部

八目鳗口部

图 10-6　海鞘的幼虫能够游泳，有脊索，可能是脊椎动物的祖先。最早的脊椎动物是无颌的，例如八目鳗和盲鳗。它们的身体像鱼，背部有脊索

性免疫系统已经能够识别脂类和蛋白分子的情况下，再用 DNA 识别这种古老的方法来识别和记忆某种微生物就"不合时宜"了。脊椎动物识别特定微生物的方法，是识别微生物的蛋白质片段。DNA 只由 4 种核苷酸单位组成，而蛋白质由 20 种氨基酸组成，同样单位数的 DNA 和蛋白质片段，后者包含的信息量要大得多，也就是可以提供更高的分辨率。例如十个碱基对的 DNA 片段有 4^{10} 种，即 131072 种组合方式，而 10 个氨基酸组成的肽链有 20^{10} 种。

但是入侵的微生物有成千上万种，产生的蛋白质片段数量更是天文数字，如果每个蛋白片段都要一

种受体来识别和记忆，那就需要亿万个基因来为这些受体蛋白质编码，而人类的基因总数也不过 2 万多个，显然这是不现实的。这种一对一的识别方式动物的确采用过，那就是动物在识别气味时。例如哺乳动物平均有 1259 个为气味受体编码的基因，使得这类基因成为哺乳动物中数量最大的基因。这已经是一种昂贵的机制，占用了大量的基因资源。识别微生物蛋白片段所需要的受体数目更大，所以不可能再用嗅觉受体的机制，而必须在后天"创造"出大量的蛋白质片段受体来。这听上去有点让人觉得不可思议：有限的基因怎么能够创造出几乎无限种类的蛋白质呢？但是这

种机制在无颌脊椎动物中还真的出现了。

现存的无颌类脊椎动物的代表只发现了八目鳗和盲鳗两种，对这两种动物的研究表明，它们就已经具有适应性的免疫系统。这两种动物都含有一种基因，为可变淋巴细胞受体（VLR）编码。VLR 基因本来是没有多样性的，只含有为受体蛋白的氨基端和羧基端这两段不变肽链编码的部分，中间是不为蛋白编码的序列。但是这类基因有一个特点，就是在旁边还围绕着数百个富含亮氨酸的序列（leucine-rich repeat，LRR）。在个体的发育过程中，这些序列被随机插入到固定的氨基端和羧基端的序列之间，数目

为 5 个或 8 个。由于 LRR 数量庞大，插入过程又是随机的，最后形成的 VLR 基因就可以有极多的变种。据估计，八目鳗这样形成的 VLR 形式能够达到 10^{14} 种，即 100 万亿种（图 10-7）！

这种把相邻 DNA 序列随机插入一个基因序列的过程，被认为是通过基因转换的机制实现的，即利用 DNA 的修复机制，在两条类似的 DNA 链之间不对等地交换 DNA 序列，一条链的 LRR 单位，可以被插入到另一条链的 VLR 基因中去。所以基因的序列并不总是固定的，在特定的情况下可以被改变，在无颌脊椎动物中就被用来创造大量的 VLR。

八目鳗含有多个 VLR 基因，例如 VLRA 和 VLRB。成熟的 VLRA 基因含有 8 个 LRR 单位，成熟的 VLRB 基因含有 5 个 LRR 单位。这两个基因都表达在八鳃鳗的淋巴细胞上，成为细胞表面识别微生物的受体。每个淋巴细胞只表达一种成熟的 VLR 形式，这样就有亿万种不同的淋巴细胞，对于每一种外来微生物，都会有能够与之结合的淋巴细胞，这就解决了有限数量的基因产生大量受体形式的问题。

VLRA 基因的产物和 VLRB 基因的产物都表达在

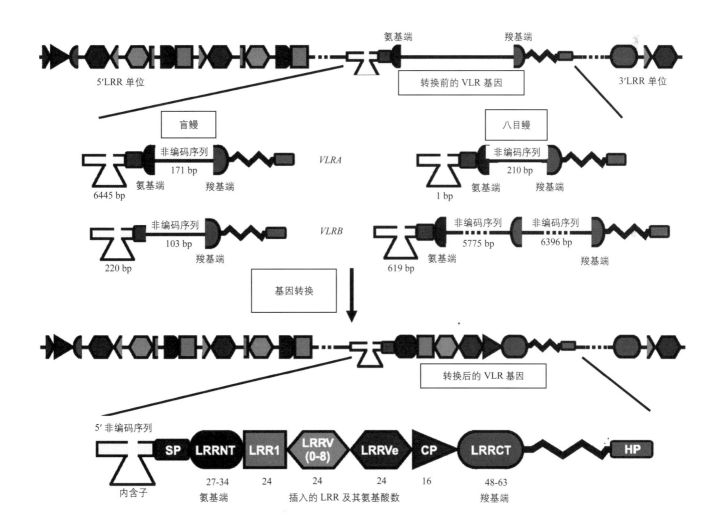

图 10-7 八目鳗和盲鳗的可变淋巴细胞受体 VLR 的基因，有 VLRA 和 VRLB 两种。上图为转换前的 VLR 基因，它们只含有为受体的氨基端和羧基端编码的序列，中间是不为蛋白编码的 DNA 序列，但是在基因的两侧有数百个富含亮氨酸的序列单位 LRR（用不同的形状表示）。中上为转换前八目鳗和盲鳗的 VLRA 基因和 VLRB 基因放大图。这些基因只含有为受体氨基端和羧基端编码的序列，中间为不等长的非编码序列。在基因转换过程（中下）中，两侧的 LRR 被随机插入 VLR 基因的氨基端序列和羧基端序列之间，取代原来的非编码序列。下图为转换后的 VLR 基因放大图，有 1 个 LRR1 单位、0~8 个 LRRV 单位、1 个 LRRVe 单位和 1 个连接序列 CP，形成有功能的基因。单位下面的数字表示每个单位中氨基酸残基的数目

淋巴细胞上，但是表达这两类 *VLR* 基因产物的淋巴细胞彼此又有区别。在表达 *VLRA* 的淋巴细胞中，*VLRA* 受体只位于细胞表面，作为微生物的受体。而在表达 *VLRB* 的淋巴细胞中，VLRB 受体不但位于细胞表面，而且在结合到特异的微生物时细胞能够增殖，还能把 VLRB 分子作为可溶性蛋白分泌到细胞外去，自己和微生物结合。只表达细胞表面 VLRA 受体的淋巴细胞相当于有颌类动物的 T 细胞，而既在细胞表面表达 VLRB 受体，又能够把 VLRB 蛋白分泌到细胞外的淋巴细胞就相当于有颌类动物的 B 细胞，分泌出去的 VLRB 蛋白就相当于是有颌类动物的抗体。我们在后面介绍有颌类动物的适应性免疫系统时，还会谈到这个问题。

除了 VLRA 和 VLRB，最近在八目鳗中还发现了 VLRC。VLRC 和 VLRA 类似，只表达于淋巴细胞的表面，不被分泌。盲鳗只有两种 VLR，也叫 VLRA 和 VLRB，在功能上类似于八目鳗的 VLRA 和 VLRB。

VLR 受体的例子表明，最低级的脊椎动物（无颌脊椎动物）就能够产生极其多样的受体分子来精细地识别外来分子，并且能够在结合特种外来分子时，分泌这些分子与相应的外来分子结合。有颌类脊椎动物也使用了同样的原理，即通过随机组合 DNA 片段以形成大量彼此不同的受体分子，以及分泌这些分子到细胞外，特异地与外来分子结合，只是实现这些过程的具体机制不同。

有颌类脊椎动物也可以用一个基因区域产生众多的受体分子来识别外来微生物，但是其具体机制并不是从上节中所说的无颌类脊椎动物的基因转换继承下来的。不仅如此，有颌类动物还有多个这种类型的基因，各自产生众多的受体分子成分。这些受体成分组合起来，形成不同细胞表面的受体，也可以分泌出去作为抗体，还可以和先天性免疫系统相互作用，共同形成有颌类动物高度复杂的免疫系统。

免疫受体的 V（D）J 重组

无颌脊椎动物未经转换的 *VLR* 基因只含有为氨基端和羧基端编码的固定序列，要组合的 DNA 片段位于 *VLR* 基因之外，在基因转换过程中才随机插入。而有颌类动物的这种受体基因就已经含有所有要随机结合的 DNA 片段，以及羧基端的固定序列，在基因重组的过程中再随机地去掉大部分的 DNA 片段。*VLR* 基因要被插入的都是 LRR 片段，或为 5 个，或为 8 个，而有颌类动物的免疫受体基因要组合的片段分为两组或三组，每组都有多个单位。这三组单位分别叫做 V（variable）、D（diversity）和 J（joining）。例如为人 B 细胞受体中的重链编码的基因含有 44 个 V 单位、27 个 D 单位和 6 个 J 单位，再加上为不变区域编码的 C（constant）单位。为 B 细胞受体轻链编码的基因也含有多个 V 单位和多个 J 单位。在组合时，每一组只有一个单位参加组合，具体哪个单位参加是随机的，这个过程叫做 V（D）J 重组 [V（D）J rearrangement]。把 D 放在括弧中是因为有的受体基因只有 V 和 J 单位的重组（图 10-8）。

V 组中的任何一个单位都可以和 D 组中的任何一个单位组合在一起，它们之间的其他 V 单位和 D 单位就被删除掉了。同样，D 组中的任何单位也可以和 J 组中的任何单位组合在一起，它们之间的 D 单位和 J 单位也被删除掉，最后形成 VDJ 的组合，与后面不变区域的 C 片段连在一起，成为 VDJC，再被转录成 mRNA，指导受体蛋白的合成。由于 V、D、J 中都有多个单位，随机组合就能够产生数量众多的受体形式，像上面举的例子中就能够形成 $44 \times 27 \times 6 = 7128$ 种 VDJ 组合方式。在这些单位组合的过程中，末端脱氧核苷酸转移酶还可以在这些单位上增加额外的碱基对，使得形成的 VDJ 类型的数量远高于上面所计算的数量。

这个神奇的过程是如何发生的呢？检查这些受体的基因的序列，发现每个组合单位的旁边都有一段特殊的序列将其包围，叫做重组信号序列（RSS）。每个 RSS 序列含有一个 7 个碱基对的序列（例如 CACAGTG）和一个由 9 个碱基对组成的序列（例如 ACAAAAACC），它们之间被 12 或者 23 个碱基对（正好是 DNA 双螺旋绕一圈或两圈的距离）隔开。V 单位的 RSS 序列都在其"下游"（3'）方向，J 单位的 RSS 序列都在其"上游"（5'）方向，而位于 V 单位和 J 单位之间的 D 单位在上游和下游都有 RSS 序列。重组酶 RAG1 和重组酶 RAG2 能够识别这些 RSS 序列，并通过这些序列把要组合的 V、D 单位或者 D、J 单位带到彼此相邻的位置，中间的 DNA

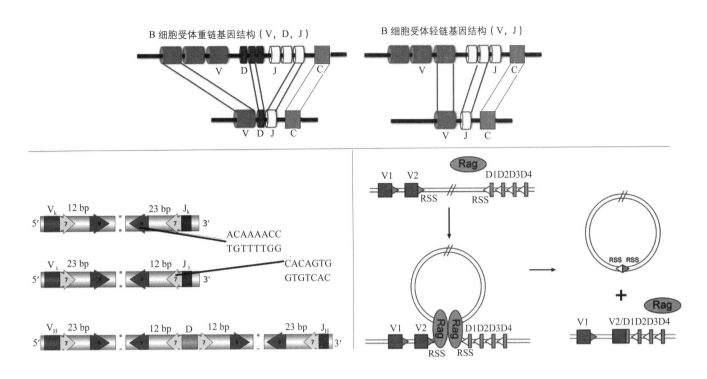

图10-8　有颌脊椎动物的V（D）J重组。上图：B细胞受体重链的基因由若干V单位、D单位、J单位和不变区的C单位组成，轻链的基因由若干V单位、若干J单位和C单位组成。左下：这种重新组合是通过重组信号序列RSS进行的。V单位的RSS序列位于其3′方向，J单位的RSS序列位于其5′方向，D单位则两个方向都有。右下：重组酶RAG能够识别这些序列，将重组单位带到一起

序列形成一个环而被切掉，这些单位就被连在一起了。

　　这种DNA片段通过两端的重复序列而被从染色体DNA中切除的过程，很像是一类叫做转座子的DNA序列的行为。转座子是一类能够在染色体中"跳来跳去"的DNA，所以又被称为是"跳跃DNA"。有些病毒的DNA也用这种方式插入宿主的DNA，进入休眠状态，在被活化时又从宿主DNA中脱离出来，开始繁殖，所以转座子类型的DNA序列有很古老的历史。人的DNA也含有大量这样的转座子，它们没有明显的生理功能，但是又能够随着宿主DNA一起被复制，所以也被称为"寄生DNA"或者"自私DNA"。那么人免疫受体

基因重组的机制，是不是从某种转座子转化而来的呢？

　　研究发现，情况还真是这样。为重组过程所必须的重组信号序列RSS和一种叫transib的转座子的末端重复序列非常相似：transib的7碱基对序列CACAATG和RSS中的CACAGTG几乎相同；transib的9碱基对序列AAAAAAATC也和RSS的ACAAAACC非常相似，而且它们之间也被23个碱基对隔开。RAG1羧基端的氨基酸序列和transib转座子的转座酶约35%相同。RAG1催化DNA切除反应的关键氨基酸残基（第605位和第711位的天冬酰胺和第960位的谷氨酸，叫DDE基序，其中D代表天冬酰胺,E代表谷氨酸）在transib转座酶中也存在。这些事

实说明，有颌类动物免疫受体重组的机制，很可能来自病毒感染带来的transib转座子。

　　Transib转座子在低等动物如水螅、果蝇、蚊子中都有发现，说明病毒transib单位感染动物的历史非常早。但是其转座酶只含有RAG1羧基端的核心部分，重组酶RAG1的氨基端是从动物的其他基因移植过来的。Transib转座子也不含有RAG2基因。人的RAG1基因和RAG2基因都位于第11号染色体上，彼此之间的距离只有几千碱基对。有可能病毒感染时，把RAG1类型的基因插入到RAG2基因的旁边，改变了RAG2基因的功能，共同组成有颌类动物的免疫受体重组系统。

因此，脊椎动物能够拥有适应性免疫系统，也许还要感谢病毒的一次感染。脊椎动物拥有线粒体作为细胞的动力工厂，是因为真核细胞获得了细菌（α- 变形菌）。植物拥有叶绿体，是因为真核细胞获得了蓝细菌，使植物能够大量制造有机物，动物才能够在这个星球上生存。原核生物修复 DNA 的机制，使得真核生物进行有性繁殖时的同源重组（即基因洗牌）成为可能。有颌类脊椎动物的基因重组，看来是来自病毒的感染。高等动物赖以生存的几个关键功能，最初都来自原核生物甚至是病毒的贡献，我们真的应该感谢它们。

有了 V（D）J 重组的机制，动物就可以用这个机制造出各种多变的分子来。这些分子除了作为各种对外来分子的受体，还可以用来产生抗体。在有颌类脊椎动物中，V（D）J 重组机制被多处应用，导致了动物适应性免疫系统的建立。

B 细胞的表面受体和分泌的抗体

有颌类动物探测外来分子的受体是由多条肽链组成的，和无颌类脊椎动物的 VLR 由单条肽链组成的情形

不同。例如人类有一种淋巴细胞，叫 B 细胞，因为它在骨髓中形成并且成熟，再被释放到血流中去，B 就来自 Bone 的第一个字母。B 细胞表面的受体就由四条肽链组成，两条"重链"和两条"轻链"。重链比轻链长，羧基端插入 B 细胞的细胞膜，两条重链之间有二硫键相连。这部分肽链由基因后端的不变序列（C 单位）编码。这两条重链的氨基端部分，即远离细胞膜的部分，向两边分开，使得由两条重链形成的分子在形状上像字母 Y。这个氨基端部分就含有由 VDJ 重组形成的可变部分。在每个可变部分，还有一条轻链与之结合。轻链含有由 VJ 单位重组形成的可变部分和不变部分。重链和轻链的可变部分彼此结合，共同形成受体分子对外来分子的结合区，所以每个受体分子有两个相同的结合外来分子的结合点。这样形成的受体叫 B 细胞受体（B cell receptor，BCR）（图 10-9）。

由于重链的 VDJ 部分和轻链的 VJ 部分是分别形成的，各自的类型都很多，它们组合在一起就形成种类更多的形式，大大超过一条链重组所能形成的种类数量。假设重链有 1 万种结合形式，轻链有 1 千种，它们的结合就能形成 1000 万种形式的受体。有颌类动物的免疫

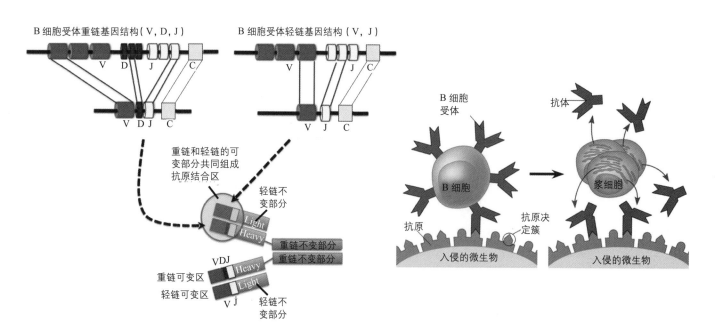

图 10-9　B 细胞受体和抗体。左图：B 细胞受体和抗体都由两条重链和两条轻链组成。右图：B 细胞受体位于细胞膜上，直接与微生物上面的抗原结合，受体分泌到细胞外，自己与抗原结合，叫做抗体

受体由重链和轻链组成，每条链都可以通过 DNA 重组多样化，也许是为了弥补单链重组多样性的不足。

和无颌脊椎动物一样，每一个 B 细胞都只表达一种受体形式，这样就有千万种具有表面受体的 B 细胞，可以识别和结合各种外来分子。

既然 B 细胞受体有那么多不同的形式，那么其中必然会有一些受体会和动物自身细胞上的分子结合。B 细胞又如何区分敌我，即外来分子和身体自己的分子呢？动物采取的方法是消灭能够识别自身的 B 细胞。在骨髓中，如果一种 B 细胞能够和自身的分子紧密结合，这种 B 细胞就会被失活，不再具有免疫功能，或者被消灭掉。只有不和自身分子结合的 B 细胞才发展成熟，进入血流。

如果有一种外来分子和 B 细胞紧密结合，这个结合本身就是一个信号，使 B 细胞活化并且增殖，变成浆细胞（plasma cell）。浆细胞会合成同样的受体分子，但是这些分子不再变成 B 细胞（现在是浆细胞）表面的受体，而是分泌到细胞外，成为能够和同一外来分子特异结合的分子。这种被 B 细胞分泌的分子在结构上和表面受体相同，但是能够在血液中自由活动，这样的分子就叫做抗体。抗体就是被分泌到细胞外的 B 细胞受体，反过来，B 细胞受体也可以看成是细胞表面的抗体。与抗体分子特异结合的外来分子则叫抗原（antigen）。由于抗体和 B 细胞受体具有同样的分子结构，抗原其实最先结合于 B 细胞的受体上。抗原和抗体的结合，以及抗原与 B 细胞的结合，都具有高度的特异性，能够区分抗原分子中非常细微的差别，是动物的免疫系统辨识各种微生物，并且做出反应的基础。B 细胞的这种作用，和无颌类脊椎动物表达 VLRB 受体的淋巴细胞是相似的。

由于 B 细胞受体的极端多样性，这些受体不仅能够结合蛋白质的片段，也能够结合非蛋白分子，例如微生物表面的多糖分子，没有甲基化的 DNA 双链等，产生相应的抗体。这使得 B 细胞在识别各种外来分子的过程中发挥更大的作用。

B 细胞被活化后，除了产生抗体外，还有一部分会保留下来，长期存活，成为对那种外来分子的记忆 B 细胞。如果以后再遇到这样的分子，这种记忆 B 细胞就会立即做出反应，而不用从头开始。这是有颌类动物适应性免疫机制的重要组成部分。现在说的"疫苗""打预防针"，就是利用免疫系统有记忆的特点，先用无害的类似抗原让免疫系统记住，以后再遇到拥有同样抗原的真微生物时就能够比较迅速有效地抵抗。

抗体的功能

B 细胞本身并不能杀灭细菌，产生的抗体只能与外来物质紧密结合，也不能直接消灭入侵的敌人，那么 B 细胞产生抗体的作用又是什么呢？在动物的免疫系统中，抗体可以通过多条途径对抗和消灭入侵的微生物。

在第二节中，我们介绍了动物的补体系统。补体系统是可以在微生物的细胞膜上自我激活的，最后导致在细菌的细胞膜上穿孔，导致细菌的死亡。动物自身的细胞能够表达阻止补体系统自我激活的分子，等于给自己发了"免死牌"。外来的细菌没有这个免死牌，就会被补体系统杀死。

在动物有了抗体以后，就多了一条激活补体系统的方式。补体中的一个成分，C1q，含有 6 个能够与抗体不变部分（Y 形分子的下半部分）结合的结合点。当有两个以上的结合点与抗体分子结合时，C1q 就被激活。没有结合微生物的抗体的不变部分是彼此分开的，所以不能激活补体系统。而抗体分子与微生物结合时，由于微生物表面的抗原不止一处，会有多个抗体分子与微生物结合，C1q 就能同时结合两个以上的抗体分子而被活化。C1q 活化后形状改变，依次激活 C1r 和 C1s（图 10-10）。

激活的 C1 能够将 C4 切成 C4a 和 C4b，然后将 C2 切成 C2a 和 C2b。C4b 和 C2a 结合，形成 C4b2a，而 C4b2a 就具有 C3 转化酶的作用，将 C3 切成 C3a 和 C3b，补体系统就被激活了。形成的 C3b 和 C4b2a 结合，形成 C4b2a3b。C4b2a3b 具有 C5 转化酶的活性，能够把 C5 切成 C5a 和 C5b，从下游激活补体系统。由于被激活的补体系统是在结合于微生物的抗体处，这个微生物就成为补体系统攻击的目标。这样，抗体就把适应性免疫系统和先天性免疫系统联系起来了（见本章第二节和图 10-4）。

细菌侵入动物身体后，常常会分泌毒素。这些毒素也是外来分子，能够引起免疫反应，产生针对它们的抗

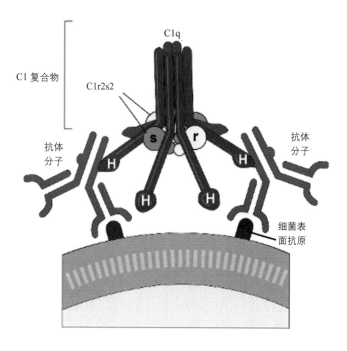

C1q

C1 复合物

C1r2s2

抗体分子

抗体分子

细菌表面抗原

图 10-10 结合于外来微生物的抗体活化补体系统。当多个抗体分子结合于外来微生物时，C1q 由于能够与两个或两个以上的抗体分子的不变部分结合而被激活，活化的 C1 复合物能够启动整个补体系统，就近将结合有抗体的微生物杀死

体分子。抗体分子与毒素分子结合后，会遮挡住毒素分子的一部分，使其失去作用。

病毒是在细胞内部繁殖的，所以要繁殖首先要进入细胞。病毒要通过与细胞上面的蛋白结合才能进入细胞。抗体分子结合在病毒颗粒上后，可以防止病毒和细胞表面的分子结合，使病毒无法进入细胞。不能进入细胞的病毒迟早会被免疫系统消灭掉。

抗体结合在微生物上，也给它们打上"消灭"的标签。吞噬细胞表面有结合抗体不变部分的受体，能够通过微生物表面覆盖的抗体"知道"这是应该被摧毁的外来物而加以吞噬。由于抗体有两个抗原结合点，相当于有两支"手"，把病毒颗粒拉在一起形成聚合物，更容易被吞噬细胞识别和吞噬。

除了吞噬细胞，动物还有自然杀手细胞（NK），可以识别被抗体覆盖的细菌而将这些细菌杀死。不过 NK 细胞不是通过吞噬来杀死细菌，而是分泌各种蛋白质使细菌死亡，例如前面谈到过的穿孔素和防御素。它们可以破坏细菌的细胞膜，使细胞内容物泄漏而死亡。

报告敌情的 MHC 分子

有颌类动物有先天免疫系统中的吞噬细胞和补体系统，还有适应性免疫系统中的 B 细胞通过抗体来消灭入侵的微生物。除此之外，动物还有"报告"微生物入侵的机制，以便用更多的方式来对付它们。这种报告敌情的分子叫做 主要组织相容性抗原（MHC）。这个名称看上去和免疫似乎没有什么关系，为什么要叫这么一个奇怪的名字，我们后面再讲。

MHC 有两大类。第一类报告细胞内部有没有病毒入侵，叫 MHC I。第二类报告入侵细菌的信息，叫 MHC II。MHC 是怎样"报告敌情"的呢？任何生物，包括病毒，都需要一些自己特有的蛋白质才能生存，所以检查有没有外来微生物的蛋白质，就是发现敌人的有效手段。MHC 的功能，就是结合病毒和细菌蛋白质的片段，呈现在细胞表面上，让有关的细胞来识别它们，然后采取措施。B 细胞受体和吞噬细胞的 Toll 样受体识别和结合的是整个细菌表面的特征性分子，而 MHC 结合的，只是蛋白质的小片段（肽链），而且这些片段是在动物的细胞内部生成的。如上面谈到过的，由于蛋白质是由 20 种氨基酸组成的，短短的肽链也能够提供非常高的分辨率，能够据此来区分不同的微生物或者病毒。

MHC I 分子由两条肽链组成，其中 MHC Iα 链由 *MHC I* 基因编码，另一条由 β- 微球蛋白基因编码。MHC Iα 肽链的氨基端有两个功能域 α_1 和 α_2，共同组成小片段的结合点，羧基端则插入细胞膜。β- 微球蛋白不直接参与小片段结合，也不插入细胞膜。MHC II 分子由两条彼此类似的肽链组成，分别叫做 α- 链和 β- 链，各有基因为自己编码。肽链结合点由两条肽链的氨基端共同组成，它们的羧基端都插入细胞膜。所以 MHC I 和 MHC II 的小片段结合位点都由两个功能域组成。在 MHC I 中这两个功能域都来自 MHC Iα 链，而在 MHC II 中这两个功能域分别来自 α- 链和 β- 链（图 10-11）。

在没有结合肽链时，MHC I 和 MHC II 都位于细胞内部，在它们结合蛋白质的小片段后，才被转运到细胞表面。它们就像是"举报员"，用两只"手"举着肽链，向免疫系统说，"看，这个细胞里面有这种蛋白质的片

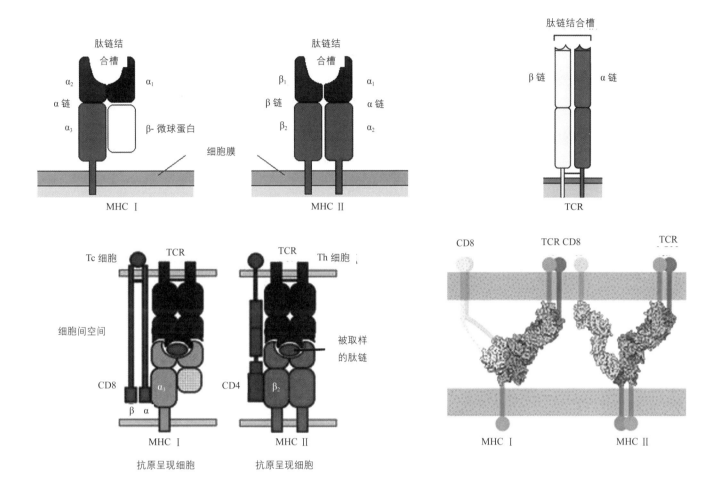

图 10-11 由 MHC Ⅰ 和 MHC Ⅱ 分子呈现的蛋白分子片段和这些片段的识别

段"。对于被细胞表面所呈现的蛋白质分子小片段，MHC就好比是"证人"，由它呈现的片段才可信，从而被免疫系统所认可。

人体里面几乎所有的细胞（除红血球外）都有MHC Ⅰ。这些细胞把细胞里面的各种蛋白质，包括入侵病毒的蛋白，进行"取样"，即把它们切成9个氨基酸左右长短的小片段，让它们结合于MHC Ⅰ上，再和MHC Ⅰ一起被转运到细胞表面。如果举报的是细胞自己的蛋白质片断，免疫系统就会"置之不理"。但是如果细胞被病毒入侵，

产生的病毒蛋白质就会这样被MHC Ⅰ "告密"，免疫系统就知道这些细胞被病毒感染了。所以病毒不管感染什么细胞，都会被"举报"。

吞噬细胞（phagocyte），例如人的巨噬细胞（macrophage）可以吞噬细菌。被巨噬细胞吞噬的细菌在被杀死之后，它们的蛋白质也被切成小片段。不过这些小片段不是结合于MHC Ⅰ上，而是结合于MHC Ⅱ上，和MHC Ⅱ一起被转运到细胞表面，向免疫系统报告，"瞧，我吃下这种细菌啦"。除了巨噬细胞，哺乳动物还有树突细胞（dendritic

cell）。它们通常位于细菌最容易进入的"前线"，例如皮肤、鼻腔、肺、胃肠的黏膜。它和巨噬细胞一样，也用Toll样受体TLR探测到细菌的存在并且吞下它们，并且把细菌蛋白质的小片段结合于MHC Ⅱ，再呈现在细胞表面。B细胞通过表面抗体样受体（BCR）探测外来分子的存在，并且还能够通过"内吞作用"（endocytosis）把结合到受体上的外来蛋白吞入细胞内，对其进行加工，形成的蛋白质小片段也结合于MHC Ⅱ上，呈现在细胞表面。吞噬细胞、树突细胞和B细胞

都是和免疫有关的细胞，它们都使用 MHC Ⅱ 来报告敌情。所以 MHC Ⅱ 分子也只在这些细胞中表达。

非异反应

MHC Ⅰ 和 MHC Ⅱ 报告敌情后动物如何处置，我们下面再讲，现在来谈为什么"举报员"MHC 叫做主要组织相容性抗原。

无论是人体自身的蛋白质，还是微生物的蛋白质，都有千千万万种。它们产生的片段也多种多样。为了结合这些蛋白质片段，只靠一种 MHC 是不行的。所以人体含有多种 MHC 分子，各由不同的基因编码。比如人的 MHC Ⅰ 就主要有 A、B、C 三个基因。它们的蛋白质产物和 β- 微球蛋一起，共同组成 MHC Ⅰ。由于人的体细胞是二倍体，即有来自父亲和母亲的各一套基因，每个细胞都有两个 A 基因，两个 B 基因和两个 C 基因，所以每个细胞都有 6 个主要的 MHC Ⅰ 基因。

MHC Ⅱ 的情况要复杂一些。MHC Ⅱ 分子也主要有三大类，分别是 DP、DQ、DR。由于每种 MHC Ⅱ 分子都由两条彼此类似的肽链组成，分别叫做 α- 链和 β- 链，所以需要各自的基因为自己编码，分别叫做 A 基因和 B 基因（不要和 MHC Ⅰ 中的 A、B、C 基因混起来），所以 DP 复合物的形成需要 DPA1 和 DPB1 这两个基因。同理，DQ 复合物 也需要 DQA1 和 DQB1 这两个基因。DR 复合物的情况更复杂，一个 α 肽链可以和 4 种 β 肽链中的一种配对，所以有 DRA、DRB1、DRB3、DRB4、DRB5 等五个基因。

不仅如此，这些基因中的每一个都有多个变种，比如 MHC Ⅰ 的 A、B、C 基因，每一个都有超出 1000 个变种。虽然有这么多个变种，但是每个人只能具有其中的两种（从父亲得到一种，从母亲得到一种）。由于变种的数量是如此之大，每个人得到这些基因中的某一个变种的情形又是随机的（要看父亲和母亲具有的是哪一个变种），光是 MHC Ⅰ 的 A、B、C 基因的组合方式就至少有 1000 的 6 次方，也就是 100 亿亿种组合方式！如果再把 MHC Ⅱ 的情况考虑进去，MHC 基因的组合方式就更多了。所以地球上没有两个人的 MHC 组合情况是一样的，除非是同卵双胞胎。

这种情形的一个后果，就是器官排斥。由于每个人具有的 MHC 基因类型（因而它们的蛋白质产物）不同，当一个人的器官被移植到另一个人的身体里面去时，器官上的 MHC 分子就会被接受器官移植的人的身体当做"外来物质"，从而对具有这些 MHC 的细胞展开攻击，导致器官排斥的现象。由于 MHC 是引起器官排斥的主要分子，与移植器官被接受的程度有关，因此被称为"主要组织相容性抗原"。器官移植前要"配型"，就是要寻找 MHC 类型尽量相同的器官，以减少排斥的强度。

虽然 MHC 的变种那么多，每个具体的人拥有的 MHC 基因类型还是有限的，例如每个人只能有 6 种 MHC Ⅰ 型基因。为什么 MHC 不像 B 细胞受体那样，通过 V（D）J 重组产生众多类型的 MHC 分子呢？这样每一个人都可以拥有亿万种 MHC 分子，可以结合各式各样的蛋白质小片段。在这里要强调的是，MHC 的任务是"呈现"蛋白质小片段，不是"识别"这些小片段，所以主要利用小片段的共同特点即可。6 种 MHC Ⅰ 肽链，已经可以结合绝大多数蛋白质小片段，只是结合的强度有些差别。识别这些小片段的任务，是由另外的细胞来执行的。

接收 MHC Ⅰ 信息的杀手 T 细胞

MHC Ⅰ 分子举报敌情后，动物有专门的细胞来接收这些信息，并做出相应的反应。

直接接收 MHC Ⅰ 提供的信息，并且做出反应的是一种 T 细胞，叫细胞毒性 T 细胞（cytotoxic T cell，简称 Tc），或者杀手 T 细胞（killer T cell），因为它们在认识到细胞表面由 MHC Ⅰ 举报的病毒蛋白小片段后，能够把这些被病毒感染的细胞杀死。之所以叫 T 细胞，是因为它们在骨髓中生成后，是在胸腺（thymus）中成熟的。

为了分清敌我，即分辨 MHC Ⅰ 呈现的蛋白质小片段是来自入侵的病毒，还是来自动物自身的细胞，需要很高的分辨率。杀手 T 细胞上辨别这些小片段的受体叫 T 细胞受体（TCR）。TCR 和 B 细胞受体（BCR）类似，也是通过 V（D）J 重组机制形成亿万种不同的 TCR，以便准确地辨别敌我。但是和 B 细胞把 BCR 分泌出去当做抗体不同，T 细胞并不把 TCR 分泌出去，而只担负在 T 细胞表面识别 MHC Ⅰ 呈现的小片段的工作，因此 TCR 和 BCR 是由不同的基因编码的。

TCR 的结构也和 BCR 不同。BCR 就是 B 细胞表面的抗体，由两条重链和两条轻链组成，有两个抗原结合点，每个结合点由重链和轻链的可变部分组成。TCR 只由两条长度相似的肽链组成，它们氨基端的可变部分共同组成小片段结合点，因此 TCR 只有一个结合点（见图 10-11 右上）。TCR 两条肽链的羧基端都插进细胞膜，所以 TCR 的肽链更像是 BCR 的重链。

前面讲过，MHC 就像是它们结合的蛋白质小片段的"证人"，由它们呈现的小片段才被免疫系统认可。为了证明这一点，仅由 TCR 来识别小片段还不够，杀手 T 细胞还有专门"认识"MHC Ⅰ的分子，叫做 CD8。只有 CD8 同时结合到细胞表面上的 MHC Ⅰ 分子上，由 TCR 识别的蛋白质小片段才得到认可（见图 10-11 下）。

如果杀手 T 细胞发现某个细胞表面的 MHC Ⅰ 分子上面有病毒的蛋白质小片段，就会启动杀灭程序，把被病毒感染的细胞杀死。一种方法是像天然杀手细胞杀死细菌那样，分泌出穿孔素和防御素，破坏细胞的细胞膜，让细胞的内容物泄漏而死亡。另一种方式是释放杀手 T 细胞里面储存的颗粒酶（granzyme），通过穿孔素的作用直接释放到被病毒感染的细胞里面去。颗粒酶能够启动细胞里面的自杀程序，让细胞"自行了断"，叫细胞的程序性死亡。然后吞噬细胞再来"收拾残局"，把死亡细胞的碎片吞食掉。

接收 MHC Ⅱ信息的辅助 T 细胞

接收 MHC Ⅱ 提供的信息的任务，是由另一类 T 细胞，叫辅助 T 细胞（helper T cell）来执行的。辅助 T 细胞上面的受体也是 TCR，但是通过另一个蛋白——CD4，来保证 TCR 识别的是 MHC Ⅱ，而不是 MHC Ⅰ 呈现的小片段（见图 10-11 下）。

辅助 T 细胞自身并不能消灭细菌或者病毒，而是通过促进其他免疫细胞的功能，所以叫做辅助 T 细胞。辅助 T 细胞可以和多种免疫细胞相互作用。

杀手 T 细胞比较容易被激活，通常只要有一个 TCR 受体发现有 MHC Ⅰ 呈现的病毒蛋白，就会启动杀灭程序。而 B 细胞比较不容易被激活，常常需要多个 BCR 都探测到外来分子的信号。在这方面辅助 T 细胞就可以助"一臂之力"。

像前面讲过的，B 细胞上面的受体在结合外来蛋白质分子时，能够通过内吞作用把这些外来蛋白吞进细胞内，将它们切成小片段，再与 MHC Ⅱ 结合，呈现于细胞表面。如果这个小片段被由同样的小片段激活的辅助 T 细胞发现，辅助 T 细胞就"知道"这个 B 细胞发现了同样的外来蛋白，就会分泌出激活 B 细胞的因子，例如白介素 –4 和白介素 –21。辅助 T 细胞还会表达 CD40L，和 B 细胞表面的 CD40 结合。这些蛋白质都能够促使 B 细胞成熟，变成浆细胞，分泌抗体。

辅助 T 细胞被激活后，还能分泌干扰素 γ，促进吞噬细胞的吞噬作用，并且产生活性氧分子来杀死被吞进的微生物。

第五节　解毒和排毒

生物除了要应付微生物（包括病毒、细菌和真菌）的入侵，还面临另一个威胁，就是有毒的分子。有毒分子是指能够干扰细胞的正常生理功能，或者改变细胞内分子的物质，能够影响细胞的运作甚至导致细胞死亡。由于这些分子很小，一般不能引起免疫系统的反应，而且许多有毒的分子又能够通过扩散进入细胞，所以上皮细胞之间的紧密连接也不能阻挡它们，因此除了用免疫系统对付微生物之外，生物还必须有对付这些有毒分子的方法，这就是解毒和排毒。排毒是直接将有毒分子排出细胞外，解毒是将有毒分子加以修改，减少它们的毒性，或者增加它们的水溶性，使它们易于排出。

生物直接排毒的方法

生物直接排毒的机制在原核生物中就发展出来了。微生物之间不光有合作，也有战争，例如环境中就有对原核生物的生活不利的分子，许多真菌都能够分泌抑制细菌生长的物质，即抗生素。细菌对付这些对自己有害的分子的一个方法，就是直接将进入自己细胞的有害物质排出去。这是由一类蛋白质来完成的，由于这类蛋白能够将各种结构不同的有害物质排出去，其中许多是人类提取生产的抗生素，所以叫做多重抗药（multidrug-resistance，MDR），为这些蛋白编码的基因也被称为多重抗药基因。这些蛋白是糖基化的膜蛋白，所以又叫做P-糖蛋白（P-gp或Pgp）。它含有12个跨膜区段和两个ATP结合部位，面向细胞膜的内侧，利于其细胞膜内的部分结合脂溶性的有毒物质，利用其在细胞质内的部分结合进入细胞的水溶性有害物质，再利用水解ATP提供的能量，将这些分子泵到细胞外。多重抗药蛋白是细菌具有抗药性的重要原因（图10-12）。

原核生物是如何发展出这样的"排毒"功能的？又如何"知道"哪些分子是有毒的，哪些是无毒的？其实原核生物无从知道，也用不着知道。原核生物早就已经有以ATP为能源，将分子和离子转移到膜另一边的机制，如果有膜蛋白把细胞用不着的分子，其中包括有毒的分子泵出去，对细胞的生存自然有好处。由于这样的分子不是谁"设计"的，自然也会出现把有用的分子泵出去的转运蛋白，但是具有这样蛋白的原核生物一定竞争不过泵出无用或有害分子的原核生物。久而久之，转运有用分子出去的原核生物都灭亡了，剩下的就是那些能够将外来无用分子泵出去的原核生物。这有点像动物的B细胞，凡是能够和自身的细胞反应的都被消灭了，余下的都是能够对外来分子反应的细胞。

这样的分子对细胞的生存有利，因此真菌和动物也继承了原核生物的这个本领，也含有多重抗药基因。例如人小肠的肠壁细胞就表达MDR蛋白，将许多化合物，包括许多药物，排回肠道中。这既可以减少有毒分子进入身体，又会减少一些药物的吸收。另一方面，癌细胞也表达MDR基因，将许多化疗药品泵出细胞外，使得癌细胞对化疗不那么敏感。

MDR这层防御不是完全有效的，还是有许多化合物能够逃过MDR的驱赶作用，进入动物的循环系统，这时动物就要使用另一种对付这些分子的方法了，这就是对付这些分子进行解毒。

动物的解毒系统

这套系统在哺乳动物（包括人）中研究得最详细，我们也以哺乳动物为例来介绍这套系统的工作机制。解毒系统在动物的许多细胞里都存在，但主要存在于肝脏内，因为食物成分经消化道吸收后先沿着门静脉到肝脏，所以这里可以看成是人体的海关，一切外来物质都首先到达这里，经过检查。有害的东西被没收销毁，而不是原封不动地到达身体的其他组织。因此，我们说到人体解毒，主要是指肝脏解毒。肝脏对这些化合物解毒的主要原理是：①使它们变得更易溶于

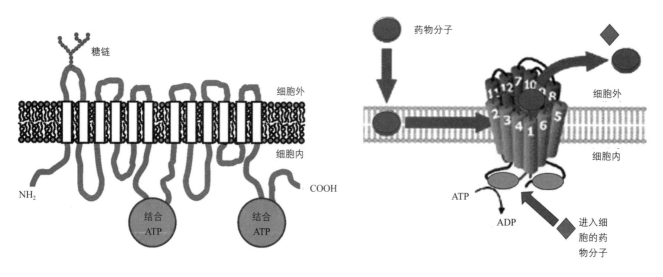

图10-12　多重抗药蛋白。左图是抗药蛋白的分子结构，有12个跨膜区段，这12个跨膜区段在细胞膜内围成将有害物质泵出去的通道

水，因而能更容易地被排泄出去；②修改它们的功能基团，降低它们的毒性。

这类酶可以在外来分子上加上氧原子，增加它们的水溶性，叫做第一线解毒酶。

在第一章第三节中，我们已经介绍了分子的亲水性和亲脂性。一个分子带的电荷越多（包括局部电荷），在水中的溶解度越大，例如葡萄糖含有多个羟基，羟基上的氧原子带部分负电，羟基上的氢原子带部分正电，就是高度溶于水的。反之，不带电的分子，例如碳氢化合物（汽油就是多种碳氢化合物的混合物）就是高度不溶于水的。许多致癌的化合物，例如苯并芘，含有由碳和氢组成的环状结构（叫芳香化合物，因为它们中的许多都有"香"味），在水中的溶解度也很低。要增加这些化合物的水溶性，使它们易于排出，一种方法就是在这些分子上加上氧原子。

但是许多碳氢化合物在化学上是惰性的，所以要在上面加上氧不是一件容易的事。肝脏里有一类蛋白质专门催化在这些外来分子上加上氧原子。这类蛋白质由于要和氧打交道，光靠蛋白质自己已经不够了，它们和其他与氧打交道的蛋白质（如运输氧的血红蛋白）一样，含有一个血红素辅基，辅基的中心有一个铁原子。这个铁原子再通过蛋白质上的一个半胱氨酸侧链与蛋白相连。正是这个铁原子催化往外来分子上加氧的反应。

这些蛋白质都不是可溶性蛋白，而是位于肝细胞内的一个复杂的膜系统叫做内质网（见第三章第

十节）的膜上，所以很难提取分离。为了有一个快速检测它们的方法，科学家们往它们的悬浮液中通入一氧化碳。一氧化碳结合于铁原子上以后，所有这类蛋白都在450纳米显示出一个吸收峰，借此可以方便地测定它们的总量，所以这些蛋白质的总名称就是细胞色素P450（CYP）。

由于外来的分子各式各样，单靠一种蛋白质来给它们加氧是不够的。于是各种生物发展出了多种这类蛋白质来对付各种不同的外来分子。例如人的肝脏中有多种这样的蛋白质，分成17个家族、30个亚族，共57种。老鼠更多，有100种左右，其中有约40种与人的同源。这说明老鼠吃得比人更杂，需要更多种类的解毒酶来对付食物中的有害分子。所有的细胞色素P450之间至少有40%的氨基酸相同。但每种细胞色素P450的分子结构不完全相同，以结合不同的外来分子。

在给不同的细胞色素P450命名时，家族用数字表示，亚族用字母表示，亚族中具体的蛋白又用数字表示。比如CYP2C9就表示是第二家族，C亚族中的第9个蛋白。CYP3A4是肝脏中最主要的细胞色素P450，许多药物都是通过它被代谢排出的。

细胞色素P450给外来分子加氧有两种形式：一种是在碳原子和氢原子之间加上一个氧原子，形成羟基，增加其水溶性。另一种是在碳-碳双键上加上一个氧原子，形成一个由碳-碳-氧组成的环状化合物，叫环氧化合物（图10-13）。

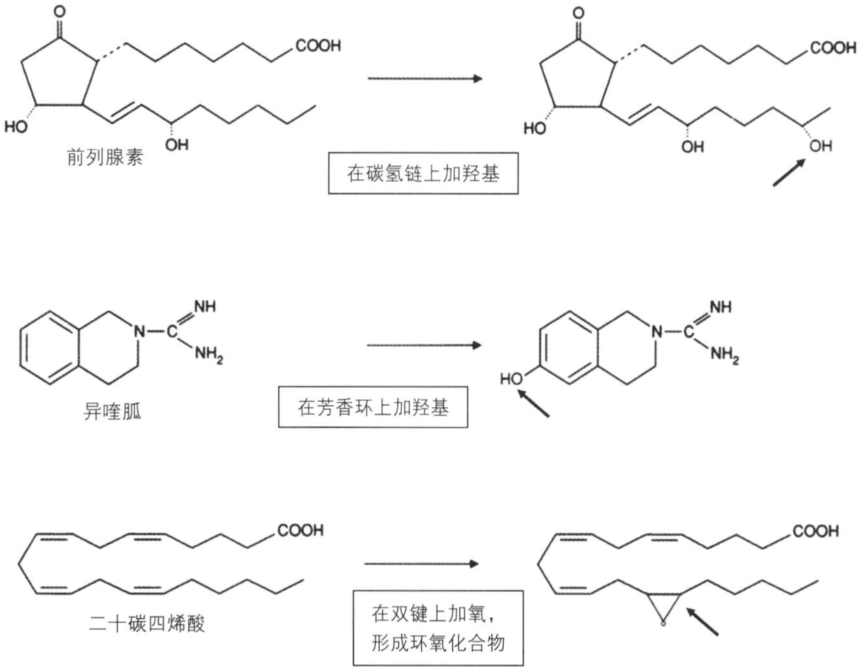

图10-13 细胞色素P450在化合物分子中加氧原子。P450既可以在碳氢链上加上一个羟基（上），也可以在芳香环上加羟基（中），还可以在双键上加一个氧原子，形成环氧化合物（下）

细胞色素 P450 在生物界广泛存在，动物、植物、真菌、细菌和古菌都表达 P450，总数超过 20 万种。它们为细胞的正常代谢活动所必需，例如真菌细胞膜的必要成分麦角固醇的合成就需要 P450 的作用，唑类抗真菌剂的作用就是抑制有关 P450 的酶活性，阻止麦角固醇的合成。由于加氧反应也增加化合物的水溶性，它们也很早就被用于有毒物质的解毒。例如浅灰链霉菌中的 CYP105A1 就可以把一些对它们有害的磺酰脲类除草剂转变成毒性较小的化合物，说明细胞色素 P450 及其解毒作用已经有很长的历史。

肝脏解毒的第一步所生成的环氧化合物在水中是不稳定的，它会和生物大分子反应，连接到这些生物大分子上，改变它们的性质，使它们失去活性。因此环氧化合物是有毒的。为了消除这些环氧化合物的毒性，肝脏里有两种酶来对环氧化合物做进一步的修改。这些酶叫做第二线的解毒酶。一种叫做环氧化物水解酶（epoxide hydrolase），它在环氧结构上加一个水分子，把它变成两个相邻的羟基，消除其毒性。另一个是谷胱甘肽转移酶，它把一个分子的谷胱甘肽直接转移到环氧结构上。由于谷胱甘肽是高度溶于水的分子，这样不仅消除了有害的环氧结构，也大大增加了外来化合物的水溶性，使之更容易被排出体外（图 10-14）。

这样，在外来分子上加氧的后果是直接或间接（通过环氧化物）产生羟基，增加这些化合物的水溶性。在此基础上，肝脏中的其他二线酶能够在羟基上再加上更加亲水的基团，进一步增加这些化合物的水溶性。

磺基转移酶就是一种这样的酶，它能够在羟基上再连上磺酸基，大大增强化合物的水溶性。比如苯进入人体后被代谢的一个产物就是苯酚（苯环上面连一个羟基）。这虽然增加了水溶性，但是还不够，而且苯酚自身也是有毒的化合物。而在连上磺酸基后，不但苯酚的毒性大大降低，水溶性也增高许多，就容易被排出了。

葡萄糖醛酸转移酶是另一种这样的酶，它能在羟基上连上高度水溶性的葡萄糖醛酸，降低苯酚的毒性，并进一步提高苯酚的水溶性，使其更容易被排出体外。

肝脏中还有其他的酶，能够修饰外来化合物，使其毒性降低。比如许多含有氨基（－NH₂）的化合物是有毒的，肝脏能在这些氨基上"戴个帽子"，将它们掩盖住，这些氨基的毒性就大大降低了。这个"帽子"就是乙酰基团（CH₃CO-），通过乙酰基转移酶加到氨基上。许多含有氨基的外来物质都能被 N- 乙酰转移酶修饰而改变性质。人与人之间 N- 乙酰转移酶基因的差异会导致这种酶活性的差异。研究发现，这些基因差异与癌症（食道癌、直肠癌、肺癌）及帕金森氏症的发病率密切相关，说明这种酶在解毒过程中的重要作用。

人肝脏中的解毒系统是经过千百万年的时间发展而来的，对于今天出现的各种人造化合物并不"认识"，也不"知道"哪些化合物有毒，哪些没有毒。原因就在于人的基因变化的速度赶不上人类生活的变化。病毒和细菌的基因变化的速度很快。我们每年都要制备新的流感疫苗，细菌抗药性也是一个令人头痛的问题。与此相反，人的基因变化的速度是很慢的。每一代人每 3000 万个碱基对才有一个突变，而且这个突变改变基因的概率更要小得多。人类社会的存在才有几千年的时间，而现代社会的出现不过是近百年的事情。大量的化学制品就出现在过去的几十年间，而在这段时间内人的基因基本上没有变化。

因此，面对千万种新的药物和化学制品，我们的解毒系统仍然按过去形成的功能来进行反应。与其说是"解毒"，不如说是"处理"。因此，有些反应实际上活化了某些化合物，使其变得更加危险。

一个明显的例子是煤焦油和香烟烟雾中的一种致癌物——苯并芘。这是一个完全由碳和氢组成的五环化合物。它在化学上是惰性的，本身并不致癌。肝脏对它第一次解毒后，生成一个环氧化合物。这个环氧结构也被环氧化物水解酶顺利水解成邻二酚。但是解毒系统"觉得"不够，又再给它加一个氧原子，形成另一个环氧结

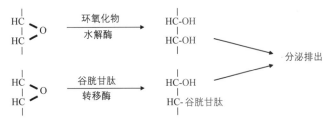

图 10-14　细胞分解环氧结构的方法。一是被环氧化物水解酶水解为两个相邻的羟基（上），二是在上面加一个谷胱甘肽分子，同时形成一个羟基

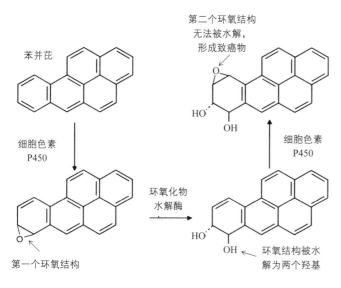

图 10-15　苯并芘被解毒系统"解"为致癌物

构。可是这一次，这个新形成的环氧结构就不再能被环氧物水解酶水解了。它就以这种环氧结构和其他生物大分子相互作用，成为致癌物（图 10-15）。

　　所以在这里，是我们的解毒系统把非致癌物变成了致癌物，其中起关键作用的是环氧化物水解酶。如果把老鼠体内这个酶的基因"敲除"掉，苯并芘就不再能使老鼠生癌。同理，降低人肝脏中环氧化物水解酶的浓度也可以减少吸烟者得癌症的危险。绿菜花（西兰花）中有一种物质就有这个作用，所以对于吸烟者有保护作用。但也可能增加其他化合物代谢不足的危险。

　　另一个例子是黄曲霉素。这是霉变的花生所产生的一种强烈致癌物。研究表明，黄曲霉素本身并不致癌，是经细胞色素 CYP3A4 的修饰后才变成致癌物的。CYP3A4 是肝细胞中最主要的代谢药物的细胞色素。所以一旦黄曲霉素进入人体，就不可避免地会被转化为致癌物。唯一的办法是不要吃可能带有黄曲霉素的食物。

本章小结

　　所有的细胞生物都在病毒持续的攻击之下，而多细胞生物又在各种病毒和各种微生物，包括原核生物的细

菌和真核生物的真菌的包围和攻击之中。除了微生物，另一项威胁是对生物有毒的分子。为了在这样微生物和有毒物质无处不在的环境中生存，细胞生物发展出自己的防御系统。

　　原核生物，包括细菌和古菌，用限制性内切酶来切断入侵病毒（噬菌体）的 DNA，自身的 DNA 则用甲基化的方式加以保护。细菌和古菌还发展出了 CRISPR 这样的适应性免疫系统，它能够对病毒的 DNA 取样并且保存，在遇到同种病毒入侵时将这些 DNA 片段转录为 RNA，形成能够识别和切断病毒 DNA 的复合物。

　　动物对付细微生物入侵的手段包括阻隔、吞噬、在细胞膜上打洞让其死亡这几种方式。各种物理屏障将微生物阻隔于身体之外；分泌到细胞外的物质，如溶菌酶和 β- 防御素，能够在细胞外杀灭细菌。为了探测侵入身体的微生物，动物发展出了 Toll 样受体系统、B 细胞受体、MHC 分子及 T 细胞受体，以便在接收到微生物入侵的信号后，采取相应的措施来对付这些入侵者。吞噬细胞和树突细胞能够直接吞噬细菌和病毒；补体系统、杀手 T 细胞和天然杀手细胞能够在细菌的细胞膜上打洞，使细菌的细胞内容物外泄而死亡。B 细胞能够分泌抗体，把细菌和病毒加以标记，使它们不能进入细胞，并促使吞噬细胞消灭它们。动物还消灭被病毒感染的细胞，连同里面的病毒一起消灭。干扰素能够抑制细胞蛋白质的合成，阻断病毒繁殖的途径。适应性免疫还有记忆力，能够在遇到同样的敌人时迅速做出反应。

　　植物要对抗微生物和动物的侵袭，也用物理屏障，例如绒毛、尖刺、蜡质、树皮、细胞壁等，将微生物和动物阻隔在身体之外。植物表面也有杀灭各种微生物的物质，在身体外杀灭微生物。植物也有探测微生物入侵的受体，类似于动物的 Toll 样受体，在探测到外敌后，能够采取各种措施，如关闭气孔、在细胞壁外形成胼胝质以加强物理屏障、产生活性氧来杀灭微生物、分泌抗菌肽如穿孔素和防御素等，但是植物没有吞噬入侵微生物的能力，必要时用让受感染区域的细胞坏死的方法阻滞感染进一步发展。植物除了要预防微生物进入自己的身体外，还要对抗动物的啃食。在使用物理屏障的同时，植物还用各种化学物质还驱赶和毒害进食它们的动

物，让其放弃进食这些植物。

为了应付对生命活动有害的分子，生物发展出了多重抗药蛋白将这些有毒分子泵出去，而对于"漏网之鱼"，细胞发展出了解毒系统，在外来有毒分子上加上氧原子，增加它们的水溶性以利排出，或者修改有毒分子中与毒性有关的基团，降低它们的毒性。这就是排毒和解毒。由于人类创造出了许多新的化合物，这套解毒系统在这些新化合物面前不总是有效的，在有的情况下会把本来无毒的分子"解"为有毒的分子。

本章介绍的，只是生物免疫系统最主要的工作机制，实际过程是非常复杂的，各种机制之间也相互作用，形成精密有效的整体防御系统。我们能够在微生物的包围中生长发育，健康地生活几十年，免疫系统功不可没。由于有多种机制可以防御微生物的入侵，没有适应性免疫系统的无脊椎动物（占动物总数的90%）也能够有效地抵御微生物的攻击。脊椎动物有更加复杂的肌体，更长的寿命，需要更有适应性的免疫机制来保护自己。

微生物的攻击和动植物的防卫，是一场永不会结束的战争，双方都在发展演化，以破解对方的攻击手段和防御手段。同样，捕食者与被捕食者之间的斗争也贯穿动植物发展的历史，同样是促使它们演化的强大动力。生物就是在对环境的适应、应对各种挑战中不断演化前进的。

生物与空间和时间
CHAPTER 11

地球上的生命，除了要受到周围物质环境的影响以外，还会受到两个重要因素的制约，即空间和时间，这就是地球重力以及光照随着时间周期性的变化而形成的昼夜节律和四季。由于简单的几何因素，重力对不同大小的生物影响不同；而光照的周期性变化需要生物能够预期光照的变化，并且据此对生命活动的节律主动进行调节。

第一节　生物与空间

当宇宙从一场大爆炸中产生后，有四种力，即强作用力、弱作用力、电磁力和万有引力在发挥作用。其中强作用力使质子和中子结合成原子核；弱作用力与原子的 β 衰变有关；电磁力使得带负电的电子围绕带正电的原子核旋转，形成原子；而万有引力使得有质量的粒子相互吸引，聚集成星系、恒星和行星。

在行星形成后，万有引力仍然在起作用。地球上的生物由于也有质量，所以也要感受到其他物体的吸引力。由于这些生物是生活在地球上的，和其他物体（例如太阳和其他行星）太远，所以这些生物感受到的力主要是来自地球的吸引力，也就是向下，即朝着地心方向的力，叫做重力。在地球表面，每 1 千克的物质要受到 1 千克的重力。而如果是在月球表面，由于月球的质量是地球的 1 / 81，直径是地球的约 3 / 11，每千克质量的物质在月球表面受到的重力就只有地球上的 1 / 6，即只有大约 167 克。

当生物生活在水中时，由于生物体的密度和水差不多，重力的影响还比较小，但是一旦上陆，没有了水的浮力，生物就要面临地球的强大引力，生物体必须要有支撑自己身体的构造。在地球上，对于质量 70 公斤的人体，感受到的重力也是 70 公斤，这是一个相当大的力量，如果没有支撑自己的结构，人体就会瘫在地上，形成一个片状物。但是对于大的生物和小的生物，也就是占有不同大小空间的生物，需要的支撑结构不同。越是尺寸大的生物，需要的支撑结构占身体的比例越大，也就是身体的形状，包括四肢的粗细，在动物变大时不会按同样的比例变化。这是由于一个简单的几何定律，即同样形状的物体，尺寸线性变大时，面积按照平方关系增加，而体积按照立方关系增加。例如一个球体，直径增加到原来的 10 倍时，表面积会增加到原来的 100 倍，而体积会是原来的 1000 倍！这个关系看似简单，却对大小不同的生物体的结构有深刻的影响。

假设一种动物的形状保持不变，而尺寸增大 10 倍时，也就是有原来 10 倍的高度时，身体的表面积，或者腿的横切面的面积会增加到原来的 100 倍，而重量（和体积成正比）会增加到原来的 1000 倍。如果动物是用四条腿站立的，在身高增加到原来的 10 倍时，四肢的粗细（包括骨头横切面的面积）会增加到原来的 100 倍，但是这 100 倍横切面的四肢却要支撑比原来大 1000 倍的重量，即同样面积的骨头要支撑比原来大 10 倍的重量。由于单位面积的骨骼所能够承受的压力不会随着动物尺寸增加而显著增加，动物变大时，重量很快就会超出原来比例的腿能够支撑的程度，动物势必要用越来越粗的腿来支撑身体。这就是为什么蚂蚁和蚊子用很细的腿也能够支撑身体的重量，而人和大象必须用相对很粗的腿才能使自己站立，也就是动物的身体从小变大时，身体的形状不可能保持不变，支撑结构的比例也会越来越大（图 11-1）。

因此，每个星球上的动物都会有一个身体大小的上限，超过这个上限，动物就无法支撑自己的身体。星球越大，重力越大，动物的最大尺寸也会越小。地球上是不可能有超过 100 米高的动物的，因为光是重量就会把自己压垮。电影《金刚》里面的巨猿，有一栋大楼大小，行动却和猿猴一样敏捷，其实这是不可能的。要是猿猴真有一栋大楼大小，它的体重一定极其巨大，不要说跑和跳，就是行走都困难。如果把蚂蚁放大到人那么大，蚂蚁就会有一个大得不成比例的脑袋和腹部以及过细的脖子和腿，不要说快跑，恐怕连头都抬不起来。

反过来，当动物的尺寸变小时，重量的减少的程度要比尺寸的减少厉害得多，而从蚂蚁到人，肌肉的构造和成分上基本一致的，单位面积的肌肉能够产生的力量也差不多，因此动物越小，相对力气（能够举起的重量与自己体重的比例）越大。蚂蚁可以举起自己身体重量 100 倍的物体，而人最多可以举起自己体重两三倍的物体，例如男子 62 公斤级的抓举世界纪录是由中国选手石智勇于 2002 年创造的 153 公斤，尚未达到其体重的 2.5 倍。由于人相对粗壮的四肢是适应 1 米多高，几十公斤重量的身体的，如果把人按比例缩小到蚂蚁那么大，人会是比蚂蚁还有力的大力士，可以轻易举起身体重量上万倍以上的物体。科幻电影里面人可以微缩到蚂蚁那么大，要真是那样，人人都可以身轻如燕，力大无穷。

与尺寸相关的还有细胞的体积。细菌的直径一般在 1 微米左右，而真核细胞一般有几十微米大。对于大多数细胞来讲，几十微米就是尺寸的极限，因为细胞变大时，相对表面积，即表面积与细胞体积的比例，会变小。而细胞是通过细胞膜与外界进行物质交换的，细胞体积过大，相对表面积就会过小，无法满足细胞与外界交换物质的需要。细菌的繁殖比真核生物快得多，几十分钟就可以繁殖一代，只有小的细胞才能够拥有相对大的表面积，满足细菌物质交换的需要。由于细胞的物质交换主要是通过分子在水中的扩散来实现的，而在一定温度下，每种分子在水中的扩散速度是恒定的，并不随重力而改变，所以在别的星球上（更大或更小），如果生物也是以水为介质的，而且也是由细胞组成的，细胞的尺寸应该和地球上的细胞差不多。

其实不仅是生物，这个几何原理对许多事物都有深远的影响。

在日常生活中，用纸叠一个飞机，可以自己立住。但如果放大到真的飞机那么大，它就会垮塌，因为重量和线度的比大大增加了，而纸的机械强度并没有变化。同理，我们可以用钢筋水泥建造两米宽的阳台，但我们不可能用钢筋水泥建造同样形状，但两百米宽的阳台，

图 11-1 蚂蚁和人身体各部分的比例。如果把蚂蚁放大到人那么大，它的细腿是支撑不了身体的重量的，而且它的细脖子也无法使其巨大的头抬起来，更不会是大力士了。但是如果把人微缩到蚂蚁那么大，由于在比例上粗得多的腿和胳膊，人会是比蚂蚁更强有力的大力士

它一定会垮塌。

灰尘是我们生活中的麻烦。不仅我们需要经常"做清洁"，擦去桌上的灰尘，PM2.5还会深入肺部，影响我们身体的健康。这些灰尘颗粒能够随风飘散，好像很"轻"，其实每个灰尘颗粒都比同体积的空气重得多。比如一个大气压下空气的密度大约是每立方厘米1.21~1.25毫克。而一般灰尘的密度都在每立方厘米2至3克，从衣服上脱落下来的棉纤维也有每立方厘米1.5克，都比同体积的空气重1000多倍。之所以它们能够漂浮在空中，就是因为它们的尺寸很小，表面积

和体积的比例变得很大，所以空气流过时产生的摩擦力就足以把它们带到空中。

物体小到一定程度就可以在空气里"飞"起来，如果大到一定程度呢？那就会逐渐变成球形，就像地球（平均半径6364千米）和月亮（平均半径1737千米）一样。这个球形不是谁"做"出来的，而是简单几何关系的后果。因为当物体大到一定程度时，体积（和质量成正比）和表面积的比例变得极大，单位表面积所受的重力也会变得非常大，而岩石的强度并不变化，所以任何过高的凸起都会自动坍塌下

来。所以星球越大，表面越平滑，比如地球上就只能有几千米高的山，而不可能有几十千米高的凸起。对于比较小的行星，几十千米高的凸起就是可能的。小行星"爱神星"（Eros），虽然重达7万亿吨，形状还是不规则的（13×13×33千米）。而"谷神星"（Ceres）是太阳系内已知的最大的小行星，平均半径471千米，重9万亿亿吨，形状就已经非常接近球形，虽然看上去还很"粗糙"。月球半径为1737千米，表面就比谷神星平滑。而火星的尺寸更大，半径达到3390千米，表面就更平滑了（图11-2）。

爱神星
13×13×13 千米

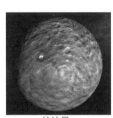

谷神星
半径 471 千米

月球
半径 1737 千米

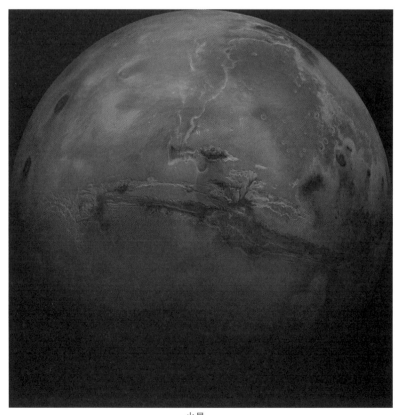

火星
半径 3390 千米

图 11-2　太阳系中几个行星的比较，它们的相对大小未按实际半径给出

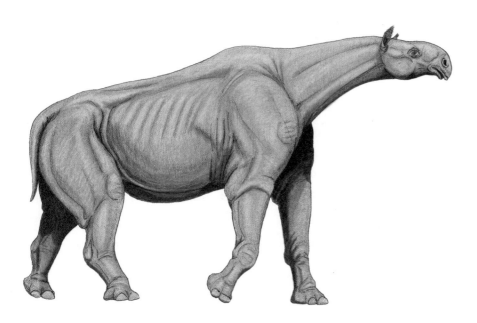

最大的古陆生哺乳动物巨犀

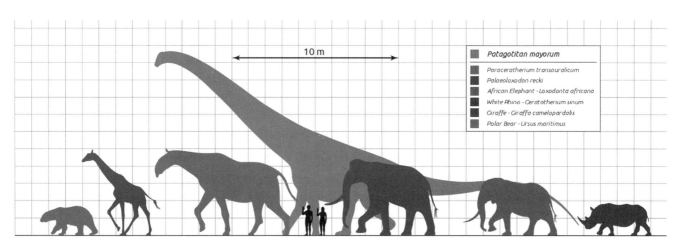

动物体型对比示意图，左三为巨犀

象鸟（左一）与其他动物尺寸

图 11-3　巨犀和象鸟与其他古生物的体型尺寸对比

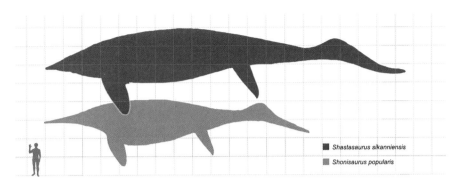

萨斯特鱼龙（上）尺寸

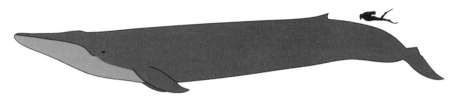

蓝鲸

蜥脚类恐龙

图 11-4　鱼龙、蓝鲸和恐龙

第二节 生物与时间

太阳和地球都是原始星云因为重力的作用而凝聚形成的。由于形成太阳和地球的气体分子和空间尘埃原来并不是静止的，而是在运动的，它们在汇聚成为星球时，并不会完全向凝结核的方向运动，而是运动方向与凝结核重心的方向之间有一个夹角。由于动量守恒原理，每个颗粒的角动量会在星球形成的过程中被保留，使得形成的星球，无论是太阳还是地球，都会旋转。现在地球自转的速度是每24小时转完一圈。由于地球对光是不透明的，即地球上背着太阳方向的位置是不能直接接受太阳的光照的，地球上任何一点能够被太阳的光线照射的时间会有以24小时为周期的变化，即昼夜变化。

由于太阳光是光合作用的能源，对于进行光合作用的生物来讲，白天是进行这种活动的唯一时间。对于动物来讲，依赖于阳光（无论是直射光还是漫射光）的视觉信号能够提供周围世界瞬时而精确的三维信息，对于生存的重要性超过嗅觉和听觉，所以白天对于动物的行动是有利的。比如鹿有很灵敏的嗅觉和听觉，但是无法靠这两种感觉来判断什么地方有树木挡路，周围地形的详细情况如何，因而无法在眼睛看不见的情况下快速逃跑。老虎可以凭借嗅觉和听觉知道鹿大概在什么方向，但是无法知道鹿的确切位置，奔跑方向以及眼前的地形，所以光照带来的视觉信号是对动物最重要的外界信息，而光照不是24小时都有的。

由于这些原因，地球上绝大多数的生物都有以24小时为周期的生活节律，以适应这种光照的周期性变化。对于人和许多动物来讲，最明显的节律莫过于清醒和睡眠状态的交替。由于至今还不完全清楚的原因，所有具备一定规模神经系统的动物都需要睡眠。睡眠时动物不再运动，感觉能力也大大减弱或消失。把睡眠时间选择在光照微弱的夜晚自然是很好的选择。为了减少被捕食的机会，有些动物选择晚上活动（如老鼠）。一些以这些动物为食的捕猎者（如猫头鹰）也必须在晚上活动。它们都为此发展出了良好的夜视力。但是在夜晚靠视力来活动毕竟不如白天，所以这样的动物只是少数。除了作息规律，我们的身体内部也每天经历周期性的变化。

血压、体温、激素分泌、肠胃蠕动等生理活动也按一定的顺序周期性地变化，以适应身体在不同时间的活动状况。

除了动物，植物也有每日的周期。光合作用和与其有关的化学反应在白天进行，晚上停止。含羞草、合欢等豆科植物的叶片在晚上闭合，白天打开。一些开花植物在每天某个固定的时段开花。比如牵牛花在凌晨4时左右开花，到八时左右闭合；而昙花则在晚上8，9点钟才开，而且开花时间很短（在干燥的地方只有一两个小时），所以有"昙花一现"的说法。就是最简单的单细胞生物如细菌，也表现出有昼夜节律。

由于地球的自转轴的方向和公转面并不垂直，而是有23.5度的倾斜，地球上任何一点的光照情况除了有24小时的周期，还会有四季的分别。夏季光照时间最长，温度也最高，冬季光照时间最短，温度也最低。与此相适应的，是许多植物在春季发芽，秋季落叶，果实也多在夏、秋两季成熟。动物的繁殖期也以春天比较有利，不仅温度适宜，可以避免新生的下一代遇上寒冬，而且夏、秋两季食物丰富。为了适应温度的季节变化，动物身上的皮毛也定期更新。候鸟在每年固定的时候南迁或北移，以继续待在适合自己的温度环境中。

生物钟是一种反馈机制

对于这些现象，我们早已经司空见惯了，但是这些现象只是生物所表现出来的生活节律，并不能证明生物自身就带有"钟表"，从而可以在没有外界刺激的情况下"知道"时间。比如我们可以把动物早上醒来解释为是由于光线的刺激；睡觉是由于光线暗了，使人发困。有阳光时，光合作用自然可以进行。天一黑，光合作用自然就停止了。含羞草的叶子晚上闭合，也许是某种化合物"感觉"到了光照的消失，从而发出信号使叶片闭合。一句话，生物可以从光线的变化来判断时间。光线状况和太阳的位置就是生物的"钟表"，生物可以按照外部世界的光信号来决定自己的行为。这种解释看上去也挺有道理的。比如过去许多农民并不戴手表，却可以通过"看太阳"而知道什么时候该下地了，什么时候该回家吃饭，而且准确度相当高，常常是一个村子的人从不同的方向同时扛着锄头回家。

有些现象却难以用"阳光钟"来解释。比如进行过跨洋旅行的人都能感受到"倒时差"的难受。到了新地方，阳光指示的是上午，但是我们却困得不行，眼睛都睁不开。到了晚上，该睡觉了吧，我们却异常清醒，毫无睡意。要过好几天，这种"昼夜颠倒"的情况才能改正过来。如果阳光钟是唯一的控制生物节律的钟表，那么我们到达一些新地方后，就会立即改用那个地方的阳光钟，而不会有倒时差的现象。

为了弄清这种情况的原因，科学家们让实验者待在完全黑暗的环境中，断绝一切从外部来的光信号。在这种情况下，实验者仍然有发困和苏醒的周期，而且基本上还是 24 小时。用动物做实验，也得到了类似的结果。动物的睡眠和活动仍然以近于 24 小时的周期进行。这说明我们（以及地球上绝大多数的生物）的身体里可能"自带"有某种"钟表"，因而可以在没有外界信号的情况下仍然"知道"时间。之所以有时差，是因为身体内部的钟表与自然节律脱节的缘故。不仅如此，把生物的一些细胞取出来，放在实验室里面培养，一些基因的活动仍然呈现大致 24 小时周期节律，说明细胞里面就可以"装"下一个"钟表"。

生物自身的这种"钟表"可以使生物预测昼夜的周期变化。由于生物自身的"钟表"是与外部世界的周期（主要是光照的变化）不断进行"对表"调节的，生物自身的周期在大多数情况下也和外部的昼夜交替周期一致。这样，我们的身体就不用根据外界的信号来判断时间和被动地调节身体的活动和状况，而是使用自身的和外部世界"对过表"的"钟表"来主动调节身体的状况，以适应外部环境的变化，这就比单纯按照外部刺激来改变身体状况和行为方式更为有利。动物的生理过程是极其复杂的，不能说变就变。如果没有自身"测定"时间的机制，外部信号的突然变化，例如白天进入密林或者洞穴，就会造成生理上的混乱。由于这个原因，地球上（也许在其他也有昼夜变化的星球上）的绝大多数生物都有自己的生物钟（biological clock）。生物活动的昼夜变化，即以 24 小时为周期性的振荡，叫做昼夜节律（circadian rhythm），由昼夜钟控制。一年之内随季节的周期性变化，叫做年度节律（circannual rhythm），年度节律也是在昼夜钟的基础上通过光照长度的变化而实现的。

我们的身体是"血肉之躯"，难以想象身体里面的生命材料如何能"做"出一个"钟表"来。但是生物不仅做到了，而且这样的生物钟表还出人意料的巧妙和精密。

生物钟由反馈回路构成

细胞里面没有金属齿轮，没有发条，没有指针，当然不会有机械的"钟表"。细胞"知道"时间的方式，是发展出能够周期性振荡的生理过程。根据这种振荡进行到什么相位，细胞就能"知道"时间，相位就相当于是钟表的指针。

振荡过程可以由负反馈来实现。如果一个过程的产物或者后果反过来抑制这个过程，这个作用就叫做负反馈。在我们的日常生活中，应用负反馈的例子很多，厕所的抽水马桶就是一个例子。放水以后水箱开始进水，上升的水面不断抬高连在一根杠杆上的浮球，而杠杆又和进水阀门相连。当水面上升到一定高度时，进水阀就被杠杆关闭。也就是说，水面上升的同时又为水面停止上升准备了条件。当水被放掉，浮球带着杠杆下降，放水阀打开，水箱又能重新进水。如果水箱里面的水面高到将阀门关闭的时候就自动开始放水，就会形成水面高低的周期性振荡。水箱上水的时间和放水需要的时间加起来，就是振荡的周期。

类似的负反馈过程也可以在细胞里实现。细胞里面有成千上万个基因，但不是每个基因都处于被"打开"的状态。要打开基因，需要蛋白质结合到基因的"开关"（启动子）上。开关一打开，储存在 DNA 中的"密码"就被转录到 mRNA 的分子中。这个结合于基因启动子上面的蛋白质分子因为能使转录过程开始，所以叫做"转录因子"。

细胞里面还有专门将氨基酸"装配"成蛋白质的"装配车间"，即核糖体。它们按照 mRNA 中的信息（相当于"产品订单"）把 20 种氨基酸按一定的顺序连接起来，成为蛋白质。这个过程叫做"翻译"，即把密码中的信息变成蛋白质分子中氨基酸单位的实际序列。

在多数情况下，这些新生成的蛋白质分子都和自己基因的开关没有关系，打开为自己编码的基因的任务是由其他基因编码的蛋白质分子来执行的。但是如果一种蛋白质能够反过来作用于为自己编码的基因的开关，抑制自身的生成，就会形成一个负反馈机制。如果细胞里生成的这种蛋白质足够多，就可以把为自己编码的基因完全关掉。这相当于水箱里面的水面上升，最后关掉进水阀。

如果这种蛋白质又能随后被细胞除掉（这相当于水箱的放水），蛋白质对基因的抑制就可以解除，基因又开始表达，合成新的 mRNA 和蛋白质。通过这种方式，这种蛋白质在细胞里面的浓度就可以呈现周期性的变化。蛋白质浓度的周期性变化本身就带有时间的信息，比如什么时候到达最高值，什么时候到达最低值。如果细胞能够感知这个浓度变化的相位，细胞就可以"知道"时间。

无论是水箱里面水面高低的振荡，还是细胞里面蛋白质浓度的振荡，都需要物质和能量不断的投入，或者说"流过"。水箱需要具有一定势能（高水位）的水不断的供应，后者需要消耗建造 RNA 和蛋白质的材料（核苷酸和氨基酸）和能量（ATP）。就像钟表要上弦或使用电池一样，生物钟也是要靠能量来推动的。

说到这里，生物钟运行的基本原理似乎很简单。但是在实际上，生物钟却是非常复杂的。要担当生物复杂肌体的节律控制器，生物钟必须满足以下条件：

（1）能够在没有外界刺激信号（比如昼夜的周期性光照变化）的条件下独立工作，即生物钟有自己产生并保持基本节律的能力。

（2）周期必须在 24 小时左右。过长或过短都不能满足要求。很多化学振荡系统的周期都很短，必须有延长它们的办法。

（3）产生生物钟节律的细胞群中的各个细胞之间，振荡周期必须同步，否则细胞之间的不同节律会互相抵消，发不出统一的信号。

（4）生物钟必须与身体的各种活动相联系，即必须有生物钟信息的输出，这样生物钟振荡周期的信息才能传递给身体的各个部分，控制它们活动的节律。

（5）周期的相位，比如某种成分浓度高峰出现的时间，必须可调。许多生物钟的周期接近 24 小时，但不是正好 24 小时。所以这些生物钟必须按照外部环境 24 小时的周期来"对表"（与外界的昼夜周期相符）和"矫正"（调整快慢），即必须有外界节律信息的输入，否则生物钟的相位就会逐渐漂移，与外界的 24 小时节律脱节。

（6）生物钟的周期必须对温度变化不敏感。一般化学反应的速度都随着温度升高而加快。除了恒温动物以外，大多数生物的体温是变化的。如果生物钟的周期随温度变化，这些生物钟就会像一块走时不准时快时慢的手表一样，对生物不但没有用处，还会造成混乱。要把主要是通过化学反应形成的生物钟的周期长度变得对温度变化不敏感，是一个难题。

所以真的生物钟决不会只有前面说的单个反馈回路那么简单，而是有各种复杂的"支路"和多层次的调节系统，有的支路具有正反馈功能，有的支路具有负反馈功能，而且这些回路还彼此交联，形成复杂的控制网络。数学模拟常常要用到复杂的微分方程，但是生物钟的运作原理，还是可以用形象的语言来描述。在生物钟的 6 个特点中，最基本的是核心振荡的回路、环境信号输入（与环境"对表"的路线），以及核心部分节律的输出（控制生物的生理节律）这三个基本部分。在本章中，我们将具体介绍各种生物钟的核心部分和信息输入输出的机制。

原核生物的生物钟

原核生物中的蓝细菌就已经发展出自己的生物钟。蓝细菌是地球上最古老的生物之一，能够进行光合作用，放出氧气，还能够将空气中的氮变为细胞能够利用的形式（固氮作用）。然而，蓝细菌的这两种重要的生理功能却是难以并存的，因为固氮作用所需的酶对光合作用放出的氧气敏感，所以这两项活动必须在时间上分隔开。光合作用在白天进行，而固氮反应在光合作用停止，没有氧气放出的夜晚进行，这就需要蓝细菌有让这两个活动交替进行的机制。

1986 年，日本科学家发现，即使在有持续的光照条件下，蓝细菌仍然能够将光合作用和固氮作用在时间上分开，说明蓝细菌具有从内部控制细胞节律的生物钟。1998 年，日本科学家克隆了聚球蓝细菌（*Synechococcus elongatus*）生物钟的三个核心基因，并且将其命名为 *kaiA*、*kaiB*、*kaiC*。在这里，kai 在日本语中的意思就是周期（cycle）。到 2002 年，科学家发现，这三个基因的产物，即蛋白质 KaiA、KaiB 和 KaiC 就可以在细胞外组成一个振荡系统，其中 KaiC 是主要的节律成分，以 6

聚体的形式存在。在有 ATP 的情况下，KaiC 的磷酸化
程度表现出近于 24 小时的节律，而不需要细胞的转录
和转译过程。

　　KaiC 发生周期性振荡的机制，是正反馈和负反馈
回路。KaiC 同时具有激酶和磷酸酶的活性，能够使自
己第 432 位上的苏氨酸残基和第 431 位上的丝氨酸残
基磷酸化和去磷酸化。但是仅靠 KaiC 自己还不能形成
振荡系统，还需要 KaiA 和 KaiB 的协助。KaiA 结合于
KaiC，活化 KaiC 蛋白激酶的活性，使得 KaiC 自我磷酸
化，先是第 432 位上的苏氨酸，然后是第 431 位上的丝
氨酸。当第 431 位上的丝氨酸被磷酸化后，KaiC 分子
形状的变化使它可以结合 KaiB。KaiB 的结合使得 KaiA
活化激酶的作用消失，KaiC 开始用自己磷酸酶的活性
使自己去磷酸化。KaiC 的去磷酸化使得它的形状改变，
不再能够结合 KaiB，于是 KaiB 抑制激酶活性的功能被
解除，KaiA 又可以活化 KaiC 蛋白激酶的活性，再次开
始自我磷酸化，开始另一个循环（图 11-5）。

　　在这里 KaiC 与 KaiA 的结合为正反馈机制，而与
KaiB 的结合为负反馈机制。与 KaiA 的结合使得 KaiC
自我磷酸化，但是这个过程也创造了停止正反馈，开始
负反馈的条件。

　　除了 KaiA 激活 KaiC 激酶活性和 KaiB 抑制 KaiC 的
激酶活性，这些蛋白的浓度还会相互影响。KaiC 浓度
升高会抑制 KaiC 自己和 KaiB 的表达，而 KaiA 浓度升
高又会增加 KaiC 和 KaiB 的表达。这些正反馈和负反馈
回路进一步增加了系统的稳定性。

　　虽然 Kai 蛋白质自身就能够产生近于 24 小时的节
律，但是这个系统也需要自然光照的节律来"校正"其
周期，使它与光线的自然节律相吻合。黑暗的到来会引
起细胞内一些成分的特征性变化，这些变化如果能够与
生物钟的核心成分相互作用，就能够起到"对表"的
作用。一个变化是 ATP/ADP 的浓度比值。在黑暗中，
光合作用中断，ATP 的合成速度降低，使得 ADP 的
相对浓度增高。由于生物钟的运行过程是依靠于 ATP
的，ATP/ADP 比值的降低会影响 KaiC 的磷酸化效
率，从而影响其周期。另一个外界信息的输入是质体醌
（plastoquinone）的氧化。质体醌是光合系统电子传递
链中的一个非蛋白成分，通过反复的氧化和还原将电子
（以氢原子的形式）传递下去（见第二章第十二节）。在

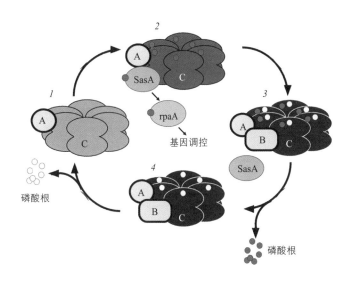

图 11-5　蓝细菌的 KaiABC 生物钟。KaiC 蛋白以 6 聚体的形式存在。状
态 1：KaiA 结合于 KaiC，激活其苏氨酸 / 丝氨酸蛋白激酶的活性，使
其第 432 位的苏氨酸残基磷酸化。状态 2：磷酸化的 KaiC 能够与 SasA
蛋白结合，激活 SasA 的组氨酸激酶活性，使 SasA 磷酸化。磷酸化的
SasA 将磷酸根转移给效应分子 rpaA，使 rpaA 分子磷酸化而被活化，启
动约 170 个基因的表达。状态 3：KaiC 在第 431 位的丝氨酸也被磷酸化
后，形状改变，结合 KaiB。KaiB 能够使 KaiA 激活 KaiC 激酶的功能丧
失，KaiC 开始去磷酸化。KaiB 的结合也使 SasA 不再能够结合到 KaiC
上，从 KaiC 分子上解离，不再通过 rpaA 活化生物钟控制的基因。状态
4：KaiC 进一步去磷酸化，形状改变，不再结合 KaiB，KaiA 又恢复活
化 KaiC 激酶活性的功能，开始下一个循环

光合作用进行时，由光系统提供的源源不绝的电子使得
质体醌处于高度还原的状态，就像下雨时河里的水位高
涨。而光合作用一旦停止，电子来源断绝，质体醌就会
处于被氧化的状态，即还原型的质体醌减少，相当于干
旱时河里的水位降低。氧化型的质体醌能够使得 KaiA
凝聚，失去活化 KaiC 蛋白激酶活性的作用，因而可以
直接影响到生物钟的相位。

　　信息输入，即"对表"的问题解决了，那么生物钟
的信息又是如何传出去，周期性地影响细胞的生理活动
的呢？这里一个叫 SasA 的蛋白质起了关键作用。SasA
是一个组氨酸激酶，当它结合于 KaiC 分子上时，其激
酶的活性被激活，使自己磷酸化。磷酸化的 SasA 能够
把自己的磷酸根转移到效应分子 rpaA 上，使 rpaA 分子
磷酸化。rpaA 是一个转录因子，它的磷酸化使它作为

转录因子的功能被活化,影响大约 170 个基因的表达,相当于是生物钟信息的输出。

SasA 在 KaiC 上的结合点与 KaiB 在 KaiC 上的结合点相重叠,因此这两个蛋白质不能同时结合在 KaiC 上,也就是它们之间在结合于 KaiC 上是竞争关系。由于 KaiB 与 KaiC 的结合状况呈周期性的变化,SasA 与 KaiC 的结合也会呈周期性的变化,从而把 Kai 系统的振荡状况输出,使得细胞的生理活动也呈周期性的变化。

在这里,SasA-rpaA 就像是原核细胞传递信息的双成分系统,也是组氨酸激酶自我磷酸化,再把磷酸根转移到效应分子上,完成信息的传递和对信息的反应(见第八章第二节),只是在这里,信息不是来自细胞外的分子,而是细胞内的生物钟。

真核生物的生物钟

真核生物的细胞具有细胞核,合成 mRNA 的转录过程和合成蛋白质的转译过程是在细胞中的不同区域进行的,前者在细胞核中,而后者在细胞质中。如果一个基因的蛋白质产物要抑制为自身编码的基因的转录,形成负反馈回路,就必须先让其 mRNA 从细胞核进入细胞质,蛋白质合成后又必须进入细胞核,才能作用于自己的基因上。这两个移动过程都需要时间,因此蛋白质对自身基因的负调控就有一个时间差。真核细胞巧妙地利用了这个时间差来实现生物钟近于 24 小时周期的振荡。无论是真菌,动物中的昆虫和哺乳动物,还是植物,都利用了这个时间差,只是具体使用的蛋白质成分不同。

真菌的生物钟

虽然真菌并不进行光合作用,但是许多生理活动仍然有昼夜节律。例如子囊菌中的粗糙脉胞菌(Neurospora crassa)就是在晚上形成分生孢子,以利于在白天(相对干燥多风)散布。如果让脉胞菌在含有培养基的玻璃管中从一端向另一端生长,即使是在完全黑暗的环境中,产生分生孢子的菌丝也会以大约 24 小时为周期而多次出现,证明脉胞菌的确具有生物钟(图 11-6)。

脉胞菌生物钟的核心振荡成分为蛋白质 FRQ,由基因 frq 编码。使 frq 基因活化的是两个蛋白因子,WC-1

和 WC-2。它们结合在一起,形成异质二聚体 WCC。WCC 结合于 frq 基因的启动子上,开始基因的转录,形成 frq 的 mRNA。mRNA 离开细胞核,进入细胞质,在那里指导 FRQ 蛋白质的合成。FRQ 和另一个蛋白质 FRH 结合,形成异质二聚体 FFC。FFC 进入细胞核,与 WCC 结合。由于 FFC 上结合有蛋白激酶 CK-1 和 CK-2,WCC 被磷酸化,形状改变,失去结合启动子,驱动 frq mRNA 合成的功能。而这时,在细胞质中的 frq mRNA 仍然可以指导 FRQ 的合成,使得 FRQ 和 FRH 结合,源源不断地进入细胞核,抑制 WCC 对 frq 基因的活化作用,使得 frq mRNA 的合成最后终止。

细胞质中的 mRNA 是不会永远存在的,而是会逐渐被降解掉。当细胞质中的 frq mRNA 被消耗掉以后,又没有来自细胞核的补充,FRQ 的合成也开始下降。而且在细胞核中的 FRQ 蛋白质也会被与它结合的蛋白激酶磷酸化。磷酸化的 FRQ 会被细胞的泛素系统识别,被连上许多泛素分子,这就相当于给 FRQ 打上了降解的标签,随即在蛋白体中被降解。最后的结果就是 FRQ 蛋白完全消失。

FRQ 蛋白消失后,对 WCC 的抑制也被解除。WCC 被磷酸化后,并不被降解。在没有 FRQ 的情况下,一些磷酸酶,例如蛋白磷酸酶 PP1 和 PP2a,会除去 WCC 上面的磷酸根,使 WCC 恢复活性,重新结合于 frq 基因的启动子上,开始 frq 基因的转录,开始另一个循环。

由此可见,真菌的生物钟也是由正反馈(WCC)和负反馈(FFC)回路组成,而且利用了 frq mRNA 从细胞核移动到细胞质,FRQ 蛋白质从细胞质移动到细胞核所造成的时间差。由于这个过程需要转录和翻译两个过程,所以这样的生物钟叫做转录－翻译回路组成的生物钟(TTFL),而蓝细菌的生物钟由三个蛋白质 KaiA、KaiB、KaiC 就可以组成,在转录和翻译过程被抑制的情况下仍然能够工作,叫做翻译后的振荡器(PTO)。这也是可以理解的,因为原核生物没有细胞核,转录和翻译几乎同时进行,很难实现时间差,所以主要利用蛋白质之间的正反馈作用和负反馈作用来实现化学振荡。而真核生物有细胞核,转录和翻译造成时间差是很自然的事情。下面我们可以看到,其他真核生物的生物钟都是 TTFL 型的。

脉胞菌生物钟的核心振荡器有了,外界的信息,特

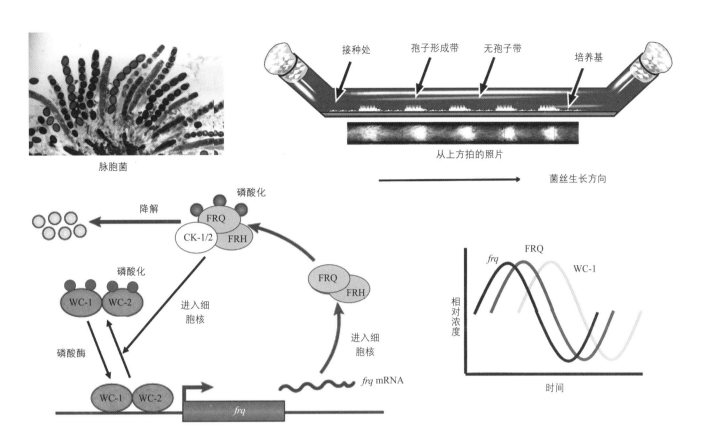

图 11-6　脉胞菌的生物钟。左上图为脉胞菌的菌丝。右上图显示当脉胞菌在黑暗中在装有培养基的玻璃管中向右方生长时，会周期性地出现孢子形成带，证明脉胞菌有生物钟。左下图为脉胞菌生物钟的核心部分。右下为 *frq* 基因的信使 RNA、FRQ 蛋白和 WC-1 蛋白的浓度随着时间而周期性变化的情形

别是光照周期的信息，又是如何被输入的呢？在这里 WC-1 本身就是一个光接收器。WC-1 上结合有黄素－腺苷二核苷酸（FAD），在有光照时，FAD 与 WC-1 上的一个半胱氨酸的侧链形成共价键，分子形状改变而被活化，与 WC-2 结合形成 WCC，启动 *frq* 基因的表达。是对生物钟的正输入。

除了正输入，这个生物钟还有负输入，这是由另一个蛋白质 VID 来实现的。VID 是一个小蛋白，上面结合有 FAD，能够感受蓝光。在有蓝光照射时，FAD 也和 VID 蛋白形成共价键，使得 VID 蛋白活化。

活化的 VID 能够抑制 WCC 的活性，相当于是生物钟的负输入。如果抑制 VID 的生成，WCC 活化 *frq* 基因的时间就会延长，类胡萝卜素的生产一直进行，使得菌丝带鲜艳的橙色。WC-1 和 VID 这一正一负两个光信息输入者，共同担负起用外部光周期调整生物钟的作用。

有了输入，即"校表"机制，生物钟的信息又是如何被输出，从而控制细胞的生理活动的呢？脉胞菌采取的办法，是用同样的 WCC 来控制其他基因的表达。既然 WCC 能够周期性地使 *frq* 基因表达，用同样的机制也能够使其他基因周期

性地表达，这就相当于是信息的输出，只是这些基因的产物多数并不参与生物钟的运行。据估计，在脉胞菌被测定到的大约 5600 个基因中，有 314 个基因，也就是大约 5.6% 的基因，受到生物钟的直接控制，在光照开始后的 15 分钟内它们的 mRNA 浓度就显著上升。

果蝇的生物钟

果蝇是动物，需要根据光照周期来控制自己的生理活动，例如运动、进食、睡眠、交配等。果蝇生物钟的核心振荡器也是由正反馈回路和负反馈回路组成的。蛋白

CLK 和 CYC 彼此结合，形成异质二聚体。它们结合于 per 和 tim 基因启动子的 E- 盒子（E-box，序列CACGTG）上，驱动这两个基因的表达。表达所产生的 per mRNA 和 tim mRNA 进入细胞质，在核糖体上指导 PER 和 TIM 蛋白质的合成。PER 和 TIM 在细胞质中结合，形成PER/TIM 异质二聚体，这个二聚体被蛋白激酶 CK-2 和 DBT 磷酸化，进入细胞核，在那里 PER/TIM 促使 CLK/CYC 的磷酸化。磷酸化的CLK/CYC 形状改变，不再能够结

合于 DNA 上，per 基因和 tim 基因的表达被抑制（图 11-7）。

当 per 基因和 tim 基因的表达被完全抑制后，细胞质里面 per 基因的 mRNA 和 tim 基因的 mRNA 被降解消失，新的 PER 和 TIM 无法再被生成。已有的 PER 和 TIM 蛋白在被磷酸化后又会通过泛素化而被蛋白体降解，最后消失，它们对CLK/CYC 的抑制解除，而磷酸化的CLK/CYC 又被磷酸酶 PP1 和 PP2a去磷酸化，恢复结合于 DNA 上，驱动 per 基因和 tim 基因的表达，

开始新的循环。

在这里 CLK/CYC 就相当于是脉胞菌的 WCC，PER/TIM 就相当于脉胞菌的 FRQ/FRH。CLK/CYC代表正反馈回路，PER/TIM 代表负反馈回路，是 per 基因和 tim 基因的表达产物反过来抑制自己基因的表达，而 ter 基因和 tim 基因的 mRNA从细胞核移动到细胞质，PER 蛋白和 TIM 蛋白从细胞质移动到细胞核，都需要时间，这个时间差就被细胞利用来形成振荡回路。果蝇所使用的蛋白激酶、磷酸酶和脉胞菌也是相似的，例如都使用 CK-2、PP1、PP2a 等，说明这两个生物的生物钟使用的是同样的原理，只是具体的振荡蛋白质不同。

除了这两个主要回路，果蝇还有其他控制回路。CLK/CYC 可以驱动 cwo 基因的表达。其蛋白产物CWO 能够结合到启动子的 E 盒子上，抑制 CLK/CYC 的驱动作用，是另一条负反馈回路。CLK/CYC也驱动 pdp1e 基因和 vri 基因的表达。pdp1e 基因表达产物 PDP1e 能够驱动 clk 基因的表达，增加 CLK蛋白的量，而 vri 基因表达的产物VRI 蛋白能够与 PDP1 竞争，抑制clk 基因的表达，减少 CLK 蛋白的量。所以果蝇的生物钟是由多条反馈回路组成的，蛋白质的磷酸化和去磷酸化又可以影响它们在细胞中的位置、活性和降解速度。所有这些因素都能够对生物钟的节律产生影响。例如 TIM 蛋白能够被磷酸化的第 610 位上的苏氨酸被改变为丙氨酸后，不能再被磷酸化，生物钟的周期就会延长 2~3 小时。如果第 613 位上的丝氨酸也被改为丙氨

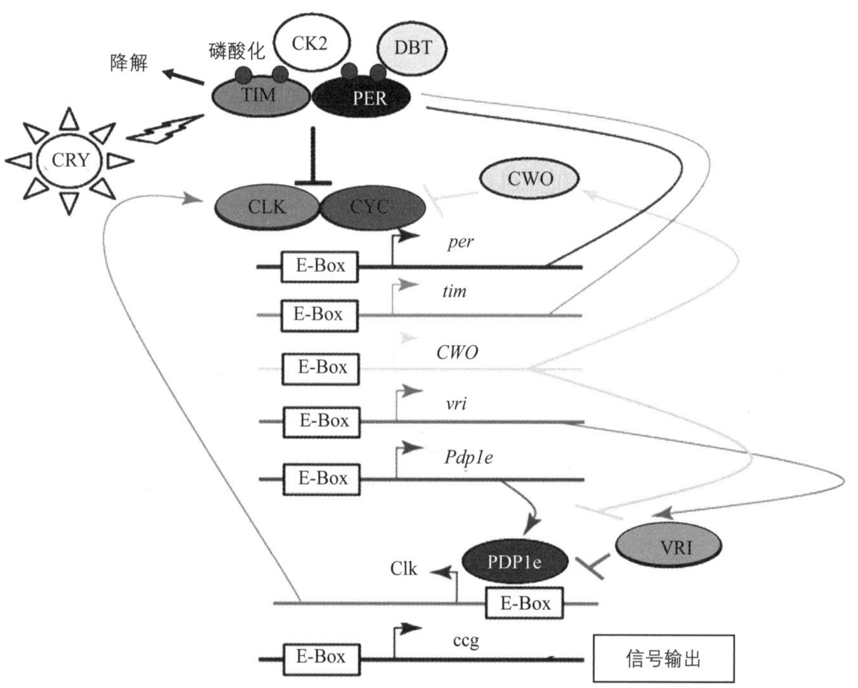

图 11-7 果蝇的生物钟。蛋白 CLK 和 CYC 形成异质二聚体，结合于基因启动子的 E- 盒子上（E-Box），驱动许多基因的表达。其中 per 基因和 tim 基因在细胞质中表达的产物 PER 和 TIM 与蛋白激酶 CK2 和 DBT 结合而被磷酸化，进入细胞核，在那里使 CLK/CYC 二聚体磷酸化，离开 E-盒子，不再驱动基因表达。当 PER 蛋白和 TIM 蛋白通过磷酸化而被降解消失后，对 CLK/CYC的抑制解除，生物钟进入下一个循环。除了这个主要负反馈回路，CLK/CYC 还驱动 cwo 基因的表达，其产物 CWO 也可以抑制 CLK/CYC 二聚体的功能。CLK/CYC 也驱动 pdp1e 基因和 vri 基因的表达。pdp1e 基因表达生成的蛋白 PDP1e 可以驱动 Clk 基因的表达，增加 CLK 蛋白的量，而vri 基因表达的产物 CRI 则对抗 PDP1e 蛋白的作用，抑制 Clk 基因的表达，减少 CLK 蛋白的量。生物钟所产生的节律信息通过 CLK/CYC 以同样的方式驱动效应基因 ccg 的表达，将信息传递出去。CRY 蛋白在被蓝光照射后，可以结合在 TIM 蛋白上，促使它的降解，起到调节生物钟的作用

酸，生物钟的周期更会被延长到 30 小时。

果蝇是有脑的，果蝇的生物钟主要在脑中的部分神经细胞里面运行。在果蝇的大约 250000 个神经细胞中，只有大约 150 个神经细胞有生物钟运行，而且分布在不同的区域内。其中 LNv 区域，包括 l-LNv 区域和 s-LNv 的神经细胞负责预告清晨来临和准备清晨的活动，叫做 M（morning）细胞。而 LNd 和 DN1 的神经细胞负责预告黄昏来临和准备黄昏的活动，叫做 E（evening）细胞。LNv 神经元还分泌蛋白因子 PDF，PDF 的受体是一个与 G 蛋白偶联的受体，与 PDF 的结合使得细胞中 cAMP 浓度增高，激活蛋白激酶 A 信息通道，促使 TIM 的降解，从而使脑中神经细胞的节律同步（图 11-8）。

果蝇的外部光照信号的输入可以通过多条途径到达脑中的节律细胞，调节生物钟。果蝇脑中的节律细胞多数表达 CRY 蛋白。果蝇的身体很小，蓝光可以透过头部的外皮直接照射到神经细胞中的 CRY 分子上。CRY 和脉胞菌的 VID 一样，上面也结合有 FAD。在被蓝光激发时，它能够结合于 TIM 蛋白上，促使它的降解，从而调整生物钟的周期（见图 11-7）。

但是 CRY 不是唯一接收光信号调整果蝇生物钟的通路。在复眼和单眼接收的光照中，复眼接收到的光照信号对调整生物钟最重要。复眼中的感光细胞含有黑视素（melanopsin，和褪黑激素 melatonin 没有关系，尽管它们的英文名称看上去相似），在受到光激发时，会

通过 G 蛋白活化磷脂酶 C，再打开 TRPL 离子通道，最后细胞分泌组胺，作为将信号传向果蝇脑中节律细胞的分子。

果蝇生物钟信号的输出和脉胞菌类似，也是用 CLK/CYC 利用驱动 ter 基因和 tim 基因同样的机制来驱动效应基因 ccg 基因的表达（见图 11-7）。

哺乳动物的生物钟

哺乳动物的生物钟与昆虫的生物钟非常相似，也由正反馈回路和负反馈回路组成：蛋白 CLOCK 和蛋白 BMAL1 结合，形成异质二聚体，这个二聚体结合于启动子的 E- 盒子上，驱动 per 和 cry 基因的表达。转录形成的 mRNA，即 per mRNA 和 cry mRNA，离开细胞核，进入细胞质，在核糖体上指导 PER 蛋白和 CRY1 蛋白的合成。PER 和 CRY1 结合，形成异质二聚

体，被 CK1 和 CK2 磷酸化。磷酸化的 PER/CRY 二聚体进入细胞核，将 CLOCK/BMAL1 二聚体从启动子上的 E- 盒子上"挤"开，即不让它们再结合于 DNA，消除它们驱动自己基因表达的活性，形成一个负反馈回路。由于 mRNA 进入细胞质和 PER、CRY 蛋白进入细胞核的时间差，使得 PER 和 CRY 这两种蛋白质的浓度呈周期性的变化。

PER 蛋白和 CRY 蛋白在被磷酸化后，也成为泛素结合的目标，使这两种蛋白在蛋白体中降解，使它们对 CLOCK/BMAL1 的抑制解除，CLOCK/BMAL1 又可以开始驱动 per 基因和 cry 基因的表达，开始另一个循环（图 11-9）。

除了这两个主要的反馈回路，哺乳动物的生物钟还有其他的回路与主回路交联。比如 CLOCK/BMAL1 还可以驱动另外两个基因，rora 和 rev-erba 的表达。这两个基

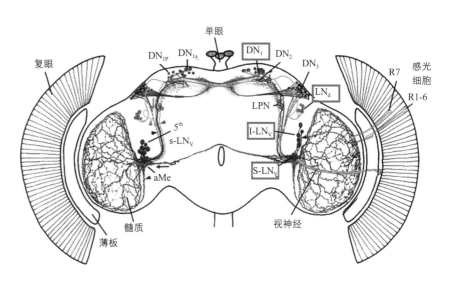

图 11-8　果蝇脑中的生物钟细胞。I-LNv 区域，s-LNv 区域，LNd 区域和 DN1 区域用框标出。复眼感光细胞感受到的光信号通过视神经传输到 s-LNv 区域

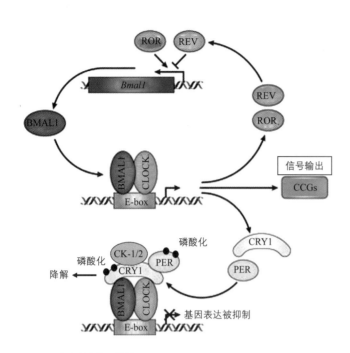

图 11-9 哺乳动物的生物钟

因都是视黄酸受体类的蛋白质。*rora* 基因的产物 RORA 促进 BMAL1 的生成（正反馈），而 *rev-erba* 基因的产物 REV-ERBa 抑制 BMAL1 的生成（负反馈）。这些作用相反的反馈回路可以控制和调节 BMAL1 蛋白质的浓度，影响核心回路的运作情形。

不仅如此，PER 蛋白质实际上有三种（PER1，PER2，PER3），CRY 蛋白质也有两种（CRY1，CRY2）。它们的基因都受 CLOCK/BMAL1 二聚体的驱动，但是这些蛋白质的性质彼此有差异。不同的 PER 蛋白质和 CRY 蛋白质可以形成各种异质二聚体，以不同的方式影响生物钟的运行。比如 PER1 蛋白质与周期的"调长"有关，而 PER2 蛋白质与周期的"调短"有关，而 PER3 蛋白质与睡—醒周期的调节有关。

哺乳动物（包括人）脑中的生物钟位于下丘脑视交叉上核（SCN），即位于视神经交叉处上方的一对细胞团。虽然 SCN 只有米粒般大小，却控制着哺乳动物的昼夜节律。动物试验表明，破坏 SCN，昼夜节律就完全消失，说明 SCN 是哺乳动物身体节律的"中心控制器"（见图 11-8 左）。

由于哺乳动物体型较大，脑有头骨包裹，很难像果蝇那样光线直接进入大脑，到达 SCN，调节生物钟的节律，光照信号的输入主要是通过能够直接感受光线的眼睛中的视网膜进行的。

光照信号的输入

对于哺乳动物来讲，感知光线的器官就是眼睛。失去眼球的老鼠和人都会失去对外部光线周期的反应，说明哺乳动物只能用眼睛来接受外界的光学信息，身体的其他部位是没有这个功能的。例如皮肤，尽管它的面积很大，并且有相当部分可以接触到外界的光线，但是并没有调节生物钟的功能。

视网膜上的感光细胞，包括视杆细胞和视锥细胞直接接收光信号，通过双极细胞对光信号进行处理，再经过节细胞输送至大脑（见第十二章第一节）。原来人们以为，来自视杆细胞和视锥细胞的光信号除了给我们以视觉信息外，估计还给我们光线明暗周期的信息，让我们的大脑用来调节生物钟。

但是在 20 世纪 20 年代，有人发现了一个奇怪的现象，就是盲鼠仍然能够对外界的光线起反应；当眼睛遇到光线时，瞳孔还会收缩。既然这些老鼠看不见东西，它们就接受不到光学信号，怎么会对外界的光线起反应呢？科学家们对这种现象进行了进一步的研究，用生物工程的手段去除老鼠视网膜里面的视杆细胞和视锥细胞这两种感光细胞。研究发现，虽然这些老鼠看不见东西，它们却能根据外界光线的信息调节自己的生物钟。由于不能在人身上做试验，要证明在人身上也有类似的现象，就只能去找天然就没有视杆细胞和视锥细胞的盲人。这样的盲人极为稀少，但是在 2007 年，两个这样的盲人还真的被找到了。这些盲人能够对光照节律起反应，周期性地产生褪黑激素，也就是可以根据外界的光线调整自己的生物钟。而且当他们的眼睛遇到光线时，瞳孔也会收缩。

这些现象表明，眼球里面也许有另外的感光细胞。它们的功能与形成视觉信号无关，而只负责监测光线的昼夜节律。这样的感光细胞还真的被找到了，这就是节细胞层中的少数（只有百分之几）细胞，叫做感光节细胞（pRGC）。在没有视杆细胞和视锥细胞的情况下，这些细胞仍然能接收外部光线的信号，并且传输给大脑。

进一步的研究发现，这些感光节细胞和大脑的联系方式与其他节细胞不同。多数节细胞把从视杆细胞和视锥细胞传来的信号送到大脑中后部的初级视觉中枢，而感光节细胞却和控制哺乳动物生物节律的SCN相连。这说明感光节细胞负责感受外界光线的变化，并且通过视网膜－下丘脑神经纤维束（RHT）把光照信号直接送往SCN，对生物钟进行调整。因此，我们的眼睛实际上起到两个器官的作用，一个产生视觉图像，另一个负责对光线的非视觉反应，包括收缩瞳孔和调节生物钟（图11-10）。

像感光的视杆细胞和视锥细胞一样，这些感光节细胞也含有感光蛋白质，不过感光节细胞所含的感光蛋白质与视杆细胞和视锥细胞不同。视杆细胞和视锥细胞含的是视蛋白，而这些感光节细胞含的是另一种感光蛋白，叫做黑视素，和果蝇复眼中感受光线、形成视觉并且调节生物钟的是同一种色素，只是在哺乳动物中，黑视素不再与视觉有关。和视杆细胞和视锥细胞中视蛋白能感受大范围的(400~700纳米)的光线不同，黑视素只吸收460~480纳米的光线，所以只对蓝光敏感，吸收波段类似于果蝇的CRY蛋白。实验表明，波长大于530纳米的光线对调整人的生物钟也没有作用。

视网膜感光节细胞中的黑视素在被光照激发后，像在果蝇的复眼中一样，通过G蛋白活化磷脂酶C，再打开TRP离子通道。在果蝇中，打开的TRP离子通道是TRPL（类似于哺乳动物的TRPC），在哺乳动物中是TRPC，说明哺乳动物和昆虫使用同样的感光色素和同样的信号传输路线来接收和传输光信号。

不过在果蝇的复眼中，被光照激发的感光细胞分泌组氨作为神经递质，而在哺乳动物中，感光节细胞在延伸至SCN的神经突触上分泌谷氨酸盐和PACAP作为传递光信号的神经递质。这些神经递质结合于SCN中的节律细胞上，使钙离子

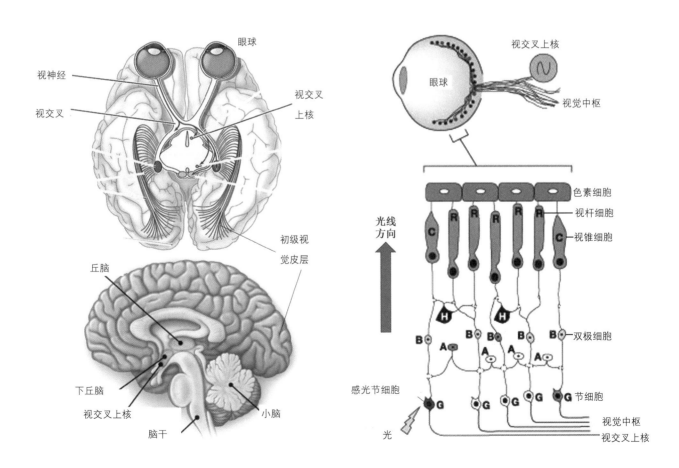

图 11-10　视交叉上核和眼球中接收光周期信号的感光节细胞

进入这些细胞，激活细胞内的蛋白质激酶通路，例如 MAPK，使得转录因子环腺苷酸反应序列结合蛋白 CREB 蛋白上第 112 位和第 133 位上的丝氨酸磷酸化，磷酸化的 CREB 能够结合到对光信号反应的基因启动子上的环腺苷酸反应序列 CRE 上，启动这些基因的表达，其中包括 *per1* 和 *per2* 基因。PER1 蛋白和 PER2 蛋白浓度的上升能够对生物钟的周期进行调整，使其和外界光线的周期同步。

在低等脊椎动物中，生物钟是位于一个叫松果体的器官内。例如一些蜥蜴和青蛙的头顶中部有一个感光器官，叫做颅顶眼，又叫第三只眼。它在结构和功能上类似于脊索动物七鳃鳗的松果体，所以又叫做松果体眼（图 11-11）。它是上丘脑的一部分，与视觉无关。光线直接作用于松果体眼上，调节动物的昼夜节律，而不像哺乳动物那样，通过眼睛的视网膜接收光信号，再把信号传输到生物钟所在的 SCN。

各个器官各有生物钟

大脑中的 SCN 是全身节律的"总管"，控制全身的生理节律。但是除了 SCN 以外，动物的许多器官和组织中也有自己的生物钟，包括肝脏、肾脏、脾脏、胰脏、心脏、胃、食道、骨骼肌、角膜、甲状腺、肾上腺、皮肤，甚至在体外培养的细胞系。这些位于身体各个部分的生物钟叫做外周生物钟（peripheral clocks），它们具体控制每个器官的活动，例如肝脏中的糖代谢和解毒、肾脏的排尿、胰腺分泌胰岛素、毛囊生出毛发等。这些外周生物钟的构成和 SCN 中的生物钟基本相同，也用 CLOCK-BMAL1 二聚体驱动 *per* 和 *cry* 基因的表达，但是它们所在的环境不同，功能也不同。例如 SCN 表达有大约 365 个周期性变化的基因，包括生物钟的核心基因和受生物钟控制的基因，而肝脏有大约 363 个表达呈周期变化的基因，但是 SCN 和肝脏周期性表达的基因中，只有 28 个相同，说明它们控制的基因有很大的差别。

如果把动物的各个器官中的组织放在体外培养，它们就得不到从 SCN 来的调节信号。在这种情况下，这些组织一开始都有基因表达的周期性变化，不过与体内不同，这些组织在振荡几天以后，节律性就逐渐变弱，最后消失。对单个细胞的监测表明，细胞里面的基因表达程度仍然在振荡，只是不同细胞之间的振荡周期不再同步，所以在总体上互相抵消。在培养环境中放入 SCN 细胞，这些组织中细胞的振荡周期又变得同步。在 SCN 被破坏了的老鼠中，器官之间的振荡周期逐渐不再同步。把 SCN 再植回去可以恢复一些器官的周期同步，说明 SCN 能够使全身各个器官里的细胞振荡同步。

这些结果说明，人体中的生物钟不只一个，而是一群。如果把这些外周生物钟比作一个乐队的成员，SCN 就是"总指挥"。SCN 通过各种途径来指挥各个外周生物钟，包括神经系统连接和激素途径。在激素中，起主要作用的又是褪黑激素。

褪黑激素是输出生物钟信号的分子

哺乳动物生物钟的信号输出，包括对外周生物钟的控制，可以通过分泌褪黑激素来实现。褪黑激素在没有光照的时候被分泌出来，而在有光照时分泌停止，因此是传递光照周期性变化的信息分子。褪黑激素是以色氨酸为原料，经过血清素中间步骤而合成的，其中一个重要的酶是芳香胺 N- 乙酰转移酶（aaNAT）。

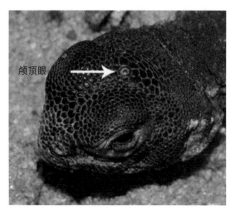
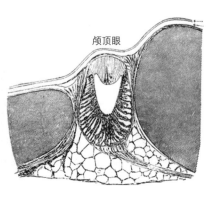

图 11-11 蜥蜴的颅顶眼及其内部结构

分泌褪黑激素的任务，是通过松果体来实现的。松果体自身并不接收光照信号，而是通过 SCN 与松果体的神经联系。在 SCN 与松果体的神经联系中，有一个地方叫做下丘脑室旁核（PVN）。在黑暗中，SCN 神经末端分泌谷氨酸盐，使 PVN 传输信号至松果体，分泌褪黑激素。有光照的时候，SCN 分泌氨基丁酸（GABA），抑制 PVN 刺激松果体分泌褪黑激素的能力（图 11-12）。

因此在哺乳动物中，光信号的接收、生物钟、节律的输出部分是彼此分开的，由不同的器官来执行：眼睛中视网膜上的感光节细胞只负责光照信号的接收，SCN 只负责核心生物钟的运行，而松果体负责分泌褪黑激素，把 SCN 的控制信号传至全身。而在低等脊椎动物如蜥蜴和青蛙中，松果体直接从外界接收光信号，含有生物钟，分泌褪黑激素，因而信号输入（颅顶眼，即"第三只眼"）、振荡回路（生物钟本身）和信号输出（褪黑激素的分泌）是"三位一体"的。

褪黑激素并不是哺乳动物专有的传递光照信息和调节生物昼夜节律的分子。昆虫，例如果蝇、蟋蟀、蝗虫、蚕，其头部都有合成褪黑激素所需的酶 aaNAT 的表达，而且褪黑激素和 aaNAT 酶的浓度都是在黑暗中高，有光照时低，说明这些昆虫已经能够根据光照状况的变化有节律地合成和分泌褪黑激素，对身体的生理活动进行调节。

即使是在更原始的多细胞动物如涡虫，也合成和分泌褪黑激素。涡虫身体扁平，在头部的两侧长有一对杯状眼（见第十二章第一节和图 12-12）。杯状眼里感光细胞所含的色素，和哺乳动物视网膜中的感光节细胞和昆虫的复眼一样，也是黑视素。在涡虫的头部，褪黑激素和 aaNAT 酶的浓度都随光照情形变化，在黑暗中最高，有光照时降低。即使把涡虫人为地保持在完全黑暗的环境中，头中褪黑激素和 aaNAT 酶的浓度也表现出周期性的变化，说明涡虫也拥有自己的生物钟，而且使用褪黑激素作为传递生物钟节律信号的分子。

这些事实说明，褪黑激素作为生物钟信号输出分子，在动物界中已经有很长的历史。

植物的生物钟

由于太阳光是植物能量的唯一来源，植物对光照有绝对的依赖。而光照状况（时间和长度）又是有昼夜变化和季节变化的，植物也因此必须有相应的生物钟来预测这些变化，以便各种生理活动在最佳条件下进行。由于春、夏适宜植物生长，许多植物春季发芽，秋季落叶。植物的开花时间则随植物的生活周期而不同，有的植物需要长的日照才开花，叫做长日照植物，例如豌豆、小麦；有的则要在短日照的情况下才开花，例如棉花、大豆。这些周期性的活动都需要生物钟的调节。

对植物生物钟的研究主要是以拟南芥（*Arabidopsis thaliana*）为模型进行的。经过科学家多年的研究，植物生物钟的主要回路和运行机制已经基本清楚。和其他真核生物一样，植物的生物钟也由正反馈和负反馈回路组成，也属于转录－翻译回路组成的生物钟（TTFL），只是所使用的具体蛋白质和动物的生物钟不同，而且反馈回路也极其复杂。下面给出的是一个大大简化

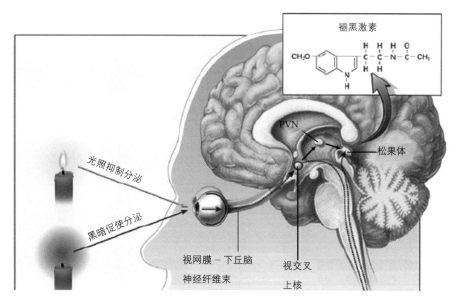

图 11-12 哺乳动物通过褪黑激素输出生物钟的信号

了的模式，只介绍其中的几个核心回路。

植物生物钟的基本回路是由转录因子 CCA1、LHY、PRR9、PRR7 组成的。在清晨，由 CCA1 和 LHY 组成的异质二聚体结合到 prr9 基因和 prr7 基因的启动子上，驱动这两个基因的表达。由此形成的 prr9 mRNA 和 prr7 mRNA 离开细胞核，进入细胞质，指导 PRR9 和 PRR7 蛋白质的合成。PRR9 和 PRR7 蛋白质的浓度在下午相继达到高峰，它们进入细胞核，抑制 cca1 和 lhy 基因的表达，组成一个负反馈回路，类似于哺乳动物的 CLOCK/BMAL1 驱动 per 基因和 cry 基因的表达，而生成的 PER 蛋白和 CRY 蛋白又反过来抑制 clock 和 bmal1 基因的表达。不同的是，PRR9 和 PRR7 并不彼此结合，形成异质二聚体，而是分别和另一个叫 TPL（Topless）的蛋白结合，共同抑制 cca1 基因和 lhy 基因的表达。

在驱动 prr9 和 prr7 基因表达的同时，CCA1/LHY 还抑制其他一些基因的表达，包括为以下蛋白编码的基因：TOC1、LUX、ELF。到了下午，随着 CCA1/LHY 的生成受到 PRR9 和 PRR7 的抑制，它们对这些基因的抑制被解除，这些蛋白质开始被合成。其中 TOC1 蛋白可以直接结合到 cca1 基因和 lhy 基因的启动子上，继续抑制它们的表达。

到了晚上，ZTL 蛋白结合到 TOC1 蛋白上，导致它的降解。LUX 蛋白又和 ELF3 蛋白中的两个，ELF3 和 ELF4 组成复合物，结合到 prr9 基因和 prr7 基因的启动子上，抑制它们的表达，解除它们对 cca1

基因和 lhy 基因的抑制。抑制一旦解除，cca1 基因和 lhy 基因又可以被活化，到了清晨，CCA1 蛋白和 LHY 蛋白被合成，又可以驱动 prr9 基因和 prr7 基因的表达，开始下一个循环（图 11-13）。

ZTL 能够对蓝光起反应。在蓝光的激活下，ZTL 可以和 GI 蛋白结合，到了晚上促使 TOC1 蛋白的降解，从而调节生物钟的周期。另一方面，LWD1 和 LWD2 也能够传递光照信号，它们能够结合到 prr 基因和 toc1 基因的启动子上，激活这些

基因的表达。PRR9 和 PRR7 又能够结合到 lwd1 和 lwd2 基因的启动子上，激活它们的表达，因而组成一个相互的正反馈回路。ZTL 蛋白和 LWD 蛋白对 PRR 蛋白和 TOC1 蛋白的调控，使植物的生物钟受外部光照状况的控制。

植物生物钟信号的输出可以使用与动物生物钟信号输出类似的机制，即用 CCA1/LHY 直接控制效应基因的表达。CCA1/LHY 二聚体结合到基因启动子中的 EE 序列上，驱动基因的表达。许多受生物钟控

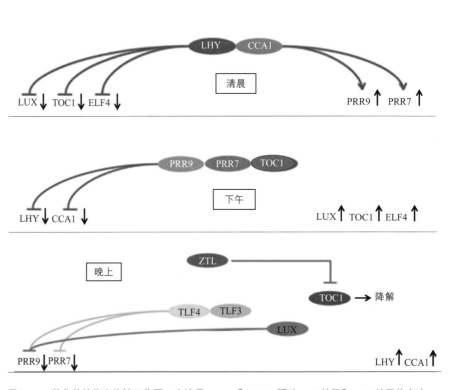

图 11-13　简化的植物生物钟工作图。在清晨，LHY 和 CCA1 驱动 prr9 基因和 prr7 基因的表达，在细胞质中增加 PRR9 蛋白和 PRR7 蛋白的量，同时抑制 lux 基因、toc1 基因和 elf4 基因的表达。到了下午，细胞质中的 PRR9 蛋白和 PRR7 蛋白数量达到高峰，进入细胞核，抑制 lhy 基因和 cca1 基因的表达。LHY 蛋白和 CCA1 蛋白浓度的降低解除了对 lux 基因、toc1 基因和 elf4 基因表达的抑制，LUX 蛋白，TOC1 蛋白和 ELF4 蛋白的浓度增加。到了晚上，ZTL 结合到 TOC1 蛋白上，促使其降解，同时 LUX 蛋白与 ELF4 蛋白和 ELF3 蛋白结合，抑制 prr9 基因的表达，使 PRR9 蛋白浓度降低。ELF4 蛋白和 ELF3 蛋白也能抑制 prr7 基因的表达，使 PRR7 蛋白浓度降低。TOC1 蛋白的降解，PRR9 蛋白和 PRR7 蛋白浓度的降低解除了它们对 lhy 基因和 cca1 基因表达的抑制，LHY 蛋白和 CCA1 蛋白浓度升高，进入下一个循环

制的基因（*ccg*）在其启动子上都含有 EE 序列，所以能够像 *prr* 基因那样受 CCA1/LHY 的周期性调节。大约三分之一的拟南芥基因受到生物钟的控制。例如 CCA1/LHY 就可以用这种方式控制与生长有关的因子 PIF 的表达。CCA1/LHY 也可以用这种方式影响 RVE1 的蛋白的表达，而 RVE1 是类似 CCA1/LHY 的转录因子，可以结合到生长素合成酶 YUC8 基因的启动子上，驱动这个生长素合成酶基因的表达。

真核生物的生理节律

真核生物除了有昼夜生物钟，还有年度的生理节律。无论是植物还是动物，生理活动都会表现出一年之中随季节变化的情况，例如动物的发情期、脱毛换毛期、候鸟和一些昆虫（例如帝王蝶）每年定期的迁徙、一些动物的冬眠期，植物的开花期和落叶期等。这些随季节的变化主要是生物通过感知每日光照时间的长短变化来实现的，叫做光周期现象（photoperiodism）。昼长夜短的期间属于长光周期，以长日照为特点。夜长昼短的期间属于短光周期，以日照时间短为特点。

相对于昼夜生物钟，生物要形成以年为周期的生物钟要困难得多。要实现以 24 小时为周期的振荡已属不易，要形成以年为周期的振荡系统更是困难重重。在实际上，真核生物使用的方法，并不是直接形成能够以年为周期的振荡回路，而是以昼夜生物钟为基础，把光照长短的信号与昼夜生物钟的节律相匹配，如果光照时间足够长，光信号输入的时间与生物钟控制的某个成分能够起作用的时间相重合，就能够触发对长光照的反应，实现光照对生理活动的调节。如果光照时间过短，光信号输入的时间已经错过了某个成分起作用的时间，光信号就不能触发某种生理反应。这种利用昼夜生物钟节律来实现生物对季节变化做出反应的机制叫做重合机制（coincidence mechanism），无论是植物还是动物，都使用这个机制。下面我们就用具体例子来说明这个问题。

植物开花时间的控制

植物的开花是受一个叫做成花素（florigen）的激素控制的，由 *ft* 基因编码。它在叶片中被合成，通过韧皮部输送到芽上，将叶芽转换为花芽，植物就会开花。*ft* 基因的表达是由一个转录因子叫做 CO 控制的。CO 蛋白结合到 *ft* 基因的启动子上，驱动 *ft* 基因的表达。

CO 蛋白的浓度是受植物的生物钟控制的。在清晨，*co* mRNA 的浓度最低，这是因为在清晨 CCA1/LHY 驱动 *cdf* 基因的表达，使得 CDF 蛋白的浓度升高，CDF 的蛋白质结合到 *co* 基因的启动子上，抑制它的表达。到了下午，蓝光能够使 FKF1 蛋白和 GI 结合，形成复合物。这个复合物能够使 CDF 蛋白降解。CDF 的抑制一旦解除，*co* mRNA 的浓度开始上升，合成 CO 蛋白质。但是细胞中的 CO 蛋白质是不断被降解的。只有日照时间足够长，才能使 CDF 蛋白持续降解，让细胞有足够的时间来合成 CO 蛋白，驱动成花素基因的表达，使需要长日照才开花的植物开花。如果日照时间不够长，FKF1 和 GI 无法形成 FKF1/GI 复合物，CDF 蛋白不能被降解，*co* 基因无法被活化，这些植物就不能开花。也就是说，日照的长度必须与 CO 蛋白有可能高表达的时间（下午）相重合，以便 FKF1/GI 复合物有时间形成并且降解 CDF，解除对 *co* 基因的抑制。日照时间过短，细胞就"等不到"CDF 被降解的时间，CO 蛋白不能在细胞中积累，*ft* 基因无法表达，植物也就不能开花（图 11-14）。

对于需要短日照才开花的植物，CO 蛋白的调节机制是一样的，也是长日照在下午生成足够的 CO 蛋白。但是在这些植物中，CO 蛋白不是作为 *ft* 基因的激活物，而是抑制物。所以在长日照下反而不能开花。只有在短日照下，CO 蛋白不能生成，*ft* 基因才能够表达，导致开花。

动物生理的季节性变化

许多动物生理活动的季节性变化是很明显的，例如一年一度的发情和交配期，熊和土拨鼠的冬眠，狗春秋两季换毛，候鸟和蝴蝶每年定期长距离迁徙等。这些以年度为周期的活动也主要是根据日照的长短来控制的，因为日照时间随着季节的变化就能够提供季节变化的最准确的信息。

和植物一样，动物生理活动的季节性变化也是在昼夜生物钟的基础上发生的。是日照的长短决定了控制这些生理活动基因是否在昼夜生物钟提供的能够发挥作

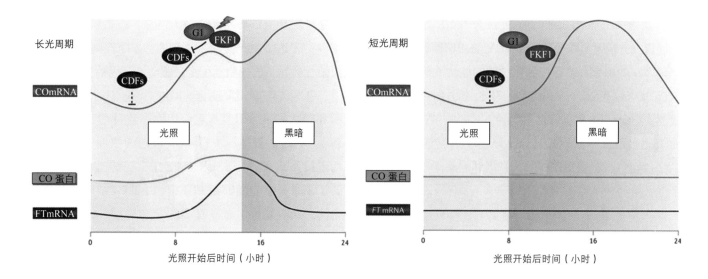

图 11-14　光照长短对和植物开花控制的机制。只有光照的时间足够长，CDF 才能被持续降解，使植物开花。在短日照时，CDF 不能被持续降解，植物也就无法开花

用的时间窗口中，也就是光照的时间是否能够与生物钟提供的有关节律相重合。植物的开花是通过 CO 蛋白在昼夜生物钟中的表达时间是否能够被光照持续激活而控制的，而在动物中，控制季节性生理活动变化的分子主要是甲状腺素，特别是其中的三碘甲状腺素（T_3），而日照长短决定了 T_3 在血液中的浓度随季节的变化。

在 20 世纪 30 年代，科学家就发现，鸭的生殖周期是由甲状腺控制的。随后，甲状腺控制动物生理周期的作用也在其他动物身上发现，包括欧洲掠鸟、鹌鹑或者绵羊。除去动物的甲状腺，生理活动的季节性变化就消失。在动物脑中植入能够释放 T_3 的物质，动物的性腺就一直处于活跃状态，也能够防止短日照导致的动物性腺的衰退，说明甲状腺素中的 T_3 传递的是长日照的信息。T_3 不仅控制动物的生殖周期，也控制动物的新陈代谢速率和体热生成。在两栖类动物中，T_3 还控制身体状态的转变（metamorphosis），例如从蝌蚪变为青蛙。

在一年中的各个时期，动物血液中和脑脊液中甲状腺素的总量是基本恒定的，但是最具活性的 T_3 的浓度却呈季节性变化，在长日照时高，在短日照时低。研究发现，T_3 的量是由两个酶控制的。脱碘酶 2（DIO2）能够把活性低的 T_4 转换为活性高的 T_3，而 DIO3 能够把 T_3 转变为 T_2，或者把 T_4 转换为反式 T_3（rT_3）。DIO3 的这两个活性都导致 T_3 浓度的降低。

而褪黑激素是动物生物钟输出节律信号的分子，在没有光照时生成和释放，相当于是在报告黑夜的长度。那么褪黑激素的信号又是如何转换成 T_3 浓度的季节性变化的呢？用碘标记的褪黑激素进行的结合实验表明，在各种动物脑中，褪黑激素受体表达最高的部位都在脑下垂体中的一个部分，叫做垂体结节部（PT）。褪黑激素能够控制 PT 里面的生物钟，让一个叫做 EYA3 的蛋白周期性地表达，而且是在褪黑激素开始作用的 12 小时之后 EYA3 才能开始被合成，即这个时候细胞才具有活化 eya3 基因的条件。但是有条件不等于就真的能够活化，还要看其他的调控因素。在短日照期间，褪黑激素开始作用时间的 12 小时后，动物仍然得不到光照，褪黑激素持续分泌，这样造成的细胞内高浓度的 cAMP 会抑制 EYA3 的合成，使得 EYA3 蛋白的浓度无法上升。而在长日照期间，12 小时后已经是黎明，光照能够降低褪黑激素的分泌和细胞中 cAMP 的浓度，解除对 eya3 基因的抑制，EYA3 得以大量合成。EYA3 能够驱动促甲状腺激素 β 亚基（TSHβ）的合成，TSHβ 和细胞中一直表达的 TSHα 结合，形成促甲状腺激素

（TSH）。TSH 能够驱动甲状腺中 DIO2 的合成，抑制 DIO3 的合成，使 T3 的量增加，从而影响动物季节性的生理活动变化。

在这里，动物的 EYA3 就相当于植物的 CO，动物的 TSH 就相当于是植物的成花素。EYA3 和 CO 都受昼夜生物钟的控制，而且都需要长日照才能被合成，因此动物和植物使用相同的机制来实现对生理节律的季节性变化，即通过日照的时间窗口与昼夜生物钟能够使某种成分发挥作用的时间相重合，达到开关季节性生理活动的效果。

甲状腺素控制动物季节性节律的历史非常悠久。棘皮动物和原始的脊索动物如文昌鱼就用甲状腺素来控制繁殖周期。鱼类没有垂体结节部 PT，但是有一个叫做血管囊（SV）的分泌器官，其中的 DIO2 和 TSHβ 也呈现季节性的变化。除去鲑鱼的血管囊 SV，它的季节性节律就消失，这说明促甲状腺激素信息通道控制动物的季节性节律在动物中早就出现了。EYA 的历史更为悠久，昆虫（例如果蝇）就用 EYA 来控制眼睛的生成，其名称 eyes absent 就表明它与果蝇眼睛的发育有关。

这些事实说明，昼夜生物钟是生物，无论是植物还是动物，生理活动季节性变化的基础，是昼夜生物钟设定各种具有控制功能的蛋白质可能出现的时间，再用日照长短与这个时间符合的情况决定这些蛋白质是不是真的能够形成和在细胞中积累。

本章小结

从各种真核生物的昼夜生物钟的构成和工作原理可以看出，真核生物昼夜生物钟的构成和运行机制高度一致，都是利用各种反馈回路和 mRNA 进入细胞质、蛋白质进入细胞核的时间差来组成振荡系统，都属于转录 – 翻译回路组成的生物钟（TTFL）。

不仅如此，生物钟核心回路中的转录因子和抑制物都是二聚体，而不是单一蛋白质。在真菌（例如脉胞霉）的生物钟中，转录因子是 WC-1/WC-2 二聚体，负反馈抑制物是 FRQ/GRH 二聚体。在昆虫（例如果蝇）的生物钟中，转录因子是 CLK/CYC 二聚体，负反馈抑制物是 PER/TIM 二聚体。在哺乳动物（例如人）的生物钟中，转录因子是 CLOCK/BMAL1 二聚体，负反馈抑制物是 PER/CRY 二聚体。在植物（例如拟南芥）的生物钟中，转录因子是 LHY/CCA1 二聚体，负反馈抑制物是 PRR9/TPL 和 PPR7/TPL 二聚体。两个蛋白质结合成一个单位，可以产生新的功能和新的调节这些功能的机制，比如结合于 DNA、调节蛋白质的生物活性和对温度的反应、控制蛋白质进出细胞核、影响蛋白质的稳定性以及结合第三个蛋白质分子等等。二聚体相对于单体的优越性使得所有真核生物的生物钟都使用二聚体。

除了反馈回路，蛋白质的磷酸化和去磷酸化能够影响蛋白质的稳定性和活性，也是影响生物钟周期的重要机制。使用多种类似的蛋白质，例如多种 PER 蛋白质和 CRY 蛋白质，可以对生物钟的周期进行更精确的调控。

这些昼夜生物钟可以通过对光敏感的蛋白质来影响生物钟核心成分的表达或者活性，以达到调控生物钟周期的目的。例如真菌的 WC-1 自身就可以感受蓝光而被活化，而同样能够感受蓝光的 VID 蛋白却能够与 WC-1 结合，抑制 WC-1/WC-2 复合物的活性。果蝇的 CRY 蛋白可以接受蓝光，促使 TIM 的降解；果蝇复眼中的黑视素在受到光激发时，会通过 G 蛋白活化磷脂酶 C 的信号传递通道，使感光细胞分泌组胺，作为将信号传向果蝇脑中节律细胞的分子。人眼睛视网膜中的感光节细胞也通过黑视素感受光照，激活磷脂酶 C 信号通道，在延伸至 SCN 的神经突触上分泌谷氨酸盐和 PACAP 作为传递光信号的神经递质，调节 per1 和 per2 基因的表达。在植物中，ZTL 能够受蓝光激发，降解 TOC1 蛋白，LWD 蛋白也能够传递光照信号，激活 PRR 蛋白和 TOC1 蛋白的表达。

这些真核生物的昼夜生物钟信号输出的方式也相同，即主要依靠同样的使生物钟成分振荡的机制来控制效应基因的表达。

真核生物昼夜生物钟的这些共同特性表明，生物钟的形成是相对"容易"的，因而可以在不同的生物中使用不同的蛋白质作为昼夜生物钟的"元件"，而不必固守最古老的生物钟的构成。这也是可以理解的，因为正反馈回路和负反馈回路本来就在酶反应中广泛存在，酶作用的产物反过来影响酶的活性或者酶的表达是相当普遍的现象。只需对这些系统加以改造，让多个反馈回路彼此相连，就有可能"造"出近于24小时节律的生物钟来。

生物的年度生物钟是在昼夜生物钟的基础上，通过日照长短与昼夜生物钟设定的各种具有控制功能的蛋白质可能出现时间的符合情况决定这些蛋白质是不是真的能够形成和在细胞中积累。

从化学反应的反馈回路发展出基因表达的周期性振荡，到能够与地球光照24小时节律相符的生物钟，再到发展出以年为周期的生理节律，让生物利用已经有的化学反应和细胞结构发展出对时间变化做出反应的机制，再次证明了生命活动的巧妙和演化过程的强大威力。

第十二章

动物的感觉
CHAPTER 12

动物都是异养生物，是靠吃别的生物生活的，在多数情况下还吃活的生物，这就要求动物有探测到别的生物在附近存在的手段，例如变形虫发现细菌，蜻蜓发现蚊子，老虎发现野猪，牛、羊发现青草。供动物吃的生物不会只在一个地方存在，动物在吃完一个生物之后，必须要寻找新的进食对象，这就要求动物运动。动物既然要运动，就必须知道周围的地理状况，哪里有障碍物，哪里有悬崖，哪里有水塘，以便绕开这些地方。反过来，被捕食的动物，例如被老虎吃的野猪，也必须能发现老虎的存在，及时逃离。动物要繁衍，必须进行交配，这就必须要有感知潜在配偶的能力。寻找合适的生存环境、产卵场所，也需要对环境状况有所了解。凡此种种，都需要动物有感知外部世界信息的机制，这是通过动物的各种信息受体来执行的。

并不是只有动物才具有接受外部信息并做出反应的能力，原核生物中的细菌和古菌，真核生物中的植物和真菌，也可以接收外界信息并做出反应（见第八章和第十章），但是细菌、古菌、真菌和植物对外界信息做的反应只是程序性的，和空调系统对外界温度变化做出反应没有本质的区别，这些信息也不会产生感觉。动物为了有效地捕食和避免被捕食，发展出了神经系统。神经系统可以对各种外界信息进行加工和解读，赋予不同类型的外界信息以不同的主观色彩使动物了解，这就是感觉。例如对光线信号的解读就是视觉，对空气振动信号解读就是听觉，对机械力及其变化的信号解读就是触觉，对分子结构信息的解读就是味觉和嗅觉，对伤害性信号解读就是痛觉或者痒的感觉等。感觉是动物在清醒状态下对外界信号有知觉的接收和主动解读，使动物能够有意识地对外界刺激做出反应。相比于没有感觉的程序性反应，感觉是生物在接收和处理外界信息方式上革命性的飞跃，并由此产生了自我意识、情绪，也导致了动物思考和智力的出现，即在原来程序性反应纯物质过程的基础上，产生了精神活动。

在本章中，我们将分别介绍动物的这几种主要感觉、它们的分子机制，以及形成和发展的过程。在下一章 动物的智力中，我们再介绍在感觉基础上产生的精神活动。

第一节　感受电磁波的视觉

从生命的形成过程开始，地球上的生命就和来自太阳的光照有不解之缘。来自太阳的电磁辐射使得像氨、甲烷、氢、水这样的小分子在太空微粒上形成了生物大分子的前体分子，使得最初的生命得以诞生；太阳光所携带的能量使得地球上的水能够以液态存在，而这是以水为介质的生物形成和发展的首要条件。在最初的生命形成之后，太阳光又很快成为一些生物（例如蓝细菌的主要能量来源（见第二章第十二节），由此演化出的光合作用为现今地球上几乎所有生命活动提供能量。我们吃的食物，不管是植物性的，例如粮食、蔬菜、水果，还是动物性的，例如肉食、牛奶、鸡蛋，都是直接或者间接依靠太阳光的能量合成的。

除了供应能量，光线的另一个作用是提供信息。由于地球的自转和倾角，地球表面都不可能一直有太阳光的照射，而是要经历昼夜的变化，即光照条件周期性的节律。这使得光合作用不可能连续进行，与光合作用有关的化学反应也必须与此相适应，随光照条件而有周期性的变化。例如蓝细菌就在白天进行光合作用，放出氧气；为获取氮元素而进行的固氮反应，由于对氧气敏感，只能在晚上进行。这就要求有某种机制把这两个过程在时间上分开。一开始这种昼夜变化对于生物来说是被动的，但是后来生物就发展出了自己控制生命活动节律的机制，主动控制各种生命活动的昼夜变化，外来光线只起校正，即"对表"的作用，这就是生物钟。对于生物钟，光照强度的昼夜周期性变化本身就是信息。生物通过能够感知光照的分子接收这些光线强度相对缓慢的（以小时和月计），周期性变化的信息，调节自己的生物钟。在前一章中，我们已经介绍过生物钟。

除了光线昼夜和年度的变化，光线还可以提供另一种信息，即周围世界的瞬时（无延迟）的状况，由动物的视觉系统来接收。视觉功能的出现与电磁波的性质有关。电磁波，特别是可见光范围的电磁波，在遇到反射面之前在均匀介质中只能向一个方向前进，而且穿透能力有限，在物体的迎光面和背光面就会形成有光和无光的差别。由于电磁波又能够被物体表面反射，背光处也可以通过反射光获得一定程度的照射，而且通过多次反射，电磁波可以达到几乎所有的角落和缝隙。通过直接照射和反射，就可以使所有能够接触到空气或者水（二者都是对光通透的）的表面有一定程度的光照射，在物体不同的位置产生明暗变化。对于多数物体的表面来

讲，光线常常可以同时向各个方向反射，因此就有可能从几乎所有的方向（如果没有物体阻挡光线的话）获得这个物体通过光线传达的信息，包括物体的方位、形状、大小等。由于物体表面粗糙程度不同，不同的物质对光线中不同波长的波段吸收和反射情形不同，反射光还能够传递物体表面性质的信息，例如颜色和质地。由于光线可以远距离传输，而且传输速度极快，在可视距离上几乎没有时间差，光线所传输的信息可以瞬间到达，这对动物是极有价值的。相比之下，空气传输振动信息（通过听觉接收）的速度比光速慢近100万倍，气味分子在空气中扩散的速度更慢，听觉和味觉信号的到达会与信号源有时间差。动物要捕食、要逃避天敌、要寻找合适的生活场所，要发现配偶，要照顾子女，都需要通过光线获得周围世界瞬间的信息。

生物对光线信息的利用能力，即视觉，不是一步到位的，而是有一个从低级到高级，从简单到复杂的发展过程。一开始生物（不仅是动物）只能探测到光强度的变化而不能辨别光线的方向，进一步的视觉功能能够辨别光线的方向，更高级一些的视觉功能可以形成简单的图像，这就是只有动物才有的功能了，它使动物能够大致辨别物体的大小形状。而在身体几倍距离之外，捕食者或者被捕食者所占据的视角就很小了，要在较长的距离上准确地识别对象，就需要更精美完善的视觉器官来形成高解析度图像。这是一个漫长的发展过程，其间生物进行了各种尝试和发明，使用了人类制造成像设备时曾经使用过的几乎所有手段，生成了各式各样的眼睛。而所有这一切都是利用生物材料来完成的，是任何一架精美相机也无法比拟的，这真是一个奇迹。在这一节中，我们将用比较多的篇幅，详细介绍动物视觉功能的出现和发展过程，看看这个奇迹是如何逐步实现的。

接受光线信息的分子

要从光线中获得信息，必须要有分子对光线做出反应。要知道什么样的分子适合从太阳辐射中获取信息，首先要了解太阳辐射的组成。太阳辐射能的99%集中于波长为150～700纳米的电磁波中，其中可见光区（对人眼是390～700纳米）约占总辐射能的50%，红

外光区（波长大于 700 纳米）约占
43%，紫外光区(波长小于 390 纳米)
只占约 7%。由于大气层，特别是
大气中的水和臭氧对太阳辐射的吸
收，在到达地面的太阳光中，53%
是红外线，44% 为可见光，只有 3%
为紫外线（见图 2-28）。

红外线虽然占地表阳光能量的
大部分，但由于其光子的能量太
低，不足以在生物分子中激发出适
合用于信息传递的变化，不适合用
来接收信息。从生物分子的结构
来看，多数分子都能够吸收紫外
线。例如核酸（DNA 和 RNA）中
的碱基（嘌呤和嘧啶）在 260 纳米
有吸收峰，在 200~210 纳米区域的
吸收更强。蛋白质中色氨酸、酪氨
酸和半胱氨酸残基的侧链也能够在
200~315 纳米有吸收，在 230 纳米
和 280 纳米有吸收峰。蛋白质的肽
键则在 205 纳米有吸收峰。然而，
紫外线由于具有高能量，对生物分
子例如 DNA 和 RNA 有伤害作用，
造成核酸链的断裂，所以这些吸收
不太适合用来接收信息。不过在特
殊情况下，也有利用紫外光来接收
信息的例子。

直接接收紫外光信息的蛋白质 UVR8

由于紫外光对 DNA 有伤害作
用，动物一般不从紫外光中获取信
息，但是对于不能移动以躲避紫外
光的植物，却能够利用蛋白质本身
对紫外光的吸收来感知紫外光并且
做出相应的反应。例如植物中有一
个蛋白质叫 UVR8，其基因发生突
变后会使植物对紫外线的破坏作用

非常敏感。研究表明，UVR8 中第
233 位和第 285 位的色氨酸在紫外
吸收中起主要作用。在这两个氨基
酸残基附近还有一个精氨酸残基，
在它们之间形成盐桥。这样 UVR8
以同质二聚体的形式存在于细胞质
中，在吸收波长 280 ~ 315 纳米的
紫外光后，盐桥破裂，蛋白质从
二聚体变为单体，进入细胞核中，
与一个叫 COP1 的转录因子相互作
用，启动一些能够保护植物不受紫
外照射伤害的蛋白质合成，例如合
成大量的捕光复合物（参看第二章
第十二节及图 2-31），让 UV 的能量
以热的形式放出。因此这个蛋白质
是真正感知紫外辐射，并且使植物
做出保护反应的分子，也可以看成
是植物最基本意义上的"视觉"（图
12-1）。UVR8 类型的分子在衣藻和
团藻中就有了，说明这种感知紫外

辐射的蛋白质分子有很长的历史。

不过这样的光反应蛋白只能感
知紫外辐射，还不是动物需要的感
知以可见光形式传递的外部世界的
其他信息。

接收可见光所携带信息的分子

能够在可见光范围内接收信息
的，是含有由多个双键组成的大共
轭系统的分子。这样的分子包括叶
绿素、黄素和视黄醛。

叶绿素
进行光合作用的蓝细菌就使用
叶绿素来获得太阳光的能量。由
于其卟啉环所含有的巨大的共轭系
统，叶绿素在可见光范围内有很强
的光吸收。叶绿素和蛋白质结合，
受光激发时能够射出高能电子，用

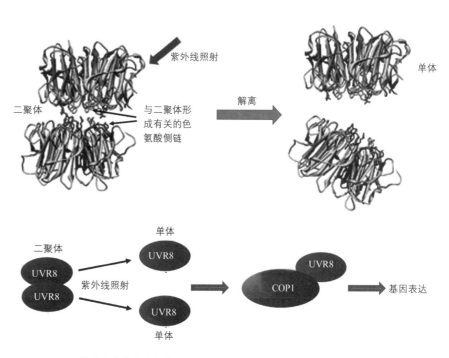

图 12-1　UVR8 接收和传递紫外光信号

于 ATP 合成和二氧化碳的还原（见第二章第十二节）。光合作用能够激发细胞内的一系列化学反应，也可以算作最广泛的意义上接收光信息的分子。但是它的作用更多的是"启动"（只要有光照射，同样的化学反应就会开始）光合作用，并不是生物用来了解周围环境状态及其变化的分子，所以动物真正的视觉功能并不使用叶绿素分子。

黄素

单细胞的眼虫（Euglena）具有叶绿体，可以利用叶绿素吸收光线，进行光合作用，像植物。但是它又有鞭毛，可以游泳，这又像动物。不仅如此，在鞭毛的根部还有一个眼点，可以感受光线，而且通过旁边色素颗粒的遮挡，可以感知光线的方向（见图 12-7）。眼点中用于感受可见光的是一个叫黄素的分子，它具有三个环并在一起的大共轭结构，因此在可见光区域有吸收峰，峰值在 450~470 纳米，根据与之结合的金属离子不同而不同。

黄素分子与一个核糖醇（ribitol）分子结合，就变成核黄素（riboflavin），为 B 族维生素的成员。核黄素再连上一个磷酸根，就变成黄素单核苷酸（FMN）。黄素单核苷酸再与腺苷酸相连，就变成黄素腺苷二核苷酸（FAD）。FMN 和 FAD 都可以结合在蛋白质分子上，成为这些蛋白的辅基。在眼虫的眼点中，一个 FAD 分子结合在一种蛋白质分子上，把光线传递的信息转移给蛋白质分子。这个蛋白质本身又是一个酶，叫做腺苷酸环化酶。在受450 纳米的蓝光激发时，FAD 分子

与酶分子中第 21 位上的酪氨酸之间的氢键发生改变，激活腺苷酸环化酶的活性，将 ATP 分子转化为环腺苷酸（cAMP）。cAMP 是一种信息分子，能够改变鞭毛摆动的方式，使眼虫向着光线的方向游动。在这里，从黄素分子到 cAMP，再到鞭毛摆动，已经构成了一条完整的信息传递链，因此眼点已经是真正接收光线信息的结构，可以看成是眼虫的"视觉"。这条信息传递链在没有神经系统的情况下就开始起作用，说明依赖神经细胞传递信息的视觉系统是后来才发展出来的（图12-2）。

不过用黄素分子来做获取光线信息的分子不是很理想。除了在眼虫的眼点中发挥作用外，黄素还有其他重要的生理功能：FMN 和

FAD 是许多酶，特别是各种脱氢酶的辅基，在细胞的氧化还原反应中起传递氢原子的作用（见第二章第九节），所以黄素并不是专门接收光信号的分子。由于这个原因，使用黄素分子的"眼睛"只限于非常简单的单细胞生物，而动物的眼睛，包括人的眼睛，则需要专门用来接收可见光信号的色素分子视黄醛。

视黄醛

视黄醛（retinal）是生物用来接收光线能量和感知光线信息的分子。它出现的时间非常早，在原核生物的蓝细菌中就出现了，说明它已经有几十亿年的历史。视黄醛的结构和维生素 A 的结构非常相似，可以由维生素 A（视黄醇 retinol）经过脱氢反应而成（图 12-3）。视黄

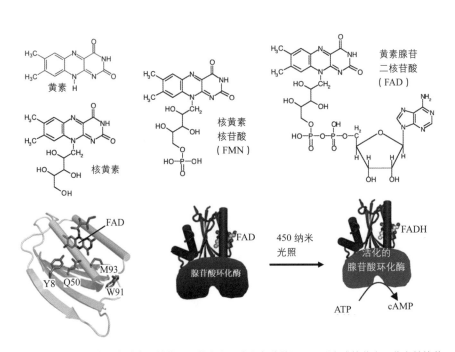

图 12-2 黄素分子在眼虫感光中的作用。黄素分子连上各种基团，可以变成核黄素、黄素单核苷酸（FMN）和黄素腺苷二核苷酸（FAD）。左下为腺苷酸环化酶结合 FAD 的部分，显示部分 FAD 分子和与之相互作用的氨基酸侧链。下中显示蛋白中具有腺苷酸环化酶活性的部分（下）和结合 FAD 分子的部分（上）

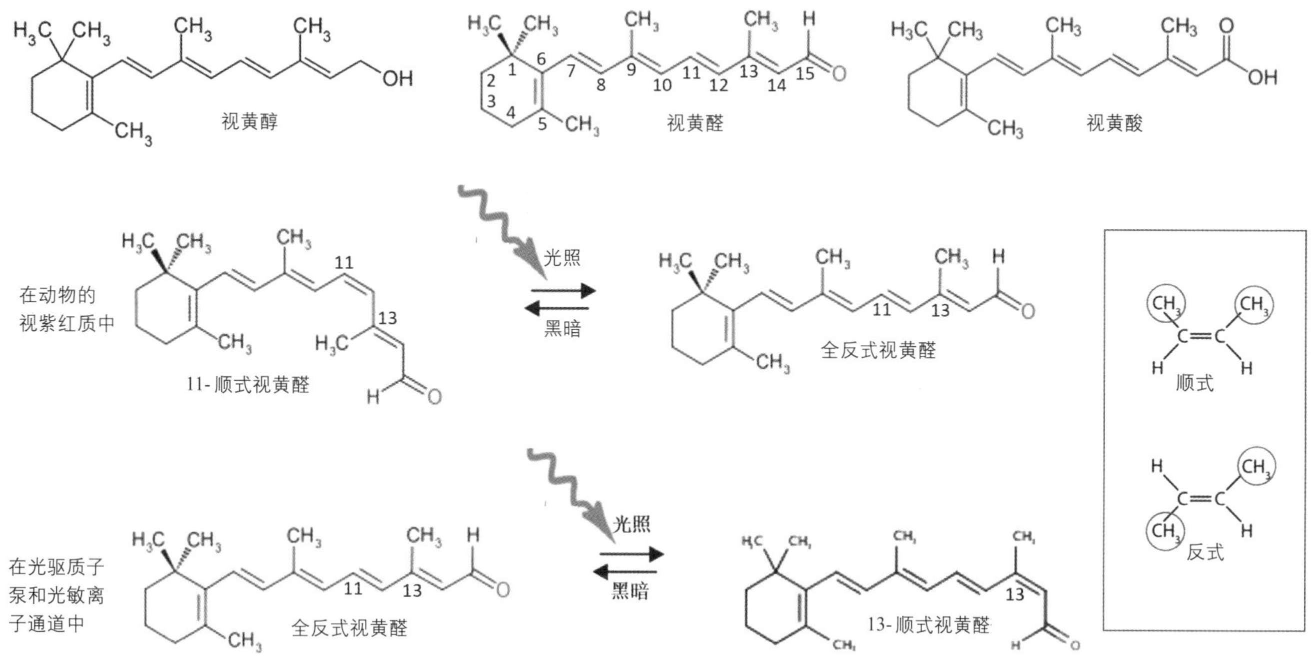

图 12-3　视黄醛在生物体的功能。视黄醛可以由视黄醇（维生素 A）脱氢而来，也可以进一步氧化成为视黄酸。上图中部给出了视黄醛分子中碳原子的编号。在动物的视紫红质中，无光照时视黄醛分子的形状是"弯棍"，即 11- 顺式。光照使其变为"直棍"，即全反式

醛进一步氧化，还会变成视黄酸，在动物身体发育中起重要的信息分子的作用（见第六章第二节）。

仅从视黄醛的分子结构来看，好像它并不适合作为接收可见光信息的分子。视黄醛含有由两个异戊二烯单位连成的长链，这个长链与一个带有三个甲基的 6 碳环相连。这个 6 碳环中有一个双键，这个双键再加上长链中的 4 个双键，组成一个含有 5 个碳碳双键的共轭系统。虽然分子吸收峰的位置是随着共轭系统中双键数目的增加而向波长增加的方向移动的，即使这样，视黄醛的吸收峰仍然在紫外区域，峰值大约在 380 纳米。之所以视黄醛成为动物专用的视觉分子，和视

黄醛与蛋白质分子的结合有关。

维生素 A 异戊烯链的末端是一个羟基，所以也叫做视黄醇。而羟基是不容易和蛋白质分子中氨基酸的侧链结合的。如果把这个羟基脱氢，变成醛基（C＝O），它就可以和蛋白质分子中的一个赖氨酸残基上的氨基以共价键结合，形成一个叫"席夫碱"（Schiff base，由氨基和羰基缩合而成的 C＝N 键）的结构，这样视黄醛就可以与蛋白质分子以共价键相连了。不仅如此，席夫碱上的氮原子还能够和蛋白质中带羧基的氨基酸侧链上的氢离子结合，叫做席夫碱的"质子化"（protonated）。这个质子化非常关键，因为它会改变视黄醛吸收光的

频率，从原来的 380 纳米(紫外区域)移到可见光的范围内（500 纳米或更长）。和视黄醛结合的蛋白质叫做视蛋白（opsin），它是一个膜蛋白，有 7 个跨膜区段。由视黄醛和视蛋白共价相连组成的分子叫视紫红质（rhodopsin）。在下面我们可以看到，视紫红质这个名称里面虽然有一个"视"字，那是因为它的一个主要功能与动物的视觉有关，其实它还可以做与视觉无关的事情。

要了解视黄醛这样结构相对简单的分子如何能够成为接收可见光信号的分子，除了在与蛋白质结合后能够吸收可见光，维生素 A 和视黄醛还有一个特殊的本领，就是在受光照时改变形状，其异戊二烯链

的部分在"弯棍"形状和"直棍"形状之间来回变换。由于视黄醛是以共价键与视蛋白相连的，视黄醛的这个形状变化也会影响到蛋白质的形状，可以为生物做许多事情。

从化学上讲，从"直棍"变"弯棍"是其中的一个双键的结构从反式变成了顺式。"反式"这个名称，也许你在"反式脂肪酸"这个说法里面已经听到过了。要理解什么是反式，就需要知道碳原子之间单键和双键性质上的差别（见第一章第一节和图 1-1）。由于碳原子是四价的，即可以有四个电子和其他原子形成化学键，双键用了两个电子，每个碳原子还有两个电子和其他原子作用，其中一个是和碳链中的另一个碳原子成键。由于碳碳双键的性质，这个化学键必须在双键的平面上。这样，在双键两头与下一个碳原子相连的化学键就有两种方向，或者在双键的同一侧，叫做顺式，或者在双键的不同侧，叫做反式（见图 12-3 右下）。

光线照射能够激活双键中的电子，使双键暂时处于单键状态。在双键恢复时，就可以从反式转变为顺式，或者从顺式变为反式。在动物的视紫红质中，无光照是"弯棍"形式，即 11- 顺式视黄醛，光照使它变为"直棍"，即全反式。这个变化发生在第 11 位碳原子所在的双键，即从席夫碱数起的第二个双键。在细菌的光驱质子泵和衣藻的光敏离子通道（见下文）中，没有光照时视黄醛是"直棍"，光照时变为"弯棍"，即 13- 顺式视黄醛，变化发生在从席夫碱数起的第一个双键（见图 12-3）。

视黄醛的非视觉功能

与蛋白结合的视黄醛由于其能够在可见光照射时"弯腰"，并且把自身的形状变化传递给与之相连的蛋白质分子，可以发挥多种作用，我们先介绍一些视黄醛与视觉无关的作用。

有些古菌是"嗜盐菌"，可以在饱和盐溶液中生活。其中盐杆菌（Halobacteria）的细胞膜呈紫色，因为膜上含有大量的视紫红质蛋白，叫细菌视紫红质（菌紫红质）。它也有 7 个跨膜区段，在细胞膜内围成筒状。视黄醛就位于筒的中央，与第 216 位的赖氨酸形成席夫碱共价连接。这个席夫碱上的氮原子能够和第 96 位上的

天冬酰胺残基上的一个氢离子结合，即质子化，使细菌视紫红质中视黄醛能够吸收 500~650 纳米的光（绿色和黄色），其吸收峰在 568 纳米，所以看上去为紫红色。它在受光照射时可以改变形状，从全反式变为 13-顺式，也就是形状从"直棍"变成"弯棍"（见图 12-3）。由于视黄醛的长链是一个由双键组成的大共轭系统，是具有"刚性"的，这个形状变化就把从氢离子从蛋白质位于细胞质附近第 96 位上天冬酰胺残基上转移到位于膜另一边第 85 位的天冬酰胺残基上，再释放到细胞膜的外面（见图 2-30）。所以细菌的视紫红质直接利用光能来产生跨膜氢离子梯度，可以被用来合成 ATP，是细菌直接利用光能的巧妙机制。这个利用光能的方法虽然直接快速，但是它只能形成跨膜质子梯度，而不是像光合作用那样还同时产生具有还原作用的高能电子用来进行有机合成，所以只有少数微生物使用它。

视黄醛分子形状的改变，还能够带着与它相连的蛋白质分子改变形状，在细胞膜上形成离子通道。例如莱氏衣藻细胞膜上就有光敏离子通道（channelrhodopsin）。这种蛋白也含有 7 个跨膜区段，并且和视黄醛形成席夫碱共价连接，而且席夫碱也是质子化的，以便从可见光中吸收能量。科学家从莱氏衣藻中克隆到两个光敏离子通道基因，分别叫做 *ChR1* 和 *ChR2*。其中的 ChR2 蛋白吸收蓝光，其吸收峰在 480 纳米。蓝光的激发使得原来的全反式的视黄醛分子变成 13- 顺式视黄醛，即分子从"直棍"形变成了"弯棍"形（见图 12-3）。这个变化带着蛋白质分子的形状也随之变化，在分子七个跨膜区段围成的管状结构中"拉"开一个直径 0.6 纳米的通道，使得各种阳离子，例如氢离子、钠离子、钾离子和钙离子通过细胞膜，使膜电位去极化（即减少膜电位的幅度），影响鞭毛的摆动方式，使得衣藻朝光源方向游动（趋光性）（图 12-4）。

嗜盐菌视紫红质作用正好相反，在受橙色光照射时也可以打开膜上的离子通道，不过这种离子通道不是让阳离子通过，而是让带负电的氯离子通过细胞膜，使细胞极化（即跨膜电位增加），阻止细胞被激活。

在动物中，含有视黄醛的蛋白质分子视紫红质能够感知光照的昼夜变化，并且把光信号传输到神经系

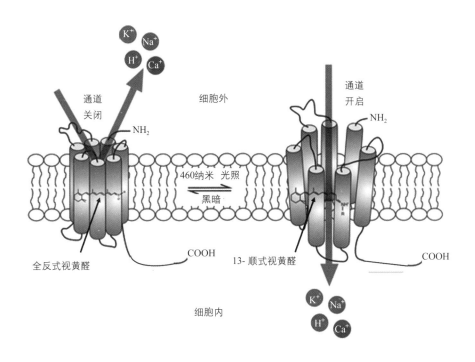

图 12-4　莱氏衣藻的光敏离子通道。离子通道结合有视黄醛。在没有光照时，视黄醛分子是"直棍"形，即全反式的，这时离子通道是关闭的。蓝光的照射使得视黄醛分子从"直棍"变为"弯棍"，即 13- 顺式，这个形状改变带动离子通道形状改变而开启，让各种阳离子进入细胞，使细胞去极化，改变鞭毛的摆动方式

统中，调节动物自身的生物钟（见第十一章第二节）。

视黄醛的视觉功能

含有视黄醛的视紫红质除了在微生物中作为光驱质子泵和光启离子通道外，它最重要的功能是在动物的视觉中发挥直接接受可见光信息的功能。它所用的视黄醛和前面提到的视黄醛是同样的分子，与视黄醛结合的蛋白质也是视蛋白，具有七个跨膜区段。视黄醛也是与视蛋白分子中第七个跨膜区段中部的一个赖氨酸残基（相当于牛视网膜中视蛋白第 269 位的赖氨酸残基）形成席夫碱共价连接，而且这个席

夫碱也是质子化的，所以动物体内的视紫红质和微生物细胞中作为质子泵和离子通道的视紫红质是同类的分子。虽然它们的氨基酸序列已经很少具有共同性，但是它们的空间结构却高度一致，与视黄醛的连接方式也相同，所以它们应该是从同一种具有 7 个跨膜区段的膜蛋白演化而来的。微生物光驱质子泵和光敏离子通道视紫红质中视蛋白的氨基酸序列只有 20% 相同，和光启氯离子通道只有 30% 的氨基酸序列相同，而动物的视蛋白已经几乎看不出与微生物的视蛋白有什么氨基酸序列相同，这说明最初那个视蛋白出现的时间非常早，动物的视紫红质、微生物的光驱质子泵和光敏

离子通道已经彼此分开很久了。

光驱质子泵和光启离子通道都直接利用光能，生理效应也由视紫红质蛋白本身来完成，而不与其他蛋白发生反应。而动物的视觉系统要收集可见光传来的信息，并且要把信息传递给效应器，以便做出反应，这就必须把信息传递给其他分子。在第八章第六节中，我们谈到过膜上受体蛋白接收细胞外的信息，并且把信息传递给 G 蛋白的受体，即 G- 蛋白偶联的受体（GPCR）。这些受体也具有 7 个跨膜区段，与视蛋白的远古祖先是同类蛋白质。在原始视蛋白演化的过程中，有些视蛋白获得了与 G 蛋白相互作用的功能，也就获得了通过 G 蛋白传递信息的能力，成为 GPCR 家族的成员。正是因为与 G- 蛋白的相互作用能够把可见光里面的信息传递出去，这些视蛋白才能够在动物视觉系统的发展中起作用。

为了与 G 蛋白偶联以传递信息，视紫红质中视蛋白与视黄醛结合的席夫碱被质子化的情形与光驱质子泵和光启离子通道有所不同。在后二者中是一个天冬酰胺残基使席夫碱质子化，而在动物的视紫红质中，最初是通过相当于牛视网膜视紫红质中第 181 位的谷氨酸残基使席夫碱质子化。视蛋白对视黄醛"变身"的利用方式也不同：在光驱质子泵和光敏离子通道中，光照之前的视黄醛是处于全反式的状态，即"直棍"状态，是光照使视黄醛从全反式变为 13- 顺式，即"弯棍"状态。而在动物眼睛的视紫红质中，在没有光激发时视黄醛是处于"弯棍"状态，即 11- 顺式。光照

才使"弯棍"变"直棍",即全反式结构(见图 12-3)。

在原始视蛋白演化的过程中,与 G- 蛋白相互作用的方式不是只有一种,而是出现了两种,形成总的机制相似(都与 G- 蛋白相互作用),但是信息传递的具体机制却有区别的两种视紫红质。一种通过 G 蛋白活化磷酸二酯酶(PDE),磷酸二酯酶能够水解信息分子环鸟苷酸(cGMP),把它变成一磷酸鸟苷(GMP),从而降低细胞中 cGMP 的浓度。由于 cGMP 和 cAMP 一样,也是动物细胞中传递信息的分子,例如可以控制钠离子通道的开闭,改变膜电位,cGMP 浓度的改变就可以在细胞内启动信息传递链,对光照做出反应。

另一种信号通路不是活化磷酸二酯酶,改变细胞中 cGMP 的浓度,而是活化磷脂酶 C(PLC)。磷脂酶 C 能够水解磷脂酰肌醇 -4,5- 二磷酸(PIP$_2$),把里面的磷酸肌醇水解出来,形成 1,4,5- 三磷酸肌醇(IP$_3$)。IP$_3$ 被分离出来以后,剩余的部分为"二酰甘油"(DAG)。IP$_3$ 和 DAG 都是细胞中重要的信息分子,可以把光信号传递下去(见第八章第七节)。我们在这里不需要记住所有这些细节,只需要记住动物视觉系统中有两种视紫红质,它们都通过 G- 蛋白传递信息,但是一种是通过活化磷酸二酯酶 PDE 改变细胞中 cGMP 的浓度改变信息,另一种是通过活化磷脂酶,生成 IP$_3$ 和 DAG 这两种信息分子就行了。

视黄醛是比较小的分子,基本上就是一个 6 碳环连上一个 8 个碳原子长的"尾巴",面积比叶绿素分子小得多,可见光的光子要"击中"视黄醛分子的概率也比较小。为了增加接收光信号的效率,一个办法就是增加视紫红质分子的数量。但是细胞膜的面积有限,即使"装满"了视紫红质分子,也装不了多少。解决这个难题的一个办法是使细胞膜起皱褶或者长出绒毛,以增加膜的面积。在这里动物细胞采取了两种方式来达到这个目的,而这两种方式都继承了动物祖先领鞭毛虫突出细胞的线状结构——鞭毛和领毛(见第五章第二节)。鞭毛是由微管支撑的,而领毛则是由肌纤蛋白微丝支撑的,所以它们是不同的结构(见第三章第六节)。领鞭毛虫的鞭毛在动物体中变成了能够摆动的纤毛,叫动纤毛,在气管中清除痰液、在输卵管中推动卵子前进、以及在脑室中推动脑脊液的流动。动纤毛失去摆动功能,就变成静纤毛,由于其细长的结构(巨大的表面积 / 体

积比),很适于视觉信息的接收。不过一根静纤毛面积毕竟有限,动物采取的办法,是让静纤毛横向扩展,长出许多片状结构,这些片状结构的方向与细胞的顶端膜平行,像许多盘子叠在一起。具有这样结构的感光细胞叫做睫状细胞或纤毛型细胞,简单地称为 c- 型细胞,我们眼睛里面的视杆细胞和视锥细胞就属于这种类型。领鞭毛虫的领毛在动物细胞上就变成微绒毛,它们从细胞的顶端膜长出,方向与细胞的顶端膜垂直,这样的细胞叫做箱状细胞,或微绒毛型细胞,简单地称为 r- 型细胞,昆虫复眼中的感光细胞就属于这类细胞(图 12-5)。在本书中,我们把睫状细胞称为纤毛型细胞,把箱型细胞称为微绒毛型细胞。

由于动物的两种视紫红质在结构上有细微差别,它们分别进入两种结构不同的细胞膜皱褶中,成为接收光信号的分子。活化磷酸二酯酶、改变细胞中 cGMP 的浓度和改变信息的视紫红质主要进入纤毛型细胞的膜皱褶中,被叫做 c- 型视紫红质;而活化磷酸二酯酶、生成 IP$_3$ 和 DAG 的视紫红质则主要进入微绒毛型细胞,被称为 r- 型视紫红质。r- 型视紫红质又被叫做视黑蛋白(melanopsin)。这两种视紫红质都被用来在动物的眼睛中吸收光线,随眼睛类型的不同,使用的视紫红质的类型也不同,但是从低级到高级的眼睛,c- 型和 r- 型的视紫红质都被使用。

多样化的眼睛

从低等动物到高等动物,随着身体功能的扩展,眼睛的构造也经历了从简单到复杂的变化,从单细胞生物的"眼睛",到多细胞动物身上一个细胞的"眼睛",到动物两个细胞组成的"眼睛",到动物的杯状眼、贝类的反射眼、昆虫的复眼、脊椎动物的单透镜眼(照相机类型的眼),最后到能够在视网膜上形成高分辨率图像的人眼,中间经历了多阶段、多方向的演化过程。人类制造各种成像器具的原理和方式,动物都尝试过,而且更加灵活多样。从功能上看,从只能感受光线强弱,不能感知光线方向;到能够感知光线方向,但是不能形成图像;再到大致图像的生成;最后到高解析图像的生成,也经历了多个步骤和发展方向。无论眼睛的构造和功能是简单还是复杂,都能够给生物有用的信息,增

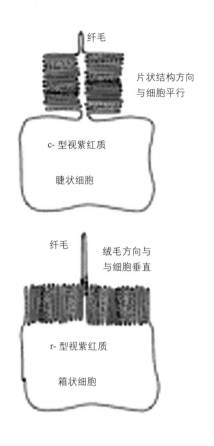

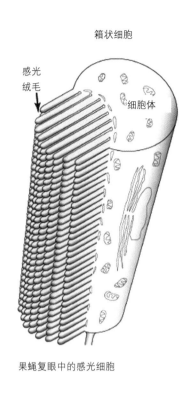

图 12-5 睫状细胞和箱状细胞

（图中标注）
纤毛
片状结构方向与细胞平行
c- 型视紫红质
睫状细胞

纤毛
绒毛方向与与细胞垂直
r- 型视紫红质
箱状细胞

睫状细胞
感光片状结构
纤毛
线粒体
细胞核
视杆细胞
视锥细胞

箱状细胞
感光绒毛
细胞体
果蝇复眼中的感光细胞

加它们生存的机会，所以即使在现在，这些不同类型的眼睛在动物身上仍然可以找到。这些眼睛所使用的，除了少数单细胞生物外，都是 c- 型和 r- 型两种视紫红质。下面我们从原核生物的光线感受机制讲起，以显示真核生物的眼睛是如何发展变化的。

没有眼睛也能感受光线

原核生物古菌中的嗜盐菌含有视紫红质分子，但是没有与视觉有关的结构，视紫红质分子简单地位于细菌的细胞膜上，因此也无法检测到光线的方向。但是这些视紫红质分子也能够给嗜盐菌有用的信息，在光线弱的时候游向光线强的方向，而光线过强时又能够向光线弱的方向游动，以避免紫外线的伤害。

嗜盐菌含有两种视紫红质分子和光线接收有关，叫做 SR Ⅰ 和 SR Ⅱ，分别接收橙色光和蓝色光。由于海水反射蓝色光的程度比反射橙色光的程度高（这也是为什么海水是蓝色的），橙色光一般代表比较深的地方的光线，而蓝色光代表比较浅的地方的光线，通过对这两种光线的感知，嗜盐菌就可以判断自己所处的海深，并且做出相应的反应。所以嗜盐菌虽然没有眼睛，却具有彩色"视力"。

嗜盐菌对两种不同光线的感知又是如何变成生物对光线不同的反应的呢？ SR Ⅰ 和 SR Ⅱ 各有自己的传递信息的分子，分别叫做 Htr Ⅰ 和 Htr Ⅱ。这两个传递信息的分子也是膜蛋白，含有两个跨膜区段，其在细胞质中的部分和一个叫 CheA 的组氨酸激酶相互作用。CheA 能够改变一个控制鞭毛摆动方式的蛋白（CheY）的磷酸化程度，在 CheY 磷酸化程度高时，鞭毛摆动方式变化频繁，嗜盐菌不断改变游泳方向。而 CheY 磷酸化程度低时，鞭毛改换摆动方式的频率降低，嗜盐菌能够比较长时间地维持原有的游泳方向（图 12-6，参看图 8-4）。

在海面以下较深的地方，橙色光强于蓝色光，主要是 SR I 被激活，通过 Htr1 抑制 CheA 激酶的活性，使 CheY 磷酸化程度降低，嗜盐菌能够长时间维持同样的游泳方向，朝着橙色光更强的地方游泳。如果嗜盐菌离海面很近，蓝色光比较强，更多的 SR II 被激活，使得 CheY 的磷酸化程度升高，游泳方向更频繁地改变，增加嗜盐菌逃离强光的机会。在第八章第二节中，我们已经介绍了化学信号是如何通过 CheA 和 CheY 系统影响细菌的游泳方向的（趋化性），这里我们可以看到不同波长的光线是如何利用同样的系统影响嗜盐菌游泳方向的

（趋光性 phtotaxis），只是它们使用的最初接收外界信号的蛋白质受体不同。嗜盐菌这种对光线的反应也使用了信息传递链，也可以被认为是广义上的"视觉"，但是这里没有光线的方向的信息，更没有形成图像，所以还不是严格意义上的视觉。

水螅是真核生物，而且是多细胞的动物，身体呈辐射对称，是动物中比较低级的（与两侧对称的动物相比较而言）。虽然水螅已经有神经系统，即由神经细胞组成的网络，但是并没有用于视觉的结构，这也许和水螅是固定在水中物体上，并不游动有关。水螅的触须在碰到猎物时，会射出刺细胞中的尖

刺，被伤害的猎物会释放出还原型的谷胱甘肽，这种谷胱甘肽就是一种化学信号，告诉水螅有食物，从而激发捕食反应。

尽管如此，水螅的 DNA 中还是有为视紫红质编码的基因，而且水螅对光照有反应。在用波长 550—600 纳米的光照射水螅时，触须收缩的频率会增加，同时也带动身体收缩。切除触须，身体对光的反应就消失，说明感受光线的细胞在触须上。用视紫红质蛋白的抗体来检查，发现视紫红质的确表达在触须上皮中的感觉神经细胞上。触动这些细胞同样会造成触须和身体的收缩，说明这些细胞能够感受不同类型的刺激。水螅这种对光线的反应也不涉及光线的方向，更没有图像生成，但是它能够启动信息传递链，引起身体的反应，所以和嗜盐菌一样，只是广义上的"视觉"。这只是视觉最初的发展阶段，真正的视觉就是在这样的基础上发展出来的。

单细胞生物的"眼睛"

单细胞真核生物虽然只由一个细胞组成，但是有些单细胞生物已经发展出能够感知光线方向的结构，并且能够能够根据光线的方向来判断自己游动的方向，从而能够游向光线强的地方（趋光效应）或者游向光线弱的地方（避光效应）。这就比原核生物不能探测光线的方向，只能通过光线强弱和波长的不同改换鞭毛摆动的频率来随机改变游动方向高明多了。之所以真核细胞能够做到这一点，是因为真核细胞除了细胞膜外，还有复杂的膜系

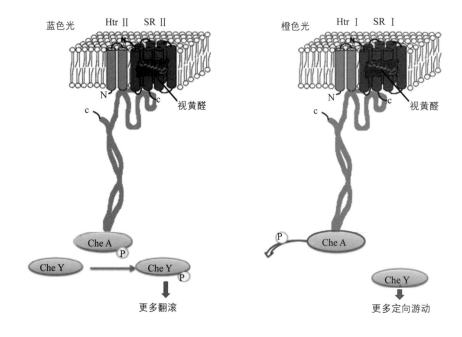

图 12-6　嗜盐菌的光感受和反应系统。细胞膜上的 SR II 受体含有视黄醛，能够被蓝色光线激活，通过蛋白－蛋白相互作用将信息传给膜上的另一个蛋白 Htr II。Htr II 的细胞内部分能够与细胞内的组氨酸激酶 CheA 相互作用，活化其激酶活性，并且将一个磷酸根转移到控制鞭毛摆动方向的蛋白 CheY 上，增加其磷酸化的程度，使鞭毛频繁改变摆动方向，以逃脱蓝光。在被深水的橙色光照射时，SR I 受体被激活，通过 Htr I 抑制 CheA 的激酶活性，使 CheY 的磷酸化程度降低，嗜盐菌更多地定向前进，以留在较深的水中

统,可以在细胞内形成具有方向性的感光结构。视紫红质不再像原核生物那样位于细胞膜上,而是位于细胞内专门感觉光线的膜系统中。

为了能够辨别光线的方向,真核的单细胞生物都在视紫红质聚集区域的旁边有色素颗粒以遮挡光,这样光线就不能够从所有的方向来。通过细胞自己的摆动,色素颗粒遮光的程度会有所变化,细胞就可以借此判断自己相对于光线的方向。

例如眼虫的"眼点"是橙红色的,这个橙红色并不是视紫红质的颜色,而是来自用来遮光的类胡萝卜素。真正接收光信号的是在鞭毛根部的一个结构,由多层折叠的膜组成,含有感光色素黄素。与黄素结合的蛋白把光信号转变成为信息分子 cAMP,改变鞭毛的摆动情

形,使眼虫朝着光线来的方向游动,而且在游动过程中根据光线的方向不断调整自己的游动方向(图 12-7 左)。

前面提到过的衣藻,作为光敏离子通道的视紫红质位于叶绿体的外侧的膜上,在其内面,叶绿体的膜之间,有许多由类胡萝卜素组成的色素颗粒。这些颗粒遮挡住来自叶绿体方向的光线,使衣藻能够辨别光线的方向。在接收到光信号后,视紫红质分子中全反式的视黄醛变成 13- 顺式,改变视蛋白的形状,打开离子通道,增加细胞内钙离子的浓度,改变膜电位和鞭毛的摆动方式,使衣藻朝向光线来的方向游动(图 12-7 右)。

如果我们把能够辨别光线的结构定义为最基本的"眼",那么眼虫和衣藻就具有最原始的眼。这样的

眼由两个基本部分组成,含有感光色素的膜结构,和含有遮光色素的结构,二者缺一不可。从最简单的眼睛到最复杂的眼睛,都含有这两个最基本的结构。

腰鞭毛虫的"微型人眼"

单细胞生物的"眼睛"也可以很复杂。一些腰鞭毛虫,例如 *Dinoflagellate erythropsis* 和 *Dinoflagellate warnowia*,就含有一个像人眼那样构造的眼睛,例如它有类似角膜和晶状体的结构,还有一个由膜折叠而成,类似视网膜那样的结构,视网膜的外面还包有一个半球面形状的色素杯,用于遮光。这个眼睛的形状还与由肌动蛋白组成的细胞骨架相连,通过肌动蛋白改变形状。这些特点使得腰鞭毛虫的

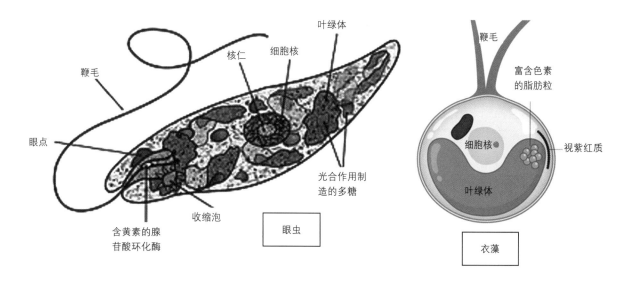

图 12-7 眼虫和衣藻的遮光结构。眼虫橙红色的眼点并不是感光结构,而是含有起遮光作用的胡萝卜素,真正的感光蛋白是位于鞭毛根部含黄素的腺苷酸环化酶。由于眼点的遮光作用,眼虫能够辨别光线的方向,通过 cAMP 控制鞭毛摆动的方向,向光线来的方向前进。衣藻用于感受光线的视紫红质位于叶绿体外侧的膜上,其对面的叶绿体部分含有许多富含胡萝卜素的脂肪粒,同样起到遮光的作用,使衣藻能够辨别光线的方向

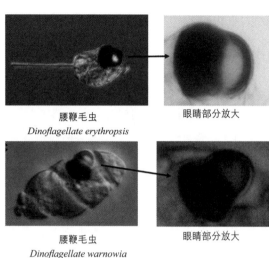

腰鞭毛虫
Dinoflagellate erythropsis

眼睛部分放大

腰鞭毛虫
Dinoflagellate warnowia

眼睛部分放大

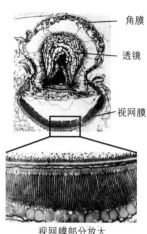

角膜

透镜

视网膜

视网膜部分放大

图 12-8　腰鞭毛虫的眼睛。左图为两种异养腰鞭毛虫的照片，中图为它们眼睛部分的放大图。右上为眼睛的横切面，显示类似角膜、晶状体（透镜）和视网膜的结构。右下为视网膜部分的放大图，可以看见其中的膜结构，以扩大受光面积

眼睛像是一个微缩的人眼，虽然整个生物不过是一个细胞。这个眼睛占细胞体积相当大的部分，相当于人有一个比头还大的眼睛。这个眼睛的构造特点使它具有高度的方向性，而且有可能在视网膜上形成某种图像（图 12-8）。

腰鞭毛虫门的生物有两千多种，多数生活于海洋中，也有少数生活在淡水里。有些含有叶绿体，可以进行光合作用，营自养生活，有些则是捕食者，以其他原生生物（例如藻类）为食。有趣的是，只有异养（即靠别的生物的物质生活）的涡鞭毛虫 Warnowiaceae 科中的腰鞭毛虫具有结构这么复杂的眼睛。它下面的三个属，Warnowia, Erythropsidinium 和 Nematodinium 都是靠捕食别的生物为生的。它们长这么大，而且高度复杂的"眼睛"，很可能是为了定位吞食对象的需要。

一个细胞居然能够发展出类似高等动物复杂结构的眼睛，是令人惊讶的，显示了生物演化的巨大力量，同时也展现生物会使用同样的物理学原理来建造视觉结构（见后文）。可惜这些鞭毛虫还无法在实验室中培养，在从海中捕获后会很快死亡，使得科学家难以对它们进行进一步的研究，否则长着"人眼"的单细胞生物还会给我们更多有趣的信息。

单细胞眼睛

刺细胞动物是比较低等的生物，包括水母和水螅这样身体构造辐射对称的动物。前面我们已经提到，像水螅这样的固着底生生物是没有眼睛的。而和水螅同为刺细胞动物，但是能够游动的水母却长有眼睛。水母的生活周期比较复杂，我们平时看到的游动水母是它的成

体，即有伞状盖和触手的伞盖体。伞盖体通过有性繁殖，所形成的受精卵发育成浮浪幼体，浮浪幼体能够游泳，在海底遇到合适的地方时，附着于海底，长成类似水螅那样的水螅体。水螅体再发育成水母成体，脱离海底，自由游动。不游动的水螅体像水螅那样没有眼睛，而浮浪幼体和成体能够游动，就都长有眼睛，说明眼睛最初的功能是为游泳定向。

浮浪幼体只生活几天时间，只需在海底附着长成水螅体，任务就完成了，所以它对眼睛的要求也比较低，每只眼睛只由一个细胞组成。而水母成体要生活一年或更长，还要捕食，对视觉的要求也更高，所以成体的眼睛也更复杂。我们在这里先介绍浮浪幼体的单细胞眼睛。

浮浪幼体的身体像一个扁碗，前端比后端宽，身体主要由两层细胞组成，每个细胞上有一根鞭毛，用于游泳。在身体的后端散布着十几个视觉细胞。它们也带鞭毛，但是在鞭毛的根部附近围绕含有视紫红质的微绒毛，因此里面的视紫红质是 r- 型的。围绕着微绒毛的，是许多色素颗粒，起到遮光的作用，使得光线只能从鞭毛的方向进来，细胞也因此能够感知光线的方向。这是同一个细胞内含有感光结构和遮光结构，所以是一个细胞的眼睛（图 12-9）。

不仅如此，对光线的反应也在同一个细胞中进行。光信号被感光结构感知后，直接传递到鞭毛上，影响鞭毛的方向和摆动方式。虽然幼虫体表的每个细胞都有鞭毛用来

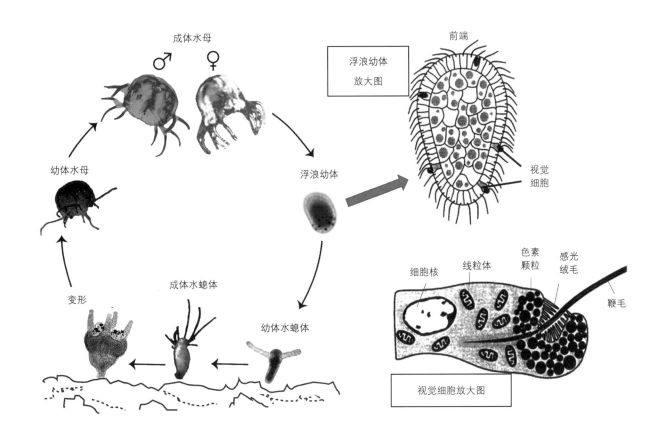

图 12-9　箱型水母的生活周期和幼虫的视觉细胞。水母有性生殖生成能够游泳的幼虫（浮浪幼体）。幼虫在海底长成水螅虫，再变为水母。能够游泳的成体水母和浮浪幼体都长有眼睛，只是浮浪幼体的眼睛比较简单，由一个细胞组成，其中有遮挡光线的色素颗粒，包围能够感知光线的感光微绒毛。感光微绒毛获得的光方向的信息直接传递给鞭毛，使幼虫能够向海底游动

游泳，感光细胞的鞭毛却可以通过自己的位置起到"掌舵"的作用，使幼虫向海底的方向游动。

　　水母幼虫的眼睛虽然只由一个细胞组成，但是也能完成接收光信号（包括光线方向），让生物有方向性地游动。

　　在这个细胞中，既有感光结构，又有遮光结构，还有执行对光反应的鞭毛，是"一身而三任"。信息不输出，说明这个细胞还不是神经细胞。这对于只需找到海底的水母幼虫就足够了。也说明这个过程可以在没有神经系统的情况下完

成。进一步的发展应该是把这些功能分割开来，由不同的细胞担任，这样才能导致由多种细胞组成的、具有复杂结构的眼睛的出现。

两个细胞的眼睛

　　腕足类动物是类似双壳类动物的软体动物，它们都有两只外壳，但是双壳类动物的两只壳是左右分开的，两壳一般左右对称，例如我们常见的贝壳。而腕足类动物的两只壳分上下，腹壳在下，与附着有关，背壳在上，常小于腹壳。两壳之间有肉茎伸出，好像动物的

"足"，所以叫腕足类动物。

　　腕足类动物门中 *Terebratalia transversa* 的幼虫在前端长有数个（3 至 8 个）由两个细胞组成的眼睛。一个细胞含有一个晶状体样的结构，但是不含色素颗粒，可以称为晶状体细胞。另一个细胞含有色素颗粒，但是没有晶状体结构，称为色素细胞。为了遮光的效果好，即尽量挡住从多数方向来的光线，色素细胞形成凹陷，在凹陷处密布色素颗粒。晶状体细胞形成由静纤毛扩张而成的多层膜结构，其中含有视紫红质，成为细胞的感光区。

这个感光区"埋"在色素细胞的凹陷中。在凹陷处，色素细胞也发展出了由静纤毛扩张而成的多层膜结构，和晶状体细胞的多层膜结构相邻，因此这两个细胞都是纤毛型细胞。这两个膜结构都含有视紫红质，共同形成眼睛的感光部分。不仅如此，这两个细胞还分别发出轴突，把信号传输到幼虫的"脑"中去（图12-10上）。

相对于水母幼虫的单细胞眼睛，腕足动物幼虫的眼睛已经有了重大进步。首先是细胞之间有了初步分工，晶状体细胞含有类似晶状体的结构，用于汇聚光线，而且有感光结构，还用轴突将信息输送至神经系统，已经是"专业"感光细胞的雏形。色素细胞没有晶状体，却含有大量色素颗粒，是"专业"色素细胞的雏形。不过这里两个细胞的分工还不彻底，因为色素细胞还含有感光结构，并且还和晶状体细胞一样，通过轴突把信息传输到神经系统，也就是还有感光细胞的功能。这两个细胞都通过轴突输出信息，因而已经具有神经细胞的性质。这种具有感光结构，又含有色素颗粒的细胞在一些更加复杂的眼中依然被使用（见后文）。

沙蚕的幼虫也长有两个细胞的眼睛。与腕足动物幼虫的二细胞眼睛不同，沙蚕眼睛的这两个细胞已经有了完全的分工，即专门的感光细胞和专门的色素细胞。感光细胞也不是腕足动物幼虫的纤毛型，而是微绒毛型。感光细胞也发出轴突，但是轴突并不连到神经系统，而是直接和纤毛带上的纤毛细胞接触，通过乙酰胆碱把信息传递给纤毛细胞，改变纤毛的摆动方式，使沙蚕幼虫向光线来的方向游动。色素细胞由于不再具有感光功能，也不再发出轴突（图12-10下）。

感光细胞用轴突传递信息，说明它已经具备了感受信息的神经细胞的基本特点，但是它和效应细胞之间的信息传递是直接的，并不通过其他神经细胞。它使用的 r– 型视

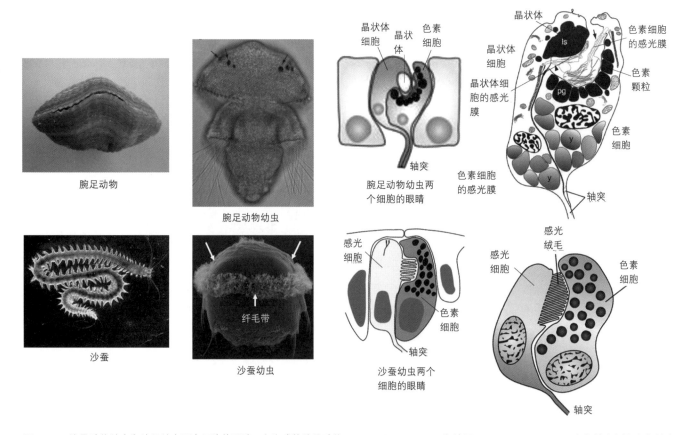

图 12-10　腕足动物幼虫和沙蚕幼虫两个细胞的眼睛。左为成体腕足动物 *Terebratalia transversa* 和沙蚕 *Platynereis dumerilii*，它们的右侧为它们幼虫的照片，其中两个细胞的眼睛用箭头标出。中右为两个细胞的眼睛，右为这些眼睛的放大图

紫红质也说明 c− 型和 r− 型的视紫红质都能够担负起接受光信号的任务，所以都被动物所采用。

虽然色素细胞的遮光作用可以使生物辨别光线的方向，但是生物必须通过身体的摆动，并且通过身体摆动时光线强度的变化（色素颗粒在光线来路上时光线强度最低，在感光细胞后面时光线强度最高），才能够获得光线方向的信息。动物要在不摆动身体的情况下获得光线方向的信息，就必须增加感光细胞的数量。有两种结构可以达到这个目的：色素杯眼和针孔眼。

色素杯眼

从单细胞眼睛只能感受光线的强弱，到单细胞和双细胞眼睛能够辨别光线方向，是一个重要的发展。但是由于只有一个感光细胞，辨别光线的能力只能通过变化身体位置的方法才能做到。如果有多个感光细胞，来自不同方向的光线又可以只投射到其中一些感光细胞上，动物就可以在不改变身体位置的情况下知道光线的方向。

海鞘是与脊椎动物亲缘关系最近的动物，其成虫过的是附着在海底的生活，并不游动，也没有任何视觉结构。但是它们的幼虫却能够游泳，形状类似蝌蚪，而且含有几个由多个细胞组成的眼睛。在这些眼睛中，不仅感光细胞数量增多，而且晶状体细胞和色素细胞的数量也增多。例如海鞘 *Aplidium constellatum* 幼虫的眼睛有十来个感

光细胞夹在色素细胞之间，其 c− 型感光膜结构从色素细胞之间伸出，伸向 3 个晶状体细胞，使感光细胞排列成杯状。感光细胞和晶状体细胞数量的增加可以提高幼虫的感光能力，而且来自不同方向的光线会使不同位置的感光细胞接收到的光线强度不同，使得海鞘幼虫在静止情况下也能初步辨别光线的方向（图 12-11）。但是由于有 3 个晶状体细胞，这 3 个晶状体又各自行事，海鞘幼虫眼睛辨别光线方向的能力不是很强的，但是可以看成是一个初步的尝试。

扁虫门的动物身体呈扁平状，两侧对称，包括涡虫、绦虫和吸虫等动物。其中的涡虫的头部长有一对眼睛，若干个 r− 型的感光细胞

海鞘

眼睛
海鞘的幼虫

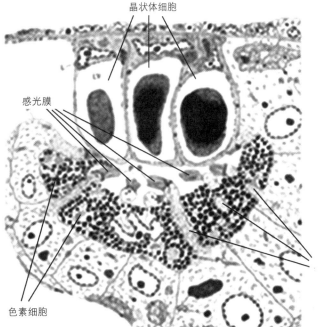
晶状体细胞
感光膜
色素细胞
感光细胞
海鞘幼虫的眼睛

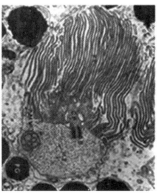
感光膜放大图

图 12-11 海鞘幼虫的多细胞杯状眼

伸入由一个色素细胞组成的色素杯中，感光细胞上的感光微绒毛与色素杯内壁接近，以达到最佳的遮光效果，细胞核位于色素杯外，感光细胞发出的轴突则和涡虫的神经系统相连，是真正意义上的眼睛。由于色素杯遮挡了大多数方向来的光线，只在感光细胞伸入处能够使光线进入，照射到里面的一些（不是全部）感光细胞上，涡虫不必摆动身体就可以感知光线的方向。由于涡虫只缓慢地爬行，发展出自身能够辨别光线方向，而不需要身体或者头部摆动的眼睛是有优越性的(图12-12 左)。

水母成虫要游泳，还要捕食，对视力的要求就比单纯游泳以找到水底的幼虫对视力的要求高。例如前面谈到的箱水母，幼虫只有单细胞眼睛，而成虫的眼睛则具有由多个细胞组成的、结构复杂得多的色素杯眼，长在触手的基部。每只眼含有多个纤毛型感光细胞，感光膜从中央纤毛横向发出，整个感光结构上小下大成为锥形，这些感光细胞组成半球形的结构，每个感光细胞的锥形感光器都指向由多个晶状体细胞组成的单一晶状体结构。感光细胞的基部含有细胞核和色素颗粒，所以感光细胞同时也是色素细胞，在杯的外围阻挡光线。在眼睛的表面，围绕着晶状体，则是专门的色素细胞，让光线只能从晶状体处进入。虽然晶状体的聚光能力还不强，但是也有增加捕光效率的作用，而且能够使来自不同方向的光线投射到不同的感光细胞上，给眼睛以辨别光线方向的能力。这样的结构还能够形成低解析度的图像，帮助水母识别环境中的事物（图12-12 右）。类似的眼睛还可以从其他动物，例如腹足软体动物（如蜗牛）身上找到。

有趣的是，箱型水母幼虫的单细胞眼睛所使用的感光细胞是微绒

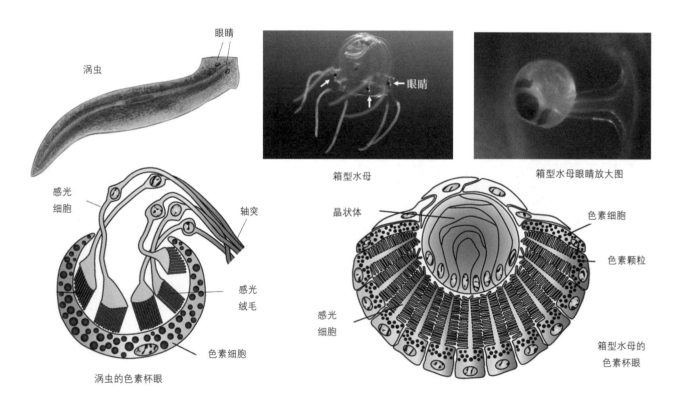

图 12-12　涡虫和箱型水母的色素杯眼。涡虫的头部长有一对眼睛（左上），多个感光细胞伸入由一个色素细胞组成的色素杯，其 r- 型的感光微绒毛贴近色素以达到最大的遮光效果。光线要先通过细胞核才能到达感光微绒毛。右图：箱型水母在触手基部长有多个色素杯眼（用箭头标出，放大图在右边），色素颗粒由感光细胞自己提供，位于 c- 型感光片的后方，光线不必通过细胞核就能到达感光结构

毛型的，其含有的视紫红质也因此是 r− 型的（见图 12-9），而同种动物成虫的杯状眼所使用的却是纤毛型的感光细胞和 c− 型的视紫红质。这说明箱型水母含有两种视紫红质的基因，可以根据需要变化使用视紫红质的类型。

值得注意的是感光细胞在光线中的走向。在涡虫的色素杯眼中，光线要先经过感光细胞的细胞核部分，才能到达感光部分。这和哺乳动物视网膜中感光细胞的走向相同。而在箱型水母的色素杯眼中，感光结构直接指向晶状体，光线不必经过细胞核的部分就能到达感光结构，和章鱼视网膜中感光细胞的走向相同。

鹦鹉螺的针孔型眼睛

软体动物鹦鹉螺（Nautilus）以其奇怪的形状和运动方式（靠吸水和喷水）在海洋动物中独树一帜。鹦鹉螺的另一个独特之处是它具有针孔型眼睛（pinhole eye）。它的眼睛基本上是一个充满水的杯状空腔，在腔的内壁排列有感光细胞组成的视网膜，感光细胞从后方（背向着小孔的方向）发出轴突，与脑部联系。这个腔朝向体外的部分只有一个很小的孔能够让光线进入，鹦鹉螺的眼睛没有晶状体，而是利用小孔成像的原理，在视网膜上形成图像。这是比较原始的眼睛形成图像的一种尝试，也说明鹦鹉螺的脑已经初步具备分析图像的能力(图 12-13)。不过用这种方式形成图像最大的缺点是孔径必须很小才能形成质量比较好的图像，而很小的孔又只能让数量有限的光线进入。增

鹦鹉螺

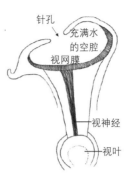
鹦鹉螺针孔眼构造

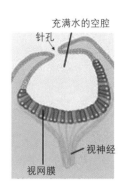
针孔眼图解

图 12-13　鹦鹉螺的针孔眼。针孔眼是一个充满水的空腔，有小孔供光线进入，在视网膜上形成图像。视神经将信号传输至神经系统中的视叶

大孔径，进入的光线多了，图像又会变得模糊。因此鹦鹉螺的视力不是很好，而主要靠嗅觉发现食物和配偶。其他动物也很少使用这种类型的针孔型眼睛。但是鹦鹉螺的例子却向我们表明，动物在发展视觉能力的时候，是各种方式都尝试过的，并且都取得一定程度的成功。另一个尝试的例子是扇贝的反光眼。

扇贝的反光眼

大口径的望远镜都是用反光镜成像的，动物也尝试过这样的机制，用凹形的反光面来在视网膜上成像。扇贝是双壳类（Bivalves）的软体动物，在其壳和触手之间，长有数十个反光眼（reflection eye），在有光线照射时，这些眼睛由于其反射面的反光，看上去像是发光的蓝色或绿色的珍珠。这些眼睛还有一个晶状体，视网膜则位于反光镜和晶状体之间。晶状体的作用不是用来成像，而是用来纠正反光镜的视差，因为最清晰的图像是形成在

紧贴晶状体的视网膜上的（图 12-14）。海扇（pecten）长有上百个这样的反光眼，在有捕食者经过时，会依次被这些眼睛感受到，从而向海扇发出警报，将贝壳关闭。

有些蜘蛛也长有反光型的眼睛，在夜晚用手电筒就很容易发现它们反光的眼睛。蜘蛛虽然和昆虫同属于节肢类动物，但是蜘蛛属于蛛形纲，长有八条腿，没有触角，因而和有触角长六条腿的昆虫不同。蜘蛛和昆虫的另一个差别是蜘蛛不长复眼，而昆虫普遍使用复眼（见下文）。蜘蛛一般长有多对眼睛，中间两个朝向前的大眼为带有晶状体的望远镜型眼（见图 12-22），视力较好，主要用于捕食，其余的眼睛则用于监测周围的情况，为反光型的眼睛，如狼蛛的反光眼（图 12-14 右上）。反光眼聚成的图像是倒置的，而且面积比晶状体形成的图像要小，所以用这种类型的眼睛来形成图像只在要从黯淡的光线中获取信息的低级生物身上

反光眼

扇贝的反光眼

狼蛛的眼睛

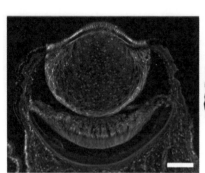

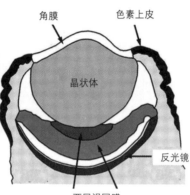

角膜　　　　　　色素上皮

晶状体

反光镜

扇贝反光眼纵切面

两层视网膜

有反光色素层的沙漠猫眼

图 12-14　动物的反光眼。左上为扇贝的反光眼（用箭头标示出其中 3 个），左下为扇贝反光眼的
纵切面，右侧为其结构图示。右上为蜘蛛的眼睛，箭头所示的为反光眼。右下为沙漠猫带反光色
素层的眼睛在受光照时发光

发现。

　　在一些高等动物中，在视网膜的后面也有反光面。这些反光面的作用不是成像，而是把感光细胞没有俘获的光子反射回视网膜，增加光吸收的效率。由于反射的光线正好位于感光细胞的背面（即背朝向着光线的方向），这种反光不会影响图像的清晰度。西非的树熊猴和金熊猴眼睛视网膜的后面就有反光色素层，用手电筒照射时会"发光"，其实是眼睛反射回来的光线。狼、虎、沙漠猫等动物的眼睛也有反光色素层，在有光照时也会"发光"（图 12-14 右下）。

　　以上介绍的眼睛，除高等动物具反光色素层的眼睛外，都是比较原始和简单的，只存在于低等动物中。对于比较高等的动物，特别是要捕食其他动物的动物，这样的眼睛是不能满足需要的。由于捕食对象在环境中占的视角随着距离增大而迅速减小，只有形成解析度高的图像才能辨识在较远距离上的捕食对象或者捕食者。要形成高解析度的图像，仅仅增加感光细胞的数量是不够的，还需要有高质量的成像机制，这就像一张感光胶片或者数码照相机里面的电荷耦合元件（CCD）虽然含有大量像素单位，却

不能自发成像一样。要在感光细胞组成的视网膜上形成高解析度的图像，生物采取了两种方式：一种是大量感光细胞以外凸的方式排列，形成向外的球面，再分别由晶状体在这些感光细胞上汇聚光线，每个晶状体单位形成的光信号就相当于一个像素，所有这些像素组合起来，就是一个图像，这就是昆虫的复眼（compound eye）（图 12-15 左）；另一种方式是感光细胞连成一片，形成内凹形的视网膜，位于一个球面的内表面，由一个晶状体汇聚光线在网膜上成像。这就是脊椎动物所使用的单眼（simple eye），包括人

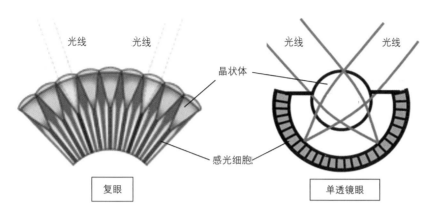

图 12-15　两种生成较高分辨率图像的方式。一种是感光细胞分布在球形的凸面上，外面有大量晶状体分别生成单独的像素，再综合成为图像。另一种是感光细胞连成视网膜，分布在球形的凹面上，由单一晶状体在视网膜上形成连续的图像

图中标注：光线　光线　晶状体　感光细胞　复眼　光线　光线　单透镜眼

漏到另一个眼单位去。眼单位细长的结构，以及感光细胞位于眼单位的下半部分，保证了只有与眼单位的方向高度一致的光线能够到达感光细胞，角度稍差的光线只能投射到眼单位侧壁的色素细胞上，在那里被吸收掉，不会到达相邻眼单位的感光细胞上（图 12-16）。

每一个眼单位都有自己的"透镜"，它由 4 个细胞组成，相当于单眼的晶状体。每个眼单位中的感光细胞接收到的信息相当于是数码相机中的一个像素，所有眼单位的像素组合起来，才在昆虫的脑中形成图像，就像数码相机的照片是由像素组成的一样。由于昆虫复眼中的眼单位数量有限，一般只有几百到几千个，相当于数码相机照的照片只有几千像素，属于低解析度的照片。要形成人眼那样高解析度的图像，而人又用昆虫的复眼来看，人就必须有 11 米大的复眼，才能容纳下那么多眼单位！

每个眼单位含有 8 个感光细胞（R1 到 R8），其中前 6 个（R1 到 R6）排列成一圈，形成一个空管，感知光线的明暗变化，相当于脊椎动物眼中的视杆细胞。另外两个感光细胞位于 R1~R6 细胞空管的管腔中，其中 R7 靠近眼单位的顶部，感知紫外线；R8 位于 R7 的下方，感知蓝光和绿光，所以它们相当于脊椎动物眼中的视锥细胞，和果蝇的彩色视觉有关（图 12-16）。虽然这些感光细胞在功能上类似于脊椎动物的视杆细胞和视锥细胞，但是昆虫复眼所使用的视紫红质是微绒毛型的，而脊椎动物的单眼使用的视紫红质是纤毛型的。这 8 个感光细胞

的眼睛（图 12-15 右）。每只眼只有一个含有晶状体的眼腔，所以叫做单透镜眼更合适。这种眼的工作原理类似于照相机，所以也叫做照相机类型的眼。下面分别介绍这两种类型的眼睛。

昆虫的复眼

观察过蜻蜓的人，都会对蜻蜓头上那一对大眼睛印象深刻。两只眼睛占了头部的大部分，这样大的眼睛对于蜻蜓来说，一定有它的必要性，这主要就是为了捕食。蜻蜓是在飞行中捕食的，而捕食对象，例如蚊子，本身也在飞。要在彼此相对快速运动的情况下捕捉蚊子的图像并且准确地抓住蚊子，蜻蜓必须有一对好眼睛，这就是昆虫普遍使用的复眼。在第六章第六节中，我们已经从生物结构形成的角度介绍了昆虫复眼的生成的过程，这里重点介绍昆虫复眼的构造和功能。

昆虫的复眼由数百个到数千个构造相同的眼单位（ommatidium）组成。这些眼单位上粗下细，呈六角锥状，所以能够聚集起来成类似圆球的形状，其中每个眼单位朝向不同的方向，形成非常广阔的视角，使得昆虫能够在不改变飞行方向时就能看见大范围环境中的情况。而具有单透镜眼的人和鸟（例如猫头鹰）就必须转动头部才能看见不同方向的情形。由于复眼中每个眼单位只看固定的方向，移动的物体会使不同的眼单位依次感受到其轨迹，因此复眼能够捕捉到迅速移动物体的信息，非常适合昆虫捕食的需要。

为了让每个眼单位只接收和自己的方向相同的光线，眼单位是被色素细胞严密地包裹起来的，角度稍差的光线就不能到达感光细胞。例如在果蝇的复眼中，每个眼单位有 2 个初级色素细胞，3 个次级色素细胞和 3 个三级色素细胞（见图 6-22）。初级色素细胞就把感光细胞包围起来，外面再包有次级和三级色素细胞，防止光线从一个眼单位

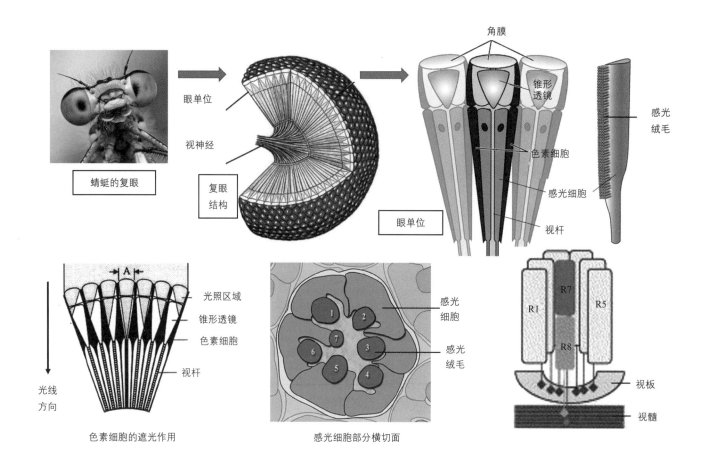

图 12-16 昆虫的复眼

发出的轴突连接到果蝇脑中的"视叶"（optic lobe）部分。其中 R1~R6 的轴突连接到其中的视板（lamina）部分，R7 和 R8 的轴突连接到视髓（medulla）部分（图 12-16）。

由于昆虫复眼的构造特点，即每个眼单位通过自己的透镜形成像素，所以昆虫通过复眼看到的图像是正的。而照相机和脊椎动物的单眼是通过一个镜头来形成图像的，视网膜上的图像是倒转的，是大脑把这种倒转纠正过来，我们才觉得看到的是正的图像。

由于昆虫的复眼和其他动物的单眼形成图像的方向是相反的，所需要的神经系统解读这些信息的方式也不同，包括视神经连接的方式，所以一种类型的眼睛一旦形成，是不能转化成另外一种类型的眼睛的。但是在非常特殊的情况下也有例外。例如有一种深海虾 Ampelisca brevisimulata，它长有一对眼睛，每只眼睛都有一个晶状体，在视网膜上形成倒转的图像，所以看上去是单透镜眼的类型。但是仔细检查这种虾视网膜的构造，却发现它仍然具有复眼的特征，复眼中眼单位构造的痕迹仍然存在，说明它是从复眼变化而来的（图 12-17）。这个变化要求虾的脑重新连接视神经，也许这种虾经历过眼睛完全丧失功能的阶段，即由于居住环境的黑暗使它不再需要眼睛，原来用于连接复眼的视神经也退化了。而当这种虾返回有光线的环境时，又发展出了晶状体，使得新的视神经按照倒转的图像连接。这个例子也说明，动物在视力发展的过程中是非常灵活的，并没有谁来规定动物必须具有哪种眼睛。

昆虫的复眼已经能够形成含有数千个像素的图像，相比于不能形成图像或只有模糊图像的眼睛如前面提到的针孔眼和杯状眼，这已经是一个巨大的进步。不仅蜻蜓能够

深海虾

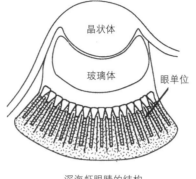

深海虾眼睛的结构

图 12-17　深海虾复眼变成的单眼。虽然每只眼睛只有一个晶状体聚光形成图像，但是接收光线信号的结构仍然是复眼的眼单位

用它的复眼来发现和捕获猎物，蝴蝶的复眼还能够在长途迁徙中利用太阳光进行导航。由于太阳的光线只能从某个特定的角度进入复眼，感受到太阳光的眼单位就可以根据太阳的位置确定自己飞行的方向。在一天中太阳的位置是不断变化的，蝴蝶还必须能够根据自己身体里面的生物钟（见第十一章生物钟）来预测太阳的方位，从而保持自己的飞行方向。

　　由于复眼中每个眼单位只贡献图像中的一个像素，所以昆虫复眼形成的图像超不出几千像素。要形成更高清晰度的图像，就要求有更多数量的感光细胞，同时需要能够精确成像的透镜。这两个要求都在章鱼和脊椎动物的单透镜眼中实现了。

章鱼的单透镜眼

　　软体动物是比较低等的动物，例如贝类、蜗牛、身体柔软而且不分节，常有外壳保护。它们的眼睛也比较低级，例如前面谈到的扇贝的反光眼和蜗牛的杯状眼。许多软体动物也没有脑，只有神经节。然而，软体动物中头足纲中的动物如章鱼，却发展出了高度发达的眼睛和能够分析视觉图像的脑。章鱼的视力非常好，能够区分物体的明暗、大小、形状和方向（水平还是垂直）。由于章鱼是靠捕食其他能够快速运动的动物如螃蟹、鱼类为生的，大型的章鱼甚至可以捕食鲨鱼，这样敏锐的视力是必须的。

　　在构造上，章鱼的眼睛是单透镜类型的（相对于昆虫复眼中的多透镜而言）。视网膜由于摆脱了复眼结构的限制，含有比昆虫复眼的眼单位小得多的感光细胞，因此能够提供大量尺寸更小的"像素"，增加图像的分辨率，就像数码相机中有像素更多的电荷耦合元件 CCD。功能完善的晶状体更像是一个高质量的透镜，能够在视网膜上形成清晰度的图像。章鱼是通过调节晶状体和视网膜之间的距离来对远近不同

的物体进行聚焦的，工作方式与照相机相同。虹膜上的开口叫瞳孔，可以调节进入光线的多少，相当于照相机的光圈。章鱼眼的这些特点使它成为真正意义上的照相机类型的眼，能够形成高清晰度的图像（图12-18）。

　　章鱼的感光细胞是微绒毛型的，在细胞的前端（朝向光线来的部分）横向长出许多纤毛，类似于牙刷的毛，用于感受光线，而在细胞的后部则含有色素颗粒用于遮光。在感光细胞之间还有专门的色素细胞，其所含的色素颗粒和感光细胞的色素颗粒在同一水平位置，共同构成遮光层（图 12-18 右）。这种感光结构和遮光结构的紧密接触能够使色素层的遮光作用最为有效。这两种细胞的细胞核则位于色素层的后方。在感光细胞的最后方，感光细胞发出神经纤维，这些神经纤维先经过一个大的神经节，再传递至大脑。

　　感光细胞的工作是把光信号转变成为神经冲动，会消耗大量的能量，因此感光部分含有大量线粒体，也要求有充足的血液供应。章鱼的血液是蓝色的，因为章鱼使用含铜的血蓝蛋白（hemocyanin）来传输氧气，在低温和低氧环境中，血蓝蛋白能够比脊椎动物所使用的血红蛋白（hemoglobin）更有效地输送氧气。虽然血液能够带给感光细胞营养物和氧气，但是蓝色的血液对于光线的吸收却有干扰作用，所以供应感光细胞血液的毛细血管位于感光细胞中色素层的后方，但是位于感光细胞细胞核的前方，以便尽可能地靠近使用大量能量的感

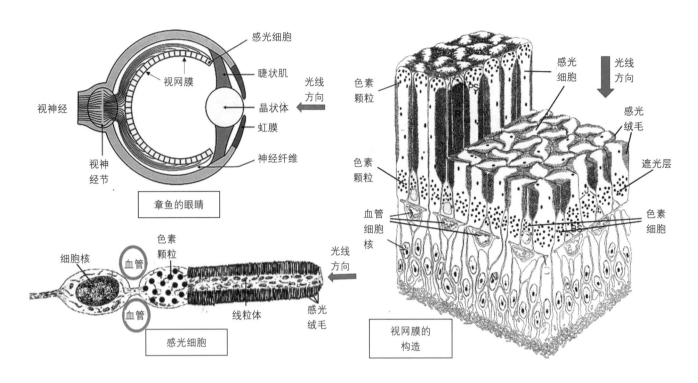

图 12-18 章鱼的眼睛

光部分，但是又不存在于色素层的前方，以避免影响色素颗粒的功能，并且以自己在可见光范围内的吸收来干扰感光细胞的光吸收。这样形成的感光区段－色素区段－血管网的配置能够最好地解决光吸收、遮光和血液供应之间的关系（图12-18）。

图像中大量的信息也需要发达的神经系统来分析和处理这些信息。章鱼视网膜自身没有加工视觉信号的能力，视觉信号先在眼睛后面的视神经节进行初步加工，再传输至大脑。章鱼拥有相当发达的神经系统，共有约5亿个神经元，使章鱼的智力达到可以使用工具的程度。大脑中用来处理视觉信息的部分占大脑的30%左右，说明视觉对章鱼的重要性。因此，章鱼已经把视觉器官和处理视觉信息的大脑发

展到相当完善的地步，是生物视觉器官演化的一个重要里程碑。

章鱼这样精巧的眼睛是如何发展出来的？其实从前面介绍的比较原始的眼睛中，我们已经能够看到两种可能性。一种是从水母幼虫的r－型单细胞眼睛开始，这个细胞里面既有感光绒毛，又有遮光色素颗粒。到了腕足动物幼虫两个细胞的眼睛里，感光细胞中就出现了晶状体，说明细胞中发展出晶状体不是很困难的事，虽然腕足动物幼虫的感光细胞和色素细胞是c－型的。到了海鞘幼虫的眼睛，晶状体细胞已经与色素细胞、感光细胞在功能上分开，多个感光细胞和色素细胞大致呈杯形排列，朝向3个晶状体细胞，虽然在这个例子中感光细胞也是c－型的，但是r－型的眼睛也可以有这样的变化。到了箱型水

母比较复杂的眼睛，晶状体变成一个，由多个晶状体细胞组成，有了角膜，大量r－型的感光细胞呈杯形排列，色素颗粒位于感光绒毛的后面，在结构上已经非常像章鱼眼的感光细胞。如果再发展出虹膜和瞳孔，就可以变成章鱼的单镜头眼睛了（图12-19）。在这条路线中，晶状体是首先在感光细胞中出现的，后来分化成为专门的晶状体细胞。

另一种可能性是从鹦鹉螺的针孔杯状眼得到启发的。一开始可能只是能够感受光线的上皮细胞，例如水螅的上皮对光线有反应，但是这样的反应是基于身体表面的感觉神经细胞，还没有任何专门的感光结构，也没有遮光的色素颗粒。到后来，感光细胞数量增多，色素细胞出现，含有感光细胞和色素细胞的部分内凹，就能够形成色素杯

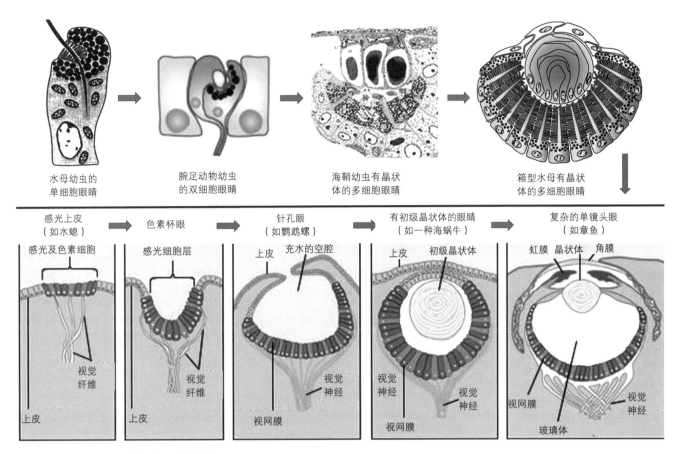

图 12-19 章鱼型眼睛形成的两条可能的路线

眼，杯的内层为感光细胞，是原始的视网膜，外层为色素细胞，是原始的色素上皮。杯口进一步缩小，可以形成针孔眼，在视网膜上形成初步的图像，例如鹦鹉螺那样的针孔眼。杯内一开始为水充满，后来为了防止异物进入，动物在杯内逐渐发展出了胶状物质。如果杯内胶状物的折光率加大，有初步的聚光能力，在杯内形成图像的能力就更高，对动物的生存更加有利。这样发展下去，胶状物质就会逐渐变成晶状体。形成针孔的组织如果与肌动蛋白丝相连，而肌动蛋白的收缩又能够改变针孔的大小，就能使眼睛更加适应光线强度的变化，最后演变成虹膜和瞳孔（图 12-19 下）。

在这条路线中，晶状体是从眼杯中的胶状物变化而来的。

这两种演化路线都有可能导致章鱼型单透镜眼的出现，也许两种方式，或者两种方式的混合物，都曾经起过作用。在演化过程中，每一步发展都在原先的基础上改进，而每一步改进都增加眼睛的成像能力，对动物的生存更加有利，这样就以"小步改进"的方式演化出章鱼这样高度完善的眼睛。

由于章鱼的单镜头眼睛是由感光上皮细胞内陷逐渐形成的，感光细胞的感光部分就始终朝向身体外部，即光线来的方向，而发出神经纤维的地方则位于细胞的后方，即朝向身体内部脑的方向，因此章鱼

眼的视网膜是"正贴"的，进入眼睛的光线经过晶状体汇聚后，直接聚焦在感光细胞上，而且是感光细胞中最前端（朝向光线来的方向）的部分。

章鱼的感光细胞是微绒毛型的，昆虫复眼的感光细胞也是微绒毛型的，虽然章鱼的单透镜眼和昆虫的复眼是两种结构完全不同的眼睛。哺乳动物眼睛的构造和章鱼眼睛的构造非常相似，使用的感光细胞却是纤毛型的（见下节），这说明 c- 型和 r- 型的视紫红质的不同并不是眼睛类型不同的原因，而是不同的演化路线造成的自然结果。

除了章鱼的单透镜眼睛，还有另外一类单透镜眼睛，在结构和功

能上非常类似章鱼的眼睛，但是又有重大的差别，这就是所有的脊椎动物都使用的单透镜眼睛。

脊椎动物的单镜头眼睛

脊椎动物的单透镜眼（例如人眼）和章鱼的单透镜眼结构几乎完全相同，例如都有视网膜、色素细胞层、晶状体、角膜、虹膜和虹膜上的瞳孔等，而且它们的空间位置几乎完全相同。如果只看基本结构图，很难分辨出是章鱼眼还是人眼（见图12-20）。人眼也是高度发达的，能够在各种光照情况下对远近不同的物体形成高解析度图像。同为脊椎动物的鹰则视力更好，能够在几百米甚至上千米的高空看清地面的猎物，相当于在十几米以外看清报纸上的小字。

从这些相似性，人眼曾经被认为是从章鱼类型的眼演化而来的，但是在实际上，章鱼的眼和人眼是从不同的途径发展而来的，它们之间也有一些重要的差别。例如在人眼中，晶状体对不同远近物体的聚焦是通过晶状体形状的改变而实现的，而章鱼眼睛的聚焦不是通过晶状体形状的变化，而是改变晶状体的位置，即晶状体与视网膜之间的距离，就像照相机聚焦时做的那样。从这个意义上讲，章鱼的眼睛比人眼更像一架照相机。

更为重要的差别是视网膜。人眼的视网膜不是只有一层感光细胞，而是有三层细胞，依次以突触相连，分别是感光细胞（包括视杆细胞和视锥细胞）、双极细胞和节细胞。感光细胞把光信号转变为电信号，双极细胞分析处理这些信号并且加以分类，有的信号只传输形状，有的信号只传输明暗，有的信号只传输颜色等。节细胞把这些加工过的信号传输至大脑，由大脑重新合成完整的图像。除了这三种细胞，人的视网膜还含有其他类型的细胞，例如在双极细胞层还有横向联系的水平细胞，在节细胞层也有横向联系的细胞叫无长突细胞等。也就是说，人的视网膜不仅是感光结构，而且还含有对视觉信号加工的神经细胞，所以可以看成是神经系统的一部分。而章鱼眼的视网膜则只含有感光细胞和色素细胞，初步处理视觉信号的神经细胞位于眼后面的膨大的神经节内（图12-20）。

不仅如此，人眼的感光细胞是纤毛型的，和章鱼眼的微绒毛型感光细胞不同，说明人眼不是从章鱼类型的眼发展而来的。奇怪的是，基本上不感觉光线，主要负责把双极细胞初步加工后的视觉信号传输至大脑的节细胞却又是微绒毛型的，与昆虫复眼和章鱼单透镜眼的感光细胞属于同一类型。这样的情形又是如何发生的？

要是考察这三层细胞的朝向，那就更加出人意外：不感受光线，只传输视觉信号至大脑的节细胞朝向光线来的方向，而直接感受光信号的视杆细胞和视锥细胞反倒背离光线来的方向。即使在感光细胞中，具体感受光线的部分也位于细胞核的后方，直接和色素层接触，也就是视网膜中离光线来的方向最

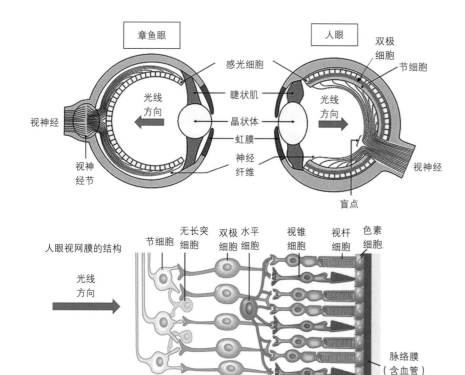

图 12-20 章鱼型眼与哺乳动物（人）型眼的比较

远的部分。这样一来，从晶状体来的光线就要先穿过节细胞层、双极细胞层、感光细胞含细胞核的部分，最后才到达感光部分。这就相当于在照相机的胶片前面挡几层半透膜、反射和散射光线。从这个意义上讲，人眼的视网膜是"反贴"的。不仅是人眼，所有脊椎动物的眼睛，包括鱼类、两栖类、爬行类、鸟类、哺乳类动物的眼睛，其视网膜都是反贴的。而且节细胞发出的神经纤维位于节细胞的前方，汇聚成一束后，穿过视网膜，在穿出视网膜的地方没有感光细胞，形成盲点。这就提出了一个问题，脊椎动物的眼睛是如何演化出来的？演化过程为什么要创造并且保留这样一个看上去不合理的"设计"？

脊椎动物的眼睛演化史

要了解为什么脊椎动物的单透镜眼有上面说的那些奇怪的性质，就需要了解这样的眼睛是如何发展出来的。但是单透镜眼完全由软组织构成，很难形成化石，所以要从化石来研究脊椎动物眼睛的演化过程基本不可能。相比之下，复眼由于结构比单透镜眼坚硬，形成化石的机会要高一些，例如在已经灭绝的三叶虫（trilobite）的化石中就发现有复眼的结构，说明三叶虫拥有昆虫那样的复眼。尽管如此，我们还是可以从现有动物比较简单的感光结构做一些推测。

在考虑脊椎动物眼睛的演化过程时，不要忘记感光细胞还有另外一个功能，就是给生物提供昼夜明暗变化的位置，以调节生物的生物钟。这样的感光器官不需要辨别光线的方向，只需要感知光线的强弱，所以不需要遮光的色素颗粒或者色素细胞。这些感光细胞与脑的连接区域也和视觉器官连接的脑区不同。例如一些蜥蜴和青蛙的头顶中部有一个感光器官，叫做颅顶眼（parietal eye），又叫第三只眼。它含有纤毛型的感光细胞，但是却没有色素细胞。它在结构和功能上类似于脊索动物七鳃鳗的松果体，所以又叫做松果体眼。它是上丘脑的一部分，与视觉无关，而是用来调节动物的昼夜节律，即生物钟（见第十一章第二节和图11-11）。

文昌鱼是原始的脊索动物，大约5厘米长，身体透明，它的神经系统基本上是一根中空的神经管，外面包围有排列成柱状的细胞，形成较硬的脊索。脊索一直延伸到头部，在那里神经管形成原始的脑，因此文昌鱼属于脊索动物门中的头索动物亚门。

文昌鱼有四个感光结构，位于神经管内或神经管上，从头到尾分别为额眼、板层小体、约瑟夫细胞和背单眼。其中额眼位于身体前端，由神经管内的色素细胞和数个感光细胞组成。从它们表达基因来看，它们分别相当于哺乳动物视网膜的色素细胞（例如都表达 Otx 和 Pax2）及哺乳动物视网膜的视杆细胞和视锥细胞（见第六章第六节）。板层小体位于额眼后方，相当于哺乳动物的松果体。额眼和板层小体中的感光细胞都是纤毛型的。约瑟夫细胞和背单眼中的感光细胞都是微绒毛型的，也能够对光照做出反应。所有这些感光细胞都发出神经纤维（轴突），与神经系统相连。根据这些事实，科学家设想了脊椎动物单透镜眼的演化过程（图12-21）。

在文昌鱼的额眼中，色素细胞位于神经管内的一侧，感光细胞位于神经管内的另一侧，在远离色素细胞的末端发出神经纤维。由于文昌鱼的身体，包括神经管，都是透明的，而色素细胞对光线是不透明的，所以光线只能够从色素细胞对侧的方向照射感光细胞。这样光线就必须先到达神经纤维，再经过含细胞核的细胞体，最后才到达感光细胞的感光部分。这已经是感光细胞一种倒转的安排，目的是让感光部分尽可能接近色素细胞。这种安排类似于涡虫的色素杯眼（见图12-12），其中感光绒毛也是靠近色素杯，光线要先经过神经纤维和细胞核才能到达感光绒毛。对于文昌鱼来讲这不是问题，因为感光细胞含细胞核的部分与身体的其他细胞并没有多少差别，光线首先要穿过身体的许多细胞才能到达感光细胞，多这点感光细胞含细胞核的部分不会有多大影响。

在脊索动物的演化过程中，当动物的体型变大，特别是逐渐发展出头盖骨时，位于神经管上的感光细胞能够感受到的光线就越来越少了。为了得到更多的光线，神经管的这个部分向外突出，伸向体表。在这个过程中，一些位于神经管内的纤毛型感光细胞与位于神经管上的微绒毛型感光细胞建立突触联系，这些纤毛型感光细胞传输的光信号就进入微绒毛型感光细胞的神经通路，参与视觉功能。随着与微绒毛型感光细胞建立轴突联系的纤毛型感光细胞越来越多，原来感受光线的微绒毛型感光细胞就逐渐丧失了感光功能，而只保留把信号

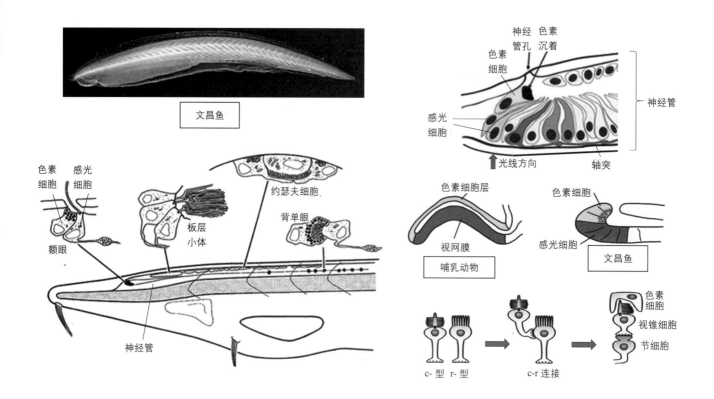

图 12-21 文昌鱼的眼睛

传输给脑中视觉中枢的神经纤维，变成了脊椎动物视网膜中把视觉信号从眼传输到脑的节细胞。这些纤毛型的感光细胞，由于有了节细胞这条通路，也逐渐丧失了自己传输到脑的神经纤维。这样，脊索动物的视网膜就有了两层细胞：感觉光线的纤毛型细胞和传输信号至脑的微绒毛型节细胞，但是还没有中间的双极细胞。这样形成的视网膜中，感光细胞就位于色素细胞和节细胞之间，就已经是倒贴的了。

到后来，一部分纤毛型感光细胞失去了感光结构，变成了双极细胞。双极细胞虽然在形态上和感光细胞不同，但是它们也含有类似的纤毛样结构叫做 Landolt club，它们与其他神经细胞联系的突触叫做带

状突触（ribbon synapse），其中含有神经递质的小囊排列成带状，可以迅速释放神经递质，而且传输信号的强度能够对应范围很广的光线强度。双极细胞的带状突触和感光细胞的一样，而和任何其他视网膜里面的细胞不同。这些事实说明双极细胞是从纤毛型感光细胞发展而来的，它的出现使得对视觉信号的分类加工成为可能，感光细胞的信号先传输给双极细胞，然后才传输给节细胞，这就是脊椎动物视网膜的三层细胞结构，即使在最原始的脊索动物七鳃鳗中，就已经具有含三层细胞的视网膜，七鳃鳗的眼睛也已经非常类似人类的眼睛，说明脊椎动物的眼睛在这些动物非常初期的发展阶段就已经相当完善了。

七鳃鳗从幼虫发育为成体时眼睛的变化过程也支持上面提出的假说。七鳃鳗幼虫的眼睛埋藏在皮肤下，视网膜也只有两层细胞，感光细胞直接和节细胞相连。在七鳃鳗变为成体的过程中，双极细胞出现，与节细胞建立突触联系。感光细胞收回和节细胞的神经联系，改为与双极细胞形成突触联系，形成三层细胞的典型结构。晶状体、角膜和动眼肌逐渐形成，眼睛变大，突破皮肤，到达头部的表面，成为功能完善的眼睛。七鳃鳗眼睛的这个变化过程，很可能就反映了脊椎动物眼睛的演化过程。

既然一开始纤毛型的感光细胞就是反向贴在色素细胞上的，在与微绒毛型的感光细胞建立突触联系

后，纤毛型感光细胞与色素细胞的关系也不会改变。即使纤毛型的感光细胞后来变成视网膜中的视杆细胞和视锥细胞，微绒毛型的感光细胞后来变成眼睛输出信号的节细胞，它们之间的空间关系已经不可能再改变。在神经管凸出形成眼杯时，也是感光细胞向内，节细胞朝外，形成视网膜"反贴"的眼睛（见第六章第六节）。在最高级的脊椎动物中，这两种细胞仍然保持了它们最初的性质，即感光细胞是纤毛型的，而节细胞是微绒毛型的。

更复杂的眼睛

我们上面介绍的，只是一些典型的例子，而在实际上动物的眼睛更加变化多样，所使用的视蛋白也不简单地只分纤毛型和微绒毛型，而是各自都有许多变种。例如人眼的视锥细胞能够感受不同频率的光线，也就是具有彩色视力，视锥细胞就使用三种不同的视紫红质来感受不同波长的光线，虽然它们都是纤毛型的。光视蛋白 I 被用来感受黄－绿光，在 500—700 纳米有光吸收，吸收峰值在 564—580 纳米；光视蛋白 II 感受绿光，在 450—630 纳米有光吸收，吸收峰值在 534—545 纳米；光视蛋白 III 感受蓝－紫光，在 400—500 纳米有光吸收，吸收峰值在 420—440 纳米；而视杆细胞使用的视紫红质则用于夜视力。它们含有的视黄醛分子相同，但是蛋白质的氨基酸序列有差异。蜻蜓所使用的视黄醛也与其他动物眼睛使用的视黄醛相同，但是有一部分视黄醛分子含有羟基。

视蛋白和视黄醛如此，眼睛的

类型和位置就更加多样了。除了上面所举的例子，还有许多其他情形，有的甚至是难以理解的。例如有些蝴蝶的感光器官长在生殖器上，而且无论是雄性还是雌性蝴蝶都是如此。

蜘蛛头部中央的一对眼睛主要用于捕食，具有晶状体。它的视网膜不是一张，而是垂直方向上的一条，不足以形成整个图像。但是这种蜘蛛的视网膜是可以左右移动的，蜘蛛通过这种移动对捕食对象进行"扫描"，以形成图像。

跳蛛不结网，靠直接猛扑抓住猎物。跳蛛头部中间的一双主眼为长筒形，类似望远镜。它和伽利略望远镜一样含有两个透镜，前面的透镜为凸透镜，后面的为凹透镜，具有把捕食对象的图像"拉近"的功能，是名副其实的望远镜眼。不仅如此，它的视网膜还有四层细胞，最前端的一层感受紫外光，第 2、3 层感受可见光，最后一层

用于测定图像空间结构，其视觉的精细程度远超过昆虫的复眼（图 12-22）。

昆虫复眼中的感光细胞是微绒毛型的，但是一些双壳贝类的复眼却含有纤毛型的感光细胞。例如一种叫 Arca zebra 的贝类就有两类眼睛。一种是色素杯类型的，杯里有微绒毛型感光细胞。这些杯状眼能够报警，使伪足缩回。另一种是复眼，每个眼单位只有 1 至 2 个纤毛型感光细胞，周围包有数层色素细胞，眼单位也没有晶状体，说明这些贝类的复眼虽然采用了和昆虫复眼同样的成像原理，但是眼单位的具体结构却与昆虫的复眼不同，感光细胞的类型也不同，它向动物示警的效果是使贝壳关闭。这个例子也说明，同一种动物可以发展出不同类型的眼睛，使用不同类型的感光细胞，用于不同的目的。因此眼睛的发展方式是非常灵活的。

复眼和单透镜型眼之间也没有

跳蛛

跳蛛的眼睛

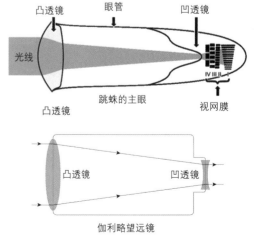

图 12-22 跳蛛的望远镜型眼

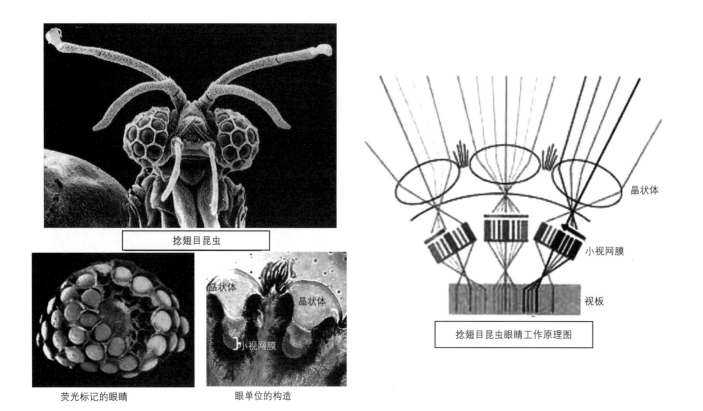

图 12-23 捻翅目昆虫 *Xenos peckii* 由单透镜眼组成的复眼。捻翅目昆虫的眼看似复眼（左上），实际上每个眼单位都是独立的单透镜眼，有自己的晶状体和小视网膜（左下）。由于单透镜眼形成的图像是倒转的，而眼单位之间的空间关系又是正的，小视网膜发出的神经纤维在连接到视板时，需要将空间顺序反过来，以形成一个统一的图像（右）

绝对的界限，例如一些捻翅目的昆虫如 *Xenos peckii*，眼睛由几十个大的眼单位构成，可以说是复眼的一种。但是在每个眼单位的晶状体下，却是一个视网膜，叫小视网膜，可以在上面形成图像，所以每个眼单位又像是一个单透镜型的眼。每个眼单位形成的图像是倒转的，而由几个眼单位形成的图像，彼此之间的关系又是正的，小视网膜中感光细胞发出的神经纤维连接到神经系统中的视板时，需要将空间顺序反过来，以便把这些小视网膜形成的图像组合成一个统一的图像（图 12-23）。

另一种看上去像复眼，却有一个连续视网膜的，是一种夜晚活动的蛾子，即脉翅目的 *libelloides macaronius*，叫做折射型并列复眼（refraction superposition compound eye）。它的眼睛仍然由许多眼单位组成，从外表看和复眼非常相似，但是这些眼单位的感光细胞却彼此连接，在后方形成统一的视网膜，由前方众多的晶状体分别将光线汇聚到统一的视网膜上。用这种方法，视网膜上的同一个感光细胞可以接收到不同晶状体折射进入的光线，比起复眼中每个眼单位的感光细胞只能接收到自己晶状体汇聚的光线来，光强度可以大大增加，这对于在夜间活动的蛾子是有利的（图

12-24）。

为了生存的需要，有些动物还对视网膜进行了一些"修改"，使它更有效地为动物服务。例如兔子在发现捕食它们的动物时，一般只需要对水平方向上的目标形成比较清晰的图像，因为在平原上，其他动物的位置基本上集中在地平线方向上。为了适应这种情况，兔子的视网膜在水平方向上有一个节细胞数量密集的条带，以便对水平方向上的视觉信息进行更清晰的传输。

有一种鱼，叫做拟渊灯鲑（*Bathlychnops exilis*），长着一对奇怪的眼睛。每只眼睛有两个晶状体和两个视网膜。其中一个朝向前

脉翅目的昆虫

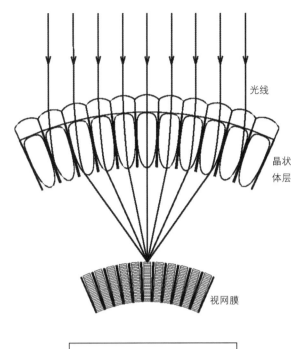

光线

晶状
体层

视网膜

折射型并列复眼工作原理

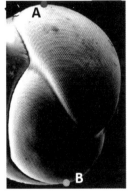

晶状
体层

视网膜

折射型并列复眼   眼睛纵切面

图 12-24　脉翅目昆虫的折射型并列复眼。从表面上看，这些眼睛和复眼很相像，由许多眼单位组成，但是这些眼单位和典型复眼的眼单位不同，下半截是不完全的，它们的感光细胞也合并成一个连续的视网膜。这样，许多眼单位的晶状体可以把来自同一方向的光线汇聚到同一个感光细胞上，其强度比复眼中光线只能来自一个眼单位的晶状体强得多，适合于夜晚活动的昆虫，如蛾子。左上为脉翅目昆虫 *libelloides macaronius*，左下为其眼睛，其右边是眼睛从 A 点到 B 点的纵切面。右为折射型并列复眼的工作原理图

方，执行普遍眼睛的功能，而另一个则朝向下方，所以这种鱼也叫做四眼鱼。估计这种鱼有从下方攻击它的捕食者，所以专门发展出往下看的眼睛来发现这些敌人（图 12-25 上）。

　　海洋生物片足虾（*Hyperiid amphipod*，是虾的一种近亲）是从下方攻击位于它上方的猎物的。为此它的每只眼睛也几乎分为两个，一个往前看，一个往上看。在深海的一些种类，由于光线很暗，往前看的功能已经没有大用，只有往上看的眼睛部分还能从海面透过来的微弱光线中辨别猎物的阴影，眼睛往上看的部分变得很大，而往前看的部分几乎消失（图 12-25 下）。拟渊灯鲑和片足虾的脑是如何处理同时来自前方和下（上）方的视觉信息的，是一个有趣的问题。

　　这些例子说明，动物在发展眼睛结构上是非常灵活的，会根据需要发展出适合自己需要的眼睛类型和结构。

脊椎动物补救视网膜缺陷

　　从上节脊椎动物视网膜形成过程的介绍中可以看出，脊椎动物视网膜的反贴，是由于最初低等脊索动物文昌鱼的纤毛型感光细胞就是以反方向贴在色素细胞上的，在纤毛型感光细胞与微绒毛型感光细胞建立突触联系，将后者变为只输送信号的节细胞时，感光细胞与色素细胞空间的相对位置并不改变，造成了后来所有脊椎动物视网膜反贴的眼睛。

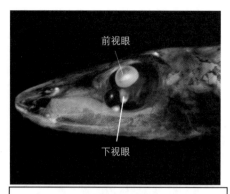

前视眼

下视眼

拟渊灯鲑的头部

片足虾

图 12-25　拟渊灯鲑和片足虾的眼睛

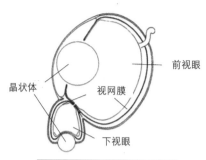

前视眼

晶状体

视网膜

下视眼

拟渊灯鲑眼睛的结构

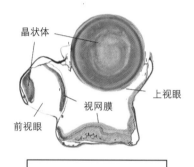

晶状体

上视眼

视网膜

前视眼

片足虾眼睛的结构

虽然脊椎动物的视网膜有一系列缺点，但是脊椎动物的眼睛，包括人的眼睛和鹰的眼睛，仍然有相当好的视力。这是因为在演化过程中，脊椎动物的眼睛采取了几项措施，保证了成像的清晰度。

首先是感光细胞与色素细胞层的相对位置。在两个细胞的眼睛中，感光细胞的膜系统是深埋在色素细胞的凹陷处的。在水母的杯状眼中，感光细胞自己就含有色素颗粒，位于感光结构的后方，感光细胞之间还夹有色素细胞，与感光细胞的色素颗粒共同形成遮光面。虽然脊椎动物的视网膜后来发展出三层细胞，但是感光细胞中的感光区段仍然与色素细胞亲密接触，以达到最有效的遮光效果。如果三层细胞的视网膜是正贴的，在感光细胞和色素细胞之间就会有其他类型的细胞，光线就会由于这些细胞的反射和折射从感光细胞的侧面和后面"溜"过来，影响成像。

感光细胞和色素细胞亲密接触，也使得供应氧气和营养物的毛细血管位于色素细胞的后面，以靠近感光细胞。这种安排也避免了血液在可见光区域的光吸收干扰感光细胞的工作。虽然脊椎动物眼睛的视网膜是反贴的，而章鱼眼睛的视网膜是正贴的，但是在光线—感光结构—色素层—毛细血管这样一种空间关系上，这两种类型的眼睛是完全一致的（图 12-26）。

为了减少甚至消除双极细胞层和节细胞层对成像的影响，脊椎动物的眼睛发展出了黄斑（macula lutea）。当我们凝视某一点时，它的图像就正好被聚焦在黄斑上。在黄

视网膜反贴的缺点是显而易见的。首先是进入眼睛，通过晶状体聚焦的光线，不是直接照射在感光细胞上，而是要先通过节细胞层和双极细胞层，还要通过感光细胞的细胞体（含细胞核的部分），最后才能到达感光细胞的感光部分，这些挡在前面的细胞和细胞体就会吸收和散射光线，使得图像模糊（见图 12-20 下）。章鱼视网膜感光细胞的感光结构位于视网膜的正前方，即光线来的方向，就没有其他细胞遮挡光的问题。

由于把视觉信号传输出眼睛的节细胞位于视网膜的迎光面，它们发出的神经纤维就必须汇聚成一束，反向穿过视网膜。在这个地方

不可能有感光细胞，形成眼睛里面的盲点。而章鱼正贴的视网膜神经纤维直接通往眼睛后面的神经节，不需要穿过视网膜，也就没有盲点。

由于感光细胞只能通过感光段与色素细胞层接触，它们发出的神经纤维是与双极细胞形成突触的，视网膜比较容易与色素细胞层分离，在临床上叫做视网膜脱落，严重影响视力。章鱼的视网膜由于有神经纤维"拉住"，不会出现视网膜剥离的问题。

由于节细胞层也需要血液供应，在视网膜的表面还有一些毛细血管。如果这些血管破裂，血液就会挡在视网膜的前面，严重影响视力。

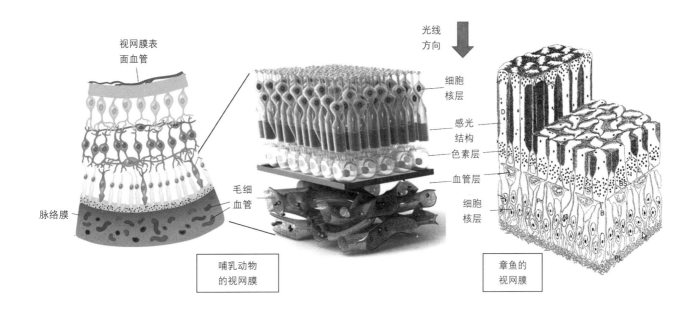

视网膜表面血管

脉络膜

毛细血管

哺乳动物的视网膜

光线方向

细胞核层

感光结构

色素层

血管层

细胞核层

章鱼的视网膜

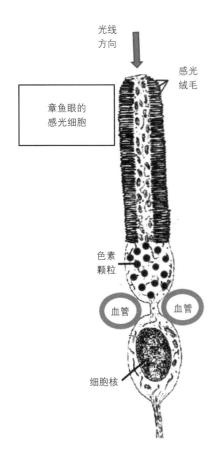

光线方向

感光绒毛

章鱼眼的感光细胞

色素颗粒

血管 血管

细胞核

图 12-26　哺乳动物眼与章鱼眼比较

斑处，节细胞、双极细胞连同它们发出的神经纤维，都向四周避开，因而在黄斑处形成一个凹陷，叫做中央凹（central fovea），来自晶状体的光线可以不经过其他细胞和结构而直接投射到感光细胞上，这样就最大限度地消除了其他细胞的干扰作用。人眼黄斑的直径大约有 5.5 毫米，在这个区域内感光细胞中的视锥细胞高度密集，每平方毫米达到 15 万个，而在视网膜的其他地方，每平方毫米则只有 4 千到 5 千个。这样黄斑就有高度的分辨率和成像能力，成为视网膜上看得最清楚的地方。你在看这行文字时，不要移动眼睛注视的方向，把注意力集中到上下行的文字上，就可以感觉到黄斑以外的区域分辨率的降低（图 12-27）。

但是在黄斑以外区域分辨率的降低并不是一件坏事，而是符合大脑的工作方式的。大脑在每个时刻只能关注和思考一个问题。整页文字都是高清级别，不仅会占用太多的资源，我们的大脑也不能处理如此多的信息。例如我们在阅读时，每秒钟只能处理 10 个字左右的信息量，这就不需要看清楚整页上的每一个字，只要正在读的那几个字清楚就行了。这种方式还可以使我们集中注意力，如果书页上的每个字都如黄斑处那么清楚，不仅没有必要，反而会分散我们的注意力。黄斑以外的视网膜可以提供周围空间的大致情形，使我们能够了解大范围环境的状况，而不只是黄斑处那一点清楚的信息。而且通过头部和眼睛的转动，我们能够随时把感兴趣的对象聚焦到眼睛的黄斑上，以进行详细的了解。

感光细胞与色素细胞层的紧贴和黄斑的形成，在很大程度上避免了视网膜反贴带来的不利影响，使脊椎动物的眼睛在黄斑处形成清晰的图像。由于黄斑和盲点的相对位置在两只眼睛的视野中并不重合，

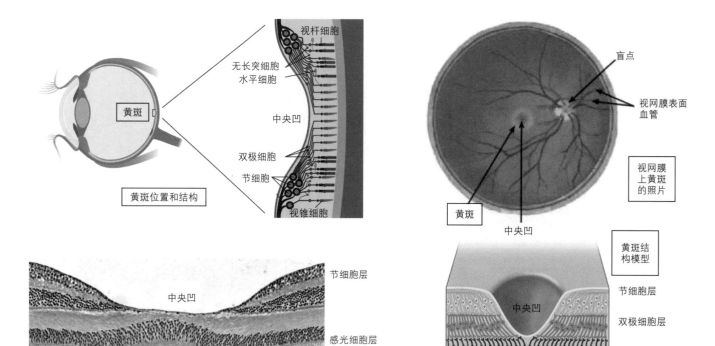

图 12-27　哺乳动物视网膜上的黄斑

所以我们一般不会感觉到盲点的存在。但是视网膜反贴所造成的其他一些缺点，如视网膜比较容易剥落，视网膜表面的血管出血时，溢出的血液也会挡在光路上，影响视力（平时叫做眼底出血），就不能被完全消除了。演化只能在原有结构的基础上逐步改进，但是无法推倒重来。

所有眼睛具有共同的起源

　　动物眼睛的形式是如此多种多样，所以长期以来许多人认为这些类型不同的眼睛是在不同的动物种系中独立发展出来的，有人甚至由此推测出眼睛至少独立地产生了 40 到 60 次。分子生物学的进展却表明，所有类型的眼睛，从简单到复杂，都是由同样的分子机制控制的，*Pax6* 是所有眼睛形成的主控基因，说明所有类型的眼睛有共同的祖先。

　　例如果蝇的无眼基因 *ey*，到小鼠的小眼基因 *sey*，再到人类的无虹膜症基因 *AN*，都是 *Pax6* 基因。虽然这些动物及其眼睛在结构和复杂程度上差别极大，它们的 *Pax6* 基因的氨基酸序列却 90% 相同，几乎可以比拟组蛋白的保守程度！而且哺乳动物小鼠的无眼基因可以在昆虫果蝇的腿上诱导出眼睛来，虽然在小鼠身上 *Pax6* 基因诱导出来的是单镜头眼睛，在果蝇身上诱导出来的却是复眼，这说明 *Pax6* 基因的功能是高度保守的。

　　在更原始的动物中，*Pax6* 基因也参与眼睛的发育过程。例如前面谈到的腕足类动物两个细胞的眼睛中，两个细胞（感光细胞和色素细胞）都表达 *Pax6* 基因。箱型水母 *Tripedalia cystophora* 含有一个叫 *PaxB* 的基因，从氨基酸序列来看像是 Pax6 和 Pax2/5/8 的混合物。*PaxB* 基因能够在果蝇身上诱导出眼睛来，说明它已经具有 *Pax6* 基因的功能。在两侧对称动物中，*PaxB* 基因被加倍复制，其中一个保持 *Pax6* 基因对眼睛发育的调控功能，而另一个则发展了 *Pax2/5/8* 基因的功能，转而控制耳朵的发育。

　　Pax6 蛋白，作为一个转录因子，它的一个作用就是让细胞生产视蛋白。检查视蛋白基因的调控序列，发现含有结合 Pax6 蛋白的 DNA 序列。将三份这种结合点的 DNA 序列放到其他蛋白的基因前面（例如绿色荧光蛋白 GFP），可以看见这个蛋白表达在眼睛里，从扁虫的眼睛到果蝇的眼睛都由于绿色荧光蛋白的表达而在紫外线照射下发绿色荧光，说明 Pax6 基因是控制眼睛发育的基因。

眼睛的发育不仅需要感光细胞，也需要遮光的色素细胞。这是由 Pax6 基因的一个下游基因控制的。例如扁虫两个细胞眼睛中的感光细胞和色素细胞都由同一个前体细胞通过不对称分裂而来。让其中一个细胞变成色素细胞的蛋白质叫做小眼症转录因子（Mitf），因为在人类中这个蛋白基因的突变会导致新生儿具有小眼。人眼视网膜中的感光细胞和色素细胞也是由同样的前体细胞分化而来的，控制遮光细胞分化过程的也是 Mitf 基因。在用小鼠做的实验中，如果 Pax6 基因被敲除，Mitf 基因就不会被活化，说明是 Pax6 蛋白控制 Mitf 基因的表达。研究发现，Mitf 蛋白是决定细胞向色素细胞方向发展的关键因子，从扁虫这样的低等动物到昆虫到人，都使用这个因子来形成色素细胞。这个例子也说明，所有动物眼睛的发育是由同样的基因控制的，因而应该有共同的祖先。

第二节　感受机械力的听觉、自体感觉和触觉

动物的听觉

在上一节中，我们介绍了动物通过可见光获得外界信息的功能，即动物的视觉功能。视觉功能可以提供物体大小、远近、形状、颜色、质地，运动方向和速度等信息，是动物获得外部信息最重要的手段。但是视觉也有局限性，就是必须依赖光线的存在。在光线很暗的地方或在黑夜中，眼睛就不能很好地发挥作用。而且由于光线是直线传播的，在观察对象和观察者之间不能有阻挡物，如薄薄的树叶就能挡住视线。

听觉感知的是物质（可以是气体、液体和固体）振动以波动方式传递来的信息。这种信息传递方式不依靠光线，所以动物在黑暗中仍然可以听见声音。在黑暗中生活的动物，例如洞穴里面的鱼，听觉就更加重要。由于声波的波长（对人能听见的 16 赫兹到 2 万赫兹的声波，波长从 16 厘米到 21 米）大大长于可见光的波长（390 到 780 纳米），也大于许多物体的长度，声波可以轻易地绕过障碍物，不会被声源和倾听者之间不太大的物体所阻挡，所以树背后和草丛中的动静也能被感受到。而且声波和光线一样，也可以被物体表面反射，山洞和隔壁房间里的声音也可以被听到，而且音质变化不大，例如我们仍然能够通过声音分辨隔壁房间里面说话的人。

和人一样，许多动物接受声音的器官也是成对的。根据声音到达身体两边听觉器官的时间差和声波的相位差，生物还可以辨别出声源的方向和距离，因此听觉可以在动物清醒状态下的任何时候提供大范围环境的三维信息，用于发现捕食者、猎物以及其他自然过程发出的声音。高等动物能接收的音频范围很广。从声音的频率和质地，可以判断是什么物体发出的声音（人、狗、飞机、火车、小提琴、钢琴等）、什么自然现象发出的声音（刮风、下雨、打雷、落叶、流水等）。人听觉的分辨率也非常高，我们可以区别不同的人发出的声音，甚至同一个人在不同生理和病理状况下的声音，医生可以从这些声音的变化觉察到人身体状况的变化。

动物不仅被动地接收外界的声音，许多动物还能够主动发出声音，用于求偶、社交、警告等，被物体反射回来的声波还可以被一些动物，如蝙蝠和海豚，用来探测环境和对猎物进行精确定位。人类的语言更是人之间交流信息的重要手段，而且听别人说话是学习语言的必要条件。聋哑人不能说话，在许多情况下并不是发音器官有毛病，而是因为听不见声音，不知道如何模仿学习。已经会说话唱歌，而后天失去听力的人，由于耳聋后听不见自己发出的声音，对自己发音中的偏差无从纠正，发音也会逐渐变得异常。这说明听觉还有一个作用，就是把我们自己的发音和外面的语言进行比较，校正我们自己的发音。

当然声音也有局限性。听觉无法提供物体颜色、质地、温度、气味、味道的信息。这些信息要由其他的感觉器官来提供。

动物的听觉很可能产生于它们自己能发出声音之

前，因为用听觉来了解环境，包括发现捕猎对象，以及发现和避开捕食者，是比用声音来交流更基本的生命需求。倾听的能力也随生存的需要而定。比如一些蛾子能听见捕食它们的蝙蝠发出的超声波，从而逃跑和躲避，但其他频率的声音就听不见。在地下岩洞中，水流的声音和水滴的声音会形成背景噪音，频率多在 800Hz 以上，居住在这些岩洞中的鱼为了避免这些噪音的干扰，对高于这个频率的声音失去听觉。蚊子只能听见几百赫兹到一千多赫兹的声音，那是它们扇动翅膀的频率，它们以此来寻找配偶。随着生物演化从低级到高级，对听觉的要求也就从简单到复杂，能够听到的频率范围也越来越大，能从声音中接收的信息也越来越丰富。

说到这里，好像一切都简单明了。但如果我们要详细考察一下动物到底是如何听见声音的，就会发现这绝非易事。

首先是声音的能量。在陆地上，声音主要是通过空气的振动来传播的。由于空气的密度很小，声波的压强很小，能量密度也很小。这样小的能量密度是不足以触发神经细胞，使其发出电信号的。这就要求将声音的能量尽可能多地收集起来，加以汇聚。第二，感知声音并将其转变为神经信号的细胞基本上是由脂质膜包裹的液体，细胞本身也是浸浴在淋巴液中的。而声音直接从空气传到液体中的效率极低。游过泳的人都知道，当头没入水中时，岸上的声音就基本上听不见了。由于空气和水的密度差别很大（在室温和一个大气压下水是空气的 775 倍），绝大部分声波在遇到液体时会被反射回去而不是被细胞吸收。因此，必须有另外的机制把声音的机械能量传入细胞。第三，就是有了足够的机械力量，细胞也还必须有某种机制把声音的这种机械能转变成为电信号。

昆虫是被科学实验证明具有听觉的无脊椎动物。蝗虫、蟋蟀、蝴蝶、蛾子、螳螂、蝉、蟑螂、甲虫、苍蝇、蚊子、草蛉都被报道具有听力。我们就先看看昆虫的听觉器官。

昆虫的听觉器官

昆虫的身体一般很小，即使身体的全部表面都被用来吸收声音，所接收到的能量也是极其有限的。一个放大声音效果的办法就是利用杠杆原理。由于支点两边的

力量大小和力臂长度的乘积相等，长长的力臂就可以用比较小的力量在短得多的力臂上产生大得多的力量。这就是蚊子的"耳朵"所使用的方法。

蚊子的"耳朵"

蚊子的头部有两根长长的鞭毛，这就是蚊子杠杆的"力臂"。鞭毛上面还长有许多细毛，以增加与空气的接触面，使这个杠杆获得更多的外力。鞭毛的第一段长度最长，叫做鞭节（flagellum），是直接获得空气运动对其产生的力，产生摆动的地方。鞭节连在一个圆球形的节段上，叫梗节（pedicel），梗节再通过一个叫柄节（scape）的圆盘状结构与蚊子的头部相连。梗节是感受鞭节的振动，将其变为电信号的地方。美国科学家江斯顿（1856—1914，Christopher Johnston）在 1885 年最早报道了埃及伊蚊（Aedes aegypti）梗节的构造及其在听觉中的作用，所以这个构造又叫做江氏器。

鞭节的摆动使其位于梗节里的江氏器根部的基盘也发生位移。由于鞭节的长度大大超过其根部（基盘以下的部分），从杠杆原理知道，基盘摇动的力量会大大增加。这就像我们用一根长棍子撬动一块石头，用手搬不动的石头，用棍子就能够撬动（图 12-28）。

力量的问题解决了，下一步就是如何把这种机械力传到神经细胞上。鞭节的根部与江氏器里的基盘相连，围绕着基盘的边缘有大量的感音管（scolopidia）呈放射状排列，鞭节的摆动就通过基盘传到感音管上。雄蚊子的江氏器里有大约 15000 根感音管。每个感音管由三种细胞组成：顶端的冠细胞，管状的感橛细胞和被感橛细胞包裹的神经细胞。冠细胞和感橛细胞都含有由肌纤蛋白组成的状物，给神经细胞以机械支持，并与基盘相连。神经细胞伸出一根感觉纤毛（端突），为静纤毛，上面有触觉感受器。基盘的摆动通过由冠细胞传递至神经细胞的端突，向其施加机械力。

神经细胞的端突是浸浴在富含钾离子的淋巴液中的。与基盘相连的冠细胞所传进来的摆动使端突变形，触发神经端突上的触觉感受器，使钾离子进入细胞。因为钾离子是带正电的，钾离子的进入会改变细胞的膜电位，使其去极化，神经细胞发出神经冲动，将信号传输至神经系统。这类似于脑中神经细胞在其树突接收到信号时，有钠离子进入细胞，降低膜电位，当膜电位的

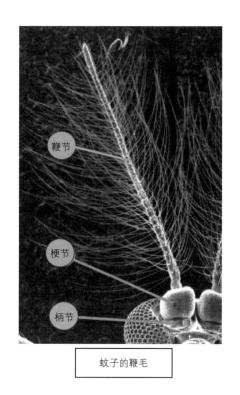

蚊子的鞭毛

摆动

鞭节

梗节

力量放大

感音管

基盘

江氏器

连接到基盘

冠细胞

淋巴液

感觉纤毛

感橛细胞

感觉神经细胞

感音管

图 12-28　蚊子感受空气流动的江氏器

降低达到阈值时，就会触发神经冲动，只不过在这里进入细胞的是同样带一个正电荷的钾离子。

当离声源很近时，比如在音叉和飞行的蚊子附近，空气不仅在振动（分子没有净位移），还来回流动（分子有实际位移）。蚊子的鞭毛感受到的是后一种，即空气的实际流动，主要是其他蚊子飞得很近时翅膀扇动所产生的空气扰动。蚊子的鞭毛对声波的压力没有反应，从这个意义上说，鞭毛和江氏器还不是真正意义上的"耳朵"，但它已经能感受到空气的快速来回流动，可以看成是广义上的听觉了。不过与声波的衰减程度与距离的平方成反比不同，这种空气分子的净位移随距离衰减很快，与距离的三次方成反

比，所以蚊子只能感觉到飞得很近（几厘米）的其他蚊子翅膀的振动。

正因为蚊子的鞭毛感觉的是空气的流动，所以它也能感受到风。风是空气持续的有方向的位移。这样引起的触角的偏移也能被江氏器里的另外一些神经细胞感受到，使蚊子也能探测到风和风向。我们用手在蚊子附近挥动，蚊子会飞走，说明蚊子能把风的一些特征作为判断危险靠近的依据。

除了蚊子，一些其他的昆虫例如果蝇也用这种方式来感知空气的运动，鞭毛、江氏器的结构也相似。用触角来探测空气的运动，虽然有效，但也有缺点。触角是精细脆弱的，又突出体外，容易损坏，而且它只能在距离声源很近的地方

起作用，探测不到真正的声波。除触角外，昆虫还发展更好的探测声音的方式，这就是鼓膜器。

昆虫的鼓膜器

许多昆虫，包括蝗虫、蟋蟀、某些蝴蝶和蛾子，有另一类感受声音的器官，那就是鼓膜器（tympanal organ）。鼓膜器是位于体表的一片薄膜和与它相连的感音管。这个薄膜实际上是昆虫变薄的外骨骼，它的下面有气囊，这样，薄膜的两边都是空气，能够随外部空气的振动而振动。这片膜类似于鼓的鼓面，因而被叫做鼓膜，和高等动物耳朵里面的鼓膜有类似的功能。

比起江氏器来，鼓膜器作为听觉器官有明显的优点：它们不突出

于身体之外，不容易受到损伤。更重要的是，它感受到的是声波的压力，而不是空气的扰动，所以可以接受远距离传来的声音，是真正意义上的听觉器官。鼓膜的内陷还可以形成外耳道，演化成高等动物的耳朵。现在地球上所有的动物（包括人）的听觉器官都是用鼓膜来收集声波的能量的。但除了使用鼓膜外，昆虫"耳朵"的构造还是和脊椎动物的耳朵有很大的差别，所以我们在这里只把它称为"鼓膜器"，以与脊椎动物的耳朵相区别。

鼓膜器可以长在昆虫身体的几乎任何地方，包括胸部，腹部，和腿部。鼓膜的大小从草蛉的 0.02 平方毫米到蝉的 4 平方毫米，可以接收从数百赫兹到数万赫兹的声音。

鼓膜的内表面在一处或多处通过附着细胞与感音管相连，把鼓膜感受到的振动传递给感音管。感音管的另一端与气囊另一侧的组织相连，将其位置加以固定，并且有系带使感音管弯曲，也许这种安排会使感音管对鼓膜的振动更加敏感。由于鼓膜的面积比与之相连的感音管的面积大很多，相当于把整个鼓膜收集到的声波能量集中到少数几个点上，这就大大增强了传递到感音管的力量。这样，鼓膜的振动就能够不断地压迫和拉伸感音管，使里面的神经细胞产生听觉神经信号（图 12-29）。

一些蛾子的鼓膜只与 1 个感音管相连，而一些蝗虫的鼓膜就与 2 个或 2 个以上的感音管相连。在与多于一个感音管相连时，与不同的感音管相连的鼓膜区域往往厚度不同，这样就可以分别感受高频和低频的声音。有些蝗虫的鼓膜甚至分为四个区域，每个区域的厚度不同，以感受更多频率的声音（图 12-29）。

鼓膜器中感音管的结构和江氏器里的感音管非常相似。附着细胞相当于江氏器里面的冠细胞，它的作用是把来自鼓膜的振动传给神经细胞的端突。神经细胞的端突（静纤毛）也是被包裹在由感橛细胞形成的密封管内，里面有含高钾离子浓度的淋巴液。端突所受到的机械力会使端突变形，把它上面的离子通道打开，使细胞的膜电位改变，从而发出神经冲动。

鼓膜器的感音管和江氏器的感音管结构如此相似，

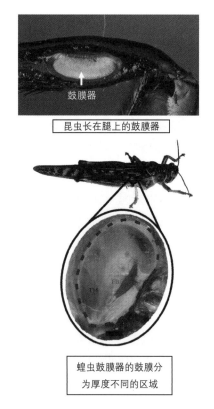

昆虫长在腿上的鼓膜器

蝗虫鼓膜器的鼓膜分
为厚度不同的区域

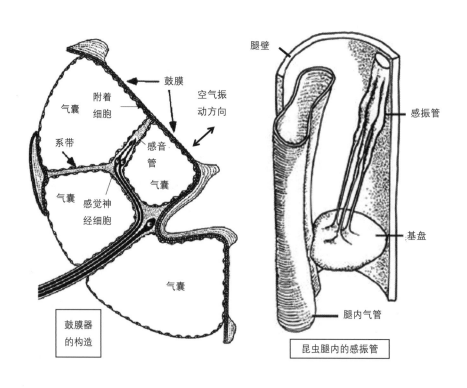

鼓膜器
的构造

昆虫腿内的感振管

图 12-29 昆虫的鼓膜器

说明它们可能有共同的起源。实际上，在昆虫中空的腿中，还有大量的类似结构存在，以感知与昆虫的脚接触的物体（如地面，树枝）的振动，所以这些结构应该被叫做"感振管"（图 12-29）。有可能有些感振管所接触的腿表面逐渐变薄，以致对外界的声音有了反应，而逐渐演化成鼓膜器。所以昆虫鼓膜器中的感音管可能是个从腿中感振管发展而来的。

这一类的结构能够把声波的能量转化为神经冲动，已经是很了不起的成就。其结构也已经比较复杂。它所使用的基本机制，即用鼓膜收集声波的能量，把振动传递到神经细胞上，打开神经细胞上的离子通道，让细胞外淋巴液中的钾离子进入细胞，改变神经细胞的膜电位，发出神经冲动，在高等动物的耳朵中仍然在使用。

不过与脊椎动物的耳朵相比，昆虫的鼓膜器还是比较原始的。它能感受到的频率有限，分辨能力也很粗糙，不像人耳那样能够精细分辨从 16 赫兹到 2 万赫兹的连续波谱。昆虫是比较低等的生物，身体比较小，难以发展出脊椎动物那样具有复杂构造的听觉器官。昆虫的江氏器和鼓膜器使用多根彼此独立的感音管来感受振动，类似于昆虫用大量构造比较简单的眼单位来组成复眼一样，所以昆虫的耳朵也可以被看成是"复耳"。而脊椎动物的耳朵却是一个统一的构造，相当于脊椎动物的单透镜眼。下面我们就来看看脊椎动物耳朵的构造和工作原理。

鱼类的耳朵

鱼是最低级的脊椎动物，但是也已经具有和昆虫结构不一样的听觉器官。鱼的头部有两个装有淋巴液的囊，因其形状像一个瓶子做叫做瓶状囊，又叫听壶（lagena）。听壶上有加厚的结构，叫囊斑（macula），囊斑的内壁上有许多听觉细胞。这些听觉细胞的情形和昆虫感音管的神经细胞有两处不同。昆虫感觉声音的神经细胞是分隔在彼此独立的感音管中的，类似于昆虫复眼中眼单位的感光细胞，而且每个感觉声音的神经细胞都有自己的淋巴液。而在鱼的耳朵中，感觉声音的神经细胞是彼此相邻的，拥有共同的淋巴液，类似于脊椎动物单镜头眼睛视网膜中的感光细胞，彼此相邻，连成一片。

第二个差异是，这些听觉细胞不像昆虫的听觉细胞那样，只伸出一根感觉纤毛（端突），而是除了伸出一根顶端膨大的动纤毛外，还有多列长短不一的微绒毛，依次排列在动纤毛的一侧。紧靠动纤毛的一排微绒毛最长，离动纤毛最远的一排微绒毛最短。由于这样的神经细胞顶端有许多毛状结构，因此这样的听觉细胞叫做毛细胞。微绒毛的顶端之间，以及微绒毛的顶端和动纤毛之间，都有细丝连接，叫做顶端连丝，由钙联蛋白 23 和原钙联蛋白 15 组成。

这些毛细胞的上面覆盖着一层含有听石（otolith）的胶质层，叫做听石膜，与动纤毛的顶端接触。听石的密度比较大，在有振动时会由于其惯性不能与听觉细胞层同步移动，于是在听石膜和听觉细胞层之间产生相对位移，使得与听石膜接触的动纤毛发生偏转。动纤毛的偏转会在顶端连丝上产生拉力，直接拉开微绒毛膜上的离子通道，让钾离子等阳离子进入细胞，使听觉细胞去极化，触发神经冲动（图 12-30）。

鱼的耳朵没有鼓膜，而且鱼身体的密度和水相近，声音从水中传递到鱼的听壶时，不会发生反射和折射，直接传入听壶的声波没有经过汇聚和放大，所以许多鱼类的听觉不是很好的，听到的音频也一般不超过 1000 赫兹。但是也有一些硬骨鱼类，例如鲤鱼，具有比较好的听力，这是因为它们利用了鱼鳔来收集声能。鱼鳔是含有气体的囊，作用是调节鱼整体的密度，帮助鱼的沉浮，停留在不同的水深而无须游动。由于鱼鳔是中空的，可以作为共鸣腔。为了把鱼鳔的振动传递到听壶，鲤鱼有三节脊椎骨长出凸起，形成骨链，连接鱼鳔和听壶。这个结构叫做韦伯器（Weberian organ），可以增强鱼的听力，而且听到的音频可以增加到 5000 赫兹。但是这样的结构对于在陆上生活的脊椎动物（没有鱼鳔）就不适用。空气的密度比水小得多，空气振动所携带的能量也很少，为了有效地捕获和传递空气振动所携带的能量，陆生动物必须发展出结构更加复杂的听觉器官，下面我们就以人的耳朵为例，看看高等动物的耳朵是如何工作的。

人类的耳朵

人类的耳朵和昆虫的鼓膜器一样，都使用鼓膜来收集声波的能量。人耳的鼓膜（ear drum，或叫 tympanic

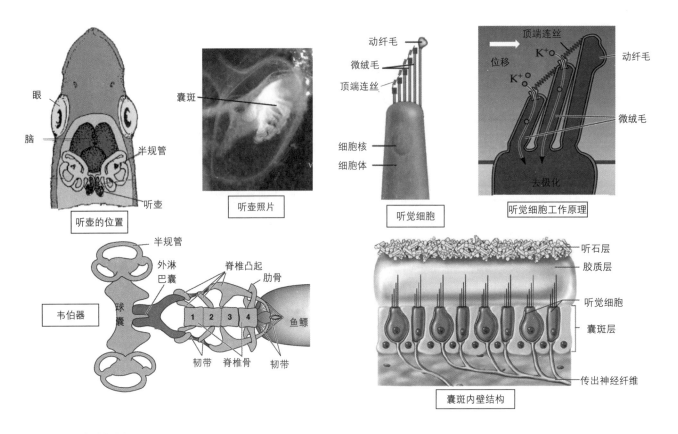

图 12-30　鱼的听觉器官

membrane）内侧和昆虫的鼓膜器一样，也是一个空气室，这样鼓膜才能随空气的振动而振动，但人耳的鼓膜面积要大得多，有 0.5 到 0.9 平方厘米，比昆虫最大的鼓膜（4 平方毫米）还要大 100 倍以上，因而可以收集更多的声能。不仅如此，人还有外耳。外耳由耳郭和外耳道组成。耳郭由于比鼓膜的面积大得多，可以通过反射声波收集更多的声能。它的形状也有利于声波能量的聚集。由耳郭收集到的声能再由外耳道传至鼓膜。

与昆虫的鼓膜器不同，人耳的鼓膜并不和感音管相连，而是通过中耳中三块彼此相连的听小骨（锤骨、砧骨及镫骨）把振动传到内耳，其中锤骨与鼓膜相连；镫骨的形状

像马镫，与内耳相连；而砧骨连接锤骨与镫骨。内耳由两部分组成。一部分是三根半圆形的管子，叫半规管（semicircular canal），彼此以 90 度的角度相连，里面充满液体。身体运动时，里面的液体会流动，使我们感知身体的三维空间方向，与身体的平衡有关。另一部分是一个蜗牛状的结构，里面也充满液体，专管听觉，叫做耳蜗（cochlea）（图 12-31）。

耳蜗的外壳是比较硬的，像是蜗牛的壳。为了接收由听小骨传来的振动，耳蜗上有一个卵圆形的小窗户，覆以薄膜，叫做卵圆窗，与镫骨相连。耳蜗上还有另外一个圆形的小窗，叫圆窗，以释放振动的压力。

耳蜗是一条骨质的管道，围绕一个骨轴盘旋两周半到二又四分之三周而成。这根管道被两张分界膜分成三条管道。其中基底膜把管道分为上下两部分。上部为前庭阶，与耳蜗的前庭相连。下部为鼓阶，与位于卵圆窗附近的圆窗相连。两条管道都充满外淋巴液，在耳蜗的顶部通过蜗孔相通。

前庭阶（上管道）又被一个斜行的前庭膜分出一个管道，叫做蜗管（又叫中阶），里面充满内淋巴液（endolymph）。内淋巴液的组成和外淋巴液不同，含有大量的钾离子，与昆虫感音管里的淋巴液组成相似。蜗管是盲管，与前庭阶和鼓阶里的外淋巴液不相通。感觉声音的神经细胞就浸浴在内淋巴液中，

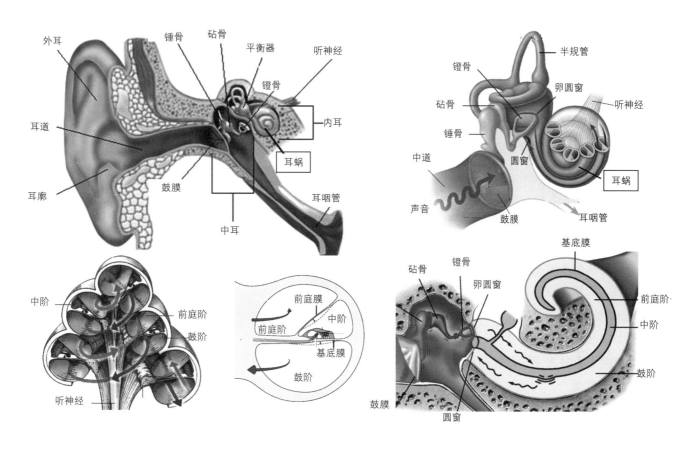

图 12-31　人耳的构造

和昆虫感音管中的神经细胞浸泡在含高浓度钾的淋巴液相同，但是所有的感音神经细胞都共用内淋巴液，和鱼的感音囊（听壶）相同。

当鼓膜的振动通过听小骨链到达卵圆窗膜时，压力变化就传给前庭阶里面的外淋巴液。由于液体基本上是不可压缩的，当卵圆窗膜内移时，前庭膜和基底膜就下移，最后是鼓阶的外淋巴液压迫圆窗膜外移。所以压力从卵圆窗膜传入，从圆窗膜传出。相反，当卵圆窗膜外移时，整个耳蜗内结构又作反方向的移动，于是形成耳蜗内液体的振动。所以圆窗膜实际上起着缓冲耳蜗内压力变化的作用，是耳蜗内结构发生振动的必要条件。

基底膜的振动是以行波（traveling wave）的方式进行的，即内淋巴液的振动首先引起靠近卵圆窗处基底膜的振动，此波动再以行波的形式沿基底膜向耳蜗的顶部方向传播，就像人在抖动一条绸带时，有行波沿绸带向远端传播一样。但对于频率不同的振动，行波传播的远

近和最大行波的出现部位都有所不同。振动频率愈低，行波传播愈远，最大行波振幅出现的部位愈靠近基底膜的远端，即靠近耳蜗的顶部，而且在行波最大振幅出现后，行波很快消失，不再传播；相反地，高频率声音引起的基底膜振动，只局限在卵圆窗附近。这个现象是匈牙利科学家 Georg von Bekesy（1899—1973）发现的。

蜗底感受高音，蜗顶感受低音，这个结果似乎和我们预期的相反。因为耳蜗里面的通道越是靠蜗底部越粗，越靠近蜗顶越细。按说比较宽的蜗道应该响应比较低的频率才对。而真实的情形是，基底膜的宽度是越靠近底部越窄，越靠近顶部越宽。蜗底横膈的大部分都是骨质板，基底膜占的宽度很小。蜗顶的通道虽然较窄，但骨质板更窄，所以基底膜在顶部反而更宽。另一个因素是，靠近底部的基底膜比较僵硬，对高频振动反应较好，而靠近顶部的基底膜比较松柔，对低频振动反应较好。这两个因素结合起来，就使蜗顶感受低音，蜗底感

受高音。

只有哺乳动物才有蜗牛状的蜗管，鸟类和爬行类动物的蜗管都是直的。卷成螺旋状可以有更长的蜗管，又节省空间。人的蜗管长约3厘米，而鸟蜗管的长度只有3到11毫米。

将振动转换为神经信号

声波在耳蜗内的传递的机制已经清楚，现在我们来看看把声波的机械振动转变为神经信号的结构。前庭阶和鼓阶都只是单纯的管子，而中阶的基底膜上却有一个复杂的结构。这就是感觉神经细胞把振动转换为电信号的地方，叫做柯氏器（the organ of corti），是以发现它的意大利科学家 Marchese Alfonso Corti（1822—1876）的名字命名的。

在柯氏器中，在基底膜上有四排感觉神经细胞，以与蜗轴平行的方向排列。它们的顶端长有微绒毛，所以又叫毛细胞，和鱼类感音囊的毛细胞结构相似，但是没有动纤毛，只有微绒毛。三排毛细胞在外（远离蜗轴），叫外毛细胞，一排在内，叫内毛细胞。每个毛细胞都有三列或更多列纤毛，而且像鱼的感音神经细胞，这些微绒毛也从高到低排列，它们的顶端也以顶端连丝彼此相连。下端有传入神经（从细胞传递信号到中枢神经系统）和传出神经（从中枢神经系统传递信号到细胞）纤维与它相连。人一侧的耳蜗中，内毛细胞的总数约为3500个，外毛细胞则有约15000个（图12-32）。

外毛细胞和内毛细胞在声音能量转化中的作用不同。一般认为内

毛细胞是把神经信号传至中枢神经系统的细胞，因为它上面连有的传入神经纤维（向大脑传信号的纤维）远多于与之相连的传出纤维。而与外毛细胞相连的传出纤维（从中枢神经系统向细胞传送信号）则远多于传入纤维。研究发现，在有声音信号时，外毛细胞能伸长和缩短，频率和基底膜振动的频率相同。这三组外毛细胞的振动可以增强基底膜的振动，使内毛细胞接受到更强的信号。所以外毛细胞的作用相当于放大器。

毛细胞上最长的一列微绒毛与覆盖在它们上面的一个板状物叫盖膜（tectoral membrane）的接触，类似于鱼的感音细胞上的动纤毛与听石膜接触。盖膜比较肥厚，在压力变化时能伸长缩短，就像按压一块厚橡皮时会使它向四周蔓延一样。这种变形会给纤毛以剪切力。这种剪切力使微绒毛发生偏转，拉开细胞膜上对机械力反应的离子通道，使内淋巴液中的钾离子进入细胞，触发神经冲动，所以人耳毛细胞和鱼耳的毛细胞把声音的能量转换成为电脉冲的机制是相似的（比较图12-32与12-30）。

由于顶端连丝拉紧时两端都受力，那离子通道既可以在最高的一列微绒毛上，也可能在比较低的微绒毛上，怎么能够知道离子通

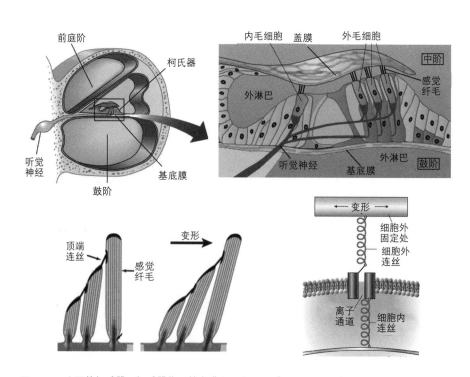

图12-32　人耳的柯氏器。柯氏器位于基底膜上（左上），有4列听觉细胞，上有感觉微绒毛，叫毛细胞。三排在外，叫外毛细胞，一排在内，叫内毛细胞。这些毛细胞浸泡在富含钾离子的内淋巴液中，通过最长的微绒毛与上面的盖膜接触（右上）。振动引起盖膜变形，在盖膜与基底膜之间产生剪切力，使感觉微绒毛偏转，直接拉开离子通道，让钾离子和钙离子等阳离子进入细胞，触发神经冲动（左下和右下）。一般认为内毛细胞是将声音振动的机械力转化为神经电信号的细胞，而外毛细胞起放大作用

道位于连丝的哪一端呢？由于离子通道打开时，除钾离子外，也有钙离子进入细胞，而且钙离子进入细胞的过程可以用绿色荧光来监测，因而可以用钙离子在微绒毛中的出现作为离子通道打开的标志。科学家用很细的玻璃管套在最高的微绒毛上，发现玻璃管轻微的偏转（小到 0.1 度）都会使钙离子进入微绒毛。试验发现，绿色荧光只出现在较低的微绒毛中，最高的微绒毛里完全没有，说明离子通道只存在于顶端连丝的下端，即在较低微绒毛的那一头，最高的微绒毛中没有离子通道。

不仅如此，科学家还发现，绿色荧光在微绒毛中的出现的时间和最高微绒毛的摆动几乎完全同步，二者之间只有大约 40 微秒的差别，说明顶端连丝是直接拉动离子通道的。如果离子通道的开启是通过其他间接机制的，则会有比较长的滞后期，例如通过 G- 蛋白传递信息的神经电反应的滞后期就在毫秒级别。

目前关于拉伸力型离子通道工作原理的模型之一是系链模型（tether model）。按照这个模型，离子通道的一边连在盖膜上，另一边固定在细胞内的"内骨骼"（由肌纤蛋白形成的纤维）上，盖膜移动的拉力直接使通道打开（图 12-32 右下）。

从鱼耳到人耳

从鱼到人，耳朵的构造发生了一系列的变化，最后演化成人耳这样高度精密的听觉器官。我们不仅能够听到声音，而且能够听见从 16 赫兹到 2 万赫兹的连续声频，能够在噪声背景中分辨出所需要的声音。我们不仅用耳朵来了解周围环境的情况，我们还用耳朵来接收语言信息，欣赏音乐。

鱼没有鼓膜，自然也没有中耳（连接鼓膜和内耳的部分），好些鱼也没有外耳（耳郭和耳道），耳朵是埋藏在皮肤下面的。除了利用鱼鳔，鱼没有其他收集和放大声音的手段。

两栖类动物如青蛙由于有的时间要在陆上生活，要感受空气传来的声音，已经发展出鼓膜，出现中耳。中耳里面有一根听小骨叫中耳小骨（columella，相当于人耳的镫骨），和感音囊上卵圆窗相连，而且感音囊上还有圆窗以释放卵圆窗传入的压力。青蛙的内耳没有耳蜗，但是已经有感受高频（高于 1000 赫兹）和低频（低于 1000 赫兹）声音的部位。但是青蛙没有外耳，没有

耳郭以收集声音。

爬行动物的耳朵也有鼓膜，也用中耳小骨和卵圆窗相连。但是在从爬行动物演化到哺乳动物时，上颚和下颚各有一块骨头改变它们的用途，不再是上下颚关节处的骨头，而逐渐演变成为中耳里面的锤骨和砧骨，其中下颚的小骨（articular）变成锤骨，上颚的小骨（quadrate）变成砧骨。在中国河北丰宁县发现的有 1.25 亿年历史的早期哺乳动物阿氏燕兽（Yanoconodon allini）的化石中，内耳的听小骨仍然和颚骨相连。在哺乳动物的胚胎发育早期，内耳的听小骨仍然和颚骨相连，后来才分开，证明中耳的锤骨和砧骨确实是从颚关节骨变化而来的。为了更有效地收集空气中的声波，哺乳动物发展出了耳郭和耳道，用以收集和传输声音。内耳也发展出了耳蜗，可以感知从低频到高频的连续波谱的声音。

但是在从爬行动物到鸟类的演化过程中，上下颚关节处的骨头变成中耳中的听小骨的变化并没有发生，鸟类仍然只有一根听小骨连接鼓膜和内耳。鸟类有耳道，但是没有耳郭。鸟类也没有耳蜗，相当于耳蜗的部分只是一根稍弯的管子。

动物对机械力的反应

从上面对动物各种耳朵的介绍，一个自然的问题就是：直接感受细胞所受到的机械力，并将其转换为神经冲动的分子是什么。经过科学家几十年的研究，这个问题已经有了答案。

机械力拉开听觉细胞的离子通道

无论是昆虫的感音管，还是脊椎动物的耳朵，感觉声波对细胞膜扰动的细胞是浸浴在含有大量钾的淋巴液中的。电生理试验表明，是钾离子和其他阳离子（如钙离子）的进入使神经细胞去极化，使其发出神经冲动。感音管和中阶（蜗管）中的淋巴液成分相似，却与前庭阶和鼓阶中的外淋巴液成分不同，就是为了这个离子通道的工作。这也解释了为什么耳蜗中要单独分出一根中阶（蜗管），把内淋巴液和外淋巴液分开。感觉声音的细胞需要富含钾的淋巴液这一事实，说明它们上面的离子通道是一种特殊的离子通道，因为对于多数细胞而言，细胞外的液体是富含钠的，而不是富含钾。

科学研究表明，让钾离子等阳离子进入细胞的离子通道是瞬时受体电位通道（TRP channels），在本书中将其称之为 TRP 离子通道。TRP 离子通道的发现要追溯到果蝇的一个突变体。1989 年，科学家在这种突变体身上发现它对于光线刺激的异常反应。正常果蝇对于长时间的橙色光刺激会产生持续的视觉电信号，但突变体却只发出短暂的电信号（所以叫瞬时受体电位）（图 12-33）。这样的果蝇对于强光就是瞎子。

随后的研究发现，突变的是一类重要的离子通道，它们在所有的真核生物里都有表达，并参与多种对外界和生物自身各种信号和刺激的感知，包括听觉、触觉、痛觉、温度、酸碱度、渗透压等，所以是多功能的感受器。现在已经发现的 TRP 离子通道有 30 种左右，分为七个大类，分别是 TRPC（C 表示 canonical）、TRPV（V 表示 vanilloid）、TRPM（M 表示 melastatin）、 TRPN（N 表示 NOMPC）、TRPA（A 表示 ankyrin）、TRPP（P 表示 polycystic）、以及 TRPML（M 表示 mucolipin）。它们共同的结构特点是：都是跨膜蛋白，都有六个跨膜区段，氨基端和羧基端都位于细胞内部。它们以四聚体的形式存在，以每个单位的第五和第六跨膜区段围成离子通道。在外力或膜环境发生变化的情况下，它们对阳离子的通道打开，让细胞外面的阳离子进入细胞（图 12-33）。

在果蝇中，TRP 通道中的一种，叫 TRPV 的，与果蝇的听觉直接有关。果蝇的 TRPV 通道由两个蛋白亚基组成，分别由 *Nanchung*（*nan*）和 *Inactive*（*iav*）两个基因编码。这两个基因的突变会导致果蝇无听力。TRPV 通道存在于果蝇感音管中神经细胞的感觉纤端突（静纤毛）上，TRPV 蛋白合成的失败会使这些神经细胞不再对声音做出反应，由声音诱导出的神经信号消失。而在哺乳动物耳中，听觉毛细胞表达几种 TRP 离子通道，包括 TRPML3、TRPV4、TRPA1，其中 *TRPML3* 基因的突变会使小鼠的听力丧失，说明哺乳动物也是用 TRP 离子通道来把声音信号转换为神经冲动的。

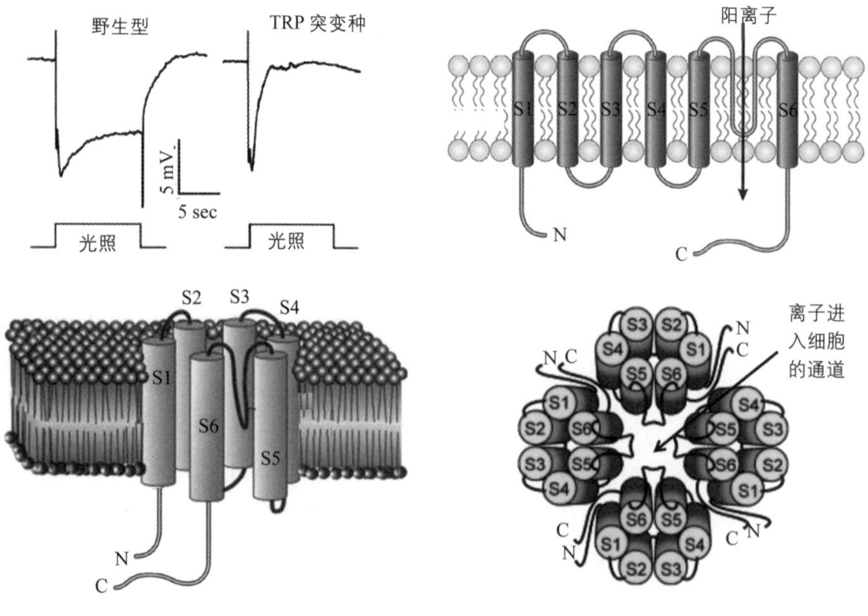

原核生物就能对机械力做出反应

动物对声音感知，本质是细胞对机械力的反应。是声波产生的机械力被集中和放大后，传递到专门的神经细胞的静纤毛或微绒毛上，直接拉开膜上的 TRP 离子通道，让细胞外的阳离子进入细胞改变神经细胞的膜电位，产生神经冲动。其实除了对声音的感知，动物还需要应对其他机制所产生的机械力的反应，例如渗透压、重力、触碰、运动中加速度产生的力等，动物对这些机械力的感知和反应对动物的生存也是非常重要和必要的，而且动物应对其中一些力的机制形成于听力出现之前，听觉也是在这些反应机制的基础上发展出来的。要了解

图 12-33　TRP 离子通道。左上：在果蝇中，持续光照会引起细胞持续的电信号（左），但是在 TRP 离子通道的基因突变后，光照只能引起短暂的信号（右）。右上：TRP 离子通道的分子结构，有六个跨膜区段，氨基端（N）和羧基端（C）都位于细胞内。左下为 TRP 离子通道在细胞膜内的空间结构，右下为俯视图，显示四个 TRP 离子通道分子的跨膜区段 5 和 6 围成离子通道，在受机械力时能够开启，让钾离子等阳离子进入细胞，触发神经冲动

听觉演化的历程，就需要了解听觉出现之前细胞应对机械力的机制。

生物从诞生那天起，细胞所面对的第一种机械力就是细胞因内外渗透压的不同而在细胞膜上产生的张力。细胞膜是半透膜，只能允许水分子和其他不带电的小分子自由通过，而像蛋白质和核酸这样带电的大分子，以及带电的各种无机离子，是不能自由通过细胞膜的，它们对于细胞膜的碰撞就会对细胞膜产生压力。例如大肠杆菌在正常生长环境下细胞内就有相当于3~5个大气压的压力，比汽车轮胎里面的压力（大约相当于2个大气压）还要大。细胞的渗透压从人的红细胞在水中的表现就可以看出来。在身体内，红细胞是悬浮在血浆中的，血浆里面有大量的白蛋白，还有无机盐，所以红细胞内外的压力是平衡的。但是如果把红细胞放到水里，内外的渗透压不平衡，它就会被涨破，叫做"溶血"。这种情形类似于早期的单细胞生物在离开海水时，突然被雨滴击中。如果没有适当反应机制，细胞就有可能被涨破。为了预防这种情形，细胞都发展出了细胞膜上感受渗透压的蛋白分子，在渗透压过高时打开通道，让细胞的内容物释放一些到细胞外面，以减轻一些压力。

在20世纪50年代，科学家就观察到了大肠杆菌在低渗环境中"吐"出部分细胞内容物的现象，但是在半个世纪后，科学家才发现了在低渗环境中负责排出细胞内容物的通道，并且将它们命名为对机械力敏感的通道（Msc），包括MscL、MscS、MscM。这些通道在不同的外部渗透压下被开启，当外部渗透压逐渐降低时，MscM首先开启，然后是MscS，最后是MscL。所以MscL是防止细胞不被涨破的最后防线。

如果单独突变MscS和MscL的基因，细菌在低渗环境中仍然能够存活，但是如果同时突变MscS和MscL的基因，细菌就失去了在低渗环境中保护自己的能力，甚至外部渗透压的轻微降低都会导致细菌破裂。Msc通道开启时，孔径大约在1纳米左右，能够让许多分子和离子通过，而且它们不区分阳离子和阴离子，只要尺寸不太大，都可以通过。

MscS由7个相同的蛋白亚基组成，每个亚基含三个跨膜区段，共同围成一个通道。MscL则由5个相同的蛋白亚基组成，每个亚基含2个跨膜区段。在外部渗透压不过低时，它们围成的通道关闭，但是当外部渗透

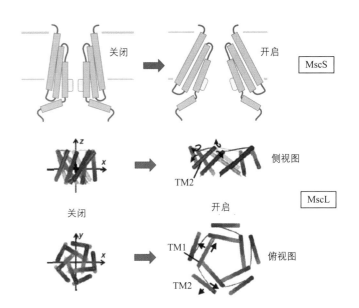

图 12-34　对机械力敏感的通道 MscS（上）和 MscL（下）

压降低到一定程度时，细胞膜受到的张力会把位于膜上的 Msc 通道"拉"开，类似于照相机的光圈被打开。科学家把细菌的 MscL 构建到由磷脂类分子组成的脂质体（liposome）时，如果改变脂膜的弯曲度，MscL 通道就会打开，说明 MscL 能够感受脂质膜的张力，并且改变自己的形状（图 12-34）。

另一大类原核生物，古菌也用类似的 Msc 通道来舒缓渗透压的剧烈变化，例如詹氏甲烷球菌 *Methanococcus jannaschii* 就含有两种 Msc 通道，它的 MscMJ 相当于细菌的 MscS，而它的 MscMJ 则相当于细菌的 MscL。沃氏嗜盐菌 *Haloferax volcanii* 也有两个 Msc 通道，分别是 MscA1 和 MscA2。嗜酸热原体菌 *Thermoplasma acidophilum* 则含有 MscTA。所有这些 Msc 通道都彼此相似，也都对通过的分子或离子没有选择性，说明它们有共同的祖先，在原核生物分为细菌和古菌之前就出现了，是地球上生物最早发展出来的机械力感受器。这也说明应付渗透压是生物最早要面对的与细胞膜的张力有关的问题。

除了原核生物，真核生物中的植物也含有 Msc 类型的通道（MSL），而且有10种之多，其中的 MSL3 在表达于细菌中时能够取代细菌中 Msc 通道的作用，在细菌的

所有 Msc 通道基因都不工作时仍然能够保护细菌免受渗透压剧变的伤害，说明植物的 MSL 通道和细菌的 Msc 通道有类似的功能，都是在细胞膜张力变化时开启。不过 Msc 类型的通道也许只适合于原核生物和植物那样不运动的真核生物，动物和真菌就改用 TRP 类型的离子通道来感受和应付渗透压的变化了。例如出芽酵母所含的 TRPY1 就是对细胞膜张力起反应的离子通道。在哺乳动物中，小鼠 TRPV 型的离子通道就与细胞感知渗透压和细胞体积的调节有关。突变小鼠的 *TRPV* 基因，血管对于血压的反应就消失。

动物的自体感觉

动物要站立和运动并且保持身体平衡，必须要能够感知自己身体位置，包括上下朝向和身体姿势，以及了解身体运动的方向和速度。这些信息不是关于外部世界的，而是关于动物自己的身体的，统称为自体感觉（proprioception）。动物的自体感觉也是由对机械力敏感的蛋白受体分子来实现的，使用的原理也和听觉的原理非常相似，甚至在功能上有重叠。

感受重力的机制

对于动物自己的身体的位置，动物首先要感知和反应的就是地球的重力。地球上所有的生物都生活在地球的重力场中，都要面临上下方向的问题。由于重力的作用，所有生物的上端和下端都是不一样的，也就是地球上只能有水平方向上对称的生物（例如水螅的辐射对称和多数动物的两侧对称），而没有上下对称的生物。而且多数动物的上下方向不能对调，否则生活就会很不方便或者无法生活。对于有腿的生物，身体翻过来就无法行走。即使是能够飞翔的动物，身体构造也是按照上下方向来设计的，无论是飞翔还是在地面上，头和脚的上下方向都必须保持一致。就是不运动的植物，也必须要感受到重力，以使根能够往下生长。这就要求所有的生物都要有感受重力的能力，以调节自己在空间中的方向。

蚊子和果蝇的江氏器既能够感知空气的扰动，也能够感知重力。它们的头部在不同的位置时，鞭毛施加于江氏器力的方向是不同的，也会激活不同位置的感音管，让这些昆虫感知自己的空间方向。在这里是同样的

感音管里面的神经细胞，用同样的机械力转换原理，来实现昆虫对重力的感知，并且据此调节自己在空间中的位置，不至于腹面朝上。除了江氏器，昆虫的腿管内还有许多感振管。它们不但能够感知地面的振动，也能够感受身体位置不同时重力对这些感音管的作用，从而获得相对于重力方向的信息。所以昆虫的听觉器官同时也是感知重力的器官。在果蝇中，具体感受重力的离子通道看来是 TRPA 型的，即 A 型的 TRP 离子通道。

水母感知重力的结构叫感觉垂（sense lappet）。垂中含有听石（statolith），是一种含有矿物质的颗粒。由于听石的密度较大，水母身体改变方向时，感觉垂就像天花板上用绳子吊着的重物，在天花板倾斜时仍然要垂向下方，与天花板之间的角度会改变。这个角度改变会使感觉垂与旁边感觉神经细胞的空间关系改变，所施加的力量会使神经细胞发出神经信号（图 23-35）。

生活在水中的双壳类动物如贝壳、刺细胞类动物、棘皮类动物、甲壳类动物，感知重力的器官叫平衡器（statocyst）。这是一个含有听石的囊状结构，囊的内面排列着感觉神经细胞。这些感觉神经细胞含有多根微绒毛，所以也是微绒毛细胞。听石含有无机盐，密度比较大，在生物改变方向时由于惯性会在囊中滚动，触发其中的一些微绒毛细胞，给动物以方向的信息。所以这里"听"石的功能也不是"听"，而是传递重力的效果（图 12-35）。

在第七节中，我们曾经谈到过鱼类的听觉器官，听壶。听壶的囊斑上长有感觉毛细胞，与覆盖在上面的听石膜接触。听石由于密度比较大，在有机械振动时由于其惯性而不能同步移动，于是在听石膜和毛细胞之间产生相对位移，拉动毛细胞上的纤毛，使离子通道打开，使鱼类能够听到声音（见图 12-30）。其实出于同样的原理，鱼改变对于重力的方向时，听石膜也会改变位置，刺激毛细胞，所以囊斑也可以同时感受重力，给鱼以上下的信息。

除了听壶上的囊斑，鱼类还有另外两个囊，叫椭圆囊和球囊。这两个囊上也有增厚的斑，分别叫做椭圆囊斑和圆囊斑。这两个斑的构造和听壶的囊斑相似，也是毛细胞为听石膜覆盖。听石的重量使得动物在不同位置时毛细胞感受到的力不同，从而提供身体位置的信息（图 12-35）。

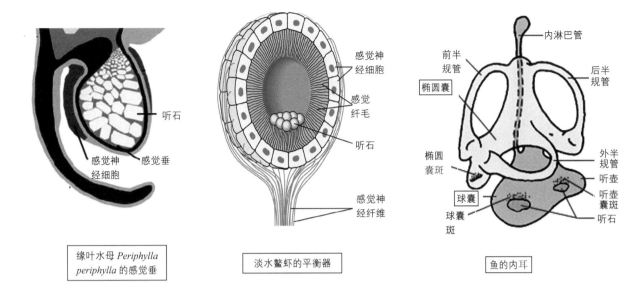

缘叶水母 *Periphylla periphylla* 的感觉垂

淡水鳌虾的平衡器

鱼的内耳

图 12-35 动物感知重力的结构

在哺乳动物和鸟类中，椭圆囊和球囊仍然保留，用来感受重力，而听壶则演化成为感知声音的结构，在哺乳动物中为耳蜗，在鸟类中演化成为听声音的管状结构，在功能上相当于哺乳动物的耳蜗。

从上面的叙述可以看出，所有这些感知重力的结构都利用听石的惯性在感觉神经细胞上施加机械力，从而触发神经信号。尽管这些感受器的具体构造不同，所使用的原理是一样的。

对加速度的感知

动物在运动时，必须随时了解自己的运动状态，以使动物的身体保持平衡。根据力学原理，物体在加速和减速时都会产生力（还记得 $F=ma$ 这个公式吗？这里 F 是力，m 代表质量，a 是加速度，即速度随时间变化的快慢）。运动有直线运动和转动，加速度也有直线加速度

和角加速度。这两种加速度所产生的力是由不同的结构来感知的。

感知直线加速度的是上面说过的感知重力的囊斑。它们含有密度大的听石，在有加速度时会产生相对位移，拉动毛细胞上的动纤毛，触发神经冲动。而角加速度则由内耳的半规管来感知。从鱼类开始，内耳中与感知声音和重力的囊相连的部位就有三根半规管，从椭圆囊上发出，彼此垂直相交，在方向上类似于空间的 X、Y、Z 轴（见图 12-30 和图 12-35）。半规管里面有内淋巴，每条管的两端有膨大的部分，叫做壶腹，壶腹内一侧的壁增厚，向管腔内突出，形成一个与管长轴相垂直的壶腹嵴。壶腹嵴有一个胶质的冠状结构，叫做盖帽，里面埋有感觉神经细胞的微绒毛。动物的头部旋转时会带着半规管一起转动，但是管内的内淋巴液由于惯性而位置滞后，在半规管内流动，

冲击壶腹嵴使其偏转，触发里面毛细胞上的微绒毛产生神经冲动，提供身体转动的信息（图 12-36）。壶腹嵴的密度和内淋巴液相似，所以半规管不是利用听石不同的密度来感知位置和速度的变化，而是靠头转动时淋巴液滞后而产生的流动使盖帽偏转而触发神经冲动，类似于耳蜗中内淋巴液的振动引起的盖膜位移使毛细胞的感觉纤毛偏转所引起的效果。

从囊斑和半规管传出的神经信号（包括加速度信号和重力信号）除了被中枢神经系统解读外，还会和眼睛的视觉信号结合起来，协调身体保持平衡。视觉信号对于平衡的重要性，可以在单腿站立时看出来。如果把眼睛闭上，单腿站立时要维持平衡就困难得多。

对身体姿势的感觉

除了感受重力和保持身体平

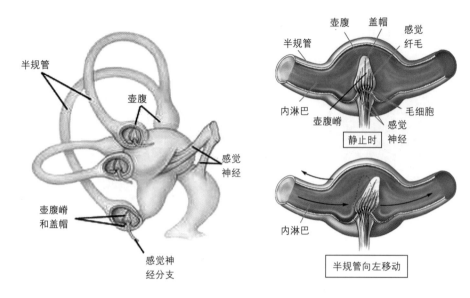

图 12-36 动物感知角加速度的半规管。三根半规管彼此垂直相交，探测三个方向上的角加速度

衡，机械力感受器还有一个功能，就是对自己身体姿势，即身体各部分的相对位置的感觉和监测。例如我们即使闭着眼，也知道我们是坐着、站着、还是躺着；我们吃饭时只能看见食物，看不见自己的嘴巴，但是我们还是能够准确地把饭送进嘴里面去；司机开车时不看方向盘；琴师拉小提琴时只看乐谱，并不看手指头，但是却能够准确地把手指按到弦上正确的位置；篮球运动员投球时并不看手，但是也能准确投篮；歌手唱歌，看不见自己的嘴巴和声带，却能够唱出优美的歌声；就是我们走路，在许多情况下也是不看自己的脚的，但是却能够正常地行走。这些事实都说明，我们的身体有监测自己身体各部分相对位置的系统，叫做本体感觉（proprioception）。这个用语是英国科学家 Charles Scott Sherington（1857—1952）提出的，指运动造成

的身体各部分相对位置的信息，以区别对外部世界的感觉(exterocetion)如通过眼睛、耳朵、皮肤得到的感觉，以及身体内部器官的感觉(interoception)。

身体各部位置的信息是通过肌肉、筋腱、关节上对机械力反应的受体来获取的，以获得肌肉张力、长度以及关节角度等与运动有关的信息。其中位于肌肉中段的感觉结构叫做肌梭（muscle spindle），它感觉肌肉的长度。肌梭呈细长梭状，长数毫米，外面有结缔组织包囊，内面有数根骨骼肌纤维，叫梭内肌纤维。神经纤维反复分支，缠绕在梭内肌纤维上。当肌肉被拉伸时，梭内肌纤维被拉伸，所产生的张力拉开神经纤维上的离子通道，使神经细胞发送出的神经冲动频率增加。反之，当肌肉收缩时，梭内肌纤维缩短，发出的神经冲动频率降低（图 12-37）。

肌肉的张力则通过肌肉－筋腱连接处的高尔基器，或叫高尔基腱器（Golgi tendon organ，不要与细胞内的膜结构高尔基体 Golgi apparatus 相混淆）来监测。高尔基器由连接肌肉和筋腱的胶原纤维组成，外也有包囊。神经纤维反复分支，缠绕在这些胶原纤维上。肌肉长度变化时，这些纤维受到的张力改变，使神经细胞发出的神经冲动频率改变（图 12-37）。

关节所受的力和关节的角度则通过骨头之间的软骨组织，例如膝关节上的半月板（meniscus）上的机械力感受器来感知。这三种信息再与内耳中半规管的信号结合起来，就可以提供身体位置和姿势的静态和动态信息，使身体保持平衡，同时让四肢按照预期地那样活动，达成运动的目的。

在动物的本体感觉中，具体感知机械力，并且将其转换为神经信号的受体分子也是 TRP 离子通道的成员 TRPN，从线虫、果蝇、斑马鱼、青蛙，使用的本体感受器都是 TRPN。哺乳动物所使用的受体分子虽然还没有确定，但也有可能是 TRPN 家族的成员。

静纤毛能够感知体液的流动

鞭毛（在动物的体细胞上称为动纤毛）在失去摆动功能后，变为静纤毛。静纤毛突出于细胞之外，在液体的冲击下能够弯曲变形。如果静纤毛上含有能够感受机械力的受体，例如 TRP 离子通道，在静纤毛弯曲时就会被打开，向身体发出与液体流动有关的器官工作状况的

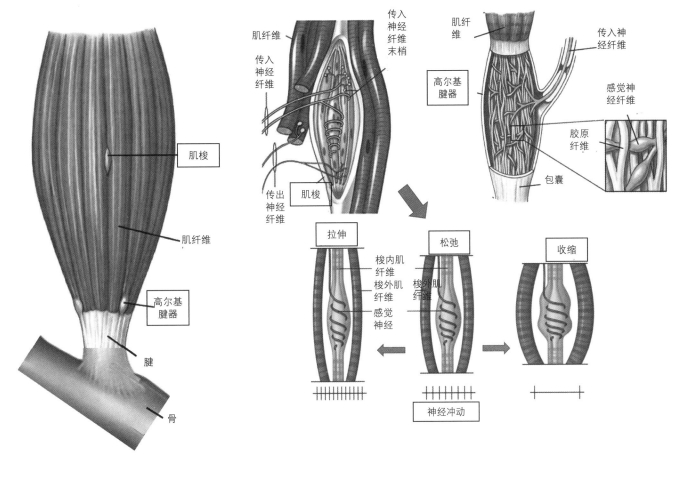

图 12-37　肌梭和高尔基腱器

信息。这些信息也属于广义的自体感觉，但一般不会变为动物的主观感觉（例如我们不能感觉肾小管中尿液的流动或胆管中胆汁的流动），但是也在动物维持身体正常运行中发挥必不可少的作用。

肾脏排出身体新陈代谢产生的废物，并且维持血液的无机盐组成和渗透压。肾脏由肾单位（nephron）组成，其中血液的血清被滤出，肾小管重新吸收滤出液体中需要回收的部分，并且将这样形成的尿液经导尿管输入膀胱。肾小管的上皮细胞有静纤毛伸出，尿液流动时会使静纤毛弯曲，触发上面对机械力敏感的离子通道，报告肾脏的工作情况。

静纤毛上感觉尿液流动的是两个蛋白质，分别叫做多囊蛋白 1（PC1）和多囊蛋白 2（PC2）。PC2 是 TRP 离子通道家族的成员，在 PC1 的协助下感知肾小管内尿液的流动情况。尿液的流动会使静纤毛弯曲，拉开 PC2 离子通道，使钙离子进入细胞，这个信号会保持细胞状态的恒定。如果静纤毛的这个作用失效，肾小管的上皮细胞就会增生，堵塞肾小管，同时细胞分泌液体增加，在肾脏内形成囊肿，导致多囊肾（PKD）。

除了在肾小管中监测液体的流动，静纤毛还在胆管和胰腺管中监测胆汁和胰消化液的流动，所以多囊肾患者常常也会有肝囊肿和胰腺囊肿，只是症状不如肾囊肿那么明显，因此较少被提到。

眼压升高会导致青光眼，损伤眼睛的结构，影响视力甚至会导致失明。眼压增高的原因是房水循环的动态平衡受到了破坏。房水（aqueous humor）为水状液体，成分类似血浆，但是蛋白含量较低，与晶状体后面的玻璃体不同。房水的作用是保持一定的眼压，使眼球成为球形，使角膜有正确的形状，同时提供营养。房水是流动的，由睫状体产生，进入后房（晶状体和睫状体之间的腔室），越过瞳孔到达前房（角膜和晶状体之间的腔室），再从前房的小梁网流出，回流到血循环。房水流出受阻则会使眼压增高。

房水的流动是由小梁网上细胞的静纤毛感知的。*OCR1* 基因的突变会使静纤毛的功能受到伤害，影响房水流出。研究表明，*OCR1* 基因也是一种 TRP 离子通道（TRPV4）的基因，其蛋白产物位于静纤毛上，感知房水流动引起的静纤毛弯曲。

骨头的密度与负荷有关，负荷变大能够增加骨头的密度，而宇航员在失重状态下会使骨质流失，说明骨头能够感知加在其上的负荷而对骨密度做相应的调整。

有趣的是，骨头对负荷信息的接收是通过骨细胞和成骨细胞上的静纤毛感知骨中液体的流动而实现的。骨头并非整个是固体，而是有许多空穴，叫骨穴（lac-ulae），骨穴之间有小管（canaculi）连通，组成骨内的穴管系统。骨穴和小管内充满液体，叫穴管液。骨头在受到外力时，会轻微变形，挤压骨穴和小管，使骨穴液流动。骨细胞和成骨细胞上的静纤毛都能够感知这种流动，让成骨细胞分泌更多的类骨质，类骨质再矿物化就形成骨质，使骨密度增加。骨头上的负荷越大，静纤毛弯曲越厉害，使骨密度增加的信号也越强。而与静纤毛功能有关的基因的突变会使得骨骼的发育不正常，包括骨头变短、多指、头面部畸形等。

在上面谈到的例子中，都是细胞上的单根静纤毛在液体流动时弯曲，使位于静纤毛上的离子通道开启，触发信息传递链。

动物的触觉

触觉是动物对于与外界物质或自身部分直接接触时产生的主观感觉。通过触觉，我们能够感觉到风、水流、障碍物，我们能够摸出物体的形状、大小、质地，能够感知物体是柔软还是坚硬，是粗糙还是光滑，身体所受的压力是大还是小。对于生活在地下，眼睛无法发挥作用的动物如鼹鼠，触觉就更加重要。通过触觉，我们还能够感觉自己的身体结构是否有了变化，例如是否出血、有肿胀或者长有异物等。

在低等动物中，触觉就开始发挥作用了。例如单细胞的草履虫在碰到障碍物时会改变游动方向，这是因为触碰会通过细胞膜上对机械力的感受器让阳离子进入细胞，改变膜电位，使纤毛摆动的方向逆转（见第八章第十节）。线虫的"鼻子"（最前端的部位）碰到障碍物时，也会改变爬行方向。因此触觉出现的时间非常早。

触觉感受到的仍然是机械力，所以所使用的神经细胞在结构上也与上面提到的感觉机械力的神经细胞在结构上非常相似，工作原理也相同。

昆虫的触觉

蚊子和果蝇的江氏器感觉的并不是声波的压力，而是空气的扰动，所以实际上是一个触觉器官，虽然它也可以感知重力（见上文）。除了江氏器，昆虫的身体表面还有刚毛器来感知触碰。刚毛器长在昆虫的头、胸、腹、腿、翅膀上，可以感知身体几乎任何部位的触碰。

刚毛器，顾名思义，就是感觉神经细胞上面套着一根空心的硬毛。硬毛的作用就相当于是杠杆，把接触的机械力放大，传输到神经细胞上。类似于感音管里面的神经细胞，感觉神经细胞只伸出一根感觉纤维（静纤毛），顶端插入刚毛的空管中。感觉纤维的周围是一个空腔，里面装有高钾的淋巴液。刚毛在接触到外面的物体而偏转时，就会拉开神经纤维上的离子通道，让淋巴液中的钾离子等阳离子进入神经细胞，触发神经冲动。在果蝇的刚毛器中感知触觉的离子通道是 NOMPC，是 TRPN 离子通道家族的成员（图 12-38）。

除了刚毛，昆虫的身体表面还有弦音器（chordotonal organ），即在本章第 7 节中介绍的昆虫空心腿内的感振管（见图 12-28 和图 12-29）。弦音器的构造和感音管的构造非常相似，只不过相当于感音管冠细胞的细胞位于身体表面，而不是与江氏器中的基盘相接触。这样体表的接触就可以把力量直接传送到神经细胞上。弦音器内的神经细胞也是 NOMPC 类型的离子通道。

昆虫的触觉可以达到非常高的灵敏度，为昆虫提供宝贵的信息。例如美国加州莫哈维沙漠中的沙漠蝎子，视力很差，但是它的六只腿上却有非常灵敏的触觉器官，能够感受到猎物（例如甲虫）爬过沙漠表面时的振动，从而发现猎物。从振动波到达六只腿的不同时间和强度，蝎子可以判断声源的方向和距离，就像我们的两只耳朵能够辨别声音的方向，两只眼睛能够判断物体的

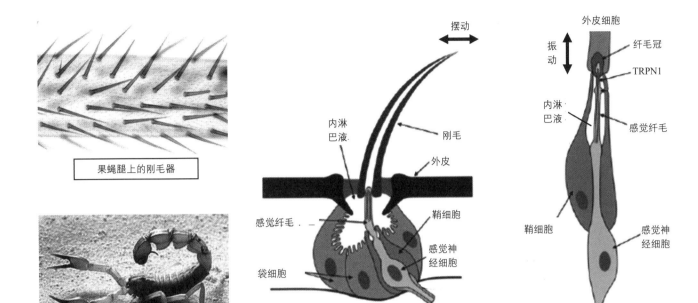

图 12-38 昆虫的刚毛器和感振管

远近。这种蝎子甚至能够感知藏在沙子下面的猎物的动静，从而将它们抓获。在这里蝎子的触觉取代了眼睛和耳朵的功能，成为蝎子捕猎的主要信息接收器。

鱼类的侧线

鱼类感觉周围环境的一个重要方式，就是用体表的一些结构来感知与身体表面接触的水流的状况，这就是鱼的侧线（lateral lines）。从鱼的鳃到鱼尾，在鱼身体的侧面有一条细线，这就是侧线。其实鱼类的侧线并不只是在身体的侧面，而且在从上方绕过鳃以后，还分出一支通向下巴，还有一支继续往前，再分为两支围绕眼睛。侧线感觉的是与之直接接触的水流所产生的机械力，所以也可以算作是触觉。

侧线实际上是鳞片下面的一条管道，在相邻的两片鳞片之间拐到鳞片上方，在那里有一个开口，在开口之后，通道又钻到鳞片下，再从下一片鳞片的上方钻出。这有点像新疆的坎儿井，水通道在地下，隔一段距离有一个通向地表的开口。在通道钻入鳞片下以后，通道的下方有感觉水流的结构，叫做神经丘。每个神经丘含有数个感觉神经细胞，这些神经细胞的顶端长出许多根微绒毛，类似耳蜗中的听觉毛细胞。这些微绒毛被套在一个钟形的"帽子"内，叫做壶腹帽（cupula），水流的力量会使壶腹帽弯曲偏转，使微绒毛变形，触发神经冲动。如果鱼周围的水被扰动得很厉害，在不同的开口处水的压力就会不一样，水会从压力高的

地方进入水通道，从压力低的地方流出，在侧线的各段形成方向不一致的水流。在不同侧线位置上的神经丘会感觉到这些水流的方向和速度，给鱼以周围环境的丰富信息，包括捕食者的接近，猎物的逃跑等（图 12-39）。

由于鱼的听力总的来说不是很发达，侧线提供的信息就非常重要。例如体型比较小的鱼由于容易受到其他动物的捕食，常常聚成鱼群，以迷惑捕食者。实验表明，失去视力，但是侧线完整的鱼可以跟随鱼群游动，但是侧线丧失功能的鱼就无法调整自己的方向。

除了鱼类，两栖类动物如青蛙身体两侧也有侧线，侧线上的神经丘在结构和功能上和鱼的神经丘相似。由于青蛙身体表面没有鳞片，

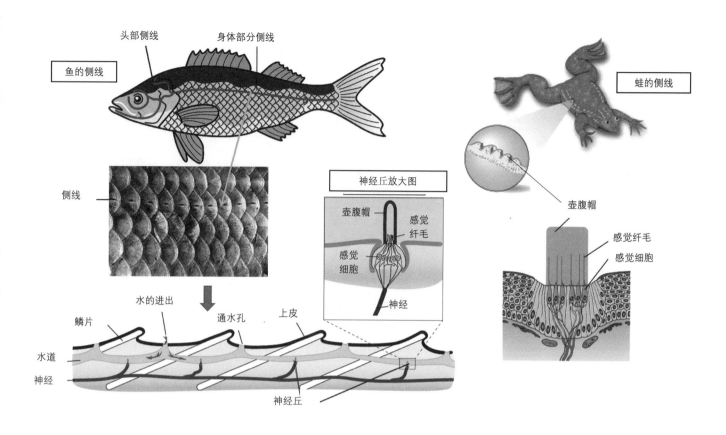

图 12-39 鱼和蛙的侧线

神经丘是直接暴露在身体表面的，相当于鱼鳞上方的神经丘。青蛙的幼虫蝌蚪在水中生活，侧线也发挥重要的作用。例如在水流中，蝌蚪总是头朝向水流来的方向，这种行为叫趋流性（rheotaxis）。氯化钴能够干扰神经丘的功能，如果用氯化钴抑制侧线的功能，蝌蚪就无法在水流中定向。

由于侧线神经丘里面的毛细胞在结构上和耳朵里面的毛细胞非常相似，有可能鱼类的耳朵是从侧线的神经丘演变而来的。如果神经丘的壶胶帽里面包有听石，密度变大，就能够感知重力或者声音，成为鱼的内耳（听壶）。

侧线并不是鱼类唯一的触觉器官。许多鱼类还长有触须，通过触须的触碰来感知环境。例如鲶鱼就长有长长的触须。

哺乳动物的触觉

哺乳动物的身体结构与昆虫不同，刚毛器和感振管那样的结构对于哺乳动物已经不合适。而且哺乳动物多数在陆上生活，自然也用不到鱼那样的侧线来感知水流。哺乳动物是用皮肤下面的各种受体来感知触碰的信息的。由于接触的方式各种各样，所以哺乳动物也发展出各种不同的结构来包裹神经末梢，以获取接触所能够带来的各种丰富的信息。

环层小体（lamellar corpuscle，又称帕西尼小体Pacinian corpuscle）感受物体的光滑度和皮肤的快速变形，而且对振动非常敏感。环层小体呈椭球形，长约1毫米，外面有结缔组织包裹，里面有20至60层由成纤维细胞组成的同心膜，膜之间有胶状物质，中间则是感觉神经末梢。接触所带来的机械力通过这些膜层使神经末梢变形，使阳离子进入神经细胞，触发神经冲动。

人的指尖上有指纹。指纹的一个功能是使抚摸的感觉更为灵敏，使我们能够辨别物体表面的光滑度。在指尖的皮肤摸过物体表面时，与指尖运动方向垂直的指纹能够使皮肤发生振动而被环层小体感觉到。粗细不同的表面所产生的振动频率不一样，使我们能够知道物体表面的性质。之所以我们的指纹是环形的，是因为这样的安排使指尖向任何方向抚摸，总会有一些指纹与抚摸的方向垂直，获得最高的灵敏度。通过抚摸，我们能够辨别物体的表面是光滑还是粗糙，甚至可以区别各种布料的性质。

迈斯纳小体（Meissner's corpuscle）位于皮肤真皮乳头（dermalpapillae）内，离皮肤表面非常近，对轻微的接触非常敏感，在指尖和生殖器上非常密集。但是它对重的机械力如戳碰不敏感。小体内有若干扁平的细胞层，神经末梢就位于这些细胞之间。机械力会使神经末梢变形，触发神经冲动。

鲁菲尼小体（Ruffini endings）位于皮肤的深层，形状为梭形，能够感知皮肤的拉伸和持续的压力。连接它的神经纤维是带髓鞘的，但是在进入小体后失去髓鞘并且分支，缠绕于胶原纤维之间。它在指甲周围的密度最高，对角度的变化非常敏感，这个性质使它可以监测手

握住的物体是否滑落，从而调整握力。它也表达在关节中，监测关节的角度，在角度的改变不到 3 度时就能发出信号。

梅克尔神经末梢（Merkel endings）位于真皮下，由梅克尔细胞（Merkel cell）和与它有突触联系的神经末梢组成。一根神经纤维可以分支，与几十个梅克尔细胞相连。这些末梢没有特殊的结构包裹它们，能够感受持续的压力和低频率（5~15 赫兹）的振动。它们的反应面积（能够触发一根末梢反应的皮肤面积）非常小，使它们对物体表面有很高的分辨率，在指尖上密度很高，使人可以识别盲文。

克氏终球（Krause's end bulb）位于皮下和口腔黏膜中，形状为椭球形，外有结缔组织包裹，内有胶状物质，神经末梢分支，在其中卷曲为球形，也能够感知接触所产生的机械力。

除了皮肤表面，毛发的根部（毛囊）里面有毛囊感受器，在这里神经末梢反复分支，围绕在毛囊上，在毛

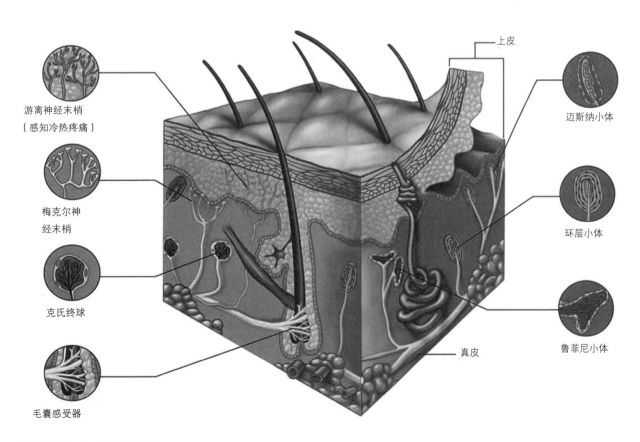

图 12-40　皮肤上的触觉感受器

发被触动时能够感受到。

这些感受器中的神经细胞都接收机械力的信号，但是由于感受器的结构不同，感受的接触信息也不一样。在这些感受器中具体感知机械力的离子通道的种类还不完全清楚，但是至少在梅克尔神经末梢中发现有 TRP 类型的离子通道。

听觉和触觉的演化

从本章上面部分的内容可以看出，动物感受机械力的方式高度一致，都是利用细胞膜上对机械力有反应的离子通道在外力作用下直接被拉开，让内淋巴液中的钾离子等阳离子进入感觉神经细胞，使细胞去极化，发出神经冲动，完成机械力到神经信号的转化。

对机械力的感知可以用来感知渗透压、重力、空气流动、水的流动、肌肉的长度和张力、关节的角度、血管张力、血压、胃的饱胀感、膀胱装满时的尿意等。虽然要感知的信息多种多样，但是感觉神经细胞的结构和触发神经细胞的机制却是高度一致的：神经细胞都发出静纤毛或微绒毛，用于感受张力。传递机械力的方式也基本相同，都是通过能够在外力下改变位置或角度的结构。无论是昆虫的刚毛还是哺乳动物的毛发；昆虫江氏器内感音管里面的冠细胞还是鼓膜器里的附着细胞；鱼类侧线神经丘里面的壶腹帽还是鱼类感音囊里面的听石膜；肌梭里面的肌纤维还是高尔基腱器里面的胶原纤维；耳蜗里面的盖膜还是圆囊斑里面的听石膜，作用都是在外力下变形或位移，使得神经细胞的纤毛偏转，拉开离子通道。而且在从低级动物到高级动物，所使用的感知机械力的分子都用到 TRP 类型的离子通道。

离子通道被拉开的方式也高度保守，即把通道的不同部分系在不同的结构上，通过这些结构的相对运动把离子通道拉开。例如真核生物所用的 TRPN 离子通道含有 29 个锚蛋白（ankyrin）单位，可以形成像长长的弹簧那样的结构，可把离子通道一头连在细胞外结构上，例如耳蜗的盖膜上，而另一头连在神经细胞内的细胞骨架上。在盖膜位移时，神经细胞的骨架并不移动，这样产生的拉力就可以把 TRPN 离子通道拉开。而在原核生物中，渗透压施加于细胞膜的张力可以直接拉开 Msc 型通道，利用的是通道蛋白与细胞膜之间的联系，即通道

也是被"系"在细胞膜上的。无论是哪种情况，都是机械力直接使通道的不同部分向相反的方向移动，将通道拉开。由于这个原因，细胞可以在微秒级的时间内对机械力做出反应，而不像有中间步骤的信息传递过程，那就会有毫秒级的滞后时间。

正因为动物感受机械力的结构和原理高度一致，所以它们之间的功能也有重叠。例如在斑马鱼的幼鱼中，使触觉消失的基因（nompC）突变也同时使幼鱼的听力消失。鲨鱼的侧线不但可以感知水流的状况，还可以听到 25~50 赫兹的声音。脊椎动物的半规管和听觉器官虽然都在内耳，功能不同，半规管感觉的是头部的转动，与身体平衡有关，而耳蜗与听觉有关，但是半规管也有一定的听力功能，能够听到与耳蜗不同频率的声音。鱼类的听壶也同时具有听声、感觉重力和平衡的功能。由于这些机械力感受器彼此高度相似，也就比较容易相互转换，从一种功能变成另一种功能。例如鱼的内耳就可能是侧线上的神经丘变化而来的。

从这些机械力感受器发展的历史来看，动物出现以后首先要面对的是渗透压，否则细胞就有可能被涨破。触觉对许多动物也非常重要，例如非常低等，并且不运动的动物水螅，就通过触觉感知猎物。对于运动的动物，身体的平衡就是必须的，不然动物就无法顺利地移动，这就需要有对重力和运动加速度的感知。而听觉很可能是后来才出现的。

从感觉神经细胞的结构来看，也和动物的共同祖先领鞭毛虫的结构一脉相承。领鞭毛虫有一根长的鞭毛，周围环绕着微绒毛，而且这些微绒毛之间还有细丝连接，组成一个网状结构。鞭毛的摆动搅起水流，网状结构就像过滤器，把食物颗粒挡住，以便领鞭毛虫吞食。

在演化为动物的过程中，领鞭毛虫的这种结构向两个方向演化。一种是在昆虫的感音管和刚毛器上。在这里微绒毛消失，只剩下一根鞭毛变成细胞伸出的神经纤维（静纤毛），感受冠细胞和刚毛传递来的机械力（图 12-41 左）。

而在脊椎动物中的听觉系统中，鞭毛变成动纤毛（不是 motile cilia，而是 kinocilium，虽然二者都被译为"动"纤毛，但是"动"字的意义不同，前者表示纤毛可以摆动，后者表示纤毛能够接受外力而变形），即顶端膨大的纤毛（见图 12-30），而且逐渐从中心位置向一

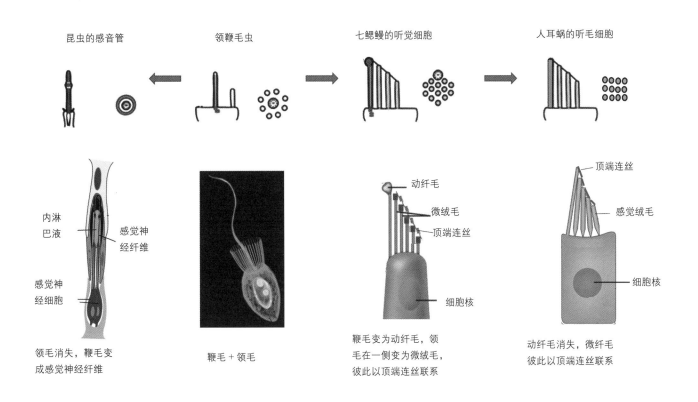

图 12-41　感觉纤毛的演化过程。动物是从领鞭毛虫演化而来的，领鞭毛虫有一根鞭毛和一圈领毛。在昆虫的感音管和刚毛器中，领毛消失，鞭毛变为感觉神经纤维。在鱼类的听觉细胞中，鞭毛变为感觉毛细胞的动纤毛，领毛移动到动纤毛的一侧，通过顶端连丝彼此相连和与动纤毛相连。在人的听觉毛细胞中，动纤毛（原来的鞭毛）消失，微绒毛变为感觉神经纤维，彼此以顶端连丝相连

侧移动。在文昌鱼和海鞘中，已经可以看见动纤毛的位置偏向一边，微绒毛仍然围绕鞭毛，但是一侧多一侧少。到了七鳃鳗的感觉神经细胞中，动纤毛已经完全偏在一边，微绒毛在另一边，而且微绒毛之间有彼此连接的细丝，即顶端连丝，可能是恢复了领鞭毛虫领毛之间的连丝。到了哺乳动物的听觉系统中，动纤毛消失，只剩下微绒毛，彼此以顶端连丝相连，这时最长的微绒毛就起到动纤毛的作用，通过偏转拉紧与较短纤毛之间的顶端连丝，拉开离子通道。

因此无论是从感音器官的结构，感觉神经细胞的形态，还是所用的离子通道，都有演化过程中的脉络可寻。听觉和触觉不过是生物对机械力反应中的一种，是从早期其他感受机械力的功能转化而来的。

发声和声音的接收

既然动物后来从机械力感受器发展出了听觉，自然也会利用声音来传递信息，例如求偶和报警。而且根据危险类型的不同，报警的声音也应该不同。长尾黑颚猴报告蟒蛇和老鹰的声音就不同，同伴根据这些声音来决定是逃到树上（有蟒蛇的情形）还是逃到树下（有老鹰的情形）。草原土拨鼠的报警声也非常复杂。而且由于声波是可以被反射的，动物还可以用自己发出的声音的回波来定位，相当于是动物的声呐。

昆虫、鱼类、鸟类的求偶声

许多昆虫通过摩擦身体的部分来发声，例如蟋蟀和蝉。它们的两只翅膀上各有一条增厚并且硬化的区域，上面有规则排列的嵴，像锉刀的表面，叫音锉（file）。在另一翅膀对应的位置上有一个结构，叫刮器（scrapper）。刮器刮过音锉时，就像用硬物刮过一把梳子上的齿，会发出声音（图 12-42）。翅膀抖动的快慢和嵴之间的距离决定声音的频率。有的昆虫在摩擦嵴的旁边还有气囊，作为声音的共振器，以放大摩擦嵴发出的声音。雄蟋蟀发出

的求爱鸣声必须节奏和频率都恰到好处，才能获得雌蟋蟀的"欢心"。

鱼可以用鱼鳔的振动来发出声音。例如深水鱼中的琵琶鱼、新鼬鱼、犬牙石首鱼和多须石首鱼就可以用鱼鳔的振动来发声。研究表明，这些鱼具有脊椎动物中收缩频率最高的肌肉，鱼鳔的发声不是由于鱼鳔气囊的共鸣，而是与鱼鳔相连的肌肉快速收缩的结果。其中新鼬鱼中的雄鱼在黄昏时（6 点到 8 点半）发出声音，诱使雌鱼产卵。雌鱼产卵 10 至 20 分钟后，雄鱼的

发声就停止。雄鱼的声音由几个到十几个连续的短促的叫声组成，每个叫声的时间在 40—70 毫秒。这些事实说明雄鱼的叫声和雌鱼的产卵之间有密切关系。

鸟类通过鸣管（syrinx）发声。在鸟类气管的分支处，即气管分为两支主支气管的地方，气管由发达的肌肉层包裹。在分支处主支气管的最前端，即与主气管相通的地方，支气管的内壁长有音唇（labia）。音唇相当于是哺乳动物的声带，在有空气流过时能够发出声音，因此鸟

类相当于有两对声带，与人只有一对声带，而且位于喉头处不同（图 12-42 右上）。通过环绕鸣管肌肉的收缩，就可以控制声音的频率和长短。鸟类的叫声可以非常复杂，是求偶的重要方式。

回声定位

蝙蝠和海豚虽然一个生活在陆地上，一个生活在海洋中，但是它们都能够主动发出声音，并且利用回声来定位。

蝙蝠是通过喉部气管末端，空

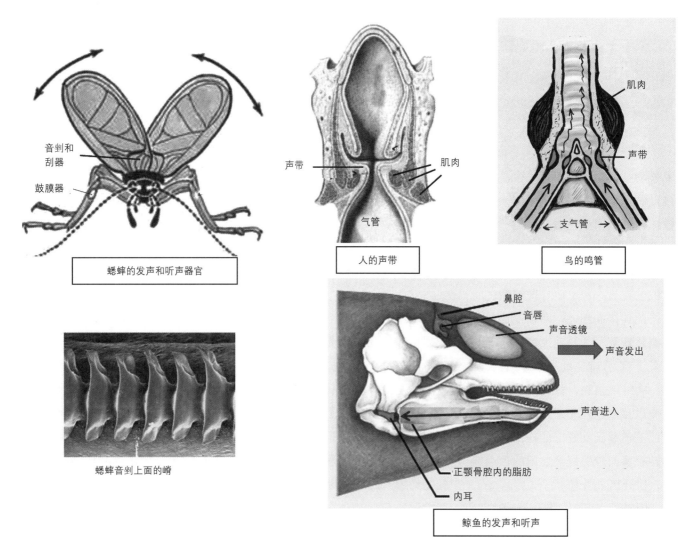

音剉和刮器
鼓膜器

蟋蟀的发声和听声器官

蟋蟀音剉上面的嵴

声带
肌肉
气管

人的声带

肌肉
声带
支气管

鸟的鸣管

鼻腔
音唇
声音透镜
声音发出
声音进入
正颚骨腔内的脂肪
内耳

鲸鱼的发声和听声

图 12-42　动物的发声和听声器官

气冲过声带时发生的振动来发声的。从猎物回声到达的时间，蝙蝠可以判断猎物的距离，从回声到达两只耳朵的时间差，蝙蝠还可以判断猎物的方向。

为了发出高频率的声音，蝙蝠的环状软骨异常增大，包围喉部的肌肉异常发达。蝙蝠发出的声音非常响，可以达到 130 分贝，比风镐的声音（120 分贝）还响，相当于枪声。之所以我们听不见，是因为蝙蝠发出的声音频率很高，在人耳蜗的接收范围之外。但是这么强的声音对于蝙蝠自己却是非常危险的。为了避免被自己发出的声音把耳朵震聋，蝙蝠采取了两个办法。一个是发出很短促的声音，这时中耳关闭，避免声音传入内耳。声音发出后，中耳再开放，以接收回声。第二个办法是发出连续的高频声，频率高得自己的耳朵也听不见。由于多普勒效应，运动物体发射的声波频率会发生变化。蝙蝠在回声的频率上非常灵敏，可以根据回声的频率来判断猎物运动的方向和速度。

有牙的鲸类哺乳动物，包括海豚、江豚、虎鲸、抹香鲸，都可以用声音来定位。它们将空气喷过骨质的鼻孔，带动音唇发声。声波被头骨反射，经过一个脂质的"声音透镜"（melon）聚焦，再从头部的前方发出去。之所以这个结构叫声音透镜，是因为这个椭球状的物体由不同密度的脂肪组织构成，密度高的地方声音传播速度快，密度低的地方声音传播速度慢，就可以把声音聚集到一个方向。为了接收回声，鲸鱼的耳朵不是位于头骨内，而是位于下颚中，回声利用下颚上复杂的脂肪层汇聚，再传递到中耳（图 12-42）。由于声音的水中的传播速度（大约 1500 米 / 秒）比在空气中（343 米 / 秒）快 4 倍多，水中声呐是很有效的定位系统。

第三节　味觉和嗅觉

前面我们介绍了动物获得外界信息的几种方式：视觉接收电磁波带来的信息，使用的是能够在光照时改变分子形状的视黄醛分子。触觉感知直接接触所带来的信息；听觉感知空气振动所带来的信息，二者都是通过机械力感受器来实现的。除了这几种方式，动物还可以通过识别外部分子结构特点的方式来获得外部世界的信息。

动物要进食，首先需要知道哪些东西是身体可以利用的营养物，可以吃；哪些东西没有营养，甚至有毒，不能吃。这样的信息是视觉、听觉和触觉提供不了的，而必须通过食物中某些特征性分子的结构来获得。获得这些特征性分子信息的机制就是味觉（gustatory sense）。

动物从水中转到陆上生活后，还可以用一种新的感知外部世界方式，这就是从在空气中漂浮的分子（即所谓挥发性分子）获得外部世界的信息，例如食物的存在，附近是否有配偶、捕猎对象或者捕食者等信息。这些信息也是视觉、听觉、触觉无法提供的，也必须有能够识别这些挥发性分子结构的机制，这就是动物的嗅觉（olfaction）。

无论是味觉还是嗅觉，都使用细胞表面的蛋白质分子来与外部世界的分子特异结合，这种结合改变蛋白质分子的形状，同时改变它们的功能状态，即从"关"到"开"的状态，以便把信息传递下去。这种与外部分子特异结合，同时改变自身状况的蛋白质分子就是受体，而与它们特异结合的外部分子则叫做配体。由于这两种受体感受的都是分子结构的信息，所以这两类受体也可以统称为化学受体，以区别于感受光线的光受体和触觉和听觉使用的机械力受体。

其实细胞上的受体分子和细胞外的配体分子相互作用，接收和传递信息的机制早就在各种生物中广泛存在了。例如原核生物已经能够通过细胞表面的受体来感知环境中同种或类似细菌的密度，并且做出相应的反应。在多细胞生物内部，细胞之间也会有交流信息的分子，这些分子传递的信息也是通过细胞表面的受体来接收的（见第八章）。嗅觉和味觉使用的是同样的原理，只不过味觉专门接收与食物直接相关的信息，而嗅觉则专门感知通过空气传播的分子。

低等生物的味觉

异养生物，包括原核的异养生物，是靠利用环境中现成的有机物生活的。如果不区分食物分子和非食物分子，对所有的外界分子都吸收，显然不是一个聪明的策略。因此从原核生物开始，就必须有识别食物的能力，以便有选择性地吃进这些食物，同时还要有辨别有毒物质的能力，以避免吃下它们。一开始，简单生物只有对外界分子的程序性反应，例如细菌的趋化性，即像营养物浓度高的方向运动，或者避开有害物质。这种对外界分子的反应还谈不上是味觉，但是为味觉出现的基础。

到了动物发展出神经系统，才逐渐把对与食物有关分子的信号转化成为一种感觉，这就是味觉。例如甜味和鲜味，能够告诉动物食物产生的愉悦感觉，促使动物去进食；酸味常常与没有成熟的果实联系在一起，告诉动物还不到食用的时间；而警告动物物质有毒，不可以食用的分子则产生难受的感觉，例如苦味，让动物避开这些物质。除了食物，陆生动物还需要水，需要无机盐，但是又需要避免高浓度的盐水，所以早期的动物还发展出了对水和低浓度盐水的认同感和躲避高浓度盐水的能力。

由于味觉是从接收外界分子结构特点信息的基础上产生的，我们的叙述也从生物对外界分子的感知开始，介绍从低等生物到高等动物，对外界分子识别机制的发展过程，最后谈到哺乳动物（包括人类）的味觉。

原核生物

原核生物就已经有辨别食物分子和非食物分子的能力，并且能够朝向食物分子浓度高的方向游动。大肠杆菌可以感知环境中的氨基酸（例如丝氨酸和天冬酰胺）和糖类（例如麦芽糖、核糖、乳糖、葡萄糖），而向它们浓度高的方向游动。

大肠杆菌通过细胞表面的受体来感知食物分子的存在，并且使用不同的受体来结合不同的食物分子，例如用 Tsr 受体结合丝氨酸、用 Tar 受体结合麦芽糖和天冬酰胺、用 Tap 受体结合二肽和嘧啶、用 Trg 受体结合乳糖和核糖等。所有这些受体都只有一个跨膜区段，它们的细胞内部分结构也相似，可以把信号传递给与受体联系的蛋白分子 CheA。每种受体都只与能够和自己相互作用的 CheA 分子接触，这样不同分子传输进来的信号就不会相互混淆。在没有食物分子时，CheA 具有组氨酸激酶的活性，可以使细胞内的另一个叫 CheY 的分子磷酸化。磷酸化的 CheY 能够使鞭毛向顺时针方向转动，使细菌翻跟斗，改变前进方向，以寻找有食物的地方。当细胞表面的受体结合食物分子时，受体传输的信号使 CheA 的组氨酸激酶活性消失，CheY 的磷酸化程度降低，使鞭毛向反时针方向旋转，减少细菌翻跟斗的时间，推动细菌定向前进，向食物分子浓度高的方向移动（见第八章第二节，原核生物的信号传输与反应系统）。

变形虫

变形虫是真核单细胞生物，通过吞食细菌来获得营养，可以看成是最简单的动物。要以细菌为食，首要条件就是要能够识别细菌。把沙粒当做细菌吞进去，只会自找麻烦。变形虫中的盘基网柄菌识别食物克雷伯氏肺炎菌的方法是识别这种肺炎菌分泌的叶酸。这是通过变形虫细胞表面的受体 fspA 来实现的。这个受体由 333 个氨基酸残基组成，有 9 个跨膜区段，在结构上和 G 蛋白偶联的受体（GRCR）有相似之处。将盘基网柄菌的 *fspA* 基因敲除，它就不再对克雷伯氏肺炎菌的存在有所反应，但是仍然能够以其他细菌为食，说明它识别其他细菌的能力和进食能力都仍然正常，只是无法"认识"这种肺炎菌了。

大肠杆菌和盘基网柄菌都是单细胞生物，它们能够辨别食物分子，也可以看成是最原始的"味觉"。但是味觉是一种感觉，是神经系统处理与食物有关的受体传递来的信号的结果。单细胞生物并没有神经系统，它们对食物分子的反应只是细胞对外界信号的程序性反应，和它们避开有害分子的原理相同，所以还谈不上是"味觉"。

水螅

水螅是多细胞动物，能够捕获像水蚤这样的动物为食。水螅并不能够直接"尝"到水蚤的"味道"，而是在感觉到运动物体时，释放出刺细胞中带倒钩的尖刺将猎物刺伤，再去"尝"被刺伤动物释放出来的物质的"味道"。这个被水螅当做"味道"来"尝"的分子，就是在生物细胞中普遍存在的谷胱甘肽。谷胱甘肽的存在可以向水螅证明：这是活食！由此触发水螅触手的卷曲，将食物送到口处，同时口会张开，迎接食物。不用水蚤，光是谷胱甘肽本身就能够使水螅的口张开，而且张开的时间随谷胱甘肽浓度的增加而增加，说明谷胱甘肽的确是水螅用来认识食物的分子。

水螅是有神经系统的最简单的多细胞动物。它具有由神经细胞连成的神经细胞网，但是没有神经节，更没有脑。水螅是否能够感觉到谷胱甘肽的"味道"？换句话说，水螅是否有"味觉"？在高等动物中，味觉是和回报感觉相联系的，即食物的味道可以使动物产生愉悦的感觉，以鼓励动物进食。这种感觉在动物的大脑中是通过多巴胺和血清素等神经递质来实现的，而水螅已经能够生产多巴胺和血清素。虽然这这两种物质已经知道的功能是和水螅身体部分的再生有关，但是也许也和水螅的"味觉"有关。

线虫

线虫是比水螅复杂的多细胞动物，成虫有 959 个体细胞，其中 302 个是神经细胞，而且这些神经细胞已经开始聚集成为神经节。它们主要生活在土壤中，以细菌为食。线虫能够被细菌产生的可溶性化学物质所吸引，例如铵离子、生物素、赖氨酸、血清素、环腺苷酸等。细菌分泌到细胞外，用于感知细菌浓度的酰化高丝氨酸内酯（AHSL）也能够吸引线虫，因为 AHSL 浓度高的地方也意味着有高浓度的细菌。另外一些物质，例如喹啉、二价铜离子（对生物有毒），氢离子等，能够使线虫有避开反应，说明线虫也能够感受对身体有害的分子。

线虫在身体的前端和后端各有一对感受外界分子的感受器。在身体最前端的叫头感器（amphid）；在肛门后方，靠近尾部的叫尾感器（phasmid）。前端的感受器主要感受有吸引力的分子，与驱使线虫前进的运动神经元相连。后端的感受器主要感受需要避开的分子，与驱使线虫后退的运动神经元相连。这样，有吸引力的刺激和需要规避的刺激就能够直接与线虫的运动方式相连（图 12-43）。

头感器有一个由两个支持细胞包围成的孔，感觉神经细胞发出的单根树突（静纤毛）通过孔与外界接触。树突上有对外界分子的受体，例如受体 ODR-10 就能够与双乙酰结合。

研究发现，ODR-10 是 G 蛋白偶联的受体（GPCR）家族的成员。线虫有多达 1300 个为 GPCR 编码的基因，而且这些基因的产物都表达在感觉神经纤维上，说明它们很可能是线虫对外界分子的受体。例如 SER-5 是血清素的受体，F14D12-6 是对羟基苯乙胺的受体，TYRA-3 是酪胺的受体等。所以在线虫这样的多细胞动物身上，G 蛋白偶联的受体就被用来感知外界分子了。多于 1000 种受体分子被用于探测外界的分子信息，说明这些信息对于线虫的生存是至关重要的。但是由于线虫的神经细胞数量有限，在每个头感器中只有 11 个感觉神经细胞，所以每个感觉神经细胞必须同时表达多种受体。这说明线虫对外界分子的探测能力很强（数量众多的受体类型，为广谱探测），但是分辨能力比较低（只有少数神经细胞接收外界分子的信息），基本上只分为"有益"和"有害"等简单的几种。而在高等动物中，每个味觉神经细胞只表达一种味觉受体，对味道的分辨率就高多了。

线虫感知外界分子的受体并不都是 G 蛋白偶联的 GPCR。例如线虫感知低浓度氯化钠溶液的受体就不是 GPCR，而是一类叫 degenerine（DEG）的受体分子。这类分子是一种钠离子通道，由 3 个或更多蛋

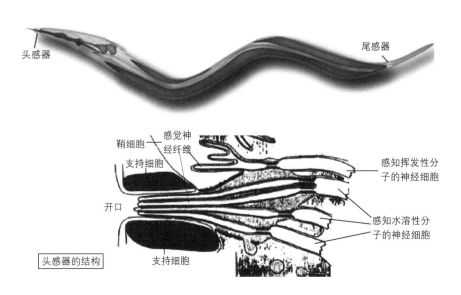

图 12-43　上图：线虫的分子感受器。下图：头感器的结构

白亚基组成。每个亚基含有两个跨膜区段，氨基端和羧基端都位于细胞内，两个跨膜区段之间的部分则形成一个长环，位于细胞外。它们能够感知低浓度的氯化钠溶液并且打开通道，让钠离子进入细胞，降低膜电位而触发神经冲动。这类受体可以被一种叫阿米洛利的分子阻断，所以又叫神经细胞中对阿米洛利敏感的阳离子通道1（ACCN1）。不仅是线虫，其他动物，包括蜗牛、昆虫、青蛙、直到哺乳动物（包括人），都用这类受体来感知氯化钠，所以是动物的"咸味受体"。在哺乳动物中，这种受体叫做上皮钠离子通道（ENaC），二者统称为 DEG/ENaC。

线虫身体内也有多巴胺、血清素等神经递质，而且线虫在遇到食物时，往前爬行的速度加快，体内血清素的浓度普遍增高。反之，如果把对线虫有吸引力的 AHSL 和对线虫有毒的细菌混在一起，以后线虫就会避开 AHSL，说明有毒细菌对线虫造成了"不愉快"的记忆。这也许可以表明线虫已经有原始的"味觉"，所以食物可以使线虫处于"兴奋"状态，而有毒物质也会留下不愉快的记忆。

线虫没有呼吸系统，自然也没有鼻腔。它的两个感受器不仅可以感受水溶性的化合物，还可以感受挥发性的化合物，例如氨、醇、醛、酮、脂类化合物，以及芳香化合物（环状碳氢化合物）和杂环化合物（环中有非碳原子的化合物）。这些神经细胞发出的感觉纤毛不是暴露在感受器的开口处，而是埋在开口旁边的鞘细胞的凹陷处，挥发性化合物可以通过细胞膜扩散到这些感觉纤维上去。从这个意义上，线虫的感受器也可以说同时具有嗅觉的功能。这两个功能只有在更高级的动物中才被分开。

昆虫的味觉

昆虫是地球上门类最多的动物，目前地球上昆虫物种的数量可能多于 100 万种。昆虫具有强大的生命力，包括它们对外界分子的辨别能力。

昆虫已经有脑，这就是位于食道上方的食道上神经节（SupEG）和食道下神经节（SEG），这两个神经节之间有神经通路相连。昆虫脑的分区使得昆虫可以对味觉信号和嗅觉信号分开处理，例如味觉信号就是由食道下神经节处理的（图 12-44）。

由于昆虫的神经系统已经有比较强大的信号分析

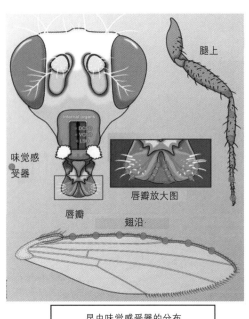

昆虫味觉感受器的分布

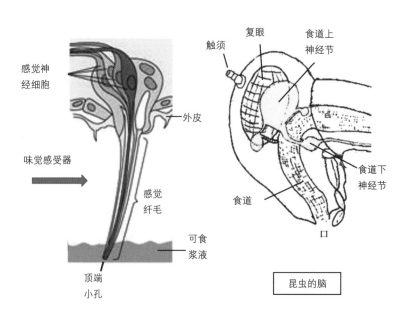

昆虫的脑

图 12-44　昆虫的味觉器

能力，昆虫感觉食物味道的感受器和感觉挥发性分子气味的感受器不再如线虫那样，表达在同样的感受器（头感器和尾感器）中，而是彼此分开，在身体的不同位置配置。味觉感受器主要在口器最前端的唇瓣（labellum）上，同时也在腿上和翅膀上。所以昆虫可能是先用腿"尝"，再进一步用嘴"尝"。而嗅觉感受器主要在触角和下颚须上。在胚胎发育过程中，这些感受器的来源也不同。味觉感受器和触觉感受器由共同的母细胞发育而来，而嗅觉感受器和昆虫的复眼有共同的来源。

典型的昆虫味觉感受器是外皮上空心的毛，毛的顶端有一个开口，内部有数个感觉神经细胞，通过它们的单根神经纤维（静纤毛）与外界接触。例如腿部的味觉感受器就有四个感觉神经细胞，分别为感受甜味的 S 神经纤维、感受苦味和高盐的 L2 神经纤维、感受低盐溶液的 L1 神经纤维、感受水的 W 神经纤维。甜味、低盐溶液和水都能够使昆虫的口器伸出，表示昆虫准备进食或喝水，叫伸喙反射（PER），可以作为昆虫对潜在性食物的正面反应。反之，苦味和高盐会使口器缩回，表示昆虫想回避这些物质。

昆虫的味觉受体名称以 Gr（gustatory receptor）开始，后面用数字表示不同的受体，最后的字母表示同一数字受体的亚型。昆虫的 Gr 由 350~550 个氨基酸残基组成，含有 7 个跨膜区段，和 G 蛋白偶联的受体中跨膜区段的数量相同，因此一开始被认为也是 GPCR 家族的成员。但是进一步的研究发现，昆虫的 Gr 和 GPCR 的氨基酸序列没有任何共同之处，而且它们在细胞膜中的朝向是相反的，GPCR 的氨基端位于细胞外，而 Gr 的氨基端位于细胞内，说明它们是不同的蛋白质，都含有 7 个跨膜区段只是一种巧合。这种类型的味觉受体主要存在于昆虫中。

昆虫的 Gr 一般需要两个不同的受体共同工作来感受味道。例如 Gr5a 和 Gr64a 都为感受各种糖类分子所需，共同表达于感知甜味的 S 神经纤维上。敲除 *Gr5a* 基因或者敲除 *Gr64a* 基因都会使昆虫失去对各种糖类分子的感觉，包括葡萄糖、海藻糖、松二糖、松三糖、棉籽糖、麦芽三糖等。

与此类似，对苦味的感觉也需要两种不同的 Gr，Gr66a 和 Gr93a。它们共同表达于感觉苦味的 L2 神经纤

维上。在神经细胞中单独表达其中任何一种受体都不能产生对苦味物质，例如奎宁、黄连素、咖啡因、罂粟碱等的感觉，只有两种受体都表达在同一神经细胞中才能对这些苦味物质起反应。

与线虫类似，昆虫对咸味也是由 DEG/ENaC 类型的受体来感觉的，和 Gr 类型的受体不同。这种受体表达于感受低浓度盐水的 L1 神经纤维上。

除了感受甜、苦、咸等味道，昆虫还能够"尝"到水的"味道"。这是由表达于感知水的 W 神经纤维上的 ppk28 受体来实现的。ppk28 也是 DEG/ENaC 离子通道家族的成员，可能是通过水引起的渗透压改变所带来的施加于细胞膜上的机械力所活化。

昆虫的味觉感受器有时还能执行嗅觉的功能。例如蚊子通过感受动物呼出的二氧化碳来寻找吸血对象。其中传播疟疾的疟蚊就使用 Gr76 和 Gr79 来感受二氧化碳。

这些感觉神经元表明，昆虫已经有甜、苦、咸等味觉。当然我们把昆虫对蔗糖的感觉当成是甜味，把昆虫对奎宁和黄连素的感觉定义为苦味，是根据人对这样物质的感觉来定义的，其实我们并不知道昆虫对这些物质的具体感觉是什么。但是昆虫对蔗糖的反应是伸出口器，对奎宁的反应是缩回口器，说明昆虫对蔗糖的感觉是愉悦的，对奎宁的感觉是不愉快的，和人类的反应类似。这也没有什么可奇怪的，因为甜味意味着糖类，是昆虫需要的物质，而苦味多意味着物质有毒，不能进食。有趣的是，昆虫还有专门对水的味觉受体，而且水能够使昆虫有进食或者饮水的正面伸喙反射，说明水对于昆虫也有可能是一种"味道"，只是我们无法知道在昆虫嘴里，水是什么味道。

哺乳动物的味觉

哺乳动物的味觉功能主要是口腔中的舌头来执行的。人舌头表面有许多乳头状的突起，叫舌乳头。与味觉有关的舌乳头有三种：在舌尖和两侧的主要为菌状乳头，因为其形状有些像蘑菇。舌头后部的上面有 8 至 12 个圆顶样的突起，叫轮廓乳头。舌头后部的两侧各有几个片状突起，形状像树叶，叫叶状乳头。乳头的作用有些像大脑表面的皱褶，可以增加感受味道的表面积。第

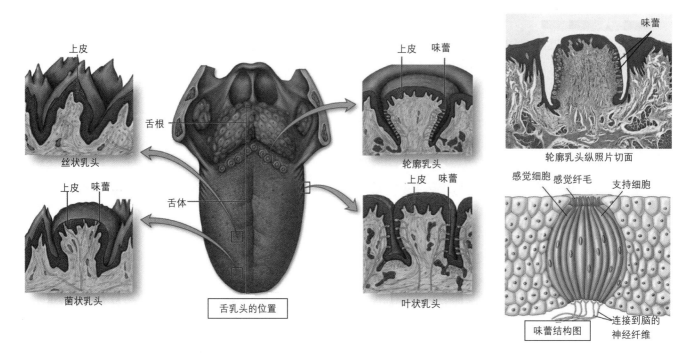

上皮

舌根

舌体

丝状乳头

上皮　味蕾

菌状乳头

舌乳头的位置

上皮　味蕾

轮廓乳头

上皮　味蕾

叶状乳头

味蕾

轮廓乳头纵照片切面

感觉细胞　感觉纤毛　支持细胞

连接到脑的
神经纤维

味蕾结构图

图 12-45　味蕾的位置和构造

四种乳头数量最多，但体积最小，叫丝状乳头，与味觉无关，其功能是触觉，感受食物的质地，如软、硬、粗、细、脆、绵等，增加动物对食物的感觉（图 12-45）。

上面前三种乳头的表面都含有感觉味道的结构，叫做味蕾，总数有数千个。菌状乳头的味蕾主要在上表面，叶状乳头和轮廓乳头的味蕾主要在侧面。每个味蕾含有50~100 个味觉细胞，聚集成球状，埋在舌头的上皮细胞中。每个味觉细胞在味蕾开口处发出微绒毛，相当于是神经细胞的树突，上面有味道感受器。溶解于唾液的外来味觉分子和这些微绒毛上的受体分子结合，触发神经冲动，通过味觉细胞在另一端发出的轴突将味觉信号传输至大脑。

哺乳动物的味觉大致可以分为五种：甜、鲜、苦、酸、咸，基本上和过去认为的酸、甜、苦、辣、咸五种味道一致，其中只有一个不一样。过去被认为是味道之一的辣味，现在已经知道是辣椒素结合于TRPV1 受体所引起的感觉。由于TRPV1 也可以被 42 摄氏度或以上的温度激活，所以辣和烫其实是同一种感觉，而且辣椒素在舌头以外的皮肤或黏膜上引起灼烧感，说明它不是味觉。鲜味过去不被认为是一种味道，现在被发现是通过与感受甜的受体类似的受体感觉的，而且在非味觉器官中不被感受到，所以被列为五种味道之一。

与低等动物的味觉对食物选择的重要性类似，哺乳动物具有这五种味觉也和食物的辨别和选择密切

相关。甜味和鲜味都能够使动物产生愉悦感，鼓励动物去多吃。酸味能够告诉动物果实还没有成熟，需要等待。而苦味则提醒动物食物（特别是植物性食物）里面可能含有害物质，应该避免。哺乳动物也能够感受氯化钠的咸味，咸味可以使动物能够主动找到含有氯化钠的物质。所以在哺乳动物中，味道的作用也是使动物能够辨别出能够吃的食物，而避免有潜在伤害的食物。

甜味受体和鲜味受体

和线虫一样，动物也是通过 G蛋白偶联受体（GPCR）来感知甜味的，而且 GPCR 还能够感受鲜味。动物接收甜味和鲜味的受体属于 GPCR 中的 T1R 家族。这个家族只有三个成员——T1R1、T1R2、

T1R3。受体 T1R2 和 T1R3 一起，形成混合型受体，就是甜味受体。能够同时结合于 T1R2 和 T1R3 受体的分子就被感知为甜味。敲除这两种受体的基因，小鼠对甜味的感觉就消失。受体 T1R1 和 T1R3 一起，形成混合受体，就是鲜味受体。能够同时结合于 T1R1 和 T1R3 受体上的分子就被感觉为鲜味。将小鼠的 *T1R* 基因敲除，小鼠就感受不到鲜味。这些 *T1R* 基因被敲除的小鼠对苦味、咸味和酸味的感觉并不受影响，说明 T1R 类型的受体只与甜味和鲜味的感觉有关。甜味和鲜味的受体属于同一 GPCR 家族，而且共用 T1R3，说明对动物进食最为关键的两种味觉是从共同的感觉发展分化而来的。

有趣的是，小鼠能够感觉到多种氨基酸的鲜味，而人只能够感觉到谷氨酸盐（即通常说的味精）和天冬酰胺的鲜味。这说明人的 T1R1 和 T1R3 受体的氨基酸序列有一些改变。但是这种改变并不会给人类带来损失，因为蛋白质含有各种氨基酸，有谷氨酸的存在几乎可以肯定地预示其他氨基酸的存在，对人类获取蛋白质没有影响。

苦味受体

许多动物以植物为食，植物为了对抗动物的吞食，也发展出了对抗手段，例如长出绒毛或者尖刺防止动物接触。或者合成对动物有害的化合物，让动物吃了以后有不良反应，以后不再吃这类植物。这些化合物主要是各种生物碱。生物碱一般是含有氮原子和环结构的化合物，因其中的氮原子而显碱性。在演化的过程中，动物也发展出了识别这些化合物味道的机制。多数生物碱，例如奎宁和黄连素，都给动物以苦味的感觉，所以尝到苦味就是提醒动物植物中可能含有害物质，最好不要去吃。

哺乳动物感受苦味的受体也是 G 蛋白偶联的受体 GPCR，属于里面的 T2R 家族。T2R 家族有约 30 个成员，以结合不同类型的苦味物质。通常多种 T2R 受体表达在同一种味觉神经细胞上，共同感受苦的感觉。动物无须区分潜在的有害物质究竟是什么，只要能够提供警戒信号就行，所以各种有害物质都在神经系统中被感觉为苦味。例如黄连素和奎宁是结构不同的化合物，但是我们感觉到的味道都是苦的。

酸味受体

糖、氨基酸、生物碱都是比较复杂的分子，可以通过它们特殊的构造和 G 蛋白偶联的受体 GPCR 结合，传递信息。而酸碱度是对水溶液中氢离子浓度的量度，不能再用同样的机制来感知。在本章第四节痛觉中，我们将谈到皮肤中的 TRP 受体，例如 TRPV1，可以被酸性环境所激活。与此类似，哺乳动物的舌头对酸味（pH 降低）的感觉也是由 TRP 类型的受体来感知的。这个受体是 TRPP3，其中的第 2 个 P 代表 polycystin，即多囊蛋白。这个受体又叫做多囊肾蛋白 2 类似蛋白 1（PKD2L1）。它表达于味蕾开口处附近的味觉细胞表面上，在 pH 降低到 5.0 左右时被激活，在神经系统中产生酸的感觉。除了在味蕾中，TRPP3 受体还表达于和小鼠脑脊液接触的神经细胞中，在那里受体对脑脊液酸碱度的变化更为敏感，在 pH 6.5~7.4 区间就能够发出信号。这个例子说明，哺乳动物对酸味的感知与对甜、鲜、苦的感觉机制不一样。对甜、酸、苦的感觉是由 G 蛋白偶联的受体 GPCR 来感知的，而对于酸则是用 TRP 类型的离子通道 TRPP3 来感知的。

咸味受体

咸味主要是对食盐（氯化钠）中钠离子的感觉，而钠离子和氢离子都是一价的阳离子，也不能够像糖、氨基酸、生物碱那样通过结合在 G 蛋白偶联的受体蛋白上来被感知，因此也需要另外的受体。研究发现，小鼠感受咸味的是前面提到过的线虫的上皮钠通道（ENaC）。ENaC 和线虫感受低盐溶液的 degenerine（DEG）是同一类型的离子通道，也受阿米洛利的阻断，统称为 DEG/ENaC。哺乳动物的 ENaC 由三个类似的亚基组成（αβγ），每个亚基有两个跨膜区段，氨基端和羧基端在细胞内，两个跨膜区段之间有一个长长的环，位于细胞外面。它能够让钠离子和锂离子通过，但是不让钾离子通过。由于 ENaC 在肾脏和肺脏中钠离子的重新吸收过程中起关键作用，敲除 ENaC 会使小鼠早亡，所以 ENaC 在味觉中的作用在过去的长时期中一直难以证明，直到科学家特异地使 ENaC 不在味觉细胞中表达，而在小鼠身体的其他器官都正常表达后，这个问题才得到解决。这些在味觉细胞中不表达 ENaC 的小鼠尝不到食盐的咸味，即使长时间不让这些小鼠吃盐，它们也对盐水不感兴趣，而吃不到盐的正常小鼠则会猛喝带有咸味的水。这说明 ENaC 是小鼠感受咸味的受体。

大脑用不同的区域来产生不同的味觉

在小鼠的味觉细胞中，感觉不同味道的受体是表达在不同的味觉细胞中的，例如感觉甜味和鲜味的 T1R 类受体就绝不会表达在感受苦味的味觉细胞中，而感受苦味的 T2R 类受体也不会表达在感受甜味和鲜味的味觉细胞中。这就提出了一个问题：动物对每一种味道的感觉是由受体来决定的，所以有什么受体就会形成那种味道，还是由味觉细胞的种类的来决定的，即每种味觉细胞都只传输自己特有的味觉信号，只要那种味觉细胞发出神经冲动就会产生同样的味觉，而和触发神经冲动的受体无关？

在过去，这个问题是很难回答的，因为感觉甜味的味觉细胞同时表达 T1R2 和 T1R3，这些细胞又可能与脑中的"甜味中心"相连，所以送到那里的味觉信号都被"解释"为甜味。为了弄清这个问题，科学家在平时感觉甜味的味觉细胞中表达一种非味觉分子的受体，如果这种非味觉分子能够使动物感觉到甜味，那就证明是味觉细胞的种类，而不是具体的受体类型，决定味道是甜味还是无味。科学家使用的分子叫做螺朵林（spiradolin），是一种镇痛剂，对正常人和小鼠无味。但是当科学家把螺朵林的受体（也是 G 蛋白偶联的受体 GPCR 家族的成员）表达在小鼠感受甜味的味觉细胞中时，小鼠对螺朵林就表现出对糖一样的反应，说明对正常小鼠无味的物质也会在这些小鼠中引起甜的感觉。

这个结果说明，小鼠脑中感觉不同味道的神经细胞是分区的，有的区域把神经冲动解释为甜味，有的区域把神经冲动解释为苦味。而把信号传入甜味中心的味觉细胞正好表达 T1R2 和 T1R3，而不是感觉苦味的 T2R。这样的一致性是在演化过程中逐渐形成的，在胚胎发育过程中，表达 T1R2 和 T1R3 的味觉细胞也通过突触和甜味中心联系，而不会和苦味中心联系。在果蝇中，感觉甜味和感觉苦味的神经细胞也和下食道神经节的不同区域相连，说明不同的脑区域产生的味觉不同。这种情形和下面谈到的不同的嗅觉受体发出的信号先要归类，同样的嗅觉受体发出的神经纤维先要

汇聚在嗅小球中，再传输至大脑的情形是相似的。专门传递痛觉和痒的感觉（皆见本章第四节）的神经细胞也是彼此分开，各司其职的情形也是一致的。是感觉神经纤维到达脑后的局部环境决定输入的信号被转换成为何种感觉。

昆虫的嗅觉

动物从水中转到陆地上生活后，迎来一个新的机遇，这就是从空气中所含的分子来感知外部环境的信息，这就是嗅觉。这既可以是食物发出的气味，帮助动物找到食物；也可以是捕猎者发出的气味，帮助动物逃离危险；也可以是异性动物发出的吸引信号，帮助动物找到配偶；还可以是家庭成员发出的气味，帮助动物识别亲属。许多动物还利用气味来寻找和确定合适的产卵地。嗅觉不需要与发出气味的物体直接接触，所以能够感知比较远距离的信息，例如鹿就可以闻见几十米以外老虎的气味。嗅觉能够给动物提供的信息比味觉要多得多，所以动物发展出专门的嗅觉器官就是非常自然的事情。

虽然嗅觉探测的是空气中的分子，但是这些分子也必须先溶解于水中，才能与受体分子结合，产生嗅觉信号。从这个意义上讲，嗅觉与味觉并无根本的区别，嗅觉受体也很容易从味觉受体转变而来，所以动物使用的嗅觉受体和味觉受体也非常相似。

水生动物只能探测溶于水中的分子，谈不上嗅觉。即使是生活在陆地上的低等动物如线虫，也只有两种感受器（头感器和尾感器）来感知外界的分子，嗅觉和味觉无法区分。只有到了昆虫，才有了专门的嗅觉器官。

大约在 4.8 亿年前的奥陶纪时期，海洋中甲壳类动物中有六只腿的开始向陆地上转移，成为陆上的六足动物。一开始这些六足动物是没有翅膀的，包括现在存活的内口纲的动物，例如跳虫、小灶衣鱼、衣鱼等。之所以叫内口动物是因为它们的口器内缩在头部中。后来一些六足动物长出翅膀，口器也伸到头外，才成为昆虫。

六足动物一上岸，就有了利用空气中的分子获得外部信息的可能性。不过这种探测空气中分子的能力不是马上就发展出来的，而是到了能够飞翔，因而能够大

范围运动的昆虫中才有了比较完善的嗅觉系统。对于这些能够飞翔的六足动物，气味能够给它们提供食物、水源、天敌、配偶等重要的信息，帮助它们在飞行中定向。

昆虫有气管，但是没有肺，在许多情况下靠体表和气管内空气的扩散来交换气体，气管内不一定有持续不断的空气流动，所以把嗅觉受体安排在气管处并不是很有效的，还不如伸出身体，和空气密切接触的触角和触须，由于风吹过，或者昆虫自己飞翔，都会有空气流过。由于这个原因，昆虫（例如果蝇）的嗅觉分子受体（odorant re-ceptor，OR）是表达在触角和下颚须上的。它们上面长有毛形感器，即突出表皮的毛状物。毛形感器有多种，其中的锥状感受器表达OR。锥状感受器突出于表皮之外，内有淋巴液，感觉神经细胞的感觉纤维（静纤毛）就浸泡在淋巴液中，感觉纤维的细胞膜上有嗅觉受体。锥状感受器的外皮上面有许多小孔，空气中的味觉分子经过这些小孔进入感受器，溶解在淋巴液中，再被转运至树突上的嗅觉感受器OR上面，传递嗅觉信息（图12-46）。

由于许多挥发性分子是疏水的，它们需要一些蛋白分子的结合才能很好地溶于淋巴液中。这些蛋白质叫气味分子结合蛋白（OBP）。OBP是球形蛋白质分子，由130—140个氨基酸单位组成，是昆虫嗅觉器官表达最多的蛋白质。蚊子的OBP多于100种，说明这些结合气味分子的蛋白质在味觉中有必不可少的作用。

昆虫典型的嗅觉受体（OR）和昆虫的味觉受体（Gr）一样，也含有7个跨膜区段，它们的羧基端的氨基酸序列有相同之处，说明OR和Gr有共同的祖先。和味觉受体Gr一样，嗅觉受体在细胞膜中的方向也和G蛋白偶联的受体GPCR相反，而和Gr相同，是氨基端在细胞内，所以昆虫的嗅觉受体也不是GPCR，而是和味觉受体同类的蛋白质。它们的工作方式也和GPCR不同。GPCR在结合配体分子之后，活化G蛋白，把信号传递下去，而OR是离子通道，在结合气味分子后通道打开，让阳离子进入细胞，使细胞去极化，触发神经冲动。果蝇约有60种OR，蚂蚁有约350种OR，以与不同的嗅觉分子结合（图12-47）。

和味觉受体常常需要两个不同的受体分子共同工作一样，昆虫的嗅觉受体也由两个分子组成，一个

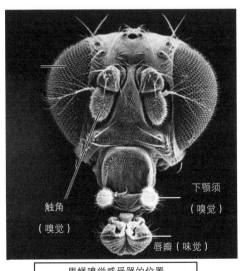

果蝇嗅觉感受器的位置

触角（嗅觉）
下颚须（嗅觉）
唇瓣（味觉）

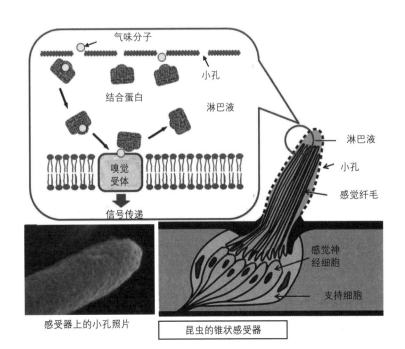

气味分子
小孔
结合蛋白
淋巴液
嗅觉受体
信号传递

感受器上的小孔照片

淋巴液
小孔
感觉纤毛
感觉神经细胞
支持细胞

昆虫的锥状感受器

图12-46　昆虫的嗅觉感受器。昆虫的嗅觉感受器集中在头部的触角和下颚须上

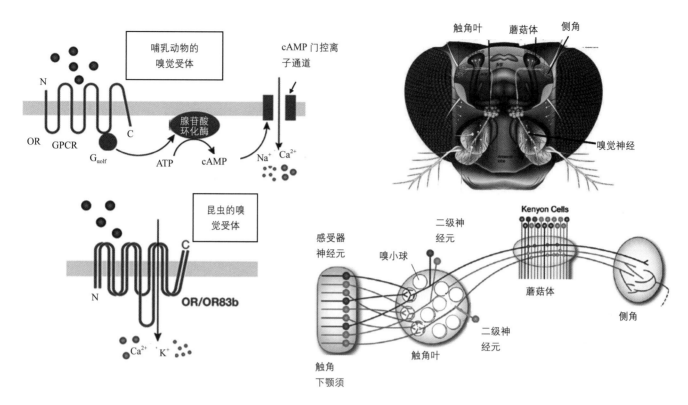

图 12-47 昆虫的嗅觉受体和神经通路

是与嗅觉分子结合的 OR，不同 OR 的氨基酸序列变化很大，以便与不同类型的嗅觉分子结合。另一个是辅助受体（Orco），例如 OR83b。它并不直接与气味分子结合，但是和 OR 共同组成离子通道。Orco 是"通用"辅助受体，氨基酸序列变化很小，能够和各种 OR 共同组成离子通道。Orco 的分子结构和 OR 非常相似，也含有 7 个跨膜区段，在细胞膜中的朝向也和 OR 相同，氨基端在细胞内。但是 Orco 的分子在细胞内的第 2 个环（在跨膜区段 4、5 之间）上，比 OR 多约 70 个氨基酸残基。

OR 只存在于昆虫中。在更原始的六足动物如内口动物中没有发现 OR，只有一些类似 Orco 氨基酸序列的分子。这说明六足动物上陆后，并没有立即发展出 OR 型的嗅觉受体，而是先发展出 Orco 类型的分子，然后在跨膜区段 4、5 之间减去约 70 个氨基酸单位，才形成 OR。

从触角上嗅觉神经细胞发出的轴突进入神经系统的初级嗅觉信息处理中枢，叫做触角叶（LB）。在那里表达同种 OR 的神经细胞的轴突汇聚在小球状的结构中，叫做嗅小球，这样每个嗅小球只接收来自同种 OR 传来的信号。这些经过分类的信号再进一步通过二级神经元传输到昆虫脑中的蘑菇体（MB）和侧角（lateral horn）中，转换成为嗅觉（图 12-47 右）。

除了嗅觉受体 OR，昆虫还有另一种离子通道型的嗅觉受体，叫做离子型受体（IR）。IR 有三个跨膜区段，其结合配体的区域由两段肽链组成，分别位于跨膜区段 1 的氨基端和跨膜区段 2 的羧基端。IR 分子的这种结构特点和谷氨酸受体（iGluR）一致，是从谷氨酸受体变化而来的。与谷氨酸受体相比，IR 的氨基端要短得多，只有很短的一段肽类位于跨膜区段 1 的氨基端。

和 OR 类似，IR 也和 IR 辅助受体（IRco，例如 IR25a）共同组成离子通道。IRco 和 IR 也有类似的分子结构，说明它们是同类分子。IR 表达在昆虫的另一类毛形感器（即腔锥感受器）上。腔锥感受器像一个空腔，里面伸着数根锥状的感受突起。

嗅觉受体 IR 主要感知羧酸和胺类分子，这也没有什么可奇怪的，因为谷氨酸本身就是羧酸，也含有氨基。谷氨酸是神经递质，谷氨酸受体在中枢神经系统的信息上发挥重要作用。将其转换成为嗅觉受体，只需要把它表达的地方从中枢神经系统转移到外周神经，并且删去一些氨基酸的序列。和 OR 只在昆虫中表达不同，IR 在更原始的内口动物如衣鱼中也有表达，说明 IR 是更原始的嗅觉受体，是上陆后尚不能飞的六足动物使用的嗅觉受体，而在昆虫发展出 OR 型嗅觉受体后还继续使用。

不过 IR 和 OR 的使用就到昆虫为止。在脊椎动物中，无论是 OR 还是 IR 都没有表达，说明脊椎动物的嗅觉系统走的是另一条路线。

哺乳动物的嗅觉

在味觉部分中，我们已经谈到线虫用 G 蛋白偶联的 GPCR 来同时充当味觉受体和嗅觉受体。昆虫的味觉受体 Gr 和嗅觉受体 OR 虽然不是 GPCR，但是却是同一类蛋白质。哺乳动物是使用 GPCR 作为味觉受体的，自然我们会猜想哺乳动物也会使用 GPCR 作为嗅觉受体，而实际情形也真是这样。其实不仅是哺乳动物，所有的脊椎动物都使用 GPCR 作为味觉受体，对于在陆上生活的脊椎动物，GPCR 也作为嗅觉受体。我们下面用哺乳动物中的小鼠和人为例，来介绍脊椎动物的嗅觉系统。

与昆虫不同，哺乳动物是有肺的，通过肌肉收缩进行主动呼吸，因此在呼吸道中有不间断的空气流，用鼻腔这个空气刚进入呼吸系统的地方来感知空气中的气味分子，无疑是最有效的方法。

与昆虫的锥状感受器用淋巴液溶解挥发性分子类似，脊椎动物的嗅觉器官也分泌液体来溶解空气中的挥发性分子，再让它们与位于感觉神经上的嗅觉受体结合。在嗅觉神经细胞分布的地方，也有分泌液体的腺体，叫做嗅腺（Bowman's gland）。它分泌的黏液覆盖嗅觉神经细胞，黏液里面含有气味分子结合蛋白（odorant binding protein，OBP），使空气中的气味分子溶解于水。虽然脊椎动物气味分子结合蛋白的名称和昆虫的气味分子结合蛋白名称相同，但是它们是不同类型

的蛋白。昆虫的 OBP 由 130~140 个氨基酸残基组成，而脊椎动物的 OBP 由 150~160 个氨基酸残基组成，而且它们肽链的折叠方式完全不同。虽然有这些不同，它们的功能却是类似的，都是要溶解空气中挥发性的分子，再把它们呈现给嗅觉受体。

小鼠的鼻腔中有两个感知气味的地方，分别是位于鼻腔上方的嗅上皮（OF）和位于鼻腔下方的犁鼻器（VNO）。感觉神经细胞上长出许多微绒毛，上面有气味受体。感觉气味的受体有三大类，每类都有多种气味受体。这三大类受体分别叫做嗅觉受体（OR）、犁鼻器受体（VNR）和微量胺受体（TAAR）。OR 主要探测一般的气味分子，VNR 主要探测生物之间交换信息的信息素，而 TAAR 主要探测微量的胺类物质，例如同类动物或者捕食者尿中的氨。过去认为嗅上皮是感觉一般气味的地方，而犁鼻器是感觉信息素的地方，现在发现这种分工并不绝对，这三种气味受体在嗅上皮和犁鼻器中都有表达。OR、VNR 和 TAAR 都是 GPCR 家族的成员，都通过活化 G 蛋白传递信息，最后让钠离子和钙离子等阳离子进入细胞，使细胞去极化，触发神经冲动（图 12-48）。

从嗅上皮发出的神经纤维进入鼻腔上面一个叫嗅球（OB）的结构，在那里表达同种嗅觉受体的神经细胞发出的轴突汇聚在同一个嗅小球内，再由僧帽细胞将汇聚的信号传递至大脑。从犁鼻器发出的神经纤维进入位于嗅球后方的副嗅球（AOB），在那里表达同种嗅觉受体的神经细胞发出的轴突也汇聚在同一嗅小球中，再由僧帽细胞传至大脑。因此在嗅觉信号的传递方式上，脊椎动物和昆虫是一致的，都是表达同种 OR 的神经细胞的轴突在嗅小球中汇聚，再将分类后的信号传输至脑。这样，每一种嗅觉受体发出的信号都是分别汇聚传递的，在大脑中再将这些信号综合在一起成为嗅觉。

用嗅小球将同样嗅觉受体发出的神经信号集中，再传输至大脑，说明大脑用不同的区域解读出不同的感觉，凡是进入某个区域的神经信号都会被解读为那个区域所产生的特殊感觉。这和小鼠脑中感觉不同味道的神经细胞是分区的，有的把神经冲动解释为甜味，有的把神经冲动解释为苦味的现象是一致的。小鼠有近 2000 个嗅小球，说明每一种受体都有自己特有的嗅小球。

人的主要嗅器官和小鼠的非常相似，嗅上皮也

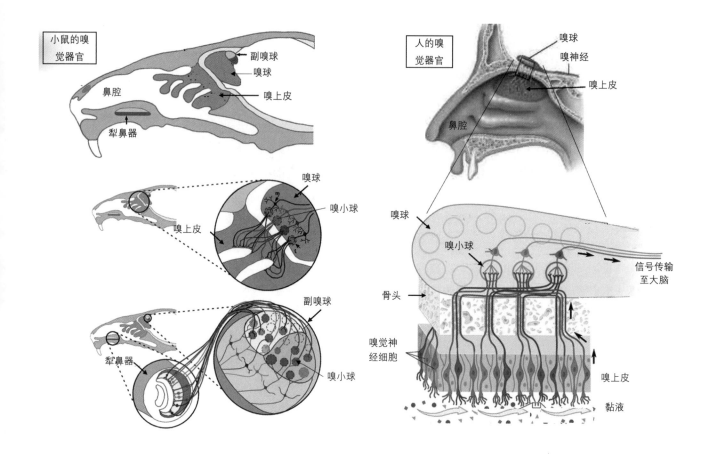

图 12-48　小鼠和人的嗅觉器官

位于鼻腔的上部，而且紧邻嗅球。表达同一嗅觉受体的神经细胞发出的神经纤维都汇聚在同一个嗅小球中，再被输送至大脑（图 12-48）。但是人的犁鼻器似乎已经退化，也没有副嗅球存在的证据。也许是人的生活方式已经不再需要犁鼻器的功能。

为 OR 编码的基因是哺乳动物数量最大的。从 32 种哺乳动物取样所得的数据，哺乳动物平均有 1259 个为 OR 编码的基因。和线虫每个感觉神经细胞表达多种味觉受体不同，脊椎动物的每个嗅觉细胞只表达一种嗅觉受体。由于嗅觉神经细胞的数量数以百万计，远超过受体

种类的数量，每一种受体平均有数以千计的嗅觉神经细胞表达它，而且分布在嗅上皮和犁鼻器的各处。每一种气味分子可以和多种嗅觉受体结合，而每种嗅觉受体又可以结合多种气味分子，动物最后感觉到的气味，是所有这些信号综合的结果，所以 1000 多种嗅觉受体，可以分辨上百万种气味，就像视网膜的视觉受体只有三种，却能够辨别数百甚至数千种颜色。

虽然哺乳动物嗅觉受体的数量（数以千计）远比抗体的种类（千万计）要少，却是基因组中数量最多的。抗体分子的形成是通过 DNA 不同的编码区段组合而成，所需要

的基因并不多（见第十章第四节），而 OR 基因却需要不同的基因来为不同的 OR 分子编码，每种 OR 都需要自己的基因。抗体结合抗原的部分是高度可变的，而 OR 的氨基酸序列是由相对固定的 DNA 序列决定的，所以必须要有足够数量的基因，才能够有足够数量的 OR 蛋白。相比之下，人眼中为视力所需的视蛋白只有三种基因，为味觉所需要的基因也只有数个。人的嗅上皮虽然只表达 391 种嗅觉受体，远低于哺乳动物嗅觉受体的平均数，但仍然是一项昂贵的投资。

究其原因，也许是嗅觉对于陆上动物生存的重要性。高级视觉的

功能主要是形成图像，动物记忆的视觉信息也主要是图像的轮廓和对比度，并不需要许多光受体基因，而且由于三原色原理，三种基色就可以配出千万种颜色。味觉的目的主要是分辨食物和毒物，5种味觉已经足够。但是气味（基于分子的形状）却是千变万化的，与不同的环境状况有关。只有对气味有高的分辨率，才能获得对于环境的准确信息，例如分辨是老虎的气味还是豹子的气味，是雄性还是雌性动物的尿，是亲属还是外"人"。而且这些信息还必须能够被记忆，同一种动物的不同个体也必须能够对同一种气味分子产生同样的嗅觉，这样，有关环境的嗅觉信息和基于这些信息的经验才能够彼此交换，这就只有用大数量的固定嗅觉受体才能办到。抗体的种类虽然数以千万计，但是这些受体却是随机产生的，信息并不被转化为感觉，也不会形成有感觉的记忆（例如我们不会感觉和记忆哪种细菌是哪种味道），对付这些细菌的工作，包括对它们的记忆，是由免疫系统通过随机的方式自动完成的。如果嗅觉受体也像抗体那样随机产生，那就不会有嗅小球来对嗅觉信息进行分类，也无法在大脑中形成受体－脑区域的固定关系。如果对于同一种分子形状，即使是同种动物的不同个体感觉到的气味也会彼此不同，即使家庭成员之间也是如此，那么这样的嗅觉是没有用处的。

第四节　痛和痒

　　动物的触觉通过体表与外界物质的直接接触来感知外部世界的状况。这种与外界物质的直接接触一般是非伤害性的刺激（innocuous stimuli），而且在受到连续的同样刺激时会表现出适应状况，即对触觉的敏感性降低。例如我们刚穿衣服时，会感觉到衣服和身体的接触。但是这种感觉会很快消失，让我们不感觉到衣服的存在。持续感觉到身上有衣服，脚上有袜子，不仅没有必要，还会分散人的精力。我们刚戴上手表时，也会感觉到它的存在，但是这种感觉很快就消失。这种适应的目的是不让重复的刺激干扰我们的注意力，使我们能够集中精力于当前要做的事情。

　　但动物光有触觉还不够，还需要有感知伤害性刺激（noxious stimuli）的能力。这种感觉也依赖动物与外界物质的直接接触，但是与身体接触的物质是有可能对动物造成伤害的，例如刺、掐、拧、扯、高温、低温、强酸、强碱、电击等。之所以动物需要这种能力，是因为比起植物来，动物更经受不起身体的伤害。植物的构造相对简单，身体也没有固定的形状，失去一根树枝，甚至拦腰折断，都不会危及植物的生命。而动物的身体构造复杂，还有通过液体（血液、淋巴等）流动形成的循环系统，身体伤害会造成血液外流，危及生命。动物要运动，也需要身体构造完整平衡，断肢通常会影响动物的生存能力。如果动物对身体伤害没有感觉，就不会主动做出躲避伤害源的动作，就会持续受到伤害，最后危及生命。动物对伤害没有感觉，也不会从伤害中学习，在以后的生活中主动避免同样的伤害。为了让动物感觉并且记住伤害，这种感觉必须足够强烈，难以忍受，这就是动物的痛觉。痛觉使动物做出激烈的反应，迅速离开伤害源（例如火烧和电击）。

　　除了痛觉，动物还需要感知对身体比较轻微的、潜在有害的刺激。这种刺激也是通过动物的身体与外界物质直接接触而引起的，它们多半不会危及生命，例如蚊虫叮咬、蚂蚁爬过、真菌感染（例如各种癣）、植物有刺激性的化合物等，但是也可能对身体造成一定程度的局部损害，所以也不能置之不理。这种只是提醒身体有不良刺激存在，不需要身体做出激烈的反应的感觉就是痒（itch，或 pruritus）。动物对痒的反应不是逃离刺激源，而是伸向刺激源，这就是抓挠。因此痛和痒都是对身体有潜在伤害的刺激的感觉，但是彼此之间又有明显的区别。

　　痛和痒都是对动物不愉快的刺激，这两种感觉都是动物的中枢神经系统对感觉神经传输来的信号进行分析和识别后产生的，难以用语言描述，也没有测定动物是否感觉到痛或者痒的生理指标，我们还无法用仪器来测定动物是否感到痛或者痒，以及痛、痒的程度如何。所以在科学上，目前还只能用动物的反应方式来间接地定义这两种感觉：痛是使动物产生逃避反应的不愉快刺激，而痒则是使动物产生抓挠行为的不愉快刺激。这两种感觉产生的目的都是为了避免身体伤害，但是痛和痒形成的机制不同。

各种伤害都归结为痛

由于触觉是动物感知世界的重要手段，所以触觉不仅灵敏度高，使得轻微的触碰也能感觉得到，而且对各种触觉的分辨力很高，这样才能够从触摸中获得外部世界尽可能多的信息。例如在第二节中谈到的环层小体感受物体的光滑度和皮肤的快速变形，而且对振动非常敏感；迈斯纳小体感受轻微触摸；鲁菲尼氏小体感受角度的变化等。这些感觉器官里面的神经纤维与各种特异的结构相连，通过这些结构分别传递和放大各种机械力，例如拉伸、压迫、滑动、高频和低频振动等，而且敏感度很高，即活化阈值低。通过触摸，我们可以知道摸到的东西是木头还是玻璃，金属还是棉花，光滑还是粗糙、坚硬还是柔软。中医甚至可以用手腕处桡动脉三个部位（分别叫做寸、关、尺）的跳动情形获得病人身体状况的宝贵资料。

但是对于能够造成伤害的刺激来讲，感觉的阈值应该比较高，要到组织伤害的程度才触发感觉。如果日常生活中的接触都会引起伤害感，那不仅是"谎报军情"，而且会严重干扰正常生活。动物做到这一点的方式就是不给伤害感受器提供任何集中和放大外部刺激的物理结构，而只是用裸露的神经纤维末梢上的感受器来直接感受伤害性的刺激。由于没有放大结构，刺激只有达到相当强度，一般到达足以造成组织伤害的程度，这些感受器才被活化，这样就避免了"谎报军情"的问题。

与触摸要分辨物体的各种性质不同，对于各种组织伤害来讲，及时向身体发出警示，让身体立即做出反应是最重要的，具体是什么伤害倒不是那么重要，身体也不必等到弄清刺激的性质再采取行动。无论是电击、火烧还是刺伤，我们本能的反应都是立即缩回，而不必去想伤害是什么性质，那样反而会延缓我们逃离伤害的速度。所以各种伤害都引起同样的感觉，那就是痛。针刺刀割会引起疼痛，掐拧撕咬也可以产生疼痛；火烧水烫可以产生疼痛，寒风冰霜也能引起疼痛，酸碱腐蚀会产生疼痛，辣椒入眼也会引起疼痛。这些刺激可以分为机械性刺激、极端温度刺激和化学刺激。除此以外，电位的突然改变（电击）也可以引起疼痛。虽然刺激的性质彼此不同，但是后果都是组织伤害，我们的感觉也都是疼痛。痛就是告诉

身体：有伤害了，马上采取行动，这就够了，因为反应只有一个，就是逃离伤害源。

但是要把性质完全不同的伤害性刺激都转化成为痛觉，对刺激接收器就有很高的要求。细胞表面的受体通常只和能够与它结合的分子起作用，要把机械力、化学物质、极端温度和跨膜电位的刺激都用一种细胞表面的受体来感受，好像是要求过高。但是在实际上，生物在演化过程中已经发展出了这样的多功能信号接收器，这就是在本章第八节中提到的 TRP 离子通道，它们在动物的触觉、本体感觉和听觉这些非伤害性的刺激中担任感受机械力的受体，而且都需要特殊的结构来放大机械力。研究表明，在没有放大结构的情况下，TRP 离子通道也是感受伤害性刺激的主要受体。

感受各种伤害性刺激的 TRP 离子通道

TRP 离子通道通道最先是从果蝇的一个突变体上发现的。正常的果蝇在受连续光照时会发出持续的神经信号，而这个突变体却只能发出很短暂的神经信号（见图 12-33）。研究发现，突变的是一种细胞表面受体，为一类离子通道，因此这类蛋白质就叫做瞬时受体电位离子通道。后来，类似的通道在所有动物的身上都有发现，种类有数十个之多。

这类离子通道的共同特征是，它们都位于细胞表面的细胞膜上，都含有六个跨膜区段（TMD），而且它们的两端（氨基端和羧基端）都位于细胞内。TRP 蛋白质形成四聚体，由每个单体的 TMD5 和 TMD6 围成离子通道，所以每个通道由八个跨膜区段组成（见图 12-33）。这些通道在平时是关闭的，但能被各种达到一定强度的刺激打开，让阳离子进入细胞。这些强刺激包括强的机械力、酸碱度的大幅变化、温度的大幅变化、能够和 TRP 离子通道结合的化学物质等。这些刺激通过改变细胞膜的结构和直接作用于 TRP 离子通道本身使离子通道的形状改变，通道开启，让阳离子通过。阳离子的进入会改变细胞膜两边的电位差，使细胞去极化，在神经细胞中触发神经电信号，产生痛的感觉。它们对于阳离子的选择性不高，可以让钙、钠、钾等离子进入细胞，但不同类型的 TRP 离子通道对这些离子的偏好不同。

如本章第二节所言，TRP 离子通道大约有 28 种，

分为七个大类，分别是 TRPC、TRPV、TRPA、TRPM、TRPP、TRPML 和 TRPN。每个大类又有若干种，例如果蝇有两种 TRPV 类型的离子通道（nanchung 和 Inactive），小鼠和人类都有六种，分别是 TRPV1、TRPV2、TRPV3、TRPV4、TRPV5 和 TRPV6。

动物实验表明，对于伤害性刺激感受最重要的是 TRPV1。TRPV1 可以感受强机械力刺激所造成的对细胞膜和受体分子的扰动，可以被组织伤害时释放出来的物质如氢离子所活化（pH < 5.2 时），也能被 43 摄氏度（感觉到"烫"）以上的温度活化。TRPV1 也对电位变化敏感，因此也可以被电流所活化。它还能被化学物质如辣椒素所激活，所以"烫"和"辣"是由同一种受体感受的。这些刺激通过改变细胞膜和 TRP 离子通道的形状使离子通道打开，因此 TRPV1 是真正的多功能受体（polydomal receptor），可以把各种伤害性刺激综合起来，产生痛觉。除了表达于皮下的神经纤维上，TRPV1 离子通道还表达于肌肉、骨骼、关节和内脏，所以也可以接收这些地方的病理信号。

TRPV1 也不是感觉伤害性刺激的唯一离子通道。例如温度到 52 摄氏度（感到烫的温度）时，TRPV2 被激活，向身体报告危险的高温，让动物及时躲避。辣椒素（capsaicin）可以结合在 TRPV2 离子通道上，让我们有烫的感觉，尽管实际温度并没有升高。而在温度低于 26 摄氏度时，TRPM8 离子通道被激活，向身体报告冷的信息。在温度低于 17 摄氏度时，TRPA1 离子通道被激活，向身体报告可能的冻害。薄荷醇（menthol）能够结合于 TRPA1 和 TRPM8 离子通道，激活它们，让我们有冷凉的感觉，尽管实际温度并没有降低（图 12-49）。

TRP 离子通道的变种也很有趣。例如鸟类的 TRPV1 离子通道对辣椒素不敏感，所以鹦鹉能够以辣椒为食，并且散布其种子。吸血蝙蝠有正常的 TRPV1 离子通道感受伤害性刺激，包括 42 摄氏度以上的温度，但是吸血蝙蝠在鼻唇区还有一个缩短了的 TRPV1 离子通道的变种，在 30 摄氏度时就被激活，用于探测吸血对象身体发出的热量。

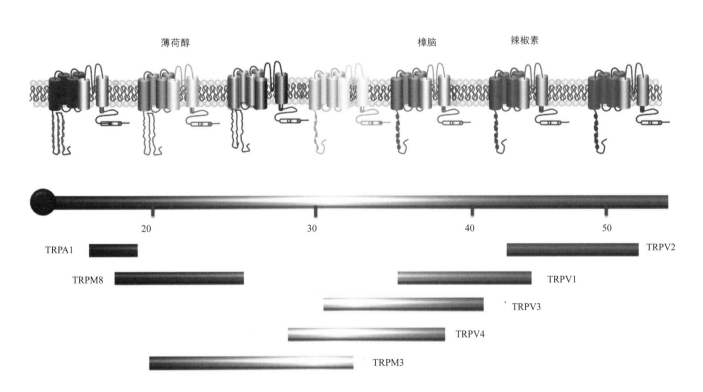

图 12-49　不同 TRP 离子通道的温度反应区间和对一些化合物的反应

传输痛觉信号的神经纤维

在感觉神经中，传输非伤害性机械刺激和传输伤害性刺激的神经纤维也是彼此分开的。把感觉信号从外周传输到中枢神经系统的神经纤维叫做传入纤维（afferent fibers），分为 Aα、Aβ、Aδ、C 四种，它们的结构和粗细不同，传输的信号也不同。Aα 神经纤维最粗，直径13~20 微米，有髓鞘包裹，传输速度最快，能够达到每秒 80~120 米，主要传递自体感觉，例如从肌梭和筋腱结合处的高尔基器传递来的信息（见本章第二节）。Aα 神经纤维也可以是传出神经纤维（efferent fiber），传输从中枢神经系统到肌肉的信号。这些信号都和动物的运动平衡、捕食和逃跑有关，和动物生存的关系最大，所以用速度最快的神经纤维来传递信号。Aβ 神经纤维稍细，直径 6~12 微米，有髓鞘包裹，传输速度每秒 35~75 米，传输非伤害性刺激，如触觉的信号。所以 Aα 和 Aβ 神经纤维传递的都是非伤害性刺激的信号。传输痛觉（伤害性）信号的是 Aδ 和 C 神经纤维。Aδ 纤维是 A 类神经纤维中最细的，直径 1~5 微米，有薄的髓鞘包裹，传输速度每秒 5~35 米。C 类神经纤维是所有神经纤维中最细的，直径 0.2~1.5 微米，外面也没有髓鞘包裹，传输速度最慢，为每秒 0.5~2.0 米。

Aδ- 纤维和 C 神经纤维都在皮下分支，形成自由神经末梢。Aδ 神经纤维末端的分支聚集在皮下比较小的区域内，所以传输的痛觉信号可以精确定位。而 C 纤维的分支分布比较弥散，痛觉难以准确定位。由于这两种神经纤维在皮下的分布特点传输信号的速度不同，在皮肤受到伤害时，我们首先感觉到 Aδ 纤维传输的尖锐的，定位精确的痛感，然后才是 C 纤维传输进来的弥散的钝痛（图 12-50）。

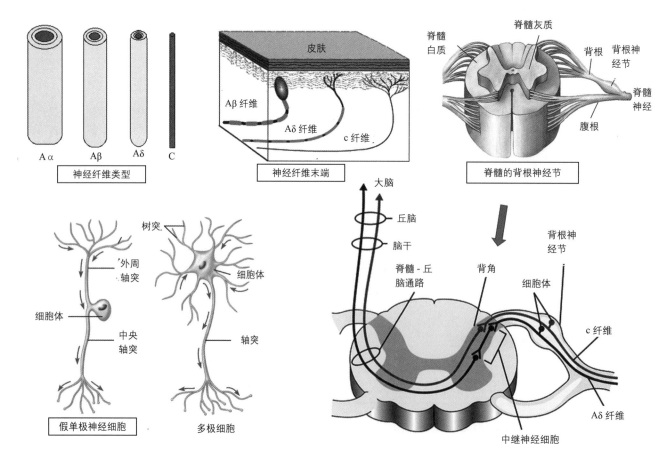

图 12-50　传输痛觉的神经纤维和细胞。传输痛觉的是 Aδ 神经纤维和 C 神经纤维

虽然传入神经纤维的粗细和结构(有髓鞘和无髓鞘)不同,但是它们之间有一个重要的共同点,就是它们细胞体(含细胞核的膨大部分)的位置和传输信号的神经纤维的构成和其他的神经细胞不同。许多中枢神经系统的细胞是多极的,由细胞体发出多根神经纤维,其中许多是树突,接收各种信号,而传出神经信号的是一根轴突。但是感觉神经细胞不同,它们的细胞体并不位于中枢神经系统内,而是在脊髓之外靠背部的神经节内,这些神经节叫背根神经节(DRG)。这些细胞没有树突,而是从细胞体发出一个凸起,在离细胞不远处呈"T"型分为两支,一支通向皮肤或内脏器官,接受从这些地方来的感觉信号;另一支通向脊髓,把来自皮肤和内脏的信号输送到脊髓的背角(dorsal horn),在那里与中继神经元(感觉神经元和脑之间的神经元)建立突触联系,把信号传递到丘脑,再传输到大脑的感觉中心。由于这类感觉神经细胞只发出一个突起,又很快分为两支,所以被叫做假单极神经元。感觉神经元的这种结构保证它们接收和传出信号的神经纤维都是轴突,而不像多极神经元那样,用树突接收信号,用轴突传出信号。

痛觉信号的接收和第一级放大

在本章的第二节中,我们曾经谈到 TRPV 型的离子通道是机械力的感受受体,在细胞膜受到张力变形时打开离子通道,所以能够在果蝇的听觉中起作用。在触觉和听觉感受器中,机械力是通过特殊的结构来集中和放大的,例如使用鞭毛、纤毛和刚毛的杠杆作用,利用鼓膜集中振动能量的作用等。那么 TRP 离子通道又是如何感受到各种伤害性刺激的呢?

就像上面提到过的,接收伤害性刺激的 TRP 离子通道没有任何特殊的物理结构(例如纤毛)来放大信号。这些 TRP 离子通道位于感觉神经的末梢上,这些末梢是裸露的,没有髓鞘(myelin sheets)包裹,而且高度分支,直接埋藏于皮下。由于没有放大结构,这些 TRP 离子通道不像触觉和听觉感受器中的 TRP 通道那样容易被激活,而是要经受巨大的机械力、极端的温度以及专门化学物(例如辣椒素)的结合才能够被激活。这样就保证了一般非伤害性的刺激不会产生痛觉。由于阈值高,这些强刺激虽然可以活化 TRP 离子通道,使膜电位降低,但是还不足以触发动作电位,即让神经细胞发

出信号脉冲,而是还需要将信号放大,到能够触发神经冲动的程度。因此伤害性刺激的信号需要放大,但不是 TRP 离子通道接收信号之前放大,因为那样会把非伤害性刺激误报为伤害性刺激,而是接收到信号,TRP 离子通道被活化之后再放大,这样既可以保证 TRP 离子通道的高阈值,不至于"谎报军情",又可以在 TRP 离子通道被激活后,信号能够被增强,向动物报告伤害性刺激。这种放大叫做第一级放大,主要是通过位于同样的传输痛觉信号的神经纤维(Aδ 和 C 纤维)上的另一种离子通道来实现的。

放大 TRP 通道效果的离子通道是膜电位门控的钠离子通道。在第八章第八节神经细胞中,我们已经介绍了膜电位门控的钠离子通道在动作电位形成过程中的关键作用,在将伤害性刺激转换成为神经纤维的动作电位时,这类钠离子通道同样起关键作用。它们感受到 TRP 离子通道活化所引起的跨膜电位的部分降低(未达到阈值),打开钠离子通道,让更多的钠离子进入细胞,使膜电位的变化到达阈值,触发动作电位。

这样的钠离子通道分 1、2、3 型,每型又有多种亚型。人类有 9 种 1 型的这类通道($Na_v1.1$ 到 $Na_v1.9$),其中的 $Na_v1.7$ 和 $Na_v1.8$ 表达于传递伤害信息的神经纤维中,放大 TRP 离子通道开启时引起的膜电位降低,触发神经冲动。这两种钠离子通道在传递痛觉中的重要性可以从它们的突变效果上看出来。使 $Na_v1.7$ 失去功能的突变能够使人丧失一切感觉痛的功能,例如在巴基斯坦北部就发现有三个彼此有血缘关系的家庭,里面有些成员完全感觉不到疼痛,可以在燃烧的煤炭上行走,刀叉刺入肌体也不觉得疼。研究发现这些人身上的 Nav1.7 基因($SCN9A$)发生了突变,使蛋白产物的功能丧失。相反,如果 $Na_v1.7$ 发生了使其处于自然激活状态的突变,就会使病人在没有伤害的情况下感到疼痛,叫做红斑性肢痛病症(Erythromelagia)和阵发性剧痛症(paraoxysmal extreme pain)。二者都使患者感觉有强烈的灼烧性疼痛。$Na_v1.8$(由 $SCN10A$ 基因编码)功能获得的突变也会使患者有周边神经痛(painful peripheralneuropathy)。利多卡因有镇痛作用,是因为它能够抑制 $Na_v1.7$ 和 $Na_v1.8$ 的活性。

除了放大 TRP 离子通道的信号,$Na_v1.8$ 还能报告身体受冻的信息。在温度接近零摄氏度时,许多 TRP 离

子通道都失去功能，所以我们在受冻的部分会感到麻木。但是在低温时，Na$_v$1.8离子通道仍然保持功能，而且能够被低温活化，所以Na$_v$1.8离子通道是在冰冻状态下向身体报告低温的离子通道。

痛觉信号的第二级放大

除了痛觉信号的第一级放大，动物还进一步使痛觉信号放大，使其强度更大，持续的时间更长，这就是痛觉信号的第二级放大，它能够强烈而且持续地提醒动物伤害的存在，不要去触碰受伤的区域，让其自然痊愈，同时也让动物留下难忘的记忆，以后要尽量避免同样伤害的发生。痛觉的第二级放大是通过传输伤害信号的神经元之间的相互作用而实现的。

由于这些感觉神经元的轴突都聚集成束，细胞体又都聚集于背根神经节内，彼此靠近，就可以通过分泌的化学物质彼此影响。

传输伤害性刺激信号的C神经纤维被活化时，会发出神经冲动并向中枢神经系统传输信号，通过突触联系处分泌的谷氨酸实现信息的快速传递。除此之外，活化的C纤维还会分泌多种肽类神经递质，包括缓激肽、神经生长因子、P物质、降钙素基因相关肽。这些都是由氨基酸组成的蛋白或者肽类化学物质，例如神经生长因子是蛋白；缓激肽由9个氨基酸残基组成；P物质是由11个氨基酸组成的多肽分子；而CGRP则是由37个氨基酸相连而成。这些物质的分子都较大，扩散速度缓慢，不一定通过突触发挥作用，它们还可以扩散到邻

近的感觉神经元，通过细胞体上的受体起作用。这些分子结合于相邻神经元上各自的受体，启动它们的下游信号通路，降低那些神经纤维上TRP离子通道被活化的阈值，增加感觉神经纤维的敏感性，因而更容易被激发。这样，一条神经纤维被伤害性刺激激活后，又会使周围的神经纤维更容易被活化，起到放大信号的效果（图12-51）。

组织伤害也会招募免疫细胞来到伤害处，例如巨噬细胞、肥大细胞和嗜中性粒细胞。这些细胞能够分泌多种引起炎症的物质，例如组胺、血清素和前列腺素，在伤害处造成红肿。这些变化，加上上面说过的肽类神经递质，不仅能够降低TRP离子通道的阈

值，还能够活化平时处于静默状态的TRP离子通道，使得非伤害性的信号也能够产生痛感，进一步放大痛觉效果。这种现象叫做痛觉过敏（hyperalgesia）。例如前列腺素能够通过G蛋白活化蛋白激酶A（PKA），使Na$_v$1.8磷酸化，增加钠离子进入细胞，从而增加这个离子通道的作用。阿司匹林能够抑制前列腺素的合成，因此通过减轻二级放大来达到一定程度的镇痛效果。

在日常生活中，我们也可以体会到痛觉信号二级放大的效果。例如在红肿处，轻微的触摸和温水也会使人感到疼痛。我们吃有辣味的食物时，会对同一份有辣味的菜感到越来越辣，而且这时喝温水都觉得烫，这就是TRP离子通道的阈值

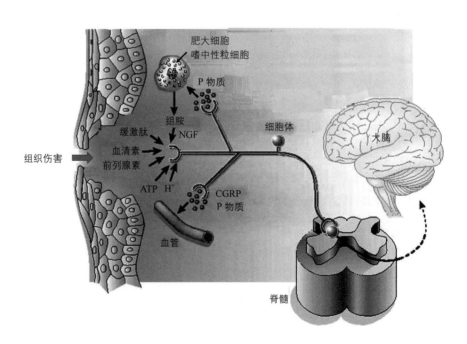

图12-51 痛觉信号的第二级放大。活化的C纤维能够分泌肽类神经递质如缓激肽、P物质、降钙素基因相关肽CGRP等。这些分子可以扩散到相邻的神经纤维上，使它们更容易被激活。组织伤害也会使血管通透性增加，使免疫细胞如肥大细胞和嗜中性粒细胞移动到伤害处，分泌组胺、血清素、前列腺素等炎症物质，使神经纤维更容易被活化，同时激活处于静默状态的TRP离子通道，进一步放大痛觉信号

降低和处于休眠状态的 TRPV1 离子通道被二级放大过程所激活的缘故。通过二级放大，平时的良性刺激，例如轻微触摸、温水等，会变成痛觉信号，但是这已经不是"谎报军情"，因为伤害已经造成，而是用更大的声音来报告已经有的"军情"。

由于内脏和皮肤感觉神经元的细胞都位于背根神经节内，它们之间也可以互相影响。内脏的疾病可以使平时感觉非伤害性触碰的神经细胞被活化，使这些触摸在一些皮肤点上产生痛的感觉，这就是中国传统的经络学说中，内脏疾病引起相关穴位疼痛的原理。

当然痛觉信号也不是越强越好。过强的刺激对身体也是不好的。因此除了对痛觉信号的放大机制，我们身体里面也有镇痛物质，这就是内啡肽（endorphin），它们是神经系统分泌的多肽类化学物质，在结合于它们的受体后，使得传输伤害信号的神经细胞超极化（hyperpolarization），使其更不容易被激发，从而抑制 P 物质（SP）和降钙素基因相关肽（CGRP）的释放，减少痛觉信号的二级放大，从而达到镇痛效果。一些体外的物质，例如吗啡，也是通过结合于这些内啡肽的受体而达到镇痛效果。由于吗啡的镇痛效果的发现早于内啡肽，所以这些受体被称为阿片受体，这些体内的镇痛多肽也被称为是内啡肽，意思是体内的吗啡样物质。

低等动物能够感受到痛吗？

组织伤害本身并不会产生痛觉，而是组织伤害的信号被传输到中枢神经系统以后，被"解释"为痛觉，这样才能引起动物的反应，从中枢神经系统发出行动指令到肌肉或者腺体（如肾上腺），做出"战斗或者逃跑"的动作。光是伤害处疼痛，和中枢神经系统没有关系，动物就没有反应产生，这样的疼痛是没有意义的。

哺乳动物和鸟类都拥有发达的神经系统来"解读"伤害性刺激，也有感觉伤害性刺激的神经纤维和 TRP 离子通道，还表达有镇痛效果的内啡肽，更能够迅速从过去的伤害中学习和记住这些伤害事件，在以后的生活中主动避免它们。这些事实都说明痛觉并不是人类的专利，至少高等动物也是有痛觉的。问题是，低等动物的神经系统要简单得多，像线虫只有 302 个神经元，这样的神经系统能够"解读"伤害性信号吗？换句话说，低等动物能够感觉到痛吗？

痛觉是动物的一种不愉快的主观感觉，目前还没有任何指标来直接测定一个人是否感觉到痛，疼痛的程度如何，而只能依靠患者本人的报告，并且根据从不痛到最痛自我评分，并且把最强烈的疼痛被定为 10 级。除此以外，只能根据人的表现与反应，例如躲避、叫喊、表情等来间接知道一个人是否感觉到痛。人类如此，不能说话的动物就更不能报告它们是否感受到痛了，但是从上面介绍的对于疼痛的研究结果，科学家还是能够推测出一种动物是否感觉到痛。

一个指标是动物对于潜在的伤害性刺激是否有躲避的动作。如果动物有躲避动作，这种刺激就有可能被动物理解为是不愉快或者难受的。例如水螅在受到威胁或者伤害时能够收缩它们的触手和身体，成为一个胶质的球状物，以尽量减少暴露的面积，降低被伤害的可能性。用秋水仙碱处理，除去了神经细胞的水螅就没有收缩反应，说明这种反应是通过神经细胞做出的。鲤鱼、寄居蟹、海蜗牛、淡水螯虾等动物在受到电击时都和人一样会收缩躲避，并且有逃跑的动作，说明它们像人一样，把电击感觉为一种难受的刺激。

圆网蜘蛛（orb-weaving spider, *Agiope* spp.）的腿在被蜂蛰以后会自己把受蛰的腿断掉，这叫做自切。在实验室中，如果在它们的腿上注射黄蜂的毒素，它们也会将被注射的腿断掉，而如果被注射的是生理盐水，这些蜘蛛就不会有断腿动作，说明蜂毒在它们腿上引起的是非常难受的感觉，以致要把受影响的腿断掉以消除这种感觉。有趣的是，在蜘蛛腿上注射引起人皮肤疼痛的物质，例如血清素和组胺，也会使这些蜘蛛断腿，似乎引起人疼痛的物质也会使蜘蛛感到疼痛。在岩虾（prawn, *Palaemon elegans*）的触须上抹上乙酸或者氢氧化钠，它们会梳洗受影响的触须，还会让这些触须和水箱的壁摩擦，以除掉这些物质，说明这些化学物质在它们身上引起了不舒服的感觉。

高温或者强的机械刺激也会使动物有躲避动作。例如用尖锐的物体刺扎，或者用镊子捏夹果蝇的幼虫，会使幼虫有翻滚动作；用加热到 38 摄氏度的探针触碰果蝇的幼虫，也会引起同样的翻滚动作，而且在接触探针后的 0.4 秒就出现翻滚动作。用室温的探针轻轻触碰只会使果蝇幼虫停止爬动，或者改变爬行方向，但是不会翻滚，这说明果蝇幼虫能够把强烈的机械刺激和高温感觉为伤害性的刺激而加以逃避。同样，让蜗牛在 40 摄氏度的物体上爬动，蜗牛会抬起它的伪足，以尽量减少与它们感觉到烫的表面接触。

另一种指标是看动物是否有类似人身上的那种具有镇痛效果的阿片受体，以及阿片类物质是否有减轻或消除动物对难受刺激反应的效果。研究表明，不仅所有的脊椎动物，包括鱼类、两栖类、爬行类、鸟类和哺乳类动物都有这类受体，而且无脊椎动物如线虫、蜗牛、虾姑的身体里都具有阿片受体，说明低等动物也有自己的镇痛机制，而且吗啡样物质也能够降低这些动物对伤害性刺激的反应，支持这些动物也有痛觉的想法。例如吗啡能够减少寄居蟹对电击的反应。给岩虾擦抹了乙酸或氢氧化钠的触须局部注射吗啡，能够减少它们对这些触须的梳理动作。给蜗牛注射吗啡后，它们对 40 摄氏度的表面反应性降低，抬起伪足的时间延后，而阿片样受体的抑制剂纳洛酮则可以消除吗啡的这个作用，使蜗牛对烫的表面的敏感性恢复。吗啡的这些作用不是因为吗啡麻醉了这些动物，因为用吗啡处理过的动物在运动和行为上并没有变化，说明吗啡的作用与在高等动物身上一样，是降低痛觉。

脊椎动物主要通过 TRP 离子通道来感受伤害性刺激，如果无脊椎动物也具有 TRP 离子通道，它们也就具有了可能感受伤害性刺激的受体。研究表明，领鞭毛虫中就已经有五种 TRP 离子通道存在，分别是 TRPA、TRPC、TRPM、TRPKL 和 TRPV。在水螅中，TRPN 类型的离子通道出现。线虫已经有 5 种 TRPV 类型的基因。它们的突变使线虫不再对高浓度盐水和伤害性化合物（例如苯甲醛、酸性 pH、能够溶解组织的十二烷基磺酸钠）产生反应，而脊椎动物的 TRP 离子通道可以使线虫恢复这些反应，说明线虫和脊椎动物的 TRP 离子通道有相似的感受伤害性刺激的功能。果蝇感受伤害性刺激的受体叫 painless，意思是它的基因突变使果蝇感觉不到伤害性刺激，例如这个基因的突变使得果蝇幼虫不再对 38 摄氏度的探针有反应。Painless 受体属于 TRPA 类型的离子通道，感受伤害性的高温和机械刺激。表达 painless 受体的神经纤维也是裸露的，高度分支，埋于外皮下，类似于人类感觉伤害的神经纤维。

最能够证明动物能够感觉到痛的是动物能够记忆伤害性刺激，在将来有目的地避免这些刺激。既然能够主动避免，就说明这些刺激是不愉快的。例如滨蟹（shore crab, *Carcinusmaenas*）会自然地避开光照的地方，寻找庇护所。如果把它们放在两个庇护所之间，头朝向实验者，它们会向左或者向右转，进入两边的庇护所。如果在其中的一个庇护所（例如左边的庇护所）给它们电击，它们会很快地逃出来。经过几次电击后，再把它们放在两个庇护所之间，头部仍然朝向实验者，它们向左转的次数会大大减少，而更多地进入右边的庇护所。如果将它们都背朝着实验者的方向放入，它们仍然会更多地向右转，尽管这样会使它们进入会受到电击的庇护所。这说明它们能够记住转动方向和电击之间的联系，而尽量避免再次受到电击，而不是记住了庇护所的气味或者地理位置（例如用磁场来判断）。果蝇能够将气味和电击联系起来。如果气味总是在电击前出现，它们一旦闻到这种气味就会逃开，说明它们记住了电击的不愉快经历，在电击有可能出现时会做出逃避的动作。这些反应本身也说明电击的感觉是不好的，是动物要尽量避免的。鲤鱼的学习更快，通常一次电击就会使它们学会躲避，而且这种记忆至少可以维持 3 天。

所有这些事实都说明，各种无脊椎动物也具有感觉伤害性刺激的神经纤维和 TRP 受体，它们也能够感受到伤害性刺激所引起的难受的感觉，也有减轻痛苦的鸦片样受体。尽管我们无法知道这样的经验与人类的痛觉有什么不同，但是可以肯定的是这些经验是不愉快的，很可能也是痛苦的，不然动物不会逃离和主动避免。这也没有什么可奇怪的，因为所有的动物都有避免身体的伤害的需要。用痛觉来提醒动物有伤害发生是演化过程发展出来的，对动物的生存有利的机制，它是一定会被保留，并且不断完善的。

痒不是"微痛"

痒和痛类似，也是皮肤感受到的一种不愉快的感觉，传输痛和痒的神经纤维都是 Aδ 和 C 神经纤维，而且都通过脊髓——丘脑通路传递至大脑的感觉中心。痒和痛一样，都没有一种指标来测定一个人是否感到痒，痒的程度如何，再加上在过去，科学家缺乏适当的工具和手段来研究痒感觉的发生和传递机制，所以在长时期中，痒被许多人认为是"微痛"，即痒和痛由同样的神经纤维感受和传递，刺激强度大到一定程度就引起痛的感觉，没有达到那个程度时，引起的感觉就是痒。这种理论叫做强度理论（intensity theory）。例如抓挠引起的疼痛可以止痒，就可以解释为把刺激强度增大到疼痛的程度，痒的感觉就没有了。

但是也有一些事实与这个想法不符。例如痛引起的身体反应是逃避，即躲开伤害源，而痒引起的身体反应不是躲开痒源，而是肢体伸向痒源去抓挠。痛可以来自皮肤，也可以来自肌肉、关节和内脏，而痒只来自皮肤和接近体表的黏膜，例如口腔、鼻腔、喉头和肛门的黏膜会痒，但是肌肉、关节和内脏就不会痒。如果痒只是"微痛"，为什么只有皮肤和靠近体表的黏膜能够感觉到，而同样能感受到痛的肌肉、关节、内脏和远离身体表面的黏膜（例如食道黏膜肠黏膜）却感觉不到呢？

如果把一些物质注射入皮肤，根据注入的深度不同，同样的物质既可以引起痒，也可以引起痛。例如能够使 TRPV1 离子通道活化，引起痛觉的辣椒素，在注射进皮肤比较深（进入真皮层）时会引起疼痛，而只注入表浅层（上皮或者上皮与真皮的交界处）却只引起痒。组胺是荨麻疹患者中引起痒的主要物质，在注入皮肤表浅层时会引起痒的感觉，但是如果注射到比较深层，它却引起疼痛。这些事实表明感觉痛和痒的神经末梢是不同的，所以对同一种物质可以感觉为痛或者痒，就看它们是被哪种神经纤维所感受。感觉痛和痒的神经纤维在皮肤中的位置也有差别，感觉痒的神经末梢主要位于上皮－真皮交界处，而感觉疼痛的神经末梢的位置要更深一些。

这种认为痛和痒由不同的神经纤维感受和传递的理论叫做特异理论（specificity theory），或者叫做标记理论（labeled-line theory），即传递痛和痒信号的神经纤维是分别被标记的。近年来的多项研究结果都支持特异理论。在具体介绍这些研究成果之前，我们需要先了解一下动物是如何感觉到痒的。

感觉痒的受体有许多种

痛觉信号，即伤害性刺激的信号，主要由 TRP 离子通道，特别是 TRPV1 离子通道来感受和接收的，引起痛觉的原因也相对简单，即主要是机械性的创伤、极端温度和化学伤害。但是能够引起痒的因素却要多得多，例如蚊虫叮咬可以引起痒，和一些植物接触也会感到痒。蚂蚁爬过可以引起痒，用细纤维挠鼻孔也可以引起痒。皮肤感染（例如各种癣）可以引起痒，皮肤病变（例如湿疹、荨麻疹、牛皮癣、皮肤干燥）也可以引起痒。伤口愈合时会感到痒、胆道阻塞也会造成痒。治疗疟疾的氯喹会引起痒，镇痛的吗啡也会引起痒。淋巴瘤可以引起痒，黑色素瘤也可以引起痒。对于各式各样的致痒因素，身体也有多种受体来感受这些刺激，引起痒的感觉。现在对各种致痒因素和感受它们的受体的研究还远不完全，但是已经发现了若干能够引起痒感觉的受体。

例如荨麻疹致痒的化学物质主要是组胺，是组氨酸去掉羧基而形成的。在皮肤受到刺激时，肥大细胞会分泌组胺。组胺是一种致炎物质，会使皮肤红肿，也使人感觉到痒，在正常皮肤的浅表处注射组胺也会引起强烈的痒的感觉，而对抗组胺作用的药物能够减轻痒的感觉，所以荨麻疹引起的痒可以用抗组胺的药物来治疗。皮肤中有四种组胺的受体，分别是 H1R、H2R、H3R、H4R，其中将组胺的结合转变成为痒信号的主要是 H1R。和有六个跨膜区段的 TRP 离子通道不同，组胺受体有七个跨膜区段，是 G 蛋白偶联的受体家族的成员（见第八章第六节）。它通过 G－蛋白中的一种（Gq）活化磷脂酶 C（PLC），升高细胞内钙离子的浓度，使神经细胞活化。

血清素可以在炎症反应中被释放，也可以从与植物组织的接触中获得。注射血清素能在动物身上引起痒的感觉，这主要是通过它的第 2 型受体（5-HT2R）来实现的。5-HT2R 也是 G 蛋白偶联的受体，通过 G 蛋白增加细胞中三磷酸肌醇（IP_3）和二酰甘油（DAG）的浓度，使细胞活化（见第八章第七节）

皮肤的角化细胞和内皮细胞能够分泌一种由 21 个氨基酸残基组成的多肽，叫内皮缩血管肽（ET-1）。在慢性瘙痒症的患者中，组胺的作用较小，所以抗组胺的药物对慢性瘙痒症的效果也不明显。研究表明，这些患者感觉神经纤维末梢表达有 ET-1 的受体 ETA 和 ETB。这两个受体也是 G 蛋白偶联的受体，通过 G 蛋白提高细胞内钙离子的浓度，使神经细胞活化，使人产生痒的感觉。

在胆管阻塞时，胆酸在皮肤内聚集也会使人发痒。胆酸能够结合在神经末梢细胞膜上的胆酸受体（M-BAR）。这个受体也是 G 蛋白偶联的受体家族的成员，所以又叫与 G 蛋白偶联的胆酸受体。胆酸与受体的结合能够通过 G 蛋白使细胞内的钙离子浓度升高，活化神经细胞，使人产生痒的感觉。

氯喹是治疗疟疾的特效药，但是同时也在一些患者身上引起难以忍受的痒，而且抗组胺药对缓解瘙痒没有效果，说明这种痒的感觉不是通过组胺。把氯喹注射入小鼠皮肤中也会引起瘙痒，表现为小鼠的抓挠行为。研究表明，氯喹引起的痒和另一种 G 蛋白偶联的受体，叫做与 Mas 相关的 G 蛋白偶联的受体（Mrgprs）有关。Mrgpr 家族成员众多，例如小鼠就有约 24 个 *Mrpgr* 基因，主要分为 A、B、C 三大类，研究得比较多的是 MrgprA3 和 MrgprC11。人类约有 10 个 *Mrgpr* 基因，研究得比较多的是 *MrgprX* 系列的基因，例如 *MrgprX1* 和 *MrgprX2* 基因。无论是在小鼠中还是在人身上，这些基因都只表达在背根神经节的感觉神经细胞中，说明它们很可能和动物的感觉有关。用基因工程方法敲除小鼠 12 个 *Mrgpr* 基因后，小鼠的抓挠行为减少了 65%，说明其中含有感受氯喹作用的基因。特异地在这些小鼠中表达单个 *Mrgpr* 基因，看哪个基因能够恢复小鼠的抓挠行为，发现是小鼠的 *MrgprA3* 基因与氯喹引起的瘙痒有关。氯喹和人的 MrgprX1 受体结合，说明人的 MrgprX1 是接收氯喹化学信号，引起瘙痒感觉的受体。

一种植物的种子能够在人和动物身上引起剧烈瘙痒，这就是刺毛黧豆（Cowhage, *Mucuna pruriens*）。它的豆荚为黧黑色，外面有硅质的尖刺能够刺入皮肤表层，带入一些化学物质，引起强烈的痒感。研究表明，其中致痒的主要物质是一种蛋白酶，叫黧豆蛋白酶（mucunain）。它的作用对象是一种特殊的 G 蛋白偶联的受体，叫蛋白酶活化的受体（PAR）。PAR 受体的特殊之处是，别的受体需要和受体以外的分子结合才能够被活化，而使 PAR 受体活化的分子就存在于 PAR 受体的分子之内。PAR 受体在细胞膜外有一个自由摆动的氨基端"尾巴"，在通常情况下，这个尾巴不和受体的主要部分相互作用。但是如果蛋白酶把这个尾巴切掉一段，暴露出里面的氨基酸序列，这段氨基酸序列就可以结合在受体自身上，作为配体，使受体活化，所以是"自

带"配体的受体。人有四种 PAR 受体，分别是 PAR1、PAR2、PAR3 和 PAR4，其中 PAR2 是主要引起痒感的受体。组织有炎症时，肥大细胞能够分泌类胰蛋白酶；在和其他生物接触时，其他生物的蛋白酶也能够作用于 PAR2 受体，使其活化，引起痒感。皮肤干燥时，PAR2 受体的表达增加，使得皮肤更容易被内源或者外源的蛋白酶激活，产生痒感。

从以上的例子可以看出，痒信号最初的接收，都是通过各种 G 蛋白偶联的受体来实现的。无论是组胺受体 H1R、血清素受体 5-HT2R、内皮缩血管肽的受体 ETA 和 ETB、胆酸受体 GPBAR、氯喹受体 Mrgpr，还是感受刺毛黧豆致痒作用的 PAR2，都是 G 蛋白偶联的受体。虽然现在还不能说所有导致痒感受的受体都是与 G 蛋白偶联的受体，但是也可以看出这类受体在痒感觉产生过程中的作用。这和痛的感觉主要通过 TRP 离子通道来感受形成鲜明对比。

TRP 离子通道协同 G 蛋白受体发出痒的信号

虽然各种与致痒相关的受体多是与 G 蛋白偶联的受体，但是仅靠这些受体还不够，还需要 TRP 离子通道的帮助，才能让神经细胞发出痒的信号。

例如氯喹在小鼠身上引起的痒感是通过 MrgprA3 受体来实现的，但是 *TRPA1* 基因被敲除的小鼠却对氯喹不敏感。在把这两个基因同时表达在其他细胞中，例如人胚肾上皮细胞 HEK293 中时，氯喹可以触发膜电位的降低，但无论是 *MrgprA3* 还是 *TRPA1* 基因单独表达都没有这个效果。组胺引起的痒感不仅需要组胺受体 H1R，还需要 TRPV1。*TRPV1* 基因被敲除的小鼠就对组胺的致痒作用不敏感。单独表达其中任何一个基因在 HEK293 细胞中都不会产生组胺引起的膜电位降低，只有这两个基因同时表达在 HEL293 细胞中才会产生对组胺的反应（见图 12-52）。

这种情形和痛觉的感受中，TRP 离子通道的信号还需要被放大的情形有些相似。在神经细胞感受伤害性刺激时，TRP 离子通道被活化，引起跨膜电位的降低，但是还不足以触发动作电位（即使感觉纤维发出神经冲动）是电位门控的钠离子通道 $Na_v1.7$ 和 $Na_v1.8$ 感受到这种膜电位变化而活化，开启钠离子通道，使膜电位降低到可以触发神经冲动的程度，叫做一级放大。在痒的感受

中，G 蛋白偶联的受体自身也不足以产生神经冲动，而是还需要 TRP 离子通道的协同作用。

有趣的是 TRP 离子通道在痛和痒感受中不同的作用。在痛的感觉中，TRP 离子通道，特别是 TRPV1 和 TRPA1，是作为第一线的受体来感受伤害性的刺激的，电位门控的钠离子通道是第二线的离子通道。而在痒的感受中，与 G 蛋白偶联的受体是第一线的受体，这两种 TRP 离子通道却是第二线的离子通道。这个事实本身也说明，感受痛和痒的机制是不同的。

痒的感觉由专门的神经纤维传递

痒的感觉要通过神经细胞的几次"接力"，才能被传输到大脑的身体感觉中心。第一级的是细胞体位于脊髓旁边的背根神经节内的感觉神经纤维，它们发出的轴突在离开细胞体后很快分为两支，一支伸向皮下，在那里高度分支，形成裸露的神经末梢，感受非伤害性的感觉（例如触觉）和伤害性感觉（例如痛觉和痒）；另一支伸入脊髓，在脊髓灰质的背角中和第二级的神经元建立突触联系（见图 12-50）。背角分为许多区带（lamina），传输不同

的信息。感觉神经纤维主要与第 I 和第 II 区带里面的神经细胞联系，把感觉信号传递给第二级的神经细胞。第二级神经细胞通过脊髓-丘脑束传至丘脑，在那里信号再传递给第三极的神经元，将信号传输到身体感觉中心。如果能够在第一级和第二级的神经纤维中鉴定出专门传递痒信号的神经纤维，就可以证明痛和痒的感觉不仅形成的机制不同，它们也是通过不同的神经纤维传递至大脑的（图 12-52）。

2001 年，美国华裔科学家董欣中用白喉毒素特异性地杀死小

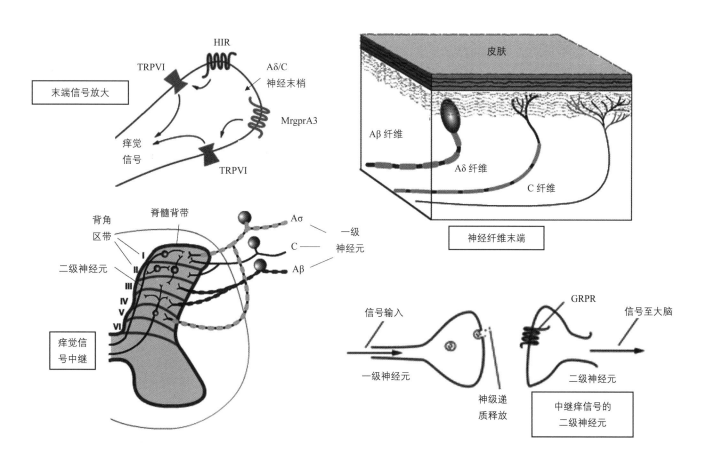

图 12-52　痒觉信号传输。痒觉信号是由 Aδ 神经纤维和 C 神经纤维中的一部分来接收的。负责接收痒信号的受体，例如组胺受体 HIR 和氯喹受体 MrgprA3，还要经过 TRPVI 离子通道的放大作用，才能使膜电位的降低达到阈值，触发神经冲动（左上）。Aδ 神经纤维和 C 神经纤维在脊髓背角中与区带 I 和 II 中表达胃泌激素释放肽受体 GRPR 的二级神经元联系（左下），通过这些二级神经元将痒觉信号传输至大脑（右下）

鼠表达 MrgprA3 的感觉神经纤维，再观察小鼠对各种致痒物质的反应。白喉毒素是由 535 个氨基酸残基组成的蛋白质，在结合于细胞表面的受体后，能够进入细胞，结合于核糖体上，抑制蛋白质的合成。细胞一旦失去合成蛋白质的能力，就会在一两周后死亡。为了特异地杀死只表达 MrgprA3 的神经细胞，董欣中把受 MrgprA3 基因启动子控制的白喉毒素受体的基因引入感觉神经元中，白喉毒素受体的基因就只能在表达 MrgprA3 的细胞中表达，这样白喉毒素进入这些细胞，将它们杀死。在两个星期以后，表达 MrgprA3 基因的感觉神经（感受和传递痒信号的一级神经元）基本上已经全部死亡。这些小鼠对各种能够引起痛觉的刺激的反应没有受到影响，但是对各种致痒物质的反应都大幅度降低，无论致痒物质是组胺还是非组胺类物质（例如氯喹）。小鼠的这个实验结果说明，表达 MrgprA3 的神经元是专门传递各种痒感觉的一级神经元。

2007 年，美国华裔科学家陈宙峰证明了脊髓背角第Ⅰ区带的神经元中，即传输感觉信号的第二级神经元中，也有少量神经细胞是专门传输痒的信号的。在他做实验之前，科学家已经知道，来自欧洲铃蟾（European fire-bellied toad, *Bambina bambina*）的蛙皮素（bambesin）能够在动物身上引起痒的感觉。蛙皮素是一个多肽分子，由 14 个氨基酸残基组成。哺乳动物身上也有类似的多肽物质，叫做胃泌激素释放肽（GRP）。GRP 由 27 个氨基酸残基组成，在被注入小鼠脊髓后也能够产生痒的感觉。在一级神经元中，表达 GRP 的神经纤维也表达 TRPV1 和 MrgprA3 这两个和痒感觉有关的受体，所以这些神经纤维可能是传递痒信号的。而 GRP 的受体（GRPR）表达在脊髓背角第Ⅰ区带里的少数二级神经元中。在脑脊液中注入 GRP 受体的拮抗剂可以对抗注射 GRP 和一些致痒物质的作用。这些事实说明表达 GRPR 的二级神经元很可能是专门传递痒信号的。

然而，敲除小鼠的 GRPR 基因只能够减轻非组胺类物质（例如氯喹）引起的痒感，而对组胺引起的痒感没有作用。这里有两个可能性，一是传递组胺引起的痒感的神经元和传递非组胺物质引起痒感的神经元（即表达 GRPR 的神经元）是不同的神经元，所以敲除表达 GRPR 的神经元对组胺引起的痒信号传递没有影响。另

一个可能性是传递痒感的第一级神经元也和表达 PRGR 的二级神经元建立突触联系，但是敲除 GRPR 基因并不会杀死这些神经元，所以它们仍然能够传递组胺引起的痒信号。解决这个问题的办法就是杀死这些表达 GRPR 的神经元，再看是否组胺和非组胺类物质引起的痒信号都不能再被传递至大脑。

陈宙峰所用的办法和董欣中用的方法类似，也是把一种能够杀死细胞的毒素特异性地引入目标神经细胞，将它们杀死。陈宙峰使用的不是白喉毒素，而是皂草毒蛋白（Saporin）。皂草毒蛋白也能够结合在细胞的核糖体上，阻止蛋白质的合成，将细胞杀死。皂草毒蛋白自身不能进入细胞，所以对细胞没有毒性，而如果将皂草毒蛋白连在胃泌素释放肽 GRP 分子上，形成 GRP-Saporin 混合分子，就可以通过 GRP 部分结合在 GRPR 受体上，同 GRPR 分子一起被"吞"进细胞内。进入细胞后，皂草毒蛋白就可以发挥它杀死细胞的功能了。由于不表达 GRPR 的细胞不能结合 GRP-Saporin，它们也不会被杀死，所以 GRP-Saporin 能够特异地杀死表达 GRPR 的神经细胞。

在注射 GRP-Saporin 两个星期后，小鼠表达 GRPR 的神经元基本上死亡。这些小鼠对各种痛刺激的反应完全不受影响，但是对各种致痒物质的反应，无论是组胺类型的还是非组胺类型的，都基本消失。这证明脊髓背角中表达 GRPR 的二级神经元是专门传递痒信号的神经细胞（图 12-52）。

这两位华裔科学家的工作表明，无论是传递感觉信号的一级神经元还是二级神经元中，都有少数是专门传递痒信号的。更关键的是，一级感觉神经纤维中表达 MrgprA3 的神经纤维在脊髓背角的第Ⅰ区带中，是特异地和表达 GRPR 的二级神经元联系的，这样就把专门传递痒感的一级神经细胞和二级神经细胞联系起来，形成把痒感觉传到大脑的专门信号通道。这些神经元与痛觉信号的传输无关，证明了痛和痒这两种感觉的确是通过不同的机制，通过不同的神经纤维传递的。痒并不是"微痛"。

组胺和氯喹都是化学物质，它们也都有自己特异的受体来感受它们的致痒作用。但是有时轻微的触摸也能够引起痒感，例如蚂蚁爬过皮肤，或者毛发轻触皮肤，也能引起痒感。这样的刺激并不伤害浅层皮肤，也不引

入化学物质，这样的痒感又是如何产生的呢？

美国科学家 Martyn Gouding 发现，脊髓中有一些神经纤维表达神经肽 Y（NPY）。如果把小鼠脊髓中这些神经细胞选择性地去除，小鼠就会把所有的轻微接触感受为痒信号而不断地抓挠。组织学研究也表明，脊髓中表达 NPY 的神经细胞和感觉神经纤维密切接触，这说明表达 NPY 的神经细胞能够以某种方式对轻微触摸感觉为痒的机制有抑制作用，而只让某些轻微接触引起的痒感觉通过。表达 NPY 的神经元并不表达 GRPR，说明这些神经细胞并不是用来传递痒的感觉的，否则表达 GRPR 的神经细胞被杀死后仍然会有由轻微触摸引起的瘙痒感。这表明，表达 NPY 的非传递痒感觉的神经细胞能够控制表达 GRPR 的神经细胞传递痒的感觉。

这个事实表明，脊髓中（或者也在中枢神经中）对痒的感觉有控制门的存在。这和痛觉能够抑制痒感觉的控制门理论是一致的，即不同的神经信号之间可以相互作用，控制一种信号是否能够通过。抓挠引起的疼痛能够止痒，也可以这样来解释，因为痛和痒的信号是由不同的神经纤维来传递的，痛止痒可能就是传输痛觉的神经纤维在脊髓中或者在大脑中影响传输痒信号的神经纤维来抑制痒信号。即使触觉也能够抑制痛觉。被人重重捏掐、揪耳朵或者被人掌脸以后，人会放射性地立即用手捂住那些部位，就是用触觉来抑制痛觉。

痒觉的演化历程

痛觉的功能比较好理解，那是为了使动物及时逃离和以后避免身体伤害，而痒觉的功能就比较难理解。许多慢性瘙痒症患者所感受到的痒对身体并没有任何好处，反而会严重影响生活质量。演化过程为什么要发展出这样的机制？为什么动物要发展出那么多种受体来把各种刺激转化成为痒的感觉？

如果我们检查一下引起痒的主要物质和它们的受体出现的时间，也许能够给我们一些线索。在脊椎动物身体上引起痒的组胺在线虫身上还不存在。线虫既不合成组胺，从外部给线虫组胺也没有任何可见的效果，而其他简单的胺类分子，例如 5-羟色胺和多巴胺、却能够影响线虫的排卵、进食和运动，说明线虫能够吸收这些胺类物质并让它们在体内发挥作用。组胺没有作用说明

线虫身体里面没有它的受体。线虫也没有感受非组胺的致痒物质的 Mrgpr 受体，说明线虫也不能感受其他致痒物质（例如氯喹）造成的痒感。很有可能线虫是没有痒感的，但是线虫已经有触觉和痛觉，也许这两种感觉可以代替痒的功能。

许多昆虫，例如果蝇、蝗虫、蟑螂、蟋蟀、蜜蜂、苍蝇，身体里面已经有组胺，而且在中枢神经系统里面有组胺的受体。但是与脊椎动物用与 G 蛋白偶联的受体（例如 H1R）作为组胺的受体不同，昆虫结合组胺的受体是配体活化的氯离子通道，在这里组胺是中枢神经系统中作为神经递质被使用的。这些受体在传入神经中并不存在，说明组胺和昆虫的感觉神经纤维没有关系。昆虫也没有 Mrgpr 类型的受体，说明昆虫很可能也没有痒的感觉，而依赖触觉和痛觉来代替痒的功能。

即使在脊椎动物中，Mrgpr 类型的受体也只是在四足动物（tetrapod）中才出现。硬骨鱼类，例如斑马鱼（Zebrafish, *Danio rerio*）中就没有 Mrgpr 类受体。即使是和四足动物更接近的肺鱼也没有。在目前为止，也没有鱼类感觉神经纤维有组胺受体的报道。很可能鱼类也是没有痒的感觉的，虽然鱼类有触觉和痛觉。

Mrgpr 最初出现在蛙类动物中，即两栖类的四足动物。从两栖类动物开始，动物从水中生活转移到陆上生活。陆上的生活环境和水中有很大的差别，动物也面临一些新的问题，例如寄生虫的侵袭和有些植物的刺激等。在这种情况下，简单的触觉和痛觉已经不够，而需要更加精细的感觉来区分无害的触觉和有可能引起局部伤害，但是还不至于致命的感觉，例如蚊虫叮咬和与刺激性的植物接触。对于无害的触觉，身体只是获得外部世界的信息而无须做出反应，而对于能够引起身体不适的触觉，身体的反应就是除掉这些刺激源，例如寄生虫和引起不适的植物。这种与良性接触不同的感觉就是痒，而身体的反应就是抓挠。抓挠的最初目的可能就是除去非良性接触。

昆虫爬过皮肤的感觉是与动物主动接触外部物体不同的，动物也把这种触觉感觉为痒，而用表达神经肽 Y（NPY）的神经细胞使其他良性接触不感觉为痒。这个事实也说明痒的感觉最初是从良性触觉发展而来的。如果昆虫已经造成局部伤害，如叮咬，受伤的部

分会分泌组胺，造成痒的感觉，提醒动物用抓挠的办法去除掉这些昆虫。对于有刺激性的植物，例如前面谈到的刺毛黧豆，最好的办法就是脱离接触，抓挠也是除去或者减少这些接触的方法。这些接触刺激性物质造成的痒感则通过 Mrgpr 类受体来实现。所以四足动物发展出痒感，是动物从水生环境到陆生环境转变的结果。

鱼类没有痒感，只有四足动物才有痒感，还有一个重要的原因，就是四足动物有四肢，所以可以抓挠身体的各个部分，而这是没有四肢的鱼类做不到的。在鱼类身上发展出痒的感觉不仅没有用处，还会干扰鱼的正常生活（想象一下手被捆住的人脸上发痒的情形）。只有抓挠成为可能时，痒的感觉才出现。昆虫虽然也能用肢脚梳理身体，但是昆虫还没有发展出感觉组胺的 GPCR 型受体，也没有 Mrgpr 类型的受体，它们的神经系统可能也不具备分辨良性触觉和痒的能力。

植物的刺激性和毒性是植物对抗动物吞食的方法，不同的动物能够接触到的有刺激性的植物种类也不同。每种动物都有自己特有的寄生虫，而寄生虫和动物是共同演化的。由于这些原因，动物所拥有的 Mrgpr 型受体在种类上和数量上都差别很大。例如人只有 10 种 Mrgpr 类型的受体，而小鼠有 24 个，也许是小鼠的生活环境比人类要复杂。人类有 8 个 Mrgpr 型基因的伪基因，即失去了功能的基因，小鼠的 Mrgpr 伪基因则多达 26 个，说明随着环境变化，有些 Mrgpr 基因由于不再需要而被淘汰了。不同动物之间 Mrgpr 受体的氨基酸序列的相似性一般只有 50% 左右，以致很难决定它们之间的对应关系。例如小鼠的 MrgprC11 就相当于人类的 MrgprX1，只是因为它们都与同一个配体分子结合。

感觉痒刺激机制的出现也带来一个副作用，就是其他的生理和病理过程也能够触发感觉痒的系统，造成对动物没有好处的痒感觉，例如人类的湿疹。这已经不是动物发展出这些机制最初的目的，但是由于生物系统的复杂性，这样的副作用难以完全通过演化过程来消除。特别是在身体自身已经不能够纠正的病理情况下，这些副作用就更难以避免。疼痛也是一样，疼痛本来是提醒动物逃离伤害源，但是癌症侵袭正常组织时造成的组织破坏同样会引起痛觉。

现在对于痒的研究还处于初期阶段，还有大量的问题没有答案。但是已经获得的研究成果开始让我们看到痒感产生的原因以及机制。

感觉的神秘性

本章中谈到的视觉、听觉、触觉、自体感觉、味觉和嗅觉、痛觉、痒觉、都是感觉，是大脑对感觉细胞传进来的神经信号加工的产物。生物体对外部世界信息的接收最初只是通过受体在生物体内产生程序性的反应，例如单细胞生物的趋化性。只有到神经系统复杂到一定程度，这些外界信息才被"解释"成为各种感觉，例如冷、热、酸、甜、痛、痒、触碰、声音、颜色等。感觉使动物对外界刺激进行分类，并赋予它们不同的主观色彩，因而使动物能够主动地（有意志力地）对外界刺激做出反应。相比于没有感觉的信号接收，这是动物对外界刺激接收方式上的革命性飞跃，并且在此基础上产生意识和智力。

正因为感觉是神经系统对外部刺激加工的产物，不是刺激本身，所以感觉是无法测量的，也无法用语言来描述。我们无法向盲人描述"红色"是什么感觉，也无法向感觉不到痛的人（例如前面谈到的 $Na_v1.8$ 受体突变的巴基斯坦人）描述"痛"是什么感觉。即使我们都知道什么是"甜"的感觉，而且还发明了专门的名词来表示这种感觉，但是这个名称只是一个代号，代表糖类物质给人的一种愉悦的感觉，此外没有其他实质性的内容。从未吃过糖或者有甜味食物的人无法通过语言的描述来知道甜到底是一个什么样的感觉。

由于感觉是为动物的生存而产生的，各种动物的生活方式也会影响特殊感觉的形成。有些感觉是动物共同的，例如对伤害性刺激，动物都会产生痛的感觉。但是有些感觉就会随动物的不同而不同，例如味道就因动物的食物种类而异。我们觉得粪便臭，是因为粪便已经不适合作为我们的食物，但是从粪便中获得食物的苍蝇就会觉得粪便是"香"的，从苍蝇被粪便吸引就可以看出来。蜣螂（俗称屎壳郎）以粪便为食，也不会觉得粪便是"臭"的。我们对生肉已经没有美味的感觉，但是对于一些动物来说生物却是美食。在人眼中，紫外线是没有颜色的，但是蜜蜂通过紫外线寻找花朵，在蜜蜂眼里就是有颜色的。

感觉的另一个奇妙之处是，感受是在中枢神经系统中产生的，但是我们的感觉仍然在接收信号的地方。手被火烧或者电击，在火烧或电击处并不能产生痛觉，有关传输神经被切断的人就不会感觉到这些地方痛。而中枢神经产生的痛觉，在感觉上却并不在产生痛觉的地方（大脑），而是在伤害性刺激发生的地方。

以上的现象说明，神经系统中一定有一个机制，把各种感觉系统和自体感觉系统偶联，这样才能够把外界传进来的信号在中枢神经系统中产生的感觉仍然归于信号产生处。动物这样做是绝对必须的，否则外来的信号就没有用处。如果手被火烧了，腿被刺扎了，我们感觉到的却是大脑中的痛觉中枢疼痛，这只能告诉身体有伤害性刺激发生，却无法知道这种刺激来自哪里，因而无法立即做出准确的反应，例如立即把受伤害的手或者脚移开。只有把感觉和刺激信号的位置偶联，动物才能知道刺激来自何处。

感觉本身和感觉的定位是神经系统工作的产物，目前还缺乏研究它们的有效手段，我们也难以描述高兴和难受这些感觉，更不知道感觉是如何产生的。在这一章中，我们只介绍了感觉通路的一端，即信号输入端，而对通路的另一端，把信号加工为各种不同的感觉，则完全没有着墨。目前我们对感觉最好的描述还是：感觉。

本章小结

动物要寻食、捕食和避免被捕食，要寻找合适的生活场所，要寻求配偶和照顾后代，需要知道的外部世界的信息比植物和真菌多得多，而且还需要对这些信息进行主观感受和分析，在此基础上做出最佳的反应，这就是动物的感觉。根据携带信息的介质（电磁波、机械力、分子结构）不同，动物的感知信息的方式也不同。

视觉获取电磁波所携带的信息，所利用的主要是一种能够在受光激发时改变形状的分子，这就是视黄醛。视黄醛分子形状的改变既可以在原核生物中把质子从细胞内部转移到细胞外面，形成跨膜质子梯度以合成 ATP

（光驱动的质子泵），也可以在衣藻和嗜盐菌中把离子通道"拉开"，使阳离子进入细胞，改变鞭毛的摆动方式（光敏离子通道）。但是视黄醛最重要的功能，还是结合在 G- 蛋白偶联的离子通道上，将光信号转变为神经冲动，给动物以视觉。

为了利用光线所携带的信息，动物发展出从简单到复杂的各种结构来。从水螅只能感觉光线，但不能分辨光线方向的感光外皮，到眼虫和衣藻有色素颗粒遮光，从而可以辨别光线方向的"眼点"，到箱型水母幼虫同时含有感光纤毛、遮光色素、效应器鞭毛的单细胞眼睛，到腕足类动物和沙蚕幼虫有色素细胞和感光细胞分化的两个细胞的眼睛，到能够形成初步图像的海鞘幼虫带晶状体和多个色素细胞和感光细胞的眼睛，到涡虫和箱型水母的色素杯眼，到鹦鹉螺的针孔型眼以及扇贝和蜘蛛的反光眼，到能够形成较高质量图像的昆虫的复眼，再到脊椎动物能够形成高解析度图像的照相机型单透镜眼，其间动物进行过各式各样的尝试，创造出变化多样的眼睛类型来。人类制造成像仪器的所有原理和方式，动物都尝试过。

最令人惊异的是只有一个细胞的腰鞭毛虫，居然发展出了像人眼那样有晶状体和视网膜的照相机型眼；跳蛛发展出多镜头的望远镜型的眼；兔子在视网膜的水平方向上加大感光细胞的密度；拟渊灯鲑同时向前看和向下看的眼睛；捻翅目昆虫由单镜头眼组成的复眼；深海虾由复眼变成的单镜头眼，这些事实都说明动物在利用光线中的信息时是非常灵活的。

尽管动物眼睛的类型各式各样，但是所有的眼睛形成都是由 *Pax6* 基因控制的，色素细胞的形成都是由 *Mift* 基因控制的，这说明所有的眼睛都有共同的祖先。

由于眼睛形成过程的原因，章鱼单透镜眼的视网膜是正贴的，感光细胞朝向光线来的方向；而所有脊椎动物单透镜眼的视网膜是反贴的，感光细胞背朝光线来的方向。虽然在这两种眼睛中视网膜的方向不同，但是在光线－感光结构－色素遮光层－血管层的空间安排上，这两种眼睛是完全一致的。脊椎动物用黄斑来最大限度地消除视网膜反贴的不利影响。

动物还可以通过外部物质与动物接触时所施加的机械力来获得外部世界的信息。空气振动所传递的信息可以通过听觉来获取。由于空气的密度低，声波的能量密度也很低，昆虫的江氏器使用杠杆原理来放大触角摆动的力量，昆虫和哺乳动物还用鼓膜来放大和汇聚空气振动的力量，使感觉神经纤维变形，拉开 TRP 离子通道，让钾离子等阳离子进入细胞，触发神经冲动，如昆虫的鼓膜器、鱼的听壶和人的耳蜗。

触觉感受固体或者液体与身体直接接触时所施加的机械力。刚毛可以在外力下偏转，使埋在刚毛中的感觉神经纤维变形；鱼类的侧线可以感知水流的变化；哺乳动物在皮肤上有各种类型的结构，传递和放大机械力的各种特性，如轻重、滑动、振动频率等信息。

机械力还能够使动物获得自身位置和姿势的信息。动物利用听石密度较大的特点，让动物在改变姿势或者运动时使听石与感觉纤毛改变相对位置，送出身体位置变化的信息，如缘页水母的感觉垂、淡水螯虾的平衡器、鱼的椭圆囊和球囊。身体姿势变化还会造成肌腱张力的改变和关节角度的改变，这些变化也通过机械力分别传递给肌梭和高尔基器，改变其中感觉神经纤维的形状，触发神经冲动。

嗅觉和味觉接收的是动物对分子结构所携带的信息。其中味觉接收食物溶于液体中的分子结构信息，嗅觉则接收空气中分子的结构信息。动物将食物分子的味道分为几种，各用不同的受体来感知。而嗅觉则使用上千个不同的嗅觉受体来感知空气中分子的结构特性。昆虫的嗅觉和味觉使用自己特有的受体，而哺乳动物使用 G 蛋白偶联的受体来实现味觉和嗅觉。

痛觉和痒觉是动物对伤害性或者潜在伤害性刺激的诠释。感觉痛的受体仍然是 TRP 离子通道，但是没有任何放大外部刺激的结构，因而激发阈值高，通常需要

刺激达到伤害的程度，而且需要电压门控的钠离子通道进行放大。感受痒的有许多种受体，但是这些受体还需要 TRPVI 离子通道的放大作用。痛和痒的信号都是通过 Aδ 神经纤维和 C 神经纤维来传递的，神经细胞的细胞体都位于脊髓外的背根神经节，但是传递痛和痒的神经纤维彼此并不混淆，有各自的传递通路，因此痒不是"微痛"。

感觉是神经系统的产物，是随着神经系统的出现而出现的，因此只有动物能够产生感觉。神经系统使用不同的区域来产生不同的感觉，凡是传输到某个特定区域的神经信号都会被解释为那个区域的感觉，因此不同的感觉受体和区域之间有特异的联系。在同一类感觉有多种受体的情况下，含有同样类型受体的神经纤维要先集中归并，再传输至大脑。例如嗅觉受体的种类数以千计，但是无论是在昆虫中还是在哺乳动物中，同种受体发出的信号都先在嗅小球中集中汇聚，传输至大脑中的不同区域。

感觉是动物的神经系统对刺激信号（无论是体外的还是体内的）的主动接收和诠释。比起原核生物和植物、真菌程序性地接受外界信号和做出反应来，感觉的出现是生物对刺激信号辨别和认知过程革命性的变化，从被动接收信号到主动接收信号，从没有感觉到有感觉。正因为感觉是神经系统对刺激信号的诠释，感觉是不可描述的，也不可分享。感觉的出现使动物有了"自我"的意识，进而产生情绪和智力，也就是在物质生活的基础上，还有了"精神生活"，我们人类就是这个发展的最高峰。在下一章中，我们将介绍动物的意识和智力。

地球上的生物都生活在不断变化的环境中，需要不断根据外界的变化做出反应，以增加自己生存的机会。生物的外在环境虽然是不断变化的，生物体内部的环境却需要相对稳定，以利于细胞的生存。为了实现这些目标，生物发展出了各式各样的方式来感知外界和内部的变化并做出反应。反应方式虽然很多，但是根据反应的性质，可以将这些反应分为程序性反应和智能型反应两大类。程序性反应不依赖于神经系统，所有的生物，包括细菌、古菌、真菌、植物和动物，都拥有对外部和内部变化做出程序性反应的系统。而智能型反应是基于神经系统的，也只为动物所拥有，而且随着动物的演化，智能型反应系统也从简单到复杂，低级到高级。伴随着智能型反应发展的能力就是智力，即动物有意识地处理信息并且在诸多选择中做出最有利于自己生存的决定。

智能型反应是动物应对外界环境变化做出灵活性反应的手段，最终目的是增加自己生存的概率。在这个意义上，智能型反应和程序性反应并无不同。然而在具体机制上，智能型反应和程序性反应又有各自的特点。

第一节　生物的两种反应类型

程序性反应

这类反应方式是直接和固定的，也就是程序性的。例如细菌能够探测到营养物的浓度差别，向营养物浓度高的地方游动，而且能够根据营养物的种类调整自己的酶系统。进行光合作用的单细胞生物能够向光照强的方向移动，以获得尽可能充足的阳光。与地球上 24 小时的光照节律相适应，各种生物都发展出了自己的生物钟来预期光照的昼夜变化，并且相应调整自己的代谢活动。各种生物都有对抗外敌入侵的免疫系统，能够探知微生物的入侵并且做出消除这些微生物的反应。干旱时植物会关闭叶片上的气孔，减少水分蒸发，也都属于生物的程序性反应。

相对于外部环境的大幅度变化，生物身体内部的状况必须是相对稳定的，各项生理指标，例如动物的体温、血糖浓度、血液渗透压，都必须在狭窄的范围内。为此动物发展出了各种信号接收机制来获得内部状况变化的信息并且做出相应的调节反应。例如体温高了人会出汗，血糖高了会分泌胰岛素，血液中氧浓度低了会加快呼吸等。控制身体内部状况的反应也都属于程序性反应。

程序性反应的第一个特点是，反应模式是固定的，或者说是按照事先设定的程序运行。为这些反应所需要的信号接收、传递和反应链已经组入生物的基因，在生物发育的过程中可以自动形成，形成后会自动发挥作用，而不需要学习。例如我们身体里面的生物钟、免疫系统、动物调节体温和血糖的机制，都是在发育的过程中自动形成并且发挥作用的。

程序性反应的第二个特点是，信号的输入不会引起感觉。例如调节生物钟的光信号是通过眼睛视网膜中感光节细胞来接收的，这些细胞把光信号直接传递给中央生物钟 SCN，控制瞳孔收缩，而不把信号传输给视觉中枢，引起我们的感觉，盲人仍然能够通过光照调节生物钟。血糖浓度的变化也不会引起感觉。

程序性反应的第三个特点是，它们和神经系统有意识的控制无关。既然信号的输入不引起感觉，这些信号也不会被生物"自我"知晓而主动采取行动。微生物和植物没有神经细胞，没有感觉，但是一样有生物钟程序性反应。动物的免疫系统是自成体系，独立于神经系统之外的，它的工作过程不引起感觉，也无法以有意识的行动来干预。胰岛素的分泌也与神经系统无关。动物一些控制身体内部活动的反应，例如控制心跳、呼吸的反应，虽然是由神经系统控制的，但是这套神经系统与感觉无关，也不能用意识加以控制，叫做"植物性神经系统"。这实际上是程序性反应的"高级版"，反应过程仍然是程序性的，只不过改用神经细胞来传递信息。

程序性反应的第四个特点是，既然它是程序性设定的，它也不能通过学习来改进。例如生物钟的运行是自动进行的，组成生物钟的反馈回路已经固定，无论我们

做多少次越洋旅行，每次仍然能够感觉到时差。免疫系统虽然能够"记住"曾经入侵的微生物，好像能够学习，但是这是通过记忆 B 细胞来实现的，是固定的模式，也只能这样运行。人的免疫系统并不会因为经受过多次感染就变得更加灵活和"聪明"。程序性反应也会在生物的演化过程中逐步发展完善，但是那要通过 DNA 序列的变化和自然选择过程，需要许多代的时间，在人是一生中是不会改变的。

这类反应的第五个特点是，这些反应的机制，由于不涉及意识，只涉及分子信号反应链，所以可以利用人类已经有的方法和手段来研究，并且从分子的具体活动和变化加以解释。例如生物钟就可以用反馈回路形成的化学反应周期性振荡来解释；免疫机制也可以用各种识别微生物的受体、信号传递路线，以及各种消灭微生物的细胞机制来解释；胰岛素分泌可以用葡萄糖在胰脏 β 细胞内触发的信号传递链来解释。无论生物钟的回路有多复杂，无论免疫系统涉及多少种细胞，动员了多少种分子，总是可以通过科学研究逐步进行了解。

微生物和植物就是通过这一类的反应来对外界环境的变化做出反应的。这类反应虽然是预设和程序性的，但也是生物亿万年演化的产物，是自然选择留下的最有效的程序性信息处理系统。通过生物身体和细胞内复杂的信号传递网络和效应分子，也可以综合各种体外和体内的信息，做出最佳的反应，因而也具有强大的功能。微生物和植物依靠这类反应，不仅经受住了亿万年来环境的剧烈变化，而且仍然在地球上繁衍。动物也用这种类型的反应来保持内部环境的稳定。但是对于动物来讲，程序性反应就不够了，动物面对的外部和内部的问题比微生物和植物复杂得多，需要更加灵活的反应机制，即智能型反应。

智能型反应

与程序性反应不同，动物的智能型反应有以下特点。

第一，智能型反应完全是基于神经系统有意识的活动。动物在睡眠时，程序性反应，例如心跳和呼吸的调节，血糖水平的调节仍然在进行，但（即无意识状态）不可能做出智能型的反应。

第二，神经系统主动处理的是有感觉的信号，因此智能型反应是基于感觉的基础之上的。在智能型反应中，信息的输入是通过各种感觉，包括视觉、听觉、味觉、嗅觉、触觉、痛觉、痒觉来获得的（见第十二章 动物的感觉），然后才有对这些信息的加工，包括提取已经储存的这些信息。"有意识"（conscious）就是动物能够有感觉的状态，与睡眠、昏迷以及死亡等无意识状态不同。正是感觉的产生，导致了动物的意识，以及后来的思维与智力。回忆、思考、推理、想象，假设，做决定，更是在感觉的基础上发展起来的信息储存和信息分析过程。与感觉相联系是动物对不同信息正面或负面的评价以及根据信息的正负意义产生的动物的"情绪"（emotion），例如高兴、舒服、喜爱、亲切，以及难受、抑郁、恐惧、惊慌、憎恨等。不引起感觉的信息是不能够被思考的，例如我们无法去思考我们的血糖水平，也无法去思考我们的生物钟。

第三，与程序性反应的固定模式不同，智能型反应是灵活的，同样的外部信号可以在不同情况下引起不同的反应。例如动物被火烧到时会立即避开，但是动物在遇到危险时却会冲过可能烧伤自己的火场。微生物会直接向营养物浓度高的方向移动，动物在看见食物时也会向食物所在的位置前进。但是如果食物和动物之间有障碍物，例如一段铁丝网，智能型反应能够使动物绕过障碍物到达食物所在的地点，虽然这先会暂时远离食物。

第四，智能型反应是可以通过学习而增强和改进的。外部信号常常是互有联系的，例如看到老虎就和它的形象、叫声、气味相联系。程序性反应不能综合利用这些信息。假设动物只有程序性反应，就不能根据视觉、听觉和嗅觉的信息来发现老虎的存在，只有被老虎咬住了才发生反应，这对动物来说可能已经为时过晚。而智能型反应就能够把不同的外界刺激综合起来，例如通过视觉和嗅觉来发现老虎，被老虎吃掉的可能性就大大降低。这种将各种外界信息联系起来的能力不是天生的，而是需要经验和学习。学习就是动物根据过去的经历预见将来可能发生的情况，这样就可以在下一次类似的情况下预先做出反应，动物生存的机会就会大大增加。"吃一堑，长一智"就是对从过去的错误反应中学习的表述。动物的学习过程从出生就开始，终身不断。

第五，要学习，就需要动物有储存经历的机制，提取这些信息的机制和综合分析这些信息的能力。记忆和记忆的提取是学习的基础。因此，智能型反应是建立在记忆的基础之上的。免疫系统也有记忆，例如记忆淋巴细胞能够记住它曾经遇到过的外来物质（其实是被某种外来物质活化的淋巴细胞的长寿化），但是动物对记忆的信息进行回忆，即提取储存的信息，并且和目前的信息进行比较分析，是动物有意识的行为，和免疫系统中的记忆不是一回事。

第六，智能型反应的基础——感觉，其本质在目前还没有任何科学方法可以加以研究。我们可以研究感觉产生的器官和机制，例如光是怎样通过感光细胞中的色素分子的变化触发电脉冲的，但是我们无法研究这些电脉冲是如何转化为感觉的。既然感觉的本质无法研究，在感觉基础上产生的意识、思维的本质，也就无法加以研究。因此，意识和精神一直带有神秘性，也使人类对精神和物质的关系有各式各样的猜想。

虽然感觉、意识、思维的本质还无法用科学方法进行研究，但是他们形成的过程和工作特点还是可以研究的，我们也可以从动物的行为（趋向和回避）来推断动物的感觉。从各种动物智能型反应的发展历史上看，这个发展过程经历了感觉——意识——情绪——记忆——学习——思维——智力等发展阶段。

第二节　感觉是最初的意识

意识和智力常被许多人认为是非常"高级"的功能，我们正是因为有意识和智力，才创造了高度发达的人类社会，而人以外的任何动物都没有大规模地主动改造环境和自身生活条件的能力，自然会认为意识和智力是具有相当发达的大脑的人类，最多是灵长类动物和一些鸟类才能够具有的。然而，意识萌芽的形成可能非常之早，在神经系统发展的初期就出现了。

线虫是非常简单的两侧对称动物，其多数神经细胞聚集于头部，形成线虫的脑。就是这样简单的动物，却能够有感觉，有记忆，能够学习。

线虫以细菌为食，能够被细菌产生的可溶性化学物质所吸引，双乙酰有强烈的奶油味，也是线虫"喜欢"

的味道。另外一些物质，例如喹啉、二价铜离子（对生物有毒）、乙酸（能够释放氢离子）等，则能够使线虫有规避反应。

虽然线虫能够为双乙酰所吸引，但是如果给线虫双乙酰的同时也给它会回避的乙酸，多次这样做以后，线虫就会在没有乙酸的情况下也回避双乙酰，说明线虫"学会"了把双乙酰和乙酸联系起来，遇到双乙酰就会"预期"到乙酸会出现，因而对双乙酰加以回避，即把原来吸引它的东西变成它要回避的东西。这已经是灵活性反应，也是程序性反应做不到的。同样，如果把对线虫有吸引力的 AHSL 和对线虫有毒的细菌混在一起，以后线虫就会避开 AHSL，即使已经没有有毒的细菌存在。这是严格意义上的巴甫洛夫（Ivan Bavlov，1849—1936，俄国科学家）条件反射，或者叫做"相关性学习"，是典型的学习行为。

学习是用过去的经历来指导现在的行动，因此需要动物有记忆的能力。线虫能够记住两个物质之间的关联，在数分钟后或者数小时后（如果训练时间足够长）还能够在没有乙酸的情况下回避双乙酰，或者在没有毒细菌的情况下回避 AHSL，说明线虫具有短时记忆和长期记忆的能力。在哺乳动物中，长期记忆需要 AMPA 型的谷氨酸盐（在记忆回路中传递信息的神经递质）受体，线虫也有类似的谷氨酸盐受体 GLR-1。使线虫的 glr-1 基因突变也会消除线虫长期记忆的能力，说明记忆的基本机制在线虫中就已经出现了。

这些结果表明，线虫能够区分它所遇到的分子，分别做出趋向和回避的身体反应。更重要的是，线虫能够进行相关性学习。如果原来有吸引力的分子和它要回避的分子之间有关联（同时出现）的话，线虫就会把原来有吸引力的分子变为要回避的分子，而且能够记住它。线虫发展出这个机制，一定有其原因，很可能是因为线虫已经有了原始的感觉。有吸引力的分子带来的是"愉快"，或者"舒服"的感觉，而要回避的分子可能带来的是"不愉快"，或者"不舒服"的感觉。

在高等动物中，舒服还是不舒服的感觉与多巴胺有关，情绪高低与血清素有关，而线虫的神经细胞能分泌多巴胺和血清素，具备了和高等动物与舒服感觉有关的同样的神经递质，而且在线虫遇到食物时体内的血清素浓度增高，爬向食物的速度加快，说明食物也许能够引起线虫"兴奋"的感觉。

有趣的是，线虫对毒品也有偏好。如果用盐（醋酸钠或者氯化铵）的味道和可卡因或者冰毒（甲基苯丙胺）来进行条件反射实验，科学家发现与这些毒品相联系的盐，无论是醋酸钠还是氯化铵，都能够使线虫对盐的味道产生趋向反应，即寻找有这些味道的地方，以获得毒品。在哺乳动物中，毒品作用于动物神经系统中的回报系统，在没有外界良性刺激（例如食物与性）时直接产生愉悦的感觉，这种感觉是通过多巴胺来实现的。如果敲除线虫合成多巴胺的基因，线虫就不再对毒品感兴趣。可卡因和冰毒并不是食品，没有营养价值，线虫喜好它们，最大的可能性是毒品能在线虫身上也能产生"舒服"的感觉。这是线虫有感觉的一个强有力的证据。

线虫像高等动物那样，也会"睡觉"，特别是在饱食之后。在睡觉期间，线虫停止活动，但是能够被刺激迅速"唤醒"，重新进入活动状态。线虫睡前活动的时间越长，随后睡眠的时间也会越长，而且如果在线虫睡眠时通过刺激人为地让它醒来，以后这个线虫就越来越难被唤醒，即被唤醒的阈值越来越高。这些特征都和高等动物越疲倦睡眠时间越长，睡眠越是被中断，以后就越不容易被唤醒的情形相似，这说明线虫也有清醒状态和睡眠状态。

不仅如此，线虫还能够被麻醉。一些能够使高等动物麻醉，丧失意识的药物，例如氯仿（chloroform）和异氟烷（isoflurane）能够使得线虫停止活动，而除去麻醉剂后线虫又重新恢复活动。麻醉剂也能够减轻伤害性刺激（例如缺氧、叠氮化合物以及高温）对线虫的影响。

线虫有感觉的再一个证据是线虫看来能够感觉到"痛"。用波长 685 纳米的激光加热线虫的头部，头部会立即缩回。加热正在爬行的线虫的尾部，线虫会加快爬行的速度，以尽快脱离激光照射的区域。显然激光加热带给线虫的是一种不愉快的感觉，所以线虫要立即躲避。在脊椎动物中，痛觉主要是通过 TRPV 离子通道感受的，而阿片受体与缓解疼痛的程度有关。线虫既有 TRPV 离子通道，也有阿片样受体，这些事实也支持线虫有痛觉的想法。

这些事实都说明，线虫很可能已经具有感觉。如果真是如此，那就是动物演化过程中一个意义极其重大的发展。首先是对外界刺激有了"主观"的感知，是"舒服"还是"不舒服"。这个感觉就成为线虫采取相应动作的"动力",舒服的就迎合,不舒服的就回避。这也就是动物"主动性"和"目的性"行为的萌芽,从此开启了智能型反应的发展历程。而在程序性反应中,外界刺激是不被分类的,无论是要趋向的刺激,还是要回避的刺激,生物只是以固定的模式进行反应,不带"感情色彩"。

感觉也是意识的萌芽。判断一个人是否有意识的一个标准,就是看他(她)能不能去感觉。人在"清醒"时,也就是有意识时,能够看、听、闻、尝,而入睡后,这些功能都暂时消失。如果线虫有感觉,就是有了最初的意识。

线虫有了感觉,也就有了"自我"的萌芽,因为这些感觉是"自己"的,不是其他线虫个体的,也不能和其他线虫分享。由此做出的反应也是为了感觉者自己的利益,而不是其他线虫个体的利益。

记忆也是"自我"的基础。在某种意义上,每个自我在内容上都是过去所有记忆的总和,是这些记忆把一个人与另一个人区别开来。同卵双胞胎虽然有相同的DNA序列,但是他们的经历所留下的记忆不同,使他们成为不同的人。即使是两个线虫有相同的 DNA 序列(例如是克隆的产物),但能够记住乙酸因而能够主动加以避免的线虫和没有接触过乙酸的线虫也是不同的个体,在与乙酸有关的行为上也会有所不同。

所以即使在线虫这样只有 302 个神经细胞的动物身上,就已经出现了能够产生"舒服"和"不舒服"感觉的系统并能够加以记忆。线虫也睡觉,在"清醒",即有意识和"睡眠",即无意识的状态之间转换。线虫也可以被麻醉,丧失意识。线虫也可以像哺乳动物一样,通过毒品来"人为"地产生愉悦的感觉,所使用的神经递质也和哺乳动物相同。感觉也是意识和自我的萌芽。因此,感觉和意识的产生,并不像原来想的那样,需要大量的神经细胞和复杂的脑结构,而是从神经系统发展的初期就出现,甚至连对毒品的反应都有了。后来的思维和智力,只不过是在这个基础上发展起来的。虽然我们对感觉的本质还不了解,但是线虫的例子说明,所需要的神经细胞(302 个)和它们之间连接的回路(总共 5000 多个)并不是那么多。这么少的神经细胞就能够产生感觉,是令人惊异的,其机制是

生命现象中最大的谜。

线虫感觉的出现,其意义不亚于生命的形成。生命的形成是从没有生命的物质结构产生了有生命的物质结构,这是非常难的一步,后来生物的演化只是最初生命的发展,所以即使是地球上最高级的生命形式——人类,细胞的基本结构和运作方式也和最原始的生命基本相同。从有生命但无感觉的物质中产生了有生命同时有感觉的物质,这也是非常难的一步,从此开始了智能型反应的发展历程。虽然我们人类具有高度发达的意识和智力,但是意识和智力所涉及的基本分子仍然和低等动物一脉相承。人类感觉和记忆所需要的分子,如感觉神经细胞释放的谷氨酸盐、AMPA 型离子通道、TRPV 离子通道、多巴胺、血清素,在线虫身上就已经拥有了,人类只是继续使用并且扩大其功能而已。

感觉的出现,也许比有脑的线虫更早。水螅没有脑,神经细胞彼此相连成网状,分布于躯干和触手上。水螅的神经细胞也能像高等动物感觉神经细胞那样,分泌谷氨酸盐作为神经递质,也有与感觉有关的多巴胺和血清素。水螅能够感受到被它的刺细胞刺伤的动物释放出的谷胱甘肽,并将其作为食物的信号,外加谷胱甘肽也能使水螅的"口"张开准备进食。水螅在被食物(例如水蚤)触碰时会释放刺细胞,同时触手卷曲以捕获猎物,将其送至"口"部。水螅在被刺戳时身体会收缩,同时用"翻跟斗"的方式离开原来的位置,说明水螅已经能够区分良性(食物)触觉和伤害性接触,很可能已经有感觉。水螅虽然没有脑,但是神经细胞也有一定程度的聚集,神经细胞发出的轴突有时也聚集成束,类似于神经纤维。如果水螅有感觉,那么形成感觉所需要的神经结构可能更为简单。最原始的动物丝盘虫 Tricoplax(见第五章第二节)没有神经细胞,也没有多巴胺和血清素。如果丝盘虫没有感觉,那么感觉也许是随着神经系统(哪怕是水螅那样的网状神经系统)的出现而产生的。

第三节　记忆的形成

从上一节中我们知道,线虫具有记忆的能力。记忆是储存感觉器官接收到的信息的过程,而且记忆是学习

的必要条件。例如线虫可以记忆温度（激光照射）、味道（如双乙酰的"美味"和奎宁的"苦味"）和毒品引起的舒服感等，由此发展出条件反射，也就是学习和灵活性反应的能力。长期记忆需要 AMPA 型的谷氨酸盐受体，而谷氨酸盐是神经细胞作为神经递质分泌的，其受体也存在于神经细胞上，说明记忆是神经细胞的功能。但是神经细胞也是细胞，细胞不过是由细胞膜、细胞器和各种有机分子组成的，这样的结构如何能够储存信息？这是动物面临的一个难题。

DNA 分子可以用四种核苷酸的序列来储存信息，但是感觉器官接收到的信息并不能改变 DNA 的序列，也就是这些信息无法被输入到 DNA 的序列中去。蛋白质中氨基酸的序列是由 DNA 序列编码的，是 DNA 所储存的信息的实现。DNA 序列不变，蛋白质自然也不可能储存感觉器官接收的信息。脂类分子和糖类分子结构比 DNA 和蛋白质简单得多，也不是适于储存信息的分子。那么动物是如何解决这个难题的呢？

问题的突破来自美国奥地利裔科学家 Eric R Kandel（1929—）对海兔的记忆机制的研究。海兔（Aplysia，*Aplysia californica*，又叫海蛞蝓、海蜗牛）和蜗牛一样是软体动物，外形像无壳蜗牛，但是比蜗牛大得多，可以长到 75 厘米，体重可以达到 7 千克。之所以选择海蜗牛来研究记忆机制是因为它的神经系统比较简单，只有约 20000 个神经细胞，聚集为 10 个神经节。相比之下，体重只有 1 毫克左右的果蝇，却有 135000 个神经细胞，因此海蜗牛可以说是低等动物中的"傻大个"，其简单的神经系统比较容易研究。海蜗牛用作实验动物的另一个优点是它的神经细胞特别巨大，可以达到 1 毫米，肉眼都可以看见，对于实验操作比较方便。

海蜗牛能够学习，即能够形成条件反射。刺激海蜗牛的吸水管，例如用水流冲击或者尼龙丝触碰时，海蜗牛会将这个刺激当做危险信号而将鳃缩回以避免伤害，叫缩鳃反应。如果在刺激吸水管时又给其尾部一个电击，缩鳃反应就更加强烈和持久。这样经过训练以后，在吸水管单独受到刺激时鳃收缩的时间比没有经过条件反射训练的海蜗牛长 3 倍，说明海蜗牛已经把吸水管受到刺激和尾部电击联系起来，相当于是"记住"了电击的感觉。

为了研究海蜗牛是如何"记住"电击的，Kandel 及其助手测量了传入吸水管触觉信号的感觉神经细胞的电活动，和与感觉神经细胞相连，控制缩鳃反应的运动神经细胞的电活动，发现在经过训练的海蜗牛中，运动神经细胞被感觉神经细胞激发的动作电位更强，这是由于感觉神经细胞在与运动神经细胞的连接处，即突触处，释放的神经递质谷氨酸盐更多，也就是经过训练的突触功能增强（图 13-1）。

进一步的研究发现，这个突触功能的增强，与尾部电击传来的信号有关。传送尾部电击信号的中间神经细胞在吸水管感觉神经细胞的突触上连上一个突触（即"突触上的突触"），在尾部受到电击时释放血清素。血清素能够激活感觉神经细胞突触内的腺苷酸环化酶，增加突触内 cAMP 的浓度，cAMP 又会激活依赖于 cAMP 的蛋白激酶 A（PKA），PKA 能够将突触处细胞膜上的钾离子通道磷酸化，使突触内钾离子流向突触外的过程受到阻碍，使得感觉细胞的动作电位更强和维持更长时间，让更多的神经递质谷氨酸盐被释放到突触间隙中，增强运动神经细胞的反应，即在运动神经细胞中诱导出更强的动作电位，使得缩鳃的程度更强，时间更长（图 13-1）。不用电击，直接在吸水管感觉细胞的突触上施加血清素，也有同样的效果。

短期记忆和长期记忆

一次电击所造成的突触强化只能维持数分钟，叫做短时记忆。短期记忆只需要 PKA 的活化和一些现成蛋白（例如钾离子通道）的磷酸化，因此不需要合成新的蛋白质。在 cAMP 被逐渐降解，浓度降低后，一切又恢复到强化前的状态。但是如果条件反射训练（刺激吸水管后立即在尾部电击）被连续重复多次，感觉神经细胞的突触就会被长期强化，可以保持一星期以上，叫做长期记忆。这是因为连续的血清素刺激会使吸水管感觉神经细胞突触内的 cAMP 浓度持续升高，使得 PKA 的活性也持续升高。PKA 可以使"cAMP 反应序列结合蛋白"（CREB）磷酸化而将其活化，活化了的 CREB 作为转录活化因子，可以结合在有关基因的启动子上，启动这些基因的表达。这些基因中包括"CCAAT 增强子结合蛋白"（C/EBP），C/EBP 是一个转录因子，又能够启动第二波的基因表达。这些新表达的基因能够使得突触的

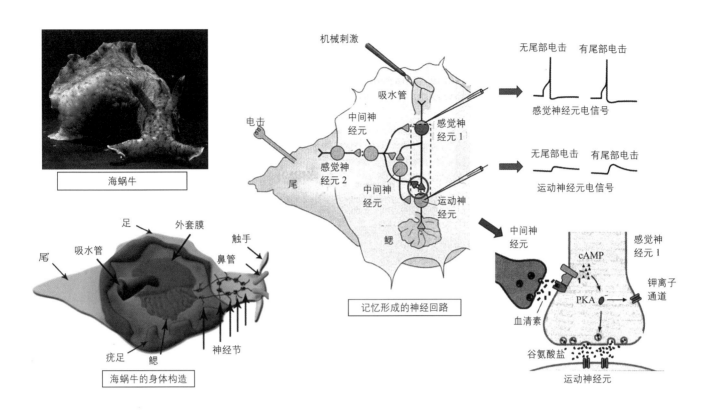

图 13-1　海蜗牛记忆的机制

强化固定下来，还会在感觉神经细胞和运动神经细胞之间形成新的突触连接，形成长期记忆。由于这个过程需要基因的转录，因此长期记忆需要新的蛋白合成。

短期记忆一般只和感觉细胞的突触部分有关，而长期记忆还包括运动神经细胞上与突触对应的细胞膜的改变，即突触后神经细胞的改变。多量分泌的谷氨酸盐会活化突触后细胞膜上的谷氨酸盐受体 mGluR5，这个受体的活化会增加突触后细胞中三磷酸肌醇的浓度，使得储存在运动神经细胞内的钙离子被释放到细胞质中，让更多的 AMPA 型谷氨酸盐受体被插入到突触后细胞膜中，增加运动神经细胞接收信号的能力。

一个神经细胞可以发出数千个突触，那么一些突触的强化是不是也会使这个细胞发出的其他突触也活化呢？换句话说，信息是只储存在传输特定信号所使用的突触中，还是发出这个突触的整个神经细胞都和信息储存有关？为了弄清这个问题，科学家使用了海蜗牛输出信号的神经纤维有分支的感觉神经细胞，每个分支通过突触连接到不同的运动神经细胞上。如果只在其中的一个突触上施加血清素，那就只有这个突触被强化，而且强化状态可以保持一天以上，而其余的突触不受影响。这说明同一个神经细胞上的不同突触是可以分别被强化的，信息只储存在通过使用被强化的突触上。

但是长期记忆需要基因转录和蛋白合成，而基因转录是在细胞核中进行的，生成的 mRNA 原则上可以到达神经细胞的任何突触，转译成蛋白质，强化所有的突触，细胞是怎样做到只强化传输某种特定信息的突触呢？答案在于这些 mRNA 合成后，并不会直接被转译成为蛋白，而是处于休眠状态，只有在结合一种叫"细胞质多腺苷酸化序列结合蛋白"（CPEB）后，mRNA 尾部的多腺苷酸序列才能被延长，这样的 mRNA 才会被转译为蛋白质。CPEB 在神经细胞中的浓度很低，所以突触强化所需的 mRNA 在生成后一般不被转译为蛋白质，但是在已经被短期强化的突触处，连续的血清素刺激会解除 miRNA-22（一

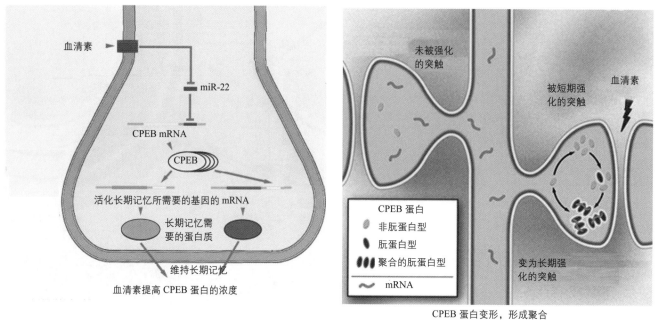

图 13-2　长期记忆的形成和维持。左图：连续的血清素刺激会解除 miRNA-22 对 CPEB 蛋白转译的抑制，提高 CPEB 蛋白的浓度，使长期记忆所需要的 mRNA 能够被转译为蛋白质。右图：CPEB 蛋白质能够改变形状形成聚合物，并且诱使其他 CPEB 蛋白也改变成能够形成聚合物的形状，在被短期活化的突触处形成稳定的 CPEB 蛋白聚合物，维持长期记忆所需要蛋白质的表达，形成长期记忆

种微 RNA）对 CPEB mRNA 转译为蛋白质的抑制，使 CPEB 在这个突触处的局部浓度升高，这样就保证了为强化突触所需的 mRNA 只在已经被短期强化的突触中被转译为蛋白质，使短期强化转化为长期强化，使短期记忆变为长期记忆（图 13-2）。

下一个问题是，长期记忆是如何维持的？这就与 CPEB 蛋白的另一个性质有关。CPEB 蛋白的氨基端部分与酵母的蛋白感染粒（prion）相似，都能够在自我改变分子形状后，又能够诱导其他的 CPEB 改变形状，并且形成聚合物。蛋白感染粒的这个性质有时会使其聚合物大量增加，使神经细胞死亡，脑中形成空洞，导致疯牛病和人类的克—雅氏症（Creutzfeldt–Jakob disease）。由于蛋白感染粒聚集状态的分子形状可以从单体状态的蛋白感染粒变化而来，好像聚集状态的蛋白感染粒可以自我繁殖，导致疾病，所以蛋白感染粒也叫做朊病毒。神经细胞中的 CPEB 虽然有蛋白感染粒自我催化，形成聚合物的能力，却不会致病，反而会导致自我维持，使得被长期强化的突触始终保有较高浓度的 CPEB，转化

为长期强化的突触也就能够一直保持被强化的状态（图 13-2）。在输送的信息超强（人生的一些重大事件，例如初恋、被大学录取等）时，这样的记忆可以保留终身，其中就有 CPEB 蛋白的功劳。

以上对记忆机制的研究表明，即使像海蜗牛这样的低等动物，已经发展出了完善的记忆能力，其基本机制，包括谷氨酸盐的释放，短期记忆和长期记忆，cAMP、PKA、CREB、PCEB 等分子在记忆过程中的核心作用，在高等动物的记忆过程中也在使用，只是复杂程度更高而已。这说明记忆的机制在动物中是高度保守一脉相承的，在低等动物中就已经发展出来，随后一直被动物所使用。

以上研究结果也表明，记忆就是传输信号的突触的强化。突触使用得越多，传输的信息强度越大，强化的程度就越高，在高等动物中甚至可以做到终身不忘。这有些类似人或者其他动物在草地上走过时留下的痕迹，走过的次数越多，踩踏的力道越重，留下的痕迹越明显，最后踩踏成道路，因此动物行走形成的道路也可

以看做是草地对动物行走路线的记忆。从这个意义上讲，记忆就是信息在神经回路中传输时"踩"出来的痕迹。每个动物个体的特殊性，不仅在于基因类型的组合，而且在于经历所留下的记忆。在某种意义上，每个动物的特殊性就是其一生记忆的总和。

记忆需要化学突触

动物的神经细胞中分泌神经递质的突触叫做化学突触，在本节中谈论的感觉神经细胞和运动神经细胞之间的联系就是通过化学突触实现的。其实海蜗牛除了化学突触外，细胞之间还有电突触联系（见第八章第九节及图8-17）。在电突触处，细胞之间的距离从通常的20—40纳米缩小到大约3.5纳米，形成间隙连接在这里两个细胞用间隙连结蛋白6聚体组成的直径1.2—2.0纳米的通道相互沟通，电流可以从一个细胞直接流到另一个细胞，因而速度非常快，通常短于1毫秒，而化学突触传输信息则需要数毫秒的时间（图13-3）。海蜗牛就用这样的电突触在与生命攸关的防卫动作中使用，例如在受到威胁时突然释放出墨水来迷惑敌人。

既然电突触传输信号的速度远高于化学突触，为什么动物还要发展出化学突触呢？这是因为电突触虽然有传输速度快的优点，但是也有缺点，就是下一个神经细胞得到的电信号往往在强度上低于上一个神经细胞，而且信号的性质无法改变。而化学突触不仅可以通过分泌大量的神经递质来放大信号，还可

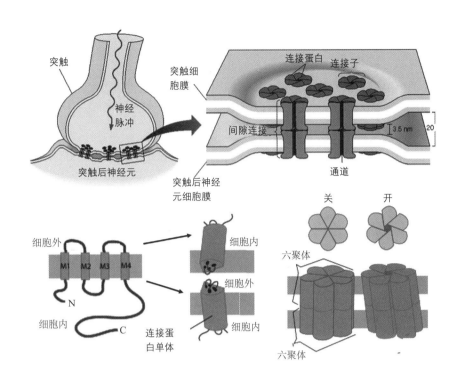

图 13-3 电突触。上图：在电突触处形成间隙连接，组成连接两个细胞细胞质的通道。下图：连接蛋白的结构

以通过分泌不同的神经递质把活化信号转变为抑制信号，给神经系统更强的处理信息的能力。更重要的是，记忆需要化学突触，而记忆是动物的智能型反应所必需的。这就是为什么在动物，包括高等动物中，使用化学突触的神经细胞占绝大多数，尽管代价是信号传输的速度要慢得多。

第四节　有情绪和智力的昆虫

在意识和智力的问题上，人类似乎有足够的理由"瞧不起"昆虫。果蝇和蜜蜂的脑只有一个大头针的针头大，能够有什么意识和智力啊？但是如果和线虫比较，昆虫就是"超级巨人"。例如果蝇就有大约135000个神经细胞，是线虫的400多倍，这些神经细胞之间可以有数亿个连接，比线虫的5000个左右的连接数高5个数量级。如果线虫都能够产生感觉、记忆和学习的功能，那昆虫能够做的事是不是应该比线虫要多得多啊？事实也确实如此。昆虫不但能够和线虫一样，通过条件反射来学习和记忆，而且表现出线虫所没有的许多新的能力，包括图像识别、情绪和智力。

昆虫能识别图像

昆虫拥有复眼，每个复眼里面

含有数百个单眼，伸向不同的方向，这样，头部的一对复眼就可以接收几乎任何方向来的光线。复眼的这个构造不仅可以发现移动的目标（目标的图像会依次经过不同的单眼），每个单眼传入的信息也相当于是数码照相机里面的像素，可以组成图像。

为了测试昆虫是否有识别图像的能力，科学家将字母 T 安排成两个不同的方向，再观察果蝇飞向这两种 T 的概率。如果没有其他刺激，果蝇飞向正置或倒置的 T 的概率是相同的。但是如果在果蝇飞向正置 T 时给它一个惩罚性的热光照，果蝇就能够学会避免飞向正置的 T，而更多地飞向倒置的 T。这说明果蝇有辨别不同方向的字母 T 的能力。

T 是很简单的图像，果蝇是否能够识别更复杂的图像呢？为此科学家使用了两种类似二维码那样的复杂图像，用同样的惩罚性热光照来训练，结果发现果蝇也能够将其中的一种二维码图像和惩罚联系起来而加以回避，说明果蝇也能够识别比较复杂的图像。当然果蝇的

复眼只由几百个单眼组成，相当于只有几百个像素的照片，分辨率是比较低的，但是这个实验的结果也说明果蝇的神经系统已经能够充分利用复眼所能够传输进来的信息，在脑中形成图像（图 13-4）。

果蝇对图像的识别能力说明昆虫的视力已经比较发达。视觉是感觉的一种，果蝇比较发达的视力也说明昆虫的感觉已经比较精细。果蝇也具有听觉、嗅觉和味觉。果蝇的幼虫在被刺捏时会翻滚，说明果蝇幼虫具有痛觉（见第十二章 动物的感觉）。这些事实都证明果蝇是有感觉的，而且是比线虫高级得多的感觉。

昆虫是有情绪的

感觉既然可以分好感觉和坏感觉，与感觉密切有关的就是情绪（emotion）。情绪是带有感情色彩的感觉，舒服的感觉会导致高兴，鼓励动物进一步去做与此相关的事情，难受的感觉则会导致抑郁、悲伤、甚至愤怒，

果蝇认识的图像

小红蚁

果蝇之间的战斗

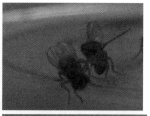

群居的栉足蛛

图 13-4 昆虫的智力与个性。左上：果蝇能够区别正置和倒置的字母 T，也能够分辨更复杂的类似二维码的图像。左下为果蝇之间的战斗。上中为小红蚁，其不同的个性决定它们工作在窝中和窝外的不同位置。右图为群居的栉足蛛（*Anelosimus studiosus*），要有一定比例个性不同的蜘蛛，群体才能较好地生存

对抗反应会更加努力和强烈，即增加动物做出相应反应的"动力"，这对动物的生存更加有利。早在 1872 年，达尔文就在《人和动物情绪的表达》（The expression of emotion in man and animals）一文中说，所有的动物都需要情绪，因为情绪增加动物生存的机会。

现在我们不知道情绪是在动物有感觉之后产生的（即先有感觉，后发展出情绪），还是和感觉同时产生的。在哺乳动物中，情绪是和多巴胺、血清素密切相关的，线虫已经有这两种神经递质，而且对能够在哺乳动物中产生愉悦感的可卡因和冰毒有"喜好"的反应，说明线虫可能已经具有情绪，这两种化合物能够使线虫感到"高兴"。不过线虫的身体构造过于简单，也不能发声，我们不能用线虫的的"肢体语言"和声音来确定线虫是否具有情绪。昆虫远比线虫高级，不仅有复杂的身体结构，可以有"肢体语言"，还能够发出声音，人们由此可以判断昆虫是具有情绪的动物。达尔文在上面提到过的文章中说，"即使是昆虫也用它们的鸣声表达它们的愤怒、恐惧、嫉妒和爱"。随后的科学研究也证实了达尔文的结论。

昆虫的抑郁

哺乳动物受到惊吓时会逃跑或者身体固定不动，而果蝇也有类似的反应。如果有阴影连续通过果蝇的上方（模拟捕食它们的敌人来临），正在进食的果蝇就会四散而逃，少数果蝇会固定不动。在头上方的阴影消失后，逃跑的果蝇也不会立即回到有食物的地方开始进食，而是要再躲避一段时间。阴影通过的时间越长，即恐吓它们的时间越长，果蝇在恢复进食前躲避的时间也越长。由于阴影并不对果蝇造成实质性的伤害，果蝇的这种行为说明阴影确实在果蝇"心"里留下"阴影"，即使果蝇处于被"惊吓"的状态，需要一段时间才能恢复"正常心态"，恢复进食。

高等动物在尝试多次失败后会产生沮丧的情绪而放弃努力。为了证明昆虫也有类似的表现，科学家把两只果蝇（A 和 B）分别放在两个小室中，温度为 24 摄氏度（果蝇感到"舒服"的温度）。两个小室都有加温装置，可以把温度很快升到 37 摄氏度（果蝇感到"不舒服"，想要逃避的温度）。当果蝇 A 停下来的时间超过 1 秒钟时，小室就会自动开始加热。如果果蝇 A 感到热而恢复

行走，加热就会自动停止。这样经过多次训练之后，果蝇 A 就能够学会用行走的办法来避免加热。果蝇 B 也会在加热时行走以逃避加热，但是行走并不一定会停止加热。这样经过多次尝试以后，果蝇 B 就会"认识"到无论自己怎么做，都不会停止加热，行动变得迟缓，甚至加热时也不动，类似于高等动物尝试多次失败后的放弃行为，相当于是处于"沮丧"的状态。由于 37 摄氏度只会使果蝇感到"不舒服"（从其避免反应看出来），并不会造成身体的伤害，果蝇 B 的放弃行为更可能是一种心理状态恶化的表现。

高等动物处于抑郁状态时对事物的看法比较悲观，叫做"认知偏差"（cognitive bias）。认知偏差在动物中是一个普遍现象，在大鼠、狗、山羊、家鸡、欧洲掠鸟等动物身上都可以用实验测定出来。人也一样，对于半瓶水，乐观的人认为"还有半瓶"，悲观的人认为"半瓶已经没有了"。为了证明昆虫也有认知偏差，从而证明昆虫也可以有悲观的心理状态，科学家用猛烈摇晃蜜蜂的方法来模拟蜂巢被偷蜂蜜的动物捣毁，然后再看蜜蜂身上发生的变化。他们先测定蜜蜂血淋巴中多巴胺和血清素的浓度，发现这些物质的浓度都显著降低。由于多巴胺和血清素是与动物情绪密切有关的神经递质，这个结果显示经过摇晃的蜜蜂的"情绪"很可能发生了变化。

为了证实蜜蜂确实受到了惊吓而"情绪不佳"，科学家进一步观察被摇晃过的蜜蜂在判断将来可能出现的事情时是否更加悲观。他们所用的方法还是对高等动物使用的"中间差别法"。例如在对大鼠的实验中，2000 赫兹的音调预示着食物，按下一根杠杆就可以得到食物。而 9000 赫兹的音调预示着电击，按下另一根杠杆就可以避免电击。在大鼠学会这两种音调的意义之后，再让它们听 3000 赫兹、5000 赫兹和 7000 赫兹的声音，结果情绪不佳的大鼠在听到这些频率的声音时更多地按避免电击的杠杆，说明它们更容易把中间的音调解释为处罚即将到来。类似的实验也可以用到蜜蜂身上。蜜蜂在遇到蔗糖时会伸出口器，而遇到苦味的奎宁时会收回口器。如果把两种有不同气味的化合物辛酮和己酮按 9:1 和 1:9 混合，把 9:1 的混合物与蔗糖一起给蜜蜂，1:9 的混合物与奎宁一起给蜜蜂，若干次训练之后，蜜蜂就学会了只要遇到 9:1 的混合物就伸出口器，遇到 1:9 的

混合物就收回口器。然后科学家再让被摇晃过的蜜蜂与没有被摇晃过的蜜蜂来判断 3:7、1:1、7:3 比例的辛酮和己酮的混合物，发现被摇晃过的蜜蜂更多地把这些中间比例的混合物预期为奎宁而收回口器，而更少地把这些中间比例的混合物预期为蔗糖而伸出口器，说明被摇晃过的蜜蜂确实对预期要出现的事情更加悲观，证实了蜜蜂也会有悲观情绪。

昆虫的侵略性格

在哺乳动物中，侵略性和脑中的血清素水平密切相关。猴王的血清素水平一般是猴群中最高的，也最具有侵略性。人也一样，脑中血清素浓度过低会导致抑郁症，而血清素浓度过高又会产生侵略性。昆虫之间也会因为争夺食物和配偶，以及争夺群体中的头号位置而相互打斗，表现出侵略性。例如雄果蝇会因争夺与雌果蝇的交配权而与其他的雄果蝇打斗。雄果蝇先是竖起翅膀进行威吓，然后冲上前去冲撞、揪住对方，和"拳打足踢"。这种行为和一种叫奥克巴胺（octopamine）的化学物质有关。缺乏奥克巴胺的果蝇侵略性降低，而在这种果蝇中用转基因的方法表达奥克巴胺，又可以增加果蝇的好斗性。奥克巴胺在分子结构上类似高等动物的正上腺素（norepinephrine），与昆虫的攻击性密切相关（图13-4）。

在蜜蜂中，保幼激素（juvenile hormone）浓度高会使蜜蜂更具侵略性。大黄蜂是社会性的昆虫，其中有占主导地位的个体，类似于高等动物中的头号雄性。研究发现，最具侵略性，因而可以成为"王"的大黄蜂有最高的保幼激素和蜕皮类固醇（ecdysteroid）水平。

昆虫的侵略性表明昆虫具有"自我"意识，要争自己的地位。既然是要当"老大"，当然首先要有"我"的概念。同时表明昆虫也有情绪，即"战斗意志"，使昆虫表现出侵略行为。

昆虫的个性

不同的人具有不同的行事行为，即个性(personality)，而且终身不会改变。这是由生殖细胞形成时的"基因洗牌"（即同源重组）造成后代的个体中基因组合情形不同而产生的。昆虫进行有性生殖时，也要进行同源重组，因此后代虽然具有同样的基因，但是不同个体之间基因类型的组合情形不同，也有可能使昆虫具有个性。科学研究也证实了这个推断，在同种昆虫中，的确有些侵略性比较强，不太怕危险，而有些比较"胆小"，不太冒险。

德国科学家比较了小红蚁（Myrmica rubra）中在三种不同位置（在外寻食的，在门口守卫的，和在窝内照顾蚁王和幼蚁的）的工蚁，在 21 天中观察它们的位置10 次，发现它们总是待在原来的位置，而不换到别的位置。即使移除某个位置的蚂蚁，原来待在其他位置的蚂蚁也不会改换它们的位置来补充。研究发现，小红蚁的位置和任务与它们的个性密切相关。虽然同为工蚁，都是雌性，从外表上也看不出任何区别，但是在这三种不同位置的工蚁个性不同。在外寻食的工蚁最为活跃，不惧光线，卵巢最短，外皮中正烃烷的浓度最高（利于防水），而待在窝内照顾蚁王和幼蚁的工蚁则活动较少，躲避光线，卵巢最长，外皮中正烷烃的浓度最低。在门口担任守卫的工蚁则介于二者之间。这些差异很可能是由于遗传物质的差异导致的激素（例如卵黄蛋白原和保幼激素）浓度不同（图 13-4）。

美国科学家发现，与昆虫同属节肢动物的蜘蛛也有个性。例如群居的栉足蛛（Anelosimus studiosus）中的不同个体，虽然看上去没有任何差别，但是其中有"胆大"且攻击性强的蜘蛛和比较温顺且活动较少的蜘蛛。前者负责杀死被捕获的动物和击退入侵者，而后者负责修补蛛网和照顾幼蛛。在这种群体中，两种不同个性的蜘蛛要有一定的比例，才能比较好地生存（图13-4）。

昆虫和蜘蛛群体中不同的个性的（例如不惧危险和"胆小怕事"）的存在，也表明这些动物有自我意识和情绪。

昆虫的智力

昆虫数以万计的神经细胞不仅可以产生感觉和情绪，而且可以产生智力。蚂蚁是社会性动物，与同窝的成员有密切的相互接触，也发展出了可以看做智力的行为。

例如切胸蚁（Temnothorax albipennis）能够区分高质量的新窝（长 49 毫米，宽 34 毫米，其中通道宽 2 毫米，入口处宽 1.3 毫米，没有光照）和低质量的新窝

（也是 49 毫米长，宽 34 毫米，但是通道狭窄，只有 1 毫米，入口处宽 4 毫米，又太大，而且有光照）。有经验的蚂蚁会让没有经验的蚂蚁跟着它走，或者去新窝，或者从新窝返回到旧窝。领头的蚂蚁发现跟随的蚂蚁跟丢了时，会停下来等待，然后继续领着后面的蚂蚁前进。如果是去高质量的新窝时，后面的蚂蚁跟丢，领头的蚂蚁会等比较长的时间，以尽可能地让后面的蚂蚁跟上，说明领头蚂蚁比较"在乎"把后面的蚂蚁带到高质量的新窝。但是如果有经验的蚂蚁是带领没有经验的蚂蚁去低质量的新窝，领头蚂蚁等待跟丢蚂蚁的时间就比较短，说明领头的蚂蚁对后面的蚂蚁跟丢不是那么"在乎"。

如果是有经验的蚂蚁把没有经验的蚂蚁从新窝带领回旧窝，领头蚂蚁等待时间的长短就反过来。从高质量的新窝回家时，领头蚂蚁等待跟丢蚂蚁的时间比较短，好像不太"在乎"后面的蚂蚁留在高质量的新窝，而不回到旧窝。而从低质量的新窝带没有经验的蚂蚁回原来的窝时，领头蚂蚁等待的时间就比较长，似乎要"确保"把后面的蚂蚁带回原来比较好的窝。

蚂蚁的这种行为说明蚂蚁有一定的判断力（新窝的质量），而且能够在对新窝质量判断的基础上决定自己的行为，在等待时间上"做决定"。在不同的情况下等待的时间也相应不同，说明蚂蚁的行为具有明确的"目的性"。为了实现目的，在不同做法中按照分析的结果做出选择，以得到最好的结果，就是智力的表现，这说明蚂蚁已经具有智力。

另一种蚂蚁，非洲箭蚁（*Cataglyphis cursor*），表现出和哺乳动物同样的营救同伴的行为。如果把一只箭蚁用尼龙丝拴住，部分埋在沙下，只露出头部和胸部，尼龙丝也看不见，同窝的箭蚁发现后，会试图营救。先是拖被困蚂蚁的腿，不成功后开始清除埋在受困蚂蚁身上的沙子，再继续拖。如果再不成功，营救蚂蚁会继续清除余下的埋受困蚂蚁的沙子，直到拴住蚂蚁的尼龙丝露出来。这时营救蚂蚁会试图咬断尼龙丝，以释放被拴的同伴，但是不会去咬旁边的，不拴住同伴的尼龙丝（图 13-5）。

如果被同样处理的还有同种但是不同窝的蚂蚁，或者不同种的蚂蚁，上述的营救蚂蚁都会置之不理。

箭蚁的这种行为明显包含某种程度的智力：营救蚂蚁能够对同窝蚂蚁施以援手，但对不同窝或不同种的蚂蚁不去施救，是有"目的"性的行为，而且带有"感情"性质。除去埋住同伴的沙子，咬尼龙丝，都是为了解救同伴。蚂蚁以前并没有见过尼龙丝，但是会去咬拴住蚂蚁的尼龙丝，不去咬旁边其他尼龙

丝，说明营救蚂蚁"懂得"是拴住蚂蚁的尼龙丝使蚂蚁受困，目的是释放同伴。营救时只拖受困蚂蚁的腿，而从不拖容易损坏的触须，说明蚂蚁"知道"身体的哪些地方是比较结实的，可以拖，哪些地方是脆弱的，不能拖。这些行为用简单反射的机制是无法解释的，而必须要有一定程度的"思考"。

箭蚁的这种营救行为，和大鼠的营救行为非常相似。如果把一只大鼠限制在非常狭窄的容器内，同种的大鼠会试着打开容器的门，把同伴释放出来（图 13-5 右）。如果被关住的是不同种的大鼠，则营救行动不会发生。如果两只不同种的大鼠在一起相处了相当长的时间，成为同伴，其中一只大鼠受困，另一只大鼠也会去营救。这说明在营救行动中，"感情因素"是很重要的。大鼠是哺乳动物，是明显具有感情的，箭蚁几乎完全相同的营救行为说明蚂蚁也许也有感情。雌雄昆虫之间通过信息素彼此吸引并进行交配，很可能不仅是有感觉，而且是有感情的行为。

以上的例子说明，昆虫是有感

图 13-5　非洲箭蚁和大鼠的营救行为

454 | 生命通史

觉、有意识、有情绪、也有智力的动物；这些过去被认为只有人类才具有的能力，在动物演化的早期就已经发展出来了。对于所有具备神经系统的动物来讲（最原始的，没有神经系统的丝盘虫除外），感觉和意识看来早就存在，智力的发展也有一个从低到高的过程，对于绝大多数动物来讲，只有高低的问题，没有有无的问题。

在过去的长时期中，人类总是"高高在上"地去看这些似乎是低等得不值一提的昆虫，甚至怀疑人以外的动物是否有意识和智力。但是如果我们真的去研究昆虫的行为，就会发现它们的神经系统已经发展出了相当强大的信息处理能力，使它们成为地球上生存能力最强的生物。地球上目前约160万个动物物种中，有130万个物种是昆虫。135000个神经元，数亿个神经连接，能够做的事情超出我们的想象。现在对昆虫意识和智力的研究才刚刚开始，一定还会有许多目前我们不知道的昆虫神经系统的功能。我们绝不应该小瞧昆虫。

第五节　聪明的章鱼

章鱼是软体动物中的一种。我们常见的蜗牛、田螺、蚌类、乌贼等都是软体动物。它们常有外壳，身体不分节，没有脊柱，属于无脊椎动物，在演化链上是比较低级的动物，然而软体动物中的头足类动物例如章鱼却具有发达的智力。

比起昆虫来，章鱼的脑结构要复杂得多。章鱼的神经系统含有约5亿个神经细胞，不仅远超过果蝇的13万个神经细胞，还远超过其他软体动物如蜗牛的1万个神经细胞，甚至超过哺乳动物中的小鼠（5千万个神经细胞）、大鼠（1亿个神经细胞），和狗的神经细胞数（约6亿）差不多。不过章鱼的神经细胞主要不在脑中，而是在触手和视叶（optical lobe）中，与智力有关的神经细胞有大约2500万，集中在垂直叶中（图13-6）。章鱼神经系统与体重的比例小于鸟类和哺乳类动物，但是高于哺乳动物中的鱼类和两栖类。

章鱼具有发达的智力，不仅能够学习和记忆，而且能够从观察中学习。例如让章鱼接触两个质地不同的球，章鱼在触碰到其中一只时给它以电击，这只章鱼就

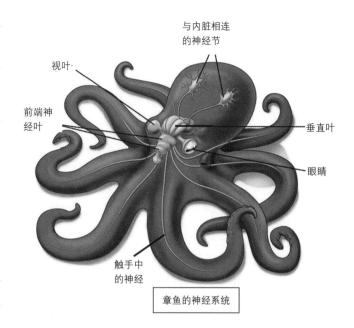

章鱼的神经系统

章鱼带着椰子壳"走高跷"

章鱼用携带的椰子壳做窝

图 13-6　章鱼的神经系统和携带工具的能力

能够学会避开这只球，只接触另一个球，而且可以记忆至少一天。如果让一只没有受过训练的章鱼观察受过训练的章鱼对两个球的选择，观察者很快就学会了选择受过训练的章鱼选择的球，比从头训练这只章鱼需要的时间短得多。

章鱼有发达的视力，长有一对类似人眼的单透镜眼睛，但是章鱼的视网膜是"正贴"的，即感光细胞朝向光线来的方向（见第十二章 动物的感觉）。在脊椎动物的眼中，感光细胞接收到的光信号是在视网膜中被双极细胞和节细胞进行初步加工，再输送至大脑的，而章鱼的视网膜只含有感光细胞，对光信息的初步加工是在眼睛背后的视叶中进行的。视叶中不同类型的神经细胞也分层分布，类似于脊椎动物视网膜中细胞的分层结构。章鱼不仅能够分辨平放和竖放的长方形，而且能够分辨不同的章鱼。章鱼多是独居的，每只章鱼有自己的"地盘"，对侵入的章鱼会驱赶。如果让章鱼隔着玻璃看见另一只章鱼，过一段时间后把这两只章鱼放到一起，章鱼之间发生冲突的几率就小于从未见过面的两只章鱼，尽管在人眼看来，这些章鱼的外形都很相似，说明章鱼能够区分同种章鱼中的不同个体。

章鱼也能够认识人，而且有爱憎。美国新罕布什尔州的新英格兰水族馆中一只叫 Truman 的雄章鱼，不喜欢曾经饲养过它的一位女志愿者，见到她就会向她喷水。这位女志愿者随后辞职，但是即使她几个月后再回来，Truman 仍然向她喷水。对于章鱼不喜欢的饲养员，一旦手被章鱼腕脚上的吸盘吸住就很难脱离，皮肤上会被吸出红印来。但是另一只叫 Athena 的雌章鱼喜欢作家 Sy Montgomery，见到他就会伸出触手轻抚作家的手，并且翻过身来让作者抚摸。猫和狗对于它们信任的人或者动物会翻过身来，露出易受攻击的腹部。章鱼也有类似的翻身动作，说明章鱼能够信任某个特定的人。

章鱼能够很快地适应环境。例如刚把章鱼从海中捕获，放在饲养缸中时，它会力图躲避起来。但是约一周后，它就不再躲避，而是在饲养缸中四处游动，观察缸周围的情况。曾有多次报告说章鱼会在晚上无人时溜出自己的饲养缸，进到饲养螃蟹的缸里吃螃蟹，然后又溜回自己的缸内。章鱼也会爬进渔船内，打开储存鱼蟹的船舱，偷吃里面的食物。章鱼甚至能够旋开瓶子上带螺旋口的盖子，获得里面的食物。实验者把食物放进一个小盒子中，小盒子又放在中等大小的盒子中，这个盒子又放在一个大盒子中。每个盒子都有不同的开法，而章鱼很快就能学会开三个盒子，取得食物。

章鱼的智力也可以从工具的使用上看出来。早期的章鱼，与蜗牛和鹦鹉螺一样，是有外壳的，但是后来为了更敏捷地运动和捕食，外壳逐渐消失。运动性是获得了，但是这样的章鱼也缺乏保护。章鱼为了保护自己，会利用空的海螺壳。随着人类加工椰子并且把椰子壳扔到海里，章鱼也学会了利用半边椰子壳来做"铠甲"。身下和身上各半片，把自己包围起来。它在移动时，还会带着椰子壳走。这时它把半边椰子壳凹面向上，形状像一口锅，章鱼会"坐"在锅里，只靠少数腕足伸直向下，像"踩高跷"那样行走（图 13-6）。这和动物利用现成的藏身场所不同，这些场所是不会动的。章鱼带着椰子壳行走，明显地是在使用工具。工具在不使用时是没有用的，而且携带它还会带来负担。章鱼在搬动椰子壳时也会运动不便，而且易受攻击，说明章鱼"知道"这些椰子壳的用处而把它作为工具携带和使用。章鱼不捕食时，会找地方隐藏起来睡觉。它会在睡觉前搬来一些石头，排列在藏身处前面，然后再睡觉，说明章鱼在搬动这些石头时"明白"这些石头是用来保护睡觉中的自己的。

章鱼还会"玩耍"。例如给它们塑料玩具，它们会用自己喷出的水流把玩具冲到漩涡中，然后再去抓获，这样反复多次。这些物体并不是食物，这些动作除了消耗体力外，也没有任何具体的"好处"。懂得"玩"的动物智力是比较发达的，章鱼的这种行为说明章鱼的"心思"已经达到哺乳动物的水平。

第六节　鸟类的智力

鸟类是脊椎动物，是从爬行类的恐龙演变而来的，是动物演化过程中比较高级的动物。鸟类的体型比昆虫大得多，拥有结构复杂的脑，质量可以达到 10 克以上，应该拥有比昆虫发达的智力。但是从哺乳动物的角度看，鸟类的身体一般要小得多，脑也相应地比较小。比起哺乳动物几十克甚至几百克重的脑，多数鸟类的脑只有几克甚至更少，这么小的脑似乎不足以支持智力活动，但是近年来的一系列科学实验，证明一些鸟类，特别是鸦类，具有相当高的智力，可以与哺乳动物中比较聪明的黑猩猩媲美。

能够制造和使用工具的白嘴鸦

在过去的长时期中，工具的制造和使用被认为是人类特有的能力。工具是人身体的延伸，可以更有效地完成各种任务。人类几千年前就学会了用刀砍柴切肉、用锤子敲开坚果，用锄头挖地，用弓箭长矛捕猎，用车运输等。工具的制造和使用需要计划和工艺，也就是需要思考的过程，曾经被认为是区分人类和所有其他动物的标志之一。但是随着科学研究的广泛深入，科学家发现许多动物，包括鸟类都能够使用工具，甚至自己制造工具。

白嘴鸦（rook，*Corvus frugilegus*）是鸦类的一种，比

鸟鸦体型小，生活在欧洲和亚洲的一些地方，因为其喙靠近眼睛的部分是灰白色的而被称为白嘴鸦。英国科学家 Christopher D. Bird 和 Nathan J. Emery 发现，它们具有使用和制造工具的能力。

例如把食物放在易碎的透明盒子中，白嘴鸦会用喙啄碎盒子的上盖，取出食物。如果在盒子上面放一根空管，管子上端连在一个盘子上，盘上有开口通管子，盘上面放一些石头，白嘴鸦会偶然把石头推入空管内，石头落下也会敲碎盒子，露出食物。从这两个经验，白嘴鸦会"知道"这个盒子易碎，下一次就会立即把盘子上的石头推入管中，获得食物。如果管子的上端不再连有盘子，而是在盒子旁边放一些石头，白嘴鸦会立即衔起石头，丢入管中（图13-7）。

如果在盒子旁边放上不同大小的石头，白嘴鸦会挑选其中最大的，好像"知道"大的石头砸碎盒子的可能性更大，尽管所有的石头都能够砸碎盒子。但是如果缩小管子的口径，这样最大的石头放不进管子去，白嘴鸦

管上带托盘

粗管无托盘

容器盖击碎实验

细管无托盘

填入石头提高水面以取得浮在水面的食物

用铁丝制作钩子，将管中食物钩出

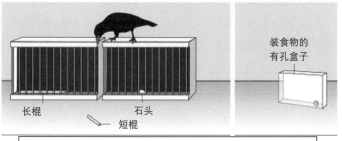
长棍　　　　　石头
短棍

装食物的有孔盒子

用笼外的短棍取出笼内的长棍以取得盒子内的食物

图 13-7　白嘴鸦使用和制造工具

会自动选择小一些，能够放入管子的石头，而不会先去试最大的石头。但是如果把大的石头变成长条形，尽管重量没有减少，但是又能够被放进管子，白嘴鸦又会去选择这样的大石头，而且能够调整石头的方向，将其放入管子内。这说明它们的眼睛能够估计物体的尺寸。

如果进行实验的屋子里面没有石头，而是把石头放在室外，它们会到室外去获得石头，而且是能够放进管子的石头，说明它们"知道"石头的用途，而且记得管子的尺寸，按照这个尺寸来选室外的石头。

如果用棍子来代替石头，白嘴鸦发现棍子比较重时，会把棍子像石头那样投入管子中，让棍子敲碎盒子。如果它们发现棍子比较轻而长，它们会把棍子插入管子，同时叼住棍子往下使力，把盒子压破。

如果用树枝来代替棍子，但是树枝上有侧枝，放不进管子，白嘴鸦会把侧枝啄掉，而且是从侧枝的根部啄断，以尽量减少侧枝的影响。

如果同时给白嘴鸦一根能够工作的长棍和一块放不进管子的石头，或者一根短的，不够砸碎盒子的棍子和一块能够放进管子的石头，白嘴鸦会立即选择能够工作的棍子或者石头，而不是随机地去试，说明它们"懂得"什么样的工具能够达到目的。

使人印象深刻的还有白嘴鸦制造工具的能力。如果把食物放在一个小篮子里面，小篮子又被放在一根透明的管子中，白嘴鸦的喙够不到，它会把给它的金属丝弯成钩子，伸到管子中把装食物的篮子钩上来。这已经是一种需要计划的行动，而且需要对工具的工作原理有一定程度的理解（图 13-7）。

当食物漂浮在管中的水面上，白嘴鸦的喙够不到时，它会往管子内投石头以升高水面，使它能够到食物。如果有大小不同的石头供选择，它会首先使用大的石头，好像"懂得"大的石头能够更快地升高水面（图13-7）

对鸟类智力更严格的考验是用另一种工具来获得能够达到目的的工具，即用工具来获得工具，需要的智力更高，因为另一种工具和目的并没有直接的联系。例如食物被放在有孔的盒子里，要长的棍子才能把食物取出来。在 1.5 米外有两个笼子，分别放有长棍和石头。笼外有短棍，但是短棍本身不能把食物取出来。这时白嘴鸦会用短棍去取出长棍，再用长棍去取有孔盒子里面的

食物，而不会去取笼子里面的石头（图 13-7）。

鸟类埋藏食物时的心思

鸦类的鸟会把食物埋藏起来，以备冬天食物缺乏时使用。例如生活在美国西部高海拔地方的克拉克灰鸟（Clark's nutcracker）能够在广大的地域里埋藏多达 3 万个松子，而且在埋藏后 6 个月后取用这些食物。它们是如何记住这些埋藏地点的，是一个有趣的问题。一种方法是记住每个埋藏点的图像，证据是灰鸟在取出食物时，身体的方向和埋藏食物时完全一致，而不管它们是从什么方向接近食物埋藏点，因为只有身体方向前后一致才能把以前的图像和现在的图像进行比较。另一个方法是记住地标。如果在人工建造的埋藏地左右两边都竖起特征性的地标，在灰鸟埋藏食物后把右边的地标往后移动 20 厘米，而左边的地标位置不变。灰鸟取回左边的埋藏食物时不会有问题，但是在取回埋在右边的食物时就会发生偏差，大约离食物的位置右偏 20 厘米。

如果鸟类的这种能力是基于图像记忆，不一定需要多少智力，那么下面的事实就不是记忆可以解释的了。埋藏的食物有的很稳定，不易腐败，例如花生，而另一些食物很容易腐败，例如面包虫。灌丛鸟（scrub jay，也是鸦类中的一种）在获取食物时，会先取食容易腐败的食物，而把不容易腐败的食物留到以后，说明它们能够理解食物易腐性的差别。

灌丛鸟也会偷其他灌丛鸟埋藏的食物。如果一只灌丛鸟发现自己在埋食物时被其他灌丛鸟看见，它会随后把埋藏的食物取出来，埋到新的地方，而且会首先选择距离其他灌丛鸟较远，位置隐蔽，不容易发现的地方。如果有明亮处的地点和黑暗处的地点供选择，它们会首先选择黑暗的地方，然后再使用明亮的地方。在获取食物时也是先取出明亮处的食物和离其他灌丛鸟比较近的食物。这些行为说明灌丛鸟能够知道其他灌丛鸟是不是在看它埋藏食物，即从"眼神"中发现其他灌丛鸟关注的对象，并且知道其他鸟的"心思"而提前加以防范，它们也能够从人类的眼光中知道人类在看什么东西。有趣的是，偷盗过的灌丛鸟更多地采取防范措施，而没有偷过食物的灌丛鸟就很少采取这样的措施，说明灌丛鸟能够从自身的行为中"知道"什么是"偷"，因为自己

就有这样的心思，继而推断别的灌丛鸟也会有这样的心思。这是鸟类能够了解其他鸟类个体心理活动的证据。

识数的乌鸦

数目是从实际的物体中抽象出来的，而不管这些物体究竟是什么。例如5把钥匙和5个球的共同性就是"5个"，而不管说的是钥匙还是球，这些物体的大小、颜色、质地等都不在考虑之列。而且数目之间还可以进行加、减、乘、除等运算，完全不管这些数字代表的是什么。拥有数目的概念说明动物已经有了抽象思维的能力。科学实验表明，鸦类的鸟已经具备这种能力。

1950年，德国科学家Otto Koehler（1889—1974）给渡鸦（Raven, *Corvus corax*）看一张上面有几个点的卡片，同时给渡鸦两个盒子，上面标有几个黑点。其中一个的黑点数与卡片上的黑点数目相同，另一个与卡片上的点数差1个（多一个或者少一个）。只有打开黑点数与卡片上的点数相同的盒子，才能得到食物。渡鸦很快就学会了选择正确的盒子，说明渡鸦有辨别同时出现的数目的能力。

为了证明渡鸦识别的是数，而不是量，Koehler用同样大小的胶泥做成不同数量的小球，这样一来，这些球总的胶泥量是相同的，但是小球的数不同。渡鸦很快就能选择正确的数，说明渡鸦认识的确是数。

为了测试渡鸦是不是能够记住顺序出现的数目，Koehler先训练渡鸦，吃完5块食物时就能够得到更大的奖赏，然后把渡鸦放到一系列盒子面前，每个盒子里面的食物数量不同，例如第一个盒子里面有1块，第二个盒子里面有2块，第三个盒子里面有1块，第四个盒子是空的，第五个盒子里面有一块，等等。头五个盒子里面食物的数量可以随机变化。在多数情况下，渡鸦在吃够5块食物后，就不会再去开后面的盒子，说明渡鸦有记住每个盒子中食物的数量，并且将它们加在一起的能力。在数目不超过6时，渡鸦的反应都比较准确，但是当数目在6和7之间时，渡鸦的反应就不再准确，说明渡鸦识别数的能力不超过6。

鸟类智力最令人印象深刻的，是一只非洲灰鹦鹉（African grey parrot），它是美国心理学家Irene Pepperberg（1949—）从一家宠物店买的。当时这只鹦鹉只有一岁大，被Pepperberg用来研究鸟类的认知能力。这只鹦鹉被取名Alex，是"鸟类语言实验"（Avian language experiment），或者"鸟类学习实验"的缩写（图13-8）。

Alex表现出非凡的认知和学习能力。它能够辨别70种左右的物体，分辨7种颜色和5种形状，知道超过100个单词，并且能够创造性地使用它们。它还懂得"形状""材料"，能够数到6（与渡鸦相同），也懂得"大些"、"小些""相同""不同""没有""在上面""在下面"的意义。它能够表达"想要"（I wanna X），拒绝（no），它的智力能够与海豚和大猩猩媲美，相当于人类5岁儿童的水平。

例如给Alex看3把钥匙和2块软木，问它一共多少物品时，它会回答"5"，尽管钥匙和软木形状和材料完全不同。即使用不同大小，不同颜色的钥匙和软木，它的回答仍然是5，说明它能够把数抽象出来，而不管物

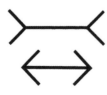

米勒－莱尔错觉

图13-8 非洲灰鹦鹉 Alex

体的具体性质。用豆子和坚果让它算总数，也得出了相同的结果。但是当给它看一只橙色的粉笔、两块橙色的木块、4 块紫色的木块、5 只紫色的粉笔，问它"有多少紫色的木块?"，它会回答"4"，说明它能够区分橙色和紫色，木块和粉笔。

给 Alex 看红色的三角形的木头和绿色三角形的牛皮，问它有什么不同? 它会回答"材料"（material，这个词发音有点难，Alex 的发音是 Mah-Mah）。给它看一个四方形的木块，它会说"角"（corner，指四方形的角），问它有多少个角? 它会回答"4"。

它还会创造性地使用语言，例如向它喷水时，它会说"淋浴"（shower），它把不熟悉的苹果叫"banerry"，是它熟悉的两种水果，banana 和 cherry 两个词的结合。

当给它看两个相同的物品，问它"有什么不同?"时，它会回答"没有"（none），说明它有零的概念。

Alex 也是有脾气的。当它对实验厌烦了时，它会说"想回笼子"（Wanna go back）。当它要香蕉而训练员故意给它坚果时，它会显出不高兴的样子，把坚果扔回训练员，同时重复原来对香蕉的要求。但是当它看见训练员显出生气的样子时，它又会说"抱歉"（I am sorry）。

Alex 甚至能够获得与人一样的视觉幻觉。例如著名的米勒－莱尔错觉（Muller-Lyer illusion），即两根同样长的直线，在两端加上箭头线，结果箭头线指向外的，中间的直线看上去更长。Alex 也说两根直线不一样长。但是如果箭头线是与中间的直线垂直时，Alex 就报告没

有差别，说明 Alex 看图像的方式与人类相似（图 13-8）。

喜鹊能够认识镜子里面的自己

1970 年，美国科学家 Gordon Gallup Jr.（1941—）发明了镜子测试法，认为只有能够"认识"镜子里面的图像是自己的动物才被认为是具有自我意识的。Gallup 用的方法是在动物身上加上平时自己看不见，只有在镜子中才能看见的标记，例如在鸟喙下面贴上有颜色的贴纸，或者在哺乳动物的额头上或者眼睛下面用颜料画出点或者叉。如果动物在镜子里面看见这些标记而试图在自己身上除去这些标记，就说明动物能够理解镜子里面的动物就是自己。到目前为止，只有少数动物能够通过这个测试，包括黑猩猩、非洲倭黑猩猩、长臂猿、大猩猩、非洲象、宽吻海豚、虎鲸。所有这些都是哺乳动物，唯一能

够通过镜子测试的鸟类是鸦科的喜鹊，它能够认识到自己喙下方的颜色贴纸是在自己身上而试图除去它（图 13-9）。

通过镜子测试的动物都是动物中最聪明的，说明镜子测试的确是测定动物认知力的一种手段。但是并不是只有通过镜子测试的动物才具有自我意识。凡是有感觉的动物都应该具有自我意识，因为去感觉的主体是"自己"，感觉也只能是"自己"的。狗和猫不能通过镜子测试，能够说它们没有自我意识吗? 人类不满 18 个月的幼儿也不能通过镜子测试，但是明显地具有自我意识，有自己的喜怒哀乐，有自己的要求，对人有亲疏的差别。镜子测试其实是要动物不是从内部感觉，而是从外部形象上意识到自己的存在。镜子里面反映的只是动物的光学图像，动物的其余特点，例如体温、气味、可触摸性等，都不存在。要在镜子中认识自己的图像，

喙下方有黄色贴纸的喜鹊

喜鹊试图用喙来接触贴纸

当发现用喙接触不到贴纸时，喜鹊会用爪子

图 13-9 对喜鹊的镜子测试

需要更高的认识能力。即使能够通过镜子测试的动物中，也不是每一个个体都能够通过测试，而是更多的同种个体通不过测试。那些最终通过测试的个体，一开始也把自己的镜像当做是另一个动物而表现出攻击性的行为，只有在经过比较长的时间之后，才逐渐意识到镜子里面的形象并不是另一个动物，而是自己，所以镜子测试所证明的，并不是动物是否具有自我意识，而是更高的认识和判断能力，是智力水平的一个参考指标。喜鹊能够通过镜子测试，说明鸟类也能够具有与哺乳动物相当的智力。

不是所有的鸟都像鸦类那样聪明。如果用同样的方法来测定鸟类的智力，那么鸦类明显高于鹌鹑，鹌鹑又高于鸡。Alex 的脑只有 8 克重，是人脑（约 1400 克）的 1/175，是黑猩猩和海豚的脑的几十分之一，但是却拥有和黑猩猩、海豚类似的智力，是令人惊异的。这说明智力的发展并不如原来想象的那样，需要灵长类那样大体积的脑。鸟类的脑结构和哺乳动物不同。鸟类的智力与其大脑皮层（pallium）有关，在比较聪明的鸦类中，Pallium 的相对大小就比鹌鹑和鸡大得多。哺乳动物的智力和脑的新皮质（neocortex）有关，而章鱼的智力和垂直叶有关（图 13-10）。这些事实说明，智力的形成和发展并不需要相同的脑结构，甚至不需要相同类型的神经细胞。

第七节　哺乳动物的智力

哺乳动物是动物演化的高级阶段，我们人类就是哺乳动物，具有地球上所有动物中最高的智力。除了人类，其他哺乳动物也表现出相当程度的智力。许多养过狗的人都能够感受到狗的情绪和聪明，例如非常能够理解主人的意思，懂得和执行指令等。黑猩猩能够使用树枝来获取蚁窝中的蚂蚁。两只大象能够彼此配合，同时拉动横杆两端的绳索以获得食物，而且如果其中一只还没有到位，另一只已经到位的大象还会等待它到位，然后才开始拉动绳索，说明它们懂得横杆的工作原理。好几种哺乳动物，包括前面提到的黑猩猩、倭黑猩猩、长臂猿、大猩猩、非洲象、宽吻海豚和虎鲸，能够通过镜子测试，说明它们有相当高级的认知能力。

哺乳动物智力的一个突出的例子就是美国科学家 Sue Savage-Rumbaugh（1946—）训练的一只雄性倭黑猩猩 Kanzi。倭黑猩猩平时生活在非洲刚果河以南，Kanzi 却是在美国的埃默里大学出生，后在爱荷华州的大猿信托中心（Great Ape Trust）和它的养母 Matata 和 Matata 的女儿 Panbanisha 一起生活。Kanzi 被发现有超出意料的智力（图 13-11）。

Kanzi 能够像人那样把棉花糖（Marshmallow，是由蔗糖、水和明胶制成的松软糖球，烤后更好吃）穿成串，然后收集干树枝，折断它们，堆在一起，划燃火柴，点着树枝，再把棉花糖放在火上烤来吃（图 13-11）。它很喜欢吃煎鸡蛋，而且想自己去煎鸡蛋，它会在计算机的

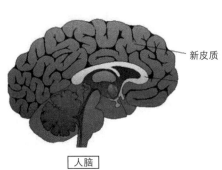
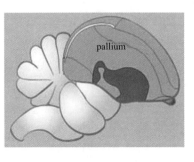

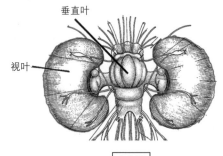

图 13-10　与智力有关的脑部分。在人类是新皮质，在鸟类是 pallium，在章鱼是垂直叶

Kanzi 使用符号图

Kanzi 打制石器

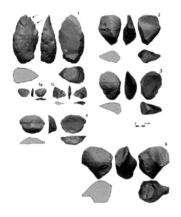

Kanzi 打制的石器

Kanzi 收集树枝，准备生火

Kanzi 划着火柴

Kanzi 吃烤过的棉花糖

图 13-11　倭黑猩猩 Kanzi。Kanzi 能够使用近 400 个符号词（左上），打制石器（上中，上右），收集树枝，划着火柴生火，用来烤棉花糖（下）

触摸屏上用手指选择鸡蛋和佐料，包括洋葱、莴苣叶、葡萄和菠萝。

它从石器时代研究所的 Nick Toth 那里学会了制造石器，用左手握住一块石头，用右手握住的石头来敲击。它还发明了自己制造石器的方法，即把卵石直接砸向坚硬的表面上来形成石片。在它完成的 294 件石器中，大多数是用它自己的方法制造的。这些切割器非常尖锐，可以划开兽皮，获取下面的食物（图 13-11）。

最令人印象深刻的是它使用语言的能力。倭黑猩猩的咽部结构与人不同，不能像人那样发出复杂的

声音，但是它能够使用表示单词的图形（lexigame，即符号词）来表达它想要说的词。最初研究人员是教它的养母 Matata 使用这些符号词，但是 Matata 对此不感兴趣，反而被在旁边观看的 Kanzi 很快学会。当 Kanzi 听到某个单词的发音时，它能够指出单词对应的符号。据统计，Kanzi 至少掌握了 384 个单词。大部分时间 Kanzi 都把印有符号字的垫子带在身边，以便随时用符号字来表达它的意思。这些词中不仅有名词和动词，而且还有介词如 from，after 等，说明 Kanzi 理解"从……来""在……之后"的概念。Kanzi

也懂得"指"的意义，用指头指向它有所要求的人来完成它的愿望，例如给它想要的东西（图 13-11）。

出生于美国旧金山动物园的雌性大猩猩可可（Koko）也能够使用语言。由于训练方法的不同，可可并不使用符号词，而是使用手语。它从 Francine Patterson 那里学会了 1000 多个表达意思的手语，懂得大约 2000 个单词的意义（图 13-12）。

可可还从 Patterson 那里得到一只小猫作为宠物，对小猫关爱有加（图 13-12）。不幸的是这只小猫后来被汽车撞死。当饲养员用手语告诉可可这个消息后，可可用手语表示

| 大猩猩 | 抱歉 | 可可 | 爱 | 问 | 饿 |
| 吃 | 访问 | 喝 | 花 | 胳肢 | 好 |

可可和她的小猫

可可和小猫玩

可可看关于她和小猫的书

图 13-12　大猩猩可可。上图为可可使用的部分手语，下图为可可和宠物小猫

"太糟了，伤心，太糟了"（Bad, sad, bad）以及"皱眉，哭泣，皱眉，悲伤"（Frown, cry, frown, sad）。

这些事实说明，人类以外的哺乳动物也具有相当强大的认知和思考能力，可以理解和使用人类发明的交流信息的工具，虽然它们自己不能发明这些工具。特别是灵长类动物，由于身体构造和人非常相似，更可以像人类那样使用手，由此可以看出它们的思维和行为已经和人类相当接近。

第八节　意识和智力的演化

从本章前面部分谈的例子，我们可以看到意识和智力的发展历程。意识和智力是基于神经系统的，也只为动物所拥有。从水螅到人，意识和思维经历了一个不断

发展完善的过程。当生命在地球上出现后，所有生物都能够接收外界环境变化的信号，并且做出相应的反应，这是任何生物要生存的基本要求。最初的信号接收和反应是不带感情色彩的，信号就是信号，反应就是反应，一切按照演化所形成的程序进行，叫做程序性的反应，这基本上是通过由分子组成的信号传递链来完成的。信号也有好有坏，就看对生物是有利还是有害，但是生物并不将其分类为好和坏，不会带感情色彩，而都是通过演化过程所形成的固定模式进行反应。

在动物的神经细胞出现后，一个重大的发展出现了，这就是把接收到的一些外来信号演变成为感觉，例如味觉、嗅觉、触觉、听觉、视觉和痛觉。一旦有了感觉，动物就有了意识，因为意识就是动物能够有感觉的状态。有了感觉，动物还会有情绪，因为信号有"好"和"坏"之分。食物的信号是"好"的，伤害的信号是"坏"的。"好"信号产生舒服的感觉，"坏"信号产生难受的

感觉。这就鼓励动物去追寻好信号，避免坏信号，对于动物的生存更加有利。

有了感觉，动物也就有了自我意识，即"我"的感觉，因为感觉的主体是"自己"，感觉只属于"自己"，"自己"所做出的反应是主动的，而非程序性的，为的是"自己"的生存。水螅是具有神经系统的最简单的动物，它已经能够分辨食物的良性接触和伤害的恶性接触，并且相应做出进食和逃避的反应，说明水螅这样简单的动物已经能够以"自我"为反应主体，主动进行对自己有利的活动，虽然水螅还没有脑。

动物的神经系统在信息传递中，还发明了一种特殊的信息传递方式，这就是通过突触释放神经递质，在神经细胞之间传递信息。但是突触的作用除了传递信息外，还带来一个重要的功能，就是自己的工作效率会随着使用的强度和频率而发生变化，而且这种变化能够比较长期的固定下来。突触的这种随着使用状况而改变工作效率的一个非常有意义的后果就是在神经系统中形成记忆。

动物有了记忆，就能够从过去的经验中学习，预测将来会发生的事情而提前加以准备和防范，这就是条件反射的形成。条件反射使得动物可以将不同的外部刺激联系起来，用非直接相关的信息来预测与自己直接相关的信号，例如果蝇将迅速掠过的阴影与捕食者联系起来，感觉到这种阴影就立即逃离，这就比已经被捕食者抓住再做出反应对动物有利多了。条件反射可以将原来的良性信号变为恶性信号（例如与电击相连的轻微触碰），已经是灵活的，即智能型的反应。虽然最初的条件反射是通过简单的神经回路（例如海蜗牛尾部电击影响吸水管感觉神经细胞与运动神经细胞之间的信号传输）来实现的，但是也打下了智力发展的基础。

这种将外部信号之间建立联系的能力进一步发展，就可以对众多的外部信号进行分析，从各种反应方式中选择最佳的反应模式，这就是智力的出现。智力是动物主动分析和理解信号的能力。例如动物可以通过视觉看见蛇，也有过去被蛇攻击的经验，再看见蛇时就会做出逃避的决定。但是如果除了蛇以外，还有别的捕食者，同时环境里面还有自己需要的食物，动物就必须分析这些信息，做出最恰当的决定，在不被捕食的情况下获得食物。这种反应和程序性反应不同，是灵活的，属于智能型反应。智能型反应处理的信息都是有感觉的信息，是通过感觉器官获得的。不产生感觉的信息和智能型的反应无关。

从上面的介绍可以看见，感觉、意识和情绪是最先出现的，凡是具有神经系统的动物都有感觉、意识和情绪，所以需要的神经系统也最简单。而思维和智力是在记忆的基础上发展出来的，所需要的神经系统也随着思维能力的增强而变得复杂，这在章鱼身上是垂直叶，在鸟类是 pallium，在人身上就是大脑皮质，特别是新皮质。

意识产生于最原始的神经结构

感觉和意识最先出现的想法，也得到了科学实验结果的支持。例如在 2002 年，美国科学家用正电子发射断层显像技术（PET）观察了人从无意识的睡眠状态清醒过来时，脑中最先活跃起来的部分，结果发现丘脑（thalamus）和脑干（brainstem）的活动最先恢复。2012 年，芬兰、瑞典和美国的科学家合作，PET 观察被丙泊酚（propofol）和右美托咪定（dexmedetomidine）全麻的志愿者从无意识状态恢复意识时（标志是志愿者能够执行指令，例如"睁开眼睛"），脑中最先活跃起来的区域，也发现脑干和丘脑、下丘脑的活动最先恢复，而这时大脑皮层的活动还基本上没有恢复（图 13-13）。

在对癫痫病人做脑部手术，切除脑部的一些区域以缓解病情时，医生发现，切除大脑皮质的各个部分，甚至切除脑半球，病人仍然保有意识。在动物实验中，刺激脑干中的脑桥和中脑能够使动物的大脑皮质活动全面增加，而损伤这些部分则使动物进入昏睡状态，即丧失意识。脑干中的一些神经细胞向大脑皮层的各个部分发出长距离的轴突联系，向这些区域发送启动的信息，使动物恢复全面的思维活动状态。

最能证明意识和大脑皮质无关的是所谓的积水性无脑畸形（hydranencephaly）的患者。他们出生时基本上没有脑半球，没有新皮质，而代之以脑脊液（cerebrospinal fluid），但是丘脑、脑干和小脑完整并且具有功能（图 13-13）。如果大脑皮质是产生意识的所在，这些患儿应该没有意识。但是科学家对美国 108 个照顾这些患儿的中心进行问卷调查后发现，这些患儿具

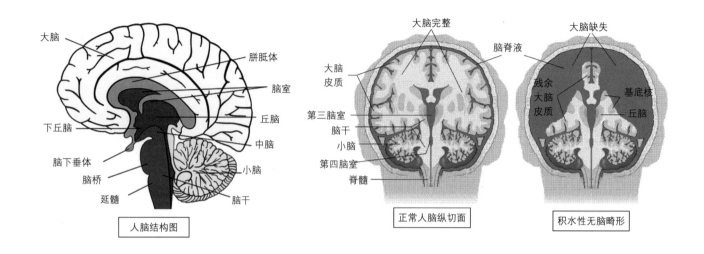

图 13-13　人脑结构和积水性无脑畸形。左为人脑结构，显示为意识所必需的丘脑和脑干。右图显示正常人脑和积水性无脑畸形脑结构比较，后者大脑缺失，代之以脑脊液，但是丘脑和脑干完整

有意识。例如在这些患儿中，大约50%能够移动他们的手，20%能够给人拥抱，91%会哭泣，93%有听觉，96%能够发声，74%能够感知周围的环境，22%懂得对他们说的话，14%能够使用交流工具。

这些事实说明，高等动物的意识并不是由这些动物发达的大脑皮质，特别是新皮质产生的，而是由脑中最原始的脑干部分驱动的。如果我们从演化的角度看，这些结果就很容易理解，因为意识是在感觉的基础上产生的，出现的时间应该和感觉出现的时间相似，也就是在神经系统出现之后。由于脑干的结构在最原始的脊椎动物中就出现了，科学家把意识出现的时间推前到脊椎动物出现时。其实我们知道，脑结构不同的软体动物和鸟类不但有意识，还具有相当发达的智力，说明意识可以从不同的神经结构产生。高等动物发达的大脑皮质，特别是新皮质，不是为了产生意识，而是为了更复杂高级的思维活动。

感觉和意识是特定神经细胞群集体电活动的产物

感觉显然是在神经系统里面产生的。各种感觉器官，包括眼睛、耳朵、鼻子、舌头、皮肤，所发出的信号都通过神经细纤维传输到中枢神经系统里面去，而不是传输到任何其他器官里面去，说明加工这些信号，使之变为感觉，使我们产生意识的地方就是神经系统。储存过去感觉的地方（即记忆）也是在神经系统中。我们可以换心、换肝、换肺、换肾、截肢、换皮肤、换角膜，这些都不会影响我们的记忆，但是大脑一些部位的损伤却会使记忆消失。

我们在睡眠或者被麻醉时，意思丧失，但是心脏、肝脏、肺脏、肾脏、脾脏等脏器的工作仍旧在进行，而且没有对应从清醒到意识丧失这两种状态的特征性变化。例如睡眠时的心电图就和清醒时的心电图就没有什么实质性的区别，从心电图上也看不出人是否处于睡眠或者被麻醉的状态。但是睡眠和麻醉却会使脑电波发生特征性的变化。

脑电波是用电极在人头皮上记录到的脑活动的电信号，表现为有大致振荡频率的复杂波形。说"大致"振荡频率是因为频率并不严格，波的长度并不完全相同，只是大致在一定范围内。说复杂波形是因为这些波并不是光滑标准的波形，例如正弦波，而是每个波不对称不规则，每个波内部还含有较小的波，而且每个波的结构都彼此不同。脑电波是大脑靠近头皮处神经细胞电活动的外部表现，是亿万神经细胞电活动没有彼此抵消掉部分的总

和，而且并不包括大脑深层（离头皮较远处）神经细胞的活动。尽管如此，脑电波和人的意识状态还是表现出一些对应关系。例如人在深度睡眠，没有意识的状态下振荡频率约1~3赫兹，叫δ波；困倦状态时振荡频率约为4~7赫兹，叫θ波；人在清醒但无外界刺激时振荡频率约为8~13赫兹，叫α波；人在思考时振荡频率为14~30赫兹，叫β波；高度专注和紧张时振荡频率高于30赫兹，叫γ波。人有意识时和无意识时脑电波的频率不同，直接表明意识与神经系统电活动有关（图13-14）。

神经电活动在总体上表现出节律性，即有一定的频率，说明意识很可能是神经细胞群的电活动同步振荡的产物。如果神经细胞的电活动没有同步的部分，这些电信号就会相互抵消；如果这些同步电活动没有振荡，即没有周期性的高潮和低潮，脑电波也不会表现出有频率来。

章鱼也有类似的脑电波。科学家把电极插到章鱼脑中，例如视叶，测定到和人的脑电波类似的有节律的电信号，频率在1-70赫兹之间，主要电波的频率小于25赫兹。在昆虫如蝗虫中，与视觉、嗅觉、学习、记忆有关的蘑菇体（mushroom body）中，有大约50000个Kenyon细胞，它们接收触角传来的嗅觉信号，产生电活动的同步振荡，频率在20赫兹，但是直接接收嗅觉信号的触角，却没有这样的

同步振荡，说明可能振荡是对嗅觉信号的加工产生感觉时发生的（图13-14）。

当然不是所有的细胞电活动都会产生意识。例如所有的细胞（包括植物细胞）都有膜电位变化，而且把膜电位的改变作为传递信息的方式之一，但是这些电活动并不产生感觉。即使是神经细胞，许多信号传入和传出的过程也不产生感觉和意识。例如运动神经元传输至肌肉让其收缩的电信号就不产生感觉。交感神经和副交感神经控制心跳快慢的神经信号也不产生感觉。我们视网膜中的一些节细胞就能够感光，但是与视觉无关，它们把电信号传输到脑中调节生物钟和传输至控制瞳孔缩放的肌肉以调节眼睛

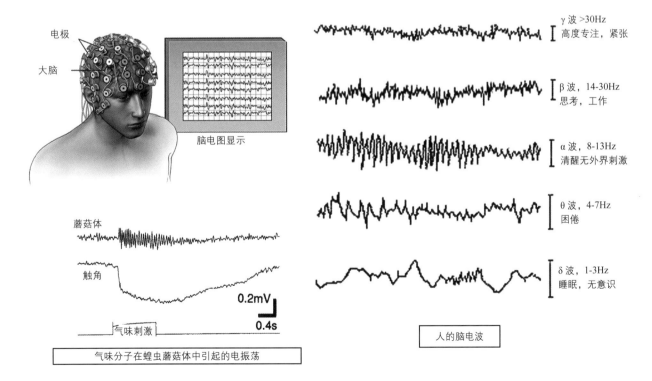

图13-14 脑电波 左上为测定脑电波的方法，右图为人在各种状态下的脑电波。左下图显示气味分子能够在蝗虫蘑菇体中的Kenyon细胞中引起电活动的同步振荡

的进光量，这样的输入神经的电信号也不产生感觉。如前所说，大脑中与意识直接有关的部位是脑干和丘脑，也许是这些部位中一些神经细胞群的同步振荡电活动才产生意识。同理，线虫的 302 个神经细胞也许也不都与感觉和意识有关，而是其中一些神经细胞的同步振荡电活动产生了感觉和意识。蝗虫直接接收嗅觉信号的神经元并不产生同步振荡，而对嗅觉信号进行加工的蘑菇体中的 Kenyon 细胞却产生这样的振荡，也支持神经细胞群电活动的同步振荡产生感觉的假说。

感觉和意识是部分神经细胞群集体电活动产物的想法也得到了麻醉剂作用的支持。在过去，麻醉剂的作用被认为是这些亲脂的化合物溶解于细胞膜中，改变细胞膜的体积、流动性和张力，从而改变细胞功能而实现的，主要根据是麻醉剂的脂溶性和麻醉性能的梅－欧假说（Meyer-Overton hypothesis），即在麻醉剂中，脂溶性越强的化合物，麻醉性越强。但是许多脂溶性很强的化合物并没有麻醉性能，而且在麻醉剂中，如果将分子增大，虽然可以使脂溶性更强，但是麻醉性能却消失。这说明麻醉剂作用的地方主要不是细胞膜，而是尺寸有限的结合"口袋"，这些"口袋"很可能是蛋白质分子表面上的一些亲脂部分。麻醉剂很可能结合在蛋白分子的这些亲脂"口袋"中，改变蛋白质的性质和功能。

近年来的研究证实，麻醉剂主要结合在一些离子通道上，提高神经细胞被激发的阈值，从而抑制神经细胞的电活动，导致意识消失。

例如异氟烷可以结合到 A 型 GABA（γ－氨基丁酸）受体的 α 亚基上，增加受体对氯离子的通透性，让更多的氯离子进入神经细胞，使神经细胞超极化，因而更不容易被激发。异氟烷也可以结合到钾离子通道 K_{2p} 上，增加其对钾离子的通透性，使更多的钾离子流出细胞，增加神经细胞的膜电位，使其更不容易被激发。麻醉剂的作用机制说明，意识的存在与神经细胞的膜电位有关，即与神经细胞被激活的阈值有关，支持意识是基于神经细胞的电活动的假说。

意识和神经细胞的电活动有关，也从对大脑的电刺激效果上得到证明。例如美国乔治·华盛顿大学的 Mohamad Koubeissi 医生在治疗一位患癫痫症的妇女时，偶然发现用高频电流刺激脑中一个叫屏状核（claustrum）的结构时，这位妇女立即丧失意识，停止阅读，两眼无神，并且对用图像和声音发出的指令不再反应。当电刺激停止时，她又立即恢复知觉，并且对曾经发生的知觉丧失过程没有记忆（图 13-15）。一处电流刺激就可以使人的意识完全消失，说明电流刺激扰乱了脑中为意识形成所需的电活动。

这些事实都说明，是神经系统中的特定神经细胞群协调一致的同步电活动产生了意识。这在人脑中是丘脑和脑干，在线虫中也许是中间神经元，即除去输入神经元和输出神经元的部分。如果能够更精细地确定各种动物中与意识有关的神经细胞，记录它们的总体电活动并且进行比较，观察在清醒、睡眠和麻醉状况下这些电活动的改变，也许能够对产生意识的神经电活动有更清楚的了解。

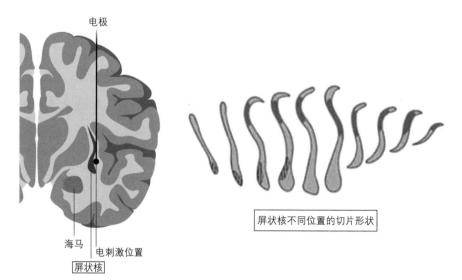

电极

海马　电刺激位置
屏状核

屏状核不同位置的切片形状

图 13-15　屏状核

第九节 精神和物质

感觉的出现是动物演化过程中的重大事件，其意义不亚于生命在地球上形成。有了感觉和意识，动物才和植物、真菌和微生物区别开来，最后形成了像人这样高度智慧的生物。感觉和意识是紧密不可分的，但是感觉的实质和产生的机制完全是个谜。我们能够设想地球上的生命是如何产生的，甚至可以提出生物大分子和生命系统形成的详细的分子机制，但是我们还完全不知道感觉的本质是什么，也无法用语言来描述什么是感觉（例如我们无法向盲人描述"红色"是一种什么样的感觉）。由于感觉只为有神经系统的动物所拥有，而且神经细胞必须联系成网络和神经节才能产生感觉，而神经细胞和其他细胞的主要区别是能够形成电脉冲，感觉有可能是多个彼此相连的神经细胞的同步电活动所产生的，除了这个猜想以外，我们对感觉的本质一无所知。

从感觉和意识发展起来的，是动物的思维活动，即主动（有意识）地去综合和分析信息，其最高级的形式就是人的精神活动。人类由于自己有精神活动，所以"知道"精神活动和物质身体的区别。感觉、意识、思维虚无缥缈，看不见、摸不着，而身体却是看得见、摸得着的，历史上人类自然就把精神活动和物质身体区别开来，把精神活动看做是独立于物质身体的另一个存在，从而产生"灵魂"和"躯体"的概念，是灵魂使躯体变活，灵魂控制躯体的行为。女娲和上帝用泥土造人，是女娲或上帝把灵魂吹进土做的人胚，人才能变活。法国哲学家笛卡尔（Rene Discartes，1596—1650）认为，精神和物质是两个彼此独立的实体，心灵能够思维，但是不占据空间；物质占据空间，但却不能思维，它们之间不能互相派生或转化。这种同时承认精神和物质存在的理论叫做精神和物质的二元论（dualism）。

人的躯体是很容易观察到的，所以知道躯体是会死亡的。但是精神是观察不到的，所以也不知道精神是不是会和躯体一起死。既然人死之后从有意识变为无意识，说明精神已经不在人身上了，那么精神到哪里去了呢？既然精神的存在不依赖于躯体，也没有证据精神会死，也就可以假设精神不会死，只是离开人的躯体了，这样就产生了"灵魂不灭"的想法：一个人死亡后，灵魂不会死亡，可以传给下一代的另一个个体（转世），或者暂时控制另一个人（附身）。在中国的古代小说《聊斋志异》中，同一个灵魂还可以在不同的生物体中存在，例如人可以变成昆虫（《绿衣女》），甚至变为花（《香玉》）。

由于精神能够思维（所以有创造性），物质不能思维（没有创造性），如果假设一种存在能够产生另一种存在，那自然是先有精神，后有物质。中国哲学家朱熹（1130—1200）认为"道"，或者"天理"，无处不在，不生不灭，是一切的本源。而凡有形象的实体都为"器"，道存于器中。中国春秋时代的思想家老子在《道德经》中说："道生一，一生二，二生三，三生万物"。古希腊哲学家毕达哥拉斯（Pythagoras，约公元前570—公元前495年）认为世界是由数产生的，"万物的本原是一，一产生出二，从一和二产生出无穷的数""从数产生出点，从点产生出线，从线产生出面，从面产生出体，从体产生出感觉所及的一切形体，产生出四种'元素'：水、火、土、气。这四种'元素'以各种不同的方式互相转化，于是创造出有生命的、有精神的、球形的世界"。在所有这些学说中，都是先有道理原则，后有万物，如果把这些道理原则看成是某种精神活动的产物，那就是精神先于物质。这种先有想法，后有物质世界的思维也导致了盘古开天地和上帝创造世界这样的说法。

更为极端的，强调精神重要性的思想，是认为这个世界上只有精神，否认物质实体的存在，认为我们感觉到的世界不过是感官给我们的表象，世界上的一切事物都只能存在于个人自我的主观精神之中，没有个人自我的主观精神，也就没有世界上的事物。中国宋明时期的陆王（陆九渊、王守仁）学派的"心即理"、"吾心即是宇宙""心外无物"；英国哲学家贝克莱（George Berkeley，1685—1753）在其《人类知识原理》中说，"存在就是被感知""物是观念的集合"，无不反映了这样的思想。

人对思维的高度评价也从另一种极端思想反映出来，即认为只有人具有意识和思维的能力，其他动物不过是机器。例如笛卡尔就认为只有人具有意识。一些不善待动物的人也用这个理由为自己辩护，包括笛卡尔自己。

我们在这里列举的，只是少数几个例子，实际上关于精神和物质的学说极其繁多，对精神、意识、心智、物质、实体的定义也多种多样。这也是可以理解的，这正是人们对感觉、意识、思维的本质完全不能理解的自然结果。我们可以了解脑中的各种结构和思维的关系，把各种思维功能和大脑中的具体区域联系起来，但是这并不能使我们理解感觉和思维是什么。在可见的将来，关于精神和物质的思考和辩论还会继续下去。从唯物主义和演化论的观点看来，精神活动源自物质。更具体地说，精神是神经系统活动的产物，是动物在亿万年的演化过程中产生的，使动物能够进行有"目的"的行动，从而提高动物在瞬息万变的环境中生存概率的功能，因此不是只为人类所专有。

第十节　人还会变得更聪明吗

人类的智能型反应系统无疑是动物中最高级的，是动物演化的皇冠。人类能够设计、制造和使用工具；能够用复杂的语言文字系统来传递和储存信息；能够进行逻辑思考，用灵活的方式解决问题。为了理解世界运行的规律，以便能够更好地预见事物在将来的变化和准备出最佳的应对方式，人类还能够对产生我们的世界进行持续不断的研究，形成了庞大的科学研究体系，不断积累科学知识。高超的智力使得人类成为地球上生存能力最强的生物，没有任何一种生物，包括无孔不入的细菌病毒，或者是凶猛的老虎狮子，能够与人类匹敌。人类也是唯一能大规模改变自己生存环境和条件的物种。看看我们周围的房屋、桥梁、道路、汽车、飞机、人造卫星、宇宙探测器，再看看我们使用的计算机、数码照相机、智能手机、高解析度电视、光纤网络，无不是人类智慧的杰作。

近一二百年来，特别是近几十年来，人类科学技术水平飞速提高。这给人一种印象，就是人好像越来越"能干"，也就是越来越"聪明"。能制造航天飞机的人好像就比古代制造马车的人要"聪明"。是这样吗？如果是这样，那人还会变得更"聪明"吗？

从类人猿演化到现代人，智力肯定是不断提高的。

我们的祖先在大约 500 万年前和黑猩猩"分道扬镳"时，两者的智力应该是差不多的。因此，目前人类所拥有的智力就应该是在随后的几百万年中发展起来的。

一开始人类祖先的智力的发展看来是很缓慢的。最早的石器出现在大约 250 万年前的非洲，也就是人类和黑猩猩分开大约 250 万年之后。石器是人类祖先日常使用的固定工具，它的出现说明当时人类祖先的智力已经超过到现在还没有固定工具的黑猩猩。人类用火最早的遗迹（我国云南省元谋县）是在 170 万年前的元谋人时代。最早的陶器出土在中国的湖南，大约制作于 18000 年前。在河南舞阳县贾湖出土的大约 8000 年前的类似文字的契刻符号，以及大约 5000 年前在西亚两河流域出现的楔形文字，都说明文字诞生于几千年前。而最早的铁器出现在约 3500 年前的赫梯帝国（现土耳其、叙利亚地区）。

也就是说，在人类的祖先和黑猩猩演化上分支以后的几百万年的时间内，技术上的发展（在某种程度上也是智力发展的标志）是非常缓慢的。人类社会比较快速的发展，基本上是在几千年之内。到了近代，科学技术的发展越来越快，近几十年更是人类发展与创新的"爆炸"时期。

但是科学技术发展的水平和速度，和人类智力的进步不是一回事。在原始社会里，生产力非常低下，还不可能有不从事生产而专门从事科学研究的人，但是不能由此就认为那个时期的人比较"笨"。生产力发展了，社会有了"余钱剩米"，才能分化出可以不从事生产活动的人员，科学技术的进步才可以加速。

语言的出现使得储存在每个人脑中的信息得以传播给他人和下一代；文字的出现更使得知识和经验可以在人的大脑以外被记录和积累，因而可以被更方便地传播和供后人学习。这样每一个人就不用全凭自己的智力"从头开始"来获取和创造知识，而是可以在旁人和前人成果的基础上进一步发展。积累的知识越多，已有的技术手段越先进，不同学科之间越是互相渗透，相互促进，人类发现和获取知识的速度就越快。近代和现代物理学的探测手段，如同位素示踪、光谱、质谱、X-射线衍射、核磁共振等等，就极大地促进了化学、生物学和医学研究的进展。现在许多国家在人力、物力上对科学研究和技术开发都有很大的投入，新成果的出现也就更多更快。但是这不等于现代的人就比几千年前的古代人聪明。

比如在 4700 多年前建造的埃及胡夫金字塔，高 146.5 米，由 230 万块巨石堆砌而成，总重近 700 万吨，而且几何精度极高。就是现代人用现代技术，也很难取得那样的成就。2500 多年前成书的《孙子兵法》，至今仍是世界上许多军事院校的必读教材。它里面包含的思想和智慧已经超出军事的范畴，而被广泛地用于社会生活的各个方面。我们读古代的小说或演义，一点也不觉得里面的人物"笨"。把现代人放到当时的故事中去，行为和处理问题的方式未必比当时的人高明。

这就像爬山。古代人从海平面爬起，爬到海拔 500 米。现代人从 5000 米爬起，可以爬到海拔 5500 米。5500 米当然比 500 米高得多，但是每个人爬的仍然是 500 米。古代人发明用火，发明烧制陶器的方法，发明金属冶炼的方法，所需要的智力一点也不亚于现代人测定一个基因的序列，或者编一个软件程序所需的智力。

所以从人类的生产水平和科学技术发展史，得不出人类智力演化的准确过程。也许人类的智力在几千年前，甚至更早，就达到了现在的水平。

对近百年来各国人群智商的测定表明，在测定的早期阶段不同人群的智商都随时间增加，大约每 10 年增加 3 点左右（标准为 100 点）。这种现象为新西兰 Otago 大学的科学家 James Robert Flynn 所注意到并进行了总结，叫做"弗林现象"（Flynn effect）。弗林现象的存在好像说明人类的智力还在不断进步。但是仔细地分析发现，这种增加主要是由于智商低端人群的进步，很可能是营养条件的改善消除了贫穷对大脑发育的不良影响。在同一时间段内，智商高端人群的得分并没有增加。而且从 20 世纪 90 年代开始，许多发达国家人群的平均智商也停止上升了。虽然用各种方法对智商进行测定的结果并不能全面地代表智力，这些实际测定的结果也说明，对于营养有保障的人群来说，智力可能已经进入了"平台"期，计算机时代的到来也没有使人类变得更"聪明"。

现在的问题是，从长远来看，人类的智力还有没有进一步发展的空间？会不会有物理定律和化学定律所设定的极限？

人的思维和智力是大脑中神经细胞（又叫神经元）活动的产物。也就是说，人类的智力是基于神经元的智力，这和现代计算机的"能力"是基于硅晶体管的原理不同。要看人类智力的发展有没有极限，就先要看看智力与大脑中神经元的关系。

脑子越大越聪明吗？

从人类的演化过程来看，好像是脑子越大越聪明。比如现代黑猩猩的脑容量只有 420 毫升，而现代人的平均脑容量有 1350 毫升。生活在 300 多万年前的非洲的原始人类"露西"（Lucy），脑容量只有 400 毫升左右。200 万年前直立人出现，脑容量就增加到 800 毫升。看来脑容量是伴随着人类智力的发展而增大的。（有的文献也用质量来表示脑的大小。由于脑的密度是在每毫升 1.03~1.04 克之间，和水的密度非常接近，用克表示脑的质量和用毫升表示脑容量，数值相差不大）。

从表面上看，这似乎是不言自明的。大的脑容量可以容纳更多的神经元，自然智力也会比较高。但是如果我们把目光扩大一点，看看其他动物，就发现这个说法不完全成立。比如牛的大脑（约 440 克）比老鼠的大脑（约 2 克）重 200 倍以上，和黑猩猩差不多。但是牛不但远不如黑猩猩聪明，也不比老鼠更聪明。就是同为狗，体型巨大的狗有时还不如体型小的狗聪明。乌鸦的脑子只有 10 克重，却是最聪明的鸟类之一，其智力与最聪明的哺乳动物相当（见本章第六节）。

所以大的脑容量不等于高智力。体型较大的动物一般脑容量也较大。但是这"多出来"的神经元并不一定是用来提高智力的，而是首先要满足对大的身体的控制和管理。比如牛，它需要感觉的皮肤面积和要控制的肌纤维数量都远多于老鼠。这就像一个国家或一个地区，面积和人口多了，管理机构及人员也会比较多。只有在基本管理任务以外"富裕"出来的神经元，才有可能被用来进行更高级的思维，也就是发展出更高的智力。

为了弄清脑重和体重的关系以及这种关系对智力的影响，荷兰的解剖学家杜波伊斯（Eugene Dubois）及其同事收集了 3690 种动物的脑重和体重。他的后继者们对这些数据进行分析后发现，随着动物身体变大，脑子的质量并不成比例地增大，而是体重的 0.7~0.8 次方，也就是大约 3/4 次方。比如麝鼠的体重是小鼠的 16

倍，但是麝鼠的脑重只有小鼠的 8 倍。把这些体重和脑重输入到对数坐标上，横坐标为体重，纵坐标为脑重，就可以经过数学分析得到一条直线，从这条直线可以从动物的体重计算出脑重的"预期值"（图 13-16）。

一些动物的坐标正好在这条直线上，比如小鼠、狗、马和大象。有些动物的坐标在这条直线上方，说明它们的脑重超出"预期值"，应该比较"聪明"。高出直线越远，说明脑重超过"预期值"越多，就

应该越"聪明"。实际情况也好像是这样。比如人的脑重超出预期值 7.5 倍，是所有动物中最高的，也最"聪明"。海豚是 5.3 倍，猴子是 4.8 倍，都相当"聪明"。反过来，如果动物的坐标是在这条直线以下，也就是它们的脑重低于"预期值"，就应该比较"笨"。牛的比值是 0.5，也就是它的脑重只有"预期值"的一半，也的确比较"笨"。

不过这个规律也有例外。比如南美卷尾猴的脑重与"预期值"的比例就高于黑猩猩，但是远不如黑

猩猩"聪明"。对于体型巨大的动物，如蓝鲸，脑重与预期值的比例也很低（约 0.25），但是蓝鲸显然是比较"聪明"的动物。所以脑重和智力的关系，还需要更深入的探讨，以找出更好的指标。

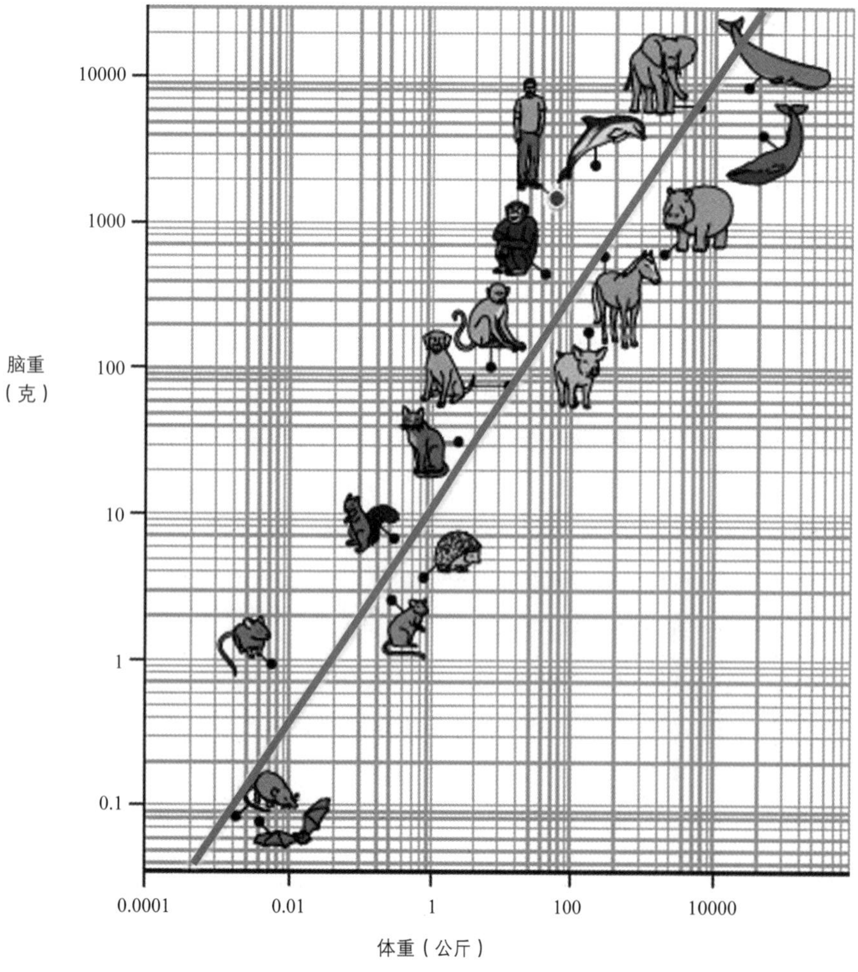

人类大脑皮质神经元是最多的

前面讨论了脑的大小与智力的关系。我们能不能换一个角度，看看脑中神经元的数目与智力的关系呢？不过人脑中不是所有的神经元都与思维有关。比如负责身体一些基本活动（如呼吸，心跳，排泄）的神经中心就主要在脑干中。"植物人"全无意识，但是这些基本生理活动照常进行。所以负责这些活动的神经元可以被认为是与智力无关而不加考虑。小脑约占脑总体积的 10%，其神经元（主要为颗粒细胞）被认为是与运动的协调有关，也可以不加以考虑。

而大脑占人脑总质量的 82%，其中的大脑皮质与人的思维直接相关。其他哺乳动物的大脑也占脑体积的大部分，和人的大脑的结构和功能类似，所以大脑皮质里面神经元的数目也许是估计动物智力的一个更好的指标。的确，如果我们比较不同动物中大脑皮质中神经元的数量，那明显人是第一，人的大脑皮质大约有 120 亿个神经细胞（不同的实验室得出的数值不完全相同，大约是在 110 亿和 140 亿之间）。即使鲸鱼的脑比人脑大好几倍，其大脑皮质里面神经元的数量还比人类的要少一些，在 100 亿～110 亿之间。黑猩猩大脑皮质中神

图 13-16 动物脑重和体重的关系

经元的数量是人的一半左右，约 62 亿，海豚是 58 亿，大猩猩是 43 亿，大体上与这些动物的智力相当。这些数值也表明，120 亿左右是地球上动物大脑皮质中神经元数量的最高值，只为人类所拥有。

鲸类动物大脑皮质中神经元的数目和人相近，智力却远不如人。这说明足够数量的神经元是高智力的必要条件，却不一定是充分条件。在神经元数量相同的情况下，智力还和神经元之间的连接方式和信号传输的速度有关。

信号在神经元之间传输的速度很重要

人类大脑皮质中的 120 亿个神经元本身并不能自发产生智力。婴儿出生时，大脑中的神经元已经完全形成，也就是已经拥有了这 120 亿个神经元。但是新生的婴儿并没有明显的智力。要经过数年的时间，智力才逐渐由这些神经元发展出来。这说明神经元之间联系的建立对于智力的发展是必不可少的。而且智力的发展有一个关键期，与外部环境密切相关。由狼哺养大的"狼孩"，虽然拥有和正常人一样多的神经元，但是由于错过了智力发展的关键期，即使后来再回到人类社会，其智力也始终停留在非常低的水平。

这就像计算机中央处理器（CPU）中的晶体管。现代的 CPU 中已经可以容纳数以千万个，甚至上亿个晶体管，但是这些晶体管还需要导线将它们连接起来才会产生运算能力。

思维过程涉及大脑的不同区域，信号需要沿着神经元之间的通路（在本文中我们把这些通路统称为"神经纤维"）在不同区域的神经元之间进行传递和交换。信号在大脑的不同区域之间传播的途径越顺畅，速度越快，大脑处理信息的速度就越快，智力就有可能越高。

而神经纤维传输信号的速度是比较慢的。不同的神经纤维传递信号的速度从每秒 0.5 米到每秒 100 米左右。如果我们假设平均值为每秒 10 米，那就是每传输 1 厘米的距离需要 1 毫秒。

在这种传输速度下，脑的尺寸对信息传输时间就有很大的影响。比如牛的大脑比老鼠的大脑重 200 多倍，"直径"为 6~7 厘米，比老鼠的不到 1 厘米的大脑大得多。信号从牛大脑的一边传到另一边的时间也要长 6 毫秒左右。如果思维需要脑中多个部分之间信息的多次来回交换，牛"思考"所需要的时间就更长了。这也许可以部分解释为什么老鼠的反应和行动是那么迅速，而牛总是慢吞吞的。

而小小的蜜蜂，脑重还不到 1 毫克，但是蜜蜂脑中神经元之间的距离也很短，在毫米范围内，因而信息可以在神经元之间迅速传递。这使得蜜蜂在互相追逐时，可以在一眨眼的工夫飞出复杂的曲线，也就是可以在毫秒级的时间段里对飞行轨迹进行精确的控制。

因此，要提高大脑处理信息的速度，就要尽量缩短神经元之间的距离。从这个意义上讲，脑子越大越不利。

信号传递途径越短，人的智商越高

人的大脑是比较大的，宽约 14 厘米，长约 16.7 厘米，高约 9.3 厘米。大脑皮质又是分为许多功能区的，思维过程需要信息在多个功能区之间交换。不同的人在功能区之间的距离上有所不同（见下文）。为了研究信号在功能区之间传输距离的长短是否与人的智力有关，科学家们用不同的方法测定了不同的人大脑中功能区之间的距离，再把这些数据与这些人的智力相比较，得出了类似的结果。

比如荷兰 Utrecht 大学医学院的 Martijn van den Heuvel 等人用功能核磁共振来测定处于休息状态时人脑不同功能区之间的距离。在时间上高度同步的神经活动区域被认为是彼此相关的。从核磁共振图，就可以得出这些功能区的距离。Heuvel 等人的实验结果表明，有最短信号传输路径的人，智商最高。

英国剑桥大学的神经图像专家 Edward Bullmore 用脑磁图（magnetoencephalography）来估算大脑中不同区域之间信号传输的速度，并且和测试对象的短期记忆力（在短期内同时记住几个数的能力）相比较，发现区域之间具有最直接联系，信号传输速度最快的人，具有最好的短期记忆力。这些研究结果都支持了上面的想法，即神经功能区之间的距离和信号在这些功能区之间传输的速度直接有关，也和智力的高低有关。

你也许要问，人大脑的大小和质量不是都差不多吗？为什么功能区之间的距离还会不同呢？这是因为不同的人大脑皮质的形状不同。人的大脑表面不是平滑的，而是布满了沟回。这使得大脑皮质的面积比光滑的大脑要大得多，也就可以容纳下更多的神经元。

但是就像人的指纹一样，没有两个人的沟回形式是一样的。即使是同卵双胞胎，沟回的形式也只是相似，而彼此不同。由于大脑皮质是分为许多功能区的，不同的沟回形式意味着人与人之间功能区之间的距离不同，信号在这些功能区之间传输所需的时间也不同。对于一个特定的人来说，如果两个功能区之间的距离比平均距离要短，与这两个功能区有关的智力就有可能比较高。但是另外两个功能区之间的距离也许又比平均数要长，与这些功能区有关的智力也许就比较差。这或许可以部分解释为什么不同的人所具有的才能不同。有的富于数学才能，有的具有音乐天赋，但是在别的方面就比较差。

爱因斯坦的脑重只有 1230 克，相当于 1194 毫升，明显低于人类 1350 毫升的平均值。但是他的大脑的顶叶部位有一些特殊的山脊状和凹槽状结构。较小的大脑和特殊的沟回结构，也许造成了爱因斯坦进行思维时所需的神经通路特别短和通畅，从而形成了他超人的智力。但是他在语言上似乎比常人差，到了三岁才会说话。

人的大脑已经进行了各种优化

为了拥有尽可能多的大脑皮质神经元，同时又使这些神经元安排得尽可能地紧凑以缩短它们之间的距离，还要使神经元之间的通信尽可能地快捷，我们的大脑已经"采取"了多种方式来进行"优化"。这些"措施"是其他高等动物所共同采取的，但是人类将它们发展到极致。

一是保持神经元的体积，使其不要过大。动物在体型变大时，一般来说神经元的体积也随着增大。这样就势必增加神经元之间的距离。而灵长类动物的大脑有一个特点，就是脑随着身体变大了，但是神经元的体积基本上不变大，因而可以保持比较高的神经元密度。人每立方毫米的大脑皮质，也就大头针的针头那么大，里面却含有大约 10 万个神经元，每个神经元平均有 29800 个连接处与其他的神经元相联系。用这种方式，人的大脑已经含有所有生物中最多数量的神经元，而大脑的总

体积仍然在人体可以接受的范围内。与此相反，大象和鲸鱼的大脑中神经元的尺寸就比较大，使得它们的大脑比人的大得多，但是神经元的密度却比较低。因此大象和鲸鱼大脑的工作效率也比人的大脑要低。

二是大脑的神经元多集中到表层（大脑皮质）2~3毫米的厚度中。这样可以使神经元之间的距离尽可能地短。数学分析表明，这种安排比起把神经元在大脑中平均分布再彼此联系更有效率。绝大多数的神经元之间的联系都是短途的，只有少数是长距离的联系。

三是大脑皮质的构造也不同。大脑皮层分新皮质、古皮质、旧皮质。古皮质与旧皮质比较古老，与嗅觉有关。这些皮质的结构只有三层，叫做"爬行动物的大脑皮质"。而从哺乳动物开始，新皮质出现。动物的演化程度越高，新皮质占的比例越大。像人的大脑皮质中，约有 96% 是新皮质。新皮质中的神经元的排布依据神经元类型的不同分为六层，可以实现更高程度的皮质神经元的密集 (图 13-17)。计算机的 CPU 也借鉴了这个"设计"，在芯片中放上多达 9 层的晶体管。

四是用不同的神经纤维完成不同的"任务"。神经元发出的、把信号传给其他细胞的纤维叫做轴突。有的轴突外面包有"绝缘层"，叫做有鞘纤维，传输信号的速度比较快，但是占的体积也比较大。另一种没有"绝缘层"，叫做无鞘纤维，传输速度比较慢，但是占的体积比较小。大脑皮质神经元之间的短途连接就使用无鞘纤维，以减少占用的空间，使神经元之间可以更加靠近。而比较长途的联系就用有鞘纤维以获得更高的传输速度。由于髓鞘是白色的，这部分脑组织就叫做白质。神经元集中的地方因为轴突没有髓鞘，成灰色，叫做灰质。白质和灰质的分区，说明大脑已经在减少体积和保持信号传输速度上尽量兼顾二者。

由于这些改进，我们的大脑在拥有地球上动物中最多的大脑皮质神经元的同时，又在神经元的密集、连接路径以及信号传输速度上进行了"优化"，使我们拥有其他动物无法比拟的智力。问题是，大脑的这些"优化"过程已经接近终点了吗？我们的智力还能提高吗？

我们的大脑还有多少改进的空间？

从上面的分析可以看出，大脑皮质中神经元的总

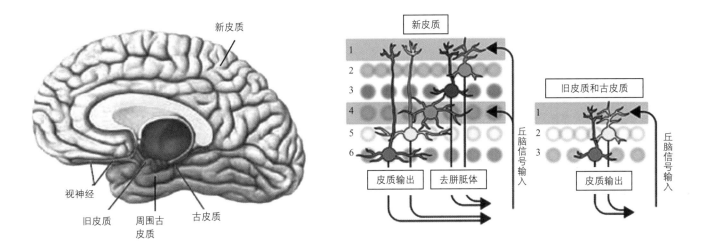

图 13-17　大脑皮质。左图为新皮质、旧皮质和古皮质在大脑中的位置。右图为新皮质、旧皮质和古皮质的结构

数、神经元的密集程度以及信号在大脑中各个功能区之间传输的距离和速度都和智力的高低有关。那我们是不是能够在这几个方面继续加以改进，以获得更高的智力呢？

既然人类拥有最多的大脑皮质神经元数目，同时也拥有最高的智力，继续增加这些神经元的数目也许能使大脑处理信息的能力更为强大，使我们变得更加"聪明"。

但是更多的大脑皮质神经元意味着更大的大脑，功能区之间的距离会增加，使信号传输的距离和时间更长。这会使大脑处理信息的速度变慢。

更大的大脑也需要更大的头来"装"它。目前人类新生儿头部的尺寸已经是身长的四分之一（成人为八分之一），头围约 34 厘米。这样大小的头已经使得分娩成为一件困难和痛苦的事情。经历过或者看过分娩过程的人都会对此印象深刻。要是胎儿的头更大，就只能用剖腹产了。

就算产道的问题能解决，能量供应也是问题。大脑是高度消耗能量的组织，人脑的质量大约为体重的 2%，却使用身体能量总消耗的 20%。新生儿大脑的能耗甚至高达身体总能耗的 60%！不要忘记心脏、肝脏、肾脏也是高度耗能的器官，三者加起来也不到新生儿总能耗的 40%。再增加脑容量，其他器官的活动就无法维持了。

增加大脑处理信息效能的一个办法就是增加信号在神经元之间和功能区之间传输的速度。不同的神经纤维传输信号的速度不同。神经纤维直径越大，信号传输速度越高。这就像粗的电线由于电阻较小，导电能力更强一样。神经纤维外面有"绝缘层"（髓鞘）的，信号传输的速度也更快。

但是无论是增加神经纤维的直径，还是在外面包上厚厚的"绝缘层"，都会使神经纤维更粗，占用更多的地方，迫使神经元之间相距更远。这会增加信号传输的距离，使信息处理速度变慢。

现在人类大脑皮质中每个神经元和其他神经元之间有数以万计的联系。进一步增加联系的数目也许能使大脑处理信息的能力更为强大。增加功能区之间的联系也相当于增加信号传输的"带宽"，使信息传输更加通畅。

但是无论是增加短途联系和长途联系的通道，都意味着要增加神经纤维的数量。这些神经纤维必然要占用体积，增加神经元之间和功能区之间的距离，其结果也是延长信号传输的时间，使大脑处理信息的速度变慢。

更多的神经纤维也意味着更多的神经冲动，消耗更多的能量。

如果神经元的细胞体变得更小，神经纤维变得更细，就可以在同样的体积中容纳更多的神经元。这样既可以提高大脑皮层中神经元的总数，提高信息处理的能力，又可以缩短它们之间的距离，有利于信号的传输，还可以降低能耗，是一举数得的办法。问题是，神经元和它的神经纤维还能进一步"微型化"吗？

这有点像计算机行业中的"摩尔定律"，即每过 18 个月，集成电路中晶体管的总数和计算性能就提高一倍。这主要是通过晶体管以及它们之间的导线的微型化来实现的。既然计算机可以这样做，那么大脑是不是也可以这样做呢？

摩尔定律在开始时工作得很好，似乎可以无止境地持续下去。但是到了晶体管的尺寸接近纳米级，"漏电"现象就日益严重，晶体管的工作不再可靠。提高栅极的电压可以改善晶体管工作的稳定性，但是要消耗更多的能量，散热问题就更难解决。

而且随着集成电路的微型化，电场传播速度也有一天会成为计算机速度的瓶颈。现在计算机的速度已经可以达到每秒千兆级。而在 4 千兆的频率下，电场在每个周期中也只能走 7.5 厘米，也就是已经接近计算机硬件尺寸的极限。

神经系统的微型化也有类似的问题。即当尺寸减少到一定程度，神经元的工作就变得不稳定。要理解这个问题，需要先知道神经信号是如何产生和传输的。在第八章第八节中，我们已经介绍了神经细胞的工作原理，在这里我们再做简要介绍。

神经纤维传输的信号在本质上也是电性的，但不是电流从神经纤维的一端流到另一端，而是膜电位的局部改变以接力的形式沿着神经纤维传播。详细叙述这个过程需要太多的时间和篇幅，这里只给出一个大大简化了的模式。

神经细胞在"静默"（没有发出电脉冲）时，细胞膜的两边有一定的电位差，幅度大约为 −70 毫伏，膜内为负，膜外为正。这个跨膜电位主要是由膜外高浓度的钠离子来实现的。

当神经元接收到从别的细胞来的信号时，在接触点（即接收信号处）会让一些钠离子进入细胞。由于钠离子是带正电的，它的进入会抵消一部分膜内的负电，使得跨膜电位的幅度减少。如果神经元在多处同时接收到这样的信号，这些跨膜电位的变化就有可能叠加起来，造成跨膜电位的幅度进一步减少。当跨膜电位的幅度减少大约 15 毫伏，也就是其数值减少到约 −55 毫伏时（即所谓"阈值"时），膜上的一种对电位变化敏感的钠离子通道就会感受到这个变化，改变自己的形状，让钠离子通过细胞膜。由于膜外钠离子的浓度远高于膜内，钠离子通道打开会使更多的钠离子进入细胞，跨膜电位进一步降低。这反过来又使更多的钠离子通道打开。这种"正反馈"使得这个区域内原来外正内负的电位差完全消失，甚至出现短暂的外负内正的情况。

到了这个时候，这里的钠离子通道就关闭了，而且暂时不会对膜电位变化做出反应。进入细胞的钠离子会向各个方向扩散，改变邻近区域的跨膜电位，触发邻近区域钠离子通道的反应。这样一级一级地触发下去，膜电位改变的区域就会沿着神经纤维传递下去，这就是所谓的"神经冲动"的传递。由于最初被活化的钠离子通道还在"不应期"，这个电信号不能反向再传回去，而只能向前走，使得神经纤维只能单向传递信号。

由此可以看出，一个神经元是否发出神经冲动，要看许多信号叠加的总结果。而且钠离子通道并不只是在跨膜电位变化到阈值时才会打开。在细胞里，这些钠离子通道还会由于其他分子的热运动带来的快速冲撞而"自动"打开，形成"噪声"。只有钠离子通道的数量足够多，接受正常信号的通道数大大多于偶然打开的通道数，神经元才能正常工作。神经元过小，或者神经纤维过细，钠离子通道的数目就不足以维持正常的"信噪比"，一些偶然被触发的钠离子通道就会使神经元发出错误的信号。英国剑桥大学的理论神经科学家 Simon Lauglin 及其同事通过计算发现，如果神经纤维的直径小到 150 到 200 纳米，噪音就会大到不可接受。而最细的神经纤维（无髓鞘的 C 类神经纤维）直径已经小到 300 纳米。

我们也可以设想让钠离子通道变得更"稳定"，就是不容易被热运动偶然打开，这样就可以降低噪声水平。但是这样的钠离子通道就需要更高的膜电位变化才能被"触发"，使得神经元工作的能耗增加。这就像计算机的处理器中，提高栅极电压可以使晶体管更稳定，但是也需要更多的能量才能使它工作。

因此，像计算机里面的晶体管小到一定程度就不能稳定工作一样，神经元小到一定程度也会使噪声过大。而且神经纤维直径越小，信号传输速度越慢。像直径 300 纳米的神经纤维，信号传输速度还不到每秒 1 米。这就足够抵消紧凑所带来的好处了。

大脑外延和集体智慧

以上的分析表明，影响智力的几个因素是相互制约的。改善其中的一个因素，其他的因素就会受到不利的影响。增加大脑皮层神经元的数量，加粗神经纤维或包以髓鞘以增加信号传输的速度，都会增加大脑的体积，使得信号传输的距离变大，而且更多的神经元和神经通路也需要更多的能量供应。缩小神经元的尺寸，减少神经纤维的直径可以使得神经细胞更加密集，缩短信号传输的距离，但是又会使噪声增加和降低神经纤维传输信号的速度。一些理论分析的结果表明，我们大脑的工作能力已经接近生理极限，要进一步改进的空间不是很大。

有趣的是，神经元和计算机中晶体管都在接近纳米级的尺寸时遇到难以克服的障碍。这也是不难理解的，因为这已经接近分子和原子的尺寸。而原子和分子是不可"压缩"的，要它们正常地发挥作用，就必须给它们足够的空间范围。在计算机 65 纳米级的处理器中，二氧化硅介电层已经薄到 5 个氧原子厚。提出"摩尔定律"的 Gorden Moore 也认识到这个问题。在 2005 年他就说，晶体管的尺寸已经逼近原子的大小，而这是晶体管技术最终的障碍。同样，对电位敏感的钠离子通道（一种膜蛋白质）的直径约为 10 纳米，如果把神经纤维看成是一个"管子"而且钠离子通道在神经纤维各处都存在，那光是钠离子通道就要占神经纤维直径中的 20 纳米。

计算机处理器遇到的障碍可以用其他技术来克服，人们也可以设计全新的计算机，不再依靠晶体管。但是人的大脑是亿万年演化的产物，其"设计图"已经组存在我们的 DNA 中，不可能"从头再来"和"重新设计"。也就是说，我们的思维无法摆脱对神经元的依赖，也无法克服物理和化学定律对神经元工作条件的限制。

当然，目前人类对于神经活动与智力的了解还很初步，也许大自然还有使大脑进一步演化的途径。比如在大脑皮层中神经元的总数不变的情况下，把更多的神经元转用于思考，而"牺牲"一些不太重要的功能，比如嗅觉。也许人的大脑已经在这样做了，因为人类现在的嗅觉能力已经大大低于许多其他动物。不过我们到底能"牺牲"多少其他神经系统的功能而又不严重影响我们

的生活质量，还是一个难以回答的问题。

因此，作为个人，我们的智力也许不会再有大的提高。但是人类还是可以通过其他方法来提高人脑的工作效率。一是用人设计的计算机。就像劳动工具是人的手脚的"外延"和"放大"一样，计算机也是人脑功能的"外延"和"放大"。我们可以用计算机在几秒钟内搜寻整个数据库，在一瞬间完成人脑要用数小时，甚至数年才能完成的计算工作。现代社会的生产和生活，已经离不开人脑的"外延"了，而且这种依赖的程度还会越来越高。

二是使用集体的智慧。在人类文明发展的初期，许多发明和创造都是由个人来完成的。但是到了信息时代，人类已经作为一个整体在工作。在这个系统中，每个人都可以迅速获取其他人创造的知识，又在这些知识的基础上做出个人的贡献。这有点像一部超级计算机，里面有众多的处理器同时在工作，一起来完成各种复杂的任务。社会信息化的程度越高，人类的"集体智慧"起的作用就越大。即使个人的智力不再提高，人类作为整体的进步却可以随着科学和技术的发展和知识的积累而不断加速，就像我们现在所看见的那样。

本章小结

地球上所有的生物，从诞生之日起，就必须能够接收外部世界的信息并且做出反应。生物外部的环境条件可以有剧烈变化，而生物体内的状态却必须相对恒定，这就需要生物也有接收身体内部状况信息的机制，并且做出相应的调整。

在微生物、植物和真菌中，这种对外部和内部信息的接收和反应是程序性的，由分子组成的信息接收和传递链来执行和完成。这些信息传递链的组成已经存入 DNA 的序列中，能够在发育过程中自动形成并且发挥作用，无须学习，也不能通过学习来改进。这些信息不能引起感觉，生物也不会"主动"地根据这些信号的性质做出灵活的反应。由于进入程序性反应链的信息不会引起感觉，微生物、植物和真菌也没有意识，没有情绪，也不会进行思考，一切按照事先决定好的程

序进行。

动物神经系统的出现改变了这一切。神经系统把有些（不是全部）外部和内部的信息转化为感觉，包括感知电磁波所携带的信息的视觉、感知机械力所携带信息的听觉、触觉和自体感觉、感知分子化学结构所携带信息的味觉和嗅觉、以及伤害性刺激引起的痛觉和痒觉。

与感觉同时出现的就是动物的意识。有意识就是动物能够有感觉的状态。意识使动物有了"自我"的感觉，因为所有的感觉都是"自己"的，不能与其他动物分享，也无法进行描述，由此做出的反应也是为了"自己"这个个体的生存。对有感觉的信息进行加工分析的过程就是思考，动物也只能思考能够引起感觉的信息，动物在此基础上做出的反应就是主动的和具有灵活性的，以区别于程序性的反应。

动物有了感觉，也就可以对感觉进行分类，并在此基础上做出情绪化的反应，使得所有的动物都有情绪。有益的信息产生愉悦的感觉，鼓励动物去寻求更多这样的信息，而有害的信息使动物产生难受的感觉，以后要尽量避免。比起程序性的反应，带情绪的主动反应对动物的生存更加有利。昆虫已经明显是有情绪的动物。

对有感觉的信息的分析需要动物过去接收到的信息，以从过去的经验中学习并且加以改进，这就是动物的记忆。记忆是神经细胞传递路线的强化，特别是与信息传递直接有关的突触的强化，相当于是信息流动在神经系统内"踩"出来的痕迹。记忆使同种的动物彼此区别开来。

感觉、意识、情绪和记忆从神经系统出现之日就开始出现了。只有 302 个神经细胞的线虫就有味觉和痛觉，有兴奋状态和痛苦状态，能够睡眠，能够形成记忆，甚至能够对毒品上瘾，所使用的分子机制和最高级的人类也相同。到了昆虫，个性已经出现，并且显示出判断思考的能力。但是与意识有关的仍然是神经系统中最原始的部分，在哺乳动物就是丘脑和脑干。

意识看来是某些中间神经元电活动同步振荡的结果，从昆虫蘑菇体中的 Kenyon 细胞，到章鱼的垂直叶，到鸟类的 Pallium 和哺乳动物的丘脑和脑干，都表现出几十赫兹的同步振荡频率。但是这些电振荡是如何产生意识的，即要用物质的活动解释精神活动，是人类面临的最困难的问题。

对有感觉的信息进行加工分析的能力就是智力。昆虫已经有明显的智力，鸟类和哺乳类动物更具有相当高的智力，人类更是动物智力发展的最高峰。人类的智力也到了发展到了生理的极限，进一步的发展要依靠外延（如计算机）和集体的智慧。

　　人类对生命现象的思考，除了"我们从哪里来？"这个问题外，还有一个与这个问题密切相关的问题，就是"我们在宇宙中是唯一的吗？"。换句话说，就是"地球上的生命是这个宇宙中唯一的，还是在地球以外也存在生命现象？"

　　在古代，人们还没有地球的概念，能够移动的距离也有限，而且从来没有人走到过"天的尽头"，所以会觉得向各个方向都可以走到无穷远。而且无论走多远，例如汉朝的张骞出使西域、唐朝的唐玄奘去印度取经、明朝的郑和下西洋，都能够看见人类和其他各种生物，对于多数自己还走不到远处的人，自然也会觉得"有地方就有人和其他生物"，而且对那里的生物做出各种想象，并加以神化。例如唐僧取经时路过新疆的吐鲁番，那里的高热就在小说《西游记》中变成"火焰山"，而且还想象出了拥有"芭蕉扇"、能够扇灭火焰的"牛魔王"和"铁扇公主"。

　　由于没有地球的概念，只有"天"和"地"的概念，而且"天"可以有九重之多，在天上生活的就不是凡人，而是"神仙"，例如"玉皇大帝""太上老君"等。所有这些"生命"也都存在于人概念里由同一个"天"和"地"组成的世界中，而且还可以相互作用（例如玉帝派神仙下凡），所以还不是"外星人"的概念。

　　当人类认识到自己是生活在地球上，自己的生活空间不是无限大，而且地球只不过是太阳系的行星之一，太阳系里面还有其他行星时，"外星生物"的概念才开始出现。离地球最近的金星和火星最容易观察，早期对外星生命的猜想自然也主要集中在这两个星球上。而且由于当时探测条件的限制，难以了解这两个星球的真实情形，因此也容易产生过于乐观的想法。例如 1660 年，荷兰科学家惠更斯（Christian Huygens, 1629—1695）观察到金星被浓密的云层所掩盖，认为那里会有大量的水，因而也会有生命。1952 年，在名为 *The Real Book About Space Travel* 的书中，Goodwin 还画出了想象中的金星上生活在沼泽地带类似鳄鱼那样的生物（图 14-1）。

　　早期的观察发现火星上有橙色的区域，类似地球上的沙漠，也有大片颜色比较深，带绿色的区域，而且这些区域的大小和形状随季节变化，因而被认为是火星上的植被。火星的两极还有白色的极冠，冬天变大，夏天变小，类似于地球上北极和南极的冰。火星的倾斜角为 25 度，与地球的 23.5 度非常接近，因而和地球一样有四季。火星自转一周的时间为 24 小时 37 分，也和地球自转的 24 小时非常接近。在这些初步观察的基础上，人们认为火星很可能适合生物居住。1877 年，意大利科学家 Giovanni Schiaparelli（1835—1910）宣称在火星上观察到了"运河"（图 14-1）。随后，美国科学家 Percival Lowell（1855—1916）建造了 Lowell 天文台，亲自观察火星上的这些线状结构并且绘制出了详细的"火星运河

Goodwin 所绘金星上沼泽中的似鳄鱼生物

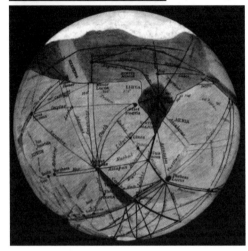

Schiaparelli 在 1888 年绘的火星运河图

Lowell 绘制的 火星运河图

艺术家所绘火星上的场景

图 14-1　人类早期对外星生命的一些想象

图"（图 14-1）。这些图当时使人相信，火星上一定有智慧生物。1907 年，《华尔街日报》报道说，那一年最重要的事件就是"天文观察证实了火星上存在有意识的智慧生物"。人们据此想象出了"火星人"，甚至"火星人入侵地球"的故事。1938 年，当美国有报道说载着火星人的飞船在新泽西州着陆时，在东海岸还引起了广泛的恐慌。

但是随后的观察粉碎了地球附近就有高级生命这些过于乐观的想法。金星上浓密的大气并不是如地球上那样主要是由氮和氧组成的，而是 96.5% 为二氧化碳，只有 3.5% 为氮气，而且气压是地球上的 92 倍。二氧化碳是温室气体，即能够吸收星球表面以红外辐射方式反射回太空的热，这么浓厚的二氧化碳气体使得金星表面的平均温度高达 462 摄氏度，高于金属铅融化的温度（327.5 摄氏度）。金星的云层中也有一些水，但是这些水是以硫酸滴的形式存在的。这些事实说明金星上

不可能有任何生命存在。火星上的"运河"后来也被证明是人类的想象。火星探测器发现，火星上的平均温度为 −60 摄氏度。极地的冬天更冷至 −143 摄氏度，能够使二氧化碳冻结（二氧化碳在一个大气压下的融点为 −78.5 摄氏度）。大气极为稀薄，约为地球大气的 0.6%，而且其中 96% 为二氧化碳，1.93% 为氩气，1.89% 为氮气，只有痕迹量的氧和水。在这样的环境中是不可能有像人这样的智慧生物的。到目前为止，还没有任何生命现象在地球以外被探测到，包括来自太空的无线电信号。外星生命是否存在，仍然是一个没有被回答的问题。

随着对宇宙探索的深入，特别是对太空中有机物质和大量太阳系外行星的发现，人们对外星生物的存在，甚至外星智慧生物的存在，越来越有信心。生命的出现很可能是我们这个宇宙中的普遍现象，生命在其他星球上的出现是必然的。

第一节 生命的偶然与 必然

如果从我们的宇宙诞生的历史来看，生命在我们这个宇宙中的出现似乎是偶然的，真的要"过五关、斩六将"，如果其中有一步的结果不同，我们的宇宙中也不会有生命诞生。但是如果分析我们宇宙中的实际情形，生命的出现又应该是必然的。下面就看看要在我们的宇宙中形成生命所需要的物质变化的几个关键步骤。

第一，在那神秘的宇宙大爆炸之后，由基本粒子组成的高温高压的"粥"逐渐冷却，形成原子。这个时候宇宙中的主要化学元素就是氢（约占 3/4），还有氦（约占 1/4）。如果宇宙就这样均匀地膨胀下去，我们的宇宙就只有氢和氦这两种元素，根本谈不到生命的形成。幸运的是，由于宇宙中物质分布上微小的不均匀，浓度稍高的地方就开始把周围的气体吸过来，使自己的质量增大，从而吸引更多的气体。这些地方气体的浓度越来越大，最后形成星球。在这些星球内部，由于重力作用形成的巨大压力和随之而来的高温，热核反应发生了。是热核反应形成了生命所需要除氢以外的各种化学元素，包括氧、氮、磷、硫等生命所需要的主要元素。

第二，即使有了所有这些化学元素，如果组成这些化学元素的原子彼此之间不发生关系，我们的宇宙就只能由单个的原子构成，没有分子，也就不可能有生命。幸运的是，原子的外层电子不仅能够围绕自己的原子核旋转，在一些情况下还可以围绕两个原子核（相同的或不相同的）旋转，可以把原子"捆绑"在一起，形成分子。

第三，幸运的是这些化学元素中还有一种元素叫做碳。碳原子可以彼此相连，形成长链或环状结构，这些结构上面还可以连上其他原子或原子团。这样，原子之间就能够以碳为骨架，形成各式各样的复杂分子，为生命的出现准备了条件。

第四，生命是可以自我维持和自我复制的化学反应系统，但是化学反应需要适当的介质，即能够溶解各种分子，使之能够彼此反应的液体物质。而最能够充当化学反应介质的物质就是水。水由于其分子的极性，能够溶解许多种物质并且参与许多化学反应。宇宙中的主要元素是氢，而巨型星球内部生成的氧在星球爆炸被抛洒到太空中时，就会与氢结合生成水。天文观察表明，水在我们的宇宙中广泛存在。我们的地球表面就有约 70% 的面积为水覆盖。我们的近邻——火星上面，曾经有过大量的水，冲出过几十千米宽，几千米深的峡谷。木星的卫星木卫二（Europa）和土星的卫星土卫六（Titan）上都有几十千米到上百千米深的海洋。即使是荒凉的月球，在太阳晒不到的阴影处也有水。

第五，有了水这个介质，化学反应还需要能量和催化物质。而矿物质的表面就具有良好的催化性质。宇宙中大量发光的星球会不断释放出各种波长的电磁波，为化学反应提供能量。这样，无论是星际尘埃的表面，还是彗星和陨石的表面，都可以产生各种有机物。恒星中产生的氮会和氢反应生成氨，碳和氢生成甲烷，氧和碳生成一氧化碳和二氧化碳这样的简单分子。这些分子就有可能相互反应，形成更复杂的分子。从氢、甲烷、氨、一氧化碳和水这些简单分子，可以生成氨基酸、核苷酸、单糖这样的组成生物体的分子。对星际尘埃和落到地球上的陨石的观测，都证实了这些复杂分子的存在。在实验室中模仿太空中的条件，也成功地产生了这些物质，说明组成生物体的复杂有机分子是可以在太空中大量形成的。

第六，要生命出现，环境中必须要有液态水，即行星必须在宜居带（habitable zone）中，离恒星不能太近以免水分被烤干，也不能离恒星太远而使水冻结。除此以外还必须满足其他一些重要条件，包括行星运行轨道的形状、重力、磁场、化学环境等，所以不是所有的行星都具备产生生命的条件，必须要有数量足够多的行星，才会在其中的一些行星中具有产生生命的条件。幸运的是，我们的宇宙中恒星数量极多，仅是我们的银河系估计就有 2000 亿颗恒星。在可以被人类观察到的宇宙（半径约为 137 亿光年）内，估计有 10 万亿个星系，这样宇宙中恒星的数目大约有 2×10^{24} 个，超过地球上所有沙粒的总数。这些恒星中很可能有些也伴有行星。

不过在过去，行星的总数难以估计，这是因为行星比恒星小得多而且自身不发光，所以很难被观察到。但是近年来，科学家用几种方法可以间接探测到行星的存在。一种方法是测定行星的重力所引起的恒星位置的变化，使得这些恒星周期性地离地球更近和更远，所发出的光线也有多普勒效应，可以从光谱上观测到。第二种方法是利用行星运行经过恒星表面时对恒星发出光线的遮挡，使得恒星的光度周期性地降低。第三种方法是利用行星对恒星发出光线的反光，而且随行星在轨道上的位置不同，会有类似月球"满月"和"半月"的周期性变化。这些反光叠加在恒星发出的光上，从地球上就可以观察到来自该恒星光线的周期性变化。

使用这些方法，截止到 2016 年 7 月 2 日，科学家在银河系的 2571 个恒星系统中一共观测到 3443 个行星，也就是在我们的银河系内，每个恒星平均至少有一颗行星。在类似我们太阳的恒星中，有大约五分之一在其宜居带中有地球大小的行星。如果我们的银河系含有 2000 亿颗恒星，其中有约 550 亿颗类似太阳的恒星，那就有大约 110 亿颗地球大小的、有可能有液态水的行星。如果加上围绕红矮星（red dwarf，比太阳小并且温度较低的恒星，质量为 0.075 到 0.5 太阳的质量，银河系的多数恒星是红矮星）旋转的行星，银河系中和地球大小相仿，位于宜居带中的行星就有 400 亿颗。据此推算，在可见的宇宙中，这些位于宜居带内行星的总数有 4000 万亿亿颗之多。在这么大的基数面前，生物，包括智慧生物在太阳系以外的星球上出现，可以说是必然的。

第二节　对外星生物的猜想

因为外星是"天外之物"，离我们最近的类地球行星（围绕红矮星旋转的 Wolf 1061c）也在 14 光年之外，光是银河系就有 10 万光年大小，更不要说数以亿万计的其他星系。人们对外星生物的猜想，也容易类似于人们对神仙的想象，即外星生物神通广大，无所不能。例如美国电影 E.T. 中，外星人可以手指一点，人身上的伤口就立即愈合，而且骑上自行车还可以飞起来。外星人的飞船也被描述为"是用元素周期表以外的金属做成的"，所以有地球上的物质不可能具有的奇特性质。

人们有这种想法是很自然的。由于我们的宇宙极其广大，也许什么事情都可能发生。外星生命可以使用与地球上的生命完全不同的形成原理和演化路线，我们似乎可以不受任何限制地任意想象这些外星生物的构造和

他们使用的材料。

但在实际上，外星生物和地球上的生物一样，也要受到我们宇宙中自然规律的制约。按照一些科学家的想法，我们的宇宙不是唯一的，而只是众多宇宙中的一个。每个宇宙有自己的运行规律，之所以在我们的宇宙中产生了生命，是我们这个宇宙运行规律作用的结果。其他宇宙如果有不同的运行规律，例如有不同的物理和化学定律，它们就不可能形成我们宇宙中的生命。而我们的宇宙，无论它有多大，起作用的物理和化学定律在这个宇宙的各个地方都是一样的，外星生命也因此必须受以下两个规律的制约：

（1）我们宇宙中的所有的常规物质（暗物质以外的物质），包括生命物质，都是基本粒子（电子、质子和中子）按照同样的物理原则形成元素周期表中的近 100 种化学元素组成的。无论我们探测的星系多么遥远，光谱所显示的化学元素都跳不出元素周期表的范围。所以外星生命和地球上的生命一样，也必须由元素周期表中的元素组成，不可能由周期表以外的元素组成。外星生命所使用的材料（包括自己身体的建造和工具的建造）也不能超出元素周期表的范围。

（2）这些元素也按照同样的物理和化学定律形成原子和分子并且进行化学反应。无论我们探测多么遥远的星云，里面的化学物质都可以用同样的化学规律进行解释并且在地球上实验室中的模拟条件下被生产出来。无论在我们这个宇宙的哪个"角落"，只要化学反应的条件相同，反应形成的产物也是一样的。

从这些基本事实出发，再加上地球上生命发展的历程对我们的启示，我们就可以对外星生命做一些猜想。

很可能也是以水为介质的

外星生命以水为介质，首先是因为在我们的宇宙中，水几乎无处不在。恒星中的热核反应会形成大量的氧，使氧成为氢和氦以外最丰富的物质。而氢又是这个宇宙中最丰富的元素，二者的结合自然会形成大量的水，而且几乎无处不在。

水的特性也使它特别适合作为生命中化学反应的介质。水分子是极性分子，水分子之间和局部带电的众多其他分子之间可以形成氢键，因而可以溶解宇宙中自然

形成的化合物，例如碳水化合物、嘌呤、嘧啶等，而且水分子可以活跃地参与各种化学反应。小分子形成聚合物，例如氨基酸形成蛋白质，单糖形成多糖，核苷酸形成核酸，都是通过缩水反应完成的。反过来，水分子也可以被加回去，让聚合物变回单体，即水解。

由于水分子之间可以形成氢键，水分子虽小，沸点却很高，在一个大气压下，低于100摄氏度即可以变为液体，不像碳氢化合物要在低得多的温度下才能为液体。例如甲烷的相对分子质量（16）与水的相对分子质量（18）相近，但是要在 -161 摄氏度才能从气体变为液体。由于化学反应的速度是随温度升高而加快的，液态水的温度可以使化学反应以比较快的速度进行，能够满足活跃的生命活动的需要。

水还有另一个神奇的特性，就是在4摄氏度时密度最高，低于4摄氏度时密度反而降低。这是由于4摄氏度时水分子的排列最紧密的缘故，温度再降低水分子逐渐按照冰中水分子的排列，分子之间的空间反而更大。水的这个特性使得海洋和湖泊在结冰时，冰浮在水面，液态水反而在冰层下。这就可以保护冰层以下的生物不会被冻在冰里。如果水的密度随温度降低而降低，海洋湖泊就会从底部冻起，最后使整个水体冻透，里面的生物也难以生存了。

从这些事实出发，可以认为外星生命应该也以水为介质。科学家在提出"宜居带"的概念时，也是以液态水的存在为标准。

土星的卫星土卫六表面也有湖泊，但是湖泊里面的液体不是水，而是液态的甲烷。土卫六的大气98.4%为氮气，1.4%为甲烷，氢占0.1%~0.2%，密度是地球大气的1.45倍。土卫六的表面温度为 -179.2 摄氏度。在这样的环境中是否能够形成生命，是一个有趣的问题。

甲烷分子是非极性的，和水分子这样的极性分子不同，所以要在土卫六上形成生命，所使用的机制应该和以水为介质的生命相反。例如地球上的生命使用磷脂组成双层细胞膜，亲脂的脂肪酸碳氢链在膜内，亲水的磷酸根在膜表面与水环境接触。如果要以甲烷为介质，膜的构造应该反过来，亲水的部分在膜内，亲脂的部分在膜表面。出于这个想法，有人提出了"反转的磷脂膜"（inverted phospholipid bilayer）的想法。但是在土卫六极端低温的条件下，十几个碳长的碳氢链会变得异常僵

硬，反转的磷脂膜会失去柔韧性，细胞膜必须由比较小的分子构成。用化学模拟的方法，美国科学家提出用存在于土卫六的大气中（大约10 ppm，1个ppm为百万分之一，part per million）的丙烯腈（acrylonitrile）组成细胞膜的想法。丙腈眼分子由于一头带部分正电，另一头带部分负电，它们能够以头尾颠倒排列的方式组成膜和小囊。理论计算表明，由丙烯腈在甲烷液体中形成的膜具有磷脂膜在水中相似的柔韧性，有可能起到甲烷液体中细胞膜的作用。

土卫六的大气中还含有大量的氰化氢（HCN，200 ppm），可以聚合成多种形状的长链聚合物，其骨架由不同比例的碳原子和氮原子组成。这些长链化合物能够溶解在液态甲烷中，成为可能的生命大分子。更有趣的是，这些化合物还能够吸收可见光，因而可以利用太阳光的光能驱动化学反应。这些研究结果似乎表明，以非水液体为介质的生命也是可能的（图14-2）。

但是土卫六上极低的温度使得化学反应不可能以比较快的速度进行，难以支撑活跃的生命活动。即使这样的生命真能形成，其新陈代谢也会是极其缓慢的，很可能不能超越单细胞生物的阶段。而且甲烷湖泊下面就是深达几十千米的水的海洋，这些水是有可能通过冰层上的裂缝与甲烷接触，从而干扰以甲烷为介质的生命的生成。在以水为介质的生命中，高能化学物是以磷酸根为基础的，而在甲烷的介质的生命中，含磷酸根的化合物不能被溶解，因此难以成为这些生物的高能化合物。在这些生命形式中用什么分子形成高能化合物，也是一个难以回答的问题。因此，以上的设想虽然具有一定的理论意义，但是在土卫六的甲烷湖中形成生命的可能性不是很大。

外星生命很可能也是以碳为基础的

生命需要的复杂大分子以储存遗传信息和催化多种化学反应。而复杂分子需要稳定的"骨架"，问题是什么元素才能形成这样的骨架。周期表内目前有118种化学元素，其中天然存在的化学元素有94种，其余24种为人工合成的元素。百种左右的元素，好似选择很多，其实原子能够彼此相连，形成稳定的长链或者环形结构的元素少之又少。在天然存在的94种元素中，绝大多

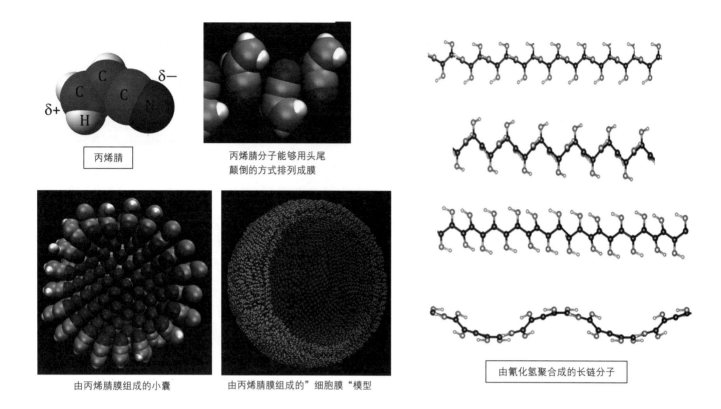

丙烯腈

丙烯腈分子能够用头尾
颠倒的方式排列成膜

由丙烯腈膜组成的小囊

由丙烯腈膜组成的"细胞膜"模型

由氰化氢聚合成的长链分子

图 14-2　由丙烯腈组成的膜和小囊（左）和由氰化氢聚合成的长链分子，其中深色圈代表碳原子，浅色大圈代表氮原子，浅色小圈代表氢原子

数为金属元素，而金属元素是无法形成链状或者环状骨架的。非金属元素中的惰性气体（氦、氖、氩、氪、氙、氡）根本不发生化学反应，自然不用考虑。卤族元素（氟、氯、溴、碘）只能以单化学键与其他原子相连，也不能连成链或环。氧、硫、硒的原子是二价的，即使能够连成链，也无法再连上别的原子，形成有生物功能的分子，况且在实际上，它们也并不能形成长链。这样余下的非金属元素就只有硼、碳、氮、硅、磷、砷等 6 种。其中氮、磷、砷的原子不能形成长链。硼原子可以彼此相连或者通过氢原子相连，形成笼状的骨架，上面再连上氢原子，形成硼烷（borane，

例如六硼烷 B_6H_{10}）（图 14-3），但是这样的分子构造简单且封闭，数量也有限，不大可能成为组成生命的分子，也不见于地球上的生物体中。于是剩下可以考虑的就只有碳和硅。

硅和碳元素在元素周期表中属于同一族，能像碳原子那样用化学键与别的原子相连，并且能彼此相连形成长链，链上再连上氢原子形成硅烷（silane）。它还能结合其他元素形成功能基团，比如和羟基（—OH）相连形成羟基硅烷，所以有人推测有些外星上的生命可能是以硅为基础的。但是硅—氢化合物在水中容易水解，所以这样的生命不能用水为化学反应的介质。再考虑到

水在宇宙中几乎无处不在的情形，以硅为基础的生命出现的可能性不大。

碳原子位于第二周期的中央，外层有 4 个电子（两个 s 电子和两个 p 电子），说多不多，说少不少，既不容易完全失去电子，也不容易完全获得电子，而是可以用化学键（通过 s 电子和 p 电子的杂化轨道）与其他原子形成共价键，也能够彼此相连形成长链和环状骨架。由于碳原子能够以共价键与别的原子相连，除了碳原子彼此相连外，还可以和其他的原子或者功能基团相连，形成具有各种功能的复杂化合物，因此碳原子最适合作为生物大分子的骨架。地球上的生命分子就

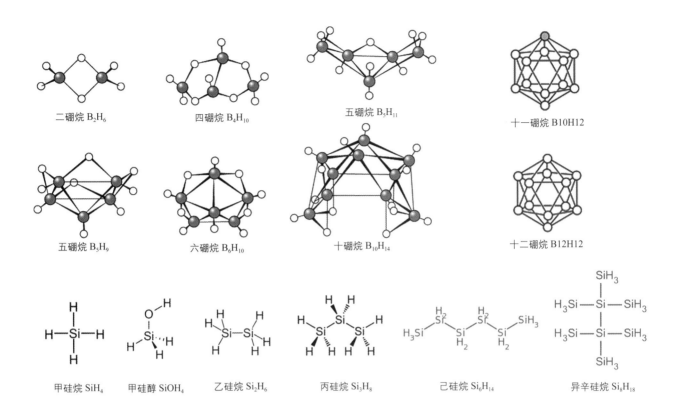

图 14-3　硼烷（上、中）和硅烷（下）。在硼烷的分子结构图中，灰色大圆圈表示硼原子，白色小圈代表氢原子。在十一硼烷和十二硼烷中，氢原子没有画出。硅原子上也可以连上功能基团，例如在甲硅醇中，硅原子上就连有一个羟基

是最好的例子。葡萄糖、脂肪酸、氨基酸的分子都是以碳为骨架的。看看煤和石油，就可以实际感受一下地球上的生命以碳为基础的事实。煤和石油就是过去地球上的生物被埋在地下，经高温高压分解，所遗留下来的碳骨架。

碳也是宇宙中含量很高的元素。由于质量大于 3 个太阳质量的恒星就可以通过热核反应合成碳，碳是宇宙中含量第 4 高的元素（0.46%）。除含量最高的氢（73.9%）和氦（24.0%）以外，碳的含量仅次于氧（1.04%）。在星际尘埃中发现的各种化合物，大部分是含碳或者以碳为骨架的分子。例如糖类、氨基酸、脂肪酸、嘌呤和嘧啶。在其

他星球上原始生命形成时，这些化合物，由于含量丰富，自然也容易被当做生命分子中的首选。

由于这些原因，外星生命有极大可能也是以碳为基础的。当然以碳为基础的生命不一定要采用现在地球上生命的模式。比如遗传物质就不一定是 DNA 或 RNA，执行催化功能的分子（酶）也不一定是蛋白质。但是具有类似功能的生物大分子很可能也是以碳为骨架的。

应该是由细胞组成的

生物体内部的物质组成和外部无生命的环境的物质组成有极大的不同。要形成生命，最基本的条件

就是要把生物体的内容物与外界环境分开。换句话说，最初的外星生命也应当是以细胞的形式出现的。

在地球上，这是通过细胞膜来实现的。细胞膜是两性构造，内部的亲脂环境阻碍水溶性分子通过，而外部的亲水部分又能够与水环境密切接触。如果外星生命也是在水环境中形成的，类似的细胞膜也是需要的。当然外星生物的细胞膜不一定是由磷脂所组成，只要能够形成亲脂的内层和亲水的外层，类似的膜也可以在水中形成。例如 2001 年，美国航空航天局（NASA）和加州大学桑塔·克鲁兹分校（UC Santa Cruz）的科学家合作，模拟太空中的状况来产生有机物。他们

按照星际冰中物质的比例，混合了水、甲醇、氨、一氧化碳，在类似星际空间的温度（15K，即绝对温度15度，相当于零下258摄氏度）下用紫外线照射这个混合物。当被照射过的混合物的温度升到室温时，有一些油状物出现。当把这些物质提取出来，再放到水中时，它们就会形成囊泡，直径10~50微米，正好是真核细胞的大小。这个结果说明，在太空中形成的有机物可以自发在水中形成囊泡结构，这就使得原始细胞的形成成为可能（图14-4，参看图1-8）。

当然只有膜结构还不够。为了与环境进行物质交换，生物所需要的分子必须要有某种方式通过膜进入细胞内，细胞内形成的废物也必须以某种方式被排除到细胞外。这就需要膜上有各种分子通道帮助这些分子通过细胞膜，这些通道也不一定是蛋白质。

细胞膜的形成意味着细胞内外

的物质交换只能通过扩散过程来完成。生物所需要的分子必须通过在水中扩散到达细胞膜，再进入细胞内所需要的地点。由于扩散是一个缓慢的过程，这就要求细胞的体积不能太大，以保证细胞有足够大的相对表面积（细胞的表面积和细胞体积之比）来接收外界的分子，同时进入细胞的分子也可以很快到达所需要的位置。由于分子在液态水中扩散的速度在宇宙的各处都应该是类似的，这也决定了外星生物的细胞也不能太大，很可能也是微米级的。

出于同样的原理，外星生物要变得更大，也应该走地球上多细胞生物的道路，而不是单个细胞自身变大。也就是说，大型的外星生物的身体也应该是由细胞组成的（见第四章第二节）。多细胞意味着生物体有内环境。位于身体内部的细胞也必须有某种方式获得所需物质的供应，某种形式的输送系统是必要的。

只要有光就会有会光合作用的生物

生命活动是靠能量来驱动的。虽然各种星球上有各种能量形式，例如放射性同位素的衰变、磁场、物体移动的动能（例如风能，水流和波浪的动能）、势能（物体从高处落下释放的能量）、热能（由温度梯度提供），这些能量形式都难以被生物所利用。能够被生物利用的，只有跨膜离子梯度、氧化还原反应释放的化学能，以及来自恒星的电磁辐射能。

膜两边不同浓度的离子分布本身就是能量储存的一种方式。在地球上，海底热泉可以在膜状结构的两边形成氢离子梯度，而这是生物可以加以利用的能量形式。地球上生命起源的假说之一，就是生命最初在海底热泉周围形成。如果其他星球上也有类似的海底热泉，生命也有可能在那里形成。

如果星球上有可以被氧化的物质，例如氢气，甲烷，也有能够接受电子的物质，例如硝酸盐，它们之间的氧化还原反应也可以被生物所利用。地球上最初的生物可能也是通过这种方式获得能量的，至今一些微生物仍然用这种方式获得能量。

但是海底热泉毕竟有限，还原物和氧化物的供应也有限，也不是随处都有。生物最稳定可靠，随处可得的能源，还是来自恒星的电磁辐射，而且能够接收这些辐射的能量的分子可以多种多样。在最初的生命形态出现后，能够进行光合作用的生物早晚会出现。地球上能够

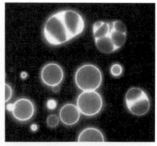
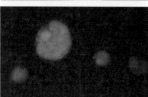

图14-4 美国航天局和加州大学桑塔·克鲁兹分校用水、甲醇、氨和一氧化碳的混合物在紫外线照射下可以形成能够在水中生成小囊泡的有机物

进行光合作用的蓝细菌是地球上最古老的生物之一，估计能够进行光合作用的外星生物也会在生命诞生后不久就出现。而且由于它们有稳定的能源供应，比用氧化还原反应获得能量的生物更有优越性，因而容易发展起来。

由于不同的恒星发出的电磁辐射光谱不同，用来吸收这些电磁波的色素分子构造也会不一样，因此进行光合作用的外星生物不一定是绿色的。

异养的生物也应该出现

由于适于进行光合作用的光辐射能量密度很低，通过光合作用积累有机物质的速度是很慢的。地球上的植物经过亿万年的演化，光合作用的效率已经达到极限，但也需要长时间的光照才能合成有限的有机物，例如每株小麦就需要几个月的光照，才能合成那十几粒麦粒。而异养的生物只是把别的生物（归根到底是进行光合作用的生物）现成的有机物拿来，而且拿的数量不受限制，异养生物积累有机物的速度就会快得多，也能够进行需要消耗大量能量的生命活动，包括神经活动。例如人一天就需要大约 500 克有机物，这些有机物就需要大约 1 平方米的小麦几个月的光合作用才能形成，但是通过异养方式，这些有机物一天就被消耗掉了，因此异养是比自养更有效的生活方式。地球上生物的物种中，绝大部分是异养生物。

如果在外星上光合作用能够大规模地进行，形成大量的有机物，就会给那些"拿现成"的外星生物提供了机会。在这种条件下，外星的异养生物（相当于地球上的动物）多半会出现，外星的智慧生物也会从这些异养生物中产生。

储存遗传信息的分子和催化化学反应的分子应该彼此分开而又互相联系

外星生物应该和地球上的生物一样，也是由复杂的化学反应系统组成的。其中的许多反应，特别是需要能量的合成反应，需要特殊的催化剂来完成。在地球上，这个任务是由具有催化功能的蛋白质（酶）来执行的。外星生物不一定要有由氨基酸组成的蛋白质来催化各种化学反应，但是也需要有由简单"零件"组成的复杂分子来执行这个任务。

外星生物和地球上的生物一样，也不可能是永远不死的"金刚不坏之身"，要生命能够持续下去，必须要有生成下一代的能力，也就是外星生物必须要进行繁殖。这就需要有分子来储存身体构造信息的分子，以便把这些信息传递给下一代。换句话说，外星生物也必须有遗传物质。这种物质不一定是 DNA，但是也必须稳定而且能够被复制。

对遗传物质的要求应该是稳定，即应该不受每"日"生命活动的干扰；而对催化物质的要求应该是动态，这样才能使生命活动不断调整自己以应对外界条件的变化。为了使这两类分子各司其职，达到高效率，这两类分子应该逐渐彼此分开，类似于地球上的 DNA 和蛋白质。后者应该由前者编码，前者则由后者合成和复制。

也可能通过自然选择来演化

如果外星生命的遗传物质不是一成不变，而是像地球上的 DNA 那样也会由于各种原因而逐渐改变的话，外星生命很可能也要遵循达尔文提出的演化规律，即遗传物质变化的后果会通过自然环境进行选择，能够适应环境条件变化的才能生存下来，不能适应的就被淘汰。这样外星生命也会有一个从简单到复杂，从低级到高级的发展过程。

外星生物演化的快慢取决于各个星球具体的条件。如果资源不是很丰富，环境的变化又极其缓慢，也许外星生物会长期停滞在比较低级的阶段上。特别是围绕红矮星旋转的行星，环境也许比类似太阳系的系统简单和缺少变化。红矮星由于热核反应进行的速变比较低，寿命极长，可以在几百亿甚至上千亿年的时间内稳定地发光。由于红矮星质量小，形成行星的云盘也比较小，也许只形成一颗行星，也没有被大的陨石碰撞的事件。在这样的系统中生物演化的"动力"要比在地球上小得多，估计那里的生物演化也相对缓慢。地球从诞生之日起，经历了多少"惊心动魄"的事件，多次造成物种大规模的绝灭，同时也使地球上的生物不断演化，最后产生了人这样的智慧生物。

自然选择也包括生物之间对资源的竞争，因为生物也是自然的一部分。在地球上，捕食与避免被捕食是促使生物演化的强大动力，如果有异养的外星生物出现，外星生物也会有捕食者和被捕食者之间持续不断的斗争，促使双方都不断完善自己。斗争的行为也会最终进入遗传物质而被固定下来，以便每一代都能够以同样的行为行事。所以如果有外星"人"造访地球，他们对人类不一定是友好的。当然也有另一种可能性：能够造访地球的外星人一定拥有极为先进的科技，在"思想"的发展上可能也远超过人类的发展阶段。他们也许已经能够理性地消除彼此之间的战争，对地球上的人类也可能非常友好而且提供帮助。到底是哪种情况，只有外星人真的到来那天才能知道。

也可能分雌雄两性

如果外星生物的遗传物质像地球上的 DNA 一样，也是不断变化的，那么他们也会遇到遗传物质是否能够共享的问题。在地球上，从病毒、细菌到人类，都通过各种方式共享同种或类似生物个体之间的遗传物质，以使遗传物质多样化，更好地适应环境的变化。有性生殖就是融合两个生物体的遗传物质，立即共享双方的遗传资源，是地球上多数生物，特别是高级生物的繁殖方式。但是有性生殖是以减数分裂为前提的，如果外星生命能够发展出自己的减数分裂机制，估计外星生物也会逐渐分化出雌雄两性。

有性生殖需要雌雄两性的配合，受精卵也通过不断的一分为二的方式发展出新的生物体。外星生命是否可能是三性的呢？三性不仅使得寻偶、求偶、交配更为复杂，而且还会由于个体的密度过低时找不齐三方而无法生殖。由于三方都有否决权，成功的概率会大大降低。而且三性也需要受精卵分为三份的机制，这也是非常复杂和困难的。出于这些原因，估计外星生物即使实行有性生殖，性别也不会超过雌雄两性。

智慧外星生物的出现

由于宇宙的年龄是 137 亿年，而地球的历史只有 45.4 亿年，会有一些行星形成的时间比地球早得多，上面的生命也更早开始发展，其中一些星球上生物演化的阶段也就可能大大超越地球上生物的演化阶段，也就是有可能演化出远比人类先进的智慧生物，他们的科学技术水平也可能是目前地球上的人类难以想象的。

在地球上，智力是以神经系统为基础的。动物最伟大的贡献就是发展出了神经细胞和神经系统。这不仅大大提高了信息传输的效率，也从神经活动中产生了感觉，再在感觉的基础上发展出了自我意识和情绪。意识的进一步发展就是智力，即"我"主动地分析处理通过感觉获得的信息（包括即时的和记忆的），从各种行动可能中选择出最佳方案。人类的智力就是这个发展过程的最高成就。

但是我们不知道外星生物是否也会发展出用同样机制工作（神经冲动，即膜电位的变化以接力的方式传输）的神经系统。如果他们有不同的信息传输系统，即不使用神经冲动的方式，也许他们也不会产生地球上动物，特别是人类这样的动物的感觉和意识，他们处理信息的方式可能也和地球上动物的方式不同。如果智慧从这些外星生物产生，我们很难想象它是什么样的，和地球上人的智慧有什么不同。

计算机和人脑都能够处理信息，但是计算机处理信息的原理是基于晶体管的，是没有意识的。而人对信息的处理是基于神经网络的，是有感觉和有意识的。但是通过界面，计算机和人类能够进行沟通。如果外星生命有和人类不同的处理信息的方式，他们的智力和我们的智力就会有本质的差别，但是也有可能彼此沟通。外星生物的生理构造会极大地促进人类对生命现象的理解，而外星生物的智力对人类的影响更是不可估量的。

主要参考文献
REFERENCE

第一章 我们的宇宙是生命的摇篮

Burbidge EM, Burbidge ER, Fowler WA, Hoyle F. Synthesis of the elements in stars. Reviews of Modern Physics. 1957; 24(9):547-650.

Copi CJ, Schramm DN, Turner MS. Big-Bang nucleosynthesis and the baryon density of the Universe. Science. 1995; 267:192-199.

De Gregorio, BT, Stroud RM, Nittler LR, Cod G. Variety of organic matter in Stardust return samples from Comet 81P/Wild 2. Reported on 40th Lunar and Planetary Science Conference, 2009.

Dworkin J, Deamer D, Sandford S, Allamandola L. Self-assembling amphiphilic molecules:Synthesis in simulated interstellar/precometary ices. Proceedings National Academy of Sciences U S A. 2001; 98(3): 815-819.

FOX SW, HARADA K. Thermal copolymerization of amino acids to a product resembling protein. Science. 1958; 28(3333):1214.

The Wilkinson Microwave Anisotropy Probe(WMAP)- Age of the Universe, National Aeronautics and Space Administration(NASA). 2012.

Kvenvolden KA, Lawless, J, Pering, K, Peterson, E, Flores, J, Ponnamperuma, C, Kaplan, IR, Moore, C. Evidence for extraterrestrial amino-acids and hydrocarbons in the Murchison meteorite. Nature. 1970; 228(5275):923–926.

Miller SL. A production of amino acids under possible primitive Earth conditions. Science. 1953; 117(3046):528-529.

Ring D, Wolman Y, Friedmann N, Miller SL. Prebiotic synthesis of hydrophobic and protein amino acids. Proceedings of National Academy of Sciences U S A. 1972; 69(3):765–768.

Robert P. Kirshner Supernovae, an accelerating universe and the cosmological constant. Proceedings of National Academy of Sciences U S A. 1999; 96(8):4224–4227.

Tegmark M. Measuring spacetime:From the big bang to black holes. Science. 2002; 296(5572):1427-33.

Wright EL. What is the evidence for the Big Bang? Frequently asked questions in Cosmology. 2009; UCLA Department of Astronomy and Astrophysics.

第二章 了不起的原核生物

Noffke N, Christian D, Wacey D, Hazen RM. Microbially induced sedimentary structures recording an ancient ecosystem in the ca. 3.48 billion-year-old Dresser Formation, Pilbara, Western Australia. Astrobiology. 2013; 13(12):1103-1124.

Ferré-D' Amaré AR, WG. Small Self-cleaving Ribozymes. Cold Spring Harbor Perspectives in Biology, 2010; 2(10):a003574.

Rodnina MV, Beringer M, Wintermeyer W. How ribosomes make peptide bonds. Trends in Biochemical Sciences. 2007; 32(1):20-26.

Beckwith JR. Regulation of the lac operon. Recent studies on the regulation of lactose metabolism in *Escherichia coli* support the operon model. Science. 1967; 156(3775):597-604.

Chen IA, Walde P. From self-assembled vesicles to protocells. Cold Spring Harbor Perspectives in Biology 2010; 2:a002170.

Jacquot A, Francius G, Razafitianamaharavo A, Dehghani F, Tamayol A, Linder M, Arab-Tehrany E. Morphological and physical analysis of natural phospholipids-based biomembranes. PLoS One. 2014; 9(9):e107435.

Koga Y, and Morii H. Biosynthesis of Ether-Type Polar Lipids in Archaea and Evolutionary Considerations. Microbiology and Molecular Biology Reviews. 2007; 71(1):97–120.

Marreiros BC, Calisto F, Castro PJ, Duarte AM, Sena AV, AF, Sousa FM, Teixeira M, Refojo PN, Pereira MM. Exploring membrane respiratory chains. Biochimica et Biophysica Acta(BBA)- Bioenergetics, 2016; 1857(8):1039-1067

Gunner MR, Amin M, Zhu XY, JX. Molecular mechanisms for generating transmembrane proton gradients. Biochim Biophys Acta. 2013; 1827(0):892–913.

Fillingame RH. Coupling H+ transport and ATP synthesis in F1F0-ATP synthases:glimpses of interacting parts in a dynamic molecular machine. Journal of Experimental Biology. 1997; 200:217-224.

Unden G, Bongaerts J. Alternative respiratory pathways of *Escherichia coli*:energetics and transcriptional regulation in response to electron acceptors. Biochimica et Biophysica Acta. 1997; 1320:217–234.

Alfreider A, Vogt C. Genetic Evidence for Bacterial Chemolithoautotrophy Based on the Reductive Tricarboxylic Acid Cycle in Groundwater Systems. Microbes and Environments. 2012; 27(2):209–214.

第三章　更上一层楼的真核生物

Emelyanov VV. Mitochondrial connection to the origin of the eukaryotic cell. European Journal of Biochemistry. 2003; 270:1599–1618.

Eugene V Koonin EV. The origin of introns and their role in eukaryogenesis: a compromise solution to the introns-early versus introns-late debate? Biology Direct. 2006; 1:22.

Paeschke K, Karin R. McDonald KR, Zakian VA. Telomeres:Structures in need of unwinding. FEBS Letters, 2010; 584(17):3760–3772.

Mariño-Ramírez L, Kann MG, Shoemaker BA, Landsman D. Histone structure and nucleosome stability. Expert Review of Proteomics. 2005; 2(5):719–729.

Erickson HP. Evolution of the cytoskeleton, Bioessays. 2007; 29(7):668–677.

Gennerich A, Vale RD. Walking the walk:how kinesin and dynein coordinate their steps. Current Opinion in Cell Biology. 2009; 21(1):59–67.

Nanninga N. Cytokinesis in Prokaryotes and Eukaryotes:Common Principles and Different Solutions. Microbiology and Molecular Biology Reviews. 2001; 65(2):319-333.

Wordeman L. How Kinesin Motor Proteins Drive Mitotic Spindle Function:Lessons from Molecular Assay. Seminars in Cell and Developmental Biology. 2010; 21(3):260–268.

Sharp DJ, Rogers GC, Scholey JM. Microtubule motors in mitosis. Nature. 2000; 407:41-47.

Nüsse O. Biochemistry of the Phagosome:The Challenge to Study a Transient Organelle. The Scientific World Journal. 2011; 11:2364–2381.

Scheuring D, Künzl F, Viotti C, Yan MS, Jiang L, Schellmann S, Robinson DG, Pimpl P. Ubiquitin initiates sorting of Golgi and plasma membrane proteins into the vacuolar degradation pathway. BMC Plant Biology, 2012; 12:164.

McFadden GI. Chloroplast Origin and Integration. Plant Physiology. 2001; 125:50–53.

Egea I, Barsan C, Bian W, Purgatto E, Latché A, Chervin C, Bouzayen M, Pech JC. Chromoplast Differentiation:Current Status and Perspectives. Plant Cell Physiology. 2010; 51(10):1601-11.

Voeltz GK, Rolls MM, Rapoport TA. Structural organization of the endoplasmic reticulum. EMBO reports 2002; 3(10):944–950.

Klute MJ, Paul Melancon P, Dacks JB. Evolution and Diversity of the Golgi. Cold Spring Harbor Perspectives Biology. 2011; 3:a007849.

Cai HQ, Reinisch K, Ferro-Novick S. Coats, Tethers, Rabs, and SNAREs work together to mediate the intracellular destination of a transport vesicle. Developmental Cell, 2007; 12(5):671-682.

Dacks JB, Fiel MC. Evolution of the eukaryotic membrane-trafficking system:origin, tempo and mode. Journal of Cell Science. 2007; 120:2977-2985.

第四章　细胞分工的出现——多细胞生物

Mariscal V, Flores E. Multicellularity in a heterocyst-forming cyanobacterium: pathways for intercellular communication. Advances in Experimental Medicine and Biology. 2010; 675:123-135.

Kirk DL. A twelve-step program for evolving multicellularity and a division of labor. BioEssays. 2005; 27:299–310.

Grosberg RK, Strathmann RR. The Evolution of Multicellularity:A Minor Major Transition? Annual Review of Ecology, Evolution and Systematics. 2007; 38:621–654.

Knoll AH. The Multiple Origins of Complex Multicellularity. Annual Review of Earth and Planetary Sciences. 2011; 39:217–239.

Girlovanu M, Susman S, Soritau O, Rus-Ciuca D, Melincovici C, Constantin AM, Mihu CM. Stem cells - biological update and cell therapy progress. Clujul Medical. 2015; 88(3):265-271.

Swelstad BB, Kerr CL. Current protocols in the generation of pluripotent stem cells:theoretical, methodological and clinical considerations. Stem Cells Cloning. 2009; 3:13-27.

Cinalli RM, Rangan P, Lehmann R. Germ Cells Are Forever. Cell. 2008; 132(4):559-562.

Matzuk MM. Germ-line immortality. Proceedings of National Academy of Sciences USA. 2004; 101(47):16395–16396.

Stewart EJ, Madden R, Paul G, Taddei F. Aging and death in an organism that reproduces by morphologically symmetric division. PLoS Biology. 2005; 3(2):e45.

Aguilaniu H, Gustafsson L, Rigoulet M, Nyström T. Asymmetric inheritance of oxidatively damaged proteins during cytokinesis. Science. 2003; 299(5613):1751-1753.

Hulbert AJ. Metabolism and longevity:is there a role for membrane fatty acids? Integrative and Comparative Biology. 2010;50(5):808-817.

Bratic I, Trifunovic A. Mitochondrial energy metabolism and ageing. Biochimica et Biophysica Acta. 2010; 1797:961–967

Fuchs Y, Steller H. Programmed cell death in animal development and disease. Cell. 2011; 147(4):742-758.

Domazet-Lošo T, Klimovich A, Anokhin B, Anton-Erxleben F, Hamm MJ, Lange C, Thomas Bosch TCG. Naturally occurring tumours in the basal metazoan Hydra. Nature Communications. 2014; 5:4222.

Scharrer B, Lochhead MS. Tumors in the Invertebrates:A Review. Cancer Research. 1950; 10(7):403-419.

第五章　植物、动物、真菌的起源

Baldauf SL, Palmer JD. Animals and fungi are each other's closest relatives:congruent evidence from multiple proteins. Proceedings of National Academy of Sciences U S A. 1993 ; 90(24):11558-11562.

Steenkamp ET, Wright J, Baldauf SL. The Protistan Origins of Animals and Fungi. Molecular Biology and Evolution. 2006; 23(1):93-106.

Howard RJ, Ferrari MA, Money NP. Penetration of hard substrates by a fungus employing enormous turgor pressures. Proceedings of National Academy of Sciences USA.1991；88:11281-11284.

Yuan XL, Xiao SH, Tayloe TN. Lichen-Like Symbiosis 600 Million Years Ago. Science. 2005; 308(5724):1017-1020.

Lang BF, O'Kelly C, Nerad T, Gray MW, Burger G. The Closest Unicellular Relatives of Animals Current Biology. 2002; 12:1773–1778.

Shalchian-Tabrizi K, Minge MA, Espelund M, Orr R, Ruden T, Jakobsen KS, Cavalier-Smith T. Multigene Phylogeny of Choanozoa and the Origin of Animals. PloS One. 2008; 3(5):e2098.

Sebé-Pedrós A, de Mendoza A, Lang BF, Degnan BM, Iñaki Ruiz-Trillo I. Unexpected repertoire of metazoan transcription factors in the unicellular holozoan *Capsaspora owczarzaki*. Molecular Biology and Evolution. 2011; 28(3):1241–1254.

Suga H, Sasaki G, Kuma KI, Nishiyori H, Hirose N, Su ZH, Iwabe N, Miyata T. Ancient divergence of animal protein tyrosine kinase genes demonstrated by a gene family tree including choanoflagellate genes. FEBS Letters. 2008; 582(5):815–818.

Stiller JW, Hall BD. The origin of red algae:Implications for plastid evolution. Proceedings of National Academy of Sciences USA.1997; 94:4520–4525.

Civan P, Foster PG, Embley MT, Seneca A, Cox CJ. Analyses of charophyte chloroplast genomes help characterize the ancestral chloroplast genome of land plants. Genome Biology and Evolution. 2014; 6(4):897–911.

Ligrone R, Duckett JG, Renzaglia KS. Major transitions in the evolution of early land plants:a bryological perspective. Annals of Botany. 2012; 109:851–871.

Niklas KJ, Kutschera U. The evolution of the land plant life cycle. New Phytologist. 2010; 185:27–41.

Lee JH, Lin H, Joo S, Goodenough U. Early sexual origins of homeoprotein heterodimerization and evolution of the plant KNOX/BELL family. Cell. 2008; 133(5):829-40.

Dolan L. Plant evolution:TALES of development. Cell. 2008; 133(5):771-773.

Linkies A, Graeber1 K, Knight C, Leubner-Metzger G. The evolution of

seeds. New Phytologist. 2010; 186:817–831.

第六章　巧夺天工的生物结构

Stepniak E, Radice GL, Vasioukhin V. Adhesive and Signaling Functions of Cadherins and Catenins in Vertebrate Development. Cold Spring Harbor Perspectives Biology. 2009; 1:a002949.

Dickinson DJ, Nelson WJ, Weis WI. A Polarized Epithelium Organized by β- and α-Catenin Predates Cadherin and Metazoan Origins. Science. 2011; 331(6022):1336–1339.

Lecuit T. "Developmental mechanics": cellular patterns controlled by adhesion, cortical tension and cell division. HFSP Journal. 2008; 2(2):72–78.

Assémat E, Bazellières E, Pallesi-Pocachard E, Le Bivic A, Massey-Harroche D. Polarity complex proteins. Biochim Biophys Acta. 2008; 1778(3):614-30.

Devenport D. The cell biology of planar cell polarity. Cell Biology. 2014; 207(2):171–179.

Montell DJ. Morphogenetic Cell Movements:Diversity from Modular Mechanical Properties. Science. 2008; 322:1502-1505.

Gazave E, Pascal Lapébie P, Gemma S Richards GS, et al. Origin and evolution of the Notch signaling pathway:an overview from eukaryotic genomes. BMC Evolutionary Biology. 2009; 9:249.

Avilés EC, Wilson NH, Stoeckli ET. Sonic hedgehog and Wnt:antagonists in morphogenesis but collaborators in axon guidance. Frontiers in Cellular Neuroscience. 2003; 7:86.

Turing AM. The Chemical Basis of Morphogenesis. Philosophical Transactions of the Royal Society of London. Series B, Biological Sciences. 1952; 237(641):37-72.

Tompkinsa N, Lia N, Girabawea C, Michael Heymanna M, Ermentroutc GB, Epsteind IR, Fradena S. Testing Turing's theory of morphogenesis in chemical cells. Proceedings of National Academy of Sciences USA. 2014; 111(12):4397–4402.

Patel NH, Prince VE. Beyond the Hox complex. Genome Biology. 2000; 1(5):1027.1–1027.4.

Sanz-Ezquerro JJ, Tickle C. Digital development and morphogenesis. Journal of Anatomy. 2003；202:51-58.

Bo Gao B, Yang Y. Planar Cell Polarity in vertebrate limb morphogenesis. Current Opinion in Genetics and Development. 2013; 23(4):438–444.

Towers M, signolet J, Sherman A, Sang H, Tickle C. Insights into bird wing evolution and digit specification from polarizing region fate maps. Nature Communications. 2011; 2:426.

Be´nazet JD, Rolf Zeller R. Vertebrate Limb Development:Moving from Classical Morphogen Gradients to an Integrated 4-Dimensional Patterning System. Cold Spring Harbor Perspectives Biology. 2009; 1:a001339.

J. Raspopovic J, Marcon L, Russo L, Sharp J. Digit patterning is controlled by a Bmp-Sox9-Wnt Turing network modulated by morphogen gradients. Science. 2014; 345(6196):566-570.

Onuma Y, Takahashi S, Asashima M, Kurata S, Gehring WJ. Conservation of Pax 6 function and upstream activation by Notch signaling in eye development of frogs and flies. Proceedings of National Academy of Sciences USA. 2002; 99(4):2020–2025.

Fuhrmann S. Eye Morphogenesis and Patterning of the Optic Vesicle. Current Topics in Developmental Biology. 2010 ; 93:61–84.

第七章　生物性史

Roze D. Disentangling the Benefits of Sex. PloS Biology. 2012; 10(5): e1001321.

Hörandl E. A combinational theory for maintenance of sex. Heredity(Edinb). 2009; 103(6):445–457.

Dimijian GG. Evolution of sexuality:biology and behavior. BUMC Proceedings(Baylor University Medical Center Proceedings). 2005; 18:244-258.

Tsai JH, McKee BD. Homologous pairing and the role of pairing centers in meiosis. Journal of Cell Science. 2011; 124:1955-1963.

Ellegren H. Hens, cocks and avian sex determination. A quest for genes on Z or W? EMBO Reports. 2001; 2(3):192–196.

Bachtrog D, Mank JE, Catherine L. Peichel CL. Sex Determination:Why so many ways of doing it? PLoS Biology. 2014; 12(7):e1001899.

Brennan PA, Kendrick KM. Mammalian social odours:attraction and individual recognition. Philosophical Transactions of the Royal Society B:Biological Sciences. 2006; 361(1476):2061-78.

Bhutta MF. Sex and the nose:human pheromonal responses. Journal of the Royal Society of Medicine. 2007; 100:268-274.

Fisher HE, Aron A, Brown LL. Romantic love:a mammalian brain system for mate choice. Philosophical Transactions of the Royal Society B:Biological Sciences. 2006; 361(1476):2173-86.

Michod RE, Bernstein H, Nedelcu AM. Adaptive value of sex in microbial pathogens. *Infection, Genetics and Evolution. 2008; 8(3):267–285.*

Sun S, Heitman J. Should Y stay or should Y go:The evolution of non-recombining sex chromosomes. Bioessays . 2012; 34(11):938–942.

Bachtro D. Y chromosome evolution:emerging insights into processes of Y chromosome degeneration. Nature Reviews Genetics. 2013; 14(2):113–124.

第八章　细胞的信号传输系统

Ulrich LU, Koonin EV, Zhulin IB. One-component systems dominate signal transduction in prokaryotes. Trends in Microbiology. 2005; 13(2):52–56.

Wuichet K, Zhulin IB. Origins and diversification of a complex signal transduction system in Prokaryotes. Science Signaling. 2010; 3(128):ra50.

Goulian M. Two-Component Signaling circuit structure and properties. Current Opinion in Microbiology. 2010; 13(2):184–189.

Wuichet K, Cantwell BJ, Zhulin IB. Evolution and phyletic distribution of two-component signal transduction systems. Current Opinion Microbiology. 2010 ; 13(2):219–225.

Wolanin PM, Thomason PA, Stock JB. Histidine protein kinases:key signal transducers outside the animal kingdom. Genome Biology. 2002; 3(10):3013.1–3013.8.

Thomason P, Kay R. Eukaryotic signal transduction via histidine-aspartate phosphorelay. Journal of Cell Science. 2000; 113:3141-3150.

Chao JD, Wong D, Av-Gay Y. Microbial protein-tyrosine kinases. Journal of Biological Chemistry. 2014; 289(14):9463-72.

Hunter T. The Genesis of tyrosine phosphorylation. Cold Spring Harbor Perspectives Biology. 2014; 6:a020644.

Neves SR, Ram PT, Iyengar R. G protein pathways. Science. 2002:296 (5573):1636-1639.

Trzaskowski B, Latek D, Yuan S, Ghoshdastider U, Debinski A, Filipek S. Action of molecular switches in GPCRs--theoretical and experimental studies. Current Medicinal Chemistry. 2012; 19(8):1090–1109.

Vögler O, Barceló JM, Ribas C, Escribá PV. Membrane interactions of G proteins and other related proteins. Biochimica et Biophysica Acta. 2008; 1778:1640–1652.

De Craene JO, Bertazzi DL, Bär S, Friant S. Phosphoinositides, major actors in membrane trafficking and lipid signaling pathways. International Journal of Molecular Sciences. 2017; 18(3):634.

Putney JW, Tomita T. Phospholipase C signaling and Calcium influx. Advances in Biological Regulation. 2012; 52(1):152–164.

Hormuzdi SG, Filippov MA, Mitropoulou G, Monyer H, Bruzzone R. Electrical synapses:a dynamic signaling system that shapes the activity of neuronal networks. Biochimica et Biophysica Acta(BBA)-Biomembranes. 2004; 1662(1-2):113–137

Zakon HH. Adaptive evolution of voltage-gated sodium channels:The first 800 million years. Proceeding of National Academy of Sciences USA. 2012; 109(suppl. 1):10619–10625.

Bilbaut A. Cell junctions in the excitable epithelium of bioluminescent scales on a polynoid worm:A freeze-fracture and electrophysiological study. Journal of Cell Science. 1980; 41:341-368.

Jékely G. Origin and early evolution of neural circuits for the control of ciliary locomotion. Proceedings. Biological Sciences. 2011; 278(1707):914-22.

Burkhardt P. The origin and evolution of synaptic proteins-choanoflagellates lead the way. The Journal of Experimental Biology. 2015; 218(Pt 4):506-514.

第九章 病毒

Forterre P. Defining Life:The Virus Viewpoint. Origin of Life and Evolution of Biospheres. 2010; 40:151–160.

Koonin EV, Senkevich TG, Dolja VV. The ancient Virus World and evolution of cells. Biology Direct. 2006; 1:29.

Forterre P, Prangishvili D. The origin of viruses. Research in Microbiology. 2009; 160(7):466-72.

Koonin EV, Krupovic M, Yutin N. Evolution of double-stranded DNA viruses of eukaryotes:from bacteriophages to transposons to giant viruses. Annals of New York Academy of Sciences. 2015；1341:10–24.

Durzyńska J, Goździcka-Józefiak A. Viruses and cells intertwined since the dawn of evolution. Virology Journal. 2015; 12:169.

Holmes EC. What Does Virus Evolution Tell Us about Virus Origins? Journal of Virology. 2011; 85(11):5247–5251.

Baltimore D(1971). Expression of animal virus genomes. Bacteriological Reviews. 1971; 35(3):235–41.

Kolonko N, Bannach O, Aschermann K, Hu KH, Moors M, Schmitz M, Steger G, Riesner D. Transcription of potato spindle tuber viroid by RNA polymerase II starts in the left terminal loop. Virology. 2006; 347(2):392-404.

Scola BL, Audic S, Catherine Robert C, et al. A Giant Virus in Amoebae. Science. 2003; 299(5615):2033.

Benson SD, Bamford JKH, Bamford DH, Burnet RM. Does common architecture reveal a viral lineage spanning all three domains of life? Molecular Cell. 2004; 16:673–685.

第十章 生物的防卫系统

Travis J. On the origin of the immune system. Science. 2009:324 (5927):580-582.

Dzik JM. The ancestry and cumulative evolution of immune reactions. Acta Biochimica Polonica. 2010; 57(4):443-466.

Stern A, Sorek R. The phage-host arms-race:Shaping the evolution of microbes. Bioessays. 2011; 33(1):43–51.

Barrangou R, Fremaux C, Deveau H, Richards M, Boyaval P, Moineau S, Romero DA, Horvath P. CRISPR provides acquired resistance against viruses in prokaryotes. Science. 2007; 315:1709–1712.

Takeda K, Akira S. Toll-like receptors in innate immunity. International Immunology. 2005; 17(1):1–14.

de Camargo MM, Nahum LA. Adapting to a changing world:RAG genomics and evolution. Human Genetics. 2005; 2(2):132–137.

Kapitonov VV, Jurka J. RAG1 Core and V(D)J Recombination Signal Sequences Were Derived from Transib Transposons. PLoS Biology. 2005; 3(6):e181.

Hsu E. The invention of lymphocytes. Current Opinion in Immunology.

2011; 23(2):156–162.

Klein J, Nikolaidis N. The descent of the antibody-based immune system by gradual evolution. Proceedings of the National Academy of Sciences USA. 2005; 102(1):169–174.

Litman GW, John P. Cannon JP, Dishaw LJ. Reconstructing immune phylogeny:New perspectives. Nature Reviews Immunology. 2005; 5(11):866–879.

Goldberg AC, Rizz LV. MHC structure and function-antigen presentation. Part 1. Einstein(Sao Paulo). 2015; 13(1):153–156.

Goldberg AC, Rizz LV. MHC structure and function-antigen presentation. Part 2. Einstein(Sao Paulo). 2015; 13(1):157–162.

Nonaka M, Kimura A. Genomic view of the evolution of the complement system. Immunogenetics. 2006; 58:701–713.

Hou S, Yang YF, Wu DJ, Zhang C. Plant immunity Evolutionary insights from PBS1, Pto and RIN4. Plant Signaling & Behavior. 2011; 6(6):794-799.

Danielson PB.(2002)The cytochrome P450 superfamily:biochemistry, evolution and drug metabolism in humans. Current Drug Metabolism. 2002; 3(6):561-97.

Sulc M, Indra R, Moserová M, Schmeiser HH, Frei E, Arlt VM, Stiborova M. The impact of individual cytochrome P450 enzymes on oxidative metabolism of benzo[a]pyrene in human livers. Environmental and Molecular Mutagenenesis. 2016; 57(3):229–235.

第十一章 生命与空间和时间

Steinmetz PR, Kraus JE, Larroux C, et al. Independent evolution of striated muscles in cnidarians and bilaterians. Nature. 2012; 487(7406): 231-234.

Egli M, Johnson CH. A circadian clock nanomachine that runs without transcription or translation. Current Opinion in Neurobiology. 2013; 23(5):732–740.

Hurley J, Jennifer J. Loros JJ, Dunlap JC. Dissecting the Mechanisms of the Clock in Neurospora. Methods in Enzymology. 2015; 551:29–52.

Tataroglu O, Emery P. Studying circadian rhythms in *Drosophila melanogaster*. Methods. 2014; 68(1):140–150.

Robinson I, Reddy AB. Molecular mechanisms of the circadian clockwork in mammals. FEBS Letters. 2014; 588(15):2477-2483.

Falcón J, Besseau L, Fuentès M, Sauzet S, Magnanou E, Boeuf G. Structural and functional evolution of the pineal melatonin system in vertebrates. Annals of the New York Academy of Sciences. 2009; 1163:101-111.

Borjigin J, Zhang LS, Calinescu AA. Circadian Regulation of Pineal Gland Rhythmicity. Molecular and Cellular Endocrinology. 2012; 349(1):13–19.

Cashmore AR. Cryptochromes:Enabling Plants and Animals to Determine Circadian Time. Cell. 2003; 114:537–543.

Warren EJ, Allen CN, R. Brown L, Robinson DW. Intrinsic light responses of retinal ganglion cells projecting to the circadian system. European Journal of Neuroscience. 2003; 17(9):1727–1735.

Pruneda-Paz JL, Kay SA. An expanding universe of circadian networks in higher plants. Trends in Plant Science. 2010; 15(5):259–265.

Yu JW, Rubio V, Lee NY. COP1 and ELF3 control circadian function and photoperiodic flowering by regulating GI stability. Molecular Cell. 2008; 32(5):617–630.

Yeang HY. Solar rhythm in the regulation of photoperiodic flowering of long-day and short-day plants. Journal of Experimental Botany. 2013; 64(10):2643–2652.

Wood S, Loudon A. Clocks for all seasons:unwinding the roles and mechanisms of circadian and interval timers in the hypothalamus and pituitary. Journal of Endocrinology. 2014; 222(2):R39-59.

第十二章 动物的感觉

Nordstrom K, Walle´n R, Seymour J, Nilsson D. A simple visual system without neurons in jellyfish larvae. Proceedings of the Royal Society London B. 2003；270:2349–2354.

Passamaneck YJ, Furchheim N, Hejnol A, Martindale MQ, Lüter C. Ciliary photoreceptors in the cerebral eyes of a protostome larva. EvoDevo. 2011; 2:6.

Hubbard R, Wald G. Cis-trans isomers of vitamin A and retinene in the Rhodopsin system. The Journal of General Physiology. 1952; 36(2):269-315.

Arendt D. Evolution of eyes and photoreceptor cell types. The International Journal of Developmental Biology. 2003; 47:563-571.

Gehring WJ. Historical perspective on the development and evolution of eyes and photoreceptors. The International Journal of Developmental Biology. 2004; 48:707-717.

Cagan R. Principles of Drosophila Eye Differentiation. Current Topics in Developmental Biology. 2009; 89:115–135.

Arendt D, Hausen H, Purschke G. The 'division of labour' model of eye evolution. Philosophical Transactions of Royal Society B Biological Sciences. 2009; 364(1531):2809-2817.

Lamb TD. Evolution of Phototransduction, Vertebrate Photoreceptors and Retina. Progress in Retinal and Eye Research. 2013; 36:52-119.

Belusic G, Pirih P, Stavenga DG. A cute and highly contrast-sensitive superposition eye – the diurnal owlfly Libelloides macaronius. The Journal of Experimental Biology 2013; 216:2081-2088.

Wagner HJ, Douglas RH, Frank TM, Roberts NW, Partridge JC. A novel vertebrate eye using both refractive and reflective optics. Current Biology. 2009; 19(2):108-14.

Gehring WJ, Ikeo K. Pax 6:mastering eye morphogenesis and eye evolution. Trends in Genetics. 1999; 15(9):371-377.

Göpfert MC, Robert D. Active auditory mechanics in mosquitoes. Proceedings. Biological Sciences. 2001; 268(1465):333-9.

Yager DD. Structure, Development, and Evolution of Insect Auditory Systems. Microscopy Research and Technique. 1999; 47:380–400.

Lundberg YW, Xu YF, Thiessen KD, Kramer KL. Mechanisms of Otoconia and Otolith Development. Developmental Dynamics. 2015; 244(3):239-53.

Ghysen A, Dambly-Chaudiere C. The lateral line microcosmos. Genes & Development. 2007; 21:2118-2130.

Zimmerman A, Bai L, Ginty DD. The gentle touch receptors of mammalian skin. Science. 2014; 346(6212):950–954.

Marshall KL, Lumpkin EA. The Molecular Basis of Mechanosensory Transduction. Advances in Experimental Medicine and Biology. 2012; 739:142–155.

Kim C. Transient Receptor Potential Ion Channels and Animal Sensation:Lessons from Drosophila Functional Research. Journal of Biochemistry and Molecular Biology. 2004; 37(1):114-121.

Alaiwi WAA, Lo ST, Nauli SM. Primary Cilia:Highly Sophisticated Biological Sensors. Sensors 2009; 9:7003-7020.

Babu D, Roy S. Left-right asymmetry:cilia stir up new surprises in the node. Open Biology. 2013; 3(5):130052

Hart AC, Chao MY. From Odors to Behaviors in Caenorhabditis elegans. In:Menini A, editor. The Neurobiology of Olfaction. Boca Raton(FL):CRC Press/Taylor & Francis; 2010. Chapter 1. Frontiers in Neuroscience.

Ling F, Dahanukar A, Weiss LA, Kwon JY, Carlson JR. The Molecular and Cellular Basis of Taste Coding in the Legs of Drosophila. The Journal of Neuroscience. 2014; 34(21):7148–7164.

Cameron P, Hiroi M, Ngai J, Scott K. The molecular basis for water taste in Drosophila. Nature. 2010; 465(7294):91–95.

Ben-Shahar Y. Sensory Functions for Degenerin/Epithelial Sodium Channels(DEG/ENaC). Advances in Genetics. 2011; 76:1–26.

Zhao GQ, Zhang YF, Mark A, et al. The Receptors for Mammalian Sweet and Umami Taste. Cell. 2003; 115:255–266.

Missbach C, Dweck HKM, Vogel H, et al. Evolution of insect olfactory receptors. eLife 2014; 3:e02115.

Sandoz JC. Behavioral and neurophysiological study of olfactory perception and learning in honeybees. Frontiers in Systems Neuroscience. 2011; 5:98.

Hayden S, Teeling EC. The Molecular Biology of Vertebrate Olfaction. The Anatomical Record. 2014; 297:2216–2226.

Basbaum AI, Bautista DM, Scherrer G, David Julius D. Cellular and Molecular Mechanisms of Pain. Cell. 2009; 139(2):267–284.

Tobin DM, Bargmann CI. Invertebrate Nociception:Behaviors, Neurons and Molecules. Journal of Neurobiology. 2004; 61(1):161-74.

Sneddon LU, Braithwaite VA, Gentle MJ. Do fishes have nociceptors?

Evidence for the evolution of a vertebrate sensory system. Proceedings of Royal Society B. 2003; 270:1115–1121.

Dubin AE Patapoutian A. Nociceptors:the sensors of the pain pathway. The Journal of Clinic Investigation. 2010; 120(11):3760–3772.

Foulkes T, Wood JN. Mechanisms of Cold Pain. Channels. 2007; 1(3):154-160.

Baraniuk JN. Rise of the Sensors:Nociception and Pruritus. Current Allergy and Asthma Reports. 2012; 12(2):104–114.

Liu Q, Tang ZX, Surdenikova L. Sensory neuron-specific GPCRs Mrgprs are itch receptors mediating chloroquine-induced pruritus. Cell. 2009; 139(7):1353–1365.

Han L, Ma C, Liu Q, et al. A subpopulation of nociceptors specifically linked to itch. Nature Neuroscience. 2013; 16(2):174–182.

Ikoma A, Cevikbas F, Kempkes C, Steinhoff M. Anatomy and Neurophysiology of Pruritus. Seminars in Cutaneous Medicine and Surgery. 2011; 30(2):64–70.

Sun YG, Zhao ZQ, Meng XL, Yin J, Liu XY, Chen ZF. Cellular Basis of Itch Sensation. Science. 2009; 325(5947):1531–1534.

Liu T, Ji RR. New insights into the mechanisms of itch:are pain and itch controlled by distinct mechanisms? Pflugers Archiv. 2013; 465(12):1671-1685.

第十三章　动物的意识与智力

Low P. The Cambridge Declaration on Consciousness at the Francis Crick Memorial Conference on consciousness in Human and non-human animals. Cambridge, 2012.

Engleman EA, Katner SN, Neal-Beliveau BS. *Caenorhabditis elegans* as a Model to Study the Molecular and Genetic Mechanisms of Drug Addiction. Progress in Molecular Biology and Translational Science. 2016; 137:229–252.

Si K, Choi YB, White-Grindley E, Majumdar A, Kandel ER. Aplysia CPEB can form prion-like multimers in sensory neurons that contribute to long-term facilitation. Cell. 2010; 140(3):421-35.

Yang Z, Bertolucci F, Wolf R, Heisenberg M. Flies cope with uncontrollable stress by learned helplessness. Current Biology. 2013; 23(9):799-803.

Bateson M, Desire S, Gartside SE, Wright GA. Agitated Honeybees Exhibit Pessimistic Cognitive Biases. Frontiers in Psychology. 2013; 4:698.

Perry CJ, Barron AB. Honey bees selectively avoid difficult choices. Proceeding of the National Academy of Sciences USA. 2013; 19(110):19155–19159.

Wrighta CM, Holbrookb CT, Pruitta JN. Animal personality aligns task specialization and task proficiency in a spider society. Proceeding of the National Academy of Sciences USA. 2014; 111(26):9533–9537.

Pamminger T, Foitzik S, Kaufmann KC, Schützler N, Menzel F. Worker personality and its association with spatially structured division of labor. PLoS One. 2014; 9(1):e79616.

Skorupski P, Chittka L. Animal cognition:an insect's sense of time? Current Biology. 2006; 16(19):R851-3.

Nowbahari E, Scohier A, Durand JL, Hollis KL. Ants, *Cataglyphis cursor*, Use Precisely Directed Rescue Behavior to Free Entrapped Relatives. PLoS ONE. 2009; 4(8):e6573.

Richardson TO, Sleeman PA, McNamara JM, Houston AI, Franks NR. Teaching with evaluation in ants. Current Biology.2007; 17:1520–1526.

Finn JK, Tregenza T, Norman MD. Defensive tool use in a coconut-carrying octopus. Current Biology. 2009; 19(23):pR1069-pR1070.

Bird CD, Emery NJ. Insightful problem solving and creative tool modification by captive nontool-using rooks. Proceedings of the National Academy of Sciences U S A. 2009; 106(25):10370-10375.

Prior H, Schwarz A, Gunturkun O. Mirror-Induced Behavior in the Magpie(*Pica pica*):Evidence of Self-Recognition. PLoS Biology. 2008; 6(8):e202.

Clayton NS, Dally JM, Emery NJ. Social cognition by food-caching corvids. The western scrub-jay as a natural psychologist. Philosophical Transactions of the Royal Society B. 2007; 362(1480):507-22

Kabadayi C, Osvath M. Ravens parallel great apes in flexible planning for tool-use and bartering. Science. 2017; 357:202 –204.

Mulcahy NJ, Call J. Apes Save Tools for Future Use. Science. 2006; 312(5776), 1038-1040.

Roffmana I, Savage-Rumbaughb S, Rubert-Pughb E, Ronenc A, Nevoa E. Stone tool production and utilization by bonobo-chimpanzees(*Pan paniscus*). Proceedings of the National Academy of Sciences U S A. 2012; 109(36):14500–14503.

Mashoura GA, Alkireb MT. Evolution of consciousness:Phylogeny, ontogeny, and emergence from general anesthesia. Proceedings of the National Academy of Sciences USA. 2013；110(suppl. 2):10357–10364.

Balkin TJ, Braun AR, Nancy J. Wesensten NJ, et al. The process of awakening:a PET study of regional brain activity patterns mediating the re-establishment of alertness and consciousness. Brain. 2002; 125:2308-2319.

Crick FC, Koch C. What is the function of the claustrum? Philosophical Transactions of the Royal Society B. 2005; 360:1271–1279.

Fox D. The limits of intelligence. Scientific American. 2011; July, 36-43.

van den Heuvel MP, Stam CJ, Kahn RS, Hulshoff Pol HE. Efficiency of Functional Brain Networks and Intellectual Performance. The Journal of Neuroscience, 2009; 29(23):7619-7624.

第十四章　外星生命

Blumberg BS. Astrobiology, space and the future age of discovery. Philosophical Transactions of the Royal Society A. 2011; 369:508–515.

Callahana MP, Smith KE, Cleaves II HJ, et al. Carbonaceous meteorites contain a wide range of extraterrestrial nucleobases. Proceedings of the National Academy of Sciences USA. 2011; 108(34):13995–13998.

Davila AF, McKay CP. Chance and Necessity in Biochemistry:Implications for the Search for Extraterrestrial Biomarkers in Earth-like Environments. Astrobiology. 2014; 14(6):534-540.

Schwabe C. Genomic Potential Hypothesis of Evolution:A Concept of Biogenesis in Habitable Spaces of the Universe. The Anatomical Record. 2002; 268:171–179.

Klemperer W. Interstellar chemistry. Proceedings of the National Academy of Sciences USA. 2006; 103(3):12232–12234.

Stevenson J, Lunine J, Clancy P. Membrane alternatives in worlds without oxygen:Creation of an azotosome. Science Advances. 2015; 1(1):e1400067.

Morris SC. Predicting what extra-terrestrials will be like:and preparing for the worst. Philosophical Transactions of the Royal Society A. 2011; 369:555–571.

Spiegela DS, Fortneyb JJ, Sotinc C. Structure of exoplanets. Proceedings of the National Academy of Sciences USA. 2014; 111(35):12622–12627.

McKay CP. Requirements and limits for life in the context of exoplanets. Proceedings of the National Academy of Sciences USA. 2014; 111(35): 12628–12633.

Kasting JF, Kopparapu R, Ramirez RM, Harman CE. Remote life-detection criteria, habitable zone boundaries, and the frequency of Earth-like planets around M and late K stars. Proceedings of the National Academy of Sciences USA. 2014; 111(35):12641–12646.

Rothschild LJ. The evolution of photosynthesis...again? Philosophical Transactions of the Royal Society B. 2008; 363(1504):2787-801.

Gurnett DA. The search for life in the solar system. Transactions of the American Clinical and Climatological Association. 2009; 120:299-325.

索 引
INDEXES

图书在版编目（CIP）数据

生命通史 / 朱钦士著. —北京：北京大学出版社，2019.6
（沙发图书馆）
ISBN 978-7-301-30435-8

Ⅰ.①生…　Ⅱ.①朱…　Ⅲ.①生命起源 – 普及读物 ②进化论 – 普及读物　Ⅳ.① Q10-49
② Q111-49

中国版本图书馆CIP数据核字（2019）第074833号

书　　　名	生命通史	
	SHENGMING TONGSHI	
著作责任者	朱钦士 著	
责 任 编 辑	王立刚	
标 准 书 号	ISBN 978-7-301-30435-8	
出 版 发 行	北京大学出版社	
地　　　址	北京市海淀区成府路 205 号　100871	
网　　　址	http://www.pup.cn　　新浪微博：@ 北京大学出版社	
电 子 邮 箱	zpup@pup.cn	
电　　　话	邮购部 010-62752015　发行部 010-62750672　编辑部 010-62752728	
印 刷 者	北京中科印刷有限公司	
经 销 者	新华书店	
	880 毫米 × 1230 毫米　16 开本　31.75 印张　790 千字	
	2019 年 6 月第 1 版　2024 年 5 月第 3 次印刷	
定　　　价	128.00 元